石油化工产品及试验方法行业标准汇编

2016

中国石油化工集团公司科技部　编

中国石化出版社

图书在版编目(CIP)数据

石油化工产品及试验方法行业标准汇编.2016／中国石油化工集团公司科技部编.—北京：中国石化出版社，2016.8
ISBN 978-7-5114-4137-9

Ⅰ.①石… Ⅱ.①中… Ⅲ.①石油化工-化工产品-行业标准-汇编-中国-2016②石油化工-化工产品-试验方法-行业标准-汇编-中国-2016 Ⅳ.①TE65-65

中国版本图书馆 CIP 数据核字（2016）第 199425 号

中国石化出版社出版发行
地址:北京市东城区安定门外大街 58 号
邮编:100011 电话:(010)84271850
读者服务部电话:(010)84289974
http://www.sinopec-press.com
E-mail:press@ sinopec.com
北京柏力行彩印有限公司印刷
全国各地新华书店经销
*
880×1230 毫米 16 开本 62.25 印张 1864 千字
2017 年 1 月第 1 版 2017 年 1 月第 1 次印刷
定价:280.00 元

出版说明

《石油化工产品及试验方法标准行业汇编 2010》自 2010 年出版至今已有五年时间。五年来，石油化工产品及其试验方法行业标准有一部分已进行了复审修订，还有不少新制定的标准发布实施。为方便相关生产企业、科研和教学单位及广大用户的使用，我们组织有关单位编辑出版了《石油化工产品及试验方法行业标准汇编 2016》。

汇编共收录了截至 2015 年 9 月底前发布的石油化工产品领域的行业标准 159 项，主要是产品标准和试验方法标准，另外还包括 3 项基础标准。这些标准是石油化工领域标准实施的基础。本汇编全面系统地反映了石油化工产品领域行业标准的最新情况，可为使用者提供最新的产品和试验方法标准信息。

本汇编收录的行业标准的年代号用 4 位数字表示。鉴于部分标准是 2000 年以前出版的，现尚未修订，故正文部分的标准编号未做相应改动。对于标准中的规范性引用文件(引用标准)变化情况较大的，在标准文本后面以编者注的形式加以说明。

组织和参加本汇编编辑工作的人员有付伟、刘慧敏、王川、吴彦瑾、王晓丽、杨春梅、李继文、陈宏愿。

本汇编收录的标准由于出版年代的不同，其格式、计量单位乃术语不尽相同，本汇编对原标准中的文字错误和明显不当之处做了更正。如有疏漏之处，恳请指正。

中国石油化工集团公司科技部

2015 年 9 月

目　录

一、有机原料类

二、塑料树脂类

三、合成橡胶类

一、有机原料类

中华人民共和国石油化工行业标准

SH/T 1053—1991

(2009 年确认)

工业用二乙二醇沸程的测定

1 主题内容与适用范围

本标准规定了工业用二乙二醇沸程的测定方法。

2 定义

2.1 初馏点

试样在规定条件下蒸馏，第一滴馏出物从冷凝管末端滴下时的瞬间温度。

2.2 干点

试样在规定条件下蒸馏，蒸馏烧瓶底最后一滴液体蒸发时的瞬间温度(不考虑蒸馏烧瓶壁及温度计上的任何液膜和液滴)。

2.3 沸程

初馏点与干点间的温度间隔。

3 方法原理

在规定条件下，对 100mL 试样进行蒸馏，从局浸式蒸馏温度计上读取初馏点和干点的视温度值，同时收集冷凝液。根据所得数据，换算为标准状况下的温度，并得到被测试样的沸程。

4 仪器及设备

4.1 蒸馏烧瓶：由硼硅酸盐制成，有效容积 100mL，尺寸和公差见图 1。

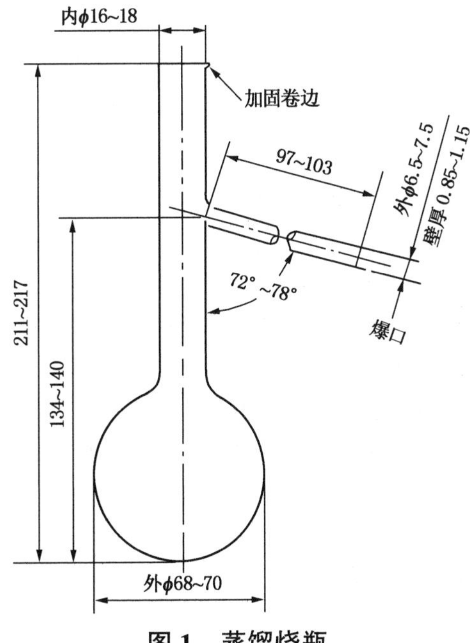

图 1 蒸馏烧瓶

中国石油化工总公司 1991-06-28 批准　　1992-07-01 实施

注：为防止蒸馏操作中蒸馏瓶中液体产生过热现象，新烧瓶可按下法进行结碳处理：在烧瓶内放入一小撮酒石酸，加热分解，使得烧瓶底部沉积一薄层碳黑，然后用水洗涤、丙酮淋洗后烘干。

4.2　温度计：专用的玻璃水银温度计，局浸式，其规格见附录 A。

4.3　接受器：无塞量筒，容积 100mL，分刻度 1mL，如图 2 所示。

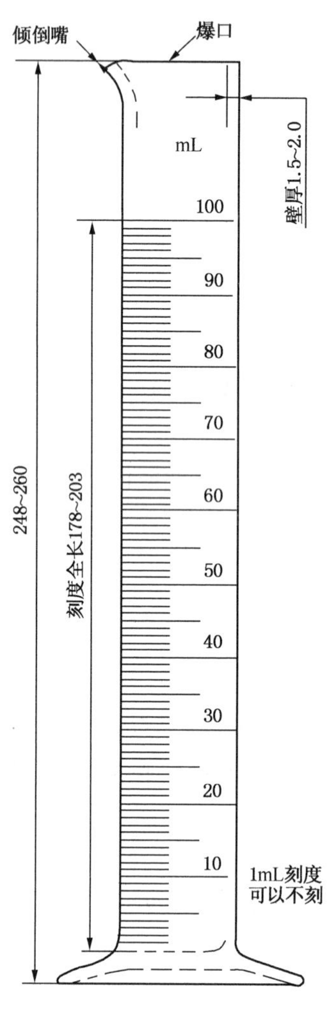

图 2　量筒

100mL，刻度 1mL

允许误差：±1mL

4.4　冷凝器和冷浴：冷凝器和冷浴的型式如图 3 和图 4 所示。

4.4.1　冷凝管应用无缝铜管制成，长度 560mm，外径 14mm，壁厚 0.8~0.9mm。

4.4.2　冷凝器内的铜管约有 390mm 长，全浸在冷却介质中。在冷浴外的部分，上端约 50mm，下端约 110mm，上端伸出部分与垂直轴夹角为 75°。在冷浴内的铜管可以可是直管式或弯成连续平滑的曲管。每毫米冷凝管的平均梯度为 0.26mm(相当于 15°角)。浸入部分的冷凝管每毫米梯度不应小于 0.24mm 和大于 0.28mm。下端伸出部分稍偏后向下弯曲，长度为 76mm，使管的末端能与在位的量筒在接收馏出液时与玻璃量筒顶部 25~32mm 处相接触。冷凝管下端应切成锐角，使顶端与量筒壁相接触。

4.4.3　冷浴的体积不应少于容纳 5.5L 的冷却介质。冷凝管的中心线在入口处应离浴顶至少 32mm，出口处应离浴底至少 19mm。

4.4.4　除邻近于出口处外，冷凝管与浴壁的间距至少为 13mm。

4.5　蒸馏烧瓶用的金属罩或围屏：

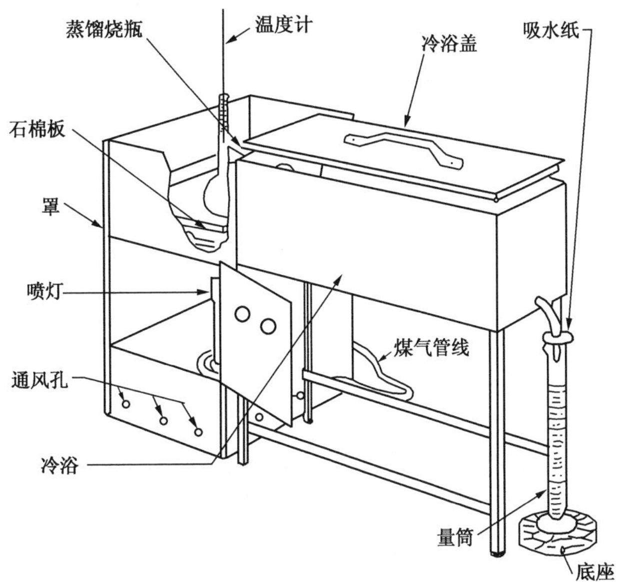

图 3　利用喷灯的仪器总图

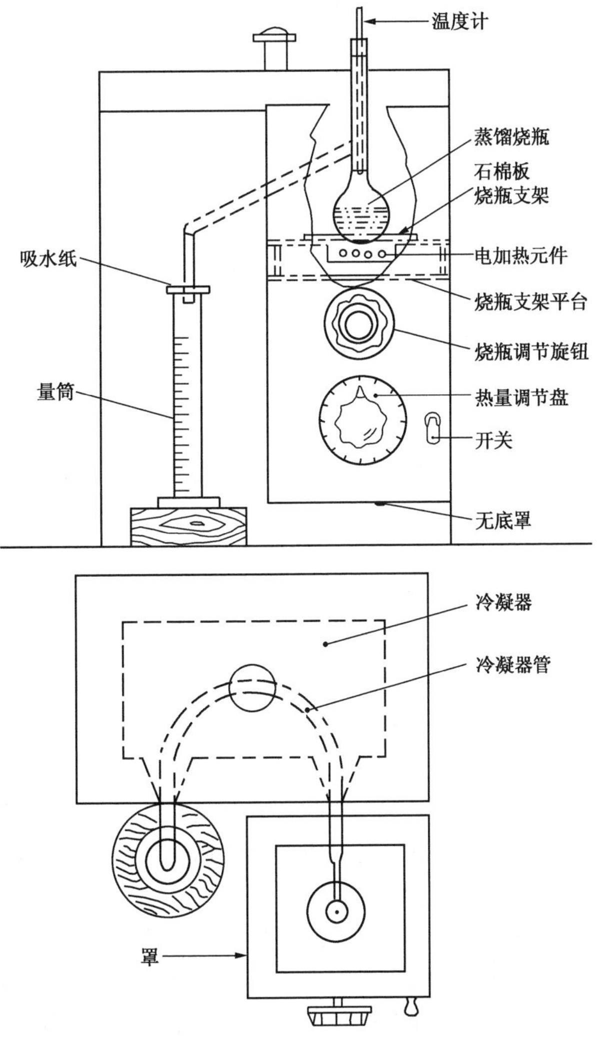

图 4　采用电加热器的仪器总装

4.5.1 第一种型式金属罩(见图3)是用厚0.8mm金属制成，高480mm，长280mm，宽200mm。在罩的一个窄面上有一个门。在两个窄面上对等地各开有两个25mm直径的圆孔，孔的中心离罩顶216mm。罩的另一面开有一个通蒸馏烧瓶支管的窄口。四个面离罩底25mm高处，各开有三个直径13mm的小孔。

4.5.2 第二种型式金属罩(见图4)是用厚0.8mm金属制成。高440mm，长200mm，宽200mm。罩前方的一面有一个观察窗。罩的下部开口端离装置支承面约50mm。罩后方的一面有通蒸馏烧瓶支管的椭圆形孔。蒸馏烧瓶支架调节旋钮安装在罩的正面。如用电炉加热，应使用带有指示盘的连续可调式加热控制装置，加热器及加热控制装置应位于罩的下部，在烧瓶支板以上的罩的其他部分应与使用气体加热器的装置相同，只是可以不用罩的下部。加热器、控制装置以及上部罩均可用任何方便的形式予以支撑。

4.6 热源：

4.6.1 气体加热器(见图3)：能燃烧一般气体，并能提供足够的热量，使被测度样按5.2条规定的速度蒸馏。为了便于控制火焰大小，可配备一个灵敏的调压阀。

4.6.2 电加热器(见图4)：0~1000W连续可调式电炉。

4.7 蒸馏烧瓶支架：

4.7.1 第一种型式，用于气体加热器(见图3)。实验室常用的直径100mm或稍大的支环，支于罩内的支架或在罩外的可调节的平台上。

4.7.1.1 支环或平台上放置两块3~6mm厚的陶瓷或硬石棉板。直接放在支环或平台上的一块外缘尺寸稍小于罩的内缘，中间开有76~100mm直径的圆孔。

4.7.1.2 第二块用于支放烧瓶的板，尺寸比第一块稍小，中心有一直径38mm的圆孔。这块蒸馏烧瓶支板可根据烧瓶放置的位置作移动，以便在试验时只能通过板孔直接加热烧瓶。

4.7.2 第二种型式，用于电加热器(见图4)。电加热器上搁一块中间开有直径38mm圆孔的瓷板或石棉板，板厚3~6mm。加热装置和上面的烧瓶支板应该可以移动，以便在放置烧瓶后，只能通过板孔直接加热烧瓶。

4.8 恒温水浴：水浴温度应能控制在45~50℃。

4.9 气压计。

4.10 秒表。

注：本试验工作中曾使用过的石油产品蒸馏器型号为GB 6536和SYP 2001-Ⅲ基本符合本标准要求。

5 试验步骤

5.1 试验的准备和装置的组装

5.1.1 用缠在钢丝或电线上的软布擦尽冷凝管内的残留液体。

5.1.2 用插好温度计的塞子塞紧蒸馏烧瓶，使温度计与烧瓶的曲线重合，并使温度计收缩泡的顶端与烧瓶支管内壁的下沿处于同一水平面上。如图5所示。

5.1.3 调节蒸馏烧瓶支架的高度及烧瓶支板的位置，将烧瓶固定在紧靠烧瓶支板板孔圈的位置上并保持垂直。同时，让烧瓶支管通过软木塞与冷凝管紧密连接，支管伸入冷凝管25~50mm。

5.1.4 将冷凝器进出口水管与恒温水浴相连，使冷凝水畅通，水浴温度控制在45~50℃。

5.2 测定

用干燥的量筒准确量取100mL±0.5mL试样，沿烧瓶支管对面一侧的内壁小心注入已预先加有2~3颗沸石的干燥的烧瓶中，避免液体流入支管内，尽可能使试样完全流入烧瓶中(量筒排干时间不超过5min)。按5.1.2~5.1.4的要求插好温度计，装好蒸馏装置，接好冷却水。取样量筒不需洗涤、干燥，直接置于冷凝管下端作接受器。冷凝管末端进入量筒的长度不得少于25mm，也不低于100mL刻度线，且暂不接触量筒内壁。

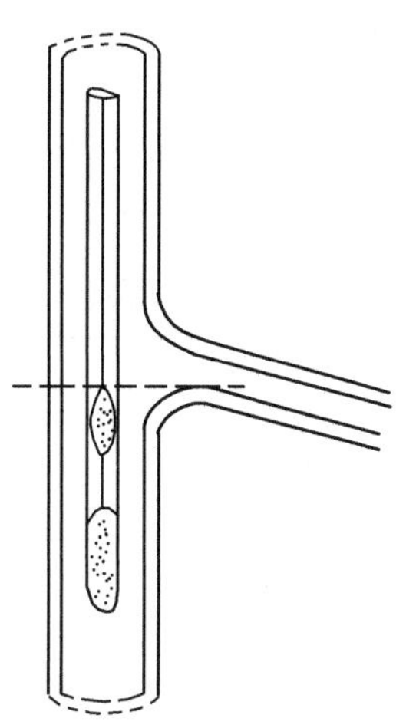

图 5　温度计在蒸馏烧瓶中的位置

点燃气体加热器或打开电加热器开关，按事先选择好的条件加热试样，以便在 10~15min 内到达初馏点。观察到初馏点后，立即移动量筒，使冷凝管末端接触量筒内壁。适当调节加热器，使液体馏出速度均匀保持在 4~5mL/min 直至观察到干点。到达干点后立即停止加热。

记录室温和大气压。

待冷凝管末端不再有液体流出后，记录回收总体积。回收总体积应在 98mL 以上，否则测定无效。

6　结果计算

各点观察到的温度换算为标准状况下的温度按式(1)计算：

$$t=t_1+c+\Delta t \quad \cdots\cdots (1)$$

式中：t——校正到标准状况的温度,℃；

t_1——实验中观察到的温度,℃；

c——观察温度受大气压影响的校正值,℃；

Δt——温度计本身的校正值,℃。

c 值按式(2)计算：

$$c=3.75\times10^{-4}(101325-p_0) \quad \cdots\cdots (2)$$

式中：p_0——气压计读数换算到 0℃及 45°纬度的大气压，Pa；

3.75×10^{-4}——二乙二醇沸点随压力的变化率,℃/Pa；

101325——标准大气压，Pa。

p_0 按式(3)计算：

$$p_0=p_t-\Delta p_1+\Delta p_2 \quad \cdots\cdots (3)$$

式中：p_t——室温下气压计读数，Pa；

Δp_1——室温换算到 0℃的气压校正值，Pa，由附录 B 查得；

Δp_2——纬度重力校正值(纬度大于 45°为正值，纬度小于 45°为负值)，Pa，由附录 C 查得。

取其二次重复测定的算术平均值作为测定结果，应精确到 0.1℃。

7　精密度

7.1　重复性

在同一实验室由同一操作员，用同一试验方法与仪器，对同一试样相继做两次重复试验，所得试验结果的差值应符合表 1 的规定(95%置信水平)。

7.2 再现性

在任意两上不同实验室，由不同操作员、用不同仪器和设备，在不同或相同时间内，对同一试样所测得的两个单次试验结果，其差值应符合表 1 的规定(95%置信水平)。

表 1 精密度

项　目	初馏点	干　点
重复性	≤0.4	≤0.5
再现性	≤1.2	≤1.5

注：① 必要时也可观察 50mL 馏出点的温度，其精密度为：

重复性≤0.2℃

再现性≤0.6℃

② 本方法的精密度数据是根据 1990 年 10 月，由九个实验室，对四个水平试样所作的室间精密度试验(集中试验)确定的。

附 录 A
蒸馏温度计的规格
（补充件）

测量范围：	223～277℃
校正和使用时浸入长度：	100mm
刻度间隔：	2.0℃
长刻度线间隔：	1℃
最小分度值：	0.2℃
刻度误差，最大：	0.8℃
膨胀室允许升温极限：	300℃
总长度：	390～400mm
棒径：	6.0～8.0mm
感温泡长度：	15～20mm
感温泡外径：	不大于棒径
223℃刻度线至感温泡底部距离：	125～145mm
刻度部分全长：	195～235mm
收缩泡顶部至感温泡底部距离，最大：	35mm

附 录 B
气压读数温度校正表
（补充件）

表 B1

气压计附属温度,℃	气压计读数，Pa									
	77000	78000	79000	80000	81000	82000	83000	84000	85000	86000
10	125.59	127.22	128.85	130.48	132.11	133.74	135.38	137.01	138.64	140.27
11	138.12	139.92	141.71	143.51	145.30	147.09	148.89	150.68	152.47	154.27
12	150.65	152.61	154.57	156.52	158.48	160.44	162.39	164.35	166.31	168.26
13	163.18	165.30	167.42	169.54	171.65	173.77	175.89	178.01	180.13	182.25
14	175.70	177.98	180.26	182.54	184.83	187.11	189.39	191.67	193.95	196.23
15	188.21	190.66	193.10	195.55	197.99	200.44	202.88	205.32	207.77	210.21
16	200.72	203.33	205.94	208.55	211.15	213.76	216.37	218.97	221.58	224.19
17	213.23	216.00	218.77	221.54	224.31	227.08	229.85	232.62	235.39	238.15
18	225.73	228.67	231.60	234.53	237.46	240.39	243.32	246.25	249.18	252.12
19	238.23	241.33	244.42	247.51	250.61	253.70	256.79	259.89	262.98	266.08
20	250.72	253.98	257.24	260.49	263.75	267.01	270.26	273.52	276.77	280.03
21	263.21	266.63	270.05	273.47	276.89	280.30	283.72	287.14	290.56	293.98
22	275.70	279.28	282.86	286.44	290.02	293.60	297.18	300.76	304.34	307.92
23	288.18	291.92	295.66	299.40	303.15	306.89	310.63	314.37	318.12	321.86
24	300.65	304.56	308.46	312.37	316.27	320.17	324.08	327.98	331.89	335.79
25	313.12	317.19	321.25	325.32	329.39	333.45	337.52	341.59	345.65	349.72
26	325.59	329.82	334.04	338.27	342.50	346.73	350.96	355.19	359.42	363.64
27	338.05	342.44	346.83	351.22	355.61	360.00	364.39	368.78	373.17	377.56
28	350.51	355.06	359.61	364.16	368.71	373.27	377.82	382.37	386.92	391.47
29	362.96	367.67	372.39	377.10	381.81	386.53	391.24	395.95	400.67	405.38
30	375.41	380.28	385.16	390.03	394.91	399.78	404.66	409.53	414.41	419.29
31	387.85	392.89	397.92	402.96	408.00	413.03	418.07	423.11	428.15	433.18
32	400.29	405.49	410.69	415.88	421.08	426.28	431.48	436.68	441.88	447.08
33	412.72	418.08	423.44	428.80	434.16	439.52	444.88	450.24	455.60	460.96
34	425.15	430.67	436.20	441.72	447.24	452.76	458.28	463.80	469.32	474.85
35	437.58	443.26	448.94	454.63	460.31	465.99	471.68	477.36	483.04	488.72
36	450.00	455.84	461.69	467.53	473.38	479.22	485.06	490.91	496.75	502.60
37	462.42	468.42	474.43	480.43	486.44	492.44	498.45	504.45	510.46	516.46
38	474.83	480.99	487.16	493.33	499.49	505.66	511.83	517.99	524.16	530.33
39	487.24	493.56	499.89	506.22	512.55	518.87	525.20	531.53	537.86	544.19
40	499.64	506.13	512.62	519.11	525.59	532.08	538.57	545.06	551.55	558.04

续表 B1

气压计附属温度,℃	气压计读数，Pa									
	87000	88000	89000	90000	91000	92000	93000	94000	95000	96000
10	141.90	143.53	145.16	146.79	148.42	150.06	151.69	153.32	154.95	156.58
11	156.06	157.86	159.65	161.44	163.24	165.03	166.82	168.62	170.41	172.21
12	170.22	172.17	174.13	176.09	178.04	180.00	181.96	183.91	185.87	187.83
13	184.37	186.49	188.61	190.73	192.85	194.97	197.08	199.20	201.32	203.44
14	198.52	200.80	203.08	205.36	207.64	209.92	212.21	214.49	216.77	219.05
15	212.66	215.10	217.55	219.99	222.43	224.88	227.32	229.77	232.21	234.66
16	226.79	229.40	232.01	234.61	237.22	239.83	242.43	245.04	247.65	250.25
17	240.92	243.69	246.46	249.23	252.00	254.77	257.54	260.31	263.08	265.85
18	255.05	257.98	260.91	263.84	266.78	269.71	272.64	275.57	278.50	281.43
19	269.17	272.26	275.36	278.45	281.55	284.64	287.73	290.83	293.92	297.02
20	283.29	286.54	289.80	293.05	296.31	299.57	302.82	306.08	309.34	312.59
21	297.40	300.81	304.23	307.65	311.07	314.49	317.91	321.32	324.74	328.16
22	311.50	315.08	318.66	322.24	325.82	329.40	332.98	336.57	340.15	343.73
23	325.60	329.34	333.09	336.83	340.57	344.31	348.06	351.80	355.54	359.28
24	339.70	343.60	347.51	351.41	355.32	359.22	363.12	367.03	370.93	374.84
25	353.79	357.85	361.92	365.99	370.05	374.12	378.19	382.25	386.32	390.39
26	367.87	370.10	376.33	380.56	384.79	389.01	393.24	397.47	401.70	405.93
27	381.95	386.34	390.73	395.12	399.51	403.90	408.29	412.68	417.07	421.46
28	396.03	400.58	405.13	409.68	414.23	418.79	423.34	427.89	432.44	436.99
29	410.10	414.81	419.52	424.24	428.95	433.66	438.38	443.09	447.81	452.52
30	424.16	429.04	433.91	438.79	443.66	448.54	453.41	458.29	463.16	468.04
31	438.22	443.26	448.29	453.33	458.37	463.41	468.44	473.48	478.52	483.55
32	452.27	457.47	462.67	467.87	473.07	478.27	483.47	488.66	493.86	499.06
33	466.32	471.68	477.04	482.40	487.76	493.12	498.48	503.84	509.20	514.56
34	480.37	485.89	491.41	496.93	502.45	507.98	513.50	519.02	524.54	530.06
35	494.41	500.09	505.77	511.46	517.14	522.82	528.50	534.19	539.87	545.55
36	508.44	514.29	520.13	525.97	531.82	537.66	543.51	549.35	555.19	561.04
37	522.47	528.48	534.48	540.49	546.49	552.50	558.50	564.51	570.51	576.52
38	536.49	542.66	548.83	554.99	561.16	567.33	573.49	579.66	585.83	591.99
39	550.51	556.84	563.17	569.50	575.82	582.45	588.48	594.81	601.13	607.46
40	564.53	571.02	577.50	583.99	590.48	596.97	603.46	609.95	616.44	622.93

续表 B1

气压计附属温度,℃	气压计读数，Pa										
	97000	98000	99000	100000	101000	102000	103000	104000	105000	106000	107000
10	158.21	159.84	161.47	163.10	164.73	166.37	168.00	169.63	171.26	172.89	174.52
11	174.00	175.79	177.59	179.38	181.18	182.97	184.76	186.56	188.35	190.14	191.94
12	189.78	191.74	193.70	195.65	197.61	199.57	201.52	203.48	205.44	207.39	209.35
13	205.56	207.68	209.80	211.92	214.04	216.16	218.28	220.40	222.52	224.63	226.75
14	221.33	223.62	225.90	228.18	230.46	232.74	235.02	237.31	239.59	241.87	244.15
15	237.10	239.54	241.99	244.43	246.88	249.32	251.77	254.21	256.66	259.10	261.54
16	252.86	255.47	258.07	260.68	263.29	265.90	268.50	271.11	273.72	276.32	278.93
17	268.62	271.39	274.15	276.92	279.69	282.46	285.23	288.00	290.77	293.54	296.31
18	284.37	287.30	290.23	293.16	296.09	299.02	301.96	304.89	307.82	310.75	313.68
19	300.11	303.20	306.30	309.39	312.49	315.58	318.67	321.77	324.86	327.95	331.05
20	315.85	319.10	322.36	325.62	328.87	332.13	335.38	338.64	341.90	345.15	348.41
21	331.58	335.00	338.42	341.83	345.25	348.67	352.09	355.51	358.93	362.35	365.76
22	347.31	350.89	354.47	358.05	361.63	365.21	368.79	372.37	375.95	379.53	383.11
23	363.03	366.77	370.51	374.26	378.00	381.74	385.48	389.23	392.97	396.71	400.45
24	378.74	382.65	386.55	390.46	394.36	398.27	402.17	406.07	409.98	413.88	417.79
25	394.45	398.52	402.59	406.65	410.72	414.78	418.85	422.92	426.98	431.05	435.12
26	410.16	414.38	418.61	422.84	427.07	431.30	435.53	439.75	443.98	448.21	452.44
27	425.85	430.24	434.63	439.03	443.42	447.81	452.20	456.59	460.98	465.37	469.76
28	441.55	446.10	450.65	455.20	459.75	464.31	468.86	473.41	477.96	482.52	487.07
29	457.23	461.95	466.66	471.37	476.09	480.80	485.52	490.23	494.94	499.66	504.37
30	472.91	477.79	482.67	487.54	492.42	497.29	502.17	507.04	511.92	516.79	521.67
31	488.59	493.63	498.66	503.70	508.74	513.78	518.81	523.85	528.89	533.92	538.96
32	504.26	509.46	514.66	519.86	525.05	530.25	535.45	540.65	545.85	551.05	556.25
33	519.92	525.28	530.64	536.00	541.36	546.72	552.08	557.44	562.80	568.16	573.52
34	535.58	541.10	546.63	552.15	557.67	563.19	568.71	574.23	579.75	585.28	590.80
35	551.24	556.92	562.60	568.28	578.97	579.65	585.33	591.02	596.70	602.38	608.06
36	566.88	572.73	578.57	584.42	590.26	596.10	601.95	607.79	613.64	619.48	625.32
37	582.52	588.53	594.54	600.54	606.55	612.55	618.56	624.56	630.57	636.57	642.58
38	598.16	604.33	610.49	616.66	622.83	628.99	635.16	641.33	647.49	653.66	659.83
39	613.79	620.12	626.45	632.77	639.10	645.43	651.76	658.08	664.41	670.74	677.07
40	629.41	635.90	642.39	648.88	655.37	661.86	668.35	674.84	681.33	687.81	694.30

注：摘自《气象常用表》(第二号)第一表(中央气象局编印一九七四年六月)，单位由 mmHg 换算为 Pa。

附 录 C
气压读数纬度重力校正表
（补充件）

表 C1

纬度	气压计读数，Pa															纬度
	77000	79000	81000	83000	85000	87000	89000	91000	93000	95000	97000	99000	101000	103000	105000	
5	200. 95	206. 17	211. 39	216. 61	221. 83	227. 05	232. 27	237. 49	242. 71	247. 93	253. 14	258. 36	263. 58	268. 80	274. 02	85
10	191. 74	196. 72	201. 70	206. 69	211. 67	216. 65	211. 63	226. 61	231. 59	235. 57	241. 55	246. 53	251. 51	256. 49	261. 47	80
15	176. 71	181. 30	185. 89	190. 48	195. 07	199. 66	204. 25	208. 84	213. 43	218. 02	222. 61	227. 20	231. 79	236. 38	240. 97	75
20	156. 31	160. 37	164. 43	168. 49	172. 55	176. 61	180. 67	184. 73	188. 79	192. 85	196. 91	200. 97	205. 05	209. 09	213. 15	70
25	131. 16	134. 57	137. 97	141. 38	144. 79	148. 19	151. 60	155. 01	158. 41	161. 82	165. 23	168. 63	172. 04	175. 45	178. 86	65
30	102. 02	104. 67	107. 32	109. 97	112. 62	115. 27	117. 92	120. 57	123. 22	125. 87	128. 52	131. 17	133. 82	136. 47	139. 12	60
35	69. 79	71. 60	73. 41	75. 23	77. 04	78. 85	80. 66	82. 48	84. 29	86. 10	87. 92	89. 73	91. 54	93. 35	95. 17	55
40	35. 43	36. 35	37. 27	38. 19	39. 11	40. 03	40. 95	41. 87	42. 79	43. 72	44. 64	45. 56	46. 48	47. 40	48. 32	50
45	0. 00	0. 00	0. 00	0. 00	0. 00	0. 00	0. 00	0. 00	0. 00	0. 00	0. 00	0. 00	0. 00	0. 00	0. 00	45

注：摘自《气象常用表》(第三号)第一表(中央气象局编印，一九七四年六月。单位由 mmHg 换算为 Pa)。

附加说明：

本标准由扬子石油化工公司提出。

本标准由全国化学标准化技术委员会石油化学分技术委员会归口。

本标准由扬子石油化工公司质检站负责起草。

本标准主要起草人吴晨光、黄昭、马颖。

中华人民共和国石油化工行业标准

SH/T 1054—1991
（2009年确认）

工业用二乙二醇中乙二醇和三乙二醇含量的测定 气相色谱法

1 主题内容与适用范围

本标准规定了工业用二乙二醇中乙二醇和三乙二醇含量测定的气相色谱法。

本方法适用于测定工业用二乙二醇中乙二醇和三乙二醇含量，其最小检测浓度分别为0.01%和0.02%。

2 引用标准

GB 6680 液体化工产品采样通则

3 方法原理

试样通过微量注射器注入，并被载气带入色谱柱，使各组分得到分离。用火焰离子化检测器进行检测。采用外标法计算乙二醇和三乙二醇的含量。必要时也可用内标法定量(附录A)。

4 主要材料及试剂

4.1 载气

氮气或氦气：纯度大于99.999%。

4.2 辅助气

4.2.1 氢气：纯度大于99.99%。

4.2.2 空气：经硅胶及5Å分子筛干燥、净化。

4.3 固定液

聚乙二醇-20M。

4.4 载体

Chromosorb W AW-DMCS：粒径为0.149~0.177mm；或其他性能类似的载体。

4.5 二乙二醇

商品二乙二醇经减压蒸馏法提纯，收集中间30%的馏分备用。该馏分按本标准规定条件进行分析，应检不出乙二醇和三乙二醇的色谱峰。

4.6 乙二醇和三乙二醇：纯度应大于99%(必要时可按4.5条所述进行提纯)。

5 仪器

为备有分流装置和火焰离子化检测器的气相色谱仪。该色谱仪对本标准规定最小检测浓度的乙二醇和三乙二醇所产生的峰高应至少大于噪声的两倍。

中国石油化工总公司 1991-06-28 批准　　1992-07-01 实施

5.1 汽化室

应配置石英或玻璃内衬管。

5.2 色谱柱

推荐的色谱柱及典型操作条件见表 1。能达到同等分离效能的其他色谱柱也可使用。

5.3 检测器

火焰离子化检测器。

5.4 记录装置

记录仪、积分仪或色谱数据处理机。

6 取样

按 GB 6680 的规定进行。

7 操作步骤

7.1 调整仪器

色谱仪启动后进行必要的调节，以达到表 1 所列的典型操作条件或能获得良好分离的其他适宜条件。仪器稳定后，即可进行测定。

表 1 推荐的色谱柱及典型操作条件

色　谱　柱	填　充　柱	毛细管柱
柱管材质	不锈钢或铜	熔融石英
固定液	聚乙二醇-20M	聚乙二醇-20M
固定液含量,%	10	—
液膜厚度，μm	—	0.25
载体	Chromosorb W AW-DMCS	—
粒径，mm	0.149~0.177	—
柱长，m	1.0	30
内径，mm	2	0.32
检测器温度,℃	260	260
汽化室温度,℃	290	290
柱温,℃	180	180
载气流速，mL/min	50(氮气作载气时)	—
线速度，cm/s	—	16.8(氮气作载气时)
分流比	—	120∶1
进样量，μL	1.0	1.0

7.2 标样配制

取适量二乙二醇(4.5 条)，置于洁净、干燥并已称量过的容量瓶中，用万分之一天平准确称量，以差减法求得加入的二乙二醇质量，然后相继加入适量的乙二醇和三乙二醇(4.6 条)，分别称量，摇匀备用。所配制的乙二醇和三乙二醇浓度应与待测试样相近，并按式(1)计算：

$$E_i=\frac{m_i}{m}\times100 \qquad (1)$$

式中：E_i——标样中乙二醇或三乙二醇的质量百分数；

m_i——乙二醇或三乙二醇的质量，g；

m——标样质量，g。

7.3 测定

7.3.1 校正

每次试样分析前或分析后，都要用标样(7.2 条)进行外标校正。

用微量注射器，在规定的色谱条件下，注入一定量所配制的标样，重复测定三次，以获得相应的峰面积，作为定量计算的标准。

7.3.2　试样测定

用微量注射器准确抽取与外标校正(7.3.1)体积相同的试样注入色谱柱，并将测得的各色谱峰面积与相应的外标峰面积进行比较。

注：必要时，可注入 1μL 蒸馏水数次，以清除吸附在进样器中的试样残留物。

7.3.3　色谱图

典型色谱图见图 1、图 2。

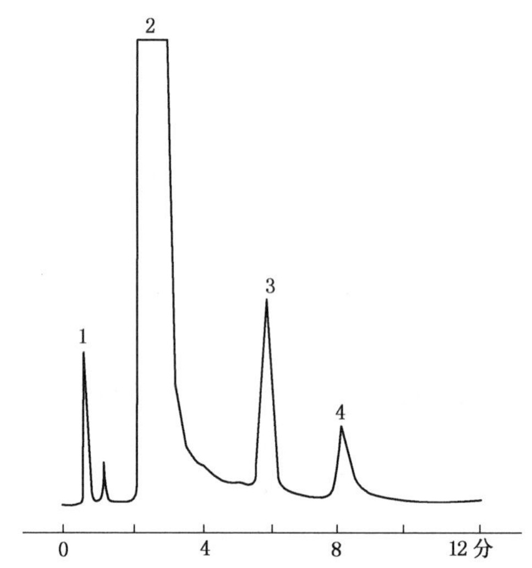

图 1　二乙二醇在填充柱上的典型色谱图

1—乙二醇；2—二乙二醇；3—壬二酸二乙酯(内标)；4—三乙二醇

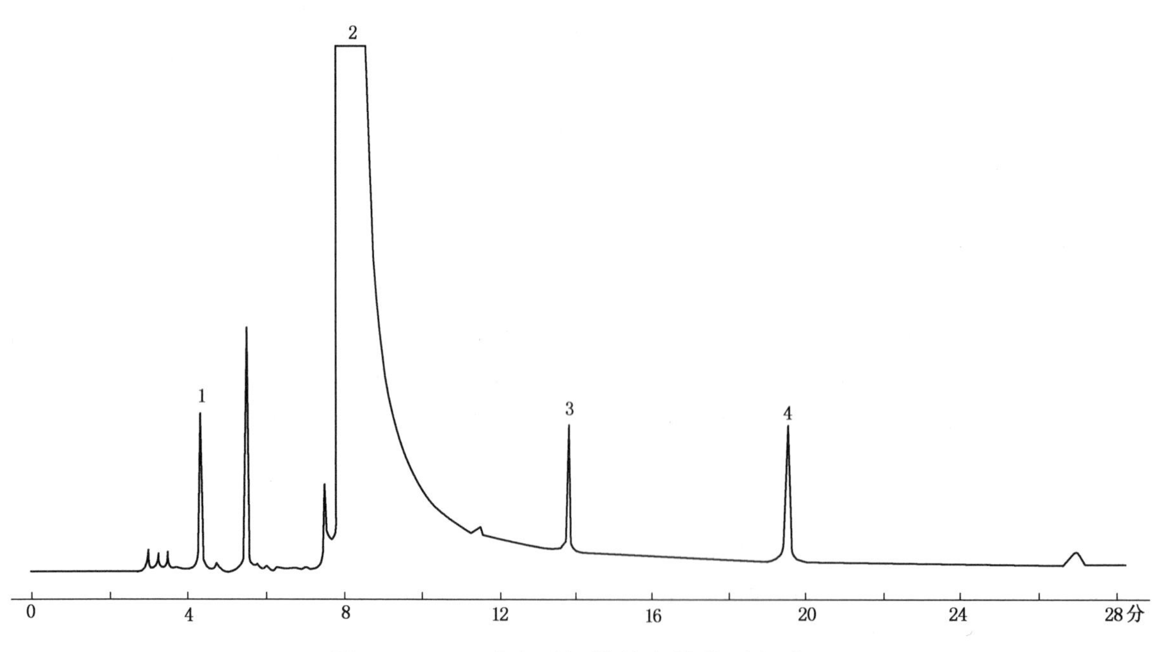

图 2　二乙二醇在毛细管柱上的典型色谱图

1—乙二醇；2—二乙二醇；3—壬二酸二乙酯(内标)；4—三乙二醇

7.4 计算

试样中乙二醇和三乙二醇含量按式(2)计算：

$$x_i = E_i \times \frac{A_i}{A_E} \qquad (2)$$

式中：x_i——试样中乙二醇或三乙二醇的质量百分数；

E_i——标样中乙二醇或三乙二醇的质量百分数；

A_i——试样中乙二醇或三乙二醇的峰面积；

A_E——标样中乙二醇或三乙二醇的峰面积。

8 结果的表示

8.1 分析结果

以两次重复测定的算术平均值作为其分析结果，并以质量百分数表示，应精确到0.001%。

8.2 精密度

本方法的精密度数据是一九九〇年九月，由八个实验室，对五个浓度水平试样所作的室间精密度试验(集中试验)确定的。

8.2.1 重复性

在同一实验室由同一操作员，用同一试验方法与仪器，对同一试样相继做两次重复试验。所得结果的差值应不大于算术平均值的10%(95%置信水平)。

8.2.2 再现性

在任意两个不同的实验室，由不同的操作者，采用不同仪器，在不同或相同时间内，对同一试样所测得的两个单次试验结果的差值应不大于其算术平均值的25%(95%置信水平)。

9 试验报告

报告应包括下列内容：

a. 有关试样的全部资料：批号、日期、时间、采样地点等；

b. 测定结果；

c. 试验中观察到的异常现象；

d. 未包括在本标准中的任何操作及自由选择的操作的说明。

附 录 A
内 标 定 量 法
（补充件）

根据实验室条件或测定要求，需要采用内标法定量时，应按本附录规定进行测定。

A1 内标物

壬二酸二乙酯：纯度大于99%。

A2 标样配制

取适量二乙二醇（4.5条），置于洁净、干燥并已称量过的容量瓶中，用万分之一天平称量，以差减法求得加入的二乙二醇质量，然后相继加入适量的乙二醇和三乙二醇（4.6条）以及壬二酸二乙酯（A1），须分别称量，并充分摇匀，备用，所配制的乙二醇和三乙二醇浓度应与待测试样相近为宜。

A3 校正因子的测定

在5.2条表1所推荐的色谱条件下，注入1μL标样（A2），重复测定两次，测得各色谱峰的峰面积并按式（A1）计算乙二醇和三乙二醇的相对质量校正因子$f_{s,i}$。

$$f_{s,i}=\frac{A_s \cdot m_i}{A_i \cdot m_s} \qquad \text{(A1)}$$

式中：A_i 和 A_s——标样中乙二醇或三乙二醇和内标物的峰面积；

m_i 和 m_s——标样中乙二醇或三乙二醇和内标物的质量，g。

A4 试样测定

取适量试样置于洁净、干燥并已称量过的容量瓶中，用万分之一天平称量，以差减法求得试样质量，然后加入与待测组分含量相近的壬二酸二乙酯，再次称量并充分摇匀后，抽取1μL该试样注入色谱柱，记录并测得各色谱峰的峰面积后，即可按式（A2）计算乙二醇或三乙二醇的含量。

$$x_i=\frac{m_s \cdot A_i \cdot f_{s,i}}{m \cdot A_s}\times 100 \qquad \text{(A2)}$$

式中：x_i——试样中乙二醇或三乙二醇的质量百分数；

m——试样的质量，g；

m_s——加入内标物的质量，g；

A_i——乙二醇或三乙二醇的峰面积；

A_s——内标物的峰面积；

$f_{s,i}$——乙二醇或三乙二醇的相对质量校正因子。

A5 色谱图

典型色谱图见图1或图2。

附加说明：

本标准由扬子石油化工公司提出。

本标准由全国化学标准化技术委员会石油化学分技术委员会归口。

本标准由扬子石油化工公司质检站和上海石油化工研究院共同负责起草。

本标准主要起草人任刚、方志德、糜万里、唐琦民。

中华人民共和国石油化工行业标准

SH/T 1055—1991
(2009年确认)

工业用二乙二醇中水含量的测定
微库仑滴定法

1 主题内容与适用范围

本标准规定了工业用二乙二醇中水含量测定的微库仑滴定法。

本方法适用于二乙二醇中10mg/kg以上水含量的测定

2 引用标准

GB 6683 化工产品中水分含量的测定 卡尔·费休法(通用方法)

GB 6680 液体化工产品采样通则

3 方法原理

将一定量的试样注入含恒定碘的电解液中，由于水的存在，碘被二氧化硫还原，在吡啶和甲醇存在情况下，生成氢碘酸吡啶和甲基硫酸氢吡啶。反应式如下：

$$H_2O+I_2+SO_2+3C_5H_5N = 2C_5H_5N \cdot NI+C_5H_5N \cdot SO_3$$

$$C_5H_5N \cdot SO_3+CH_3OH = C_5H_5N \cdot HSO_4 \cdot CH_3$$

由于水消耗了碘，使指示电极对间的电位发生变化，随即电解电极对有相应电流通过，使溶液中的碘离子在阳极氧化为碘：

阳极： $2I^- - 2e \longrightarrow I_2$

所产生的碘又与试样中的水进行反应，直至全部水反应完毕为止。反应终点由指示电极对指示，并记录电解所消耗的电量，根据法拉第电解定律即可求出试样中的水含量。

4 试剂和材料

4.1 电解液：由二氧化硫、碘、吡啶和其他溶剂组成，一般由仪器制造厂配套供应，也可按仪器说明书提供的方法自行配制。

4.2 水-甲醇标准溶液：$2gH_2O/L$，按GB 6283第4.15条方法配制。

4.3 硅橡胶块。

5 仪器

5.1 一般实验室仪器。

5.2 微库仑滴定仪：典型系统原理图1。

5.2.1 主机：由微库仑放大器、补偿系统、显示系统等组成。能提供可变电解电流、精确记录电解电量，并以电量或微克水的形式显示电解滴定结果。

5.2.2 电解池：由铂质电解电极、指示电极及干燥管等组成。如图2所示。

5.3 注射器：50μL微量注射器，1mL、2mL医用注射器(附头针头)。

中国石油化工总公司 1991-06-28 批准　　1992-07-01 实施

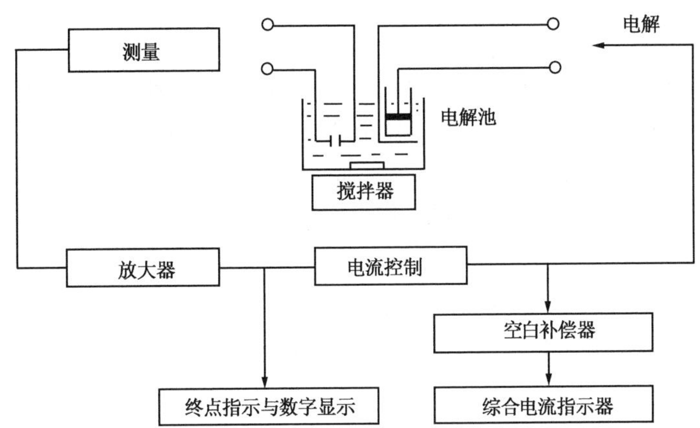

图1 原理示意图

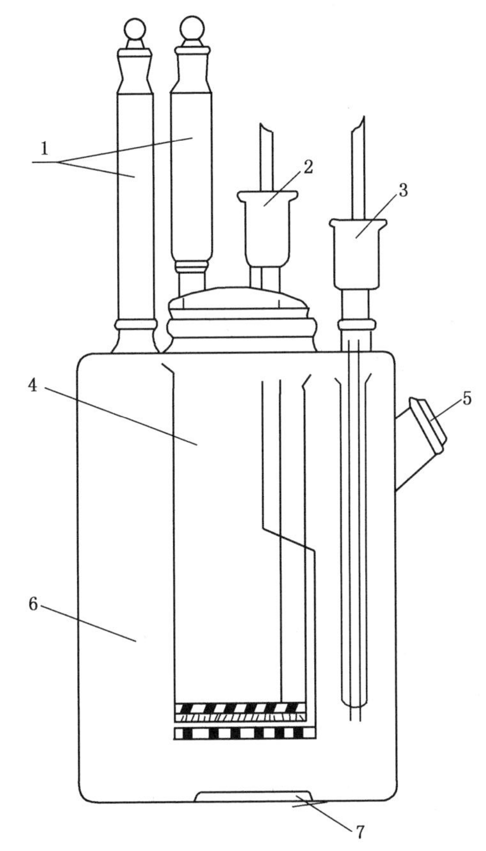

图2 电解池结构

1—干燥管；2—电解电极对；3—指示电极对；4—阴极室；
5—进样口；6—阳极室；7—搅拌棒

6 采样

按 GB 6680 规定的方法进行，样品容器应干燥、密封。采样应迅速、熟练，以防止样品吸水。

7 试验步骤

7.1 准备

7.1.1 在清洁干燥的电解池阳极室内放入搅拌棒，然后往阴、阳极室内加入适量电解液，且两极液面应基本一致。最后分别将电解电极、指示电极、干燥管、进样旋塞、电解池盖的磨口处均涂上一层真空润滑脂，并紧密地安装于电解池相应的部位。

7.1.2 连接仪器电源线和电极引线。打开仪器的电源开关，调整搅拌速度，使搅拌均匀、平稳。将电解电流开关置于开的位置，综合电流指示器上应该有电流指示，若无电流指示，说明阳极电解液过碘，出现这种情况，可在阳极电解液中注入适量水或含水甲醇，直至电解电流产生。当电解池内的水反应完毕，消耗的碘得到补充后，仪器达到平衡，电解自动停止，并指示终点到达。

7.2 仪器的标定

用微量注射器向电解池内注入50μL水-甲醇标准溶液(4.2条)，按下启动开关，电解到达终点后，仪器显示数值与理论值的相对误差不大于±5%。连续标定2~3次，显示数值若均在允许范围内，即可进行试样分析。

7.3 试样分析

7.3.1 选择适宜的注射器，用待测试样冲洗2~3次，按表1给出的取样量吸取适量样品，立即用滤纸擦干针头外壁附着的试样，并用一小块硅橡胶封住针头，置于天平上称量，精确至0.0001g。

表1

试样含水量，mg/kg	取样量，mL
10~100	1~2
100~1000	0.1~1
>1000	<0.1

7.3.2 取下硅橡胶块，迅速通过电解池进样口将试样注入电解液中，按下启动开关，开始电解滴定，同时取下注射器，再用硅橡胶块封住针尖，称重。进样前后注射器质量之差，即为进样量。

7.3.3 待电解结束，电解终点指示灯指示终点到达，记录微库仑滴定仪显示的数值。

8 结果计算和表示

8.1 计算

试样中水分含量c(mg/kg)按公式(1)或公式(2)计算：

$$c=\frac{Q\times10^3}{m\times10722} \qquad (1)$$

式中：Q——仪器显示的电解消耗的电量，mC；

m——注入的试样质量，g；

10722——1mg水所消耗的电量，mC/mg。

$$c=\frac{m_1}{m} \qquad (2)$$

式中：m_1——微库仑滴定仪显示的电解得到的水的质量，μg；

m——注入的试样质量，g。

8.2 结果表示

取其两次重复测定的算术平均值作为测定结果，应精确至1mg/kg。

9 精密度

9.1 重复性

在同一实验室由同一操作员，采用同一试验方法与仪器，对同一试样相继进行两次重复试验，所得结果的差值不大于表2的规定(95%置信水平)。

表 2

二乙二醇中水含量，mg/kg	重　复　性
≤200	算术平均值的 15%
>200	算术平均值的 15%

附加说明：

本标准由扬子石油化工公司提出。

本标准由全国化学标准化技术委员会石油化学分技术委员会技术归口。

本标准由扬子石油化工公司质检站负责起草。

本标准主要起草人王志坤、马丽玉。

中华人民共和国石油化工行业标准

SH/T 1056—1991
（2009年确认）

工业用二乙二醇

1 主题内容与适用范围

本标准规定了工业用二乙二醇的技术要求、试验方法、检验规则以及标志、包装、运输、贮存等。

本标准适用于以乙烯为原料，经直接氧化、水合、分离所制取的工业用二乙二醇。

分子式：$C_4H_{10}O_3$

相对分子质量：106.12（按1985年国际相对原子质量）

2 引用标准

GB/T 2365 工业有机产品中铁含量测定法 邻菲啰啉法

GB/T 3143 液体化学产品颜色测定法（Hazen单位——铂-钴色号）

GB/T 4472 化工产品密度、相对密度测定通则

GB/T 6283 化工产品中水分含量的测定 卡尔·费休法（通用方法）

GB/T 6678 化工产品采样总则

GB/T 6680 液体化工产品采样通则

GB/T 14571.1 工业用乙二醇酸度的测定 滴定法

SH/T 1053 工业用二乙二醇沸程的测定

SH/T 1054 工业用二乙二醇中乙二醇和三乙二醇含量的测定 气相色谱法

SH/T 1055 工业用二乙二醇中水含量的测定 微库仑滴定法

3 技术要求

工业用二乙二醇的质量应符合下表规定的技术指标，并按下表规定的试验方法进行检验。

指标名称		质量指标		试验方法
		优级品	一级品	
外观		无色透明液体，无机械杂质	无色或微黄色液体，无机械杂质	按4.1条规定测定
色度，铂-钴色号	≤	15	30	GB/T 3143
密度（20℃），g/cm^3		1.1155～1.1176		GB/T 4472
水含量，%（m/m）	≤	0.1	0.2	GB/T 6283（仲裁法）或SH/T 1055
沸程				SH/T 1053
初馏点，℃	≥	242	240	
干点，℃	≤	250	255	

中国石油化工总公司1991-06-28批准　　1992-07-01实施

续表

指标名称		质量指标		试验方法
		优级品	一级品	
乙二醇,%(*m/m*)	≤	0.15	0.50	SH/T 1054
三乙二醇,%(*m/m*)	≤	0.40	1.00	
铁(以 Fe^{2+}计),%(*m/m*)	≤	0.0001	—	GB/T 2365
酸含量(以乙酸计),%(*m/m*)	≤	0.01	—	GB/T 14571.1

4 试验方法

4.1 外观测定

取 50~60mL 二乙二醇试样，置于清洁、干燥的 100mL 比色管中，在日光或日光灯透射下，直接目测。

4.2 色度测定

按 GB/T 3143 的规定进行，采用 100mL 比色管。

分析结果应精确到 1 个铂-钴色号。方法的重复性(95%置信水平)为 2 个铂-钴色号。

4.3 密度测定

按 GB/T 4472 中 2.3.1 条比重瓶法的规定进行，分析结果应精确到 0.0001g/cm^3，方法的重复性(95%置信水平)为 0.0002g/cm^3。

4.4 水含量测定

按 SH/T 1055 或 GB/T 6283 的规定进行，而以 GB/T 6283 为仲裁法。分析结果应精确到 0.0001%，方法的重复性(95%置信水平)：当水含量≤0.02%时为测定平均值的 15%；当水含量>0.02%时为测定平均值的 10%。

4.5 沸程测定

按 SH/T 1053 的规定进行。

4.6 乙二醇和三乙二醇含量的测定

按 SH/T 1054 的规定进行。

4.7 铁含量的测定

按 GB/T 2365 的规定进行，分析结果应精确到 0.00001%，方法的重复性(95%置信水平)为 0.00002%。

4.8 酸含量的测定

按 GB/T 14571.1 的规定进行，分析结果应精确到 0.0001%，方法的重复性(95%置信水平)为 0.0003%。

5 检验规则

5.1 工业用二乙二醇应由生产厂的质检部门进行检验，生产厂应保证所有出厂的二乙二醇都符合本标准的要求。

5.2 使用单位有权按本标准的规定对收到的产品进行检验。

5.3 每批出厂的二乙二醇都应附有一定格式的质量证明书，其内容包括：产品名称、生产厂名、产品等级、批号、净重、检验日期、产品质量符合本标准要求的证明和本标准编号。

5.4 二乙二醇以一个包装单位为一批(如槽车、槽船)，桶装产品以每包装一次为一批。

5.5 采样按 GB/T 6678 与 GB/T 6680 的规定进行。采样量总体积不少于 2L，充分混合均匀后分装于两个洁净、干燥的具塞磨口瓶中，贴上标签，注明：产品名称、批号、采样日期、采样人姓名等，一瓶送化验室分析，另一瓶保存两个月备查。

5.6 如果检验结果不符合本标准要求，需重新取样。对桶装产品应加倍取样，复检。对槽车装物料应重新多点采样进行复检，重新检验的结果即使有一项指标不符合本标准要求，则整批产品作不合格处理。

6 标志、包装、运输、贮存

6.1 包装容器上应有明显牢固的标志，其内容包括：生产厂名称、产品名称、商标、生产日期、批号、净重。

6.2 二乙二醇为吸水性很强的物质，应装于干燥、清洁的专用不锈钢、铝制或内壁喷铝的容器中，也可以装于镀锌铁桶中，桶口应予密封，防止水分渗入。

6.3 运输时应轻拿轻放，防止碰撞。

6.4 应贮存在阴凉通风、干燥的场所，保持容器的密闭性。

附加说明：

本标准由扬子石油化工公司提出。

本标准由全国化学标准化技术委员会石油化学分技术委员会技术归口。

本标准由扬子石油化工公司质检站负责起草。

本标准主要起草人齐凤琴、赵佐慈、项树杰。

本标准参照采用美国试验与材料协会标准 ASTM D2694-87《二乙二醇标准规格》。

编者注：规范性引用文件中 GB/T 2365 已废止，可采用 GB/T 3049—2006《工业用化工产品　铁含量测定的通用方法　1,10-菲啰啉分光光度法》

前　言

本标准根据我国乙苯生产技术的发展和提高对SH/T 1140—1992进行了修订。

本次修订的主要内容为：

1. 优等品的纯度指标由99.6%提高至99.70%，一等品由99.4%提高至99.50%；优等品的异丙苯指标由0.05%修改为0.03%，一等品由0.13%修改为0.05%；优等品和一等品的二乙苯指标分别由0.010%、0.015%均修改为0.001%。此外，还增设了二甲苯指标项目：优等品为0.10%，一等品为0.15%。

2. 在试验方法上，本次修订中非等效采用ASTM D5060-95《气相色谱法测定高纯乙苯中杂质的标准试验方法》，对SH/T 1148《工业用乙苯纯度及烃类杂质的测定　气相色谱法》进行了修订，其余各项方法均采用我国现行标准。

3. 补充规定了对乙苯指标的判定与数据修约方法，以及安全要求的有关内容。

本标准自实施之日起，同时代替SH/T 1140—1992。

本标准由中国石油化工股份有限公司提出。

本标准由全国化学标准化技术委员会石油化学分技术委员会归口。

本标准由上海石油化工研究院负责起草。

本标准主要起草人：张月珍

本标准首次发布于1992年。

中华人民共和国石油化工行业标准

SH/T 1140—2001

工　业　用　乙　苯

代替 SH/T 1140—92

Ethylbenzene for industrial use-Specification

1　范围

本标准规定了工业用乙苯的技术要求、试验方法、检验规则，以及标志、包装、运输、储存、安全要求等。

本标准适用于烃化法所制得的工业用乙苯。

分子式：C_8H_{10}

相对分子质量：106.17(按1999年国际相对原子质量)

2　引用标准

下列标准所包含的条文，通过在本标准中引用而构成为本标准的条文。本标准出版时，所示版本均为有效。所有标准都会被修订，使用本标准的各方应探讨使用下列标准最新版本的可能性。

GB 190—90　危险货物包装标志

GB/T 605—88　化学试剂　色度测定通用方法(eqv ISO 6353/1：1982)

GB/T 1250—89　极限数值表示方法和判定方法

GB/T 4472—84　化工产品密度、相对密度测定通则

GB/T 4756—1998　石油液体手工取样法(eqv ISO 3170：1988)

SH 0164—92(1998)　石油产品包装、储运及交货验收规则

SH/T 1146—92(2000)　工业用乙苯中水浸出物pH值的测定

SH/T 1147—92(2000)　工业用乙苯中微量硫的测定　微库仑法

SH/T 1148—2001　工业用乙苯中纯度及烃类杂质的测定　气相色谱法

3　技术要求和试验方法

工业用乙苯的技术要求和试验方法应符合表1的规定。

4　检验规则

4.1　工业用乙苯的质量应由生产厂的质量检验部门进行检验，生产厂应保证出厂的乙苯质量符合本标准的要求，每批产品都应附有质量证明书。质量证明书上应注明：生产企业名称、地址、产品名称、产品等级、批号、生产日期、净重及本标准代号等。

4.2　以同等质量的产品为一批，每批产品的数量不允许超过储槽的最大容量。

4.3　使用单位有权按照本标准的规定对所收到的工业用乙苯进行验收。验收期限和方式由供需双方商定。

4.4　采样按GB/T 4756规定的要求进行，采取2L试样供检验和留样用。

4.5　技术要求中的密度指标项目为型式检验项目，仅在必要时进行测定；水浸出物酸碱性(pH值)

国家经济贸易委员会 2001-11-23 批准　　　　2002-01-01 实施

指标项目仅对由三氯化铝法烃化工艺生产的乙苯进行测定。

4.6 检验结果的判定按照 GB/T 1250 中规定的修约值比较法进行。检验结果如有一项指标不符合本标准要求时应重新加倍取样进行复验，复验结果只要有一项指标不符合本标准的要求，则该批产品就应降等或判为不合格。

表 1 技术要求和试验方法

序号	项目		指标		试验方法
			优等品	一等品	
1	外观		无色透明均匀液体，无机械杂质和游离水		目测[a]
2	密度(20℃)，kg/m^3		866~870		GB/T 4472
3	水浸出物酸碱性(pH 值)		6.0~8.0		SH/T 1146
4	纯度,%(*m*/*m*)	≥	99.70	99.50	SH/T 1148
5	二甲苯%(*m*/*m*)	≤	0.10	0.15	SH/T 1148
6	异丙苯,%(*m*/*m*)	≤	0.03	0.05	SH/T 1148
7	二乙苯,%(*m*/*m*)	≤	0.001	0.001	SH/T 1148
8	硫,%(*m*/*m*)	≤	0.0003	不测定	SH/T 1147

[a]将试样注入 50mL 比色管中，液面与刻度齐平，在有足够自然光线或有白色背景的灯光下径向目测，发生争议时，按 GB/T 605 仲裁，铂-钴标度应不大于 5 号。

5 标志、包装、运输、储存

工业用乙苯的标志、包装、运输、储存按 GB 190 和 SH 0164 的规定进行。

6 安全要求

6.1 工业用乙苯为具有芳香味的易燃液体，其蒸气与空气能形成爆炸性混合物，生产和使用工业用乙苯的场所应安装排气通风设备，禁止使用明火，设备必须密封。区域内必须备有急救箱和灭火设备，起火时可用砂、化学泡沫剂、水蒸气、惰性气体和石棉被等扑灭。

6.2 工业用乙苯具有一般毒性，是一种麻醉剂，在生产区域空气中乙苯蒸气允许浓度为 $5.0mg/m^3$，超过允许浓度将败坏血液，损害造血器官，刺激粘膜，引起头痛、头晕、心脏痛，以及刺激皮肤。

6.3 处理工业用乙苯时，应使用个人防护用品，以防止其蒸气吸入体内，避免液体产品落到皮肤上。防护用品包括过滤性防毒面具、橡皮手套和防护眼镜等。禁止使用压缩空气来分装和转移乙苯。

6.4 为保证生产安全，防止火灾爆炸，必须遵守石油化工企业防爆、防静电火花等的安全规定。

编者注：规范性引用文件中 GB/T 1250 已被 GB/T 8170—2009《数值修约规则与极限数值的表示和判定》代替。

ICS 71.080.10
G 16

中华人民共和国石油化工行业标准

SH/T 1141—2015
代替 SH/T 1141—1992

工业用裂解碳四的烃类组成测定 气相色谱法

Cracking C_4 fraction for industrial use
—Determination of hydrocarbon composition
—Gas chromatographic method

2015-07-14 发布　　2016-01-01 实施

中华人民共和国工业和信息化部　发布

前　　言

本标准依据 GB/T 1.1—2009 给出的规则起草。

本标准代替 SH/T 1141—1992《工业用裂解碳四的组成测定　气相色谱法》。

本标准与 SH/T 1141—1992 相比主要变化如下：

——标准名称修改为《工业用裂解碳四的烃类组成测定　气相色谱法》；

——将范围中的最低检测浓度由 0.1%修改为 0.01%（见第 1 章，1992 版第 1 章）；

——将色谱柱由填充柱改为毛细管柱、检测器由热导池检测器（TCD）改为氢火焰离子化检测器（FID），将定量方法由面积归一化法改为校正面积归一法，修改了色谱条件和典型色谱图；（见第 3、第 5、第 7 和第 8 章，1992 版第 2、第 4 和第 6 章）

——增加了标准试剂的具体要求；（见 4.1.1，1992 版 3.4）

——载气由“氢气”改为“氮气”；（见 4.2，1992 版 3.1）

——修改了采样方法（见第 6 章，1992 版第 5 章）

——修改了进样方式（见 5.4 和 7.2，1992 版 5.1 和 5.2）

——修改了计算和结果的表示方式；（见第 8 章，1992 版第 6.4 章）

——修改了重复性。（见第 9 章，1992 版 7.2）。

本标准由中国石油化工集团公司提出。

本标准由全国化学标准化技术委员会石油化学分技术委员会（SAC/TC63/SC4）归口。

本标准起草单位：中国石油化工股份有限公司上海石油化工研究院。

本标准主要起草人：唐琦民、李继文、刘俊彦。

本标准所代替标准的历次版本发布情况为：

——SH/T 1141—1992。

工业用裂解碳四的烃类组成测定　气相色谱法

警告：本标准并不是旨在说明与其使用有关的所有安全问题。使用者有责任采取适当的安全与健康措施，保证符合国家有关法规的规定。

1　范围

1.1　本标准规定了用气相色谱法测定工业用裂解碳四的烃类组成。

1.2　本标准适用于工业用裂解碳四馏分中浓度不低于 0.01%（质量分数）的烃类组成测定。本标准还适用于其它来源碳四烃类的定量分析。

2　规范性引用文件

下列文件对于本文件的应用是必不可少的。凡是注日期的引用文件，仅注日期的版本适用于本文件。凡是不注日期的引用文件，其最新版本（包括所有的修改单）适用于本文件。

GB/T 3723　工业用化学产品采样安全通则（GB/T 3723—1999，ISO 3165：1976，IDT）

GB/T 6680　液体化工产品采样通则

GB/T 8170　数值修约规则与极限数值的表示和判定

SH/T 1142　工业用裂解碳四　液态采样法

3　方法提要

在本标准规定的条件下，将适量试样注入色谱仪，使试样中的各组分得到分离，用氢火焰离子化检测器（FID）检测，以校正面积归一法定量。

4　试剂与材料

4.1　标准试剂

以 1,3-丁二烯为本底，含有丙烷、丙烯、异丁烷、正丁烷、环丙烷、丙二烯、1-丁烯、异丁烯、顺-2-丁烯、反-2-丁烯、异戊烷、正戊烷、丙炔、1,2-丁二烯、乙烯基乙炔、乙基乙炔等烃类组分的标样。

4.2　载气

氮气：纯度≥99.99%（体积分数），经硅胶及 5A 分子筛干燥，净化。

4.3　辅助气

4.3.1　氢气：纯度≥99.99%（体积分数），经硅胶及 5A 分子筛干燥，净化。

4.3.2　空气：经硅胶及 5A 分子筛干燥，净化。

5 仪器

5.1 气相色谱仪

配置气体进样阀或液体进样阀、氢火焰离子化检测器（FID）的气相色谱仪。该仪器对本标准所规定的最低测定浓度下的烃类组分所产生的峰高应至少大于噪声的两倍。

5.2 色谱柱

推荐的色谱柱及典型操作条件见表1，典型色谱图见图1～图3。能满足分离要求的其它色谱柱和色谱条件也可使用。

表1 推荐的色谱柱及典型操作条件

色谱条件	1	2	3[a]
色谱柱	Al_2O_3PLOT/M	Al_2O_3PLOT/S	Al_2O_3PLOT/KCl
进样方式	闪蒸仪或水浴汽化/液体进样		
柱长/m	50	50	50
柱内径/mm	0.53	0.32	0.53
膜厚/μm	15	8	15
载气（N_2）流量/（mL/min）	3.0	1.0	3.0
柱温			
初始温度/℃	90	90	80
保持时间/min	10	10	10
升温速率/（℃/min）	10	10	10
最终温度/℃	180	180	180
终温保持时间/min	8	8	7
汽化室温度/℃	200		
检测器温度/℃	250		
气体进样阀温度/℃	60		
氢气（H_2）流量/（mL/min）	40		
空气（Air）流量/（mL/min）	400		
进样量	气体 0.25 mL　液体 1.0 μL		
分流比	30:1	100:1	60:1

[a]按条件3，丙炔和正戊烷可能难以分离。

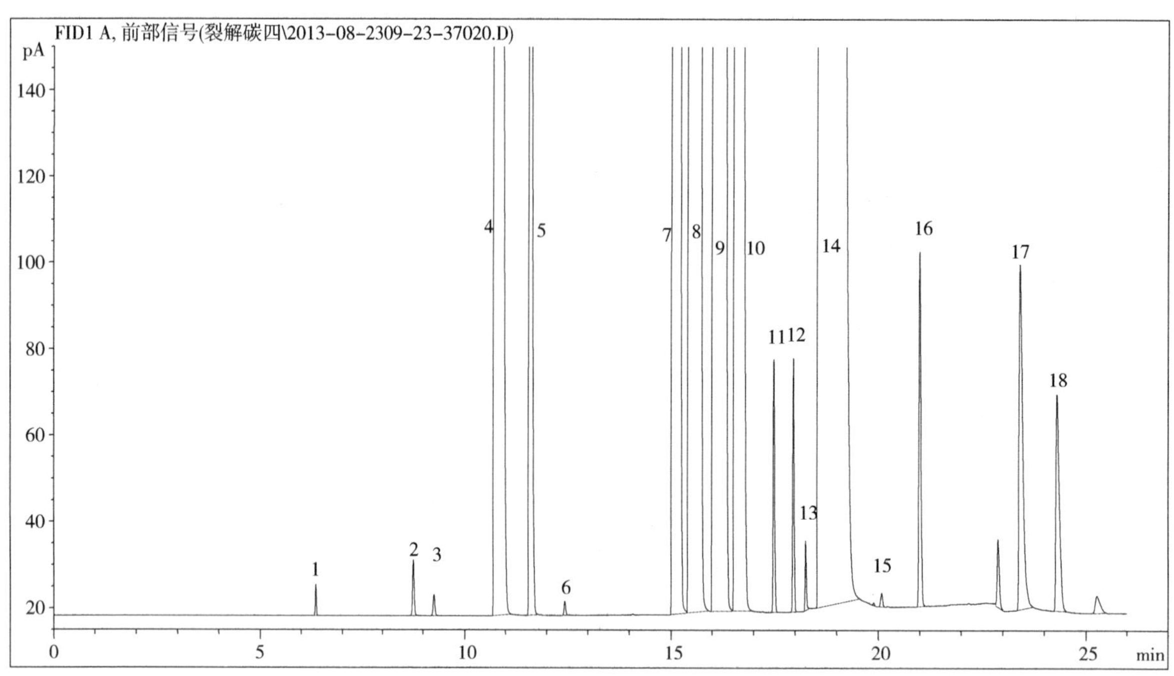

1—丙烷；2—环丙烷；3—丙烯；4—异丁烷；5—正丁烷；6—丙二烯；7—反-2-丁烯；8—1-丁烯；9—异丁烯；10—顺-2-丁烯；11—异戊烷；12—正戊烷；13—1,2-丁二烯；14—1,3-丁二烯；15—丙炔；16—1-戊烯；17—乙烯基乙炔；18—乙基乙炔

图1　HP-PLOT/M Al_2O_3毛细管柱的典型色谱图

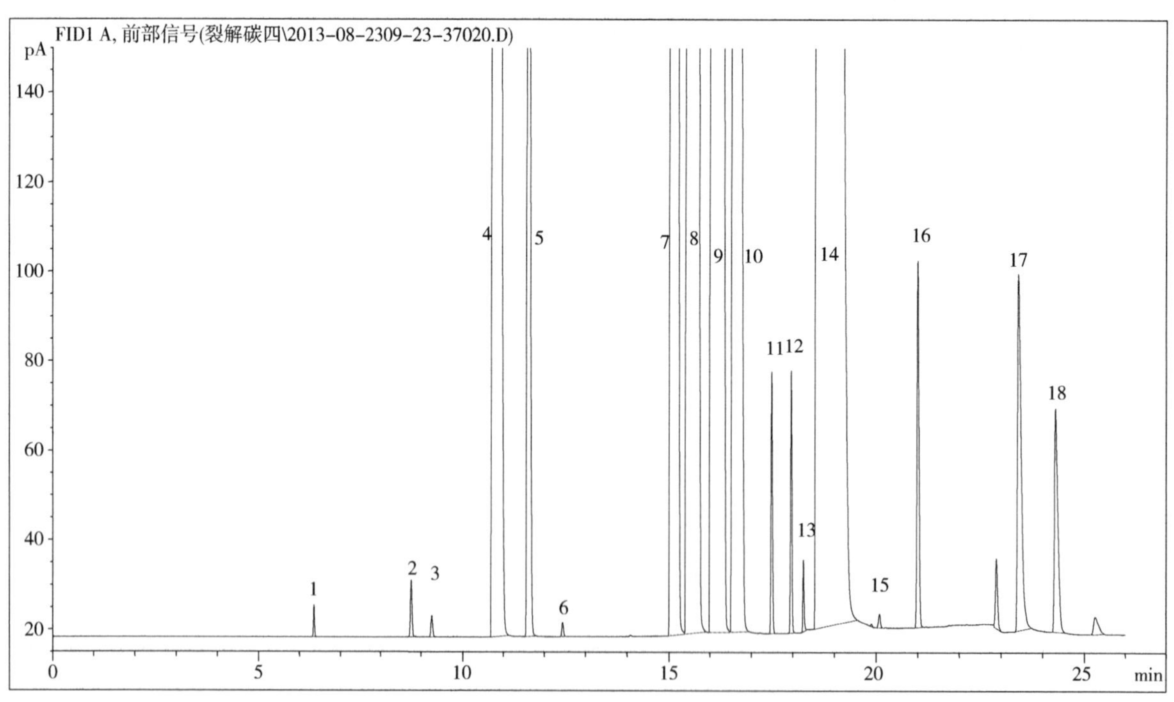

1—丙烷；2—环丙烷；3—丙烯；4—异丁烷；5—正丁烷；6—丙二烯；7—反-2-丁烯；8—1-丁烯；9—异丁烯；10—顺-2-丁烯；11—异戊烷；12—正戊烷；13—1,2-丁二烯；14—1,3-丁二烯；15—丙炔；16—1-戊烯；17—乙烯基乙炔；18—乙基乙炔

图2　HP-PLOT/S Al_2O_3毛细管柱典型色谱图

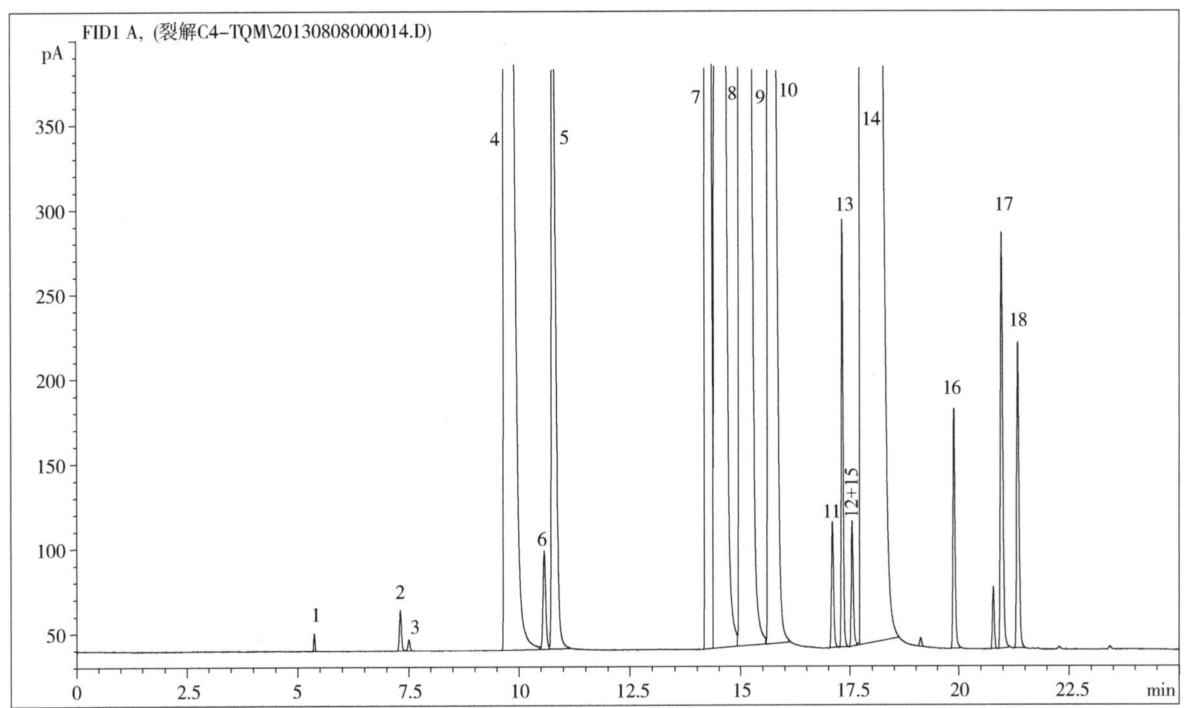

1—丙烷；2—环丙烷；3—丙烯；4—异丁烷；5—正丁烷；6—丙二烯；7—反-2-丁烯；8—1-丁烯；9—异丁烯；10—顺-2-丁烯；11—异戊烷；12—正戊烷；13—1,2-丁二烯；14—1,3-丁二烯；15—丙炔；16—1-戊烯；17—乙烯基乙炔；18—乙基乙炔

图 3　HP-PLOT/KCl Al_2O_3毛细管柱典型色谱图

5.3　记录装置

积分仪或色谱工作站。

5.4　样品气化装置

闪蒸气化（80 ℃）或水浴气化（60 ℃~70 ℃）装置。

6　采样

按 GB/T 3723、SH/T 1142 和 GB /T 6680 规定的安全与技术要求采取样品。

7　测定步骤

7.1　设定操作条件

根据仪器操作说明书，在色谱仪中安装并老化色谱柱。然后调节仪器至表 1 所示的操作条件，待仪器稳定后即可开始测定。

7.2　校正

采用气体进样阀或液体进样阀，在规定的条件下向色谱仪注入 0. 25 mL 气体标样或 1. 0 μL 液体标样。气体进样时可采用 5. 4 规定的样品气化装置气化样品。重复测定两次，测量各烃类组分的峰面积。两次重复测定的峰面积之差应不大于其算术平均值的 5%，取其平均值供定量计算用。

7.3 试样测定

按7.2的规定，向色谱仪注入气体样品0.25 mL或液体样品1.0 μL，重复测定两次，测定并记录各组分的峰面积。

8 分析结果的表述

8.1 计算

8.1.1 各烃类组分相对于1,3-丁二烯的相对质量校正因子，按式（1）计算。

$$F_i = \frac{w_i}{A_i} \times \frac{A_s}{w_s} \qquad (1)$$

式中：

F_i——标样中组分 i 相对于1,3-丁二烯的相对质量校正因子；

w_i——标样中组分 i 的浓度,%（质量分数）；

w_s——标样中1,3-丁二烯的浓度,%（质量分数）；

A_i——标样中组分 i 的峰面积；

A_s——标样中1,3-丁二烯的峰面积。

8.1.2 各待测烃类组分的含量 w_i 按式（2）计算，以质量百分数表示。

$$w_i = \frac{F_i \times A_i}{\sum(F_i \times A_i)} \times (100 - X) \qquad (2)$$

式中：

w_i——试样中各组分 i 的含量,%（质量分数）；

F_i——试样中组分 i 相对于1,3-丁二烯的相对质量校正因子；

A_i——试样中组分 i 的峰面积；

X——试样中除本方法测得以外的杂质总量,%（质量分数）。

其他未知烃类组分的相对质量校正因子按1.00计算。

8.2 结果的表示

对于任一试样，各烃类组分的含量以两次重复测定结果的算术平均值报告其分析结果，按GB/T 8170的规定修约至0.01%（质量分数）。

9 重复性

在同一实验室，由同一操作者使用相同设备，按相同的测试方法，并在短时间内对同一被测对象相互独立进行测试获得的两次独立测试结果的绝对差值不应大于表2的重复性限（r），以大于重复性限（r）的情况不超过5%为前提：

表2 重复性限（r）

各烃类组分测量值范围	重复性限（r）
0.01%≤w_i<1%（质量分数）	平均值的15%
w_i≥1%（质量分数）	0.15%

10 报告

报告应包括下列内容：

a）有关样品的全部资料，例如样品名称、批号、采样地点、采样日期、采样时间等。

b）本标准编号。

c）分析结果。

d）测定中观察到的任何异常现象的细节及其说明。

e）分析人员的姓名及分析日期等。

ICS 71.080.10
G 16

中华人民共和国石油化工行业标准

SH/T 1142—2009
代替 SH/T 1142—92（2000）

工业用裂解碳四 液态采样法

Cracking C_4 fraction for industrial use
—Sampling in the liquid phase

2009-12-04 发布 2010-06-01 实施

中华人民共和国工业和信息化部 发布

前　言

本标准修改采用美国试验与材料协会标准 ASTM D1265-05《液化石油气采样法》(英文版)，本标准与 ASTM D1265-05 的结构性差异参见附录 A。

本标准与 ASTM D1265-05 的主要差异为：

——规范性引用文件中采用现行国家标准。

——增加了表述耐压注射器用采样附件的附录 B；

本标准代替 SH/T 1142—92(2000)《工业用裂解碳四　液态采样法》。

本标准与 SH/T 1142—92(2000)相比主要差异如下：

——增加了第 2 章规范性引用文件；

——增加了第 3 章术语和定义；

——增加了第 5 章意义和用途；

——修改了采样器冲洗方式，增加了采样器在线冲洗内容；

——增加了注 1 至注 4 等内容，对采样的特殊要求进行补充说明；

——修改了无内部调整管型高压采样器试样量调整的操作步骤；

——增加了第 12 章泄漏检查；

——增加了第 13 章样品和样品容器的储存；

——增加了第 14 章关键词；

——增加了附录 A 并将原标准中的附录 A 编制为附录 B；

本标准的附录 A 和附录 B 为资料性附录。

本标准由中国石油化工集团公司提出。

本标准由全国化学标准化技术委员会石油化学分技术委员会(SAC/TC63/SC4)归口。

本标准起草单位：中国石油化工股份有限公司齐鲁分公司橡胶厂。

本标准主要起草人：蒋秀荣、张兆庆。

本标准所代替标准的历次版本发布情况为：

——GB/T 6601—86、SH/T 1142—92。

工业用裂解碳四　液态采样法

1　范围

1.1　本标准规定了采取供分析用的工业用裂解碳四以及其他碳四烃类试样的设备和方法。

1.2　本标准适用于采取工业用裂解碳四及其他碳四烃类试样；本标准不适用于含有相当数量的不溶性气体（如 N_2，CO_2）、游离水或未经净化处理的气体/液体混和物等多相物料的采样。

1.3　本标准包含了用于管线或储罐的现场采样点位置设置的有关建议，使用者应负责确保相应设置能够采取代表性样品。

1.4　本标准并不是旨在说明与其使用有关的安全问题，使用者有责任采取适当的安全和健康措施，并保证符合国家有关法规的规定。

2　规范性引用文件

下列文件中的条款通过本标准的引用而成为本标准的条款，凡是注日期的引用文件，其随后所有的修改单（不包括勘误的内容）或修订版均不适用于本标准，然而鼓励根据本标准达成协议的各方研究是否可使用这些文件的最新版本，凡是不注日期的引用文件，其最新版本适用于本标准。

GB/T 3723　工业用化学产品采样安全通则（GB/T 3723—1999，ISO 3165:1976，idt）

《气瓶安全监察规程》　劳动部颁布

《危险品货物运输规则》　铁道部颁布

3　术语和定义

3.1

高压采样器　high pressure sample cylinder

某种用于采取、储存和运输高于大气压力样品的耐压容器。

3.2

最大填充度　maximum fill density

液态样品在采样器中所允许的最大百分体积比。通常在15℃时最大液相填充度为80%，如果在低温下取样，可能需要较小百分比的填充度。

3.3

采样管线　sample transfer line

连接采样口和高压采样器的管线。

3.4

蒙乃尔合金　Monel alloy

一种高镍合金材料，其主要成份是64%~70%镍和26%~33%的铜。在我国普遍应用的牌号为Xcu28-2.5-1.5。

4　方法概要

先用试样冲洗采样管线和高压采样器，然后将液相试样装满高压采样器，再排放出占高压采样器容积至少20%的试样，以保证所采试样量不大于采样器容积的80%。

5 意义和用途

5.1 采用各种试验方法对采取的工业用裂解碳四及其他碳四烃类代表性样品进行检验，以确定其物理和化学特性是否符合要求。

5.2 本方法所述运输工业用裂解碳四及其他碳四烃类样品的设备，应符合当地运输法规的要求。

6 采样要求及说明

6.1 工业用裂解碳四为易燃易爆挥发物，采样中的安全要求应符合GB/T 3723《工业用化学产品采样安全通则》。采样人员应具有一定的经验和技巧，由于具有危险性，取样应由熟悉必要安全守则的人员监督进行。

6.2 为了取得均匀、有代表性的试样，应符合以下要求：

6.2.1 所采试样为液态。

6.2.2 当确认所采试样基本上是单一组分时，可以从设备的任何部位采样。

6.2.3 当确认所采试样是均匀混合试样时，可以从设备的任何部位采样。

6.2.4 由于储存裂解碳四的容器结构不同，对于不同类别混合物，较难采用统一方法采得有代表性的样品。如果无法采取手段使混合物保持均匀，可按缔约双方通过协商确定的采样程序采取液态试样。

6.3 在清洗采样器、排出采样器内样品、处理废液及蒸气时要注意安全，排放点应有安全设施并符合安全和环境要求。

6.4 采样器应贴有标签，标签内容应包括：样品名称、采样日期、采样器类型及采样部位，采样者姓名。

6.5 如需把液态试样转移入进样器具中，建议采用附录B所示的采样器附件。

7 采样器具

7.1 高压采样器

使用耐腐蚀的金属(包括不锈钢，蒙乃尔合金以及其他合金材料)制成的双阀型高压采样器，其大小取决于进行试验所需的样品量。结构如图1和图2所示，耐压3.5MPa，高压采样器在设计、制造、检验等方面应符合《气瓶安全监察规程》等有关压力容器规范中的各项规定，并三年进行一次耐压检验。如果需要运输高压采样器，它应遵守《危险品货物运输规则》。

7.1.1 高压采样器应带有内部调整管，以便于放出不少于20%的液体样品。带内部调整管的高压采样器应有清晰的标记。

7.1.2 允许使用不带内部调整管的高压采样器。但需要按11.2所述方法进行吹扫和排放，以得到不低于20%的预留容积。

注：若用于腐蚀性化合物或硫化物的测定，样品应放入带有不锈钢阀的惰性采样器中，否则对于诸如硫化氢和硫醇的测定，可能会引起误差。采样器的内表面、采样管线和固定件可以进行表面涂敷，以减少裸露的金属表面与微量活泼元素发生反应。

7.2 采样管线

采样管线是由不锈钢、其他的柔性金属或尼龙制成的软管，并配有一个采样阀A和排放阀B，如图1所示。

8 连接采样器具和冲洗采样管线

如图1所示，将采样管线的一端连接到样品源，另一端连接到高压采样器的入口阀C(向下)，关闭阀A(采样)、阀B(排放)和阀C(入口)。打开样品源上的阀门，打开阀A(采样)和阀B(排放)对采样管线进行冲洗。

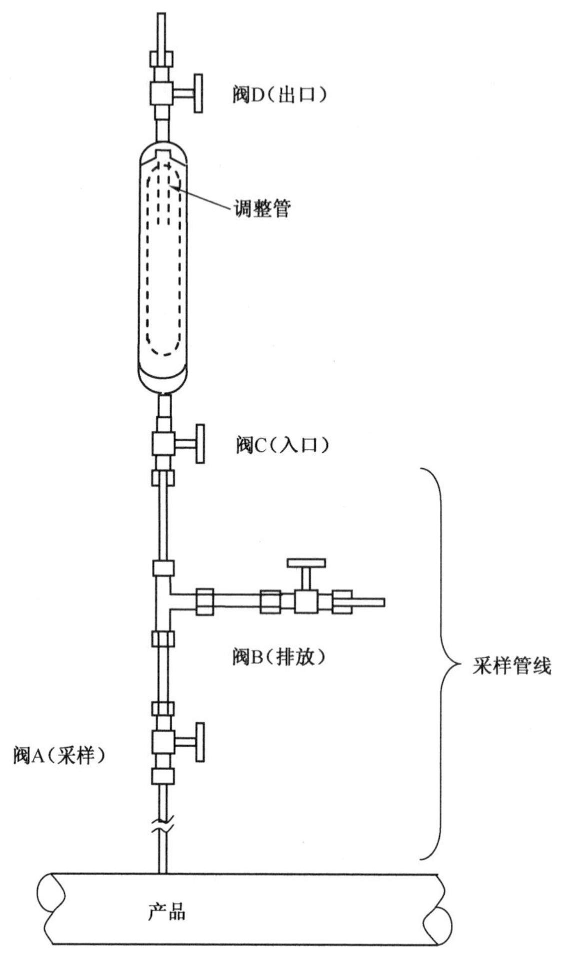

图1 典型高压采样器和采样连接图

9 冲洗采样器

9.1 如果不清楚采样器此前的使用情况，或者此前样品中的微量杂质可能影响要进行的分析化验，则使用下述方法或9.2对采样器进行冲洗：

9.1.1 关闭采样管线上的阀A、阀B和高压采样器上的阀C、阀D。将采样管线一端通过阀D和高压采样器连接，另一端连接到样品源。将高压采样器直立，使阀C处于顶部(如图2)。

9.1.2 打开阀A，然后打开阀C和阀D，使样品流入高压采样器，当液体从阀C中流出时，关闭阀C，然后关闭采样管线上的阀D和阀A。打开阀B，对采样管线进行排放。

9.1.3 拧开高压采样器和采样管线之间的连接接头，将高压采样器倒转使阀D在顶部。打开阀C和阀D使液体流出。

9.1.4 倒转采样器，使阀C处于顶部，拧紧采样管线的接头(如图2)，重复冲洗操作至少三次。

9.2 在流动系统或适当的样品循环系统中，高压采样器可在线冲洗。将高压采样器带有内部调整管一端连接到高压点，将另一端连接到低压点。将高压采样器保持直立且内部调整管端朝下，确保清洗时液体样品流过采样器，冲洗采样器至少5min。

注：本操作方法特别适用于不允许将试样过量排放在大气中的场合。

9.3 若已知采样器此前的使用情况不会影响即将进行的分析化验，则用下述方法冲洗采样器。

如图1所示，将高压采样器保持直立，使出口阀D处于顶部，关闭排放阀B和入口阀C并打开采样阀A。然后打开入口阀C，慢慢打开出口阀D，充入采样器部分液相样品。关闭采样阀A，从出口阀D排出部分气相试样，再关闭出口阀D，打开排放阀B排除残余的液相试样。重复此冲

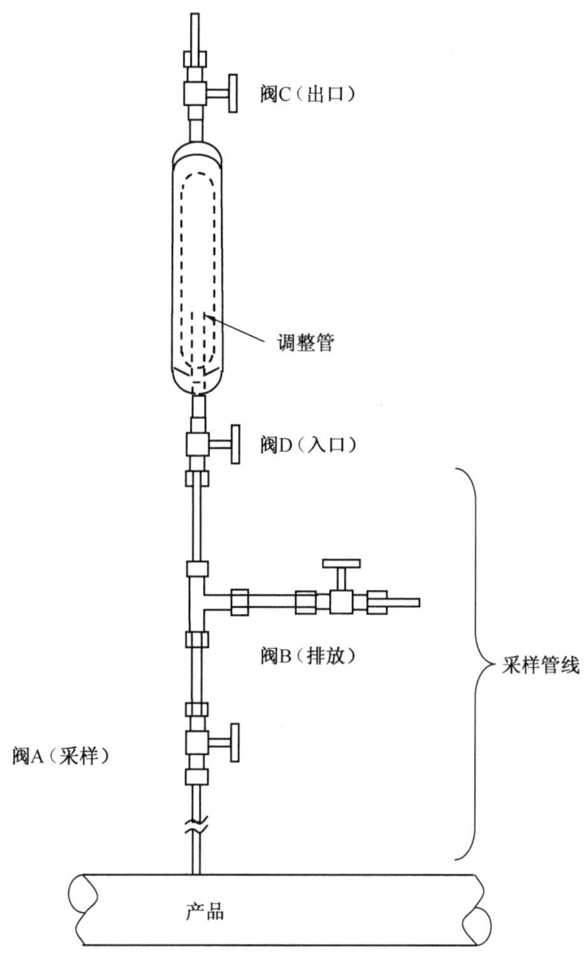

图 2　典型高压采样器和置换吹扫连接图

洗操作至少三次。

10　采样

10.1　采样器清洗完毕后，将高压采样器保持直立，使出口阀 D 在顶部(如图 1)。关闭阀 C 和阀 D。

10.2　关闭排放阀 B。打开采样阀 A 和入口阀 C，然后稍稍开启阀 D，采取液相样品，当液相样品从阀 D 溢出时，立即依次关闭阀 D、阀 C 和阀 A。开启排放阀 B 排出采样管线内残留的样品。待完全卸压后，拧松接头，取下采样器。检查采样器有无泄漏，如发现有泄漏，则弃去该试样，重新取样。

11　采样器试样量调整

11.1　有内部调整管型高压采样器试样量的调整

采取试样后，应立即将高压采样器直立放置，使带有调整管一端处于顶部。有内部调整管的双阀型高压采样器，其调整管出口位置约在采样器容积的 20%处，轻轻打开出口阀 D，放掉过量的液体，当开始出现气态样品时，立即关闭阀 D。如果没有液体排出，则弃去该样品并重新采样。

注 1：当采样器中液体样品占其容量 80%以上时，不得储存和运输，应排放部分液体样品以满足采样器的最大填充度要求(一般不超过 80%)。若样品不能立即排放，比如在危险区域或样品中含有有毒气体(特别是硫化氢)，则在采用安全地点排放、转移至更大的容器、立即检测或按照当地政府规定方式置等手段以前，应采取措施防止样品温度升高。

注2：为达到最小20%的预留空间，在进行裂解碳四样品排放时，不适当的气体样品排放会引起液体馏分的蒸发，从而造成采样器内液体组成发生大的改变，因此操作时应确保仅有液体样品从采样器中排出，当一开始出现气态样品时，就应立即停止。使用合理的液体排放技术会使存留液体的组成仅有很小的变化，这就不会影响产品的分析结果。

注3：裂解碳四具有较大的热膨胀效应。若在极低温度环境下采样或从低温源头采样，应采取必要的措施，以防样品在较高环境温度下发生升温膨胀，避免高压采样器内液体样品超过安全界限。

注4：对于裂解碳四高压采样器运输时所需的预留空间的要求，应按当地有关法规执行。

11.2 无内部调整管型高压采样器试样量的调整

可供选择的方法之一是采取称重方式来控制采样器内的预留空间。采样前称取高压采样器的空瓶重量 W_0，采用略微过量的采样手段确保采样器充满液体样品，不要加温样品，立即称出盛满液相样品的高压采样器的总重量 W_1，据此可计算出含有80%液态样品的采样器重量 W_2。然后将高压采样器保持直立位置，慢慢开启下端入口阀排放液体样品，然后称取采样器重量 W_3，并和 W_2 进行对比。重复排放和称重操作，直至 W_3 低于 W_2，此时得到不少于20%的液相样品预留空间，保证高压采样器中样品量不超过80%。

注：如果采样器充满后不能立刻称重，应采取措施防止样品较大幅度升温膨胀而产生过高的压力。

12 泄漏检查

在排除了过量的液体样品之后，采样器中仅留下不超过80%样品，将采样器浸入水浴中，检查是否有泄漏。在采样操作中的任何时间如果检查出有泄漏，则弃去样品。修理或更换泄漏的高压采样器然后再重新采样。此外，还可以使用肥皂水检查高压采样器是否有泄漏，或称量高压采样器的重量也可以进行泄漏检查。

13 样品和样品容器的储存

采样后，应将高压采样器置于阴凉处存放，直至所有试验完成为止。在整个测定过程中应注意高压采样器有无泄漏。为了防止高压采样器上的各个阀门偶然被打开或意外碰坏，应将高压采样器放置在一个特制的框架中，并套上防护帽。任何持续泄漏的样品都应作废。

14 关键词

裂解碳四；液态；采样。

附 录 A
(规范性附录)
本标准章条编号与 ASTM D1265-05 章条编号对照

表 A.1 给出了本标准章条编号与 ASTM D1265-05 章条编号对照一览表。

表 A.1 本标准章条编号与 ASTM D1265-05 章条编号对照

本标准章条编号	对应的 ASTM D1265-05 章条编号
1	1
2	2.1~2.2
3	3
4	4
5	5
6	6
6.1	6.1.5
6.2	6.1
6.3	6.1.6
6.4	—
6.5	—
7	7
8	8
9	9
10	10
11	11
12	12
13	13
14	14

附 录 B
(资料性附录)
耐压注射器用采样附件示意图

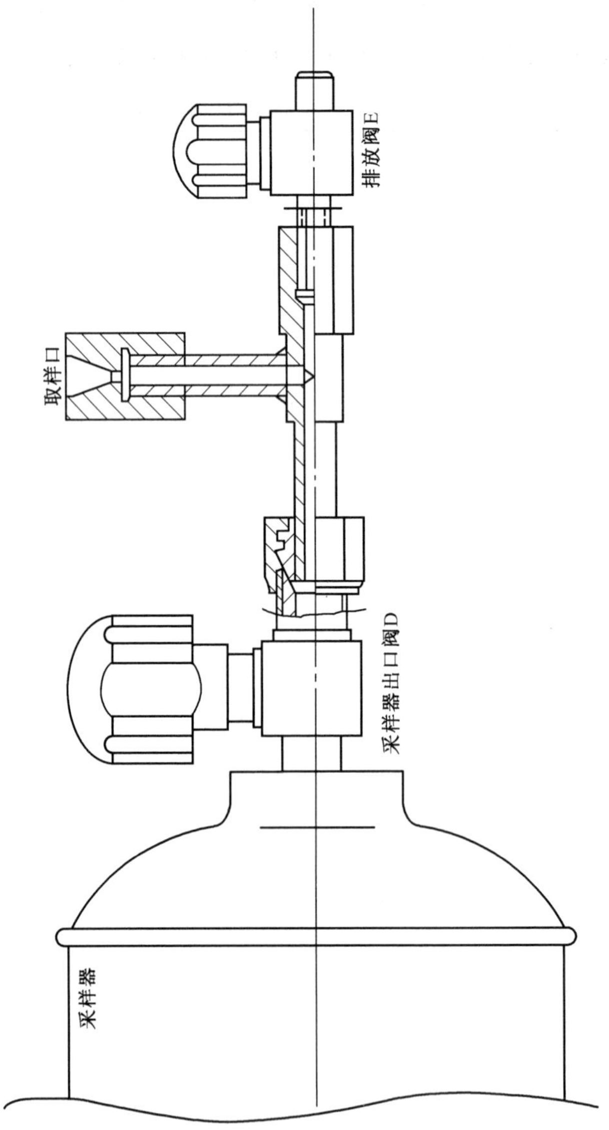

图 B.1 耐压注射器用采样附件示意图

中华人民共和国石油化工行业标准

SH/T 1143—1992
(2009年确认)

工业用裂解碳四密度或相对密度的测定　压力浮计法

Cracking C_4 fraction for industrial use —Determination of density or relative density—Pressure hydrometer method

本标准参照采用ISO 3993—1984《液化石油气和轻质烃类——密度或相对密度测定——压力浮计法》。

1　适用范围

本标准适用于在试验温度下，蒸气压不大于1400kPa的工业用裂解碳四，以及液化石油气、丁烷等轻质烃类产品密度或相对密度的测定。

2　方法概述

测试前，首先用部分试样洗涤仪器，然后向压力筒内充入试样，直到浮计自由浮动。记下浮计读数和试样温度。

3　定义

3.1　密度：液体的质量除以其体积。

在报告密度时，必须写明所用的密度单位和温度，例如，在t℃下的kg/m^3或g/cm^3。

3.2　相对密度：在t_1温度下一定体积的质量与在t_2温度下相同体积纯水质量之比，也就是说，在t_1温度下液体的密度与t_2温度下纯水的密度之比。

在报告密度时，必须写明所用温度t_1和t_2。本标准参照温度是15℃，但20℃或60℉通常也能用。

4　仪器

4.1　浮计，玻璃制作，刻有密度或相对密度值，其规格见表1。

当浮计刻度误差超过分度值的0.5时，则浮计刻度需加修正值。

表1　浮计规格

测量范围	500～580kg/m³ 570～650kg/m³	0.500～0.580g/cm³ 0.570～0.650g/cm³	0.500～0.580 0.570～0.650
分度值	1kg/m³	0.001g/cm³	0.001
数字间隔	5或10kg/m³	0.005或0.010g/cm³	0.005或0.010
全　长	≤330mm		
躯体直径	18～20mm		
躯体壁厚	0.4～0.6mm		
杆直径	8～9mm		
杆壁厚	0.3～0.35mm		
刻度长度	110～130mm		

国家标准局1986-07-24发布　　1987-07-01实施

4.2　温度计，具有灵敏度至少为2.7mm/℃，全浸校正，温度范围0~30℃，分刻度为0.2℃。

温度计用一个合适的夹子牢固地安装在压力筒内，安装的位置不应影响浮计的自由浮动。

4.3　压力筒，玻璃或透明塑料制作。压力筒两端应用氯丁橡胶垫片和金属板密封，大小尺寸如下图所示。

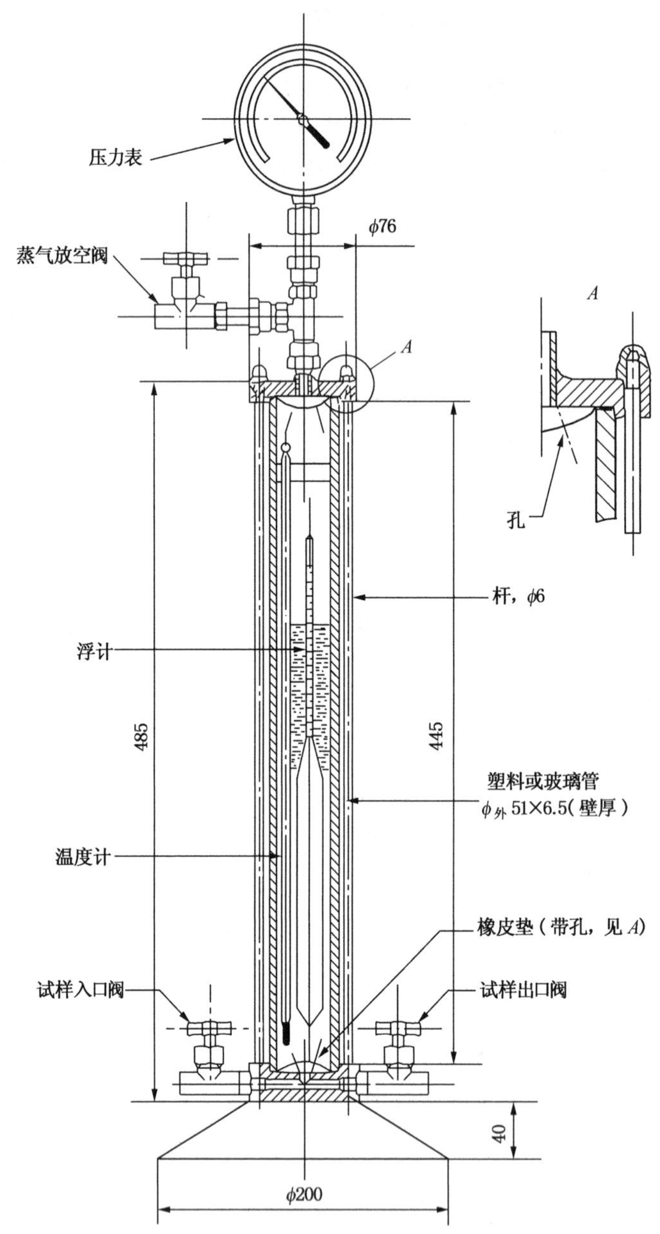

在压力筒的周围应设防护罩，对于有模糊、裂纹、弯曲、浸蚀的压力筒应及时更换。

注：有些物质对压力筒有腐蚀作用，使用者在测试后要彻底清洗压力筒。不准用酮类或醇类及芳烃清洗压力筒。可使用乙烷、乙烯、丙烷、丙烯、丁烷、丁烯及戊烷等清洗压力筒。

试样的入口阀和出口阀应紧紧地接在底板上，底板应打孔，使两个阀由同一个共用孔进入压力筒。同样，蒸气放空阀应接到顶板上。

4.4　水浴，能保证水温恒定在20℃±0.2℃，或15℃±0.2℃，或60℉±0.5℉，水浴深度能使压力筒全部被浸入。

4.5　采样连接管，抗腐蚀耐压弹簧管。

5 仪器校正

5.1 用以下标准液校正浮计：

纯丙烷，有一标称密度或相对密度。15℃时密度为507.6kg/m^3(0.5076g/cm^3)，或20℃时密度为500.0kg/m^3(0.5000g/cm^3)，或60/60℉的相对密度为0.5073。

纯正丁烷，有一标称密度或相对密度。15℃时密度为584.5kg/m^3(0.5845g/cm^3)，或20℃时密度为578.8kg/m^3(0.5788g/cm^3)，或60/60℉的相对密度为0.5844。

5.2 仪器校正，其校正步骤与第6章基本相同。在处理结果时，应把两个重复试验结果进行比较，若两个结果之差小于0.0005时，以标准参考液的密度或相对密度减去两个结果的平均值，所得差值作为浮计的补正值；若两个结果之差大于0.0005时，则需要重新测试。

6 试验步骤

6.1 仪器清洗

6.1.1 用采样连接管将试样源的出口阀与压力筒的入口阀相连接，打开试样源的出口阀和压力筒的出口阀，缓缓打开压力筒的入口阀，用部分试样清洗连接管线。

6.1.2 关闭压力筒出口阀，使试样充满压力筒。根据需要可稍开些放空阀，放出空气或蒸气，或两者都放出，让试样充满压力筒。然后关闭放空阀和入口阀，打开出口阀，将压力筒内试样全部排出。当压力筒内压力降到环境大气压时，关闭出口阀。

6.1.3 重复上述步骤数次，达到清洗和冷却压力筒的目的，以致不需要放出蒸气也能将试样充入压力筒内，且浮计能自由浮动。

在排放仪器中试样时，应符合GB 3723—83《工业用化学产品采样的安全通则》的规定。

6.2 采样

6.2.1 仪器清洗后，关闭出口阀，打开入口阀，让试样充满压力筒。然后打开出口阀，把液体试样全部排放，使压力筒内部压力降到与环境大气压基本相同。

6.2.2 关闭出口阀，打开入口阀，让试样充入压力筒，直到浮计能自由浮动为止。关闭所有阀门，检查仪器的渗漏情况，若发现有渗漏，则应立即排放试样，经修理后重新采样。

6.2.3 在采样过程中，要严格遵守GB 6601—86《工业用裂解碳四　液态采样法》的有关规定。

6.3 读数

6.3.1 把装有试样的压力筒放入恒温20℃±0.2℃，或15℃±0.2℃，或60℉±0.5℉的水浴中。为使试样的温度尽快平衡，可将压力筒从水浴中取出，轻轻地倒置和摇动，然后再放回水浴中。此项操作应特别小心，以免损坏浮计。

6.3.2 当压力筒内试样的温度达到所选定的试验温度范围时，将压力筒从水浴中取出，立即观测浮计读数，精确到约五分之一的分刻度值。

6.3.3 观测浮计读数时，尽量要快，以免由于温度的变化而影响读数的正确性；读数时观察稍低于液面的一点，随后提高视线直至看到椭圆变成一条直线为止，这条直线与浮计刻度相切的点就是浮计读数。

6.3.4 认真观测浮计读数，同时记录温度计读数。在试样温度变化不超过±0.2℃时，记录连续两次观测的视密度和温度。

6.3.5 测试结束后应及时放掉试样，将压力筒清洗、吹扫干净。

7 精密度

7.1 重复性

同一试样，由同一操作者在同一的操作条件下，在同一台仪器上得到的两次平行结果之差，不大于下列数值：

密度　1kg/m^3 或 0.001g/cm^3

相对密度　0.001

7.2　再现性

同一试样，由不同操作者在同一的操作条件下，在不同仪器上得到的两个单一结果之差不大于下列数值：

密度　3kg/m^3 或 0.003g/cm^3

相对密度　0.003

8　试验报告

试验报告应包括以下内容：

a. 样品的名称及取样日期、批号、地点等。

b. 对于实测的浮计数进行校正。取连续测定的两个结果之算术平均值作为试验结果，试验结果应准确到 0.0002。如果报告结果是密度，则要注明单位和温度。如果报告结果是相对密度，则要注明温度 t_1 和 t_2。

c. 测定中出现的异常情况。

d. 任何不包括在本标准中的操作，或是自由选择的试验条件的说明。

附加说明：

本标准由中国石油化工总公司提出，由上海石油化工研究所技术归口。

本标准由辽阳石油化纤公司化工一厂负责起草。

本标准主要起草人郑恩探、金春植、戴贵桐。

中华人民共和国石油化工行业标准

SH/T 1146—1992
（2015年确认）

工业用乙苯中水浸出物 pH 值的测定

Ethyl benzene for industrial use—Determination of pH in water exetact

1 适用范围

本标准适用于测定工业用乙苯中水浸出物的酸碱性。

2 方法原理

将试样和水混合振摇、静置分层后，用酸度计测量水层的 pH 值。

3 仪器

3.1 酸度计：最小分度 0.1pH，附有玻璃电极和甘汞电极。

3.2 分液漏斗：150mL。

3.3 烧杯：50mL。

4 试剂

4.1 磷酸二氢钾（GB 1274—77）：分析纯。

4.2 磷酸氢二钠（GB 1263—77）：分析纯。

4.3 蒸馏水：（调节 pH 为 7）。

4.4 标准缓冲溶液：pH 为 6.86，分别称取预先在 115℃±5℃下烘干的磷酸氢二钠（4.2）3.53g 和磷酸二氢钾（4.1）3.39g，溶于蒸馏水（4.3）中，并稀释至 1L，该溶液在 25℃时的 pH 值等于 6.86。

5 测定步骤

5.1 酸度计的校正

依次用蒸馏水（4.3）和标准缓冲溶液（4.4）洗涤电极，然后将电极浸泡在标准缓冲溶液中，测试溶液温度应保持于 25℃±1℃，用定位旋钮指针调至 pH 等于 6.86 处。

必要时可按仪器说明书，用硼砂（0.01M，25℃，pH 为 9.18）和邻苯二甲酸氢钾（0.05M，25℃，pH 为 4.00）两种标准缓冲溶液进行校正。

仪器校正完毕后，在样品测试过程中，定位旋钮不得变动。

5.2 样品测定

取 25mL 乙苯试样，注入分液漏斗（3.2）中，加入 50mL 蒸馏水（4.3），用力振摇 1～3min，静置，待完全分层澄清后，将水层移入烧杯（3.3）中。用酸度计（3.1）测得 pH 值。

两次平行测定结果之差不大于 0.2pH。

中国石油化工总公司 1987-11-16 批准　　1988-07-01 实施

附加说明：

本标准由中国石油化工总公司提出，由上海石油化工研究所技术归口。

本标准由兰州化学工业公司合成橡胶厂负责起草。

本标准主要起草人张莉莉、许冠妹。

ICS 71.080.15
G 16

中华人民共和国石油化工行业标准

SH/T 1147—2008
(2015年确认)
代替 SH/T 1147—1992

工业芳烃中微量硫的测定 微库仑法

Aromatic hydrocarbons for industrial use —Determination of trace quantities of sulfur —Microcoulometric method

2008-04-23 发布　　2008-10-01 实施

中华人民共和国国家发展和改革委员会　发 布

前　言

本标准对 SH/T 1147—1992(2000)《工业用乙苯中微量硫的测定　微库仑法》进行了修订。

本标准对 SH/T 1147—1992(2000)的主要修订内容为：

——更改了标准的名称，扩大了标准的适用范围；

——取消了仪器的具体型号及操作条件；

——增加了标准物质二苯并噻吩、二丁基二硫醚及相应溶剂，取消了溶剂正庚烷；

——重新确定了重复性限(r)。

本标准自实施之日起，同时代替 SH/T 1147—1992(2000)。

本标准由中国石油化工集团公司提出。

本标准由全国化学标准化技术委员会石油化学分会(SAC/TC63/SC4)归口。

本标准起草单位：上海石油化工研究院。

本标准主要起草人：乔林祥、张育红。

本标准所代替标准的历次版本发布情况为：

首版为 GB 8228—1987，于 1987 年 11 月发布，清理整顿中转为 SH/T 1147—1992。

工业芳烃中微量硫的测定
微库仑法

1 范围

1.1 本标准规定了工业芳烃中的微量有机硫的微库仑测定法。

本标准适用于工业芳烃中有机硫含量在0.5mg/kg~100mg/kg范围的试样。

本标准不适用于总卤素含量大于硫含量的10倍、总氮含量大于硫含量的1000倍、金属(如镍、钒、铅等)总量大于500mg/kg的芳烃试样。

1.2 本标准并不是旨在说明与其使用有关的所有安全问题。使用者有责任采取适当的安全与健康措施，保证符合国家有关法规的规定。

2 规范性引用文件

下列文件中的条款通过本标准的引用而成为本标准的条款。凡是注明日期的引用文件，其随后所有的修改单(不包括勘误的内容)或修订版均不适用于本标准，然而，鼓励根据本标准达成协议的各方研究是否可使用这些文件的最新版本。凡是不注明日期的引用文件，其最新版本适用于本标准。

GB/T 3723 工业用化学产品采样安全通则(GB/T 3723—1999，ISO 3165：1976，idt)

GB/T 6680 液体化工产品采样通则

GB/T 6682 分析实验室用水规格和试验方法(GB/T 6682—1992，ISO 3696：1987，NEQ)

GB/T 8170 数值修约规则

3 方法提要

将试样注入燃烧管，与氧气混合并燃烧，试样中的有机硫转化为二氧化硫，由载气带入滴定池，与电解液中的I_3^-离子发生反应($I_3^-+SO_2+H_2O \rightarrow SO_3+3I^-+2H^+$)，消耗的$I_3^-$离子由微库仑计通过电解补充($3I^- \rightarrow I_3^-+2e$)，根据反应所需电量，按照法拉第电解定律计算出试样中的硫含量。

4 试剂与材料

4.1 载气：氮气、氩气或氦气，纯度≥99.5%(体积分数)。

4.2 反应气：氧气，纯度≥99.5%(体积分数)。

4.3 微量注射器：按照仪器制造商推荐的要求进行选择。

4.4 电解液：按照仪器制造商推荐的要求配制。

4.5 蒸馏水：符合GB/T 6682规定的三级水。

4.6 标准物质：二苯并噻吩($C_6H_4C_6H_4S$)、噻吩(C_4H_4S)或二丁基二硫醚($C_4H_9C_4H_9S_2$)等，纯度≥98%(质量分数)。

4.7 溶剂：可选用甲苯、对二甲苯、异辛烷等溶剂。注意对这些溶剂所含的硫进行空白修正。

注：若采用二苯并噻吩为标准物质，应选用甲苯、对二甲苯等芳烃作溶剂。

5 仪器

5.1 微库仑计：用于测量参比-测量电极对电位差，并将该电位差与偏压进行比较，放大此差值至电解电极对产生电流，微库仑计输出电压信号与电解电流成正比。

5.2　加热炉：具有一至三个炉温控制段。

5.3　燃烧管：石英制成，其结构能满足试样在炉的前端汽化后，被载气携带至燃烧区，并在有氧条件下燃烧。燃烧管的进口端必须配置带有隔垫的进样口，用于注入试样。进口端还必须配有支管，以供导入氧气和载气。燃烧管应有足够的容积，以确保试样完全燃烧。其他能保证试样完全燃烧，满足所需最低检出限要求的燃烧管也可使用。

5.4　滴定池：配有两对电极，其中参比-测量电极对用于指示 I_3^- 离子浓度变化，电解电极对用于保持 I_3^- 离子浓度。滴定池还应配有一个电磁搅拌器以及一个与燃烧管连接的进气口。

5.5　干燥管：按仪器制造商推荐的要求加装干燥剂。

5.6　自动进样装置：能调节并能保持恒定的进样速度。

5.7　记录装置：灵敏度为 1mV 的记录仪，或库仑积分仪、库仑数据处理机。

6　采样

按 GB/T 3723 和 GB/T 6680 规定的安全与技术要求采取样品。

7　准备工作

7.1　标准溶液的配制：

配制时应选用合适的有机硫标准物质及溶剂，以使其沸点及化学结构与试样接近。

7.1.1　标准储备液的配制（硫含量约 500ng/μL）：在 100mL 容量瓶内加入少量高纯度溶剂（4.7），准确称取标准物质二苯并噻吩 0.29g（或噻吩 0.13g、二丁基二硫醚 0.14g），称准至 0.1mg，转移至容量瓶内，加入溶剂至刻度，按式（1）计算标准储备液的硫含量 c_0，单位为纳克每微升（ng/μL）。

$$c_0 = \frac{m \cdot w \times 10^6}{100} \quad \cdots\cdots (1)$$

式中：

m——标准物质的质量，单位为克（g）；

w——标准物质中的硫含量，%（质量分数）；

100——溶剂的体积，单位为毫升（mL）。

7.1.2　标准溶液的配制：

用溶剂（4.7）将标准储备液（7.1.1）稀释为一系列浓度的硫标准溶液，供分析试样时测定回收率使用。

注：也可采用市售的与被测试样硫含量相近的液体有机标样。

7.2　仪器准备

7.2.1　按仪器说明书的要求安装仪器，更换燃烧管进样口的耐热隔垫。开启钢瓶并调节氧气和载气至试验所需流量。

7.2.2　用电解液冲洗滴定池，仔细排除侧臂中气泡，加入电解液至推荐液面高度。

7.2.3　将燃烧管出口和滴定池入口缠上保温带，保持燃烧管出口温度高于 100℃，以防止水汽冷凝。或在燃烧管出口加装干燥管（5.5）用于不断捕集水汽而使其他不凝气体进入滴定池。

7.2.4　调节搅拌速度至电解液产生轻微旋涡为宜。

7.2.5　将电极正确连接到微库仑计上，调节炉温和其他参数至所需操作条件。

注：微库仑仪的偏压、增益、燃烧管温度、气体流速和进样速度等测试条件对测定结果均有影响，应根据仪器说明书要求和仪器响应状况对测试条件进行优化。

8　试验步骤

8.1　每次分析需用与待测试样硫含量相近的硫标准溶液进行校正。

用微量注射器吸取适量的标准溶液(7.1.2)，小心消除气泡，记下注射器中液体的体积 V_1。进样后，记下注射器中剩余的液体体积 V_2。两个读数之差就是注入的标准溶液体积。

硫的回收率 $F(\%)$ 按式(2)计算：

$$F = \frac{m}{c_1 \cdot (V_1 - V_2)} \times 100 \qquad \cdots\cdots (2)$$

式中：

m——微库仑计滴定出的硫量，单位为纳克(ng)；

V_1-V_2——注入标准溶液的体积，单位为微升(μL)；

c_1——标准溶液的浓度，单位为纳克每微升(ng/μL)。

每个标准溶液至少重复测定二次，取其算术平均值作为回收率。

注：若自行配制标准溶液，在测定硫的回收率时应注意扣除溶剂中硫的空白值。

8.2　如果回收率低于仪器制造商推荐的最低回收率要求，应按照仪器说明书检查仪器系统，必要时可重新制备电解液、电极溶液，或配制标准溶液，或重新设定仪器参数。

8.3　用待测试样清洗注射器3~5次，按8.1的操作步骤注入适量试样，记录微库仑计读数。重复测定二次。

9　分析结果的表述

9.1　计算

试样中的有机硫含量 w，单位为毫克每千克(mg/kg)，按式(3)计算：

$$w = \frac{m}{(V_1 - V_2) \cdot F \cdot \rho} \qquad \cdots\cdots (3)$$

式中：

m——微库仑计滴定出的硫量，单位为纳克(ng)；

V_1-V_2——注入试样的体积，单位为微升(μL)；

F——标准溶液的回收率，%；

ρ——试验温度下试样的密度，单位为克每毫升(g/mL)。

9.2　以二次重复测定结果的算术平均值作为分析结果；按GB/T 8170规定进行数值修约，精确至0.1mg/kg。

10　精密度

10.1　重复性

在同一实验室，由同一操作员使用相同设备，按相同的测试方法，并在短时间内对同一被测对象相互独立进行测试获得的二次独立测试结果的绝对差值，不应超过下列重复性限(r)，以超过重复性限(r)的情况不超过5%为前提。

硫含量	r
0.5mg/kg≤w≤5mg/kg	0.5mg/kg
w>5mg/kg	平均值的10%

11　报告

报告应包括下列内容：

a) 有关样品的全部资料，例如样品名称、批号、采样地点、采样日期、采样时间等。

b) 本标准代号。

c）分析结果。

d）测定中观察到的任何异常现象的细节及其说明。

e）分析人员的姓名及分析日期等。

前　　言

本标准非等效采用 ASTM D5060-95《气相色谱法测定高纯乙苯中杂质的标准试验方法》，对 SH/T 1148-92《工业用乙苯纯度及烃类杂质的测定　气相色谱法》进行了修订。

本标准与 ASTM D5060-95 的主要差异为：

1. 推荐采用 0.25mm 内径毛细管柱及二阶程序升温的操作条件，以优化分离效能，而将 ASTM D 5060 推荐的等温操作条件列为附录 A。

2. 增加了以氮气为载气的操作条件。

本标准对原标准的主要修订内容为：

1. 为提高分离效能推荐采用聚乙二醇交联毛细管柱和二阶程序升温的操作条件，取消原标准推荐的液晶(MPBHPB)填充柱操作条件。

2. 在内标法定量中增加了须采用校正因子的规定。

本标准的附录 A 是标准的附录。

本标准自实施之日起，同时代替 SH/T 1148—92。

本标准由中国石油化工股份有限公司提出。

本标准由全国化学标准化技术委员会石油化学分技术委员会归口。

本标准由上海石油化工研究院负责起草。

本标准主要起草人：乔林祥、支菁。

本标准首次发布于 1992 年。

中华人民共和国石油化工行业标准

SH/T 1148—2001

代替 SH/T 1148—92

工业用乙苯纯度及烃类杂质的测定 气相色谱法

Ethylbenzene for industrial use-Determination of purity and hydrocarbon impurities-Gas chromatographic method

1 范围

本标准规定了用气相色谱法测定工业用乙苯纯度及其烃类杂质的含量。

本标准适用于测定纯度不小于 99.0%(*m/m*)的乙苯，以及浓度为 0.001%~1.000%(*m/m*)的非芳烃、苯、甲苯、二甲苯、异丙苯和二乙苯等杂质。

2 引用标准

下列标准包含的条文，通过在本标准中引用而构成本标准的条文。在标准出版时，所示版本均为有效。所有标准都会被修订，使用本标准的各方应探讨使用下列标准最新版本的可能性。

GB/T 4756—1998 石油液体手工取样法(eqv ISO 3170：1998)

GB/T 8170—87 数值修约规则

3 方法提要

首先在试样中加入一定量的内标物，然后将试样混匀，并用配置火焰离子化检测器的气相色谱仪在本标准规定的条件下进行分析。测量每个杂质和内标物的峰面积，以内标法计算每个杂质的含量，再用 100.00%减去杂质总量计算乙苯的纯度。测定结果以质量百分数表示。

4 试剂与材料

4.1 载气和辅助气体

氦气，纯度大于 99.99%；

氮气，纯度大于 99.99%；

氢气，纯度大于 99.99%；

助燃气，干燥、无油压缩空气。

注意：上述气体为高压压缩气体或极易燃气体，应注意安全使用。

4.2 标准物质

标准物质供测定校正因子用，包括正壬烷、苯、甲苯、乙苯、邻二甲苯和正十一烷，其中：乙苯纯度应不小于 99.8%(*m/m*)，且应事先进行检验；其余物质的纯度均应不小于 99.0%(*m/m*)，也应事先进行检验，需要时应对校准混合物的组成进行校正。

注意：上述物质均为易燃或有毒的液体，使用时注意安全。

国家经济贸易委员会 2001-11-23 批准 2002-01-01 实施

5 仪器

5.1 气相色谱仪

任何配置火焰离子化检测器(FID)并可按表1所示条件进行操作的气相色谱仪均可使用，该色谱仪对试样中0.001%的杂质所产生的峰高应至少大于噪声的两倍。

5.2 色谱柱

本标准推荐的色谱柱及典型操作条件列于表1。其他能达到同等分离程度的色谱柱(见附录A)也可使用。

表1 色谱柱及典型操作条件

色谱柱	键合(交联)聚乙二醇	
柱管材质	熔融石英	
柱长,m	60	
柱内径,mm	0.25	
液膜厚度,μm	0.50	
载气平均线速度,cm/s	17(N_2)	32(He)
补偿气,mL/min	28(N_2)	
柱温		
初始温度,℃	60	60
保持时间,min	1	1
一阶速率,℃/min	4	4
中间温度,℃	92	92
保持时间,min	8	4.5
二阶速率,℃/min	10	10
终止温度,℃	200	200
保持时间,min	20	20
汽化室温度,℃	220	
检测器温度,℃	220	
进样量,μL	0.6~1.2	
分流比	100∶1	
内标物	正十一烷	

5.3 记录器

电子积分仪或色谱数据处理机。

5.4 微量注射器

容量50μL，供注入内标物用。

容量10μL，供分析试样用。

5.5 容量瓶

容量50mL。

6 采样

按GB/T 4756的规定采取样品。

7 测定步骤

7.1 设定操作条件

根据仪器的操作说明书，在色谱仪中安装并老化色谱柱。然后调节仪器至表1所示的典型操作条件，待仪器稳定后即可开始测定。

7.2 校正因子的测定

7.2.1 用称量法配制高纯度乙苯(纯度大于99.8%)与杂质的校准混合物，每个杂质的称量均应精确至0.0001g，计算每个杂质的含量，应精确至0.0001%。所配制的乙苯纯度和杂质含量均应与待测试样相近。然后，将此校准混合物，注入50mL容量瓶中并至刻度，用微量注射器精确吸取30μL(或适量)内标物注入该容量瓶中，并混匀。取正十一烷的密度为0.740和乙苯的密度为0.867计算，该溶液中内标物含量为0.0512%(*m*/*m*)。

7.2.2　再取7.2.1中所用的高纯度乙苯，按7.2.1相应步骤加入内标物，以供测定乙苯基体中相应杂质与内标物峰面积比率使用。

7.2.3　取适量含内标物的校准混合物溶液(7.2.1)和含内标物的高纯度乙苯(7.2.2)分别注入色谱仪中，并测量内标物和各杂质的色谱峰面积。典型色谱图见图1。

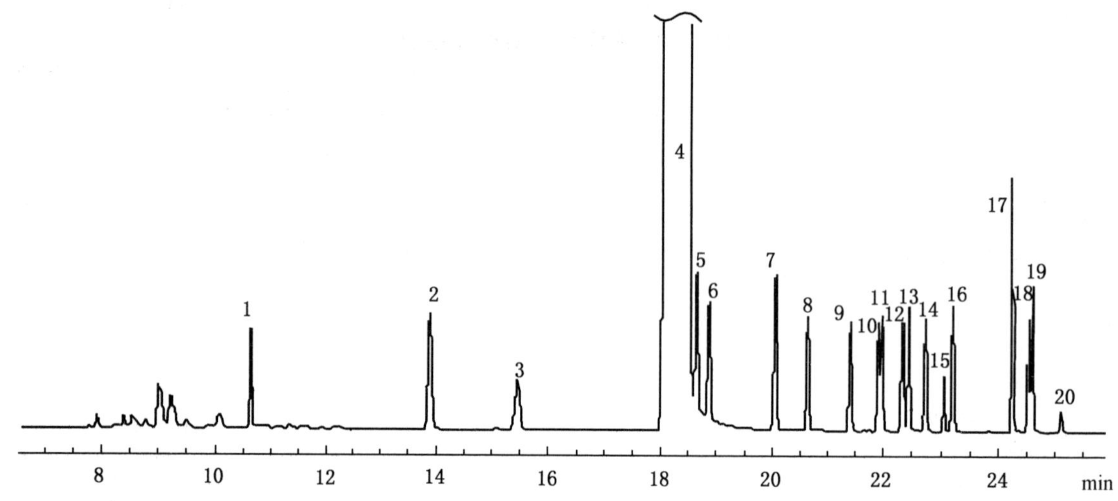

1—苯；2—甲苯；3—正十一烷；4—乙苯；5—对二甲苯；6—间二甲苯；7—异丙苯；8—邻二甲苯；9—正丙苯；10—对甲乙苯；11—间甲乙苯；12—叔丁苯；13—异丁苯；14—仲丁苯；15—苯乙烯；16—邻甲乙苯；17—间二乙苯；18—对二乙苯；19—正丁苯；20—邻二乙苯

注：图中未标峰号者为非芳烃。

图1　典型色谱图(载气为N_2)

7.2.4　每个杂质相对于正十一烷(内标物)的质量校正因子(R_i)按式(1)计算，应精确至0.001。

$$R_i = \frac{C_i}{C_s\left(\frac{A_i}{A_s} - \frac{A_{ib}}{A_{sb}}\right)} \qquad \cdots\cdots(1)$$

式中：C_i——杂质i的含量,%(*m*/*m*)；

C_s——内标物含量,%(*m*/*m*)；

A_i——校准混合物中杂质i的峰面积；

A_{ib}——基体乙苯中杂质i的峰面积；

A_s——校准混合物中内标物峰面积；

A_{sb}——基体乙苯中加入的内标物的峰面积。

7.3　试样测定

7.3.1　取一个清洁、干燥的50mL容量瓶，注入待测试样至刻度，然后，用一个微量注射器吸取30μL(或适量)内标物加入容量瓶中，并充分混匀。

7.3.2　根据色谱仪的操作条件，将适量含内标物的试样(7.3.1)注入色谱仪。

7.3.3　测量除乙苯外的所有峰的面积。其中非芳烃组分应求和并记录其总面积。

7.3.4　每个杂质的浓度C_i[%(*m*/*m*)]按式(2)计算：

$$C_i = \frac{A_i \cdot R_i \cdot C_s}{A_s} \qquad \cdots\cdots (2)$$

式中：A_i——杂质 i 的峰面积；

R_i——杂质 i 相对于内标物的校正因子；

C_s——内标物含量，%（m/m）；

A_s——内标物的峰面积。

7.3.5 对于乙苯以后流出的所有杂质峰采用邻二甲苯校正因子进行计算，对于所有非芳烃峰采用正壬烷的校正因子进行计算。

7.3.6 乙苯纯度 P[%（m/m）]按式(3)计算：

$$P = 100.00\% - \sum C_i \qquad \cdots\cdots (3)$$

式中：C_i——杂质 i 的含量。

注：若有未知杂质存在，则应对式(3)得到的纯度进行修正。

8 分析结果的表述

8.1 对于任一试样，分析结果的数值修约按 GB/T 8170 规定进行，并以两次重复测定结果的算术平均值表示其分析结果。

8.2 报告每个杂质含量，应精确至 0.001%。

8.3 报告乙苯纯度，应精确至 0.01%。

9 精密度

9.1 重复性

在同一实验室，由同一操作员，采用同一仪器和设备，对同一试样相继做两次重复测定，在95%置信水平条件下，所得结果之差应不大于下列数值：

1. 杂质组分浓度	≤0.010%（m/m）	为其平均值的 20%
	>0.010%（m/m）	为其平均值的 15%
2. 乙苯纯度	≥99.00%（m/m）	为 0.20%（m/m）

9.2 再现性

待确定。

10 报告

报告应包括下列内容：

a. 有关样品的全部资料，例如样品的名称、批号、采样地点、采样日期、采样时间等。

b. 本标准代号。

c. 分析结果。

d. 测定中观察到的任何异常现象的细节及其说明。

e. 分析人员的姓名及分析日期等。

附　录　A
（标准的附录）
等温色谱条件

为了简便操作，若色谱柱温度采用等温操作条件也能满足分离要求时，允许采用本附录推荐的色谱条件进行分析。

A1　推荐的色谱柱及其典型操作条件列于表 A1，典型色谱图见图 A1。其他能达到同等分离程度的色谱柱也可使用。

表 A1　色谱柱及典型操作条件

色　谱　柱	键合（交联）聚乙二醇	
柱管材质	熔融石英	
柱长，m	60	
柱内径，mm	0.32	
液膜厚度，μm	0.50	
载气平均线速度，cm/s	21（He）	13（N_2）
补偿气，mL/min	28（N_2）	
柱温，℃	110	
汽化室温度，℃	220	
检测器温度，℃	220	
进样量，μL	0.6~1.2	
分流比	100∶1	
内标物	正十一烷	

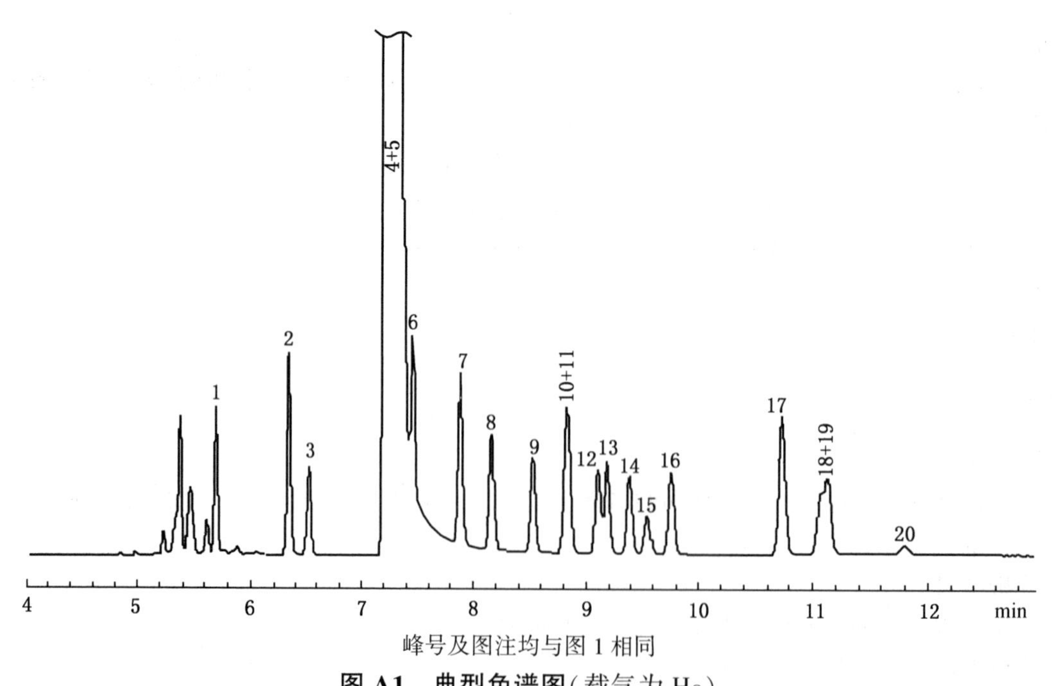

峰号及图注均与图 1 相同

图 A1　典型色谱图（载气为 He）

ICS 75.080.10
G 16

中华人民共和国石油化工行业标准

SH/T 1482—2004
(2009年确认)
代替 SH/T 1482—1992

工业用异丁烯纯度及烃类杂质的测定 气相色谱法

Isobutene for industrial use—Determination of purity and hydrocarbon impurities—Gas chromatographic method

2004-04-09 发布 2004-09-01 实施

中华人民共和国国家发展和改革委员会 发布

前　言

本标准是对 SH/T 1482—1992《工业用异丁烯纯度及其烃类杂质的测定　气相色谱法》的修订。

本标准代替 SH/T 1482—1992。

本标准与 SH/T 1482—1992 相比主要变化如下：

a. 推荐使用 0.32mm 内径的 Al_2O_3PLOT 毛细管柱代替原标准的填充色谱柱；

b. 进样方式规定了小量液态样品完全汽化的技术要求，并增加了采用液体进样阀的液态直接进样；

c. 定量方法由归一化法修订为校正面积归一化法，并增加了外标法。

本标准由中国石油化工股份有限公司提出。

本标准由全国化学标准化技术委员会石油化学分技术委员会（SAC/TC63/SC4）归口。

本标准起草单位：上海石油化工研究院、北京燕化石油化工股份有限公司合成橡胶事业部。

本标准主要起草人：冯钰安、李继文、于洪光。

本标准所代替标准的历次版本发布情况为：

首版为 ZBG 16003-88，于 1988 年 8 月发布，清理整顿中转为 SH/T 1482—1992。

工业用异丁烯纯度及烃类杂质的测定 气相色谱法

1 范围

1.1 本标准规定了用气相色谱法测定工业用异丁烯纯度及其烃类杂质：丙烷、丙烯、异丁烷、正丁烷、反-2-丁烯、1-丁烯、顺-2-丁烯、甲基乙炔和1,3-丁二烯的含量。

本标准适用于工业用异丁烯中烃类杂质含量不小于0.001%(*m/m*)，以及纯度大于98%(*m/m*)试样的测定。

由于本标准不能测定所有可能存在的杂质如含氧化合物、异丁烯二聚物、水等，所以要全面表征异丁烯样品还需要应用其他的试验方法。

1.2 本标准并不是旨在说明与其使用有关的所有安全问题。因此，本标准的使用者应事先建立适当的安全与防护措施，并确定适当的规章制度。

2 规范性引用文件

下列文件中的条款通过本标准的引用而成为本标准的条款。凡是注明日期的引用文件，其随后所有的修改单(不包括勘误的内容)或修订版均不适用于本标准，然而，鼓励根据本标准达成协议的各方研究是否可使用这些文件的最新版本。凡是不注明日期的引用文件，其最新版本适用于本标准。

GB/T 3723—1999 工业用化学产品采样安全通则(idt ISO 3165：1976)

GB/T 6023—1999 工业用丁二烯中微量水的测定 卡尔·费休法

GB/T 8170—1987 数值修约规则

GB/T 9722—1988 化学试剂 气相色谱法通则

SH/T 1142—1992(2000) 工业用裂解碳四 液态采样法

SH/T 1483—2004 工业用异丁烯中含氧化合物的测定 气相色谱法

SH/T 1484—2004 工业用异丁烯中异丁烯二聚物的测定 气相色谱法

3 方法提要

3.1 校正面积归一化法 在本标准规定条件下，将适量试样注入色谱仪进行分析。测量每个杂质和主组分的峰面积，以校正面积归一化法计算各组分的质量百分含量。异丁烯二聚物、含氧化合物、水等杂质用相应的标准方法进行测定，并将所得结果对本标准测定结果进行归一化处理。

3.2 外标法 在本标准规定的条件下，将定量试样和外标物分别注入色谱仪进行分析。测定试样中每个杂质和外标物的峰面积，由试样中杂质峰面积和外标物峰面积的比例计算每个杂质的含量。再用100.00减去烃类杂质总量和用其他标准方法测定的异丁烯二聚物、含氧化合物、水等杂质的总量计算异丁烯纯度。测定结果以质量百分数表示。

4 试剂与材料

4.1 载气：氢气，纯度≥99.99%(*V/V*)。

4.2 辅助气：氮气，纯度≥99.99%(*V/V*)。

4.3 标准试剂：所需标准试剂如1.1所示，供测定校正因子和配制外标样用，其纯度应不低于

99%(m/m)。

5 仪器

5.1 气相色谱仪

配置氢火焰离子化检测器(FID)的气相色谱仪。该仪器对本标准所规定的最低测定浓度的杂质所产生的峰高应至少大于噪音的两倍。而且，当采用归一化法分析样品时，仪器的动态线性范围必须满足定量要求。

5.2 色谱柱

本标准推荐的色谱柱及典型操作条件见表 1，典型色谱图见图 1。杂质的出峰顺序及相对保留时间取决于 Al_2O_3 PLOT 柱的去活方法，必须用标准样品进行测定。

表 1 色谱柱及典型操作条件

色 谱 柱		Al_2O_3(PLOT)
柱长/m		50
柱内径/mm		0.32
载气平均线速/(cm/s)		41
柱 温	初温/℃	100
	初温保持时间/min	8
	升温速率/(℃/min)	4
	终温/℃	140
	终温保持时间/min	2
进样器温度/℃		150
检测器温度/℃		250
分流比		60 : 1
进样量		液态 1μL；气态 1mL
注：Al_2O_3(PLOT)柱加热不能超过 200℃以防止柱活性发生变化。		

5.3 进样装置

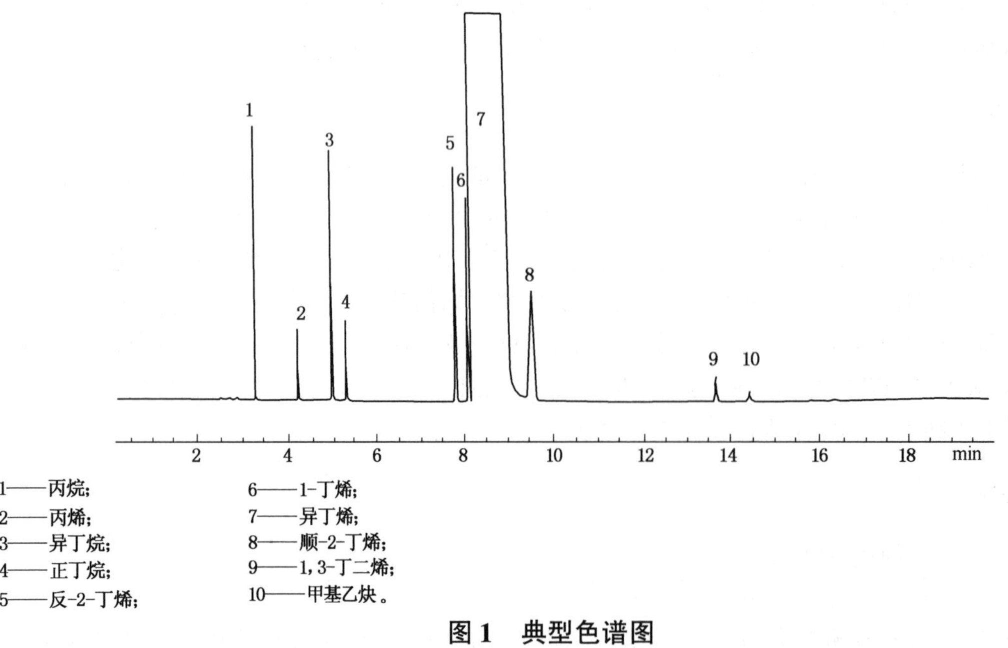

图 1 典型色谱图

5.3.1　液体进样阀(定量管容积 1μL)或合适的其他液体进样装置

凡能满足以下要求的液体进样阀均可使用：在不低于使用温度时的异丁烯蒸气压下，能将异丁烯以液体状态重复进样，并满足色谱分离要求。

液体进样装置的流程示意图见图 2。金属过滤器中的不锈钢烧结砂芯孔径为 2~4μm，以滤除样品中可能存在的机械杂质，保护进样阀。进样阀出口安装适当长度的不锈钢毛细管或减压阀，以避免样品汽化，造成失真，影响重复性。进样时，将采样钢瓶出口阀开启，用液态样品冲洗定量管数秒钟后，即可操作进样阀，将试样注入色谱仪，然后关闭钢瓶出口阀。

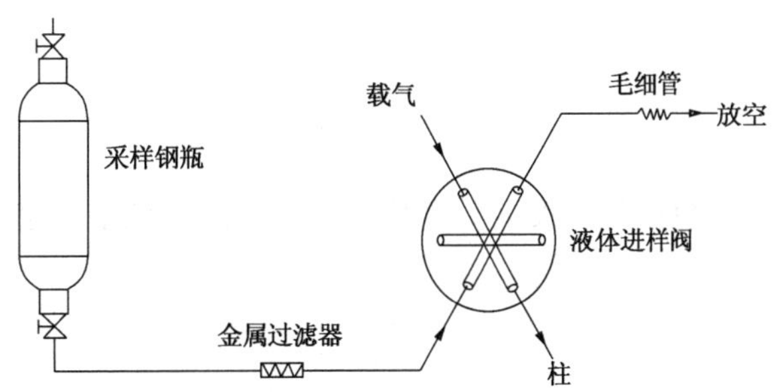

图 2　液体进样装置的流程示意图

5.3.2　气体进样阀(定量管容积 1mL)

气体进样必须采用如图 3 所示的小量液态样品汽化装置，以完全地汽化样品，保证样品的代表性。

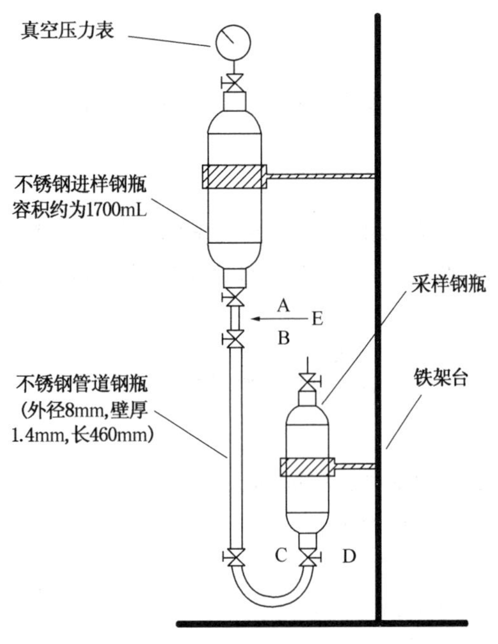

图 3　小量液态样品的汽化装置示意图

首先在 E 处卸下容积约为 1700mL 的进样钢瓶，并抽真空(<0.3kPa)。然后关闭阀 B，开启阀 C 和 D，再缓慢开启阀 B，控制液态样品流入管道钢瓶，并于阀 B 处有稳定的液态样品溢出，此时立即依次关闭阀 B、C 和 D，管道钢瓶中即取得了小量液态样品。

将已抽真空的进样钢瓶再连接于 E 处，先开启阀 A，再开启阀 B，让液态样品完全汽化于进样钢瓶中，连接于进样钢瓶上的真空压力表应指示在(50~100)kPa 范围内。最后关闭阀 A，卸下进样钢瓶连接于色谱仪的气体进样阀上即可进行分析。

注：盛有液态样品的采样钢瓶应在实验室里放置足够时间，让液态样品的温度与室温达到平衡后再进行上述

操作，并且当管道钢瓶中取得小量液态样品后，应尽快完成汽化操作，避免充满液态样品的管道钢瓶随停留时间增加爆裂的可能性。

5.4 记录装置

积分仪或色谱数据处理机。

6 采样

按 GB/T 3723—1999 和 SH/T 1142—1992(2000)规定的安全与技术要求采取样品。

7 测定步骤

7.1 校正面积归一化法

7.1.1 设定操作条件

根据仪器操作说明书，在色谱仪中安装并老化色谱柱。然后调节仪器至表 1 所示的操作条件，待仪器稳定后即可开始测定。

7.1.2 校正因子的测定

a. 标准样品的制备

已知烃类杂质含量的液态标样可由市场购买有证标样或用重量法自行制备。标样中烃类杂质的含量应与待测试样相近。盛放标样的钢瓶应符合 SH/T 1142—1992(2000)的技术要求。制备时使用的异丁烯本底样品事先在本标准规定条件下进行检查，应在待测组分处无其他杂质峰流出，否则应予以修正。

b. 按 GB/T 9722—1998 中 8.1 规定的要求，用上述标样，在本标准推荐的恒定条件下进行测定，并计算出质量校正因子。

7.1.3 试样测定

用符合 5.3 要求的进样装置，将适量试样注入色谱仪，并测量所有杂质和异丁烯的色谱峰面积。

7.1.4 计算

按校正面积归一化法计算每个杂质的浓度和异丁烯的纯度，并将用其他标准方法(见规范性引用文件)测得的含氧化合物、二聚物、水等杂质的总量对此结果再进行归一化处理。计算式如式(1)所示，测定结果以质量百分数表示。

$$X_i = \frac{A_i R_i}{\sum A_i R_i} \times (100.00 - S) \qquad \cdots\cdots(1)$$

式中：

X_i——试样中杂质 i 或异丁烯的浓度，%(m/m)；

R_i——杂质 i 或异丁烯的质量校正因子；

A_i——试样中杂质 i 或异丁烯的峰面积；

S——其他方法测定的杂质总量，%(m/m)。

7.2 外标法

7.2.1 按 7.1.1 待仪器稳定后，用符合 5.3 要求的进样装置，将同等体积的待测样品和外标样分别注入色谱仪，并测量除异丁烯外所有杂质和外标物的峰面积。

外标样两次重复测定的峰面积之差应不大于其平均值的 5%，取其平均值供定量计算用。

7.2.2 计算

按外标法计算每个杂质的浓度，以差减法计算异丁烯的纯度。计算式如式(2)和式(3)所示。测定结果以质量百分数表示。

$$X_i = \frac{C_s \cdot A_i \cdot R_i}{A_s \cdot R_s} \qquad \cdots\cdots(2)$$

$$P=100.00-\sum X_i-S \qquad (3)$$

式中：

X_i——试样中杂质组分 i 的浓度，%（m/m）；

C_s——外标样中组分 i 的浓度，%（m/m）；

A_s——外标样中组分 i 的峰面积；

R_s——外标样中组分 i 的质量校正因子；

A_i——试样中杂质组分 i 的峰面积；

P——异丁烯纯度，%（m/m）。

8 分析结果的表述

8.1 对于任一试样，分析结果的数值修约按 GB/T 8170—1987 规定进行，并以两次重复测定结果的算术平均值表示其分析结果。

8.2 报告每个杂质浓度，应精确至 0.0001%（m/m）。

8.3 报告异丁烯纯度，应精确至 0.01%（m/m）。

9 精密度

9.1 重复性

在同一实验室，由同一操作员，用同一台仪器，对同一试样相继做两次重复测定，在 95% 置信水平条件下，所得结果之差应不大于下列数值：

1. 杂质组分浓度

≤0.010%（m/m）	为其平均值的 20%
>0.010%（m/m）	为其平均值的 10%

2. 异丁烯纯度

≥98.0%（m/m）	为 0.04%（m/m）

9.2 再现性

待确定。

10 报告

报告应包括下列内容：

a. 有关样品的全部资料，例如样品名称、批号、采样地点、采样日期、采样时间等。

b. 本标准代号。

c. 分析结果。

d. 测定中观察到的任何异常现象的细节及其说明。

e. 分析人员的姓名及分析日期等。

ICS 75.080.10
G 16

中华人民共和国石油化工行业标准

SH/T 1483—2004
（2009年确认）
代替 SH/T 1483—1992

工业用异丁烯中含氧化合物的测定 气相色谱法

Isobutene for industrial use —Determination of oxy-compounds —Gas chromatographic method

2004-04-09 发布　　2004-09-01 实施

中华人民共和国国家发展和改革委员会　发布

前　言

本标准是对 SH/T 1483—1992《工业用异丁烯中含氧化合物的测定　气相色谱法》的修订。

本标准代替 SH/T 1483—1992。

本标准与 SH/T 1483—1992 相比主要变化如下：

a. 对醚化法生产工艺路线推荐使用 Porabond Q（PLOT）毛细管色谱柱，对硫酸法和树脂法生产工艺路线推荐使用 PEG 20M（WCOT）毛细管色谱柱替代原标准中的填充柱。

b. 进样方式改为采用液体进样阀的液态直接进样，并规定了小量液态样品完全汽化的技术要求。

c. 定量方法由内标法改为外标法。

本标准由中国石油化工股份有限公司提出。

本标准由全国化学标准化技术委员会石油化学分技术委员会（SAC/TC63/SC4）归口。

本标准起草单位：上海石油化工研究院。

本标准主要起草人：李继文、唐琦民、冯钰安。

本标准所代替标准的历次版本发布情况为：

首版为 ZBG 16004—88，于 1988 年 8 月发布，清理整顿中转为 SH/T 1483—1992。

工业用异丁烯中含氧化合物的测定
气相色谱法

1 范围

1.1 本标准规定了用气相色谱法测定工业用异丁烯中的含氧化合物含量。

本标准适用于甲基叔丁基醚裂解法、硫酸法及树脂法生产的异丁烯中含氧化合物的测定，其最低测定浓度为：

二甲醚，5mg/kg；

甲基叔丁基醚，5mg/kg；

甲醇，5mg/kg；

乙醇，5mg/kg；

异丙醇，5mg/kg；

叔丁醇，5mg/kg；

仲丁醇，5mg/kg；

异丁醇，5mg/kg；

正丁醇，5mg/kg；

丙酮，5mg/kg。

1.2 本标准并不是旨在说明与其使用有关的所有安全问题。因此，本标准的使用者应事先建立适当的安全与防护措施，并确定适当的规章制度。

2 规范性引用文件

下列文件中的条款通过本标准的引用而成为本标准的条款。凡是注明日期的引用文件，其随后所有的修改单（不包括勘误的内容）或修订版均不适用于本标准，然而，鼓励根据本标准达成协议的各方研究是否可使用这些文件的最新版本。凡是不注明日期的引用文件，其最新版本适用于本标准。

GB/T 3723—1999 工业用化学产品采样安全通则（idt ISO 3165：1976）

GB/T 8170—1987 数值修约规则

SH/T 1142—1992（2000） 工业用裂解碳四 液态采样法

3 方法提要

将适量异丁烯试样注入色谱柱，试样中的各含氧化合物组分在色谱柱中被分离后，用火焰离子化检测器（FID）进行检测。以外标法计算各含氧化合物的含量。

4 试剂与材料

4.1 载气

氮气，纯度≥99.99%（V/V）。

4.2 标准试剂

所需标准试剂如1.1所示，供测定校正因子和配制标准样品用，其纯度应不低于99%（m/m）。

5 仪器

5.1 气相色谱仪

配置氢火焰离子化检测器（FID）的气相色谱仪。该仪器对本标准所规定的最低测定浓度的杂质所产生的峰高应至少大于噪音的两倍。

5.2 色谱柱

本标准推荐的色谱柱及典型操作条件见表1。典型色谱图见图1。能达到同等分离效果的其他色谱柱亦可使用。

表1 色谱柱及典型操作条件

色谱柱		Porabond Q（PLOT）	PEG 20M（WCOT）
柱长/m		25	50
柱内径/mm		0.32	0.20
液膜厚度/μm		—	0.2
载气平均线速/（cm/s）		32	22
柱温	初温/℃	100	40
	初温保持时间/min	4	5
	升温速率/（℃/min）	15	6
	终温/℃	180	100
	终温保持时间/min	5	2
进样器温度/℃		150	150
检测器温度/℃		250	250
分流比		50∶1	50∶1
进样量		液态 1μL；气态 1mL	液态 1μL；气态 1mL
注：对醚化法生产工艺路线推荐使用 Porabond Q（PLOT）毛细管色谱柱，对硫酸法和树脂法生产工艺路线推荐使用 PEG 20M（WCOT）毛细管色谱柱。			

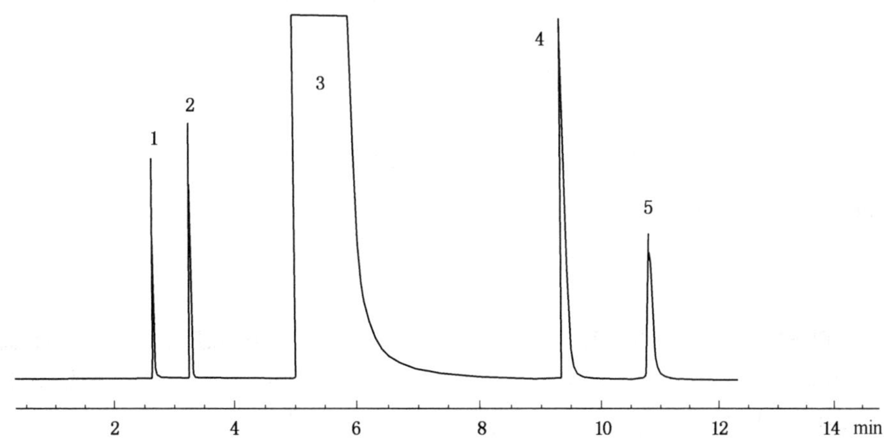

1——甲醇；
2——二甲醚；
3——异丁烯；
4——叔丁醇；
5——甲基叔丁基醚。

图1a Porabond Q 柱上的典型色谱图

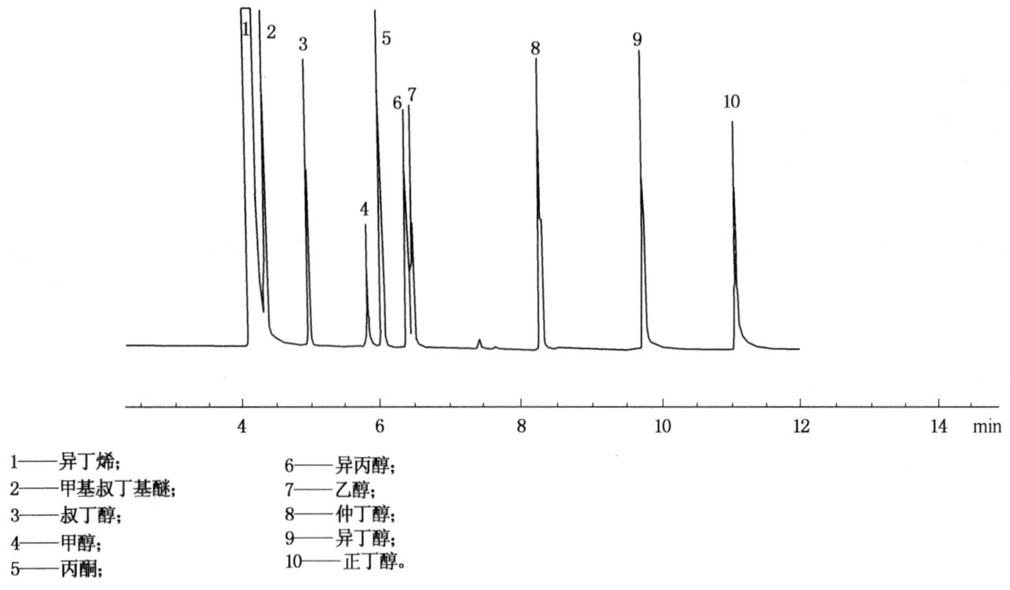

1——异丁烯；
2——甲基叔丁基醚；
3——叔丁醇；
4——甲醇；
5——丙酮；
6——异丙醇；
7——乙醇；
8——仲丁醇；
9——异丁醇；
10——正丁醇。

图 1b　PEG 20M 柱上的典型色谱图

5.3　进样装置

5.3.1　液体进样阀（定量管容积 1μL）或合适的其他液体进样装置

凡能满足以下要求的液体进样阀均可使用：在不低于使用温度时的异丁烯蒸气压下，能将异丁烯以液体状态重复进样，并满足色谱分离要求。

液体进样装置的流程示意图见图 2。金属过滤器中的不锈钢烧结砂芯的孔径为 2～4μm，以滤除样品中可能存在的机械杂质，保护进样阀。进样阀出口安装适当长度的不锈钢毛细管或减压阀，以避免样品汽化，造成失真，影响重复性。进样时，将采样钢瓶出口阀开启，用液态样品冲洗定量管数秒钟后，即可操作进样阀，将试样注入色谱仪，然后关闭钢瓶出口阀。

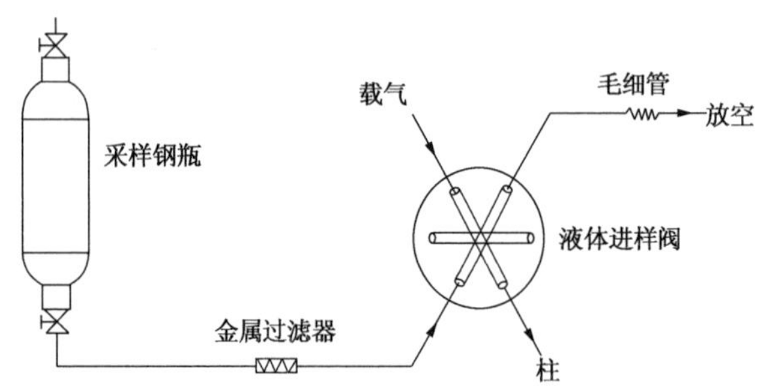

图 2　液体进样装置的流程示意图

5.3.2　气体进样阀（定量管容积 1mL）

气体进样必须采用如图 3 所示的小量液态样品汽化装置，以完全地汽化样品，保证样品的代表性。

首先在 E 处卸下容积约为 1700mL 的进样钢瓶，并抽真空（<0.3kPa）。然后关闭阀 B，开启阀 C 和 D，再缓慢开启阀 B，控制液态样品流入管道钢瓶，并于阀 B 处有稳定的液态样品溢出，此时立即依次关闭阀 B、C 和 D，管道钢瓶中即取得了小量液态样品。

将已抽真空的进样钢瓶再连接于 E 处，先开启阀 A，再开启阀 B，让液态样品完全汽化于进样钢瓶中，连接于进样钢瓶上的真空压力表应指示在 50～100kPa 范围内。最后关闭阀 A，卸下进样钢瓶连接于色谱仪的气体进样阀上即可进行分析。

注 1：盛有液态样品的采样钢瓶应在实验室里放置足够时间，让液态样品的温度与室温达到平衡后再进行上述操作，并且当管道钢瓶中取得小量液态样品后，应尽快完成汽化操作，避免充满液态样品的管道钢瓶随停留时间增加爆裂的可能性。

注 2：气体进样仪适用于甲基叔丁基醚裂解法生产的异丁烯样品，而且，当试样中含氧化合物的浓度较高时，应当考虑其完全汽化的可能性。有争议时应以液体进样为准。

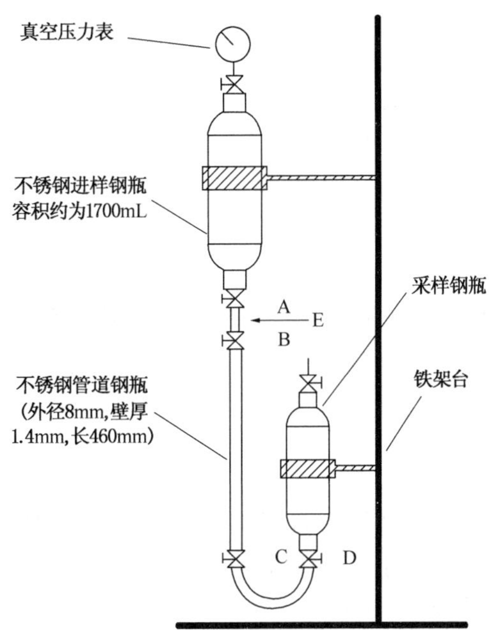

图 3　小量液态样品的汽化装置示意图

5.4　记录装置

积分仪或色谱数据处理机。

6　采样

按 GB/T 3723—1999 和 SH/T 1142—1992（2000）规定的安全与技术要求采取样品。

7　测定步骤

7.1　设定操作条件

色谱仪启动后进行必要的调节，以达到表 1 所列的典型操作条件或能获得同等分离的其他适宜条件。仪器稳定后即可开始进行测定。

7.2　标准样品的制备

已知含氧化合物含量的液态标样可由市场购买有证标样或用重量法自行制备。标样中含氧化合物的含量应与待测试样相近。盛放标样的钢瓶应符合 SH/T 1142—1992（2000）的技术要求。制备时使用的异丁烯本底样品事先在本标准规定条件下进行检查，应在待测组分处无其他杂质峰流出，否则应予以修正。

7.3　测定

7.3.1　校正

在每次试样分析前或分析后，均需用标准样品进行校正。进样前用细内径不锈钢管按 5.3 的要求将盛有标准样品的钢瓶与进样阀连接，并进样，重复测定两次。待各组分流出后，记录各含氧化合物的峰面积，两次重复测定的峰面积之差应不大于其平均值的 5%，取其平均值供定量计算用。

7.3.2　试样测定

按 7.3.1 同样的方式将试样钢瓶与进样阀连接，并注入与标准样品相同体积的试样。重复测定两次，测量各含氧化合物的峰面积。

7.3.3 计算

按式（1）计算试样中各含氧化合物的含量：

$$X_i = \frac{A_i}{A_s} \times C_s \quad \cdots\cdots (1)$$

式中：

X_i——试样中含氧化合物 i 的含量,%（m/m）；

A_i——试样中含氧化合物 i 的峰面积；

A_s——标准样品中含氧化合物 i 的峰面积；

C_s——标准样品中含氧化合物 i 的含量,%（m/m）。

8 结果的表示

对于任一试样，均要以两次或两次以上重复测定结果的算术平均值表示其分析结果，并按 GB/T 8170—1987规定修约至0.0001%（m/m）。

9 精密度

9.1 重复性

在同一实验室，由同一操作员，用同一台仪器，对同一试样相继做两次重复测定，在95%置信水平条件下，所得结果之差应不大于下列数值：

≤0.010%（m/m）	为其平均值的20%
>0.010%（m/m）	为其平均值的10%

9.2 再现性

待确定。

10 报告

报告应包括下列内容：

a. 有关样品的全部资料，例如样品名称、批号、采样地点、采样日期、采样时间等。

b. 本标准代号。

c. 分析结果。

d. 测定中观察到的任何异常现象的细节及其说明。

e. 分析人员的姓名及分析日期等。

ICS 75.080.10
G 16

中华人民共和国石油化工行业标准

SH/T 1484—2004
（2009年确认）
代替 SH/T 1484—1992

工业用异丁烯中异丁烯二聚物的测定 气相色谱法

Isobutene for industrial use
—Determination of dimer of isobutene
—Gas chromatographic method

2004-04-09 发布　　2004-09-01 实施

中华人民共和国国家发展和改革委员会　发布

前　　言

本标准是对 SH/T 1484—1992《工业用异丁烯中异丁烯二聚物的测定　气相色谱法》的修订。

本标准代替 SH/T 1484—1992。

本标准与 SH/T 1484—1992 相比主要变化如下：

a. 采用含 5%苯基的聚二甲基硅氧烷大口径毛细管色谱柱代替原标准中的异三十烷填充柱。

b. 进样方式改为采用液体进样阀的液态直接进样。

c. 定量方法由内标法改为外标法。

本标准由中国石油化工股份有限公司提出。

本标准由全国化学标准化技术委员会石油化学分技术委员会(SAC/TC63/SC4)归口。

本标准由中国石化北京燕化石油化工股份有限公司合成橡胶事业部负责起草。

本标准主要起草人：于洪洸。

本标准所代替标准的历次版本发布情况为：1988 年 8 月首次发布。

工业用异丁烯中异丁烯二聚物的测定 气相色谱法

1 范围

本标准规定了用气相色谱法测定工业用异丁烯中异丁烯二聚物的含量。

本标准适用于甲基叔丁基醚裂解法、硫酸法和树脂法生产的工业用异丁烯中异丁烯二聚物浓度不小于5mg/kg试样的测定。

注：异丁烯二聚物存在的主要成分是2,4,4-三甲基-1-戊烯和2,4,4-三甲基-2-戊烯。

2 规范性引用文件

下列文件中的条款通过本标准的引用而成为本标准的条款。凡是注日期的引用文件，其随后所有的修改单(不包括勘误的内容)或修订版均不适用于本标准，然而，鼓励根据本标准达成协议的各方研究是否可使用这些文件的最新版本。凡是不注日期的引用文件，其最新版本适用于本标准。

GB/T 3723—1999 工业用化学产品采样安全通则(idt ISO 3165：1976)

GB/T 8170—1987 数值修约规则

SH/T 1142—1992(2000) 工业用裂解碳四 液态采样法

3 方法提要

液体试样经色谱仪汽化室汽化后由载气带入色谱柱，试样中的异丁烯二聚物在色谱柱中分离后，用火焰离子化检测器检测，以外标法定量。

4 试剂与材料

4.1 载气

氮气，纯度≥99.99%(V/V)。

4.2 标准试剂

标准试剂供配制标准样品和测定保留时间用，其纯度应不低于99%(m/m)。

4.2.1 2,4,4-三甲基-1-戊烯。

4.2.2 2,4,4-三甲基-2-戊烯。

4.3 配制标准样品的溶剂

正戊烷，使用前需在本标准规定条件下进行本底检查，应在待测组分处无其他杂质峰流出。

4.4 进样钢瓶

材质为不锈钢，容积约100mL，工作压力为4MPa，也可采用其他能满足要求并安全的相应装置。

5 仪器

5.1 气相色谱仪

配置氢火焰离子化检测器(FID)并能满足表1操作条件的气相色谱仪，该色谱仪对二聚物在本标准规定的最低测定浓度下所产生的峰高应至少大于噪音的两倍。

5.2 色谱柱

推荐的色谱柱及典型操作条件见表1，典型色谱图见图1。其他能达到同等分离程度的色谱柱也可使用。

表 1　色谱柱和典型操作条件

色　谱　柱	含 5%苯基的聚二甲基硅氧烷	色　谱　柱	含 5%苯基的聚二甲基硅氧烷
柱长/m	30	气化室温度/℃	180
柱内径/mm	0.53	柱温/℃	50
液膜厚度/μm	5	检测器温度/℃	200
载气流速/(mL/min)	8	进样量/μL	1
分流比	10∶1		

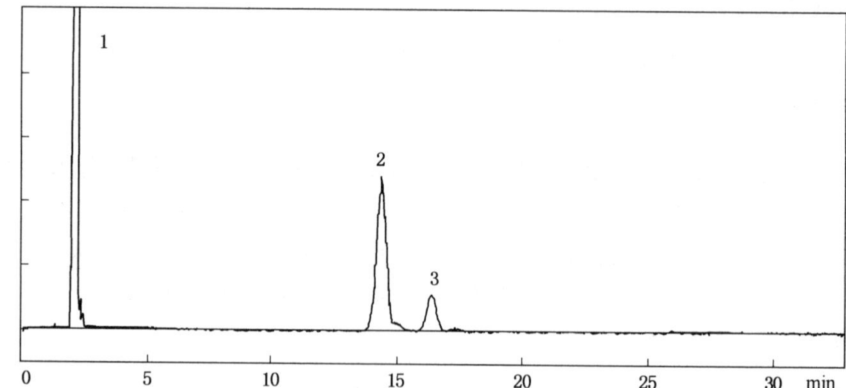

1——异丁烯及烃类杂质；
2——2,4,4-三甲基-1-戊烯；
3——2,4,4-三甲基-2-戊烯。

图 1　典型色谱图

5.3　液体进样阀或合适的其他液体进样装置

凡能满足以下要求的液体进样阀均可使用：在不低于使用温度时的异丁烯蒸气压下，能将异丁烯以液体状态重复地进样，并满足色谱分离要求。进样阀应配有容积为 1μL 的定量管。进样装置流程见图 2。金属过滤器中的不锈钢烧结砂芯的孔径为 2～4μm，以滤除样品中可能存在的机械杂质，保护进样阀。进样阀出口安装适当长度的不锈钢毛细管或减压阀，以避免样品汽化，造成失真，影响重复性。进样时，将采样钢瓶出口阀开启，用液态样品冲洗定量管数秒钟后，即可操作进样阀，将试样注入色谱仪，然后关闭钢瓶出口阀。

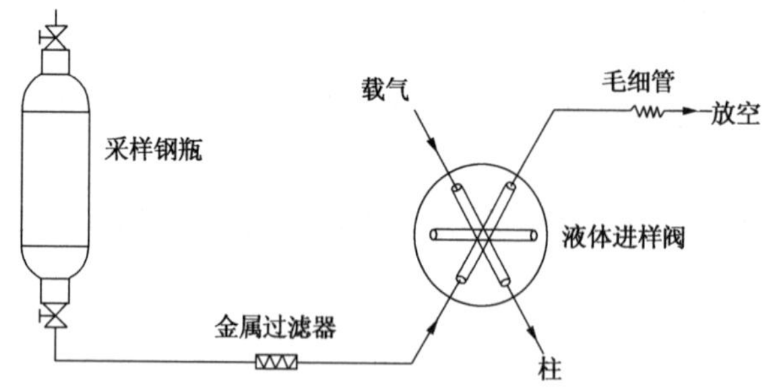

图 2　进样装置的流程示意图

5.4　记录装置

电子积分仪或色谱数据处理机。

6 采样

按 GB/T 3723—1999 和 SH/T 1142—1992(2000)规定的安全与技术要求采取样品。

7 测定步骤

7.1 设定操作条件

色谱仪启动后进行必要的调节，以达到表 1 所列的典型操作条件或能获得同等分离的其他适宜条件。仪器稳定后即可开始进行测定。

7.2 标准样品的制备

按待测试样中预期二聚物含量的近似值，称取适量的 2,4,4-三甲基-1-戊烯或 2,4,4-三甲基-2-戊烯,精确至 0.1mg，置于适当大小的容量瓶中。称取适量的正戊烷，精确至 0.01g，加入同一容量瓶中，具塞并摇匀。然后将其转移至进样钢瓶中，并充入氮气 0.1~0.2MPa，备用。

注：因 2,4,4-三甲基-1-戊烯和 2,4,4-三甲基-2-戊烯在 FID 响应修正值基本相同，所以，标准样品配制中两者选一即可。

标准样品中二聚物的含量按下式计算：

$$C_s = m_s/(m_s+m_v)\times 10^6 \quad \cdots\cdots(1)$$

式中：

C_s——标准样品中二聚物的含量，mg/kg；

m_s——二聚物的量，g；

m_v——正戊烷的量，g。

7.3 测定

7.3.1 校正

在每次试样分析前或分析后，均需用标准样品进行校正。进样前用细内径不锈钢管按 5.3 要求将盛有标准样品的进样钢瓶与液体进样阀连接并进样，重复测定两次。待各组分从色谱柱中流出后，记录二聚物的峰面积，两次重复测定的峰面积之差应不大于其平均值的 5%，取其平均值供定量计算用。

7.3.2 试样测定

按 7.3.1 同样的方式将试样钢瓶与液体进样阀连接，并注入与标准样品相同体积的试样。重复测定两次，测得二聚物(2,4,4-三甲基-1-戊烯和 2,4,4-三甲基-2-戊烯)的峰面积。

7.3.3 计算

按式(2)计算试样中二聚物的含量：

$$C_i = \frac{A_i}{A_s}\times\frac{\rho_s}{\rho_i}\times C_s \quad \cdots\cdots(2)$$

式中：

C_i——试样中二聚物的含量，mg/kg；

A_i——试样中二聚物的峰面积；

A_s——标准样品中二聚物的峰面积；

ρ_i——异丁烯的密度，ρ_i=0.600g/mL(20℃)；

ρ_s——外标溶剂的密度，正戊烷的密度 ρ_s=0.626g/mL(20℃)。

8 结果的表示

对于任一试样，均要以两次或两次以上重复测定结果的算术平均值表示其分析结果，并按 GB/T 8170—1987 规定修约至 1mg/kg。

9 精密度

9.1 重复性

在同一实验室，由同一操作人员，使用同一台仪器，对同一试样相继做两次重复测定，当二聚物含量在不大于100mg/kg的范围内，在95%置信水平条件下，所得结果之差应不大于其平均值的20%。

9.2 再现性

待确定。

10 试验报告

报告应包括以下内容：

a. 有关样品的全部资料：例如样品名称、批号、采样地点、采样日期、采样时间等；

b. 本标准代号；

c. 测定结果；

d. 在试验中观察到的任何异常现象的细节及其说明；

e. 分析人员的姓名及分析日期等。

中华人民共和国石油化工行业标准

SH/T 1485.1—1995

(2015年确认)

代替 SH 1485—92

工业用二乙烯苯

1 主题内容与适用范围

本标准规定了工业用二乙烯苯的技术要求、试验方法、检验规则、包装、标志、运输及贮存等。

本标准适用于由二乙苯经催化脱氢、精馏等工艺制得的工业用二乙烯苯。该产品主要用作离子交换树脂、聚酯树脂、高分子多孔微球及制药工业等的原料。

结构式：

(间二乙烯苯：苯环上1,3位各连 CH═CH_2) 和 (对二乙烯苯：苯环上1,4位各连 CH═CH_2)

分子式：$C_{10}H_{10}$。

相对分子质量：130.19(按1991年国际相对原子质量)。

2 引用标准

GB 190—90 危险货物包装标志

GB/T 3723—83 工业用化学产品采样的安全通则

GB/T 6678—86 化工产品采样总则

GB/T 6680—86 液体化工产品采样通则

SH/T 1485.2—95 工业用二乙烯苯中各组分含量的测定 气相色谱法

SH/T 1485.3—95 工业用二乙烯苯中聚合物含量的测定

SH/T 1485.4—95 工业用二乙烯苯中特丁基邻苯二酚含量的测定 分光光度法

SH/T 1485.5—95 工业用二乙烯苯中溴指数的测定 滴定法

3 技术要求

3.1 工业用二乙烯苯的质量应符合下表规定的技术要求，并按本标准规定的试验方法进行检验。

项目		DVB45			DVB55			试验方法
		优等	一等	合格	优等	一等	合格	
外观		无色或淡黄色透明液体						目测[1)]
二乙烯苯,%	≥	45			55			SH/T 1485.2
二乙苯,%	≤	6.0	8.0	12.0	2.5	4.0	6.0	SH/T 1485.2
萘,%	≤	1.5	1.5	2.0	1.5	1.5	2.0	SH/T 1485.2
溴指数，gBr/100g	≥	165	160	155	180	175	170	SH/T 1485.5
特丁基邻苯二酚(TBC),%		0.09~0.11						SH/T 1485.4
聚合物,%	≤	0.005						SH/T 1485.3

注1)：将试样置于100mL比色管中，其液层高为50~60mm，在日光或日光灯透射下目测。

中国石油化工总公司 1995-03-29 批准　　　　1995-10-01 实施

4 检验规则

4.1 二乙烯苯应由生产厂的质量检验部门进行检验，生产厂应保证所有出厂的二乙烯苯都符合本标准的要求，每批出厂的二乙烯苯都应附有一定格式的质量证明书。

4.2 使用单位有权按照本标准各项规定对所收到的二乙烯苯的质量进行核验，检验其指标是否符合本标准的要求。

4.3 阻聚剂 TBC 指标，如用户有特殊要求，可与生产厂协商，另作规定。

4.4 采样按 GB/T 6678、GB/T 6680 及 GB/T 3723 的规定进行。

4.5 如检验结果不符合本标准要求，需重新取样，对桶装产品应加倍取样，复验。复验结果即使有一项指标不符合要求，则整批产品作不合格品处理。

4.6 产品自出厂日期起一个月内，如对产品质量发生争议时，使用单位可向生产厂提出，协商解决。

5 包装、标志、运输和贮存

5.1 包装

5.1.1 二乙烯苯应装入干燥、清洁的专用镀锌铁桶或专用槽车，并加入一定量的阻聚剂（特丁基邻苯二酚）。

5.1.2 桶装二乙烯苯每桶净重 160kg，桶口应予密闭，防止二乙烯苯渗出及水分的渗入。

5.1.3 每批包装好的二乙烯苯应附有质量证明书，质量证明书上应注明：生产厂名称、产品名称、产品牌号、产品等级、批号、生产日期、出厂日期、产品净重、本标准的编号。

5.2 标志

5.2.1 包装容器上应有牢固清晰的标志，其内容包括：生产厂名称、厂址、产品名称、产品牌号、商标、生产日期、批号、等级和净重。

5.2.2 包装容器和贮存容器上应有 GB 190 规定的“易燃液体”的明显标志。

5.3 运输

二乙烯苯系可燃物品，在运输过程中，应按照交通运输部门有关规定，并防止在日光下直接曝晒。

5.4 贮存

5.4.1 二乙烯苯应贮存在具有良好通风、隔绝火种的仓库内，贮存温度一般在 25℃以下，并与氧化剂分开贮存。

5.4.2 二乙烯苯在贮存过程中会缓慢地产生聚合，故贮存在完全密闭的场合下，至少也应每月开盖一次，用新鲜空气进行替换，因空气中含有的氧气能抑制二乙烯苯聚合。但换气时，应注意不使桶盖周围的水分和尘埃等进入容器，避免雨天操作，应在晴天进行。

5.4.3 在贮存期间，二乙烯苯内的阻聚剂（特丁基邻苯二酚）含量会逐渐减少。需经常测定其含量，当含量低于 500mg/kg 时，应予以补加。

附加说明：

本标准由上海高桥石油化工公司提出。

本标准由全国化学标准化技术委员会石油化学分技术委员会归口。

本标准由上海高桥石油化工公司化工厂负责起草。

本标准主要起草人程玲玲、崔晓蕾。

中华人民共和国石油化工行业标准

SH/T 1485.2—1995
(2015年确认)
代替 SH 1485—92

工业用二乙烯苯中各组分含量的测定 气相色谱法

1 主题内容与适用范围

本标准规定了测定工业用二乙烯苯中二乙苯、二乙烯苯、萘含量的方法——气相色谱法。

本标准适用于工业用二乙烯苯中二乙苯和萘含量大于0.1%的试样。

2 引用标准

GB/T 3723—83 工业用化学产品采样的安全通则
GB/T 6678—86 化工产品采样总则
GB/T 6680—86 液体化工产品采样通则
GB/T 9722—88 化学试剂 气相色谱法通则

3 方法原理

液体试样通过微量注射器注入色谱柱，在载气的带动下，使各组分得到分离，用氢火焰离子化检测器或热导检测器进行检测，记录其色谱图，用面积归一化法进行定量。

4 主要材料及试剂

4.1 氮气：纯度大于99.999%，经分子筛和硅胶净化。
4.2 氢气：纯度大于99%，经分子筛和硅胶净化。
4.3 空气：经分子筛和硅胶干燥净化。
4.4 固定液：MPBHxB[双-(对-己氧基苯甲酸)-邻-甲基苯二酚酯]。
4.5 载体：釉化b201载体，直径0.149~0.177mm(80~100目)：或类似性能的其他红色载体。

5 仪器与设备

5.1 气相色谱仪：配有氢火焰离子化检测器或热导检测器的气相色谱仪，单个杂质峰的最低检测量为0.1%。
5.2 记录装置：积分仪或色谱数据处理机。
5.3 微量注射器：10μL。

6 采样

按GB/T 3723、GB/T 6678、GB/T 6680的规定进行。

7 分析步骤

7.1 推荐的色谱操作条件见表1。能达到同等分离效果的其他色谱柱均可使用。

中国石油化工总公司1995-03-29批准 1995-10-01实施

表 1 推荐色谱操作条件

色 谱 柱	填 充 柱		毛 细 管 柱
柱管材料	不锈钢		弹性石英玻璃
固定液	MPBHxB		聚乙二醇 20M
液载比	7∶100		—
载体	釉化 b201 载体		—
载体尺寸，mm	0.149~0.177		—
柱长，m	2.0		25
内径，mm	3		0.32
检测器类型	热导	氢火焰	氢火焰
工作电流，mA	190	—	—
检测器温度，℃			260
汽化温度，℃	200		260
柱温，℃	130	135	110
载气类型	H_2	N_2	N_2
载气流速，mL/min	17	30	—
线速度，cm/sec	—	—	17
分流比	—	—	120∶1
进样量，μL	0.2~0.4	0.1	0.2~0.4

注：在使用氢气作载气时，应严格控制气路系统无泄漏，尾气要妥善处理。

7.2 试样规定

对色谱仪进行必要的调节，以达到表 1 所列的操作条件或能获得满意分离的其他适宜条件，稳定后即可进样测试。

7.3 典型色谱图。

见图 1 和图 2。

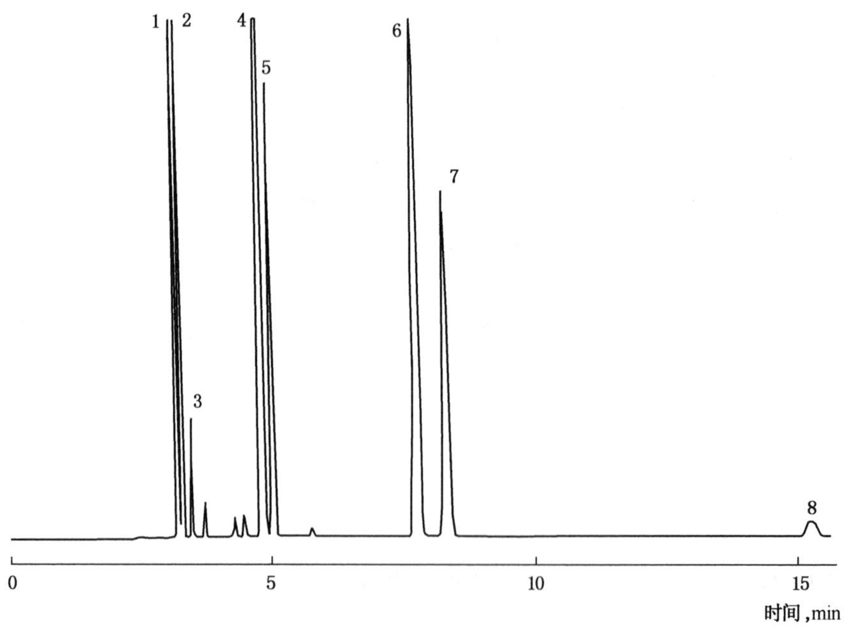

图 1 毛细管柱典型色谱图

1—间-二乙苯；2—对-二乙苯；3—邻-二乙苯；4—间-乙烯乙基苯；5—对-乙烯乙基苯；6—间-二乙烯苯；7—对-二乙烯苯；8—萘

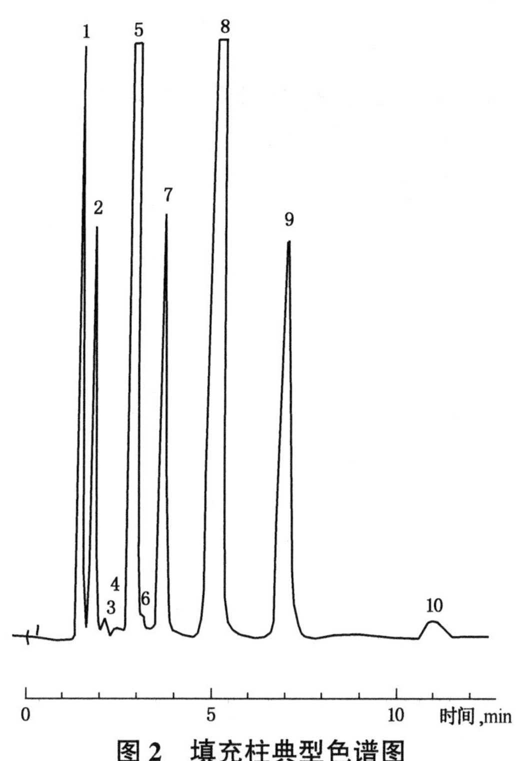

图 2 填充柱典型色谱图

1—间-二乙苯；2—对、邻-二乙苯；3—未知峰；4—未知峰；5—间-乙烯乙基苯；6—未知峰；
7—对-乙烯乙基苯；8—间-二乙烯苯；9—对-二乙烯苯；10—萘

7.4 计算

各待测组分的质量百分含量 x_i 按下式计算：

$$x_i = \frac{A_i}{\Sigma A_i} \times 100$$

式中：A_i——试样中组分 i 的峰面积。

8 结果的表示

取二次重复测定结果的算术平均值作为分析结果。二次测定结果之差应符合第 9 章规定的精密度。

9 精密度

9.1 重复性

在同一实验室，同一操作员，使用同一台仪器，在相同的操作条件下，用正常和正确的操作方法，对同一试样进行二次重复测定，其测定值之差对于二乙苯应不大于平均值的 3%；二乙烯苯应不大于平均值的 2%；萘应不大于平均值的 10%(95%置信水平)。

10 报告

报告应包括以下内容：

a. 有关样品的全部资料，例如样品的名称、批号、采样点、采样时间等。

b. 分析结果。

c. 测定时观察到的任何异常现象的细节及其说明。

d. 分析人员的姓名及分析日期等。

附加说明：

本标准由上海高桥石油化工公司提出。

本标准由全国化学标准化技术委员会石油化学分技术委员会归口。

本标准由上海高桥石油化工公司化工厂负责起草。

本标准主要起草人程玲玲、崔晓蕾。

中华人民共和国石油化工行业标准

SH/T 1485.3—1995

（2015年确认）

代替 SH 1485—92

工业用二乙烯苯中聚合物含量的测定

1 主题内容与适用范围

本标准规定了用重量法和目测比浊法测定工业用二乙烯苯中聚合物的含量。

本标准适用于工业用二乙烯苯中聚合物含量的测定。目测比浊法适用于聚合物含量小于0.0005%（m/m）的试样。

2 引用标准

GB/T 603—88 化学试剂 试验方法中所用制剂及制品的制备

GB/T 3723—83 工业用化学产品采样安全通则

CB/T 4472—84 化工产品密度、相对密度测定通则

GB/T 6678—86 化工产品采样总则

GB/T 6680—86 液体化工产品采样通则

GB/T 6682—92 分析实验室用水规格和试验方法

3 重量法

3.1 方法原理

在二乙烯苯试样中加入一定量的无水甲醇，使聚合物在甲醇中析出，通过玻璃砂芯坩埚过滤，在烘箱内烘干，称得聚合物的重量。

3.2 试剂与溶液

除另有注明外，所用的试剂均为分析纯，所用的水均符合 GB/T 6682 规定的三级水规格。

3.2.1 无水甲醇。

3.3 仪器与设备

3.3.1 分析天平：十万分之一或精度为0.1mg的万分之一天平。

3.3.2 玻璃砂芯坩埚：10mL—5#。

3.3.3 烘箱：110℃±2℃。

3.3.4 过滤瓶：500mL。

3.3.5 水流泵。

3.3.6 烧杯：400mL。

3.3.7 吸液管：25mL。

3.4 采样

按 GB/T 3723、GB/T 6678、GB/T 6680 的规定进行。

3.5 分析步骤

3.5.1 玻璃砂芯坩埚的处理

将玻璃砂芯坩埚置于铬酸洗液中浸泡，取出后在过滤瓶上进行清洗，先用水洗净至滤液为中性，抽干，再用无水甲醇清洗，抽干后于110℃的烘箱内干燥30min，取出置于干燥器中冷却30min，用精密天平称量并恒重（称准至0.0001g），保存于干燥器中备用。

中国石油化工总公司 1995-03-29 批准　　1995-10-01 实施

3.5.2　试样测定

在清洁干燥的烧杯中，加入 250mL 无水甲醇，然后准确吸取 25mL 试样，边搅拌边从搅拌中心处滴加试样于无水甲醇中，在 30~40s 时间内加完，加盖放置 1h。在预先处理过的玻璃砂芯坩埚中进行过滤，必须将杯中剩余物全部转入玻璃砂芯坩埚，并注意防止尘埃的进入，滤毕后，用无水甲醇清洗烧杯数次，将洗涤液一并加到坩埚中，抽干。将盛有聚合物的坩埚于 110℃ 烘箱内干燥 30min，取出于干燥器内冷却 30min，用精密天平称量并恒重(称准至 0.0001g)。

3.5.3　计算

聚合物的质量百分含量 x[%(m/m)]按下式计算：

$$x = \frac{m_1 - m_2}{V\rho} \times 100$$

式中：m_1——聚合物加坩埚的质量，g；

m_2——空坩埚的质量，g；

V——试样的体积，mL；

ρ——试样的密度(按 GB/T 4472 中 2.3.3 条方法测定)，g/mL。

3.6　结果的表示

取二次重复测定结果的算术平均值作为分析结果。对聚合物含量为 0.005% 的试样，其二次测定的相对偏差应不大于 20%。

4　目测比浊法(适用于测定聚合物含量小于 0.0005%)

4.1　方法原理

在二乙烯苯试样中加入一定量的无水甲醇，使聚合物在甲醇中析出，产生浊度，并与配制的标准浊度溶液进行比较，估计聚合物的大致含量。

4.2　试剂与溶液

4.2.1　无二氧化碳水：按 GB/T 603 配制。

4.2.2　氯化钠标准溶液(1mL 溶液含有 0.01mg 氯)：准确称取基准氯化钠 1.65g，称准至 0.0001g。用无二氧化碳的水配成 1000mL，再取出该溶液 10mL，用无二氧化碳的水稀释至 1000mL，用钠石灰管封口备用。使用期二个星期。

4.2.3　硝酸银溶液(20g/L)：用无二氧化碳水配制，用钠石灰管封口，备用。使用期二个星期。

4.2.4　硝酸溶液(1+2)：取 100mL 硝酸加 200mL 无二氧化碳的水配制而成，用钠石灰管封口，备用。使用期二个星期。

4.2.5　无水甲醇。

4.3　仪器与设备

4.3.1　刻度吸液管：1mL，2mL，5mL。

4.3.2　具塞玻璃比色管：25mL。

4.4　测定步骤

4.4.1　标准浊度溶液的配制

取 0.25mL 氯化钠标准溶液于 25mL 比色管中，加无水甲醇 10mL，再加硝酸溶液(1+2)1.3mL，硝酸银溶液 1.3mL，用无水甲醇稀释至 25mL，摇匀，在 5min 内比色。

4.4.2　试样测定

取 2.5mL 试样于 25mL 比色管中，加无水甲醇稀释至 25mL，摇匀，放置 10~15min，在白光、黑底背景下，垂直观察，与标准浊度溶液进行比较，浊度相差不明显时，可另取一比色管加无水甲醇 25mL，同时进行浊度对比。

4.5　结果表示

若试样浊度小于标准浊度，则聚合物含量为小于0.0005%。若试样浊度大于标准浊度，应用重量法测定。

5　报告

报告应包括以下内容：

a. 有关样品的全部资料，例如样品的名称、批号、采样点、采样时间等。

b. 测定采用的方法(重量法、目测比浊法)。

c. 分析结果。

d. 测定时观察到的任何异常现象的细节及其说明。

e. 分析人员的姓名及分析日期等。

附　录　A
二乙烯苯中聚合物含量测定——目测比浊法
（参考件）

为实际测试的简便、快速，以及尽可能减少做重量法，提出以 1.0mL 氯化钠标准溶液与硝酸银反应产生的浊度为基准，采用直接目测比浊法判断二乙烯苯中聚合物的含量。当试样的无水甲醇中产生的浊度小于标准浊度溶液的浊度时，可判聚合物含量合格（小于 0.005%）；当试样在无水甲醇中产生的浊度大于标准浊度溶液的浊度时，可再用重量法作进一步测试。

A1　试剂与溶液

同 4.2 条。

A2　仪器与设备

同 4.3 条。

A3　测定步骤

A3.1　标准浊度溶液的配制

同 4.4.1 条，但氯化钠标准溶液用量为 1.0mL。

A3.2　试样测定

同 4.4.2 条。

附加说明：

本标准由上海高桥石油化工公司提出。
本标准由全国化学标准化技术委员会石油化学分技术委员会归口。
本标准由上海高桥石油化工公司化工厂负责起草。
本标准主要起草人程玲玲、崔晓蕾。

中华人民共和国石油化工行业标准

SH/T 1485.4—1995

(2015 年确认)

代替 SH 1485—92

工业用二乙烯苯中特丁基邻苯二酚含量的测定 分光光度法

1 主题内容与适用范围

本标准规定了测定工业用二乙烯苯中特丁基邻苯二酚(TBC)含量的分光光度法。

本际准适用于工业用二乙烯苯中特丁基邻苯二酚含量的测定。测定范围为 0.04% ~ 0.12%(m/m)。

2 引用标准

GB/T 3723—83 工业用化学产品采样安全通则

GB/T 4472—84 化工产品密度、相对密度测定通则

GB/T 6678—86 化工产品采样总则

CB/T 6680—86 液体化工产品采样通则

GB/T 6682—92 分析实验用水规格和试验方法

GB/T 9721—88 化学试剂分子吸收分光光度法通则(紫外和可见光部分)

3 方法原理

二乙烯苯中的特丁基邻苯二酚(TBC)在碱性溶液中易生成有色醌体,可在 486nm 处测量其吸光度。

4 试剂与溶液

除另有注明外,所用试剂均为分析纯,所用的水均符合 GB/T 6682 规定的三级水规格。

4.1 氢氧化钠溶液(40g/L):称取 40g 氢氧化钠,溶解于 1000mL 水中。

4.2 特丁基邻苯二酚(TBC)。

4.3 特丁基邻苯二酚标准贮备液:3%(m/V)。

称取特丁基邻苯二酚 1.5g,称准至 0.0002g,置 50mL 容量瓶中,用无阻二乙烯苯单体溶解并稀释至刻度,振摇均匀,备用。

4.4 无阻二乙烯苯单体的制备

用等体积的氢氧化钠溶液(4.1)洗涤二乙烯苯四次,再用同体积的水洗涤二乙烯苯四次至洗涤液为中性,用无水氯化钙脱水干燥,过滤后,于 0~5℃下冷藏备用(宜新鲜配制)。

5 仪器与设备

5.1 分光光度计:适宜于可见光区的测量。

5.2 吸收池:厚度为 1cm。

5.3 分析天平:分度值 0.1mg。

中国石油化工总公司 1995-03-29 批准 1995-10-01 实施

5.4　吸液管：5mL，100mL。

5.5　刻度吸液管：2mL。

5.6　分液漏斗：125mL。

5.7　棕色容量瓶：50mL。

5.8　定量滤纸。

5.9　冷藏箱：0~5℃。

6　采样

按 GB/T 3723，GB/T 6678，GB/T 6680 的规定进行。

7　分析步骤

7.1　工作曲线的绘制

7.1.1　在室温下，分别吸取3%特丁基邻苯二酚标准贮备液(4.3)0.8，1.1，1.4，1.7，2.0mL，置于五只50mL容量瓶中，用无阻二乙烯苯(4.4)稀释至刻度，所得标准溶液中含特丁基邻苯二酚的百分含量相应为0.048，0.066，0.084，0.102，0.120(*m/V*)。另取一50mL容量瓶，加无阻二乙烯苯(4.4)至刻度，作为对照溶液。

7.1.2　在上述六个容量瓶中各取5.0mL溶液，分别置于六个已盛有100mL氢氧化钠溶液(4.1)的分液漏斗中，振摇2min，静止分层15min。将下层碱液通过滤纸过滤，弃去最初滤液约30mL，然后将滤液收集于清洁、干燥的比色管中，再放置至加氢氧化钠后22min±1min，用1cm吸收池，于波长486nm处，进行比色，以水作参比，测定各溶液的吸光度。

7.1.3　以特丁基邻苯二酚的浓度为横坐标，相应的吸光度(由每个特丁基邻苯二酚标准溶液的吸光度扣除对照溶液的吸光度)为纵坐标，绘制工作曲线。工作曲线至少应每周校验一次。

7.2　试样测定

在分液漏斗中加入100mL氢氧化钠溶液(4.1)和5mL试样，按7.1.2步骤测定。根据测得的吸光度在工作曲线上查得特丁基邻苯二酚的百分含量(*m/V*)，再除试样的密度(按 GB/T 4472 中 2.3.3 条方法测定)，即得到二乙烯基中特丁基邻苯二酚的百分含量(*m/m*)。

注：如果试样中特丁基邻苯二酚含量大于0.120%(*m/m*)，则取样量减半。

8　结果的表示

取二次重复测定结果的算术平均值作为分析结果。二次测定结果之差应符合第9章规定的精密度要求。

9　精密度

9.1　重复性

在同一实验室，同一操作员，使用同一台仪器，在相同的操作条件下，用正常和正确的操作方法，对同一试样进行二次重复测定，其测定值之差应不大于平均值的3%(95%置信水平)。

10　报告

报告应包括如下内容：

a. 有关样品的全部资料，如：样品的名称、批号、采样点、采样时间等。

b. 分析结果。

c. 测定时观察到的任何异常现象的细节及其说明。

d. 分析人员的姓名及分析日期等。

附加说明：

本标准由上海高桥石油化工公司提出。
本标准由全国化学标准化技术委员会石油化学分技术委员会归口。
本标准由上海高桥石油化工公司化工厂负责起草。
本标准主要起草人程玲玲、崔晓蕾。

中华人民共和国石油化工行业标准

SH/T 1485.5—1995

(2015年确认)

代替 SH 1485—92

工业用二乙烯苯中溴指数的测定 滴定法

1 主题内容与适用范围

本标准规定了测定工业用二乙烯苯中溴指数的方法——滴定法。

本标准适用于工业用二乙烯苯中溴指数的测定。

2 引用标准

GB/T 601—88 化学试剂 滴定分析(容量分析)用标准溶液的制备

GB/T 3723—83 工业用化学产品采样安全通则

GB/T 6678—86 化工产品采样总则

GB/T 6680—86 液体化工产品采样通则

GB/T 6682—92 分析实验室用水规格和试验方法

3 方法原理

溴酸钾-溴化钾标准溶液在酸性介质中区应产生的溴与二乙烯苯中的不饱和键发生加成反应，过量的溴氧化碘离子生成碘，然后用硫代硫酸钠标准溶液滴定。

4 试剂与溶液

除另有注明外，所用试剂均为分析纯，所用的水均符合 GB/T 6682 规定的三级水规格。

4.1 溴标准滴定溶液 0.5mol/L。按 GB/T 601 规定配制。

4.2 硫代硫酸钠标准滴定溶液：0.1mol/L。按 GB/T 601 规定配制。

4.3 碘化钾溶液：15%。

4.4 混合液：将 660mL 冰乙酸和 27mL 硫酸依次加入 250mL 蒸馏水中，混匀。

4.5 淀粉指示液：0.5%水溶液。

5 仪器与设备

5.1 分析天平：分度值 0.1mg。

5.2 滴定管：棕色 50mL，25mL。

5.3 具塞碘量瓶：500mL。

5.4 量筒：100mL。

6 采样

按 GB/T 3723、GB/T 6678、GB/T 6680 的规定进行。

中国石油化工总公司 1995-03-29 批准 1995-10-01 实施

7 分析步骤

7.1 试样测定

称取1.0g试样(称准至0.0002g)于预先加有100mL混合液的500mL碘瓶中，将盖塞紧，剧烈振摇(约5~10min)，须使其完全溶解。用溴标准滴定溶液滴定至溶液呈淡黄色，持续数秒钟后，再每次加入1mL，直至出现的黄色保持不褪为止，将盖塞紧，摇匀，水封，置暗处10min，然后，沿瓶塞仔细加入15%碘化钾溶液15mL，摇匀，水封，置暗处5min后，加入适量蒸馏水，直接用硫代硫酸标准滴定溶液滴定游离的碘，接近终点时，加入2mL淀粉指示液，继续滴定至蓝色消失为止。

7.2 计算

二乙烯苯中溴指数值X(gBr/100g)按下式计算：

$$X = \frac{(c_1V_1 - c_2V_2) \times 0.0799}{m} \times 100$$

式中：c_1——溴标准滴定溶液的浓度，mol/L；

c_2——硫代硫酸钠标准滴定溶液的浓度，mol/L；

V_1——滴定所消耗溴标准滴定溶液的体积，mL；

V_2——滴定所消耗硫代硫酸钠标准滴定溶液的体积，mL；

m——试样的质量，g；

0.0799——换算系数。

8 结果的表示

取二次重复测定结果的算术平均值作为分析结果。二次测定结果之差应符合第9章规定的精密度要求。

9 精密度

9.1 重复性

在同一实验室，在相同的操作条件下，用正常和正确的操作方法，对同一试样进行二次重复测定，其测定值之差应不大于平均值的0.5%(95%置信水平)。

10 报告

报告应包括如下内容：

a. 有关样品的全部资料，例如：样品的名称、批号、采样点、采样时间等。

b. 分析结果。

c. 测定时观察到的任何异常现象的细节及其说明。

d. 分析人员的姓名及分析日期等。

附加说明：

本标准由上海高桥石油化工公司提出。

本标准由全国化学标准化技术委员会石油化学分技术委员会归口。

本标准由上海高桥石油化工公司化工厂负责起草。

本标准主要起草人程玲玲、崔晓蕾。

ICS 71.080.15
G 16

中华人民共和国石油化工行业标准

SH/T 1486.1—2008
(2015年确认)
代替 SH/T 1486—1998

石油对二甲苯

Petroleum *p*-xylene

2008-04-23 发布 2008-10-01 实施

中华人民共和国国家发展和改革委员会 发 布

前　言

SH/T 1486 分为如下几部分：

——第 1 部分：石油对二甲苯；

——第 2 部分：石油对二甲苯纯度及烃类杂质的测定气相色谱法(外标法)。

本部分为 SH/T 1486 的第 1 部分。

本部分修改采用 ASTM D5136-07《高纯对二甲苯标准规格》，对 SH/T 1486—1998《石油对二甲苯》进行修订。

本部分与 ASTM D5136-07 相比，有下列主要差异：

——产品等级分为优等品、一等品两个等级；

——增加酸洗比色、溴指数两项指标；

——非芳烃含量指标为“≤0.10%”；

——规范性引用文件中采用我国相应的国家标准和行业标准。

本部分代替 SH/T 1486—1998。

本部分与 SH/T 1486—1998 相比主要变化如下：

——优等品指标，纯度由 99.5%调整为 99.7%，间二甲苯含量由 0.30%调整为 0.20%，乙苯含量由 0.30%调整为 0.20%，硫含量由 2.0mg/kg 调整为 1.0mg/kg；

——将原标准中的优等品调整为本部分中的一等品；

——纯度和杂质的测定增加了 SH/T 1486.2《石油对二甲苯纯度及烃类杂质的测定　气相色谱法(外标法)》方法，并增加仲裁方法，同时取消了非芳烃项目所引用的 SH/T 1488 检测方法；

——溴指数的测定增加了 SH/T 1767《芳烃溴指数的测定　电位滴定法》检测方法，并增加仲裁方法。

本部分的附录 A 为资料性目录。

本部分由中国石油化工集团公司提出。

本部分由全国化学标准化技术委员会石油化学分技术委员会(SAC/TC63/SC4)归口。

本部分主要起草单位：中国石化扬子石油化工股份有限公司。

本部分主要起草人：贾贵、吴晨光、戴玉娣。

本部分所代替标准的历次版本发布情况为：SH 1486—1992、SH/T 1486—1998。

石油对二甲苯

1 范围

本部分规定了石油对二甲苯的要求、试验方法、检验规则以及包装、标志、运输、贮存、安全要求等。

本部分适用于石油加工得到的石油对二甲苯，其主要用途是作为生产聚酯等化工产品的原料。

分子式：C_8H_{10}。

相对分子质量：106.17(按2005国际相对原子质量)。

2 规范性引用文件

下列文件中的条款通过本部分的引用而构成为本部分的条款。凡是注日期的引用文件，其随后的所有修改单(不包括勘误的内容)或修订版均不适用于本部分，然而，鼓励根据本部分达成协议的各方研究是否可使用这些文件的最新版本。凡是不注日期的引用文件，其最新版本适用于本部分。

GB/T 1250 极限数值的表示方法和判定方法

GB/T 2012 芳烃酸洗试验法

GB/T 3143 液体化学产品颜色测定法(Hazen单位——铂-钴色号)

GB/T 3146 苯类产品馏程测定法

GB/T 6678 化工产品采样总则

GB/T 6680 液体化工产品采样通则

SH 0164 石油产品包装、贮运及交货验收规则

SH/T 1147 工业芳烃中微量硫的测定 微库仑法

SH/T 1486.2 石油对二甲苯纯度及烃类杂质的测定 气相色谱法(外标法)

SH/T 1489 石油对二甲苯纯度及烃类杂质的测定 气相色谱法

SH/T 1551 芳烃中溴指数的测定 电量滴定法

SH/T 1767 工业芳烃溴指数的测定 电位滴定法

3 要求和试验方法

石油对二甲苯应符合表1的要求。

表1 质量指标和试验方法

项目		指标		试验方法
		优等品	一等品	
外观		清澈透明，无机械杂质、无游离水		目测[a]
纯度[b],%(质量分数)	≥	99.7	99.5	SH/T 1489、SH/T 1486.2
非芳烃含量[b],%(质量分数)	≤	0.10		SH/T 1489、SH/T 1486.2
甲苯含量[b],%(质量分数)	≤	0.10		SH/T 1489、SH/T 1486.2
乙苯含量[b],%(质量分数)	≤	0.20	0.30	SH/T 1489、SH/T 1486.2
间二甲苯含量[b],%(质量分数)	≤	0.20	0.30	SH/T 1489、SH/T 1486.2
邻二甲苯含量[b],%(质量分数)	≤	0.10		SH/T 1489、SH/T 1486.2
总硫含量，mg/kg	≤	1.0	2.0	SH/T 1147

表 1(续)

项目	指标		试验方法
	优等品	一等品	
颜色(铂-钴色号),号 ≤	10		GB/T 3143
酸洗比色	酸层颜色应不深于重铬酸钾含量为 0.10g/L 标准比色液的颜色		GB/T 2012
溴指数[c],mgBr/100g ≤	200		SH/T 1551、SH/T 1767
馏程(在 101.3kPa 下,包括 138.3℃),℃ ≤	1.0		GB/T 3146
[a]在 18.3℃~25.6℃进行目测。 [b]在有异议时,以 SH/T 1489 方法测定结果为准。 [c]在有异议时,以 SH/T 1551 方法测定结果为准。			

4 检验规则

4.1 检验分类

本产品检验分型式检验和出厂检验。

4.1.1 型式检验项目为本部分表 1 中规定的全部项目,当遇到下列情况之一时,应进行型式检验:

a) 更新关键生产工艺;

b) 主要原料有变化而影响产品质量;

c) 停产又恢复生产;

d) 出厂检验结果与上次型式检验有较大差异。

4.1.2 本部分表 1 中所列项目除酸洗比色、溴指数、馏程这三项指标外,均为出厂检验项目。

4.2 组批

以同等质量的产品为一批,可按产品贮罐组批。

4.3 取样

取样按 GB/T 6678、GB/T 6680 规定的安全和技术要求进行,每批产品取样 2L 作为检验和留样用。

4.4 判定规则

产品由质量检验部门按照第 3 章规定的方法进行检验,检验结果的判定按 GB/T 1250 中规定的修约值比较法进行。生产厂应保证所有出厂的产品质量符合本部分的要求。每批出厂产品都应附有质量证明书,其内容包括:生产厂名、产品名称、等级、批号、净含量、生产日期和本部分代号等。

4.5 复验规则

如果检验结果中有不符合本部分要求时,应按 GB/T 6678、GB/T 6680 的规定重新抽取双倍量样品进行复检,复检结果如仍有一项指标不符合本部分要求,则判定该批产品为不合格。

4.6 验收

产品接受单位有权按本部分对所收到的产品进行质量验收,验收期限由供需双方商定。当供需双方对产品质量发生异议时,可由双方协商解决,或共同提请仲裁机构按本部分进行仲裁检验。

5 标志、包装、运输、贮存

产品的标志、包装、运输、贮存按 SH 0164 的规定进行。

6 安全要求

6.1 石油对二甲苯为低毒、有刺激性气味的无色透明液体,易刺激人的上呼吸道粘膜,故生产场所应严格控制生产装置的跑、冒、滴、漏；为防水质和环境污染，生产中要严格控制排放水中的COD值。

6.2 石油对二甲苯是液体可燃物，沸点138.5℃，闪点25℃，其蒸气与空气易形成爆炸性混合物，爆炸极限1.1%~7.0%(体积分数)，应远离热源和明火，储罐必须设置防静电和避雷装置。着火时应使用砂子、石棉布及泡沫灭火器等灭火工具。

6.3 凡接触石油对二甲苯人员必须熟悉其安全规定，以保证安全。

附 录 A
(资料性附录)
本部分章条编号与 ASTM D5136-07 章条编号对照

表 A.1 给出了标准章条编号与 ASTM D5136-07 章条编号对照一览表。

表 A.1 本部分章条编号与 ASTM D5136-07 章条编号对照

本部分章条编号	对应的 ASTM D5136-07 章条编号	本部分章条编号	对应的 ASTM D5136-07 章条编号
1	1	4.5	—
2	2	4.6	—
3	3	5	—
4	—	6	—
4.1	—	6.1	—
4.2	—	6.2	—
4.3	4.1	6.3	—
4.4	1.2		

编者注：规范性引用文件中 GB/T 1250 已被 GB/T 8170—2010《数值修约规则与极限数值的表示和判定》代替。

ICS 71.080.15
G 16

中华人民共和国石油化工行业标准

SH/T 1486.2—2008
（2015年确认）

石油对二甲苯纯度及烃类杂质的测定 气相色谱法(外标法)

Petroleum *p*-xylene
—Determination of purity and hydrocarbon impurities
—Gas chromatography and external calibration

2008-04-23 发布　　2008-10-01 实施

中华人民共和国国家发展和改革委员会　发布

前言

SH/T 1486 分为如下几部分：

——第 1 部分：石油对二甲苯；

——第 2 部分：石油对二甲苯纯度及烃类杂质的测定气相色谱法(外标法)。

本部分为 SH/T 1486 的第 2 部分。

本标准修改采用 ASTM D5917—2002《气相色谱法测定单环芳烃中微量杂质的标准试验方法-(外标法)》(英文版)。

本标准与 ASTM D5917 的主要差异为：

1. 载气增加了氮气。
2. 增加了柱 B 及相应操作条件。
3. 进样量由 1.0μL 改为 0.6μL~1.0μL。
4. 采用了自行测定的重复性限。

本标准的附录 A 为资料性目录。

本标准由中国石油化工集团公司提出。

本标准由全国化学标准化技术委员会石油化学分会(SAC/TC63/SC4)归口。

本标准起草单位：中国石油化工股份有限公司上海石油化工研究院。

本标准主要起草人：张育红、李薇。

本标准 2008 年首次发布。

石油对二甲苯纯度及烃类杂质的测定
气相色谱法(外标法)

1 范围

1.1 本标准规定了用气相色谱法(外标法)测定石油对二甲苯的纯度及烃类杂质含量。

1.2 本标准适用于测定纯度不低于99%(质量分数)的对二甲苯,以及浓度范围为0.001%~1.000%(质量分数)的C_1~C_{10}非芳烃、苯、甲苯、乙苯、二甲苯、C_9~C_{10}芳烃等烃类杂质。

1.3 本标准并不是旨在说明与其使用有关的安全问题,使用者有责任采取适当的安全和健康措施,并保证符合国家有关法规的规定。

2 规范性引用文件

下列文件中的条款通过本标准的引用而构成本标准的条款。凡是注日期的引用文件,其随后所有的修改单(不包括勘误的内容)或修订版均不适用于本标准,然而,鼓励根据本标准达成协议的各方研究是否可使用这些文件的最新版本。凡是不注日期的引用文件,其最新版本适用于本标准。

GB/T 3723 工业用化学产品采样安全通则(GB/T 3723—1999, ISO 3165:1976, idt)

GB/T 6680 液体化工产品采样通则

GB/T 8170 数据修约规则

3 方法提要

在本标准规定的条件下,将适量试样注入配置氢火焰离子化检测器(FID)的色谱仪。对二甲苯与各杂质组分在色谱柱上被有效分离,测量除对二甲苯外所有峰的面积,以外标法计算各杂质的含量。用100.00减去杂质的总量,以计算对二甲苯的纯度。

4 试剂与材料

4.1 载气:氦气、氢气或氮气,纯度≥99.99%(体积分数)。

4.2 燃烧气:氢气,纯度≥99.99%(体积分数)。

4.3 助燃气:空气,无油。

4.4 高纯度对二甲苯:纯度不低于99.999%。

一般得到的对二甲苯纯度低于99.9%,可通过重结晶方法进行提纯:将一定量的对二甲苯置于(-10±5)℃防爆冰箱中,当约有1/2~3/4对二甲苯结晶时(此过程大约为5h),将样品取出,倾出液体部分,余下的晶体部分为纯化的对二甲苯。待对二甲苯晶体融化后,重复此重结晶操作,直到用气相色谱检查无杂质峰出现。

4.5 标准试剂

标准试剂供配制校准混合物用,包括:正壬烷、苯、甲苯、乙苯、邻二甲苯、间二甲苯和异丙苯。如有必要,也可将对二乙苯配入校准混合物。试剂纯度应不低于99%(质量分数)。

5 仪器

5.1 气相色谱仪:配置氢火焰离子化检测器并能按照表1推荐的色谱条件进行操作的任何色谱仪,该色谱仪对试样中0.001%(质量分数)的杂质所产生的峰高应至少大于噪声的两倍。

5.2 色谱柱:本标准推荐的色谱柱及典型操作条件见表1,典型色谱图见图1。其他能达到同等分离程度的色谱柱和操作条件也可使用。

注1：样品中非芳烃包括在甲苯之前流出的所有组分(苯除外)。如果样品中的苯不能从非芳烃中分离出来，则将苯计入非芳烃。

注2：将乙苯和间二甲苯杂质组分从对二甲苯中完全分离是比较困难的。本标准所使用的色谱条件应确保杂质和对二甲苯两峰峰谷到基线的距离不超过该杂质峰峰高的50%。

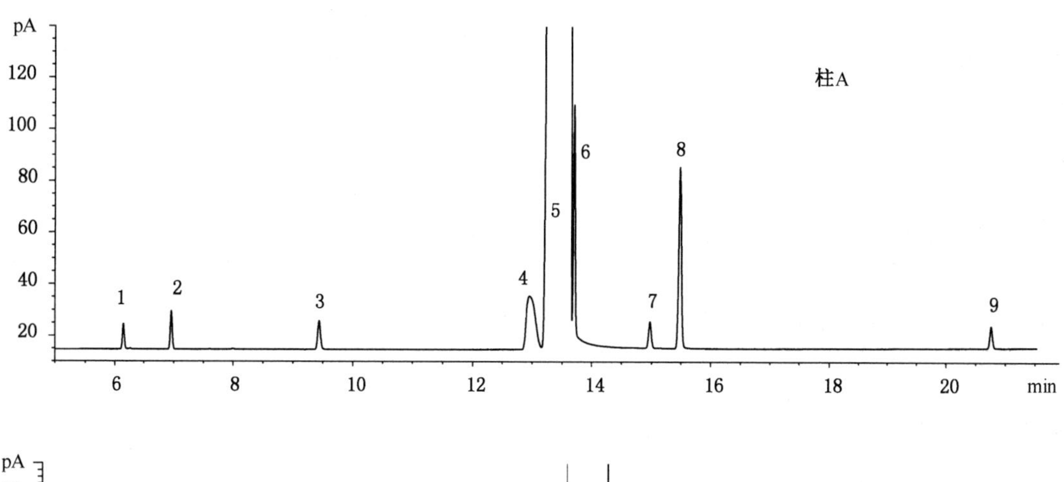

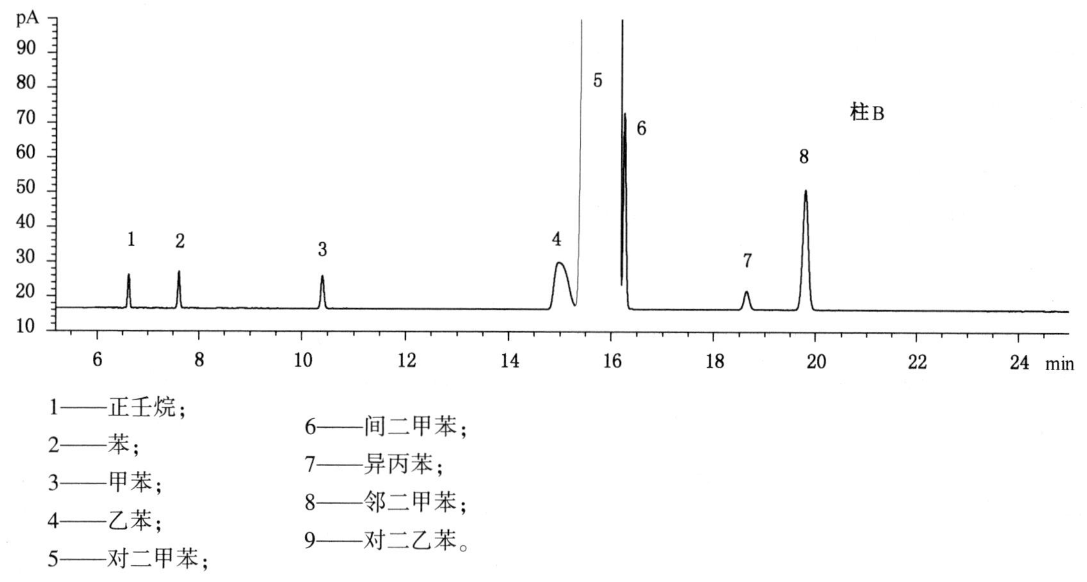

1——正壬烷；
2——苯；
3——甲苯；
4——乙苯；
5——对二甲苯；
6——间二甲苯；
7——异丙苯；
8——邻二甲苯；
9——对二乙苯。

图1　典型色谱图(He为载气)

表1　推荐的色谱柱及典型操作条件

色谱柱	柱A			柱B
柱管材质	熔融石英			
固定相	聚乙二醇(交联)			
柱长，m	60			50
柱内径，mm	0.32			
液膜厚度，μm	0.25			
载气	He	H_2	N_2	He
线速度(145℃)，cm/s	20	45	17	—
载气流量，mL/min	—			1.2
检测器	氢火焰离子化检测器			

表 1(续)

柱温	初始温度：60℃ 保持时间：10min 升温速率：5℃/min 终止温度：150℃ 保持时间：10min	60℃
汽化室温度,℃	270	
检测器温度,℃	300	
进样量，μL	0.6~1.0	
分流比	100∶1	
注：当试样中有对二乙苯等高沸点组分时，不宜选用等温操作条件。		

5.3 进样系统：微量注射器(1~10)μL 或自动液体进样装置。

5.4 记录仪：积分仪或色谱工作站。

6 采样

按 GB/T 3723 和 GB/T 6680 所规定的安全和技术要求采取样品。

7 测定步骤

7.1 设置操作条件

按照仪器操作说明书，在气相色谱仪上安装并老化色谱柱。参照表 1 所示的典型操作条件调节仪器，待仪器稳定后即可进行测定。

7.2 校正因子的测定

7.2.1 用称量法配制含有高纯度对二甲苯与代表性杂质(4.5)的校准混合物，称准至 0.0001g。配制的对二甲苯纯度和杂质含量应与待测试样相近(可适当分步稀释)，表 2 所示为典型校准混合物浓度，正壬烷代表非芳烃组分，异丙苯代表碳九或碳九以上的芳烃组分(对二乙苯除外)。

表 2 典型的校准混合物浓度

组 分	密度[a] g/mL	推荐体积 μL	含量(含对二乙苯) %(质量分数)	含量(不含对二乙苯) %(质量分数)
对二甲苯	0.857	(99.60~99.62)mL	99.60	99.62
苯	0.874	20	0.020	0.020
甲苯	0.862	20	0.020	0.020
乙苯	0.863	100	0.100	0.100
邻二甲苯	0.876	100	0.102	0.102
异丙苯	0.857	20	0.020	0.020
正壬烷	0.714	20	0.017	0.017
间二甲苯	0.864	100	0.101	0.101
对二乙苯[b]	0.862	20	0.020	—
[a] 为 25℃时的密度。 [b] 如试样中无对二乙苯等高沸点组分，不必将对二乙苯配入校准混合物。				

7.2.2 在推荐的色谱条件下，准确抽取适量的一定温度下的校准混合物并注入色谱仪，测量除对二甲苯外所有峰的面积，重复测定三次，按式(1)计算各杂质的质量校正因子(f_i)。取其平均值作为该杂质的$\overline{f_i}$，保留 3 位有效数字。非芳烃的校正因子按正壬烷的校正因子计算。碳九或碳九以上

芳烃(对二乙苯除外)的校正因子按异丙苯的校正因子计算。如校准混合物中有对二乙苯，则对二乙苯的校正因子用于样品中对二乙苯的计算。

$$f_i = \frac{C_i}{A_i} \quad \cdots\cdots (1)$$

式中：

C_i——校准混合物中杂质 i 的含量,%(质量分数)；

A_i——校准混合物中杂质 i 的峰面积。

7.2.3 按式(2)计算各质量校正因子的变异系数 CV_i

$$CV_i = 100\frac{S_i}{\overline{f_i}} \quad \cdots\cdots (2)$$

式中：

S_i——f_i 的标准偏差；

$\overline{f_i}$——f_i 的平均值。

各组分的质量校正因子的变异系数 CV_i 应不大于10%。

7.3 试样测定

在相同色谱条件下，准确抽取与质量校正因子测定时相同进样体积的对二甲苯试样注入色谱仪，测量除对二甲苯外所有峰的面积，其中对非芳烃组分求和并报告其总面积。

注1：测定试样时，试样温度应与校准混合物的温度保持一致。

注2：对于主峰上的间二甲苯拖尾峰，采用切线方式积分。

8 结果计算

8.1 试样中各杂质含量 C_i，以%(质量分数)表示，按式(3)计算：

$$C_i = \overline{f_i} \times A_i \quad \cdots\cdots (3)$$

式中：

$\overline{f_i}$——试样中杂质组分 i 的质量校正因子；

A_i——试样中杂质组分 i 的峰面积。

8.2 对二甲苯纯度 P，以%(质量分数)表示，按式(4)计算：

$$P = 100.00 - \sum C_i \quad \cdots\cdots (4)$$

注：如果待测试样中有未知杂质或未被检出的杂质，本方法则不能测定试样的绝对纯度。

9 分析结果的表述

9.1 以两次重复测定结果的算术平均值报告其分析结果，分析结果的数值修约按GB/T 8170规定进行。

9.2 报告每个杂质的质量分数应精确至0.001%，报告纯度的质量分数应精确至0.01%。

10 重复性限

在同一实验室，由同一操作者使用相同设备，按相同的测试方法，并在短时间内对同一被测对象相互独立进行测试获得的两次独立测试结果的绝对差值不应超过下列重复性限(r)，以超过重复性限(r)的情况不超过5%为前提：

杂质组分	0.0010%(质量分数)≤X<0.010%(质量分数)	为其平均值的15%
	≥0.010%(质量分数)	为其平均值的10%
对二甲苯纯度	99.0%(质量分数)≤X<99.5%(质量分数)	为0.08%(质量分数)
	≥99.5%(质量分数)	为0.04%(质量分数)

11 报告

报告应包括下列内容：

a）有关样品的全部资料，例如样品名称、批号、采样地点、采样日期、采样时间等。

b）本标准代号。

c）分析结果。

d）测定中观察到的任何异常现象的细节及其说明。

e）分析人员的姓名及分析日期等。

附 录 A
（资料性附录）
本标准章条编号与 ASTM D5917-02 章条编号对照

表 A.1 给出了标准章条编号与 ASTM D5917-02 章条编号对照一览表。

表 A.1 本标准章条编号与 ASTM D5917-02 章条编号对照

本标准章条编号	对应的 ASTM D5917-02 章条编号	本标准章条编号	对应的 ASTM D5917-02 章条编号
1	1	6	10
1.1	1.1	7	11~13
1.2	1.2~1.3	7.1	11.1
1.3	1.5	7.2	12
2	2	7.3	13
3	4	8	14
4	8	9	15
4.1~4.5	8.1~8.4	10	16.2
5	7	11	—
5.1~5.4	7.1~7.6		

前　　言

本标准等效采用 ASTM D3798-95《气相色谱法分析对二甲苯的标准试验方法》，对 SH/T 1489—92《石油对二甲苯纯度及烃类杂质的测定　气相色谱法》进行修订。

本标准与 ASTM D 3798 的主要差异为增加了四氯邻苯二甲酸二丁酯毛细管柱，以及未采用对二甲苯纯度大于 99.8%以上的有关内容。

本标准与原标准相比，主要修订内容为：

1. 增加了 PEG 20M 毛细管柱，取消了Ⅱ号填充柱；
2. 补充了采用重结晶法制备高纯度对二甲苯的操作步骤，
3. 在定量方法上仅采用内标法，而取消了归一化法。

本标准自实施之日起，同时替代 SH/T 1489—92。

本标准由辽阳石油化纤公司提出。

本标准由全国化学标准化技术委员会石油化学分技术委员会归口。

本标准由辽阳石油化纤公司化工一厂负责起草。

本标准主要起草人：丁虹、王国香、代贵桐。

本标准于 1989 年 5 月 16 日首次发布，于 1998 年 5 月 18 日第一次修订。

中华人民共和国石油化工行业标准

SH/T 1489—1998
（2009年确认）
代替 SH/T 1489—92

石油对二甲苯纯度及烃类杂质的测定 气相色谱法

Petroleum *p*-xylene—Determination of purity and hydrocarbon impurities—Gas chromatographic method

1 范围

本标准规定了用气相色谱法测定石油对二甲苯纯度及烃类杂质的含量。

本标准适用于由石油精制得到的石油对二甲苯的纯度及烃类杂质含量的测定，纯度一般应大于99%（*m/m*），而杂质含量的测定范围一般在0.001%（*m/m*）至1.000%（*m/m*）。

2 引用标准

下列标准所包含的条文，通过在本标准中引用而构成为本标准的条文。本标准出版时，所示版本均为有效。所有标准都会被修订，使用本标准的各方应探讨使用下列标准最新版本的可能性。

GB/T 4756—84(91)　石油和液体石油产品取样法（手工法）　（neq ISO 3170:1975）

GB 8170—87　数值修约规则

GB 9722—88　化学试剂　气相色谱法通则

3 方法提要

首先在试样中加入一定量的内标物，然后将试样混匀，并用配置火焰离子化检测器（FID）的气相色谱仪进行分析。测量每个杂质和内标物的峰面积，由杂质的峰面积和内标物峰面积的比例计算出每个杂质的含量。再用100.00减去杂质的总量以计算对二甲苯的纯度。测定结果以质量百分数表示。

4 试剂与材料

4.1　载气

载气纯度应大于99.99%，氮、氦或氢气均可选用。

4.2　高纯度对二甲苯（≥99.99%）的制备

一般可得到的对二甲苯纯度低于99.9%，但可通过重结晶进行精制：将一定量的待精制对二甲苯置于（-10±10）℃的防爆冰箱中，当约有1/2~3/4对二甲苯凝结时，将其取出，倾出液体部分（此过程约需5h）。让凝结的对二甲苯再融化，并重复此重结晶操作。直至用气相色谱检查时，无杂质峰出现。

4.3　标准试剂

标准试剂供测定校正因子用，其纯度应不低于99%，包括：甲苯、乙苯、间二甲苯、邻二甲苯、异丙苯和正壬烷等。

中国石油化工总公司 1998-05-18 批准　　　　1998-12-31 实施

4.4　内标物

内标物为正十一烷或正丙苯，但是只要符合分析要求的其他化合物也可确定为内标物，纯度不低于99%。

5　仪器

5.1　气相色谱仪

任何配置火焰离子化检测器(FID)并可按表1所示条件进行操作的气相色谱仪均可使用，该色谱仪对试样中0.001%的杂质所产生的峰高应至少大于噪声的两倍。

5.2　色谱柱

5.2.1　本标准推荐的色谱柱及其典型操作条件列于表1，但建议使用毛细管柱。其他能达到同等分离程度的色谱柱也可使用。

表1　色谱柱及典型操作条件

色　谱　柱	A	B	C
固定相	DBTCP[1)]	PEG 20M[2)](交联)	B-34：DC-550：DNP[3)]=4%：3%：1%
柱管材质	不锈钢	熔融石英	紫铜或不锈钢
载　体	—	—	Chromosorb W
载体粒径，mm	—	—	0.154~0.177(80~100目)
液膜厚度，μm	—	0.25	—
柱长，m	60	50	6
柱内径，mm	0.25	0.32	2~3
流速，mL/min	1.0(N_2)	1.0(He)	20(N_2)
柱温，℃	70	60	70
汽化室温度，℃	200	200	200
检测器温度，℃	200	200	200
进样量，μL	0.3	0.2	0.1
分流比	100：1	100：1	—
内标物	正丙苯	正十一烷	正丙苯或正十一烷

注：

1) DBTCP为Dibutyl tetrachlorophthalate。

2) PEG 20M为Polyethylene glycol 20M。

3) B-34为Bentone-34，DC-550为Dc 550 silicone oil，DNP为Dinonylphthalate。

5.2.2　填充柱的制备可按GB 9722中的7.1进行。

5.3　记录器

电子积分仪或色谱数据处理机。

5.4　微量注射器

容量100μL，供注入内标用。

5.5　容量瓶

容量100mL，供配制试样用。

6　采样

按GB/T 4756的规定采取样品。

7 测定步骤

7.1 设定操作条件

根据仪器的操作说明书，在色谱仪中安装并老化色谱柱。然后调节仪器至表 1 所示的典型操作条件，待仪器稳定后即可开始测定。

7.2 校正因子的测定

7.2.1 用称量法配制对二甲苯与代表性杂制的校准混合物，每个杂质的称量均应精确至 0.0001g。配制的对二甲苯纯度和杂质含量均应与待测试样相近，表 2 所示为典型的校准混合物配方，正壬烷代表非芳烃馏分。

表 2 典型的校准混合物

组 分	体积，mL	密度[1]，g/mL	质量，g	含量，%(*m*/*m*)
对二甲苯(4.2)	572.0	0.857	490.2	99.64
甲 苯	0.058	0.862	0.050	0.010
乙 苯	0.579	0.863	0.500	0.102
间二甲苯	1.163	0.860	1.000	0.203
邻二甲苯	0.116	0.876	0.102	0.021
异丙苯	0.058	0.857	0.050	0.010
正壬烷	0.070	0.714	0.050	0.010
1) 为 25℃时的密度。				

7.2.2 用精确的质量或体积和密度(见表 2)，计算出校准混合物(7.2.1)中每个杂质的含量。

7.2.3 取一个清洁、干燥的 100mL 容量瓶，加入 100μL 的正十一烷(内标)和 99.90mL 的校准混合物，并混合均匀。取该校准混合物的密度为 0.861g/mL，正十一烷的密度为 0.740g/mL，则可算得正十一烷的含量为 0.086%。

7.2.4 取适量含内标物的校准混合物溶液(7.2.3)注入色谱仪中，得到的典型色谱图见图 1。

7.2.5 每个杂质相对于正十一烷(内标)的质量校正因子(F_i)按式(1)计算，应精确至 0.001。

$$F_i = \frac{A_s \cdot c_i}{c_s \cdot A_i} \qquad (1)$$

式中：A_s——内标物的峰面积；

A_i——杂质的峰面积；

c_s——内标物的浓度，%；

c_i——杂质的浓度，%。

7.3 试样测定

7.3.1 取一个清洁、干燥的 100mL 容量瓶，先注入 1/2 体积的待测试样。然后，吸取 100μL 内标物注入该容量瓶中，再用待测试样稀释至刻度，并充分混匀。

7.3.2 根据色谱仪的操作条件，将适量含内标的试样(7.3.1)注入色谱仪。

7.3.3 测量除对二甲苯外的所有峰的面积。其中非芳烃组分应求和并报告其总面积。

7.3.4 每个杂质的浓度(c_i)按式(2)计算：

$$c_i = \frac{A_i \cdot F_i \cdot c_s}{A_s} \qquad (2)$$

7.3.5 对二甲苯纯度(P)按式(3)计算：

$$P = 100.00 - \Sigma c_i \qquad (3)$$

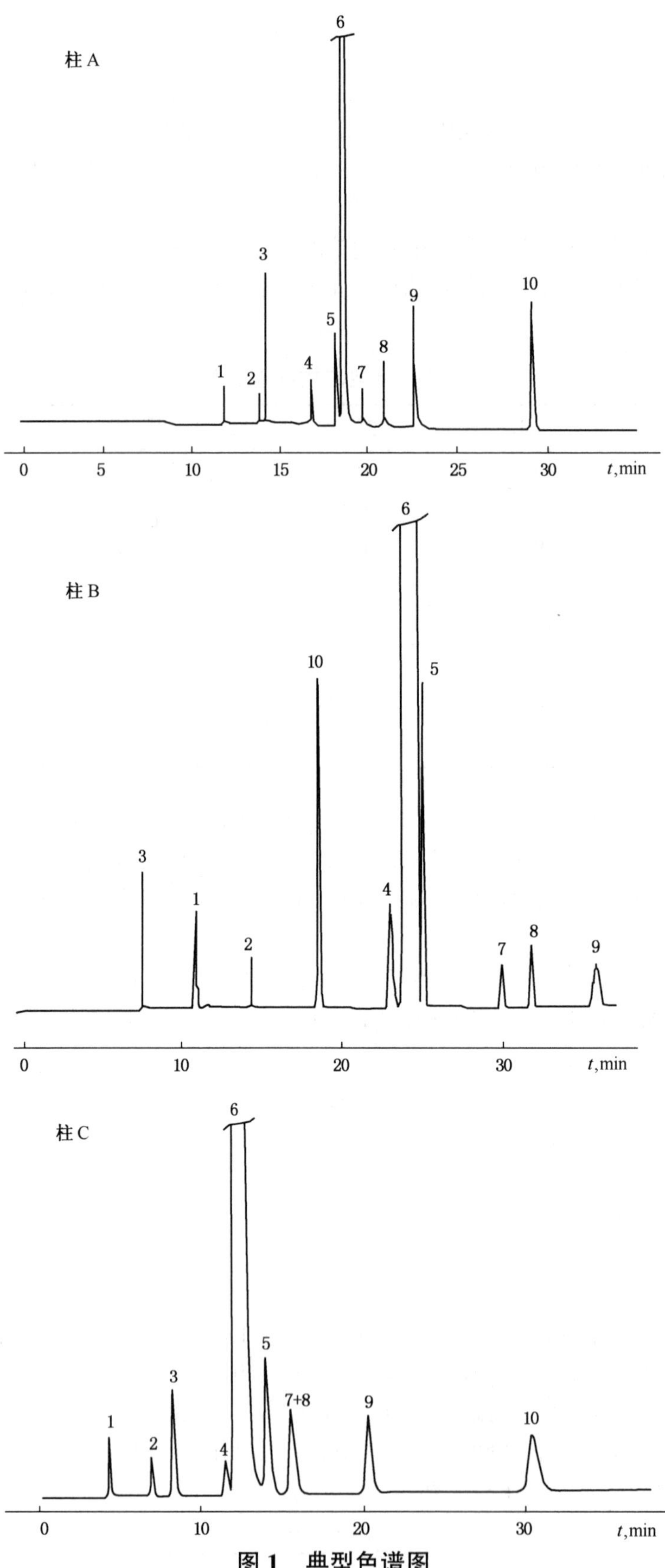

图1　典型色谱图

1—苯；2—甲苯；3—正壬烷；4—乙苯；5—间二甲苯；6—对二甲苯；7—异丙苯；8—邻二甲苯；9—正丙苯；10—正十一烷

8 分析结果的表述

8.1 对于任一试样，分析结果的数值修约按 GB 8170 规定进行，并以两次重复测定结果的算术平均值表示其分析结果。

8.2 报告每个杂质含量，应精确至 0.001%。

8.3 对杂质含量低于 0.001%者，报告为<0.001，且在杂质求和中以 0.000 计。

8.4 报告总杂质含量，应精确至 0.01%。

8.5 报告对二甲苯纯度，应精确至 0.01%。

9 精密度

9.1 重复性

在同一实验室，由同一操作员，用同一仪器，对同一试样相继做两次重复测定，在 95%置信水平条件下，所得结果之差应不大于表 3 规定的数值。

9.2 再现性

在任意两个不同实验室，由不同操作员，用不同的仪器，对同一试样所测得的结果之差，在 95%置信水平条件下，应不大于表 3 规定的数值。

表 3 重复性和再现性

组　分	含量,%(*m*/*m*)	重复性,%(*m*/*m*)	再现性,%(*m*/*m*)
对二甲苯	99.510	0.043[1]	0.093
非芳烃	0.030	0.006[2]	0.058
甲　苯	0.014	0.003	0.009
乙　苯	0.110	0.011	0.029
间二甲苯	0.250	0.018	0.043
邻二甲苯	0.100	0.011	0.020
异丙苯[3]	0.022	0.002	0.007

10 报告

报告应包括下列内容：

a）有关样品的全部资料，例如样品的名称、批号、采样地点、采样日期、采样时间等。

b）本标准代号。

c）分析结果。

d）测定中观察到的任何异常现象的细节及其说明。

e）分析人员的姓名及分析日期等。

采用说明：

1] ASTM D 3798 为 0.026。

2] ASTM D 3798 为 0.014。

3] ASTM D 3798 未列该组分。

中华人民共和国石油化工行业标准

SH/T 1491—1992

（2015年确认）

高纯度烃类结晶点测定法

1 主题内容与适用范围

本标准规定了精密测定高纯度烃类结晶点的试验方法。

本标准适用于高纯度烃类结晶点的测定，并可依此计算其克分子纯度。

2 方法概要

经脱水的试样在规定的干燥条件和冷却速率下，采用精密的铂电阻温度计测定其时间-温度结晶曲线或融化曲线，以几何作图法求得结晶点。

3 试剂与材料

3.1 致冷剂：固态二氧化碳（在三氯乙烯或其他合适的溶剂中）、液氮、液态空气，以及其他适宜的致冷剂。

注：① 使用致冷剂前，必须熟悉其极冷、使人窒息、毒性等有关性质，并应准备相应的劳保措施和通风设施。

② 以液态空气作致冷剂时，由于烃类或其他可燃化合物与其混和必定导致强烈爆炸，所有盛放此类试样的玻璃器具必须配备金属外套后才能浸入液态空气中，以免因玻璃器具破碎而引起严重事故。

3.2 硅胶：供干燥脱水用。在使用前，应将硅胶置于浅盘中，在150~250℃干燥3h，然后趁热移入气密容器中，冷却备用。

3.3 无水硫酸钙。

3.4 无水高氯酸镁。

3.5 碱石灰。

4 仪器与设备

4.1 结晶点测定仪：如图1、图2、图3所示，包括结晶点试管、结晶点试管金属外套、冷却浴杜瓦瓶、加热浴杜瓦瓶、搅拌机械装置，以及适用于各部件的夹子、支架和吸收管等。杜瓦瓶外壁应包上粘胶带，以防玻璃破碎时所发生的危险。

注：当用液氮作制冷剂时，可引起试管和金属外套之间空隙内的氧冷凝和石棉垫圈上结冰而形成封闭间隙，因此须在金属外套的侧面和底部开适宜的孔，也防止封闭间隙内的液态氧蒸发时使结晶点试管破裂。

4.2 电阻电桥：读数从0.0001~50Ω，间隔值为0.001Ω，并附有一个100Ω的内电阻和一个零点指示器（检流计或微伏计）。

4.3 铂电阻温度计：精密级。在0℃时的电阻（R_0）应接近25.5Ω。在使用温度范围（-190~500℃）内的温度读数值必须经计量部门校验。

4.4 秒表。

4.5 高真空泵：能在10min内将结晶点试管外套的真空度抽至0.133Pa（0.001mmHg）。

4.6 诱晶装置：见图4。当试样温度降低至结晶点以下时，操作者可视需要进行诱晶（以防止过冷）。操作方法如下：将一支保持适宜温度（0℃，-80℃，-180℃）的冷棒（图4中的A、B、C，

中国石油化工总公司1989-05-16批准　　　　1990-06-01实施

有时需在螺旋状部位粘附少许试样结晶），在适当时刻插入试样约 2s，如有必要可每隔 2～3min 重复一次。

晶种的制备：将数毫升试样置于小试管中，并将试管插入薄型金属套管（图 4 中的 F）中，然后浸入温度低于试样结晶点的冷浴中，使试样结晶。将在螺旋状部位（C）粘附有结晶的冷棒（图 4 的 A、B、C）提升出试管（E）的液面之上，并用软木塞固定其位置，以等待诱晶。

5 铂电阻温度计和电桥的校验

5.1 电阻电桥的校验：用具有适宜量程调节，并经过检定的外电阻标定电桥电阻的读数，或送计量部门校验。

5.2 铂电阻温度计校验：应按 1968 年开始采用的新国际温标（IPTS），以水的三相点，锡点、锌点、氧的沸点为依据，由计量部门进行校验。

5.3 冰点校验：铂电阻温度计应进行经常性的冰点校验（每月至少一次）。采用如测量电阻电桥同样的方法，在冰点即 0℃条件下测量铂电阻温度计的电阻值，此值与检定证书上的 R_0 值之差不大于 0.001Ω，否则应对电桥和铂电阻温度计进行重新校验。

6 结晶曲线测定步骤

6.1 装配仪器：将仪器按图 1 所示进行安装，并检查干燥管、搅拌机等是否符合要求。

6.2 向结晶点试管中通入不含二氧化碳和水的空气，流速 10～20mL/min，以防止水汽浸入。同时亦以不含二氧化碳物水的空气充满结晶点试管夹套。

6.3 将适用致冷剂注入套在结晶点试管外的杜瓦瓶中，暂时移去温度计和塞子，然后注入试样（通常为液体，50mL。如果试样是普通液体，可用移液管加入。如果是一般气体，则需在合适的致冷条件下先液化为液态，然后在保持冷冻条件下倾入试管中）。试样注入前，须先经脱水处理，如试样性质许可，也可直接将试样通过硅胶漏斗（见图 5）滤入结晶点试管中。每次测定结晶或融化曲线，在试样融化后，必须将试样从试管中倾出，并再通过硅胶漏斗滤入干燥的结晶点试管中，以除去水分。如果试样在室温下是挥发性的或者是气体，则须先冷却结晶点试管，然后再将试样倾入，以尽可以减少试样的蒸发损失。

注入试样后，继续向试管中通入不含二氧化碳和水的空气，以防水汽侵入。

6.4 启动搅拌器，让试样开始冷却。

6.5 当试样冷却至离结晶点约 15℃时，开启真空泵将结晶点试管夹套抽真空。以均匀的时间间隔观察温度计的电阻，以测定试样的冷却速率。如冷却速率太慢，可通过图 1 中的旋塞 P 和 P' 泄入空气（不含二氧化碳和水），以加快冷却速率。当冷却速率（最佳的冷却速率将随试样性质而异）达到 1℃/1～3min 时，关闭结晶点试管夹套的旋塞 P。

6.6 当温度达到结晶点之上约 5℃时，开始每间隔 1min，记录时间和电阻值，如有必要此时可进行诱晶，时间记录至 1s，电阻值记录至 0.0001Ω。一直记录至得出结晶曲线平衡段。

7 融化曲线测定步骤

在融化曲线的测定步骤中，首先使试样完成结晶的操作与上述结晶曲线测定的步骤相同。然后使结晶融化，融化所需的能量可以下述两种方式之一供给：

a. 以加热浴代替冷却浴，同时将结晶点试管夹套抽真空 3～10min 后，关闭结晶点试管旋塞；

b. 仍保留冷却浴或以加热浴代替，但尽可能地将夹套抽空，并在全部融化曲线测定期间，将结晶点试管旋塞置于接通真空系统位置，从而使通过夹套的传热损失减至最小，利用搅拌器工作所产生的能量使试样融化。

连续观察融化曲线平衡段的时间和电阻，以及升温段的时间与电阻。当温度到达结晶点之上约

5～10℃时即可停止记录。

8 从结晶曲线上求取结晶点

8.1 求取零时间(即在没有过冷而结晶开始的时间)：在计算纸上以横坐标为时间轴，取标尺为10mm相当于1min。纵坐标为铂电阻温度计的电阻值，取标尺为10mm相当于0.02Ω(0.2℃)，绘制时间-温度结晶曲线。结晶曲线平衡段的延长线与液体冷却线的交点即为零时间，如图6所示。

8.2 求取结晶点：为了能精确地求得结晶点相应的电阻值，另取一计算纸，时间标尺如(8.1)，而将温度标尺放大10～200倍，再绘制结晶曲线，如图7所示。然后如图8所示，在曲线平衡段上选取三点G、H、I(即近点、中点、远点)，以几何作图法求取结晶点(F)。

9 从融化曲线上求取结晶点

9.1 求取零时间：按(8.1)所述，绘制时间-温度融化曲线。融化曲线平衡段延长线与液体升温线延长线的交点即为零时间，如图9所示。

9.2 求取结晶点：结晶点(F)的求取方法完全与结晶曲线上F点的求取方法(8.2)相同，所不同的只是向右几何外推，如图10所示。

10 结果的表示

用铂电阻温度计所附的电阻温度换算表，将电阻值换算成温度，精确至0.001℃，并以重复测定结果的算术平均值作为测定结果。

11 精密度

测定值与平均值之差应不大于下列数值：

重复性 ±0.005℃

再现性 ±0.015℃

注：对于极不纯的试样和对建立固/液态平衡缓慢以及冰点降低系数(A)小的化合物，其测定结果的精密度将大于上列数值。

12 试验报告

报告应包括以下内容：

a. 有关样品的全部资料：批号、日期、时间、采样地点等；

b. 测定结果；

c. 在试验过程中观察到的异常现象；

d. 不包括在本标准中的任何操作及自由选择的操作条件的说明。

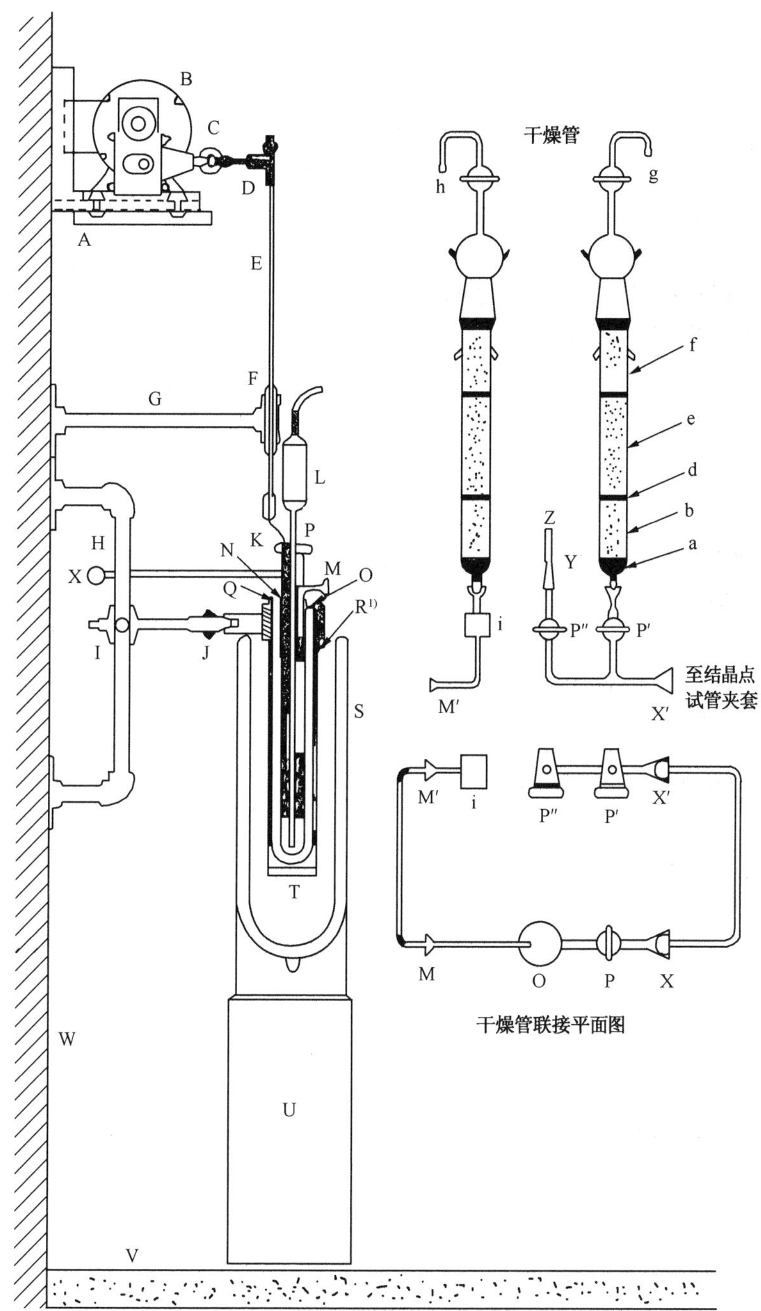

图 1 结晶点仪器装配图

注：1）黄铜圆筒为长 317.5mm，内径 54mm，附电木垫衬，当用液氮时，金属护套的侧面和底部要开适当的孔，若用液态空气时，金属护套的结构需使烃类不与液态空气相接触；

图中：

A—电动机托架，附橡皮底座；

B—电动机，附 120r/min 减速齿轮；

C—联轴器（见图 3）；

D—换向轮(见图3);
E—钢棒(见图3);
F—轴承(见图3);
G—轴承支架(见图3);
H—结晶点试管支架;
I—可调夹具支架;
J—结晶点试管夹具;
K—搅拌器(见图3);
L—温度计;
M—干燥空气进口管，附12/5球形接头;
M′—12/5球形接头，接转子流量计;
N—软木塞，开孔如图所示，另加诱晶金属丝小孔;
O—结晶点试管，附镀银夹套(见图2);
P—结晶点试管旋塞;
P′—接干燥直管真空旋塞;
P″—接真空管线真空旋塞;
Q—石棉垫圈;
R—黄铜圆筒;
S—杜瓦瓶，作冷浴或加热浴用，内径101mm、深330mm左右;
T—圆筒及底部的石棉垫;
U—木板支架;
V—桌面;
W—墙壁;
X，X′—球形接头18/7;
Y—标准的金属(铜或黄铜)与玻璃锥形焊接接头;
Z—接至真空泵;
a—无水硫酸钙，带指示剂;
b—无水高氯酸镁颗粒状;
d—玻璃棉分隔层;
e—烧碱石棉;
f—无水硫酸钙;
g—通空气;
h—接压缩空气气源;
i—流量计，流速10~20mL/min。

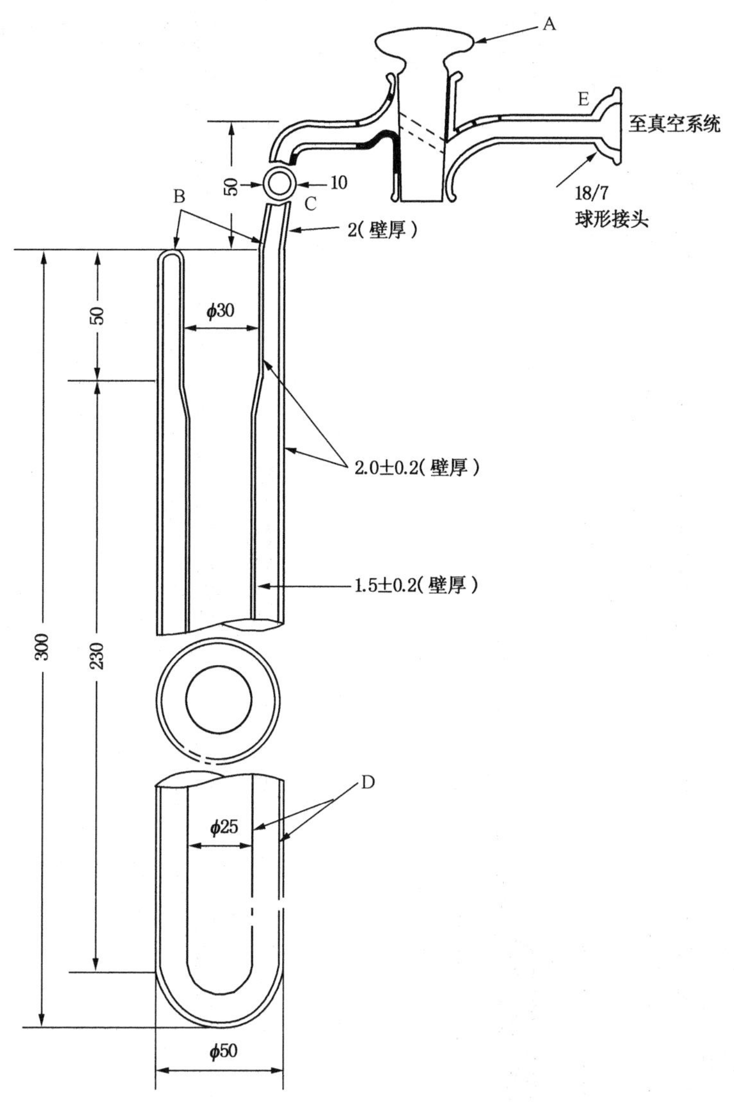

图 2　结晶点试管详图

图中：

A—高真空旋塞，空心塞，3.5mm 斜孔；

B—结晶点试管内口，此外必须无凸缘；

C—至结晶点试管夹套的倾斜接口；

D—结晶点试管夹套的内壁，镀银；

E—球形接头，18/7。

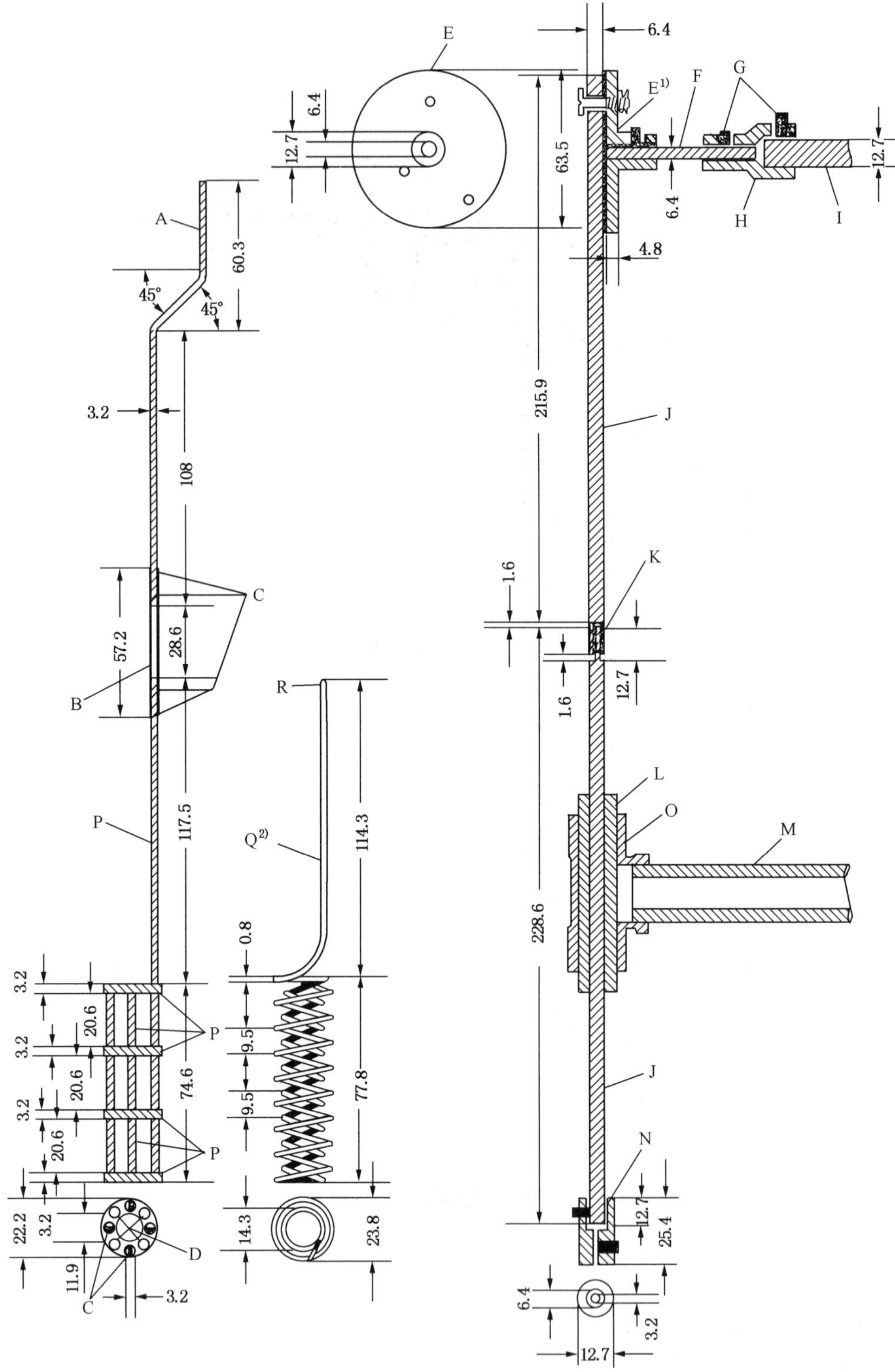

图3 搅拌器及支架详图

注：1）附三个孔（带机螺纹），离中心间距为12.7，19.05，25.4mm，标准位置为19.05mm。

2）双螺旋搅拌器应先将直径1.6mm镍铬丝绕制在外径为14.3mm圆柱上制成内层螺旋，然后在外径为20.7mm的圆柱上向上绕制成外层螺旋，两端用银焊焊在一起。

图中：

A—不锈钢圆杆；

B—锌镍铜合金管；

C—销；

D—孔，直径 3.2mm；
E—黄铜轮；
F—钢杆；
G—定位螺丝；
H—黄铜联轴器；
I—钢轴；
J—圆形钢杆；
J′—方形钢杆；
K—连接销；
L—黄铜套筒轴承；
M—钢管，公称尺寸 12.7mm；
N—黄铜连轴器；
O—黄铜三通；
P—铝；
Q—双螺旋搅拌器；
R—双螺旋搅拌器轴杆与搅拌器轴杆连接处。

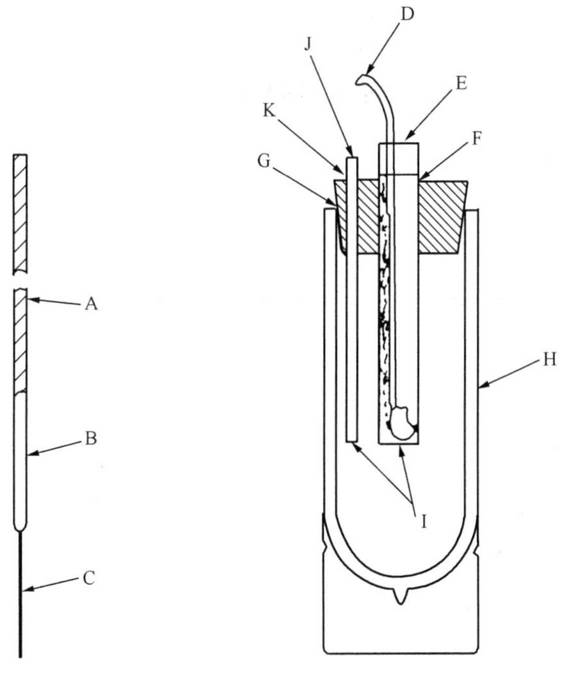

图 4　诱晶装置

图中：
A—电木棒，直径 3.2mm，长 317.5mm；
B—锌镍铜合金管，一端与镍铬丝封焊，另一端与电木棒熔焊；
C—镍铬线，直径 1.191mm，一端呈螺旋状；
D—搅拌器，直径 1.6~3.2mm 的镍铬丝，一端绕成螺旋状；
E—玻璃试管；
F—金属套，作为液氮和液态空气的防护套；
G—带孔软木塞；
H—杜瓦瓶，容积 500mL；
I—石棉垫衬；
J—玻璃管，外径 10mm，一端封闭；
K—金属套，作为液氮和液态空气的防护套。

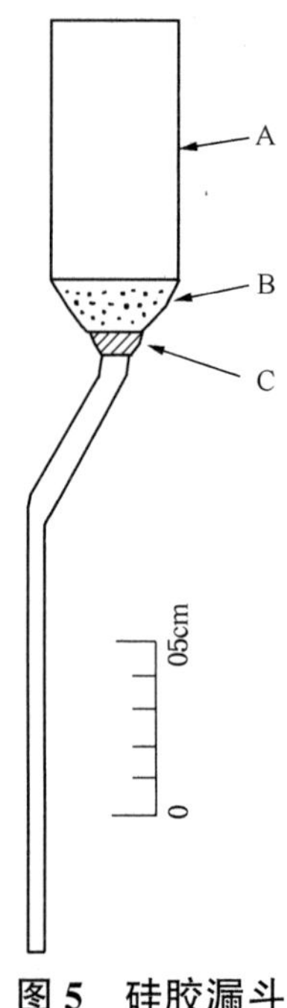

图 5　硅胶漏斗

图中：

A—玻璃过滤漏斗，尺寸见图；

B—吸附剂，硅胶 28～200 目；

C—玻璃毛。

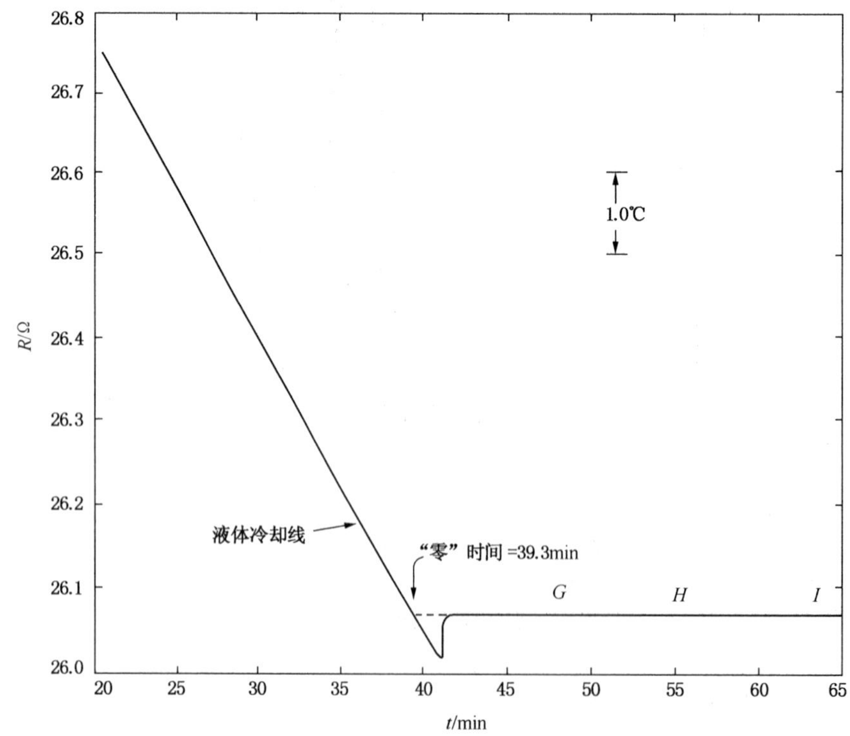

图 6　在时间-温度冷却曲线上求取零时间(试样为苯)

注：纵坐标为铂电阻温度计的电阻值，单位为欧姆，横坐标为时间，单位为分钟。*G*、*H*、*I* 表示结晶曲线的平衡段，*GHI* 延长线与液体冷却线的交点即为“零”时间。图 7 数据与本图相同，但将温度标尺进行了放大。

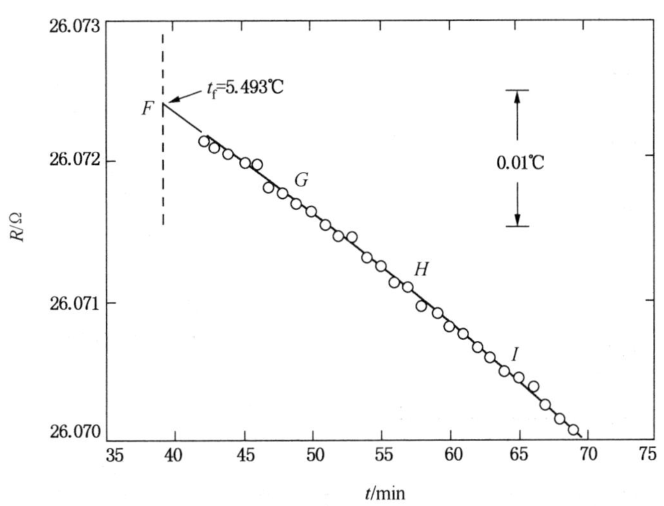

图 7　在时间-温度冷却曲线上求取结晶点(试样为苯)

注：纵坐标为铂电阻温度计电阻值，单位为欧姆。横坐标为时间，单位为分钟。*GHI* 是结晶曲线平衡段。结晶点求取方法如(8.2)所述和图 8 所示。本图数据同图 6。

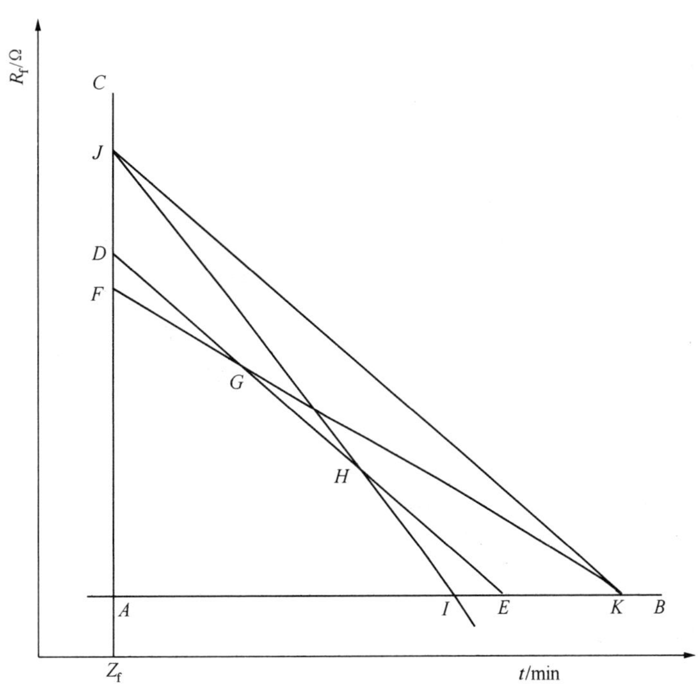

图 8　几何作图法求取结晶点

注：如图取 *G*、*H*、*I* 作为结晶曲线平衡段上任意三点，其间距尽可能如图所示。作图求 R_f；过零时间(Z_f)引 *AC* 线平行于温度轴，过 1 点引 *AB* 线平行于时间轴，通过 *G*、*H* 引一线交 *AB* 线于 *E* 点和交 *AC* 线于 *D* 点。通过 *H*、*I* 引一线交 *AC* 于 *J*，再通过 *J* 引一线平行 *DE* 交 *AB* 于 *K*。通过 *K*、*G* 引一线交 *AC* 于 *F*。*F*(R_f)即是所测试样的结晶点。

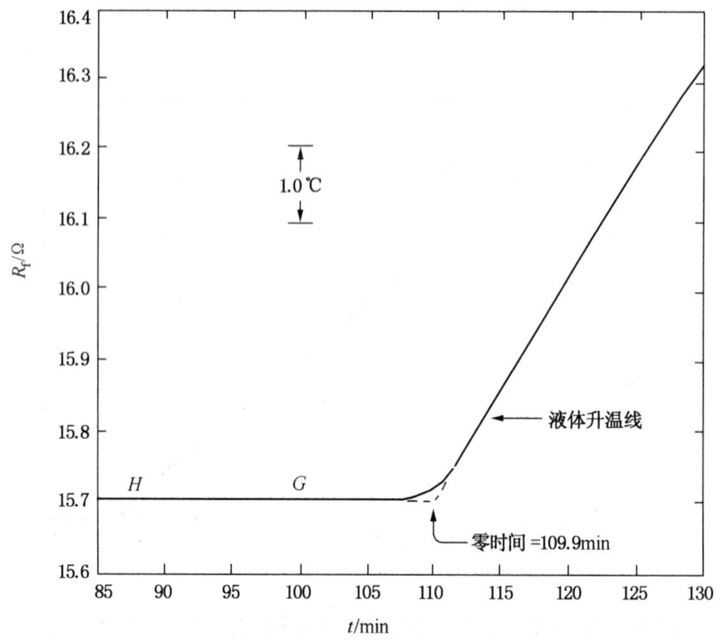

图 9　在时间-温度融化曲线上求取零时间(试样为乙苯)

注：纵坐标为铂电阻温度计电阻值(Ω)，横坐标为时间(min)，*H*、*G* 为融化曲线平衡段的一部分 *HG* 延长线与液体升温线延长线的交点即为零时间。将温度标尺放大，用本图数据可作出图 10。

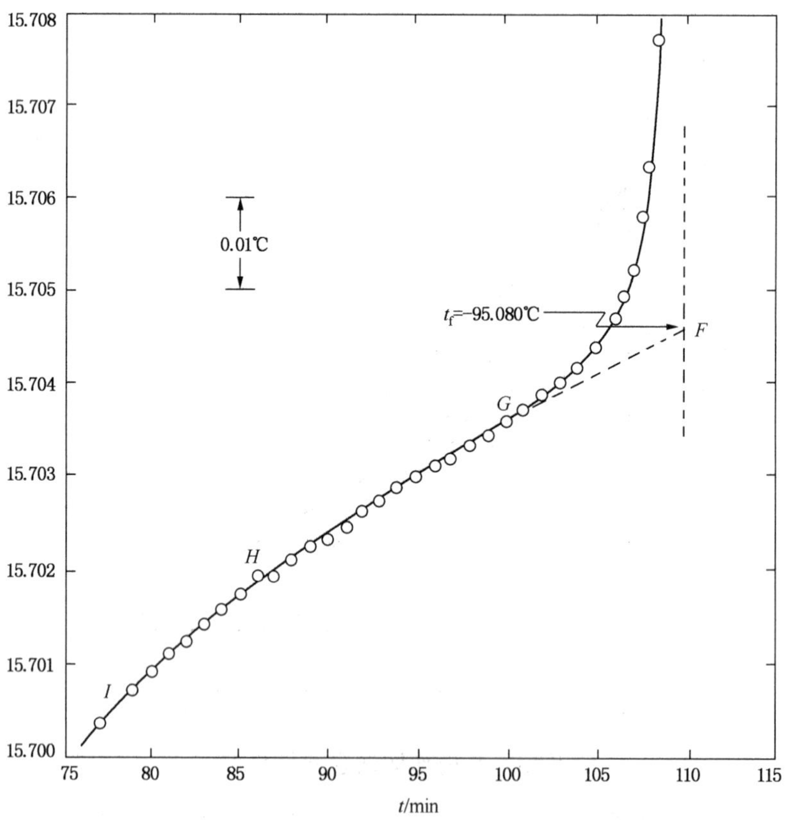

图 10　在时间-温度融化曲线上求取结晶点(试样为乙苯)

注：纵坐标为铂电阻温度计电阻值(Ω)，横坐标为时间(min)，*IHG* 代表融化曲线的平衡段，结晶点(*F*)的求取方法如(9.2)所述和图 8 所示。本图数据同图 9。

附加说明：

本标准由全国化学标准化技术委员会石油化学分技术委员会提出。

本标准由上海石油化工研究所技术归口。

本标准由上海石油化工总厂化工一厂负责起草。

本标准主要起草人葛振祥、顾文明。

本标准等同采用美国试验与材料协会标准 ASTM D 1015-84《高纯度烃类结晶点测定法》。

ICS 71.080.10
G 16

中华人民共和国石油化工行业标准

SH/T 1492—2004
(2009年确认)
代替 SH/T 1492—1992

工业用1-丁烯纯度及烃类杂质的测定 气相色谱法

1-Butene for industrial use —Determination of purity and hydrocarbon impurities —Gas chromatographic method

2004-04-09 发布 2004-09-01 实施

中华人民共和国国家发展和改革委员会 发布

前　　言

本标准是对 SH/T 1492—1992《工业用 1-丁烯纯度及其烃类杂质的测定　气相色谱法》的修订。

本标准代替 SH/T 1492—1992。

本标准与 SH/T 1492—1992 相比主要变化如下：

1. 推荐使用 0.32mm 内径的 Al_2O_3PLOT/Na_2SO_4 毛细管柱代替原标准的填充色谱法；
2. 进样方式将液态试样连续汽化的气体进样方式改进为小量液态样品完全汽化方式；
3. 定量方法将面积归一化法修订为校正面积归一化法，并重新规定了重复性限(r)。

本标准由中国石油化工股份有限公司提出。

本标准由全国化学标准化技术委员会石油化学分技术委员会(SAC/TC63/SC4)归口。

本标准起草单位：上海石油化工研究院。

本标准主要起草人：乔林祥、冯钰安。

本标准所代替标准的历次版本发布情况为：

——SH/T 1492—1992。

工业用1-丁烯纯度及烃类杂质的测定 气相色谱法

1 范围

1.1 本标准规定了用气相色谱法测定工业用1-丁烯纯度及其烃类杂质，如：丙烷、丙烯、异丁烷、正丁烷、反-2-丁烯、异丁烯、顺-2-丁烯和1,3-丁二烯等的含量。

本标准适用于工业用1-丁烯中烃类杂质含量大于0.001%(质量分数)，以及纯度大于99.0%(质量分数)试样的测定。

由于本标准不能测定所有可能存在的杂质如含氧化合物、水、硫化物、羰基化合物等，所以要全面表征1-丁烯样品还需要应用其他的试验方法。

1.2 本标准并不是旨在说明与其使用有关的所有安全问题。使用者有责任采取适当的安全与健康措施，保证符合国家有关法规的规定。

2 规范性引用文件

下列文件中的条款通过本标准的引用而成为本标准的条款。凡是注明日期的引用文件，其随后所有的修改单(不包括勘误的内容)或修订版均不适用于本标准，然而，鼓励根据本标准达成协议的各方研究是否可使用这些文件的最新版本。凡是不注明日期的引用文件，其最新版本适用于本标准。

GB/T 3723—1999 工业用化学产品采样安全通则(idt ISO 3165：1976)

GB/T 6023—1999 工业用丁二烯中微量水的测定 卡尔·费休法

GB/T 8170—1987 数值修约规则

GB/T 9722—1988 化学试剂 气相色谱法通则

GB/T 11141—1989 轻质烯烃中微量硫的测定 氧化微库仑法

SH/T 1142—1992(2000) 工业用裂解碳四 液态采样法

SH/T 1493—1992(2000) 工业用1-丁烯中微量羰基化合物含量的测定 分光光度法

SH/T 1494—1992(2000) 碳四烃类中羰基化合物含量的测定 容量法

SH/T 1547—2004 工业用1-丁烯中微量甲醇和甲基叔丁基醚的测定 气相色谱法

SH/T 1548—2004 工业用1-丁烯中微量丙二烯和丙炔的测定 气相色谱法

3 方法提要

3.1 校正面积归一化法 在本标准规定条件下，将适量试样注入色谱仪进行分析。测量每个杂质和主组分的峰面积，以校正面积归一化法计算各组分的质量分数。含氧化合物、水、硫化物、羰基化合物等杂质用相应的标准方法进行测定，并将所得结果对本标准测定结果进行归一化处理。

3.2 外标法 在本标准规定的条件下，将定量试样和外标物分别注入色谱仪进行分析。测定试样中每个杂质和外标物的峰面积，由试样杂质峰面积和外标物峰面积的比例计算每个杂质的含量。再用100.00减去烃类杂质的总量和用其他标准方法测得含氧化合物、水、硫化物、羰基化合物等杂质的总量计算1-丁烯纯度。测定结果以质量分数表示。

4 试剂与材料

4.1 载气：氢气，纯度≥99.99%(体积分数)。

4.2　辅助气：氮气，纯度≥99.99%(体积分数)。

4.3　标准试剂：所需标准试剂如1.1所示，供测定校正因子和配制外标样用，其纯度应不低于99%(质量分数)。

5　仪器

5.1　气相色谱仪

配置氢火焰离子化检测器(FID)的气相色谱仪。该仪器对本标准所规定的最低测定浓度的杂质所产生的峰高应至少大于噪音的两倍。而且，当采用归一化法分析样品时，仪器的动态线性范围必须满足定量要求。

5.2　色谱柱

本标准推荐的色谱柱及典型操作条件见表1，典型色谱图见图1。杂质的出峰顺序及相对保留时间取决于 Al_2O_3PLOT柱的去活方法，必须用标准样品进行测定。能达到同等分离效果和定量精度要求的其他色谱柱也可使用。

表1　色谱柱及典型操作条件

色　谱　柱		Al_2O_3 PLOT/Na_2SO_4
柱长/m		50
柱内径/mm		0.32
载气平均线速/(cm/s)		47
柱　温	初始温度/℃	80
	初始温度保持时间/min	10
	一阶升温速率/(℃/min)	5
	一阶温度/℃	100
	一阶温度保持时间/min	1
	二阶升温速率/(℃/min)	10
	二阶温度/℃	180
	二阶温度保持时间/min	5
进样器温度/℃		250
检测器温度/℃		250
分流比		100∶1
进样量		液态0.5μL；气态0.3mL
注：Al_2O_3 PLOT柱加热不能超过200℃以防止柱活性发生变化。		

5.3　进样装置

5.3.1　液体进样阀(定量管容积0.5μL)或合适的其他液体进样装置

凡能满足以下要求的液体进样阀均可使用：在不低于使用温度时的1-丁烯饱和蒸气压下，能将1-丁烯以液体状态重复进样，并满足色谱分离要求。

液体进样装置的流程示意图见图2。金属过滤器中的不锈钢烧结砂芯孔径为2~4μm，以滤除样品中可能存在的机械杂质，保护进样阀。进样阀出口安装适当长度的不锈钢毛细管或减压阀，以避免样品汽化，造成失真，影响重复性。进样时，将采样钢瓶出口阀开启，用液态样品冲洗定量管，待放空管出口处有不含气泡的液态试样流出后，即可操作进样阀，将试样注入色谱仪，然后关闭钢瓶出口阀。

5.3.2　气体进样阀(定量管容积0.3mL)

气相进样必须采用如图3所示的小量液态样品汽化装置，以完全地汽化样品，保证样品的代表性。

在E处卸下容积约为1700mL的进样钢瓶，并抽真空(<0.3kPa)。然后关闭阀B，开启阀C和

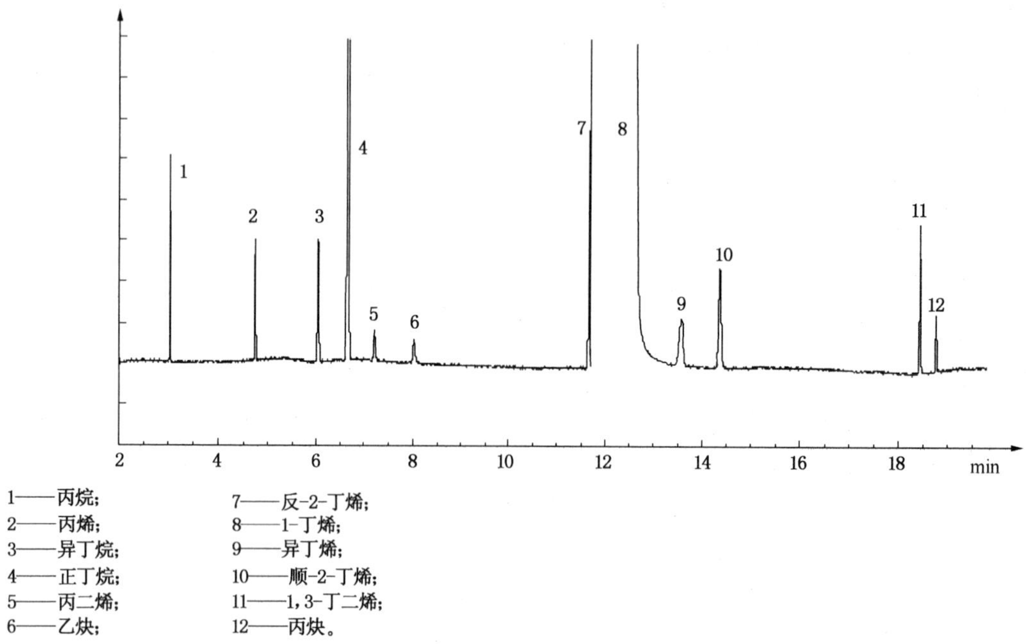

图1　典型色谱图

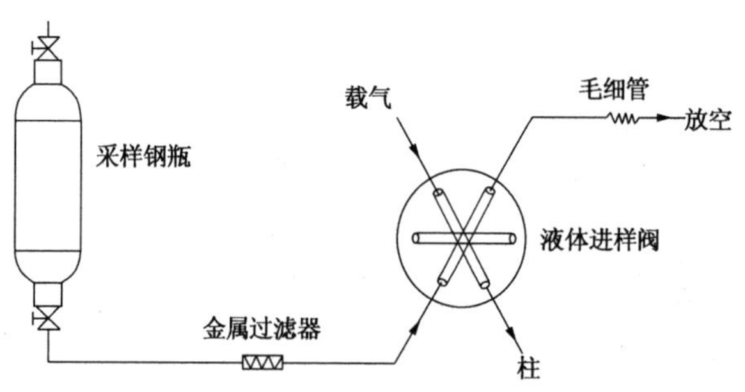

图2　液体进样装置的流程示意图

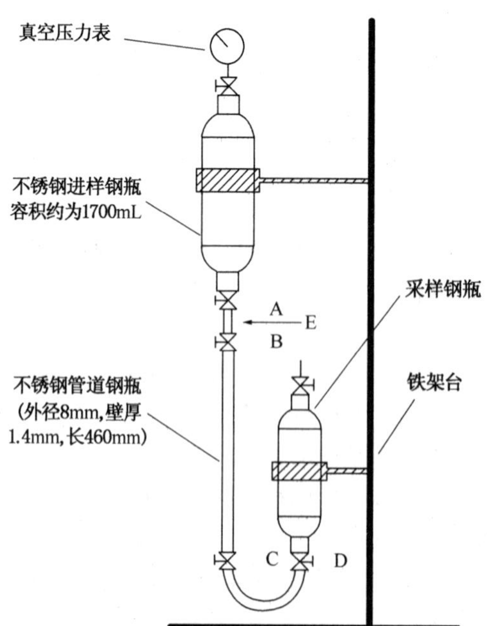

图3　小量液态样品的汽化装置示意图

D，再缓慢开启阀 B，控制液态样品流入管道钢瓶，并于阀 B 处有稳定的液态样品溢出，此时立即依次关闭阀 B、C 和 D，管道钢瓶中即取得了小量液态样品。

将已抽真空的进样钢瓶再连接于 E 处，先开启阀 A，再开启阀 B，让液态样品完全汽化于进样钢瓶中，连接于进样钢瓶上的真空压力表应指示在 50～100kPa 范围内。最后关闭阀 A，卸下进样钢瓶连接于色谱仪的气体进样阀上即可进行分析。

注：盛有液态样品的采样钢瓶应在实验室里放置足够时间，让液态样品的温度与室温达到平衡后再进行上述操作，并且当管道钢瓶中取得小量液态样品后，应尽快完成汽化操作，避免充满液态样品的管道钢瓶随停留时间增加爆裂的可能性。

5.4 记录装置

积分仪或色谱数据处理机。

6 采样

按 GB/T 3723—1999 和 SH/T 1142—1992(2000)规定的安全与技术要求采取样品。

7 测定步骤

7.1 校正面积归一化法

7.1.1 设定操作条件

根据仪器操作说明书，在色谱仪中安装并老化色谱柱。然后调节仪器至表 1 所示的操作条件，待仪器稳定后即可开始测定。

7.1.2 相对质量校正因子的测定

7.1.2.1 标准样品的制备

已知烃类杂质含量的液态标样可由市场购买有证标样或用重量法自行制备。标样中烃类杂质的含量应与待测试样相近。盛放标样的钢瓶应符合 SH/T 1142—1992(2000)的技术要求。制备时使用的1-丁烯本底样品事先在本标准规定条件下进行检查，应在待测组分处无其他杂质峰流出，否则应予以修正。

7.1.2.2 按 GB/T 9722—1988 中 8.1 规定的要求，在本标准推荐的恒定条件下对标准样品进行测定，并计算出各烃类杂质相对于异丁烷的质量校正因子。

7.1.3 试样测定

用符合 5.3 要求的进样装置，将适量试样注入色谱仪，并测量所有杂质和 1-丁烯的色谱峰面积。

7.1.4 计算

按校正面积归一化法计算每个烃类杂质和 1-丁烯的质量分数，并将用其他标准方法(见规范性引用文件)测得的含氧化合物、水、硫化物、羰基化合物等杂质的总量对此结果再进行归一化处理。按式(1)计算每个烃类杂质或 1-丁烯质量分数。

$$W_i = \frac{A_i R_i}{\sum A_i R_i} \times (100.00 - W_s) \qquad \cdots\cdots (1)$$

式中：

W_i——试样中杂质 i 或 1-丁烯的质量分数,%；

R_i——杂质 i 或 1-丁烯的相对质量校正因子；

A_i——杂质 i 或 1-丁烯的峰面积；

W_s——其他方法测定的杂质总质量分数,%。

7.2 外标法

7.2.1 按 7.1.1 待仪器稳定后，按 7.1.3 将同等体积的待测样品和外标样分别注入色谱仪，并测量除 1-丁烯外所有杂质和外标物的峰面积。

外标样两次重复测定的峰面积之差应不大于其平均值的5%，取其平均值供定量计算用。

7.2.2 计算

按外标法计算每个杂质的质量分数，以差减法计算1-丁烯的质量分数。计算如式(2)和式(3)所示：

$$W_i = \frac{W_{si} \cdot A_i \cdot R_i}{A_{si} \cdot R_{si}} \quad (2)$$

$$P = 100.00 - \sum W_i - W_s \quad (3)$$

式中：

W_{si}——外标样中组分 i 的质量分数,%；

A_{si}——外标样中组分 i 的峰面积值；

R_{si}——外标样中组分 i 的相对质量校正因子；

P——1-丁烯质量分数,%。

8 分析结果的表述

8.1 对于任一试样，分析结果的数值修约按GB/T 8170—1987规定进行，并以两次重复测定结果的算术平均值表示其分析结果。

8.2 报告每个杂质的质量分数，应精确至0.0001%。

8.3 报告1-丁烯的质量分数，应精确至0.01%。

9 精密度

9.1 重复性

在同一实验室，由同一操作员使用相同设备，按相同的测试方法，并在短时间内对同一被测对象相互独立进行测试获得的两次独立测试结果的绝对值，不应超过下列重复性限(r)，以超过重复性限(r)的情况不超过5%为前提。

1. 杂质组分含量

	r
≤0.020%(质量分数)	为其平均值的20%
>0.020%(质量分数)	为其平均值的10%

2. 1-丁烯纯度

	r
≥99.0%(质量分数)	为0.04%(质量分数)

10 报告

报告应包括下列内容：

a. 有关样品的全部资料，例如样品名称、批号、采样地点、采样日期、采样时间等。

b. 本标准代号。

c. 分析结果。

d. 测定中观察到的任何异常现象的细节及其说明。

e. 分析人员的姓名及分析日期等。

ICS 71.080.10
G 16

中华人民共和国石油化工行业标准

SH/T 1493—2015
代替 SH/T 1493—1992

碳四烯烃中微量羰基化合物含量的测定 分光光度法

C_4 Olefins—Determination of trace carbonyls —Spectrophotometric method

2015-07-14 发布　　2016-01-01 实施

中华人民共和国工业和信息化部　发布

前　　言

本标准依据 GB/T 1.1—2009 给出的规则起草。

本标准代替 SH/T 1493—1992《工业用 1-丁烯中微量羰基化合物含量的测定　分光光度法》。

本标准与 SH/T 1493—1992 相比的主要变化如下：

——标准名称改为《碳四烯烃中微量羰基化合物含量的测定　分光光度法》；

——范围增加 1,3-丁二烯，并将最小检测浓度由“0.1 mg/kg”修改为“0.5 mg/kg”（见第 1 章，1992 版第 1 章）；

——方法提要将波长“440 nm”修改为“530 nm”（见第 3 章，1992 版第 3 章）；

——试剂与材料中废弃吡啶试剂，氢氧化钾醇溶液的配比由“50 mL 甲醇与 15 mL 33%的氢氧化钾水溶液”修改为“氢氧化钾溶液和无羰基甲醇按 1∶2（体积分数）比例混合”（见第 4 章，1992 版第 4 章）；

——增加了闪蒸气化试样的方式（见第 5 章、第 7 章）；

——测定步骤中显色溶液由“10 mL 吡啶稳定剂和 2 mL 氢氧化钾醇溶液”修改为“13 mL 氢氧化钾醇溶液”液；显色时间为“20 min～40 min”修改为“23 min～33 min”，参比溶液由“甲醇”修改为“水”；试样气化速率由“0.28 L/min”修改为“0.3 L/min”（见第 7 章，1992 版第 6 章）；

——分析结果的表述中增加了以乙醛和以羰基计羰基化合物的计算公式（见第 8 章）；

——修改了重复性（见第 9 章，1992 版第 7 章）。

本标准由中国石油化工集团公司提出。

本标准由全国化学标准化技术委员会石油化学分技术委员会（SAC/TC63/SC4）归口。

本标准起草单位：中国石油化工股份有限公司上海石油化工研究院。

本标准主要起草人：王川、高琼。

本标准所代替标准的历次版本发布情况为：

——SH/T 1493—1992。

碳四烯烃中微量羰基化合物含量的测定　分光光度法

警告：本标准并不是旨在说明与其使用有关的所有安全问题。使用者有责任采取适当的安全与健康措施，保证符合国家有关法规的规定。

1　范围

1.1　本标准规定了用分光光度法测定碳四烯烃中微量羰基化合物的含量。

1.2　本标准适用于1-丁烯和1,3-丁二烯中微量羰基化合物含量的测定，最小检测浓度为0.5 mg/kg（以丁酮计）。本标准不适用于异丁烯的测定。

2　规范性引用文件

下列文件对于本文件的应用是必不可少的。凡是注日期的引用文件，仅注日期的版本适用于本文件。凡是不注日期的引用文件，其最新版本（包括所有的修改单）适用于本文件。

GB/T 3723　工业用化学产品采样安全通则（GB/T 3723—1999，ISO 3165:1976，IDT）

GB/T 6680　液体化工产品采样通则

GB/T 6682　分析实验室用水规格和试验方法（GB/T 6682—2008，ISO 3639:1987，NEQ）

GB/T 8170　数值修约规则与极限数值的表示和判定

SH/T 1142　工业用裂解碳四 液态采样法

3　方法提要

试样中的羰基化合物在酸性介质中与2,4-二硝基苯肼反应生成2,4-二硝基苯腙，并进一步与氢氧化钾反应，生成显红色的物质，用分光光度计于波长530 nm处测定溶液的吸光度，根据校准曲线查得试样中羰基化合物的含量。

反应式：

$$\begin{matrix}R\\ \diagdown\\ C{=}O\\ \diagup\\ (H)R'\end{matrix} + H_2NHN{-}C_6H_3(NO_2)_2 \rightarrow \begin{matrix}R\\ \diagdown\\ C{=}NHN{-}C_6H_3(NO_2)_2\\ \diagup\\ (H)R'\end{matrix} + H_2O$$

4　试剂与材料

除另有注明外，所用试剂均为分析纯、所用水均符合GB/T 6682规定的三级水的规格。

4.1　盐酸

4.2　甲醇

4.3 氢氧化钾：优级纯

4.4 2,4-二硝基苯肼

4.5 丁酮：色谱纯

4.6 无羰基甲醇

取2000 mL甲醇（4.2），加入10 g 2,4-二硝基苯肼（4.4）和0.5 mL盐酸（4.1），在水浴上回流2 h后，再加热蒸馏，弃去最初的50 mL蒸馏液，收集中间馏分，储存在密闭棕色瓶中。蒸馏液应无色清澈透明，否则应进行二次蒸馏。

4.7 氢氧化钾溶液：约33%（质量分数）

称取100 g氢氧化钾（4.3）并溶于200 mL水中。

4.8 氢氧化钾醇溶液

氢氧化钾溶液（4.7）和无羰基甲醇（4.6）按1∶2（体积分数）比例混合。

4.9 2,4-二硝基苯肼溶液：1 g/L

在50 mL无羰基甲醇（4.6）中，加入0.10 g的2,4-二硝基苯肼（4.4），再加4 mL盐酸（4.1），充分混溶，用重蒸过的水稀释至100 mL。

4.10 羰基化合物标准溶液

4.10.1 羰基化合物标准储备溶液：约0.6 mg/mL。

预先在100 mL容量瓶中加入约50 mL无羰基甲醇（4.6）并称重（准确至0.0001 g），用注射器注入75 μL丁酮（4.5），再次称重（准确至0.0001 g），即可算出丁酮质量，然后用无羰基甲醇（4.6）稀释至刻度，摇匀备用。

4.10.2 羰基化合物标准溶液：约24 μg/mL。

移取2.00 mL上述羰基化合物标准储备溶液（4.10.1），置于50 mL容量瓶中，用无羰基甲醇（4.6）稀释至刻度，摇匀备用。该溶液使用前配制。

5 仪器

5.1 分光光度计

精度0.001 A，配备1 cm光程的玻璃比色皿。

5.2 气化装置（二选一）

5.2.1 闪蒸仪：气化速度为0.3 L/min，气化温度可控制在50 ℃~70 ℃之间。

5.2.2 水浴气化装置

5.2.2.1 恒温水浴：温度可控制在50 ℃~70 ℃之间。

5.2.2.2 加热盘管：长度为2 m~4 m，内径为0.2 mm的不锈钢毛细管。

5.3 湿式气体流量计

精度 0.01 L。

5.4 电子天平

感量为 0.1 mg。

5.5 定时器

5.6 具塞比色管

25 mL，带有 10 mL 和 25 mL 环刻度线。

5.7 U 形玻璃砂芯吸收管

参考尺寸：高 180mm，支管外径 6mm，球外径 45mm，砂芯 1[#]（见图 1）。

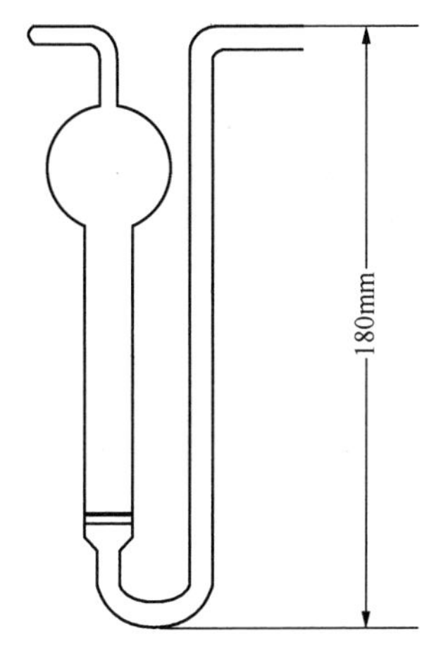

图 1　U 形玻璃砂芯吸收管

5.8 容量瓶

100 mL、50 mL。

5.9 吸量管

1 mL、5 mL 和 10 mL。

5.10 移液管

2 mL、3 mL 和 10 mL。

5.11 钢瓶

应符合 SH/T 1142 的规定。

6 采样

按 GB/T 3723 和 GB /T 6680 规定的安全与技术要求采取样品。

7 测定步骤

7.1 校准曲线的绘制

7.1.1 标准溶液的制备

7.1.1.1 在二组 25 mL 比色管中，按表 1 规定依次用吸量管吸取羰基化合物标准溶液（4.10.2），然后加入无羰基甲醇（4.6）至 10 mL 刻度线，摇匀。

表 1 标准溶液移取体积

		羰基化合物标准溶液（4.10.2）						
低浓度（0~60）μg	标液体积/mL	0.00	0.10	0.30	0.50	1.00	1.75	2.50
	约含丁酮质量/μg	0	2.4	7.2	12	24	42	60
高浓度（0~240）μg	标液体积/mL	0.0	2.5	4.0	6.0	8.0	10.0	-
	约含丁酮质量/μg	0	60	96	144	192	240	-

7.1.1.2 用移液管移取 2.00 mL 的 2,4-二硝基苯肼溶液（4.9）于上述比色管中，摇匀，静置 30 min。

7.1.1.3 加入氢氧化钾醇溶液（4.8）至 25 mL 刻度线，同时计时，摇匀。

7.1.2 吸光度测定

7.1.2.1 在显色时间为 23 min ~ 33 min 之间进行吸光度测定。

7.1.2.2 在 530 nm 处，用 1 cm 玻璃比色皿，以水为参比溶液，测定上述标准溶液（7.1.1.3）的吸光度。

7.1.3 绘制校准曲线

用每一个标准溶液净吸光度（标准溶液吸光度减去试剂空白溶液的吸光度）为纵坐标，以相对应的羰基化合物质量（以丁酮计，μg）为横坐标，按表 1 规定的羰基化合物质量范围，绘制校准曲线。

7.2 试样测定

7.2.1 试样溶液的制备

7.2.1.1 在三个 U 形玻璃砂芯吸收管（5.7）中，用移液管分别加入 10.00 mL 无羰基甲醇（4.6）和 2.00 mL 的 2,4-二硝基苯肼溶液（4.9）。

7.2.1.2 将上述两个 U 形玻璃砂芯吸收管（7.2.1.1）串联，并将其入口与气化装置（5.2）连接，再将其出口连接到湿式流量计，如图 2 所示。剩下的一个 U 形玻璃砂芯吸收管留作空白试验。

7.2.1.3 气化装置的温度设置在 50 ℃ ~70 ℃ 范围，调节试样气化速率，使其以 0.3 L/min 的流速通过 U 形玻璃砂芯吸收管。吸收液中应至少要收集到 12.6 μg 的羰基化合物（以丁酮计）（对应于 0.5 mg/kg 羰基化合物的试样，经吸收的气态试样量应为 12 L 左右）。试样吸收完毕，将 U 形玻璃砂芯吸收管从气化装置上取下，静置 30 min。

注 1：若闪蒸仪带有流量控制和计量显示功能，则图 2 中的湿式气体流量计可省略，通过吸收液的试样体积可按闪蒸仪规定的方法计算。

注 2：其他符合 7.2.1.2 和 7.2.1.3 条要求的气化装置和最终能准确得到试样质量的计量方法均可使用。

7.2.1.4 在空白和第一级、第二级 U 形玻璃砂芯吸收管中分别加入 13 mL 氢氧化钾醇溶液（4.8），

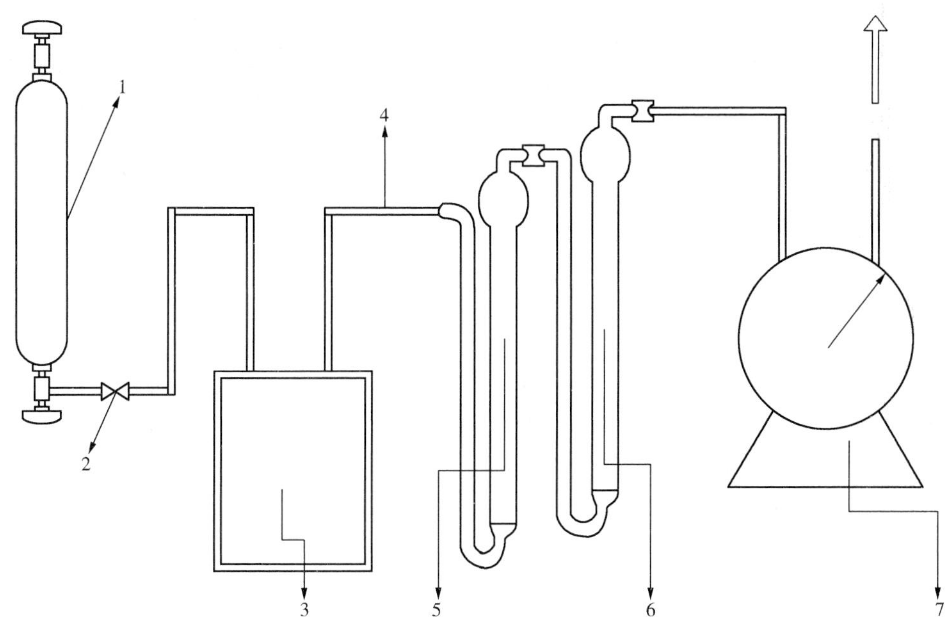

1—钢瓶；2—针型阀；3—气化装置；4—不锈钢毛细管；
5—第一级 U 形玻璃砂芯吸收管；6—第二级 U 形玻璃砂芯吸收管；7—湿式气体流量计

图 2　液态样品吸收装置

同时计时。

7.2.2　吸光度的测定

7.2.2.1　按 7.1.2 的操作步骤测定试剂空白和试样溶液的吸光度。

7.2.2.2　根据试样溶液的净吸光度（实测试样溶液的吸光度减去试剂空白溶液的吸光度），在对应的校准曲线上分别查得第一级和第二级 U 形玻璃砂芯吸收管中羰基化合物质量 m_1 和 m_2（以丁酮计，μg）。

8　分析结果的表述

8.1　计算

8.1.1　试样的标准体积按式（1）计算。

$$V_0 = V \times \frac{273.15}{273.15 + T} \times \frac{P}{101325} \quad \cdots\cdots (1)$$

式中：

V_0——试样在标准状态下的体积，单位为升（L）；

V——湿式流量计测得的试样体积，单位为升（L）；

P——环境大气压，单位为帕（Pa）；

T——室温，单位为摄氏度（℃）；

273.15——摄氏温度转换成开尔文温度的常数。

8.1.2　试样中以丁酮计的羰基化合物的质量分数 w，数值以 mg/kg 表示，按公式（2）计算。

$$w = \frac{(m_1 + m_2) \times 22.4}{V_0 \cdot M} \quad \cdots\cdots (2)$$

式中：

V_0——试样在标准状态下的体积，单位为升（L）；

m_1——第一级U形玻璃砂芯吸收管中羰基化合物（以丁酮计）的质量，单位为微克（μg）；
m_2——第二级U形玻璃砂芯吸收管中羰基化合物（以丁酮计）的质量，单位为微克（μg）；
M——试样的摩尔质量的数值，单位为克每摩尔（g/mol），1-丁烯的摩尔质量为56.11 g/mol，1,3-丁二烯的摩尔质量为54.09 g/mol；
22.4——在标准状态下（0℃、101325Pa）气体摩尔体积，单位为升每摩尔（L/moL）。

8.1.3 若试样中羰基化合物以乙醛计，则按公式（3）计算。

$$w_1 = \frac{w \times 44.05}{72.11} \qquad (3)$$

式中：
w_1——试样中羰基化合物（以乙醛计）的质量分数，单位为毫克每千克（mg/kg）；
w——试样中羰基化合物（以丁酮计）的质量分数，单位为毫克每千克（mg/kg）；
44.05——乙醛的摩尔质量的数值，单位为克每摩尔（g/mol）；
72.11——丁酮的摩尔质量的数值，单位为克每摩尔（g/mol）。

8.1.4 若试样中羰基化合物以羰基计，则按公式（4）计算。

$$w_2 = \frac{w \times 28.01}{72.11} \qquad (4)$$

式中：
w_2——试样中羰基化合物（以羰基计）的质量分数，单位为毫克每千克（mg/kg）；
w——试样中羰基化合物（以丁酮计）的质量分数，单位为毫克每千克（mg/kg）；
28.01——羰基的摩尔质量的数值，单位为克每摩尔（g/mol）；
72.11——丁酮的摩尔质量的数值，单位为克每摩尔（g/mol）。

8.2 结果的表示

取两次重复测定结果的算术平均值表示其结果，按GB/T 8170的规定修约，精确至0.1 mg/kg。

9 重复性

在同一实验室，由同一操作者使用相同设备，按相同的测试方法，并在短时间内对同一被测对象相互独立进行测试获得的两次独立测试结果的绝对差值不应大于表2的重复性限（r），以大于重复性限（r）的情况不超过5%为前提。

表2 重复性限（r）

羰基化合物（以丁酮计）/（mg/kg）	重复性限（r）
$w \leq 2$	0.3 mg/kg
$2 < w \leq 10$	平均值的15%
$w > 10$	平均值的10%

10 报告

报告应包括下列内容：
a）有关样品的全部资料，例如样品名称、批号、采样地点、采样日期、采样时间等；
b）本标准编号；
c）分析结果；

d) 测定中观察到的任何异常现象的细节及其说明；

e) 分析人员的姓名及分析日期等。

ICS 71.080.10
G 16

中华人民共和国石油化工行业标准

SH/T 1494—2009
代替 SH/T 1494—92

碳四烃类中羰基化合物含量的测定 容量法

Determination of carbonyls in C_4 hydrocarbons —Volumetric method

2009-12-04 发布　　2010-06-01 实施

中华人民共和国工业和信息化部　发布

前　言

本标准修改采用 ASTM D4423—00(2006)《碳四烃类中羰基含量测定的标准试验方法》(英文版)，本标准与 ASTM D4423—00(2006)的结构性差异参见附录 A。

本标准与 ASTM D4423—00(2006)的主要差异为：

——规范性引用文件中采用现行国家、行业标准。

——用橡胶工业用溶剂油代替 ASTM D484 规定的干洗溶剂汽油，并规定“其他符合要求的冷浴均可使用”。

——增加了当试样中含游离碱，并且其含量大于羰基化合物与盐酸羟胺反应生成的酸时的计算公式。

——增加了 1-丁烯在各温度下的密度数据表。

——冷却盘管材料种类增加不锈钢管。

本标准代替 SH/T 1494—92(2000)《碳四烃类中羰基化合物含量的测定　容量法》。

本标准与 SH/T 1494—92(2000)相比的主要变化如下：

——采样标准修改为 SH/T 1142。

——增加了“其他符合要求的冷浴均可使用”的规定。

——增加了当试样中含游离碱，并且其含量大于羰基化合物与盐酸羟胺反应生成的酸时的计算公式。

——增加了 1-丁烯在各温度下的密度数据表。

——冷却盘管材料种类增加铜管。

本标准的附录 A 为资料性附录。

本标准由中国石油化工集团公司提出。

本标准由全国化学标准化技术委员会石油化学分技术委员会(SAC/TC63/SC4)归口。

本标准起草单位：中国石油化工股份有限公司上海石油化工研究院。

本标准主要起草人：高琼、王川。

本标准所代替标准的历次版本发布情况为：

——SH/T 1494—1992。

碳四烃类中羰基化合物含量的测定 容量法

1 范围

1.1 本标准规定了用容量法测定碳四烃类中羰基化合物含量。

1.2 本标准适用于碳四烃类中羰基化合物含量的测定，检测浓度范围为(0～50)mg/kg(以乙醛计)。

1.3 本标准并不是旨在说明与其使用有关的安全问题，使用者有责任采取适当的安全和健康措施，并保证符合国家有关法规的规定。

2 规范性引用文件

下列文件中的条款通过本标准的引用而构成本标准的条款。凡是注日期的引用文件，其随后所有的修改单(不包括勘误的内容)或修订版均不适用于本标准，然而，鼓励根据本标准达成协议的各方研究是否可使用这些文件的最新版本。凡是不注日期的引用文件，其最新版本适用于本标准。

GB/T 514　石油产品试验用玻璃液体温度计　技术条件

GB/T 3723　工业用化学产品采样安全通则(GB/T 3723—1999，ISO 3165：1976，idt)

GB/T 8170　数据修约规则

SH 0004　橡胶工业用溶剂油

SH/T 0079　石油产品试验用试剂溶液配制方法

SH/T 1142　工业用裂解碳四　液态采样法

3 方法概要

试样中的羰基化合物与盐酸羟胺反应释放出盐酸，反应方程式如下：

$$\begin{matrix} R \\ \quad\diagdown \\ \quad\quad C{=}O \\ \quad\diagup \\ (H)R' \end{matrix} + NH_2OH \cdot HCl \rightleftharpoons \begin{matrix} R \\ \quad\diagdown \\ \quad\quad C{=}NOH \\ \quad\diagup \\ (H)R' \end{matrix} + HCl + H_2O$$

用氢氧化钾醇溶液滴定所生成的盐酸，以百里酚蓝作指示剂。测定结果以每千克含羰基(以乙醛计)的毫克数表示。

试样、试剂中存在的酸性、碱性物质均干扰测定，应作试样空白滴定。

4 试剂与溶液

除另有注明外，所用试剂均为分析纯，若使用其他级别试剂，则以其纯度不会降低测定准确度为准。

4.1 盐酸。

4.2 氢氧化钾。

4.3 无水甲醇。

4.4 邻苯二甲酸氢钾：基准试剂。

4.5 盐酸羟胺醇溶液(10g/L)：将10.0g盐酸羟胺溶解在1L无水甲醇(4.3)中。

4.6 氢氧化钾醇标准滴定溶液[$C(KOH)=0.05mol/L$]：将3.3g氢氧化钾(4.2)溶于无水甲醇(4.3)中，移入1L容量瓶中，并用无水甲醇(4.3)稀释至刻度。参照SH/T 0079用邻苯二甲酸氢钾

(4.4)标定。

4.7　盐酸醇标准滴定溶液[$C(HCl)=0.05mol/L$]：在1L容量瓶中用无水甲醇(4.3)将4.2mL盐酸(4.1)稀释至刻度。用氢氧化钾醇标准滴定溶液(4.6)标定。

4.8　百里酚蓝指示剂：将0.04g百里酚蓝溶解在100mL无水甲醇(4.3)中。

4.9　干冰(固态二氧化碳)。

4.10　橡胶工业用溶剂油：符合SH 0004要求。

5　仪器与设备

5.1　本生阀：装配于锥形瓶上，详见图1。

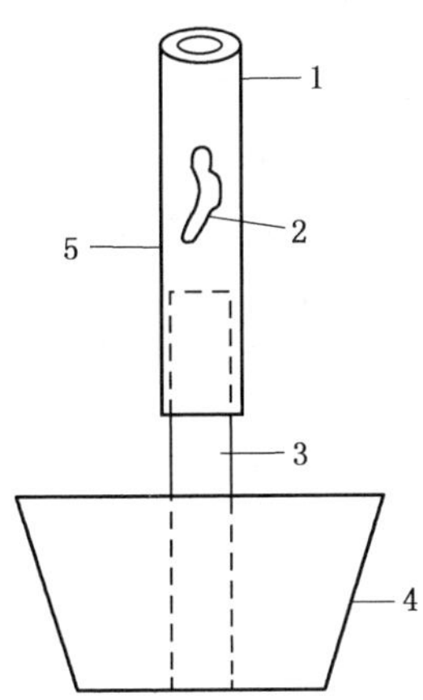

1——用一弹簧夹夹住此处；
2——橡胶管切口；
3——玻璃管；
4——橡胶塞；
5——橡胶管。

图1　本生阀装置示意图

5.2　冷却盘管：将长度约为(10～15)cm不锈钢管或者铜管[内径约(2～4)mm]绕成盘管，盘管一端与钢瓶的出口阀相连，另一端在距冷浴液面上方不超过8cm处安装一只针形调节阀，且在该阀的出口接一段长度约为(6～8)cm的向下弯曲的管子，以使烃类液体能直接流入接收容器中。

5.3　保温瓶：其容积应能将冷却盘管主要部分浸没。

5.4　锥形瓶：250mL。

5.5　容量瓶：1L和25mL，A级。

5.6　刻度量筒：100mL，玻璃，分刻度1mL。

5.7　微量滴定管：容量2.00mL或5.00mL，分刻度0.01mL或0.02mL，A级。可在滴定管的尖端装一注射器针头使滴定剂液滴分配得更小。

5.8　取样钢瓶：容量至少为500mL的不锈钢钢瓶，应符合SH/T 1142规定的技术要求。

5.9　温度计：玻璃液体温度计，温度范围为(-80～+20)℃，分度值1℃。(GB/T 514中的GB-36能满足要求。)

5.10　冷浴：在保温瓶中加入适量橡胶工业用溶剂油(4.10)，使冷却盘管能浸没在其中，然后逐次小心加入少量干冰(4.9)，将冷浴温度保持在-50℃以下。其他满足要求的冷浴均可使用。取样钢瓶用钢瓶架或铁环架等合适的夹具固定。调整盘管位置，使碳四烃类液态试样能直接流入量筒内。每次取样完毕，必须用甲醇清洗盘管内部，不得使用丙酮。

6 采样

按 GB/T 3723 和 SH/T 1142 所规定的安全和技术要求采取样品。

7 测定步骤

7.1 试样溶液的准备

7.1.1 在一只 250mL 锥形瓶中加入 50mL 盐酸羟胺醇溶液(4.5)，再加入约 0.5mL 百里酚蓝指示剂(4.8)。

7.1.2 若溶液为红色，表明溶液呈酸性，逐滴滴加氢氧化钾醇标准滴定溶液(4.6)，直到出现带有明显浅橙色的黄色，此滴定终点处的橙色十分重要，应予以注意。若溶液为黄色，表明溶液呈碱性，则用盐酸醇标准滴定溶液(4.7)滴定。

7.1.3 装上本生阀(以阻止二氧化碳气体进入锥形瓶内)，并将锥形瓶置于干冰上放置数分钟以冷却瓶内溶液，冷却时瓶中溶液颜色会变得更黄些，但无影响。此后的操作均需在通风橱中进行。

7.1.4 将 100mL 刻度量筒置于冷浴(5.10)中冷却几秒钟，取出后立即加入(100±1)mL 试样，迅速用温度计(5.9)测量试样温度，精确至 1℃。将该温度记作“T”，以计算试样质量。将此试样倒入锥形瓶(7.1.3)中，盖上本生阀，静置 15min。

7.2 试样空白溶液的准备

在另一锥形瓶中加入 50mL 无水甲醇(4.3)代替盐酸羟胺醇溶液，再加入约 0.5mL 百里酚蓝指示剂(4.8)，按 7.1.2~7.1.4 步骤进行试验。

注：空白溶液冷却时瓶中溶液颜色会更偏橙些。

7.3 试样溶液(7.1.4)的滴定

7.3.1 若试样溶液为红色，用氢氧化钾醇标准滴定溶液(4.6)滴定至 7.1.2 节所描述的终点(以下简称“终点”)，盖上本生阀，再将锥形瓶放在通风橱中静置 5min，若溶液变为红色，则继续滴定，直至锥形瓶内溶液在静置 5min 后不再变为红色，记录所消耗滴定溶液的体积，将该值记作“V_1”。

注：滴定时应避免剧烈摇动，以防止某些组份沸溢而造成试样损失。在滴定前应使试样尽可能多地挥发逸出。

7.3.2 若试样溶液为黄色，则用盐酸醇标准滴定溶液(4.7)滴定至终点，记录所消耗滴定溶液的体积，将该值记作“V_4”。

7.4 试样空白溶液(7.2)的滴定

7.4.1 若试样空白溶液颜色与终点颜色一致，表明试样中无游离酸或游离碱，则不必滴定。

7.4.2 若试样空白溶液为红色，表明试样中含游离酸，用氢氧化钾醇标准滴定溶液(4.6)滴定至终点，记录所消耗滴定溶液的体积，将该值记作“V_2”。

7.4.3 若试样空白溶液为黄色，表明试样中含游离碱，则用盐酸醇标准滴定溶液(4.7)滴定至终点，记录所消耗滴定溶液的体积，将该值记作“V_3”。

8 结果计算

试样中的羰基化合物含量 ω 以乙醛计，单位为毫克每千克(mg/kg)，可根据试样空白溶液的酸碱性按式(1)~(4)分别计算：

8.1 当试样溶液为红色，且试样空白溶液与终点颜色一致(试样无游离酸或游离碱)时，按式(1)计算：

$$\omega = \frac{V_1 \times C_1 \times 44.05 \times 10^3}{V \times \rho} \quad \cdots\cdots (1)$$

8.2 当试样溶液为红色，且试样空白溶液呈红色(试样中含游离酸)时，按式(2)计算：

$$\omega = \frac{(V_1 - V_2) \times C_1 \times 44.05 \times 10^3}{V \times \rho} \quad \cdots\cdots (2)$$

8.3 当试样溶液为红色，且试样空白溶液呈黄色(试样中含游离碱)时按式(3)计算：

$$\omega = \frac{(V_1 \times C_1 + V_3 \times C_2) \times 44.05 \times 10^3}{V \times \rho} \quad \cdots\cdots (3)$$

8.4 当试样溶液为黄色，且试样空白溶液呈黄色(试样中含游离碱，且其含量大于羰基化合物与盐酸羟胺反应生成的酸含量)时，按式(4)计算：

$$\omega = \frac{(V_3 - V_4) \times C_2 \times 44.05 \times 10^3}{V \times \rho} \quad \cdots\cdots (4)$$

上列式中：

C_1——氢氧化钾醇标准滴定溶液的浓度，单位为摩尔每升(mol/L)；

C_2——盐酸醇标准滴定溶液的浓度，单位为摩尔每升(mol/L)；

V_1——滴定试样时消耗的氢氧化钾醇标准滴定溶液的体积，单位为毫升(mL)；

V_2——滴定空白时消耗的氢氧化钾醇标准滴定溶液的体积，单位为毫升(mL)；

V_3——滴定空白时消耗的盐酸醇标准滴定溶液的体积，单位为毫升(mL)；

V_4——滴定试样时消耗的盐酸醇标准滴定溶液的体积，单位为毫升(mL)；

V——碳四烃类试样的体积，单位为毫升(mL)；

ρ——温度为 T 时碳四烃类试样的密度(由表 1 查得)，单位为克每毫升(g/mL)；

44.05——乙醛的摩尔质量的数值，单位为克每摩尔(g/mol)。

注：对于表 1 中未列出密度的其他碳四烃类试样，可以准确称量取样前后量筒质量，通过差减法得到试样的质量。

表 1 1,3-丁二烯、1-丁烯在各温度下的密度

温度,℃	1,3-丁二烯密度，g/mL	1-丁烯密度，g/mL
-45	0.696	0.687
-40	0.690	0.680
-35	0.685	0.673
-30	0.679	0.666
-25	0.674	0.659
-20	0.668	0.652
-15	0.662	0.645
-10	0.657	0.637
-5	0.651	0.630
0	0.645	0.623
注：可用这些数据以作图法求得两数之间的内插值。		

9 分析结果的表述

取两次重复测定结果的算术平均值报告其分析结果，按 GB/T 8170 规定进行修约，精确至 0.1mg/kg。

10 精密度

本标准的精密度系以 1,3-丁二烯进行试验确定。

10.1 重复性

在同一实验室，由同一操作者使用相同的设备，按相同的测试方法，并在短时间内对同一被测对象相互独立进行测试获得的两次独立测试结果的绝对差值不大于其算术平均值的 14%，以大于其平均值14%的情况不超过5%为前提。

10.2 再现性

在不同的实验室，由不同的操作者使用不同的设备，按相同的测试方法，对同一被测对象相互独立进行测试获得的两次独立测试结果的绝对差值不大于其算术平均值的88%，以大于其平均值88%的情况不超过5%为前提。

11 报告

报告应包括下列内容：

a)有关样品的全部资料，例如样品名称、批号、采样地点、采样日期、采样时间等。

b)本标准编号。

c)分析结果。

d)测定中观察到的任何异常现象的细节及其说明。

e)分析人员的姓名及分析日期等。

附 录 A
(资料性附录)
本标准章条编号与 ASTM D4423-00(2006)章条编号对照

表 A.1 给出了标准章条编号与 ASTM D4423-00(2006)章条编号对照一览表。

表 A.1 本标准章条编号与 ASTM D4423-00(2006)章条编号对照

本标准章条编号	对应的 ASTM D4423-00(2006)章条编号
1	1
2	2
3	3
—	4
4	6
5	5
5.1~5.9	5.1~5.9
5.10	7
6	—
7	8
8	9
9	—
10	10
11	—
—	11

前言

本标准是对 SH/T 1495—1992《工业用叔丁醇》的修订。

本标准对原标准的主要修订内容为：

1. 在技术要求中增设 TBA-95 规格。
2. 取消了结晶点指标项目。
3. 蒸发后干残渣指标提高为≤0.002%（m/m），并注明为型式检验项目。
4. 增加了安全要求的有关内容。

本标准自实施之日起，代替 SH/T 1495—1992。

本标准由中国石油化工股份有限公司提出。

本标准由全国化学标准化技术委员会石油化学分技术委员会归口。

本标准起草单位：天津石油化工公司石油化工厂、上海石油化工研究院。

本标准主要起草人：李辉、王川、安立琴、李正文。

本标准于 1989 年 5 月首次发布，于 2002 年第一次修订。

中华人民共和国石油化工行业标准

SH/T 1495—2002
（2009年确认）
代替 SH/T 1495—1992

工 业 用 叔 丁 醇

Tert-butylalcohol for industrial use—Specification

1 范围

本标准规定了工业用叔丁醇的要求、试验方法、检验规则、包装、标志、运输、贮存及安全要求。

本标准适用于异丁烯水合法制得的工业用叔丁醇，按其含量分为 TBA-85、TBA-95、TBA-99 三种规格。该产品主要作为制造变性酒精、香料、涂料等的有机化工原料，TBA-99 还可作为制造医药的原料。

分子式：C_4H_9OH

相对分子质量：74.12（按 1999 年国际相对原子质量）

2 引用标准

下列文件所包含的条文，通过在本标准中引用而构成为本标准的条文。本标准出版时，所示版本均为有效。所有标准都会被修订，使用本标准的各方应探讨使用下列标准最新版本的可能性。

GB 190—1990 危险货物包装标志

GB/T 1250—1989 极限数值的表示方法和判定方法

GB/T 3143—1982 液体化学产品颜色测定法（Hazen 单位——铂-钴色号）

GB/T 4472—1984 化工产品密度、相对密度测定通则

GB/T 6283—1986 化工产品中水分含量的测定 卡尔·费休法（通用方法）（eqv ISO 760：1978）

GB/T 6324.2—1986 挥发性有机液体 水浴上蒸发后干残渣测定的通用方法

GB/T 6678—1986 化工产品采样总则

GB/T 6680—1986 液体化工产品采样通则

GB/T 7534—1987 工业用挥发性有机液体沸程的测定

SH/T 1496—1992（2000） 工业用叔丁醇酸度的测定 滴定法

SH/T 1497—2002 工业用叔丁醇含量及杂质的测定 气相色谱法

3 技术要求和试验方法

工业用叔丁醇的技术要求见表 1。

表 1 工业用叔丁醇的技术要求

项 目	指 标			试验方法
	TBA-85	TBA-95	TBA-99	
外 观	无色透明液体或结晶体			目 测
叔丁醇含量/%（m/m） ≥	85.0	95.0	99.0	SH/T 1497
色度/（铂-钴）号 ≤	10	10	10	GB/T 3143

国家经济贸易委员会 2002-05-31 批准　　　　2002-07-01 实施

表1(续)

项目		指标			试验方法
		TBA-85	TBA-95	TBA-99	
密度/(kg/m^3)	20℃	812~820[a]			GB/T 4472
	26℃		783~790[a]	778~783[a]	
水分/%(m/m)	≤	—	—	0.3	GB/T 6283
沸程 初馏点/℃	≥	—	—	81.5	GB/T 7534
干点/℃	≤	—	—	83.0	
酸度(以乙酸计)/%(m/m)	≤	0.003	0.003	0.003	SH/T 1496
蒸发后干残渣/%(m/m)	≤	0.002	0.002	0.002	GB/T 6324.2

[a]叔丁醇密度的温度校正系数为0.00091(密度计法),其适用温度范围为:18℃~30℃(TBA-99为24℃~30℃)。

4 检验规则

4.1 工业用叔丁醇应由生产厂的质量检验部门进行检验。生产厂应保证所有出厂的产品都符合本标准的要求,并附有一定格式的质量证明书,内容包括:生产厂名称、厂址、产品名称、净重、规格、批号、生产日期和本标准编号等。

4.2 本标准表1中所规定的项目均为型式检验项目。除蒸发后干残渣外其他项目均为出厂检验项目。

4.3 工业用叔丁醇以同等质量的均匀产品为一批。桶装产品以不大于20t为一批,或以每一储罐产品量为一批。

4.4 采样:按GB/T 6678和GB/T 6680的规定进行。所采样品总量不得少于2L。混匀后分装于两个清洁、干燥、带磨口的细口瓶中,贴上标签,注明:生产厂名称、产品名称及规格、产品批号、采样日期和地点等。一瓶放置约30℃环境下(TBA-85产品可放在常温下)做检验试样;另一瓶在常温下保存三个月,作备查试样。

4.5 用户有权按本标准规定的检验规则和试验方法对所收到的工业用叔丁醇进行验收,验收期限由供需双方协商确定。

4.6 检验结果的判定采用GB/T 1250中规定的修约值比较法。如果检验结果不符合本标准要求时,应重新加倍取样进行复验。复验结果即使只有一项指标不符合本标准要求,则整批叔丁醇不能验收。

4.7 当供需双方对产品质量发生异议时,由双方协商选定仲裁机构。仲裁时应按本标准规定的试验方法进行检验。

5 包装、标志、运输和贮存

5.1 叔丁醇应用干燥、清洁的镀锌钢桶、槽车或其他保证质量的容器盛装。

5.2 桶装容器上应涂刷有牢固的标志,注明:生产厂名称、厂址、产品名称、净重、规格、批号、生产日期、本标准编号和GB 190中规定的易燃物品标志。

5.3 在运输过程中,应遵守运输部门各项有关规定。

5.4 叔丁醇的吸湿性很强,应贮存在干燥、通风的危险品库中。对TBA-99,必要时应采用氮封贮存。

6 安全要求

6.1 叔丁醇为无色易燃液体，其闪点(闭口)为11℃。存放时应远离强无机酸、干燥剂、氧化剂等。起火时可用喷雾水、干粉或化学泡沫灭火。

6.2 叔丁醇的结晶点大于24.0℃，因此，储存容器应被保温或用水蒸气伴热，输送泵和管线不仅需要伴热，而且在使用过后必须排空。

编者注：规范性引用文件中GB/T 1250已被GB/T 8170—2010《数值修约规则与极限数值的表示和判定》代替。

中华人民共和国石油化工行业标准

SH/T 1496—1992
（2009 年确认）

工业用叔丁醇酸度的测定 滴 定 法

1 主题内容与适用范围

本标准规定了用滴定法测定工业用叔丁醇的酸度。

本标准适用于异丁烯水合法制得的工业用叔丁醇中游离酸的测定。

2 方法概要

将叔丁醇试样与等体积水混合，以酚酞为指示剂，用氢氧化钠标准滴定溶液滴定至终点，以氢氧化钠标准滴定溶液的消耗量计算出叔丁醇中游离酸的含量。

3 试剂

除特别注明外，所用的水均为蒸馏水或同等纯度的水，试剂均为分析纯。

3.1 氢氧化钠标准滴定溶液：$c(\mathrm{NaOH})=0.01\mathrm{mol/L}$；

3.2 酚酞指示剂：1g 酚酞溶于 100mL95%乙醇中。

4 仪器

4.1 滴定管：容积 10mL，分刻度 0.05mL

4.2 锥形瓶：容量 250mL；

4.3 移液管：容量 50mL。

5 分析步骤

取 50mL 水移入锥形瓶中，加 2 滴酚酞指示剂，用氢氧化钠标准滴定溶液滴定至微红色（不计消耗氢氧化钠溶液的数量）。然后用移液管取 50mL 叔丁醇试样于锥形瓶中，摇匀，用氢氧化钠标准滴定溶液滴定至微红色，并在 15s 内不退色即为终点，记录所消耗氢氧化钠标准滴定溶液的体积。

6 分析结果的计算

游离酸（以乙酸计）含量 $X(\%)$，按下式计算：

$$X=\frac{c\cdot V\times 0.06}{\rho_t\times 50}\times 100$$

$$=c\cdot V\times 0.12/\rho_t$$

式中：c——氢氧化钠标准溶液的浓度，mol/L；

V——滴定消耗氢氧化钠标准溶液的体积，mL；

ρ_t——t℃时试样的密度，g/cm^3；

0.06——与 1.00mL 氢氧化钠标准滴定溶液［$c(\mathrm{NaOH})=0.01\mathrm{mol/L}$］相当的乙酸的质量，g。

中国石油化工总公司 1989-05-16 批准　　1990-06-01 实施

7 精密度

平行测定两次结果的差值不大于0.0003%，取算术平均值为测定结果。

附加说明：

本标准由全国化学标准化技术委员会石油化学标准化分技术委员会提出。

本标准由上海石油化工研究所技术归口。

本标准由天津石油化工公司第二石油化工厂负责起草。

本标准主要起草人刘明、王景玉。

前　　言

本标准是对 SH/T 1497—1992《工业用叔丁醇含量及杂质的测定　气相色谱法》的修订。

本标准对原标准的主要修订内容为：

1）为提高分离效能及消除水分对样品组分分析的不利影响，对 TBA-99 及 TBA-95 采用毛细管柱替代原标准中的填充柱。

2）保留原标准对 TBA-85 进行分析的填充柱，同时推荐采用 TCD 为检测器的聚甲基硅氧烷毛细管柱，作为供选择的方法列于附录 A 中。

3）在定量方法中增加了校正峰面积归一化法。

本标准的附录 A 是标准的附录。

本标准自实施之日起替代 SH/T 1497—1992。

本标准由中国石油化工股份有限公司提出。

本标准由全国化学标准化技术委员会石油化学分技术委员会归口。

本标准起草单位：上海石油化工研究院、天津石油化工公司石油化工厂。

本标准主要起草人：王川、李辉、李正文、安丽琴。

本标准于 1989 年 5 月首次发布，于 2002 年第一次修订。

中华人民共和国石油化工行业标准

SH/T 1497—2002
(2009 年确认)
代替 SH/T 1497—1992

工业用叔丁醇含量及杂质的测定 (气 相 色 谱 法)

Tert-butylalcohol for industrial use —Determination of purity and impurities —Gas chromatographic method

1 范围

本标准规定了用气相色谱法测定工业用叔丁醇的含量及其烃类杂质。

本标准适用于异丁烯水合法制得的工业用叔丁醇，对 TBA-85(叔丁醇含量≥85.0%*m/m*)的杂质最低检测浓度为 0.1%(质量分数)，对 TBA-99(叔丁醇含量≥99.0%质量分数)及 TBA-95(叔丁醇含量≥95.0%质量分数)的杂质最低检测浓度的 0.001%(质量分数)。

本标准可供由其他方法制得的叔丁醇分析时参考。

2 引用标准

下列标准所包含的条文，通过在本标准中引用而构成为本标准的条文。本标准出版时，所示版本均为有效。所有标准都会被修订，使用本标准的各方应探讨使用下列标准最新版本的可能性。

GB/T 6283—1986 化工产品水分含量的测定 卡尔·费休法(通用方法)(eqv ISO 760：1978)

GB/T 6324.2—1986 挥发性有机液体 水浴上蒸发后干残渣测定的通用方法

GB/T 6680—1986 液体化工产品采样通则

GB/T 8170—1987 数值修约规则

GB/T 9722—1988 化学试剂 气相色谱法通则

SH/T 1496—1992(2000) 工业用叔丁醇酸度的测定 滴定法

3 方法提要

在本标准规定条件下，将适量试样注入配置火焰离子化检测器(FID)或热导检测器(TCD)的气相色谱仪，测量每个杂质和主组分的峰面积，以内标法或校正峰面积归一化法计算各组分的质量百分含量。检测器的校正因子通过分析与待测样品中浓度相近的配制标样进行测定。

对于 TBA-99 及 TBA-95 中的水分及不能用本标准测定的其余杂质，必须用相应的标准方法进行测定，并将所得结果进行归一化处理。

4 试剂与材料

4.1 载气：采用 TCD 时用氢气为载气，采用 FID 时用氮气为载气。纯度均应≥99.99%。

4.2 燃烧气：氢气，纯度≥99.99%。

4.3 辅助气：氮气，纯度≥99.99%。

注意：上述气体分别为压缩气体或压缩易燃气体，应注意安全使用。

国家经济贸易委员会 2002-05-31 发布 2002-07-01 实施

4.4 助燃气，空气，无油并经干燥。

4.5 聚四氟乙烯载体，0.250mm~0.420mm(40 目~60 目)。

4.6 聚乙二醇 1500(PEG-1500)。

4.7 标准物质

标准物质供测定校正因子用，其纯度应能满足本标准定量精度的要求。

4.7.1 2,4,4-三甲基-1-戊烯

4.7.2 2,4,4-三甲基-2-戊烯

4.7.3 叔丁醇

4.7.4 乙腈

4.7.5 异丙醇

4.7.6 正丙醇

4.7.7 异丁醇

4.7.8 正丁醇

4.7.9 正己烷

4.7.10 3-丁烯-1-醇(1-羟基-3-丁烯)

4.7.11 3-丁烯-2-醇(2-羟基-3-丁烯)

4.7.12 2-丁醇(仲丁醇)

4.7.13 乙二醇乙醚

注意：上述物质大多为易燃或有毒液体，使用时应注意安全。

5 仪器与设备

5.1 气相色谱仪

能满足表 1 所列填充柱或毛细管色谱柱操作条件的气相色谱仪均可使用。对于毛细管色谱柱，为了准确导入样品，需配置能提供线性分流样品的样品汽化装置。为了保证组分的分离和定量分析足够精确，必须保证载气流速和分流比具有良好的重现性。

5.2 色谱柱

5.2.1 填充柱

按表 1 所列的固定液和载体及所列比例按 GB/T 9722 的技术要求进行制备。

色谱柱使用前，应在高于操作温度 20℃ 下，通载气老化 12h，所用载气及流速与分析样品时相同。

5.2.2 毛细管柱

本标准推荐的毛细管柱均为键合相熔融石英毛细管柱。表 1 所列的极性和非极性的两种色谱柱均可使用，使用者可根据样品的组成及分析要求任选其一。其他能达到同等分离程度的毛细管柱也可使用。

表 1 典型操作条件

色谱柱类型	填充柱	石英毛细管柱	
固定液	聚乙二醇 1500	聚甲基硅氧烷	聚乙二醇 20M
载 体	聚四氟乙烯		
载体粒度	0.250mm~0.420mm (60 目~40 目)		
固定液含量/%(质量分数)	10		
柱长/m	3	60	30

表 1(续)

色谱柱类型	填 充 柱	石英毛细管柱	
柱内径/mm	3	0.32	0.25
固定液膜厚度/μm		0.50	0.25
柱管材质	不锈钢或其他适宜材料	熔融石英	
检测器	TCD	FID	
检测器温度/℃	150	200	
载气种类	H_2	N_2	
载气流量/(mL/min)	30		
载气平均线速/(cm/s)		20	36
色谱柱温度/℃	90	60	
初始温度/℃		35	
初温保持时间/min		5	
升温速率/(℃/min)		10	
终止温度/℃		90	
终温保持时间/min		5	
进样器温度/℃	140	180	
分流比		30 : 1	
进样量/μL	2	0.2~0.5	

5.3 记录装置

积分仪或色谱数据处理机。当使用毛细管柱时，其技术性能还必须能满足毛细管色谱的常规要求。

5.4 微量注射器

1~10μL，供注入试样用。

6 采样

按 GB/T 6680 的规定采取样品，并将试样保存在不低于 24℃的环境中，或用软塑料容器存放。

7 仪器准备

7.1 按照仪器说明书的指导安装和老化色谱柱。老化之后将柱出口接至检测器的入口处，并检查系统是否漏气。

注意：若以氢气为载气，应注意安全使用。

7.2 调节气相色谱仪的操作条件，以符合表 1 所示参数。当使用毛细管柱时，可通过调节载气压力(柱头压)来调节载气线速度，载气线速 $U_{平均}$ 按公式(1)计算。

$$U_{平均} = \frac{L}{t_m} \qquad (1)$$

式中：

L——柱长，cm；

t_m——甲烷保留时间，s。

7.3 当使用毛细管柱并采用校正峰面积归一化法进行定量分析时，须证实所注入样品量是否会使 FID 产生信号饱和现象。调节分流比及进样量，用在预测浓度范围内的标样，作出叔丁醇的“浓度-峰面积”曲线，以确定线性进样量范围及其他操作参数。

8 测定步骤

8.1 组分的定性

样品分析所得组分峰的定性，是将它们的保留时间与相同条件下标准物质的保留时间进行核对确定的。不同规格叔丁醇产品在不同色谱柱上的典型色谱图见图 1~图 3。

8.2 校正因子的测定

8.2.1 内标法

当用内标法对 TBA-95 及 TBA-99 的叔丁醇试样进行分析时，按下述方法测定各组分的校正因子。

用称量法配制高纯度的叔丁醇[纯度>99%(质量分数)]、欲测杂质及内标物正丁醇的校准混合物。各组分的称量应精确至 0.0001g。含量计算应精确至 0.0001%(质量分数)。所配制的杂质应与待测试样的杂质浓度相近。将配制的校准混合物注入色谱仪，依据所得色谱峰面积及杂质组分含量，计算各组分的相对质量校正因子 R_i，计算公式见式(2)。

$$R_i = \frac{C_i \cdot A_s}{C_s \cdot A_i} \qquad (2)$$

式中：

R_i——杂质组分 i 相对于内标物的质量校正因子；

A_i——校准混合物中杂质 i 的峰面积；

A_s——校准混合物中内标物的峰面积；

C_i——杂质 i 的配制含量，%(m/m)；

C_s——内标物的配制含量，%(m/m)。

注：用于配制校准混合物的高纯度叔丁醇中应不含被测物质，否则校准混合物中被测物质的浓度应予修正。

8.2.2 校正峰面积归一化法

当用校正峰面积归一化法对叔丁醇试样进行分析时，相对质量校正因子的测定步骤同 8.2.1，但以叔丁醇为参照物，相对质量校正因子(f_i)计算公式见式(3)。

$$f_i = \frac{C_i \cdot A_b}{C_b \cdot A_i} \qquad (3)$$

式中：

A_b 和 C_b 分别为叔丁醇的峰面积及浓度，其余同式(2)。

8.3 试样测定

8.3.1 TBA-85 样品的测定

用填充柱或附录 A 推荐的毛细管柱进行分析，以 TCD 为检测器。

注入适量试样，以保证 0.1%(质量分数)以上组分能得到准确定量，并按校正峰面积归一化法计算各组分含量。

8.3.2 TBA-99 及 TBA-95 样品的测定

用毛细管柱分析，以 FID 为检测器。

8.3.2.1 设定仪器的灵敏度，注入适量试样，使不低于 0.001%(质量分数)的任何组分都能被检测、积分和报告，用内标法或校正峰面积归一化法进行定量。测定结果有异议时以内标法为准。

8.3.2.2 当气相色谱仪停止使用较长时间时，可将柱温升到毛细管柱的最高使用温度，老化 20min 以上，当获得平稳基线后，再将柱温调至操作温度。

8.3.3 按引用标准规定的方法，测定试样中酸度、蒸发后干残渣及水分等杂质的质量百分含量。

9 分析结果的表述

9.1 TBA-85 各组分含量的计算

各组分的含量 C_i 按公式(4)计算

$$C_i，\%(质量分数) = \frac{A_i f_i}{\sum A_i f_i} \times 100 \quad \cdots\cdots (4)$$

式中：

A_i——组分 i 的峰面积；

f_i——组分 i 的相对质量校正因子；

$\sum A_i f_i$——所有组分校正峰面积的总和。

9.2　TBA-99 及 TBA-95 各组分含量的计算

9.2.1　当采用内标法测定样品中杂质含量(C_i)时，按式(5)计算。内标物为正丁醇。

$$C_i[\%(质量分数)] = \frac{A_i \cdot R_i \cdot m_s}{M \cdot A_s} \times 100 \quad \cdots\cdots (5)$$

式中：

A_i——杂质 i 的峰面积；

R_i——杂质 i 相对于内标物的校正因子；

m_s——内标物质量；

A_s——内标物峰面积；

M——样品质量。

叔丁醇纯度(P_b)按公式(6)计算：

$$P_b[\%(质量分数)] = 100.00 - \sum C_i - \sum C_x \quad \cdots\cdots (6)$$

式中：

$\sum C_i$——式(5)得到的烃类杂质含量；

$\sum C_x$——8.3.3 中所列杂质的含量。

9.2.2　当采用校正峰面积归一化法测定各组分含量时，按式(7)计算。

$$C_i[\%(质量分数)] = \frac{A_i f_i}{\sum A_i f_i} \times (100.00 - \sum C_x) \quad \cdots\cdots (7)$$

式中各符号定义与前述各式相同。

9.3　报告各组分的质量百分含量，并按 GB/T 8170 的规定进行修约。杂质含量精确至 0.001%(TBA-85 为 0.1%)，叔丁醇纯度精确至 0.1%。

10　精密度

10.1　重复性

在同一实验室，由同一操作员，采用同一仪器和设备，对同一试样相继做两次重复测定，在95%置信水平条件下，所得结果之差应不大于下列数值：

杂质含量	$C_x \leq 0.01\%$(质量分数)	为其平均值的 15%
	$0.01\% < C_x < 0.1\%$(质量分数)	为其平均值的 10%
	$C_x \geq 0.1\%$(质量分数)	为其平均值的 5%
叔丁醇纯度	$85\% \leq P_b \leq 90\%$(质量分数)	0.2%(质量分数)
	$P_b \geq 95\%$(质量分数)	0.1%(质量分数)

10.2　再现性

待确定。

11　报告

报告应包括下列内容：

a) 有关样品的全部资料，例如样品名称、批号、采样地点、采样日期、采样时间等。

b) 本标准代号。

c) 分析结果。

d）测定中观察到的任何异常现象的细节及其说明。

e）分析人员的姓名及分析日期等。

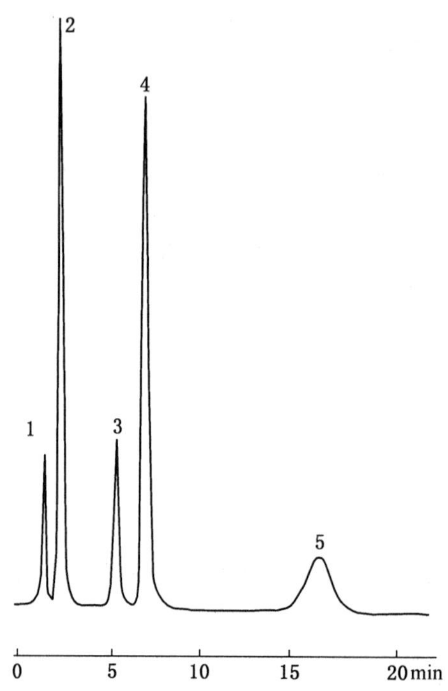

1—2,4,4-三甲基-1-戊烯+2,4,4-三甲基-2-戊烯；2—叔丁醇；3—仲丁醇；4—水；5—乙二醇乙醚

图 1　TBA-85 在 PEG1500 填充柱上的典型色谱图

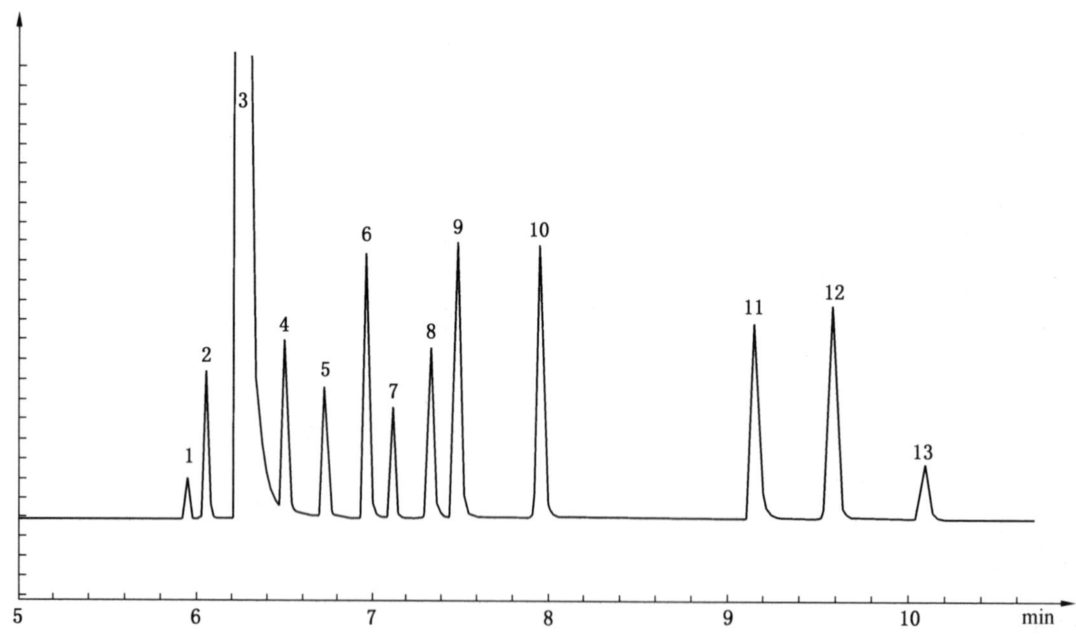

1—乙腈；2—异丙醇；3—叔丁醇；4—正丙醇；5—3-丁烯-2-醇；6—仲丁醇；7—正己烷；8—异丁醇；9—3-丁烯-1-醇；10—正丁醇；11—乙二醇乙醚；12—2,4,4-三甲基-1-戊烯；13—2,4,4-三甲基-2-戊烯

图 2　TBA 及杂质组分在聚甲基硅氧烷毛细管柱上的典型色谱图

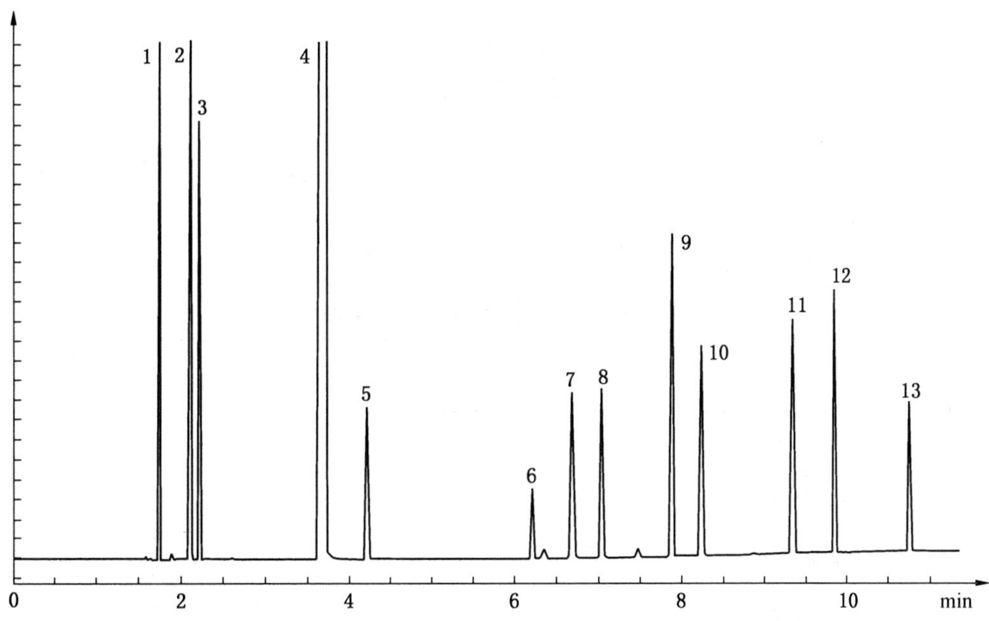

1—正己烷；2—2，4，4-三甲基-1-戊烯；3—2，4，4-三甲基-2-戊烯；4—叔丁醇；5—异丙醇；
6—正丙醇；7—3-丁烯-1-醇；8—3-丁烯-2-醇；9—异丁醇；10—正丁醇；11—仲丁醇；
12—乙腈；13—乙二醇乙醚

图3　TBA及杂质组分在PEG20M毛细管柱上的典型色谱图

附 录 A
(标准的附录)

当仪器条件允许,即配有适用于毛细管柱的微型 TCD 检测器时,可使用聚甲基硅氧烷毛细管柱,用校正峰面积归一化法进行定量分析。

推荐的色谱柱及典型操作条件列于表 A1,典型色谱图见图 A1。

表 A1 色谱柱及典型操作条件

固 定 液	聚甲基硅氧烷
柱长/m	60
柱内径/mm	0.32
固定液膜厚度/μm	0.50
柱材质	熔融石英
检测器温度/℃	150
载气种类	H_2
载气平均线速度/(cm/s)	20
柱温/℃	70
进样器温度/℃	180
进样分流比	30 : 1
进样量/μL	0.5

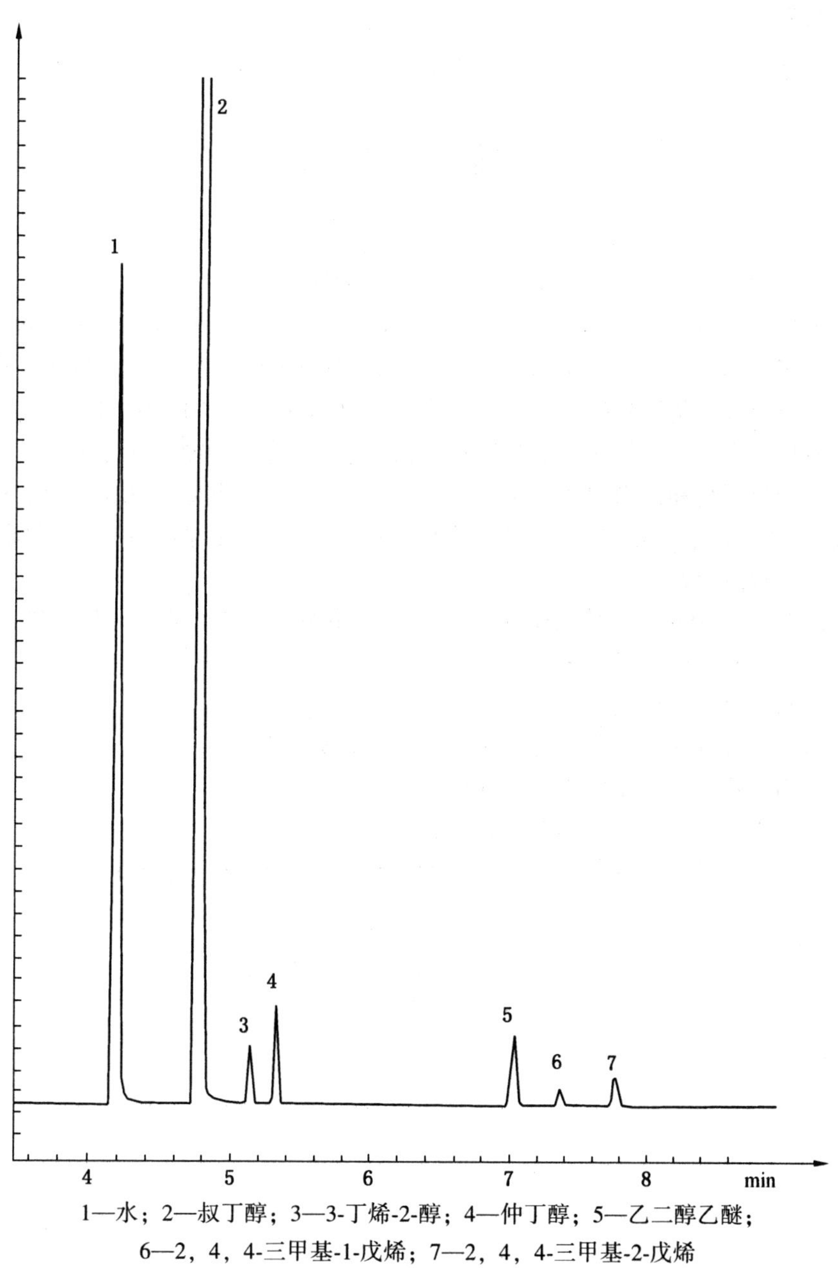

1—水；2—叔丁醇；3—3-丁烯-2-醇；4—仲丁醇；5—乙二醇乙醚；
6—2，4，4-三甲基-1-戊烯；7—2，4，4-三甲基-2-戊烯

图 A1　TBA—85 在毛细管柱上典型色谱图

前　言

本标准等效采用国外先进标准，对 SH 1498—92 进行修订。

本标准对 SH 1498 作了较大修改，即按国外先进标准，又结合国内生产实践对产品质量指标、试验方法等均进行了调整。其中：产品等级按 SH 1498 仍分为优等品、一等品和合格品三个等级，而国外先进标准未分等级；优等品指标达到国外先进标准水平，与 SH 1498 相比，灰分和总挥发碱二项指标的水平有所提高；一等品和合格品指标除 35%溶液色度、10%溶液 pH 值、水分与 SH 1498 等同外，其余均有明显提高和适当调整。在试验方法上，除色度的测定、10%溶液 pH 值测定、水分的测定采用国家标准，铁含量的测定采用行业标准外，其余均等同或等效采用国外先进标准对 SH 1498规定的试验方法进行了修订或确认。

本版本按 GB/T 1.1—1993 的编辑要求重新编写，对章节作了全面的补充和调整。

本标准自实施之日起，同时代替 SH 1498—92。

本标准由辽阳石油化纤公司提出。

本标准由全国化学标准化技术委员会石油化学分技术委员会归口。

本标准由辽阳石油化纤公司化工四厂负责起草。

本标准主要起草人：吴风霞、张学璜、周亚绵。

本标准于 1986 年 10 月 10 日首次发布，于 1997 年 7 月 12 日第一次修订。

中华人民共和国石油化工行业标准

SH/T 1498.1—1997
(2010年确认)
代替 SH 1498—92

尼　龙　66　盐

Nylon 66 salt

1　范围

本标准规定了尼龙66盐的技术要求、试验方法、检验规则、标志、包装、运输、贮存和安全措施等。

本标准适用于精己二酸和己二胺中和反应制得的尼龙66盐水溶液，再经结晶、离心分离、干燥制得的尼龙66盐结晶。

分子式：$C_{12}H_{26}O_4N_2$

相对分子质量：262.35(按1993年国际相对原子质量)。

注：尼龙66盐(nylon 66 salt)学名为己二酸己二胺盐(hexamethylenediamine adipate)。

2　引用标准

下列标准所包含的条文，通过在本标准中引用而构成为本标准的条文。本标准出版时，所示版本均为有效。所有标准都会被修订，使用本标准的各方应探讨使用下列标准最新版本的可能性。

GB/T 605—88　化学试剂　色度测定通用方法(eqv ISO 6353/1：1982 GM36)

GB/T 3723—83　工业用化学产品采样的安全通则(idt ISO 3165：1976)

GB/T 6283—86　化工产品中水分含量的测定　卡尔·费休法(通用方法)(eqv ISO 760：1978)

GB/T 6678—86　化工产品采样总则

GB/T 6679—86　固体化工产品采样通则

GB/T 9724—88　化学试剂　pH值测定通则(eqv ISO 6353/1：1982 GM31.1)

SH/T 1498.2—1997　尼龙66盐灰分的测定

SH/T 1498.3—1997　尼龙66盐中总挥发碱含量的测定

SH/T 1498.4—1997　尼龙66盐中假硝酸含量的测定

SH/T 1498.5—1997　尼龙66盐中假二氨基环己烷含量的测定　紫外分光光度法

SH/T 1498.6—1997　尼龙66盐中硝酸盐含量的测定　分光光度法

SH/T 1498.7—1997　尼龙66盐UV指数的测定　紫外分光光度法

SH/T 1499.5—1997　精己二酸中铁含量的测定　2，2′-联吡啶分光光度法

3　技术要求

本产品的物理、化学性能应符合表1所示的技术要求。

中国石油化工总公司 1997-07-12 批准　　　　1997-12-01 实施

表1 尼龙66盐技术要求

指标名称		指标		
		优等品	一等品	合格品
外观		白色结晶	白色结晶	白色结晶
35%溶液色度，铂-钴色号	≤	5	15	20
10%溶液 pH 值		7.7~8.0	7.5~8.0	7.5~8.0
水分，%(m/m)	≤	0.40	0.40	0.50
灰分，mg/kg	≤	5	10	15
铁，mg/kg	≤	0.3	0.5	1.0
总挥发碱 mL[$c(1/2H_2SO_4)$ = 0.01mol/L]/100g	≤	4.2	6.0	8.0
假硝酸(以 HNO_3 计)，mg/kg	≤	25	35	40
假二氨基环己烷，mg/kg	≤	10	10	15
硝酸盐(以 NO_3^- 计)，mg/kg	≤	5.0	8.0	10.0
UV 指数	≤	0.10×10^{-3}	0.20×10^{-3}	0.30×10^{-3}

4 试验方法

4.1 外观

将10g左右样品均匀地撒在一平面上，并衬以白色背景，在日光或日光灯下以肉眼观察。

4.2 色度的测定

按 GB/T 605 规定进行测定。

称取35.0g±0.5g试样，用水溶解，移入100mL容量瓶中，并用水稀释至刻度，摇匀。将溶液注入比色管中与铂-钴色度标准溶液比较。

4.3 10%溶液 pH 值的测定

按 GB/T 9724 规定进行测定。

称取10.0g±0.1g试样，用水溶解，移入100mL容量瓶中并用水稀释至刻度，摇匀。测定20℃下的 pH 值。酸度计精度为0.02pH单位，用20℃时 pH 为6.88和9.22的两种标准缓冲溶液进行校正。

取两次重复测定结果的算术平均值作为分析结果，应精确至0.01pH。

两次重复测定结果之差应不大于0.03pH(95%置信水平)。

4.4 水分的测定

按 GB/T 6283 规定进行测定。

取两次重复测定结果的算术平均值作为分析结果，应精确至0.001%。

两次重复测定结果之差应不大于其平均值的5%(95%置信水平)。

4.5 灰分的测定

按 SH/T 1498.2 规定进行测定。

4.6 铁含量的测定

按 SH/T 1499.5 规定进行测定，但试样灰化处理步骤需按 SH/T 1498.2 规定进行。

4.7 总挥发碱的测定

按 SH/T 1498.3 规定进行测定。

4.8　假硝酸的测定

按 SH/T 1498.4 规定进行测定。

4.9　假二氨基环己烷的测定

按 SH/T 1498.5 规定进行测定。

4.10　硝酸盐的测定

按 SH/T 1498.6 规定进行测定。

4.11　UV 指数的测定

按 SH/T 1498.7 规定进行测定。

5　检验规则

5.1　尼龙 66 盐由生产厂质量检验部门进行检验。生产厂应保证出厂的尼龙 66 盐产品符合本标准的要求。每批出厂的产品都应附有一定格式的质量证明书，内容包括：生产厂名称、产品名称、等级、批号、净重、生产日期、检验结果和本标准代号。

5.2　使用单位有权按本标准的检验规则和试验方法对所收到的尼龙 66 盐产品进行验收。如果检验结果有某项指标不符合本标准相应等级要求时，应重新加倍取样进行复验。复验结果即使有一项指标不符合本标准相应等级要求时，则整批产品应降等或作不合格品处理。验收期限和方式由供需双方商定。

5.3　采样按 GB/T 3723、GB/T 6678、GB/T 6679 规定的技术要求进行。把认为同一质量的产品作为一个批量，应从样品袋中随机抽取代表整批质量的样品，在每批产品的 2%包装袋中取样，小批量时，应不少于 3 袋。取样量应不少于 1000g。

5.4　将所取试样混匀分装入两个洁净、干燥的磨口玻璃瓶中，密封并粘贴标签，注明产品名称、等级、批号、生产日期、取样时间等。一瓶供检验用，另一瓶封存，留样备查。留样保存期为半年。

5.5　技术要求中的总挥发碱、假硝酸、假二氨基环己烷、硝酸盐等项指标，可仅在对产品进行型式检验或用户需要时进行测定。其余各项指标在产品交接检验时必须进行测定。

5.6　当供需双方对产品质量发生异议需仲裁时，仲裁机构可由双方协商选定。仲裁时应按本标准规定的试验方法进行检验。

6　标志、包装、运输、贮存和安全措施

6.1　尼龙 66 盐采用三层复合膜牛皮纸袋包装，包装后袋口折回用胶布粘贴以免漏料，也可用丙纶复合编织袋包装，每袋净重 25kg。每袋重量差异不得大于 0.5%。

6.2　包装袋应标明：生产厂名称及地址、产品名称、本标准代号、商标、批号、等级、净重等。

6.3　尼龙 66 盐在运输时应防雨、防潮、防尘、装卸时不得抛掷和使用铁器以免破损。

6.4　尼龙 66 盐贮存于通风、干燥、阴凉、清洁的库房中，不得露天堆放。

6.5　安全措施

尼龙 66 盐除略有氨味外，无腐蚀性。粉末物料与皮肤接触会引起皮炎。尼龙 66 盐粉尘与空气混合形成爆炸物，最低爆炸极限为 $20g/m^3$。着火时应使用砂子、石棉毯及泡沫灭火器等灭火工具。

凡是接触尼龙 66 盐的人员，必须熟悉安全规定，以保证安全。

前　　言

本标准系非等效采用国外先进标准，对 SH 1498—92 中 2.4 灰分的测定进行复审确认的试验方法，但补充了残留物灼烧需重复至恒重的具体规定，以及按数理统计方法确定了 95%置信水平条件的精密度(重复性)。

本版本按 GB/T 1.1—1993 的编辑要求重新编写，对章节作了全面的补充和调整。

本标准自实施之日起，同时代替 SH 1498—92 中 2.4 灰分的测定。

本标准由辽阳石油化纤公司提出。

本标准由全国化学标准技术委员会石油化学分技术委员会归口。

本标准由辽阳石油化纤公司质检处负责起草。

本标准主要起草人：徐岩、郭书荣、王泽安、应玉芝、张颖。

本标准于 1986 年 10 月 10 日首次发布，于 1997 年 7 月 12 日第一次修订。

中华人民共和国石油化工行业标准

SH/T 1498.2—1997
(2010年确认)

尼龙66盐灰分的测定

Nylon 66 salt—Determination of ash

1 范围

本标准规定了尼龙66盐灰分的测定方法。

本标准适用于尼龙66盐灰分的测定。

2 引用标准

下列标准所包含的条文，通过在本标准中引用而构成为本标准的条文。本标准出版时，所示版本均为有效。所有标准都会被修订，使用本标准的各方应探讨使用下列标准最新版本的可能性。

GB/T 6678—86 化工产品采样总则

GB/T 6679—86 固体化工产品采样通则

GB/T 6682—92 分析实验室用水规格和试验方法

3 方法提要

将试样分批在铂皿中炭化，炭质残留物再在600℃马福炉中灼烧成灰分，然后冷却并称重。

4 试剂和溶液

除另有注明外，所有试剂均为分析纯，所用的水应符合GB/T 6682规定的三级水规格。

4.1 硫酸氢钾。

5 仪器和设备

5.1 分析天平：感量为0.1mg；

5.2 马福炉：温度范围为500℃~800℃；

5.3 酒精喷灯；

5.4 铂皿：容积为150mL；

5.5 带铂包头的坩埚钳。

6 采样

按GB/T 6678、GB/T 6679的有关规定采取样品。

7 分析步骤

首先将铂皿(5.4)洗净，放入少量的硫酸氢钾(4.1)，用酒精喷灯(5.3)加热，使之熔融并转动铂皿，让其均匀地涂在内壁上，冷却后用水浸泡，冲洗，使沾在壁上的硫酸氢钾全部洗掉，此操作可重复进行，直至铂皿表面光亮。清洗好的铂皿放在600℃±50℃马福炉(5.2)内灼烧至恒重(精确至

中国石油化工总公司 1997-07-12 批准　　1997-12-01 实施

0.1mg)。

在一烧杯中，称取100g试样(精确至0.5g)，将2～5g试样放入已恒重的铂皿内，置铂皿于泥三角上，用酒精喷灯加热，使试样熔融分解。如炭化着火，则必须将灯撤离。待铂皿中试样完全炭化后，再加入1～2g试样，再用酒精喷灯加热熔融分解。重复此操作，直至把100g试样全部炭化为止。再将铂皿放入600℃±50℃马福炉内灼烧1h后，放于干燥器中冷却30min，然后取出称量(精确至0.1mg)，为检查残留物是否已灼烧至恒重，重复灼烧30min后，再冷却、称量，直至恒重。

8 分析结果的表述

8.1 计算

试样中灰分含量x(mg/kg)按式(1)计算：

$$x=\frac{m_2-m_1}{m}\times10^6 \qquad (1)$$

式中：m_1——空皿质量，g；

m_2——灰分和皿的质量，g；

m——试样质量，g。

8.2 结果的表示

取两次重复测定结果的算术平均值作为分析结果，应精确至1mg/kg。

9 精密度

9.1 重复性

在同一实验室由同一操作人员，用同一仪器，对同一试样相继做两次重复测定，所得结果之差不大于3mg/kg。

9.2 再现性

待确定。

10 报告

报告应包括如下内容：

a) 有关样品的全部资料，例如样品的名称、批号、采样地点、采样日期、采样时间等。

b) 本标准代号。

c) 分析结果。

d) 测定时观察到的任何异常现象的细节及其说明。

e) 分析人员的姓名及分析日期等。

前　　言

本标准系等效采用国外先进标准，对 SH 1498—92《尼龙 66 盐》中 2.6 总挥发碱的测定进行修订。

本标准按实验结果，改用稀硫酸作为吸收液，以得到满意的回收率。此外，还补充规定了需使用无氨水及仪器空蒸处理步骤，以保证测定结果的可靠性。

本版本按 GB/T 1.1—1993 的编辑要求重新编写，对章节作了全面的补充和调整。

本标准自实施之日起，同时代替 SH 1498—92 中 2.6 总挥发碱的测定。

本标准由辽阳石油化纤公司提出。

本标准由全国化学标准技术委员会石油化学分技术委员会归口。

本标准由辽阳石油化纤公司质检处负责起草。

本标准主要起草人：徐岩、郭书荣、王泽安、应玉芝、张颖。

本标准于 1986 年 10 月 10 日首次发布，于 1997 年 7 月 12 日第一次修订。

中华人民共和国石油化工行业标准

SH/T 1498.3—1997

(2010年确认)

尼龙 66 盐中总挥发碱含量的测定

Nylon 66 salt—Determination of content of total volatile dases

1 范围

本标准规定了尼龙 66 盐中总挥发碱含量的测定方法。

本标准适用于尼龙 66 盐中总挥发碱含量的测定。

2 引用标准

下列标准所包含的条文，通过在本标准中引用而构成为本标准的条文。本标准出版时，所示版本均为有效。所有标准都会被修订，使用本标准的各方应探讨使用下列标准最新版本的可能性。

GB/T 601—88 化学试剂 滴定分析(容量分析)用标准溶液的制备

GB/T 603—88 化学试剂 试验方法中所用制剂及制品的制备(eqv ISO 6353—1：1982)

GB/T 6678—86 化工产品采样总则

GB/T 6679—86 固体化工产品采样通则

GB/T 6682—92 分析实验室用水规格和试验方法

GB/T 9732—88 化学试剂 铵测定通用方法(idt ISO 6353—1：1982 GM 10)

3 方法提要

尼龙 66 盐中总挥发碱包括氨、氨基己腈和氮杂庚烷等。在强碱条件下，将挥发碱用蒸馏的方法，以甲醇为载体，在常压下蒸出，用过量的标准硫酸滴定溶液吸收，剩余的硫酸用氢氧化钠标准滴定溶液回滴，计算试样中总挥发碱含量。

4 试剂和溶液

除另有注明外，所有试剂均为分析纯，所用的水应为按 GB/T 603 规定制备的无氨水或符合 GB/T 6682规定的二级水规格。

4.1 甲醇。

4.2 氢氧化钠溶液[50%(质量分数)]。

4.3 氢氧化钠标准滴定溶液[c(NaOH)= 0.01mol/L]：

按 GB/T 601 中 4.1 条配制 c(NaOH)= 0.1mol/L 的氢氧化钠标准滴定溶液，再稀释 10 倍使用。

4.4 硫酸标准溶液[$c(1/2H_2SO_4)$= 0.01mol/L]：

按 GB/T 601 中 4.3 条配制 $c(1/2H_2SO_4)$= 0.1mol/L 的硫酸标准滴定溶液，再稀释 10 倍使用。

4.5 混合指示液：

溶液 A(0.03%甲基红溶液)：称取甲基红 0.03g，用 60%(体积分数)乙醇溶解并稀释至 100mL。

溶液 B(0.1%亚甲基蓝溶液)：称取亚甲基蓝 0.015g，用水溶解并稀释至 15mL。

中国石油化工总公司 1997-07-12 批准　　1997-12-01 实施

将溶液 A 及溶液 B 混合，摇匀即成混合指示液。

5 仪器和设备

仪器和设备见装置图(图 1)。

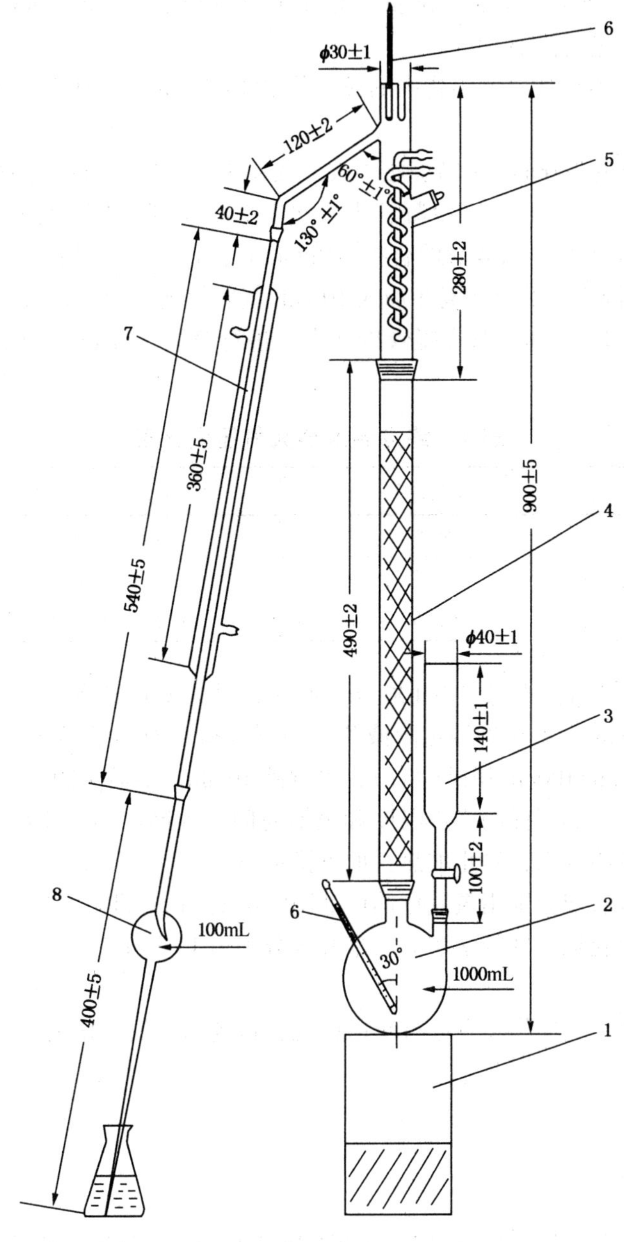

图 1　总挥发碱装置图

1—电炉；2—蒸馏烧瓶；3—分液漏斗；4—分馏柱；
5—分馏头；6—温度计；7—冷凝管；8—犁形漏斗

6 采样

按 GB/T 6678、GB/T 6679 的有关规定采取样品。

7 分析步骤

7.1 蒸馏装置的预处理

在仪器装置(图 1)的 1000mL 蒸馏烧瓶中放入几粒沸石，加入 100mL 水，在冷凝管出口接上 250mL 锥形瓶(空的)，加热蒸馏烧瓶至沸腾，分馏头通冷却水，回流 30min，关闭分馏头冷却水，接通直管冷凝管冷却水，进行蒸馏。

按 GB/T 9732 的测定方法检验馏出物中的铵，待馏出物中无铵存在，即可停止蒸馏处理。

7.2 试样测定

在仪器装置(图 1)中的 1000mL 蒸馏烧瓶中放入几粒沸石，加入 100.0g±0.1g 试样，从分液漏斗加入 250mL 水、100mL 甲醇(4.1)。在冷凝管出口接上 250mL 锥形瓶，此锥形瓶中已盛有 10.00mL 硫酸标准滴定溶液(4.4)[1]和已加入 4 滴混合指示液(4.5)，使犁形漏斗的出口端浸入溶液中(如图 1 所示)。加热蒸馏烧瓶至沸腾，从分液漏斗加入 100mL 氢氧化钠溶液(4.2)分馏头接通冷却水，回流 30min，关闭分馏头冷却水，接通直管冷凝管冷却水，进行蒸馏。按表 1，根据当时大气压决定终点温度。

表 1 终点温度随大气压变化表

大气压，kPa(mmHg)	温度，℃	大气压，kPa(mmHg)	温度，℃
96.0 (720)	96.8	100.0 (750)	98.0
97.3 (730)	97.2	101.3 (760)	98.4
98.7 (740)	97.6	102.7 (770)	98.8

蒸馏时间约 30min，馏出物体积约为 100mL，此时，可关闭直管冷凝管的冷却水，取下锥形瓶，同时接上同样盛有 10.00mL 硫酸标准滴定溶液和 4 滴混合指示液的锥形瓶，接通分馏头冷却水，再向烧瓶中缓慢加入(约 2min)100mL 甲醇(4.1)，再煮沸 10min。然后关闭分馏头冷却水，接通直管冷凝管冷却水，进行蒸馏。控制同样的终点温度和蒸馏时间，等馏出物体积约 100mL 时，关闭直管冷凝管冷却水，接通分馏头冷却水，停止加热，取下锥形瓶。

将两个锥形瓶中的吸收液分别用氢氧化钠标准滴定溶液(4.3)进行滴定，溶液颜色由紫红色变为绿色即为终点。消耗氢氧化钠标准滴定溶液的毫升数分别为 V_1 和 V_2。

7.3 空白试验

以水代替试样，按 7.2 的操作步骤进行空白试验，得到消耗氢氧化钠标准滴定溶液(4.3)的总毫升数为 V_0。

8 分析结果的表述

8.1 计算

试样中以每 100g 尼龙 66 盐所消耗 $c(1/2H_2SO_4)=0.01$mol/L 硫酸标准滴定溶液的毫升数表示的总挥发碱含量 x(mL)按式(1)计算：

$$x=\frac{c_1\cdot(V_0-V_1-V_2)}{c_2} \qquad (1)$$

式中：c_1——氢氧化钠标准滴定溶液的实际浓度，mol/L；

c_2——作吸收液用的硫酸标准溶液的实际浓度，mol/L；

采用说明：

1] 国外先进标准用盐酸标准溶液。

V_0——空白试验所消耗氢氧化钠标准滴定溶液的总体积，mL；

V_1——试样第一次蒸馏后，消耗氢氧化钠标准滴定溶液的体积，mL；

V_2——试样第二次蒸馏后，消耗氢氧化钠标准滴定溶液的体积，mL。

8.2　结果的表示

取两次重复测定结果的算术平均值作为分析结果，应精确至0.1mL。

9　精密度

9.1　重复性

在同一实验室由同一操作人员用同一仪器，对同一试样相继做两次重复测定，所得结果之差应不大于0.2mL(95%置信水平)。

9.2　再现性

待确定。

10　报告

报告应包括如下内容：

a）有关样品的全部资料，例如样品的名称、批号、采样地点、采样日期、采样时间等。

b）本标准代号。

c）分析结果。

d）测定时观察到的任何异常观象的细节及其说明。

e）分析人员的姓名及分析日期等。

前　言

本标准系等效采用国外先进标准，对 SH 1498—92《尼龙 66 盐》中 2.7 假硝酸的测定进行修订。

本标准按实验结果，改用稀硫酸作为吸收液，以得到满意的回收率。

本版本按 GB/T 1.1—1993 的编辑要求重新编写，对章节作了全面的补充和调整。

本标准自实施之日起，同时代替 SH 1498—92 中 2.7 假硝酸的测定。

本标准由全国化学标准技术委员会石油化学分技术委员会归口。

本标准由辽阳石油化纤公司质检处负责起草。

本标准主要起草人：徐岩、郭书荣、王译安、应玉芝、张颖。

本标准于 1986 年 10 月 10 日首次发布，于 1997 年 7 月 12 日第一次修订。

中华人民共和国石油化工行业标准

SH/T 1498.4—1997
(2010年确认)

尼龙 66 盐中假硝酸含量的测定

Nylon 66 salt—Determination of content of pseudo nitric acid

---

1 范围

本标准规定了尼龙 66 盐中假硝酸含量的测定方法。

本标准适用于尼龙 66 盐中假硝酸含量的测定。

2 引用标准

下列标准所包含的条文，通过在本标准中引用而构成为本标准的条文。本标准出版时，所示版本均为有效。所有标准都会被修订，使用本标准的各方应探讨使用下列标准最新版本的可能性。

GB/T 601—88 化学试剂 滴定分析(容量分析)用标准溶液的制备

GB/T 603—88 化学试剂 试验方法中所用制剂及制品的制备(evq ISO 6851—1：1982)

GB/T 6678—86 化工产品采样总则

GB/T 6679—86 固体化工产品采样通则

GB/T 6682—92 分析实验室用水规格和试验方法

GB/T 1498.3—1997 尼龙 66 盐中总挥发碱含量的测定

HG/T 3-901—76 化学试剂定氮合金

3 方法提要

假硝酸即可还原性氮。在碱性溶液中定氮合金将试样中的假硝酸还原成氨，用蒸馏法蒸出，用过量的标准稀硫酸溶液吸收，剩余的硫酸用氢氧化钠标准滴定溶液回滴，计算试样中假硝酸含量。

4 试剂和溶液

除另有注明外，所有试剂均为分析纯，所用的水应按 GB/T 603 规定制备的无氨水或符合 GB/T 6682 规定的二级水规格。

4.1 定氮合金(HG/T 3-901)。

4.2 甲醇。

4.3 氢氧化钠标准滴定溶液[c(NaOH)=0.01mol/L]：

按 GB/T 601 中 4.1 条配制 c(NaOH)=0.1mol/L 的氢氧化钠标准溶液，再稀释 10 倍使用。

4.4 硫酸标准滴定溶液[$c(1/2H_2SO_4)$=0.01mol/L]：

按 GB/T 601 中 4.3 条配制 $c(1/2H_2SO_4)$=0.1mol/L 的硫酸标准溶液，再稀释 10 倍使用。

4.5 混合指示液：

溶液 A(0.03%甲基红溶液)：称取甲基红 0.03g，用 60%(体积分数)乙醇溶解并稀释至 100mL。

溶液 B(0.1%亚甲基蓝溶液)：称取亚甲基蓝 0.015g，用水溶解并稀释至 15mL。

中国石油化工总公司 1997-07-12 批准 1997-12-01 实施

将溶液 A 及溶液 B 混合，摇匀即成混合指示液。

5 仪器和设备

仪器和设备见装置图(图 1)。

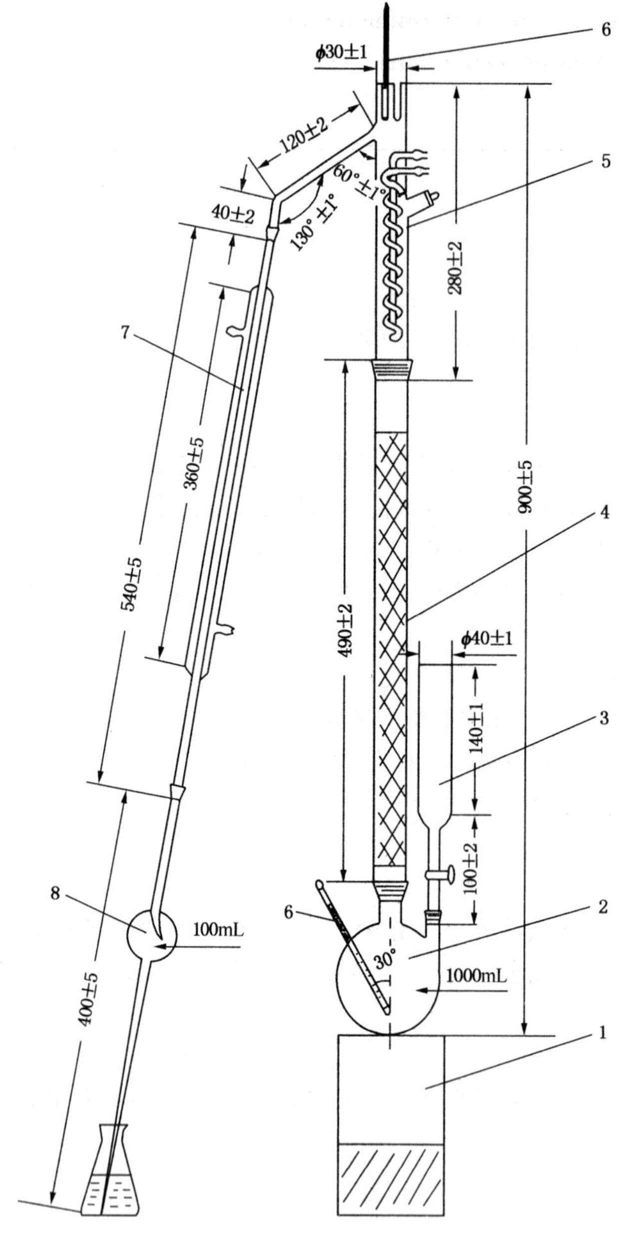

图 1 假硝酸装置图

1—电炉；2—蒸馏烧瓶；3—分液漏斗；4—分馏柱；
5—分馏头；6—温度计；7—冷凝管；8—梨形漏斗

6 采样

按 GB/T 6678、GB/T 6679 的有关规定采取样品。

7 分析步骤

7.1 试样测定

按SH/T 1498.3的规定步骤完成测定后，待图1中蒸馏烧瓶中的液体冷却至30℃～40℃，在冷凝管出口接上250mL锥形瓶，此锥形瓶中已盛有10.00mL硫酸标准溶液(4.4)[1]和已加入4滴混合指示液(4.5)，使梨形漏斗的出口端浸入溶液中(如图1所示)。接通分馏头冷凝管冷却水。从分液漏斗加入30mL甲醇(4.2)，分批加入2g定氮合金(4.1)，每次加入的定氮合金都要落在漏斗的底部，打开活塞，用70mL甲醇分数次将定氮合金冲入烧瓶(加完合金约需2min)。缓慢加热至沸，回流30min，关闭分馏头冷却水，接通直管冷凝管冷却水，进行蒸馏，直至终点温度达到(75.0±0.2)℃(约20min)，馏出物体积约为100mL为止。停止加热，取下锥形瓶，同时接上同样盛有10.00mL硫酸标准溶液和4滴混合指示液的另一个锥形瓶，接通分馏头冷却水，经分液漏斗缓慢加入(约2min)100mL甲醇，再加热至沸，回流5min。关闭分馏头冷却水，接通直管冷凝管冷却水，继续蒸馏，直至终点温度达到(75.0±0.2)℃，馏出物体积约100mL为止，停止加热，取下锥形瓶。

两个锥形瓶中的吸收液，分别用氢氧化钠标准滴定溶液(4.3)进行滴定，溶液颜色由紫红色变为绿色即为终点。消耗氢氧化钠标准滴定溶液的毫升数分别为V_1和V_2。

7.2 空白试验

承接SH/T 1498.3空白试验完成后，按7.1的步骤作空白试验，得到消耗氢氧化钠标准滴定溶液的总毫升数为V_0。

8 分析结果的表述

8.1 计算

试样中以硝酸计的假硝酸的含量x(mg/kg)按式(1)计算：

$$x=\frac{0.0630\times c\cdot(V_0-V_1-V_2)}{m}\times10^6 \qquad (1)$$

式中：c——氢氧化钠标准滴定溶液的实际浓度，mol/L；

m——试样质量，g；

V_0——空白试验所消耗氢氧化钠标准滴定溶液的总体积，mL；

V_1——试样第一次蒸馏后，消耗氢氧化钠标准滴定溶液的体积，mL；

V_2——试样第二次蒸馏后，消耗氢氧化钠标准滴定溶液的体积，mL；

0.0630——与1.00mL氢氧化钠标准滴定溶液[c(NaOH)=1.000mol/L]相当的以克表示的硝酸的质量。

8.2 结果的表示

取两次重复测定结果的算术平均值作为分析结果，应精确至1mg/kg。

9 精密度

9.1 重复性

在同一实验室由同一操作人员，用同一仪器，对同一试样相继做两次重复测定，所得结果之差应不大于3mg/kg(95%置信水平)。

9.2 再现性

待确定。

10 报告

报告应包括如下内容：

采用说明：

1] 国外先进标准用盐酸标准溶液。

a）有关样品的全部资料，例如样品的名称、批号、采样地点、采样日期、采样时间等。
b）本标准代号。
c）分析结果。
d）测定时观察到的任何异常现象的细节及其说明。
e）分析人员的姓名及分析日期等。

编者注：规范性引用文件中 HG/T 3-901 已被调整为 HG/T 3438《化学试剂 定氮合金》。

前　言

本标准系等效采用国外先进标准，对 SH 1498—92 中 2.8 假二氨基环己烷(DCH)的测定进行修订。

本标准按实验结果，补充了应扣除试剂空白的规定，同时免去了乙酸钴溶液的浓度标定步骤。此外，因原规定基准物质反式二氨基环己烷己二酸盐的供应困难，改用反式二氨基环己烷为基准物质，可得一致结果，并按数理统计方法确定了95%置信水平条件的精密度(重复性)。

本版本按 GB/T 1.1—1993 的编辑要求重新编写，对章节作了全面的补充与调整。

本标准自实施之日起，同时代替 SH 1498—92 中 2.8 假二氨基环己烷(DCH)的测定。

本标准由辽阳石油化纤公司提出。

本标准由全国化学标准化技术委员会石油化学分技术委员会归口。

本标准由上海石油化工研究院负责起草。

本标准主要起草人：冯钰安、高琼。

本标准于1986年10月10日首次发布，于1997年7月12日第一次修订。

中华人民共和国石油化工行业标准

SH/T 1498.5—1997
（2010年确认）

尼龙66盐中假二氨基环己烷含量的测定 紫外分光光度法

Nylon 66 salt—Determination of pseudo diaminocyclohexane—Ultraviolet spectrophotometric method

1 范围

本标准规定了测定尼龙66盐中假二氨基环己烷(pseudo DCH)含量的紫外分光光度法。

本标准适用于尼龙66盐中pseudo DCH含量的测定，最小测定浓度0.3mg/kg。

注：假二氨基环己烷的英文名称为：pseudo diaminocyclohexane，简称pseudo DCH。

2 引用标准

下列标准所包含的条文，通过在本标准中引用而构成为本标准的条文。本标准出版时，所示版本均为有效。所有标准都会被修订，使用本标准的各方应探讨使用下列标准最新版本的可能性。

GB/T 6678—86 化工产品采样总则

GB/T 6679—86 固体化工产品采样通则

GB/T 6682—92 分析实验室用水规格和试验方法

GB/T 9721—88 化学试剂 分子吸收分光光度法通则(紫外和可见光部分)

3 方法提要

以反式-1,2-二氨基环己烷作为标准物质，在pH值为9.80，温度为25℃的条件下与二价钴形式络合物，在波长355nm处测量其吸光度，并绘制工作曲线。

在上述同样条件下测量样品中pseudo DCH与二价钴形成铬合物的吸光度，再根据上述工作曲线查得pseudo DCH的含量。

4 试剂与溶液

除另有注明外，所用试剂均为分析纯，所用的水均符合GB/T 6682规定的三级水规格。

4.1 活性碳：脱色用，需经热水洗涤；

4.2 氨水溶液(1mol/L)：量取92mL氨水(ρ=0.92g/cm^3)用水稀释至1L，摇匀；

4.3 乙酸铵溶液(200g/L)；

4.4 乙酸铵溶液(20%，*V/V*)；

4.5 反式-1,2-二氨基环己烷(DCH)标准溶液(0.1mg/mL)：称取0.1g(精确至0.1mg)DCH标样(含量≥98%，*m/m*)溶于适量水中，移入1L容量瓶中，用水稀释至刻度，摇匀；

注：反式-1,2-二氨基环己烷英文名称为：*trans*-1,2-diaminocyclohexane，简称DCH。

4.6 标准缓冲溶液(pH=9.80)：精确称取烘至恒重的无水碳酸钠3.533g，四硼酸钠6.357g，用适

中国石油化工总公司1997-07-12批准 1997-12-01实施

量水溶解并用水稀释至1L，摇匀。供酸度计校正用；

4.7 乙酸钴溶液(2g/L)：称取(2.0±0.1)g结晶乙酸钴[$Co(C_2H_3O_2)_2\cdot 4H_2O$]，用水溶解，并稀释至1L，摇匀；

4.8 重结晶尼龙66盐：称取1份尼龙66盐，4份甲醇和0.6份水并加入0.01份活性碳(4.1)，加热回流45分钟后，趁热过滤除去活性碳，迅速将滤液冷却至-10℃左右，使之形成细小晶体，过滤分离尼龙66盐晶体，并在0℃下用甲醇/水(9∶1)混合液洗涤5次。重复上述操作一次，最后在50℃、真空度为2700~4000Pa下，干燥重结晶的尼龙盐。

5 仪器与设备

5.1 酸度计：精度为0.01pH；

5.2 恒温槽：(25.0±0.2)℃；

5.3 紫外/可见分光光度计：精度为0.001A，配置厚度为5cm的石英吸收池；

5.4 定时器。

6 采样

按GB/T 6678、GB/T 6679的有关规定采取样品。

7 分析步骤

7.1 工作曲线的绘制

7.1.1 在六只100mL烧杯中(编号1~6)，各称取重结晶尼龙66盐(4.8)(10.0±0.1)g，并各加入10mL水，再依次加入DCH标准溶液(4.5)0.00，0.50，1.00，1.50，2.00，2.50mL，即每克尼龙66盐中的DCH含量依次为0，5，10，15，20，25μg。

7.1.2 分别加入氨水溶液50mL(4.2)，乙酸铵溶液(4.3)5mL，将烧杯置于(25.0±0.2)℃的恒温水浴中，在酸度计指示下，滴加乙酸溶液(4.4)，将溶液的pH值调节至9.80±0.01。

7.1.3 将上述溶液转移至100mL容量瓶中，并用水稀释至刻度，摇匀。此溶液为溶液A。

7.1.4 准确吸取上述溶液A25.00mL至一锥形瓶中，将其浸入(25.0±0.2)℃恒温水浴中，不时摇动，直到溶液温度平衡后(约10min)，加入乙酸钴溶液(4.7)1.00mL，摇匀，并开始计时。

7.1.5 将溶液A(7.1.3)注入厚度为5cm吸收池(参比池)中。

7.1.6 6min后取出锥形瓶，将溶液注入另一只5cm吸收池(样品池)中，在准8min时，读取其于355nm处的吸光度。

7.1.7 以净吸光度(扣除1号溶液的吸光度)为纵坐标，对应的DCH浓度(mg/kg)为横坐标，绘制工作曲线。

7.2 试样测定

称(10.0±0.1)g尼龙66盐试样于100mL烧杯中，加10mL水，以下按7.1.2~7.1.6步骤进行。

同时做一试剂空白(即不加样品)。

根据试样的净吸光度(扣除试剂空白吸光度)，在工作曲线上查得的以mg/kg尼龙盐计的pseudo DCH含量。

8 分析结果的表述

取两次重复测定结果的算术平均值作为分析结果，应精确至0.1mg/kg。

9 精密度

9.1 重复性

在同一实验室由同一操作员、用同一仪器，对同一试样相继做两次重复测定，所得结果之差应不大于其平均值的20%。

9.2　再现性

待确定。

10　报告

试验报告应包含以下内容：

a）有关样品的全部资料（名称、批号、日期、采样地点等）；

b）本标准代号；

c）分析结果；

d）测定过程中观察到的任何异常现象的说明；

e）分析人员姓名和分析日期等。

前　　言

本标准等效采用国外先进标准，对 SH 1498—92《尼龙 66 盐》中 2.9 硝酸盐的测定进行修订。

本标准按实验结果将显色剂浓度改为 0.02g/mL，测定波长改为 400nm，放置时间改为 30min，以得到满意结果。

本版本按 GB/T 1.1—1993 的编辑要求重新编写，对章节做了全面的补充和调整。

本标准从实施之日起，同时代替 SH 1498—92 中 2.9 硝酸盐的测定。

本标准由辽阳石油化纤公司提出。

本标准由全国化学标准化技术委员会石油化学分技术委员会归口。

本标准由辽阳石油化纤公司化工四厂负责起草。

本标准主要起草人：唐敏、佟恩宝、薛绍菊。

本标准于 1986 年 10 月 10 日首次发布，于 1997 年 7 月 12 日第一次修订。

中华人民共和国石油化工行业标准

SH/T 1498.6—1997
（2010年确认）

尼龙66盐中硝酸盐含量的测定 分光光度法

Nylon 66 salt—Determination of content of nitrates—Spectrophotometric method

1 范围

本标准规定了尼龙66盐中硝酸盐含量测定的分光光度法。

本标准适用于尼龙66盐中硝酸盐含量的测定。

2 引用标准

下列标准所包含的条文，通过在本标准中引用而构成为本标准的条文。本标准出版时，所示版本均为有效。所有标准都会被修订，使用本标准的各方应探讨使用下列标准最新版本的可能性。

GB/T 602—88 化学试剂 杂质测定用标准溶液的制备(evq ISO 6853—1：1982)

GB/T 6678—86 化工产品采样总则

GB/T 6679—86 固体化工产品采样通则

GB/T 6682—92 分析实验室用水规格和试验方法

3 方法提要

在强酸性介质中，试样中的硝酸盐与马钱子碱反应生成黄色化合物，在波长400nm处测量其吸光度，根据工作曲线计算试样中硝酸盐的含量。

4 试剂和溶液

除另有注明外，所有试剂均为分析纯，所用的水应符合GB/T 6682规定的三级水规格。

4.1 硫酸(ρ=1.84g/cm^3)。

4.2 盐酸溶液[c(HCl)=0.1mol/L]。

4.3 硝酸根离子标准溶液(1mL溶液含量有4μgNO_3^-)：

按GB/T 602中，4.29制备的标准溶液(1mL溶液含有0.1mgNO_3^-)稀释25倍。

4.4 马钱子碱溶液(0.02g/mL)[1]：

称取0.5g马钱子碱，用适量盐酸溶液(4.2)溶解，移入25mL容量瓶中，并用盐酸溶液(4.2)稀释至刻度，摇匀备用。

注：马钱子碱英文名称为brucine，剧毒。

采用说明：

1] 国外先进标准为0.01g/mL。

中国石油化工总公司 1997-07-12 批准 1997-12-01 实施

5 仪器和设备

5.1 分光光度计：精度为 0.001A，配置厚度为 1cm 的石英吸收池。

5.2 恒温水浴。

5.3 真空泵。

5.4 砂芯漏斗：G4，50mL。

6 采样

按 GB/T 6678、GB/T 6679 的有关规定进行。

7 分析步骤

每次分析都需同时制作工作曲线。

7.1 工作曲线的绘制

在 4 个 100mL 容量瓶中，分别加入 0.00、2.00、3.00、4.00mL 硝酸根离子标准溶液(4.3)和 11.75、9.75、8.75、7.75mL 水。再各加入 1.00mL 马钱子碱溶液(4.4)，在冰水浴(0℃~2℃)中边摇动边慢慢滴加 11.50mL 硫酸(4.1)。然后置于(90±1)℃水浴中加热 30min，取出立即在冰水浴(0℃~2℃)中摇动冷却至室温，并在室温下放置 30min[1]。在波长 400nm[2]处，用 1cm 吸收池(5.1)，以水为参比，测量各溶液的吸光度。

以硝酸根离子的质量(μg)为横坐标，相应的净吸光度(扣除试剂空白的吸光度)为纵坐标绘制工作曲线。

7.2 试样测定

称取(4.00±0.01)g 试样置于 100mL 容量瓶中，加入 8.50mL 水，加入 1.00mL 马钱子碱溶液(4.4)，在冰水浴(0℃~2℃)中边摇动边慢慢滴加 11.50mL 硫酸(4.1)。然后置于(90±1)℃水浴中加热 30min，取出立即在冰水浴(0℃~2℃)中摇动冷却至空温，并在室温下放置 30min。然后将试样溶液倒入漏斗(5.4)中，用真空泵(5.3)抽滤，保留滤液。在波长 400nm 处，用 1cm 吸收池(5.1)，以水为参比，测量滤液的吸光度。根据试样的净吸光度在工作曲线上查得硝酸根的量(μg)。

注：工作曲线最高点的硝酸根离子的量为 16μg，因此，当试样中硝酸根离子含量超出此范围时，称样量必须相应减少。

8 分析结果的表述

8.1 计算

试样中硝酸根含量 x(mg/kg)，按式(1)计算：

$$x=\frac{m_1}{m} \quad \cdots\cdots (1)$$

式中：m_1——试样的溶液净吸光度从工作曲线上查得的硝酸根的质量，μg；

m——试样的质量，g。

8.2 结果的表示

取两次重复测定结果的算术平均值作为分析结果。应精确至 0.1mg/kg。

采用说明：

1] 国外先进标准为 60min。

2] 国外先进标准为 385min。

9 精密度

9.1 重复性

在同一实验室由同一操作人员，使用同一仪器，对同一试样相继进行两次重复测定结果之差应不大于0.4mg/kg(95%置信水平)。

9.2 再现性

待确定。

10 报告

报告应包括如下内容：

a）有关试样的全部资料，例如试样的名称、批号、采样点、采样日期、采样时间等。

b）本标准代号。

c）分析结果。

d）测定时观察到的任何异常现象的细节及其说明。

e）分析人员的姓名及分析日期等。

前　　言

本标准系等同采用国外先进标准，对 SH 1498—92《尼龙 66 盐》中 2.10 紫外吸收(UV)指数的测定进行复审确定的试验方法。

本次复审中，按数理统计方法确定了 95%置信水平条件的精密度(重复性)。

本版本按 GB/T 1.1—1993 的编辑要求重新编写，对章节做了全面的补充和调整。

本标准自实施之日起，同时代替 SH 1498—92 中 2.10 紫外吸收(UV)指数的测定。

本标准由辽阳石油化纤公司提出。

本标准由全国化学标准化技术委员会石油化学分技术委员会归口。

本标准由辽阳石油化纤公司化工四厂负责起草。

本标准主要起草人：唐敏、佟恩宝、薛绍菊。

本标准于 1986 年 10 月 10 日首次发布，于 1997 年 7 月 12 日第一次修订。

中华人民共和国石油化工行业标准

SH/T 1498.7—1997
（2010年确认）

尼龙66盐UV指数的测定
紫外分光光度法

Nylon 66 salt—Determination of UV index
—Ultraviolet spectrophotometric method

1 范围

本标准规定了尼龙66盐UV指数测定的紫外分光光度法。

本标准适用于尼龙66盐UV指数的测定。

2 引用标准

下列标准所包含的条文，通过在本标准中引用而构成为本标准的条文。本标准出版时，所示版本均为有效。所有标准都会被修订，使用本标准的各方应探讨使用下列标准最新版本的可能性。

GB/T 6678—86　化工产品采样总则

GB/T 6679—86　固体化工产品采样通则

GB/T 6682—92　分析实验室用水规格和试验方法

3 定义

UV指数：系指尼龙66盐溶液浓度为0.1%(m/V)，吸收池厚度为1cm时在波长279nm处的吸光度A。

4 方法提要

将尼龙66盐试样配成20%(m/V)的水溶液，采用厚度为5cm的石英吸收池，于波长279nm处，测量其吸光度A，以作为试样中影响紫外吸收的杂质之量度。

5 仪器和设备

5.1　紫外分光光度计：精度为0.001A，配置厚度为5cm的石英吸收池。

6 采样

按GB/T 6678，GB/T 6679中有关规定采取样品。

7 分析步骤

所用的水应符合GB/T 6682规定的三级水规格。

称取(20.00±0.01)g试样，溶于适量水中，移入100mL容量瓶中，用水稀释至刻度，摇匀。

在波长279nm处，用5cm石英吸收池，以水为参比，测量其吸光度A。

中国石油化工总公司 1997-07-12 批准　　　　1997-12-01 实施

8 分析结果的表述

8.1 计算

试样的 UV 指数按式(1)计算：

$$\text{UV 指数} = A \times 10^{-3} \quad \cdots\cdots (1)$$

式中：A——试样的吸光度，A。

8.2 结果的表示

取两次重复测定结果的算术平均值作为分析结果。应精确至 0.01×10^{-3}。

9 精密度

9.1 重复性

在同一实验室由同一操作人员，使用同一仪器，对同一试样相继进行两次重复测定所得结果之差应不大于 0.01×10^{-3}(95%置信水平)。

9.2 再现性

待确定。

10 报告

报告应包括如下内容：

a) 有关试样的全部资料，例如试样的名称、批号、采样点、采样日期、采样时间等。

b) 本标准代号。

c) 分析结果。

d) 测定时观察到的任何异常现象的细节及其说明。

e) 分析人员姓名及分析日期等。

ICS 71.080.40
G 17
备案号：36916-2012

SH

中华人民共和国石油化工行业标准

SH/T 1499.1—2012
代替 SH/T 1499.1—1997

精己二酸
第1部分：规格

Pure adipic acid—
Part 1：Specification

2012-05-24 发布　　　　2012-11-01 实施

中华人民共和国工业和信息化部　发布

前　言

SH/T 1499《精己二酸》分为如下几部分：

——第1部分：规格；

——第2部分：含量的测定　滴定法；

——第3部分：氨溶液色度的测定　分光光度法；

——第4部分：灰分的测定；

——第5部分：铁含量的测定　2，2′-联吡啶分光光度法；

——第6部分：铁含量的测定　快速法；

——第7部分：硝酸含量的测定　分光光度法；

——第8部分：可氧化物含量的测定　滴定法；

——第9部分：熔融物色度的测定；

——第10部分：水分含量的测定　热失重法。

本部分为SH/T 1499的第1部分。

本部分依据GB/T 1.1—2009给出的规则起草。

本部分代替SH/T 1499.1—1997《精己二酸》。

本部分与SH/T 1499.1—1997《精己二酸》相比主要差异如下：

——标准名称修改为《精己二酸　第1部分：规格》；

——取消合格品；

——取消可氧化物和熔融物色度两项指标；

——含量：优等品指标由"≥99.70%"改为"≥99.80%"；

——熔点：优等品指标由"≥151.5 ℃"改为"≥152.0 ℃"；

——灰分：优等品指标由"≤7 mg/kg"改为"≤4 mg/kg"；一等品指标由"≤10 mg/kg"改为"≤7 mg/kg"；

——铁含量：优等品指标由"≤1.0 mg/kg"改为"≤0.4 mg/kg"；

——硝酸含量：优等品指标由"≤10.0 mg/kg"改为"≤3.0 mg/kg"，一等品指标由"≤10.0 mg/kg"改为"≤8.0mg/kg"；

——含量的测定方法中取消了SH/T 1499.2；

——铁含量的测定方法中取消了SH/T 1499.6；

——水含量的测定方法中增加了SH/T 1499.10，并指定GB/T 6283为仲裁法；

——修改了检验规则；

——修改了产品包装材料，取消了"每袋净重500kg"的要求；

——删除了附录A，将内容移至"4.2 含量的测定"。

本部分由中国石油化工集团公司提出。

本部分由全国化学标准化技术委员会石油化学分技术委员会(SAC/TC63/SC4)归口。

本部分由中国石油辽阳石化分公司负责起草。

本部分主要起草人：赵纯革、张元礼、吴凤霞、杨振国、王洪杰、刘家伟、郑立梅。

本部分所代替标准的历次版本发布情况为：

ZB G17003—86、SH/T 1499—92、SH/T 1499.1—1997。

精己二酸
第1部分：规格

1 范围

本部分规定了精己二酸的技术要求、试验方法、检验规则、标志、包装、运输、贮存和安全。

本部分适用于以环己烷为原料，经二步氧化生产的粗己二酸，再经活性炭脱色、重结晶、分离、干燥后制得的精己二酸。

本部分也适用于环己烯水合法生产的精己二酸。

分子式：$C_6H_{10}O_4$

相对分子质量：146.14（按2009年国际相对原子质量）。

2 规范性引用文件

下列文件对于本文件的应用是必不可少的。凡是注日期的引用文件，仅注日期的版本适用于本文件。凡是不注日期的引用文件，其最新版本(包括所有的修改单)适用于本文件。

GB/T 617 化学试剂 熔点范围测定通用方法

GB/T 3723 工业用化学产品采样的安全通则

GB/T 6283 化工产品中水分含量的测定 卡尔·费休法(通用方法)

GB/T 6678 化工产品采样总则

GB/T 6679 固体化工产品采样通则

GB/T 8170 数值修约规则与极限数值的表示和判定

SH/T 1499.3 精己二酸氨溶液色度的测定 分光光度法

SH/T 1499.4 精己二酸灰分的测定

SH/T 1499.5 精己二酸中铁含量的测定 2，2′-联吡啶分光光度法

SH/T 1499.7 精己二酸 第7部分 硝酸含量的测定 分光光度法

SH/T 1499.10 精己二酸 第10部分 水分含量的测定 热失重法

3 要求

精己二酸应符合表1的要求。

表1 精己二酸的技术要求

项 目		指标	
		优等品	一等品
外观		白色结晶粉末	白色结晶粉末
精己二酸含量/%(质量分数)	≥	99.80	99.70
熔点/℃	≥	152.0	151.5
氨溶液色度/(铂-钴色号)	≤	5	5
水分/%(质量分数)	≤	0.20	0.27

表 1 精己二酸的技术要求(续)

项 目		指标	
		优等品	一等品
灰分/(mg/kg)	≤	4	7
铁含量/(mg/kg)	≤	0.4	1.0
硝酸含量/(mg/kg)	≤	3.0	8.0

4 试验方法

4.1 外观

将约 10 g 样品均匀地撒在一平面上，并衬以白色背景，在日光或日光灯下用肉眼观察。

4.2 精己二酸含量的测定

按本部分 4.5、4.6 和 4.8 的规定测定各杂质含量，并按式(1) 计算精己二酸含量：

$$X = 100 - (X_1 + X_2 + X_3) \tag{1}$$

式中：

X——精己二酸含量,%(质量分数)；

X_1——水的含量,%(质量分数)；

X_2——灰分的含量,%(质量分数)；

X_3——硝酸的含量,%(质量分数)。

4.3 熔点的测定

按照 GB/T 617 的规定进行测定。以 GB/T 617 中“仪器法”为仲裁方法。

取两次重复测定结果的算术平均值作为分析结果，结果精确至 0.1 ℃。两次重复测定结果之差应不大于 0.3 ℃(95%置信水平)。

4.4 氨溶液色度的测定

按照 SH/T 1499.3 的规定进行测定。

4.5 水分的测定

按照 GB/T 6283 或 SH/T 1499.10 规定进行测定。结果有异议时，以 GB/T 6283 为仲裁方法。

若采用 GB/T 6283，取两次重复测定结果的算术平均值作为分析结果，应精确至 0.001%。两次重复测定结果之差应不大于其平均值的 5%。

4.6 灰分的测定

按照 SH/T 1499.4 规定进行测定。

4.7 铁含量的测定

按照 SH/T 1499.5 的规定进行测定。

4.8 硝酸含量的测定

按照 SH/T 1499.7 规定进行测定。

5 检验规则

5.1 检验分类

本部分表 1 中规定的所有项目均为出厂检验项目。

5.2 组批规则

可按生产周期、生产班次或产品贮存料仓组批。

5.3 取样方式

按 GB/T 3723、GB/T 6678、GB/T 6679 规定的技术要求进行取样。取样量应不少于 1000 g。

将样品混合均匀分装于两个塑料袋中，密封并粘贴标签，注明：生产厂名称、产品名称、批号或生产日期、采样日期和采样者姓名等内容。一袋供检验，另一袋保存备查。留样保存期为半年。

5.4 判定规则

产品由质量检验部门按照第 4 章规定的方法进行检验，检验结果的判定按 GB/T 8170 中规定的修约值比较法进行。

5.5 复验规则

如果检验结果不符合本部分要求时，应按 GB/T 6678、GB/T 6679 的规定重新抽取双倍量样品进行复验，如复验结果仍有指标不符合本部分要求，则判定该批产品为不合格。

5.6 质量证明

每批出厂产品都应附有质量证明书，其内容包括：生产厂名称、产品名称、等级、批号、生产日期和本部分编号等。

6 标志 、包装、运输、贮存

6.1 标志

包装袋上应标明生产厂名称及地址、产品名称、本部分编号、商标、批号、等级、净含量等。

6.2 包装

精己二酸可用聚丙烯、聚乙烯为原料制作的复合编织袋包装。

6.3 运输

精己二酸在运输时应防雨、防潮、防尘、装卸时不得抛掷和使用铁器，以免破损或影响产品质量。

6.4 贮存

精己二酸应贮存于通风、干燥、阴凉、清洁的库房中，不得露天堆放。

7 安全

精己二酸低毒，其中粉尘及气溶胶能刺激上呼吸道黏膜。空气中悬浮粉尘易爆炸，粒度 850 μm，湿度 0.5%的无灰粉尘的最低爆炸极限为 40.3 g/m^3。精己二酸为固体可燃物，燃点 320 ℃，自燃点 410℃。着火时应使用砂子、石棉毯及泡沫灭火器等灭火工具灭火。

凡是接触精己二酸的人员必须熟悉其安全规定，以保证安全。

前　言

本标准系等效采用 ГОСТ 10558—80＊(1989 年 9 月通过 No.2，1992 年 3 月通过 No.3 修改通知单)《己二酸　技术条件》中 4.3 己二酸质量分数的测定，对 SH/T 1499—92 中 2.2 含量的测定进行复审确认的试验方法。

本标准用刚煮沸的热水替代异丙醇-水混合溶剂溶解试样，并采用邻苯二甲酸氢钾替代乙二酸标定氢氧化钠标准溶液的浓度，得到满意的结果。

本版本按 GB/T 1.1—1993 的编辑要求重新编写，对章节作了全面的补充与调整。

本标准自实施之日起，同时代替 SH/T 1499—92 中 2.2 含量的测定。

本标准由辽阳石油化纤公司提出。

本标准由全国化学标准化技术委员会石油化学分技术委员会归口。

本标准由上海石油化工研究负责起草。

本标准主要起草人：蒋立文、唐琦民。

本标准于 1986 年 10 月 10 日首次发布，于 1997 年 7 月 12 日第一次修订。

中华人民共和国石油化工行业标准

SH/T 1499.2—1997
（2010年确认）

精己二酸含量的测定 滴定法

Pure adipic acid—Determination of content—Titrimetric method

1 范围

本标准规定了测定精己二酸含量的中和滴定法。测定结果包括产品中其他酸性物质，因此本标准仅适用于高纯度产品中己二酸含量的测定。

2 引用标准

下列标准所包含的条文，通过在本标准中引用而构成为本标准的条文。本标准出版时，所示版本均为有效。所有标准都会被修订，使用本标准的各方应探讨使用下列标准最新版本的可能性。

GB/T 601—88 化学试剂 滴定分析（容量分析）用标准溶液的制备

GB/T 6678—86 化工产品采样总则

GB/T 6679—86 固体化工产品采样通则

GB/T 6682—92 分析实验室用水规格和试验方法

3 方法提要

试样用新煮沸的热水溶解后，以酚酞为指示剂用氢氧化钠标准滴定溶液滴定至溶液由无色变为微红色为终点。

4 试剂和溶液

除另有注明外，所用的试剂均为分析纯，所用的水应符合 GB/T 6682 规定的三级水规格。

4.1 氢氧化钠标准滴定溶液[$c(NaOH)=0.5mol/L$]：按 GB/T 601 规定的技术要求进行配制与标定。

4.2 酚酞指示液（10g/L）：称取 1.0g 酚酞溶于 100mL 乙醇。

5 仪器和设备

5.1 一般实验室用仪器。

5.2 滴定管：50mL，碱式，分刻度 0.1mL。

6 采样

按 GB/T 6678 及 GB/T 6679 中有关规定采取样品。

7 分析步骤

称取试样 1g（精确至 0.0002g）于 250mL 三角瓶中，加入新煮沸的 50mL 热水，将试样溶解、摇匀

中国石油化工总公司 1997-07-12 批准　　1997-12-01 实施

后加入3滴酚酞指示液(4.2)，立即用氢氧化钠标准滴定溶液(4.1)滴定至微红色为终点。同时做空白试验。

8 分析结果的表述

8.1 计算

试样中己二酸质量百分含量 X(%)按式(1)计算：

$$X=\frac{(V-V_0)\times c\times 0.07307}{m}\times 100 \quad \cdots\cdots (1)$$

式中：V——滴定试样所消耗的氢氧化钠标准滴定溶液的体积，mL；

V_0——滴定空白所消耗的氢氧化钠标准滴定溶液的体积，mL；

c——氢氧化钠标准滴定溶液的实际浓度，mol/L；

0.07307——与1.00mL氢氧化钠标准滴定溶液[c(NaOH)=1.000mol/L]相当的以g表示的己二酸的质量，g；

m——试样的质量，g。

8.2 结果的表示

取两次重复测定结果的算术平均值为分析结果，应精确至0.1%。

9 精密度

9.1 重复性

在同一实验室由同一操作人员，用同一仪器，对同一试样相继做两次重复测定，所得结果之差应不大于0.4%(m/m)(95%置信水平)。

9.2 再现性

待确定。

10 报告

试验报告应包含以下内容：

a) 有关样品的全部资料(名称、批号、日期、采样地点等)；

b) 本标准代号；

c) 分析结果；

d) 测定过程中观察到的任何异常现象的说明；

e) 分析人员姓名和分析日期等。

前　言

本标准等效采用 ГОСТ 10558—80＊(1989 年 9 月通过 No.2，1992 年 3 月通过 No.3 修改通知单)《己二酸　技术条件》中 4.4 溶液色度的测定(铂-钴标度)，对 SH/T 1499—92《精己二酸》中 2.4 氨溶液色度的测定进行复审确认的试验方法，并按数理统计方法确定了 95%置信水平条件的精密度(重复性)。

本版本按 GB/T 1,1—1993 的编辑要求重新编写，对章节做了全面的补充和调整。

本标准自实施之日起，同时代替 SH/T 1499—99 中 2.4 氨溶液色度的测定。

本标准由辽阳石油化纤公司提出。

本标准由全国化学标准化技术委员会石油化学分技术委员会归口。

本标准由辽阳石油化纤公司化工四厂负责起草。

本标准主要起草人：薛绍菊、唐敏、佟恩宝。

本标准于 1986 年 10 月 10 日首次发布，于 1997 年 7 月 12 日第一次修订。

中华人民共和国石油化工行业标准

SH/T 1499.3—1997
（2010年确认）

精己二酸氨溶液色度的测定 分光光度法

Pure adipoic acid—Measurement of ammonia solution colour(in Pt-Co scale)—Spectrophotometric method

1 范围

本标准规定了精己二酸氨溶液色度的测定方法。

本标准适用于精己二酸氨溶液色度的测定。

2 引用标准

下列标准所包含的条文，通过在本标准中引用而构成为本标准的条文。本标准出版时，所示版本均为有效。所有标准都会被修订，使用本标准的各方应探讨使用下列标准最新版本的可能性。

GB/T 605—88　化学试剂　色度测定通用方法(eqv ISO 6353-1：1982 GM 36)

GB/T 6678—86　化工产品采样总则

GB/T 6679—86　固体化工产品采样通则

GB/T 6682—92　分析实验室用水规格和试验方法

3 方法提要

将适量试样溶液于一定浓度的氨水溶液中，用分光光度计于波长390nm处进行色度测定，并与铂-钴标准溶液比较，计算出试样的色度。

4 试剂和溶液

除另有注明外，所用试剂均为分析纯，所用的水均符合GB/T 6682规定的三级水规格。

4.1　盐酸溶液[c(HCl)=0.1mol/L]。

4.2　铂-钴标准溶液(500铂-钴色号)：

按GB/T 605的规定制备。

4.3　氨水[10%(m/m)]。

5 仪器和设备

5.1　一般实验室用仪器。

5.2　分光光度计：精度为0.001A，配置厚度5cm吸收池。

6 采样

按GB/T 6678、GB/T 6679的有关规定采取样品。

中国石油化工总公司 1997-07-12 批准　　　　1997-12-01 实施

7 分析步骤

7.1 计算系数 K 的测定

7.1.1 按表1制备5个稀铂-钴标准溶液

表1

铂-钴色号标准溶液(4.2) mL	盐酸溶液(4.1) mL	铂-钴色号
0.6	99.4	3.0
1.0	99.0	5.0
2.0	98.0	10.0
2.5	97.0	12.5
5.0	95.0	25.0

7.1.2 在波长390nm处，用5cm吸收池，以盐酸溶液(4.1)为参比[1]，测定表1中各标准溶液的吸光度。

7.1.3 按式(1)求出系数 K_i 和 K

$$K_i = \frac{N_i}{A_i}$$

$$K = \frac{\sum_{i=1}^{n} K_i}{n} \quad \cdots\cdots (1)$$

式中：N_i——稀铂-钴标准溶液的色号；

A_i——稀铂-钴标准溶液的吸光度；

n——稀铂-钴标准溶液的个数。

计算系数 K 应每6个月复查一次。

7.2 试样测定

称取(10.0000±0.0001)g试样置于200mL烧杯中，再加入95mL氨水(4.3)，使试样溶解并过滤，以氨水(4.3)为参比，在波长390nm处，用5cm吸收池测定其吸光度。

8 分析结果的表述

8.1 计算

以铂-钴色号表示的溶液色度(X)，按式(2)计算：

$$X = AK \quad \cdots\cdots (2)$$

式中：A——试样的吸光度，A；

K——计算系数。

8.2 结果的表示

取两个重复测定结果的算术平均值作为分析结果。应精确至0.1铂-钴色号。

采用说明：

1] ГОСТ 10558 以蒸馏水为参比。

9 精密度

9.1 重复性

在同一实验室由同一操作人员，使用同一仪器，对同一试样相继进行两次重复测定所得的结果之差应不大于1铂-钴色号(95%置信水平)。

9.2 再现性。

待确定。

10 报告

报告应包括如下内容：

a) 有关试样的全部资料，例如试样的名称、批号、采样点、采样日期、采样时间等。

b) 本标准代号。

c) 分析结果。

d) 测定时观察到的任何异常现象的细节及其说明。

e) 分析人员的姓名及分析日期等。

前　言

本标准系等效采用 ГОСТ 10558—80 *（1989 年 9 月通过 No.2，1992 年 3 月通过 No.3 修改通知单)《己二酸　技术条件》中 4.8 灰分质量分数的测定，对 SH/T 1499—92《精己二酸》中 2.6 灰分的测定进行复审确认的试验方法。

本标准因精己二酸质量指标中灰分的指标值与 ГОСТ 10558 相比降低较多，故将试样取用量增至 100g，以保证定量精度，与 SH/T 1499 中 2.6 相比，增加了瓷质坩埚也允许使用，以及残留物灼烧需重复至恒重的具体规定，并按数理统计方法确定了 95%置信水平条件的精密度(重复性)。

本版本按 GB/T 1.1—1993 的编辑要求重新编写，对章节作了全面的补充和调整。

本标准自实施之日起，同时代替 SH/T 1499—92 中 2.6 灰分的测定。

本标准由辽阳石油化纤公司提出。

本标准由全国化学标准化技术委员会石油化学分技术委员会归口。

本标准由辽阳石油化纤公司质检处负责起草。

本标准主要起草人：徐岩、郭书荣、王泽安、应玉芝、温荣。

本标准于 1986 年 10 月 10 日首次发布，于 1997 的 7 月 12 日第一次修订。

中华人民共和国石油化工行业标准

SH/T 1499.4—1997
(2005年确认)

精己二酸灰分的测定

Pure adipic acid—Determination of ash

1 范围

本标准规定了精己二酸灰分的测定方法。

本标准适用于精己二酸灰分的测定。

2 引用标准

下列标准所包含的条文，通过在本标准中引用而构成为本标准的条文。本标准出版时，所示版本均为有效。所有标准都会被修订，使用本标准的各方应探讨使用下列标准最新版本的可能性。

GB/T 6678—86　化工产品采样总则

GB/T 6679—86　固体化工产品采样通则

GB/T 6682—92　分析实验室用水规格和试验方法

3 方法提要

将试样熔融后点燃，使其燃烧到只剩下灰分和残留的炭，碳质残留物再在600℃±50℃马福炉中灼烧成灰分，然后冷却并称重。

4 试剂和溶液

除另有注明外。所有试剂均为分析纯，所用的水应符合GB/T 6682规定的三级水规格。

4.1　盐酸溶液(1∶4)。

4.2　硫酸氢钾。

5 仪器和设备

5.1　分析天平：感量为0.1mg。

5.2　马福炉：温度范围为500℃~800℃。

5.3　酒精喷灯。

5.4　铂皿或瓷坩埚：容积为150mL。

5.5　带铂包头的坩埚钳。

6 采样

按GB/T 6678、GB/T 6679的有关规定采取样品。

7 分析步骤

首先将铂皿(5.4)洗净，放入少量的硫酸氢钾(4.2)，用酒精喷灯(5.3)加热，使之熔融并转动

中国石油化工总公司 1997-07-12 批准　　　　1997-12-01 实施

铂皿，让其均匀地涂在内壁上，冷却后用水浸泡，冲洗，使沾在壁上的硫酸氢钾全部洗掉，此操作可重复进行，直至铂皿表面光亮。清洗好的铂皿放在600℃±50℃马福炉内灼烧至恒重(精确至0.1mg)。

称取100g(精确至0.5g)试样放入已恒重的铂皿内，置铂皿内于泥三角上，用酒精喷灯从底部及四周加热至试样全部熔融，然后点燃，撤去加热器，让其自然燃烧至熄灭。将铂皿放入600℃±50℃马福炉内灼烧30min后取出，置于干燥器中冷却30min后取出称量(精确至0.1mg)。为检查残留物是否已灼烧至恒重，应重复上述灼烧及称量的操作步骤，直至恒重。

如使用瓷坩锅，将盐酸溶液(4.1)注入所用的坩埚内煮沸数分钟，再用水洗涤，烘干后放在马福炉中，于600℃±50℃灼烧至少10min，取出后在空气待坩埚红热退去，即移入干燥器中冷却30min~40min。然后取出称量(精确至0.1mg)。需重复进行灼烧，直至恒重后才可使用。

8 分析结果的表述

8.1 计算

试样中灰分含量x(mg/kg)按式(1)计算：

$$x=\frac{m_2-m_1}{m}\times10^6 \qquad (1)$$

式中：m_1——空皿质量，g；

m_2——灰分和皿的质量，g；

m——试样质量，g。

8.2 结果的表示

取两次重复测定结果的算术平均值作为分析结果，应精确至1mg/kg。

9 精密度

9.1 重复性

在同一实验室由同一操作人员，用同一仪器，对同一试样相继做两次重复测定，所得结果之差应不大于3mg/kg(95%置信水平)。

9.2 再现性

待确定。

10 报告

报告应包括如下内容：

a) 有关样品的全部资料，例如样品的名称、批号、采样地点、采样日期、采样时间等。

b) 本标准代号。

c) 分析结果。

d) 测定时观察到的任何异常现象的细节及其说明。

e) 分析人员的姓名及分析日期等。

前　　言

本标准系等效采用国外先进标准，对 SH/T 1499—92《精己二酸》中 2.7 铁含量的测定所规定的 2,2′-联吡啶分光光度法复审确认的试验方法，但将绘制工作曲线的标样点数由 12 点改为 7 点，并按数理统计方法确定了 95%置信水平条件的精密度(重复性)。

本版本按 GB/T 1.1—1993 的编辑要求重新编写，对章节作了全面的补充和调整。

本标准自实施之日起，同时代替 SH/T 1499—92 中 2.7 铁含量的测定。

本标准由辽阳同化纤公司提出。

本标准由全国化学标准化技术委员会石油化学分技术委员会归口。

本标准由辽阳石油化纤公司质检处负责起草。

本标准主要起草人：徐岩、郭书荣、王泽安、应玉芝、温荣。

本标准于 1986 年 10 月 10 日首次发布，于 1997 年 7 月 12 日第一次修订。

中华人民共和国石油化工行业标准

SH/T 1499.5—1997
(2010年确认)

精己二酸中铁含量的测定 2,2′-联吡啶分光光度法

Pure adipic acid—Determination of content of iron —2,2′-Bipyridyl spectrophotometric method

1 范围

本标准规定了精己二酸中铁含量测定2,2′-联吡啶分光光度法。

本标准适用于精己二酸中铁含量的测定。最小测定浓度为0.1mg/kg。

2 引用标准

下列标准所包含的条文，通过在本标准中引用而构成为本标准的条文。本标准出版时，所示版本均为有效。所有标准都会被修订，使用本标准的各方应探讨使用下列标准最新版本的可能性。

GB/T 601—88 化学试剂 滴定分析(容量分析)用标准溶液的制备

GB/T 602—88 化学试剂 杂质测定用标准溶液的制备(eqv ISO 6853—1:1982)

GB/T 6678—86 化工产品采样总则

GB/T 6679—86 固体化工产品采样通则

GB/T 6682—92 分析实验室用水规格和试验方法

SH/T 1499.4—1997 精己二酸灰分的测定

3 方法提要

试样经灰化溶解处理后，在酸性条件下，灰分中的三价铁离子被盐酸羟胺还原成二价铁离子，而二价铁离子与2,2′-联吡啶反应生成红色络合物，在波长522nm处测量其吸光度，根据工作曲线计算试样中的铁含量。

4 试剂和溶液

除另有注明外，所有试剂均为分析纯，所用的水应符合GB/T 6682规定的三级水规格。

4.1 盐酸：优级纯，$\rho=1.19g/cm^3$。

4.2 硫酸：优级纯，$\rho=1.84g/cm^3$。

4.3 乙酸铵溶液[30%(*m/m*)]。

4.4 盐酸羟胺溶液[10%(*m/m*)]。

4.5 盐酸溶液[$c(HCl)=0.1mol/L$]：用盐酸(4.2)按GB/T 601中，4.2条配制。

4.6 2,2′-联吡啶溶液(1%)：称取1g 2,2′-联吡啶，用盐酸溶液(4.5)溶解后移入100mL容量瓶中，再用盐酸溶液(4.5)稀释至刻度，摇匀。

4.7 铁标准溶液：

A溶液($0.1mgFe^{2+}/mL$)：按GB/T 602中4.56条配制。

中国石油化工总公司 1997-07-12 批准　　1997-12-01 实施

B 溶液(0.005mgFe^{2+}/mL)：将溶液 A 稀释 20 倍即得铁标准 B 溶液。此溶液使用前新鲜配制。

5 仪器和设备

分光光度计：精度为 0.001A，配置厚度为 5cm 吸收池。

6 采样

按 GB/T 6678、GB/T 6679 的有关规定采取样品。

7 分析步骤

7.1 工作曲线的绘制

在 7 个 100mL 容量瓶中分别加入铁标准 B 溶液(4.7)0.00、1.00、2.50、5.00、10.00、15.00、20.00mL，相当于铁含量 0.0000、0.0050、0.0125、0.0250、0.0500、0.0750、0.1000mg。再向每个容量瓶中加入 25mL 盐酸溶液(4.5)、5mL 乙酸铵溶液(4.3)、2mL 盐酸羟胺溶液(4.4)，摇匀，静止 5min。然后，每瓶加入 1mL 2,2′-联吡啶溶液(4.6)，用水稀释至刻度，放置 10min。在分光光度计上，于波长 522nm 处用 5cm 吸收池，以水作参比，测量各溶液的吸光度。

以铁含量(mg)为横坐标，净吸光度(溶液吸光度扣减空白溶液吸光度)为纵坐标，绘制工作曲线。

7.2 试样测定

按 SH/T 1499.4 规定，在已完成灰分测定的铂皿(或瓷坩埚)中加入 10mL 盐酸(4.1)，在沙浴上蒸发至干，重复操作两次。在蒸发盐酸的过程中，要求经常摇动铂皿，使酸浸泡有灰的所有表面，使灰中可溶于盐酸的成份全部溶解。然后加入 10mL 盐酸溶液(4.5)，在沙浴上加热后过滤，并且盐酸溶液(4.5)冲洗三次，每次约 5mL，再将滤液和洗液一起定量移入 100mL 容量瓶中，余下步骤按 7.1 规定操作。同时作一空白试验(即不加试样)。

8 分析结果的表述

8.1 计算

试样中铁含量 x(mg/kg)按式(1)计算：

$$x=\frac{m_1}{m}\times 10^3 \qquad (1)$$

式中：m_1——试样溶液净吸光度从工作曲线上查得的铁的质量，mg；

m——试样质量，g。

8.2 结果的表示

取两次重复测定结果的算术平均值作为分析结果，应精确至 0.1mg/kg。

9 精密度

9.1 重复性

在同一实验室由同一操作人员，用同一仪器，对同一试样相继做两次重复测定，所得结果之差应不大于其平均值的 10%(95%置信水平)。

9.2 再现性

待确定。

10 报告

报告应包括如下内容：

a）有关样品的全部资料，例如样品的名称、批号、采样地点、采样日期、采样时间等。

b）本标准代号。

c）分析结果。

d）测定时观察到的任何异常现象的细节及其说明。

e）分析人员的姓名及分析日期等。

ICS 71.080.40
G 17
备案号：36917-2012

SH

中华人民共和国石油化工行业标准

SH/T 1499.7—2012
代替 SH/T 1499.7—1997

精己二酸
第7部分：硝酸含量的测定　分光光度法

Pure adipic acid—
Part 7: Determination of content of nitric acid—Spectrophotometric method

2012-05-24 发布　　2012-11-01 实施

中华人民共和国工业和信息化部　发布

前　言

SH/T 1499《精己二酸》分为如下几部分：

——第1部分：规格；

——第2部分：含量的测定　滴定法；

——第3部分：氨溶液色度的测定　分光光度法；

——第4部分：灰分的测定；

——第5部分：铁含量的测定　2，2′-联吡啶分光光度法；

——第6部分：铁含量的测定　快速法；

——第7部分：硝酸含量的测定　分光光度法；

——第8部分：可氧化物含量的测定　滴定法；

——第9部分：熔融物色度的测定；

——第10部分：水分含量的测定　热失重法。

本部分为SH/T 1499的第7部分。

本部分依据GB/T 1.1—2009给出的规则起草。

本部分代替SH/T 1499.7—1997《精己二酸中硝酸含量的测定　分光光度法》。

本部分与SH/T 1499.7—1997相比主要变化如下：

——标准名称修改为《精己二酸　第7部分：硝酸含量的测定　分光光度法》；

——在方法提要中增加了反应方程式；

——工作曲线范围由原来的0 μg~50 μg改为0 μg ~25 μg；

——称取试样的质量从原来的2 g~3 g改为（2.0 ±0.1）g；

——溶解试样的溶剂由水改为氨水；

——样品溶液中的尿素加入量由0.5 mL改为0.1 mL，并允许在试样中无亚硝酸根离子存在时取消尿素的加入；

——明确容量瓶从水浴中的取出方式；

——浓硫酸的加入量由3.5 mL改为4.0 mL；

——明确了氢氧化钠的加入方式。

本部分由中国石油化工集团公司提出。

本部分由全国化学标准化技术委员会石油化学分技术委员会（SAC/TC63/SC4）归口。

本部分起草单位：中国石油天然气股份有限公司辽阳石化分公司。

本部分主要起草人：郑立梅、翟长军、张元礼、张朋、陈玉艳、付永良、张忠铁。

本部分所代替标准的历次版本发布情况为：

SH/T 1499.7—1997。

精己二酸
第 7 部分：硝酸含量的测定　分光光度法

1　范围

本部分规定了精己二酸中硝酸含量测定的分光光度法。

本部分适用于精己二酸中硝酸含量的测定，最低测定浓度为 0.3 mg/kg。

2　规范性引用文件

下列文件对于本文件的应用是必不可少的。凡是注日期的引用文件，仅注日期的版本适用于本文件。凡是不注日期的引用文件，其最新版本（包括所有的修改单）适用于本文件。

GB/T 602—2002 化学试剂　杂质测定用标准溶液的制备

GB/T 6678　化工产品采样总则

GB/T 6679　固体化工产品采样通则

GB/T 6682　分析实验室用水规格和试验方法

GB/T 8170　数值修约规则与极限数值的表示和判定

3　方法提要

水杨酸钠在硫酸介质中与硝酸进行硝化反应，生成的硝化物于碱性介质中呈黄色，用尿素消除亚硝酸根的干扰，在波长 415 nm 处测量试样溶液的吸光度，根据工作曲线计算试样中硝酸的质量分数。

$$C_7H_5O_3Na\text{（水杨酸钠）} + HNO_3 \xrightarrow{H_2SO_4} C_7H_4O_3NO_2Na\text{（硝基水杨酸钠）} + H_2O$$

$$2\ NO_2^- + CO(NH_2)_2\text{（尿素）} + 2H^+ = CO_2\uparrow + 2N_2\uparrow + 3\ H_2O$$

4　试剂和材料

除非另有说明，所用试剂均为分析纯。

4.1　水，GB/T 6682，三级。

4.2　硫酸。

4.3　氢氧化钠溶液，0.3 g/mL。

4.4　水杨酸钠溶液，0.1 g/mL。

4.5　氨水溶液，(4+6)。

4.6　尿素溶液，0.2 g/mL。

4.7　硝酸根离子标准溶液，1 mL 溶液含有 0.1 mg 硝酸根离子，按 GB/T 602—2002 中 4.29 制备。

5　仪器

5.1　分光光度计，最小分度值为 0.001 A，配置光程长度为 5 cm 比色皿。

5.2　恒温水浴。

5.3　电子天平，最小分度值为 0.1 mg。

5.4　单刻线移液管，容量 25 mL。

5.5　分度吸量管，容量 5 mL，最小分度值 0.05 mL。

5.6　分度吸量管，容量 2 mL，最小分度值 0.02 mL。

5.7　分度吸量管，容量 0.5 mL，最小分度值 0.005 mL。

5.8　单标线容量瓶，容量 50 mL。

5.9　量筒，10 mL，最小分度值 0.2 mL。

6　采样

按 GB/T 6678、GB/T 6679 中的有关规定进行。

7　分析步骤

7.1　工作曲线的绘制

取 6 个洁净干燥的 50 mL 容量瓶，分别加入 0.00 mL、0.05 mL、0.10 mL、0.15 mL、0.20 mL、0.25 mL 硝酸根离子标准溶液（4.7）和 2.00 mL 氨水溶液（4.5）。分别加入 0.10 mL 尿素溶液（4.6）和 0.25 mL 水杨酸钠溶液（4.4），摇匀，将容量瓶放入（80±2）℃水浴中。5 min 后从水浴中取出第一个容量瓶并缓慢加入 4 mL 浓硫酸（4.2），连续摇动 1 min，置于实验台上。再取下一个容量瓶，重复以上操作。分别向容量瓶中加入 10 mL 热水（约 50℃），摇匀后用移液管（5.4）缓慢加入 25 mL 氢氧化钠溶液（4.3），摇匀，冷却至室温，用水稀释至刻度，摇匀。

在波长 415 nm 处，以试剂空白为参比，测量各标准溶液的吸光度。

以硝酸根离子的质量（μg）为纵坐标，吸光度为横坐标绘制工作曲线，并获得回归方程。

7.2　试样的测定

称取（2.0±0.1）g 试样，精确到 1 mg，置于 50 mL 洁净干燥的容量瓶中，加入 2.00 mL 氨水溶液（4.5），摇匀后再分别加入 0.10 mL 尿素溶液（4.6）和 0.25 mL 水杨酸钠溶液（4.4），摇匀。将容量瓶放入（80±2）℃水浴中，同时摇动至试样完全溶解，5 min 后从水浴中取出并向容量瓶中缓慢加入 4 mL 浓硫酸（4.2），连续摇动 1 min。然后再加入 10 mL 热水（约 50℃），摇匀后用移液管（5.4）缓慢加入 25 mL 氢氧化钠溶液（4.3），摇匀，冷却至室温。用水稀释至刻度，摇匀后在波长 415 nm 处，以试剂空白为参比，测量其吸光度。将所测得的吸光度代入回归方程求得硝酸根离子的质量（μg）。

注 1：若确定试样中无亚硝酸根离子存在时，在 7.1 和 7.2 的操作中可取消尿素的加入。

注 2：亚硝酸根离子检验方法：按 7.2 配制样品溶液，比较加入尿素和不加尿素样品溶液的吸光度。若无差异，则表明试样中不含亚硝酸根离子。

注 3：同时测定几个样品时，容量瓶要逐一从水浴中取出，即加完硫酸并摇动后再取另一个。

8　结果计算

试样中硝酸的含量 w 以质量分数计，数值以毫克每千克（mg/kg）表示，按式（1）计算：

$$w=\frac{1.016\times m_1}{m} \tag{1}$$

式中：

1.016——硝酸根离子换算成硝酸的系数；

m_1——硝酸根离子的质量的数值，单位为微克（μg）；

m——试样的质量的数值，单位为克（g）。

9 分析结果表述

以两次重复测定结果的算术平均值报告其分析结果，按 GB/T 8170 规定进行数值修约，应精确至 0.1 mg/kg。

10 重复性

在同一实验室，由同一操作者使用相同设备，按相同的测试方法，并在短时间内对同一被测对象相互独立进行测试获得的两次独立测试结果的绝对差值不大于其算术平均值的 10%，以大于其算术平均值的 10%的情况不超过 5%为前提。

11 报告

a）有关试样的全部资料，例如试样的名称、批号、采样点、采样日期、采样时间等；

b）使用的标准（本部分编号）；

c）试验结果；

d）与规定的分析步骤的差异；

e）在试验中观察到的异常现象；

f）分析人员的姓名和试验日期。

前　　言

本标准等同采用ГОСТ 10558—80＊（1989年9月通过No.2，1992年3月通过No.3修改通知单）《己二酸　技术条件》中4.11以乙二酸计的可氧化物质的质量分数的测定。

本标准是本次修订SH/T 1499—92时增加的试验方法。

本标准在编写规则上按GB/T 1.1—1993进行编写。

本标准由辽阳石油化纤公司提出。

本标准由全国化学标准化技术委员会石油化学分技术委员会归口。

本标准由上海石油化工研究院负责起草。

本标准主要起草人：李正文、马亚萍。

本标准于1997年7月12日首次发布。

中华人民共和国石油化工行业标准

SH/T 1499.8—1997
(2010 年确认)

精己二酸中可氧化物含量的测定 滴定法

Pure adipic acid—Determination of content of oxidixable compounds —Titrimetric method

1 范围

本标准规定了测定精己二酸中可氧化物(以乙二酸计)含量的高锰酸钾氧化—还原滴定法。

本标准适用于精己二酸中可氧化物(以乙二酸计)含量的测定。

2 引用标准

下列标准所包含的条文，通过在本标准中引用而构成为本标准的条文。本标准出版时，所示版本均为有效。所有标准都会被修订，使用本标准的各方应探讨使用下列标准最新版本的可能性。

GB/T 601—88　化学试剂　滴定分析(容量分析)用标准溶液的制备

GB/T 6678—76　化工产品采样总则

GB/T 6679—87　固体化工产品采样通则

GB/T 6682—92　分析实验室用水规格和试验方法。

3 方法提要

在强酸性介质中将固体试样加热溶解，然后在 80℃～85℃ 的温度条件下，以高锰酸钾标准滴定溶液进行滴定。

4 试剂和溶液

除另有注明外，所用的试剂均为分析纯，所用的水均符合 GB/T 6682 三级水规格，使用前需煮沸、冷却。

4.1　硫酸溶液(1∶4)。

4.2　高锰酸钾标准滴定溶液[$c(1/5KMnO_4=0.1mol/L)$]：按 GB/T 601 进行配制与标定。

5 仪器与设备

5.1　实验室用一般仪器。

5.2　滴定管：酸式，2mL，分刻度 0.01mL。

5.3　刻度量筒：250mL，50mL。

5.4　锥形瓶：500mL。

5.5　电炉：功率 1kVA，封闭式。

中国石油化工总公司 1997-07-12 批准　　　　1997-12-01 实施

6 采样

按 GB/T 6678 和 GB/T 6679 规定的技术要求采取样品。

7 分析步骤

称取约 30g(精确至 0.01g)试样于锥形瓶(5.4)中，加入 150mL 水，30mL 硫酸溶液(4.1)，并加热至试样完全溶解，防止沸腾。得到的溶液在 80℃～85℃时用高锰酸钾标准滴定溶液(4.2)滴定至溶样呈粉红色，并在 1min 内不消失。同时以同样条件，用同样试剂，但不加样品进行空白试验。

8 分析结果的表述

8.1 计算

试样中以乙二酸计的可氧化物的含量(x)按式(1)计算：

$$x=\frac{c(V-V_0)\times 0.0450}{m}\times 10^6 \qquad (1)$$

式中：x——以乙二酸计的可氧化物含量，mg/kg；

c——高锰酸钾标准滴定溶液的实际浓度，mol/L；

V——滴定试样所消耗高锰酸钾标准滴定溶液的体积，mL；

V_0——空白试验所消耗高锰酸钾标准滴定溶液的体积，mL；

0.0450——与 1.00mL 高锰酸钾标准滴定溶液[$c(1/5KMnO_4)=1.000$mol/L]相当的以 g 表示的无水乙二酸的质量；

m——己二酸试样的质量，g。

8.2 结果的表示

取两次重复测定结果的算术平均值作为分析结果，应精确至 1mg/kg。

9 精密度

9.1 重复性

在同一实验室由同一操作人员用同一仪器，对同一试样相继做两次重复测定，所得结果之差应不大于其平均值 15%(95%置信水平)。

9.2 再现性

待确定。

10 报告

试验报告应包括以下内容：

a) 有关样品的全部资料(批号，日期，采样地点等)；

b) 任何自由选择的实验条件的说明；

c) 分析结果；

d) 测定过程中观察到的任何异常现象的说明；

e) 分析人员姓名及分析日期等。

前　言

本标准等同采用ГОСТ 10558—80＊(1989年9月通过No.2，1992年3月通过No.3修改通知单)《己二酸　技术条件》中4.12熔融物色度的测定(铂-钴标度)。

本标准是本次修订SH/T 1499—92时增加的试验方法。

本标准在编写规则上按GB/T 1.1—1993进行编写。

本标准由辽阳石油化纤公司提出。

本标准由全国化学标准化技术委员会石油化学分技术委员会归口。

本标准由辽阳石油化纤公司化工四厂负责起草。

本标准主要起草人：薛绍菊、唐敏、佟恩宝。

本标准于1997年7月12日首次发布。

中华人民共和国石油化工行业标准

SH/T 1499.9—1997
(2010年确认)

精己二酸熔融物色度的测定

Pure adipic acid—Measurement of melt colour(in Pt-Co scale)

1 范围

本标准规定了精己二酸熔融物色度测定的目视比色法。

本标准适用于精己二酸熔融物色度的测定。

2 引用标准

下列标准所包含的条文，通过在本标准中引用而构成为本标准的条文。本标准出版时，所示版本均为有效。所有标准都会被修订，使用本标准的各方应探讨使用下列标准最新版本的可能性。

GB/T 605—88 化学试剂 色度测定通用方法(eqv ISO 6353—1:1982 GM36)

GB/T 6678—86 化工产品采样总则

GB/T 6679—86 固体化工产品采样通则

GB/T 6682—92 分析实验室用水规格和试验方法

3 方法提要

将试样加热至250℃，在熔融状态下，以目视法比较试样与铂-钴标准溶液，可得出试样的色度。

4 试剂和溶液

铂-钴标准溶液：10~70铂-钴标准溶液，按GB/T 605规定进行配制。

5 仪器和设备

5.1 烘箱：能控制升温，并能保持(250±2)℃。

5.2 比色管：容积50mL，内径25mm~30mm，用耐热玻璃制成。一套比色管的玻璃颜色、壁厚和直径均应相同。

5.3 坩埚钳。

5.4 试管架。

6 采样

按GB/T 6678、GB/T 6679的有关规定进行。

7 分析步骤

称取(20±1)g试样放入比色管(5.2)中，盖好塞子，置于烧杯中，将烧杯放入温度已升至150℃~170℃的烘箱(5.1)，再将烘箱温度升至(250±2)℃，并在此温度下保持10min，使试样全部

中国石油化工总公司 1997-07-12 批准 1997-12-01 实施

熔融。从烘箱中取出比色管，立即以白色为背景，在日光或日光灯下，沿比色管径向用目测法将熔融物的色度与最相近的铂-钴标准溶液(4.1)比较。

8 结果的表示

熔融物的色度以与熔融物具有相同色度的铂-钴标准溶液的铂-钴色号表示。

如果熔融物的色度界于铂-钴标准溶液中相邻的色度之间，取色度较深的铂-钴色号为结果。

9 报告

报告应包括如下内容：

a) 有关试样的全部资料，例如试样的名称、批号、采样点、采样日期、采样时间等。

b) 本标准代号。

c) 分析结果。

d) 测定时观察到的任何异常现象的细节及其说明。

e) 分析人员的姓名及分析日期等。

ICS 71.080.40
G 17
备案号：36918-2012

SH

中华人民共和国石油化工行业标准

SH/T 1499.10—2012

精己二酸
第10部分：水分含量的测定　热失重法

Pure adipic acid—
Part 10：Determination of content of moisture—Thermogravimetric method

2012-05-24 发布　　　　2012-11-01 实施

中华人民共和国工业和信息化部　发布

前　　言

SH/T 1499《精己二酸》分为如下几部分：

——第1部分：规格；

——第2部分：含量的测定　滴定法；

——第3部分：氨溶液色度的测定　分光光度法；

——第4部分：灰分的测定；

——第5部分：铁含量的测定　2，2′-联吡啶分光光度法；

——第6部分：铁含量的测定　快速法；

——第7部分：硝酸含量的测定　分光光度法；

——第8部分：可氧化物含量的测定　滴定法；

——第9部分：熔融物色度的测定；

——第10部分：水分含量的测定　热失重法。

本部分为SH/T 1499的第10部分。

本部分依据GB/T 1.1—2009给出的规则起草。

本部分由中国石油化工集团公司提出。

本部分由全国化学标准化技术委员会石油化学分技术委员会（SAC/TC63/SC4）归口。

本部分起草单位：中国石油天然气股份有限公司辽阳石化分公司。

本部分主要起草人：郑立梅、张元礼、苏长志、王洪杰、张朋、韩志杰、王群。

本部分为首次发布。

精己二酸
第10部分：水分含量的测定　热失重法

1　范围

本部分规定了精己二酸水分含量测定的热失重法。

本部分适用于精己二酸水分含量的测定，测定范围为（0.050~0.300）%（质量分数）。

2　规范性引用文件

下列文件对于本文件的应用是必不可少的。凡是注日期的引用文件，仅注日期的版本适用于本文件。凡是不注日期的引用文件，其最新版本（包括所有的修改单）适用于本文件。

GB/T 6678　化工产品采样总则

GB/T 6679　固体化工产品采样通则

GB/T 8170　数值修约规则与极限数值的表示和判定

GB/T 6283　化工产品中水分含量的测定　卡尔·费休法（通用方法）

3　方法提要

采用红外水分仪对精己二酸进行加热干燥，使其中水分被蒸发。根据水分蒸发前后精己二酸试样的质量变化，得到精己二酸的水分含量。

4　仪器

4.1　红外水分仪：能够测定（0.050~0.300）%（质量分数）范围的含水量，显示精度：0.001 %（质量分数）；配备加热自动控制系统；配备自动称量系统，最小分度值0.1 mg，可根据试样失水过程的质量变化率，即斜率来自动判断终点；也可以使用能达到本标准要求的其他仪器。

仪器类型和测试条件的选择对水分检测结果有较大影响，应确保所采用仪器和操作条件按本方法测得的试样水分含量和依据GB/T 6283方法测得的试样水分含量的绝对差值不超过0.010 %。

4.2　铝制样品盘。

5　采样

按GB/T 6678、GB/T 6679中的有关规定进行。

6 分析步骤

6.1 仪器准备

打开仪器开关，预热 30 min；按仪器说明书输入操作参数。推荐以下测试条件：

加热温度 110 ℃、待机温度 105 ℃、斜率 0.050%/2 min、延迟时间 1 s、样品量约 7 克（样品盘内径为 9.3 cm 时）。

6.2 试样分析

在加热模块的样品室中放入空样品盘（4.2），待仪器质量读数稳定后，回零；取出样品盘，加入适量的试样，均匀铺于样品盘中，所取试样量应确保样品铺设均匀且盘底无裸露之处。放回样品盘，称量样品。按仪器说明书操作仪器，立即进行测试；仪器自动检测斜率，当达到预先设定的值时，仪器判定到达终点。此时仪器自动显示试样的水分含量。

注：根据仪器结构和加热性能不同，可选择不同的样品量。

7 结果表述

以两次重复测定结果的算术平均值报告其分析结果，按 GB/T 8170 规定进行数值修约，应精确至 0.001%。

8 重复性

在同一实验室，由同一操作者使用相同设备，按相同的测试方法，并在短时间内对同一被测对象相互独立进行测试获得的两次独立测试结果的绝对差值不大于其算术平均值的 10%，以大于其算术平均值的 10%的情况不超过 5%为前提。

9 报告

a）有关试样的全部资料，例如试样的名称、批号、采样点、采样日期、采样时间等；
b）使用的标准（本部分编号）；
c）试验结果；
d）与规定的分析步骤的差异；
e）在试验中观察到的异常现象；
f）分析人员的姓名和试验日期。

ICS 71.080.10
G 16

中华人民共和国石油化工行业标准

SH/T 1546—2009
代替 SH/T 1546—1993

工业用 1-丁烯

1-Butylene for industrial use—Specification

2009-12-04 发布　　　　2010-06-01 实施

中华人民共和国工业和信息化部　发布

前　言

本标准代替 SH/T 1546—1993《工业用 1-丁烯》。

本标准与 SH/T 1546—1993 主要差异如下：

——修改了范围；

——产品由不分等级，修改为分“优级品、一级品”两个等级，增加了优级品指标，一级品与原标准质量指标相同；

——修改了规范性引用文件的相关内容，采样标准修改为 SH/T 1142，删除了水分测定标准 SH/T 1144；

——修改了检验规则、储存及安全要求。

本标准由中国石油化工集团公司提出。

本标准由全国化学标准化技术委员会石油化学分技术委员会(SAC/TC63/SC4)归口。

本标准由中国石油化工股份有限公司齐鲁分公司橡胶厂起草。

本标准主要起草人：蒋秀荣。

本标准所代替标准历次版本发布情况为：

——SH/T 1546—1993。

工业用 1-丁烯

1 范围

本标准规定了工业用 1-丁烯的技术要求、试验方法、检验规则以及包装、标志、贮存、运输和安全要求等。

本标准适用于以碳四为原料分离制得的或乙烯合成生产的工业用 1-丁烯。

结构式：$CH_2=CH—CH_2—CH_3$

相对分子质量：56.11(按 2007 年国际相对原子质量)

2 规范性引用文件

下列文件中的条款通过本标准的引用而成为本标准的条款。凡是注日期的引用文件，其随后所有的修改单(不包括勘误的内容)或修订版均不适用于本标准，然而，鼓励根据本标准达成协议的各方研究是否可使用这些文件的最新版本。凡是不注日期的引用文件，其最新版本适用于本标准。

GB/T 3394 工业用乙烯、丙烯中一氧化碳、二氧化碳的测定 气相色谱法

GB/T 3723 工业用化学产品采样安全通则(GB/T 3723—1999，ISO 3165：1976，idt)

GB/T 6023 工业用丁二烯中微量水的测定 卡尔·费休库仑法

GB 10478 液化气体铁道罐车

GB/T 11141 轻质烯烃中微量硫的测定 氧化微库仑法

SH/T 1142 工业用裂解碳四液态采样法

SH/T 1492 工业用 1-丁烯纯度及其烃类杂质的测定 气相色谱法

SH/T 1493 工业用 1-丁烯中微量羰基化合物含量的测定 分光光度法

SH/T 1494 碳四烃类中羰基化合物含量的测定 容量法

SH/T 1547 工业用 1-丁烯中微量甲醇和甲基叔丁基醚的测定 气相色谱法

SH/T 1548 工业用 1-丁烯中微量丙二烯和丙炔的测定 气相色谱法

《压力容器安全技术监察规程》 劳动部发布

《特种设备质量监督和安全监测规定》 原国家质量技术监督局发布

《液化气体铁路罐车安全监察规程》 铁道部发布

《液化气体汽车罐车安全监察规程》 劳动部发布

《危险品货物运输规则》 铁道部发布

3 技术要求及试验方法

工业用 1-丁烯的技术要求和试验方法见表 1。

表 1 工业用 1-丁烯的技术要求和试验方法

序 号	项 目		质量指标		试验方法
			优级品	一级品	
1	1-丁烯，%(质量分数)	≥	99.3	99.0	SH/T 1492
2	正、异丁烷，%(质量分数)		报告	报告	SH/T 1492
3	异丁烯+2-丁烯，%(质量分数)	≤	0.4	0.6	SH/T 1492

表 1(续)

序　号	项　　目		质量指标		试验方法
			优级品	一级品	
4	1，3-丁二烯+丙二烯，mL/m^3	≤	120	200	SH/T 1492[a] 和 SH/T 1548
5	丙炔，mL/m^3	≤	5	5	SH/T 1548
6	总羰基(以乙醛计)，mg/kg	≤	5	10	SH/T 1493 或 SH/T 1494[b]
7	水，mg/kg	≤	20	25	GB/T 6023
8	硫，mg/kg	≤	1	1	GB/T 11141
9	甲醇，mL/m^3	≤	5	10	SH/T 1547
10	甲基叔丁基醚，mL/m^3	≤	5	10	SH/T 1547
11	一氧化碳，mL/m^3	≤	1	1	GB/T 3394
12	二氧化碳，mL/m^3	≤	5	5	GB/T 3394

[a] 由 SH/T 1492 测得的 1，3-丁二烯含量以%(质量分数)计，将该值乘以 10390 可得到以 mL/m^3 计的 1，3-丁二烯含量。

[b] 以 SH/T 1494 为仲裁法。

4　检验规则

4.1　检验分类

检验分为型式检验和出厂检验，型式检验为表 1 中规定的所有项目，正常情况下每月至少进行一次型式检验。出厂检验为表 1 中的 1-丁烯、正、异丁烷、异丁烯+2-丁烯、1,3-丁二烯+丙二烯、丙炔、水、甲醇、甲基叔丁基醚。

4.2　组批规则

工业用 1-丁烯产品可在成品贮罐或产品输送管道上及槽车中取样。当在成品贮罐或槽车中取样时，以该罐或该槽车的产品为一批；当在管道上取样时，可以根据一定时间(8h 或 24h)或同时发往某地去的同等质量的、均匀的产品为一批。

4.3　采样

按 GB/T 3723、SH/T 1142 和《压力容器安全技术监察规程》规定的安全与技术要求采取样品。

4.4　判定与复检

如果检验结果不符合本标准相应等级要求时，则必须加倍重新取样，复检。复检结果不符合本标准相应要求时，则该批产品应作不合格处理。

4.5　交货验收

工业用 1-丁烯应由生产厂的质量检验部门进行检验。生产厂应保证出厂的产品符合本标准的要求，每批出厂的工业用 1-丁烯都应附有质量证明书，质量证明书应注明：生产企业名称、详细地址、产品名称、产品等级、批号、生产日期及本标准代号等。用户收到产品后有权按本标准进行验收，验收方式由供需双方协商确定。当供需双方对产品质量发生争议时，可由双方协商解决。

5　包装、标志、运输和贮存

5.1　工业用 1-丁烯的包装、标志、运输和贮存应执行《压力容器安全技术监察规程》和《特种设备质量监督和安全监测规定》。

5.2　根据《危险品货物运输规则》，工业用 1-丁烯属于危险货物第三类甲级易燃品。工业用 1-丁烯可采用铁路、汽车罐车或管道等方式输送。铁路、汽车罐车运输工业用1-丁烯产品时，属于第三类压力容器，除了执行《压力容器安全技术监察规程》和GB 10478外，还应遵守《液化气体铁路罐车安全监察规程》和《液化气体汽车罐车安全监察规程》。

5.3 工业用1-丁烯储存应远离火种、热源。防止阳光直射。应与氧气、压缩空气、氧化剂、酸类等分开存放。储罐要标明“1-丁烯”字样，并应有防火、防爆标志和防火防爆技术措施。夏季要有降温措施。

6 安全要求

6.1 根据对人体损害程度，工业用1-丁烯属于低毒物质。1-丁烯装置区域内最大允许浓度为100mg/m^3。当浓度超过此范围时，吸入会引起麻醉、刺激及窒息等不良影响。

6.2 液态1-丁烯溅到皮肤上，会引起皮肤冻伤。因此操作者应戴好护目镜和具有良好隔热性能的塑料或橡胶手套。

6.3 1-丁烯为易燃介质，在大气中(20℃，101.3kPa)的爆炸极限为(1.6~9.3)%(体积分数)，自燃点为384℃，闪点-80℃。为避免形成爆炸性气氛，应采取预防措施。因此工作场所要求具有良好的通风条件。

6.4 电气装置和照明应有防爆结构，其他设备和管线应接地。

6.5 消防器材：在火源不大的情况下，可使用二氧化碳或泡沫灭火器等灭火器材。

6.6 中毒时的紧急救护办法：给予新鲜空气或输给氧气，进行人工呼吸。

SH/T 1547—2004

ICS 71.080.10
G 16

中华人民共和国石油化工行业标准

SH/T 1547—2004
(2009年确认)
代替 SH/T 1547—1993

工业用1-丁烯中微量甲醇和甲基叔丁基醚的测定 气相色谱法

1-Butene for industrial use —Determination of trace methanol and methyl tert-butyl ether —Gas chromatographic method

2004-04-09 发布 2004-09-01 实施

中华人民共和国国家发展和改革委员会 发布

前　言

本标准是对 SH/T 1547—1993《工业 1-丁烯中微量甲醇和甲基叔丁基醚的测定　气相色谱法》的修订。

本标准代替 SH/T 1547—1993。

本标准与 SH/T 1547—1993 相比主要变化如下：

1. 推荐使用 1,2,3-三(2-氰乙氧基)丙烷(TCEP)毛细管色谱柱代替原标准填充色谱柱；

2. 进样方式增加了采用液体进样阀的液态直接进样，并将液态试样连续汽化的气体进样方式改进为小量液态样品完全汽化方式；

3. 重新规定了重复性限(r)。

本标准由中国石油化工股份有限公司提出。

本标准由全国化学标准化技术委员会石油化学分技术委员会(SAC/TC63/SC4)归口。

本标准起草单位：天津石油化工公司石油化工厂。

本标准主要起草人：李辉、安丽琴。

本标准所代替标准的历次版本发布情况为：

——SH/T 1547—1993。

工业用1-丁烯中微量甲醇和甲基叔丁基醚的测定 气相色谱法

1 范围

1.1 本标准规定了用气相色谱法测定工业用1-丁烯中微量甲醇和甲基叔丁基醚的含量。

本标准适用于工业用1-丁烯中含量不小于0.0002%(体积分数)的甲醇和甲基叔丁基醚的测定。

1.2 本标准并不是旨在说明与其使用有关的所有安全问题。使用者有责任采取适当的安全与健康措施,保证符合国家有关法规的规定。

2 规范性引用文件

下列文件中的条款通过本标准的引用而成为本标准的条款。凡是注明日期的引用文件,其随后所有的修改单(不包括勘误的内容)或修订版均不适用于本标准,然而,鼓励根据本标准达成协议的各方研究是否可使用这些文件的最新版本。凡是不注明日期的引用文件,其最新版本适用于本标准。

GB/T 3723—1999 工业用化学产品采样安全通则(idt ISO 3165:1976)

GB/T 8170—1987 数值修约规则

SH/T 1142—1992(2000) 工业用裂解碳四 液态采样法

3 方法提要

在本标准规定的条件下,将定量试样和外标物分别注入色谱仪进行分析。测量试样中每个杂质和外标物的峰面积,由试样中杂质峰面积和外标物峰面积的比例计算每个杂质的含量。测定结果以体积分数表示。

4 试剂与材料

4.1 载气:氢气,纯度≥99.99%(体积分数)。

4.2 辅助气:氮气,纯度≥99.99%(体积分数)。

4.3 标准试剂:甲醇和甲基叔丁基醚,供配制外标样用,其纯度应不低于99%(质量分数)。

5 仪器

5.1 气相色谱仪

配置氢火焰离子化检测器(FID)的气相色谱仪。该仪器对本标准所规定的最低测定浓度的杂质所产生的峰高应至少大于噪音的两倍。

5.2 色谱柱

本标准推荐的色谱柱及典型操作条件见表1,典型色谱图见图1。能达到同等分离效果和定量精度要求的其他色谱柱亦可使用。

5.3 进样装置

5.3.1 液体进样阀(定量管容积0.5μL)或合适的其他液体进样装置

凡能满足以下要求的液体进样阀均可使用:在不低于使用温度时的1-丁烯饱和蒸气压下,能将1-丁烯以液体状态重复进样,并满足色谱分离要求。

表1 色谱柱及典型操作条件

色 谱 柱	1,2,3-三(2-氰乙氧基)丙烷(WCOT)
柱长/m	60
柱内径/mm	0.25
液膜厚度/μm	0.4
载气流速/(mL/min)	0.9
柱温/℃	70
进样器温度/℃	250
检测器温度/℃	250
分流比	50∶1
进样量/μL	0.5(液态)

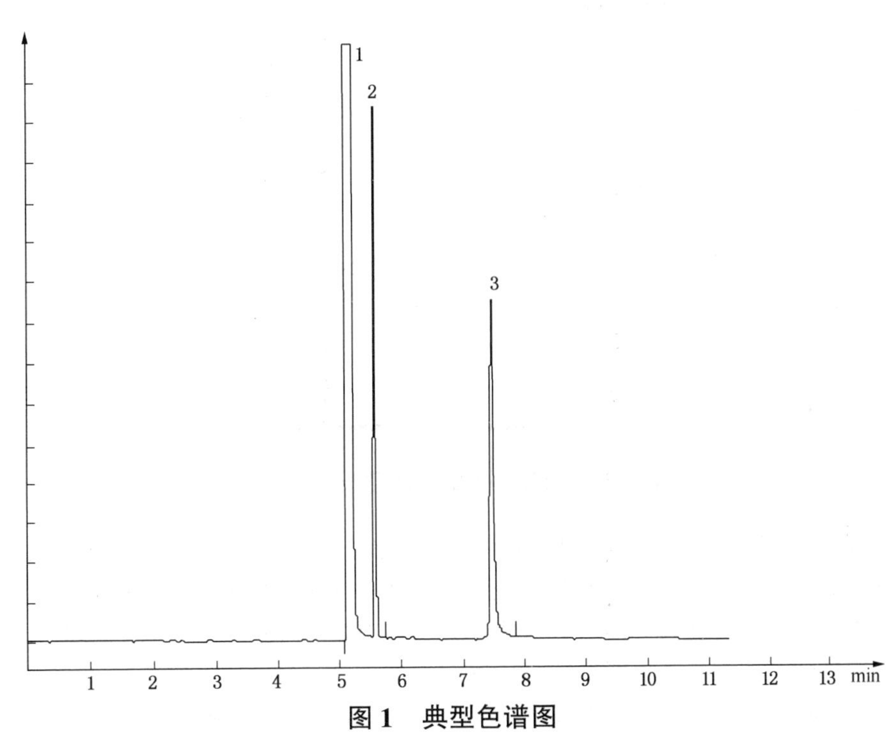

图1 典型色谱图

1——1-丁烯;

2——甲基叔丁基醚;

3——甲醇。

液体进样装置的流程示意图见图2。金属过滤器中的不锈钢烧结砂芯孔径为2μm~4μm，以滤除样品中可能存在的机械杂质，保护进样阀。进样阀出口安装适当长度的不锈钢毛细管或减压阀，以避免样品汽化，造成失真，影响重复性。进样时，将采样钢瓶出口阀开启，用液态样品冲洗定量管，待放空管出口处有不含气泡的液态试样流出后，即可操作进样阀，将试样注入色谱仪，然后关闭钢瓶出口阀。

5.3.2 气体进样阀(定量管容积1mL)

气体进样必须采用图3所示的小量液态样品汽化装置，以完全地汽化样品，保证样品的代表性。

首先在E处卸下容积约为1700mL的进样钢瓶，并抽真空(<0.3kPa)。然后关闭阀B，开启阀C和D，再缓慢开启阀B，控制液态样品流入管道钢瓶，并于阀B处有稳定的液态样品溢出，此时

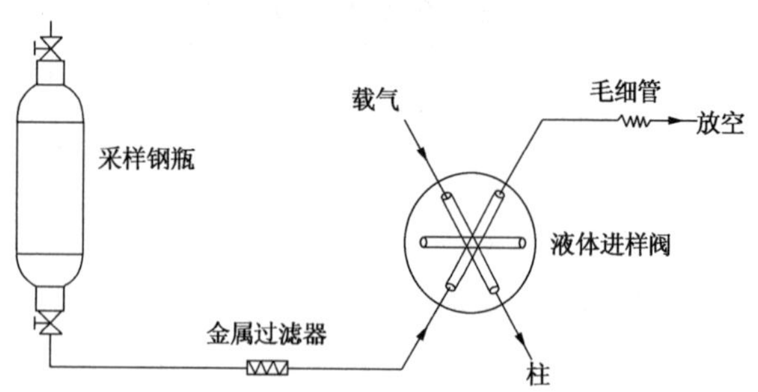

图 2　液体进样装置的流程示意图

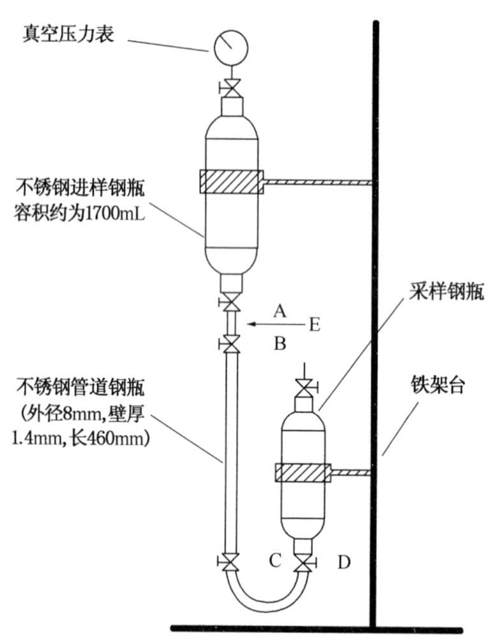

图 3　小量液态样品的汽化装置示意图

立即依次关闭阀 B、C 和 D，管道钢瓶中即取得了小量液态样品。

将已抽真空的进样钢瓶再连接于 E 处，先开启阀 A，再开启阀 B，使液态样品完全汽化于进样钢瓶中，连接于进样钢瓶上的真空压力表应指示在 50～100kPa 范围内。最后关闭阀 A，卸下进样钢瓶连接于色谱仪的气体进样阀上即可进行分析。

注：盛有液态样品的采样钢瓶应在实验室里放置足够时间，让液态样品的温度与室温达到平衡后再进行上述操作，并且当管道钢瓶中取得小量液态样品后，应尽快完成汽化操作，避免充满液态样品的管道钢瓶随停留时间增加爆裂的可能性。

5.4　记录装置

积分仪或色谱数据处理机。

6　采样

按 GB/T 3723—1999 和 SH/T 1142—1992(2000)规定的安全与技术要求采取样品。

7　测定步骤

7.1　标准样品的制备

已知甲醇和甲基叔丁基醚浓度的液态标样可由市场购买有证标样或用重量法自行制备。标样中甲醇和甲基叔丁基醚浓度应与待测试样相近。盛放标样的钢瓶应符合 SH/T 1142—1992(2000)的技术要求。制备时使用的1-丁烯本底样品事先在本标准规定条件下进行检查，应在待测组分处无其他杂质峰流出，否则应予以修正。

7.2 仪器准备

色谱仪启动后进行必要的调节，以达到表1所列的条件或满足同等分离的其他适宜条件。仪器稳定后即可进行测定。

7.3 试样测定

用符合5.3要求的进样装置，将同等体积的待测试样和外标样分别注入色谱仪，并测量外标物及试样中甲醇和甲基叔丁基醚的色谱峰面积。

外标样两次重复测定的峰面积之差应不大于其平均值的5%，取其平均值供定量计算用。

7.4 计算

试样中各个杂质的体积分数 W_i，数值以%表示，按式(1)计算。

$$W_i = \frac{W_s \cdot A_i}{A_s} \qquad (1)$$

式中：

W_s——外标样中组分 i 的体积分数,%；

A_s——外标样中组分 i 的峰面积；

A_i——试样中杂质组分 i 的峰面积。

8 分析结果的表述

8.1 对于任一试样，分析结果的数值修约按GB/T 8170—1987规定进行，并以两次重复测定结果的算术平均值表示其分析结果。

8.2 报告每个杂质含量，应精确至0.00001%(体积分数)。

9 精密度

9.1 重复性

在同一实验室，由同一操作员使用相同设备，按相同的测试方法，并在短时间内对同一被测对象相互独立进行测试获得的两次独立测试结果的绝对值，不应超过下列重复性限(r)，以超过重复性限(r)的情况不超过5%为前提。

杂质组分含量	r
≤0.0010%(体积分数)	为其平均值的30%
>0.0010%(体积分数)~≤0.0050%(体积分数)	为其平均值的20%

10 报告

报告应包括下列内容：

a. 有关样品的全部资料，例如样品名称、批号、采样地点、采样日期、采样时间等。

b. 本标准代号。

c. 分析结果。

d. 测定中观察到的任何异常现象的细节及其说明。

e. 分析人员的姓名及分析日期等。

ICS 75.080.10
G 16

中华人民共和国石油化工行业标准

SH/T 1548—2004
(2009年确认)
代替 SH/T 1548—1993

工业用1-丁烯中微量丙二烯及丙炔的测定 气相色谱法

**1-Butene for industrial use
—Determination of trace propadiene and propyne
—Gas chromatographic method**

2004-04-09 发布　　2004-09-01 实施

中华人民共和国国家发展和改革委员会　发布

前　言

本标准是对 SH/T 1548—1993《工业用 1-丁烯中微量丙二烯及丙炔的测定　气相色谱法》的修订。

本标准代替 SH/T 1548—1993。

本标准与 SH/T 1548—1993 相比主要变化如下：

1. 标准名称修改为《工业用 1-丁烯中微量丙二烯及丙炔的测定　气相色谱法》；

2. 推荐使用 0.53mm 内径的 Al_2O_3 PLOT/KCl 毛细管柱代替原标准的串联填充色谱柱；

3. 进样方式将液态试样连续汽化的进样方式改为小量液态样品完全汽化的方式，并增加了采用液体进样阀的液态直接进样。

4. 重新规定了重复性限(r)。

本标准由中国石油化工股份有限公司提出。

本标准由全国化学标准化技术委员会石油化学分技术委员会(SAC/TC63/SC4)归口。

本标准起草单位：上海石油化工研究院。

本标准主要起草人：支菁、李正文。

本标准所代替标准的历次版本发布情况为：

——SH/T 1548—1993。

工业用 1-丁烯中微量丙二烯及丙炔的测定 气相色谱法

1 范围

1.1 本标准规定了用气相色谱法测定工业用 1-丁烯中微量丙二烯及丙炔的含量。

本标准适用于工业用 1-丁烯中含量不小于 0.0002%(体积分数)的丙二烯及丙炔的测定。

1.2 本标准并不是旨在说明与其使用有关的所有安全问题。使用者有责任采取适当的安全与健康措施，保证符合国家有关法规的规定。

2 规范性引用文件

下列文件中的条款通过本标准的引用而成为本标准的条款。凡是注明日期的引用文件，其随后所有的修改单(不包括勘误的内容)或修订版均不适用于本标准，然而，鼓励根据本标准达成协议的各方研究是否可使用这些文件的最新版本。凡是不注明日期的引用文件，其最新版本适用于本标准。

GB/T 3723—1999 工业用化学产品采样安全通则(idt ISO 3165：1976)

GB/T 8170—1987 数值修约规则

SH/T 1142—1992(2000) 工业用裂解碳四 液态采样法

3 方法提要

在本标准规定的条件下，将定量试样和外标物分别注入色谱仪进行分析。测量试样中每个杂质和外标物的峰面积，由试样中杂质峰面积和外标物峰面积的比例计算每个杂质的含量。测定结果以体积分数表示。

4 试剂与材料

4.1 载气：氢气，纯度≥99.99%(体积分数)。

4.2 辅助气：氮气，纯度≥99.99%(体积分数)。

4.3 标准试剂：丙二烯及丙炔，供配制外标样用，其纯度应不低于 99%(质量分数)。

5 仪器

5.1 气相色谱仪

配置氢火焰离子化检测器(FID)的气相色谱仪。该仪器对本标准所规定的最低测定浓度的杂质所产生的峰高应至少大于噪音的两倍。

5.2 色谱柱

本标准推荐的色谱柱及典型操作条件见表 1，典型色谱图见图 1。杂质的出峰顺序及相对保留时间取决于 Al_2O_3 PLOT 柱的去活方法，必须用标准样品进行测定。

其他能满足分离要求和定量精度的其他色谱柱也可使用。

5.3 进样装置

5.3.1 液体进样阀(定量管容积 1μL)或合适的其他液体进样装置

凡能满足以下要求的液体进样阀均可使用：在不低于使用温度时的 1-丁烯蒸气压下，能将 1-丁烯以液体状态重复进样，并满足色谱分离要求。

表 1　色谱柱及典型操作条件

色　谱　柱	Al_2O_3 PLOT/KCl	色　谱　柱	Al_2O_3 PLOT/KCl
柱长/m	50	进样器温度/℃	150
柱内径/mm	0.53	检测器温度/℃	250
载气流速/(mL/min)	5.0	分流比	30∶1
柱温/℃	90	进样量/μL	1.0(液态)
注：Al_2O_3 PLOT 柱加热不能超过 200℃以防止柱活性发生变化。			

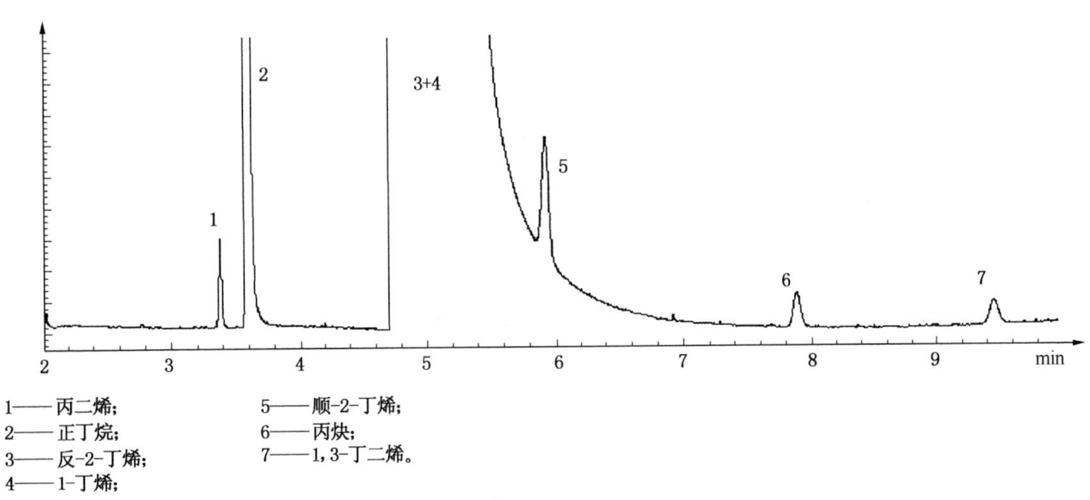

1——丙二烯；
2——正丁烷；
3——反-2-丁烯；
4——1-丁烯；
5——顺-2-丁烯；
6——丙炔；
7——1,3-丁二烯。

图 1　典型色谱图

液体进样装置的流程示意图见图 2。金属过滤器中的不锈钢烧结砂芯孔径为 2~4μm，以滤除样品中可能存在的机械杂质，保护进样阀。进样阀出口安装适当长度的不锈钢毛细管或减压阀，以避免样品汽化，造成失真，影响重复性。进样时，将采样钢瓶出口阀开启，用液态样品冲洗定量管，待放空管出口处有不含气泡的液态试样流出后即可操作进样阀，将试样注入色谱仪，然后关闭钢瓶出口阀。

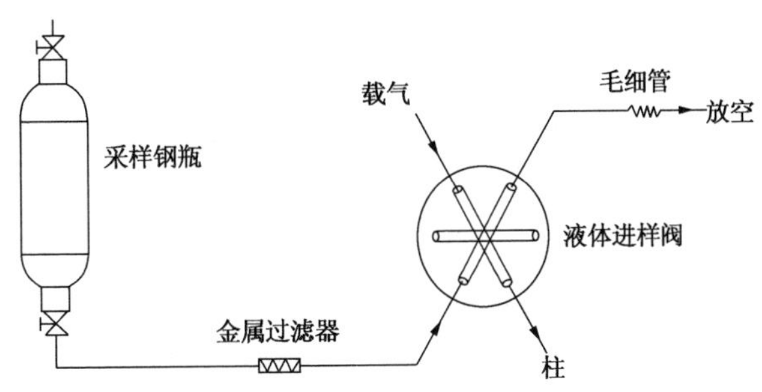

图 2　液体进样装置的流程示意图

5.3.2　气体进样阀(定量管容积 1mL)

气体进样必须采用图 3 所示的小量液态样品汽化装置，以完全地汽化样品，保证样品的代表性。

首先在 E 处卸下容积约为 1700mL 的进样钢瓶，并抽真空(<0.3kPa)。然后关闭阀 B，开启阀 C 和 D，再缓慢开启阀 B，控制液态样品流入管道钢瓶，并于阀 B 处有稳定的液态样品溢出，此时立即依次关闭阀 B、C 和 D，管道钢瓶中即取得了小量液态样品。

将已抽真空的进样钢瓶再连接于 E 处，先开启阀 A，再开启阀 B，使液态样品完全汽化于进样钢瓶中，连接于进样钢瓶上的真空压力表应指示在 50~100kPa 范围内。最后关闭阀 A，卸下进样钢瓶连接于色谱仪的气体进样阀上即可进行分析。

注：盛有液态样品的采样钢瓶应在实验室里放置足够时间，让液态样品的温度与室温达到平衡后再进行上述操作，并且当管道钢瓶中取得小量液态样品后，应尽快完成汽化操作，避免充满液态样品的管道钢瓶随停留时间增加爆裂的可能性。

5.4 记录装置

积分仪或色谱数据处理机。

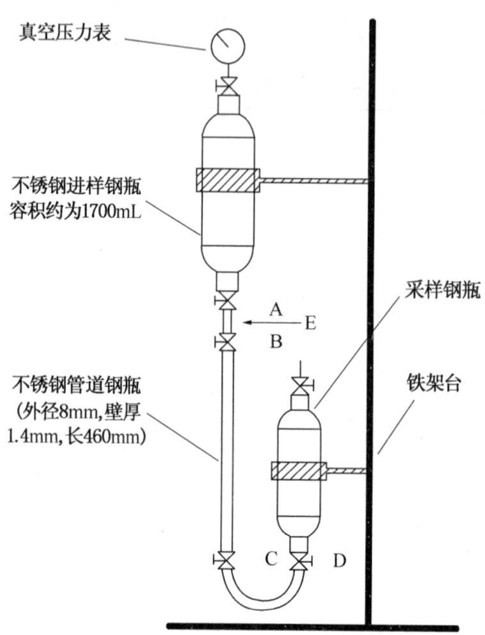

图3 小量液态样品的汽化装置示意图

6 采样

按 GB/T 3723—1999 和 SH/T 1142—1992(2000)规定的安全与技术要求采取样品。

7 测定步骤

7.1 设定操作条件

根据仪器操作说明书，在色谱仪中安装并老化色谱柱。然后调节仪器至表 1 所示的操作条件，待仪器稳定后即可开始测定。

7.2 标准样品的制备

已知烃类杂质含量的液态标样可由市场购买有证标样或用重量法自行制备。标样中烃类杂质的含量应与待测试样相近。盛放标样的钢瓶应符合 SH/T 1142—1992(2000)的技术要求。制备时使用的 1-丁烯本底样品事先在本标准规定条件下进行检查，应在待测组分处无其他杂质峰流出，否则应予以修正。

7.3 试样测定

用符合 5.3 要求的进样装置，将同等体积的待测试样和外标样分别注入色谱仪，并测量外标物及试样中丙二烯及丙炔的色谱峰面积。

外标样两次重复测定的峰面积之差应不大于其平均值的 5%，取其平均值供定量计算用。

7.4 计算

试样中各个杂质的体积百分数 W_i，数值以%表示，按式(1)计算：

$$W_i = \frac{W_s \cdot A_i}{A_s} \qquad \cdots\cdots (1)$$

式中：

W_s——外标样中组分 i 的体积分数，%；

A_s——外标样中组分 i 的峰面积；

A_i——试样中杂质组分 i 的峰面积。

8 分析结果的表述

8.1 对于任一试样，分析结果的数值修约按 GB/T 8170—1987 规定进行，并以两次重复测定结果的算术平均值表示其分析结果。

8.2 报告每个杂质的体积分数，应精确至 0.00001%。

9 精密度

9.1 重复性

在同一实验室，由同一操作者使用相同设备，按相同的测试方法，并在短时间内对同一被测对象相互独立进行测试获得的两次独立测试结果的绝对值，不应超过下列重复性限(r)，以超过重复性限(r)的情况不超过 5%为前提。

杂质组分含量	r
≤0.0005%(体积分数)	为其平均值的 30%
>0.0005%(体积分数)～≤0.005%(体积分数)	为其平均值的 20%
>0.005%(体积分数)～≤0.02%(体积分数)	为其平均值的 10%

10 报告

报告应包括下列内容：

a. 有关样品的全部资料，例如样品名称、批号、采样地点、采样日期、采样时间等。

b. 本标准代号。

c. 分析结果。

d. 测定中观察到的任何异常现象的细节及其说明。

e. 分析人员的姓名及分析日期等。

中华人民共和国石油化工行业标准

SH/T 1549—1993
（2009年确认）

工业用轻质烯烃中水分的测定在线分析仪使用导则

本标准参照采用ISO 8917—88《工业用轻质烯烃——水分测定——在线分析仪使用导则》。

由于强极性的水分子在玻璃或金属表面有较强的吸附能力，因此在分析工作中，气体中微量水分含量的准确测定是非常困难的。目前解决该问题的较好方法是采用在线传感器在样品气流中进行连续测定，而不宜采用以采样方式进行的非连续测定方法。

1 主题内容与适用范围

本标准叙述了使用带有在线传感器的水分分析仪，测定轻质烯烃气体中微量水分的各种方法工作原理和一般特征。

本标准所给出的分析仪的使用规则与其在氢、氧、氮、甲烷等其他气体中测量水分时的应用相同。

2 引用标准

GB/T 5832.1　气体中微量水分的测定　电解法

GB/T 5832.2　气体中微量水分的测定　露点法

GB/T 13289　工业用乙烯液态和气态采样法

JJG 2046　湿度计量器具

3 各种水分分析仪的工作原理和一般特征

3.1 电解法

将二根细铂丝平行缠绕在涂有五氧化二磷薄层的玻璃棒上，然后将棒插入一支玻璃管中，并在二根铂丝间施加一直流电压。当恒定流速的样品气体通过玻璃管时，气体中的水分被五氧化二磷薄层连续吸收生成磷酸，并被完全电解为氢和氧，同时五氧化二磷得以再生。这时电解电流就是水分含量的量度。通过测定电流强度和气体流速，即可按库仑定律计算水分含量（见GB 5832.1）。

测量范围：0~1000mL/m^3，即ppm（V/V）

优点：耐腐蚀。

缺点：

a. 不适用≥C_3的烯烃，因其在强酸条件下易聚合；

b. 不适用于含有微量氨的气体样品，因氨也会产生和水一样的信号。

3.2 露点法

使恒压、恒速的样品气体通过露点仪测定室中的抛光金属镜面，利用干冰或热电制冷冻缓慢冷却镜面，采用光电器件检测冷镜面上的结露状态，通过自动控制使冷镜面上的露（或箱）与气体中的水蒸气呈相平衡状态，此时测得的镜面温度即为露点。由露点和气体中饱和水蒸气压的对应关系经换算或查表，即可得到样品气中的水分含量（见GB 5832.2）。

测量范围：10~500000mL/m^3。

中国石油化工总公司1993-06-11批准　　1994-05-01实施

优点：

a. 不必校正；

b. 牢固，耐腐蚀；

c. 可以单点检定代替全量程校验。

缺点：

a. 镜面容易污染；

b. 除水以外的其他物质也能在镜面结露，特别是≥C_3的烯烃；

c. 镜面达到平衡的时间很长；

d. 需耗用的样品气量较大，特别是对水含量低的样品。

3.3　覆盖吸湿膜的石英晶体振荡频率变化法

石英晶体表面的吸湿膜吸收水分后增加了整个单元的质量，从而使晶体的振荡频率减小。由于频率数可以准确记录，因此使本方法成为测定水分含量的特效灵敏方法。本法需通过样品气和标准气的自动和周期性的转换进行测量，并设置可长期使用的内部校准装置。

测量范围：0~25000mL/m^3

优点：

a. 较宽的测量范围；

b. 适用于各类烯烃；

c. 耐火腐蚀。

缺点：

a. 需大量的样品气和标准气；

b. 氨的干扰也较灵敏；

c. 尘埃颗粒沾污晶体表面。

3.4　由多孔金属膜覆盖的氧化铝电解质组成的电容器的电容变化法

在金属铝基体上经阳极电解制得氧化铝薄层，然后在薄层表面经蒸发制得多孔金属膜；以氧化铝薄层为电解质、金属膜与铝基体为极板组成电容器。氧化铝薄层吸附周围气相中的水分并与气相环境达到动态平衡，电容器回路中的振荡频率同气相中的水分含量之间存在着特征函数关系，准确测量振荡频率，即可由特征函数曲线求得水分含量。

测量范围：0.01~200000mL/m^3

优点：

a. 较宽的测量范围；

b. 适用于各类烯烃；

c. 校准值稳定，复校周期可为一个月；

d. 价格较低廉。

缺点：

a. 不耐腐蚀；

b. 氨有干扰。

4　测定步骤

4.1　安全措施

本标准提及的各种水分分析仪的传感器均需安置在有样品气体流动的管道中进行工作，因此样品气如取自物料输送管道，应安装回收管线将样品返回管道中。否则，应将样品气按 GB/T 13289 附录 A 中的规定通过合适的处理装置排入大气中。

4.2　分析仪的安装及准备

气体中的水分测量，特别是在含水量较低时，是一个疑难的问题。这是因为强极性的水分子必然在所有的极性表面，比如玻璃或金属的表面，产生较强的吸附现象。因此应尽可能缩短连接管道的长度，如果可行，还应适当加热该管道。此外，通过采样管道的气流也应适当增大。只有当管壁材料与样品气流之间的吸附平衡到达测量室的出口时，才能得到稳定准确的测量信号。

有时还需对加压或低温条件下的液态样品进行分析，对此，必须按下式要求进行蒸发，以获得连续的样品气流：

将长2~4m，内径0.2mm的不锈钢毛细管置于50~70℃的恒温水浴中。毛细管的一端与液体样品源(如钢瓶)的出口阀相连，另一端直接与分析仪的样品气进口连接。当开启液体样品源的出口阀时，形成的压力降使样品在毛细管内汽化，从而得到连续的样品气流。

在进行测定之前，应充分了解仪器性能和操作要求，按说明书规定的流速导入样品气流，充分冲洗管道和测量室，稳定信号应至少保持2min。

4.3 校准

本标准所提及的分析仪虽均经过厂商校准，但这些仪器都是根据物理化学原理进行工作，因此检查仪器的校准情况或者重新校准都是非常必要的。

由于4.2中提及的水的吸附现象，分析仪的校准工作必须在线进行，且必须采用已知水分含量的恒定气流，而不能采用含水量变化的气流(即使这种变化是定量已知的)。为此，所有校准气体的静态制备方法都不能采用，而必须采用下列动态制备方法发生校准气体。

4.3.1 饱和法

根据饱和水蒸气压与温度的精确函数关系，应用动态湿度发生装置(见JJG 2046)以调节温度来产生已知水分含量的校准气体。需要时，还可用干气(需经检验)进行稀释，以制备低含水量的校准气体。

4.3.2 渗透法

根据膜渗透原理，应用渗透湿度发生器(见JJG 2046)，通过调节干气流量和选用不同渗透率的渗透管(或膜)，即可制备水分含量为3~2000mL/m^3的校准气体。

4.4 测定

通过重新校准，对分析仪的操作性能进行校验后，按仪器说明书的要求进行操作。

5 结果的表示

以mL/m^3为单位表示水分含量。

6 报告

报告应包括下列内容：

a. 样品来源；

b. 参照的方法和所用的仪器；

c. 测定结果，必要时应注明露点示值和水分含量的计算方法；

d. 操作条件的详细情况(温度、气体流速、压力等)。

附加说明：

本标准由上海石油化工研究院提出。

本标准由全国化学标准化技术委员会石油化学分技术委员会归口。

本标准由上海石油化工研究院负责起草。

本标准主要起草人冯钰安、王川、叶志良。

ICS 71.080.60
G 17
备案号：36919-2012

SH

中华人民共和国石油化工行业标准

SH/T 1550—2012
代替 SH/T 1550—2000

工业用甲基叔丁基醚（MTBE）纯度及杂质的测定　气相色谱法

Methyl tert-butyl ether (MTBE) for industrial use
—Determination of purity and impurities
—Gas chromatographic method

2012-05-24 发布　　　　2012-11-01 实施

中华人民共和国工业和信息化部　发布

前　言

本标准依据 GB/T 1.1—2009 给出的规则起草。

本标准非等效采用 ASTM D5441-98（2008）《气相色谱法分析甲基叔丁基醚（MTBE）的标准试验方法》（英文版）对 SH/T 1550—2000《工业用甲基叔丁基醚（MTBE）纯度及烃类杂质的测定　气相色谱法》进行了修订。

本标准代替 SH/T 1550—2000《工业用甲基叔丁基醚（MTBE）纯度及烃类杂质的测定　气相色谱法》。

本标准与 SH/T 1550—2000 相比的主要变化如下：

——修改了标准名称；

——取消了原标准推荐的 100m 和 150m 聚甲基硅烷柱；增加了弱极性的 6%氰丙苯基 94%二甲基聚硅氧烷（624）柱；

——增加了中心切割分析方法；

——修改了方法的适用范围；

——简化了仪器设备的技术要求；

——删除了关于色谱柱评价和色谱柱流速调节的内容；

——增加了校正因子的计算公式；

——修改了体积含量的计算公式；

——修改了分析结果的表述方式；

——采用了自行确定的重复性限（r），取消了再现性的典型数据。

本标准与 ASTM D5441-98（2008）的主要差异为：

——修改了标准名称；

——取消了原标准推荐的 100m 和 150m 聚甲基硅烷柱；增加了弱极性的 6%氰丙苯基 94%二甲基聚硅氧烷（624）柱；

——增加了中心切割分析方法；

——修改了方法的适用范围；

——简化了仪器设备的技术要求；

——删除了关于色谱柱评价和色谱柱流速调节的内容；

——增加了校正因子的计算公式；

——修改了体积含量的计算公式；

——修改了分析结果的表述方式；

——采用了自行确定的重复性限（r），取消了再现性的典型数据；

——规范性引用文件中采用现行国家标准。

本标准由中国石油化工集团公司提出。

本标准由全国化学标准化技术委员会石油化学分技术委员会（SAC/TC63/SC4）归口。

本标准起草单位：中国石油化工股份有限公司上海石油化工研究院。

本标准主要起草人：高枝荣、李继文。

本标准所代替标准的历次版本发布情况为：

SH/T 1550—93，SH/T 1550—2000。

工业用甲基叔丁基醚（MTBE）纯度及杂质的测定　气相色谱法

警告：本标准未指出所有可能的安全问题。生产者必须向用户说明产品的危险性，使用中的安全和防护措施，本标准的使用者有责任采取适当的安全和健康措施，并保证符合国家有关法规规定的条件。

1　范围

本标准规定了测定工业用甲基叔丁基醚（MTBE）的纯度及其杂质的气相色谱法。

本标准适用于测定 MTBE 的纯度，也适用于测定 MTBE 中的杂质，例如 C_4 至 C_{12} 烃类、甲醇、异丙醇、叔丁醇和仲丁醇、甲基仲丁基醚和甲基叔戊基醚、丙酮以及甲乙酮。采用聚甲基硅氧烷柱分析方法，杂质的最低检测浓度为 0.02%（质量分数）；采用 624 柱和中心切割分析方法，杂质的最低检测浓度为 0.002%（质量分数）。

2　规范性引用文件

下列文件对于本文件的应用是必不可少的。凡是注日期的引用文件，仅注日期的版本适用于本文件。凡是不注日期的引用文件，其最新版本（包括所有的修改单）适用于本文件。

GB/T 4756　石油液体手工取样法（GB/T 4756—1998，Neq ISO 3170：1988）

GB/T 6283　化工产品中水分含量的测定　卡尔·费休法（通用方法）

GB/T 8170　数值修约规则与极限数值的表示和判定

3　方法提要

3.1　单柱（聚甲基硅氧烷柱和 624 柱）分析方法

在本标准规定条件下，将适量试样注入配置火焰离子化检测器（FID）的气相色谱仪进行分析。测量每个杂质和主组分的峰面积，以校正面积归一化法计算各组分的质量百分含量。校正因子通过分析与待测样品中浓度相近的标样进行测定。

3.2　中心切割分析方法

在本标准规定条件下，将适量试样注入配有中心切割装置和双 FID 检测器的气相色谱仪中，试样先通过聚甲基硅氧烷柱，各组分按沸点分离，根据难分离物质的出峰时间确定中心切割的时间段，并将其切至聚乙二醇毛细管柱，使难分离物质有效分离。测量每个杂质和主组分的峰面积，以校正面积归一化法计算各组分的质量百分含量。校正因子通过分析与待测样品中浓度相近的标样进行测定。

水分及不能用本标准测定的其余杂质必须用相应的标准方法进行测定，并将所得结果进行归一化处理。

4　试剂与材料

警告：本章所涉及的试剂和材料均为高压压缩或易燃的气体及易燃、有毒的液体，应注意安全使用。

4.1 载气

氦气或氮气，纯度≥99.99%（体积分数）。

4.2 燃烧气

氢气，纯度≥99.99%（体积分数）。

4.3 辅助气

氮气，纯度≥99.99%（体积分数）。

4.4 助燃气

空气，无油。

4.5 标准物质

供测定校正因子用，其中甲基叔丁基醚纯度应大于99.7%（质量分数），其他物质纯度应大于99.0%（质量分数）。

4.5.1 甲基叔戊基醚；

4.5.2 丁烷；

4.5.3 仲丁醇；

4.5.4 叔丁醇；

4.5.5 甲基仲丁基醚；

4.5.6 4，4-二甲基-2-新戊基-1-戊烯；

4.5.7 异丁烯；

4.5.8 甲醇；

4.5.9 2-甲基-2-丁烯；

4.5.10 甲基叔丁基醚：用做配制标准试样和测定校正因子的基液；

4.5.11 2，2，4，6，6-五甲基-3-庚烯；

4.5.12 正戊烷；

4.5.13 顺-2-戊烯；

4.5.14 反-2-戊烯；

4.5.15 2，4，4-三甲基-1-戊烯；

4.5.16 2，4，4-三甲基-2-戊烯；

4.5.17 正庚烷。

5 仪器与设备

5.1 气相色谱仪

5.1.1 单柱分析方法

配置氢火焰离子化检测器（FID），能够在表1所推荐条件下操作的气相色谱仪。该仪器对本标准规定的最低测定浓度的杂质所产生的峰高应至少大于噪声的两倍。

5.1.2 中心切割分析方法

配置中心切割装置、双氢火焰离子化检测器（FID），能够在表1所推荐条件下操作的气相色谱仪，该仪器对本标准规定的最低测定浓度的杂质所产生的峰高应至少大于噪声的两倍。气路连接系统如图1所示。其默认状态一般为状态off，此时样品中各组分流经主分析柱和阻尼柱被检测器A检测。当需要对其中流经主分析柱的共流出组分进一步进行分离时，将分析系统切换至状态on进行中心切割，使流经主分析柱的共流出组分进入辅助分析柱，进一步分离，然后被检测器B检测。满足本标准分离和定量效果的其他流路控制系统也可使用。

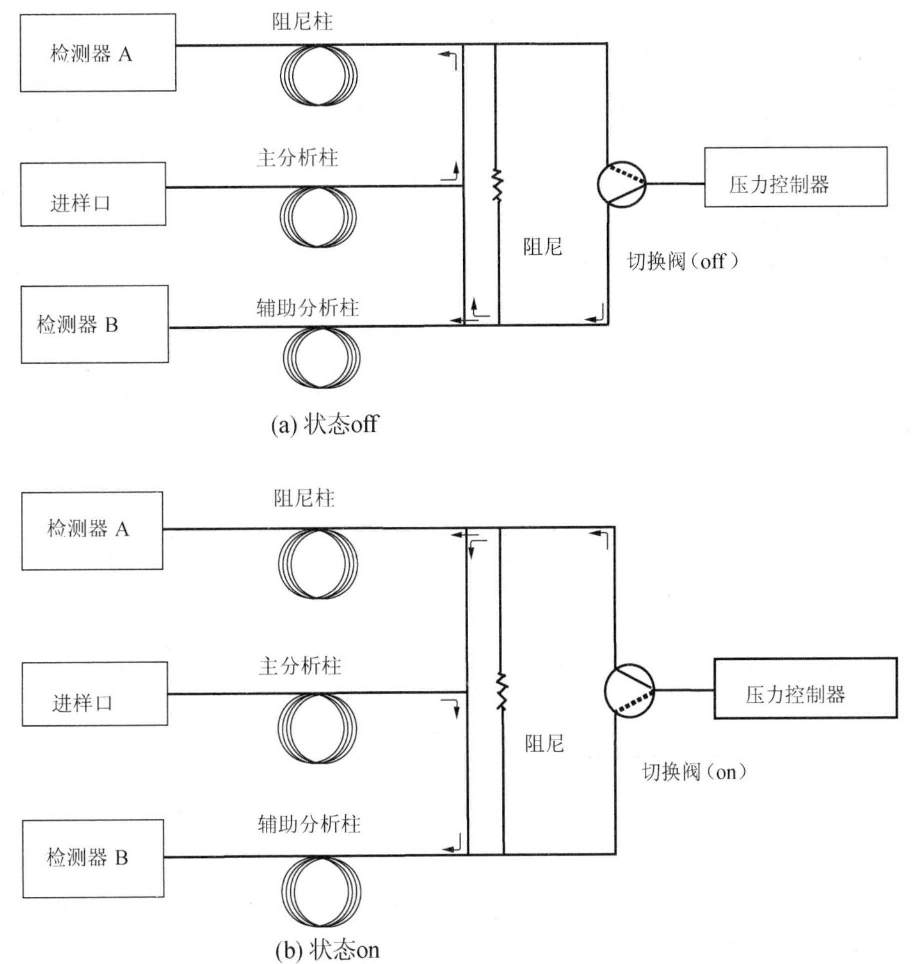

说明：
状态off：预分离状态；状态on：中心切割状态。

图1 中心切割分析方法气路连接示意图

5.2 进样装置

微量注射器（1μL，10μL）或自动进样器。

5.3 色谱柱

本标准使用表1所示熔融石英毛细管柱。能给出同等分离和定量效果的其他色谱柱和分析条件也可使用。

5.4 记录装置

电子积分仪或色谱工作站。

表1 推荐的色谱柱及典型操作条件

色谱柱		聚甲基硅氧烷柱	6%氰丙苯基94%二甲基聚硅氧烷（624）柱	中心切割		
				主分析柱 聚甲基硅氧烷柱	辅助分析柱 聚乙二醇柱	阻尼柱 空毛细管柱
柱长/m		50	60	50	10	1
液膜厚度/μm		0.5	1.4	0.5	0.5	—
内径/mm		0.20	0.25	0.20	0.32	0.18
载气		氦气（He）	氮气（N_2）	氦气（He）	氦气（He）	氦气（He）
载气平均流速/(mL/min)		0.6	0.7	0.8	2.0	2.0
柱温	初温/℃	40	50	40		
	初温保持时间/min	13	15	13		
	升温速率/(℃/min)	10	10	10		
	终温/℃	180	180	180		
	终温保持时间/min	3	10	3		
切换时间/min		—	—	4.7（on）；5.1（off） 6.6（on）；7.4（off） 9.4（on）；10.4（off）		
进样器温度/℃		200	200	200		
检测器温度/℃		250	250	250		
分流比		200:1	100:1	100:1		
进样量/μL		0.1~0.5	1.0	0.4~0.8		

注：表中所列出的三组切换时间分别对应甲醇和丁烯、叔丁醇和2-戊烯、甲基仲丁基醚和仲丁醇三对难分离物质的中心切割时间。

6 采样

按GB/T 4756的规定采取样品，可用如图2所示的玻璃耐压取样瓶存放样品，并保存在4℃左右的低温下，直至进行样品测定。

单位：mm

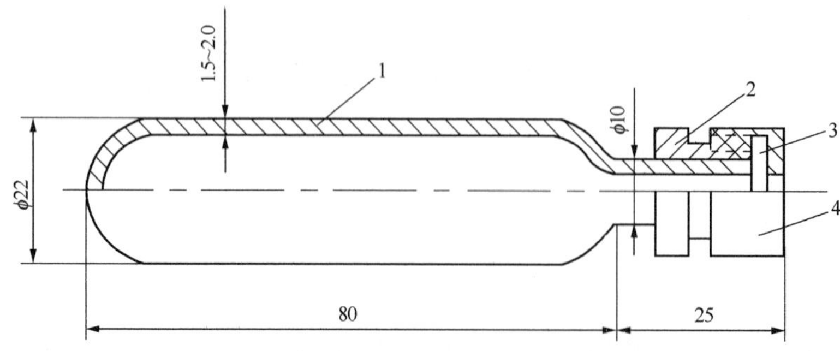

1—硬质玻璃瓶体；2—不锈钢或黄铜的螺丝接口；3—硅橡胶垫片；4—不锈钢或黄铜的压紧螺帽。

图2 玻璃耐压取样瓶示意图

7 仪器准备

7.1 色谱柱的安装和老化

按照仪器使用说明书的指导安装和老化色谱柱。老化之后将柱出口接至火焰离子化检测器的入口处，并检查系统是否漏气。

7.2 气相色谱仪操作条件调节

调节气相色谱仪的操作条件，符合表1所示参数。

7.3 中心切割分析方法切割时间的确定

在电磁切换阀处于图1中预分离状态（off）下，将配制的标准试样注入气相色谱进样口，被测组分经主分析柱预分离后，经过阻尼柱，进入检测器A，确定难分离物质对（甲醇和丁烯、叔丁醇和2-戊烯、甲基仲丁基醚和仲丁醇）出峰的起止时间，因样品组分在阻尼柱上的停留时间小于0.01 min，因此难分离物质对（甲醇和丁烯、叔丁醇和2-戊烯、甲基仲丁基醚和仲丁醇出峰）在检测器A上的出峰起止时间即为电磁切换阀自预分离状态切换至中心切割状态（自off状态切至on状态）和切回预分离状态（自on状态切回off状态）的阀切换时间。当被切割组分与前后组分的保留时间相距较大时可适当放宽切割时间。微调阀切换时间，确保难分离物质对（甲醇和丁烯、叔丁醇和2-戊烯、甲基仲丁基醚和仲丁醇）完全切入辅助分析柱。

7.4 线性范围确定

在进行样品测试前，须证实所注入样品量是否会使FID产生信号饱和现象。可用浓度在预期范围内的标样，作出MTBE的“浓度-峰面积”曲线，以确定满足线性的进样量范围。

8 测定步骤

8.1 组分的定性

样品分析所得组份峰的定性，是将它们的保留时间与相同条件下标准物质的保留时间加以对比确定。MTBE产品中常见杂质的典型保留时间见表2。MTBE产品中常见杂质在聚甲基硅氧烷柱、624柱和中心切割分析方法的典型色谱图分别见图3、图4和图5。

8.2 校准混合物配制

用称量法配制高纯度的MTBE、欲测杂质及参考物质正庚烷的校准混合物。各组分的称量应精确至0.0001g，含量计算应精确至0.0001%（质量分数）。校准混合物的杂质浓度应与待测试样中的杂质浓度相近。

8.3 校正因子的测定

根据表1推荐的操作条件，在仪器稳定运行后，准确抽取相同体积的校准混合物和甲基叔丁基醚基液依次注入色谱仪。各重复测定三次，测量色谱峰的面积。依据所得色谱峰面积及各杂质组分含量，计算各组分的校正因子。相对质量校正因子的计算见式（1）。典型的相对质量校正因子见表2。

$$f_i = \frac{A_s \times m_i}{(A_i - \bar{A}_{i0}) \times m_s} \tag{1}$$

式中：

f_i ——组分 i 相对于正庚烷的相对质量校正因子；

A_s ——校准混合物中正庚烷的峰面积；

m_i ——校准混合物中组分 i 的质量，单位为毫克（mg）；

A_i ——校准混合物组分 i 的峰面积；

$\bar{A}_{i0}$ ——甲基叔丁基醚基液中组分 i 三次测定峰面积的平均值；

m_s ——校准混合物中正庚烷的质量，单位为毫克（mg）。

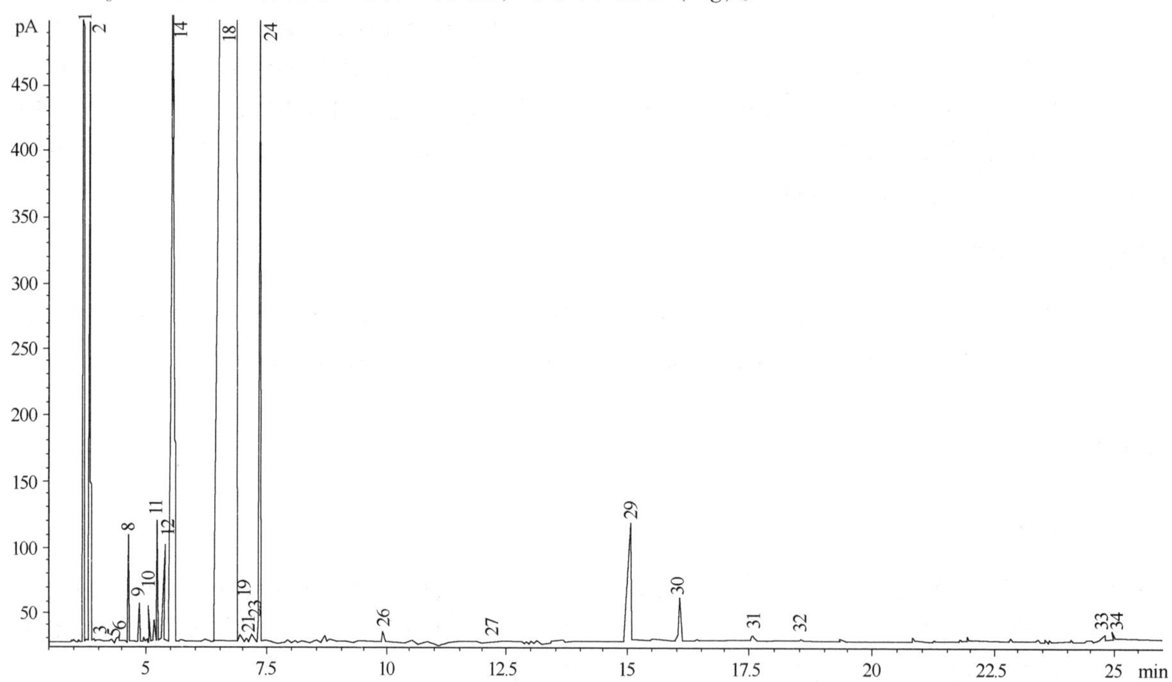

1—甲醇；2—异丁烯；3—丁烷；5—顺-2-丁烯；6—3-甲基-1-丁烯；8—异戊烷；9—2-丙醇；10—1-戊烯；11—2-甲基-1-丁烯；12—戊烷；14—叔丁醇；18—MTBE；19—2，3-二甲基-1-丁烯；21—2-甲基-戊烷；23—3-甲基-戊烷；24—甲基仲丁基醚；26—乙基叔丁基醚；27—甲基叔戊基醚；29—2，4，4-三甲基-1-戊烯；30—2，4，4-三甲基-2-戊烯；31—3，4，4-三甲基-2-戊烯；32—2，3，4-三甲基-2-戊烯；33—4，4-二甲基-2-新戊基-1-戊烯；34—2，2，4，6，6-五甲基-3-庚烯。

图3 采用聚甲基硅氧烷柱时MTBE样品的色谱图

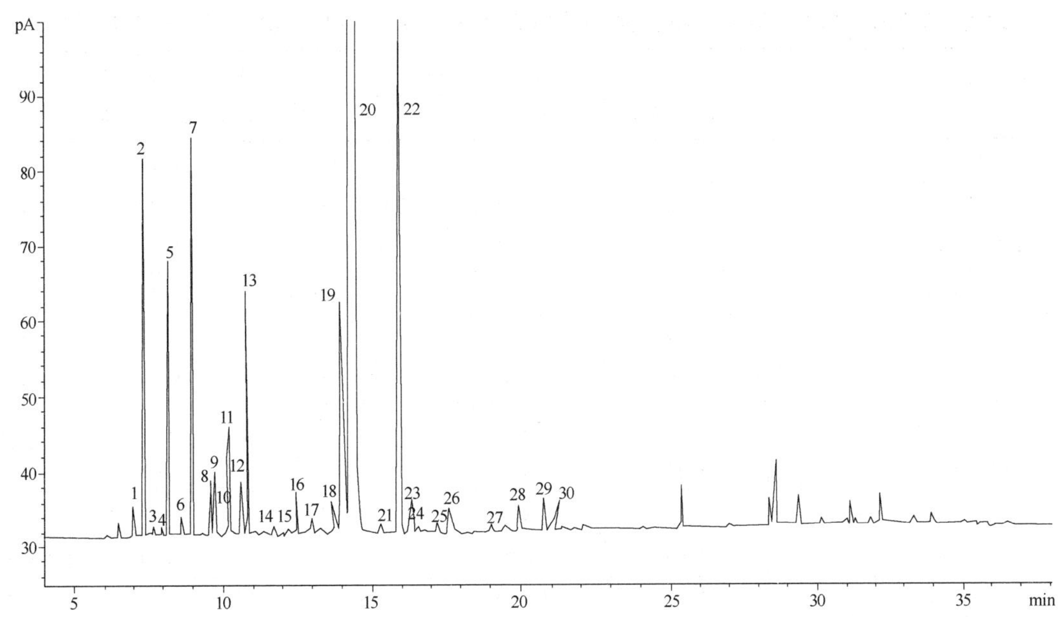

1—异丁烷；2—异丁烯+1-丁烯；3—反-2-丁烯；4—顺-2-丁烯；5—甲醇；6—3-甲基-2-丁烯；7—异戊烷；8—1-戊烯；9—正戊烷；10—2-甲基-1-丁烯；11—反-2-戊烯；12—顺-2-戊烯；13—2-甲基-2-丁烯；14—甲基丙基醚；15—丙酮；16—2-丙醇；17—2-甲基-戊烷；18—未知组分；19—叔丁醇；20—MTBE；21—正己烷；22—甲基仲丁基醚；23—叔戊醇；24—1，4-己二烯；25—3，4-二甲基-2-戊烯；26—乙基叔丁基醚；27—甲乙酮；28—甲基-2-丁烯基醚；29—异辛烷；30—甲基叔戊基醚。

图4　采用 MTBE624 柱时 MTBE 样品的色谱图

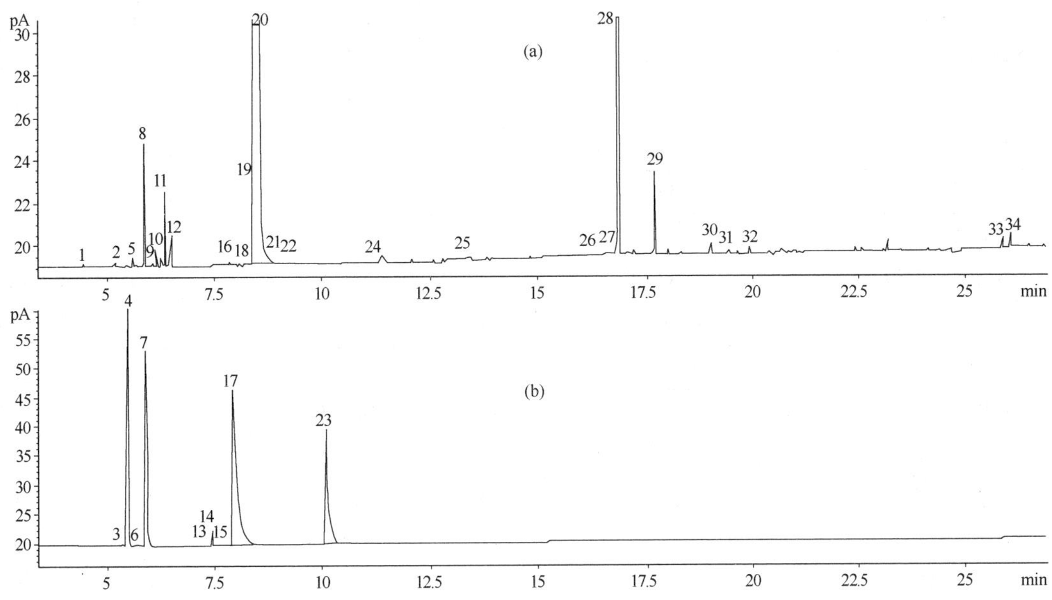

1—丙烯；2—顺-2-丁烯；3—异丁烷；4—异丁烯；5—3-甲基-1-丁烯；6—反-2-丁烯；7—甲醇；8—异戊烷；9—1-戊烯；10—2-丙醇；11—2-甲基-1-丁烯；12—正戊烷；13—反-2-戊烯；14—2-甲基-2-丁烯；15—顺-2-丁烯；16—环戊烯；17—叔丁醇；18—2，3-二甲基-1-丁烯；19—甲基异丁烯基醚；20—MTBE；21—4-甲基-顺-2-戊烯；22—2-甲基-戊烷；23—甲基仲丁基醚；24—乙基叔丁基醚；25—甲基-2-丁烯基醚；26—正庚烷；27—3，5-二甲基-1-己烯；28—2，4，4-三甲基-1-戊烯；29—2，4，4-三甲基-2-戊烯；30—3，4，4-三甲基-2-戊烯；31—异丙基叔丁基醚；32—2，3，4-三甲基-2-戊烯；33—4，4-二甲基-2-新戊基-1-戊烯；34—2，2，4，6，6-五甲基-3-庚烯。

上图（a）为 FID A 上检测到的色谱图；下图（b）为 FID B 上检测到的色谱图。

图5　采用中心切割方法时 MTBE 样品的色谱图

表2　MTBE样品在不同分析方法中的典型保留时间、相对质量校正因子及密度

组分名称	保留时间/min			相对质量校正因子（正庚烷=1.00）	大约20℃时的密度/（g/mL）
	聚甲基硅氧烷柱	624柱	中心切割		
异丁烷	/	6.97	5.32（FID B）	1.17	0.5788
甲醇	3.72	8.15	5.91（FID B）	3.20	0.7914
异丁烯+1-丁烯	3.85	7.37	5.49（FID B）	1.18	0.5942
1-丁烯	/	/	5.57（FID B）	/	/
正丁烷	3.92	/	/	1.17	0.5788
反-2-丁烯	3.99	7.67	5.67（FID B）	1.13	0.6042
顺-2-丁烯	4.10	7.95	5.23	1.10	0.6213
3-甲基-1-丁烯	4.41	8.62	5.61	1.05	0.6272
丙酮	4.61	12.14	6.01	1.85	0.7899
异戊烷	4.66	8.94	5.92	1.04	0.6201
2-丙醇	4.77	12.446	6.27	1.88	0.7855
1-戊烯	4.82	9.59	6.24	1.05	0.6405
2-甲基-1-丁烯	4.95	9.84	6.36	1.00	0.6504
正戊烷	5.00	9.74	6.51	1.05	0.6262
反-2-戊烯	5.12	10.21	7.30（FID B）	1.05	0.6482
叔丁醇	5.20	13.97	7.93（FID B）	1.30	0.7887
顺-2-戊烯	5.26	10.59	7.58（FID B）	1.05	0.6556
2-甲基-2-丁烯	5.37	10.79	7.42（FID B）	1.00	0.6623
环戊烯	6.17	/	7.83	1.00	0.7457
甲基叔丁基醚	6.51	14.34	8.56	1.53	0.7405
2，3-二甲基-1-丁烯	6.55	/	8.22	1.00	0.6803
4-甲基-顺-2-戊烯	6.57	/	8.98	1.00	0.669
2-甲基-戊烷	6.63	13.02	9.07	1.00	0.6532
甲乙酮	6.86	18.56	/	1.51	0.8054
3-甲基戊烷	7.09	/	/	1.00	0.6645
甲基仲丁基醚	7.22	15.90	10.09（FID B）	1.53	0.7415
仲丁醇	/	18.99	11.82（FID B）	1.67	0.807
乙基叔丁基醚	8.54	17.60	11.30	1.50	0.7519
甲基-2-丁烯基醚	/	19.93	13.45	1.53	0.7405
异辛烷	/	21.04	/	1.00	0.6986
甲基叔戊基醚	11.93	21.33	15.33	1.41	0.7703
3，5-二甲基-1-己烯	14.85	/	16.70	0.90	0.708
2，4，4-三甲基-1-戊烯	15.03	22.16	16.89	0.90	0.715
2，4，4-三甲基-2-戊烯	16.17	22.73	17.72	0.90	0.7218
3，4，4-三甲基-反-2-戊烯	17.86	/	19.52	0.90	0.739
2，3，4-三甲基-2-戊烯	19.02	/	19.93	0.90	0.7434
4，4-二甲基-2-新戊基-1-戊烯	26.26	/	25.91	0.90	0.759

表 2　MTBE 样品在不同分析方法中的典型保留时间、相对质量校正因子及密度（续）

组分名称	保留时间/min			相对质量校正因子（正庚烷 = 1.00）	大约 20℃时的密度/（g/mL）
	聚甲基硅氧烷柱	624 柱	中心切割		
2，2，4，6，6-五甲基-3-庚烯	26.46	/	26.09	0.90	0.759

注 1：甲醇在在推荐条件下的聚甲基硅氧烷柱上与异丁烷同时流出，但在 624 柱上能完全分离；在中心切割分析方法下，甲醇和异丁烷被切割至聚乙二醇柱上能完全分离；

注 2：异丁烯和 1-丁烯在推荐柱温下三种方法中（聚甲基硅氧烷柱、624 柱和中心切割）均同时流出，但在低于室温的柱温条件下，能被分离；

注 3：仲丁醇与甲基仲丁基醚在推荐条件下的聚甲基硅氧烷柱上不能分离，但在 624 柱和中心切割分析方法中能完全分离；

注 4：在推荐条件下聚甲基硅氧烷柱上，反-2-戊烯在叔丁醇之前出峰，顺-2-戊烯则在叔丁醇之后出峰，但二者均为肩峰，但在 624 柱和中心切割分析方法中上述组分可分离；

注 5：中心切割分析方法中，未标注检测器的均为在检测器 FID A 上的测定结果。

注 6：本标准虽然分离了 MTBE 中的大部分杂质，然而仍有某些组分未能分离，例如已经发现环戊烷及 2，3-二甲基丁烷与 MTBE 在聚甲基硅氧烷柱上同时流出，但在 MTBE 中通常不存在这两个杂质。因此在使用中应注意鉴别。

8.4　试样测定

8.4.1　当气相色谱仪停止使用超过 24h 时，应将柱温升至色谱柱规定的最高使用温度，并保持 20min 以上，以除去柱中污染物，当获得平稳基线后，再将柱温降至初始温度。

8.4.2　进行适当的基线补偿，使不低于方法最低检测浓度的任何组分都能被检测、积分和报告。

8.4.3　按表 1 所示参数调节好气相色谱仪的操作条件，注入适量试样，进样量应保证 FID 信号不饱和，同时记录色谱图。

9　分析结果计算

9.1　质量含量的计算

各组分的质量含量 w_i 以质量分数计，数值以%表示，按式（2）计算：

$$w_i = \frac{A_i \times f_i}{\sum (A_i \times f_i)} \times (100 - w) \tag{2}$$

式中：

w_i ——组分 i 的含量，%（质量分数）；

A_i ——组分 i 的峰面积；

f_i ——组分 i 相对于正庚烷的相对质量校正因子；

$\sum (A_i \times f_i)$ ——所有组分校正峰面积的总和；

w ——按 GB/T 6283 及其他方法测得的试样中的杂质含量，%（质量分数）。

对少数不能获得校正因子的杂质组分，可将其相对质量校正因子 f_i 设为 1.00。

9.2　体积含量的计算

如需要报告各组分的体积含量 V_i，以体积分数计，数值以%表示，可按式（3）进行换算：

$$V_i = \frac{w_i \times \rho}{\rho_i} \tag{3}$$

式中：

V_i ——组分 i 的体积含量,%（体积分数）；

w_i ——从公式（2）得到的组分 i 的质量含量，%（质量分数）；

ρ ——被测样品在 20℃时的密度，单位为克/毫升（g/mL）；

ρ_i ——从表 2 查得的组分 i 的密度，单位为克/毫升（g/mL）。

10 分析结果的表述

以两次重复测定结果的算术平均值报告其分析结果，应按 GB/T 8170 规定进行数值修约。

MTBE 的纯度应精确至 0.01%。采用聚甲基硅氧烷柱分析方法时每个杂质的浓度应精确至 0.01%；采用 624 柱和中心切割分析方法时每个杂质的浓度应精确至 0.001%。

11 重复性

在同一实验室，由同一操作者使用相同设备，按相同的测试方法，并在短时间内对同一被测对象相互独立进行测试获得的两次独立测试结果的绝对差值不大于表 3 列出的重复性限（r），以大于重复性限（r）的情况不超过 5%为前提。

表 3 重复性要求

组分/%（质量分数）	重复性限（r）
杂质	
$0.002 \leqslant w < 0.020$	其平均值的 20%
$\geqslant 0.020$	其平均值的 10%
MTBE 纯度	
$\geqslant 99.0$	0.02%
$99.0 > w \geqslant 95.0$	0.1%

12 报告

报告应包括以下内容：

a）有关试样的全部资料，例如样品名称、批号、采样日期、采样地点、采样时间等；

b）本标准编号；

c）分析结果；

d）测定过程中所观察到的任何异常现象的细节及其说明；

e）分析人员姓名，分析日期。

中华人民共和国石油化工行业标准

SH/T 1551—1993

（2004年确认）

芳烃中溴指数的测定　电量滴定法

1　主题内容与适用范围

本标准规定了测定芳烃溴指数的电量滴定法。

本标准适用于溴指数低于500的试样。

2　引用标准

GB/T 4472　化工产品密度、相对密度测定通则

GB/T 6678　化工产品采样总则

GB/T 6680　液体化工产品的采样通则

GB 6682　实验室用水规格

3　方法概要

在室温下，将试样注入特殊电解液中，用电解产生的溴进行滴定，以死停法检测终点。滴定时间与试样所消耗的溴量成正比，根据法拉第电解定律即可求出试样的溴指数。

4　试剂与溶液

除另有注明外，所用试剂均为分析纯试剂，所用的水均为符合GB 6682的三级水规格。

4.1　电解液：混合600mL冰乙酸，260mL无水甲醇和140mL溴化钾溶液(4.2)，然后再加入2g乙酸汞($HgAC_2$)，待其完全溶解即得1L电解液。

4.2　溴化钾溶液(119g/L)：用水溶解119g溴化钾并稀释至1L。

5　仪器

5.1　安培-库仑仪：为具有可调电解电流和计时器的自动化仪器，适用于溴指数的滴定。典型线路见下图。

5.2　注射器：容量为2mL，配有针头和橡胶密封帽。

5.3　磁力搅拌器。

5.4　天平：感量0.1mg。

6　采样

按GB/T 6678和GB/T 6680的规定采取样品。

7　测定

7.1　将适量的电解液(4.1)注入清洁、干燥的电解池中，插入电极并开始搅拌，再按表1规定设置适宜的电解电流。

中国石油化工总公司 1993-06-11 批准　　　　1994-05-01 实施

表 1 试样量和电解电流

溴指数估计值	试样量，g	电解电流，mA
0~20	1.000	1.0
20~200	0.600	5.0
200~2000	0.060	5.0

7.2 必须使库仑仪达到平衡后方可注入试样。

7.3 按表 1 中相应的溴指数，用注射器(5.2)吸取适量试样，用滤纸擦干针头，并用橡胶帽密封针头，然后置于分析天平上称量，取下橡胶封帽，将试样注入电解液中，同时将计时器设置于零。再将橡胶帽封住针头，并再次称量，以差减法求得试样量，如样品密度已知，也可用移液管加入试样而换算成质量。

7.4 开始滴定，滴定过程中电解电流应稳定在设定值。到达终点时，溴浓度增量的增加使滴定仪和计时器自动停止。滴定针关闭 40s 后，再继续滴定，若滴定计立即关闭，表明终点已经达到。反之，需再进行间歇滴定，间隔时间约 40s，直至滴定时间增量为≤4s。最后记录总的滴定时间和电解电流值。

8 计算

溴指数 B 按下式计算：

$$B=\frac{T \cdot I \times 79.9}{965W}$$

式中：B——100g 样品所消耗溴的毫克数；

T——滴定时间，s；

I——电解电流，mA；

W——试样质量，g。

9 精密度

9.1 重复性

在同一实验室，由同一操作员使用同一台仪器，对同一试样，相继两次重复测定的结果之差不超过表 2 规定的允许差(95%置信水平)：

表 2 溴指数测定的允许差

溴指数范围	允 许 差
<2	0.4
<20	1.3
<50	2.0
<100	5.0
<200	10.0
<500	20.0

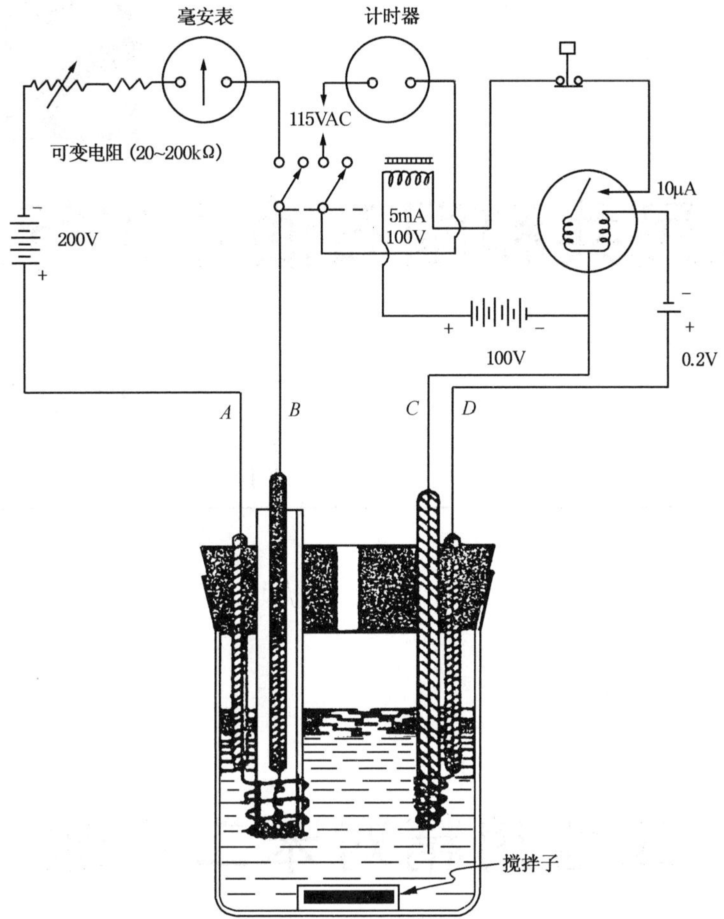

自动安培-库仑仪线路图

附加说明：

本标准由上海石油化工研究院提出。

本标准由全国化学标准化技术委员会石油化学分技术委员会归口。

本标准由上海石油化工研究院负责起草。

本标准主要起草人徐卫宗、秦燕。

本标准参照采用美国试验与材料协会标准 ASTM D1492-87《库仑滴定法测定芳烃溴指数的标准试验方法》。

ICS 71.080.40
G 17

中华人民共和国石油化工行业标准

SH/T 1612.1—2005
代替 SH/T 1612.1—1995

工业用精对苯二甲酸

Purified terephthalic acid for industrial use

2005-10-10 发布　　　　2006-02-01 实施

中华人民共和国国家发展和改革委员会　发布

前　言

本标准是对SH/T 1612.1—1995《工业用精对苯二甲酸》的修订。

本标准代替SH/T 1612.1—1995。

本标准与SH/T 1612.1—1995相比主要变化如下：

——技术要求中增加了b^*值项目；

——调整了灰分、总重金属、铁和水分的优等品指标，灰分由≤15mg/kg调整为≤8mg/kg，总重金属由≤10mg/kg调整为≤5mg/kg，铁由≤2mg/kg调整为≤1mg/kg，水分由≤0.3%(质量分数)调整为≤0.2%(质量分数)；

——调整了对甲基苯甲酸的一等品指标，由报告调整为≤200mg/kg；

——试验方法中增加了《工业用精对苯二甲酸粒度分布的测定 激光衍射法》、《工业用精对苯二甲酸b^*值的测定　色差计法》，取消了SH/T 1612.6《工业用精对苯二甲酸中对羧基苯甲醛含量的测定　极谱法》；

——增加了第6章有关安全要求的内容；

——附录A中增加了平均粒径的测定方法。

本标准的附录A是标准的规范性附录。

本标准由中国石油化工集团公司提出。

本标准由全国化学标准化技术委员会石油化学分技术委员会(SAC/TC63/SC4)归口。

本标准主要起草单位：扬子石油化工股份有限公司。

本标准主要起草人：吴晨光、王振兴。

本标准所代替标准的历次版本发布情况为：SH/T 1612.1—1995。

工业用精对苯二甲酸

1 范围

本标准规定了工业用精对苯二甲酸(以下简称 PTA)的技术要求、试验方法、检验规则以及包装、标志、运输、贮存、安全要求等。

本标准适用于以石油对二甲苯为原料，经氧化、精制制得的工业用 PTA。该产品主要用作生产聚酯切片、长短涤纶纤维和化工产品的原料。

分子式：$C_8H_6O_4$

结构简式：

COOH

COOH

相对分子质量：166.13(按 2001 国际相对原子质量)。

2 规范性引用文件

下列文件中的条款通过本标准的引用而构成为本标准的条款。凡是注日期的引用文件，其随后的所有修改单(不包括勘误的内容)或修订版均不适用于本标准，然而，鼓励根据本标准达成协议的各方研究是否可使用这些文件的最新版本。凡是不注日期的引用文件，其最新版本适用于本标准。

GB/T 1250 极限数值的表示方法和判定方法

GB/T 3143 液体化学产品颜色测定法(Hazen 单位——铂-钴色号)

GB/T 6678 化工产品采样总则

GB/T 6679 固体化工产品采样通则

GB/T 7531 有机化工产品灰分的测定

SH/T 1612.2—1995 工业用精对苯二甲酸酸值的测定

SH/T 1612.3—1995 工业用精对苯二甲酸中金属含量的测定 原子吸收分光光度法

SH/T 1612.4—1995 工业用精对苯二甲酸中水含量的测定 卡尔·费休容量法

SH/T 1612.5—1995 工业用精对苯二甲酸中钛含量的测定 二安替比林甲烷分光光度法

SH/T 1612.7—1995 工业用精对苯二甲酸中对羧基苯甲醛和对甲基苯甲酸含量的测定 高效液相色谱法

SH/T 1687—2000 工业用精对苯二甲酸(PTA)中对羧基苯甲醛和对甲基苯甲酸含量的测定 高效毛细管电泳法(HPCE)

SH/T 1612.8—2005 工业用精对苯二甲酸粒度分布的测定 激光衍射法

SH/T 1612.10—2005 工业用精对苯二甲酸 b^* 值的测定 色差计法

3 技术要求和试验方法

工业用 PTA 应符合表 1 的技术要求。

表 1 质量指标和试验方法

项目		指标		试验方法
		优等品	一等品	
外观		白色粉末	白色粉末	目测[a]
酸值，mgKOH/g		675±2	675±2	SH/T 1612.2
对羧基苯甲醛，mg/kg	≤	25	25	SH/T 1612.7(仲裁法)、SH/T 1687
灰分，mg/kg	≤	8	15	GB/T 7531
总重金属(钼铬镍钴锰钛铁)，mg/kg	≤	5	10	SH/T 1612.3、SH/T 1612.5
铁，mg/kg	≤	1	2	SH/T 1612.3
水分,%(质量分数)	≤	0.2	0.5	SH/T 1612.4
5g/100mL DMF 色度[b]，铂钴色号	≤	10	10	GB/T 3143
对甲基苯甲酸，mg/kg	≤	150	200	SH/T 1612.7(仲裁法)、SH/T 1687
b^* 值		供需商定		SH/T 1612.10
粒度分布	250μm 以上,%(体积分数) 45μm 以下,%(体积分数) d_{50}，μm	供需商定		SH/T 1612.8
粒度分布	或 250μm 以上,%(质量分数) 45μm 以下,%(质量分数) 平均粒径，μm	供需商定		附录 A

[a]将适量试样均匀地分布于白色器皿或滤纸上进行目测。

[b]先将试样配成 5g/100mL 的二甲基甲酰胺(DMF)溶液并进行过滤，取滤液按 GB/T 3143 的规定进行测定。

4 检验规则

4.1 本标准表 1 规定的所有项目均为型式检验项目，除 5g/100mL DMF 色度外，其他项目均为出厂检验项目。正常生产时，每月至少应进行一次型式检验。

4.2 PTA 产品以同等质量、均匀的产品为一批，可按生产周期、生产班次或产品贮存料仓组批。

4.3 PTA 产品的取样按 GB/T 6678 和 GB/T 6679 的规定进行。样品量 1kg~2kg，样品分装成两份，一份供检验用，一份作为留样保存。

4.4 工业用 PTA 应由生产厂的质量检验部门进行检验，并按 GB/T 1250 规定进行合格判定。生产厂应保证所有出厂的产品质量符合本标准的要求。每批出厂产品都应附有质量证明书，其内容包括：生产厂名、产品名称、等级、批号、净含量、生产日期和本标准代号等。

4.5 如果检验结果不符合本标准要求，应重新加倍抽取有代表性的样品复验，复验结果只要有一项指标不符合本标准要求，则该批产品不能按本标准验收。

4.6 产品接受单位有权按本标准对所收到的 PTA 产品进行质量验收，验收期限由供需双方商定。当供需双方对产品质量发生异议时，可由双方协商解决，或共同提请仲裁机构按本标准进行仲裁检验。

5 包装、标志、运输和贮存

5.1 袋装产品采用内衬塑料薄膜的包装袋包装，每袋产品净含量 1000kg。包装袋上应印有生产厂名、厂址、商标、产品名称、等级、批号、净含量和本标准代号等。

5.2 PTA 产品也可使用不锈钢槽车装运，装料前应检查槽车是否清洁、干燥，装料后进料口应密闭并加铅封。

5.3 PTA 产品运输中应防火、防潮、防静电。袋装产品搬运时应轻装轻卸，防止包装损坏；槽车装卸作业时应注意控制装卸速度，防止产生静电。

5.4 PTA 产品应存放在阴凉、通风、干燥的仓库内，应远离火种和热源，与氧化剂、酸碱类物品分开存放，应防止日晒雨淋，不得露天堆放。

6 安全要求

6.1 PTA 为易燃物质，遇高热、明火或与氧化剂接触，有燃烧的危险。PTA 粉尘具有爆炸性。因此，产品的生产和装卸过程应注意密闭操作，工作场所应采取必要的通风和防护措施，防止产品泄漏和粉尘积聚。

6.2 PTA 属低毒类物质，对皮肤和黏膜有一定的刺激作用。对过敏症者，接触本品可引起皮疹和支气管炎。空气中最高容许浓度 $0.1mg/m^3$。

附　录　A
（规范性附录）
工业用 PTA 粒度分布的测定

A.1　方法提要

应用一组专用筛，逐一在空气喷射筛上筛分干燥的试样（加入1%的炭黑以消除所产生的静电），然后测定残留在相应专用筛上的试样质量，分别计算其与试样总量的百分比，从而得到试样的颗粒度大小及其分布。

A.2　仪器和材料

A.2.1　空气喷射筛（例如美国 Alipine Jet sieve A 200 LS 型）。
A.2.2　专用筛：材质为不锈钢，直径为 2013cm（8in）；筛孔分级为：45μm（325 目），53μm（270 目），74μm（200 目），105μm（140 目），149μm（100 目），210μm（70 目），250μm（60 目）。
A.2.3　天平：载量大于 1000g，感量不大于 0.1g。
A.2.4　称量皿或铝盘。
A.2.5　炭黑粉：粒径小于 45μm（325 目）。

A.3　操作步骤

A.3.1　称取 25.0g±0.1g 干燥试样于铝盘中，试样质量为 m。
A.3.2　称取 0.2g~0.3g 炭黑粉置于同一盘中，并与试样充分混匀。
A.3.3　称取筛子和橡皮密封圈的质量（m_1）。
A.3.4　将已称量的筛子和密封圈置于空气喷射筛上，并缓缓地向下推动，以使其刚好与空气喷射筛的顶部触及。
A.3.5　将铝盘中已称好的试样移入专用筛中，盖上塑料盖。
A.3.6　将定时器设定为 3min，并开始筛分运转。
A.3.7　调节流体压力，使真空度约为 1.5kPa~2.0kPa。
A.3.8　在筛分运转中，间断用塑料锤轻轻敲击塑料盖，以防止粒子粘附。
A.3.9　3min 结束后取出专用筛和橡皮密封圈，取下塑料盖，并将一些粘附在盖上的试样刷至筛中，然后称取残留有样品的专用筛和橡皮密封圈的质量（m_2）。

A.4　结果计算

A.4.1　专用筛上残留物的质量百分数的计算

按式 A.1 计算各个孔径的专用筛上的残留物的质量百分数：

$$X = \frac{m_2 - m_1}{m} \times 100 \qquad (A.1)$$

式中：

X——残留物的质量分数，%（质量分数）；
m_1——专用筛和橡皮密封圈的质量，g；
m_2——经筛分后专用筛、残留样品和橡皮密封圈的质量，g；
m——试样的质量，g。

A.4.2　平均粒径的计算

按孔径从小到大的顺序，计算各个孔径的专用筛上残留物的累积质量百分数，在半对数坐标纸上，以各个孔径的专用筛上残留物的累积质量百分数为纵坐标，以专用筛的孔径为横坐标，绘制曲线，从曲线上查出累积百分数为50%所对应的孔径，作为样品的平均粒径。

A.5 方法的精密度

两次重复测定结果的差值不大于表A.1中的允许差时，取其平均值作为测定结果。

表A.1 方法的精密度

项 目	残留物的质量分数,%(质量分数)	平均粒径，μm
允许差	1.0	12

中华人民共和国石油化工行业标准

SH/T 1612.2—1995
（2004年确认）

工业用精对苯二甲酸酸值的测定

1 主题内容与适用范围

本标准规定了测定工业用精对苯二甲酸(PTA)酸值的中和滴定法。

本标准适用于工业用PTA酸值的测定。

2 引用标准

GB/T 601 化学试剂 滴定分析(容量分析)用标准溶液的制备

GB/T 6679 固体化工产品采样通则

GB/T 6682 分析实验室用水规格和试验方法

3 定义

酸值：中和1gPTA样品所需的氢氧化钾的质量(以毫克计)。

4 方法提要

将一定量的PTA试样溶解于适量的吡啶中，以酚酞为指示剂，用氢氧化钠标准滴定溶液进行滴定。

5 仪器

5.1 滴定瓶：锥形烧瓶，250mL或300mL。

5.2 滴定管：50mL，分度值为0.1mL。

6 试剂和溶液

本标准中所使用的水应符合GB/T 6682中三级水规格。

本标准中所用标准溶液按GB/T 601制备。

6.1 吡啶。

6.2 氢氧化钠标准滴定溶液：$c(NaOH)=0.5mol/L$。

6.3 酚酞指示液(1g/L)：称取0.1g酚酞，溶于乙醇，用乙醇稀释至100mL。

7 采样

按GB/T 6679规定的技术要求采取样品。

8 测定步骤

称取0.8～1.5g PTA试样(精确至0.0001g)于250mL锥形瓶中。加20mL吡啶(6.1)于该锥形瓶中，搅拌至PTA基本溶解，再加20mL煮沸冷却的蒸馏水，继续搅拌使样品完全溶解。加入0.1mL酚酞指示液(6.3)溶液。用氢氧化钠标准溶液(6.2)滴定至刚呈粉红色，记录消耗标准滴定溶液的体

中国石油化工总公司 1995-03-29 批准　　　　1995-10-01 实施

积。于另一个250mL锥形瓶中加入20mL吡啶(6.1)和20mL煮沸冷却的蒸馏水，用氢氧化钠标准滴定溶液滴定至刚呈粉红色，记录消耗标准滴定溶液的体积，作为空白值。

9 计算和结果的表示

PTA的酸值X(mgKOH/g)按下式计算：

$$X=\frac{c\times(V-V_0)\times 0.05610\times 1000}{m}$$

式中：V——滴定试样消耗的氢氧化钠标准滴定溶液体积，mL；

V_0——滴定空白消耗的氢氧化钠标准滴定溶液体积，mL；

c——氢氧化钠标准滴定溶液之物质的量浓度，mol/L；

0.05610——与1.00mL氢氧化钠标准滴定溶液[c(NaOH)=1.0000mol/L]相当的以克表示的氢氧化钾的质量；

m——试样质量，g。

注意：消耗标准滴定溶液的体积必须进行温度和滴定管误差的校正。

取两次重复测定结果的算术平均值，作为试样的酸值，应精确至0.1mg KOH/g。

10 精密度

本方法精密度于1993年4月至6月，由9个实验室的18名操作员对酸值为673mgKOH/g和676mgKOH/g的两个PTA样品进行室间精密度试验所确定的。

10.1 重复性

在同一实验室由同一操作员，用同一试验方法和仪器，对同一试样相继做两次重复试验所得，所得结果的差值应不大于1.5mg KOH/g(95%置信水平)。

10.2 再现性

在任意两个不同的实验室，由不同操作员，不同仪器，在相同或不同时间内，用同一试验方法，对同一试样所得的两个试验结果的差值应不大于2.5mg KOH/g(95%置信水平)。

11 报告

试验报告应包括以下内容：

a. 有关样品的全部资料(批号、日期、采样地点等)；

b. 任何自由选择的实验条件的说明(如滴定仪器、滴定管)；

c. 测定结果；

d. 测定过程中观察到的任何异常现象的说明。

附加说明：

本标准由扬子石油化工公司提出。

本标准由全国化学标准化技术委员会石油化学分技术委员会归口。

本标准由扬子石油化工公司质检站负责起草。

本标准主要起草人赵佐慈、黄昭。

中华人民共和国石油化工行业标准

SH/T 1612.3—1995
(2004年确认)

工业用精对苯二甲酸中金属含量的测定 原子吸收分光光度法

1 主题内容与适用范围

本标准规定了测定工业用精对苯二甲酸(PTA)中铝、钙、铬、钴、铁、锰、钼、镁、镍、钾、钠等十一种金属含量的原子吸收分光光度法。

本标准适用于工业用PTA中含量在0.2mg/kg以上的上述各种金属元素的测定。

2 引用标准

GB/T 602　化学试剂　杂质测定用标准溶液的制备

GB/T 6679　固体化工产品采样通则

GB/T 6682　分析实验室用水规格和试验方法

GB 6819　溶解乙炔

3 方法提要

PTA试样添加灰化助剂后点火燃烧，再在600℃下完全灰化，以稀硝酸溶解灰分。然后用原子吸收分光光度法进行分析，直接以工作曲线法定量。

4 试剂和溶液

除另有说明外，均应采用分析纯试剂和符合GB/T 6682规定的二级实验室用水。

4.1　硝酸溶液：1+1，用优级纯硝酸配制。

4.2　硝酸铯乙醇水溶液(6.25gCs/L)：称取0.917g硝酸铯溶于50mL水中，转移至100mL容量瓶中，加入40mL乙醇摇匀，再以水稀释至刻度，摇匀。

4.3　硝酸铯溶液(50gCs/L)：称取7.332g硝酸铯溶于水中，转移至100mL容量瓶中，以水稀释至刻度，摇匀。

4.4　铝标准溶液：称取1.000g高纯金属铝，溶于100mL盐酸溶液(1+1)中，转移至1 000mL容量瓶中，以水稀释至刻度，此溶液的浓度为1mg/mL；再取适量上述溶液稀释10倍配成0.1mg/mL的标准溶液。

4.5　钙标准溶液(0.1mg/mL)：按GB/T 602 4.50.1配制。

4.6　铬标准溶液：称取1.000g高纯金属铬，加热溶于盐酸溶液(1+1)中，冷却后转移至1000mL容量瓶中，以水稀释至刻度，此溶液浓度为1mg/mL；再取适量上述溶液稀释10倍配成0.1mg/mL的标准溶液。

4.7　钴标准溶液：按GB/T 602 4.57配制，取适量该溶液稀释10倍配成0.1mg/mL的标准溶液。

4.8　铁标准溶液(0.1mg/mL)：按GB/T 602 4.55配制。

4.9　镁标准溶液(0.1mg/mL)：按GB/T 602 4.43.1配制。

中国石油化工总公司1995-03-29批准　　1995-10-01实施

4.10 锰标准溶液(0.1mg/mL)：按 GB/T 602 4.54.1 配制。

4.11 钼标准溶液(0.1mg/mL)：按 GB/T 602 4.68 配制。

4.12 镍标准溶液(0.1mg/mL)：按 GB/T 602 4.58.2 配制。

4.13 钾标准溶液(0.1mg/mL)：按 GB/T 602 4.49.1 配制。

4.14 钠标准溶液(0.1mg/mL)：按 GB/T 602 4.42 配制。

4.15 压缩空气：清洁干燥，压力应大于 350kPa。

4.16 一氧化二氮(笑气)：纯度不小于 95%。

4.17 溶解乙炔：符合 GB 6819 的规定。

5 仪器和装置

5.1 一般实验室仪器。

5.2 可调式电炉或电热板：0~1500W，也可用煤气灯代替。

5.3 高温炉：能保持温度在 600℃±25℃。

5.4 铂坩埚：直径 5cm，高 5cm。

5.5 原子吸收分光光度计，附有空气-乙炔燃烧头和一氧化二氮-乙炔燃烧头。

5.6 各种待测元素的空心阴极灯。

6 采样

按 GB/T 6679 规定的技术要求采取样品。

7 测定步骤

7.1 试样的预处理

7.1.1 称取 25~50g(精确至 0.01g)PTA 试样于铂坩埚中。吸取 2.0mL 硝酸铯乙醇水溶液(4.2)均匀地滴加在试样表面。在通风橱中将铂坩埚放于可调式电炉上加热，待试样冒烟即以燃烧的滤纸点燃，使试样慢慢地燃烧炭化。待试样燃烧停止后把铂坩埚放入 600℃ 的高温炉中灰化，直至残炭消失。

7.1.2 取出铂坩埚，冷却后沿铂坩埚内壁周围滴入 5mL 硝酸溶液(4.1)，把坩埚置于可调式电炉上缓缓加热，使液体处于亚沸或微沸状态下挥发，加热加程中轻轻摇动坩埚 2~3 次，至溶液恰好蒸干。再沿坩埚内壁加入 1mL 硝酸溶液(4.1)，用少量水冲洗内壁，再置于可调电炉中加热片刻，轻轻摇动坩埚数次，然后取下坩埚冷却，将溶液转移至 25mL 容量瓶中。再往容量瓶中加入硝酸铯溶液(4.3)0.75mL，用水稀释至刻度，摇匀。此为试样溶液。

7.1.3 与此同时在另一只铂坩埚中加 2.0mL 硝酸铯乙醇水溶液(4.2)，在可调式电炉上蒸干，再按 7.1.2 同样处理，此为试剂空白溶液。

7.2 标准工作曲线溶液的配制

在六只 100mL 容量瓶中各加入 4mL 硝酸铯溶液(4.3)，依次加入 0.00，0.50，1.00，1.50，2.00，2.50mL 各种金属的 0.1mg/mL 标准溶液，以水稀释至刻度，摇匀。该溶液系列依次为空白，0.50，1.00，1.50，2.00，2.50mg/L 各元素标准溶液，Cs 含量都是 2 000mg/L。

7.3 校正和测定

7.3.1 原子吸收分光光度计典型工作条件

7.3.2 工作曲线的绘制和试样溶液的测定

按表 1 设定仪器工作条件，待仪器稳定以后，以水调零，测定标准溶液、试样溶液和试剂空白溶液中各元素吸光值。根据各标准溶液的吸光值绘制工作曲线，再从工作曲线上查出试样溶液和试剂空白溶液中各元素的浓度。

原子吸收分光光度计典型工作条件

测定元素	波长 nm	通带 nm	灯电流 mA	火焰类型	燃气流速 L/min	助燃气流速 L/min	观测高度 mm	提吸速率 mL/min
Al	309.3	0.5	10	一氧化二氮-乙炔	7	12.4	9	9
Ca	422.7	0.5	10	一氧化二氮-乙炔	7	13.6	7	9
Cr	357.9	0.2	7	一氧化二氮-乙炔	7	11	7.5	9
Co	240.7	0.2	5	空气-乙炔	2.2	14.7	7	6.5
Fe	248.3	0.2	5	空气-乙炔	2.1	14.7	8	6.5
Mg	285.2	0.5	4	空气-乙炔	2.2	13.3	8	6.5
Mn	279.5	0.2	5	空气-乙炔	2.2	14.7	8	6.5
Mo	313.3	0.5	7	一氧化二氮-乙炔	7	12	7.5	9
Ni	232.0	0.2	4	空气-乙炔	2.2	14.7	8	6.5
K	766.5	1.0	5	空气-乙炔	2.2	13.3	8.5	6.5
Na	589.0	0.5	5	空气-乙炔	2.2	13.3	6.5	6.5

8 结果计算与表示

PTA 试样中各金属元素的含量按下式计算：

$$X = \frac{(C - C_0) \times 25}{m}$$

式中：X——PTA 试样中各金属元素的含量，mg/kg；

C——试样溶液中各金属元素的浓度，mg/L；

C_0——试剂空白溶液中各金属元素的浓度，mg/L；

25——容量瓶体积，mL；

m——称取的 PTA 试样的质量，g。

取两次测定结果的算术平均值作为测定结果。应精确至小数点后一位。

当试样中某金属含量测定结果小于 0.2mg/kg 时，按<0.2mg/kg 报告。

9 精密度

9.1 重复性

在同一实验室由同一操作员，用同一试验方法与仪器，对同一试样相继做两次重复试验，同一元素所得结果的差值应不大于其算术平均值的 20%(95%置信水平)。

9.2 再现性

待确定。

10 报告

试验报告应包括以下内容：

a. 有关样品的全部资料(批号、日期、采样地点等)；

b. 任何自由选择的实验条件的说明；

c. 测定结果；

d. 测定过程中观察到的任何异常现象的说明。

附加说明：
本标准由扬子石油化工公司提出。
本标准由全国化学标准化技术委员会石油化学分技术委员会归口。
本标准由扬子石油化工公司质检站负责起草。
本标准主要起草人吴晨光、田春芳、王志坤。

中华人民共和国石油化工行业标准

SH/T 1612.4—1995
(2009年确认)

工业用精对苯二甲酸中水含量的测定 卡尔·费休容量法

1 主题内容与适用范围

本标准规定了测定工业用精对苯二甲酸(PTA)中水含量的卡尔·费休容量法。

本标准适用于工业用PTA中含量大于0.01%的水分的测定。

2 引用标准

GB/T 6283 化工产品中水分含量的测定 卡尔·费休法(通用方法)

GB/T 6679 固体化工产品采样通则

3 方法原理

将试样溶解于吡啶中，存在于试样中的水与已知滴定度的卡尔费休试剂(碘、二氧化硫、吡啶和甲醇组成的溶液)进行定量反应，用电位法判断终点。

反应式如下：

$$H_2O+SO_2+I_2+3C_5H_5N \longrightarrow 2C_5H_5N \cdot HI+C_5H_5N \cdot SO_3$$

$$C_5H_5N \cdot SO_3+ROH \longrightarrow C_5H_5NH \cdot OSO_2OR$$

4 试剂和材料

4.1 卡尔·费休试剂：由碘、二氧化硫、吡啶和甲醇按GB/T 6283中4.12规定的方法配制。滴定度为1~3mg/mL。

4.2 吡啶：分析纯，水含量小于0.05%(*m/m*)。如果水含量大于0.05%，可于500mL吡啶中加入5Å分子筛(4.3)约50g，塞上瓶塞，放置过夜，吸取上层清液使用。

4.3 5Å分子筛：颗粒直径3~5mm，用作干燥剂。使用前于500℃下焙烧2h，并在内装分子筛的干燥器中冷却。

5 仪器

5.1 水分测定仪：符合本方法原理的各种型号卡尔·费休水分测定仪均可使用。滴定管分度值为0.02mL。最好配有固体进样口和固体称样匙。

5.2 分析天平：感量为0.1mg。

5.3 微量注射器：10μL。

6 采样

按GB/T 6679规定的技术要求采取样品。样品容器应干燥、密封。

中国石油化工总公司 1995-03-29 批准　　1995-10-01 实施

7 测定步骤

7.1 设定操作条件

按仪器要求设定各项参数。典型的仪器参数推荐如下：

终点电流：$I=18\sim24\mu A$

终点稳定时间：12s

7.2 卡尔·费休试剂(4.1)的标定

移取50mL吡啶(4.2)于滴定池中，边搅拌边用卡尔·费休试剂滴定至终点，不计消耗的卡尔·费休试剂体积，用微量注射器(5.3)以减量法准确称取5mg蒸馏水(精确至0.1mg)，加入滴定池中，边搅拌边用卡尔·费休试剂滴定至终点，记录卡尔·费休试剂的消耗量，卡尔·费休试剂的滴定度T(mg/mL)按式(1)计算。

$$T=\frac{m_1}{V_1} \qquad (1)$$

式中：m_1——注入纯水的质量，mg；

V_1——卡尔·费休试剂的消耗量，mL。

连续标定3~5次，相对标准偏差应<5%，取其平均值作为卡尔·费休试剂的滴定度。

7.3 样品测定

7.3.1 移取50mL吡啶于滴定池中，边搅拌边用卡尔·费休试剂滴定至终点，不计消耗的卡尔·费休试剂体积。停止搅拌。用固体称样匙准确称取2~3g(精确至1mg)试样，取下进样口塞，迅速将样品加入滴定池中，塞紧瓶塞，搅拌，使样品完全溶解后，用卡尔·费休试剂滴定至终点，记录卡尔·费休试剂的消耗量。

7.3.2 重复7.3.1的操作步骤，不加样品，应模拟加样和溶解过程并保持时间上的一致性。记录卡尔·费休试剂的消耗量，作为空白值。

8 计算和结果的表示

试样中水的质量百分含量X按式(2)计算。

$$X=\frac{(V_2-V_3)\cdot T}{1000\times m_2}\times100 \qquad (2)$$

式中：m_2——试样的质量，g；

V_2——滴定试样时消耗卡尔·费休试剂的体积，mL；

V_3——滴定空白时消耗卡尔·费休试剂的体积，mL；

T——卡尔·费休试剂的滴定度，mg/mL。

取两次重复测定结果的算术平均值作为测定结果，应精确至0.001%。

9 精密度

9.1 重复性

在同一实验室由同一操作员，用同一试验方法与仪器，对同一试样相继做两次重复试验，所得结果的差值应不大于其算术平均值的15%(95%置信水平)。

9.2 再现性

待确定。

10 报告

试验报告应包括如下内容：

a. 有关样品的全部资料(批号、日期、采样地点等);
b. 任何自由选择的实验条件的说明;
c. 测定结果;
d. 测定过程中观察到的任何异常现象的说明。

附加说明:

本标准由扬子石油化工公司提出。

本标准由全国化学标准化技术委员会石油化学分技术委员会技术归口。

本标准由扬子石油化工公司质检站负责起草。

本标准主要起草人任刚、王伟。

中华人民共和国石油化工行业标准

SH/T 1612.5—1995
(2004年确认)

工业用精对苯二甲酸中钛含量的测定 二安替吡啉甲烷分光光度法

本标准等效采用国际标准 ISO 900：1977《主要用于生产铝的氧化铝——钛含量的测定——二安替比林甲烷光度法》。

1 主题内容与适用范围

本标准规定了测定工业用精对苯二甲酸(PTA)中钛含量的分光光度法。

本标准适用于工业用 PTA 中含量在 0.2mg/kg 以上的钛的测定。

2 引用标准

GB/T 602 化学试剂 杂质测定用标准溶液的制备

GB/T 6679 固体化工产品采样通则

GB/T 6682 分析实验室用水规格和试验方法

SH/T 1612.3—95 工业用精对苯二甲酸中金属含量的测定 原子吸收分光光度法

3 方法提要

PTA 试样经灰化处理后，以稀硝酸溶解灰分，在盐酸介质中，以抗坏血酸作隐蔽剂，钛与二安替比林甲烷(DAM)生成 1：3 的黄色络合物，于 420nm 波长处测定其吸光度。

4 试剂和溶液

除另有说明外，均应采用分析纯试剂和符合 GB/T 6682 规定的二级实验室用水。

4.1 盐酸，优级纯。

4.2 抗坏血酸溶液(30g/L)。

4.3 硝酸溶液：1+1 溶液。

4.4 DAM 溶液(50g/L)：称取 50g DAM，溶解于 1L 盐酸溶液[c(HCl)= 1mol/L]中。

4.5 钛标准储备溶液(0.1mg/mL)：称取 0.083 6g 在 950℃灼烧至恒重的二氧化钛(光谱纯)于 100mL 烧杯中，加 5g 硫酸铵和 10mL 浓硫酸(G.R)，于电炉上小心加热直至溶液澄清透明。然后将此溶液缓缓转移至预先加有约 400mL 水的 500mL 容量瓶中，冷却后用水稀释至刻度，摇匀。

钛标准储备溶液也可按 GB/T 602 中 4.51 制备。

4.6 钛标准溶液(0.005mg/mL)：吸取 0.1mg/mL Ti 标准储备溶液(4.5)5mL 于 100mL 容量瓶中，以盐酸溶液(1%)稀释至刻度。该溶液使用前配制。

5 仪器和装置

5.1 一般实验室仪器。

5.2 可调式电炉：0~1500W，也可用煤气灯代替。

中国石油化工总公司 1995-03-29 批准 1995-10-01 实施

5.3 高温炉：能保持温度在600℃±25℃。

5.4 铂坩埚：直径5cm，高5cm。

5.5 分光光度计：附3cm或5cm比色皿。

6 采样

按GB/T 6679规定的技术要求采取样品。

7 测定步骤

7.1 试样的预处理1]

称取25~50g PTA试样(精确至0.01g)于铂坩埚中。在通风橱中将铂坩埚置于可调式电炉上加热，待样品冒烟即以燃烧的滤纸点燃试样，使试样慢慢地燃烧炭化。待试样燃烧停止后把铂坩埚放入600℃的高温炉中灰化，直至残炭消失。

取出铂坩埚，冷却后沿铂坩埚内壁四周滴入5mL硝酸溶液(4.3)，把坩埚置于可调电炉上缓缓加热，使液体处于亚沸或微沸状态下挥发，加热过程中摇动坩埚2~3次，至溶液恰好蒸干。再沿坩埚内壁加入1mL硝酸溶液(4.3)，用少量水冲洗内壁，再置于可调电炉上加热片刻，轻轻摇动坩埚数次，然后取下坩埚冷却，将溶液轻移至25mL容量瓶中，以水稀释至刻度，摇匀，此为试样溶液。

与此同时制备一试剂空白溶液。

7.2 标准工作曲线的绘制

在8只25mL容量瓶中，分别加入0.00，0.25，0.50，1.00，2.00，3.00，4.00，5.00mL钛标准溶液(4.6)，各加0.75mL抗坏血酸溶液(4.2)、3mL浓盐酸(4.1)，摇匀，10min后再加入7mL DAM溶液(4.4)，用水稀释至刻度，摇匀。15min后以水为参比，在420nm处测定其吸光度2]。

以钛的质量(mg)为横坐标，以相应的净吸光取(扣去试剂空白的吸光度)为纵坐标，绘制工作曲线。

7.3 试样测定

用移液管根据试样中钛含量的高低吸取一定体积的试样溶液(7.1)[1)]于25mL容量瓶中，然后按7.2相应步骤同样操作。同时取等体积的试剂空白溶液(7.1)做空白试验。根据试样显色液和试剂空白显色液的吸光值，从工作曲线上查出其钛含量。

注：1) 也可以用SH/T 1612.3中7.1所得试样溶液和试剂空白溶液进行显色和分光光度分析。

8 结果计算与表示

PTA试样中钛含量X(mg/kg)按下式计算：

$$X = \frac{(C - C_0) \times 25}{m \cdot V} \times 100$$

式中：C——从标准工作曲线上查得的试样显色液的钛含量，mg；

C_0——从标准工作曲线上查得的试剂空白显色液的钛含量，mg；

V——吸取的PTA试样溶液的体积，mL；

m——PTA试样质量，g；

25——PTA试样灰化后处理得到的试样溶液体积，mL。

取两次测定结果的算术平均值作为测定结果，应精确至小数点后一位。

采用说明：

1] ISO 900用碱熔法处理氧化铝样品。

2] 该步骤中试剂用法和用量与ISO 900略有不同。

当试样中钛含量测定结果小于0.2mg/kg时，按<0.2mg/kg报告。

9 精密度[1]

9.1 重复性

在同一实验室由同一操作员，用同一试验方法与仪器，对同一试样相继做两次重复试验，所得结果的差值应不大于其算术平均值的20%(95%置信水平)。

9.2 再现性。

待确定。

10 报告

试验报告应包括以下内容：

a. 有关样品的全部资料(批号、日期、采样地点等)；

b. 任何自由选择的实验条件的说明；

c. 测定结果；

d. 测定过程中观察到的任何异常现象的说明。

附加说明：

本标准由扬子石油化工公司提出。

本标准由全国化学标准化技术委员会石油化学分技术委员会归口。

本标准由扬子石油化工公司质检站负责起草。

本标准主要起草人王志坤、田春芳、吴晨光。

采用说明：

1] ISO 900 无精密度规定。

中华人民共和国石油化工行业标准

SH/T 1612.7—1995
（2009年确认）

工业用精对苯二甲酸中对羧基苯甲醛和对甲基苯甲酸含量的测定 高效液相色谱法

1 主题内容与适用范围

本标准规定了测定工业用精对苯二甲酸（PTA）中对羧基苯甲醛（4-CBA）和对甲基苯甲酸（p-TOL）含量的高效液相色谱法。

本标准适用于工业用PTA中4-CBA和p-TOL的含量分别在3mg/kg和10mg/kg以上的试样。

2 引用标准

GB/T 6679 固体化工产品采样通则

3 方法提要

先将试样溶解于氨水溶液中，调节试样溶液的pH值为6~7，然后进行高效液相色谱分析。色谱柱为阴离子交换键合固定相，流动相为磷酸盐缓冲溶液，用紫外检测器进行检测，并以外标法进行定量。

4 试剂和溶液

4.1 磷酸二氢氨。

4.2 氨水溶液：1+1溶液。

4.3 磷酸溶液：1+1溶液。

4.4 乙腈，HPLC级。

4.5 甲醇，HPLC级。

4.6 二次蒸馏水。

4.7 PTA标准样品，见附录A。

4.8 流动相溶液：

称取一定量的磷酸二氢铵[配制浓度为 $c(NH_4H_2PO_4)=0.15mol/L$ 时，称取17.25g；配制浓度为 $c(NH_4H_2PO_4)=0.30mol/L$ 时，称取34.50g]，溶于850mL水（4.6）中，滴加磷酸溶液（4.3），调节pH至4.3，转移至1000mL容量瓶中，再加入100mL乙腈（或甲醇），混匀，再用水稀释至刻度。使用前需经微孔滤膜真空过滤（5.1.6）并进行脱气。

5 仪器

5.1 高效液相色谱仪

所用的高效液相色谱仪应符合下列要求，且对浓度为3mg/kg的4-CBA所产生的峰高应为噪声水平的五倍。

中国石油化工总公司1995-03-29批准　　1995-10-01实施

仪器的典型要求如下：

5.1.1 输液泵，为高压平流泵，其流量范围一般为 0.1～9.9mL/min，工作压力一般为 0～40MPa，压力脉动应<±1%。

5.1.2 进样装置，为高效液相色谱用微量高压旋转型阀，配置 20～50μL 样品定量管。

5.1.3 检测器，紫外(UV)检测器，使用波长为 254nm。

5.1.4 记录装置，积分仪或色谱数据处理机。

5.1.5 高效液相色谱用微量注射器，容积 50～100μL，供将试样注入样品定量管用。

5.1.6 真空过滤器，配用孔径为 0.22μm 或 0.45μm 滤膜。

5.1.7 色谱柱，推荐的色谱柱及典型操作条件见表 1，其典型色谱图见图 1 和图 2。使用者可视具体情况自行选择和调整，能达到同等分离的其他色谱柱也可使用。

色谱柱：Spherisorb SAX

流动相：0.15mol/L $NH_4H_2PO_4$ 水溶液（pH4.3）：乙腈=9：1

流速：1.0mL/min

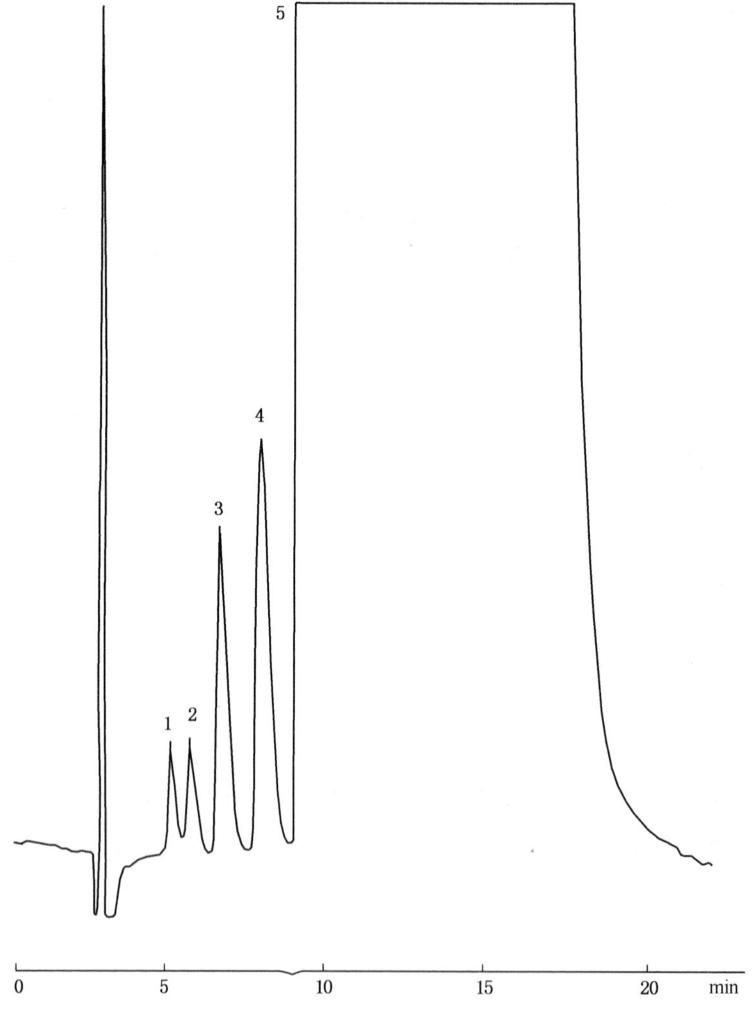

1—羟甲基苯甲酸；2—4 羧基苯甲醛；3—苯甲酸；
4—对甲基苯甲酸；5—对苯二甲酸

图 1

色谱柱：Shim-pack WAX-1
流动相：0.3mol/L $NH_4H_2PO_4$ 水溶液
（pH4.3）：乙腈=9：1
流速：1.0mL/min

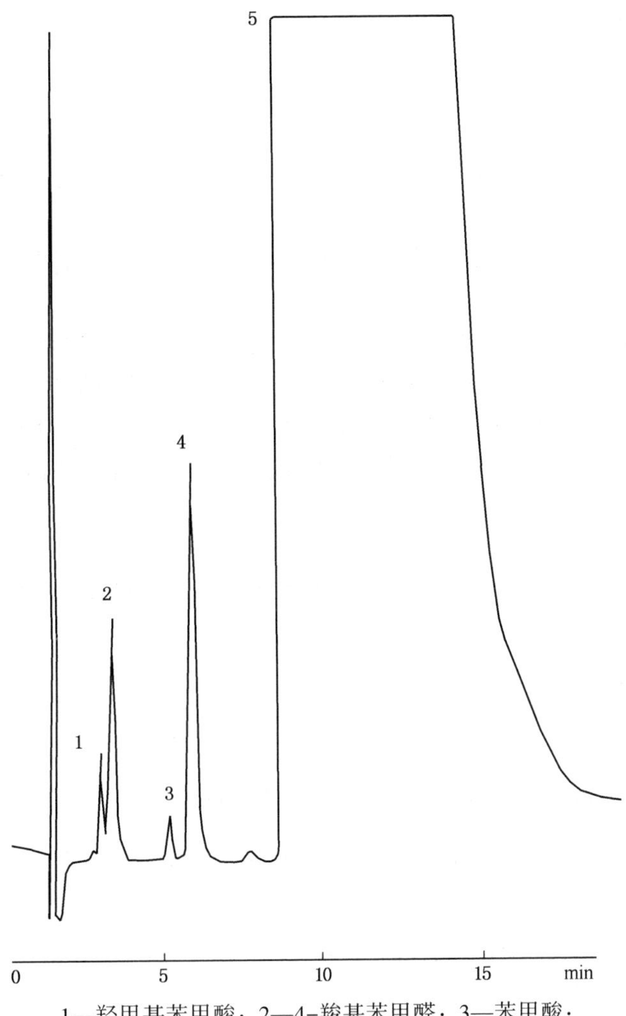

1—羟甲基苯甲酸；2—4-羧基苯甲醛；3—苯甲酸；
4—对甲基苯甲酸；5—对苯二甲酸

图 2

表 1 色谱柱及典型操作条件

色 谱 柱	强碱性阴离子交换柱	弱碱性阴离子交换柱
填 料	季铵基化学键合型硅胶 如：Spherisorb SAX	叔胺基化学键合型硅胶 如：Shim-pack WAX
粒 径	10μm	5μm
柱管材质	不锈钢	
柱 长	250mm	150mm
内 径	4～5mm	
流动相	0.15mol/L $NH_4H_2PO_4$ 水溶液 （pH=4.3）：乙腈=9：1	0.3mol/L $NH_4H_2PO_4$ 水溶液 （pH=4.3）：乙腈=9：1
流 量	1.0～1.5mL/min	
检测器	UV254nm	
进样量	20～50μL	
柱 温	25～40℃	

5.1.8　预柱，安装在输液泵与进样阀之间，为不锈钢材质，其内径一般为4~10mm，柱长一般为50~100mm，填料与分析柱相同或与其配套的亲水化学键合型硅胶，粒径一般为10~20μm。

6　采样

按GB/T 6679规定的技术要求采取样品。

7　测定步骤

7.1　设定操作条件

开启色谱仪并进行必要的调节，以达到表1所示的典型操作条件或能获得同等分离的适宜条件。

在达到设定的操作条件后，新色谱柱约需平衡4~6h，待基线稳定后即可开始进样测定。

7.2　外标校准

称取约0.5g(精确至0.001g)PTA标准样品(4.7)于25mL烧杯中，加入3mL氨水溶液(4.2)，再加水(4.6)至10mL，微热搅拌使其完全溶解，然后滴加磷酸溶液(4.3)，调节溶液pH为6~7，定量移入50mL容量瓶中，用水稀释至刻度。用微量注射器(5.1.5)将该溶液充满进样阀的样品定量管，并注入色谱仪，进行分离测定，记录色谱图并由此得到相应的4-CBA和*p*-TOL的峰高值。

7.3　试样测定

称取约0.5g(精确至0.001g)PTA试样，重复7.2相应步骤，得到待测试样中的4-CBA和*p*-TOL的峰高值。

8　结果的表示

8.1　计算

试样中4-CBA(或*p*-TOL)的含量X(mg/kg)按下式计算：

$$X=\frac{m_s \cdot H \cdot C_s}{m \cdot H_s}$$

式中：H——试样中4-CBA(或*p*-TOL)的峰高值；

m——所称取的试样的质量，g；

H_s——标准样品中4-CBA(或*p*-TOL)的峰高值；

C_s——标准样品中4-CBA(或*p*-TOL)的含量，mg/kg；

m_s——所称取的标准样品的质量，g。

8.2　结果的表示

取两次重复测定的算术平均值作为测定结果，应精确至1mg/kg。

9　精密度

9.1　重复性

在同一实验室由同一操作员，采用同一试验方法与仪器，对同一试样做相继两次重复试验，同一组分所得结果的差值应不大于其平均值的10%(95%置信水平)。

9.2　再现性

待确定。

10　报告

试验报告应包括如下内容：

a. 有关样品的全部资料(批号、日期、采样地点等)；

b. 任何自由选择的实验条件的说明(如色谱柱的详细说明及色谱条件等)；

c. 测定结果；

d. 测定过程中观察到的任何异常现象的说明。

附 录 A
PTA 标准样品的标定方法
（补充件）

当使用者实验室中无已知 4-CBA 和 p-TOL 含量的 PTA 标准样品提供时，可选用 4-CBA 含量在 15~20mg/kg，p-TOL 含量在 100~150mg/kg 之间，粒度在 62~125μm（120~150 目）之间的 PTA 实样，按本附录推荐的标准加入法，对 4-CBA 和 p-TOL 含量进行标定后，作为 PTA 标准样品使用。

A1 试剂与溶液

A1.1 4-CBA：纯度>98.0%。

A1.2 p-TOL：纯度>98.0%。

A2 标准溶液的制备

A2.1 4-CBA 标准溶液

准确称取 0.025 0g 4-CBA 于 25mL 烧杯中，加入少量水（4.6），滴入 5 滴氨水溶液（4.2），搅拌使其溶解，再滴加磷酸溶液（4.3），调节 pH 至 6~7，定量移入 50mL 容量瓶中，用水稀释至刻度，混匀。该溶液浓度为 500μg/mL，将此溶液再稀释 50 倍，即得浓度为 10μg/mL 的标准溶液。此液需临用时配制。

A2.2 p-TOL 标准溶液

准确称取 0.020 0g p-TOL，按 A2.1 相同步骤，得到浓度为 400μg/mL 浓标准溶液，再将此溶液稀释 5 倍，即得浓度为 80μg/mL 的标准溶液。

A2.3 加标标准样品溶液

将选用的 PTA 实样搅拌混匀，准确称取 5 份 0.500 PTA 实样，按 7.2 步骤溶样，并定量移入 5 个 50mL 容量瓶中。然后吸取浓度为 10μg/mL 的 4-CBA 标准溶液（A2.1）：0.00，0.50，1.00，1.50，2.00mL 分别加入上述 5 个容量瓶中；再吸取浓度为 80μg/mL 的 p-TOL 标准溶液（A2.2）：0.00，0.50，1.00，1.50，2.00mL 也分别加入上述 5 个容量瓶中。最后用水稀释至刻度，混匀。该加标标准样品溶液中加入的标样含量分别是：

4-CBA 为 0.0，10.0，20.0，30.0，40.0mg/kg；

p-TOL 为 0.0，80.0，160.0，240.0，320.0mg/kg。

A3 测定步骤

按 7.2 规定步骤，分别测定上述五个加标标样品溶液中 4-CBA 和 p-TOL 的峰高值，每个样品需重复测定二次以上，取其峰高的平均值。

A4 计算

以峰高值（H_i）为纵坐标，以加入的标样含量（C_i）为横坐标，可绘制一条标准曲线，标准曲线的回归方程为：

$$C = a + bH \qquad \text{(A1)}$$

斜率 b 按式（A2）求得：

$$b = \frac{\Sigma C_i H_i - \frac{1}{n} \cdot (\Sigma C_i)(\Sigma H_i)}{\Sigma H_i^2 - \frac{1}{n} \cdot (\Sigma H_i)^2} \qquad \text{(A2)}$$

常数 a 按式(A3)求得：

$$a=\overline{C}\cdot b\overline{H} \quad \cdots\cdots (A3)$$

式中：C——待测组分的含量，mg/kg；

H——待测组分的峰高值；

C_i——加入的标样含量，mg/kg；

H_i——与加入的标样含量相对应的峰高值(即为测得的峰高值扣除 PTA 实样的峰高值)；

n——配制和加标标准样品溶液的个数；

$\overline{C}$——C_i 的平均值；

$\overline{H}$——H_i 的平均值。

当求出标准曲线的回归方程后，将 PTA 实样的待测组分峰高值代入方程中，即可算出其含量。

标准曲线的相关系数(γ)不得小于 0.99，否则需重新标定。相关系数按式(A4)计算：

$$\gamma=b\sqrt{\frac{\sum(H_i-\overline{H})^2}{\sum(C_i-\overline{C})^2}} \quad \cdots\cdots (A4)$$

附加说明：

本标准由扬子石油化工公司提出。

本标准由全国化学标准化技术委员会石油化学分技术委员会归口。

本标准由上海石油化工研究院负责起草。

本标准主要起草人庄海青、周辉。

ICS 71.080.40
G 17

中华人民共和国石油化工行业标准

SH/T 1612.8—2005

工业用精对苯二甲酸粒度分布的测定 激光衍射法

Purified terephthalic acid for industrial use—Determination of partical size distribution—Laser diffraction method

2005-10-10 发布　　2006-02-01 实施

中华人民共和国国家发展和改革委员会　发布

前　言

本标准根据ISO 13320-1:1999《颗粒尺寸分析—激光衍射法—第一部分：基本原理》制定。

本标准由中国石油化工股份有限公司提出。

本标准由全国化学标准化技术委员会石油化学分技术委员会(SAC/TC63/SC4)归口。

本标准主要起草单位：扬子石油化工股份有限公司质量技术监督部。

本标准主要起草人：吴晨光、丁文华、丁大喜。

工业用精对苯二甲酸粒度分布的测定
激光衍射法

1 范围

本标准规定了工业用精对苯二甲酸(简称 PTA)粒度分布测定的激光衍射法。

本标准适用于粒度范围在 1μm~2000μm 的 PTA 粒度分布的测定。

2 规范性引用文件

下列文件中的条款通过本标准的引用而构成为本标准的条款。凡是注日期的引用文件，其随后的所有修改单(不包括勘误的内容)或修订版均不适用于本标准，然而，鼓励根据本标准达成协议的各方研究是否可使用这些文件的最新版本。凡是不注日期的引用文件，其最新版本适用于本标准。

GB/T 6679 固体化工产品采样通则

GB/T 6682 分析实验室用水规格和试验方法(neq ISO 3170)

ISO 13320-1：1999 颗粒尺寸分析——激光衍射法——第一部分：基本原理

3 方法提要

将样品均匀地分散在滴加有分散剂的水中，使样品悬浮液循环通过样品池。由激光器发射出的一束特定波长的激光经过透镜组后成为单一的平行光束，该光束照射到样品池中的颗粒样品后发生衍射现象，衍射角与颗粒的直径成反比。衍射光经傅立叶或反傅立叶透镜后成像在排列有多个检测器的焦平面上，衍射光的能量在焦平面上的分布与颗粒的直径分布相关，通过计算机中预先输入的计算程序，根据衍射角和衍射能量分布计算出样品的粒径分布。

激光粒度仪的工作示意图见图 1。

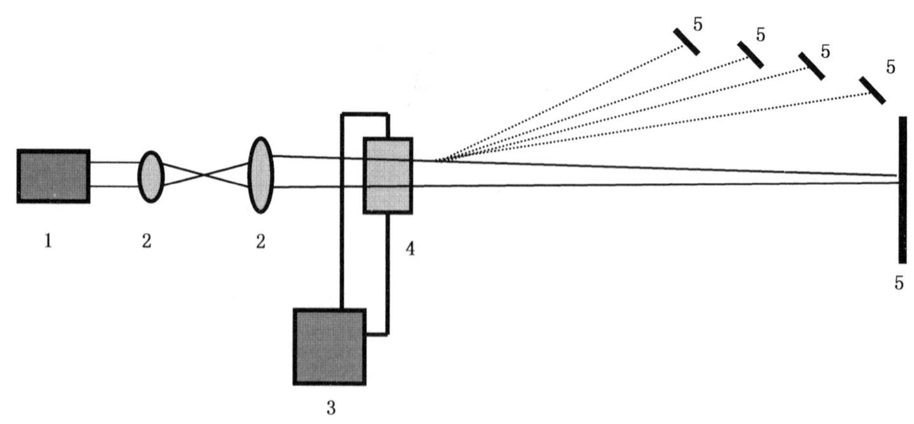

1—激光器；2—透镜；3—样品分散室；4—测量池；5—检测器。

图 1 激光粒度仪的工作示意图

4 试剂和仪器

除非另有说明，在测定中仅使用分析纯试剂和符合 GB/T 6682 规定的实验室用水。

4.1 分散剂：5%壬基酚聚氧乙烯醚水溶液，能达到同等分散效果的其他分散剂也可使用；

4.2 激光粒度仪，粒径测定范围 1μm~2000μm，仪器准确度和重复性应满足 ISO 13320-1 的要求，附湿式分散装置；

4.3 其他一般实验室仪器。

5 取样

按 GB/T 6679 的规定采取 PTA 料仓或小包装样品。

6 试验步骤

6.1 仪器准备

6.1.1 打开仪器电源并预热 30min。在仪器运行软件的参数选项中选择水为分散介质；选择佛朗霍夫(Fraunhofer)计算模式，输入仪器说明书推荐的空白等待时间、空白测定时间、样品等待时间和样品测定时间。

6.1.2 按仪器说明书操作仪器，使仪器自动进行光路校正。

6.2 样品测定

6.2.1 在仪器的样品分散室中注入水，水温应控制在 20℃±5℃。开启样品分散室搅拌器，调节搅拌速度，搅拌速度以样品加入后能够均匀分散在水中并且不产生明显气泡为宜。

6.2.2 开启超声器，超声 30s 后关闭，以除去水中的气泡。按下背景测定按键，测定水的背景散射。

6.2.3 将 PTA 样品混合均匀，然后用牛角勺从中取出适量试料于小烧杯中，称重，试料量的质量以仪器测量时能获得所要求的遮光度为宜。如试料量不足，可用牛角勺再取少量试料，如果试料量太大并将导致测量时遮光度超过仪器允许的范围，则要重新称取试料。

6.2.4 在小烧杯中加入适量的水，然后滴入几滴分散剂(4.1)，摇动烧杯 1min~2min，使 PTA 试料完全被水浸润，并且在水中得到充分分散、不再有明显的颗粒聚集现象。将小烧杯中的试料和水完全转移至仪器的样品分散室中。保持搅拌状态，半分钟左右后进行测定。

6.3 结果计算和报告

测量结束后，激光粒度仪按预先选择的计算模型自动计算样品的粒径和累积百分数，并绘制粒度分布曲线。报告 50%体积累积百分数的粒径(d_{50})、粒径在 45μm 以下的颗粒的体积百数，以及粒径在 250μm 以上的颗粒的体积分数。必要时也可报告其他粒度分布数据。

7 方法的精密度

7.1 重复性

在同一实验室，由同一操作员，采用同一仪器和设备，对同一试样相继进行两次重复测定，在 95%置信水平条件下，所得结果之差应不大于表 1 规定的数值。

表 1　方法的重复性

项　目	d_{50}，μm	45μm 以下颗粒的体积分数,%	250μm 以上颗粒的体积分数,%
重复性	5	1.0	1.5

7.2 再现性

在两个不同的实验室，由不同操作人员，采用不同的仪器和设备，对同一试样进行两次单次测定，在 95%置信水平条件下，所得结果之差应不大于表 2 规定的数值：

表2 方法的再现性

项 目	d_{50}，μm	45μm 以下颗粒的体积分数，%	250μm 以上颗粒的体积分数，%
再现性	12	2.5	3.0

ICS 71.080.40
G 17

中华人民共和国石油化工行业标准

SH/T 1612.10—2005

工业用精对苯二甲酸 b^* 值的测定 色差计法

Purified terephthalic acid for industrial use—
Determination of b^* (CIE 1976) value—
Different color meter

2005-10-10 发布　　2006-02-01 实施

中华人民共和国国家发展和改革委员会　发布

前　　言

本标准由中国石油化工集团公司提出。

本标准由全国化学标准化技术委员会石油化学分技术委员会(SAC/TC63/SC4)归口。

本标准起草单位：中国石化仪征化纤股份有限公司。

本标准主要起草人：陈家桢、黄兰萍、王清。

工业用精对苯二甲酸 b^* 值的测定

1 范围

本标准规定了工业用精对苯二甲酸(PTA) b^* 值的测定方法。

本标准适用于工业用精对苯二甲酸 b^* 值的测定。

2 规范性引用文件

下列文件中的条款通过本标准的引用而成为本标准的条款。凡是注日期的引用文件，其随后所有的修改单(不包括勘误的内容)或修订版均不适用于本标准，然而，鼓励根据本标准达成协议的各方研究是否可使用这些文件的最新版本。凡是不注日期的引用文件，其最新版本适用于本标准。

GB/T 6679—2003 固体化工产品采样通则

GB/T 8170—1987 数值修约规则

3 术语

PTA b^* 值：是 PTA 产品光学质量的表征，即 PTA 产品的黄色度，以 CIE 色度系统中 b^* 值表示。

4 方法提要

在一定的条件下，将 PTA 粉末压成片，置于色差计上，测定 b^* 值。

5 仪器和设备

5.1 色差计：光谱范围(400nm~700nm)，观测条件 45/0 或 0/45，具有 C 光源、2°视角或 D_{65} 光源、10°视角，合适的测量孔径。仪器配有专用的工作标准色板，要求定期检定。

5.2 压片机：能施加压力至 30MPa~45MPa，且配有与测量孔径匹配的模具、样杯(ϕ40mm)见图 1。

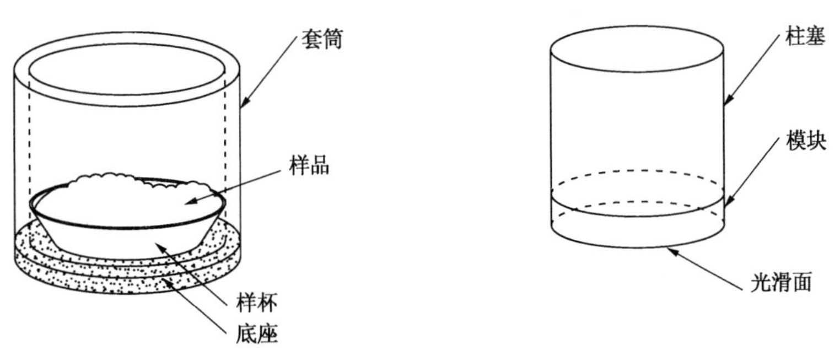

图 1 模具示意图

5.3 天平：感量为 0.1g。

6 采样

按 GB/T 6679—2003 规定的技术要求采取样品 500g。

7 分析步骤

7.1 将样杯放在模具的底座上，称取12g±0.2g PTA样品，倒入样杯中，将模块的光滑面置于样品上，放入柱塞。

注：根据仪器测量孔直径不同，可调整称样量，应确保样片厚度不低于5mm。

7.2 将整套模具置于压片机上，按5.2选择合适的压力，施压并保持该压力至少1min。

7.3 卸压，取下整套模具，移开底座，向下推出柱塞，使样片脱离模具。保持样片表面光洁，待用。

7.4 用工作标准色板对仪器进行校正。

7.5 将样片置于色差计的测量孔上。

7.6 选择测试条件，按仪器操作规程进行测试，并记录 b^* 值及选用的测定条件（观测条件、光源、测量孔径）。

8 分析结果的表述

取两次重复测定结果的算术平均值作为分析结果。其数值按GB/T 8170—1987的规定进行修约，精确至小数点后二位。

9 允许差

两次重复测定结果之差应不大于0.05。

10 报告

报告应包括下列内容：

a）有关样品的全部资料，例如样品名称、批号、采样地点、采样日期、采样时间等。

b）所采用仪器及其测试条件。

c）本标准代号。

d）分析结果。

e）测定中观察到的任何异常现象的细节及其说明。

f）分析人员的姓名及分析日期等。

中华人民共和国石油化工行业标准

SH/T 1613.1—1995

石油邻二甲苯

1 主题内容与适用范围

本标准规定了石油邻二甲苯的技术要求、试验方法、检验规则及标志、包装、运输、贮存等。

本标准适用于由石油精制得到的石油邻二甲苯。该产品的主要用途是作为生产邻苯二甲酸酐、农药和溶剂等化工产品的原料。

结构式：H_3C—(苯环)—CH_3（邻位）

分子式：C_8H_{10}

相对分子质量：106.17(按1991年国际相对原子质量)。

2 引用标准

GB/T 259—88 石油产品水溶性酸及碱测定法

GB/T 2012—89 芳烃酸洗试验法

GB/T 3143—82(90) 液体化学产品颜色测定法(Hazen单位——铂-钴色号)

GB/T 3146—82(90) 苯类产品馏程测定法

GB/T 3209—92 苯类产品蒸发残留量的测定方法

GB/T 6678—86 化工产品采样总则

GB/T 6680—86 液体化工产品采样通则

SH 0164—92 石油产品包装、贮运及交货验收规则

SH/T 1147—92 工业用乙苯中微量硫的测定 微库仑法

SH/T 1613.2—95 石油邻二甲苯纯度及烃类杂质的测定 气相色谱法

3 技术要求及试验方法

石油邻二甲苯的质量应符合下表要求：

项目		指标		试验方法
		优等品	一等品	
外观		清晰，无沉淀物	清晰，无沉淀物	目测[1]
纯度,%(m/m)	≥	98	95	SH/T 1613.2
非芳烃+碳九芳烃,%(m/m)	≤	1.0	1.5	SH/T 1613.2
色度(铂-钴色号)	≤	10	20	GB/T 3143
酸洗比色		酸层颜色应不深于重铬酸钾含量为0.15g/L标准比色液的颜色	—	GB/T 2012

中国石油化工总公司1995-03-29批准　　1995-10-01实施

续表

项　　目	指　　标		试验方法
	优等品	一等品	
总硫，mg/kg　　≤	5	5	SH/T 1147
水溶性酸碱	无	无	GB/T 259
馏程[2)]（在 101.325kPa），℃　　≤	2（包括 144.4）	2（包括 144.4）	GB/T 3146
不挥发物[2)]，mg/100mL　　≤	2	5	GB/T 3209

注：1）将试样注入 100mL 量筒中，在 30℃下目测。

2）馏程和不挥发物两项，仅在型式试验时测定。

4　检验规则

4.1　石油邻二甲苯应由生产厂质量检验部门进行检验，生产厂应保证所有出厂的产品均符合本标准的要求。每批出厂产品都应附有一定格式的质量证明书，其内容包括：生产厂名、产品名称、等级、批号、生产日期、产品净重和本标准代号等。

4.2　使用单位有权按照本标准规定的检验规则和试验方法核验所收到的石油邻二甲苯质量是否符合本标准的要求。

4.3　石油邻二甲苯采样按 GB/T 6678 和 GB/T 6680 的规定，采取适量试样作为检验分析和留样用。

4.4　如果检验结果中有一项指标不符合本标准要求时，应重新加倍采样进行复验。复验结果即使只有一项指标不符合本标准要求时，则整批产品不能验收。

4.5　当供需双方对产品质量有争议时，由双方协商决定仲裁单位，仲裁单位应按本标准规定的试验方法进行。

5　标志、包装、运输、贮存

石油邻二甲苯的标志、包装、运输、贮存及交货验收按 SH 0164 之规定进行。

附加说明：

本标准由辽阳石油化纤公司提出。

本标准由全国化学标准化技术委员会石油化学分技术委员会技术归口。

本标准由辽阳石油化纤公司化工一厂负责起草。

本标准主要起草人戴贵桐、王国香。

本标准一等品等效采用美国试验与材料协会标准 ASTM D4076-86(90)《邻二甲苯 950 规格》。

中华人民共和国石油化工行业标准

SH/T 1613.2—1995
（2004年确认）

石油邻二甲苯纯度及烃类杂质含量的测定　气相色谱法

1　主题内容与适用范围

本标准规定了测定石油邻二甲苯纯度及其烃类杂质含量的气相色谱法。

本标准适用于石油邻二甲苯中的已知烃类杂质含量及邻二甲苯纯度的测定。杂质的最小测定浓度为0.01%（m/m），邻二甲苯纯度为90%以上，如果有未知杂质存在，则不能测定其绝对纯度。

2　引用标准

GB/T 6678—86　化工产品采样总则

GB/T 6680—86　液体化工产品采样通则

3　方法提要

将试样注入色谱仪进行器，气化后由载气带入色谱柱进行分离，流出物以氢火焰离子化检测器检测，并记录色谱图，用内标法定量计算各烃类杂质的含量，邻二甲苯纯度用减差法求得；或使用校正面积归一化法直接求出各组分的含量。

4　试剂与材料

4.1　固定液

2-硝基对苯二甲酸封端的聚乙二醇20M（FFAP）；

聚乙二醇20M（PEG20M）；

聚乙二醇1500（PEG1500）；

1,2,3-三（2-氰乙氧基）丙烷（TCEP）。

4.2　载体

Chromosorb P，粒径：0.177mm～0.250mm（60目～80目）或能满足分离要求的其他载体。

4.3　载气和辅助气体

氮气，纯度大于99.9%；

氢气，纯度大于99.9%；

助燃气，干燥压缩空气。

注：用于PEG20 M毛细管柱的氮气纯度大于99.99%。

4.4　标准试剂

标准试剂供测定校正因子用，其纯度应大于99%。

它们应包括：苯、甲苯、乙基苯、对二甲苯、间二甲苯、邻二甲苯、异丙苯、正丙苯、邻乙基甲苯、间乙基甲苯、对乙基甲苯、1,3,5-三甲苯、苯乙烯、正壬烷和正十一烷。

其中正壬烷是非芳烃的代表物，正十一烷是内标物。

中国石油化工总公司1995-03-29批准　　1995-10-01实施

4.5　溶剂

三氯甲烷或其他适宜的溶剂。

5　仪器

5.1　色谱仪

可安装毛细管柱和填充柱，并带有氢焰离子化检测器的气相色谱仪。该色谱仪对试样中0.01%(m/m)的杂质所产生的峰高应至少大于其燥声的两倍。

5.2　进样装置

容积为1μL的微量注射器或色谱自动进样装置。

5.3　记录装置

色谱积分仪或色谱数据处理机。

5.4　色谱柱

本标准推荐的色谱柱及其典型操作条件列于表1，可按样品中杂质的存在情况选用。其他能达到同等分离程度的色谱柱也可使用。

5.4.1　色谱柱制备

毛细管柱可以购买石英或不锈钢商品柱，也可自制，但必须满足分离要求；填充柱制备简单，一般制法是：按固定液与载体的浓度比例及柱管容积称取一定量的固定液和载体，将固定液用适量的溶剂溶解后，倒入载体，使固定液均匀地涂于载体表面。自然干燥后，以泵抽法将其均匀而紧密地装入色谱柱。

5.4.2　色谱柱的老化

将色谱柱装入色谱柱箱，通入适量氮气，在高于使用温度20℃～30℃下老化至基线平稳。

表1　色谱柱及其典型操作条件

色谱柱材质	石英或不锈钢	石英或不锈钢	不锈钢	不锈钢
固定液	FFAP	PEG20M	PEG1500	TCEP
浓度,%(m/m)	—	—	13	20
载　体	—	—	Chromosorb P	Chromosorb P
粒径，mm	—	—	0.177～0.250	0.177～0.250
柱长，m	50	30	6	6
内径，mm	0.25	0.25	3.2	3.2
检测器	FID	FID	FID	FID
空气，mL/min	400	400	400	400
氢气，mL/min	40	40	—	—
辅助氮气，mL/min	50	60	40	35
载气，mL/min	N_2,1	N_2,1	H_2,40	H_2,35
柱温,℃	100	80	95	120
气化温度,℃	200	200	200	200
检测温度,℃	200	200	200	200
进样量，μL	0.2	0.2	0.2	0.2
分流比	80:1	125:1	—	—
内标物	正十一烷	正十一烷	正十一烷	正十一烷

6 取样

按 GB/T 6678 和 GB/T 6680 的规定采取样品。

7 测定步骤

7.1 设定操作条件

色谱仪启动后，进行必要的调节，以达到表 1 所示的典型操作条件，待仪器稳定后即可开始测定。

7.2 测定

7.2.1 内标法(仲裁法)

7.2.1.1 校正因子的测定

用标准试剂(4.4)配制定一个包括待测试样中所有杂质且与其杂质含量和邻二甲苯纯度均相近的标准混合物，各组分应称准至 0.0001g。用该混合物把 1.0mL 内标物(正十一烷，其密度为 0.740g/mL)稀释至 100mL(标准混合物的密度可用称量法求得)，计算内标物浓度。取适量稀释液注入色谱柱，记录色谱图及峰面积，按式(1)计算各杂质对内标物的相对质量校正因子 F_i：

$$F_i = \frac{(A_s - A_{Bs})C_i}{(A_i - A_{Bi}) \cdot C_s} \quad \cdots\cdots (1)$$

式中：A_i——标准混合物中杂质 i 的峰面积；

A_s——内标物的峰面积；

A_{Bi}——邻二甲苯基液中杂质 i 的峰面积；

A_{Bs}——邻二甲苯基液中内标物的峰面积；

C_i——标准混合物中杂质 i 的质量百分含量，%(m/m)；

C_s——内标物的质量百分含量，%(m/m)。

计算 F_i 应精确至 0.001。

注：① 对所用的标准试剂应先进行色谱分析，如其所含的杂质足以影响校正因子准确度时，必须对其在标准混合物中的组成进行合理修正。

② 如正十一烷不适宜作为内标物时，可选用对分离无干扰的其他化合物作内标物。

7.2.1.2 试样测定

吸取 1.0mL 内标物注入 100mL 容量瓶中，用待测试样稀释至刻度，混匀，取适量稀释注入色谱柱，记录色谱图，并测量除邻二甲苯外的所有峰的面积。

7.2.1.3 计算

各杂质含量按式(2)计算：

$$C'_i = \frac{A'_i \cdot C'_s \cdot F_i}{A'_s} \times 100 \quad \cdots\cdots (2)$$

式中：C'_i——试样中杂质 i 的质量百分含量，%(m/m)；

C'_s——稀释液中内标物的质量百分含量，%(m/m)；

A'_i——杂质 i 的峰面积；

A'_s——内标物的峰面积。

邻二甲苯纯度按式(3)计算：

$$C_{OX} = 100.0 - \Sigma C'_i \quad \cdots\cdots (3)$$

式中：C_{OX}——邻二甲苯的纯度，%(m/m)；

$\Sigma C'_i$——试样中各杂质的质量百分含量之和，%(m/m)。

7.2.2 校正面积归一化法

如果仪器的线性范围能满足归一化法定量分析的要求，则也可采用标正面积归一化法直接测定邻二甲苯纯度及各杂质的含量。

7.2.2.1 校正因子的测定

同7.2.1.1步骤，在求得各杂质相对于内标物的质量校正因子的同时，再计算邻二甲苯相对于内标物的质量校正因子。

7.2.2.2 试样测定

直接抽取适量试样注入色谱仪，记录色谱图并测量各峰面积。

7.2.2.3 计算

各组分含量按式(4)计算：

$$C_i = \frac{A'_i \cdot F_i}{\sum (A'_i \cdot F_i)} \times 100 \qquad (4)$$

式中：C_i——试样中组分 i 的质量百分含量，%(m/m)；

A'_i——试样中组分 i 的峰面积；

F_i——组分 i 对内标物的相对校正因子。

7.3 典型色谱图

邻二甲苯及其烃类杂质在表1所列四种色谱柱上的典型色谱图见图1、图2、图3和图4。

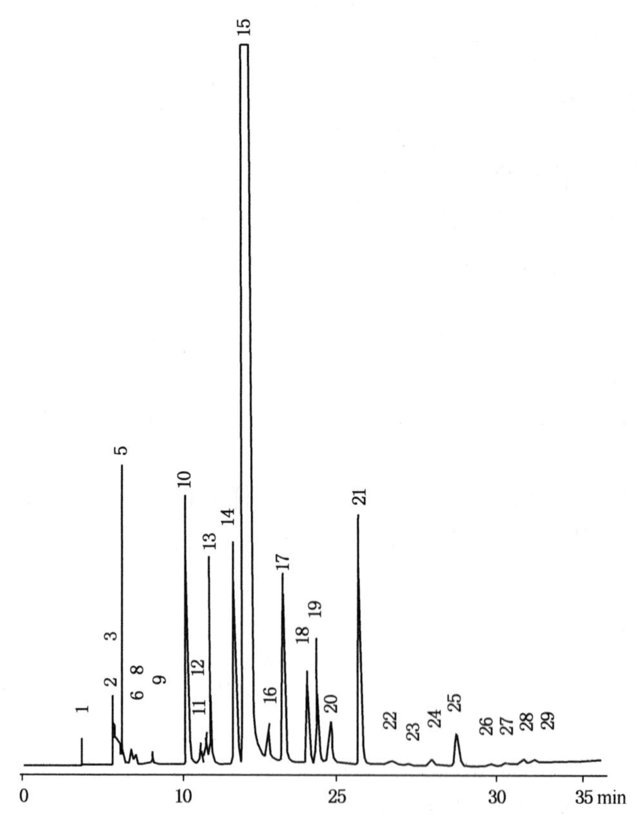

图1 FFAP柱典型色谱图

1—甲烷；2~8非芳烃(包括苯)；9—甲苯；10—正十一烷；11—乙基苯；12—对二甲苯；13—间二甲苯；14—异丙苯；15—邻二甲苯；16—正丙苯；17—间乙基甲苯+对乙基甲苯；18—1,3,5-三甲苯；19—苯乙烯；20—邻乙基甲苯；21—1,2,4-三甲苯；22及26~29—碳+芳烃；25—1,2,3-三甲苯

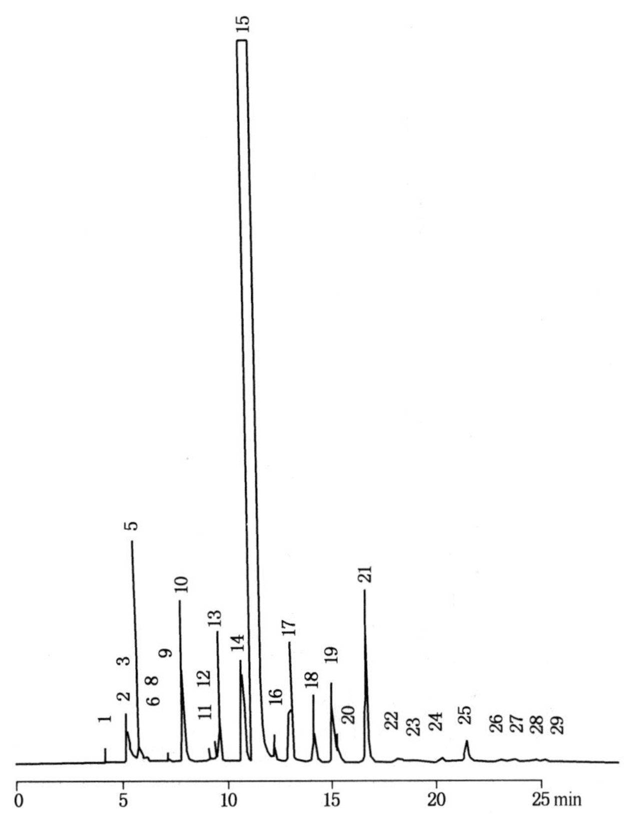

图 2　PEG20M 典型色谱图

（出峰顺序号同图 1）

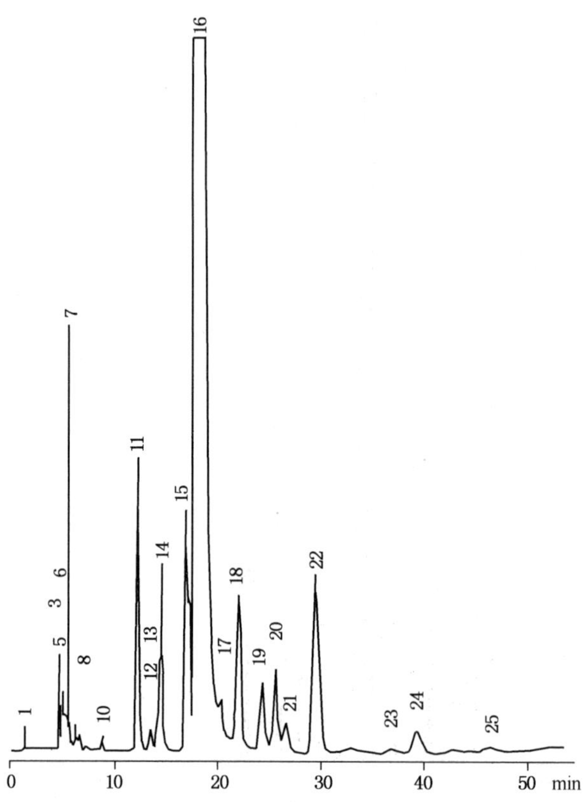

图 3 PEG1500 柱典型色谱图

1—甲烷；2~9—非芳烃(包括苯)；10—甲苯；11—正十一烷；12—乙基苯；13—对二甲苯；14—间二甲苯；15—异丙苯；16—邻二甲苯；17—正丙苯；18—对乙基甲苯+间乙基甲苯；19—1,3,5-三甲苯；20—苯乙烯；21—邻乙基甲烷；22—1,2,4-三甲苯；23—碳+芳烃；24—1，2，3-三甲苯；25—碳+芳烃

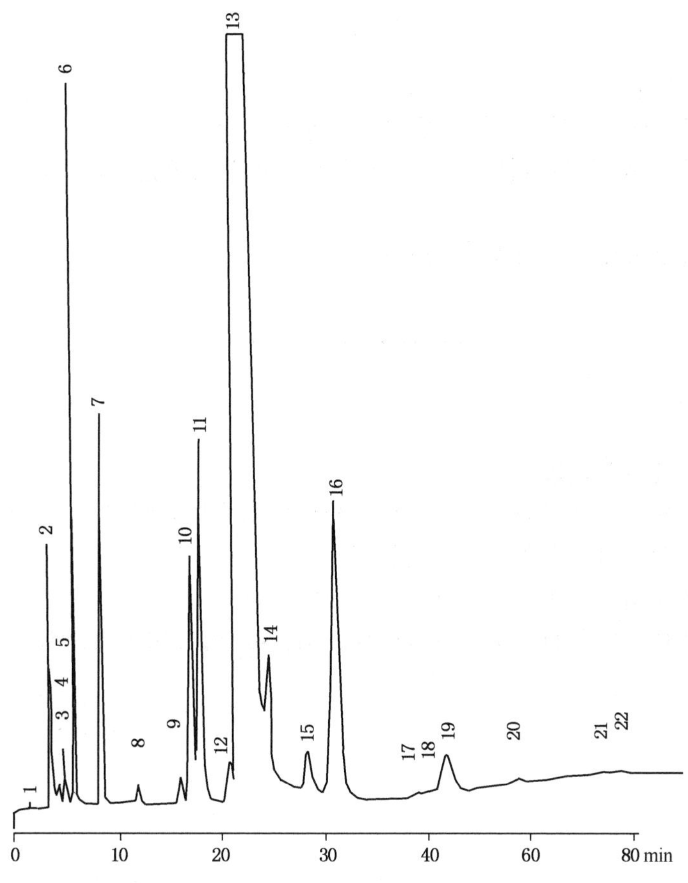

图 4 TCEP 柱典型色谱图

1—甲烷；2~5—非芳烃；6—正十一烷；7—苯；8—甲苯；9—乙基苯；10—对二甲苯+间二甲苯；
11—异丙苯；12—正丙苯；13—邻二甲苯+对乙基甲苯+间乙基甲苯；14—1,3,5-三甲苯；
15—邻乙基甲苯；16—苯乙烯+1,2,4-三甲苯；17~18 及 20~22-碳+芳烃；
19—1,2,3-三甲苯

8 结果的表示

8.1 对于任一试样，均需以两次重复测定结果的算术平均值表示其分析结果。

8.2 报告邻二甲苯纯度，精确至 0.1%(*m*/*m*)。

8.3 报告各个杂质含量，精确至 0.01%(*m*/*m*)。

9 精密度

9.1 重复性

在同一实验室，由同一操作员，用同一试验方法和仪器，对同一试样，相继做两次重复试验，95%置信水平时，所得结果之差应符合：

各杂质的相对偏差应不大于其平均值的 10%；

邻二甲苯纯度的相对偏差应不大于其平均值的 0.15%。

9.2 再现性

待确定。

10 报告

报告应包括下列内容：

a. 有关试验的全部资料（批号、日期、采样地点等）；

b. 任何自由选择的实验条件的说明（如色谱柱的详细说明及色谱条件等）；

c. 测定结果；

d. 测定结果中观察到的任何异常现象的说明。

附加说明：

本标准由辽阳石油化纤公司提出。

本标准由全国化学标准化技术委员会石油化学分析技术委员会归口。

本标准由辽阳石油化纤公司化工一厂负责起草。

本标准主要起草人王济川、王国香、戴贵桐、丁虹。

本标准等效采用美国试验与材料协会 ASTM D 3797-88《用气相色谱法分析邻二甲苯的标准试验方法》。

ICS 71.080.30
G 17

SH

中华人民共和国石油化工行业标准

SH/T 1627.1—2014
代替 SH/T 1627.1—1996（2005）

工业用乙腈 第1部分：规格

Acetonitrile for industrial use—
Part 1：Specification

2014-05-06 发布　　2014-10-01 实施

中华人民共和国工业和信息化部 发布

前　言

SH/T 1627《工业用乙腈》分为如下几个部分：

——第1部分：规格；

——第2部分：纯度及杂质含量的测定　气相色谱法；

——第3部分：氨含量的测定　滴定法。

本部分为SH/T 1627的第1部分。

本部分按照GB/T 1.1—2009给出的规则起草。

本部分代替SH/T 1627.1—1996（2005）《工业用乙腈》。

本部分与SH/T 1627.1—1996（2005）的主要差异为：

a）范围

——删除“本标准适用于丙烯氨氧化法生产丙烯腈工艺中所得的副产品——乙腈”；

——分子式由CH_3CN改为C_2H_3N。

b）要求

——项目中的氢氰酸改为总氰（以氢氰酸计）；

——增加氨合格品指标为≤6 mg/kg，铜、铁合格品指标为≤0.5 mg/kg；

——外观改为透明液体，无悬浮物；

——色度合格品指标由≤20号改为≤10号；

——纯度优等品指标由≥99.5%改为≥99.9%、一等品指标由≥99.0%改为≥99.7%、合格品指标由≥98.0%改为≥99.5%；

——沸程的优等品、一等品指标由（80.0~82.0）℃改为（81.0~82.0）℃；

——酸度优等品指标由≤300 mg/kg改为≤50 mg/kg、一等品指标由≤500 mg/kg改为≤100 mg/kg、合格品指标由≤500 mg/kg改为≤300 mg/kg；

——水分优等品指标由≤0.3%改为≤0.030%、一等品指标由≤0.3%改为≤0.10%、合格品指标由≤0.5%改为≤0.30%；

——总氰一等品指标由≤20 mg/kg改为≤10 mg/kg、合格品指标由供需双方协议改为≤10 mg/kg；

——丙烯腈优等品指标由≤100 mg/kg改为≤25 mg/kg、一等品指标由≤300 mg/kg改为≤80 mg/kg、合格品指标由500 mg/kg改为≤100 mg/kg；

——丙酮优等品指标由≤50 mg/kg改为≤25 mg/kg；

——重组分（含丙腈）优等品指标由≤1000 mg/kg改为≤500 mg/kg、一等品指标由≤5000 mg/kg改为≤1000 mg/kg、合格品指标由报告改为≤1000 mg/kg。

c）试验方法

——外观的测定：由GB/T 7717.2—1984改为目视法；

——色度的测定：增加GB/T 3143法，并指定其为仲裁法；

——密度的测定：由GB/T 4472—1984改为GB/T 2013—2010中的试验方法A——密度计法或试验方法B——U型振动管法，并指定测试温度为20℃及试验方法A为仲裁法；

——酸度的测定：由GB/T 7717.13改为GB/T 7717.5；

——水分的测定：由GB/T 7717.7改为GB/T 6283—2008，并指定其中的直接电量滴定法为仲裁法；

——铜的测定：由GB/T 7717.14改为GB/T 7717.17和GB/T 7717.11，并指定GB/T 7717.11为仲

裁法；
——铁的测定：增加 GB/T 7717. 16，并指定 GB/T 7717. 11 为仲裁法。
d）检验规则
——增加了检验分类，并将丙酮由出厂检验项目改为型式检验项目，型式检验频次由每月一次改为每季度一次，并增加了启动型式检验的条件；
——“分批”改为“组批”，并将“本产品若装在贮罐内，以每一贮罐为一批，槽车装产品以每一槽车为一批”改为“同等质量的，均匀的产品为一批，可按生产周期，生产班次或产品储罐进行组批”；
——“取样”改为“采样”并增加采样总量及标签内容；
——“判等”和“复验”合并为“判定和复验”并增加了“检验结果的判定按 GB/T 8170 中修约值比较法进行”。
——增加了“质量证明”条标题，并规定了质量证明书的内容。
e）标志、包装、运输、贮存
——标志，由原来的“易燃物品”、“剧毒品”改为“易燃液体”、“毒性物质”等，并增加了“容器上应贴有安全标签”及“每批出厂的工业用乙腈产品都应附有化学品安全技术说明书”等内容；
——包装，删除“每桶装量为 150 kg±1. 0 kg”；
——贮存，指明工业用乙腈应按 GB 15603 的规定贮存。
f）安全
——指明工业用乙腈为 GB 12268 中的第 3 类易燃液体（UN 编号 1648），危险性警示说明应符合 GB 20581 规定。
——闪点由原来的 5. 56 ℃（开杯）改为 2 ℃；
——自燃点 525 ℃改为引燃点 524 ℃；
——爆炸极限由 4. 4%~16%（*V/V*）改为 3. 0%（体积分数）~16%（体积分数）；
——“工作区域空气中乙腈最高允许浓度不超过 2 mg/m^3”改为“工作场所职业接触限值加权平均允许浓度（TWA）为 10 mg/m^3，短时间接触允许浓度（STEL）为 25 mg/m^3”。

本部分由中国石油化工集团公司提出。

本部分由全国化学标准化技术委员会石油化学分技术委员会（SAC/TC63/SC4）归口。

本部分起草单位：中国石化上海石油化工股份有限公司。

本部分主要起草人：朱青、杜燕文、严国良、曹伟新、王丽丽、何灵燕。

本部分所代替标准的历次版本发布情况为：SH/T 1627. 1—1996（2005）。

工业用乙腈 第1部分：规格

警告：本部分未指出所有可能的安全问题。生产者必须向用户说明产品的危险性，使用中的安全和防护措施，本部分的使用者有责任采取适当的安全和健康措施，并保证符合国家有关法规规定的条件。

1 范围

本部分规定了工业用乙腈的要求、试验方法、检验规则、标志、包装、运输、贮存和安全。

分子式：C_2H_3N。

相对分子质量：41.05（按2007年国际相对原子质量）。

2 规范性引用文件

下列文件对于本文件的应用是必不可少的。凡是注日期的引用文件，仅注日期的版本适用于本文件。凡是不注日期的引用文件，其最新版本（包括所有的修改单）适用于本文件。

GB 190 危险货物包装标志

GB/T 605 化学试剂 色度测定通用方法

GB/T 2013—2010 液体石油化工产品密度测定法

GB/T 3143 液体化学产品颜色测定法（Hazen单位——铂-钴色号）

GB/T 3723 工业用化学产品采样安全通则（GB/T 3723—1999，ISO 3165：1976，IDT）

GB/T 6283—2008 化工产品中水分含量的测定 卡尔·费休法（通用方法）（NEQ ISO 760：1978）

GB/T 6678 化工产品采样总则

GB/T 6680 液体化工产品采样通则

GB/T 7534 工业用挥发性有机液体 沸程的测定（GB/T 7534—2004，ISO 4626：1980，MOD）

GB/T 7717.5 工业用丙烯腈 第5部分：酸度、pH值和滴定值的测定

GB/T 7717.9 工业用丙烯腈中总氰含量的测定 滴定法

GB/T 7717.11 工业用丙烯腈 第11部分：铁、铜含量的测定 分光光度法

GB/T 7717.16 工业用丙烯腈 第16部分：铁含量的测定 石墨炉原子吸收法

GB/T 7717.17 工业用丙烯腈 第17部分：铜含量的测定 石墨炉原子吸收法

GB/T 8170 数值修约规则与极限数值的表示和判定

GB 12268 危险货物品名表

GB 20581 化学品分类、警示标签和警示说明安全规范 易燃液体

SH/T 1627.2 工业用乙腈纯度及有机杂质的测定 气相色谱法

SH/T 1627.3 工业用乙腈中氨含量的测定 滴定法

3 要求

工业用乙腈应符合表1的要求。

表 1 工业用乙腈技术要求

项目		质量指标		
		优等品	一等品	合格品
外观		透明液体，无悬浮物		
色度（Pt-Co）/号	≤	10		
密度（20℃）/（g/cm^3）		0.781~0.784		
沸程（在0.101 33MPa下）/℃		81.0~82.0		80.0~82.0
酸度（以乙酸计）/（mg/kg）	≤	50	100	300
水分 w /%	≤	0.030	0.10	0.30
总氰（以氢氰酸计）/（mg/kg）	≤	10	10	10
氨/（mg/kg）	≤	6	6	6
丙酮/（mg/kg）	≤	25	50	50
丙烯腈/（mg/kg）	≤	25	80	100
重组分（含丙腈）/（mg/kg）	≤	500	1 000	1 000
铜/（mg/kg）	≤	0.5	0.5	0.5
铁/（mg/kg）	≤	0.5	0.5	0.5
纯度 w /%	≥	99.9	99.7	99.5

4 试验方法

4.1 外观的测定

在室温下，取 50 mL~60 mL 试样，置于洁净干燥的 100 mL 比色管中，在日光或日光灯照射下直接目测。

4.2 色度的测定

按 GB/T 605 或 GB/T 3143（仲裁法）的规定测定。

4.3 密度的测定

按 GB/T 2013—2010 中的试验方法 A——密度计法（仲裁法）或试验方法 B——U 型振动管法的规定进行测定。测试温度为 20 ℃。

二次重复测定结果之差应不大于 0.001 g/cm^3，取其平均值作为测定结果。

4.4 沸程的测定

按 GB/T 7534 的规定测定。

4.5 酸度的测定

按 GB/T 7717.5 的规定测定。

4.6 水分的测定

按 GB/T 6283—2008 中的规定测定，以其中的直接电量滴定法为仲裁法。

4.7 总氰（以氢氰酸计）的测定

按 GB/T 7717.9 的规定测定。

4.8 氨的测定

按 SH/T 1627.3 的规定测定。

4.9 丙酮、丙烯腈、重组分（含丙腈）、纯度的测定

按 SH/T 1627.2 的规定测定。

4.10 铜的测定

按 GB/T 7717.17 或 GB/T 7717.11（仲裁法）的规定测定。

4.11 铁的测定

按 GB/T 7717.16 或 GB/T 7717.11（仲裁法）的规定测定。

5 检验规则

5.1 检验分类

5.1.1 表 1 所列项目均为型式检验项目，其中外观、色度、水分、总氰（以氢氰酸计）、丙烯腈、重组分（含丙腈）、纯度为出厂检验项目。

5.1.2 当有下列情况时应进行型式检验：

a）在正常情况下，每季度至少进行一次型式检验；
b）更新关键生产工艺；
c）主要原料有变化；
d）停产又恢复生产；
e）出厂检验结果与上次型式检验结果有较大差异；
f）合同规定。

5.2 组批

同等质量的，均匀的产品为一批，可按生产周期，生产班次或产品储罐进行组批。

5.3 采样

按 GB/T 3723 和 GB/T 6680 的规定采样，采样单元数按照 GB/T 6678 的规定确定，采样总量不少于 1000 mL，样品装于清洁干燥的玻璃采样瓶中，瓶上贴标签，注明：产品名称、批号、采样日期和采样者姓名等内容。

5.4 判定和复验

检验结果的判定按 GB/T 8170 中修约值比较法进行。检验结果如果有一项指标不符合本部分的要求，应重新加倍采样进行复检，复检结果即使只有一项指标不符合本部分要求，则判定整批产品为不合格。

5.5 质量证明

每批出厂的产品都应附有质量证明书，其内容包括：生产厂名称、产品名称、等级、批号或生产日期、本部分编号等。

6 标志、包装、运输、贮存

6.1 标志

6.1.1 工业用乙腈产品在包装桶上应有明显、牢固的标志，内容包括：产品名称、生产厂名称、地址、批号或生产日期、净含量、等级、本部分编号等内容。

6.1.2 包装容器上应有符合 GB 190 规定的“易燃液体”、“毒性物质”等明显标志。

6.1.3 每批出厂的工业用乙腈产品都应附有化学品安全技术说明书。

6.2 包装

工业用乙腈产品用干燥、清洁的专用铁桶包装，铁桶须经气密性试验合格后方能使用，包装后，桶口密封，防止渗漏，工业用乙腈产品也可用专用槽车装运。

6.3 运输

工业用乙腈产品在运输过程中应遵守国家有关危险货物运输的各项有关规定。

6.4 贮存

6.4.1 工业用乙腈产品应按 GB 15603 的规定，贮存于专用贮槽或阴凉、通风仓库内，仓间温度不宜超过 30 ℃，并远离火种、热源，防止阳光直射。

6.4.2 工业用乙腈产品应与氧化剂、酸类分开存放。应定期检查是否有泄漏现象。

7 安全

7.1 按照 GB 12268，乙腈为第 3 类易燃液体（UN 编号 1648），闪点 2 ℃，引燃点 524 ℃。其蒸气与空气可形成爆炸性混合物，爆炸极限为 3.0%（体积分数）~16%（体积分数），遇明火、高热有引起燃烧爆炸的危险，与氧化剂能发生强烈反应。危险性警示说明应符合 GB 20581 规定。

7.2 乙腈有毒、易挥发，对皮肤和黏膜有刺激作用，应为接触乙腈的人员提供保护皮肤和呼吸器官的劳防措施，乙腈的分析应在通风橱中进行。

7.3 工作场所职业接触限值加权平均允许浓度（TWA）为 10 mg/m^3，短时间接触允许浓度（STEL）为 25 mg/m^3。

7.4 乙腈遇硫酸、发烟硫酸、氯磺酸、过氯酸盐等发生剧烈反应，应避免与上述物质接触。

7.5 有乙腈的场所，禁止使用易产生火花的机械设备和工具。

7.6 发生少量乙腈泄漏时，可用活性炭或其他惰性材料吸收，也可用大量水冲洗，冲洗水放入废水系统处理。

7.7 消防器材应用泡沫、二氧化碳灭火器，或用砂土。

前　言

本标准等效采用国外先进标准。本标准增加了毛细管色谱柱，采用内标定量法以提高定量准确度，并提出方法精密度。

本标准由全国化学标准化技术委员会石油化学分技术委员会提出并归口。

本标准由中国石油化工总公司上海石油化工研究院和上海石油化工股份有限公司化工二厂起草。

本标准主要起草人：蒋立文、梁成发、徐红斌、俞婉青。

本标准于1996年5月24日首次发布。

中华人民共和国石油化工行业标准

SH/T 1627.2—1996
(2010年确认)

工业用乙腈纯度及有机杂质的测定 气相色谱法

1 范围

本标准规定了用气相色谱法测定工业用乙腈中有机杂质，以及用差减法计算乙腈纯度。

本标准适用于工业用乙腈中的丙酮、丙烯腈、重组分(含丙腈)含量及乙腈纯度的测定。丙酮、丙烯腈最小测定浓度为0.001%(*m*/*m*)，重组分(含丙腈)最小测定浓度为0.01%(*m*/*m*)，乙腈纯度为98.0%(*m*/*m*)以上。

本标准推荐的填充色谱柱不适用于测定丙腈峰后流出的重组分，仲裁检验须使用毛细管柱。

2 引用标准

下列标准所包含的条文，通过在本标准中引用而构成为本标准的条文。在本标准出版时，所示版本均为有效。所有标准都会被修订，使用本标准的各方应探讨使用下列标准最新版本的可能性。

GB/T 3723—83 工业用化学品采样安全通则(eqv ISO 3165:1976)

GB/T 6678—86 化工产品采样总则

GB/T 6680—86 液体化工产品采样通则

GB/T 9722—88 化学试剂 气相色谱法通则

SH/T 1627.1—1996 工业用乙腈

3 方法提要

液体试样用微量注射器注入进样装置气化后，在载气带动下进入色谱柱，使各组分得到分离，用氢火焰离子化检测器进行检测，记录色谱图，用内标法定量，计算各有机杂质的含量。乙腈纯度由差减法求得。

4 试剂和材料

4.1 载气和辅助气体

4.1.1 载气

氮气：纯度不小于99.9%(*V*/*V*)，经硅胶及5A分子筛干燥、净化。

4.1.2 辅助气

a) 氢气或氮气：纯度不小于99.9%(*V*/*V*)，经硅胶及5A分子筛干燥、净化。

b) 空气(压缩空气)：经硅胶及5A分子筛干燥、净化。

4.2 固定液：聚乙二醇400(PEG 400)β,β'-氧化二丙腈(β,β'-OD PN)。

4.3 载体：Chromosorb WAW-DMCS，粒径0.177mm~0.250mm(60目~80目)。

4.4 毛细管色谱柱：FFAP键合固定相石英弹性毛细管色谱柱(Polyethylene Glycol-TPA phase)，长50m，内径0.32mm，液膜厚度0.52μm。

中国石油化工总公司1996-05-24批准　　1996-12-01实施

4.5 标准试剂

4.5.1 丁酮：色谱纯。

4.5.2 丙酮：色谱纯。

4.5.3 丙烯腈：纯度不小于99.5%(m/m)。

4.5.4 乙腈：纯度不小于99.5%(m/m)的优质乙腈。

5 仪器与设备

5.1 气相色谱仪：配备氢火焰离子化检测器，填充柱或毛细管柱，单个杂质峰的最低检出量为噪声5倍。

5.2 记录装置：记录仪，积分仪或色谱数据处理机。

5.3 分析天平：感量0.0001g。

5.4 微量注射器：10μL，50μL。

6 采样

按GB/T 3723、GB/T 6678、GB/T 6680规定的技术要求采取样品。

7 分析步骤

7.1 操作条件

推荐的色谱柱及典型操作条件见表1。能达到同等分离效果的其他色谱柱均可使用。

表1 推荐的色谱柱及典型操作条件

色 谱 柱	填 充 柱	毛细管柱
固定液	4%PEG-400+18%β，β′-ODPA	FFAP
载 体	Chromosorb WAW DMCS	—
载体粒径，mm	0.177~0.250	—
柱长，m	6	50
柱内径，mm	3	0.32
液膜厚度，μm	—	0.52
检测器	FID	FID
柱温，℃	80	54℃恒温20min，以10℃/min升至200℃恒温20min
进样口温度，℃	170	160
检测器温度，℃	160	200
载 气	H_2	N_2
载气流速，mL/min	50	0.9
载气线速，cm/s	—	12
分流比	—	100：1
进样量，μL	0.4	0.2~0.4

7.2　测定步骤

色谱仪启动后进行必要的调节，以达到表 1 所列的典型操作条件或能获得同等分离的其他适宜条件，仪器稳定后即可进行测定。

7.2.1　相对质量校正因子的测定

用一个洁净、干燥的 50mL 容量瓶，在分析天平上，称取 40g 乙腈(4.5.4)作基液，精确至 0.0002g。然后加入丙酮(4.5.2)约 0.0030g，丙烯腈(4.5.3)约 0.0040g，丁酮(4.5.1)约 0.0200g，充分混匀，即得配制的定量标样，将此标样和乙腈基液分别进样各三次，取得六套面积相近的数据，求得两样品中各组分的面积平均值，按式(1)计算出各组分的相对质量校正因子(f_i)：

$$f_i=\frac{A_s m_i}{A_i m_s} \qquad (1)$$

式中：A_s——标样中内标物的峰面积，mm^2 或积分值；

m_i——标样中加入组分 i 的质量，g；

A_i——标样中组分 i 峰面积减去乙腈基液中该组分峰面积，cm^2 或积分值；

m_s——内标物的质量，g。

7.2.2　试样测定

用一个洁净、干燥的 50mL 容量瓶，在分析天平上称取约 40g 工业用乙腈待测试样，精确至 0.0001g。然后称入 0.0200g 丁酮，充分混匀，与 7.2.1 同样的操作条件进行色谱分析，得到各组分和内标物的峰面积。重复测定两次。

7.3　典型色谱图

见图 1、图 2。

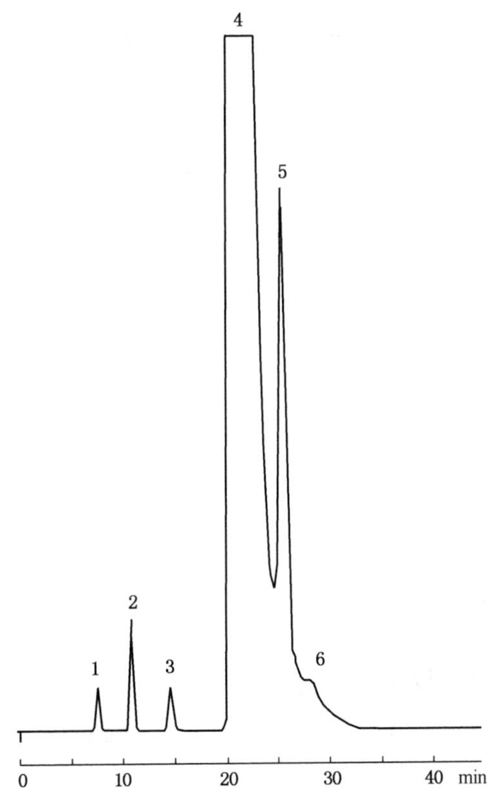

1—丙酮；2—丁酮(内标)；3—丙烯腈；4—乙腈；5—丙腈；6—未知杂质

图 1　填充柱典型色谱图

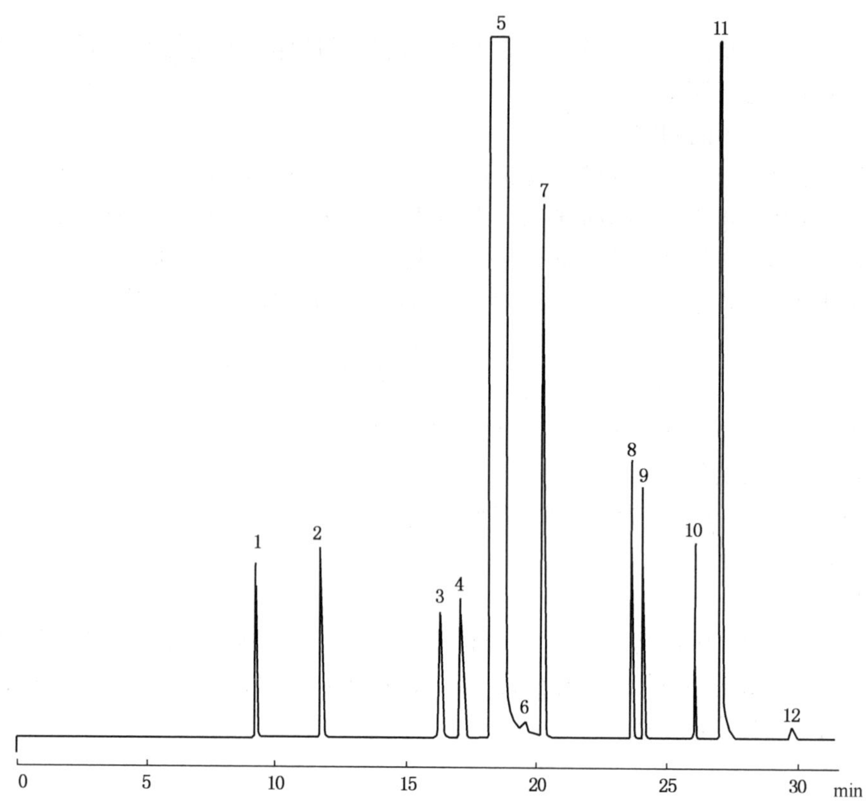

1—丙酮；2—丁酮(内标)；3—丙烯腈；4—α-甲基丙烯腈；5—乙腈；6—唑；7—丙腈；
8—β-甲基丙烯腈；9—丙烯醇；10—β-甲基丙烯腈；11—未知杂质；12—未知杂质

图2　毛细管柱典型色谱图

8　分析结果的表述

8.1　计算

各待测组分 i 的质量百分含量 X_i%(m/m)按式(2)计算：

$$X_i = \frac{A_i f_i m_s}{A_s m} \times 100 \quad \cdots\cdots (2)$$

式中：A_i——试样中组分 i 的峰面积，mm^2 或积分值；

f_i——试样中组分 i 的相对于内标物丁酮的质量校正因子，重组分(含丙腈)相对质量校正因子为1.00；

m_s——内标物丁酮的质量，g；

A_s——内标物丁酮的峰面积，mm^2 或积分值；

m——样品的质量，g。

乙腈纯度 X%(m/m)按式(3)用差减法计算：

$$X = 100.0 - (X_1 + X_2 + X_3 + X_4 + X_5 + X_6) \quad \cdots\cdots (3)$$

式中：X_1——有机杂质总量,%(m/m)；

X_2——水分含量,%(m/m)；

X_3——酸度,%(m/m)；

X_4——氢氰酸含量,%(m/m)；

X_5——氨含量,%(m/m);

X_6——铜、铁含量,%(m/m)。

注：式(3)中的水分(X_2)、酸度(X_3)、氢氰酸(X_4)、氨(X_5)、铜、铁(X_6)含量应按 SH/T 1627.1 的规定方法进行测定。

8.2 结果的表示

a) 取两次重复测定结果的算术平均值作为其分析结果。

b) 报告丙酮、丙烯腈含量应精确至 0.000 1%(m/m)，重组分(含丙腈)精确至 0.001%(m/m)。

c) 报告乙腈纯度应精确至 0.1%。

9 精密度

9.1 重复性

在同一实验室由同一操作员、用同一仪器、对同一试样相继做两次重复测定，每一组分测定值对平均值的相对偏差应不大于 10%(95%置信水平)；乙腈纯度的两次测定结果之差不大于其平均值的 0.1%(95%置信水平)。

9.2 再现性。

待确定。

10 报告

试验报告应包含下列内容：

a) 有关试样的全部资料，例如样品名称、批号、日期、采样地点等；

b) 本标准代号；

c) 分析结果；

d) 测定过程中观察到的任何异常现象的细节及其说明；

e) 分析人员姓名及分析日期等。

前　言

本标准等同采用国外先进标准。

本标准采用中性甲醛反应滴定法测定工业用乙腈中氢和铵盐的含量。

本标准由全国化学标准化技术委员会石油化学分技术委员会提出并归口。

本标准由上海石油化工股份有限公司化工二厂和中国石油化工总公司上海石油化工研究院起草。

本标准主要起草人：梁成发、蒋立文、俞婉青、周辉、屈玲娣、顾晓敏。

本标准于 1996 年 5 月 24 日首次发布。

中华人民共和国石油化工行业标准

SH/T 1627.3—1996

（2010年确认）

工业用乙腈中氨含量的测定　滴定法

1　范围

本标准规定了工业用乙腈中氨和铵盐含量测定的中性甲醛反应滴定法。

本标准适用于氨含量大于0.00002%（*m/m*）的工业用乙腈试样。

2　引用标准

下列标准所包含的条文，通过在本标准中引用而构成为本标准的条文。本标准出版时，所示版本均为有效。所有标准都会被修订，使用本标准的各方应探讨使用下列标准最新版本的可能性。

GB/T 601—88　化学试剂　滴定分析（容量分析）用标准溶液的制备

GB/T 3723—83　工业用化学产品采样安全通则（eqv ISO 3165：1976）

GB/T 6678—86　化工产品采样总则

GB/T 6680—86　液体化工产品采样通则

GB/T 6682—92　分析实验室用水规格和试验方法

3　方法提要

先将试样的pH调节至7.0铵盐与中性甲醛反应，生成质子化六次甲基四胺和相当于铵的酸，用氢氧化钠标准滴定溶液滴定至溶液呈中性，根据消耗的氢氧化钠标准滴定溶液的体积，计算出试样中氨和铵盐的含量。

4　试剂和溶液

除另有注明外，所用试剂均匀分析纯，所用的水均符合GB/T 6682规定的三级水规格，所用标准溶液按GB/T 601规定制备。

4.1　37%（*m/m*）中性甲醛溶液：将37%（*m/m*）甲醛溶液用0.1mol/L氢氧化钠溶液中和至pH为7.0。使用前用pH计重新核对其pH值，必要时，用0.01mol/L氢氧化钠标准滴定溶液调节至pH为7.0。

4.2　氢氧化钠溶液：$c(\mathrm{NaOH})=0.1\mathrm{mol/L}$。

4.3　硫酸溶液：$c(1/2\mathrm{H_2SO_4})=0.01\mathrm{mol/L}$。

4.4　氢氧化钠标准滴定溶液：$c(\mathrm{NaOH})=0.01\mathrm{mol/L}$。

4.5　缓冲溶液（参比标准pH=4.0，pH=7.0）。

5　仪器和设备

5.1　pH计：最小分度0.02pH。

5.2　玻璃电极和甘汞电极。

5.3　电磁搅拌器：配备合适的电磁搅拌棒。

中国石油化工总公司1996-05-24批准　　1996-12-01实施

5.4　微量滴定管：10mL，分刻度0.05mL。

5.5　烧杯：400mL

5.6　量筒：100mL。

5.7　滴瓶。

6　采样

按GB/T 3723、GB/T 6678、GB/T 6680的规定采取样品。

7　分析步骤

7.1　样品稀释

量取100mL试样，置于盛有50mL水和一个磁力搅拌棒的400mL烧杯中。

将烧杯放在电磁搅拌器(5.3)上，插入pH计电极(5.2)，搅拌使溶液混匀。

7.2　中和

溶液在搅拌条件下，用0.1mol/L氢氧化钠溶液(4.2)和0.01mol/L硫酸溶液(4.3)调节pH为7.0。

7.3　与甲醛反应

在已中和的试样溶液中加入25mL中性甲醛溶液(4.1)，搅拌5min后，若溶液pH值小于7.0，则按7.4步骤进行滴定，若溶液pH值等于或大于7.0，则表示试样中无氨和铵盐存在。

7.4　滴定

在搅拌条件下，用0.01mol/L氢氧化钠标准滴定溶液(4.4)滴定至溶液pH值为7.0即为终点。

8　分析结果的表述

8.1　计算

以质量百分数表示的氨含量$X(\%)$，按式(1)计算：

$$X=\frac{V\cdot c\times 0.017}{100\times\rho}\times 100 \qquad (1)$$

式中：V——滴定试样消耗氢氧化钠标准滴定溶液体积，mL；

c——氢氧化钠标准滴定溶液的实际浓度，mol/L；

0.017——与1.00mL氢氧化钠标准滴定溶液[c(NaOH)=1.0000，mol/L]相当的，以克表示的氨的质量；

ρ——试样的密度，g/mL。

8.2　结果的表示

取两次重复测定结果的算术平均值作为分析结果。两次重复测定结果之差应符合第9章规定的精密度，测定结果应精确至0.00001%。

9　精密度

9.1　重复性

在同一实验室，由同一操作人员，使用相同仪器，在相同的操作条件下，用正常和正确的操作方法对同一试样进行两次重复测定，其测定值之差应不大于0.00025%。

9.2　重复性

待确定。

10 报告

报告应包括如下内容：

a）有关样品的全部资料，例如样品的名称、批号、采样点、采样日期、采样时间等。

b）本标准代号。

c）分析结果。

d）测定时观察到的任何异常现象的细节及其说明。

e）分析人员的姓名及分析日期等。

ICS 71.080.70
G 17

中华人民共和国石油化工行业标准

SH/T 1628.1—2014

代替 SH/T 1628.1—1996（2005）

工业用乙酸乙烯酯 第1部分：规格

Vinyl acetate for industrial use—
Part 1: Specification

2014-05-06 发布　　　　2014-10-01 实施

中华人民共和国工业和信息化部　发布

前　　言

本部分按照 GB/T 1.1—2009 给出的规则起草。

SH/T 1628《工业用乙酸乙烯酯》分为如下几个部分：

——第 1 部分：规格；

——第 2 部分：纯度及有机杂质的测定　气相色谱法；

——第 3 部分：活性度的测定　发泡法；

——第 4 部分：酸度的测定　滴定法；

——第 5 部分：醛含量的测定　容量法；

——第 6 部分：对苯二酚的测定。

本部分为 SH/T 1628 的第 1 部分。

本部分代替 SH/T 1628.1—1996（2005）《工业用乙酸乙烯酯》。

本部分与 SH/T 1628.1—1996（2005）的主要差异为：

a）范围

——删除了“本标准适用于乙烯法或乙炔法所制得的乙酸乙烯酯”；

——分子式由 $CH_3COOCHCH_2$ 改为 $C_4H_6O_2$；

——删除了“注：乙酸乙烯酯英文全称为 Vinyl-acetic ester，俗称醋酸乙烯酯”。

b）技术要求

——项目中取消沸程，增加乙酸甲酯、乙酸乙酯、苯；

——一等品和合格品增加纯度指标，分别为≥99.6%和≥99.4%；

——蒸发残渣一等品指标由≤500 mg/kg 改为≤100 mg/kg、合格品指标由≤500 mg/kg 改为≤200 mg/kg；

——酸度优等品指标由≤50 mg/kg 改为≤40 mg/kg、一等品指标由≤200 mg/kg 改为≤100 mg/kg；

——水分一等品指标由≤1000 mg/kg 改为≤600 mg/kg、合格品指标由≤2000 mg/kg 改为≤1000 mg/kg；

——活性度指标修改为由供需双方商定；

——优等品增加乙酸甲酯，指标由供需双方商定；

——优等品增加乙酸乙酯，指标由供需双方商定；

——优等品增加苯，指标为≤20 mg/kg。

c）试验方法

——密度的测定：由 GB/T 4472—1984 中的 2.3.3 改为 GB/T 2013—2010 中的试验方法 A——密度计法或试验方法 B——U 型振动管法，并指定测试温度为 20℃及试验方法 A 为仲裁法；

——水分的测定：指定 GB/T 6283—2008 中的直接电量滴定法为仲裁法；

——阻聚剂（对苯二酚）的测定：删除附录 A，直接引用 SH/T 1628.6 工业用乙酸乙烯酯　第 6 部分：对苯二酚的测定，并指定容量法为仲裁法；

——删除沸程的测定试验方法；

——增加乙酸甲酯、乙酸乙酯、苯的测定，采用 SH/T 1628.2。

d）检验规则

——增加“检验分类”条标题，增加乙酸甲酯、乙酸乙酯、苯为出厂检验项目，并增加了启动型式检验的条件；

——增加“组批”条标题，并规定“同等质量的，均匀的产品为一批，可按生产周期，生产班次或产品储罐进行组批”；

——增加“采样”条标题，并修改了采样总量及标签等内容；

——增加“判定和复验”条标题，并增加“检验结果的判定按 GB/T 8170 中修约值比较法进行”；

——增加“质量证明”条标题，并规定了质量证明书的内容；

——删除了异议仲裁相关内容。

e）标志、包装、运输、贮存

——增加“标志”条标题，原来的“易燃危险品”改为“易燃液体”，并增加了“每批出厂的工业用乙酸乙烯酯产品都应附有化学品安全技术说明书”的内容；

——增加“包装”条标题；

——增加“运输”条标题；

——增加“贮存”条标题，指明工业用乙酸乙烯酯应按 GB 15603 的规定贮存。

f）安全

——增加了安全章节。

本部分由中国石油化工集团公司提出。

本部分由全国化学标准化技术委员会石油化学分技术委员会（SAC/TC63/SC4）归口。

本部分起草单位：中国石化上海石油化工股份有限公司。

本部分参加起草单位：中国石化集团四川维尼纶厂、中国石油化工股份有限公司上海石油化工研究院。

本部分主要起草人：朱青、杜燕文、严国良、曹伟新、王丽丽、何灵燕、瞿丽、金兵。

本部分所代替标准的历次版本发布情况为：SH/T 1628.1—1996（2005）。

工业用乙酸乙烯酯 第1部分：规格

警告：本部分未指出所有可能的安全问题。生产者必须向用户说明产品的危险性，使用中的安全和防护措施，本部分的使用者有责任采取适当的安全和健康措施，并保证符合国家有关法规规定的条件。

1 范围

本标准规定了工业用乙酸乙烯酯的要求、试验方法、检验规则、标志、包装、运输、贮存和安全。

分子式：$C_4H_6O_2$。

相对分子质量：86.09（按2007年国际相对原子质量）。

2 规范性引用文件

下列文件对于本文件的应用是必不可少的。凡是注日期的引用文件，仅注日期的版本适用于本文件。凡是不注日期的引用文件，其最新版本（包括所有的修改单）适用于本文件。

GB 190 危险货物包装标志

GB/T 2013—2010 液体石油化工产品密度测定法

GB/T 3143 液体化学产品颜色测定法（Hazen单位——铂-钴色号）

GB/T 3723 工业用化学产品采样安全通则（GB/T 3723—1999，ISO 3165：1976，IDT）

GB/T 6283—2008 化工产品中水分含量的测定 卡尔·费休法（通用方法）（NEQ ISO 760：1978）

GB/T 6324.2 有机化工产品试验方法 第2部分：挥发性有机液体水浴上蒸发后干残渣的测定（GB/T 6324.2—2004，ISO 759：1981，MOD）

GB/T 6678 化工产品采样总则

GB/T 6680 液体化工产品采样通则

GB/T 6682 分析实验室用水规格和试验方法

GB/T 8170 数值修约规则与极限数值的表示和判定

GB 12268 危险货物品名表

GB 15603 常用化学危险品贮存通则

GB 20581 化学品分类、警示标签和警示说明安全规范 易燃液体

SH/T 1628.2 工业用乙酸乙烯酯纯度及有机杂质的测定 气相色谱法

SH/T 1628.3 工业用乙酸乙烯酯活性度的测定 发泡法

SH/T 1628.4 工业用乙酸乙烯酯酸度的测定 滴定法

SH/T 1628.5 工业用乙酸乙烯酯中醛含量的测定 容量法

SH/T 1628.6—2014 工业用乙酸乙烯酯 第6部分：对苯二酚的测定

3 要求

工业用乙酸乙烯酯应符合表1的要求。

表1　工业用乙酸乙烯酯技术要求

项　　目		指　　标		
		优等品	一等品	合格品
外观		无色透明，无机械杂质		
密度（20℃）/（g/cm³）		0.930~0.934	0.930~0.934	0.929~0.935
色度（铂-钴）/号	≤	5	10	15
蒸发残渣/（mg/kg）	≤	50	100	200
酸度（以乙酸计）/（mg/kg）	≤	40	100	200
醛含量（以乙醛计）/（mg/kg）	≤	200	300	500
水分/（mg/kg）	≤	400	600	1 000
纯度 w /%	≥	99.8	99.6	99.4
乙酸甲酯/（mg/kg）		由供需双方商定	—	—
乙酸乙酯/（mg/kg）		由供需双方商定	—	—
苯/（mg/kg）	≤	20	—	—
活性度/min		由供需双方商定		
阻聚剂（对苯二酚）/（mg/kg）				

4　试验方法

4.1　试剂要求通则

本标准所用试剂和水，在没有注明其他要求时，均指分析纯试剂和GB/T 6682中规定的三级水。

4.2　外观的测定

在室温下，取50 mL~60 mL试样，置于洁净干燥的100 mL比色管中，在日光或日光灯照射下直接目测。

4.3　密度的测定

按GB/T 2013—2010中的试验方法A——密度计法（仲裁法）或试验方法B——U型振动管法的规定进行测定。测试温度为20 ℃。

二次重复测定结果之差应不大于0.001 g/cm³，取其平均值作为测定结果。

4.4　色度的测定

按GB/T 3143规定进行测定。

4.5　蒸发残渣的测定

4.5.1　试剂和溶液

4.5.1.1　对苯二酚；

4.5.1.2　甲醇；

4.5.1.3　对苯二酚-甲醇溶液（1 g/L）：称取对苯二酚0.1 g，溶解于甲醇中，将溶液转移至100 mL容量瓶中，用甲醇定容，摇匀。

4.5.2 测定方法

按 GB/T 6324.2 规定进行测定，但在试样蒸发前，应加入 4.7 mL 对苯二酚-甲醇溶液（4.5.1.3）。

二次重复测定结果之差应不大于 10 mg/kg，取其平均值作为测定结果。

4.6 酸度的测定

按 SH/T 1628.4 规定进行测定。

4.7 醛含量的测定

按 SH/T 1628.5 规定进行测定。

4.8 水分的测定

按 GB/T 6283—2008 规定进行测定，以其中的直接电量滴定法为仲裁法。

二次重复测定结果之差应不大于其平均值的 10%，取其平均值作为测定结果。

4.9 活性度的测定

按 SH/T 1628.3 规定进行测定。

4.10 纯度、乙酸甲酯、乙酸乙酯和苯的测定

按 SH/T 1628.2 规定进行测定。

4.11 阻聚剂（对苯二酚）的测定

按 SH/T 1628.6—2014 规定进行测定，以其中的容量法为仲裁法。

5 检验规则

5.1 检验分类

5.1.1 表 1 所列项目均为型式检验项目，其中外观、密度、色度、酸度、醛含量、水分、活性度、纯度、乙酸甲酯、乙酸乙酯、苯、阻聚剂为出厂检验项目。

5.1.2 当有下列情况时应进行型式检验：

a）在正常情况下，每季度至少进行一次型式检验；

b）更新关键生产工艺；

c）主要原料有变化；

d）停产又恢复生产；

e）出厂检验结果与上次型式检验结果有较大差异；

f）合同规定。

5.2 组批

同等质量的，均匀的产品为一批，可按生产周期，生产班次或产品储罐进行组批。

5.3 采样

按 GB/T 3723 和 GB/T 6680 的规定采样，采样单元数按照 GB/T 6678 的规定确定，采样总量不少

于1000 mL，样品装于清洁干燥的玻璃采样瓶中，瓶上贴标签，注明：产品名称、批号、采样日期和采样者姓名等内容。

5.4 判定和复验

检验结果的判定按 GB/T 8170 中修约值比较法进行。检验结果如果有一项指标不符合本标准的要求，应重新加倍采样进行复检，复检结果即使只有一项指标不符合本标准要求，则判定整批产品为不合格。

5.5 质量证明

每批出厂产品都应附有质量证明书，其内容包括：生产厂名称、产品名称、等级、批号或生产日期、本部分编号等。

6 标志、包装、运输、贮存

6.1 标志

6.1.1 包装容器上应有明显、牢固的标志，内容包括：产品名称、生产厂名称、地址、批号或生产日期、净含量、等级、本部分编号等内容。

6.1.2 包装容器上应有符合 GB 190 规定的“易燃液体”的明显标志。

6.1.3 每批出厂的工业用乙酸乙烯酯产品都应附有化学品安全技术说明书。

6.2 包装

工业用乙酸乙烯酯产品用干燥、清洁的铝桶或镀锌铁桶包装，工业用乙酸乙烯酯产品也可用专用槽车装运。

6.3 运输

工业用乙酸乙烯酯产品在运输过程中应遵守国家有关危险货物运输的各项有关规定。

6.4 贮存

6.4.1 工业用乙酸乙烯酯产品应按 GB 15603 的规定，贮存于专用贮槽或阴凉、通风仓库内，仓间温度不宜超过 30 ℃，并远离火种、热源，防止阳光直射。

6.4.2 工业用乙酸乙烯酯产品应与氧化剂分开存放。应定期检查是否有泄漏现象。

7 安全

7.1 按照 GB 12268，乙酸乙烯酯为第 3 类易燃液体（UN 编号 1301），闪点-8 ℃，引燃温度402 ℃。其蒸气与空气可形成爆炸性混合物。极限 2.6%（体积分数）~13.4%（体积分数），遇明火、高热能引起燃烧爆炸，与氧化剂接触会猛烈反应。危险性警示说明应符合 GB 20581 规定。

7.2 乙酸乙烯酯的侵入途径有吸入、误服以及经由眼、皮肤接触：超过 10 mg/kg 对上呼吸道有轻微的刺激作用。高浓度可引起上呼吸道严重刺激和肺水肿。眼：对眼有刺激作用。皮肤：有轻微刺激作用。持续接触可引起皮肤干燥、皲裂。误服：大量误服可引起中枢神经系统抑制作用，出现嗜睡、意识不清等。

7.3 乙酸乙烯酯对环境可能有危害，对水体应给予特别注意。

7.4　工作场所职业接触限值加权平均允许浓度（TWA）为 10 mg/m^3，短时间接触允许浓度（STEL）为 15 mg/m^3。

7.5　有乙酸乙烯酯的场所，禁止使用易产生火花的机械设备和工具。

7.6　消防器材应用抗溶性泡沫、二氧化碳、干粉、砂土灭火器，用水灭火无效，但可用水保持火场中容器冷却。

前　　言

本标准等效采用国外先进标准，增加了分离效能更佳的毛细管柱，以尽快适应国际贸易、技术和经济交流的需要。

本标准由全国化学标准化技术委员会石油化学分技术委员会提出并归口。

本标准由中国石油化工总公司上海石油化工研究院和上海石油化工股份有限公司维纶厂共同起草。

本标准主要起草人：冯钰安、乔林祥、俞峰松。

本标准于1996年5月24日首次发布。

中华人民共和国石油化工行业标准

SH/T 1628.2—1996

（2010年确认）

工业用乙酸乙烯酯纯度及有机杂质的测定　气相色谱法

1　范围

本标准规定了用气相色谱法测定工业用乙酸乙烯酯中的有机杂质，以及用差减法计算乙酸乙烯酯纯度。

本标准适用于工业用乙酸乙烯酯中的已知有机杂质含量及乙酸乙烯酯纯度的测定。杂质的最小测定浓度为0.01%（m/m），乙酸乙烯酯纯度为99%（m/m）以上。

2　引用标准

下列标准所包含的条文，通过在本标准中引用而构成为本标准的条文。在本标准出版时，所示版本均为有效。所有标准都会被修订，使用本标准的各方应探讨使用下列标准最新版本的可能性。

GB/T 6680—86　液体化工产品采样通则

GB/T 9722—88　化学试剂　气相色谱法通则

SH/T 1628.1—1996　工业用乙酸乙烯酯。

3　方法提要

试样通过进样装置注入并被载气带入色谱柱进行分离，流出物以氢火焰离子化检测器进行检测，同时记录色谱图。用内标法定量，计算各有机杂质的含量。乙酸乙烯酯纯度由差减法求得。

4　试剂和材料

4.1　载气和辅助气体

4.1.1　载气

氮气：纯度不小于99.9%（V/V），经硅胶及5A分子筛干燥、净化。

4.1.2　辅助气

a）氢气或氮气：纯度不小于99.9%（V/V），经硅胶及5A分子筛干燥、净化。

b）空气（压缩空气）：经硅胶及5A分子筛干燥、净化。

4.2　标准试剂

标准试剂供测定校正因子用，其纯度应大于98%。

它们应包括：乙醛、丙酮、乙酸甲酯、乙酸乙酯、苯、丁烯醛、四氢呋喃。其中四氢呋喃是内标物。

4.3　载体

Chromosorb WAW-DMCS，粒径0.177~0.250mm（60目~80目）或能满足分离要求的其他载体。

4.4　固定液

聚乙二醇-400（PEG-400）

硅油（DC 550）

中国石油化工总公司1996-05-24批准　　　　1996-12-01实施

硬脂酸(Stearic acid，简称 SA)

二甲基聚硅氧烷(SE-30)

5 仪器

为配备氢火焰离子化检测器的填充柱和毛细管柱二用气相色谱仪。该仪器对试样中含量为0.001%(*m/m*)的杂质所产生的峰高应至少大于噪音的二倍。

5.1 进样装置

容积为 10μL 或 1μL 的微量注射器。

5.2 色谱柱

5.2.1 推荐的色谱柱及典型操作条件见表 1。能达到同等分离效能的其他色谱柱也可使用。

表 1 推荐的色谱柱及典型操作条件

色谱柱	填充柱	毛细管柱
固定相(固定液)	DC 550 : PEG-400 : SA : 载体 = 19.8 : 1.0 : 2.5 : 76.7	SE-30
载体粒径，mm	0.177~0.250	—
柱管材质	不锈钢	石英
柱长，m	6	30
柱内径，mm	2	0.32
柱温，℃	70	50
载气流速，mL/min	30(N_2)	—
载气线速，cm/s	—	12(N_2)
汽化温度，℃	150	150
检测器温度，℃	180	180
分流比	—	100 : 1
氢气流速，mL/min	30	30
空气流速，mL/min	400	400
进样量，μL	0.4	1
记录纸速，cm/min	0.2	1

5.2.2 色谱柱的制备与老化

5.2.2.1 色谱柱的制备

a）填充柱：称取固定液 DC 550 4.0g、PEG-400 0.2g 和 SA 0.5g 置于 250mL 玻璃烧杯中，加入适量丙酮，搅拌至完全溶解。移取载体 15.5g，将其加入上述溶液中，轻轻搅拌，载体应恰为溶液所浸没。在通风橱中，放在水浴上稍加温热，使溶剂挥发、干燥至无丙酮味，然后放在 100℃烘箱中干燥 1h 除去残余溶剂，冷却后，即可装柱。

b）融熔石英毛细管柱：长 30m，内径 0.32mm，内壁涂渍 SE-30 固定液，理论塔板数每米应不小于 3 000 片。

5.2.2.2 色谱柱的老化

a）填充色谱柱：以流速 30mL/min 通入载气，在柱温 100℃条件下老化 12h 以上。

b）毛细管色谱柱：以流速 1mL/min 通入载气，15min 后，将柱温升至 50℃，恒温 30min，再以 10℃/min 升温速率升至 100℃，恒温 45min。

5.3 记录装置

记录仪、积分仪或色谱数据处理机。

6 采样

按 GB/T 6680 规定的技术要求采取样品。

7 分析步骤

色谱仪启动后进行必要的调节，以达到表 1 所列的典型操作条件或能获得同等分离的其他适宜条件，仪器稳定后即可进行测定。

7.1　相对质量校正因子的测定

取洁净、干燥的50mL容量瓶，称量(精确至0.0002g)后，加入50mL乙酸乙烯酯基液(杂质含量尽可能低的精品，纯度大于99.8%)后再次称量。然后分别注入适量的待测组分和内标物(4.2)，各组分均应称量(精确至0.0002g)。充分摇匀后备用。

用微量注射器分别吸取一定量的上述配制标样及乙酸乙烯酯基液注入色谱仪，各重复测定三次，以获得各组分的峰面积。按式(1)计算出各个组分的相对质量校正因子(f_i)。

$$f_i=\frac{A_s m_i}{(A_i-\bar{A}_{i0})m_s} \quad \cdots\cdots (1)$$

式中：m_i，m_s——分别为标样中组分i和内标物s的质量，g；

A_i，A_s——分别为标样中组分i和内标物s的峰面积，cm^2或积分值；

$\bar{A}_{i0}$——基液中相应组分三次测定峰面积的平均值，cm^2或积分值。

各组分相对质量校正因子(f_i)的重复测定结果的相对偏差应不大于5%。取其平均值作为该组分的f_i，应精确至0.01。

7.2　试样测定

取洁净、干燥的50mL容量瓶，称量(精确至0.0002g)后，加入50mL试样后再次称量。然后注入适量内标物，称量(精确至0.0002g)。充分摇匀后备用。

用微量注射器，吸取一定量(与7.1相同)的上述试样注入色谱仪，重复测定两次。

7.3　典型色谱图。

见图1、图2。

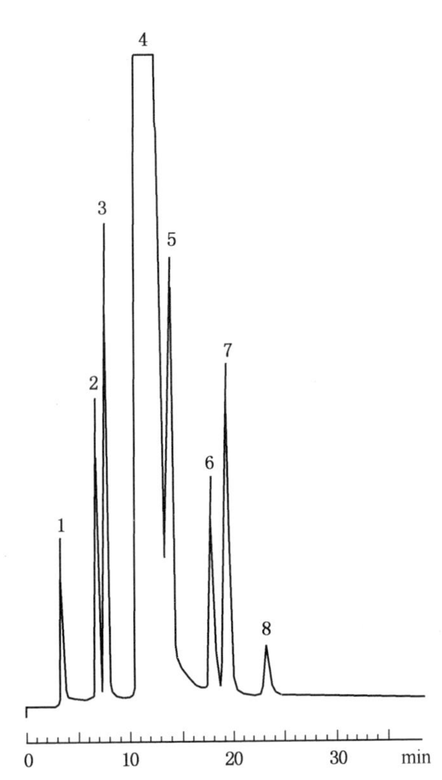

1—乙醛；2—丙酮；3—乙酸甲酯；4—乙酸乙烯酯；5—乙酸乙酯；
6—内标(四氢呋喃)；7—苯；8—丁烯醛

图1　(DC550+PEG-400+SA)混合固定液填充柱典型色谱图

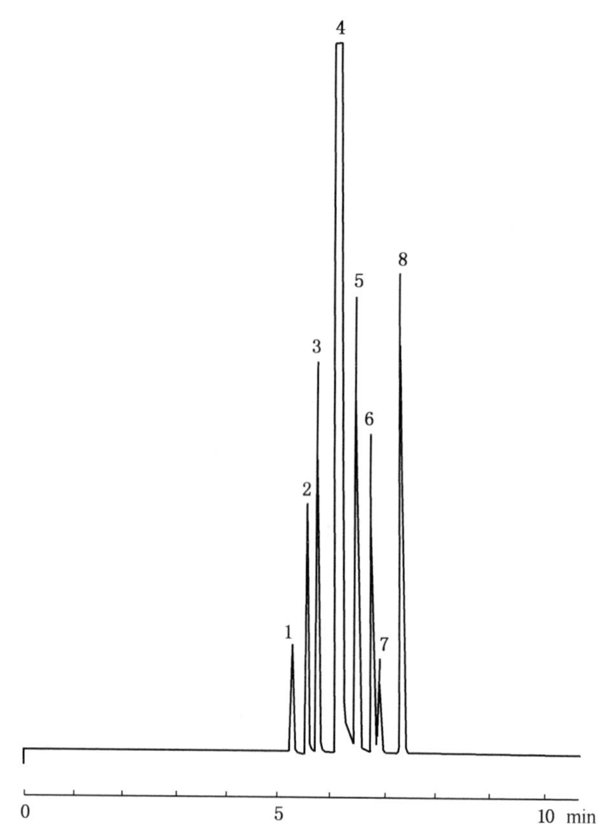

1—乙醛；2—丙酮；3—乙酸甲酯；4—乙酸乙烯酯；5—乙酸乙酯；
6—内标(四氢呋喃)；7—丁烯醛；8—苯

图2 SE-30毛细管柱典型色谱图

8 分析结果的表述

8.1 计算

试样中各杂质组分 i 的质量百分含量 X_i(%)按式(2)计算：

$$X_i = \frac{A_i f_i m_s}{A_s m} \times 100 \qquad (2)$$

式中：A_i、A_s——分别为相应组分 i 和内标物 s 峰面积，cm^2 或积分值；

f_i——相应组分 i 的相对质量校正因子；

m_s、m——分别为内标物 s 和试样的质量，g。

乙酸乙烯酯纯度 X 按式(3)用差减法计算：

$$X = 100.0 - (X_1 + X_2 + X_3 + X_4 + X_5) \qquad (3)$$

式中：X——乙酸乙烯酯纯度,%；

X_1——有机杂质总量,%；

X_2——水分的含量,%；

X_3——蒸发残渣含量,%；

X_4——酸度,%；

X_5——醛含量,%。

注：

1) 式(3)中的水分(X_2)、蒸发残渣(X_3)、酸度(X_4)、醛含量(X_5)应按 SH/T 1682.1 的规定方法进行测定。

2）如式(3)计算中扣除了醛含量(X_4)，则有机杂质总量(X_1)中应不计乙醛、丙酮和丁烯醛诸组分的测定值，以免重复。

8.2 结果的表示

a）以两次重复测定的算术平均值作为其分析结果；

b）报告各个有机杂质含量，应精确至0.001%(m/m)。报告有机杂质总量，应精确至0.01%(m/m)；

c）报告乙酸乙烯酯纯度，应精确至0.1%(m/m)。

9 精密度

9.1 重复性

在同一实验室由同一操作员、用同一仪器，对同一试样相继做两次重复测定，所得结果应符合如下要求：各有机杂质的两次测定结果之差应不大于其平均值的10%(95%置信水平)；乙酸乙烯酯纯度的两次测定结果之差应不大于其平均值的0.1%(95%置信水平)。

9.2 再现性

待确定。

10 报告

试验报告应包括以下内容：

a）有关试样的全部资料(批号、日期、采样地点等)；

b）任何自由选择的实验条件的说明；

c）测定结果；

d）测定过程中观察到的任何异常现象的说明；

e）分析人员姓名及分析日期等。

前　言

本标准等效采用国外先进标准，补充了引发剂的精制条件和测定结果重复性的具体规定。

本标准的附录 A 为标准的附录。

本标准由全国化学标准技术委员会石油化学分技术委员会提出并归口。

本标准由上海石油化工股份有限公司维纶厂起草。

本标准主要起草人：朱青、徐尧生、徐志康。

本标准于 1996 年 5 月 24 日首次发布。

中华人民共和国石油化工行业标准

SH/T 1628.3—1996
(2010年确认)

工业用乙酸乙烯酯活性度的测定 发 泡 法

1 范围

本标准规定了用发泡法测定工业用乙酸乙烯酯的活性度。

本标准适用于工业用乙酸乙烯酯活性度的测定。

2 引用标准

下列标准所包含的条文，通过在本标准中引用而构成为本标准的条文。在本标准出版时，所示版本均为有效。所有标准都会被修订，使用本标准的各方应探讨使用下列标准最新版本的可能性。

GB/T 6680—86 液体化工产品采样通则

3 方法提要

在乙酸乙烯酯单体中加入一定量的引发剂，在规定的温度条件下，使其发生聚合反应。观察引发剂加入至开始发泡之间的时间，以此作为阻聚杂质总量的间接量度。

4 试剂

4.1 偶氮二异丁腈：化学纯，精制方法见附录A(标准的附录)。

4.2 甲醇。

4.3 五氧化二磷：化学纯。

5 仪器和设备

5.1 分析天平：分度值0.1mg。

5.2 特制硬质玻璃试管：技术要求见图1。

5.3 恒温水浴：65℃±0.1℃。

5.4 恒温水浴：20℃±0.5℃。

5.5 秒表：分度值0.1s。

6 采样

按GB/T 6680规定的技术要求采取样品。

7 分析步骤

称取精制偶氮二异丁腈0.0280g(精确至0.0002g)，置于洁净、干燥的硬质玻璃试管(5.2)中。取试样50mL注入干燥的100mL具塞锥形瓶内，于(20±0.5)℃的恒温水浴(5.4)中放置10min以上。然后从中用移液管吸取10mL试样沿壁加入上述盛有偶氮二异丁腈的硬质玻璃试管中，小心摇匀。使

中国石油化工总公司1996-05-24批准 1996-12-01实施

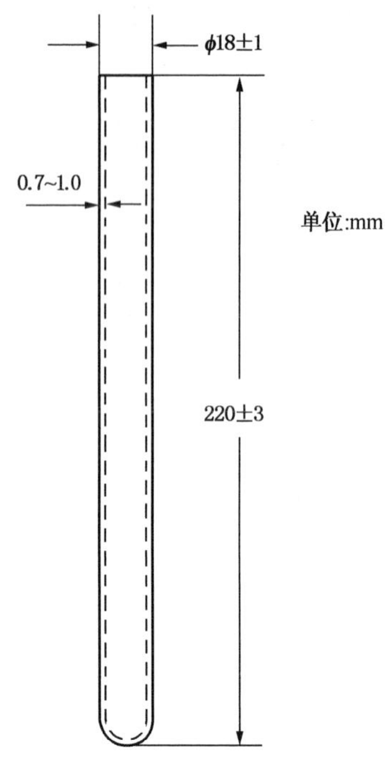

图 1　硬质玻璃试管

偶氮二异丁腈完全溶解，随即将试管放入(65±0. 1)℃的恒温水浴(5. 3)中，并保持试管内液面低于恒温水浴液面 10cm，同时按下秒表(5. 5)，注意观察，至发泡时停止秒表，记录时间，精确至 0. 1s，此时间即为该试样的活性度。

8　结果的表示

取二次重复测定结果的平均值作为分析结果，应精确至 0. 1s。

9　精密度

9. 1　重复性

在同一实验室由同一操作员、用同一仪器，对同一试样相继做两次重复测定，所得结果之差应不大于 5s(95%置信水平)。

9. 2　再现性

待确定。

10　报告

试验报告应包括以下内容：

a. 有关样品的全部资料(批号、日期、采样地点等)；

b. 任何自由选择的实验条件的说明；

c. 测定结果；

d. 测定过程中观察到的任何异常现象的说明；

e. 分析人员姓名及分析日期等。

附 录 A
(标准的附录)
偶氮二异丁腈的精制

将偶氮二异丁腈(4.1)溶于甲醇中，比例为1∶10(质量比)。然后过滤，滤液置于冰箱(-5℃~-3℃中24h后取出并滤出结晶物。然后再按同样步骤重复结晶一次。将结晶物置于通风的暗处自然干燥过夜，然后再放入真空干燥器中，以五氧化二磷为干燥剂，在真空度为101.3kPa条件下，减压干燥24h后即可。精制后的偶氮二异丁腈需盛于棕色瓶中，密封保存于低温避光处。

前　　言

本标准等效采用美国试验与材料协会标准 ASTM D2086-89《醋酸乙烯和乙醛度测定的标准》。

本标准按实验结果改用溴百里香酚蓝为指示剂。

本标准由全国化学标准化技术委员会石油化学分技术委员会提出并归口。

本标准由中国石油化工总公司上海石油化工研究院和上海石油化工股份有限公司维纶厂共同起草。

本标准主要起草人：唐琦民、徐志康、葛旭日。

本标准于 1996 年 5 月 24 日首次发布。

中华人民共和国石油化工行业标准

SH/T 1628.4—1996
(2010年确认)

工业用乙酸乙烯酯酸度的测定 滴定法

1 范围

本标准规定了测定工业用乙酸乙烯酯酸度的中和滴定法。

本标准适用于工业用乙酸乙烯酯酸度(以乙酸计)的测定，其最小测定浓度为0.0005%(*m/m*)。

2 引用标准

下列标准所包含的条文，通过在本标准中引用而构成为本标准的条文。在本标准出版时，所示版本均为有效。所有标准都会被修订，使用本标准的各方应探讨使用下列标准最新版本的可能性。

GB/T 601—88 化学试剂 滴定分析(容量分析)用标准溶液的制备

GB/T 6680—86 液体化工产品采样通则

GB/T 6682—92 分析实验室用水规格和试验方法

3 方法提要

在乙醇介质中加入一定量的试样，在低温条件下，以溴百里香酚兰为指示剂，用氢氧化钠标准滴定溶液进行滴定。

4 试剂和溶液

4.1 蒸馏水：符合GB/T 6682三级水规格。

4.2 乙醇：含量不小于95%(*V/V*)。

4.3 氢氧化钠标准滴定溶液[c(NaOH)=0.05mol/L]：按GB/T 601规定的技术要求进行配制与标定。

4.4 溴百里香酚蓝指示液(1g/L)：称取0.10g溴百里香酚蓝溶于80mL乙醇中，再加20mL水，滴加0.05mol/L氢氧化钠标准滴定溶液使之变成翡翠绿色。

5 仪器和设备

5.1 一般实验室用仪器。

5.2 滴定管：碱式，容量2mL，分刻度0.01mL。

5.3 刻度量筒：容量50mL。

5.4 冷浴：冰和盐水(饱和)的混合物，温度为0~-2℃或其他适宜的冷却装置。

6 采样

按GB/T 6680规定的技术要求采取样品。

中国石油化工总公司1996-05-24批准 1996-12-01实施

7 分析步骤

于250mL具塞锥形瓶中，加入50mL乙醇(4.2)和5~6滴溴百里香酚蓝指示液[1](4.4)，用0.05mol/L氢氧化钠标准滴定溶液(4.3)滴定至蓝色。然后用刻度量筒加入50mL试样，混匀并塞紧磨口塞，将锥形瓶置于0~-2℃冷浴中致冷。15min后取出，用0.05mol/L氢氧化钠标准滴定溶液滴定，颜色由黄色变成蓝色即为终点，记录加入试样后消耗氢氧化钠标准滴定溶液的体积。

8 分析结果的表述

8.1 计算

乙酸乙烯酯酸度的质量百分含量 $X\%(m/m)$，(以乙酸计)按下式计算：

$$X = \frac{cV \times 0.06005}{\rho \times 50} \times 100$$

式中：c——氢氧化钠标准滴定溶液的实际浓度，mol/L；

V——滴定试样消耗氢氧化钠标准滴定溶液的体积，mL；

ρ——试样的密度，g/cm^3；

0.06005——与1.00mL氢氧化钠标准滴定溶液[c(NaOH)=1.000mol/L]相当的以克表示的乙酸的质量。

8.2 结果的表示

取两次重复测定结果的算术平均值作为分析结果，应精确至0.0001%。

9 精密度

9.1 重复性

在同一实验室由同一操作员、用同一仪器，对同一试样相继做两次重复测定，所得结果之差应不大于其平均值的10%(95%置信水平)。

9.2 再现性。

待确定。

10 报告

试验报告应包括以下内容：

a）有关样品的全部资料(批号、日期、采样地点等)；

b）任何自由选择的实验条件的说明；

c）测定结果；

d）测定过程中观察到的任何异常现象的说明；

e）分析人员姓名及分析日期等。

采用说明：

1] ASTM D2086用酚酞为指示剂。

前　　言

本标准等效采用日本工业标准 JIS K 6724—77(86)《醋酸乙烯单体》。

本标准按实验结果改用低温反应条件以抑制乙酸乙烯酯的水解。

本标准由全国化学标准化技术委员会石油化学分技术委员会提出并归口。

本标准由中国石油化工总公司上海石油化工研究院和上海石油化工股份有限公司维纶厂共同起草。

本标准主要起草人：周辉、徐尧生。

本标准于 1996 年 5 月 24 日首次发布。

中华人民共和国石油化工行业标准

SH/T 1628.5—1996
(2010年确认)

工业用乙酸乙烯酯中醛含量的测定 容量法

1 范围

本标准规定了测定工业用乙酸乙烯酯中醛含量的盐酸羟胺容量法。

本标准适用于工业用乙酸乙烯酯中醛含量(以乙醛计)的测定，其最小测定浓度为0.001%(*m/m*)。

2 引用标准

下列标准所包含的条文，通过在本标准中引用而构成为本标准的条文。在本标准出版时，所示版本均为有效。所有标准都会被修订，使用本标准的各方应探讨使用下列标准最新版本的可能性。

GB/T 601—88 化学试剂 滴定分析(容量分析)用标准溶液的制备

GB/T 6680—86 液体化工产品采样通则

GB/T 6682—92 分析实验室用水规格和试验方法

3 方法提要

试样中的醛在低温条件下与盐酸羟胺发生肟化反应，同时游离出盐酸。用氨水标准滴定溶液进行滴定，由此测得乙酸乙烯脂中的醛含量。

4 试剂和溶液

4.1 蒸馏水：符合GB/T 6682三级水规格。

4.2 乙醇：含量不小于95%(*V/V*)。

4.3 盐酸羟胺溶液：0.025mol/L水溶液。

4.4 氨水：含量25%~28%。

4.5 盐酸标准溶液[$c(HCl)=0.025mol/L$]：按GB/T 601规定的技术要求进行配制与标定。

4.6 氨水标准滴定溶液[$c(NH_3 \cdot H_2O)=0.025mol/L$]：移取1.7mL氨水(4.4)，用水稀释至1L。标定方法见7。

4.7 溴酚蓝指示液(1g/L)：称取0.10g溴酚蓝溶于20mL温热的乙醇中，再加80mL水混匀。

4.8 甲基红-次甲基蓝混合指示液：将次甲基蓝乙醇溶液(1g/L)与甲基红乙醇溶液(1g/L)按1+2体积比混合。

5 仪器和设备

5.1 一般实验室用仪器

5.2 滴定管：容量5mL，分刻度0.02mL。

5.3 冷浴：冰水浴，温度为0~5℃，或其他能达到同等效果的低温设备。

中国石油化工总公司1996-05-24批准　　1996-12-01实施

6 采样

按 GB/T 6680 规定的技术要求采取样品。

7 氨水标准滴定溶液的标定

准确量取 30.00～35.00mL 配制好的氨水标准滴定溶液(4.6)，加 15mL 水，加 2 滴甲基红-次甲基蓝混合指示液(4.8)，用盐酸标准溶液(4.5)滴定至溶液呈红色。

氨水标准滴定溶液的浓度 c(mol/L)按式(1)计算：

$$c=\frac{V_1 c_1}{V} \qquad (1)$$

式中：V_1——盐酸标准溶液的用量，mL；

c_1——盐酸标准溶液的实际浓度，mol/L；

V——氨水标准滴定溶液的用量，mL。

8 分析步骤

于 250mL 具塞锥形瓶中，加入 20mL 水，用移液管加入 10mL 试样和 8～10 滴溴酚兰指示液(4.7)，用氨水标准滴定溶液滴定至蓝紫色，然后用移液管加入 20mL 盐酸羟胺溶液(4.3)，塞紧瓶塞并混匀，将锥形瓶置于冷浴(5.3)中放置 40min，并经常振摇[1]。用氨水标准滴定溶液滴定至出现蓝紫色即为终点，记录消耗氨水标准滴定溶液的体积(V_2)。

另取一个 250mL 具塞锥形瓶，用移液管加入 20mL 盐酸羟胺溶液在上述反应条件下做空白试验，记录消耗的氨水标准滴定溶液的体积(V_0)。

9 分析结果的表述

9.1 计算

乙酸乙烯酯中以质量百分数表示的醛含量 X(%，以乙醛计)按式(2)计算：

$$X=\frac{(V_2-V_0)c\times 0.044}{\rho\times 10}\times 100 \qquad (2)$$

式中：c——氨水标准滴定溶液的实际浓度，mol/L；

V_2——滴定试样消耗的氨水标准滴定溶液的体积，mL；

V_0——滴定空白消耗的氨水标准滴定溶液的体积，mL；

ρ——试样的密度，g/cm^3；

0.044——与 1.00mL 氨水标准滴定溶液[$c(NH_3\cdot H_2O)$ = 1.000mol/L]相当的以克表示的乙醛的质量。

9.2 结果的表示

取两次重复测定结果的算术平均值作为分析结果，应精确至 0.0001%。

10 精密度

10.1 重复性

在同一实验室由同一操作员、用同一仪器、对同一试样相继做两次重复测定，所得结果之差应

采用说明：

1] JIS K 6724 为在 20℃±2℃下放置 30min。

不大于其平均值的10%(95%置信水平)。

10.2 再现性

待确定。

11 报告

试验报告应包含以下内容：

a) 有关样品的全部资料(批号、日期、采样地点等)；

b) 任何自由选择的实验条件的说明；

c) 分析结果；

d) 测定过程中观察到的任何异常现象的说明；

e) 分析人员姓名和分析日期等。

ICS 71.080.70
G 16

SH

中华人民共和国石油化工行业标准

SH/T 1628.6—2014

工业用乙酸乙烯酯
第6部分：对苯二酚的测定

Vinyl acetate for industrial use—
Part 6：Determination of hydroquinone

2014-05-06 发布　　2014-10-01 实施

中华人民共和国工业和信息化部　发布

前　言

SH/T 1628《工业用乙酸乙烯酯》分为以下六部分：

——第1部分：规格；

——第2部分：纯度及有机杂质的测定　气相色谱法；

——第3部分：活性度的测定　发泡法；

——第4部分：酸度的测定　滴定法；

——第5部分：醛含量的测定　容量法；

——第6部分：对苯二酚的测定。

本部分为SH/T 1628的第6部分。

本部分按GB/T 1.1—2009给出的规则起草。

本部分使用重新起草法修改采用美国试验与材料协会ASTM D2193—06（2012）《乙酸乙烯酯中对苯二酚测定试验方法》（英文版）。附录A列出了本部分章条编号与ASTM D2193—06（2012）章条编号的对照一览表。

本部分与ASTM D2193—06（2012）的主要技术差异如下：

——规范性引用文件中引用了我国相应的国家标准（见第2章）；

——用mg/kg代替ppm；

——采用以20 mL水预溶的方法配制酸式硫酸高铈滴定溶液，以消除浓硫酸直接溶解困难的现象（见3.3.1）；

——对苯二酚标准溶液标定时两次滴定消耗酸式硫酸高铈溶液体积之差由“不大于0.5 mL”修改为“不大于0.05 mL”（见3.4）；

——增加了紫外分光光度法（见第4章）。

本部分由中国石油化工集团公司提出。

本部分由全国化学标准化技术委员会石油化学分技术委员会（SAC/TC63/SC4）归口。

本部分主要起草单位：中国石化集团四川维尼纶厂。

本部分主要起草人：严红、李彬、卢家云、杨晓兰。

工业用乙酸乙烯酯 第6部分：对苯二酚的测定

警告：使用本标准的人员应有正规实验室工作的实践经验。本标准并未指出所有可能的安全问题，使用者有责任采取适当的安全和健康措施，并保证符合国家有关法规规定的条件。

1 范围

本部分规定了用容量法和紫外分光光度法测定工业用乙酸乙烯酯中对苯二酚含量的方法。

本部分适用于测定对苯二酚的含量为（1~20）mg/kg的工业用乙酸乙烯酯。

由于试样中存在的醛、酮类化合物在295 nm也会有紫外吸收，当采用紫外分光光度法测定时，将使测定结果偏高。

2 规范性引用文件

下列文件对于本文件的应用是必不可少的。凡是注日期的引用文件，仅注日期的版本适用于本文件。凡是不注日期的引用文件，其最新版本（包括所有的修改单）适用于本文件。

GB/T 6682 分析实验室用水规格和实验方法

GB/T 7534 工业用挥发性有机液体 沸程的测定

3 容量法

3.1 原理

在室温下，采用惰性气体或洁净空气吹脱试样中的乙酸乙烯酯。将剩余样品溶于水中，以二苯胺作为指示剂，用酸式硫酸高铈标准滴定溶液滴定样品中的对苯二酚。

3.2 仪器

3.2.1 滴定管：25 mL，分刻度为0.1 mL。

3.2.2 烧杯：100 mL和500 mL。

3.2.3 棕色容量瓶：1000 mL。

3.2.4 锥形瓶：100 mL和250 mL。

3.2.5 移液管：10 mL和50 mL。

3.2.6 天平：感量0.1 mg。

3.3 试剂与材料

3.3.1 除非另有说明，本部分所使用试剂均为分析纯，所用水符合GB/T 6682三级水规定。

3.3.2 酸式硫酸高铈标准滴定溶液（0.002 mol/L）：在100 mL烧杯中，预先加入20 mL水，加入1.096 g硝酸铈铵［$(NH_4)_2Ce(NO_3)_6$］预溶，在搅拌条件下，缓慢加入28.0 mL浓硫酸（密度1.84 g/cm^3）。完全溶解后，转入已盛有200 mL水的500 mL烧杯中，待完全混匀后，将该混合物移至

1000 mL容量瓶中，用水稀释至刻度。

3.3.3 对苯二酚标准溶液：溶解200.0 mg对苯二酚（精确至0.1 mg）于水中，移入1000 mL棕色容量瓶中，用水稀释至刻度。该溶液不稳定，应避光保存，有效期不超过一周。

3.3.4 二苯胺指示剂溶液：溶解0.1 g二苯胺于100 mL浓硫酸（密度1.84 g/cm^3）中，贮存于棕色瓶中。

3.3.5 氮气：体积分数不低于99%。

3.3.6 洁净空气。

3.4 标定

用移液管分别移取10 mL对苯二酚标准溶液（3.3.3）于两个100 mL锥形瓶中，各加3滴二苯胺指示剂溶液。然后用酸式硫酸高铈标准滴定溶液滴定每个锥形瓶中的溶液至呈淡紫色，且保持15 s不褪色为终点。两次滴定均应消耗酸式硫酸高铈约20 mL，且两者之差不大于0.05 mL，取平均值用于计算（3.6）。

3.5 分析步骤

3.5.1 分别移取两份50.0 mL试样于250 mL锥形瓶中。

3.5.2 在室温下，经管线将氮气或洁净空气通入锥形瓶中，空气应先通过玻璃毛过滤。调节气流大小，以恰能连续鼓泡为宜。伸入瓶中部分的管材必须是玻璃或惰性塑料（如聚乙烯、聚四氟乙烯）。

3.5.3 试样完全挥发约需（45~60）min。之后，移开气流。加入25 mL水溶解对苯二酚。

3.5.4 在每个锥形瓶中，加入三滴二苯胺指示剂溶液。以酸式硫酸高铈标准滴定溶液滴定至呈淡紫色，且保持15 s不褪色为终点。

3.6 计算

试样中对苯二酚的含量w，以质量分数表示，单位为毫克每千克（mg/kg），按式（1）计算：

$$w=\frac{F\times V}{50.0\times\rho_t}\times 1000 \qquad (1)$$

式中：

F——校正因子，其值等于10 mL对苯二酚标准溶液（3.3.3）中对苯二酚的毫克数除以3.4测得的酸式硫酸高铈标准滴定溶液的平均毫升数，单位为毫克每毫升（mg/mL）；

V——滴定试样所消耗的酸式硫酸高铈标准滴定溶液的体积数，单位为毫升（mL）；

50.0——试样体积，单位为毫升（mL）；

ρ_t——取样温度时试样密度的数值，单位为克每立方厘米（g/cm^3）。

4 紫外分光光度法

4.1 原理

用紫外可见分光光度计测定对苯二酚在295 nm处的紫外吸光度，以水为参比液，从标准曲线中求出对苯二酚含量。

4.2 仪器

4.2.1 紫外可见分光光度计：带10 mm石英比色皿，可在295 nm处测定。

4.2.2 蒸馏瓶：1000 mL。

4.2.3 容量瓶：500 mL、50 mL。
4.2.4 吸量管：1 mL、5 mL。
4.2.5 天平：感量0.1 mg。

4.3 试剂

4.3.1 除非另有说明，本部分所使用试剂均为分析纯，水符合GB/T 6682二级水规定。
4.3.2 对苯二酚。
4.3.3 精制乙酸乙烯酯：可按以下方法制备。

采用GB/T7534中的蒸馏装置进行精制乙酸乙烯酯的蒸馏，蒸馏瓶容积1000 mL，截取（30~80）%馏出液。按本标准4.5规定测定馏出液的吸光度值。精制乙酸乙烯酯的紫外吸光度应低于0.03，所制备的精制乙酸乙烯酯应不少于1000 mL。
4.3.4 对苯二酚标准液：称取对苯二酚约0.1 g，准确到1 mg，加入精制乙酸乙烯酯，定容至500 mL。该溶液1 mL中含对苯二酚约为0.2 mg。

4.4 标准曲线的制定

4.4.1 分别吸取对苯二酚标准液（4.3.4）0 mL、0.25 mL、0.75 mL、1.25 mL、2.5 mL、3.75 mL及5 mL于50 mL的容量瓶中，加入精制乙酸乙烯酯，稀释至刻度。该系列标准溶液的浓度分别约为0 mg/L、1 mg/L、3 mg/L、5 mg/L、10 mg/L、15 mg/L、20 mg/L。
4.4.2 分别将上述溶液倒入10 mm石英比色皿中，以水作为参比液，测定波长295 nm处的吸光度。
4.4.3 绘制以吸光度为纵坐标、对苯二酚浓度（mg/L）为横坐标的标准曲线。

4.5 分析步骤

将试样倒入10 mm石英比色皿中，以水作为参比液，测定波长295 nm处的吸光度。通过标准曲线求出对苯二酚浓度。

4.6 计算

试样中对苯二酚的含量 w，以质量分数表示，单位为毫克每千克（mg/kg），按式（2）计算：

$$w = \frac{C}{\rho} \qquad (2)$$

式中：

C——通过标准曲线求出的对苯二酚浓度，单位为毫克每升（mg/L）；

ρ——试样的密度，单位为克每立方厘米（g/cm^3）。

注：样品中的乙醛、丙酮在295 nm处也存在紫外吸收，对测试结果存在干扰。研究结果表明，每80 mg/kg的乙醛的紫外吸收与1 mg/kg的对苯二酚相当，每180 mg/kg丙酮的紫外吸收与1 mg/kg的对苯二酚相当。使用本标准的用户应关注乙醛、丙酮干扰。

5 精密度

5.1 重复性

在同一实验室，由同一操作者使用相同设备，按相同的测试方法，并在短时间内对对苯二酚含量为1 mg/kg~20 mg/kg的同一被测对象相互独立进行测试获得的两次独立测试结果的绝对差值不大于表1列出的重复性限（r），以大于重复性限（r）的情况不超过5%为前提。

5.2 再现性

在不同的实验室，由不同操作者操作不同的设备，按相同的测试方法，对对苯二酚含量为 1 mg/kg～20 mg/kg 的同一被测对象相互独立进行测试所获得的两次独立测试结果的绝对差值不大于表 1 列出的再现性限（R），以大于再现性限（R）的情况不超过 5%为前提。

表 1　方法重复性限（r）和再现性限

项　　目	重复性限（r）	再现性限（R）
容量法	0.3 mg/kg	—
分光光度法	0.3 mg/kg	1.0 mg/kg

6　报告

报告应包括以下内容：

a）有关试样的全部资料，例如样品名称、批号、采样日期、采样地点、采样时间等；

b）本部分编号；

c）分析结果；

d）测定过程中所观察到的任何异常现象的细节及其说明；

e）分析人员姓名，分析日期。

附　录　A
（资料性附录）
本部分章条编号与 ASTM D2193-06（2012）章条对照

表 A.1 给出了本部分章条编号与 ASTM D2193-06（2012）章条编号对照一览表。

表 A.1 本部分章条编号与 ASTM D2193-06（2012）章条编号对照

本部分章条编号	对应 ASTM D2193-06（2012）章条编号
1	1
2	2
3.1	3
—	4
3.2	5
3.3	6
3.4	7
3.5	8
3.6	9
4.1	—
4.2	—
4.3	—
4.4	—
4.5	—
4.6	—
4.7	—
5	11
6	10
—	12

前　言

本标准等效采用 ASTM D5309-1992《环己烷 999 标准规格》。

本标准与 ASTM D5309 的主要差异为：

1　ASTM D5309 未划分产品等级。本标准根据我国国情，把产品划分为优等品、一等品和合格品三个等级，其中优等品指标与 ASTM D5309 等同。

2　在试验方法上，SH/T 1674—1999《工业用环己烷纯度及烃类杂质的测定　气相色谱法》系等效采用 ASTM D3054-1995《气相色谱法分析环己烷的标准试验方法》。其余各项均采用我国相应现行国家标准或行业标准。

本标准由巴陵石油化工公司提出。

本标准由全国化学标准化技术委员会石油化学分技术委员会归口。

本标准起草单位：巴陵石化公司鹰山石油化工厂。

本标准主要起草人：邹建华、王少华。

本标准于 1999 年 6 月 10 日首次发布。

中华人民共和国石油化工行业标准

SH/T 1673—1999
（2005年确认）

工业用环己烷

Cyclohexane specifications for industrial use

1 范围

本标准规定了工业用环己烷的要求、试验方法、检验规则、标志、包装、运输、贮存和安全要求。

本标准适用于由苯经催化加氢制得的工业用环己烷。

分子式：C_6H_{12}

结构式：

```
        CH2
       /   \
   CH2       CH2
    |         |
   CH2       CH2
       \   /
        CH2
```

相对分子质量：84.16（按1997年国际相对原子质量）

2 引用标准

下列标准所包含的条文，通过在本标准中引用而构成为本标准的条文。本标准出版时，所示版本均为有效。所有标准都会被修订，使用本标准的各方应探讨使用下列标准最新版本的可能性。

GB 190—1990　危险货物包装标志

GB/T 1250—1989　极限数值的表示方法和判定方法

GB/T 3143—1982(1990)　液体化学产品颜色测定法（Hazen单位—铂-钴色号）

GB/T 4472—1984　化工产品密度、相对密度测定通则

GB/T 4756—1998　石油液体手工取样法

GB/T 6324.2—1986　挥发性有机液体　水浴上蒸发后干残渣测定的通用方法

GB/T 7534—1987　工业用挥发性有机液体沸程的测定

GB/T 12688.6—1990　工业用苯乙烯中微量硫的测定　氧化微库仑法

GB/T 17039—1997　利用试验数据确定产品质量与规格相符性的实用方法

SH 0164—1992　石油产品包装、贮运及交货验收规则

SH/T 1674—1999　工业用环己烷纯度及烃类杂质的测定　气相色谱法

3 要求

工业用环己烷应符合表1要求。

国家石油和化学工业局 1999-06-10 批准　　　　2000-01-01 实施

表 1

项　目		指　标	
	优等品	一等品	合格品
外　观	在 18.3~25.6℃下，无沉淀、无浑浊的透明液体		
色度，铂-钴色号　≤	10	15	20
密度(20℃)，g/cm³	0.777~0.782		
纯度,%(m/m)　≥	99.90	99.70	99.50
苯，mg/kg　≤	50	100	800
正己烷，mg/kg　≤	200	500	800
甲基环己烷，mg/kg　≤	200	500	800
甲基环戊烷，mg/kg　≤	150	400	800
馏程,℃　≤ (在 101.3kPa 下，包括 80.7℃)	1.0	1.5	2.0
硫，mg/kg　≤	1	2	5
不挥发物，mg/100mL　≤	1	5	10

4 试验方法

4.1 外观的测定

取试样注入 100mL 纳氏比色管中，静置 1h 后，在 18.3~25.6℃下观察，应为无沉淀，无浑浊的透明液体。保留比色管中的试样供测定色度(4.2)时用。

4.2 色度的测定

按 GB/T 3143 规定进行测定。

4.3 密度的测定

按 GB/T 4472 规定进行测定。允许在常温下测定，然后按下式转换为 20℃时的密度：

$$\rho_{20}=\rho_t+r(t-20)$$

式中：ρ_{20}——20℃时样品的密度，g/cm³；

ρ_t——测量温度下样品的密度，g/cm³；

t——测量时样品的温度,℃；

r——密度随温度的变化率。对于环己烷，r 值为 9.0×10^{-4}g/(cm³ · ℃)。

4.4 纯度和苯、正己烷、甲基环己烷、甲基环戊烷含量的测定

按 SH/T 1674 规定进行测定。

4.5 馏程的测定

按 GB/T 7534 规定进行测定。

计算时，环己烷的沸点随压力的变化率 K 取 3.3×10^{-4}℃/Pa。

4.6 硫的测定

按 GB/T 12688.6 规定进行测定。

4.7 不挥发物的测定

按 GB/T 6324.2 规定进行测定。

5 检验规则

5.1 工业用环己烷应由生产厂质量检验部门进行检验。生产厂应保证出厂的工业用环己烷符合本

标准的要求。每批出厂的产品都应附有一定格式的质量证明书，内容包括：生产厂名称、产品名称、等级、批号、生产日期和本标准代号等。

5.2　桶装产品以同一次灌装的产品为一批。槽车装产品以每一槽车产品为一批。

5.3　工业用环己烷的采样按 GB/T 4756 规定的要求进行，采取 2L 试样供检验和留样用。

5.4　检验结果的判定，采用 GB/T 1250 中规定的修约值比较法。

5.5　使用单位有权按本标准规定的试验方法和检验规则对所收到的工业用环己烷进行验收，如果验收结果有某项指标不符合本标准相应等级要求时，应重新加倍取样进行复验。复验结果即使只有一项指标不符合本标准的等级要求时，则整批产品应降等或作不合格品处理，验收期限和方式由供需双方商定。

5.6　要求中的不挥发物和馏程两项为保证项目，必要时测定。

5.7　供需双方对产品质量发生争议时，可按 GB/T 17039 确定的原则协商解决，或请仲裁机构进行仲裁。

6　包装、标志、运输、贮存

工业用环己烷的包装、标志、运输和贮存按 GB 190 和 SH 0164 的规定进行。

7　安全要求

7.1　环己烷为无色易燃液体。环己烷蒸气与空气能形成爆炸性混合物，在空气中的爆炸极限为 1.2%~8.3%(体积)；闪点-18℃，自燃点 260℃；环己烷燃烧时生成二氧化碳；起火时，用喷雾水，干粉和化学泡沫扑灭。

7.2　环己烷为有毒物质。生产车间工作区空气中环己烷的最高容许浓度为 100mg/m^3。环己烷对中枢神经系统有抑制作用，对皮肤、黏膜有刺激性。当手局部接触环己烷时，会出现皮肤干裂、红肿。

7.3　处理环己烷时，应使用个人防护工具，以防止蒸气进入人体，避免液体产品落到皮肤上。防护工具包括过滤性防毒面具(采用 3 号褐色滤毒罐)、橡皮手套和保护眼镜。

7.4　生产环己烷的车间应安装排气通风设备，以保证有害物质含量不超过最高容许浓度，设备应密封。车间内备有急救药箱和必要的灭火设备。

7.5　为保证环己烷生产安全，防止火灾爆炸，必须遵守石油化工企业防静电火花的安全规定。

编者注：规范性引用文件中 GB/T 1250 已被 GB/T 8170—2009《数值修约规则与极限数值的表示和判定》代替。

前　　言

本标准等效采用 ASTM D3054-1995《气相色谱法分析环己烷的标准试验方法》。

本标准与 ASTM D3054 的主要差异为增加了选用氮为载气，并采用了按室间精密度(集中)试验确定的精密度(重复性)。此外，为满足我国当前生产实际的需求，补充推荐了填充柱色谱操作条件(附录 A)。

本标准的附录 A 为标准的附录。

本标准由巴陵石油化工公司提出。

本标准由全国化学标准化技术委员会石油化学分技术委员会归口。

本标准由上海石油化工研究院负责起草。

本标准主要起草人：林伟生、冯钰安。

本标准于 1999 年 6 月 10 日首次发布。

中华人民共和国石油化工行业标准

工业用环己烷纯度及烃类杂质的测定 气相色谱法

SH/T 1674—1999
(2005年确认)

Cyclohexane for industrial use—Determination of purity and hydrocarbon impurities—Gas chromatographic method

1 范围

本标准规定了用气相色谱法测定工业用环己烷纯度及烃类杂质的含量。

本标准适用于工业用环己烷的纯度及其烃类杂质含量的测定，纯度一般应大于98%(*m/m*)，当用内标法时，杂质含量的测定范围一般在0.0001%至0.1000%(*m/m*)。

工业环己烷中已知和可能存在的典型杂质列于表1中，由于还可能存在痕量的未知物，所以本标准不能测定环己烷的绝对纯度。

2 引用标准

下列标准所包含的条文，通过在本标准中引用而构成为本标准的条文。本标准出版时，所示版本均为有效。所有标准都会被修订，使用本标准的各方应探讨使用下列标准最新版本的可能性。

GB/T 4756—1998 石油液体手工取样法(eqv ISO 3170:1988)

GB/T 8170—1987 数值修约规则

GB/T 9722—1988 化学试剂 气相色谱法通则

3 方法提要

(1) 内标法 当杂质含量在0.0001%(*m/m*)至0.1000%(*m/m*)时，使用本法。首先在环己烷试样中加入一定量的内标物，然后将试样混匀，并用配置火焰离子化检测器(FID)的气相色谱仪进行分析。测量每个杂质和内标物的峰面积，由杂质的峰面积和内标物峰面积的比例计算出每个杂质的含量。再用100.00减去杂质的总量以计算环己烷的纯度。测定结果以质量百分数表示。

(2) 归一化法 在本标准规定条件下，将适量试样注入色谱仪进行分析。测量每个杂质和主组分的峰面积，再将这些峰面积归一化为100%。测定结果以质量百分数表示。

4 试剂与材料

4.1 载气

载气纯度应大于99.95%(*V/V*)，氮或氦均可选用[1]。

4.2 标准试剂

标准试剂供测定校正因子用，其纯度应不低于99%(*m/m*)。包括：正己烷、甲基环戊烷、苯、正庚烷和甲基环己烷等。

采用说明：

1]氦气是本标准增加的。

国家石油和化学工业局 1999-06-10 批准 2000-01-01 实施

4.3 内标物

内标物为2，2-二甲基丁烷，其纯度应不低于99%(*m/m*)。

表1 已知和可能存在于工业环己烷中的杂质

C_4	C_7
(1) 正丁烷	(13) 3,3-二甲基戊烷
(2) 异丁烷	(14) 2,3-二甲基戊烷
C_5	(15) 1,1-二甲基环戊烷
(3) 正戊烷	(16) 1,反-3-二甲基环戊烷
(4) 异戊烷	(17) 1,反-2-二甲基环戊烷
(5) 环戊烷	(18) 1,顺-2-二甲基环戊烷
C_6	(19) 2,2-二甲基戊烷
(6) 正己烷	(20) 2,4-二甲基戊烷
(7) 2-甲基戊烷	(21) 1,顺-3-二甲基环戊烷
(8) 3-甲基戊烷	(22) 乙基环戊烷
(9) 甲基环戊烷	(23) 甲基环己烷
(10) 苯	(24) 3-乙基戊烷
(11) 2,2-二甲基丁烷	(25) 3-甲基己烷
(12) 2,3-二甲基丁烷	(26) 2-甲基己烷
	(27) 正庚烷

5 仪器

5.1 气相色谱仪

任何配置火焰离子化检测器(FID)并可按表2所示条件进行操作的气相色谱仪均可使用，该色谱仪对试样中0.0001%(*m/m*)的杂质所产生的峰高应至少大于噪音的两倍，分流进样系统应对试样沸程范围所包含的组分无歧视效应。

5.2 色谱柱

本标准推荐的色谱柱及其曲型操作条件列于表2，典型色谱图见图1。其他能达到同等分离程度的色谱柱也可使用。

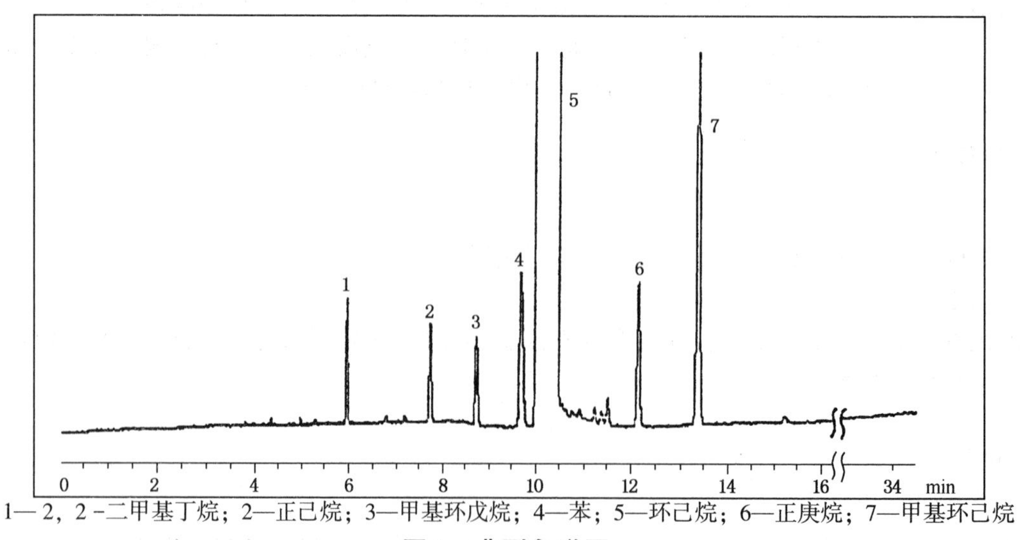

1—2，2-二甲基丁烷；2—正己烷；3—甲基环戊烷；4—苯；5—环己烷；6—正庚烷；7—甲基环己烷

图1 典型色谱图

表 2　色谱柱及典型操作条件

固定液	聚甲基硅氧烷
柱管材质	熔融石英
柱长，m	60
柱内径，mm	0.32
液膜厚度，μm	0.5
线速度，cm/s	27.0(N_2)，20.0(He)
柱温 初始温度,℃ 保持时间，min 一阶速率,℃/min 中间温度,℃ 保持时间，min 二阶速率,℃/min 终止温度,℃ 保持时间，min	 32 6 5 52 5 20 230 9
汽化室温度,℃	200
检测器温度,℃	275
进样量，μL	1.2
分流比	45∶1
内标物	2，2-二甲基丁烷

5.3　记录器

电子积分仪或色谱数据处理机，该仪器必须能以每秒 15 个读数的速率对色谱峰面积进行积分，以保证窄峰的测量精度。

5.4　微量注射器，容量 10μL 和 50μL，供注入试样和内标物用。

5.5　容量瓶，容量 100mL，供配制试样用。

6　采样

按 GB/T 4756 的规定采取样品。

7　测定步骤

7.1　内标法

7.1.1　设定操作条件

根据仪器的操作说明书，在色谱仪中安装并老化色谱柱。然后调节仪器至表 2 所示的典型操作条件，待仪器稳定后即可开始测定。

7.1.2　校正因子的测定

7.1.2.1　用称量法配制高纯度环己烷(纯度>99.9%)与欲测定杂质的校准混合物。每个杂质的称量应精确至 0.0001g。计算每个杂质的含量，应精确至 0.0001%(m/m)。所配制的杂质含量应与待测试样相近。然后，取 50~60mL 此校准混合物，注入 100mL 容量瓶中，用微量注射器精确吸取 25μL(或适量)内标物(4.3)注入该容量瓶中，再用校准混合物稀释至刻度，并混匀。以内标物2,2-二甲基丁烷的密度为 0.649g/mL，环己烷的密度为 0.780g/mL，可求得内标物浓度为 0.021%(m/m)。

注：应事先对环己烷进行色谱分析，在 2，2-二甲基丁烷流出处应无杂质峰出现，否则应另选内标物。

7.1.2.2 再取7.1.2.1中所用的高纯度环己烷，按7.1.2.1相应步骤加入内标物，以供测定高纯度环己烷中杂质本底与内标物色谱峰面积比率使用。

7.1.2.3 取适量校准混合物溶液(7.1.2.1)和含内标物的高纯度环己烷(7.1.2.2)分别注入色谱仪，并测量内标和杂质的色谱峰面积。

7.1.2.4 按式(1)计算各杂质相对于内标物的质量校正因子(R_i)，应精确至0.001。

$$R_i=\frac{C_i}{C_s\left(\frac{A_i}{A_s}-\frac{A_{ib}}{A_{sb}}\right)} \quad\cdots\cdots(1)$$

式中：C_i——按7.1.2.1计算的杂质i的浓度,%(m/m)；

C_s——按7.1.2.1计算的内标物的浓度,%(m/m)；

A_i——按7.1.2.1计算的杂质i的峰面积；

A_s——按7.1.2.1计算的内标物的峰面积；

A_{ib}——含内标高纯度环己烷(7.1.2.2)中杂质的峰面积；

A_{sb}——含内标高纯度环己烷(7.1.2.2)中内标物的峰面积。

7.1.3 试样测定

7.1.3.1 取一个100mL容量瓶，先注入约50~60mL的待测试样。然后，用微量注射器吸取25μL内标物注入该容量瓶中，再用待测试样稀释至刻度，并充分混匀。

7.1.3.2 取适量含内标的试样(7.1.3.1)注入色谱仪，测量除环己烷外的所有峰的面积。

7.1.3.3 每个杂质的浓度[C_i,%(m/m)]按式(2)计算：

$$C_i=\frac{A_i\cdot R_i\cdot C_s}{A_s} \quad\cdots\cdots(2)$$

7.1.3.4 环己烷纯度[P,%(m/m)]按式(3)计算：

$$P=100.00-\sum C_i \quad\cdots\cdots(3)$$

7.2 归一化法

7.2.1 按7.1.1，待仪器稳定后即可将适量试样直接注入色谱仪，并测量所有杂质和环己烷的色谱峰面积。

7.2.2 环己烷纯度(P)按式(4)计算：

$$P=\frac{A_1}{A_2}\times100 \quad\cdots\cdots(4)$$

式中：A_1——环己烷峰面积；

A_2——所有色谱峰面积之和。

7.2.3 每个杂质的浓度(C_i)按式(5)计算：

$$C_i=\frac{A_i}{A_2}\times100 \quad\cdots\cdots(5)$$

注

1 因在FID上各组分的校正因子基本相等，因此面积百分数等于质量百分数。

2 为了不超过仪器的线性范围，归一化法应使用较小的进样量。

3 有争议时，以内标法为准。

8 分析结果的表述

8.1 对于任一试样，分析结果的数值修约按GB/T 8170规定进行，并以两次重复测定结果的算术平均值表示其分析结果。

8.2 报告每个杂质含量，内标法应精确至0.0001%(m/m)，归一化法应精确至0.0010%(m/m)。

8.3 报告环己烷纯度，应精确至0.01%(*m/m*)。

9 精密度

9.1 重复性

在同一实验室，由同一操作员，用同一仪器，对同一试样相继做两次重复测定，在95%置信水平条件下，所得结果之差应不大于表3规定的数值。

9.2 再现性

待确定。

表3 重复性[1]]

组　分	含量,%(*m/m*)	重复性(*r*),%(*m/m*)
环己烷	99.9747	0.0011
	99.9141	0.0042
	99.5938	0.0090
正己烷	0.0048	0.0002
	0.0195	0.0005
	0.0811	0.0012
正庚烷	0.0058	0.0003
	0.0200	0.0012
	0.0800	0.0028
甲基环戊烷	0.0049	0.0002
	0.0195	0.0004
	0.0811	0.0015
苯	0.0014	0.0001
	0.0050	0.0002
	0.0814	0.0022
甲基环己烷	0.0084	0.0006
	0.0219	0.0011
	0.0820	0.0029

10 报告

报告应包括下列内容：

a) 有关样品的全部资料，例如样品的名称、批号、采样地点、采样日期、采样时间等。

b) 本标准代号。

c) 分析结果。

d) 测定中观察到的任何异常现象的细节及其说明。

e) 分析人员的姓名及分析日期等。

采用说明：

1]该重复性数值是于1998年6月,由九个实验室参加的,对三个水平试样进行的室间精密度(集中)试验确定的。

附　录　A
（标准的附录）
填充柱色谱条件

由于仪器条件限制，无法采用毛细管柱时，可采用填充柱进行分析，并只允许采用内标法进行定量。但有争议时，应以毛细管柱为准。

A1　推荐的色谱柱及其典型操作条件列于表 A1，典型色谱图见图 A1。其他能达到同等分离程度的色谱柱也可使用。填充柱的制备可按 GB/T 9722 中的 7.1 进行。

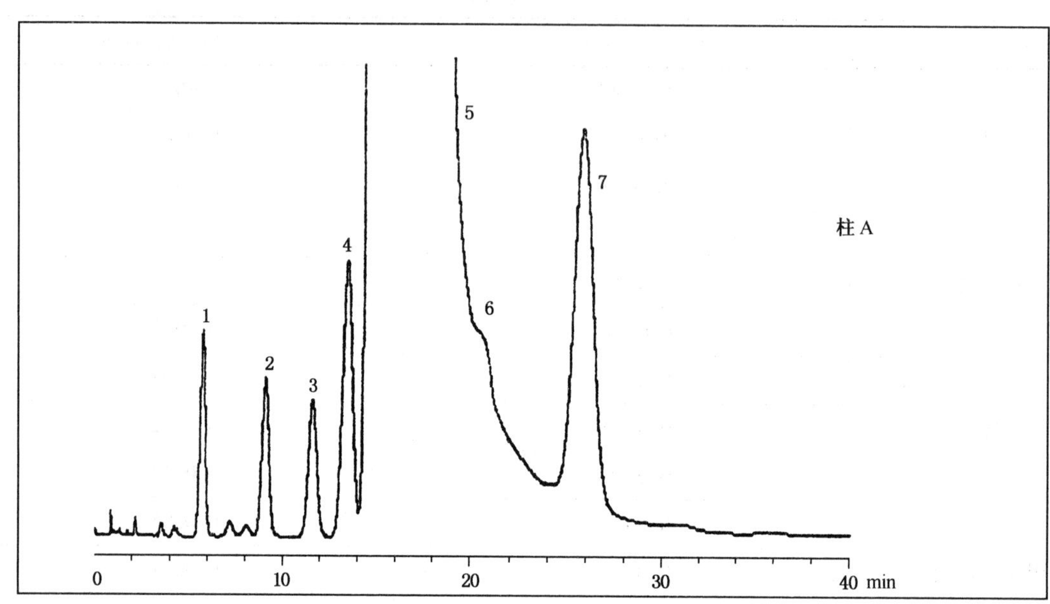

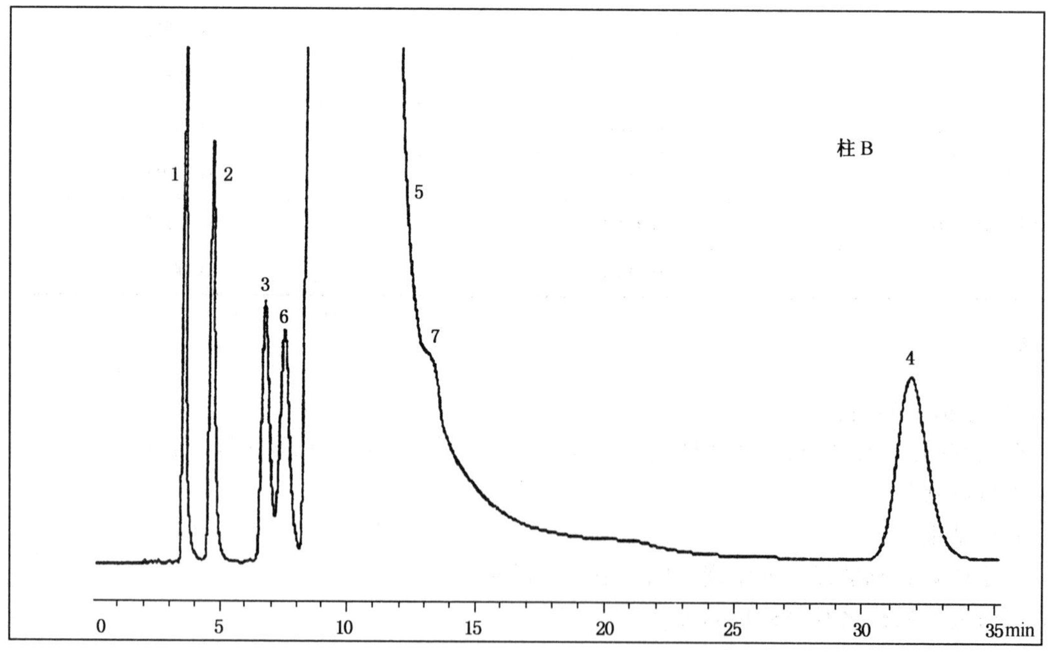

1—2，2-二甲基丁烷；2—正己烷；3—甲基环戊烷；4—苯；5—环己烷；6—正庚烷；7—甲基环己烷

图 A1　填充柱典型色谱图

表 A1　色谱柱及典型操作条件

色　谱　柱	A	B[1)]
柱管材质	不锈钢或紫铜	不锈钢或紫铜
柱长，m	3	6
柱内径，mm	2	
固定液	角鲨烷	聚乙二醇-1500
固定液含量,%	15~20	
载体	Chromosorb P	
载体粒径，mm	0.154~0.177(80~100 目)	
检测器	FID	
载气流量，mL/min	13.0(N_2)	
柱温,℃	80	70
进样器温度,℃	200	
检测器温度,℃	180	
进样量，μL	1	
内标物	2，2-二甲基丁烷	
1）柱 B 用于测定正庚烷含量。		

前　　言

本标准等效采用国外先进标准。

本标准根据毛细管电泳技术的发展，补充推荐了使用内径 50μm 毛细管的有关内容。

本标准由中国石油化工集团公司提出。

本标准由全国化学标准化技术委员会石油化学分技术委员会归口。

本标准由中国石油化工集团公司上海石油化工研究院起草。

本标准主要起草人：王玺、周辉、庄海青。

本标准于 2000 年 4 月 10 日首次发布。

中华人民共和国石油化工行业标准

SH/T 1687—2000
（2009年确认）

工业用精对苯二甲酸(PTA)中对羧基苯甲醛和对甲基苯甲酸含量的测定 高效毛细管电泳法(HPCE)

Purified terephthalic acid (PTA) for industrial use—Determination of 4-carboxybenzaldehyde and *p*-toluic acid—High performance capillary electrophoresis(HPCE)

1 范围

本标准规定了测定工业用精对苯二甲酸(PTA)中对羧基苯甲醛(4-CBA)和对甲基苯甲酸(*p*-TOL)含量的高效毛细管电泳法(HPCE)。

本标准适用于工业用PTA中4-CBA和*p*-TOL含量的测定。

2 引用标准

下列标准所包含的条文，通过在本标准中引用而构成为本标准的条文。本标准出版时，所示版本均为有效。所有标准都会被修订，使用本标准的各方应探讨使用下列标准最新版本的可能性。

GB/T 6679—1986 固体化工产品采样通则

GB/T 8170—1987 数值修约规则

3 方法提要

将PTA试样溶解于稀氨水中，过滤后用毛细管电泳仪测定其中4-CBA和*p*-TOL的含量，用紫外检测器进行检测，并以外标法进行定量。

4 试剂和溶液

4.1 PTA标样：应标明4-CBA在10~25mg/kg，*p*-TOL在100~150mg/kg范围内的定值信息。

4.2 正己烷磺酸钠，纯度>98.0%。

4.3 正庚烷磺酸钠，纯度>98.0%。

4.4 去离子水。

4.5 电渗流(EOF)改性剂

4.5.1 氯化十四烷基三甲基铵(TTAC，纯度>98.0%)溶液(内径50μm毛细管用)：称取0.750g TTAC，加入适量去离子水溶解后，定量移入50mL容量瓶中，加去离子水定容，摇匀；

4.5.2 氯化十六烷基三甲基铵(CTMAC，纯度>98.0%)溶液(内径100μm毛细管用)：称取0.120g CTMAC，加入适量去离子水溶解后，定量移入100mL容量瓶中，加去离子水定容，摇匀。

4.6 氢氧化锂溶液(c=0.1mol/L)。

4.7 氢氧化钠溶液(c=0.5mol/L)：临用前经0.45μm的滤膜过滤后再脱气15min。

4.8 氨水溶液(2.5%)。

国家石油和化学工业局 2000-04-10 批准 2000-10-01 实施

4.9 电解液：准确称取 0.2000g±0.0002g 的正己烷磺酸钠（4.2）和 0.1000g±0.0002g 正庚烷磺酸钠（4.3）于一个 100mL 烧杯中，加 49.0g±0.2g 去离子水，移取 1.0mL。EOF 改性剂（4.5）至烧杯中，搅拌均匀后滴加氢氧化锂溶液（4.6）以调节 pH＝10.65～10.75。临用前经 0.45μm 的滤膜过滤后再脱气 15min。

5 仪器

5.1 毛细管电泳仪，配置紫外检测器。

5.2 记录装置：数据处理机或积分仪。

5.3 天平：称量 200g，感量 0.1mg。

5.4 酸度计：精度 0.01pH。

5.5 脱气装置。

6 仪器的典型操作条件

毛细管：熔融石英毛细管，内径 50～100μm，有效长度 60～70cm。

检测波长：200nm 或其他适宜的波长。

分离电压：20～30kV，负电源。

柱温：30℃。

进样方式：压力进样、重力进样或其他适宜的方式。

进样时间：按毛细管的内径、长度和进样方式选择适宜的进样时间。

7 采样

按 GB/T 6679 规定的技术要求采取样品。

8 测定步骤

8.1 仪器的准备

按仪器说明书开启电泳仪并进行必要的调节，以达到典型操作条件或能获得同等分离的适宜条件。在达到设定的操作条件后即可开始进样测定。

注：初次使用的毛细管，一般应用氢氧化钠溶液（4.7）和去离子水分别冲洗，以进行老化处理。

8.2 外标校准

称取 0.500g±0.001g PTA 标样（4.1）于一个 25mL 烧杯中，加入 7mL 氨水溶液（4.8），再加少量水至 10mL 左右，微热搅拌使其完全溶解，定量移入 25mL 容量瓶中，用去离子水定容制成标液。临用前经 0.45μm 的滤膜过滤后再脱气 15min。用注射器将标液和电解液（4.9）分别注入样品瓶中，再将样品瓶放入仪器的样品盘中进行测定。典型的毛细管电泳图示于图 1。

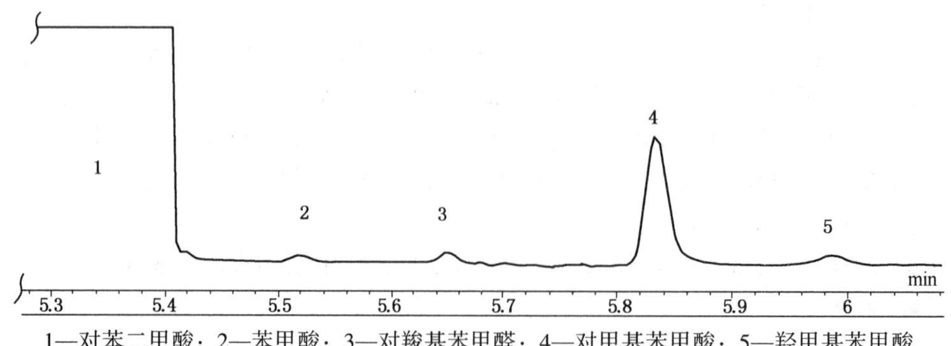

1—对苯二甲酸；2—苯甲酸；3—对羧基苯甲醛；4—对甲基苯甲酸；5—羟甲基苯甲酸

图 1 典型毛细管（内径 50μm）电泳图

8.3 试样测定

称取0.500g±0.001gPTA试样，重复8.2相应步骤进行测定，以外标法计算待测试样中4-CBA和p-TOL含量。

注：每次进样前用电解液冲洗毛细管；完成一次分离测定后，最好用氢氧化钠溶液(4.7)和去离子水分别冲洗毛细管，以保持基线的稳定。

9 结果

9.1 计算

试样中4-CBA(或p-TOL)的含量x_i(mg/kg)按下式计算：

$$x_i = \frac{m_s \cdot H_i \cdot c_s}{m_i \cdot H_s}$$

式中：c_s——标样中4-CBA(或p-TOL)的含量，mg/kg；

H_s——标样中4-CBA(或p-TOL)的峰高；

H_i——标样中4-CBA(或p-TOL)的峰高；

m_s——所称取的标样质量，g；

m_i——所称取的试样质量，g。

9.2 结果的表示

取两次重复测定的算术平均值作为测定结果，按GB/T 8170规定修约至1mg/kg。

10 精密度

10.1 重复性

在同一实验室，由同一操作员，用同一台仪器，对同一试样做二次重复测定，在95%置信水平条件下，所得结果之差应为：

4-CBA ≤ 2mg/kg

p-TOL ≤ 15mg/kg

10.2 再现性

待确定。

11 报告

试验报告应包括如下内容：

a) 有关样品的全部资料(批号、日期、采样地点等)；

b) 任何自由选择的实验条件的说明(如毛细管的详细说明及操作条件等)；

c) 测定结果；

d) 测定过程中观察到的任何异常现象的说明；

e) 分析人员姓名、分析日期。

ICS 71.080.10
G 16

中华人民共和国石油化工行业标准

SH/T 1726—2004
(2009年确认)

工业用异丁烯

Isobutene for industrial use—Specification

2004-04-09 发布　　　　2004-09-01 实施

中华人民共和国国家发展和改革委员会　发布

前　言

本标准由中国石油化工股份有限公司提出。

本标准由全国化学标准化技术委员会石油化学分技术委员会(SAC/TC63/SC4)归口。

本标准由中国石化北京燕化石油化工股份有限公司合成橡胶事业部负责起草。

本标准主要起草人：于洪洸、金中夏。

工业用异丁烯

1 范围

本标准规定了工业用异丁烯的要求、试验方法、检验规则，以及包装、标志、运输、贮存和安全要求等。

本标准适用于甲基叔丁基醚(MTBE)裂解法生产的异丁烯。

结构式：

$$\begin{array}{l} CH_3-\underset{\displaystyle CH_3}{\underset{|}{C}}=CH_2 \end{array}$$

相对分子质量：56.106(按1999年国际相对原子质量)

2 规范性引用文件

下列文件中的条款通过本标准的引用而成为本标准的条款。凡是注日期的引用文件，其随后所有的修改单(不包括勘误的内容)或修订版均不适用于本标准，然而，鼓励根据本标准达成协议的各方研究是否可使用这些文件的最新版本。凡是不注日期的引用文件，其最新版本适用于本标准。

GB/T 3723—1999　工业用化学产品采样安全通则(idt ISO 3165：1976)

GB/T 6023—1999　工业用丁二烯中微量水的测定　卡尔-费休法

SH/T 1142—1992(2000)　工业用裂解碳四　液态采样法

SH/T 1482—2004　工业用异丁烯纯度及烃类杂质的测定　气相色谱法

SH/T 1483—2004　工业用异丁烯中含氧化合物的测定　气相色谱法

SH/T 1484—2004　工业用异丁烯中异丁烯二聚物的测定　气相色谱法

3 技术要求和试验方法

工业用异丁烯的技术要求和试验方法见表1。

表1　工业用异丁烯的技术要求和试验方法

<table>
<tr><th rowspan="2">序号</th><th rowspan="2" colspan="2">指标名称</th><th colspan="3">指　标</th><th rowspan="2">试验方法</th></tr>
<tr><th>优等品</th><th>一等品</th><th>合格品</th></tr>
<tr><td>1</td><td colspan="2">外　观</td><td colspan="3">无色透明</td><td>目测[a]</td></tr>
<tr><td>2</td><td>异丁烯含量/%(m/m)</td><td>≥</td><td>99.7</td><td>99.0</td><td>98.5</td><td>SH/T 1482—2004</td></tr>
<tr><td>3</td><td>丙烷/%(m/m)</td><td>≤</td><td>0.05</td><td rowspan="6">余量
(烃类总量)</td><td rowspan="6">余量
(烃类总量)</td><td>SH/T 1482—2004</td></tr>
<tr><td>4</td><td>丙烯/%(m/m)</td><td>≤</td><td>0.005</td><td>SH/T 1482—2004</td></tr>
<tr><td>5</td><td>丁烷/%(m/m)</td><td>≤</td><td>余量</td><td>SH/T 1482—2004</td></tr>
<tr><td>6</td><td>2-丁烯/%(m/m)</td><td>≤</td><td>0.03</td><td>SH/T 1482—2004</td></tr>
<tr><td>7</td><td>1-丁烯/%(m/m)</td><td>≤</td><td>0.02</td><td>SH/T 1482—2004</td></tr>
<tr><td>8</td><td>丁二烯/%(m/m)</td><td>≤</td><td>0.005</td><td>SH/T 1482—2004</td></tr>
<tr><td>9</td><td>甲醇/%(m/m)</td><td>≤</td><td>0.0005</td><td rowspan="4">0.7(含氧化物总量)</td><td rowspan="4">1.0(含氧化物总量)</td><td>SH/T 1483—2004</td></tr>
<tr><td>10</td><td>二甲醚/%(m/m)</td><td>≤</td><td>0.0005</td><td>SH/T 1483—2004</td></tr>
<tr><td>11</td><td>叔丁醇/%(m/m)</td><td>≤</td><td>0.001</td><td>SH/T 1483—2004</td></tr>
<tr><td>12</td><td>甲基叔丁基醚/%(m/m)</td><td>≤</td><td>0.0005</td><td>SH/T 1483—2004</td></tr>
<tr><td>13</td><td>水/%(m/m)</td><td>≤</td><td>0.01</td><td colspan="2">无游离水[a]</td><td>GB/T 6023—1999</td></tr>
<tr><td>14</td><td>二聚物/%(m/m)</td><td>≤</td><td>供需双方商定</td><td colspan="2">—</td><td>SH/T 1484—2004</td></tr>
<tr><td colspan="7">[a] 在透明耐压容器内，对液态试样直接观察测定。</td></tr>
</table>

4 采样

按 GB/T 3723—1999 和 SH/T 1142—1992(2000)规定的安全与技术要求采取样品。

5 检验规则

5.1 工业用异丁烯应由生产厂的质量检验部门进行检验。生产厂应保证所有出厂的产品都符合本标准的要求，每批出厂的工业用异丁烯都应附有质量证明书，质量证明书应注明：生产企业名称、详细地址、产品名称、产品等级、批号、生产日期、净重及本标准代号等。

5.2 工业用异丁烯可在成品贮罐或产品输送管道上取样。当在成品贮罐取样时，以该罐的产品为一批；当在管道上取样时，可以根据一定进间(8h 或 24h)或同时发往某地去的同等质量的、均匀的产品为一批。

5.3 如果检验结果不符合本标准相应等级要求时，则必须加倍重新取样，复检。复检结果即使只有一项指标不符合本标准相应要求时，则该批产品应作降等或作不合格品处理。

5.4 用户收到产品后有权按本标准进行验收，验收期限由供需双方协商确定。

6 包装、标志、运输和贮存

6.1 工业用异丁烯的包装、标志、运转和贮存应执行国家劳动部颁发的《压力容器安全技术监察规程》，以及由原国家技术监督局颁发的《特种设备质量监督和安全监察规定》。

6.2 工业用异丁烯可采用铁路、汽车罐车以及管道输送。用铁路、汽车罐车运输工业用异丁烯产品时，除了执行《压力容器安全技术监察规程》外，必须遵守《液化气体铁路罐车安全监察规程》和《液化气体汽车罐车安全监察规程》。

6.3 工业用异丁烯的储存采用压力容器，容器设计压力 0.8MPa，试验压力 1.18MPa，液体充装系数不大于 0.51kg/L，储存温度不宜超过 30℃。标明异丁烯字样，并应有防火、防爆标志。

7 安全要求

7.1 根据对人体损害程度，异丁烯属于低毒物质。最大允许接触浓度为 100mg/m^3。当浓度超过此范围时，吸入会引起麻醉、刺激及窒息。

液态异丁烯溅到皮肤上，会引起皮肤冻伤。因此在整个采样过程上操作者应戴用护目镜和良好绝热的塑料或有橡胶涂层的手套。

中毒时的紧急救护办法：给予新鲜空气或输给氧气，进行人工呼吸。

7.2 异丁烯为易燃介质，在大气中的爆炸极限为 1.8%～9.6%(V/V)。自燃点为 465℃。闪点 -40.6℃。因此，一切预防措施应考虑如何避免形成爆炸气氛。采样现场要求具有良好的通风条件，尤其在冲洗操作时更应注意。

7.3 消防器材：在火源不大的情况下，可使用二氧化碳和泡沫灭火器、氮气等灭火器材。

7.4 电气装置和照明应有防爆结构，其他设备和管线应接地。

7.5 采样时除了执行 GB/T 3723—1999 外，还应执行国家关于《压力容器安全技术监察规程》中有关规定。

ICS 71.080.15
G 16

中华人民共和国石油化工行业标准

SH/T 1744—2004
（2015 年确认）

工业用异丙苯

Cumene(Isopropylbenzene) for industrial use—Specification

2004-04-09 发布　　　　2004-09-01 实施

中华人民共和国国家发展和改革委员会　发 布

前 言

本标准修改采用美国试验与材料协会标准 ASTM D4077-2000《异丙苯标准规格》(英文版)。

本标准根据 ASTM D4077-2000 重新起草。

本标准与 ASTM D4077-2000 的主要差异如下:

——本标准将产品质量水平划分为优等品、一等品和合格品三个等级,而 ASTM D4077-2000 未划分产品质量等级;

——本标准的优等品指标与 ASTM D4077-2000 等同,但其中溴指数指标为"≤50",优于 ASTM D4077-2000 的"≤100";色度(Pt-Co)指标为"≤10",优于 ASTM D4077-2000 的"≤15";

——本标准的试验方法中增加了《工业用异丙苯中酚类化合物和过氧化氢异丙苯含量的测定 高效液相色谱法》;

——规范性引用文件中采用我国相应的国家标准和行业标准。

本标准由中国石油化工股份有限公司提出。

本标准由全国化学标准化技术委员会石油化学分技术委员会(SAC/TC63/SC4)归口。

本标准起草单位:中国石油化工股份有限公司上海高桥分公司化工事业部。

本标准主要起草人:陈海东、吴克勤、董建芳。

工业用异丙苯

1 范围

本标准规定了工业用异丙苯的要求、试验方法、检验规则以及包装、标志、储存、运输和安全要求。

本标准适用于丙烯、苯烃化法生产的工业用异丙苯。该产品主要作为生产苯酚、丙酮的原料，也可用于生产过氧化氢异丙苯、过氧化二异丙苯以及医药、农药中间体的原料。

分子式：C_9H_{12}

相对分子质量：120.19(按1999年国际相对原子质量)

2 规范性引用文件

下列文件中的条款通过本标准的引用而成为本标准的条款。凡是注日期的引用文件，其随后所有的修改单(不包括勘误的内容)或修订版均不适用于本标准，然而，鼓励根据本标准达成协议的各方研究是否可使用这些文件的最新版本。凡是不注日期的引用文件，其最新版本适用于本标准。

GB 190—1990　危险货物包装标志

GB/T 1250—1989　极限数值的表示方法和判定方法

GB/T 3143—1982(1990)　液体化学产品颜色测定(Hazen单位-铂-钴色号)(neq ISO 2211：1973)

GB/T 3723—1999　工业用化学产品采样安全通则(idt ISO 3165：1976)

GB/T 6678—1986　化工产品采样总则

GB/T 6680—1986　液体化工产品采样通则

GB/T 12688.6—1990　工业用苯乙烯中微量硫的测定　氧化微库仑法

SH/T 1551—1993　芳烃中溴指数的测定　电量滴定法

SH/T 1745—2004　工业用异丙苯纯度及杂质的测定　气相色谱法

SH/T 1746—2004　工业用异丙苯中过氧化物含量的测定　分光光度法

SH/T 1747—2004　工业用异丙苯中苯酚含量的测定　分光光度法

SH/T 1748—2004　工业用异丙苯中酚类化合物和过氧化氢异丙苯含量的测定　高效液相色谱法

3 技术要求和试验方法

工业用异丙苯的技术要求和试验方法见表1。

表1　工业用异丙苯的技术要求和试验方法

序号	指标名称		指标			试验方法
			优等品	一等品	合格品	
1	外观		a			目测
2	纯度/%(质量分数)	≥	99.92	99.70	99.50	SH/T 1745—2004
3	α-甲基苯乙烯含量/%(质量分数)	≤	0.01	0.02	0.03	SH/T 1745—2004
4	苯含量/%(质量分数)	≤	0.001	0.002	0.004	SH/T 1745—2004
5	丁苯含量/%(质量分数)	≤	0.02	0.03	0.04	SH/T 1745—2004
6	二异丙苯含量/%(质量分数)	≤	0.002	0.08	0.20	SH/T 1745—2004
7	乙苯含量/%(质量分数)	≤	0.01	0.05	0.15	SH/T 1745—2004
8	正丙苯含量/%(质量分数)	≤	0.03	0.06	0.10	SH/T 1745—2004

表 1(续)

序号	指标名称	指标			试验方法
		优等品	一等品	合格品	
9	溴指数/(mgBr/100g) ≤	50	100	100	SH/T 1551—1993
10	色度/铂-钴色号 ≤	10	20	20	GB/T 3143—1982(1990)
11	过氧化氢异丙苯含量(装载时)/(mg/kg) ≤	100	100	100	SH/T 1746(仲裁法)或 SH/T 1748—2004
12	酚类含量/(mg/kg) ≤	5	10	50	SH/T 1747(仲裁法)或 SH/T 1748—2004
13	硫含量/(mg/kg) ≤	1	2	2	GB/T 12688.6—1990
[a] 清晰液体，在 18~26℃时无沉淀和混浊。					

4 检验规则

4.1 本标准表 1 中的所有指标项目均为型式检验项目，除溴指数和硫以外，其余项目均为出厂检验项目。

4.2 组批：同等质量的、均匀的产品一批，可按生产周期、生产班次或产品储罐进行组批。

4.3 采样时应遵循 GB/T 3723—1999 的安全通则。此外，如果异丙苯暴露在空气中，样品中可能会含有过氧化氢异丙苯，处理这类样品时应采取适当的防护措施。

采样按 GB/T 6678—1986 和 GB/T 6680—1986 进行，所采试样总量不得少于 0.5kg，将所采样品充分混匀后，分装于两个清洁、干燥的磨口玻璃瓶中，贴上标签，注明生产厂名称、产品名称、批号、取样日期和取样地点，一瓶作检验分析，另一瓶作留样备查。

4.4 工业用异丙苯应由生产厂的质量检验部门进行检验，生产厂应保证每批出厂产品都符合本标准的要求。每批出厂产品都应附有质量证明书，内容包括：生产厂名称、产品名称、等级、批号和本标准编号等。

4.5 接收部门有权按本标准的规定，对所收到的工业用异丙苯进行验收。验收期限由供需双方协商确定。

4.6 检验结果的判定按 GB/T 1250 中规定的修约值比较法进行。检验结果如有任何一项指标不符合本标准的要求，则应重新加倍采样进行检验。重新检验的结果即使只有一项指标不符合本标准的要求，则该批产品应作降等或不合格品处理。

5 包装、标志、储存和运输

5.1 工业用异丙苯可采用清洁、干燥的小开口钢桶包装，每桶净重 160kg，也可使用专用槽车装运，槽车应有接地链，灌装系数应考虑运输过程因温度变化而引起的体积膨胀。

5.2 工业用异丙苯包装容器上应有牢固的标志，其内容包括：产品名称、商标、生产厂厂名、厂址、等级、批号、本标准编号、净重及按 GB 190 规定的易燃液体标志。

5.3 工业用异丙苯应储存在阴凉、通风仓间内(仓间温度不宜超过 30℃)，远离火种、热源，防止阳光直射。应与氧化剂分开存放。储存间内照明、通风设施应采用防爆型，开关设在仓外，并应配备相应品种和数量的消防器材。禁止使用易产生火花的机械设备和工具。灌装时应注意流速(不超过3m/s)，且有接地装置，防止静电积聚。

5.4 工业用异丙苯运输时应防止日光曝晒，夏季最好早晚运输。搬运时轻装轻卸，防止包装及容器损坏。

6 安全要求

6.1 异丙苯属低毒类物质，工作区域空气中异丙苯蒸气的最大允许浓度为50mg/m^3。吸入的急性中毒表现有粘膜刺激症状及头晕、头痛、恶心、呕吐、步态蹒跚等，严重中毒可发生昏迷、抽搐等。

若触及皮肤，应用肥皂水和清水彻底冲洗皮肤；若触及眼睛，应提起眼睑，用流动清水或生理盐水冲洗，就医；若吸入，迅速脱离现场至空气新鲜处，保持呼吸道通畅，必要时采取输氧、人工呼吸、就医等措施；若误服，饮足量温水，催吐(昏迷者不要催吐)，就医。

6.2 异丙苯易燃，遇明火、高热或与氧化剂接触，有引起燃烧爆炸的危险。在空气中爆炸极限为0.8%~6.0%(体积分数)；闪点为31℃；自燃点为420℃。因此采样现场要求具有良好的通风条件，一切预防措施应考虑如何避免形成爆炸气氛。

6.3 灭火方法：喷水冷却容器，可能的话将容器从火场移至空旷处。少量异丙苯燃烧时，可使用泡沫、二氧化碳、干粉、砂土等灭火剂。

编者注：规范性引用文件中GB/T 1250已被GB/T 8170—2009《数值修约规则与极限数值的表示和判定》代替。

ICS 75.080.15
G 16

中华人民共和国石油化工行业标准

SH/T 1745—2004
（2015年确认）

工业用异丙苯纯度及杂质的测定 气相色谱法

Cumene(Isopropylbenzene) for industrial use—Determination of purity and impurities—Gas chromatographic method

2004-04-09 发布　　2004-09-01 实施

中华人民共和国国家发展和改革委员会　发布

前　言

本标准修改采用ASTM D3760-2002《气相色谱法分析异丙苯的标准试验方法》(英文版)。

本标准根据ASTM D3760-2002重新起草。

本标准与ASTM D3760-2002的主要差异如下：

——修改了英文名称；

——采用了自行确定的重复性限(r)；

——规范性引用文件中采用我国相应国家标准。

本标准由中国石油化工股份有限公司提出。

本标准由全国化学标准化技术委员会石油化学分技术委员会(SAC/TC63/SC4)归口。

本标准起草单位：中国石油化工股份有限公司上海高桥分公司化工事业部。

本标准主要起草人：吴克勤、陈海东、董建芳。

工业用异丙苯纯度及杂质的测定　气相色谱法

1　范围

1.1　本标准规定了用气相色谱法测定工业用异丙苯的纯度及其杂质含量。

1.2　本标准适用于测定工业用异丙苯中常见的杂质，如非芳烃、苯、乙苯、叔丁苯、正丙苯、α-甲基苯乙烯、仲丁苯和二异丙苯等。这些杂质的检测限是：苯为 2mg/kg，其他为 10mg/kg。

1.3　如果异丙苯中存在有更高沸点或非常见杂质，而本标准又未必能检出它们，此时异丙苯纯度的计算就会导致错误。

1.4　如果异丙苯中存在过氧化氢异丙苯(CHP)，色谱图上将会流出其分解产物的色谱峰，因此会得到不正确结果。

1.5　本标准并不是旨在说明与其使用有关的安全问题，使用者有责任采取适当的安全和健康措施，并保证符合国家有关法规的规定。

2　规范性引用文件

下列文件中的条款通过本标准的引用而构成本标准的条款。凡是注日期的引用文件，其随后所有的修改单(不包括勘误的内容)或修订版均不适用于本标准，然而，鼓励根据本标准达成协议的各方研究是否可使用这些文件的最新版本。凡是不注日期的引用文件，其最新版本适用于本标准。

GB/T 3723—1999　工业用化学产品采样安全通则(idt ISO 3165 : 1976)

GB/T 6680—1986　液体化工产品采样通则

GB/T 8170—1987　数据修约规则

3　方法提要

将已知量的内标物加入异丙苯试样中，混合均匀。用配置氢火焰离子化检测器(FID)的气相色谱仪进行分析，测量每个杂质和内标物的峰面积，由内标物峰面积与杂质的峰面积的比率计算出每个杂质的含量。从 100.00 减去杂质的总量计算出色谱法测得的异丙苯纯度，以质量分数报告结果。

4　仪器

4.1　气相色谱仪：配置氢火焰离子化检测器的任何色谱仪，能按表一推荐的色谱条件进行操作，并当正丁苯的含量为 10mg/kg 时，其峰高至少应大于仪器噪声的 2 倍。

4.2　色谱柱：本标准推荐的色谱柱及典型操作条件见表 1，可根据分离要求选择色谱柱。其他的色谱柱和操作条件，只要能从异丙苯中分离所有正常存在的杂质和内标物，也可以使用。

表 1　色谱柱及典型操作条件

项　　目	柱 A	柱 B
检测器	氢火焰离子化	氢火焰离子化
色谱柱		
柱管材料	熔融石英	熔融石英
固定相	聚乙二醇(交联)	聚甲基硅氧烷(交联)
液膜厚度/μm	0.25	0.5

表 1(续)

项　　目	柱 A	柱 B
长度/m	50	50
内径/mm	0.32	0.32
温度		
汽化室/℃	275	275
检测器/℃	300	300
柱箱		
初始温度/℃	60	35
初温保持时间/min	10	10
升温速率/(℃/min)	10	5
终止温度/℃	175	275
终温保持时间/min	10	0
载气	H_2	He
流量/(mL/min)	1.0	1.0
分流比	100∶1	100∶1
样品量/μL	1.0	1.0

4.3　记录仪：推荐使用电子积分仪。

5　试剂和材料

5.1　内标物：推荐使用正丁苯(*n*-BB)，纯度应大于99%(质量分数)。其他的化合物只要它们化学性质稳定并能与异丙苯及杂质组分良好分离，也可以使用。

5.2　氢气：纯度应大于99.95%(体积分数)。

5.3　氦气：纯度应大于99.95%(体积分数)。

5.4　空气：经硅胶、分子筛充分干燥和净化。

6　采样

按GB/T 3723—1999和GB/T 6680—1986所规定的安全和技术要求采取样品。

7　仪器准备

按照仪器的说明书，将色谱柱安装、连接到色谱仪上。根据表1的操作条件进行设置和操作，使仪器呈现稳定的运行基线。

8　分析步骤

8.1　在已加入适量异丙苯试样的100mL容量瓶中加入100μL正丁苯，然后再用异丙苯试样稀释到刻度，混合均匀。当正丁苯相对密度以0.856计、异丙苯相对密度以0.857计时，得到的正丁苯含量是0.1000%(质量分数)。

8.2　将适量的试样注入气相色谱仪，开始色谱分析。

8.3　色谱运行结束，获得一张色谱图和色谱峰面积积分报告。图1和图2分别是柱A和柱B的典型色谱图。

9 结果计算

9.1 测量每个峰的面积

9.2 试样中非芳烃总量和各个杂质的质量分数 W_i，数值以%表示，按式(1)计算：

$$W_i = \frac{A_i \cdot W_s}{A_s} \qquad (1)$$

式中：

A_i——试样中杂质组 i 的峰面积；

A_s——试样中内标物的峰面积；

W_s——试样中内标物的质量分数，%。

9.3 所有杂质的总质量分数 W_t，按式(2) 计算：

$$W_t = \sum W_i \qquad (2)$$

9.4 异丙苯纯度以其质量分数 P 计，数值以%表示，按式(3)计算：

$$P = 100.00 - W_t \qquad (3)$$

10 报告

10.1 分析结果的数值修约按 GB/T 8170—1987 规定进行，并以两次重复测定结果的算术平均值报告其分析结果。

10.2 报告每个杂质的质量分数应精确至 0.0001%，报告异丙苯纯度的质量分数应精确至 0.001%。

11 精密度

11.1 重复性

在同一实验室，由同一操作者使用相同设备，按相同的测试方法，并在短时间内对同一被测对象相互独立进行测试获得的两次独立测试结果的绝对值，不应超过下列重复性限(r)，以超过重复性限(r)的情况不超过 5%为前提。

a) 杂质组分含量	r
≤0.0010%(质量分数)	为其平均值的 30%
>0.001%(质量分数)~≤0.010%(质量分数)	为其平均值的 15%
>0.010%(质量分数)	为其平均值的 10%
b) 异丙苯纯度	r
≥99.30%(质量分数)	0.02%(质量分数)

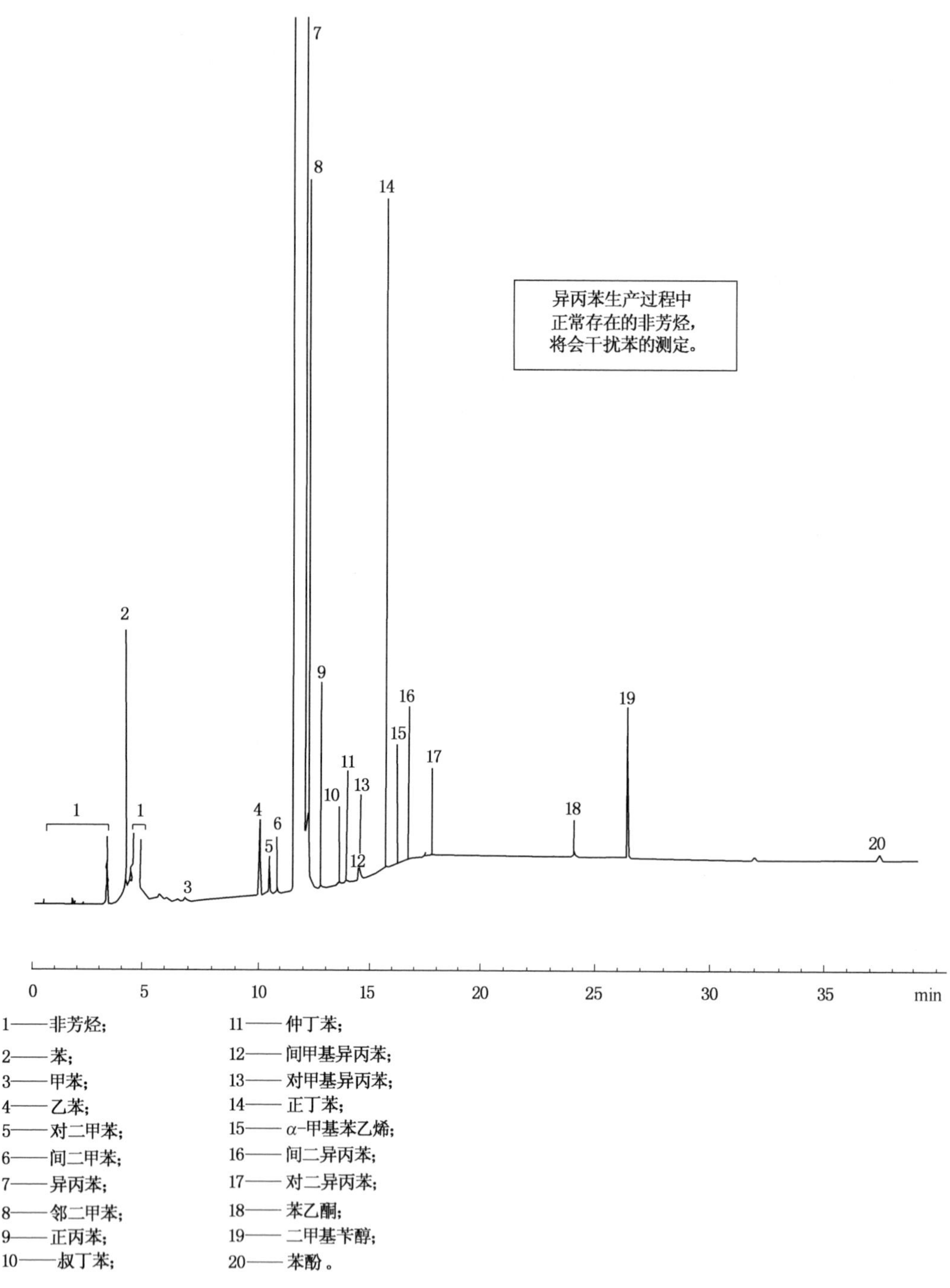

1——非芳烃；
2——苯；
3——甲苯；
4——乙苯；
5——对二甲苯；
6——间二甲苯；
7——异丙苯；
8——邻二甲苯；
9——正丙苯；
10——叔丁苯；
11——仲丁苯；
12——间甲基异丙苯；
13——对甲基异丙苯；
14——正丁苯；
15——α-甲基苯乙烯；
16——间二异丙苯；
17——对二异丙苯；
18——苯乙酮；
19——二甲基苄醇；
20——苯酚。

图1　柱A的典型色图谱

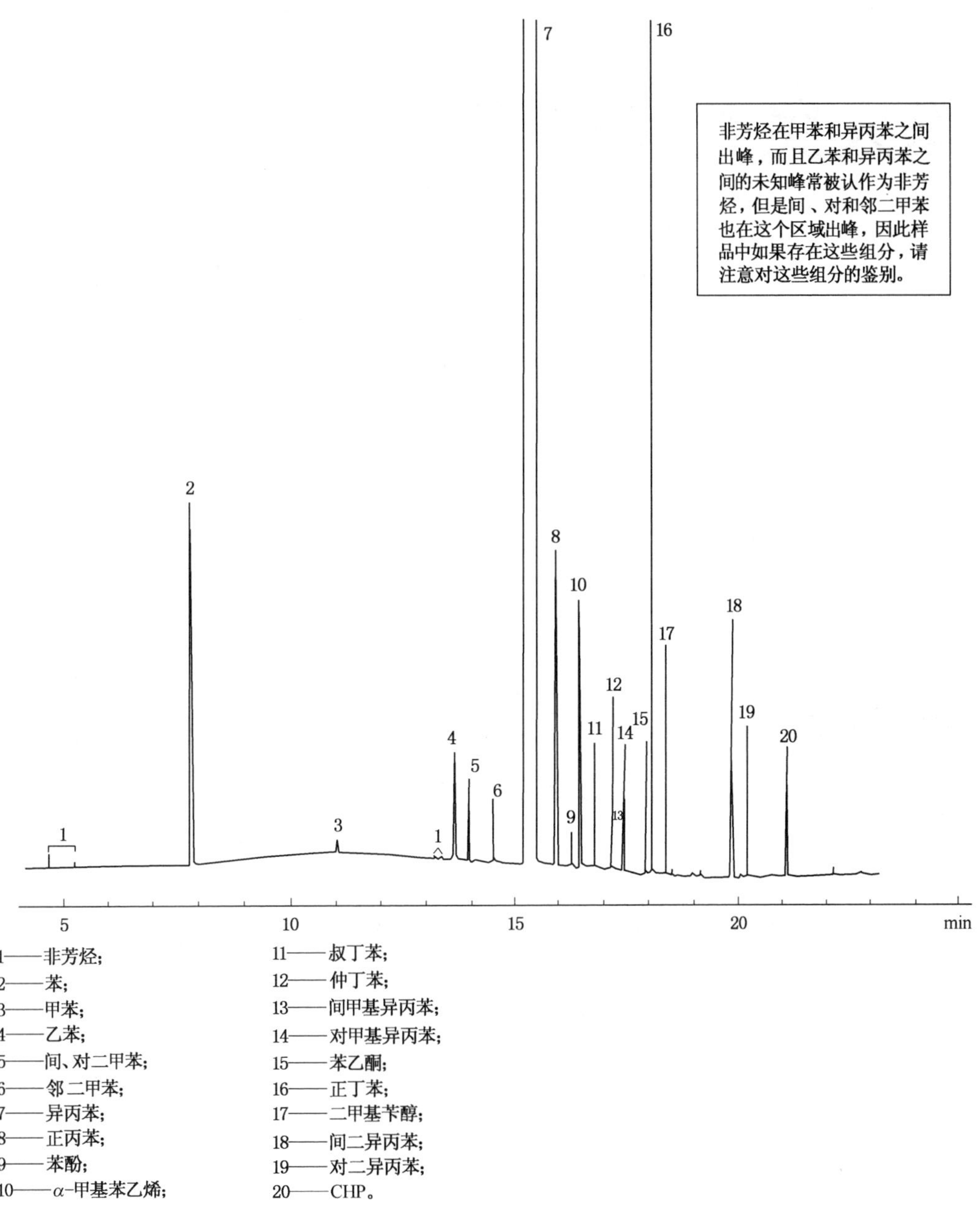

1——非芳烃；
2——苯；
3——甲苯；
4——乙苯；
5——间、对二甲苯；
6——邻二甲苯；
7——异丙苯；
8——正丙苯；
9——苯酚；
10——α-甲基苯乙烯；
11——叔丁苯；
12——仲丁苯；
13——间甲基异丙苯；
14——对甲基异丙苯；
15——苯乙酮；
16——正丁苯；
17——二甲基苄醇；
18——间二异丙苯；
19——对二异丙苯；
20——CHP。

图 2　柱 B 的典型色谱图

ICS 71.080.15
G 16

中华人民共和国石油化工行业标准

SH/T 1746—2004
（2015 年确认）

工业用异丙苯中过氧化物含量的测定 分光光度法

Cumene(Isopropylbenzene) for industrial use —Determination of content of peroxides —Spectrophotometric method

2004-04-09 发布　　2004-09-01 实施

中华人民共和国国家发展和改革委员会　发布

前　言

本标准修改采用 ASTM E299-97(2002)《有机溶剂中微量过氧化物含量测定的标准试验方法》(英文版)。

本标准根据 ASTM E299-97(2002)重新起草。

本标准与 ASTM E299-97(2002)的主要差异如下：

1. 本标准仅适用于工业用异丙苯中过氧化物含量的测定，并且规定过氧化物以过氧化氢异丙苯(CHP)计。

2. 本标准仅采用了 ASTM E299-97(2002)中低含量(活性氧 0~40μg)测定的相关内容，但未重点推荐使用专用反应吸收池(编辑为附录 A)，并将测定范围扩展为活性氧 0~52μg，相当于试样中 CHP 含量为 0~145mg/kg。

3. 采用了自行确定的重复性限(r)。

4. 规范性引用文件中采用我国相应国家标准。

本标准的附录 A 为规范性附录。

本标准由中国石油化工股份有限公司提出。

本标准由全国化学标准化技术委员会石油化学分技术委员会(SAC/TC63/SC4)归口。

本标准起草单位：上海石油化工研究院。

本标准主要起草人：高琼、龚璐、冯钰安。

工业用异丙苯中过氧化物含量的测定　分光光度法

1　范围

1.1　本标准适用于工业用异丙苯中过氧化物含量的测定，测定范围以过氧化氢异丙苯(CHP)计为0～145mg/kg。

1.2　存在于试样中的氧化性和还原性物质将产生干扰。

1.3　本标准并不是旨在说明与其使用有关的所有安全问题。因此，使用者有责任采取适当的安全与健康措施，并保证符合国家有关法规的规定。

注：过氧化氢异丙苯的英文名称为 Cumene Hydroperoxide，简称 CHP。

2　规范性引用文件

下列文件中的条款通过本标准的引用而成为本标准的条款。凡是注明日期的引用文件，其随后所有的修改单(不包括勘误的内容)或修订版均不适用于本标准，然而，鼓励根据本标准达成协议的各方研究是否可使用这些文件的最新版本。凡是不注明日期的引用文件，其最新版本适用于本标准。

GB/T 3723—1999　工业用化学产品采样安全通则(idt ISO 3165：1976)

GB/T 6680—1986　液体化工产品采样通则

GB/T 6682—1992　分析实验室用水规格和试验方法(neq ISO 3696：1987)

GB/T 8170—1987　数值修约规则

3　方法提要

将适量试样溶解于醋酸-氯仿混合液中，通入氮气以脱除溶液中的溶解氧。然后加入碘化钾溶液，并让此混合物在暗处反应30min，以释放出定量的碘。用分光光度计于波长410nm处测定溶液的吸光度，根据由碘测得的校准曲线查得相当的CHP的含量。

4　仪器

4.1　分光光度计：精度±0.001Å，配置1cm的玻璃吸收池；

4.2　电子天平：感量0.1mg；

4.3　定时器；

4.4　刻度量筒：容量500mL和50mL；

4.5　容量瓶：100mL和25mL，棕色；

4.6　刻度移液管：1mL和5mL。

5　试剂

5.1　试剂纯度：除另有注明外，均使用分析纯试剂。若使用其他级别的试剂，则以其纯度不会降低测定准确度为准。

5.2　水的纯度：除另有注明外，所用的水均符合GB/T 6682—1992中规定的三级水的规格。

5.3　醋酸-氯仿溶剂(2+1)：取2体积醋酸与1体积氯仿混和。

5.4　醋酸-氯仿溶剂(含约4%的水)：在按5.3制备的1L溶剂中加入40mL水。

5.5　碘标准贮备溶液：溶解0.1668g碘于醋酸-氯仿溶剂(5.3)中，再转移至100mL容量瓶中，并用醋酸-氯仿溶剂(5.3)稀释至刻度。该溶液含碘 1.668mg/mL，相当于含活性氧 105.15μg/mL，或 CHP1000.2μg/mL。

注：CHP，μg/mL=活性氧，μg/mL×9.5125

式中：

9.5125——将活性氧(μg/mL)换算成 CHP(μg/mL)的转换因子。

5.6 碘标准溶液：移取 10mL 碘标准贮备溶液(5.5)于 100mL 容量瓶中，并用醋酸-氯仿溶剂(5.3)稀释至刻度。该溶液相当于含 CHP 100.0μg/mL。

5.7 碘化钾溶液(0.5g/g)：溶解碘化钾的水在使用前先用氮气鼓泡几分钟以除去水中的溶解氧：该试剂必须在使用前新鲜制备。

5.8 氮气：工业氮(一级品)。

6 采样

按 GB/T 3723—1999 和 GB/T 6680—1986 规定的安全和技术要求采取样品。样品应直接置于避光密闭容器中，并尽快分析。

7 测定步骤

7.1 校准曲线的绘制

7.1.1 在六只 25mL 容量瓶中，依次移取碘标准溶液(5.6)0.00、1.00、2.00、3.00、4.00 和 5.00mL，相当于含 CHP 分别为 0.0、100.0、200.0、300.0、400.0 和 500.0μg，用醋酸-氯仿溶剂(5.4)稀释至刻度，并充分摇匀。

7.1.2 使用皮下注射用注射针将氮气注入溶液鼓泡 3min，加入 0.8mL 碘化钾溶液(5.7)继续通氮气鼓泡 3min，具塞，摇匀。

7.1.3 用 1cm 玻璃吸收池，以水为参比，于波长 410nm 处测定每一个溶液的吸光度。

7.1.4 以每一个碘标准溶液的净吸光度(扣除空白溶液的吸光度)对每 25mL 溶液中的 CHP 量(μg)绘制校准曲线。

7.2 试样分析

7.2.1 移取异丙苯试样 4.00mL 于 25mL 容量瓶中。

7.2.2 用醋酸-氯仿溶剂(5.4)溶解，稀释至刻度，并充分摇匀。

7.2.3 将氮气注入溶液鼓泡 3min，加入 0.8mL 碘化钾溶液(5.7)，并继续通氮气鼓泡 3min。具塞，摇匀，在暗处放置 30min。

7.2.4 用 1cm 玻璃吸收池，以水为参比，于波长 410nm 处，测定溶液的吸光度。

7.2.5 同时按 7.2.2~7.2.4 步骤，做一空白。

7.2.6 根据试样的净吸光度，在校准曲线上查得 25mL 溶液中的 CHP 量(μg)。

注：氮气流量一般需大于 80mL/min，同时以鼓泡时溶液不溅出为限，鼓泡时间可用定时器控制；测定溶液的吸光度时已无氮气保护，为减少空气中氧的影响，应迅速操作，以仪器刚显示的稳定读数为准，同时尽量使每个溶液转移到吸收池的时间保持一致。

8 结果计算

试样中 CHP 的质量分数 W，数值以 mg/kg 表示，按下列公式计算：

$$W = \frac{m}{V \times \rho}$$

式中：

m——由校准曲线查得的 CHP 的量，μg；

ρ——异丙苯试样的密度，g/mL；

V——异丙苯试样的取样量，mL。

9 报告

分析结果的数值，按 GB/T 8170—1987 的规定进行修约，精确至 0.1mg/kg，并以两次重复测定结果的算术平均值表示其分析结果。

10 精密度

10.1 重复性

在同一实验室，由同一操作者使用相同设备，按相同的测试方法，并在短时间内对同一被测对象相互独立进行测试获得的两次独立测试结果的绝对值，不应超过下列重复性限(r)，以超过重复性限(r)的情况不超过 5%为前提。

CHP 含量/(mg/kg)	r
≤10	为其平均值的 30%
>10～≤50	为其平均值的 20%
>50	为其平均值的 10%

附　录　A
（规范性附录）
使用专用反应吸收池的测定步骤

A1　专用反应吸收池规格

专用反应吸收池规格如图 A1 所示，分光光度计试样室及池架均需作相应变更。

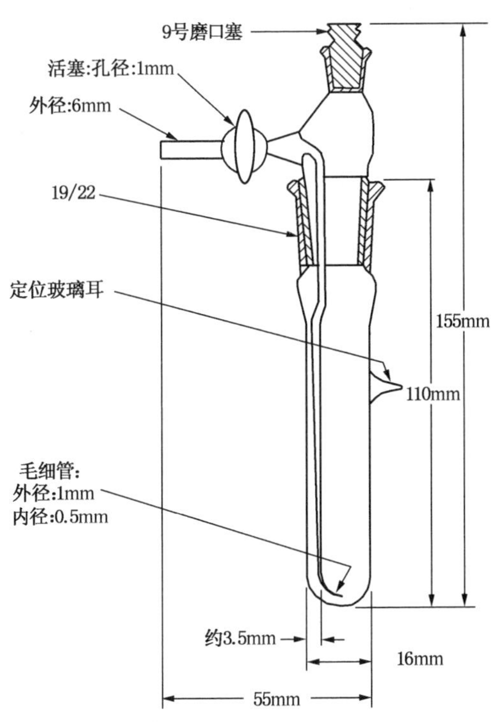

图 A1　专用反应吸收池

A2　测定步骤

A2.1　校准曲线的绘制

A2.1.1　在六只 25mL 容量瓶中，依次移取碘标准溶液(5.6)0.00、0.75、1.50、2.25、3.00 和 3.75mL，相当于含 CHP 分别为 0.0、75.0、150.0、225.0、300.0 和 375.0μg，用醋酸-氯仿溶剂(5.4)稀释至刻度，并充分摇匀。

A2.1.2　分别从每个标准溶液中取出部分溶液至专用反应吸收池中，让氮气从一边的支管进入鼓泡 3min。

A2.1.3　加 5 滴新鲜制备的经脱气的碘化钾溶液(5.7)，松松的盖上塞子，继续再通氮气鼓泡 3min。

A2.1.4　盖紧塞子，关闭进气管上的活塞，使溶液保持轻微的氮气正压。

A2.1.5　以另一个配对的专用反应吸收池中所盛的水为参比，于波长 410nm 处测定每一个标准溶液的吸光度。

A2.1.6　同 7.1.4。

A3　试样分析

A3.1　按 7.2.1、7.2.2 步骤配制试样溶液。

A3.2　从试样溶液中取出部分溶液至专用反应吸收池中，让氮气从一边的支管进入鼓泡 3min，然后按 A2.1.3、A2.1.4 步骤操作，并让试样在暗处放置 30min。

A3.3 按A2.1.5步骤所述测定试样溶液的吸光度。

A3.4 同时做一空白。

A3.5 同7.2.6。

ICS 71.080.15
G 16

中华人民共和国石油化工行业标准

SH/T 1747—2004
(2015年确认)

工业用异丙苯中苯酚含量的测定 分光光度法

Cumene(Isopropylbenzene) for industrial use—Determination of phenol content—Spectrophotometric method

2004-04-09 发布　　2004-09-01 实施

中华人民共和国国家发展和改革委员会　发布

前　　言

本标准修改采用 ASTM D3160-2003《异丙苯或 α-甲基苯乙烯中苯酚含量测定的标准试验方法》(英文版)。

本标准根据 ASTM D3160-2003 重新起草。

1. 本标准规定所用水均符合 GB/T 6682—1992 规格中的三级水要求，代替 ASTM D3160-2003 规定的符合 ASTM D1193 规格中的一级或二级水。

2. 本标准以体积取样，代替 ASTM D3160-2003 中的称量取样。

3. 本标准采用了自行确定的重复性限(r)。

4. 规范性引用文件中采用我国相应的国家标准。

本标准由中国石油化工股份有限公司提出。

本标准由全国化学标准化技术委员会石油化学分技术委员会(SAC/TC63/SC4)归口。

本标准起草单位：上海石油化工研究院。

本标准主要起草人：王玺、庄海青、冯钰安。

工业用异丙苯中苯酚含量的测定

1 范围

1.1 本标准适用于工业用异丙苯中苯酚含量的测定，测定浓度范围为0.25~50mg/kg。

1.2 本标准并不是旨在说明与其使用有关的所有安全问题。使用者有责任采取适当的安全与健康措施，并保证符合国家有关法规的规定。

2 规范性引用文件

下列文件中的条款通过本标准的引用而成为本标准的条款。凡是注明日期的引用文件，其随后所有的修改单(不包括勘误的内容)或修订版均不适用于本标准，然而，鼓励根据本标准达成协议的各方研究是否可使用这些文件的最新版本。凡是不注明日期的引用文件，其最新版本适用于本标准。

GB/T 3723—1999 工业用化学产品采样安全通则(idt ISO 3156：1976)

GB/T 6680—1986 液体化工产品采样通则

GB/T 6682—1992 分析实验室用水规格和试验方法(neq ISO 3696：1987)

GB/T 8170—1987 数值修约规则

3 方法提要

试样中的苯酚与4-氨基安替比林(4-Aminoantipyrine)发生反应，根据反应所呈现的颜色用分光光度计在472nm处比较试样与苯酚标准的吸光度。

4 仪器

4.1 分光光度计，精度±0.001Å，配置2cm的吸收池。

4.2 天平，感量0.001g。

4.3 分液漏斗，1L。

4.4 容量瓶，25mL和50mL。

4.5 移液管，2mL和5mL。

5 试剂

5.1 试剂纯度。所用化学品均为分析纯。

5.2 水的纯度。所用水均系符合GB/T 6682—92规格中的三级水。

5.3 4-氨基安替比林($C_{11}H_{13}N_3O$)溶液，将3.00g 4-氨基安替比林溶于水中，定量转移至100mL棕色容量瓶中并稀释至刻度，此溶液二周内稳定。

5.4 过硫酸铵[$(NH_4)_2S_2O_8$]溶液。将2.00g过硫酸铵溶于少量水中，移入100mL容量瓶中并稀释至刻度，此溶液需每周配制。

5.5 苯酚。含量≥99.5%(质量分数)。

5.6 异丙苯的处理。在分液漏斗中，用1体积氢氧化钠溶液(5.9)洗涤4体积异丙苯，弃去NaOH水溶液相，用干燥滤纸过滤异丙苯，氮封贮存。处理的目的是确保异丙苯中不含苯酚。

5.7 氨水。相对密度0.880。

5.8 异丙醇。

5.9 氢氧化钠溶液5%(质量分数)。

6 采样

6.1 按照GB/T 3723—1999和GB/T 6680—1986规定的安全和技术要求采取样品。
6.2 异丙苯与空气接触会产生过氧化物，异丙苯样品应储存于密闭容器中，并尽快分析。

7 标准溶液的制备和校准

7.1 标准贮备液的制备，准确称取0.100g苯酚(5.5)，移入250mL已知质量的容量瓶中，将异丙苯(5.6)加入容量瓶中，使溶液的总净重为100.00g，充分混合。该溶液含有1000mg/kg的苯酚。
7.2 用2mL和5mL移液管分别移取0.00、0.25、0.50、1.00、1.50和2.50mL上述标准贮备液(7.1)至50mL容量瓶中，用异丙苯(5.6)稀释至刻度，分别得到浓度为0、5、10、20、30和50mg/kg的标准溶液。
7.3 用5mL移液管分别移取上述标准溶液3.00mL各至25mL容量瓶中，并加入5mL水，2滴氨水(5.7)，混合均匀。
7.4 先各加入0.5mL 4-氨基安替比林溶液(5.3)，然后再各加入0.5mL过硫酸铵溶液(5.4)，混合均匀后放置10min。
7.5 用异丙醇(5.8)稀释至刻度，混合均匀。
7.6 在472nm处，用2cm吸收池，以水为参比测量各溶液的吸光度。
7.7 根据7.6测得的标准溶液净吸光度(扣除未加入苯酚的标准溶液吸光度)，绘制吸光度对苯酚浓度(mg/kg)的校准曲线，试样量为3.00mL。

8 测定步骤

8.1 用5mL移液管分别移取3.00mL异丙苯试样和不含苯酚的异丙苯(5.6)至25mL容量瓶中，按7.3~7.6节所述操作步骤测定吸光度，其吸光度差值即为样品的净吸光度。
8.2 在校准曲线上查得试样中苯酚的含量(mg/kg)。

9 计算

9.1 试样中苯酚的质量分数W，数值以mg/kg表示，按以下公式计算：

$$W = \frac{C \times 3}{V}$$

式中：

C——3.00mL试样中的苯酚含量(按7.7节校准曲线查得)，mg/kg；

V——试样体积，mL。

9.2 当试样中的苯酚含量小于5mg/kg或大于50mg/kg时，可适当调整取样量，以便在7.7节所得校准曲线上能读取适宜的吸光度。但不要对最终的溶液进行稀释，以免可能引起试样溶液产生浑浊。

10 结果的表示

分析结果的数值按GB/T 8170—1987规定进行修约，精确至0.1mg/kg。以两次重复测定结果的算术平均值表示其分析结果。

11 精密度

11.1 重复性

在同一实验室，由同一操作者使用相同设备，按相同的测试方法，并在短时间内对同一被测对象相互独立进行测试获得的两次独立测试结果的绝对值，不应超过下列重复性限(r)，以超过重复性限(r)的情况不超过5%为前提。

苯酚含量/(mg/kg)	
≤5	为其平均值的20%
>5～≤50	为其平均值的10%

ICS 71.080.15
G 16

中华人民共和国石油化工行业标准

SH/T 1748—2004
(2015年确认)

工业用异丙苯中酚类化合物和过氧化氢异丙苯含量的测定 高效液相色谱法

Cumene(Isopropyibenzene) for industrial use—Determination of content of phenols and cumene hydroperoxide—High performance liquid chromatographic method

2004-04-09 发布 2004-09-01 实施

中华人民共和国国家发展和改革委员会 发布

前　　言

本标准由中国石油化工股份有限公司提出。

本标准由全国化学标准化技术委员会石油化学分技术委员会(SAC/TC63/SC4)归口。

本标准起草单位：上海石油化工研究院。

本标准主要起草人：庄海青、王玺、冯钰安。

工业用异丙苯中酚类化合物和过氧化氢异丙苯含量的测定　高效液相色谱法

1　范围

1.1　本标准规定了用高效液相色谱法测定工业用异丙苯中酚类化合物和过氧化氢异丙苯的含量。

本标准适用于测定工业用异丙苯中的杂质及其最低检测浓度分别为：苯酚不低于 1.0mg/kg，甲酚不低于 1.0mg/kg，异丙基酚不低于 1.5mg/kg，过氧化氢异丙苯不低于 2.5mg/kg。

1.2　本标准并不是旨在说明与其使用有关的所有安全问题。使用者有责任采取适当的安全与健康措施，并保证符合国家有关法规的规定。

2　规范性引用文件

下列文件中的条款通过本标准的引用而成为本标准的条款。凡是注明日期的引用文件，其随后所有的修改单(不包括勘误的内容)或修订版均不适用于本标准，然而，鼓励根据本标准达成协议的各方研究是否可使用这些文件的最新版本。凡是不注明日期的引用文件，其最新版本适用于本标准。

GB/T 3723—1999　工业用化学产品采样安全通则(idt ISO 3165：1976)

GB/T 6680—1986　液体化工产品采样通则

GB/T 8170—1987　数值修约规则

ASTM E298-1998　有机过氧化物测定的标准试验方法

3　方法提要

采用色谱柱为 C_{18} 化学键合固定相、流动相为乙腈/水，将试样中的酚类化合物和过氧化氢异丙苯进行分离，用紫外(UV)检测器进行检测，并用校准曲线法进行定量。

4　试剂

4.1　甲醇：HPLC 级；

4.2　乙腈：HPLC 级；

4.3　二次蒸馏水；

4.4　苯酚：纯度≥99.5%(质量分数)；

4.5　对甲酚：纯度≥99.0%(质量分数)；

4.6　邻甲酚：纯度≥99.0%(质量分数)；

4.7　对异丙基酚：纯度≥98.0%(质量分数)；

4.8　邻异丙基酚：纯度≥97.0%(质量分数)；

4.9　过氧化氢异丙苯：含量~88%(质量分数)(临用前用 ASTM E298 规定方法标定其纯度)。

5　仪器

5.1　高效液相色谱仪，配置可变波长的紫外(UV)检测器。

5.1.1　输液泵

能输送恒定流量的高压平流泵，其流量范围一般为：0.1mL/min~9.9mL/min，工作压力一般为0~60MPa，压力脉动应小于±1%。

5.1.2 进样装置

采用微量高压旋转型阀。配置 10μL 样品定量管。

5.1.3 记录装置

积分仪或色谱数据处理机。

5.2 色谱柱

5.2.1 柱管：材质为不锈钢，长 250mm，内径 4.6mm。

5.2.2 填料：十八烷基化学键合相型硅胶，粒度为 5μm 或 10μm。

5.3 推荐的色谱条件

流动相：乙腈+水=67.5+32.5(体积分数)；

流　量：1.0mL/min~1.5mL/min；

进样量：10μL；

检测器：紫外(UV)检测器，检测波长：220nm。

6 采样

按 GB/T 3723—1999 和 GB/T 6680—1986 规定的安全和技术要求采取样品。样品应直接置于避光密闭容器中，并尽快分析。

7 分析步骤

7.1 标准溶液的配制

7.1.1 标准储备液的制备

分别称取约 0.01g 标准物(4.4~4.9)，精确至 0.0001g，移入 10mL 容量瓶中，用甲醇稀释至刻度，以制备 1g/L 的各种标准储备液。

7.1.2 标准溶液系列的配制

按表 1 所示分别吸取标准储备液，加入对应的 10mL 容量瓶中。用甲醇稀释至刻度，即得 1~6 号标准溶液系列。

表 1　标准溶液系列的配制

序　号	吸取标准溶液的体积/μL	标准物的质量/μg
1	20	20
2	50	50
3	100	100
4	200	200
5	300	300
6	500	500
注：必要时，对量取标准溶液体积的微升针筒和移液管应用重量法进行校准，以保证标准溶液系列具有足够的精度。		

7.2 校准曲线的绘制

将 1~6 号标准溶液系列，分别量取 10μL 注入色谱仪进行分析，记录各组分的峰高。

以各标准物的质量 m_s(μg)为横坐标，以各标准物的峰高(h)为纵坐标，绘制各自的校准曲线。

校准曲线的方程以 $m_s=k\cdot h_i$ 表示，相关系数 R^2 应大于 0.99。

7.3 试样的测定

将 10μL 异丙苯试样，注入色谱仪，记录各组分的峰高。典型色谱图见图 1。

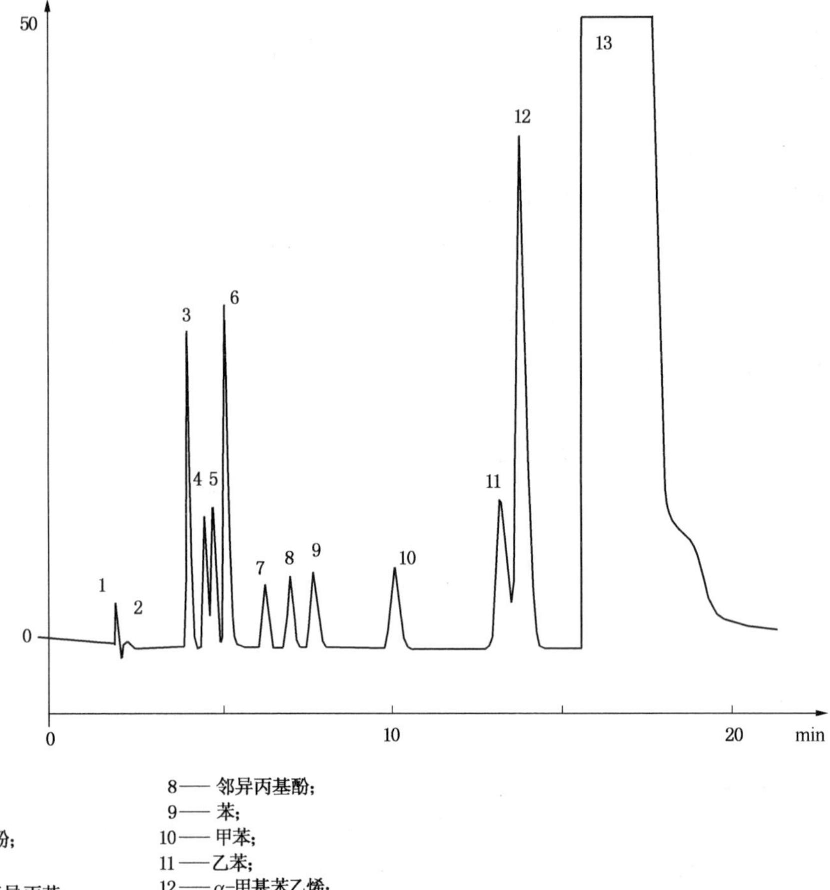

1,2——溶剂峰;
3——苯酚;
4——对/间甲酚;
5——邻甲酚;
6——过氧化氢异丙苯;
7——对/间异丙基酚;
8——邻异丙基酚;
9——苯;
10——甲苯;
11——乙苯;
12——α-甲基苯乙烯;
13——异丙苯(含甲基异丙苯、二异丙基苯等重组分)。

图1　典型色谱图

8　计算和结果的表示

8.1　计算

将各组分峰高值按各自的校准曲线方程计算相应的质量 m_i(μg)。再按下列公式计算试样中各组分的含量 C_i(mg/kg):

$$C_i = \frac{m_i}{10 \times \rho}$$

式中:

m_i——待测组分在校准曲线上得到的质量,μg;

10——标准溶液定容体积数,cm^3;

ρ——异丙苯的密度,g/cm^3。

8.2　结果的表示

8.2.1　对于任一试样,分析结果的数值修约按GB/T 8170—1987规定进行,并以两次重复测定结果的算术平均值表示其分析结果。

8.2.2　报告每个酚类化合物的含量,应精确至0.1mg/kg。其中对/间甲酚以对甲酚计;对/间异丙基酚以对异丙基酚计。

8.2.3　报告过氧化氢异丙苯的含量,应精确至0.1mg/kg。

9 精密度

9.1 重复性

在同一实验室，由同一操作者使用相同设备，按相同的测试方法，并在短时间内对同一被测对象相互独立进行测试获得的两次独立测试结果的绝对值，不应超过下列重复性限(r)，以超过重复性限(r)的情况不超过5%为前提：

苯酚含量	r
≤0.0005%(质量分数)	为其平均值的20%
>0.0005%(质量分数)~≤0.0050%(质量分数)	为其平均值的10%
过氧化氢异丙苯含量	r
≤0.0050%(质量分数)	为其平均值的15%
>0.0050%(质量分数)~≤0.0100%(质量分数)	为其平均值的10%

10 报告

报告应包括下列内容：

a. 有关样品的全部资料，例如样品名称、批号、采样地点、采样日期、采样时间等。

b. 本标准代号。

c. 分析结果。

d. 测定中观察到的任何异常现象的细节及其说明。

e. 分析人员的姓名及分析日期等。

ICS 71.080.60
G 17

中华人民共和国石油化工行业标准

SH/T 1753—2006
（2012年确认）

工业用仲丁醇

Sec-butyl alcohol for industrial use—Specification

2006-05-12 发布　　2006-11-01 实施

中华人民共和国国家发展和改革委员会　发 布

前　言

本标准修改采用 ASTM D1007-05《仲丁醇标准规格》（英文版）。

本标准与 ASTM D1007-05 的主要差异如下：

——增加外观。

——本标准增加了纯度指标为不小于 99.0%。

——密度采用 g/cm^3（20℃）表示，并将指标值调整为 0.806~0.808。

——规范性引用文件中采用我国相应的国家标准和行业标准。

本标准由中国石油化工股份有限公司提出。

本标准由全国化学标准化技术委员会石油化学分技术委员会归口。

本标准主要起草单位：江苏泰州石油化工总厂，上海石油化工研究院。

本标准主要起草人：马恒明、张月珍、林显华、陈谊。

本标准于 2006 年首次发布。

工业用仲丁醇

1 范围

本标准规定了工业用仲丁醇的要求、试验方法、检验规则、包装、标志、运输、贮存及安全要求。

本标准适用于正丁烯直接水合法生产的仲丁醇。仲丁醇又称 2-丁醇，该产品主要用于制造甲乙酮。也可用作溶剂。

分子式：$C_4H_{10}O$

相对分子质量：74.12（按 2001 年国际相对原子质量）

2 规范性引用文件

下列文件中的条款通过本标准的引用而成为本标准的条款。凡是注日期的引用文件，其随后所有的修改单（不包括勘误的内容）或修订版均不适用于本标准，然而，鼓励根据本标准达成协议的各方研究是否可使用这些文件的最新版本。凡是不注日期的引用文件，其最新版本适用于本标准。

GB 190　危险货物包装标志

GB/T 1250　极限数值的表示方法和判定方法

GB/T 3143　液体化学产品颜色测定法（Hazen 单位——铂-钴色号）

GB/T 3723　工业用化学产品采样安全通则［GB/T 3723—1999，idt ISO 3165：1976］

GB/T 4472　化工产品密度、相对密度测定通则

GB/T 6283　化工产品中水分含量的测定　卡尔·费休法（通用方法）［GB/T 6283—1986，eqv ISO 760：1978］

GB/T 6324.2　有机化工产品试验方法　第 2 部分：挥发性有机液体水浴上蒸发后干残渣的测定［GB/T 6324.2—2004，ISO 759：1981，MOD］

GB/T 6678　化工产品采样总则

GB/T 6680　液体化工产品采样通则

GB/T 7534　工业用挥发性有机液体　沸程的测定［GB/T 7534—2004，ISO 4626：1980，MOD］

GB/T 14827　有机化工产品酸度、碱度的测定方法　容量法

SH/T 1754　工业用仲丁醇纯度的测定　气相色谱法

3 要求

工业用仲丁醇应符合表 1 所示的技术要求。

表 1　工业用仲丁醇的技术要求

项　　目		质　量　指　标
外　观		无色透明液体，无机械杂质
纯度（质量分数）/%	≥	99.0
水分（质量分数）/%	≤	0.5
沸程：初馏点/℃	≥	98.0
干　点/℃	≤	101.0

表 1（续）

项　　　目		质　量　指　标
色度/（铂-钴）号	≤	10
密度（20℃）/（g/cm^3）		0.806~0.808
不挥发物/（mg/100mL）	≤	5
酸度（以乙酸计）（质量分数）/%	≤	0.002

4　试验方法

4.1　外观测定

取 50mL~60mL 甲乙酮样品，置于清洁、干燥的 100mL 比色管中，在日光或日光灯透射下，直接目测。

4.2　纯度测定

按 SH/T 1754 的规定进行。

4.3　水分测定

按 GB/T 6283 的规定进行。取两次平行测定结果的算术平均值为测定结果。重复性为：当水分小于 0.1%时，两次重复测定结果的差值应不大于其平均值的 10%。

4.4　沸程的测定

按 GB/T 7534 的规定进行。温度计的分度值为 0.1℃。取两次平行测定结果的算术平均值为测定结果。重复性为：两次重复测定结果的差值，初馏点应不大于 0.2℃，干点应不大于 0.3℃。

4.5　色度的测定

按 CB/T 3143 的规定进行。取两次平行测定结果的算术平均值为测定结果。两次重复测定结果的差值应不大于 2 个铂-钴色度单位。

4.6　密度的测定

按 GB/T 4472 中的密度计法的规定进行，测定 20℃时的密度。取两次平行测定结果的算术平均值为测定结果。两次重复测定结果的差值应不大于 0.0005g/cm^3。

4.7　不挥发物的测定

按 GB/T 6324.2 的规定进行。取两次平行测定结果的算术平均值为测定结果。两次重复测定结果的差值应不大于 0.5mg/100mL。

4.8　酸度的测定

按 GB/T 14827 的规定进行。在锥形瓶中加入 50mL 乙醇，4 滴~5 滴酚酞指示剂（10g/L 乙醇溶液），用 0.05mol/L 氢氧化钠标准溶液滴定至终点，不计消耗标准滴定溶液的体积。然后用移液管加入 50mL 样品，再用 0.05mol/L 氢氧化钠标准溶液滴定至终点。

取两次平行测定结果的算术平均值为测定结果。当酸度不大于 0.05%，两次平行测定结果的相对偏差不大于 20%。

5　检验规则

5.1　工业用仲丁醇的检验项目分型式检验项目和出厂检验项目两种。表 1 中所列项目均为型式检验项目，除密度外的其余项目为出厂检验项目。在加工条件改变及检修开工等情况下应进行型式检验。

5.2　工业用仲丁醇应由生产厂质量检验部门进行检验。生产厂应保证所有出厂的产品都符合本标准的要求，并附一定格式的质量证明书，内容包括：生产厂名称、产品名称、净重、规格、批号、检验日期和本标准编号等。

5.3　桶装产品以同一次灌装的产品为一批，或以每一储罐产品为一批。

5.4　采样：按 GB/T 6678、GB/T 6680 和 GB/T 3723 的规定进行，所采样品总量不得少于 2L。混匀后分装于两个清洁、干燥、带磨口的细瓶中，贴上标签，注明：生产厂名称、产品名称、批号、采样日期和地点等，一瓶作检验分析，另一瓶作留样备查。

5.5　检验结果的判定采用 GB/T 1250 中规定的全数值比较法。检验结果如不符合本标准要求，则应重新加倍取样进行复验。复验结果仍不符合本标准要求，则整批产品作不合格品处理。

5.6　用户有权按本标准规定的检验规则和试验方法对所收到的工业用仲丁醇进行验收，验收期限和方式由供需双方商定。

5.7　当供需双方对产品质量发生异议时，由双方协商选定仲裁机构。仲裁时应按本标准规定的试验方法进行检验。

6　包装、标志、运输和贮存

6.1　仲丁醇应用干燥、清洁的钢桶、槽车或其他保证质量的容器盛装。

6.2　桶装容器上应涂刷有牢固的标志，注明：生产厂名称、厂址、产品名称、净重、规格、批号、生产日期、本标准编号和 GB 190 中规定的易燃物品标志。

6.3　在运输过程中应遵守运输部门各项有关规定。

6.4　仲丁醇的贮存地点应保持通风、干燥。

7　安全要求

7.1　仲丁醇为无色易燃液体，闪点为 24℃。遇明火、高热能引起燃烧爆炸。受热分解放出有毒气体。与氧化剂能发生强烈反应。在空气中的爆炸极限范围为 1.7%～9.8%（体积分数）。

7.2　仲丁醇具有刺激和麻醉作用。大量吸入时对眼、鼻、喉有刺激作用，并出现头痛、眩晕、倦怠、恶心等症状。工作场所最大允许浓度为 200mg/m^3。

7.3　处理仲丁醇时，应使用个人防护工具，防护工具包括防毒面具、防护眼镜和手套。

7.4　灭火方法：起火时可用抗溶性泡沫、干粉、二氧化碳、雾状水、砂土等灭火剂。

编者注：规范性引用文件中 GB/T 1250 已被 GB/T 8170—2009《数值修约规则与极限数值的表示和判定》代替。

ICS 71.080.60
G 17

中华人民共和国石油化工行业标准

SH/T 1754—2006
(2012年确认)

工业用仲丁醇纯度的测定 气相色谱法

**Sec-butyl alcohol for industrial use—
Determination of purity—
Gas chromatographic method**

2006-05-12 发布　　2006-11-01 实施

中华人民共和国国家发展和改革委员会　发布

前　言

本标准由中国石油化工股份有限公司提出。

本标准由全国化学标准化技术委员会石油化学分技术委员会(SAC/TC63/SC4)归口。

本标准由上海石油化工研究院和江苏泰州石油化工总厂共同起草。

本标准主要起草人：李继文、马恒民、叶志良等。

本标准于2006年首次发布。

工业用仲丁醇纯度的测定 气相色谱法

1 范围

1.1 本标准规定了用气相色谱法测定工业用仲丁醇的纯度。

本标准适用于纯度大于98%(质量分数)以及杂质含量不小于0.001%(质量分数)的工业用仲丁醇试样的测定。

1.2 本标准并未指出所有可能的安全问题。因此，本标准的使用者有责任采取适当的安全和健康措施，并保证符合国家有关法规规定的条件。

2 规范性引用文件

下列文件中的条款通过本标准的引用而成为本标准的条款。凡是注明日期的引用文件，其随后所有的修改单(不包括勘误的内容)或修订版均不适用于本标准，然而，鼓励根据本标准达成协议的各方研究是否可使用这些文件的最新版本。凡是不注明日期的引用文件，其最新版本适用于本标准。

GB/T 3723 工业用化学产品采样安全通则(idt ISO 3165：1976)

GB/T 6283 化工产品中水分含量的测定 卡尔·费休法(通用方法)

GB/T 6324.2 有机化工产品试验方法 第2部分：挥发性有机液体水浴上蒸发后干残渣的测定

GB/T 6680 液体化工产品采样通则

GB/T 8170 数值修约规则

GB/T 9722 化学试剂 气相色谱法通则

GB/T 14827 有机化工产品酸度、碱度的测定方法 容量法

3 方法提要

在本标准规定条件下，将适量试样注入配置火焰离子化检测器(FID)的色谱仪。仲丁醇和各杂质在色谱柱上被有效分离，测量每个杂质和主组分的峰面积，以校正面积归一化法计算各组分的质量百分含量。仲丁醇中的水分、酸度、不挥发物等杂质用相应的标准方法进行测定，并将所得结果对色谱分析数据进行归一化处理。

4 试剂与材料

4.1 载气：氮气，纯度≥99.99%(体积分数)。

4.2 燃烧气：氢气，纯度≥99.99%(体积分数)。

4.3 标准物质

标准物质供测定校正因子用，包括正戊烷、正丙醇、1-丁烯-3-醇、仲丁醇、异丁醇、叔戊醇、正丁醇、丁酮、仲丁醚以及3-辛酮等。其中仲丁醇用作配制标样的基液，纯度应不低于99.5%(质量分数)，其余标准物质纯度应不低于99%(质量分数)。

5 仪器和设备

5.1 气相色谱仪

配置氢火焰离子化检测器(FID)的气相色谱仪。该仪器对本标准所规定的0.001%(质量分数)

的杂质所产生的峰高应至少大于噪音的两倍。而且仪器的动态线性范围必须满足定量要求。

5.2 色谱柱

本标准推荐的色谱柱及典型操作条件见表 1，典型色谱图见图 1。能达到同等分离效果的其他色谱柱亦可使用。

表 1 色谱柱及典型操作条件

色谱柱类型		聚甲基硅氧烷	三氟丙基甲基聚硅氧烷	聚乙二醇 20M
柱长/m		60	60	60
柱内径/mm		0.25	0.32	0.25
固定液膜厚度/μm		0.50	0.50	0.50
载气流量/(mL/min)		1.0	1.5	1.0
柱 温	初温/℃	80	60	80
	初温保持时间/min	8	5	10
	升温速率/(℃/min)	10	5	10
	终温/℃	150	120	150
	终温保持时间/min	5	5	5
汽化室温度/℃		200		
检测器温度/℃		250		
分流比		100 : 1		
进样量/μL		1.0		

5.3 微量注射器

1μL~10μL。

5.4 记录装置

积分仪或色谱数据处理机。

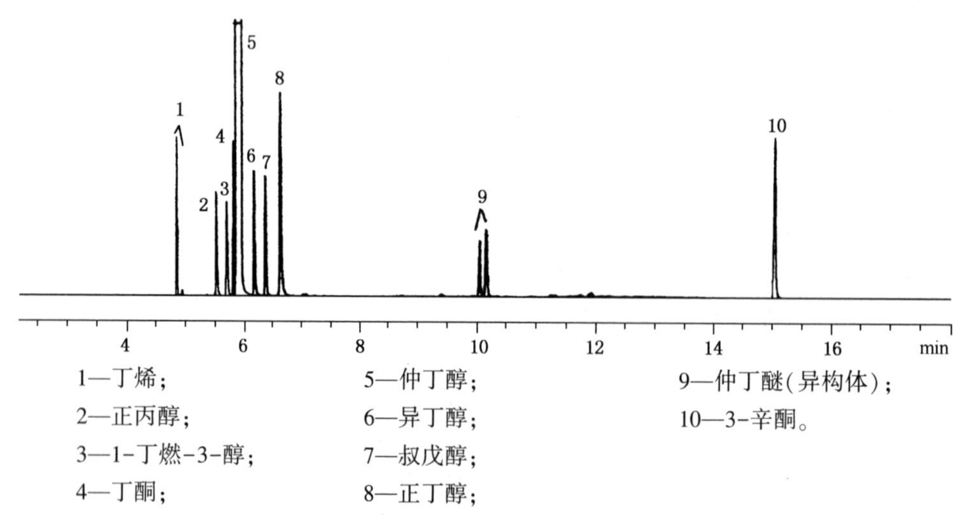

1—丁烯；
2—正丙醇；
3—1-丁燃-3-醇；
4—丁酮；
5—仲丁醇；
6—异丁醇；
7—叔戊醇；
8—正丁醇；
9—仲丁醚(异构体)；
10—3-辛酮。

图 1a 聚甲基硅氧烷柱上的典型色谱图

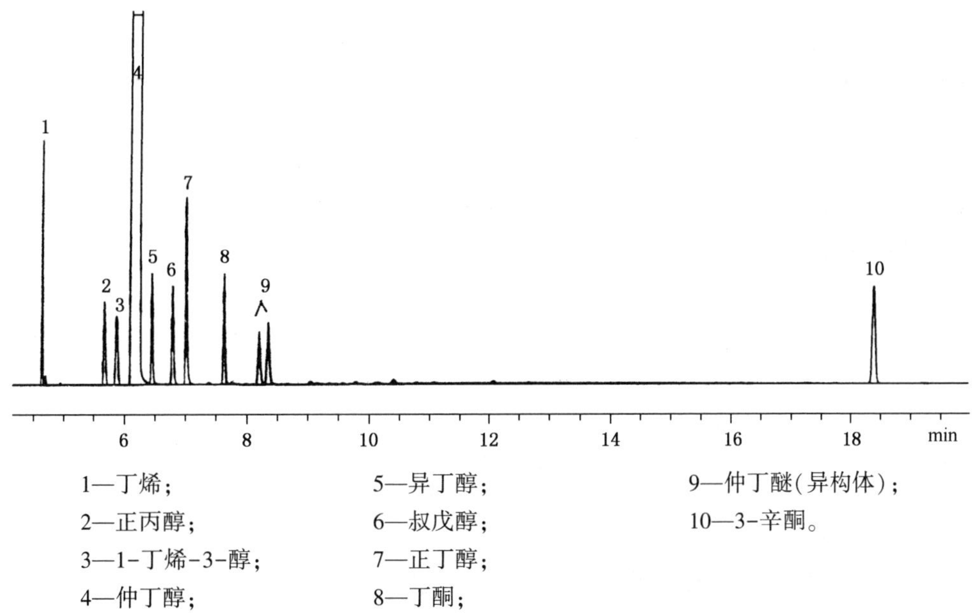

图 1b　三氟丙基甲基聚硅氧烷柱上的典型色谱图

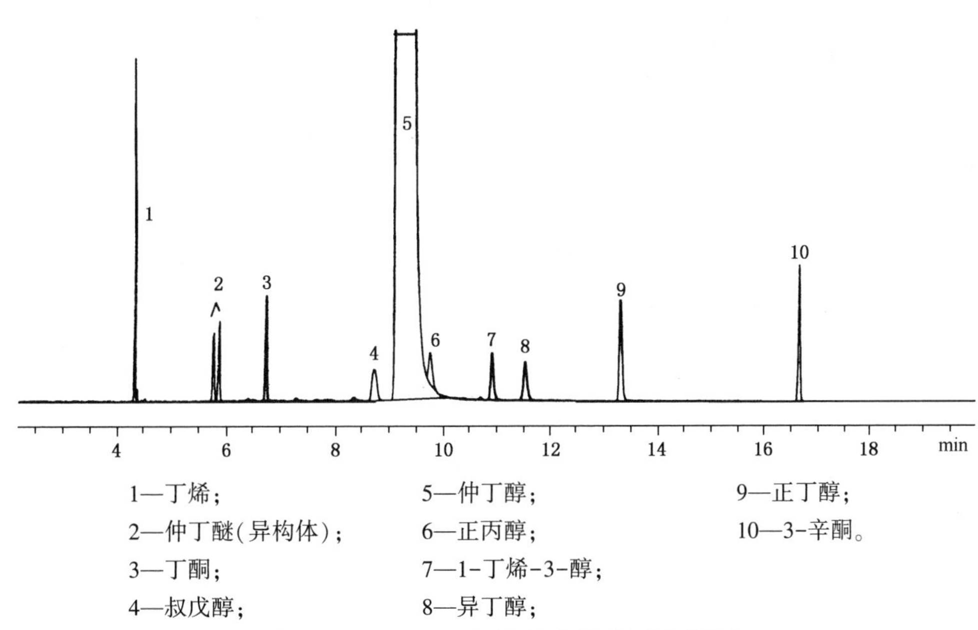

图 1c　PEG 20M 色谱柱上的典型色谱图

6　采样

按 GB/T 3723 和 GB/T 6680 规定的安全与技术要求采取样品。

注：含有丁烯的样品采样时应采取有效措施保证样品的代表性，采样后应尽快分析，防止丁烯浓度发生变化。

7　测定步骤

7.1　设定操作条件

根据仪器操作说明书，在色谱仪中安装并老化色谱柱。然后调节仪器至表 1 所示的操作条件，待仪器稳定后即可开始测定。

7.2 组分的定性

在相同条件下分析试样及标样，根据色谱保留时间对试样中各组分定性。

7.3 校正因子的测定

用重量法配制仲丁醇和待测杂质的混合标样。各组分的称量应精确至0.0001g，含量计算应精确至0.0001%(质量分数)。所配制的杂质含量应与待测样品接近(可分步适当稀释)。在推荐的色谱分析条件下，分别将等体积的上述混合标样及仲丁醇基液注入色谱仪，各重复测定三次，以获得各组分的峰面积。按式(1)计算各组分的相对校正因子(f_i)。

$$f_i = \frac{Am_i}{(A_i - \bar{A}_{i0})m} \quad \cdots\cdots (1)$$

式中：

f_i——杂质组分i相对于仲丁醇的质量校正因子；

m_i——标样中组分i的质量，g；

m——标样中主组分仲丁醇的质量，g；

A——标样中主组分仲丁醇的峰面积；

A_i——标样中组分i的峰面积；

$\bar{A}_{i0}$——基液中相应组分i三次测定峰面积的平均值。

各组分相对质量校正因子(f_i)的重复测定结果的相对偏差应不大于5%。取其平均值作为该组分的f_i，应精确至0.01。丁烯的相对质量校正因子可用正戊烷代替或采用理论值0.65。出现未知组分时，以保留时间相近组分的相对质量校正因子计算。

7.4 试样测定

用微量注射器将适量试样注入色谱仪，并测量所有杂质和仲丁醇的色谱峰面积。

7.5 计算

按校正面积归一化法计算仲丁醇的纯度或杂质含量，并将用其他标准方法(见规范性引用文件)测得的水分、酸度(以乙酸计)及不挥发物等杂质的总量对此结果再进行归一化处理。计算式如式(2)所示，测定结果以质量百分数表示。

$$w_i = \frac{A_i f_i}{\sum A_i f_i} \times (100.00 - S) \quad \cdots\cdots (2)$$

式中：

w_i——试样中杂质i或仲丁醇的浓度,%(质量分数)；

f_i——杂质i或仲丁醇的相对质量校正因子；

A_i——试样中杂质i或仲丁醇的峰面积；

S——其他方法测定的杂质总量,%(质量分数)。

8 分析结果的表述

8.1 对于任一试样，分析结果的数值修约按GB/T 8170规定进行，并以两次重复测定结果的算术平均值表示其分析结果。

8.2 报告仲丁醇纯度，应精确至0.01%(质量分数)。

8.3 报告杂质含量，应精确至0.001%(质量分数)。

9 重复性

在同一实验室，由同一操作者使用相同设备，按照相同的测试方法，并在短时间内对同一被测对象相互独立进行测试获得的两次独立测试结果的绝对差值不大于下列重复性限(r)，超过重复性限(r)的情况不超过5%。

杂质组分	≤0.010%(质量分数)	为其平均值的15%
	>0.010%(质量分数)	为其平均值的10%
仲丁醇纯度	≥98.0%(质量分数)	为0.02%(质量分数)

10 报告

报告应包括下列内容：

a) 有关样品的全部资料，例如样品名称、批号、采样地点、采样日期、采样时间等。

b) 本标准代号。

c) 分析结果。

d) 测定中观察到的任何异常现象的细节及其说明。

e) 分析人员的姓名及分析日期等。

ICS 71.080.80
G 17

中华人民共和国石油化工行业标准

SH/T 1755—2006
(2012年确认)

工业用甲乙酮

Methyl ethyl ketone for industrial use—Specification

2006-05-12 发布　　2006-11-01 实施

中华人民共和国国家发展和改革委员会　发布

前　　言

本标准修改采用 ASTM D740-05《甲基乙基酮标准规格》(英文版)。

本标准与 ASTM D740-05 的主要差异为：

——增加外观。

——通用级产品中水分不大于 0.1%(质量分数)。

——氨酯级产品中纯度不小于 99.7%(质量分数)，醇不大于 0.3%(质量分数)。

——密度采用 g/cm^3(20℃)表示，并将指标值调整为 0.804~0.806。

——规范性引用文件中采用我国相应的国家标准和行业标准。

本标准由中国石油化工股份有限公司提出。

本标准由全国化学标准化技术委员会石油化学分技术委员会归口。

本标准起草单位：江苏泰州石油化工总厂，上海石油化工研究院。

本标准主要起草人：林显华、张月珍、张锦华、马恒明。

本标准于 2006 年首次发布。

工业用甲乙酮

1 范围

本标准规定了工业用甲乙酮的要求、试验方法、检验规则、包装、标志、运输、贮存及安全要求。

本标准适用于正丁烯直接水合法生产仲丁醇后再经脱氢制得的工业用甲乙酮。甲乙酮又称丁酮、2-丁酮，该产品主要用作工业涂料中的溶剂，也用于黏接剂、油墨、磁带、润滑油脱蜡、化学中间体等。

分子式：C_4H_8O

相对分子质量：72.11(按2001年国际相对原子质量)

2 规范性引用文件

下列文件中的条款通过本标准的引用而成为本标准的条款。凡是注日期的引用文件，其随后所有的修改单(不包括勘误的内容)或修订版均不适用于本标准，然而，鼓励根据本标准达成协议的各方研究是否可使用这些文件的最新版本。凡是不注日期的引用文件，其最新版本适用于本标准。

GB 190 危险货物包装标志

GB/T 1250 极限数值的表示方法和判定方法

GB/T 3143 液体化学产品颜色测定法(Hazen单位——铂-钴色号)

GB/T 3723 工业用化学产品采样安全通则[GB/T 3723—1999，idt ISO 3165：1976]

GB/T 4472 化工产品密度、相对密度测定通则

GB/T 6283 化工产品中水分含量的测定 卡尔·费休法(通用方法)[GB/T 6283—1986，eqv ISO 760：1978]

GB/T 6324.2 有机化工产品试验方法 第2部分：挥发性有机液体水浴上蒸发后干残渣的测定[GB/T 6324.2—2004，ISO 759：1981，MOD]

GB/T 6678 化工产品采样总则

GB/T 6680 液体化工产品采样通则

GB/T 7534 工业用挥发性有机液体 沸程的测定[GB/T 7534—2004，ISO 4626：1980，MOD]

GB/T 14827 有机化工产品酸度、碱度的测定方法 容量法

SH/T 1756 工业用甲乙酮纯度的测定 气相色谱法

3 分类

甲乙酮按用途分为通用级和氨酯级。

4 要求

工业用甲乙酮应符合表1所示的技术要求。

5 试验方法

5.1 外观测定

取50mL~60mL甲乙酮样品，置于清洁、干燥的100mL比色管中，在日光或日光灯透射下，直接目测。

表 1 工业用甲乙酮的技术要求

项目		质量指标	
		通用级	氨酯级
外观		无色透明液体，无机械杂质	
纯度(质量分数)/%	≥	99.5	99.7
水分(质量分数)/%	≤	0.1	0.05
沸程：初馏点/℃	≥	78.5	78.5
干　点/℃	≤	81.0	81.0
色度/(铂-钴)号	≤	10	10
密度(20℃)/(g/cm³)		0.804~0.806	0.804~0.806
不挥发物/(mg/100mL)	≤	5	5
酸度(以乙酸计)(质量分数)/%	≤	0.005	0.003
醇(以丁醇计)(质量分数)/%	≤	—	0.3

5.2 纯度测定

按 SH/T 1756 的规定进行。

5.3 水分测定

按 GB/T 6283 的规定进行。取两次平行测定结果的算术平均值为测定结果。重复性为：当水分小于 0.1%时，两次重复测定结果的差值应不大于其平均值的 10%。

5.4 沸程的测定

按 GB/T 7534 的规定进行。温度计的分度值为 0.1℃。取两次平行测定结果的算术平均值为测定结果。重复性为：两次重复测定结果的差值，初馏点应不大于 0.2℃，干点应不大于 0.3℃。

5.5 色度的测定

按 GB/T 3143 的规定进行。取两次平行测定结果的算术平均值为测定结果。两次重复测定结果的差值应不大于 2 个铂-钴色度单位。

5.6 密度的测定

按 GB/T 4472 中的密度计法的规定进行，测定 20℃时的密度。取两次平行测定结果的算术平均值为测定结果。两次重复测定结果的差值应不大于 0.0005g/cm³。

5.7 不挥发物的测定

按 GB/T 6324.2 的规定进行。取两次平行测定结果的算术平均值为测定结果。两次重复测定结果的差值应不大于 0.5mg/100mL。

5.8 酸度的测定

按 GB/T 14827 的规定进行。在锥形瓶中加入 50mL 乙醇，4 滴~5 滴酚酞指示剂(10g/L 乙醇溶液)，用 0.05mol/L 氢氧化钠标准溶液滴定至终点，不计消耗标准滴定溶液的体积。然后用移液管加入 50mL 样品，再用 0.05mol/L 氢氧化钠标准溶液滴定至终点。

取两次平行测定结果的算术平均值为测定结果。当酸度不大于 0.05%时，两次平行测定结果的相对偏差不大于 20%。

5.9 醇(以丁醇计)的测定

按 SH/T 1756 的规定进行。按下式计算醇含量：

$$w = \sum \frac{w_i}{m_i} \times 74.12$$

式中：

w——甲乙酮中醇含量,%(质量分数)；

w_i——试样中醇类杂质 i 的含量,%(质量分数)；

m_i——醇类杂质 i 的相对分子质量；

74.12——丁醇的相对分子质量。

6 检验规则

6.1 工业用甲乙酮的检验项目分型式检验项目和出厂检验项目两种。表 1 中所列项目均为型式检验项目，除密度外的其余项目为出厂检验项目。在加工条件改变及检修开工等情况下应进行型式检验。

6.2 工业用甲乙酮应由生产厂质量检验部门进行检验。生产厂应保证所有出厂的产品都符合本标准的要求，并附一定格式的质量证明书，内容包括：生产厂名称、产品名称、净重、规格、批号、检测日期和本标准编号等。

6.3 桶装产品以同一类灌装的产品为一批，或以每一储罐产品为一批。

6.4 采样：按 GB/T 6678、GB/T 6680 和 GB/T 3723 的规定进行，所采样品总量不得少于 2L。混匀后分装于两个清洁、干燥、带磨口的细瓶中，贴上标签，注明：生产厂名称、产品名称、批号、采样日期和地点等，一瓶作检验分析，另一瓶作留样备查。

6.5 检验结果的判定采用 GB/T 1250 中规定的全数值比较法。检验结果如不符合本标准要求，则应重新加倍取样进行复验。复验结果仍不符合本标准要求，则整批产品作不合格品处理。

6.6 用户有权按本标准规定的检验规则和试验方法对所收到的工业用甲乙酮进行验收，验收期限和方法由供需双方商定。

6.7 当供需双方对产品质量发生异议时，由双方协商选定仲裁机构。仲裁时应按本标准规定的试验方法进行检验。

7 包装、标志、运输和贮存

7.1 甲乙酮应用干燥、清洁的钢桶、槽车或其他保证质量的容器盛装。

7.2 桶装容器上应涂刷有牢固的标志，注明：生产厂名称、厂址、产品名称、净重、规格、批号、本标准编号和 GB 190 中规定的易燃物品标志。

7.3 在运输过程中应遵守运输部门各项有关规定。

7.4 甲乙酮贮存地点应保持通风、干燥。

8 安全要求

8.1 甲乙酮为易燃液体，闪点为-9℃，遇明火、高热或与氧化剂接触，有引起燃烧爆炸的危险。在空气中的爆炸极限范围为 1.7%~11.4%(体积分数)。

8.2 甲乙酮为低毒物质。对眼、鼻、喉、黏膜有刺激性。长期接触可致皮炎。车间空气中甲乙酮的最高容许浓度为 590mg/m^3。

8.3 处理甲乙酮时，应使用个人防护工具，以防止蒸汽进入人体，避免液体落到皮肤上。防护工具包括防毒面具、乳胶手套和防护眼镜。

8.4 灭火方法：起火时可用抗溶性泡沫、干粉、二氧化碳、砂土等灭火剂。

编者注：规范性引用文件中 GB/T 1250 已被 GB/T 8170—2009《数值修约规则与极限数值的表示和判定》代替。

ICS 71.080.80
G 17

SH

中华人民共和国石油化工行业标准

SH/T 1756—2006
（2012 年确认）

工业用甲乙酮纯度的测定 气相色谱法

Methyl ethyl ketone for industrial use —Determination of puriy —Gas chromatographic method

2006-05-12 发布 2006-11-01 实施

中华人民共和国国家发展和改革委员会 发布

前　言

本标准修改采用 ASTM D2804-02《气相色谱法分析甲乙酮的纯度的标准试验方法》。

本标准与 ASTM D2804-02 的主要差异是：

a) 推荐使用聚乙二醇 20M 毛细管柱、三氟丙基甲基聚硅氧烷毛细管柱和聚甲基硅氧烷毛细管柱，以代替原标准的聚乙二醇填充柱和大孔径的三氟丙基甲基聚硅氧烷柱。

b) 增加了标准的适用范围。

c) 采用 FID 检测器时，以氮气为载气。

d) 增加了杂质测定的重复性限(r)。

本标准由中国石油化工股份有限公司提出。

本标准由全国化学标准化技术委员会石油化学分技术委员会(SAC/TC63/SC4)归口。

本标准起草单位：上海石油化工研究院，江苏泰州石化总厂。

本标准主要起草人：张育红、马恒民、李正文。

本标准于 2006 年首次发布。

工业用甲乙酮纯度的测定　气相色谱法

1　范围

1.1　本标准规定了用气相色谱法测定工业用甲乙酮的纯度及杂质含量。

本标准适用于纯度大于99%(质量分数)的甲乙酮试样的测定。使用氢火焰离子化检测器(FID)时，杂质的最低检测浓度为0.001%(质量分数)；使用热导检测器(TCD)时，杂质的最低检测浓度为0.01%(质量分数)。

1.2　本标准并不是旨在说明与其使用有关的所有安全问题。因此，本标准的使用者应事先建立适当的安全与防护措施，并确定适当的规章制度。

2　规范性引用文件

下列文件中的条款通过本标准的引用而成为本标准的条款。凡是注明日期的引用文件，其随后所有的修改单(不包括勘误的内容)或修订版均不适用于本标准，然而，鼓励根据本标准达成协议的各方研究是否可使用这些文件的最新版本。凡是不注明日期的引用文件，其最新版本适用于本标准。

GB/T 3723　工业用化学产品采样安全通则(idt ISO 3165：1976)

GB/T 6283　化工产品中水分含量的测定　卡尔·费休法(通用方法)

GB/T 6324.2　有机化工产品试验方法　第2部分：挥发性有机液体水浴上蒸发后干残渣的测定

GB/T 6680　液体化工产品采样通则

GB/T 8170　数值修约规则

GB/T 9722　化学试剂　气相色谱法通则

GB/T 14827　有机化工产品酸度、碱度的测定方法　容量法

3　方法提要

在本标准规定的条件下，将适量试样注入配置氢火焰离子化检测器(FID)或热导检测器(TCD)的色谱仪。甲乙酮与各杂质组分在色谱柱上被有效分离，测量其峰面积，以校正面积归一化法计算各组分的质量百分含量。校正因子通过分析与待测试样浓度相近的配制标样进行测定。

甲乙酮中的水分、酸度及不挥发物等杂质用相应的标准方法进行测定，并将所得结果对色谱分析数据进行归一化处理。

4　试剂与材料

4.1　载气：使用FID时以氮气作载气，使用TCD时以氦气或氢气作载气，纯度≥99.99%(体积分数)。

4.2　燃烧气(FID)：氢气，纯度≥99.99%(体积分数)。

4.3　标准物质：供测定校正因子用，包括甲乙酮、正己烷、异丙醚、正丙醚、丙酮、1-辛烯、仲丁醚、乙酸乙酯、叔丁醇、甲醇、异丙醇、乙醇、正丁醚、仲丁醇以及正丙醇等。其中甲乙酮用作配制标样的基液，纯度应不低于99.7%(质量分数)，其他标准物质的纯度应不低于99%(质量分数)。

5 仪器和设备

5.1 气相色谱仪

配置氢火焰离子化检测器(FID)或热导检测器(TCD)的气相色谱仪。使用 FID 时，仪器对 0.001%(质量分数)杂质组分产生的峰高应大于噪声的两倍；使用 TCD 时，仪器对 0.01%(质量分数)杂质组分产生的峰高应大于噪声的五倍。仪器的动态线性范围应满足定量要求。

5.2 色谱柱

本标准推荐的色谱柱及典型操作条件见表 1，典型色谱图见图 1~图 4。能达到同等分离效果的其他色谱柱亦可使用。

表 1 色谱柱及典型操作条件

<table>
<tr><td colspan="2">色谱柱类型</td><td colspan="3">聚乙二醇 20M</td><td>三氟丙基甲基聚硅氧烷</td><td>聚甲基硅氧烷</td></tr>
<tr><td colspan="2">柱长/m</td><td colspan="3">60</td><td>60</td><td>60</td></tr>
<tr><td colspan="2">柱内径/mm</td><td colspan="3">0.25</td><td>0.25</td><td>0.25</td></tr>
<tr><td colspan="2">固定液膜厚度/μm</td><td colspan="3">0.50</td><td>0.25</td><td>0.25</td></tr>
<tr><td colspan="2">检测器类型</td><td>FID</td><td colspan="2">TCD</td><td colspan="2">FID</td></tr>
<tr><td colspan="2">检测器温度/℃</td><td colspan="5">250</td></tr>
<tr><td colspan="2">载气种类</td><td>N_2</td><td>He</td><td>H_2</td><td colspan="2">N_2</td></tr>
<tr><td colspan="2">载气流量/(mL/min)</td><td>1.0</td><td>1.0</td><td>0.8</td><td>1.3</td><td>1.0</td></tr>
<tr><td rowspan="5">柱温</td><td>初温/℃</td><td colspan="3">60</td><td>35</td><td>60</td></tr>
<tr><td>初温保持时间/min</td><td colspan="3">10</td><td>8</td><td>7</td></tr>
<tr><td>升温速率/(℃/min)</td><td colspan="3">10</td><td>15</td><td>10</td></tr>
<tr><td>终温/℃</td><td colspan="3">150</td><td>200</td><td>150</td></tr>
<tr><td>终温保持时间/min</td><td colspan="3">11</td><td>1</td><td>4</td></tr>
<tr><td colspan="2">汽化室温度/℃</td><td colspan="5">220</td></tr>
<tr><td colspan="2">分流比</td><td>100 : 1</td><td colspan="2">30 : 1</td><td>100 : 1</td><td>100 : 1</td></tr>
<tr><td colspan="2">进样量/μL</td><td colspan="5">1.0</td></tr>
</table>

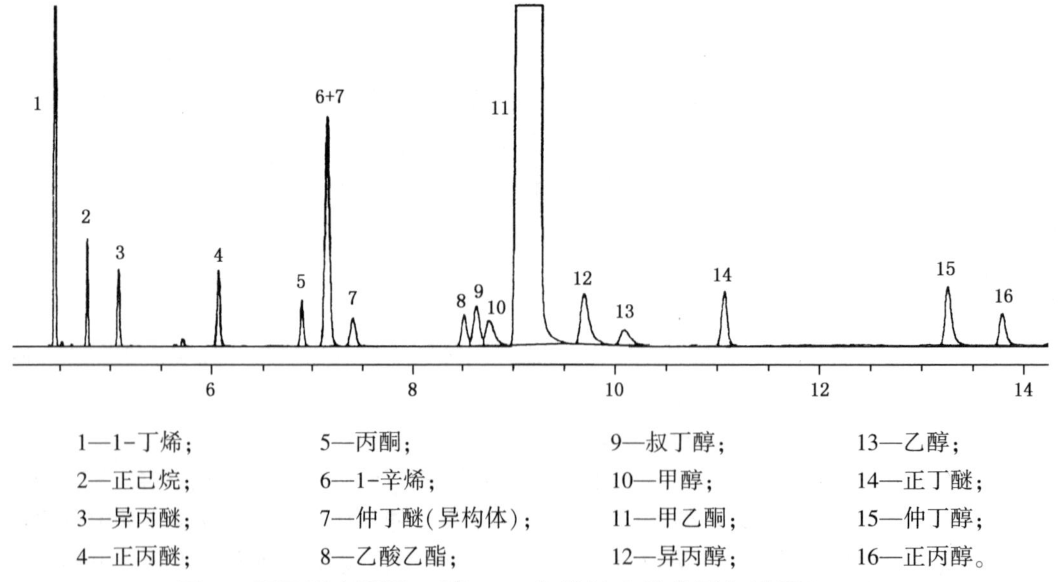

1—1-丁烯； 5—丙酮； 9—叔丁醇； 13—乙醇；
2—正己烷； 6—1-辛烯； 10—甲醇； 14—正丁醚；
3—异丙醚； 7—仲丁醚(异构体)； 11—甲乙酮； 15—仲丁醇；
4—正丙醚； 8—乙酸乙酯； 12—异丙醇； 16—正丙醇。

图 1 甲乙酮在聚乙二醇 20M 色谱柱上的典型色谱图(FID)

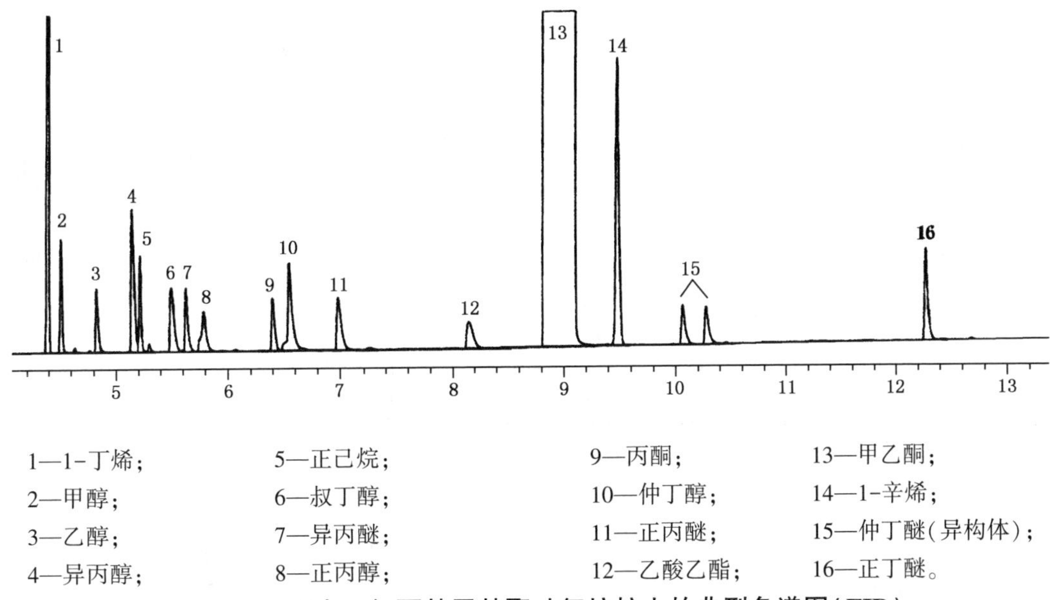

1—1-丁烯；　　5—正己烷；　　9—丙酮；　　13—甲乙酮；
2—甲醇；　　6—叔丁醇；　　10—仲丁醇；　　14—1-辛烯；
3—乙醇；　　7—异丙醚；　　11—正丙醚；　　15—仲丁醚(异构体)；
4—异丙醇；　　8—正丙醇；　　12—乙酸乙酯；　　16—正丁醚。

图 2　甲乙酮在三氟丙基甲基聚硅氧烷柱上的典型色谱图(FID)

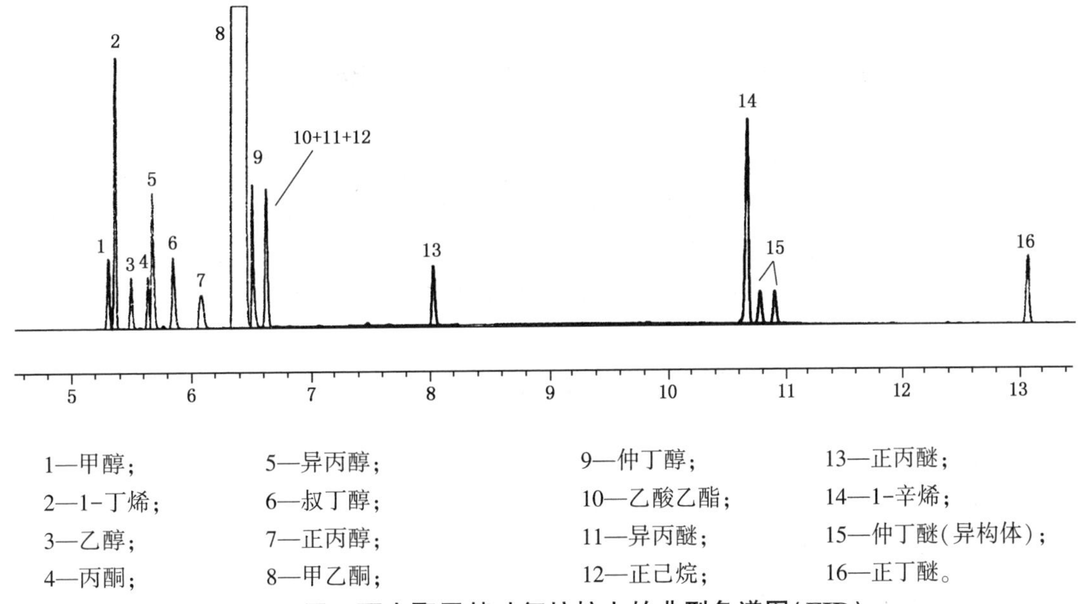

1—甲醇；　　5—异丙醇；　　9—仲丁醇；　　13—正丙醚；
2—1-丁烯；　　6—叔丁醇；　　10—乙酸乙酯；　　14—1-辛烯；
3—乙醇；　　7—正丙醇；　　11—异丙醚；　　15—仲丁醚(异构体)；
4—丙酮；　　8—甲乙酮；　　12—正己烷；　　16—正丁醚。

图 3　甲乙酮在聚甲基硅氧烷柱上的典型色谱图(FID)

5.3　进样系统

微量注射器(1μL~10μL)或液体进样阀。

5.4　记录装置

积分仪或色谱数据处理机。

6　采样

按 GB/T 3723 和 GB/T 6680 规定的安全与技术要求采取样品，并尽快分析。

7　测定步骤

7.1　设定操作条件

根据仪器的操作说明书，在色谱仪中安装并老化色谱柱。调节仪器至表 1 所示的操作条件，待仪器稳定后即可开始测定。

7.2 组分的定性

在相同条件下分析试样及标样，根据色谱保留时间对试样中各组分定性。

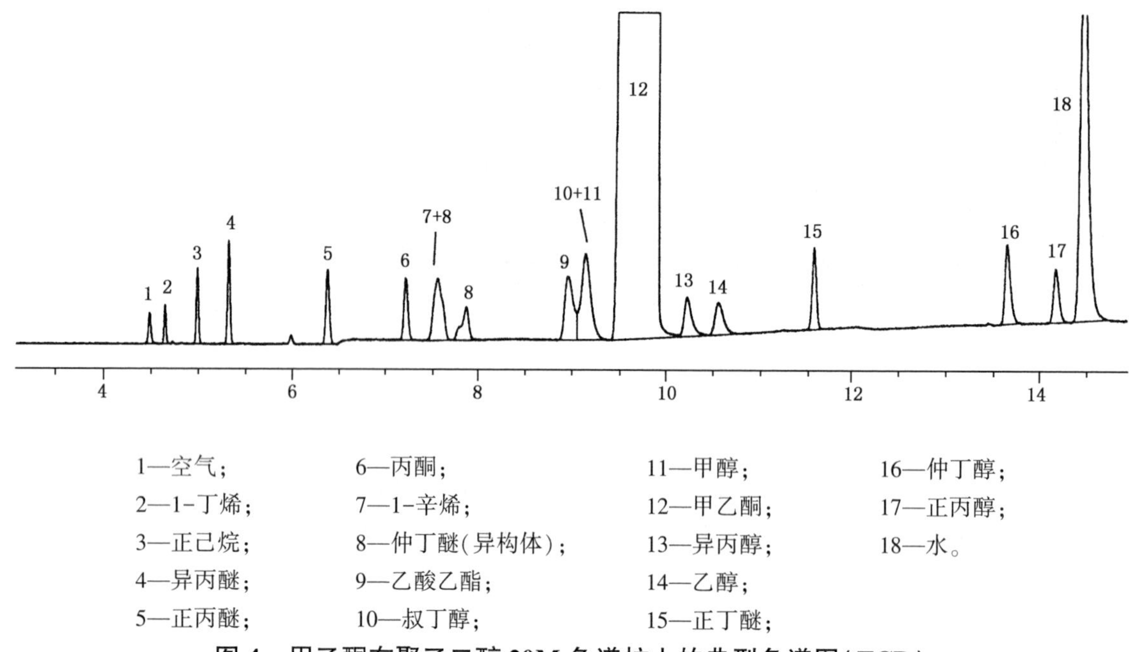

1—空气；
2—1-丁烯；
3—正己烷；
4—异丙醚；
5—正丙醚；
6—丙酮；
7—1-辛烯；
8—仲丁醚(异构体)；
9—乙酸乙酯；
10—叔丁醇；
11—甲醇；
12—甲乙酮；
13—异丙醇；
14—乙醇；
15—正丁醚；
16—仲丁醇；
17—正丙醇；
18—水。

图4 甲乙酮在聚乙二醇20M色谱柱上的典型色谱图(TCD)

7.3 校正因子的测定

用称量法配制含甲乙酮和待测杂质的混合标样。各组分的称量应精确至0.0001g，含量计算应精确至0.0001%(质量分数)。所配制的杂质的浓度应与待测试样中杂质的浓度相近(可适当分步稀释)。在推荐的色谱分析条件下，分别将等体积的上述混合标样及配制标样用的甲乙酮试剂注入色谱仪，各重复测定三次，以获得各组分的峰面积。按式(1)计算各组分的相对质量校正因子(f_i)。

$$f_i = \frac{Am_i}{(A_i - \bar{A}_{i0})m} \quad \cdots\cdots (1)$$

式中：

f_i——杂质组分 i 相对于甲乙酮的相对质量校正因子；

m_i——标样中组分 i 的质量，g；

m——标样中甲乙酮的质量，g；

A——标样中甲乙酮的峰面积；

A_i——标样中组分 i 的峰面积；

$\bar{A}_{i0}$——甲乙酮试剂中相应组分 i 三次测定峰面积的平均值。

各组分的相对质量校正因子(f_i)的重复测定结果的相对偏差应不大于5%，取其平均值作为该组分的 f_i，应精确至0.01。

注1：在甲乙酮生产实际样品中，存在着若干辛烯杂质，其相对质量校正因子可用1-辛烯的相对质量校正因子代替。

注2：如果甲乙酮实际样品中存在1-丁烯，其相对质量校正因子可用正己烷的相对质量校正因子代替或采用文献[1)]换算值0.93(TCD)，0.60(FID)。

注3：如果试样中含有其他未知组分，其校正因子以1.00计。

7.4 试样测定

将适量甲乙酮试样注入色谱仪，测量所有杂质和甲乙酮的色谱峰面积。

1) 气相色谱实用手册，化学工业出版社，1983年。

7.5 计算

按校正面积归一化法计算甲乙酮的纯度或杂质含量，并将用其他标准方法(见规范性引用文件)测得的水分、酸度(以乙酸计)及不挥发物等杂质的总量对此结果进行归一化处理。计算公式如式(2)所示，测定结果以质量分数表示。

$$w_i = \frac{A_i f_i}{\sum A_i f_i} \times (100.00 - S) \quad \cdots\cdots (2)$$

式中：

w_i——试样中杂质 i 或甲乙酮的浓度,%(质量分数)；

f_i——杂质 i 或甲乙酮的相对质量校正因子；

A_i——试样中杂质 i 或甲乙酮的峰面积；

S——由其他方法测定的杂质总量,%(质量分数)。

注：如使用 TCD 检测器，空气和水的峰面积在式(2)中不予考虑。

8 分析结果的表述

8.1 对于任一试样，分析结果的数值修约按 GB/T 8170 规定进行，以两次重复测定结果的算术平均值表示其分析结果。

8.2 报告甲乙酮纯度，应精确至 0.01%(质量分数)。

8.3 报告杂质含量，使用 FID 时应精确至 0.001%(质量分数)；使用 TCD 时应精确至 0.01%(质量分数)。

9 重复性

在同一实验室，由同一操作者使用相同设备，按相同的测试方法，并在短时间内对同一被测对象相互独立进行测试获得的两次独立测试结果的绝对差值不应超过列出的重复性限(r)，以超过重复性限(r)的情况不超过 5%为前提：

甲乙酮纯度	≥99.0%(质量分数)	为 0.02%(质量分数)。
杂质含量：		
使用 FID 时		
	0.001%≤w≤0.01%(质量分数)	为其平均值的 15%；
	w>0.01%(质量分数)	为其平均值的 10%；
使用 TCD 时		
	w≥0.01%(质量分数)	为其平均值的 15%。

10 报告

报告应包括下列内容：

a) 有关样品的全部资料，例如样品名称、批号、采样地点、采样日期、采样时间等。

b) 本标准代号。

c) 分析结果。

d) 测定中观察到的任何异常现象的细节及其说明。

e) 分析人员的姓名及分析日期等。

ICS 71.080.15
G 17

中华人民共和国石油化工行业标准

SH/T 1757—2006
（2012年确认）

工业芳烃中有机氯的测定 微库仑法

Aromatic hydrocarbons for industrial use
—Determination of organic chloride
—Microcoulometric method

2006-05-12 发布　　2006-11-01 实施

中华人民共和国国家发展和改革委员会　发布

前　　言

本标准修改采用 ASTM D5808-03《微库仑法测定芳烃及其相关化合物中有机氯化物含量的标准试验方法》(英文版)。

本标准与 ASTM D5808-03 相比主要变化如下:

1. 检测范围调整为 0.5mg/kg~25mg/kg;
2. 增加了氮气作为载气;
3. 增加了标准物质氯苯及相应溶剂;
4. 采用了自行确定的重复性限(r);
5. 增加了表述微库仑仪典型操作条件的附录 A。

本标准由中国石油化工股份有限公司提出。

本标准由全国化学标准化技术委员会石油化学分技术委员会(SAC/TC63/SC4)归口。

本标准起草单位:上海石油化工研究院。

本标准主要起草人:乔林祥、王川、张育红。

本标准于 2006 年首次发布。

工业芳烃中有机氯的测定
微 库 仑 法

1 范围

1.1 本标准规定了用微库仑法测定工业芳烃中的微量有机氯。

本标准适用于工业芳烃中有机氯含量在0.5mg/kg~25mg/kg范围的试样。

本标准不适用于硫、氮含量大于0.1%(质量分数)的试样。若试样中存在溴化物、碘化物以及无机氯化物，将使测定结果偏高。

1.2 本标准并不是旨在说明与其使用有关的所有安全问题。使用者有责任采取适当的安全与健康措施，保证符合国家有关法规的规定。

2 规范性引用文件

下列文件中的条款通过本标准的引用而成为本标准的条款。凡是注明日期的引用文件，其随后所有的修改单(不包括勘误的内容)或修订版均不适用于本标准，然而，鼓励根据本标准达成协议的各方研究是否可使用这些文件的最新版本。凡是不注明日期的引用文件，其最新版本适用于本标准。

GB/T 3723 工业用化学产品采样安全通则

GB/T 6680 液体化工产品采样通则

GB/T 6682 分析实验室用水规格和试验方法

GB/T 8170 数值修约规则

3 方法提要

将试样注入燃烧管，与氧气混合并燃烧，试样中的有机氯转化为氯化氢，并由载气带入滴定池，与电解液中的银离子发生反应($Ag^{+}+Cl^{-}\rightarrow AgCl\downarrow$)，消耗的银离子由微库仑计通过电解补充，根据反应所需电量，按照法拉第电解定律计算出试样中的氯含量。

4 试剂与材料

4.1 载气：氮气、氩气或氦气，纯度≥99.5%(体积分数)。

4.2 反应气：氧气，纯度≥99.5%(体积分数)。

4.3 微量注射器：按照仪器制造商推荐的要求进行选择。

4.4 电解液：按照仪器制造商推荐的要求配制。

4.5 蒸馏水：符合GB/T 6682规定的三级水。

4.6 标准物质：氯苯(C_6H_5Cl)或2,4,6-三氯苯酚($C_6H_3OCl_3$)，纯度≥99%(质量分数)。

注：也可采用市售的与被测试样氯含量相近的液体有机标样。

4.7 溶剂：可选用甲苯、对二甲苯、乙苯、甲醇、异辛烷等溶剂。

注：若采用2,4,6-三氯苯酚为标准物质，应选用甲醇为溶剂。

5 仪器

5.1 微库仑计：用于测量参比-测量电极对电位差，并将该电位差与偏压进行比较，放大此差值至电解电极对产生电流，微库仑计输出电压信号与电解电流成正比。

5.2 加热炉：具有一至三个炉温控制段。

5.3 燃烧管：石英制成，其结构能满足试样在炉的前端汽化后，被载气携带至燃烧区，并在有氧条件下燃烧。燃烧管的进口端必须配置带有隔垫的进样口，用于注入试样。进口端还必须配有支管，以供导入氧气和载气。燃烧管应有足够的容积，以确保试样完全燃烧。其他能保证试样完全燃烧，满足所需最低检出限要求的燃烧管也可使用。

5.4 滴定池：配有两对电极，其中参比-测量电极对用于指示银离子浓度变化，电解电极对用于保持银离子浓度。滴定池还应配有一个电磁搅拌器以及一个与燃烧管连接的进气口。

5.5 干燥管：按仪器制造商推荐的要求加装干燥剂。

5.6 自动进样装置：能调节并能保持恒定的进样速度。

5.7 记录装置：灵敏度为 1mV 的记录仪，或库仑积分仪、库仑数据处理机。

6 采样

按 GB/T 3723 和 GB/T 6680 规定的安全与技术要求采取样品。

7 准备工作

7.1 标准溶液的配制

配制时应选用合适的有机氯标准物质及溶剂，以使其沸点及化学结构与试样接近。

7.1.1 标准储备液的配制(氯含量约 500ng/μL)：

在 100mL 容量瓶内加入少量无氯或低氯高纯度溶剂(见 4.7)，准确称取标准物质氯苯 0.16g(或 2,4,6-三氯苯酚 0.09g)，称准至 0.1mg，转移至容量瓶内，加入溶剂至刻度，按式 1 计算标准储备液的氯含量 C_0(ng/μL)。

$$C_0 = \frac{m \cdot w \times 10^6}{V} \quad \cdots\cdots (1)$$

式中：

m——标准物质的质量，g；

w——标准物质中的氯含量，%(质量分数)；

V——溶剂的体积，mL。

7.1.2 标准溶液的配制：

用溶剂(4.7)将标准储备液(7.1.1)稀释为一系列浓度的氯标准溶液，供分析试样时测定回收率使用。

7.2 仪器准备

7.2.1 按仪器说明书的要求安装仪器，更换燃烧管进样口的耐热隔垫。开启钢瓶并调节氧气和载气至试验所需流量。

7.2.2 用电解液冲洗滴定池，仔细排除侧臂中气泡，加入电解液至推荐液面高度。

7.2.3 将燃烧管出口和滴定池入口缠上保温带，保持燃烧管出口温度高于 100℃，以防止水汽冷凝。或在燃烧管出口加装干燥管(5.5)用于不断捕集水汽而使其他不凝气体进入滴定池。

7.2.4 调节搅拌速度至电解液产生轻微旋涡为宜。

7.2.5 将电极正确连接到微库仑计上，调节炉温和其他参数至所需操作条件。典型操作条件参见附录 A。

8 试验步骤

8.1 每次分析前需用与待测试样氯含量相近的氯标准溶液进行校正。

用微量注射器吸取适量的标准溶液(7.1.2)，小心消除气泡，记下注射器中液体的体积。进样后，记下注射器中剩余的液体体积。两个读数之差就是注入的标准溶液的体积。

氯的回收率 $F(\%)$ 按式 2 计算：

$$F = \frac{m}{c_1 \cdot (V_1 - V_2)} \times 100 \quad \cdots\cdots (2)$$

式中：

m——微库仑计滴定出的氯量，ng；

V_1-V_2——注入标准溶液的体积，μL；

c_1——标准溶液的浓度，ng/μL。

每个标准溶液至少重复测定二次，取其回收率的算术平均值作为校正因子。

8.2 如果回收率低于仪器制造商推荐的最低回收率要求，应重新配制标准溶液。如果回收率仍然较低，应重新制备电解液或电极溶液，或者两者均需制备。如果回收率仍然不正常，则应按照仪器说明书检查仪器系统。

8.3 用待测试样清洗注射器 3~5 次，按 8.1 的操作步骤注入适量试样，记录微库仑计读数。重复测定二次。

注：样品中如果含有无机氯化物，测得的有机氯化物结果将偏高，无机氯的干扰可以通过分析前用水洗涤样品来降低。

9 分析结果的表述

9.1 计算

试样中的有机氯含量 w(mg/kg) 按式(3)计算：

$$w = \frac{m}{(V_1 - V_2) \cdot F \cdot \rho} \quad \cdots\cdots (3)$$

式中：

m——微库仑计滴定出的氯量，ng；

V_1-V_2——注入试样的体积，μL；

F——标准溶液的回收率，%；

ρ——试样的密度，g/mL。

9.2 以二次重复测定结果的算术平均值作为分析结果；按 GB/T 8170 规定进行数值修约，精确至 0.1mg/kg。

10 精密度

10.1 重复性

在同一实验室，由同一操作员使用相同设备，按相同的测试方法，并在短时间内对同一被测对象相互独立进行测试获得的二次独立测试结果的绝对差值，不应超过下列重复性限(r)，以超过重复性限(r)的情况不超过 5% 为前提。

氯含量	r
0.5mg/kg≤w≤5mg/kg	0.5mg/kg
5mg/kg<w≤25mg/kg	1.0mg/kg

11 报告

报告应包括下列内容：

a) 有关样品的全部资料，例如样品名称、批号、采样地点、采样日期、采样时间等。

b) 本标准代号。

c) 分析结果。

d) 测定中观察到的任何异常现象的细节及其说明。

e) 分析人员的姓名及分析日期等。

附 录 A
(资料性附录)

表 A.1 典型操作条件

参数 \ 仪器型号		ECS1200[a]	WK-2D[b]
炉温/℃	入口段	400	700
	裂解段	950	850
	出口段	300	730
气体流量 mL/min	载气	130	200
	氧气 1	135	150
	氧气 2	70	—
增益/%		25	—
偏压/mV		-375	250~270
采样电阻/kΩ		—	2~6
放大倍数		—	2400
进样速度/μL/s		0.6	3.8
搅拌速度/%		45	适中
进样量/μL		40.0	5~10

[a] ECS1200 微库仑测定仪由荷兰 EUROGLAS 公司生产。

[b] WK-2D 微库仑综合分析仪由江苏江分电分析仪器有限公司生产。

ICS 71.080.15
G 16

中华人民共和国石油化工行业标准

SH/T 1765—2008
(2015年确认)

工业芳烃酸度的测定 滴定法

Aromatic hydrocarbons for industrial use —Determination of acidity titrimetric method

2008-04-23 发布 2008-10-01 实施

中华人民共和国发展和改革委员会 发布

前　言

本标准修改采用 ASTM D847-04《苯，甲苯，二甲苯；石脑油以及相似工业芳烃中酸度测定的标准试验方法》(英文版)。

本标准与 ASTM D847-04 的主要差异为：

——测定中使用 5mL 滴定管 ASTM D847-04 推荐的 10mL 滴定管。

——采用了自行确定的重复性限(r)。

本标准的附录 A 为资料性目录。

本标准由中国石油化工集团公司提出。

本标准由全国化学标准化技术委员会石油化学分会(SAC/TC63/SC4)归口。

本标准起草单位：中国石油化工股份有限公司上海石油化工研究院。

本标准主要起草人：庄海青。

本标准于 2008 年首次发布。

工业芳烃酸度的测定滴定法

1 范围

本标准规定了工业芳烃酸度测定的滴定法。本标准适用于工业芳烃中酸度的测定，最小测定至0.4mgNaOH/100mL。本标准不适用于深色芳烃中酸度的测定。

本标准并不是旨在说明与其使用有关的所有安全问题。因此，使用者有责任采取适当的安全与健康措施，并保证符合国家有关法规的规定。

2 规范性引用文件

下列文件中的条款通过本标准的引用而成为本标准的条款。凡是注明日期的引用文件，其随后所有的修改单(不包括勘误的内容)或修订版均不适用于本标准，然而，鼓励根据本标准达成协议的各方研究是否可使用这些文件的最新版本。凡是不注明日期的引用文件，其最新版本适用于本标准。

GB/T 6680 液体化工产品采样通则

GB/T 6682 分析实验室用水规格和试验方法(GB/T 6682—1992，ISO 3696：1987，NEQ)

GB/T 8170 数值修约规则

3 方法提要

用100mL的蒸馏水提取试样中的游离有机酸，用氢氧化钠标准溶液滴定，通过酚酞指示剂颜色变化确定终点，根据消耗氢氧化钠标准溶液的量来计算芳烃试样中的酸度，以每100mL芳烃样品所消耗氢氧化钠的毫克数表示。

4 试剂与材料

除非另有规定，仅使用分析纯试剂。

4.1 氢氧化钠标准滴定溶液：$c(\mathrm{NaOH})=0.10\mathrm{mol/L}$。

4.2 氢氧化钠标准溶液：$c(\mathrm{NaOH})=0.01\mathrm{mol/L}$。

4.3 硫酸标准溶液：$c\left(\frac{1}{2}\mathrm{H_2SO_4}\right)=0.01\mathrm{mol/L}$。

4.4 酚酞指示剂：在100mL95%的乙醇中溶解0.5g酚酞，小心添加0.01mol/L的氢氧化钠溶液直到出现淡粉红色，再加入一到两滴0.01mol/L的硫酸之后，颜色立即消失。

4.5 蒸馏水：符合GB/T 6682规定的三级水标准。

将蒸馏水煮沸30min，保存于装有无水碳酸钙防护管的具塞玻璃瓶中，用此蒸馏水淋洗500mL的具塞锥形瓶，加入100mL的蒸馏水，加入2滴酚酞指示剂，在封闭系统下用0.01mol/L的氢氧化钠标准溶液进行滴定。或者将蒸馏水加热至沸腾，用0.01mol/L的氢氧化钠标准溶液滴定，滴定过程不能低于80℃。

如果达到终点所需要0.01mol/L氢氧化钠标准溶液不超过0.05mL，则该蒸馏水可直接使用而不用进一步调整，否则需加入经计算而得的一定量的NaOH溶液来调整蒸馏水的pH值，并重复空白滴定。如果需要可重新调整，直到100mL蒸馏水的空白滴定所消耗的0.01mol/L氢氧化钠标准溶液体积不超过0.05mL。此时蒸馏水对于酚酞指示剂为中性或极弱酸性。

5 仪器

5.1 量筒：100mL。
5.2 滴定管：5mL，最小刻度 0.02mL。
5.3 具塞锥形瓶：500mL。

6 采样

按 GB/T 6680 规定的技术要求采取样品。

7 分析步骤

7.1 量取 100mL 样品至锥形瓶中，加入 100mL 蒸馏水(4.5)和两滴酚酞指示剂，彻底摇动混匀，在样品与水不分层的情况下用 0.10mol/L 的氢氧化钠标准溶液滴定，同时不断摇动，滴定样品至稳定的粉红色即为终点。

7.2 如果样品产生持续的粉红色需要多于 0.10mL 的 0.10mol/L 的氢氧化钠标准溶液时，应舍弃试验结果。按照以下方法来进行预防，以消除设备和空气带来的污染：用蒸馏水淋洗 100mL 量筒，500mL 具塞锥形瓶和瓶塞。在锥形瓶中加入 100mL 样品和 100mL 蒸馏水(4.5)，加入 2 滴酚酞指示剂并充分摇匀 10s，每加入 1 滴氢氧化钠标准溶液，需摇动 10s，如此重复，滴定样品至稳定的粉红色即为终点。

同时进行空白试验。

注：若样品酸度大于 10mgNaOH/100mL，取样量酌减。

8 结果计算

8.1 如果试验中，加入 0.10mL 或者更少的 0.10mol/L 的氢氧化钠标准溶液后，样品就产生持续的粉红色终点，表示该样品中不含酸。

8.2 当在试验中，需要加入多于 0.10mL 的 0.10mol/L 的氢氧化钠标准溶液后，样品才能产生持续的粉红色终点时，根据消耗氢氧化钠标准溶液的量来计算芳烃试样中的酸度。试样酸度 X 按式(1)计算：

$$X(\mathrm{mgNaOH/100mL}) = \frac{40 \cdot C \cdot (V_1 - V_0)}{V_2} \times 100 \qquad (1)$$

式中：

C——氢氧化钠标准溶液的浓度，单位为摩尔每升(mol/L)；

V_1——滴定样品所消耗的氢氧化钠标准溶液的体积，单位为毫升(mL)；

V_0——滴定空白所消耗的氢氧化钠标准溶液的体积，单位为毫升(mL)；

V_2——样品量，单位为毫升(mL)；

40——氢氧化钠的摩尔质量，单位为克每摩尔(g/mol)。

8.3 结果表述

取二次重复测定结果的算术平均值作为分析结果。其数值按 GB/T 8170 的规定进行修约，精确至 0.1(mgNaOH/100mL)。

9 重复性

在同一实验室，由同一操作者使用相同设备，按相同的测试方法，并在短时间内对同一被测对象相互独立进行测试获得的两次独立测试结果的绝对值，不应超过下列重复性限(r)，以超过重复性限(r)的情况不超过 5%为前提：

酸度	r
(0.4~10) mgNaOH/100mL	0.4mgNaOH/100mL

10 报告

报告应包括下列内容：

a）有关样品的全部资料，例如样品名称、批号、采样地点、采样日期、采样时间等。

b）本标准代号。

c）分析结果。

d）测定中观察到的任何异常现象的细节及其说明。

e）分析人员的姓名及分析日期等。

附　录　A
（资料性目录）
本标准章条编号与 ASTM D847-04 章条编号对照

表 A.1 给出了本标准章条编号与 ASTM D847-04 章条编号对照一览表

表 A.1　本标准章条编号与 ASTM D847-04 章条编号对照

本标准章条编号	ASTM D847-04 章条编号
1	1.1、1.3
2	2
3	4
4	8
4.1	8.3
4.2	8.4
4.3	8.5
4.4	8.2
4.5	8.6
5	7
5.1	7.1
5.3	7.2
6	10
7	11
7.1	11.1
7.2	11.2
8	12
8.1	12.1.1
8.2	12.1.2

ICS 71.080.15
G 16

中华人民共和国石油化工行业标准

SH/T 1766.1—2008
(2015年确认)

石油间二甲苯

Petroleum *m*-xylene

2008-04-23 发布　　2008-10-01 实施

中华人民共和国发展和改革委员会　发布

前　言

SH/T 1766分为如下几部分：

——第1部分：石油间二甲苯；

——第2部分：石油间二甲苯纯度及烃类杂质的测定　气相色谱法。

本部分为SH/T 1766的第1部分。

本标准参照国外企业先进指标制定。

本标准由中国石油化工集团公司提出。

本标准由全国化学标准化技术委员会石油化学分技术委员会(SAC/TC63/SC4)归口。

本标准由中国石油化工股份有限公司北京燕山分公司聚酯事业部及上海石油化工研究院共同起草。

本标准主要起草人：王淑仙、支菁、刘春艳。

本标准于2008年首次发布。

石油间二甲苯

1 范围

本标准规定了石油间二甲苯的技术要求、试验方法、检验规则及标志、包装、运输、贮存和安全要求等。

本标准适用于由石油加工得到的石油间二甲苯产品。该产品主要用于生产间苯二甲酸、间苯二甲腈、间苯二甲胺、间苯甲酸、农药等。

分子结构式：$C_6H_4(CH_3)_2$。

相对分子质量：106.165(按2005年国际相对原子质量)。

2 规范性引用文件

下列文件中的条款通过本标准的引用而成为本标准的条款。凡是注日期的引用文件，其随后所有的修改单(不包括勘误的内容)或修订版均不适用于本标准，然而，鼓励根据本标准达成协议的各方研究是否可使用这些文件的最新版本。凡是不注日期的引用文件，其最新版本适用于本标准。

GB/T 1250 极限数值的表示方法和判定方法

GB/T 3143 液体化学产品颜色测定法

GB/T 3723 工业用化学产品采样安全通则(GB/T 3723—1999，ISO 3165：1976，idt)

GB/T 6680 液体化工产品采样通则

SH 0164 石油产品包装、贮运及交货验收规则

SH/T 1147 工业芳烃微量硫的测定 微库仑法

SH/T 1551 芳烃中溴指数的测定 电量滴定法

SH/T 1766.2 石油间二甲苯纯度及烃类杂质的测定 气相色谱法

3 技术要求和试验方法

石油间二甲苯应符合表1所示的技术要求。

表1 石油间二甲苯的技术要求和试验方法

项目		指标	试验方法
外观		清澈透明无沉淀	目测[a]
纯度/%(质量分数)	≥	99.50	SH/T 1766.2
乙苯/%(质量分数)	≤	0.10	SH/T 1766.2
对二甲苯+邻二甲苯/%(质量分数)	≤	0.45	SH/T 1766.2
非芳烃/%(质量分数)	≤	0.10	SH/T 1766.2
总硫含量/(mg/kg)	≤	2	SH/T 1147
色度/(Pt-Co号)	≤	10	GB/T 3143
溴指数	≤	10	SH/T 1551
[a] 目测方法 将试样注入100mL量筒中，在室温下目测。			

4 检验规则

4.1 出厂检验

表1中所有项目均为出厂检验项目。

石油间二甲苯应由生产厂质量检验部门进行检验，保证所有出厂的产品质量符合本标准的要求。每批出厂产品都有一定格式的质量证明书，内容包括：产品名称、生产单位、批号和本标准代号等。

4.2 组批

槽车或罐装产品，以每一槽车或一罐为一批。

4.3 采样

采样时应遵循 GB/T 3723 的安全通则。采样按 GB/T 6680 进行，所采试样总量不得少于 1000mL，分装于两个清洁干燥的磨口瓶中，供检验和留样用。

4.4 判定规则

检验结果如有任何一项指标不符合本标准的要求，则应重新加倍采样进行检验。重新检验的结果即使只有一项指标不符合本标准的要求，则该批产品应作不合格处理。检验结果的判定按 GB/T 1250 中规定的修约值比较法进行。

4.5 验收规则

使用单位有权按本标准规定对产品进行验收，验收方式及期限由供需双方商定。

4.6 当供需双方对产品质量有争议时，由双方协商决定仲裁单位，仲裁单位应按本标准规定的试验方法进行检验。

5 标志、包装、运输、贮存

石油间二甲苯的标志、包装、运输及贮存按 SH 0164 之规定进行。

6 安全

间二甲苯是一种易燃易爆有毒液体。密度（20℃）0.864g/mL，熔点 -47.9℃，沸点（0.10133MPa）139.1℃，爆炸极限（1.1~7.0）%（体积分数），闪点 25℃，溶于乙醇和乙醚，不溶于水。

应远离热源和明火，储罐必须设置防静电和避雷装置。着火时应使用砂子、石棉布及泡沫灭火器等灭火工具。生产场所应严格控制生产装置的跑、冒、滴、漏；为防止水质和环境污染，生产中要严格控制排放水中的 COD 值。使用时应注意防护。

间二甲苯对眼及上呼吸道有刺激作用，高浓度时对中枢神经系统有麻醉作用。凡接触间二甲苯人员必须熟悉其安全规定，以保证安全。若皮肤接触，则脱去污染的衣着，用肥皂水或清水彻底冲洗皮肤。若眼睛接触，提起眼睑，用流动清水或生理盐水冲洗 20min，就医。

编者注：规范性引用文件中 GB/T 1250 已被 GB/T 8170—2009《数值修约规则与极限数值的表示和判定》代替。

ICS 71.080.15
G 16

中华人民共和国石油化工行业标准

SH/T 1766.2—2008

石油间二甲苯纯度及烃类杂质的测定 气相色谱法

Petroleum *m*-xylene
—Determination of purity and hydrocarbon impurities
—Gas chromatographic method

2008-04-23 发布　　2008-10-01 实施

中华人民共和国国家发展和改革委员会　发布

前　言

SH/T 1766分为如下几部分：

——第1部分：石油间二甲苯；

——第2部分：石油间二甲苯纯度及烃类杂质的测定　气相色谱法。

本部分为SH/T 1766的第2部分。

本标准参考ASTM D3798-2003《气相色谱法分析对二甲苯的标准试验方法》(英文版)和ASTM D5917-2002《单环芳烃中微量杂质的测定-气相色谱法》(英文版)制定。

本标准由中国石油化工集团公司提出。

本标准由全国化学标准化技术委员会石油化学分会(SAC/TC63/SC4)归口。

本标准起草单位：中国石油化工股份有限公司上海石油化工研究院。

本标准主要起草人：王川，李继文。

本标准2008年首次发布。

石油间二甲苯纯度及烃类杂质的测定 气相色谱法

1 范围

1.1 本标准规定了用气相色谱法测定石油间二甲苯的纯度及其烃类杂质含量。

1.2 本标准适用于测定纯度不小于99.0%（质量分数）的间二甲苯，以及浓度为0.001%～1.000%（质量分数）的非芳烃、苯、甲苯、乙苯、对二甲苯、邻二甲苯、正丙苯和异丙苯等烃类杂质。

1.3 本标准并不是旨在说明与其使用有关的安全问题，使用者有责任采取适当的安全和健康措施，并保证符合国家有关法规的规定。

2 规范性引用文件

下列文件中的条款通过本标准的引用而构成本标准的条款。凡是注日期的引用文件，其随后所有的修改单（不包括勘误的内容）或修订版均不适用于本标准，然而，鼓励根据本标准达成协议的各方研究是否可使用这些文件的最新版本。凡是不注日期的引用文件，其最新版本适用于本标准。

GB/T 3723 工业用化学产品采样安全通则（GB/T 3723—1999，ISO 3165：1976，idt）

GB/T 6680 液体化工产品采样通则

GB/T 8170 数据修约规则

3 方法提要

在规定条件下，将适量试样注入配置氢火焰离子化检测器（FID）的色谱仪。间二甲苯与各杂质组分在色谱柱上被有效分离，测量其峰面积，以内标法或外标法计算各杂质组分的含量。从100.00减去杂质的总量计算出色谱法测得的间二甲苯纯度，以质量分数报告结果。

4 试剂与材料

4.1 载气：氮气，纯度≥99.99%（体积分数）。

4.2 燃烧气（FID）：氢气，纯度≥99.99%（体积分数）。

4.3 助燃气：空气，无油。

4.4 标准试剂

标准试剂供测定校正因子用，包括：苯、甲苯、乙苯、间二甲苯、邻二甲苯、对二甲苯、异丙苯和正壬烷等。其中间二甲苯用作配制标样的基液，纯度应不低于99.5%（质量分数），所含的杂质应不影响校正因子的准确度，其他标准物质的纯度应不低于99%（质量分数）。

注：非芳烃的校正因子按正壬烷统一计算。若需要测定正丙苯，可采用异丙苯的校正因子进行计算。

4.5 内标物

内标物为正十一烷，但是只要符合分析要求的其他化合物也可确定为内标物，纯度不低于99%（质量分数）。

5 仪器

5.1 气相色谱仪：配置氢火焰离子化检测器的任何色谱仪，能按表1推荐的色谱条件进行操作，该色谱仪对试样中0.001%（质量分数）的杂质所产生的峰高应至少大于噪声的两倍。

5.2 色谱柱：本标准推荐的色谱柱及典型操作条件见表1，其中柱A适用于内标法，柱B适用于外标法，典型色谱图见图1和图2，可根据定量需要选择色谱柱。其他能达到同等分离程度的色谱柱和操作条件也可使用。

注：采用外标法定量时，应确保对二甲苯和间二甲苯色谱峰的峰谷与基线间的距离不超过对二甲苯峰高的50%。

表1 色谱柱及典型操作条件

项　　目	柱A	柱B
柱管材质	熔融石英	熔融石英
固定相	聚乙二醇(交联)	聚乙二醇(交联)
柱长，m	50	60
柱内径，mm	0.32	0.25
液膜厚度，μm	0.25	0.5
载气	N_2	N_2
载气流量，mL/min	1.0	1.0
载气平均线速度，cm/s	18	22
检测器	氢火焰离子化	氢火焰离子化
柱温，℃	70	70
汽化室温度，℃	200	200
检测器温度，℃	200	200
进样量，μL	0.2~0.4	0.6~1.0
分流比	100∶1	100∶1
内标物	正十一烷	—

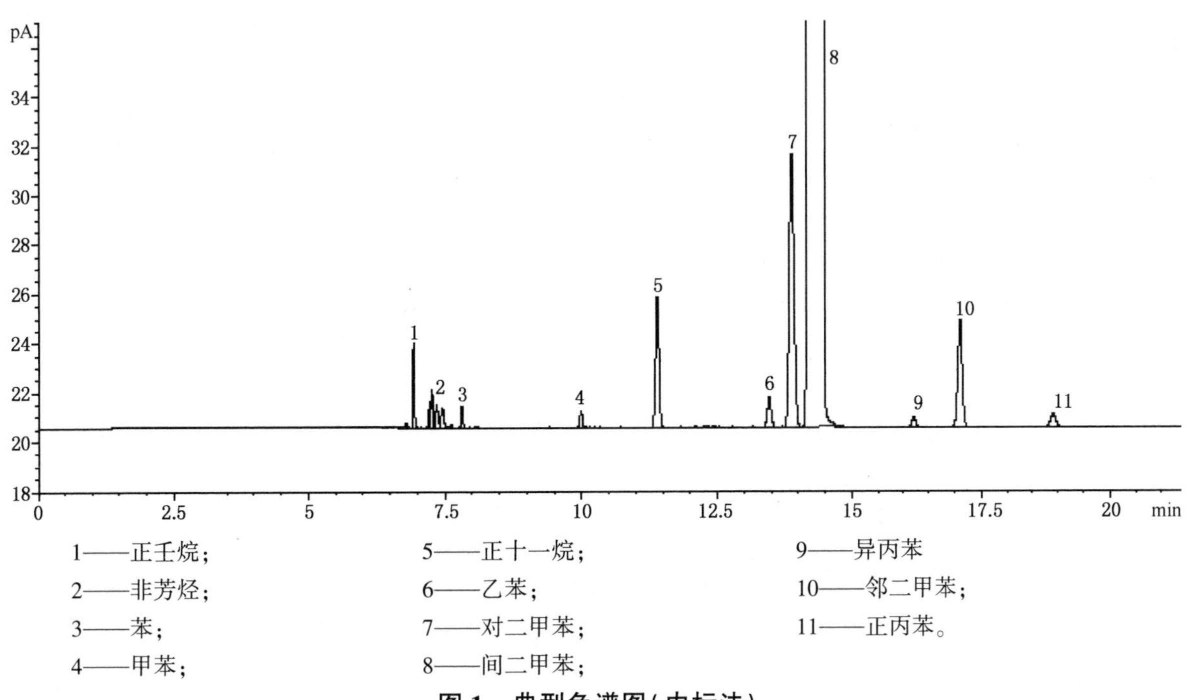

1——正壬烷；
2——非芳烃；
3——苯；
4——甲苯；
5——正十一烷；
6——乙苯；
7——对二甲苯；
8——间二甲苯；
9——异丙苯
10——邻二甲苯；
11——正丙苯。

图1 典型色谱图(内标法)

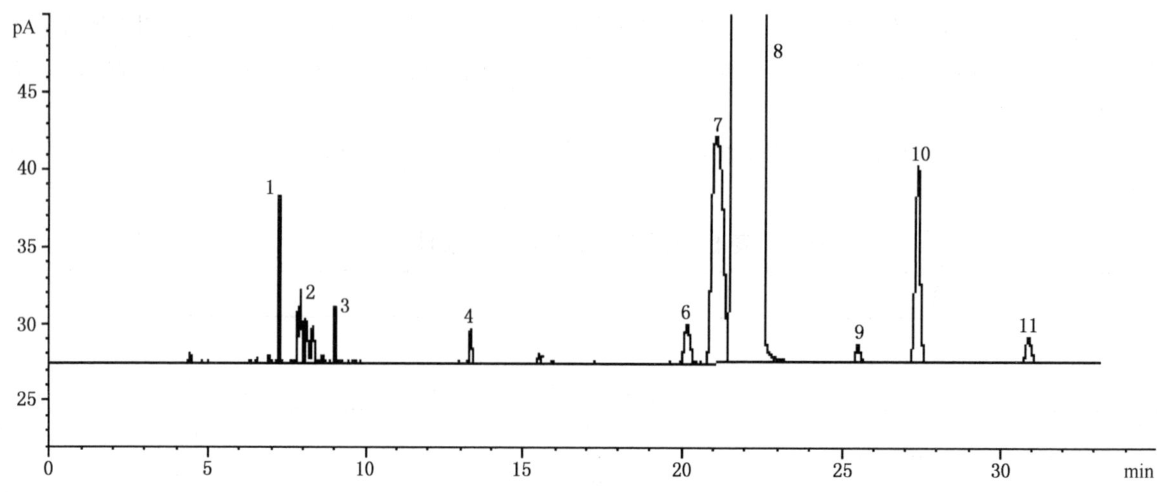

注：色谱峰编号同图 1。

图 2　典型色谱图(内标法)

5.3　进样系统：微量注射器 1μL～10μL 或液体进样阀。

5.4　记录仪：积分仪或色谱工作站。

6　采样

按 GB/T 3723 和 GB/T 6680 所规定的安全和技术要求采取样品。

7　仪器准备

按照仪器的说明书，将色谱柱安装、连接到色谱仪上。根据表 1 的操作条件进行设置和操作，使仪器呈现稳定的运行基线。

8　内标法分析步骤

8.1　校正因子的测定

8.1.1　用称量法配制间二甲苯基液与杂质(4.4)的校准混合物，每个杂质的称量均应精确至 0.0001g，计算每个杂质的含量，应精确至 0.0001%。所配制的间二甲苯纯度和杂质含量均应与待测试样相近(可分步稀释)。

8.1.2　将上述校准混合物，注入 50mL 容量瓶中并至刻度，用微量注射器精确吸取 30μL(或适量)内标物注入该容量瓶中，并混匀。取正十一烷的密度为 0.740(25℃)和间二甲苯的密度为 0.860(25℃)计算，当内标物加入量为 30μL 时，该溶液的内标物含量为 0.0516%(质量分数)。

8.1.3　再取间二甲苯基液于 50 容量瓶中并至刻度，按 8.1.2 相应步骤加入内标物，以供测定间二甲苯基体中相应杂质与内标物峰面积比率使用。

8.1.4　取适量含内标物的校准混合物溶液(8.1.2)和含内标物的间二甲苯基液(8.1.3)分别注入色谱仪中，并测量内标物和各杂质的色谱峰面积。

8.1.5　每个杂质相对于正十一烷(内标物)的质量校正因子(R_i)按式(1)计算，应精确至 0.001。

$$R_i = \frac{C_i}{C_s\left(\frac{A_i}{A_s} - \frac{A_{ib}}{A_{sb}}\right)} \qquad (1)$$

式中：

C_i——校准混合物杂质 i 的含量，%(质量分数)；

C_s——内标物含量，%(质量分数)；

A_i——校准混合物中杂质 i 的峰面积；

A_{ib}——基体间二甲苯中杂质 i 的峰面积；

A_s——校准混合物中内标物峰面积；

A_{sb}——基体间二甲苯中加入的内标物的峰面积。

8.2 试样测定

8.2.1 按照 8.1.2 相应的步骤配制含有内标物的待测试样溶液，并充分混匀。

8.2.2 根据色谱仪的操作条件，将适量含内标物的试样(8.2.1)注入色谱仪。测量除间二甲苯外的所有杂质峰的面积。其中非芳烃组分应求和并记录其总面积。

9 外标法分析步骤

9.1 校正因子的测定

按照 8.1.1 配制校准混合物。在推荐的色谱分析条件下，分别将等体积的上述校准混合物及配制校准混合物用的间二甲苯注入色谱仪，重复测定两次，以获得各组分的峰面积。按式(2)计算各组分的质量校正因子(f_i)。

$$f_i = \frac{C_i}{(A_i - \bar{A}_{i0})} \quad \cdots\cdots (2)$$

式中：

C_i——校准混合物中杂质 i 的含量,%(质量分数)；

A_i——校准混合物中杂质 i 的峰面积；

$\bar{A}_{i0}$——间二甲苯基液中杂质 i 两次测定峰面积的平均值。

各杂质组分的质量校正因子(f_i)两次重复测定结果的相对偏差应不大于5%，取其平均值作为该组分的 f_i，应保留 3 位有效数字。

9.2 试样测定

将间二甲苯试样按与 9.1 等体积的进样量注入色谱仪，测量除间二甲苯外所有烃类杂质的色谱峰面积。

10 结果计算

10.1 由内标法测得的试样中的各个杂质含量 C_i，以%(质量分数)表示，按式(3)计算：

$$C_i = \frac{A_i \cdot R_i \cdot C_s}{A_s} \quad \cdots\cdots (3)$$

式中：

A_i——试样中杂质组分 i 的峰面积；

A_s——试样中内标物的峰面积；

C_s——试样中内标物的质量分数,%(质量分数)；

R_i——杂质 i 相对于正十一烷(内标物)的质量校正因子。

10.2 由外标法测得的试样中的各个杂质含量 C_i，以%(质量分数)表示，按式(4)计算：

$$C_i = f_i \cdot A_i \quad \cdots\cdots (4)$$

式中：

f_i——试样中杂质组分 i 的质量校正因子；

A_i——试样中杂质组分 i 的峰面积。

10.3 间二甲苯纯度 P，以%(质量分数)表示，按式(5)计算：

$$P = 100.00 - \Sigma C_i \quad \cdots\cdots (5)$$

注：如果待测试样中有未知杂质或未被检出的杂质，本方法则不能测定试样的绝对纯度。

11 分析结果的表述

11.1 分析结果的数值修约按 GB/T 8170 规定进行，并以两次重复测定结果的算术平均值报告其分析结果。

11.2 报告每个杂质的质量分数应精确至0.001%，报告纯度的质量分数应精确至0.01%。

12 重复性

在同一实验室，由同一操作者使用相同设备，按相同的测试方法，并在短时间内对同一被测对象相互独立进行测试获得的两次独立测试结果的绝对值，不应超过下列重复性限(r)，以超过重复性限(r)的情况不超过5%为前提：

纯度	≥99.0%(质量分数)	0.04%(质量分数)
杂质组分		
	0.001%(质量分数)≤X<0.01%(质量分数)	为其平均值的15%
	X≥0.01%(质量分数)	为其平均值的10%

13 报告

报告应包括下列内容：

a) 有关样品的全部资料，例如样品名称、批号、采样地点、采样日期、采样时间等。

b) 本标准代号。

c) 分析结果。

d) 测定中观察到的任何异常现象的细节及其说明。

e) 分析人员的姓名及分析日期等。

ICS 71.080.15
G 16

中华人民共和国石油化工行业标准

SH/T 1767—2008
（2015年确认）

工业芳烃溴指数的测定 电位滴定法

Determination of bromine index of aromatic hydrocarbons —Electrometric titration

2008-04-23 发布 2008-10-01 实施

中华人民共和国国家发展和改革委员会 发布

前　言

本标准修改采用 ASTM D5776-07《工业芳烃溴指数的测定　电位滴定法》(英文版)。

本标准与 ASTM D5776-07 相比，有下列主要差异：

——规范性引用文件中采用我国相应的国家标准；

——淀粉指示剂中未采用 HgI_2 作为防腐剂；

——采用了自行确定的重复性限(r)。

本标准的附录 A 是资料性附录。

本标准由中国石油化工集团公司提出。

本标准由全国化学标准化技术委员会石油化学分会(SAC/TC63/SC4)归口。

本标准主要起草单位：中国石化扬子石油化工有限公司。

本标准主要起草人：史春保、姜广军。

本标准 2008 年首次发布。

工业芳烃溴指数的测定 电位滴定法

1 范围

1.1 本标准规定了测定芳烃溴指数的电位滴定方法。

1.2 本标准适用于终馏点低于288℃的含痕量烯烃的芳烃试样，试样中应不含轻于异丁烷的组分。溴指数的测定范围为0mgBr/100g~500mgBr/100g。

1.3 本标准并不旨在说明与使用本标准有关的所有安全注意事项。因此，本标准的使用者有责任采取适当的安全与健康措施，并确保符合有关法规的规定。

2 规范性引用文件

下列文件中的条款通过本标准的引用而构成为本标准的条款。凡是注日期的引用文件，其随后的所有修改单(不包括勘误的内容)或修订版均不适用于本标准，然而，鼓励根据本标准达成协议的各方研究是否可使用这些文件的最新版本。凡是不注日期的引用文件，其最新版本适用于本标准。

GB/T 601 化学试剂标准滴定溶液的制备

GB/T 3723 工业用化学产品采样安全通则(GB/T 3723—1999，ISO 3165：1976，idt)

GB/T 6678 化工产品采样总则

GB/T 6680 液体化工产品采样通则

GB/T 6682 分析实验室用水规格和试验方法(GB/T 6682—1992，ISO 3639：1987 neq)

GB/T 8170 数值修约规则

3 术语和定义

下列术语和定义适用于本标准。

溴指数：在规定条件下用溴化钾-溴酸钾标准溶液滴定时，每100克样品所消耗的溴的毫克数。

4 方法概要

将样品溶于特定的溶剂中，用溴化钾-溴酸钾标准溶液滴定。采用电位滴定仪来指示滴定终点，当出现游离溴时系统中的电极电位发生突然变化，此时即为终点。

5 试剂与材料

本标准除另有规定外，所用试剂的纯度应在分析纯以上，实验用水应符合GB/T 6682中三级水的规格。

5.1 溴化钾-溴酸钾标准溶液 $c\left(\frac{1}{6}\text{KBr-KBrO}_3\right)=0.10\text{mol/L}$

将10.1g KBr和2.8g $KBrO_3$溶于水并稀释至1.0L，用以下两种方法之一进行标定。

5.1.1 容量滴定法：加50mL冰醋酸和1.0mL浓盐酸到500mL碘量瓶中。在冰水浴中冷藏大约10min后，不停地旋转碘量瓶，从50mL滴定管中加入40mL~50mL(精确至0.01mL)KBr-$KBrO_3$溶液，时间应控制在90s~120s之间。迅速盖上瓶盖，混匀溶液，并再次置于冰水浴中。在碘量瓶的瓶口加5.0mL的KI溶液，5min后从冰水浴中取出，移开碘量瓶塞，让KI溶液缓慢地流进碘量瓶中。摇晃均匀，用100mL水清洗瓶塞、瓶口和瓶壁，并立即用 $Na_2S_2O_3$ 标准溶液标定。在接近终点时加1mL淀粉指示剂，缓慢滴定至蓝色消失即为终点。

5.1.2 电位滴定法：加50mL冰醋酸和1.0mL浓盐酸到500mL碘量瓶中。在冰水浴中冷藏大约10min后，不停地旋转碘量瓶，准确加入4.00mL的 $KBr-KBrO_3$ 溶液。迅速盖上瓶盖，混匀溶液，并再次置于冰水浴中。在碘量瓶的瓶口加4.0mL的KI溶液，5min后从冰水浴中取出，移开碘量瓶塞，让KI溶液缓慢地流进碘量瓶中。摇晃均匀，转移至一个经过冷却的烧杯，用100mL水清洗瓶塞、瓶口和瓶壁。将电极插入溶液后，用 $Na_2S_2O_3$ 标准溶液标定，当电极电位发生较大改变，并持续30s以上即为终点。

5.2 KI溶液(150g/L)：将150g的KI溶于水并稀释至1.0L。

5.3 $Na_2S_2O_3$ 标准溶液 $c(Na_2S_2O_3)=0.10mol/L$：按GB/T 601规定的方法进行配制和标定。

5.4 淀粉溶液：加3mL~5mL水碾碎5g淀粉，将悬浮液加到2L沸水中。加入0.2g水杨酸作为防腐剂，煮沸5min~10min，冷却后将上层清液倒入带塞的玻璃瓶中。

5.5 硫酸溶液(1+5)：小心地将1体积浓硫酸倒入5体积水中，混合均匀。

5.6 冰醋酸

5.7 1-甲基-2-吡咯烷酮

5.8 滴定溶剂：依次取714mL冰醋酸、134mL 1-甲基-2-吡咯烷酮、134mL甲醇和18mL硫酸(1+5)溶液混匀，即得到滴定溶剂。

6 仪器

6.1 电位滴定仪：一个能确定终点的并且可提供高阻抗极化电流的仪器，能够在两个铂电极之间或复合铂电极上维持大约10μA~50μA电流，并且其灵敏度能达到具有50mV左右的电位差变化以指示终点。其他具有相同功能的，可以准确指示终点的滴定仪也可使用。

注：可以通过测定已知溴指数的标准样品来确定试剂和仪器的可靠性。

6.2 滴定容器：250mL的高型烧杯或其他滴定容器，并用0℃~5℃的循环水冷却。两个铂电极放置距离不超过5mm，并伸入液面以下。使用机械或电磁搅拌装置，搅拌应当充分但不能引起气泡。

6.3 具塞碘量瓶，500mL。

7 采样

根据GB/T 3723和GB/T 6678、GB/T 6680规定的安全和技术要求采取样品。

8 分析步骤

8.1 根据操作说明，打开滴定仪，稳定仪器。

8.2 将150mL滴定溶剂加入滴定容器，按照表1的要求，用吸量管吸取或称取一定质量的样品，该样品应充分溶于滴定溶剂中。打开搅拌器，调节搅拌速率至溶液起旋涡但不产生气泡为宜。

表1 取样量

溴指数，mgBr/100g	样品质量，g
0~20	50
20~100	30~40
100~200	20~30
200~500	8~10

注：通常一个样品的溴指数是未知的，在这种情况下，推荐使用8g~10g样品来大致确定其溴指数范围。此探索试验后，应当根据表1所示的合适的样品质量再做一个精确测试。样品质量可以通过样品密度乘以体积获得。

8.3 设定最佳的仪器操作条件，用 $KBr-KBrO_3$ 标准溶液滴定样品，至电位出现明显的变化并持续30s为终点。

8.4 空白：每一组滴定溶剂都应当重新测定空白，并确保空白滴定时标准溶液的用量不超过0.10mL。

9 计算

9.1 $KBr-KBrO_3$ 标准溶液的浓度按式(1)计算：

$$c\left(\frac{1}{6}KBr-KBrO_3\right)=\frac{c_1V_1}{V} \qquad (1)$$

式中：

c——$KBr-KBrO_3$ 标准溶液的浓度，单位为摩尔每升(mol/L)；

V——$KBr-KBrO_3$ 标准溶液的体积，单位为毫升(mL)；

c_1——$Na_2S_2O_3$ 标准溶液的浓度，单位为摩尔每升(mol/L)；

V_1——滴定时消耗的 $Na_2S_2O_3$ 标准溶液的体积，单位为毫升(mL)。

9.2 样品溴指数按(2)计算：

$$溴指数=\frac{(A-B)c\times 7990}{m} \qquad (2)$$

式中：

A——样品消耗的标准溶液体积，单位为毫升(mL)；

B——空白消耗的标准溶液体积，单位为毫升(mL)；

c——$KBr-KBrO_3$ 标准溶液的浓度，单位为摩尔每升(mol/L)；

m——样品质量，单位为克(g)；

7990——溴相对原子量×100。

10 结果的表示

以两次重复测定结果的算术平均值报告其分析结果。分析结果的数值按GB/T 8170规定进行修约，报告至0.5mgBr/100g。

11 重复性限

在同一实验室，由同一操作者使用相同设备，按相同的测试方法，并在短时间内对同一被测对象相互独立进行测试获得的两次独立测试结果的绝对差值，不应超过表2规定的重复性限(r)，以超过重复性限(r)的情况不超过5%为前提。

表2 溴指数重复性

溴指数，mgBr/100g	重复性
0~50	2
50~200	10
200~500	20

12 报告

12.1 本标准代号。

12.2 有关样品的全部资料，例如样品名称、批号、采样地点、采样日期等。

12.3 分析结果。

12.4 测定中观察到的任何异常现象的细节及其说明。

12.5 分析人员的姓名及分析日期等。

附 录 A
(资料性附录)
本标准章条编号与 ASTM D5776-07 章条编号对照

表 A.1 给出了标准章条编号与 ASTM D5776-07 章条编号对照一览表。

表 A.1 本标准章条编号与 ASTM D5776-07 章条编号对照

本标准章条编号	对应的 ASTM D5776-07 章条编号	本标准章条编号	对应的 ASTM D5776-07 章条编号
1	1	5.8	7.11
1.1	1.1	6	6
1.2	1.2	6.1	6.1
1.3	1.5	6.2	6.2
2	2	6.3	6.3
3	3	7	9
4	4	8	10
5	7	8.1	10.1
5.1	7.3	8.2	10.2
5.1.1	7.3	8.3	10.3
5.1.2	7.4	8.4	10.4
5.2	7.5	9	11
5.3	7.6	9.1	11.1
5.4	7.7	9.2	11.2
5.5	7.8	10	12
5.6	7.9	11	13
5.7	7.10	12	—

ICS 71.080.10
G 16

中华人民共和国石油化工行业标准

SH/T 1769—2009

工业用丙烯中微量羰基硫的测定 气相色谱法

Propylene for industrial use —Determination of trace carbonyl sulfide —Gas chromatographic method

2009-12-04 发布　　2010-06-01 实施

中华人民共和国工业和信息化部　发布

前　　言

本标准修改采用 ASTM D5303-92(2007)《丙烯中微量羰基硫的测定　气相色谱法》(英文版)，本标准与 ASTM D5303-92(2007)的结构性差异参见附录 A。

本标准与 ASTM D5303-92(2007)相比，有下列主要差异：

——修改了范围中标准适用范围的计量单位，并将标准气的计量单位推荐为 mL/m^3；

——规范性引用文件中采用我国相应的国家标准；

——仅推荐 Carbopack BHT100 色谱柱；

——未推荐渗透管等标准气的制备内容，未保留附录。

本标准的附录 A、附录 B 为资料性附录。

本标准由中国石油化工集团公司提出。

本标准由全国化学标准化技术委员会石油化学分技术委员会(SAC/TC63/SC4)归口。

本标准主要起草单位：中国石化扬子石油化工有限公司。

本标准主要起草人：吴晨光、贾晓莉、管支根。

本标准为首次发布。

工业用丙烯中微量羰基硫的测定 气相色谱法

1 范围

1.1 本标准规定了工业用丙烯中微量羰基硫(COS)含量测定的气相色谱法。

1.2 本标准适用于丙烯中浓度(0.3~3.0)mL/m^3羰基硫(COS)的测定。

1.3 本标准并不旨在说明与使用本标准有关的所有安全注意事项。因此，本标准的使用者有责任采取适当的安全与健康措施，并确保符合有关法规的规定。

2 规范性引用文件

下列文件中的条款通过本标准的引用而构成为本标准的条款。凡是注日期的引用文件，其随后的所有修改单(不包括勘误的内容)或修订版均不适用于本标准，然而，鼓励根据本标准达成协议的各方研究是否可使用这些文件的最新版本。凡是不注日期的引用文件，其最新版本适用于本标准。

GB/T 3723 工业用化学产品采样安全通则(GB/T 3723—1999，ISO 3165:1976，idt)

GB/T 8170 数值修约规则

GB/T 13290 工业用丙烯和丁二烯液态采样法

3 方法概要

在本标准推荐的条件下，将气化试样注入色谱仪，使羰基硫(COS)与其他组分分离，用火焰光度检测器(FPD)检测，记录各杂质组分的色谱峰，采用基于峰面积的校正因子或羰基硫含量——峰面积校准曲线进行定量。

4 试剂与材料

4.1 氢气或氮气：载气，气体纯度≥99.99%(体积分数)。

4.2 丙烯：纯度≥99.6%(体积分数)，不含羰基硫。

4.3 羰基硫(COS)：纯度≥97.5%(质量分数)。

注：高浓度羰基硫有毒性和麻醉性，分解时产生硫化氢，在制备标样时要注意。

4.4 羰基硫标准气：以丙烯为底气，含(1~10)mL/m^3COS。

4.5 气体注射器：容积为0.1mL、1.0mL和5.0mL。

5 仪器

5.1 气相色谱仪：配备火焰光度检测器(FPD)的气相色谱仪，在0.1mL/m^3的检出水平上，COS峰高应至少是噪声的两倍。

5.2 色谱柱：本标准推荐的色谱柱及典型的操作条件见表1，FPD最佳空气/氢气流量因仪器结构而异，需实测。典型的色谱图见图1。其他能够把COS从丙烯和其他化合物中完全分离，并不会造成COS损失的色谱柱均可使用。

注：采用其他色谱柱时，应确保丙烯中存在的硫化氢或二氧化硫与羰基硫分离。

5.3 进样装置

任何最大允许进样量为5.0mL的定量管或注射器，且不会造成COS损失均可使用。为了提高系统的稳定性，进样系统、阀系统及连接用的不锈钢管线要内涂聚四氟乙烯。

色谱进样可按以下方式进行：

5.3.1　阀进样：用气体进样阀进样。垂直放置采样钢瓶，用尽量短的不锈钢管线连接钢瓶下端阀门与色谱仪上的气体进样阀，在样品出口处放置水鼓泡器，调节阀门开度，以使丙烯在阀出口处完全气化，控制流速为(5~10)个泡/s，让丙烯置换定量管约15s，关闭钢瓶阀门，使压力降到常压。

注：如果流速太快，要对阀采取保温措施以避免冷冻，同时要确保样品完全气化。

5.3.2　注射器进样：用气密性好的注射器进样。垂直放置采样钢瓶，用塑料软管连接采样钢瓶下端阀门与水鼓泡器，调节阀门开度，以使丙烯在阀出口处完全气化，用注射器刺入管中取样。

表1　色谱柱及典型操作条件

色谱柱	Carbopack BHT100	Carbpack BHT100
材质	不锈钢	聚四氟乙烯
固定相粒径/mm	0.177~0.250 (60目~80目)	0.250~0.425 (40目~60目)
柱长/m	3	
柱内径/mm	3	
载气流量/(mL/min)	40(H_2)；30(N_2)	
柱温/℃	47	
进样口温度/℃	140	
检测器温度/℃	180	

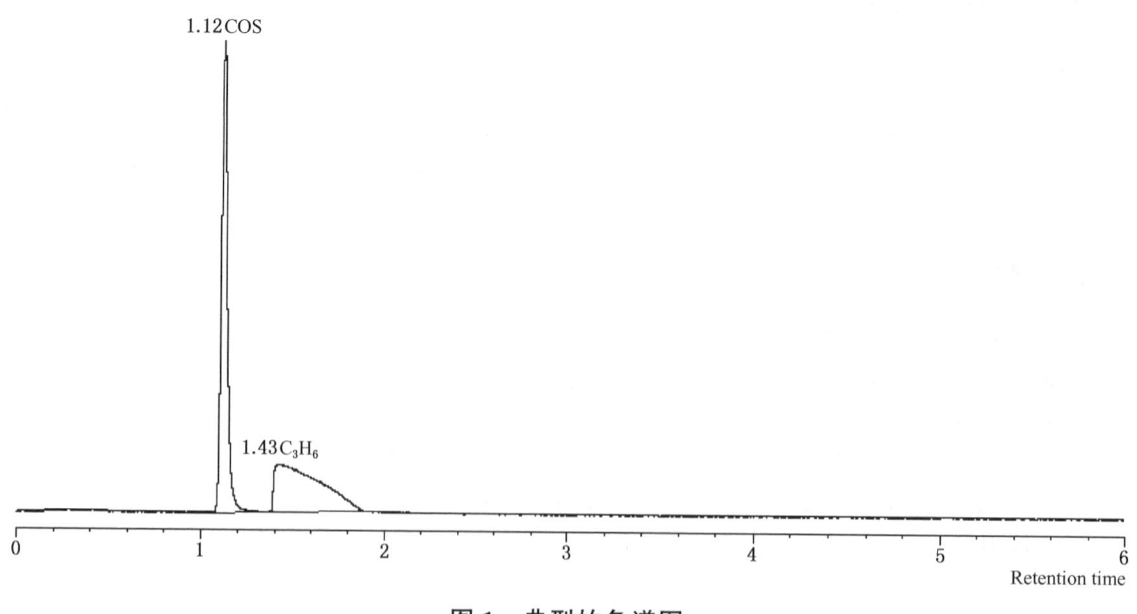

图1　典型的色谱图

5.4　记录装置

任何能满足测定要求的积分仪、色谱数据采集系统均可使用。

6　采样

根据GB/T 3723和GB/T 13290规定的安全和技术要求采取样品。采样钢瓶可为内涂聚四氟乙烯(耐压12.4MPa)钢瓶或者其他能够降低COS与瓶壁反应损失的高压钢瓶。

注：研究结果表明COS测定结果会随时间而降低，因此采样后应尽快分析。

7 分析步骤

7.1 设定操作条件

根据仪器操作说明书，在色谱仪中安装并老化色谱柱。调节色谱仪到表1所示的操作条件。对FPD检测器先设定某一氢气流量，改变空气流量，由进样阀或注射器注入一定体积的COS标准样品到色谱仪，测定相应氢气、空气流量下COS的峰面积；再改变氢气流量至另一值，重复上述试验。由此可找出COS在最大峰面积时的FPD空气、氢气流量，将其设定为仪器工作参数。

7.2 校正因子的测定

7.2.1 单点校正法

如果系统提供线性输出，按以下方式校正：

将适量标样注入色谱仪，测量COS的峰面积，按式(1)计算校正因子 F。

$$F = \frac{C}{A} \qquad (1)$$

式中：

C——COS标准气浓度，单位为毫升每立方米(mL/m^3)；

A——线性化处理后输出的标样COS峰面积。

7.2.2 多点校正法

如果系统不提供线性输出，按以下方式校正：

使用气体注射器或不同容积的定量管分别将0.03mL、0.06mL、0.12mL、0.20mL、0.30mL浓度约10mL/m^3的COS标准气注入色谱仪，测定相应的羰基硫色谱峰面积，根据注入仪器的羰基硫体积和对应的色谱峰面积可以建立以下任意一种标准曲线。标准曲线建立示例见附录B。

羰基硫峰面积-羰基硫体积关系曲线，该曲线呈幂函数关系。

羰基硫峰面积的对数-羰基硫体积的对数关系曲线，该曲线呈线性关系。

羰基硫峰面积的平方根-羰基硫体积关系曲线，该曲线呈线性关系。

7.3 试样测定

通过进样阀或注射器将适量试样注入色谱仪，测量COS的峰面积。

如果系统提供线性化输出信号，则注入仪器的试样体积与7.2.1中标准气体积相同。

如果系统提供非线性化输出信号，则注入仪器的试样体积要确保所产生的COS色谱峰面积在标准曲线COS峰面积范围内。

8 结果计算

8.1 如果系统提供线性化输出信号，根据公式(2)计算COS浓度

$$C = F \times S \qquad (2)$$

式中：

C——试样中COS浓度，单位为毫升每立方米(mL/m^3)；

F——根据公式(1)计算得到的校正因子；

S——线性化处理后输出的试样中COS峰面积。

8.2 如果系统无线性化输出信号，由试样COS峰面积在7.2.2绘制的标准曲线上查得或由回归方程算得COS的体积，并按照公式(3)计算试样COS浓度。

$$C = \frac{V_1}{V} \qquad (3)$$

式中：

C——试样中COS浓度，单位为毫升每立方米(mL/m^3)；

V_1——由试样COS峰面积通过标准曲线或回归方程查得或算出的COS体积，单位为微毫升

(10^{-6}mL)；

V——注入色谱仪的试样体积，单位为毫升(mL)。

8.3 若需要以质量浓度(mg/kg)报告试样的羰基硫含量，可根据公式(4)进行计算

$$w = C \times \frac{M_1}{M_2} \qquad (4)$$

式中：

w——试样中 COS 质量浓度，单位为毫克每千克(mg/kg)；

C——试样中 COS 体积浓度，单位为毫升每立方米(mL/m^3)；

M_1——COS 分子量，为 60.1；

M_2——丙烯分子量，为 42.1。

8.4 以两次重复测定结果的算术平均值报告其分析结果。分析结果的数值按 GB/T 8170 规定进行修约，报告至 0.1mL/m^3或 0.1mg/kg。

9 重复性

在同一实验室，由同一操作者使用相同设备，按相同的测试方法，并在短时间内对同一被测对象相互独立进行测试获得的两次独立测试结果的绝对差值，不应超过平均值的 15%，以大于其平均值 15%的情况不超过 5%为前提。

10 报告

10.1 本标准代号。

10.2 有关样品的全部资料，例如样品名称、批号、采样地点、采样日期等。

10.3 分析结果。

10.4 测定中观察到的任何异常现象的细节及其说明。

10.5 分析人员的姓名及分析日期等。

附　录　A
（资料性附录）
本标准章条编号与 ASTM D5303-92(2007)章条编号对照

表 A.1 给出了标准章条编号与 ASTM D5303-92(2007)章条编号对照一览表。

表 A.1　本标准章条编号与 ASTM D5303-92(2007)章条编号对照

本标准章条编号	对应的 ASTM D5303-92(2007)章条编号
1	1.1~1.3
2	2
3	3.3 和 3.4
4	7
5.1	6.1 和 6.2
5.2	6.3 和 10
5.3	6.4、6.7 和 9.1
5.3.1	9.3.1
5.3.2	9.3.2
5.4	6.6
6	9.1 和 9.2
7.2.1	11.5
7.2.2	11.2、11.5.1、11.5.2
7.3	12
8.1	13.1.1
8.2	13.1.2 和 13.1.3
8.3	13.1.3.2
9	14
10	—

附　录　B
（资料性附录）
标准曲线的绘制示例

例如，假设试样中 COS 浓度范围为(0.3～3) mL/m³，分别注入 0.03mL、0.06mL、0.12mL、0.20mL、0.30mL 的浓度为 10.6mL/m³的 COS 标准气，测出相应的 COS 信号，所进标样中 COS 的体积和峰面积如表 B.1。由 COS 的体积和相应峰面积可建立以下三种关系曲线之一。

表 B.1　COS 体积及峰面积对照表

序号	标准样品/mL	COS 的体积/(10^{-6}mL)	COS 峰面积
1	0.03	0.32	6.5
2	0.06	0.64	29
3	0.12	1.3	146
4	0.20	2.1	421
5	0.30	3.2	998

B.1　建立羰基硫的体积与峰面积关系曲线。COS 的体积(10^{-6}mL)和峰面积成幂函数关系，详见图 B.1。

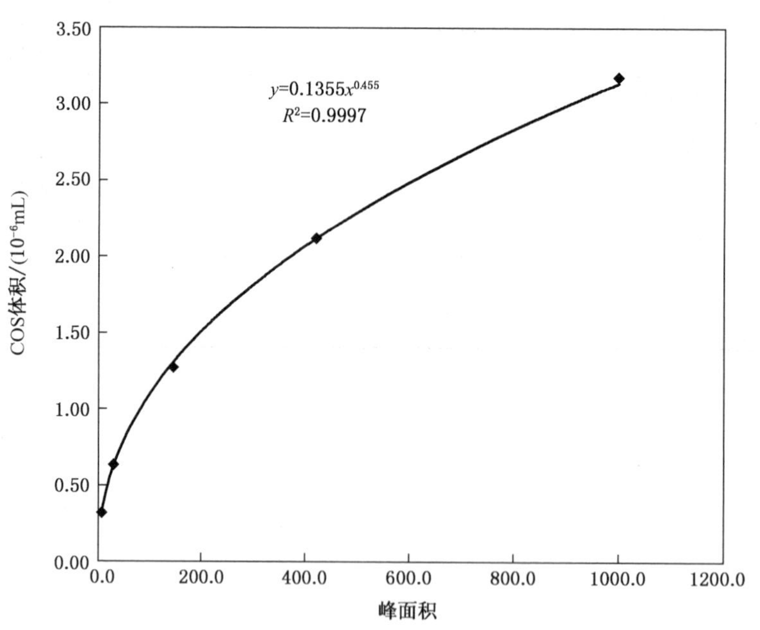

图 B.1　峰面积-COS 体积关系曲线

B.2　建立羰基硫体积的对数与峰面积的对数的关系曲线。羰基硫体积(10^{-6}mL)的对数与峰面积的对数成线性关系，详见图 B.2。

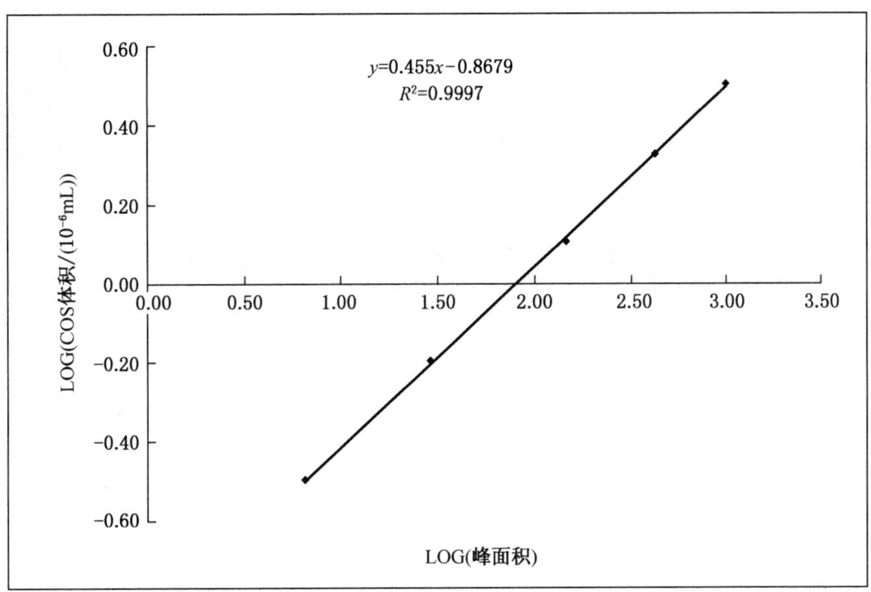

图 B.2　峰面积对数-COS 体积对数关系曲线

B.3　建立羰基硫的体积与峰面积的平方根关系曲线。COS 的体积(10^{-6}mL)和峰面积平方根成线性关系，详见图 B.3。

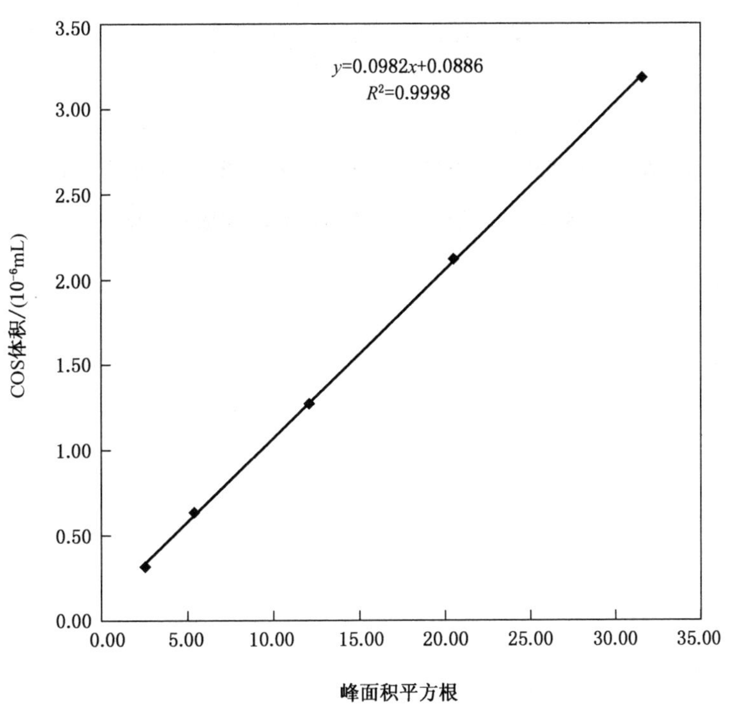

图 B.3　峰面积平方根-COS 体积关系曲线

ICS 71.080.15
G 17
备案号：36920-2012

SH

中华人民共和国石油化工行业标准

SH/T 1773—2012

1,2,4-三甲基苯纯度及烃类杂质的测定 气相色谱法

1,2,4-Trimethylbenzene—Determination of purity and hydrocarbon impurities—Gas chromatographic method

2012-05-24 发布 2012-11-01 实施

中华人民共和国工业和信息化部 发布

前　言

本标准依据 GB/T 1.1—2009 给出的规则起草。

本标准由中国石油化工集团公司提出。

本标准由全国化学标准化技术委员会石油化学分技术委员会（SAC/TC63/SC4）归口。

本标准起草单位：中国石油兰州石化公司、南京炼油厂有限责任公司、无锡百川化工股份有限公司、新疆独山子天利实业公司、镇江正丹化学工业有限公司、波林化工（常州）有限公司。

本标准主要起草人：程永光、崔文峰、徐元德、张明虎、浦桂芬、薛建军、卿立松、王小为、王要清。

本标准为首次发布。

1，2，4-三甲基苯纯度及烃类杂质的测定　气相色谱法

1　范围

本标准规定了用气相色谱法测定1，2，4-三甲基苯（偏三甲苯）纯度及烃类杂质含量的方法。

本标准适用于纯度不低于98.0%（质量分数），烃类杂质含量不低于0.001%（质量分数）的1，2，4-三甲基苯的测定。

2　规范性引用文件

下列文件对于本文件的应用是必不可少的。凡是注日期的引用文件，仅注日期的版本适用于本文件。凡是不注日期的引用文件，其最新版本（包括所有的修改单）适用于本文件。

GB/T 3723　工业用化学产品采样安全通则（GB/T 3723—1999，ISO 3165：1976，idt）

GB/T 6680　液体化工产品采样通则

GB/T 8170　数值修约规则与极限数值的表示和判定

3　方法提要

在规定的试验条件下，将适量试样注入配置氢火焰离子化检测器（FID）的色谱仪，1，2，4-三甲基苯与烃类杂质组分在色谱柱上被有效分离，测量其峰面积，以校正面积归一化法计算各组分的质量百分含量。校正因子通过分析与待测试样浓度相近的标样进行测定。

4　试剂与材料

4.1　载气：氮气，纯度≥99.99%（体积分数）。

4.2　燃烧气：氢气，纯度≥99.99%（体积分数）。

4.3　助燃气：空气，经硅胶、分子筛充分干燥和净化。

4.4　标准试剂：1，2，4-三甲基苯、1，3，5-三甲基苯（均三甲苯）、叔丁基苯、邻甲乙苯、正癸烷、茚满等。标准试剂供测定校正因子用，标准试剂的选择根据样品主组分及典型杂质确定，以样品中待测的主要杂质为主，其中1，2，4-三甲基苯用作配制标样的基液，纯度应不低于99.5%（质量分数），其他标准试剂的纯度应不低于99.0%（质量分数）。

5　仪器和设备

5.1　气相色谱仪：配置有分流/不分流进样口、氢火焰离子化检测器（FID）。仪器对0.001%（质量分数）杂质组分产生的峰高应大于噪声的两倍。仪器的动态线性范围应满足定量要求。

5.2　色谱柱：推荐使用表1的色谱柱及色谱条件。也可以使用能够达到同等分离效果的其他色谱柱和色谱条件，典型色谱图见图1。

表 1　推荐的典型色谱柱及色谱条件

色谱柱固定相		聚乙二醇（键合/交联）
柱长/m		60
柱内径/mm		0.32
固定液膜厚度/μm		0.5
载气		氮气
检测器	检测器类型	氢火焰离子化检测器
	温度/℃	250
	空气流量/（mL/min）	400
	氢气流量/（mL/min）	40
汽化室	温度/℃	230
	分流比	100∶1
柱箱	初温/℃	80
	初温保持时间/min	18
	一阶升温速率/（℃/min）	10
	一阶终止温度/℃	110
	一阶终温保持时间/min	1
	二阶升温速率/（℃/min）	20
	二阶终止温度/℃	200
	二级终温保持时间/min	10
柱流量/（mL/min）		1.5
进样量/μL		0.4

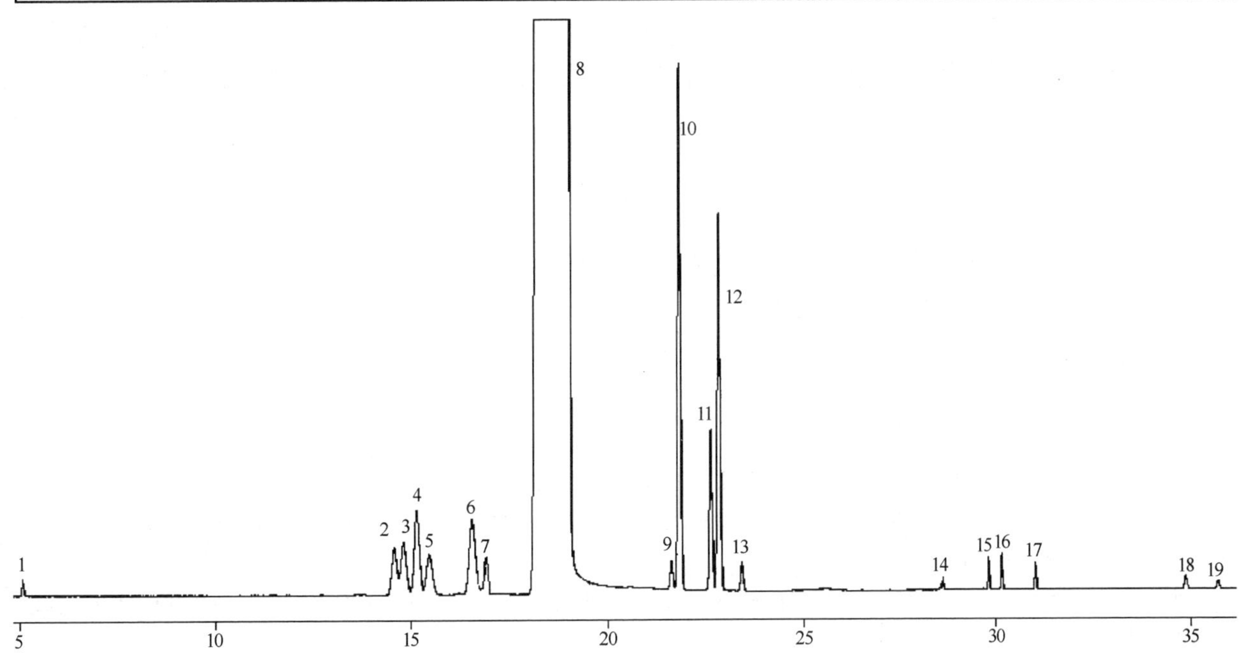

1—非芳烃；2—叔丁基苯；3—异丁基苯；4—1，3，5-三甲基苯；5—仲丁基苯；6—邻甲乙苯；7—甲基异丙基苯；8—1，2，4-三甲基苯；9—α-甲基苯乙烯；10—1，2，3-三甲基苯；11—邻甲基苯乙烯；12—间甲基苯乙烯；13—茚满；14~19—重芳烃。

图1　1，2，4-三甲基苯在键合/交联聚乙二醇色谱柱上的典型色谱图

5.3　进样系统：微量注射器（1μL、10μL）或自动进样器。
5.4　记录装置：色谱工作站或积分仪。
5.5　分析天平：最大称量值，200g；最小分度值，0.1mg。
5.6　容量瓶：10mL。

6　采样

按 GB/T 3723 和 GB/T 6680 规定的安全与技术要求采样。

7　测定步骤

7.1　设定操作条件

根据仪器的操作说明书，在色谱仪中安装并老化色谱柱。调节仪器至表 1 所示的操作条件，待仪器稳定后即可开始测定。

7.2　组分的定性

在相同条件下分析试样及标样，根据色谱保留时间对试样中 1，2，4-三甲基苯、邻甲乙苯、茚满、碳十非芳烃等组分进行定性。

7.3　校正因子的测定

用称量法配制含 1，2，4-三甲基苯、1，3，5-三甲基苯、叔丁基苯、邻甲乙苯、茚满、非芳烃（用正癸烷代表）等组分的混合标样。各组分称量应精确至 0.0001g，含量计算应精确至 0.0001%（质量分数）。所配制的杂质的浓度应与待测试样中杂质的浓度相近（可适当分步稀释）。

在推荐的色谱条件下，分别将等体积的上述混合标样及配制标样用的 1，2，4-三甲基苯基液注入色谱仪，各重复测定三次，以获得各组分的峰面积。按式（1）计算各组分的相对质量校正因子（f_i）。

$$f_i = \frac{Am_i}{(A_i - \bar{A}_{i0})m} \times 100 \tag{1}$$

式中：

f_i ——各组分相对于 1，2，4-三甲基苯的相对质量校正因子；
m_i ——标样中组分 i 的质量，g；
m ——标样中 1，2，4-三甲基苯的质量，g；
A ——标样中 1，2，4-三甲基苯的峰面积；
A_i ——标样中组分 i 的峰面积；
$\bar{A}_{i0}$ ——1，2，4-三甲基苯基液中相应组分 i 三次测定峰面积的平均值。

各组分的相对质量校正因子（f_i）的重复测定结果的相对偏差应不大于 5%，取其平均值作为该组分的 f_i，应精确至 0.01。

注：试样中除 1，3，5-三甲基苯、叔丁基苯、邻甲乙苯、茚满、非芳烃（用正癸烷代表）以外的其他组分，其校正因子以 1.00 计。

7.4　试样的测定

在相同色谱条件下，将适量 1，2，4-三甲基苯试样注入色谱仪，测量 1，2，4-三甲基苯和杂质的色谱峰面积。

8 结果计算

按校正面积归一化法计算1，2，4-三甲基苯的纯度和烃类杂质含量（以%（质量分数）计）。计算公式如式（2）所示。

$$w_i = \frac{A_i f_i}{\sum A_i f_i} \times (100 - w_0)\% \tag{2}$$

式中：

w_i ——试样中1，2，4-三甲基苯或杂质组分的含量，%（质量分数）；

A_i ——试样中1，2，4-三甲基苯或杂质 i 的峰面积；

f_i ——各组分相对于1，2，4-三甲苯基苯的相对质量校正因子；

w_0 ——用其他方法测得的烃类杂质之外的其他杂质含量，%（质量分数）。

以两次重复测定结果的算术平均值表示其分析结果，按GB/T 8170的规定进行修约，1，2，4-三甲基苯纯度精确至0.01%，杂质含量精确至0.001%。

9 精密度

9.1 重复性

在同一实验室，由同一操作者使用相同设备，按相同的测试方法，并在短时间内对同一被测对象相互独立进行测试获得的两次独立测试结果的绝对差值不大于表2列出的重复性限（r），以大于重复性限（r）的情况不超过5%为前提。

表2 重复性

组　分	含量/%（质量分数）	重复性限（r）
1，2，4-三甲基苯纯度	≥98.0	0.02%
烃类杂质	0.001≤X≤0.01	其平均值的30%
	X>0.01	其平均值的15%

9.2 再现性

在不同的实验室，由不同操作者操作不同的设备，按相同的测试方法，对同一被测对象相互独立进行测试所获得的两次独立测试结果的绝对差值不大于表3列出的再现性限（R），以大于再现性限（R）的情况不超过5%为前提。

表3 再现性

组　分	含量/%（质量分数）	再现性限（R）
1，2，4-三甲基苯纯度	≥98.0	0.15%
烃类杂质	0.001≤X≤0.01	其平均值的35%
	X>0.01	其平均值的20%

注：精密度试验是由六个实验室参与，共选取两个水平的样品，每个水平的样品重复测定3次，并按照GB/T 6379规定计算得到精密度数据。其中样品中1，2，4-三甲基苯含量分别为99.06%和98.50%，主要烃类杂质为1，3，5-三甲基苯、叔丁基苯、邻甲乙苯、茚满、非芳烃（用正癸烷代表）等。

10 报告

报告应包括下列内容：

a）有关样品的全部资料，例如样品的名称、批号、采样地点、采样日期、采样时间等；

b）本标准的编号；

c）分析结果；

d）测定中观察到的任何异常现象的细节及其说明；

e）分析人员的姓名及分析日期等。

ICS 71.080.10
G 16

SH

中华人民共和国石油化工行业标准

SH/T 1776—2014

工业用乙烯、丙烯中微量氯的测定 微库仑法

Ethylene and propylene for industrial use—Determination of trace chlorine —Microcoulometric method

2014-05-06 发布　　　　2014-10-01 实施

中华人民共和国工业和信息化部　发布

前　言

本标准依据 GB/T 1.1—2009 给出的规则起草。

本标准由中国石油化工集团公司提出。

本标准由全国化学标准技术委员会石油化学分技术委员会（SAC/TC63/SC4）归口。

本标准起草单位：中国石油化工股份有限公司北京化工研究院。

本标准主要起草人：李思睿、魏新宇、陈松、张颖。

本标准为首次发布。

工业用乙烯、丙烯中微量氯的测定　微库仑法

1　范围

1.1　本标准规定了工业用乙烯、丙烯中微量氯测定的微库仑法。

1.2　本标准适用于氯含量不低于 1.0 mg/kg 的工业用乙烯、丙烯的测定。

1.3　本标准并不是旨在说明与其使用有关的所有安全问题。使用者有责任采取适当的安全与健康措施，保证符合国家有关法规的规定。

2　规范性引用文件

下列文件对于本文件的应用是必不可少的。凡是注日期的引用文件，仅所注日期的版本适用于本文件。凡是不注日期的引用文件，其最新版本（包括所有的修改单）适用于本文件。

GB/T 6682　分析实验室用水规格和试验方法（GB/T 6682—2008，ISO 3696：1987，MOD）

GB/T 8170　数值修约规则与极限数值的表示和判定

GB/T 13289　工业用乙烯液态和气态采样法（GB/T 13289—2014，ISO 7382：1986，NEQ）

GB/T 13290　工业用丙烯和丁二烯液态采样法（GB/T 13290—2014，ISO 8563：1987，NEQ）

3　方法原理

采用气体进样器，将气态试样或液态试样汽化后注入燃烧管，与氧气混合并燃烧，试样中的氯转化为氯化氢，并由载气带入滴定池，与电解液中的银离子发生反应（$Ag^{+}+Cl^{-}\rightarrow AgCl\downarrow$），消耗的银离子由电极通过电解补充，根据反应所需电量，按照法拉第电解定律计算出试样中的氯含量。

4　试剂与材料

4.1　载气：氩气或氦气，纯度 ≥99.9%（体积分数）。

4.2　反应气：氧气，纯度 ≥99.9%（体积分数）。

4.3　电解液：按照仪器说明书的要求配制。

4.4　水：符合 GB/T 6682 规定的二级水。

4.5　溶剂：可选用异辛烷、甲苯、甲醇等，用于配制氯标准溶液的溶剂，氯含量应不高于 0.5 ng/μL，必要时应对所用溶剂的氯含量进行空白校正。

4.6　氯苯（C_6H_5Cl）：纯度≥99%（质量分数），用于配制液体标样。

4.7　液体标样：已知氯含量的液体标样，可采用市售的有证标样或按以下规定自行制备。

4.7.1　标准储备液的配制（含量约 50 mg/L）：在 100 mL 容量瓶内加入少量溶剂（4.5），准确称取标准物质氯苯 0.016 g，称准至 0.1 mg，转移至容量瓶内，加入溶剂至刻度，按式（1）计算标准储备液的氯含量 c_1（mg/L）。

$$c_1=\frac{m_1\times\alpha\times 35.45}{V_1\times 112.56}\qquad\cdots\cdots(1)$$

式中：

m_1——氯苯的质量，单位为毫克（mg）；

α——氯苯的纯度，单位为%（质量分数）；

V_1——溶剂的体积，单位为升（L）；

112.56——氯苯的相对分子质量；

35.45——氯的相对原子质量。

4.7.2 液体标样的配制：用溶剂（4.5）将标准储备液稀释配制成适合浓度的液体标样，供分析试样时使用。

5 仪器和设备

5.1 氯测定仪

5.1.1 微库仑计：任何能满足本标准规定的最低检测浓度 1.0 mg/kg 要求的微库仑计均可使用。测量参比-测量电极对电位差，并将该电位差与偏压进行比较，放大此差值至电解电极对产生电流，微库仑计输出电压信号与电解电流成正比。

5.1.2 加热炉：具有一至三个炉温控制段。

5.1.3 燃烧管：石英制成，其结构能满足试样被载气携带至燃烧区，并在有氧条件下燃烧。燃烧管的进口端必须配有支管，以供导入氧气和载气。燃烧管应有足够的容积，以确保试样完全燃烧。其他能保证试样完全燃烧，满足所需最低检出限要求的燃烧管也可使用。

5.1.4 滴定池：配有两对或三个电极，其中参比-测量电极对（或复合电极）用于指示银离子浓度变化，电解电极对用于保持银离子浓度。滴定池还应配有一个电磁搅拌器以及一个与燃烧管连接的进气口。

5.1.5 气体进样装置：带有定量管的手动或自动进样装置，可按仪器要求进行配置，能将样品均匀和完全汽化并带入燃烧管中。可以调节并能保持恒定的进样速度。

5.1.6 干燥管：按照仪器说明书推荐的要求配置。

5.1.7 记录装置：灵敏度为 1 mV 的记录仪，或微库仑积分仪，或仪器自带数据处理系统。

5.2 注射器

液体进样用 20 μL 或其他适宜体积的微量注射器。

5.3 采样器

5.3.1 乙烯采样钢瓶：应符合 GB/T 13289 规定。

5.3.2 丙烯采样钢瓶：应符合 GB/T 13290 规定。

5.4 汽化装置

5.4.1 恒温水浴：温度控制在 80 ℃~90 ℃，配加热盘管，规格为内径 1.5 mm，长度为 2.5 m 的不锈钢管。

5.4.2 闪蒸汽化装置：应能确保液态样品完全汽化。

注：需要时应对 5.3 及 5.4 中所用的采样钢瓶、控制阀、汽化装置和连接管线的内表面进行钝化处理，防止氯化物被吸附。

6 采样

按 GB/T 13289、GB/T 13290 规定的要求采取乙烯和丙烯试样。

7 操作步骤

7.1 仪器准备

按仪器说明书要求安装仪器，连接气体进样装置，设定操作条件，待仪器稳定后进样。

7.2 校正

每次分析前需用与待测试样氯含量相近的氯液体标样进行校正。用微量注射器吸取适量的液体标样（4.7.2），排除气泡，记下注射器中液体的体积。进样后，记下注射器中剩余的液体体积。两个读数之差就是注入的液体标样的体积。记录微库仑计的响应值。

氯的回收率 F（%）按式（2）计算：

$$F = \frac{m_2}{c_2 \times V_2} \times 100 \qquad (2)$$

式中：

m_2——微库仑计显示的氯的质量，单位为纳克（ng）；

c_2——液体标样的浓度，单位为纳克每微升（ng/μL）；

V_2——注入液体标样的体积，单位为微升（μL）。

每个液体标样重复测定三次，三次测定结果的相对标准偏差不超过5%，取其算术平均值作为回收率。如果回收率超出仪器说明书的回收率要求，则应检查仪器系统。

7.3 液体样品的汽化

液态丙烯进样时应确保样品完全汽化，可采用仪器配套的汽化装置或闪蒸进样器、水浴等方式进行汽化。

7.4 样品的测定

采用气体进样器进样，在规定的条件下向燃烧管中注入适量体积的乙烯或丙烯试样，平行测定两次，记录下微库仑计的响应值。

7.5 计算

试样中有机氯含量 w_2，以毫克每千克（mg/kg）计，按式（3）计算：

$$w_2 = \frac{m_3 \times (273 + t) \times 101325 \times 22410}{V_3 \times 273 \times P \times M \times F \times 10^3} = \frac{m_3 \times (273 + t) \times 8317.6}{V_3 \times P \times M \times F} \qquad (3)$$

式中：

m_3——库仑计显示的氯的质量，单位为纳克（ng）；

V_3——气体试样的进样体积，单位为毫升（mL）；

F——氯的回收率，单位为%（质量分数）；

P——试验时的大气压值，单位为帕斯卡（Pa）；

t——试样温度，单位为摄氏度（℃）；

M——试样的摩尔质量，乙烯为28.06，丙烯为42.08，单位为克每摩尔（g/mol）；

273——标准状态下温度，单位为开尔文（K）；

101325——标准状态下气压，单位为帕斯卡（Pa）；

22410——标准状态下理想气体摩尔体积，单位为毫升每摩尔（mL/mol）；

8317.6——气体理想状态换算系数，单位为帕斯卡毫升每摩尔开尔文［（Pa·mL）/（mol·K）］。

8 结果的表示

以两次重复测定的算术平均值作为其分析结果，按 GB/T 8170 规定进行数值修约，精确至0.1 mg/kg。

9 重复性

同一操作人员使用同一台仪器，在相同的操作条件下，用正常和正确的操作方法在短时间内对同一试样进行两次相互独立的测试，获得的测试结果的绝对差值，不应超过其算术平均值的 15%，以大于 15%的情况不超过 5%为前提。

10 试验报告

报告应包括下列内容：

a）有关试样的全部资料，例如名称、批号、采样地点、采样时间等。

b）测定结果。

c）测定中观察到的任何异常现象的细节及其说明。

d）分析人员的姓名及分析日期等。

e）未包括在本标准中的任何操作及自由选择的操作条件的说明。

ICS 71.080.10
G 16

SH

中华人民共和国石油化工行业标准

SH/T 1777—2014

化学级丙烯

Chemical grade propylene

2014-05-06 发布　　2014-10-01 实施

中华人民共和国工业和信息化部　发布

前　　言

本标准按照 GB/T 1.1—2009 给出的规则起草

本标准由中国石油化工集团公司提出。

本标准由全国化学标准化技术委员会石油化学分技术委员会（TC63/SC4）归口。

本标准由中国石油化工股份有限公司上海高桥分公司负责起草。

本标准主要起草人：林荣兴、蒋彤、孙钢、宋兰英。

本标准为首次发布。

化学级丙烯

警告：本部分未指出所有可能的安全问题。生产者必须向用户说明产品的危险性，使用中的安全和防护措施，本部分的使用者有责任采取适当的安全和健康措施，并保证符合国家有关法规规定的条件。

1 范围

本标准规定了化学级丙烯的要求、检验规则、包装、标志、运输、贮存及安全要求。

本标准适用于由炼厂气经脱硫、分离，或以加氢尾油、石脑油或煤、柴油为原料，经管式裂解炉裂解，深冷分离而制得的丙烯产品。该产品用作有机合成的原料。

分子式：C_3H_6。

相对分子质量：42.081（按2007年国际相对原子质量）。

2 规范性引用文件

下列文件对于本文件的应用是必不可少的。凡是注日期的引用文件，仅注日期的版本适用于本文件。凡是不注日期的引用文件，其最新版本（包括所有的修改单）适用于本文件。

GB 150　压力容器

GB 190　危险货物包装标志

GB/T 3394　工业用乙烯、丙烯中微量一氧化碳、二氧化碳和乙炔的测定 气相色谱法

GB/T 3723　工业用化学产品采样安全通则（GB/T 3723—1999，ISO 3165：1976，IDT）

GB/T 3727　工业用乙烯、丙烯中微量水的测定

GB/T 11141—2014　工业用轻质烯烃中微量硫的测定

GB/T 12268　危险货物品名表

GB/T 13290　工业用丙烯和丁二烯液态采样法（GB/T 13290—2014，ISO 8563：1987，NEQ）

GB/T 18180　液化气体船舶安全作业要求

GB 20577　化学品分类、警示标签和警示性说明安全规范　易燃气体

SH/T 0078　液化石油气中微量水分测定法（电解法）

SH/T1778　化学级丙烯纯度与烃类杂质的测定　气相色谱法

《危险化学品安全管理条例》（国务院令第591号）

《压力容器安全技术监察规程》（质技监局锅发（1999）154号）

《液化气体铁路罐车安全监察规程》（（87）化生字第1174号）

《液化气体汽车罐车安全监察规程》（劳部发（1994）262号）

3 要求

化学级丙烯的技术要求和试验方法见表1。

表1 化学级丙烯的技术要求和试验方法

项　目		质量指标	试验方法
丙烯含量 φ/%	≥	95.0	SH/T 1778
烷烃含量 φ/%		余量	SH/T 1778
乙烯/（mL/m^3）	≤	150	SH/T 1778
乙炔/（mL/m^3）	≤	10	GB/T 3394[a]
甲基乙炔+丙二烯/（mL/m^3）	≤	30	SH/T 1778
丁烯+丁二烯/（mL/m^3）	≤	150	SH/T 1778
水分/（mL/m^3）		报告	GB/T 3727[b]
硫/（mg/kg）	≤	10	GB/T 11141[c]

[a] 乙炔允许用 SH/T 1778 方法测定，在有异议时，以 GB/T 3394 方法测定的结果为准。
[b] 水分允许用 SH/T 0078 方法测定，在有异议时，以 GB/T 3727 方法测定的结果为准。
[c] 硫含量测定，在有异议时，以 GB/T 11141—2014 中的紫外荧光法测定结果为准。

4 检验规则

4.1 检验分类与检验项目

本标准表1中规定的所有项目均为出厂检验项目。

4.2 组批

化学级丙烯产品可在成品贮罐或产品输送的管道上取样。当在成品贮罐取样时，以该罐的产品为一批；当在管道上取样时，可以根据一定时间（8 h 或 24 h）或同时发往某地去的同等质量的、均匀的产品为一批。

4.3 取样

取样按 GB/T 3723、GB/T 13290 进行，取样量应满足检验项目所需数量。

4.4 判定规则

产品由生产厂的质量检验部门进行检验。出厂检验结果符合表1规定时，则判定为合格。生产厂应保证所有出厂的产品都符合本标准的要求。

4.5 复检规则

如果检验结果不符合本标准相应要求时，则必须重新取样复验。复验结果仍不符合本标准要求时，则判定该批产品为不合格。

4.6 质量证明

每批出厂产品都应附有质量证明书，其内容包括：生产厂名称、产品名称、等级、批号或生产日期、本标准编号等。

5 包装、标志、贮存和运输

5.1 依据 GB 12268 规定的分类原则，化学级丙烯属于危险化学品第 2 类第 2.1 项易燃气体，其警示标签和警示性说明见 GB 20577，其危险性标志按 GB 190 执行。

5.2 化学级丙烯储罐的设计、制造、使用及维修应符合 GB 150 的规定并遵守《压力容器安全技术监察规程》的要求。

5.3 用铁路罐车、汽车罐或专用轮船运输化学级丙烯时，除了执行《特种设备安全监察条例》外，铁路罐车运输应遵守《液化气体铁路罐车安全监察规程》的要求；汽车罐车应遵守《液化气体汽车罐车安全监察规程》的要求；轮船运输应遵守 GB 18180 的规定。

6 安全要求

6.1 根据对人体损害程度，丙烯属于低毒的物质。其涉及的安全问题应符合相关法律、法规和标准的规定。

6.2 应查阅《危险化学品安全管理条例》和由供应商提供的化学品安全技术说明书。

6.3 在作业区域内最大允许浓度为 300 mg/m^3。当浓度超过此范围时，吸入丙烯气体会引起头昏、头痛和产生麻醉作用。

液态丙烯溅到皮肤上，会引起皮肤冻伤。因此在整个采样过程中操作者应戴护目镜和良好绝热的塑料或者有橡胶涂层的手套。

中毒时的紧急救护办法：给予新鲜空气或输给氧气，进行人工呼吸。

6.4 丙烯为易燃介质，在大气中的爆炸极限为 2.0%（体积分数）~11.1%（体积分数），自燃点为 455 ℃。因此，一切预防措施应考虑如何避免形成爆炸气氛。采样现场要求具有良好的通风条件，尤其在冲洗操作时更应注意。

6.5 消防器材：在火源不大的情况下，可使用二氧化碳和泡沫灭火器、氮气等灭火器材。

6.6 电气装置和照明应有防爆结构，其他设备和管线应良好接地。

ICS 71.080.10
G 16

SH

中华人民共和国石油化工行业标准

SH/T 1778—2014

化学级丙烯纯度与烃类杂质的测定 气相色谱法

Chemical grade propylene
—Determination of purity and hydrocarbon impurities
—Gas chromatographic method

2014-05-06 发布　　　　2014-10-01 实施

中华人民共和国工业和信息化部　发布

前　言

本标准按照 GB/T 1.1—2009 给出的规则起草。

本标准由中国石油化工集团公司提出。

本标准由全国化学标准化技术委员会石油化学分技术委员会（TC63/SC4）归口。

本标准起草单位：中国石油化工股份有限公司上海高桥分公司。

本标准主要起草人：殷桃年、吴克勤、张隐峰。

本标准为首次发布。

化学级丙烯纯度与烃类杂质的测定 气相色谱法

警告：使用本标准的人员应有正规实验室工作的实践经验。本标准并未指出所有可能的安全问题，使用者有责任采取适当的安全和健康措施，并保证符合国家有关法规规定的条件。

1 范围

1.1 本标准规定了化学级丙烯纯度和甲烷、乙烷、乙烯、丙烷、环丙烷、异丁烷、正丁烷、丙二烯、乙炔、反-2-丁烯、1-丁烯、异丁烯、顺-2-丁烯、1，3-丁二烯、甲基乙炔等烃类杂质测定的气相色谱法。

1.2 本标准适用于纯度不低于90%（体积分数）、杂质含量不低于0.001%（体积分数）的丙烯样品的测定。

1.3 由于本标准不能测定所有可能存在的杂质，如氢气、氧气、一氧化碳、二氧化碳、水、齐聚物、硫及含氧化合物等，所以要全面表征丙烯样品还需要应用其他的试验方法。

2 规范性引用文件

下列文件对于本文件的应用是必不可少的。凡是注日期的引用文件，仅注日期的版本适用于本文件。凡是不注日期的引用文件，其最新版本（包括所有的修改单）适用于本文件。

GB/T 3393 工业用乙烯、丙烯中微量氢气的测定 气相色谱法

GB/T 3394 工业用乙烯、丙烯中微量一氧化碳和二氧化碳和乙炔的测定 气相色谱法

GB/T 3396 工业用乙烯、丙烯中微量氧的测定 电化学法

GB/T 3723 工业用化学产品采样安全通则

GB/T 3727 工业用乙烯、丙烯中微量水的测定

GB/T 8170 数值修约规则与极限数值的表示和判定

GB/T 11141 轻质烯烃中微量硫的测定

GB/T 12701 工业用乙烯、丙烯中含氧化合物的测定 气相色谱法

GB/T 13290 工业用丙烯和丁二烯液态采样法

GB/T 19186 工业用丙烯中齐聚物含量的测定 气相色谱法

3 方法提要

在本标准规定的条件下，将适量试样注入色谱仪进行分析。测量每个杂质和主组分的峰面积，以校正面积归一化法计算每个组分的质量分数或体积分数。氢气 、氧气、一氧化碳、二氧化碳、水、齐聚物、硫及含氧化合物等杂质用相应的标准方法进行测定，并将所得结果与本标准测定结果进行归一化处理。

4 试剂和材料

4.1 载气

氮气：气体纯度≥99.99%（体积分数）。

4.2 标准试剂

所需标准试剂为1.1所述的各种烃类，供测定校正因子用，其纯度应不低于99%（体积分数）。

4.3 标准气体

以氮气为底气，采用4.2所示的标准试剂通过重量法自行制备。标准气体中丙烯含量为4%（体积或质量分数），其他烃类杂质的含量应与待测试样相近。标准气体亦可由市场购得。

5 仪器

5.1 气相色谱仪

具备程序升温功能且配备火焰离子化检测器（FID）的气相色谱仪。该仪器对本标准所规定最低测定浓度的杂质所产生的峰高至少大于仪器噪音的两倍。而且，仪器的动态线性范围必须满足要求。

5.2 色谱柱

本标准推荐的色谱柱及典型操作条件见表1，典型的色谱图见图1。杂质的出峰顺序及相对保留时间取决于Al_2O_3PLOT柱的去活方法，使用时必须用标准样品加以验证。其他能达到同等分离效率的色谱柱亦可使用。

表1　色谱柱及典型操作条件

色谱柱		Al_2O_3 PLOT（Na_2SO_4改性）
柱长/m		50
柱内径/mm		0.53
氮气的平均线速/（cm/s）		22
柱温	初温/℃	80
	初温保持时间/min	10
	一段升温速率/（℃/min）	5
	一段终温/℃	120
	一段终温保持时间/min	3
	二段升温速率/（℃/min）	10
	二段终温/℃	180
	二段终温保持时间/min	10
进样器温度/℃		150
检测器温度/℃		250
分流比		液态4:1；气态30:1
进样量		液态1 μL；气态0.5 mL
注：Al_2O_3 PLOT柱加热不能超过200 ℃，以防止柱活性发生变化。		

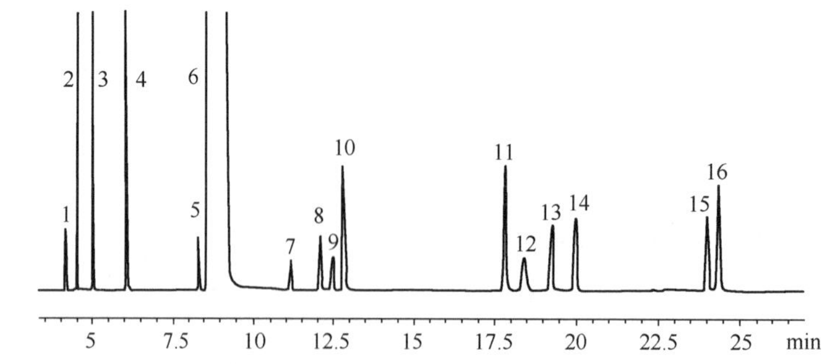

1—甲烷；2—乙烷；3—乙烯；4—丙烷；5—环丙烷；6—丙烯；7—异丁烷；
8—正丁烷；9—丙二烯；10—乙炔；11—反-2-丁烯；12—正丁烯；13—异丁烯；
14—顺-2-丁烯；15—1，3-丁二烯；16—甲基乙炔。

图1　典型的色谱图

5.3　进样装置

5.3.1　液体进样阀（定量管容积 1μL）或其他合适的液体进样装置

凡能满足以下要求的液体进样阀均可使用：在不低于使用温度时的丙烯蒸气压下，能将丙烯以液体状态重复进样，并满足色谱分离要求。

液体进样装置的流程示意图见图2。要求金属过滤器中的不锈钢烧结砂芯的孔径为（2~4）μm，以滤除样品中可能存在的机械杂质，保护进样阀。进样阀出口安装适当长度的不锈钢毛细管（或减压阀），以避免样品汽化，造成失真，影响进样重复性。进样时，将采样钢瓶出口阀开启，用液态样品冲洗定量管数秒钟后，即可操作进样阀，将试样注入色谱仪，然后关闭钢瓶出口阀。

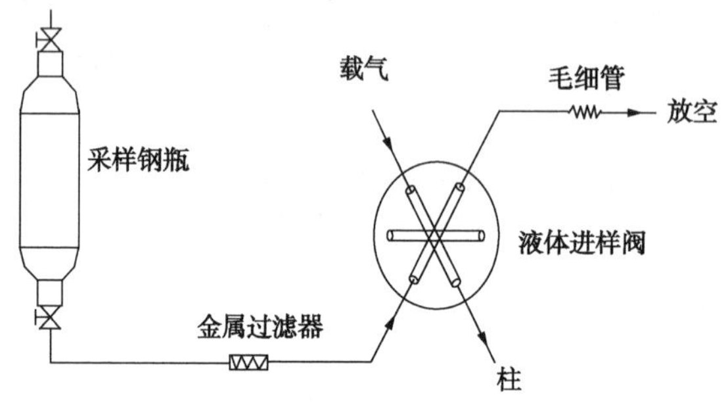

图2　液体进样装置的流程示意图

5.3.2　气体进样阀（定量管容积为 0.5 mL）

气体进样时可采用闪蒸汽化、水浴汽化或其他合适的汽化方式，以使样品得到完全汽化。

6　采样

按 GB/T 3723 和 GB/T 13290 所规定的安全与技术要求采集样品。

7　测定步骤

7.1　设定操作条件

根据仪器操作说明书，在色谱仪中安装并老化色谱柱。然后调节仪器至表1所示的操作条件，待仪器稳定后即可开始测定。

7.2 校正因子的测定

将标准气体连接到气相色谱仪，在本标准推荐的条件下进行测定，测量丙烯和所有杂质的峰面积，并按式（1）计算各杂质组分相对于丙烯的质量校正因子或体积校正因子。重复测定二次，二次测定结果之差不超过其算数平均值的5%。

$$f_i = \frac{A \times m_i}{A_i \times m} \qquad (1)$$

式中：

f_i——杂质 i 的质量校正因子或体积校正因子；

A——丙烯的峰面积；

A_i——杂质 i 的峰面积；

m——丙烯的质量分数或体积分数；

m_i——杂质 i 的质量分数或体积分数。

7.3 试样测定

在与校正因子测定相同的色谱条件下，用符合5.3要求的进样装置，将适量试样注入色谱仪，并测量所有杂质和丙烯的色谱峰面积。

8 结果计算

8.1 体积分数或质量分数的计算

按校正面积归一化法计算每种杂质的含量和丙烯的纯度，并将用其他标准方法测定的氢气（GB/T 3393）、氧气（GB/T 3396）、一氧化碳和二氧化碳（GB/T 3394）、水（GB/T 3727）、齐聚物（GB/T 19186）、硫（GB/T 11141）及含氧化合物（GB/T 12701）等杂质的总量，对此结果进行归一化处理。计算式如式（2）所示，测得结果以体积或质量分数表示。

$$X_i = \frac{A_i \times f_i}{\sum (A_i \times f_i)} \times (100 - X) \qquad (2)$$

式中：

X_i——杂质 i 的体积或质量分数，%；

A_i——杂质 i 的峰面积；

f_i——杂质 i 相对于丙烯的相对体积或质量校正因子；

$\sum (A_i \times f_i)$——所有杂质校正峰面积的总和；

X——用其他方法测定的杂质总量的体积或质量分数，%。

对少数不能获得校正因子的杂质组分，可将其相对校正因子 f_i 设为1.00。

8.2 体积分数或质量分数的换算

如需要进行样品各组分体积分数和质量分数的换算，可按附录A进行。

9 分析结果的表述

9.1 对于任一试样，分析结果的数值修约按GB/T 8170规定进行，并以两次重复测定结果的算术平均值表示其分析结果。

9.2 报告每个烃类杂质含量，应精确至0.001%。报告丙烯纯度，应精确至0.01%。

10 重复性

在同一实验室，由同一操作者使用相同设备，按相同的测试方法，并在短时间内对同一被测对象相互独立进行测试获得的两次独立测试结果的绝对差值不大于下列重复性限（r），以超过重复性限（r）的情况不超过5%为前提：

表2 重复性限（r）

项目		重复性限（r）
烃类杂质含量	$0.001\% \leq X \leq 0.010\%$	两次测定结果平均值的25%
	$X > 0.010\%$	两次测定结果平均值的10%
丙烯纯度/%		0.10

11 报告

报告应包括下列内容：

a）有关样品的全部资料，如样品名称、批号、采样地点、采样日期、采样时间等；

b）本标准编号；

c）分析结果；

d）测定中观察到的任何异常现象的细节及其说明；

e）分析人员的姓名及分析日期等。

附　录　A
（资料性附录）
质量分数与体积分数间的换算

A.1　质量分数换算为体积分数，按式 A.1 计算：

$$V_i = \frac{\frac{W_i}{M_i}}{\sum_{i=1}^{n} \frac{W_i}{M_i}} \times 100 \quad \cdots\cdots (A.1)$$

式中：

V_i——组分 i 的体积分数，%；

W_i——组分 i 的质量分数，%；

M_i——组分 i 的相对分子质量。

A.2　体积分数换算为质量分数，按式 A.2 计算：

$$W_i = \frac{V_i M_i}{\sum_{i=1}^{n} V_i M_i} \times 100 \quad (A.2)$$

ICS 71.080.15
G 17

SH

中华人民共和国石油化工行业标准

SH/T 1779—2014

1,2,4-三甲基苯

1,2,4-Trimethylbenzene

2014-05-06 发布 2014-10-01 实施

中华人民共和国工业与信息化部 发布

前 言

本标准依据 GB/T 1.1—2009 给出的规则起草。

本标准由中国石油化工集团公司提出。

本标准由全国化学标准化技术委员会石油化学分技术委员会（SAC/TC63/SC4）归口。

本标准起草单位：中国石油天然气股份有限公司兰州石化分公司、百川化工（如皋）有限公司、南京炼油厂有限责任公司、中国石化股份有限公司九江分公司、新疆独山子天利实业总公司、中国石化股份有限公司长岭分公司、盘锦锦阳化工有限公司。

本标准主要起草人：于勇刚、徐元德、宋丹、王小为、于文辉、吕坚、浦桂芬、胡军峰、王要青、邓同庆、董剑丰。

本标准为首次发布。

1，2，4-三甲基苯

警告：本标准未指出所有可能的安全问题。生产者必须向用户说明产品的危险性、使用中的安全和防护措施，本部分的使用者有责任采取适当的安全与健康措施，并保证符合国家有关法规规定的条件。

1 范围

本标准规定了1，2，4-三甲基苯（偏三甲苯）的要求、检验规则、包装、标志、运输和贮存以及安全。

本标准适用于由重整重芳烃为原料制得的1，2，4-三甲基苯。该产品用作化工原料。

分子式：C_9H_{12}。

相对分子质量：120.19（按2007年国际相对原子质量）。

2 规范性引用文件

下列文件对于本文件的应用是必不可少的。凡是注日期的引用文件，仅注日期的版本适用于本文件。凡是不注日期的引用文件，其最新版本（包括所有的修改单）适用于本文件。

GB 190 危险货物包装标志

GB/T 1884 原油和液体石油产品密度实验室测定法（密度计法）

GB/T 1885 石油计量表

GB/T 2013—2010 液体石油化工产品密度测定法

GB/T 3723 工业用化学产品采样安全通则（IDT ISO 3165：1976）

GB/T 6283 化工产品中水分含量的测定 卡尔·费休法（通用方法）

GB/T 6678 化工产品采样总则

GB/T 6680 液体化工产品采样通则

GB 6944 危险货物分类和品名编号

GB/T 8170 数值修约规则与极限数值的表示和判定

GB 20581 化学品分类、警示标签和警示说明安全规范 易燃液体

SH 0164 石油产品包装、贮存及交货验收规则

SH/T 0246 轻质石油产品中水含量测定法（电量法）

SH/T 0689 轻质烃及发动机燃料和其他油品的总硫含量测定法（紫外荧光法）

SH/T 1147 工业芳烃中微量硫的测定 微库仑法

SH/T 1773 1，2，4-三甲基苯纯度及烃类杂质的测定 气相色谱法

3 要求

1，2，4-三甲基苯的技术要求和试验方法应符合表1的规定。

表1　1，2，4-三甲基苯的技术要求和试验方法

项目	技术指标			试验方法
	优等品	一等品	合格品	
外观	无色透明液体，无机械杂质			目测[a]
1，2，4-三甲基苯（偏三甲苯）w/% ≥	99.0	98.5	98.0	SH/T 1773
邻甲乙苯 w/% ≤	0.25	0.60	0.80	
1，3，5-三甲基苯（均三甲苯）w/%	报告			
1，2，3-三甲基苯（连三甲苯）w/%	报告			
非芳烃 w/%	报告			
茚满 w/%	报告			
硫含量/（mg/kg） ≤	1.0			SH/T 1147[b]
水含量/（mg/kg）	供需双方商定			SH/T 0246[c]
密度（20℃）/（kg/m^3）	报告			GB/T 1884[d]和 GB/T 1885

[a]在室温下，将样品注入 50mL 洁净的玻璃比色试管中，在自然光或日光灯下观察。

[b]允许使用 SH/T 0689 方法，在有异议时，以 SH/T 1147 测定结果为准。

[c]允许使用 GB/T 6283 方法，在有异议时，以 SH/T 0246 测定结果为准。

[d]允许使用 GB/T 2013—2010 方法 B，在有异议时，以 GB/T 1884 和 GB/T 1885 测定结果为准。

4　检验规则

4.1　检验分类与检验项目

除水含量由供需双方商定外，表 1 中的其他项目均为出厂检验项目。

4.2　组批规则

以均一的，同等质量的产品为一批。也可按产品贮罐进行组批。

4.3　取样

按 GB/T 3723、GB/T 6678、GB/T 6680 的规定进行取样。取 1L 样品作为检验和留样用。

4.4　判定规则和复验规则

4.4.1　判定规则

1，2，4-三甲基苯应由生产厂的质量检验部门按照本标准规定的试验方法进行检验，依据检验结果和本标准中的技术要求，采用 GB/T 8170 规定的修约值比较法，对产品做出质量判定。

4.4.2　复验规则

如检验结果中有一项不符合本标准规定的技术指标时，应按 GB/T 6678 和 GB/T 6680 的规定重新抽取双倍样品，对不符合项目进行复验。以复验结果作为该批产品的质量判定的依据。

4.5 质量证明

每批出厂产品均应附有质量证明书。质量证明书的内容包括生产厂名、产品名称、等级、批号、生产日期和本标准编号等。

5 包装、标志、运输和贮存

1，2，4-三甲基苯的包装、标志和贮存按 SH 0164 的规定进行。

按照 GB 6944 标准的分类原则，1，2，4-三甲基苯属于第 3 类易燃液体。其运输包装的安全标志应符合 GB 190 规定。

6 安全

6.1 1，2，4-三甲基苯为易燃液体，沸点 169.4℃，闪点 46℃，其蒸气与空气易形成爆炸性混合物，其危险性警示应符合 GB 20581 规定。应远离热源和明火，其储罐必须设置防静电和避雷装置。着火时，应使用砂子、石棉布、干粉和泡沫灭火器等。

6.2 1，2，4-三甲基苯为低毒、有刺激性气味的无色透明液体，易刺激人的上呼吸道粘膜。凡接触 1，2，4-三甲基苯的人员应熟悉其安全规定，以保证安全。

ICS 71.080.10
G 17

SH

中华人民共和国石油化工行业标准

SH/T 1782—2015

工业用异戊二烯纯度和烃类杂质含量的测定　气相色谱法

Isoprene for industrial use—Determination of purity and hydrocarbon impurities—Gas chromatographic method

2015-07-14 发布　　2016-01-01 实施

中华人民共和国工业和信息化部　发布

前　言

本标准按照 GB/T 1.1—2009 给出的规则起草。

本标准由中国石油化工集团公司提出。

本标准由全国化学标准化技术委员会石油化学分技术委员会（SAC/TC63/SC4）归口。

本标准起草单位：中国石化上海石油化工股份有限公司。

本标准主要起草人：董宁、戴卫海、朱瑶婜、徐惠珍、陈慧丽、王正方、项雄琪、王娇。

本标准为首次发布。

工业用异戊二烯纯度和烃类杂质含量的测定　气相色谱法

警告：本方法并不是旨在说明与其使用有关的所有安全问题。使用者有责任采取适当的安全和健康措施，并保证符合国家有关法规的规定。

1　范围

本标准规定了用气相色谱法测定工业用异戊二烯纯度和烃类杂质含量。

本标准适用于工业用异戊二烯纯度和烃类杂质含量的测定，其杂质最低检测浓度为0.005%（质量分数）。

2　规范性引用文件

下列文件对于本文件的应用是必不可少的。凡是注日期的引用文件，仅注日期的版本适用于本文件。凡是不注日期的引用文件，其最新版本（包括所有的修改单）适用于本文件。

GB/T 3723　工业用化学产品采样安全通则（GB/T 3723—1999，ISO 3165：1976，IDT）

GB/T 6283　化工产品中水分含量的测定 卡尔·费休法（通用方法）

GB/T 6680　液体化工产品采样通则

GB/T 8170　数值修约规则与极限数值的表示和判定

SH/T 0246　轻质石油产品中水含量测定法（电量法）

3　方法提要

在本标准规定的条件下，将适量试样注入色谱仪，使各待测组分在色谱柱中被有效分离，用氢火焰离子化检测器（FID）检测，以面积归一化法定量。

4　试剂和材料

4.1　氮气：纯度不低于99.99%（体积分数）。

4.2　氢气：纯度不低于99.99%（体积分数）。

4.3　空气：经5A分子筛净化的压缩空气。

5　仪器

5.1　气相色谱仪

配置氢火焰离子化检测器（FID）并能按表1推荐的色谱条件进行操作的任何色谱仪，该色谱仪对试样中0.005%（质量分数）的组分所产生的峰高应至少大于噪声的两倍。仪器的动态线性范围必须满足定量要求。

5.2 色谱柱

本标准推荐的色谱柱及典型操作条件见表 1，典型色谱图见图 1 及图 2。其他能达到同等分离程度的色谱柱和操作条件也可使用。

表 1 推荐色谱柱及典型的操作条件

色谱柱	100%二甲基聚硅氧烷柱
柱长/m	50
柱内径/mm	0.20
液膜厚度/μm	0.33
载气（N_2）流速/（mL/min）	0.5
柱温	
初始温度/℃	20
保持时间/min	10
升温速率/（℃/ min）	15
最终温度/℃	180
终温保持时间/min	8
汽化室温度/℃	180
检测器温度/℃	250
进样量/μL	0.4
分流比	100 : 1

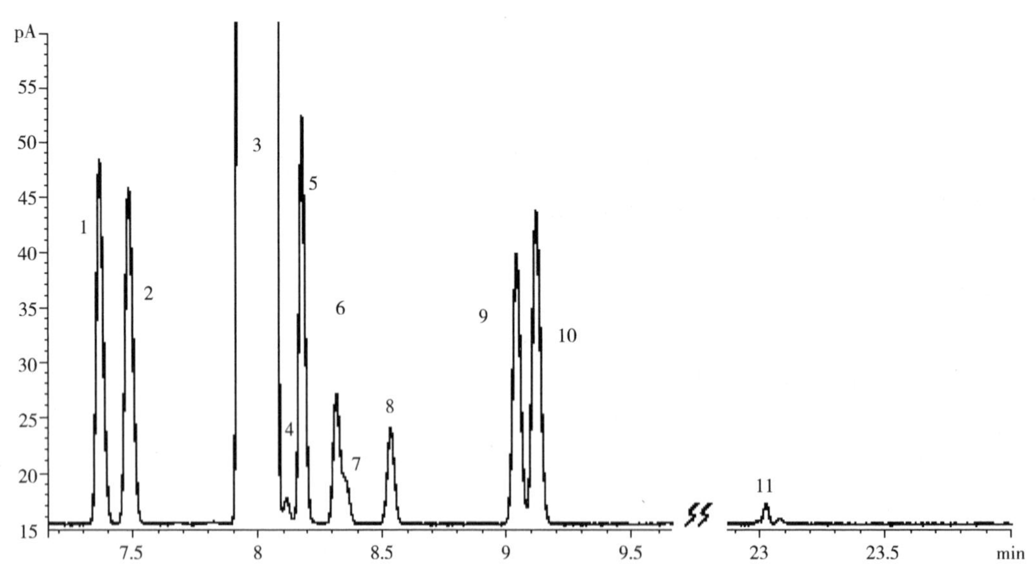

1—2-丁炔；2—2-甲基-1-丁烯-3-炔；3—异戊二烯；4—反-2-戊烯；5—1-戊烯-3-炔；6—1-戊炔；7—顺-2-戊烯；8—2-甲基-2-丁烯；9—环戊二烯；10—顺-1,3-戊二烯；11—异戊二烯二聚物

图 1 化学级异戊二烯典型色谱图

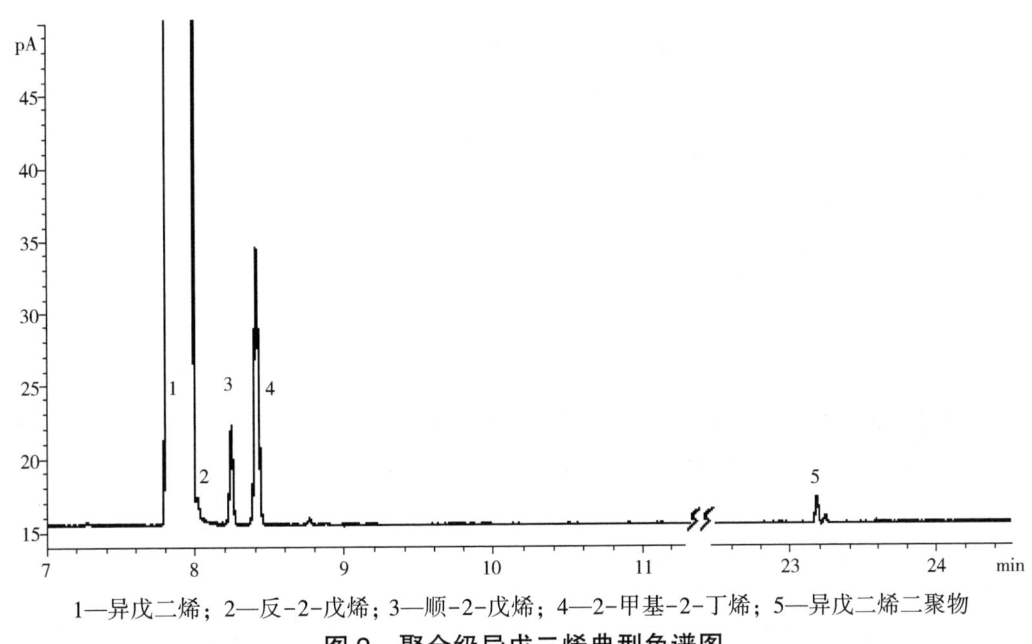

1—异戊二烯；2—反-2-戊烯；3—顺-2-戊烯；4—2-甲基-2-丁烯；5—异戊二烯二聚物

图2　聚合级异戊二烯典型色谱图

5.3　记录装置

积分仪或色谱工作站。

5.4　进样装置

10 μL 微量注射器进样，推荐使用自动进样器进样。

6　采样

按 GB/T 3723 和 GB /T 6680 规定的安全与技术要求采取样品。取样瓶应耐压、密闭。

7　测定步骤

7.1　设定操作条件

根据仪器操作说明书，在色谱仪中安装并老化色谱柱后调节仪器至表 1 所示的操作条件，待仪器稳定后即可开始测定。

7.2　试样测定

用微量注射器（5.4）向色谱仪中注入异戊二烯样品，测量所有烃类组分的峰面积。

8　分析结果的表述

8.1　计算

样品中待测组分的含量 w_i 按式（1）计算。

$$w_i = \frac{A_i}{\sum A_i}(100.00 - w_s) \qquad (1)$$

式中：

w_i——试样中 i 组分的含量，单位为%（质量分数）；

A_i——试样中 i 组分的峰面积；

$\sum A_i$——试样中各组分的峰面积之和；

w_s——按 SH/T 0246 或 GB/T 6283 测得的试样中水分的含量，单位为%（质量分数）。

8.2 结果的表示

对于任一试样，各组分的含量以两次平行测定结果的算术平均值表示其分析结果，按 GB/T 8170 的规定进行修约，纯度应精确至 0.01%（质量分数），烃类杂质应精确至 0.001%（质量分数）。

9 重复性

在同一实验室，由同一操作者使用相同设备，按相同的测试方法，并在短时间内对同一被测对象相互独立进行测试获得的两次独立测试结果的绝对差值不应大于表 2 中的重复性限（r），以大于重复性限（r）的情况不超过 5%为前提：

表 2 重复性限（r）

组　分	含量/%（质量分数）	重复性限（r）
异戊二烯	≥98.00	0.10%（质量分数）
烃类杂质	≤0.020	平均值的 15%
	>0.020	平均值的 10%

10 报告

报告应包括下列内容：

a）有关样品的全部资料，例如样品名称、批号、采样地点、采样日期、采样时间等；

b）本标准编号；

c）分析结果；

d）测定中观察到的任何异常现象的细节及其说明；

e）分析人员的姓名及分析日期等。

ICS 71.080.10
G 17

SH

中华人民共和国石油化工行业标准

SH/T 1784—2015

工业用异戊二烯中微量抽提剂含量的测定 气相色谱法

Isoprene for industrial use—Determination of trace extraction agent —Gas chromatographic method

2015-07-14 发布 2016-01-01 实施

中华人民共和国工业和信息化部 发布

前　言

本标准按照 GB/T 1.1—2009 给出的规则起草。

本标准由中国石油化工集团公司提出。

本标准由全国化学标准化技术委员会石油化学分技术委员会（SAC/TC63/SC4）归口。

本标准起草单位：中国石化上海石油化工股份有限公司、抚顺伊科思新材料有限公司。

本标准主要起草人：董宁、王龙庆、戴卫海、朱瑶娶、黄永凯、徐惠珍、潜森芝、梁碧华。

本标准为首次发布。

工业用异戊二烯中微量抽提剂含量的测定　气相色谱法

警告：本方法并不是旨在说明与其使用有关的所有安全问题。使用者有责任采取适当的安全和健康措施，并保证符合国家有关法规的规定。

1　范围

本标准规定了用气相色谱法测定工业用异戊二烯（聚合级）中的微量抽提剂二甲基甲酰胺和乙腈。

本标准适用于测定工业用异戊二烯（聚合级）中含量不低于0.5 mg/kg的二甲基甲酰胺或不低于1.0 mg/kg的乙腈。

2　规范性引用文件

下列文件对于本文件的应用是必不可少的。凡是注日期的引用文件，仅注日期的版本适用于本文件。凡是不注日期的引用文件，其最新版本（包括所有的修改单）适用于本文件。

GB/T 3723　工业用化学产品采样安全通则（GB/T 3723—1999，ISO 3165：1976，IDT）

GB/T 6680　液体化工产品采样通则

GB/T 8170　数值修约规则与极限数值的表示和判定

3　方法提要

在本标准规定的条件下，将适量试样注入色谱仪，使待测组分在色谱柱中被有效分离，用氢火焰离子化检测器（FID）检测，以外标法定量。

4　试剂和材料

4.1　试剂

4.1.1　异戊二烯：纯度≥99.5%（质量分数），应不含被测定的抽提剂，用作配制标样的溶剂；也可采用其他不含被测抽提剂的溶剂。

4.1.2　二甲基甲酰胺：纯度≥99.5%（质量分数）。

4.1.3　乙腈：纯度≥99.5%（质量分数）。

4.2　材料

4.2.1　氮气：其纯度应不低于99.99%（体积分数）。

4.2.2　氢气：其纯度应不低于99.99%（体积分数）。

4.2.3　空气：经5A分子筛净化的压缩空气。

5　仪器

5.1 气相色谱仪

配置有分流系统、氢火焰检测器（FID）的气相色谱仪，该色谱仪对本标准中规定的最低测定浓度下的抽提剂所产生的峰高应至少大于噪声的两倍。

5.2 色谱柱

本标准推荐的色谱柱及典型操作条件见表1，典型色谱图见图1~图3。其他能达到同等分离程度的色谱柱和操作条件也可使用。

表1　推荐的色谱柱及典型操作条件

操作条件	条件1	条件2	条件3
色谱柱	硝基对苯二酸改性的聚乙二醇	硝基对苯二酸改性的聚乙二醇	硝基对苯二酸改性的聚乙二醇
柱长/m	30	30	30
柱内径/mm	0.53	0.32	0.53
液膜厚度/μm	1	0.25	1
汽化室温度/℃	230	200	230
检测器温度/℃	250	250	250
载气（N_2）流速/（mL/min）	2	1.1	2
柱温			
初始温度/℃	110	40	40
保持时间/min	4	10	10
升温速率/（℃/min）	15	20	20
最终温度/℃	200	200	200
保持时间/min	5	5	5
进样量/μL	1	0.4	1
分流比	1:1	5:1	1:1
注：条件1仅适用于测定二甲基甲酰胺的含量；条件2仅适用于测定乙腈的含量；条件3适用于同时测定二甲基甲酰胺和乙腈的含量。			

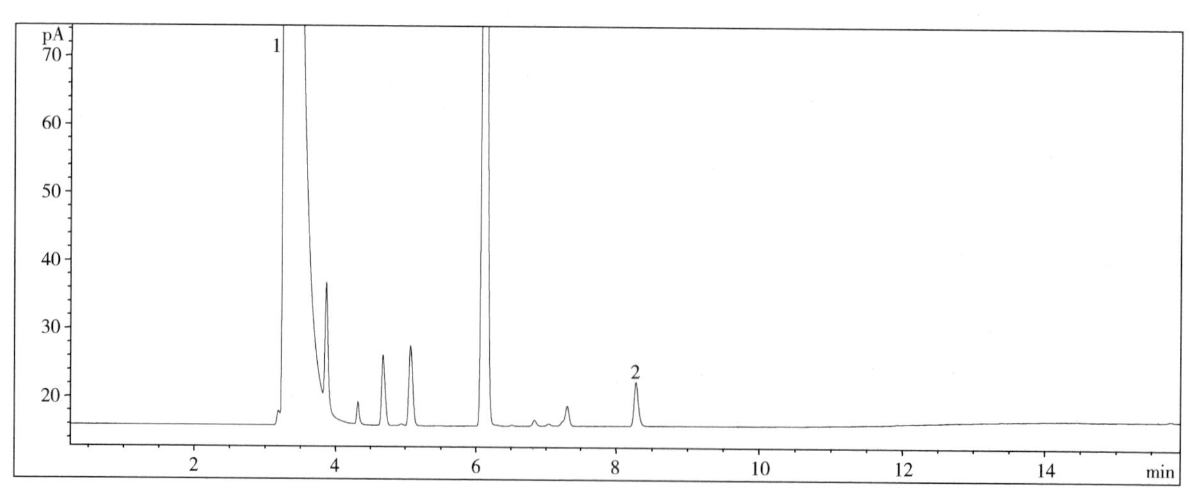

1—异戊二烯；2—二甲基甲酰胺

图1　条件1下的典型色谱图

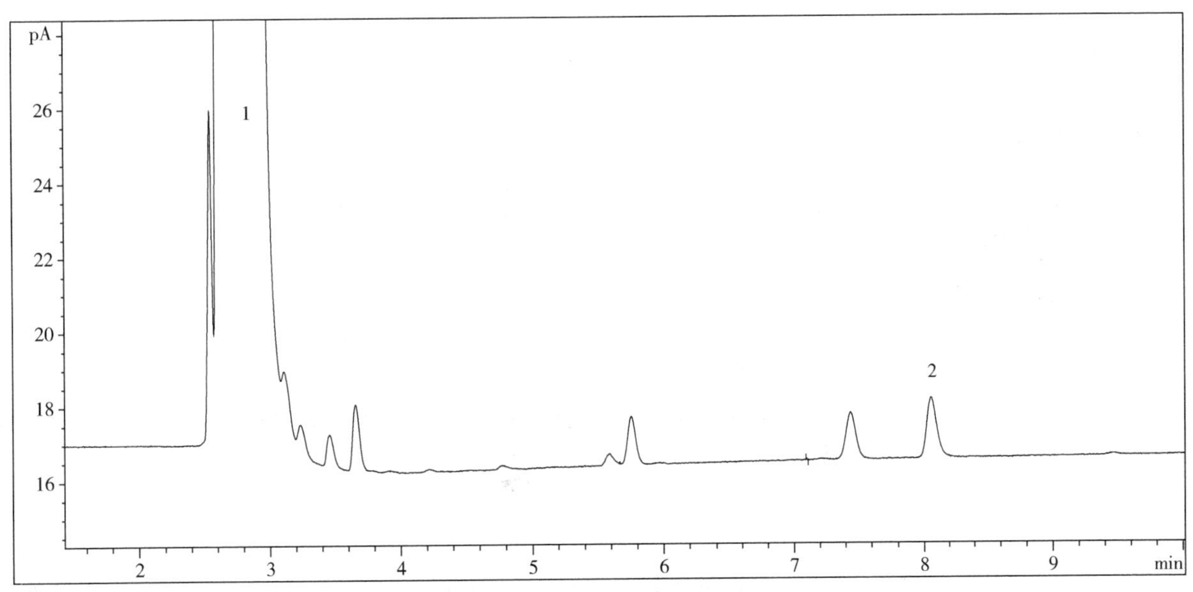

1—异戊二烯；2—乙腈

图2　条件2下的典型色谱图

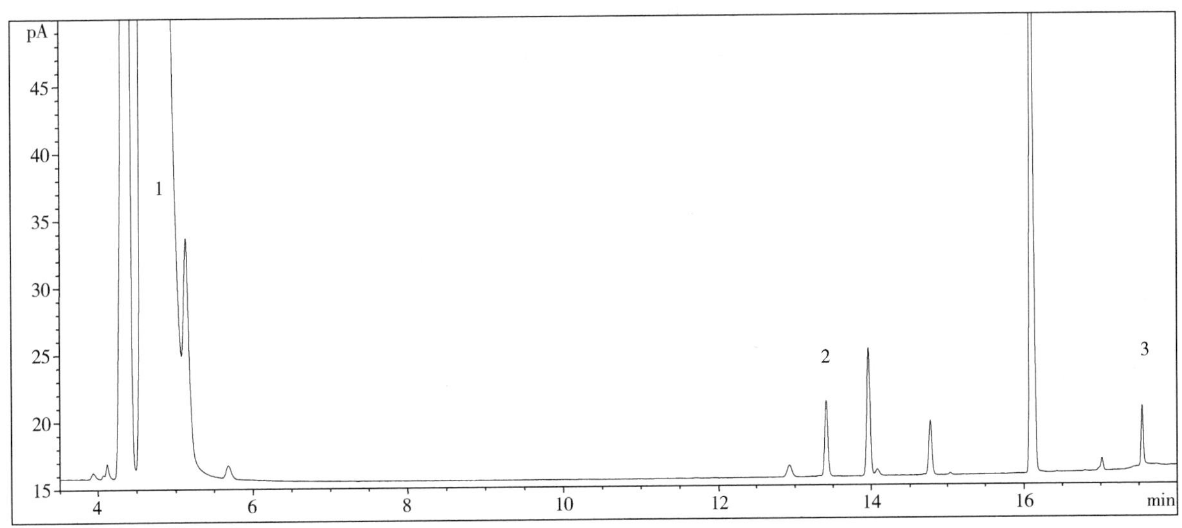

1—异戊二烯；2—乙腈；3—二甲基甲酰胺

图3　条件3下的典型色谱图

5.3　记录装置

积分仪或色谱工作站。

5.4　进样装置

10μL 微量注射器进样，推荐使用自动进样器进样。

6　采样

按 GB/T 3723 和 GB /T 6680 规定的安全与技术要求采取样品。取样瓶应耐压、密闭。

7 测定步骤

7.1 设定操作条件

根据仪器操作说明书，在色谱仪中安装并老化色谱柱后调节仪器至表1所示的操作条件，待仪器稳定后即可开始测定。

7.2 标样的准备

在异戊二烯或其他合适的溶剂中，加入适量的二甲基甲酰胺、乙腈，采用重量法配制成浓度与样品接近的标样。可采取逐级稀释的方法配制标样。由于异戊二烯等溶剂极易挥发，因此在配样的过程中应尽可能保持密封状态，配制好的标样应密封且低温保存。

7.3 校正

采用微量注射器（5.4），按表1规定的进样量向色谱仪准确注入标样，重复测定两次，测量各被测组分的峰面积。两次重复测定的峰面积之差应不大于其平均值的5%，取其平均值供定量计算用。

7.4 试样测定

用微量注射器（5.4）按表1规定的进样量向色谱仪准确注入样品，重复测定两次，记录并测得各抽提剂组分的峰面积。

注：测定时，试样温度应与标样的温度保持一致。

8 分析结果的表述

8.1 计算

样品中待测的抽提剂的含量 w_i 按式（1）计算，以 mg/kg 表示。

$$w_i = w_s \times \frac{A_i}{A_s} \times \frac{\rho_1}{\rho_2} \tag{1}$$

式中：

w_s——标样中待测组分 i 的含量，单位为 mg/kg；

A_i——试样中待测组分 i 的峰面积；

A_s——标样中待测组分 i 的峰面积；

ρ_1——配制标样用溶剂的密度，单位为 g/mL（20℃）；

ρ_2——异戊二烯的密度，0.681 g/mL（20℃）。

8.2 结果的表示

取两次重复测定结果的算术平均值报告其分析结果，按 GB/T 8170 规定进行修约，精确至0.1 mg/kg。

9 重复性

在同一实验室，由同一操作者使用相同设备，按相同的测试方法，并在短时间内对同一被测对象相互独立进行测试获得的两次独立测试结果的绝对差值不大于其算术平均值的15%，以大于其算术平均值的15%的情况不超过5%为前提。

10 报告

报告应包括下列内容：

a）有关样品的全部资料，例如样品名称、批号、采样地点、采样日期、采样时间等；

b）本标准编号；

c）分析结果；

d）测定中观察到的任何异常现象的细节及其说明；

e）分析人员的姓名及分析日期等。

ICS 71.080.10
G 17

SH

中华人民共和国石油化工行业标准

SH/T 1785—2015

工业用异戊烯

Isoamylene for industrial use—Specification

2015-07-14 发布　　2016-01-01 实施

中华人民共和国工业和信息化部　发布

前　言

本标准按照GB/T 1.1—2009给出的规则起草。

本标准由中国石油化工集团公司提出。

本标准由全国化学标准化技术委员会石油化学分技术委员会（SAC/TC63/SC4）归口。

本标准起草单位：中国石化上海石油化工股份有限公司。

本标准主要起草人：成世红、孙春水、周志刚、范存良、朱瑶婀、沈霁、陈慧丽、陈欢。

本标准为首次发布。

工业用异戊烯

警告：如果不遵守防范措施，本标准所属产品在生产、贮运和使用等过程中可能存在危险。本标准无意对与本产品有关的所有安全问题都提出建议。用户在使用本标准之前，有责任建立适当的安全和防护措施，并确定相关规章限制的适用性。

1 范围

本标准规定了工业用异戊烯的产品分类、要求、检验规则、标志、包装、运输和储存、安全。

本标准适用于以碳五馏分为原料，经醚化、醚解反应、精馏而制得的异戊烯产品。异戊烯包括2-甲基-1-丁烯和2-甲基-2-丁烯。

结构简式：$CH_2{=}C(CH_3)CH_2CH_3$和$CH_3C(CH_3){=}CHCH_3$。

分子式：C_5H_{10}

相对分子质量：70.135（按2011年国际相对原子质量）

2 规范性引用文件

下列文件对于本文件的应用是必不可少的。凡是注日期的引用文件，仅所注日期的版本适用于本文件。凡是不注日期的引用文件，其最新版本（包括所有的修改单）适用于本文件。

GB 190　危险货物包装标志

GB/T 3143　液体化学产品颜色测定法（Hazen单位——铂-钴色号）

GB/T 3723　工业用化学产品采样安全通则

GB/T 6283　化工产品中水分含量的测定 卡尔·费休法（通用方法）

GB/T 6680　液体化工产品采样通则

GB/T 8170　数值修约规则与极限数值的表示和判定

GB 13690　化学品分类和危险性公示 通则

SH/T 0246　轻质石油产品中水含量测定法（电量法）

SH/T 1786　工业用异戊烯纯度和烃类杂质含量的测定　气相色谱法

SH/T 1787　工业用异戊烯中含氧化合物的测定　气相色谱法

3 产品分类

工业用异戊烯产品分为优级品和一级品。

4 要求

工业用异戊烯的技术要求和试验方法见表1。

表 1　工业用异戊烯的技术要求和试验方法

项　　目		指　标		试验方法
		优级品	一级品	
外观		清澈透明液体，无机械杂质		目测[a]
色度（铂-钴）/号	≤	30	30	GB/T 3143
异戊烯，w/%	≥	99.3	99.0	SH/T 1786
2-甲基-2-丁烯，w/%	≥	90.0	88.0	
甲醇，w/%	≤	0.020	0.050	SH/T 1787
二甲醚，w/%	≤	0.020	0.050	
水分，w/%	≤	0.020	0.030	SH/T 0246（仲裁法）或 GB/T 6283
[a]在自然光下，取不少于 200 mL 试样于无色透明试剂瓶中观测。				

5　检验规则

5.1　出厂检验

表 1 中规定的所有项目均为出厂检验项目。

5.2　组批

在原材料、工艺不变的条件下，产品每生产一罐为一批。

5.3　采样

按 GB/T 3723、GB/T 6680 的规定的安全与技术要求采取样品。取样瓶应耐压、密闭，样品分装于两个清洁干燥的玻璃采样瓶中，瓶上贴标签，注明：产品名称、批号、采样日期和采样者姓名等内容，一瓶检测用，一瓶留样用。

5.4　判定与复检

5.4.1　试验结果的判定按 GB/T 8170 全数值比较法进行。出厂检验结果全部符合本标准表 1 的技术要求时，则判定该批产品合格。

5.4.2　出厂检验结果有不符合表 1 技术指标的规定时，在原组批号中加倍重新取样、复验。复查结果如仍不符合本标准要求时，则整批产品为不合格。

5.5　交货验收

工业用异戊烯产品的出厂检验由生产厂负责，生产厂应保证所有出厂的产品符合本标准的技术要求，每批出厂的产品应附有质量检验合格证或一定格式的质量证明书。用户在收到产品后，可按照本标准的规定进行验收，验收方式及期限由供需双方商定。

6 标志、包装、运输和贮存

6.1 标志

6.1.1 包装容器上应有明显、牢固的标志，内容包括：产品名称、生产厂名称、地址、批号或生产日期、净含量、等级、本标准编号等内容。

6.1.2 包装容器上应有符合 GB 190 规定的“易燃液体”的明显标志。容器上应贴有安全标签，安全标签上的危险性警示标志应符合 GB 13690 的相关要求。

6.2 包装

工业用异戊烯产品的储存采用钢制贮槽，运输时可采用钢制槽车。槽车或贮槽需清洁、干燥。

6.3 运输

产品运输时应遵守国家有关危险货物运输的各项有关规定。应防止暴晒、雨淋，运输工具应清洁、干燥。

6.4 贮存

6.4.1 工业用异戊烯产品应远离火种、热源，储存于阴凉、通风处。

6.4.2 工业用异戊烯产品不宜大量久存，应与氧化剂、酸类等物资分开存放。

6.4.3 采用储罐贮存时，应有防火、防爆技术措施，露天储罐夏天应有降温措施，罐区按防爆区管理。

6.4.4 产品灌装时应控制流速（不超过 3m/s），且应有接地装置，防止静电积累。搬运时要轻装轻卸，防止包装及容器损坏。

7 安全

7.1 工业用异戊烯属于低闪点易燃液体，其涉及的安全问题应符合相关法律法规和标准的规定。

7.2 工业用异戊烯的运输、储存、使用和事故处理等环节涉及安全方面的数据和信息，应包含在产品的“化学品安全技术说明书”中。生产商或供应商应提供产品的“化学品安全技术说明书”。

7.3 工业用异戊烯易燃、易爆，属于低闪点易燃液体，一切预防措施应考虑如何避免形成爆炸气氛，应避免与硝酸、硫酸等氧化剂接触，亦不可与酸类、卤素等物质接触。

7.4 生产装置应按有关规定配置各类灭火器材。当异戊烯发生初期火灾时，可用泡沫、干粉、二氧化碳灭火器灭火，也可用沙土灭火，不可用水灭火。

7.5 应使工作场所保持良好的通风，并配备冲洗龙头，避免吸入或皮肤接触异戊烯。

7.6 工业用异戊烯的储存、运输和使用必须按危险品规定采取安全措施。

ICS 71.080.10
G 17

中华人民共和国石油化工行业标准

SH/T 1786—2015

工业用异戊烯纯度和烃类杂质含量的测定 气相色谱法

Isoamylene for industrial use—Determination of purity and hydrocarbon impurities —Gas chromatographic method

2015-07-14 发布 2016-01-01 实施

中华人民共和国工业和信息化部 发布

前　言

本标准按照 GB/T 1.1—2009 给出的规则起草。

本标准由中国石油化工集团公司提出。

本标准由全国化学标准化技术委员会石油化学分技术委员会（SAC/TC63/SC4）归口。

本标准起草单位：中国石化上海石油化工股份有限公司。

本标准主要起草人：戴卫海、董宁、徐旭峰、朱瑶婴、潜森芝、项雄琪、林之玮。

本标准为首次发布。

工业用异戊烯纯度和烃类杂质含量的测定　气相色谱法

警告：本方法并不是旨在说明与其使用有关的所有安全问题。使用者有责任采取适当的安全和健康措施，并保证符合国家有关法规的规定。

1　范围

本标准规定了用气相色谱法测定工业用异戊烯试样纯度和烃类杂质含量。

本标准适用于异戊烯试样中的烃类组分含量的测定，其最低检测浓度为0.005%（质量分数）。

2　规范性引用文件

下列文件对于本文件的应用是必不可少的。凡是注日期的引用文件，仅注日期的版本适用于本文件。凡是不注日期的引用文件，其最新版本（包括所有的修改单）适用于本文件。

GB/T 3723　工业用化学产品采样安全通则（GB/T 3723—1999，ISO 3165：1976，IDT）

GB/T 6283　化工产品中水分含量的测定 卡尔·费休法（通用方法）

GB/T 6680　液体化工产品采样通则

GB/T 8170　数值修约规则与极限数值的表示和判定

SH/T 0246　轻质石油产品中水含量测定法（电量法）

SH/T 1787　工业用异戊烯中含氧化合物的测定　气相色谱法

3　方法提要

在本标准规定的条件下，将适量试样注入色谱仪，使各待测组分在色谱柱中被有效分离，用氢火焰离子化检测器（FID）检测，以面积归一化法定量。

4　试剂和材料

4.1　氮气：纯度不低于99.99%（体积分数）。

4.2　氢气：纯度不低于99.99%（体积分数）。

4.3　空气：经5A分子筛净化的压缩空气。

5　仪器

5.1　气相色谱仪

配置氢火焰离子化检测器（FID）并能按表1推荐的色谱条件进行操作的任何色谱仪，该色谱仪对试样中0.005%（质量分数）的烃类组分所产生的峰高应至少大于噪声的两倍。仪器的动态线性范围必须满足定量要求。

5.2 色谱柱

本标准推荐的色谱柱及典型操作条件见表1，典型色谱图见图1。其他能达到同等分离程度的色谱柱和操作条件也可使用。

表1 推荐的色谱柱及典型操作条件

色谱柱	100%二甲基聚硅氧烷柱
柱长/m	50
柱内径/mm	0.20
液膜厚度/μm	0.33
载气（N_2）流速/（mL/min）	0.6
柱温 初始温度/℃ 保持时间/min 升温速率/（℃/min） 最终温度/℃	 30 10 15 160
终温保持时间/min	8
汽化室温度/℃	180
检测器温度/℃	250
进样量/μL	0.4
分流比	100∶1

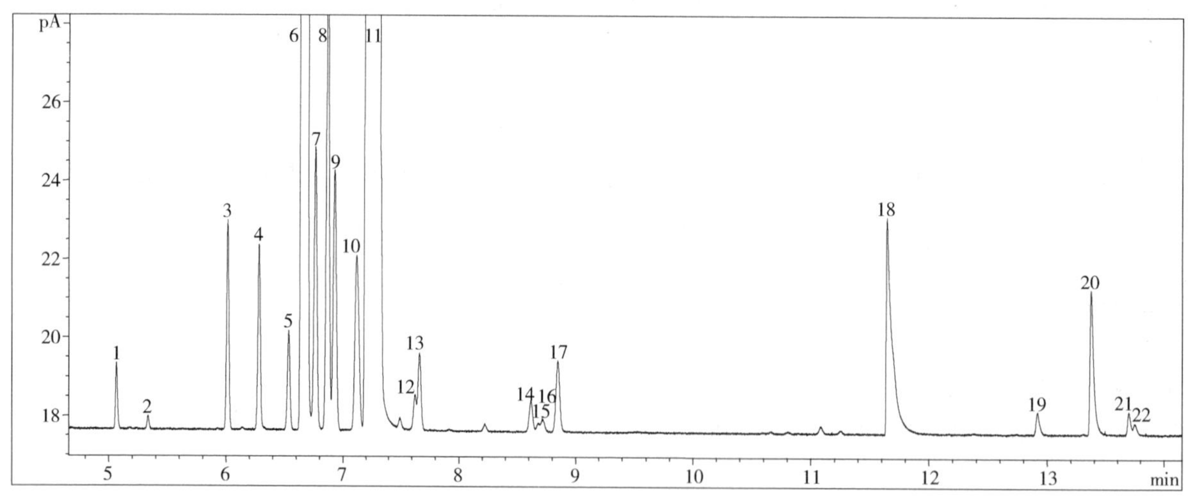

1—二甲醚；2—甲醇；3—3-甲基-1-丁烯；4—异戊烷；5—1-戊烯；6—2-甲基-1-丁烯；7—正戊烷；8—异戊二烯；9—反-2-戊烯；10—顺-2-戊烯；11—2-甲基-2-丁烯；12—3-戊烯-1-炔；13—3-甲基-1,2-丁二烯；14—环戊烷；15—2,3-二甲基丁烷；16—4-甲基-2-戊烯；17—2-甲基-戊烷；18—叔戊醇；19—2-甲氧基-3-甲基丁烷；20—甲基叔戊基醚；21—2-甲氧基戊烷；22—甲基戊基醚（异构体）

图1 异戊烯典型色谱图

5.3 记录装置

积分仪或色谱工作站。

5.4 进样装置

10 μL 微量注射器进样，推荐使用自动进样器进样。

6 采样

按 GB/T 3723 和 GB /T 6680 规定的安全与技术要求采取样品。取样瓶应耐压、密闭。

7 测定步骤

7.1 设定操作条件

根据仪器操作说明书，在色谱仪中安装并老化色谱柱后调节仪器至表 1 所示的操作条件，待仪器稳定后即可开始测定。

7.2 试样测定

用微量注射器（5.4）向色谱仪中注入异戊烯样品，并测量所有烃类组分的峰面积。

8 分析结果的表述

8.1 计算

8.1.1 样品中烃类组份的含量 w_i 按式（1）计算，以%（质量分数）表示。

$$w_i = \frac{A_i}{\sum A_i}(100.00 - w_s - \Sigma w_o) \qquad (1)$$

式中：

w_i——试样中烃类组分 i 的含量，单位为%（质量分数）；

A_i——试样中烃类组分 i 的峰面积；

$\sum A_i$——试样中各烃类组分的峰面积之和；

w_s——按 SH/T 0246 或 GB/T 6283 测得的试样中水分的含量，单位为%（质量分数）；

w_o——按 SH/T 1787 测得的试样中含氧化合物的含量，单位为%（质量分数）。

注：$\sum A_i$ 应不含各含氧化合物的峰面积。

8.1.2 异戊烯纯度 w 为 2-甲基-1-丁烯与 2-甲基-2-丁烯的含量之和，按式（2）计算，以%（质量分数）表示。

$$w = w_1 + w_2 \qquad (2)$$

式中：

w_1——2-甲基-1-丁烯的含量，单位为%（质量分数）；

w_2——2-甲基-2-丁烯的含量，单位为%（质量分数）。

8.2 结果的表示

对于任一试样，各组分的含量以两次平行测定结果的算术平均值表示其分析结果，按 GB/T 8170 的规定进行修约，纯度应精确至 0.01%（质量分数），烃类杂质应精确至 0.001%（质量分数）。

9　重复性

在同一实验室，由同一操作者使用相同设备，按相同的测试方法，并在短时间内对同一被测对象相互独立进行测试获得的两次独立测试结果的绝对差值不应大于表2中的重复性限（r），以大于重复性限（r）的情况不超过5%为前提：

表2　重复性限（r）

组　分	含量 %（质量分数）	重复性限（r）
异戊烯纯度	≥ 98.00	0.20%（质量分数）
烃类杂质	$w_i \leq 0.020$	平均值的25%
	$0.020 < w_i \leq 0.100$	平均值的20%
	$w_i > 0.100$	平均值的10%

10　报告

报告应包括下列内容：

a）有关样品的全部资料，例如样品名称、批号、采样地点、采样日期、采样时间等。

b）本标准编号。

c）分析结果。

d）测定中观察到的任何异常现象的细节及其说明。

e）分析人员的姓名及分析日期等。

ICS 71.080.10
G 17

SH

中华人民共和国石油化工行业标准

SH/T 1787—2015

工业用异戊烯中含氧化合物的测定 气相色谱法

Isoamylene for industrial use—Determination of oxy-compounds —Gas chromatographic method

2015-07-14 发布　　2016-01-01 实施

中华人民共和国工业和信息化部　发布

前　言

本标准依据 GB/T 1.1—2009 给出的规则起草。

本标准由中国石油化工集团公司提出。

本标准由全国化学标准化技术委员会石油化学分技术委员会（SAC/TC63/SC4）归口。

本标准起草单位：中国石油化工股份有限公司上海石油化工研究院。

本标准主要起草人：李继文。

本标准为首次发布。

工业用异戊烯中含氧化合物的测定　气相色谱法

警告：本标准并不是旨在说明与其使用有关的所有安全问题。使用者有责任采取适当的安全与健康措施，保证符合国家有关法规的规定。

1　范围

本标准规定了用气相色谱法测定工业用异戊烯中含氧化合物的含量。

本标准适用于甲醇、二甲醚、甲基叔戊基醚、叔戊醇等含氧化合物杂质浓度不低于 0.001%（质量分数）的异戊烯样品的测定。

2　规范性引用文件

下列文件对于本文件的应用是必不可少的。凡是注日期的引用文件，仅注日期的版本适用于本文件。凡是不注日期的引用文件，其最新版本（包括所有的修改单）适用于本文件。

GB/T 3723　工业用化学产品采样安全通则（GB/T 3723—1999，ISO 3165：1976，IDT）

GB/T 6680　液体化工产品采样通则

GB/T 8170　数值修约规则与极限数值的表示和判定

3　方法提要

在本标准规定的条件下，将适量试样注入色谱仪，使试样中的含氧化合物组分得到分离，用氢火焰离子化检测器（FID）检测，以外标法定量。

4　试剂与材料

4.1　载气

氮气：纯度≥99.99%（体积分数），经硅胶及 5A 分子筛干燥，净化。

4.2　辅助气

4.2.1　氢气：纯度≥99.99%（体积分数），经硅胶及 5A 分子筛干燥，净化。

4.2.2　空气：经硅胶及 5A 分子筛干燥，净化。

4.3　标准试剂

4.3.1　甲醇、甲基叔戊基醚、叔戊醇：供配制标样用。纯度应不低于 99.0%（质量分数）。

4.3.2　正戊烷：用作配制标样的溶剂，纯度不低于 99.5%（质量分数），应不含有 4.3.1 所述含氧化合物杂质，其他满足要求的溶剂也可使用。

5 仪器

5.1 气相色谱仪

配置氢火焰离子化检测器（FID）的气相色谱仪。该仪器对本标准所规定的最低测定浓度下的含氧化合物所产生的峰高应至少大于噪声的两倍。

5.2 色谱柱

推荐的色谱柱及典型操作条件见表1，典型色谱图见图1、图2。能满足分离要求的其他色谱柱和色谱条件也可使用。

表1 推荐的色谱柱及典型操作条件

色谱条件	色谱条件1[a]	色谱条件2
色谱柱	聚甲基硅氧烷	CP-Lowox
柱长/m	50	10
柱内径/mm	0.20	0.53
液膜厚度/μm	0.50	/
载气（N_2）流量/（mL/min）	0.6	10
柱温		
初始温度/℃	35	100
保持时间/min	10	2
升温速率/（℃/min）	10	15
最终温度/℃	150	200
终温保持时间/min	2	6
汽化室温度/℃	200	200
检测器温度/℃	250	250
进样量/μL	1.0	1.0
分流比	20∶1	10∶1

[a]在该条件下，甲醇和异丁烷不能分离。

5.3 记录装置

积分仪或色谱工作站。

5.4 进样装置

10 μL微量注射器进样，推荐使用液体自动进样器。

6 采样

按GB/T 3723和GB /T 6680规定的安全与技术要求采取样品。

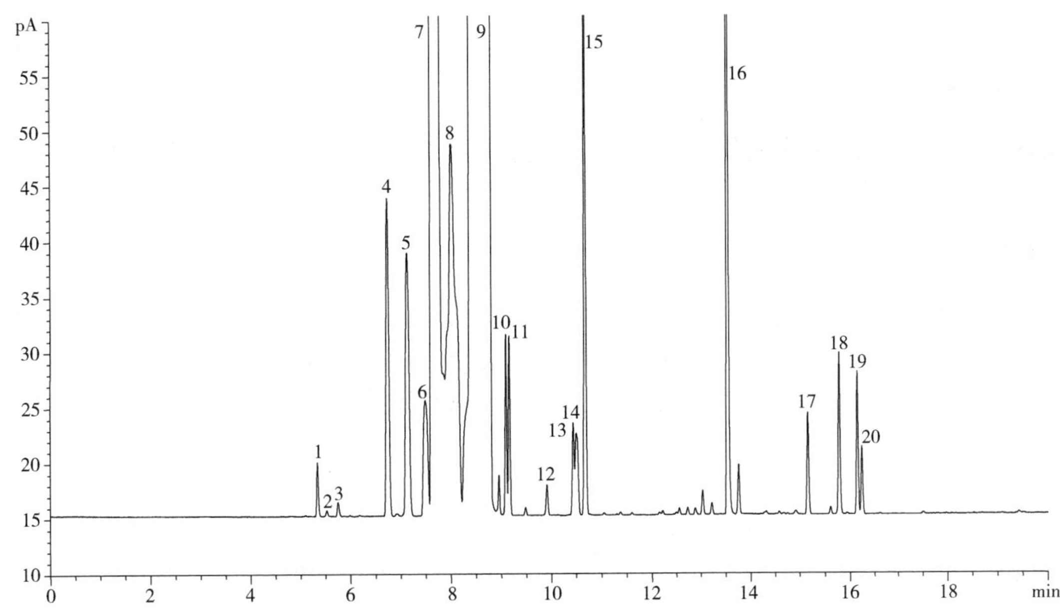

1—二甲醚；2—甲醇（与异丁烷不能分离）；3—正丁烷；4—3-甲基-1-丁烯；5—异戊烷；6—1-戊烯；
7—2-甲基-1-丁烯；8—异戊二烯+反-2-戊烯；9—2-甲基-2-丁烯；10—3-戊烯-1-炔；11—3-甲基-1,2-丁二烯；
12—环戊烯；13—环戊烷；14—4-甲基-2-戊烯；15—2-甲基-戊烷；16—叔戊醇；17—2-甲氧基-3-甲基丁烷；
18—甲基叔戊基醚；19—2-甲氧基戊烷；20—甲基戊基醚的异构体

图 1　聚甲基硅氧烷色谱柱上的典型色谱图

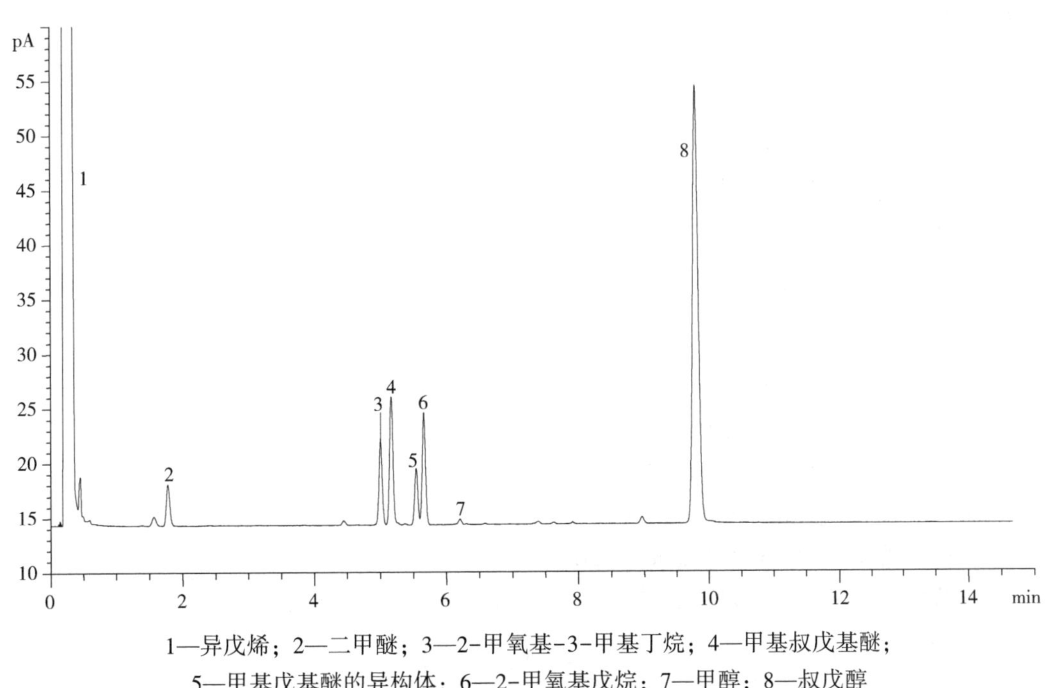

1—异戊烯；2—二甲醚；3—2-甲氧基-3-甲基丁烷；4—甲基叔戊基醚；
5—甲基戊基醚的异构体；6—2-甲氧基戊烷；7—甲醇；8—叔戊醇

图 2　CP-Lowox 色谱柱上的典型色谱图

7 测定步骤

7.1 设定操作条件

根据仪器操作说明书，在色谱仪中安装并老化色谱柱。然后调节仪器至表1所示的操作条件，待仪器稳定后即可开始测定。

7.2 标样的准备

在正戊烷或其它合适的溶剂中，加入适量的甲醇、叔戊醇、甲基叔戊基醚（4.3.1），采用重量法配制成浓度与样品接近的标样。可采取逐级稀释的办法配制标样。由于正戊烷等溶剂极易挥发，因此在配样的过程中应尽可能保持密封状态，配制好的标样应密封且低温保存。

7.3 校正

采用微量注射器（5.4），在规定的条件下向色谱仪准确注入1.0 μL标样，重复测定两次，测量各含氧化合物组分的峰面积。两次重复测定的峰面积之差应不大于其平均值的5%，取其平均值供定量计算用。

7.4 试样测定

用微量注射器（5.4）准确注入1.0 μL异戊烯样品，重复测定两次，测定并记录各含氧化合物组分的峰面积。

注：测定时，试样温度应与标样溶液的温度保持一致。

8 分析结果的表述

8.1 计算

8.1.1 样品中待测的含氧化合物杂质组分（除二甲醚外）的含量 w_i 按式（1）计算，以%（质量分数）表示。甲基戊基醚的异构体均按甲基叔戊基醚计算。

$$w_i = w_s \times \frac{A_i}{A_s} \times \frac{\rho_1}{\rho_2} \qquad (1)$$

式中：

w_s——标样中含氧化合物组分 i 的含量，单位为%（质量分数）；

A_i——试样中含氧化合物组分 i 的峰面积；

A_s——标样中含氧化合物组分 i 的峰面积；

ρ_1——配制标样用正戊烷溶剂的密度，0.630 g/mL（20 ℃）；

ρ_2——异戊烯样品的密度，0.662 g/mL（20 ℃）。

8.1.2 样品中待测的二甲醚的含量 w_i 按式（2）计算，以%（质量分数）表示。

$$w_i = w_f \times \frac{A_i}{A_f} \times \frac{\rho_1}{\rho_2} \times R_i \qquad (2)$$

式中：

w_f——标样中甲醇的含量，单位为%（质量分数）；

A_i——试样中二甲醚的峰面积；

A_f——标样中甲醇的峰面积；

ρ_1——配制标样用正戊烷溶剂的密度，0.630 g/mL（20 ℃）；

ρ_2——异戊烯样品的密度，0.662 g/mL（20 ℃）；

R_i——二甲醚对甲醇的相对质量校正因子，以 0.90 计。

8.2 结果的表示

对于任一试样，以两次重复测定结果的算术平均值报告其分析结果，按 GB/T 8170 的规定修约至 0.001%（质量分数）。

9 重复性

在同一实验室，由同一操作者使用相同设备，按相同的测试方法，并在短时间内对同一被测对象相互独立进行测试获得的两次独立测试结果的绝对差值不应大于下列表 2 的重复性限（r），以大于重复性限（r）的情况不超过 5%为前提。

表 2 重复性限（r）

组分含量/%（质量分数）	重复性限（r）
$w \leqslant 0.010$	平均值的 20%
$w > 0.010$	平均值的 10%

10 报告

报告应包括下列内容：

a）有关样品的全部资料，例如样品名称、批号、采样地点、采样日期、采样时间等。

b）本标准编号。

c）分析结果。

d）测定中观察到的任何异常现象的细节及其说明。

e）分析人员的姓名及分析日期等。

ICS 70.080.10
G 17

中华人民共和国石油化工行业标准

SH/T 1788—2015

工业用碳五烯烃中羰基化合物含量的测定 容量法

C_5 olefins for industrial use—Determination of carbonyls —Volumetric method

2015-07-14 发布 2016-01-01 实施

中华人民共和国工业和信息化部 发布

前　言

本标准按 GB/T 1.1—2009 给出的规则起草。

本标准由中国石油化工集团公司提出。

本标准由全国化学标准化技术委员会石油化学分技术委员会（SAC/TC63/SC4）归口。

本标准起草单位：中国石化上海石油化工股份有限公司。

本标准主要起草人：何灵燕、江若平、朱瑶婺、徐旭峰、陈欢、潜森芝。

本标准为首次发布。

工业用碳五烯烃中羰基化合物含量的测定　容量法

警告：本方法并不是旨在说明与其使用有关的所有安全问题。使用者有责任采取适当的安全和健康措施，并保证符合国家有关法规的规定。

1　范围

本标准规定了用容量法测定工业用碳五烯烃中羰基化合物的含量。

本标准适用于工业用碳五烯烃中羰基化合物含量的测定，测定范围为（1~200）mg/kg（以乙醛计）。

2　规范性引用文件

下列文件对于本文件的应用是必不可少的。凡是注日期的引用文件，仅注日期的版本适用于本文件。凡是不注日期的引用文件，其最新版本（包括所有的修改单）适用于本文件。

GB/T 3723　工业用化学产品采样安全通则（GB/T 3723—1999，ISO 3165：1976，IDT）

GB/T 6680　液体化工产品采样通则

GB/T 6682　分析实验室用水规格和试验方法（GB/T 6682—2008，ISO 3696：1987，MOD）

GB/T 8170　数值修约规则与极限数据的表示和判定

3　方法概要

试样中的羰基化合物与盐酸羟胺反应释放出盐酸，反应方程式如下：

$$\underset{(H)R'}{\overset{R}{\rangle}}{=}O + NH_2OH \cdot HCl \rightleftharpoons \underset{(H)R'}{\overset{R}{\rangle}}{=}NOH + HCl + H_2O$$

用氢氧化钾-甲醇溶液滴定所生成的盐酸，以百里酚蓝为指示液。测定结果以每千克含羰基（以乙醛计）的毫克数表示。

试样、试剂中存在的酸性、碱性物质均干扰测定，应作空白滴定。

4　试剂与溶液

4.1　一般规定

除另有注明外，所用试剂均为分析纯，若使用其他级别试剂，则以其纯度不会降低测定准确度为准。所用水均符合 GB/T 6682 中规定的三级水的规格。

4.2　盐酸。

4.3　氢氧化钾。

4.4　无水甲醇。

4.5　邻苯二甲酸氢钾：基准试剂。

4.6　盐酸羟胺-甲醇溶液（10 g/L）：将 10.0 g 盐酸羟胺溶解在 1 L 无水甲醇中。

4.7　酚酞-甲醇指示液（10 g/L）：将 1.0 g 酚酞溶解在 100 mL 无水甲醇中。

4.8 氢氧化钾-甲醇标准滴定溶液［c（KOH）= 0.1 mol/L］：将约 6.5 g 氢氧化钾溶于适量无水甲醇中，移入 1 L 容量瓶中，并用无水甲醇稀释至刻度。称取 0.6 g 经 105℃～110℃烘至恒重的基准邻苯二甲酸氢钾，精确至 0.0001 g，溶于 80 mL 的纯水中，加入 2 滴～3 滴酚酞-甲醇指示液（4.7），用氢氧化钾-甲醇标准滴定溶液滴定至溶液呈粉红色，同时做空白试验。此溶液有效期为一周。氢氧化钾-甲醇标准滴定溶液的浓度按式（1）计算：

$$c(\mathrm{KOH}) = \frac{m}{(V_1 - V_0) \times 0.2042} \qquad (1)$$

式中：

m——邻苯二甲酸氢钾的质量，单位为克（g）；

V_1——消耗氢氧化钾-甲醇标准滴定溶液的体积，单位为毫升（mL）；

V_0——空白试验时消耗氢氧化钾-甲醇标准滴定溶液的体积，单位为毫升（mL）；

0.2042——与 1.00 mL 氢氧化钾-甲醇标准滴定溶液［c（KOH）= 1.000 mol/L］恰好反应的以克表示的邻苯二甲酸氢钾的质量。

4.9 氢氧化钾-甲醇标准滴定溶液［c（KOH）= 0.01 mol/L］：准确吸取 10 mL 氢氧化钾-甲醇标准滴定溶液（4.8）至 100 mL 容量瓶中，并用无水甲醇稀释至刻度，此溶液临用前配制。

4.10 氢氧化钾-甲醇标准滴定溶液［c（KOH）= 0.025 mol/L］：准确吸取 25 mL 氢氧化钾-甲醇标准滴定溶液（4.8）至 100mL 容量瓶中，并用无水甲醇稀释至刻度，此溶液临用前配制。

4.11 盐酸-甲醇标准滴定溶液［c（HCl）= 0.1 mol/L］：在 1 L 容量瓶中用无水甲醇将 9 mL 盐酸稀释至刻度。用氢氧化钾-甲醇标准滴定溶液（4.8）标定，此溶液有效期为一周。

4.12 盐酸-甲醇标准滴定溶液［c（HCl）= 0.01 mol/L］：准确吸取 10 mL 盐酸-甲醇标准滴定溶液（4.11）至 100 mL 容量瓶中，并用无水甲醇稀释至刻度，此溶液临用前配制。

4.13 百里酚蓝-甲醇指示液（0.4 g/L）：将 0.04 g 百里酚蓝溶解在 100 mL 无水甲醇中。

5 仪器与设备

5.1 碘量瓶：250 mL。

5.2 容量瓶：100 mL，1 L，A 级。

5.3 量筒：50 mL，100 mL。

5.4 移液管：10mL，25 mL。

5.5 吸量管：10 mL。

5.6 滴定管：容量 2 mL，10 mL，25 mL，50 mL，A 级。

5.7 分析天平：感量为 0.1 mg。

6 采样

按 GB/T 3723 和 GB/T 6680 所规定的安全和技术要求采取样品。

7 测定步骤

7.1 试样溶液的滴定

7.1.1 根据试样中羰基化合物含量（不考虑试样中酸碱的影响）的情况，可按表 1 选用滴定管和标准滴定溶液：

表 1　推荐使用的滴定管和标准滴定溶液

羰基化合物含量/（mg/kg）	滴定管规格/mL	氢氧化钾标准滴定溶液的浓度/（mol/L）
1~10	2	0.010
10~30	2	0.025
30~150	10	0.025
150~200	25	0.025

7.1.2　在一只 250 mL 碘量瓶中加入 50 mL 盐酸羟胺-甲醇溶液，再加入约 0.5 mL 百里酚蓝-甲醇指示液。若溶液为红色，表明溶液呈酸性，逐滴滴加氢氧化钾-甲醇标准滴定溶液，直至出现带有明显浅橙色的黄色，此滴定终点处（以下简称“终点”）的橙色十分重要，应予以注意。若溶液为黄色，表明溶液呈碱性，则用盐酸-甲醇标准滴定溶液滴定至终点。

7.1.3　准确量取 100 mL 试样，加入至 7.1.2 的碘量瓶中，并称重，记下试样质量 m。

7.1.4　若试样溶液为红色，用氢氧化钾-甲醇标准滴定溶液滴定至终点，加塞静置，若溶液变为红色，则继续滴定，直至碘量瓶内溶液在静置 5 min 后不再变为红色，记录所消耗标准滴定溶液的体积，将该值记作 V_1。

7.1.5　若试样溶液为黄色，用盐酸-甲醇标准滴定溶液滴定至终点，记录所消耗标准滴定溶液的体积，将该值记作 V_4。

7.2　试样空白溶液的滴定

7.2.1　在碘量瓶中加入 50 mL 无水甲醇代替盐酸羟胺-甲醇溶液，再加入约 0.5 mL 百里酚蓝-甲醇指示液，逐滴滴加氢氧化钾-甲醇标准滴定溶液或盐酸-甲醇标准滴定溶液，直至出现带有明显浅橙色的黄色。

7.2.2　准确量取 100 mL 试样，加入至碘量瓶中。

7.2.3　若试样空白溶液与终点颜色一致，表明试样中无游离酸或游离碱，则不必滴定。

7.2.4　若试样空白溶液为红色，表明试样中含游离酸，用氢氧化钾-甲醇标准滴定溶液滴定至终点，记录所消耗标准滴定溶液的体积，将该值记作 V_2。

7.2.5　若试样空白溶液为黄色，表明试样中含游离碱，则用盐酸-甲醇标准滴定溶液滴定至终点，记录所消耗标准滴定溶液的体积，将该值记作 V_3。

8　结果计算

试样中的羰基化合物含量 w 以乙醛计，单位为毫克每千克（mg/kg），可根据试样溶液及试样空白溶液的酸碱性分别按式（2）~式（5）计算：

a）当试样溶液为红色，且试样空白溶液与终点颜色一致（试样无游离酸或游离碱）时，按式（2）计算：

$$w=\frac{V_1\times C_1\times 44.05\times 10^3}{m} \quad \cdots\cdots（2）$$

b）当试样溶液为红色，且试样空白溶液呈红色（试样中含游离酸）时，按式（3）计算：

$$w=\frac{(V_1-V_2)\times C_1\times 44.05\times 10^3}{m} \quad \cdots\cdots（3）$$

c）当试样溶液为红色，且试样空白溶液呈黄色（试样中含游离碱）时，按式（4）计算：

$$w=\frac{(V_1\times C_1+V_3\times C_2)\times 44.05\times 10^3}{m} \quad \cdots\cdots（4）$$

d）当试样溶液为黄色，且试样空白溶液呈黄色（试样中含游离碱，且其含量大于羰基化合物与盐酸羟胺反应生成的酸含量）时，按式（5）计算：

$$w = \frac{(V_3 - V_4) \times C_2 \times 44.05 \times 10^3}{m} \quad \cdots\cdots (5)$$

式中：

C_1——氢氧化钾-甲醇标准滴定溶液的浓度，单位为摩尔每升（mol/L）；

C_2——盐酸-甲醇标准滴定溶液的浓度，单位为摩尔每升（mol/L）；

V_1——滴定试样溶液时消耗的氢氧化钾-甲醇标准滴定溶液的体积，单位为毫升（mL）；

V_2——滴定试样空白溶液时消耗的氢氧化钾-甲醇标准滴定溶液的体积，单位为毫升（mL）；

V_3——滴定试样空白溶液时消耗的盐酸-甲醇标准滴定溶液的体积，单位为毫升（mL）；

V_4——滴定试样溶液时消耗的盐酸-甲醇标准滴定溶液的体积，单位为毫升（mL）；

m——试样的质量，单位为克（g）；

44.05——乙醛的摩尔质量的数值，单位为克每摩尔（g/mol）。

9 分析结果的表述

取两次重复测定结果的算术平均值报告其分析结果，按 GB/T 8170 规定进行修约，精确至 0.1 mg/kg。

10 精密度

10.1 重复性

在同一实验室，由同一操作者使用相同设备，按相同的测试方法，并在短时间内对羰基化合物含量不低于 1 mg/kg（以乙醛计）的试样相互独立进行测试获得的两次独立测试结果的绝对差值不大于其算术平均值的 10%，以大于其算术平均值的 10%的情况不超过 5%为前提。

10.2 再现性

在不同的实验室，由不同操作者操作不同的设备，按相同的测试方法，对羰基化合物含量不低于 1 mg/kg（以乙醛计）的同一被测对象相互独立进行测试所获得的两次独立测试结果的绝对差值不大于其算术平均值的 20%，以大于其算术平均值的 20%的情况不超过 5%为前提。

11 报告

报告应包括下列内容：

a）有关样品的全部资料，例如样品名称、批号、采样地点、采样日期、采样时间等。

b）本标准编号。

c）分析结果。

d）测定中观察到的任何异常现象的细节及其说明。

e）分析人员的姓名及分析日期等。

ICS 71.080.10
G 17

SH

中华人民共和国石油化工行业标准

SH/T 1789—2015

工业用裂解碳五

Cracking C_5 fraction for industrial use

2015-07-14 发布　　2016-01-01 实施

中华人民共和国工业和信息化部　发布

前　言

本标准按照 GB/T 1.1—2009 给出的规则起草。

本标准由中国石油化工集团公司提出。

本标准由全国化学标准化技术委员会石油化学分技术委员会（SAC/TC63/SC4）归口。

本标准起草单位：中国石化上海石油化工股份有限公司。

本标准主要起草人：成世红、周崎、王世卿、戴卫海、陈慧丽、朱瑶婜、陈洪德、董宁。

本标准为首次发布。

工业用裂解碳五

警告：如果不遵守适当的防范措施，本标准所属产品在生产、贮运和使用等过程中可能存在危险。本标准无意对与本产品有关的所有安全问题提出建议。用户在使用本标准之前，有责任建立适当的安全和防范措施，并确定相关规章限制的适用性。

1 范围

本标准规定了乙烯裂解装置分离的工业用裂解碳五的产品分类、要求、检验规则及标志、包装、运输和贮存、安全。

本标准所属产品主要用作生产碳五石油树脂以及提取异戊二烯、间戊二烯、双环戊二烯和异戊烯等产品的原料。

2 规范性引用文件

下列文件对于本文件的应用是必不可少的。凡是注日期的引用文件，仅注日期的版本适用于本文件。凡是不注日期的引用文件，其最新版本（包括所有的修改单）适用于本文件。

GB 190 危险货物包装标志

GB/T 3723 工业用化学产品采样安全通则（GB/T 3723—1999，ISO 3165：1976，IDT）

GB/T 6324.4 有机化工产品试验方法 第4部分：有机液体化工产品微量硫的测定 微库仑法

GB/T 6678 化工产品采样总则

GB/T 6680 液体化工产品采样通则

GB/T 8170 数值修约规则与极限数值的表示和判定

GB 13690 化学品分类和危险性公示 通则

SH/T 0689 轻质烃及发动机燃料和其他油品的总硫含量测定法（紫外荧光法）

SH/T 1142 工业用裂解碳四 液态采样法

SH/T 1790 工业用裂解碳五中烃类组分的测定 气相色谱法

3 产品分类

工业用裂解碳五根据共轭双烯烃总量含量及双环戊二烯含量分为50号、45号、40号、30号。

4 要求

工业用裂解碳五技术要求和试验方法见表1。

表 1　工业用裂解碳五技术要求和试验方法

项　目		指　标				试验方法
		50 号	45 号	40 号	30 号	
外观		透明液体，无机械杂质，无游离水			报告	目测[a]
碳五总量[b]，w/%	≥	—	—	—	70.00	SH/T 1790
碳五共轭双烯烃总量[c]+双环戊二烯，w/%	≥	50.00	45.00	40.00	30.00	SH/T 1790
异戊二烯，w/%		报告	报告	报告	报告	SH/T 1790
间戊二烯+环戊二烯，w/%		报告	报告	报告	报告	SH/T 1790
双环戊二烯，w/%		报告	报告	报告	报告	SH/T 1790
碳四及以下组分含量，w/%	≤	4.00	6.00	10.00	—	SH/T 1790
碳六及以上组分含量（除双环戊二烯），w/%	≤	6.00	8.00	10.00	—	SH/T 1790
硫/（mg/kg）	≤	50	100	150	—	GB/T 6324.4（仲裁法）或 SH/T 0689

[a]在自然光下，取 50 mL~60 mL 试样于清洁、干燥的 100 mL 比色管中观测。
[b]碳五总量=100-碳四及以下组分含量-碳六及以上组分含量（除双环戊二烯）。
[c]碳五共轭双烯烃总量指异戊二烯、环戊二烯、间戊二烯的含量之和。

5　检验规则

5.1　出厂检验

表 1 中规定的所有项目均为出厂检验项目。

5.2　组批

同等质量的的均匀的产品为一批，可按生产周期、生产班次或产品储罐进行组批。

5.3　采样

采样应遵守 GB/T 3723 的安全规定。储罐采样按照 SH/T 1142 的规定采取样品。管线、槽车等按照 GB/T 6680 的规定采取样品，取样瓶应耐压、密闭。采得样品应立即低温保存。

5.4　判定与复验

5.4.1　检验结果的判定按 GB/T 8170 修约值比较法进行。出厂检验结果全部符合本标准表 1 的技术要求时，则判定该批产品合格。

5.4.2　出厂检验结果有任何一项指标不符合本标准要求时，应按 5.3 规定重新加倍抽取样品进行复验，复验结果如仍不符合本标准要求时，则判定该批产品为不合格。

5.5　质量证明

每批出厂的产品应附有质量检验合格证或一定格式的质量证明书。其内容包括：生产厂名、产品名称、等级、批号或生产日期、检验结果及本标准编号等。

6 标志、包装、运输和贮存

6.1 标志

6.1.1 包装产品上应有明显、牢固的标志，内容包括：产品名称、生产厂名称、地址、批号或生产日期、净含量、等级、本标准编号等内容。

6.1.2 工业用裂解碳五属于第3类易燃液体，包装产品上应有符合GB 190规定的“易燃液体”的明显标志。容器上应贴有安全标签，安全标签上的危险性警示标志应符合GB 13690的相关要求。

6.2 包装

工业用裂解碳五产品的储存采用钢制储槽，运输时可采用钢制槽车。

6.3 运输

产品运输时应遵守国家和地方政府有关危险货物运输的各项规定。

6.4 贮存

6.4.1 工业用裂解碳五产品应远离火种，储存于阴凉、通风处。

6.4.2 工业用裂解碳五产品不宜大量久存，应与氧化剂、酸类等物资分开存放。

6.4.3 工业用裂解碳五产品采用储罐储存时，应有防火、防爆技术措施，露天储罐夏天应有降温措施，罐区按防爆区管理。

7 安全

7.1 工业用裂解碳五属于易燃液体，其涉及的安全问题应符合相关法律、法规和标准的规定。

7.2 工业用裂解碳五为易燃介质，与空气混合能形成爆炸性混合物，遇火星、高温有燃烧爆炸危险。因此，一切预防措施应考虑如何避免形成爆炸气氛。采样现场要求具有良好的通风条件，尤其在冲洗操作时更应注意。电气装置和照明应有防爆结构，其他设备和管线应良好接地。消防器材可使用二氧化碳、干粉灭火器和泡沫灭火器。

7.3 工业用裂解碳五中的碳五主要以烯烃形式存在，主要有戊二烯、戊烯等，其余为少量的碳四和碳六，这些烯烃对人体具有麻醉剂的作用，对皮肤及黏膜有强烈刺激作用。

ICS 71.080.10
G 17

SH

中华人民共和国石油化工行业标准

SH/T 1790—2015

工业用裂解碳五中烃类组分的测定 气相色谱法

Cracking C_5 fraction for industrial use—Determination of hydrocarbon components—Gas chromatographic method

2015-07-14 发布　　2016-01-01 实施

中华人民共和国工业和信息化部　发布

前　言

本标准按照 GB/T 1.1—2009 给出的规则起草。

本标准由中国石油化工集团公司提出。

本标准由全国化学标准化技术委员会石油化学分技术委员会（SAC/TC63/SC4）归口。

本标准起草单位：中国石化上海石油化工股份有限公司。

本标准主要起草人：戴卫海、董宁、陈洪德、朱瑶婴、江若平、徐惠珍、黄永凯、夏延锋。

本标准首次发布。

工业用裂解碳五中烃类组分的测定 气相色谱法

警告：本方法并不是旨在说明与其使用有关的所有安全问题。使用者有责任采取适当的安全和健康措施，并保证符合国家有关法规的规定。

1 范围

本标准规定了用气相色谱法测定工业用裂解碳五中各烃类组分的含量。

本标准适用于裂解碳五组分含量的测定，其最小检测浓度为 0.01 %（质量分数）。

2 规范性引用文件

下列文件对于本文件的应用是必不可少的。凡是注日期的引用文件，仅注日期的版本适用于本文件。凡是不注日期的引用文件，其最新版本（包括所有的修改单）适用于本文件。

GB/T 3723 工业用化学产品采样安全通则（GB/T 3723—1999，ISO 3165：1976，IDT）

GB/T 6680 液体化工产品采样通则

GB/T 8170 数值修约规则与极限数值的表示和判定

SH/T 1142 工业用裂解碳四 液态采样法

3 方法提要

在本标准规定的条件下，将适量试样注入色谱仪，使各组分分离，用氢火焰检测器（FID）检测，记录各组分的峰面积，用面积归一化法计算试样中各烃类组分的含量。

4 试剂与材料

4.1 标准试剂：正丁烷、3-甲基-1-丁烯、异戊烷、2-丁炔、正戊烷、异戊二烯、反-2-戊烯、1-戊炔、顺-2-戊烯、2-甲基-2-丁烯、反-1,3-戊二烯、顺-1,3-戊二烯、环戊烷、甲基环戊烷、苯、甲苯、双环戊二烯。上述化合物可以用来组分定性，验证柱分离，或测量检测器的响应，试剂的纯度不低于 95%（质量分数）。

4.2 氮气：纯度不低于 99.99%（体积分数）。

4.3 氢气：纯度不低于 99.99%（体积分数）。

4.4 空气：经 5A 分子筛净化的压缩空气。

5 仪器

5.1 气相色谱仪

气相色谱仪，配置氢火焰离子化检测器（FID），该色谱仪对试样中 0.01%（质量分数）的组分所产生的峰高应至少大于噪声的两倍，仪器的动态线性范围应满足定量要求。

5.2 色谱柱

本标准推荐的色谱柱及典型操作条件见表1。能给出同等分离和定量效果的其他色谱柱和分析条件也可使用。

表1 色谱柱及典型的仪器参数

色谱条件	条件1	条件2[a]
色谱柱	100%二甲基聚硅氧烷柱	100%二甲基聚硅氧烷柱
长度/m	60	50
内径/mm	0.25	0.20
液膜厚度/μm	1.0	0.5
进样口温度/℃	180	180
检测器温度/℃	250	250
柱温		
初始温度/℃	25	35
初始温度保持时间/min	15	10
一阶升温速率/（℃/min）	15	0.5
一阶柱温/℃	180	41
一阶柱温保持时间/min	12	0
二阶升温速率/（℃/min）	/	8
二阶柱温/℃	/	180
二阶柱温保持时间/min	/	0
三阶升温速率/（℃/min）	/	2
三阶柱温/℃	/	192
三阶柱温保持时间/min	/	0
四阶升温速率/（℃/min）	/	6
最终温度/℃	180	210
最终温度保持时间/min	12	2
载气（N_2）流速/（mL/min）	0.6	0.4
进样量/μL	微量注射针0.4/液体进样阀1.0	微量注射针0.4/液体进样阀1.0
分流比	100∶1	100∶1

[a] 按条件2，环戊二烯和顺-1，3-戊二烯难以分离。

5.3 记录装置

数据处理机或色谱工作站。

5.4 进样装置

5.4.1 微量注射器：10μL。

5.4.2 液体进样阀：定量环体积为1.0μL。

6 采样

采样应遵守 GB/T 3723 的安全规定。储罐采样按照 SH/T 1142 的规定采取样品。管线、槽车等按照 GB/T 6680 规定的安全与技术要求采取试样品，取样瓶应耐压、密闭。采得试样应立即在不高于-10℃的冰柜中低温保存。

7 测定步骤

7.1 设定操作条件

根据仪器操作说明书，在色谱仪中安装并老化色谱柱。然后调节仪器至表 1 所示的操作条件，待仪器稳定后即可开始测定。试样在条件 1 下的典型色谱图见图 1，在条件 2 下的典型色谱图见图 2 及图 3，各烃类组分和典型保留时间见表 2。

7.2 组分定性

在相同条件下分析标准试剂及试样，根据色谱保留时间定性，或采用气相色谱—质谱联用仪定性。

7.3 试样测定

待仪器符合表 1 所示的操作条件并稳定后，用微量注射针或液体进样阀将试样直接注入色谱仪，并测量所有组分的峰面积。

若采用微量注射针进样，进样前应在不高于-10℃的冰柜中冷冻微量注射针和试样，时间不少于 20 min。取样和进样时应迅速，避免样品挥发损失。

8 分析结果的表述

8.1 计算

试样中各烃类组分的含量 w_i，以%（质量分数）计，按式（1）计算。

$$w_i = \frac{A_i}{\sum A_i} \times 100 \qquad (1)$$

式中：

A_i ——试样中各组分的面积。

8.2 结果的表示

对于任一试样，以两次重复测定结果的算术平均值表示其分析结果，按 GB/T 8170 规定进行数值修约，精确至 0.01%（质量分数）。

表 2　试样中各烃类组分的典型保留时间

序号	组分名称	条件 1 保留时间 min	条件 2 保留时间 min	序号	组分名称	条件 1 保留时间 min	条件 2 保留时间 min
1	异丁烯+1-丁烯	10.084	7.401	25	环戊二烯	20.289	11.499
2	1，3-丁二烯	10.226	7.465	26	顺-1，3-戊二烯	20.447	
3	正丁烷	10.432	7.572	27	2，2-二甲基丁烷	20.606	11.606
4	1-丁烯-3-炔	10.555	7.621	28	1，2-戊二烯	20.983	11.707
5	反-2-丁烯	10.801	7.721	29	2，3-戊二烯	21.953	12.074
6	1-丁炔	10.938	7.768	30	戊烯炔异构	22.089	12.158
7	顺-2-丁烯	11.398	7.967	31	环戊烯	23.141	12.590
8	1，2-丁二烯	12.448	8.392	32	3-甲基-1-戊烯	23.762	12.773
9	3-甲基-1-丁烯	13.101	8.661	33	4-甲基-1-戊烯	23.987	12.875
10	3-甲基-1-丁炔	14.087	9.061	34[a]	环戊烷	24.977	13.287
11	异戊烷	14.322	9.141	35	2，3-二甲基丁烷	25.295	13.415
12	1，4-戊二烯	14.508	9.204	36	4-甲基-2-戊烯+2，3-二甲基-1-丁烯	25.460	13.497
13	2-丁炔	15.123	9.446	37	2-甲基戊烷	25.917	13.628
14	1-戊烯	15.470	9.593	38	2-甲基-1，4-戊二烯	26.164	13.765
15	2-甲基-1-丁烯	16.072	9.826	39	3-甲基-1，4-戊二烯	26.500	13.961
16	正戊烷	16.530	10.000	40	1，5-己二烯	26.758	14.178
17	异戊二烯	16.964	10.181	41	3-甲基戊烷	27.930	14.685
18	反-2-戊烯	17.263	10.283	42	正己烷	28.785	16.110
19	1-戊烯-3-炔	17.422	10.398	43	甲基环戊烷	30.507	18.770
20	1-戊炔	17.903	10.525	44	苯	31.774	21.593
21	顺-2-戊烯	18.092	10.612	45	甲苯	35.694	23.077
22	2-甲基-2-丁烯	18.645	10.825	46	烃基降冰片烯	41.497	42.093
23	反-1，3-戊二烯	18.926	10.930	47	双环戊二烯	42.446	43.364
24	戊烯炔异构	19.510	11.133	[a]环戊烷以后的未知峰都计为碳六及碳六以上。			

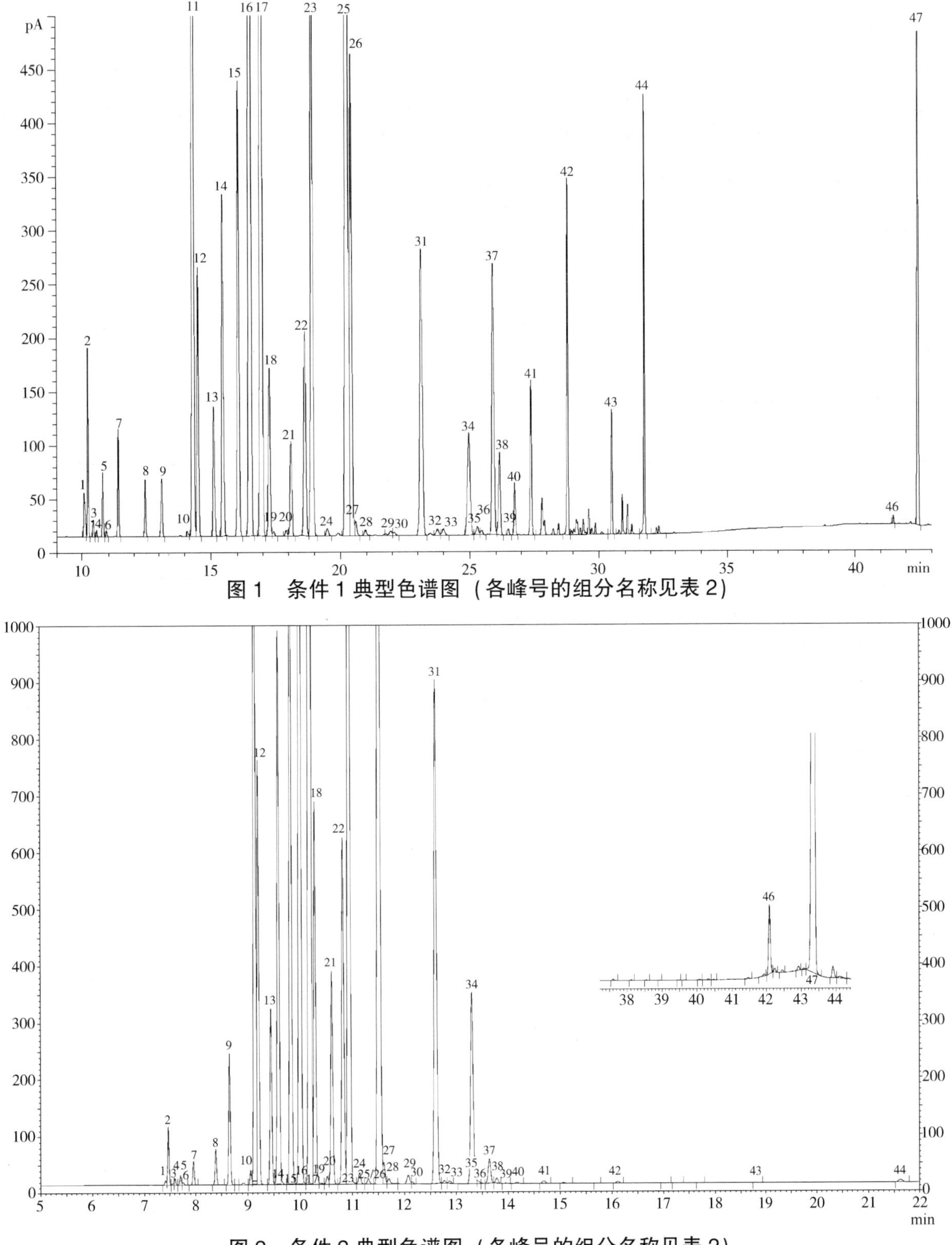

图1　条件1典型色谱图（各峰号的组分名称见表2）

图2　条件2典型色谱图（各峰号的组分名称见表2）

9 重复性

在同一实验室，由同一操作者使用相同设备，按相同的测试方法，并在短时间内对同一被测对象相互独立进行测试获得的两次独立测试结果的绝对差值不大于表 3 列出的重复性限（r），以大于重复性限（r）的情况不超过 5%为前提。

表 3 重复性限（r）

组 分	含量/%（质量分数）	重复性限（r）
烃类组分	$w_i \leqslant 0.10$	平均值的 20%
	$0.10 < w_i \leqslant 1.00$	平均值的 10%
	$1.00 < w_i \leqslant 10.00$	平均值的 5%
环戊二烯、双环戊二烯	$w_i > 10.00$	平均值的 5%
除环戊二烯、双环戊二烯外的烃类组分	$w_i > 10.00$	0.4%

10 报告

报告应包括下列内容：

a）有关试样的全部资料，例如试样名称、批号、采样地点、采样日期、采样时间等；

b）本标准编号；

c）分析结果；

d）测定中观察到的任何异常现象的细节及其说明；

e）分析人员的姓名及分析日期等。

ICS 71.080.10
G 17

SH

中华人民共和国石油化工行业标准

SH/T 1791—2015

工业用间戊二烯

Piperylene for industrial use—Specification

2015-07-14 发布　　2016-01-01 实施

中华人民共和国工业和信息化部　发布

前　言

本标准按照 GB/T 1.1—2009 给出的规则起草。

本标准由中国石油化工集团公司提出。

本标准由全国化学标准化技术委员会石油化学分技术委员会（SAC/TC63/SC4）归口。

本标准起草单位：中国石化上海石油化工股份有限公司。

本标准主要起草人：成世红、赵金男、陈国忠、陈叶、董宁、戴卫海、陈慧丽、朱瑶婺。

本标准为首次发布。

工业用间戊二烯

警告：如果不遵守防范措施，本标准所属产品在生产、贮运和使用等过程中可能存在危险。本标准无意对与本产品有关的所有安全问题都提出建议。用户在使用本标准之前，有责任建立适当的安全和防护措施，并确定相关规章限制的适用性。

1 范围

本标准规定了工业用间戊二烯的要求、检验规则及标志、包装、运输与贮存、安全。

本标准适用于以石油裂解制乙烯过程中的裂解碳五为原料，经精馏、萃取蒸馏而制得的间戊二烯产品。

化学名称：1,3-戊二烯（1,3-Pentadiene），包括反-1,3-戊二烯（*trans*-1,3- Pentadiene）和顺-1,3-戊二烯（*cis*-1,3-Pentadiene），也称间戊二烯（Piperylene）。

结构简式：$CH_3CH=CHCH=CH_2$

分子式：C_5H_8

相对分子质量：68.117（按2011年国际相对原子质量）

2 规范性引用文件

下列文件对于本文件的应用是必不可少的。凡是注日期的引用文件，仅注日期的版本适用于本文件。凡是不注日期的引用文件，其最新版本（包括所有的修改单）适用于本文件。

GB 190 危险货物包装标志

GB/T 3143 液体化学产品颜色测定法（Hazen单位——铂-钴色号）

GB/T 3723 工业用化学产品采样安全通则（GB/T 3723—1999，ISO 3165：1976，IDT）

GB/T 6283 化工产品中水分含量的测定 卡尔·费休法（通用方法）

GB/T 6678 化工产品采样总则

GB/T 6680 液体化工产品采样通则

GB/T 8170 数值修约规则与极限数值的表示和判定

GB 13690 化学品分类和危险性公示 通则

SH/T 0246 轻质石油产品中水含量测定法（电量法）

SH/T 1142 工业用裂解碳四 液态采样法

SH/T 1790 工业用裂解碳五中烃类组分的测定 气相色谱法

3 要求

工业用间戊二烯的技术要求和试验方法见表1。

表 1 工业用间戊二烯技术要求和试验方法

项　　目		指　　标		试验方法
		优级品	合格品	
外观		清澈透明液体，无机械杂质		目测[a]
色度（铂-钴）/号	≤	50	—	GB/T 3143
间戊二烯，w/%	≥	67.00	60.00	SH/T 1790
反-1,3-戊二烯，w/%	≥	42.00	38.00	SH/T 1790
双环戊二烯＋环戊二烯，w/%	≤	1.00	1.50	SH/T1790
水分，w/%	≤	0.025	0.025	SH/T 0246（仲裁法）或 GB/T 6283

[a]在自然光下，取 50 mL~60 mL 试样于清洁、干燥的 100 mL 比色管中观测。

4 检验规则

4.1 出厂检验

表 1 中规定的所有项目均为出厂检验项目。

4.2 组批

同等质量的的均匀的产品为一批，可按生产周期、生产班次或产品储罐进行组批。

4.3 采样

采样应遵守 GB/T 3723 的安全规定。储罐采样按照 SH/T 1142 的规定采取样品。管线、槽车等按照 GB/T 6680 的规定采取样品，取样瓶应耐压、密闭。采得样品应立即低温保存。

4.4 判定与复检

4.4.1 检验结果的判定按 GB/T 8170 修约值比较法进行。出厂检验结果全部符合本标准表 1 的技术要求时，则判定该批产品合格。

4.4.2 出厂检验结果有任何一项指标不符合本标准要求时，应按 4.3 规定重新加倍抽取样品进行复检，复验结果如仍不符合本标准要求时，则判定该批产品为不合格。

4.5 质量证明

每批出厂的产品应附有质量检验合格证或一定格式的质量证明书。其内容包括：生产厂名、产品名称、等级、批号或生产日期、检验结果及本标准编号等。

5 标志、包装、运输和贮存

5.1 标志

5.1.1 包装容器上应有明显、牢固的标志，内容包括：产品名称、生产厂名称、地址、批号或生产日期、净含量、等级、本标准编号等内容。

5.1.2 包装容器上应有符合 GB 190 规定的“易燃液体”的明显标志。容器上应贴有安全标签，安全标签上的危险性警示标志应符合 GB 13690 的相关要求。

5.2 包装

工业用间戊二烯产品的储存采用钢制贮槽，运输时可采用钢制槽车。

5.3 运输

产品运输时应遵守国家和地方政府有关危险货物运输的各项规定。

5.4 贮存

5.4.1 工业用间戊二烯产品应远离火种、热源，贮存于阴凉、通风处。

5.4.2 工业用间戊二烯产品不宜大量久存，应与氧化剂、酸类等物资分开存放。

5.4.3 采用储罐贮存时，应有防火、防爆技术措施，露天储罐夏天应有降温措施，罐区按防爆区管理。

5.4.4 产品灌装时应控制流速（不超过 3m/s），且应有接地装置，防止静电积累。搬运时要轻装轻卸，防止包装及容器损坏。

6 安全

6.1 工业用间戊二烯属于易燃液体，其涉及的安全问题应符合相关法律法规和标准的规定。

6.2 工业用间戊二烯的运输、贮存、使用和事故处理等环节涉及安全方面的数据和信息，应包含在产品的“化学品安全技术说明书”中。生产商或供应商应提供其产品的“化学品安全技术说明书”。

6.3 工业用间戊二烯易燃、易爆，属于低闪点易燃液体，与空气混合能形成爆炸性混合物。接触热、火星、火焰或氧化剂易燃烧爆炸，预防措施应考虑远离火源、热源，应避免与硝酸、硫酸等氧化剂接触。

6.4 生产装置应按有关规定配置各类灭火器材。当间戊二烯发生初期火灾时，可用泡沫、干粉、二氧化碳灭火器灭火，也可用沙土灭火，不可用水灭火。

6.5 应使工作场所保持良好的通风，并配备冲洗龙头，避免吸入或皮肤接触间戊二烯。

ICS 71.080.99
G 17

SH

中华人民共和国石油化工行业标准

SH/T 1792—2015

工业用裂解碳九

Cracking C_9 for industrial use

2015-07-14 发布　　2016-01-01 实施

中华人民共和国工业和信息化部　发布

前　　言

本标准依据 GB/T 1.1—2009 给出的规则起草。

本标准由中国石油化工集团公司提出。

本标准由全国化学标准化技术委员会石油化学分技术委员会（SAC/TC63/SC4）归口。

本标准起草单位：中国石化扬子石油化工有限公司。

本标准主要起草人：戴玉娣、丁大喜。

本标准为首次发布。

工业用裂解碳九

警告：如果不遵守适当的防范措施，本标准所属产品在生产、贮运和使用等过程中可能存在危险。本标准无意对与本产品有关的所有安全问题提出建议。用户在使用本标准之前，有责任建立适当的安全和防范措施，并确定相关规章限制的适用性。

1 范围

本标准规定了工业用裂解碳九的要求、检验规则以及标志、包装、运输、贮存和安全等。

本标准适用于乙烯生产装置经裂解、分离等加工工艺得到的碳九及以上的馏分，主要用途是作为合成碳九树脂及抽提苯乙烯、双环戊二烯、茚、甲基苯乙烯等产品的化工原料。

2 规范性引用文件

下列文件对于本文件的应用是必不可少的。凡是注日期的引用文件，仅注日期的版本适用于本文件。凡是不注日期的引用文件，其最新版本（包括所有的修改单）适用于本文件。

GB 190 危险货物包装标志

GB/T 1884 原油和液体石油产品密度实验室测定法（密度计法）

GB/T 1885 石油计量表

GB/T 3723 工业用化学产品采样安全通则（GB/T 3723—1999，ISO 3165：1976，IDT）

GB/T 6680 液体化工产品采样通则

GB/T 11140 石油产品硫含量的测定 波长色散 X 射线荧光光谱法

GB 13690 化学品分类和危险性公示 通则

GB 20581—2006 化学品分类、警示标签和警示性说明安全规范 易燃液体

SH 0164 石油产品包装、贮运及交货验收规则

SH/T 0604 原油和石油产品密度测定法（U 型振动管法）

SH/T 0689 轻质烃及发动机燃料和其他油品的总硫含量测定法（紫外荧光法）

SH/T 0742 汽油中硫含量测定法（能量色散 X 射线荧光光谱法）

SH/T1793 工业用裂解碳九组成的测定 气相色谱法

3 要求

工业用裂解碳九的技术要求和试验方法应符合表 1 的规定。

表1　工业用裂解碳九技术要求和试验方法

<table>
<tr><th rowspan="2" colspan="2">项　　目</th><th colspan="2">指　　标</th><th rowspan="2">试验方法</th></tr>
<tr><th>一等品</th><th>合格品</th></tr>
<tr><td colspan="2">外观</td><td colspan="2">无机械杂质[a]、无游离水</td><td>目测[b]</td></tr>
<tr><td>密度（20℃）/（kg/m³）</td><td>≤</td><td>950</td><td>980</td><td>GB/T 1884、GB/T 1885
或 SH/T 0604（仲裁法）</td></tr>
<tr><td>双环戊二烯，w/%</td><td>≥</td><td>20</td><td>10</td><td>SH/T 1793</td></tr>
<tr><td>萘，w/%</td><td>≤</td><td>3</td><td>供需双方商定</td><td>SH/T 1793</td></tr>
<tr><td colspan="2">苯乙烯，w/%</td><td colspan="2">报告</td><td>SH/T 1793</td></tr>
<tr><td colspan="2">碳八芳烃[c]，w/%</td><td colspan="2">报告</td><td>SH/T 1793</td></tr>
<tr><td colspan="2">甲基苯乙烯[d]，w/%</td><td colspan="2">报告</td><td>SH/T 1793</td></tr>
<tr><td colspan="2">茚，w/%</td><td colspan="2">报告</td><td>SH/T 1793</td></tr>
<tr><td>硫/（mg/kg）</td><td>≤</td><td>500</td><td>800</td><td>GB/T 11140、SH/T 0742、
SH/T 0689（仲裁法）</td></tr>
<tr><td colspan="5">[a]工业用裂解碳九由于含有不饱和烃，在储存过程中会聚合形成少量黑色颗粒，属正常现象。
[b]取样后静置10min，在日光灯或日光下目测。
[c]碳八芳烃是指间二甲苯+邻二甲苯+对二甲苯+乙苯+苯乙烯。
[d]甲基苯乙烯是指 α-甲基苯乙烯+间甲基苯乙烯+对甲基苯乙烯+邻甲基苯乙烯+β-甲基苯乙烯。</td></tr>
</table>

4　检验规则

4.1　出厂检验

本标准表1中规定的所有项目均为出厂检验项目。

4.2　组批

以同等质量的均匀产品为一批。可按产品储罐组批。

4.3　取样

按 GB/T 3723 和 GB/T 6680 规定的安全和技术要求进行，采取足够量的样品，供检验和留样用。

4.4　判定与复验

4.4.1　按照第3章规定的方法进行检验，检验结果全部符合本标准表1的技术要求时，则判定该批产品合格。

4.4.2　如有检验结果不符合本标准要求时，应按4.3规定重新加倍取样，复验，复验结果如仍不符合本标准要求，则判定该批产品为不合格。

4.5　质量证明

每批出厂产品都应附有质量证明书，其内容包括：生产厂名称、产品名称、等级、批号或生产日期、检验结果和本标准编号等。

5 标志、包装、运输、贮存

根据 GB 13690，工业用裂解碳九属于易燃液体，产品的标志、包装、运输、贮存按 SH 0164、GB 13690 和 GB 190 的规定进行。

6 安全

6.1 工业用裂解碳九属于易燃液体，其涉及的安全问题应符合相关法律、法规和标准的规定。其危险性警示见 GB 20581—2006 中第 8 章的警示性说明。

6.2 工业用裂解碳九为易燃介质，与空气混合能形成爆炸性混合物，遇火星、高温有燃烧爆炸危险。因此，一切预防措施应考虑如何避免形成爆炸气氛。采样现场要求具有良好的通风条件，尤其在冲洗操作时更应注意。电气装置和照明应有防爆结构，其他设备和管线应良好接地。消防器材可使用二氧化碳和泡沫灭火器。

ICS 71.080.99
G 17

SH

中华人民共和国石油化工行业标准

SH/T 1793—2015

工业用裂解碳九组成的测定　气相色谱法

Cracking C_9 for industrial use—Determination of components —Gas chromatographic method

2015-07-14 发布　　2016-01-01 实施

中华人民共和国工业和信息化部　发布

前　言

本标准依据 GB/T 1.1—2009 给出的规则起草。

本标准由中国石油化工集团公司提出。

本标准由全国化学标准化技术委员会石油化学分技术委员会（SAC/TC63/SC4）归口。

本标准起草单位：中国石化扬子石油化工有限公司。

本标准主要起草人：邵强、史春保、丁大喜。

本标准为首次发布。

工业用裂解碳九组成的测定　气相色谱法

警告：本标准并不是旨在说明与其使用有关的所有安全问题。使用者有责任采取适当的安全与健康措施，保证符合国家有关法规的规定。

1　范围

本标准规定了气相色谱法测定工业用裂解碳九中碳八芳烃、苯乙烯、甲基苯乙烯、双环戊二烯、茚、萘等组分含量。

本标准适用于工业用裂解碳九中含量不低于 0.01 %（质量分数）组分的测定。

2　规范性引用文件

下列文件对于本文件的应用是必不可少的。凡是注日期的引用文件，仅注日期的版本适用于本文件。凡是不注日期的引用文件，其最新版本（包括所有的修改单）适用于本文件。

GB/T 3723　工业用化学产品采样安全通则（GB/T 3723—1999，ISO 3165：1976，IDT）

GB/T 6680　液体化工产品采样通则

GB/T 8170　数值修约规则与极限数值的表示和判定

3　方法提要

在规定的试验条件下，将适量试样注入配置氢火焰离子化检测器（FID）的色谱仪，各组分在色谱柱上被有效分离，测量其峰面积，以面积归一化法计算各组分的含量。

4　试剂与材料

4.1　载气

氦气或氮气：纯度不低于 99.99%（体积分数）。

4.2　燃烧气

氢气：纯度不低于 99.99%（体积分数）。

4.3　辅助气

氮气：纯度不低于 99.99%（体积分数）。

注意：上述气体为带高压压缩气体或带压力的极易燃气体，应注意安全使用。

4.4　助燃气

空气：应充分干燥和净化。

4.5 标准试剂

纯度应不低于99.0%（质量分数）。

4.5.1 甲苯。

4.5.2 乙苯。

4.5.3 对二甲苯。

4.5.4 间二甲苯。

4.5.5 邻二甲苯。

4.5.6 α-甲基苯乙烯。

4.5.7 间甲基苯乙烯。

4.5.8 对甲基苯乙烯。

4.5.9 邻甲基苯乙烯。

4.5.10 β-甲基苯乙烯。

4.5.11 茚。

4.5.12 萘。

4.5.13 α-甲基萘。

4.5.14 β-甲基萘。

注意：上述物质大多为易燃或有毒的液体，使用时应注意安全。

5 仪器和设备

5.1 气相色谱仪

配置有分流/不分流进样口、氢火焰离子化检测器（FID）的气相色谱仪。仪器对0.01%（质量分数）杂质组分产生的峰高应大于噪声的两倍。仪器的动态线性范围应满足定量要求。

5.2 色谱柱

本标准推荐的色谱柱和典型色谱条件见表1，典型色谱图见图1、图2。能达到同等分离效果的其他色谱柱和色谱条件亦可使用。

表1 推荐的色谱柱及典型操作条件

色谱柱	柱1	柱2
柱管材质	熔融石英	
固定相	100%聚甲基硅氧烷	
柱长/m	100	60
柱内径/mm	0.25	0.25
液膜厚度/μm	0.5	1.0
载气	N_2或He	
载气流量/（mL/min）	1.0	
柱温		
初始温度/℃	100	100
初始时间/min	15	8

表 1（续）

一阶升温速率/（℃/min）	5	5
一阶终温/℃	180	180
保持时间/min	2	2
二阶升温速率/（℃/min）	20	20
二阶终温/℃	220	220
终温保持时间/min	30	25
汽化室温度/℃	250	
检测器温度/℃	250	
进样量/μL	0.4	
分流比	100：1	
注：若样品中含有重组分，分析者应确保所采用色谱条件能够使重组分全部流出。		

5.3 进样系统

微量注射器（5μL）或自动进样器。

5.4 记录装置

积分仪或色谱工作站。

6 采样

按 GB/T 3723 和 GB/T 6680 规定的安全与技术要求采样。

7 分析步骤

7.1 设定操作条件

根据仪器的操作说明书，在色谱仪中安装并老化色谱柱。调节仪器至表 1 所示的操作条件，待仪器稳定后即可开始测定。

7.2 组分的定性

在相同条件下分析试样及标样（4.5），根据色谱保留时间进行定性，或采用气相色谱-质谱联用仪定性。

7.3 试样的测定

在相同色谱条件下，将适量裂解碳九试样注入色谱仪，测量裂解碳九各组分的色谱峰面积。

7.4 计算

工业用裂解碳九各组分含量 w_i，以%（质量分数）计，按式（1）计算：

$$w_i = \frac{A_i}{\sum A_i} \times 100 \quad \cdots\cdots (1)$$

式中：

A_i——工业用裂解碳九中组分 i 的峰面积。

8　分析结果的表述

对于任一试样，以两次重复测定结果的算术平均值表示其分析结果，按 GB/T 8170 规定进行数据修约。裂解碳九各组分含量精确至 0.01%（质量分数）。

9　重复性

在同一实验室，由同一操作者使用相同设备，按相同的测试方法，并在短时间内对同一被测对象相互独立进行测试获得的两次独立测试结果的绝对差值不大于表 2 所列重复性限（r），以大于重复性限（r）的情况不超过 5%为前提。

表 2　重　复　性　限（r）

组分含量/%（质量分数）	重复性限（r）
$w_i \leq 1.00$	平均值的 10%
$w_i > 1.00$	平均值的 5%

注：重复性限（r）仅适用于碳八芳烃、苯乙烯、甲基苯乙烯、双环戊二烯、茚、萘。

10　报告

报告应包括下列内容：

a）有关样品的全部资料，例如样品的名称、批号、采样地点、采样日期、采样时间等；

b）本标准的编号；

c）分析结果；

d）测定中观察到的任何异常现象的细节及其说明；

e）分析人员的姓名及分析日期等。

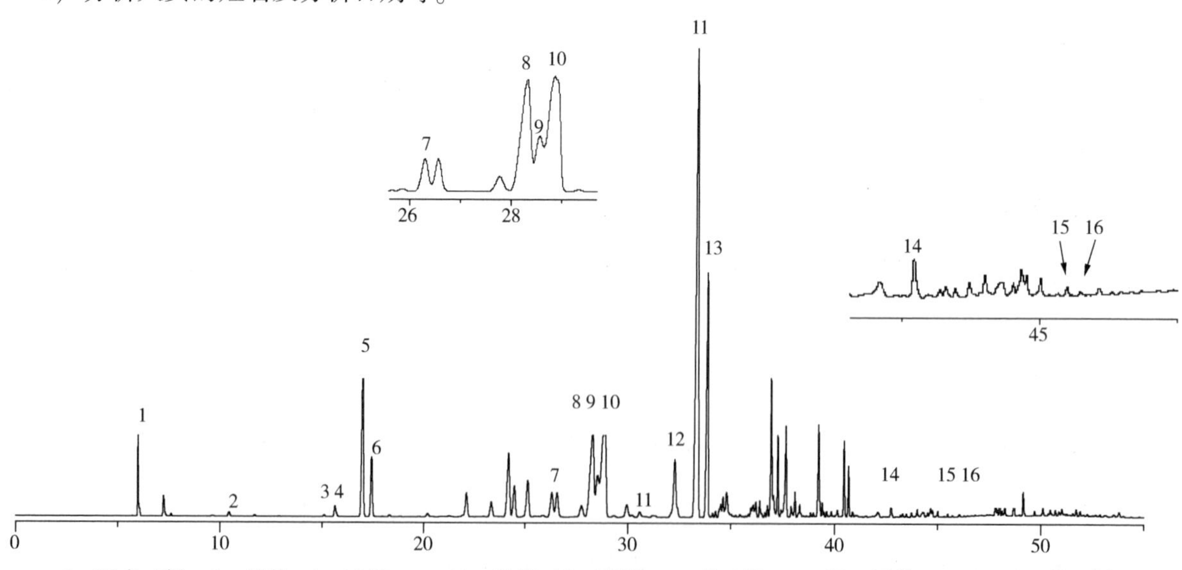

1—环戊二烯；2—甲苯；3—乙苯；4—对二甲苯+间二甲苯；5—苯乙烯；6—邻二甲苯；7—α-甲基苯乙烯；8—间甲基苯乙烯；9—对甲基苯乙烯；10—邻甲基苯乙烯；11—双环戊二烯（DCPD）；12—β-甲基苯乙烯；13—茚；14—萘；15—β-甲基萘；16—α-甲基萘

图 1　色谱柱 1 典型操作条件下裂解碳九色谱图

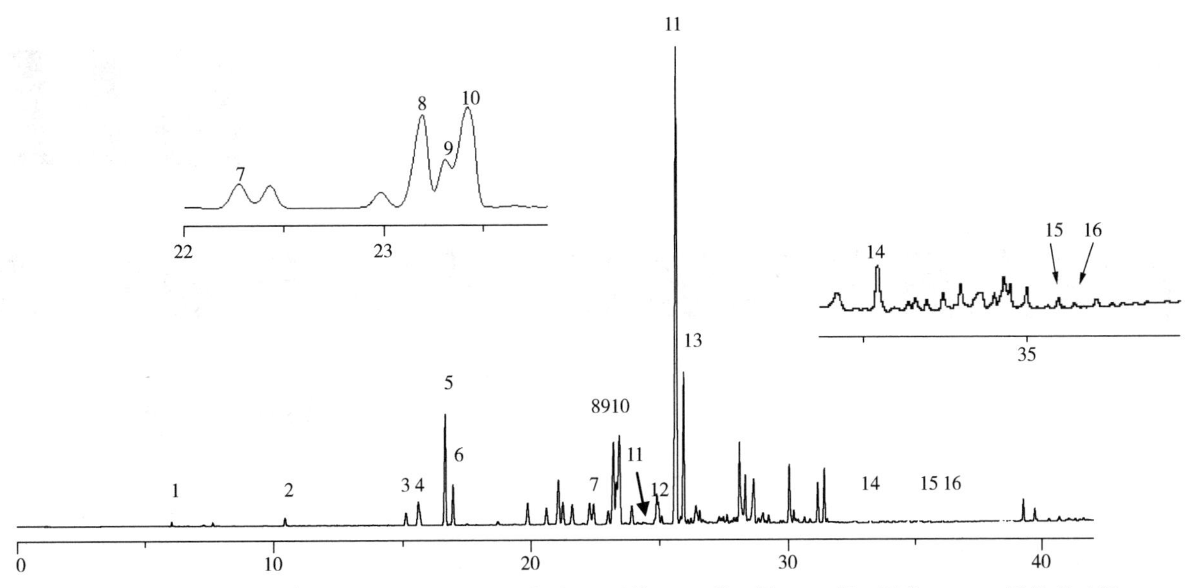

1—环戊二烯；2—甲苯；3—乙苯；4—对二甲苯+间二甲苯；5—苯乙烯；6—邻二甲苯；7—α-甲基苯乙烯；8—间甲基苯乙烯；9—对甲基苯乙烯；10—邻甲基苯乙烯；11—双环戊二烯（DCPD）；12—β-甲基苯乙烯；13—茚；14—萘；15—β-甲基萘；16—α-甲基萘

图2　色谱柱2典型操作条件下裂解碳九色谱图

ICS 71.080.99
G 17

SH

中华人民共和国石油化工行业标准

SH/T 1794—2015

裂解萘馏分

Cracking naphthalene fraction

2015-07-14 发布 2016-01-01 实施

中华人民共和国工业和信息化部 发布

前　言

本标准依据 GB/T 1.1—2009 给出的规则起草。

本标准由中国石油化工集团公司提出。

本标准由全国化学标准化技术委员会石油化学分技术委员会（SAC/TC63/SC4）归口。

本标准起草单位：中国石油化工股份有限公司茂名分公司。

本标准主要起草人：梁华、刘文、胡昌玉、陈海、陈永华。

本标准为首次发布。

裂解萘馏分

1 范围

本标准规定了裂解萘馏分的要求和试验方法、检验规则、标志、包装、运输和贮存、安全。

本标准适用于蒸汽裂解工艺路线生产乙烯得到的副产品，经装置急冷油系统分离，塔侧线或中部采出的萘馏分，主要作为抽提石油萘、甲基萘的原料，也可用作生产石油树脂的原料。

2 规范性引用文件

下列文件对于本文件的应用是必不可少的。凡是注日期的引用文件，仅注日期的版本适用于本文件。凡是不注日期的引用文件，其最新版本（包括所有的修改单）适用于本文件。

GB 190 危险货物包装标志

GB/T 191 包装储运图示标志

GB/T 260 石油产品水分测定法

GB/T 261 石油产品闪点测定法（闭口杯法）

GB/T 1884 原油和液体石油产品密度实验室测定法（密度计法）

GB/T 1885 石油计量表

GB/T4756 石油液体手工取样法

GB/T 6283 化工产品中水分含量的测定 卡尔·费休法（通用方法）

GB 6944—2012 危险货物分类和品名编号

GB/T 8170 数值修约规则与极限数值的表示和判定

GB 20581 化学品分类、警示标签和警示性说明安全规范 易燃液体

SH 0164 石油产品包装、贮存及交货验收规则

SH/T 0604 原油和石油产品密度测定法（U 形振动管法）

3 要求和试验方法

裂解萘馏分的技术要求和试验方法见表 1。

表 1 裂解萘馏分的技术要求和试验方法

项目	指标		试验方法
	一等品	合格品	
密度（20℃）/（g/cm^3） ≤	1.0		GB/T 1884 和 GB/T 1885、SH/T 0604[a]
萘含量 w/% ≥	25	15	附录 A
萘前组分含量[b] w/%	报告		附录 A
甲基萘含量[c] w/%	报告		附录 A
闪点（闭口杯法）/℃	报告		GB/T 261
水分 w/% ≤	1.0		GB/T 260、GB/T 6283[d]

[a] 在有异议时，以 SH/T 0604 测定结果为准。
[b] 萘前组分含量：是指按附录 A 测得的样品色谱图中萘色谱峰之前所有组分的含量之和（不包括溶剂）。
[c] 甲基萘含量：是指 α-甲基萘和 β-甲基萘含量之和。
[d] 在有异议时，以 GB/T 6283 测定结果为准。

4 检验规则

4.1 检验分类

本标准表 1 中所有项目为出厂检验项目。

4.2 组批

以同等质量的产品为一批，可按产品贮罐组批。

4.3 取样

按 GB/T4756 规定取样，应保证检验和留样用量。

4.4 判定规则

检验结果的判定按 GB/T 8170 规定的全数值比较法进行，符合本标准表 1 的技术要求时，则判定为合格。

4.5 复验规则

如果检验结果有不符合表 1 的技术要求时，重新按 GB/T 4756 规定加倍取样复验。复验结果仍不符合表 1 的技术要求时，则该批产品判为不合格。

4.6 质量证明

每批出厂产品都应附有质量证明书，其内容包括：生产厂名称、产品名称、规格、批号或生产日期和本标准编号等。

5 标志、包装、运输和贮存

产品的包装、运输和贮存按 SH 0164 规定进行，标志按 GB 190 或 GB/T 191 进行。

6 安全

GB 6944—2012 中 4.4 条第 3 类易燃液体的 4.4.1.1 条规定，易燃液体的闭杯试验闪点不高于 60℃。根据产品闪点分析结果，若裂解萘馏分属于易燃液体，其涉及的安全问题应符合法律法规和相关标准的规定，其警示标签和警示性说明按 GB 20581 执行。

附　录　A
（规范性附录）
裂解萘馏分组成测定　气相色谱法

A.1　范围

本附录规定了用气相色谱法测定裂解萘馏分中萘前组分、萘及甲基萘的含量。

A.2　方法提要

用非极性毛细管柱作为色谱分离柱，采用程序升温及分流进样方式对样品中的各组分进行分离后，用氢火焰离子化检测器检测，用面积归一化法定量，求得萘前组分、萘和甲基萘的含量。

A.3　试剂与材料

A.3.1　正庚烷或丙酮：分析纯，用作稀释样品的溶剂，应不含有与被测样品共流出的组分。
A.3.2　萘：纯度不低于99%（质量分数）。
A.3.3　α-甲基萘：纯度不低于99%（质量分数）。
A.3.4　β-甲基萘：纯度不低于99%（质量分数）。
A.3.5　氢气：纯度不低于99.99%（体积分数），应干燥净化。
A.3.6　氮气：纯度不低于99.99%（体积分数），应干燥净化。
A.3.7　压缩空气：经干燥净化。

A.4　仪器与设备

A.4.1　气相色谱仪

配置毛细管色谱柱接口及分流、不分流进样装置和氢火焰离子化检测器（FID），具有程序升温功能，并满足表A.1所规定的基本条件，且仪器的动态线性范围必须满足定量要求。

A.4.2　色谱柱

推荐的色谱柱见表A.1，其它能达到分离要求的色谱柱和操作条件也可使用。

A.4.3　分析天平

感量1mg。

A.4.4　进样装置

10μL微量注射器或自动进样器。

A.4.5　记录装置

积分仪或色谱工作站。

表 A.1　测定步骤推荐的色谱柱及典型操作条件

色谱柱		聚甲基硅氧烷
柱长/ m		60
柱内径/ mm		0.25
液膜厚度/ μm		0.25
汽化室温度/ ℃		300
检测器温度/ ℃		320
柱温	初始温度/ ℃	60
	初始时间/ min	5
	一阶升温速率/（℃/min）	10
	一阶终温/ ℃	150
	二阶升温速率/（℃/min）	3
	二阶终温/ ℃	180
	三阶升温速率/（℃/min）	15
	三阶终温/ ℃	280
	终温保持时间/ min	15
载气		氦气或氮气
柱流速/（mL/min）		1.0
柱前压/ kPa		30~100
分流比		100：1
燃气		氢气
流速/（mL/min）		30
助燃气		空气
流速/（mL/min）		300
尾吹		氦气或氮气
流速/（mL/min）		25
进样量/ μL		1

A.5　测定步骤

A.5.1　设定操作条件

A.5.1.1　打开气源，开启色谱仪和色谱工作站。

A.5.1.2　按照仪器使用说明书，在色谱仪中安装并老化色谱柱。调节仪器至表1的操作条件，待仪器稳定后即可开始测定。

A.5.2　定性标准溶液的配制

分别称取约0.5 g的萘、α-甲基萘、β-甲基萘于10 mL容量瓶中，用正庚烷或丙酮溶解并稀释至刻度线。

A.5.3　样品溶液的准备

将样品瓶中的样品摇匀。如样品中有固体析出，则需将样品放在约60 ℃的水浴中，至固体完全溶解。称取约 0.5 g 样品于 10 mL 容量瓶中，加正庚烷或丙酮溶解并稀释到刻度线。

A.5.4　组分的定性

在相同的色谱操作条件下，分别分析样品溶液和定性标准溶液，根据色谱保留时间对样品中的萘、α-甲基萘、β-甲基萘等组分进行定性。

A.5.5　试样的测定

在相同的色谱操作条件下，取 1μL 样品溶液进行色谱分析。待样品峰出完以后，测量各组分的色谱峰面积。典型的样品溶液色谱图见图 A.1。

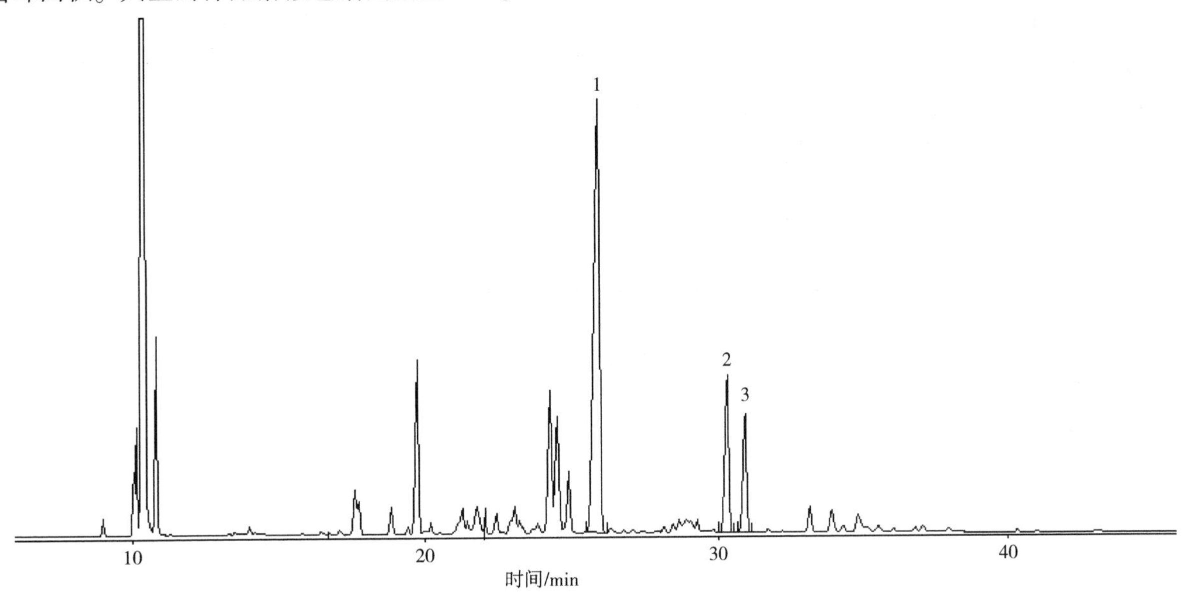

1—萘；2—β-甲基萘；3—α-甲基萘

图 A.1　样品典型色谱图

A.6　计算

各组分含量 w_i，以%（质量分数）计，按式（A.1）计算：

$$w_i = \frac{A_i}{\sum A_i} \times (100 - w) \tag{A.1}$$

式中：

A_i——组分 i 的峰面积；

$\sum A_i$——所有组分峰面积之和（不含溶剂峰面积）；

w——用 GB/T 260 或 GB/T 6283 方法测得的试样中水含量,%（质量分数）。

A.7　结果的表示

取两次重复测定结果的算术平均值表示其分析结果，按 GB/T 8170 规定进行数据修约，精确至 0.01%（质量分数）。

A.8　重复性

在同一实验室，由同一操作者使用相同设备，按相同的测试方法，并在短时间内对同一被测对象相互独立进行测试获得的两次独立测试结果的绝对差值应不大于2%（质量分数），以大于2%的情况不超过5%为前提。

A.9 报告

报告应包括下列内容：

a）有关样品的全部资料，例如样品的名称、批号、采样地点、采样日期、采样时间等；

b）本标准编号；

c）分析结果；

d）测定中观察到的任何异常现象的细节及其说明；

e）分析人员的姓名及分析日期等。

ICS 71.080.60
G 17

SH

中华人民共和国石油化工行业标准

SH/T 1795—2015

工业用三乙二醇

Triethylene glycol for industrial use

2015-07-14 发布 2016-01-01 实施

中华人民共和国工业和信息化部 发布

前　言

本部分按照 GB/T 1.1—2009 给出的规则起草。

本标准由中国石油化工集团公司提出。

本标准由全国化学标准化技术委员会石油化学分技术委员会（SAC/TC63/SC4）归口。

本标准由中国石油化工股份有限公司上海石油化工研究院负责起草。

本标准主要起草人：支菁、王川。

本标准为首次发布。

工业用三乙二醇

1 范围

本标准规定了工业用三乙二醇的要求、试验方法、检验规则、标志、包装、运输、贮存和安全。

本标准适用于环氧乙烷水合生产乙二醇得到的副产物三乙二醇，其主要用途是用作天然气、油田伴生气和二氧化碳的脱水剂，硝化纤维素、橡胶和树脂等的溶剂，干燥剂、润滑剂和增塑剂。

分子式：$C_6H_{14}O_4$

相对分子质量：150.184（按 2011 国际相对原子质量）。

2 规范性引用文件

下列文件对于本文件的应用是必不可少的。凡是注日期的引用文件，仅所注日期的版本适用于本文件。凡是不注日期的引用文件，其最新版本（包括所有的修改单）适用于本文件。

GB/T 2013—2010 液体石油化工产品密度测定法

GB/T 3143 液体化学产品颜色测定法（Hazen 单位——铂-钴色号）

GB/T 3723 工业用化学产品采样安全通则（GB/T 3723—1999，ISO 3165：1976，IDT）

GB/T 4472—2011 化工产品密度、相对密度的测定

GB/T 6283 化工产品中水分含量的测定 卡尔·费休法（通用方法）（GB/T 6283—2008，ISO 760：1978，NEQ）

GB/T 6678 化工产品采样总则

GB/T 6680 液体化工产品采样通则

GB/T 7531 有机化工产品灼烧残渣的测定（GB/T 7531—2008，ISO 6353/1：1982，NEQ）

GB/T 8170 数值修约规则与极限数值的表示和判定

GB/T 14571.1 工业用乙二醇酸度的测定 滴定法

SH/T 1055 工业用二乙二醇中水含量的测定 微库仑滴定法

SH/T 1796 工业用三乙二醇纯度及杂质的测定 气相色谱法

3 要求

工业用三乙二醇的技术要求应符合表 1 的规定。

表 1 工业用三乙二醇技术要求

项目		质量指标		
		优等品	一等品	合格品
外观		清澈透明液体，无机械杂质		
三乙二醇，w/%	≥	99.0	97.0	82.0
色度（铂-钴）/号	≤	25	45	60

表1 （续）

项　　目	质量指标		
	优等品	一等品	合格品
水分，w/%　　≤	0.10	0.20	0.50
密度（20℃）/（g/cm^3）	1.122~1.124	1.122~1.124	1.120~1.130
灰分，w/%　　≤	0.01	0.01	—
酸度（以乙酸计）/（mg/kg）　　≤	50	报告	报告

4 试验方法

4.1 外观的测定

取50 mL~60 mL工业用三乙二醇试样，置于清洁、干燥的100 mL比色管中，在日光或日光灯透射下，直接目测。

4.2 三乙二醇含量的测定

按SH/T 1796的规定测定。

4.3 色度的测定

按GB/T 3143的规定测定，采用100 mL比色管。

4.4 水分的测定

按GB/T 6283或SH/T 1055的规定测定。结果有争议时，以SH/T 1055为仲裁方法。

4.5 密度的测定

按GB/T 4472—2011中4.3.1条（采用50 cm^3密度瓶）或GB/T 2013—2010方法B规定测定。结果有争议时，以GB/T 4472—2011中4.3.1为仲裁方法。

4.6 灰分的测定

按GB/T 7531的规定测定，采用100 mL瓷坩埚，称取试样（80±5）g，灼烧温度800 ℃。

4.7 酸度的测定

按GB/T 14571.1的规定测定，在滴定过程中可不通氮气。

5 检验规则

5.1 检验项目与检验分类

5.1.1 三乙二醇产品的检验分为型式检验和出厂检验两类。

5.1.2 本标准表1中的所有项目均为型式检验项目。当遇到下列情况之一时，应进行型式检验：

a）正常情况下每月至少进行一次型式检验；

b）关键生产工艺更新或主要设备发生更改；

c）主要原料有变化可能影响产品质量；

d）停产又恢复生产；

e）出厂检验结果与上次型式检验有较大差异。

5.1.3 出厂检验项目为表1中除灰分项目外的其他所有项目。

5.2 组批

同等质量的、均匀的产品为一批，可按生产周期、生产班次或产品储罐进行组批。

5.3 采样

按照GB/T 3723、GB/T 6678和GB/T 6680规定进行，采取足够的样品供检验和留样用。

5.4 判定规则

检验结果的判定按GB/T 8170中规定的修约值比较法进行。检验结果全部符合本标准表1的技术要求时，则判定该批产品合格。

5.5 复检规则

如果检验结果中有一项指标不符合本标准要求时，应按GB/T 3723、GB/T 6678和GB/T 6680的规定重新加倍取样进行复验，复验结果如仍不符合本标准要求，则判定该批产品为不合格。

5.6 质量证明

每批出厂产品都应附有质量证明书，其内容包括：生产厂名、产品名称、等级、批号或生产日期、检验结果及本标准编号等。

6 包装、标志、运输和贮存

6.1 工业用三乙二醇的包装容器上应有明显、牢固的标志，内容可包括：产品名称、生产厂名称、批号或生产日期、净含量、等级、本标准编号等。

6.2 工业用三乙二醇用镀锌铁桶包装，也可用不锈钢制、铝制或其他耐腐蚀的容器包装，桶口应密封。

6.3 工业用三乙二醇可采用不锈钢槽车进行运输。

6.4 工业用三乙二醇应贮存于干燥、阴凉、通风的场所，保持容器密封。

7 安全

7.1 工业用三乙二醇为透明液体，无中毒病例报道。与皮肤接触后应用流动清水冲洗。与眼睛接触后，应提起眼睑，用流动清水或生理盐水冲洗。

7.2 工业用三乙二醇沸点285 ℃，闪点155 ℃，燃点371 ℃，遇高热、明火可燃，着火时应采用细雾化水、干粉、二氧化碳、砂土灭火。

ICS 71.080.60
G 17

SH

中华人民共和国石油化工行业标准

SH/T 1796—2015

工业用三乙二醇纯度与杂质的测定 气相色谱法

Triethylene glycol for industrial use—Determination of purity and impurities —Gas chromatographic method

2015-07-14 发布　　2016-01-01 实施

中华人民共和国工业和信息化部　发布

前　　言

本标准依据 GB/T 1.1—2009 给出的规则起草。

本标准由中国石油化工集团公司提出。

本标准由全国化学标准化技术委员会石油化学分技术委员会（SAC/TC63/SC4）归口。

本标准起草单位：中国石油化工股份有限公司上海石油化工研究院。

本标准主要起草人：郭一丹、李继文。

本标准为首次发布。

工业用三乙二醇纯度与杂质的测定　气相色谱法

警告：使用本标准的人员应有正规实验室工作的实践经验。本标准并未指出所有可能的安全问题，使用者有责任采取适当的安全和健康措施，并保证符合国家有关法规规定的条件。

1　范围

1.1　本标准规定了用气相色谱法测定工业用三乙二醇的纯度和杂质含量。

1.2　本标准适用于三乙二醇含量不低于 80.0%（质量分数），乙二醇、二乙二醇杂质含量不低于 0.01%（质量分数）、四乙二醇杂质含量不低于 0.02%（质量分数）样品的测定。

2　规范性引用文件

下列文件对于本文件的应用是必不可少的。凡是注日期的引用文件，仅注日期的版本适用于本文件。凡是不注日期的引用文件，其最新版本（包括所有的修改单）适用于本文件。

GB/T 3723　工业用化学产品采样安全通则（GB/T 3723—1999，ISO 3165：1976，IDT）

GB/T 6283　化工产品中水分含量的测定　卡尔·费休法（通用方法）（GB/T 6283—2008，ISO 760：1978，NEQ）

GB/T 6678　化工产品采样总则

GB/T 6680　液体化工产品采样通则

GB/T 8170　数值修约规则与极限数值的表示和判定

3　方法提要

在本标准规定的条件下，将适量试样注入色谱仪，使试样中的各组分得到分离，用氢火焰离子化检测器（FID）检测。采用校正面积归一法定量。

4　试剂与材料

4.1　载气

氮气：纯度应不低于 99.99%（体积分数），应干燥、净化。

4.2　辅助气

4.2.1　氢气：纯度应不低于 99.99%（体积分数），应干燥、净化。

4.2.2　空气：应干燥、净化。

4.3　三乙二醇

选择纯度不低于 99%（质量分数）商品三乙二醇，进行减压蒸馏提纯，收集中间 30%（体积分数）的馏分备用。该馏分按本标准规定条件进行分析，应检不出二乙二醇和四乙二醇，否则应扣除本底。

4.4 乙二醇

纯度应不低于99%（质量分数）。

4.5 二乙二醇

纯度应不低于99%（质量分数）。

4.6 四乙二醇

纯度应不低于99%（质量分数）。

5 仪器与设备

5.1 气相色谱仪

配置有分流装置及氢火焰离子化检测器（FID）的气相色谱仪。该仪器对本标准所规定的最低测定浓度下待测组份所产生的峰高应至少大于噪声的两倍。仪器的动态线性范围应满足定量要求。

5.2 色谱柱

本方法推荐采用的色谱柱及典型操作条件见表1。典型的色谱图见图1、图2。能达到同等分离程度的其他色谱柱和色谱操作条件亦可使用。

表1 推荐的色谱柱及典型操作条件

色谱柱类型	聚乙二醇-20M	
柱长/m	15	30
柱内径/mm	0.53	0.32
固定液膜厚度/μm	1.2	0.25
载气流量/（mL/min）	2.0	1.0
柱温		
初温/℃	70	100
初温保持时间/min	0.05	0.05
升温速率/（℃/min）	25	10
终温/℃	230	200
终温保持时间/min	18	20
汽化室温度/℃	320	
检测器温度/℃	320	
分流比	10∶1	50∶1
进样量/μL	1	

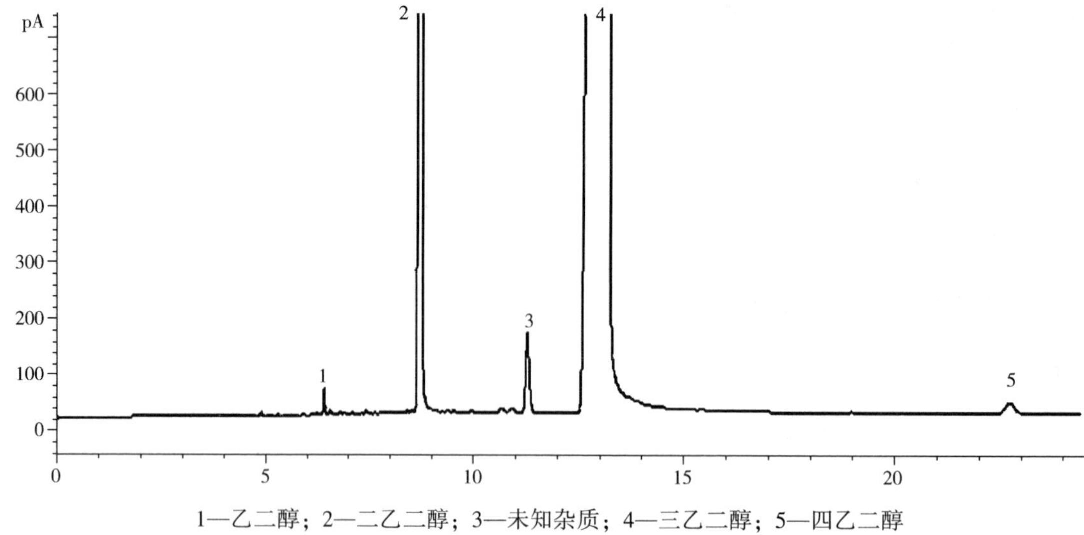

1—乙二醇；2—二乙二醇；3—未知杂质；4—三乙二醇；5—四乙二醇

图1 15m 聚乙二醇毛细管柱的典型色谱图

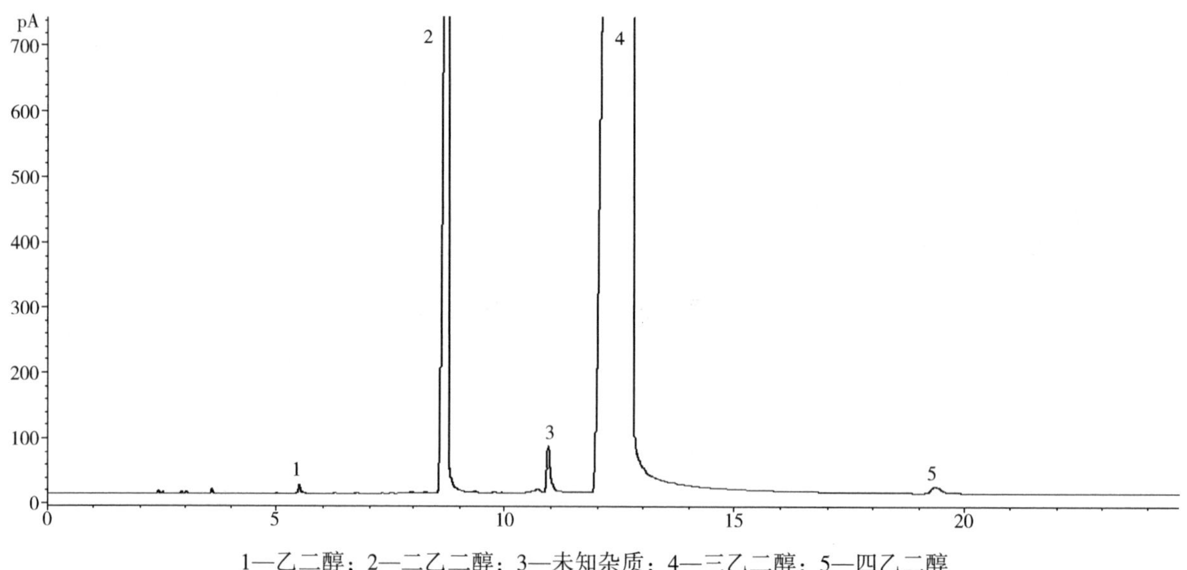

1—乙二醇；2—二乙二醇；3—未知杂质；4—三乙二醇；5—四乙二醇

图2 30m 聚乙二醇毛细管柱典型色谱图

5.3 分析天平

感量 0.0001 g。

5.4 进样装置

1μL 或 10μL 微量注射器，推荐采用自动进样器。

5.5 记录装置

积分仪或色谱工作站。

6 采样

按 GB/T 3723、GB/T 6678 和 GB /T 6680 规定采取样品。

7 测定步骤

7.1 设定操作条件

根据仪器操作说明书，在色谱仪中安装并老化色谱柱。然后调节仪器至表 1 所示的操作条件，待仪器稳定后即可开始测定。

7.2 标样的配制

在 100 mL 容量瓶中加入约 23g 三乙二醇（4.3），再分别加入适量的杂质组分，包括乙二醇（4.4）、二乙二醇（4.5）、四乙二醇（4.6）至容量瓶，称准至 0.0001 g，充分混匀。所配制的各组分含量应与待测试样相近。

7.3 校正因子的测定

在推荐的色谱分析条件下，将上述标样注入色谱仪，重复测定三次，以获得各组分的峰面积。用于校正因子计算。

7.4 试样测定

在规定的条件下，用微量注射器或自动进样器向色谱仪中注入适量三乙二醇样品，进行分离测定，记录色谱图，并由此得到待测试样中的三乙二醇和杂质的峰面积值。

8 分析结果的表述

8.1 计算

8.1.1 各组分相对于三乙二醇的质量校正因子 f_i，按式（1）计算。

$$f_i = \frac{m_i \times A_s}{m_s \times A_{is}} \tag{1}$$

式中：

m_i——标样中组分 i 的质量，g；

A_s——标样中三乙二醇的峰面积；

m_s——标样中三乙二醇的质量，g；

A_{is}——标样中组分 i 的峰面积。

8.1.2 三乙二醇及其杂质组分的含量 w_i，以%（质量分数）计，按式（2）计算。

$$w_i = \frac{f_i \times A_i}{\sum (f_i \times A_i)} \times (100 - w') \tag{2}$$

式中：

f_i ——三乙二醇或杂质 i 的相对质量校正因子；

A_i ——试样中三乙二醇或杂质 i 的峰面积。

w' ——用其他方法测定的水分、酸度、灰分等杂质的总量,% (质量分数)。

注：出现未知组分时，以保留时间相近组分的相对质量校正因子计算。

8.2 结果的表示

对于任一试样，以两次重复测定结果的算术平均值报告其分析结果，并按 GB/T 8170 的规定进行修约，纯度精确至 0.01% (质量分数)，杂质精确至 0.01% (质量分数)。

9 重复性

在同一实验室，由同一操作者使用相同设备，按相同的测试方法，并在短时间内对同一被测对象相互独立进行测试获得的两次独立测试结果的绝对差值应不大于下列的重复性限 (r)，以大于重复性限 (r) 的情况不超过 5% 为前提：

表 2 重复性限 (r)

组　分	浓度范围 (质量分数)	重复性限 r
乙二醇、二乙二醇	0.01%~0.1% 大于 0.1%	平均值的 15% 平均值的 10%
四乙二醇	0.02%~2%	平均值的 15%
三乙二醇	80%~100%	0.2%

10 报告

报告应包括下列内容：

a) 有关样品的全部资料，例如样品名称、批号、采样地点、采样日期、采样时间等；

b) 本标准编号；

c) 分析结果；

d) 测定中观察到的任何异常现象的细节及其说明；

e) 分析人员的姓名及分析日期等。

ICS 71.080.10
G 17

SH

中华人民共和国石油化工行业标准

SH/T 1797—2015

工业用1-己烯

1-Hexene for industrial use

2015-07-14 发布　　2016-01-01 实施

中华人民共和国工业和信息化部　发布

前　言

本标准依据 GB/T 1.1—2009 给出的规则起草。

本标准由中国石油化工集团公司提出。

本标准由全国化学标准化技术委员会石油化学分技术委员会（SAC/TC63/SC4）归口。

本标准起草单位：中国石油化工股份有限公司北京燕山分公司。

本标准主要起草人：崔广洪、彭金瑞、车金凤、张玉祥、于洪洸

本标准为首次发布。

工业用 1-己烯

警告：如果不遵守适当的防范措施，本标准所属产品在生产、贮运和使用等过程中可能存在危险。本标准无意对与本产品有关的所有安全问题提出建议。用户在使用本标准之前，有责任建立适当的安全和防范措施，并确定相关规章限制的适用性。

1 范围

本标准规定了工业用 1-己烯的要求、试验方法、检验规则、标志、包装、运输、贮存和安全。

该产品主要用做生产聚乙烯树脂时的共聚单体。

分子结构式：$CH_2{=}CHCH_2CH_2CH_2CH_3$

相对分子质量：84.159（按 2011 年国际相对原子质量）。

2 规范性引用文件

下列文件对于本文件的应用是必不可少的。凡是注日期的引用文件，仅注日期的版本适用于本文件。凡是不注日期的引用文件，其最新版本（包括所有的修改单）适用于本文件。

GB 190　危险货物包装标志

GB/T 3143　液体化学产品颜色测定法（Hazen 单位——铂-钴色号）

GB/T 3723　工业用化学产品采样安全通则（GB/T 3723—1999，ISO 3165：1976，IDT）

GB/T 6324.4　有机化工产品试验方法　第 4 部分：有机液体化工产品微量硫的测定 微库仑法

GB/T 6324.5—2008　有机化工产品试验方法　第 5 部分：有机化工产品中羰基化合物含量的测定

GB/T 6680　液体化工产品采样通则

GB/T 6682　分析实验室用水规格和试验方法

GB/T 8170　数值修约规则与极限数值的表示和判定

GB 13690　化学品分类和危险性公示　通则

SH 0164　石油产品包装、贮运及交货验收规则

SH/T 0246　轻质石油产品中水含量测定法（电量法）

SH/T 0689　轻质烃及发动机燃料和其他油品的总硫含量测定法（紫外荧光法）

SH/T 1757　工业芳烃中有机氯的测定　微库仑法

SH/T1798　工业用 1-己烯纯度及烃类杂质的测定　气相色谱法

3 要求

工业用 1-己烯的技术要求见表 1。

表 1　工业用 1-己烯的技术要求

序号	项　　目		指　标	
			优等品	合格品
1	外观		无色透明液体，无机械杂质	
2	色度（铂-钴）/号	≤	10	30
3	1-己烯含量 w/%	≥	99.2	98.5
4	碳六以下组分含量 w/%	≤	0.1	0.5
5	内烯[a]含量 w/%	≤	0.8	1.5
6	水含量/（mg/kg）	≤	20	25
7	过氧化物（以活性氧计）/（mg/kg）	≤	1.0	
8	羰基化合物（以羰基计）/（mg/kg）	≤	2.0	5.0
9	硫/（mg/kg）	≤	1.0	
10	氯/（mg/kg）	≤	1.0	2.0
[a]内烯指除 α-烯烃以外的其他烯烃。				

4　试验方法

4.1　外观的测定

在自然光的透射下，将试样注入 100mL 量筒中，在室温下观测。

4.2　色度的测定

按 GB/T 3143 进行测定。

4.3　1-己烯、碳六以下组分及内烯含量的测定

按 SH/T 1798 进行测定。

4.4　水含量的测定

按 SH/T 0246 进行测定。

4.5　过氧化物的测定

按附录 A 进行测定。

4.6　羰基化合物的测定

4.6.1　按 GB/T 6324.5—2008 中分光光度法进行测定，相关内容作如下修改。

4.6.2　羰基化合物标准溶液（以羰基计）（0.05 mg/mL）：称取（0.1286±0.0010）g 的 2-丁酮溶于约 50 mL 无羰基甲醇中，转移至 100 mL 容量瓶中，用无羰基甲醇稀释至刻度，摇匀，得到 0.5 mg/mL 的羰基化合物标准溶液。移取 10.0 mL 上述标准溶液，置于 100 mL 容量瓶中，用无羰基甲醇稀释至刻度，摇匀，得到 0.05 mg/mL 的羰基化合物标准溶液。该溶液使用前配制。

4.6.3　标准比色溶液：可根据样品中羰基化合物含量的不同配制不同范围的标准比色溶液。

4.6.3.1　分别移取0.0 mL（为空白溶液），0.5 mL，1.0 mL，3.0 mL，4.0 mL，5.0 mL 0.05 mg/mL的羰基化合物标准溶液（4.6.1）置于6个100 mL容量瓶中，用无羰基的甲醇稀释至刻度，摇匀。每2.0 mL此标准溶液分别含有（0，0.5，1.0，3.0，4.0，5.0）μg羰基化合物。

4.6.3.2　分别移取0.0 mL（为空白溶液），2.0 mL，6.0 mL，10.0 mL，15.0 mL，20.0 mL 0.05 mg/mL的羰基化合物标准溶液（4.6.1）置于6个100 mL容量瓶中，用无羰基的甲醇稀释至刻度，摇匀。每2.0 mL此标准溶液分别含有（0，2.0，6.0，10.0，15.0，20.0）μg羰基化合物。

4.6.4　显色溶液的处理：由于1-己烯样品的显色溶液出现分层现象，在放入分光光度计进行比色前，需要用注射器将上层溶液吸出后再对下层溶液进行测定。

4.6.5　推荐采用1cm或2cm比色皿进行测定。

4.6.6　重复性：在同一实验室，由同一操作者使用相同设备，按相同的测试方法，并在短时间内对同一被测对象相互独立进行测试获得的两次独立测试结果的绝对差值不应大于0.3 mg/kg，以大于0.3 mg/kg的情况不超过5%为前提。

4.7　硫的测定

按GB/T 6324.4（仲裁法）或SH/T 0689进行测定。

4.8　氯的测定

按SH/T 1757进行测定。

5　检验规则

5.1　检验分类

表1中所有项目均为出厂检验项目。

5.2　组批

同等质量的均匀的产品为一批，可按生产周期、生产班次或产品储罐进行组批。

5.3　采样

按GB/T 3723和GB/T 6680的规定采样。密闭采样。采取足够量的样品供检验和留样用。

5.4　判定规则

5.4.1　试验结果全部符合本标准表1的技术要求时，则判定该批产品合格。

5.4.2　出厂检验结果有不符合表1技术指标的规定时，应按5.3中的规定重新加倍取样，复验。复验结果如仍不符合本标准要求时，则整批产品为不合格。

5.5　质量证明

每批出厂产品都应附有质量证明书，内容包括：产品名称、生产单位、产品等级、批号或生产日期、检验结果及本标准编号等。

6　标志、包装、运输、贮存

6.1　工业用1-己烯包装、运输、贮存按SH 0164的规定执行。工业用1-己烯按GB 13690的规定属易燃液体，其标志按 GB 13690 和 GB 190 的规定执行。

6.2 产品装运之前，应对承运容器进行清洗，并用高纯度氮气吹扫置换，直至容器中水含量、氧含量及清洁程度符合要求后，方可装入工业用 1-己烯产品。

注：对承运容器的水含量、氧含量和清洁要求可由供需双方商定。

6.3 工业用 1-己烯极易吸收空气中的水分，在运输、储存过程中应保持容器氮封状态，保持一定正压力。

7 安全

7.1 工业用 1-己烯是一种易燃液体。密度（20℃）0.673g/mL，熔点-139.9℃，沸点（0.10133MPa）63.4℃，爆炸极限 1.2%（体积分数）~6.9%（体积分数），自燃点 253℃，溶于乙醇和乙醚，不溶于水。

7.2 工业用 1-己烯应储存于阴凉、通风的库房，远离火种、热源。1-己烯燃烧时，可使用泡沫、二氧化碳、干粉、砂土等灭火工具。

7.3 工业用 1-己烯对环境有危害，对水体、土壤和大气可造成污染，应严格控制生产及运输过程的跑、冒、滴、漏。

附 录 A
(规范性附录)
工业用1-己烯中过氧化物的测定 分光光度法

A.1 范围

本方法规定了用分光光度法测定工业用1-己烯中的过氧化物含量。

本方法适用于过氧化物含量不低于0.13 mg/kg 的工业用1-己烯样品的测定。

A.2 方法提要

将1-己烯样品溶解在硫氰酸亚铁饱和溶液中，在525nm 处，以硫氰酸亚铁溶液为参比，测定样品的吸光度，从标准曲线中求出对应的铁（Fe^{3+}）含量，根据生成的铁（Fe^{3+}）与参与反应的过氧化物摩尔之比为2∶1，计算样品的过氧化物含量。

A.3 试剂与材料

除非另有说明，本部分所使用试剂均为分析纯，水符合GB/T 6682三级水规定。

A.3.1 甲醇。

A.3.2 硫酸亚铁铵［$(NH_4)_2Fe(SO_4)_2 \cdot 6H_2O$］。

A.3.3 三氯化铁（$FeCl_3 \cdot 6H_2O$）。

A.3.4 硫氰酸铵（NH_4SCN）。

A.3.5 硫酸：25%（体积分数）。

A.4 仪器与设备

A.4.1 分光光度计，配有1 cm 玻璃比色皿。

A.4.2 电子天平：感量为0.1 mg。

A.4.3 吸量管：1 mL、10 mL。

A.4.4 容量瓶：100 mL。

A.4.5 棕色容量瓶：25 mL、500 mL。

A.4.6 烧杯：100 mL。

A.4.7 量筒：100 mL。

A.4.8 定量滤纸。

A.5 测定步骤

A.5.1 三氯化铁标准溶液的配制（0.001 mol/L）

准确称取（0.270±0.001）g 三氯化铁（A.3.3），在烧杯（A.4.6）中使用约50 mL 甲醇（A.3.1）充分溶解后，移入100 mL 容量瓶（A.4.4）中，用甲醇（A.3.1）稀释至刻度，摇匀。吸取10 mL 该溶液到另一个100 mL 的容量瓶（A.4.4）中，用甲醇（A.3.1）稀释到刻度。每次做标准曲线应重新配制标准溶液。

A.5.2 硫氰酸亚铁溶液的配制（0.0013 mol/L）

准确称取硫氰酸铵（A.3.4）（0.1±0.01）g，在烧杯（A.4.6）中使用约50 mL甲醇（A.3.1）充分溶解后，移入500 mL容量瓶（A.4.5）中。称取磨细的硫酸亚铁铵（A.3.2）0.4 g，用2 mL 25%的硫酸（A.3.5）溶解，然后加入少量甲醇（A.3.1）转移至同一容量瓶中，再加入约200 mL甲醇（A.3.1），振荡至少5 min，用甲醇（A.3.1）稀释到刻度。若溶液中有残渣，使用定量滤纸（A.4.8）过滤后使用。

A.5.3 标准曲线的制作

按表A.1的要求，用1 mL吸量管（A.4.3）吸取以下溶液加入到25 mL容量瓶（A.4.5）中。

表A.1 $FeCl_3$标准溶液（A.5.1）和甲醇的加入量 单位为mL

编号	1	2	3	4	5	6
$FeCl_3$标准溶液	0	0.10	0.20	0.50	0.75	1.0
甲醇	1.0	0.90	0.80	0.50	0.25	0

用硫氰酸亚铁溶液（A.5.2）稀释到刻度，摇匀。该系列标准溶液中三氯化铁的含量分别为0.00 μmol（空白溶液）、0.10 μmol、0.20 μmol、0.50 μmol、0.75 μmol、1.0 μmol。将标准溶液密封、避光，静置10 min，采用1 cm比色皿，以空白溶液为参比，测定525 nm处的吸光度。

制作三氯化铁含量和净吸光度的标准工作曲线。该曲线的相关系数应在0.999以上。

A.5.4 样品的测定

移取1 mL样品于25 mL容量瓶（A.4.5）中，称量样品，称准至0.001 g，用硫氰酸亚铁溶液（A.5.2）稀释到刻度。吸取1 mL甲醇（A.3.1）于25 mL容量瓶（A.4.5）中，用硫氰酸亚铁溶液（A.5.2）稀释到刻度，摇匀，此为空白溶液。密封避光，静置10 min，用1 cm比色皿，在525 nm处测定样品和空白溶液的吸光度，并通过标准工作曲线查得对应的铁（Fe^{3+}）含量，从而通过公式A.1计算得到样品的过氧化物含量。

A.6 分析结果的表述

A.6.1 计算

工业用1-己烯中过氧化物含量w_i，以活性氧的质量分数计，数值以mg/kg表示，按式（A.1）计算：

$$w_i = \frac{n \times 8}{m} \qquad (A.1)$$

式中：

n——由标准曲线得到的铁（Fe^{3+}）的含量，单位为微摩尔（μmol）；

m——1-己烯样品的质量，单位为克（g）；

8——氧（1/2 O）的摩尔质量，单位为克每摩尔（g/mol）。

A.6.2 结果的表示

以两次重复测定结果的算术平均值表示其结果，按GB/T 8170的规定进行修约，精确至0.01 mg/kg。

A.7 重复性

在同一实验室，由同一操作者使用相同设备，按相同的测试方法，并在短时间内对同一被测对象相互独立进行测试获得的两次独立测试结果的绝对差值不应大于0.1 mg/kg，以大于0.1 mg/kg的情况不超过5%为前提。

A.8 报告

报告应包括下列内容：

a）有关样品的全部资料，例如样品名称、批号、采样地点、采样日期、采样时间等。
b）本标准编号。
c）分析结果。
d）测定中观察到的任何异常现象的细节及其说明。
e）分析人员的姓名及分析日期等。

ICS 71.080.10
G 17

SH

中华人民共和国石油化工行业标准

SH/T 1798—2015

工业用1-己烯纯度及烃类杂质的测定 气相色谱法

1-Hexene for industrial use—Determination of purity and hydrocarbon impurities —Gas chromatographic method

2015-07-14 发布 2016-01-01 实施

中华人民共和国工业和信息化部 发布

前　　言

本标准依据 GB/T 1.1—2009 给出的规则起草。

本标准由中国石油化工集团公司提出。

本标准由全国化学标准化技术委员会石油化学分技术委员会（SAC/TC63/SC4）归口。

本标准起草单位：中国石油化工股份有限公司北京燕山分公司。

本标准主要起草人：彭金瑞、车金凤、张玉祥、于洪洸、申海霞。

本标准为首次发布。

工业用1-己烯纯度及烃类杂质的测定　气相色谱法

警告：本标准并不是旨在说明与其使用有关的所有安全问题。使用者有责任采取适当的安全与健康措施，保证符合国家有关法规的规定。

1　范围

本标准规定了用气相色谱法测定工业用1-己烯纯度和烃类杂质的方法。

本标准适用于纯度不低于97.0%（质量分数）以及正己烷、3-己烯、2-己烯、2-甲基-1-戊烯等烃类杂质含量不低于0.005%（质量分数）的工业用1-己烯的测定。

2　规范性引用文件

下列文件对于本文件的应用是必不可少的。凡是注日期的引用文件，仅注日期的版本适用于本文件。凡是不注日期的引用文件，其最新版本（包括所有的修改单）适用于本文件。

GB/T 3723　工业用化学产品采样安全通则（GB/T 3723—1999，ISO 3165：1976，IDT）

GB/T 6680　液体化工产品采样通则

GB/T 8170　数值修约规则与极限数值的表示和判断

3　方法提要

在本标准规定的条件下，将适量试样注入色谱仪进行分析，使试样中的各组分得到分离，采用氢火焰离子化检测器（FID）进行检测。以面积归一化法定量。

当样品中含有2-甲基-1-戊烯杂质时，该杂质与1-己烯在色谱条件1下不能分离，需采用色谱条件2对该杂质进行分离和定量，并将其从色谱条件1测得的1-己烯中扣除。

4　试剂和材料

4.1　标准试剂：纯度应不低于98.0%（质量分数）。

4.1.1　3-甲基-1-戊烯；

4.1.2　4-甲基-反-2-戊烯；

4.1.3　2-甲基-1-戊烯；

4.1.4　正己烷；

4.1.5　反式-3-己烯；

4.1.6　顺式-3-己烯；

4.1.7　反式-2-己烯；

4.1.8　顺式-2-己烯；

4.1.9　2，3-二甲基-2-丁烯；

4.1.10　甲基环戊烯。

4.2　载气：氮气，纯度不低于99.99%（体积分数）。

4.3　燃烧气：氢气，纯度不低于99.99%（体积分数）。

4.4　助燃气：空气，应干燥和净化。

5　仪器与设备

5.1　气相色谱仪

配置氢火焰离子化检测器（FID）的气相色谱仪。该仪器对本方法所规定的最低测定含量的组分所产生的峰高应至少大于噪音的两倍。而且，仪器的动态线性范围必须满足定量要求。

5.2　色谱柱

本方法推荐的色谱柱及典型操作条件见表1，典型色谱图见图1、图2。能达到同等分离效果和分析精度的其它色谱柱也可使用。

表1　推荐的色谱柱及典型操作条件

色谱条件	色谱条件1[a]	色谱条件2[b]
色谱柱	聚甲基硅氧烷	三氧化二铝
柱长/m	60	100
柱内径/mm	0.32	0.32
固定相厚度/μm	1.0	8.0
载气（N_2）流量/（mL/min）	0.7	2.3
柱温/℃	30	163
汽化室温度/℃	280	280
检测器温度/℃	300	300
进样量/μL	0.2	0.1
分流比	80∶1	85∶1

[a] 在色谱条件1下，1-己烯与2-甲基-1-戊烯不能分离。

[b] 色谱条件2仅用于测定1-己烯中的2-甲基-1-戊烯。

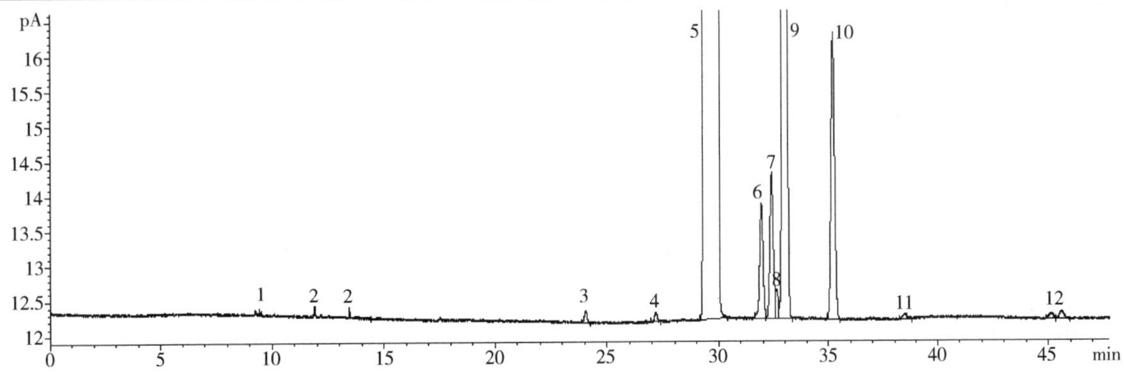

1—C_2；2—C_4；3—3-甲基-1-戊烯；4—4-甲基-反-2-戊烯；5—1-己烯+2-甲基-1-戊烯；6—正己烷；7—反式-3-己烯；8—顺式-3-己烯；9—反式-2-己烯；10—顺式-2-己烯；11—2，3—二甲基—2—丁烯；12—甲基环戊烯

图1　聚甲基硅氧烷色谱柱上的典型色谱图

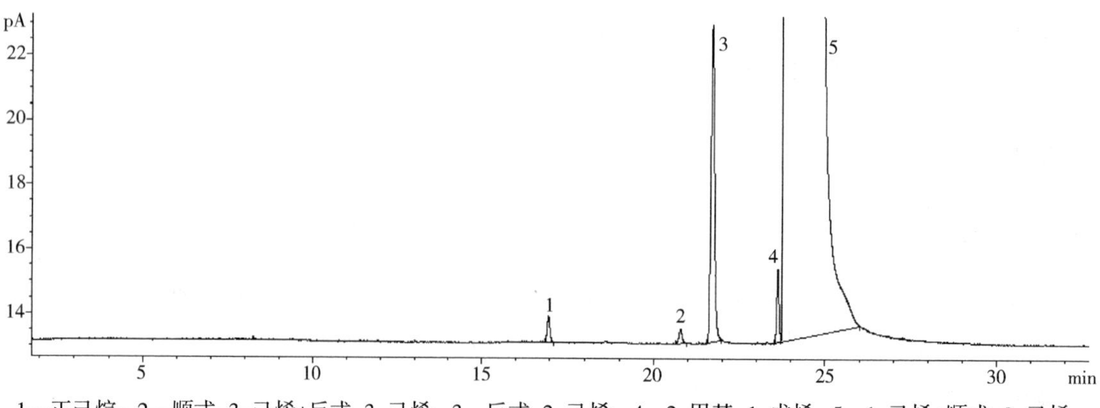

1—正己烷；2—顺式-3-己烯+反式-3-己烯；3—反式-2-己烯；4—2-甲基-1-戊烯；5—1-己烯+顺式-2-己烯

图2　三氧化二铝色谱柱上的典型色谱图

5.3　记录装置

积分仪或色谱工作站。

5.4　进样装置

微量注射器，5μL。

6　采样

按照 GB/T 3723 和 GB/T 6680 规定的要求采取样品。

7　分析步骤

7.1　设定操作条件

按照仪器使用说明书，在色谱仪中安装并老化色谱柱。调节仪器至表 1 的操作条件，待仪器稳定后即可开始测定。

7.2　组分定性

待仪器达到表 1 的条件后，在相同条件下分析标样（4.1）及试样，根据色谱保留时间定性，或采用气相色谱-质谱联用仪定性。

7.3　试样测定

用微量注射器（5.4）将试样注入色谱仪，并测量所有组分的色谱峰面积。

8　分析结果的表述

8.1　计算

8.1.1　样品中各组分的含量 w_i，以%（质量分数）计，按式（1）计算：

$$w_i = \frac{A_i}{\sum A_i} \times 100 \quad \cdots\cdots (1)$$

式中：

A_i——按色谱条件 1 测得的组分 i 的峰面积。

8.1.2 样品中 2-甲基-1-戊烯的含量 w_1，以%（质量分数）计，按式（2）计算：

$$w_1 = \frac{A}{\sum A_i} \times 100 \qquad (2)$$

式中：

A——按色谱条件 2 测得的 2-甲基-1-戊烯的峰面积；

A_i—按色谱条件 2 测得的组分 i 的峰面积。

8.1.3 1-己烯的纯度 w，以%（质量分数）计，按式（3）计算：

$$w = w_0 - w_1 \qquad (3)$$

式中：

w_0——按色谱条件 1 测得的试样中 1-己烯+2-甲基-1-戊烯的含量,%（质量分数）；

w_1——按色谱条件 2 测得的试样中 2-甲基-1-戊烯的含量,%（质量分数）。

8.2 结果的表示

对于任一试样，以两次重复测定结果的算术平均值报告其分析结果，按 GB/T 8170 的规定进行修约。纯度精确至 0.01%（质量分数），杂质的含量精确至 0.001%（质量分数）。

9 重复性

在同一实验室，由同一操作者使用相同设备，按相同的测试方法，并在短时间内对同一被测对象相互独立进行测试获得的两次独立测试结果的绝对差值应不大于表 2 的重复性限（r），以大于重复性限（r）的情况不超过 5%为前提。

表 2 重复性限（r）

组　　分	含量/%（质量分数）	重复性限（r）
1-己烯	≥97.0	0.04%
烃类杂质	$0.005 \leq w_i \leq 0.05$	平均值的 15%
	$w_i > 0.05$	平均值的 10%

10 报告

报告应包括下列内容：

a）有关样品的全部资料，例如样品名称、批号、采样地点、采样日期、采样时间等。

b）本标准编号。

c）分析结果。

d）测定中观察到的任何异常现象的细节及其说明。

e）分析人员的姓名及分析日期等。

二、塑料树脂类

中华人民共和国石油化工行业标准

SH/T 1052—1991

乙烯-乙酸乙烯酯共聚物(E-VAC)命名

本标准参照采用国际标准 ISO 4613-1-1988《塑料-乙烯-乙酸乙烯酯共聚物热塑性塑料(E/VAC)—第一部分：命名》。

1 主题内容与适用范围

本标准规定了乙烯-乙酸乙烯酯共聚物(E/VAC)热塑性材料的命名方法。

本标准适用于在常态下为粉状和粒状的乙烯-乙酸乙烯酯共聚物，其中乙酸乙烯酯含量为3%~50%(m/m)。

本标准也适用于经着色剂、添加剂、填料、增强材料等改性或未改性的上述材料。

本标准不提供材料的具体应用或加工所需要的工程数据、性能数据和加工条件。

本标准并不意味着相同命名的材料，必须具有相同的性能。

2 引用标准

GB/T 1844 塑料及树脂缩写代号

GB/T 3682 热塑性塑料熔体流动速率试验方法

3 命名方法

本命名方法系以乙烯-乙酸乙烯酯共聚物的代号、乙酸乙烯酯含量标称值、熔体流动速率标称值、主要用途、加工方法以及其他特性等为内容，分为若干个特征单元，组成材料的命名。命名形式为：

特征单元1：乙烯-乙酸乙烯酯共聚物缩写代号和乙酸乙烯酯含量标称值(见3.1条)。

特征单元2：共聚物的主要用途、加工方法、重要性能、添加剂和补充说明(见3.2条)。

特征单元3：共聚物的熔体流动速率标称值及其试验条件(见3.3条)。

特征单元4：填料、增强材料及其含量(见3.4条)。

特征单元5：为了详细说明问题，可加此特征单元，作为补充说明(见3.5条)。

在特征单元之间用连字符(-)分隔，若有一个特征单元不用，应用两个连字符(--)分隔。

3.1 特征单元

按照 GB/T 1844 的规定，乙烯-乙酸乙烯酯共聚物缩写代号为英文字母 E/VAC，在空一格以后，以两个数字为代号表明乙酸乙烯酯含量标称值的范围。

乙烯-乙酸乙烯酯含量标称值的范围分为七个档次，其相应代号按表1所规定。

中国石油化工总公司 1991-06-28 批准　　　　1992-07-01 实施

表 1　乙酸乙烯酯含量标称值档次代号及范围

代　号	范　围,%(*m*/*m*)
03	>3~5
08	>5~10
13	>10~15
18	>15~20
25	>20~30
35	>30~40
45	>40~50

乙酸乙烯酯含量的试验方法见附录 A(补充件)。

3.2　特征单元 2

共聚物的主要用途或加工方法在第一位写出，其重要性能、添加剂、颜色和状态(粒状或粉状)在第二位至第四位写出。按表 2 的规定以代号表示。

本色(无着色)、粒状材料不需写出，有颜色(着色)、粉状材料则需写明。

表 2　特征单元 2 所用的代号

代　号	第　一　位	代　号	第二位至第四位
A	粘合剂	A	加工稳定
B	吹塑成型(中空制品)	B	抗粘连
C	压延	C	着色的
		D	粉状
E	挤出管材、型材和片材	E	可发泡的
F	挤出薄膜	F	阻燃
G	通用		
H	涂覆	H	耐热老化
J	电缆护套		
K	电线和电缆绝缘层	K	金属纯化
L	单丝	L	耐光和(或)气候老化
M	注塑		
		P	冲击改性
Q	压塑		
R	旋转模塑	R	脱膜剂
S	粉末涂覆或烧结	S	润滑
T	挤出扁丝	T	提高透明性
		W	抗水解
X	无说明	X	可交联的
		Y	增加导电性
		Z	抗静电

如果在第二位至第四位有内容表达，而第一位无专门说明，则应写上 X。

3.3　特征单元 3

在本特征单元中，共聚物熔体流动速率标称值用一个字母和三个数字表示(见 3.3.1)。

上述特征值，如果落在或接近某档极限，生产厂应确定该共聚物按某档次命名。如果因生产误差而造成个别试验值落在某档极限或某档极限的任何一侧，命名不受影响。

3.3.1　熔体流动速率

熔体流动速率按 GB/T 3682 进行测定。

本共聚物熔体流动速率试验条件及代号如表 3 所规定。

表 3　熔体流动速率试验条件及代号

代　　号	测试温度,℃	标称负荷,kg
D	190	2.16
B	150	2.16
Z	125	0.325

通常试验条件应选用 D，如测得的熔体流动速率大于 100g/10min 时，应改用 B，如后者测得的熔体流动速率仍大于 100g/10min 时，推荐使用 Z。

本共聚物熔体流动速率标称值范围分为十一个档次；每个档次以三个数字表示，如表 4 所规定。命名中试验条件代号写在档次代号前端。

表 4　熔体流动速率标称值档次代号及范围

代　　号	范围,g/10min
000	≤0.10
001	>0.10~0.20
003	>0.20~0.40
006	>0.40~0.80
012	>0.80~1.5
022	>1.5~3.0
045	>3.0~6.0
090	>6.0~12.0
200	>12.0~25.0
400	>25.0~50.0
700	>50.0

3.4　特征单元 4

在本特征单元中，填料或增强材料的类型用一个字母为代号在第一位写出，其物理形态用另一个字母为代号在第二位写出(见表 5)。其质量含量百分数用两个数字在第三位写出。

表 5　填料和增强材料及形态的代号

代　号	材料第一位	代　号	形态第二位
B	硼	B	球状、珠状
C	碳[1]		
		D	粉状
		F	纤维状
G	玻璃	G	碎粒状、碎纤维
		H	须晶
K	碳酸钙		
L	纤维素[1]		
M	矿物[1]、金属[1]		
S	有机合成物[1]	S	鳞状、片状
T	滑石		
W	木		
X	无说明	X	无说明
Z	其他[1]	Z	其他[1]

注:1) 对于这些材料,可在本特征单元的第四位以其化学符号或公认的代号明确写出。

若填料和增强材料为多种类型及形态的混合物，可用“+”将其代号组合，再打上括弧。例如含有 25%的玻璃纤维(GF)和 10%的矿物粉(MD)的混合物，则应以(GF25+MD10)表示。

3.5 特征单元5

需作补充访明的内容，本标准不作规定，但应以尽量少的英文字母为代号表示。

4 命名举例

4.1 某乙烯-乙酸乙烯酯共聚物(E/VAC)，其乙酸乙烯酯含量标称值为4%(*m/m*)(03)，用于挤出薄膜(F)，含有爽滑剂(S)，熔体流动速率标称值在190℃，2.16kg 试验条件(D)时为2.0g/10min(022)。命名如下：

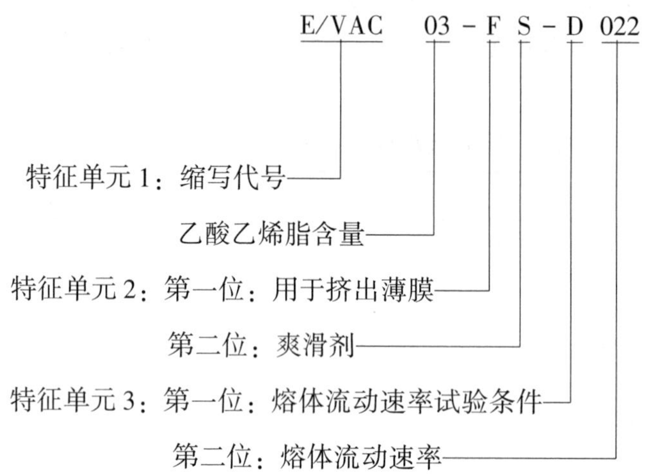

命名：E/VAC 03-FS-D022

4.2 某乙烯-乙酸乙烯酯共聚物(E/VAC)，其乙酸乙烯酯含量标称值为17%(*m/m*)(18)，用于注塑(M)，熔体流动速率标称值在190℃，2.16kg 试验条件(D)时为19g/10min(200)，命名如下：

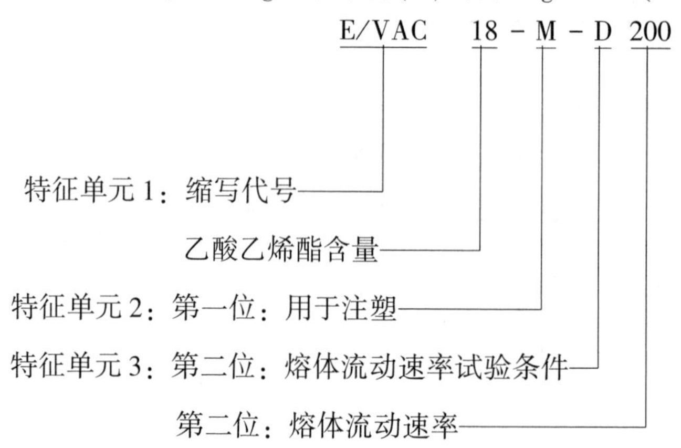

命名：E/VAC 18-M-D200

附　录　A
乙酸乙烯酯含量的测定　皂化法
（补充件）

A1　主题内容与适用范围

本方法适用于测定乙烯-乙酸乙烯酯共聚物（E/VAC）中的乙酸乙烯酯含量。

A2　方法原理

乙烯-乙酸乙烯酯共聚物经加热能溶解于甲苯中，此时加入已知过量的氢氧化钾与其发生皂化反应，再用硫酸标准滴定溶液滴定剩余的氢氧化钾，从而计算出乙酸乙烯酯的含量。

反应式：

$$\left[CH_2-CH_2-\underset{\underset{\displaystyle CH_3-C=O}{|}}{\underset{|}{\overset{}{CH}}}\!\!\!\!\!\!\!\! \right] \text{(见下)}$$

$$-\!\!\left[CH_2-CH_2-\underset{\substack{|\\ O\\ |\\ CH_3-C=O}}{CH}-CH_2\right]\!\!-_n + nKOH \longrightarrow -\!\!\left[CH_2-CH_2-\underset{\substack{|\\ OH}}{CH}-CH_2\right]\!\!-_n + nCH_3-\underset{\substack{|\\ OK}}{C}=O$$

A3　试剂

A3.1　甲苯：分析纯。

A3.2　乙醇：分析纯。

A3.3　氢氧化钾-乙醇溶液：$c(KOH)=0.5mol/L$。

A3.4　硫酸标准滴定溶液：$c(H_2SO_4)=0.05mol/L$。

A3.5　百里酚蓝指示剂：将 0.1g 百里酚蓝指示剂溶于 100mL 乙醇中。

A4　仪器与设备

A4.1　分析天平：感量为 0.1mg。

A4.2　滴定管：25mL。

A4.3　移液管：30mL，25mL。

A4.4　磨口三角烧瓶：250mL。

A4.5　量筒：50mL。

A4.6　回流冷凝器：500mm。

A4.7　恒温水浴。

A4.8　滴瓶：50mL。

A5　测定步骤

A5.1　称取约 0.2g 试样，精确至 0.0001g，放入磨口三角烧瓶中，加入 20mL 甲苯（A3.1）并用移液管加入 5mL 氢氧化钾-乙醇溶液（A3.3）。

A5.2　把回流冷凝器装在磨口三角烧瓶上，置于 80℃恒温水浴中加热回流 2h。然后取出，冷却至室温。用 15mL 蒸馏水冲洗回流冷凝器，取下磨口三角烧瓶，依次加入 30mL 乙醇（A3.2）和 1mL 百里酚蓝指示剂（A3.5）。

A5.3　将磨口三角烧瓶内的溶液摇匀，用硫酸标准滴定溶液（A3.4）滴定至溶液由蓝色变成黄色。

A5.4　作一空白试验。

A6 结果表示

A6.1 计算

乙酸乙烯酯的含量x以质量百分数表示，按式(A1)计算：

$$x=\frac{0.08609\times(V_1-V_2)c_1\times100}{m} \qquad \cdots\cdots(A1)$$

式中：V_1——空白试验所消耗硫酸标准滴定溶液的体积，mL；

V_2——滴定试样所消耗硫酸标准滴定溶液的体积，mL；

c_1——硫酸标准滴定溶液的实际浓度，mol/L；

m——试样的质量，g；

0.08609——与1.00mL硫酸标准滴定溶液[$c(H_2SO_4)$=1.000mol/L]相当的以克表示的乙酸乙烯酯的质量。

A6.2 报告

测定须进行两次，以两次测定的算术平均值报告结果，精确至小数点后一位。

乙酸乙烯酯的含量小于或等于15%(*m/m*)时，两次测定结果的偏差不得大于1.0%(*m/m*)；乙熙乙烯酯的含量大于15%(*m/m*)时，两次测定结果的偏差不得大于3.0%(*m/m*)；否则须进行复测。

附加说明：

本标准由上海石油化工总厂提出。

本标准由全国塑料标准化技术委员会石化塑料树脂产品分技术委员会归口。

本标准由上海石油化工总厂塑料厂负责起草。

本标准主要起草人费士伟、仰俊泉。

ICS 83.080.01
G 31

中华人民共和国石油化工行业标准

SH/T 1541—2006
代替 SH/T 1541—1993

热塑性塑料颗粒外观试验方法

Test method for appearance of thermoplastic granules

2006-05-12 发布　　2006-11-01 实施

中华人民共和国国家发展和改革委员会　发布

前　言

本标准代替 SH/T 1541—1993《热塑性塑料颗粒外观试验方法》。

本标准与 SH/T 1541—1993 相比主要变化如下：

——范围内将本标准中适用于高密度聚乙烯、低密度聚乙烯和线型低密度聚乙烯合并，统称为聚乙烯(PE)(第 1 章)。

——范围中增加苯乙烯-丙烯腈(SAN)树脂以及改性塑料(第 1 章)。

——规范性引用文件中由不注日期引用文件改为注日期引用文件(第 2 章)。

——增加术语和定义一章(第 3 章)。

——指明小粒中包括碎屑和碎粒(3.4)。

——增加了蛇皮粒、拖尾粒、絮状物和带泡粒子的定义(3.5、3.6、3.7 和 3.8)。

——试验用套筛规格按照 GB/T 6003.2—1997 描述(5.1)。

——试验用套筛装配好后，增加“在水平方向”充分摇动(7.2)。

——增加“结果表示”一章(第 8 章)。

本标准由中国石油化工集团公司提出。

本标准由全国塑料标准化技术委员会石化塑料树脂产品分会(SAC/TC15/SC1)归口。

本标准起草单位：中国石油化工股份有限公司北京燕山分公司树脂应用研究所。

本标准主要起草人：王晓丽、陈宏愿、杨春梅、王树华、李震环、徐桂芹、石迎秋。

本标准于 1993 年首次发布，本次为第一次修订。

热塑性塑料颗粒外观试验方法

1 范围

本标准规定了热塑性塑料颗粒外观的试验方法。

本标准适用于热塑性塑料中聚乙烯(PE)、聚丙烯(PP)、聚苯乙烯(PS)、抗冲击聚苯乙烯(PS-I)、丙烯腈-丁二烯-苯乙烯(ABS)、苯乙烯-丙烯腈(SAN)等本色颗粒状树脂。

本标准也适用于改性塑料。

本标准不适用于热塑性塑料中的粉料。

2 规范性引用文件

下列文件中的条款通过本标准的引用而成为本标准的条款。凡是注日期的引用文件，其随后所有的修改单(不包括勘误的内容)或修订版均不适用于本标准，然而，鼓励根据本标准达成协议的各方研究是否可使用这些文件的最新版本。凡是不注日期的引用文件，其最新版本适用于本标准。

GB/T 6003.2—1997 金属穿孔板试验筛(eqv ISO 3310-2：1990)

3 术语和定义

下列术语和定义适用于本标准。

3.1

黑粒

黑色粒子及深褐色粒子。

3.2

色粒

除黑粒和树脂应有的颜色外其他颜色的粒子。

3.3

大粒

任意方向尺寸大于5mm的粒子，包括连粒。

3.4

小粒

任意方向尺寸小于2mm的粒子，包括碎屑和碎粒。

3.5

蛇皮粒

形似蛇皮的带状树脂。

3.6

拖尾粒

因切粒不良产生的带锥角或毛刺的粒子。

注：上一版标准称为“丝发”。

3.7

絮状物

絮状的树脂。

3.8

带泡粒子

内部含有水泡、气泡的粒子。

3.9

杂质

除本体外的其他物质。

4 原理

将1000g树脂粒料经试验用套筛筛出定义中规定的大粒、小粒。在不少于10min的时间内，用镊子拣净1000g粒料中的各类粒子，并分类统计。

5 仪器和设备

5.1 试验用套筛，由ϕ300×50/5R GB/T 6003.2—1997(A筛)和ϕ300×50/2R CB/T 6003.2—1997(B筛)两个金属穿孔板试验筛和与筛框基本尺寸相同的上盖及接料盘套叠在一起组成。

5.2 白色搪瓷盘，尺寸不小于500mm×355mm×40mm。

5.3 天平：

5.3.1 最小分度值1g。

5.3.2 最小分度值0.1g。

5.4 卡尺，精确到0.1mm。

5.5 镊子。

5.6 计时器。

5.7 培养皿，直径120mm。

5.8 烧杯，250mL。

6 试样

取试验样品作为试样。

7 试验步骤

7.1 将A筛(5.1)装在B筛(5.1)上面，并在筛子的下面装配上接料盘。

7.2 用天平(5.3.1)称取1000g±1g试样，放入A筛，在筛子的上面装配上盖。在水平方向充分摇动试验用套筛后，留在A筛内的试样即为大粒，接料盘内的试样即为小粒，并将大粒和小粒分别放入两个培养皿内。

7.3 将过筛后留在B筛内的物料倒入干燥、洁净的白色搪瓷盘内，以摊平盘底为宜。开启计时器，在良好的照明条件下，在不少于10min的时间内，用镊子拣净白色搪瓷盘和培养皿内的各类粒子，分别放入烧杯内(5.8)。

试验过程中也应拣净7.2中未筛出的大粒和小粒。必要时，用卡尺测量粒子尺寸，并分别放入大粒和小粒的培养皿内。

7.4 计数或用天平(5.3.2)称量各类粒子。

8 结果表示

黑粒、色粒、蛇皮粒、拖尾粒、杂质按个/kg计；大粒、小粒、絮状物、带泡粒子按g/kg计。

9 试验报告

试验报告应包括下列内容：

a）注明按本标准；

b）试样名称、批号、来源或生产厂；

c）试验所需时间；

d）1000g 试样中各类粒子的个数(个/kg)或质量(g/kg)；

e）试验日期和试验人员。

中华人民共和国石油化工行业标准

SH/T 1542—1993
（2009 年确认）

聚丙烯和丙烯共聚物在空气中热氧化稳定性的测定 烘箱法

本标准参照采用国际标准 ISO 4577—1983(88)《塑料——聚丙烯和丙烯共聚物——在空气中热氧化稳定性的测定——烘箱法》。

1 主题内容与适用范围

本标准规定了聚丙烯和丙烯共聚物(简称丙烯类塑料)模塑料试样在强制通风烘箱中进行热氧化稳定性(简称热氧稳定性)测定的试验方法。

本标准适用于评定丙烯类塑料的热氧稳定性。

本标准也适用于推算丙烯塑料的热氧老化寿命。

本方法测定的热氧稳定性与材料在不同条件下适用性无直接关系。

2 引用标准

GB/T 1841 聚烯烃树脂溶液黏度试验方法

GB 2918 塑料试样状态调节和试验的标准环境

GB/T 3682 热塑性塑料熔体流动速率试验方法

GB 7141 塑料热空气暴露试验方法

GB/T 7142 塑料长期受热作用后的时间、温度极限的测定

GB/T 9352 热塑性塑料压塑试样的制备

GB 12670 聚丙烯树脂

3 原理

通过用强制通风烘箱在空气存在下使试样加速老化，目测试样外观变化，确定材料破坏时间。

在本试验方法所规定的严格条件下，试样发生降解的速率取决于被测丙烯类塑料的热氧稳定性。

本标准是将试样直接暴露于规定条件下的空气流中，以试样的任一部分开始出现局部变色、裂纹及破碎等降解现象所经历的时间(小时或天)作为材料的破坏时间。

若要求估计丙烯类塑料的热氧老化寿命-温度关系，试验可在几个温度下进行，并通过用破坏时间的对数对温度(K)倒数作图和通过阿累尼乌斯关系解释数据，即按 GB 7142 规定进行推算。为此目的，建议在 100~150℃温度范围内以每相隔 10℃的温度进行试验。

4 试验装置

试验装置应符合 GB 7141 规定，并按此规定进行调节。

4.1 空气热老化试验箱(简称试验箱或烘箱)

试验箱为强制通风型，应满足如下要求：

a. 工作温度：室温 20~200℃。

中国石油化工总公司 1993-06-11 批准 1994-05-01 实施

b. 温度波动度：±1℃，应备有超温保护及报警装置。

c. 温度均匀性：温度分布的偏差应不大于±1.5℃。

d. 平均风速：0.5~1.0m/s。

e. 换气量：不小于6次/h。

f. 升温时间：从室温升至最高工作温度的时间不应超过120min。

4.2 试样架

如下三种型式试样架均可使用。

a. 网板固定式。

b. 单轴旋转式，转速为10~12r/min。

c. 双轴旋转式，水平轴与垂直轴的转速为1~3r/min。

双轴转动能增加所有试样同等条件暴露的可能性，对于要求的试验准确度转高的试样或有争议时，采用双轴旋转架进行试验。

4.3 温度指示计

温度指示计可用量程0~200℃，分度不大于1℃的水银温度计或其他测温装置。温度指示计应在试验温度下进行校正。

5 试样

5.1 按GB 9352和GB 12670规定，由粒料或其他均一模塑料制备塑料片材，再从此片材上切取试样。

模塑温度：210℃±5℃，根据需要亦可采用200℃±5℃。

模塑时间：预热5~10min，全压2~5min。

冷却速率：60℃/min±30℃/min。

经有关双方商定，也可采用注塑试样或从丙烯类塑料制品上切取试样。

5.2 试样形状和尺寸

试样长为50mm、宽为10mm、厚为1.0mm±0.05mm。

试样的厚度必须均匀一致，冲切刀应锋利无缺口，并保证试样清洁无污损。必要时应修整边缘，以除去冲切时引起的缺陷。

经有关双方商定，也可采用其他形状和尺寸的试样。为了缩短试验时间，可采用厚度小于1mm的薄型试样。但不同尺寸规格，尤其是不同厚度试样的试验结果不能相比较。

5.3 试样数量

每次试验不少于5个试样。

6 试验条件

6.1 状态调节

试样一般不需要进行状态调节，必要时按GB 2918规定的标准环境至少调节24h以上。

6.2 试验温度

推荐试验温度为150℃，在试验过程中试验箱工作空间内的温度波动度应不大于±1℃，温度分布偏差应不大于±1.5℃。

一般只在150℃下进行试验。如果在150℃下平均破坏时间少于七天，根据需要可在140℃或更低的相隔10℃的温度下，重复试验直至破坏时间达到七天以上为止，但应在报告中说明。

7 试验步骤

7.1 安置试样

用衬有氟塑料薄膜或其他惰性材料的金属夹或木夹，将5个试样垂直悬挂在试样架上。由于试样上任何污损及某些金属(尤其是铜)均会导致丙烯类塑料的加速氧化降解，所以务必注意小心处理试样，避免试样污损及金属部件直接接触。

将挂好试样的试样架安置在试验箱内，使各试样之间至少相距20mm，与箱壁相距至少50mm。安置完毕后，即可启动试验箱。

7.2 观察试样

每天至少观察一次试样的破坏情况，直至最后一个试样破坏为止，观察时，应停止试样架转动。从试验箱中取样速度要快，应尽量减少箱内温度的变化，必要时，应扣除因取样等原因引起温度下降幅度较大的时间，以减少试验误差。

注：在通过目测确定多种试样破坏时间有争议时，丙烯类塑料的热氧稳定性，亦可测量经某一规定老化时间后的试样的熔体流动速率(见GB/T 3682)或黏度(见GB/T 1841)的相对变化率来进行比较。

8 结果表示

报告破坏时间，即以按小时或天数计的5个试样开始出现约1mm^{2}大小的变化、裂纹及破碎所经历的平均破坏时间来表示丙烯类塑料的热氧化稳定性。

本评定对离夹具5mm以内的区域不作考核，并应排除因试样污损等原因造成的异常情况。

9 试验报告

试验报告应包括如下内容：

a. 注明参照本标准；

b. 试样名称、牌号、尺寸规格、数量及制备方法和工艺条件；

c. 试验箱型号及试样架型式；

d. 5个试样在150℃下的平均破坏时间及破坏时间范围，以小时或天数表示；

e. 试样在其他温度下的破坏时间及破坏时间范围(必要时列出)；

f. 推算热氧老化寿命结果按GB/T 7142规定表示；

g. 试样的状态调节情况及与本标准有区别的任一试验条件；

h. 试验人员、时间及其他。

附加说明：

本标准由全国塑料标准化技术委员会石化塑料树脂产品分技术委员会提出。

本标准由全国塑料标准化技术委员会老化试验方法分技术委员会归口。

本标准由化学工业部合成材料老化研究所、北京燕山石油化工公司树脂应用研究所负责起草。

本标准主要起草人谢绍国、李晓卫、郑惠琴、杨春梅。

中华人民共和国石油化工行业标准

SH/T 1590—1994

苯乙烯-丁二烯系列
抗冲击聚苯乙烯(SB)树脂

1 主题内容与适用范围

本标准规定了苯乙烯-丁二烯系列抗冲击聚苯乙烯树脂的技术要求、试验方法、检验规则及标志、包装、运输、贮存要求。

本标准适用于以聚苯乙烯和(或)苯乙烯与烷基苯乙烯的共聚物为连续相，以丁二烯系的弹性体为分散相组成的抗冲击聚苯乙烯树脂。

本标准不适用于连续相中含有烷基苯乙烯以外的其他单体与苯乙烯的共聚物的上述材料，也不适用于可发性材料。

2 引用标准

GB/T 1040 塑料拉伸试验方法

GB/T 1633 热塑性塑料软化点(维卡)试验方法

GB/T 1843 塑料悬臂梁冲击试验方法

GB/T 2547 塑料树脂取样方法

GB 2918 塑料试样状态调节和试验的标准环境

GB/T 3682 热塑性塑料熔体流动速率试验方法

GB/T 9342 塑料洛氏硬度试验方法

GB 9692 食品包装用聚苯乙烯树脂卫生标准

GB/T 16867 聚苯乙烯和丙烯腈-丁二烯-苯乙烯树脂中残留苯乙烯单体的测定 气相色谱法

SH/T 1051 苯乙烯-丁二烯系列抗冲击聚苯乙烯(SB)模塑和挤出材料 命名

SH/T 1541 热塑性塑料颗粒外观试验方法

3 产品命名

抗冲击聚苯乙烯树脂的命名按 SH/T 1051 规定进行。

4 技术要求

4.1 抗冲击聚苯乙烯树脂为颗粒状，其颗粒尺寸在任意方向为 2~5mm。不夹带金属、机械杂质。

4.2 对于有卫生要求的树脂，应符合 GB 9692 的规定。

4.3 树脂的质量指标应符合下表的要求。

中国石油化工总公司 1994-03-10 批准 1994-10-01 实施

抗冲击聚苯乙烯树脂技术要求

序号	项目		指标								
			SB,GN,093-03-040			SB,GAH,088-03-040			SB,GAH,088-03-070		
			优级品	一级品	合格品	优级品	一级品	合格品	优级品	一级品	合格品
1	颗粒外观(污染粒子),个/kg	≤	7	15		7	15		7	15	
2	软化点(维卡),℃	≥	90			85			88		
3	熔体流动速率,g/10min		1.8~3.7		1.5~4.0	2.7~3.8		2.5~4.0	1.8~3.7		1.5~4.0
4	拉伸屈服应力,MPa	≥	26	23	20	18	16	14	20	18	16
5	断裂伸长率,%	≥	32			42			35		
6	悬臂梁冲击强度,J/m	≥	55	50		60	55		65	60	
7	洛氏硬度(R标尺)	≥	98			90			90		
8	残留苯乙烯单体,mg/kg	≤	600			850			850		

5 试验方法

5.1 试样的制备

采用一次注射成型。试样表面应平整、无气泡、无分层、无明显杂质和机械损伤。成型条件规定如下：

a. 树脂熔体温度 220℃±5℃；

b. 注射速度 200mm/s±100mm/s；

c. 模具温度 45℃±3℃；

d. 注射压力 充满模腔的最低压力 ss×1.1MPa。

5.2 试样的状态调节和试验的标准环境

按 GB 2918 规定进行，环境相对湿度 45%~55%，温度 23℃±2℃，试样状态调节时间不少于 16h。

5.3 树脂颗粒外观(污染粒子)的测定

按 SH/T 1541 规定进行。

5.4 熔体流动速率的测定

按 GB/T 3682 进行，采用标准试验条件 7(200℃，5kg)。

5.5 软化点(维卡)的测定

5.5.1 试样

按 5.1 规定制成长、宽不小于 10mm，厚度为 3~6mm 的试样，每组试样不少于 2 个。

5.5.2 测试

按 GB/T 1633 规定进行，试验条件如下：

a. 升温速率 5℃/6min±0.5℃/6min；

b. 负荷 5000_{0}^{+50}g。

5.6 悬臂梁冲击强度的测定

5.6.1 试样

按 5.1 规定制成长 63.5mm、宽 6.35mm、厚 12.7mm 的试样，并用铣刀加工成 V 型标准缺口。每组试样不少于 5 个。

5.6.2 测试

按 GB/T 1843 规定进行。

5.7 拉伸屈服应力和断裂伸长率的测定

5.7.1 试样

按5.1规定制成符合GB/T 1040要求的I型试样，试样厚度为4mm，平行部分宽度为10mm。每组试样不少于5个。

5.7.2 测试

按GB/T 1040规定进行，试验速度10mm/min。

5.8 洛氏硬度的测定

5.8.1 试样

按5.1规定制成厚度大于或等于6mm，直径50mm或50mm×50mm的片状试样，如果厚度不满足，两片叠加后使用。

5.8.2 测试

按GB/T 9342规定进行，采用R标尺。

5.9 残留苯乙烯单体的测定

按GB/T 16867规定进行。

5.10 结果表示

结果表示应与技术条件表中对应项目所列的数字位数、单位一致。

6 检验规则

6.1 组批

抗冲击聚苯乙烯树脂的组批在树脂生产厂进行，树脂生产厂可以以一定的生产周期或储存料仓为一批对产品进行组批。

6.2 抽样

按GB/T 2547规定进行。

6.3 检验及判级

出厂产品应由生产厂的质量检验部门按照本标准规定试验方法进行检验，依据每批产品检验结果，对照产品标准技术要求作出质量等级判定。

6.4 复验

检验结果若有某个项目不符合产品标准技术要求时，应重新抽样对该项目进行复验，抽样数应为原抽样数的两倍，以复验结果作为该批产品的质量判定依据。

6.5 交货及验收检验

6.5.1 树脂生产厂在交货时应附有产品质量检验合格证，合格证上应注明产品名称、牌号、批号、等级以及其他有关资料，并盖有质检专用章和检验员章。

6.5.2 使用单位按树脂牌号与产品标准规定的技术要求进行抽样检查。如有异议，除在产品标准中另有规定外，均应在产品生产日期一年内向树脂生产厂提出，并商请仲裁单位裁决，以仲裁检验的结果作为产品质量判定的依据。

7 标志、包装、运输和贮存

7.1 标志

抗冲击聚苯乙烯树脂包装袋上应印有产品的标志，标志中包括：商标、产品名称、生产厂名称、产品标准号、产品牌号、批号及净重。

7.2 包装

抗冲击聚苯乙烯树脂用内衬聚乙烯薄膜袋的塑料编织袋或其他合适的包装袋包装，每袋净重25kg。

7.3 运输

抗冲击聚苯乙烯树脂为非危险品。在装卸过程中严禁使用铁钩等锐利工具，切忌抛掷以免损坏包装袋。运输时，不得曝晒和雨淋，不得与沙土、碎金属、煤炭、玻璃等混合装运，更不可与易燃、有毒及腐蚀性物品混装。

7.4 贮存

抗冲击聚苯乙烯树脂应存放在通风、干燥的仓库内，应远离火源并防止阳光直接照射，不得露天堆放。

附　录　A
抗冲击聚苯乙烯树脂旧牌号与新命名对照表
（参考件）

A1　抗冲击聚苯乙烯树脂旧牌号与新命名对照见表A1。

表A1

旧牌号	耐热高冲级	825SD	825E
新命名	SB,GN,093-03-040	SB,GAH,088-03-040	SB,GAH,088-03-070

附加说明：

本标准由兰州化学工业公司提出。

本标准由全国塑料标准化技术委员会石化塑料树脂产品分技术委员会归口。

本标准由兰州化学工业公司合成橡胶厂起草。

本标准主要起草人俞重、孙常胜、周筠如。

编者注：引用标准中SH/T 1051已废止，可采用GB/T 18964.1—2008《塑料　抗冲击聚苯乙烯（PS-Ⅰ）模塑和挤出材料　第1部分：命名系统和分类基础》。

ICS 83.080.20
G 32

SH

中华人民共和国石油化工行业标准

SH/T 1750—2005

冷热水管道系统用
无规共聚聚丙烯(PP-R)专用料

Propylene random copolymer(PP-R) materials for piping systems for hot and cold water installations

2005-04-11 发布　　　　2005-09-01 实施

中华人民共和国国家发展和改革委员会　发布

前　言

本标准的附录 A 为规范性附录，附录 B 为资料性附录。

本标准由中国石油化工集团公司提出。

本标准由全国塑料标准化技术委员会石化塑料树脂产品分会(SAC/TC15/SC1)归口。

本标准负责起草单位：中国石化北京燕化石油化工股份有限公司树脂应用研究所。

本标准参加起草单位：国家石化有机原料合成树脂质量监督检验中心；
国家化学建筑材料测试中心；
中国石油化工股份有限公司扬子石化公司研究院。

本标准主要起草人：王树华、陈宏愿、刘玉春、邸丽京、王超先、杨春梅、王晓丽。

冷热水管道系统用
无规共聚聚丙烯(PP-R)专用料

1 范围

本标准规定了冷热水管道系统用无规共聚聚丙烯(PP-R)专用料的分类、要求、试验方法、检验规则、标志及包装、运输和贮存。

本标准适用于含有一定量的乙烯基及特殊添加剂和着色剂的颗粒状 PP-R 材料。

该材料可用于制造冷热水管道系统用的管材和管件。

2 规范性引用文件

下列文件中的条款通过本标准的引用而成为本标准的条款。凡是注日期的引用文件，其随后所有的修改单(不包括勘误的内容)或修订版均不适用于本标准，然而，鼓励根据本标准达成协议的各方研究是否可使用这些文件的最新版本。凡是不注日期的引用文件，其最新版本适用于本标准。

GB/T 1033—1986 塑料密度和相对密度试验方法

GB/T 1250—1989 极限数值的表示方法和判定方法

GB/T 1634.2—2004 塑料 负荷变形温度的测定 第 2 部分：塑料和硬橡胶试验方法（ISO/FDIS 75-2：2003，IDT）

GB/T 2546.1—2006 塑料 聚丙烯(PP)模塑和挤出材料 第 1 部分：命名系统和分类基础(ISO 1873-1：1995，MOD)

GB/T 2546.2—2003 塑料 聚丙烯(PP)模塑和挤出材料 第 2 部分：试样制备和性能测定(ISO 1873-2：1997，MOD)

GB/T 2547—1981 塑料树脂取样方法

GB/T 2918—1998 塑料试样状态调节和试验的标准环境(idt ISO 291：1997)

GB/T 3682—2000 热塑性塑料熔体质量流动速率和熔体体积流动速率的测定(idt ISO 1133：1997)

GB/T 6111—2003 流体输送用热塑性塑料管材耐内压试验方法（ISO 1167：1996，IDT）

GB/T 9341—2000 塑料弯曲性能试验方法(idt ISO 178：1993)

GB/T 9352—1988 热塑性塑料压塑试样的制备(eqv ISO 293：1986)

GB/T 17037.1—1997 热塑性塑料材料注塑试样的制备 第 1 部分：一般原理及多用途试样和长条试样的制备(idt ISO 294-1：1996)

GB/T 17219—1998 生活饮用水输配水设备及防护材料的安全性评价标准

GB/T 18251—2000 聚烯烃管材、管件和混配料中颜料及碳黑分散的测定方法

GB/T 18252—2000 塑料管道系统 用外推法对热塑性塑料管材长期静液压强度的测定

GB/T 18742.1—2002 冷热水用聚丙烯管道系统 第 1 部分：总则

GB/T 18742.2—2002 冷热水用聚丙烯管道系统 第 2 部分：管材

GB/T 19466.3—2004 塑料 差示扫描量热法(DSC) 第 3 部分：熔融和结晶的温度及热焓的测定(ISO 11357-3：1997，IDT)

SH/T 1541—1993 热塑性塑料颗粒外观试验方法

ISO 179-1：2000 塑料—简支梁冲击强度的测定—第 1 部分：非仪器冲击试验

ISO 527-2：1993　塑料—拉伸性能的测定—第 2 部分：模塑和挤出材料的试验条件

ISO 527-2：1993/Cor. 1：1994　塑料—拉伸性能的测定—第 2 部分：模塑和挤出材料的试验条件技术勘误表 1

ISO 11357-6：2002　塑料—差示扫描量热法(DSC)—第 6 部分：氧化诱导时间的测定

3　分类与命名

冷热水管道系统用 PP-R 专用料产品的分类与命名应按 GB/T 2546. 1-XXXX 的规定进行。

示例：某用于挤出(E)冷热水管材的 PP-R 专用料为灰色(G)颗粒(着色，C)，拉伸弹性模量的标称值为 700MPa(070)，简支梁缺口冲击强度标称值为 45kJ/m^2(45)，熔体质量流动速率 MFR 的标称值为 0. 31g/10min (003)，其试验条件为：温度 230℃，负荷 2. 16kg(M)。该材料命名如下：

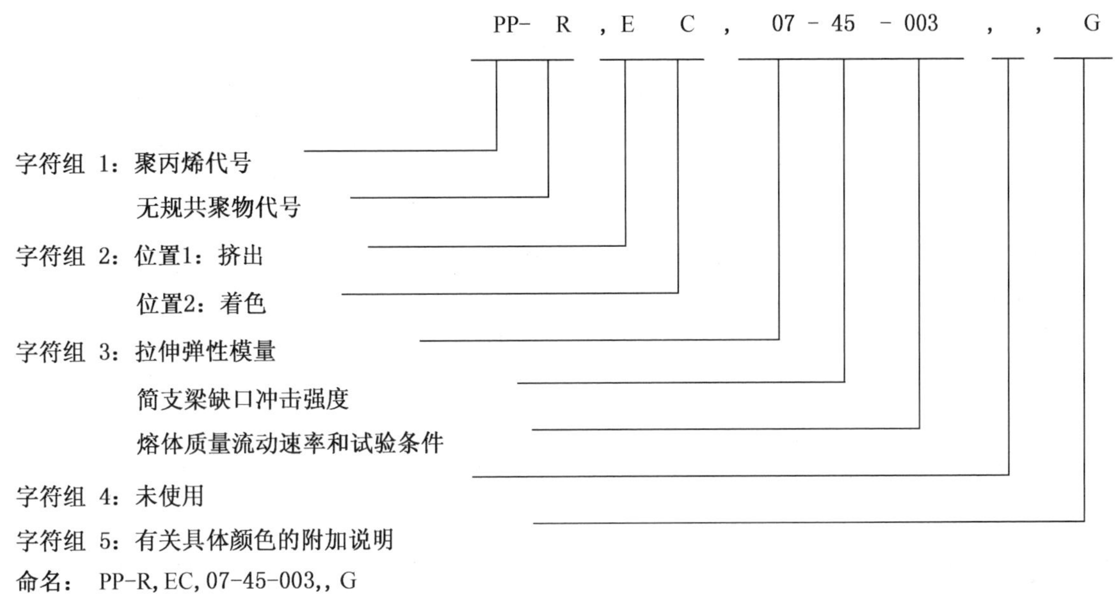

4　要求

4. 1　冷热水管道系统用 PP-R 专用料为带有颜色的颗粒，颜色一般为灰色，也可为其他颜色。本产品应含有必要的添加剂，添加剂应均匀分散。

4. 2　本产品的卫生要求应符合 GB/T 17219—1998 的规定。

4. 3　本产品应符合 GB/T 18742. 1—2002 中对材料的要求，具体见附录 A。

4. 4　用本产品制成的管应符合 GB/T 18742. 2—2002 中 7. 3 不透光的要求。

4. 5　本产品的其他技术要求见表 1。

表 1　冷热水管道系统用 PP-R 专用料技术要求

序　号	项　　目		单　　位	要　　求
1. 1	颗粒外观	黑粒和杂质	个/kg	0
1. 2		大粒和小粒	g/kg	<5
1. 3		蛇皮和丝发	个/kg	<15
2	密度(梯度管法)		g/cm^3	报告
3	MFR (230℃，2. 16 kg)		g/10min	<0. 5
4	拉伸弹性模量		MPa	>700
5	拉伸屈服应力		MPa	>20

表 1(续)

序 号	项 目		单 位	要 求
6	拉伸断裂应力		MPa	>24
7	拉伸断裂标称应变		%	>400
8	弯曲模量		MPa	>650
9	定挠度弯曲应力		MPa	>17
10.1	简支梁缺口冲击强度	23℃	kJ/m^2	>40
10.2		-20℃		>1.5
11	负荷变形温度(0.45MPa)		℃	>65
12	熔融温度 T_{pm}		℃	<146
13	氧化诱导时间(210℃，铝皿)		min	>20
14	颜料分散度		级	≤ 3

5 试验方法

所有试验结果的判定按 GB/T 1250—1989 标准中全数值比较法规定进行。

5.1 注塑试样的制备

注塑试样按 GB/T 17037.1—1997 规定进行，注塑试样的通用条件按 GB/T 2546.2—2003 中 3.2 条的规定，具体见表 2。

表 2 冷热水管道系统用 PP-R 专用料注塑试样制备的通用条件

熔体温度 ℃	模具温度 ℃	平均注射速度 mm/s	保压时间 s	全循环时间 s
255	40	200±20	40	60

用 GB/T 17037.1—1997 标准中的 A 型模具制备的 A 型试样符合 ISO 527-1 中 1A 型试样，B 型模具制备的 B 型试样为 80mm×10mm×4mm 的长条形试样。

5.2 试样的状态调节和试验的标准环境

试样的状态调节和试验的标准环境为 GB/T 2918—1998 规定的标准环境(23/50)。

状态调节的环境等级为 2，即空气温度 t 为 23℃±2℃、相对湿度 U 为 50%±10%。试样状态调节时间至少 40h 但不超过 96h。

所有试验都应在标准试验环境(23/50)下进行，且环境的温度 t 为 23℃±2℃、相对湿度 U 为 50%±5%。

5.3 颗粒外观

按 SH/T 1541—1993 中的规定进行。

5.4 密度

试样为按 5.1 制备的 A 型注塑试样的中间部分。

试样的状态调节按 5.2 规定进行。

密度测试按 GB/T 1033—1986 中的方法 D(梯度管法)进行。

5.5 熔体质量流动速率 MFR

按 GB/T 3682—2000 中 A 法或 B 法规定进行。试验条件为 M(温度：230℃、负荷：2.16kg)。试验时，在装试样前应用氮气吹扫料筒 5s~10s，氮气压力为 0.05MPa。

注：本标准修订时将采用标准中的 B 法测定熔体体积流动速率(MVR)，并采用试验条件 P(温度：230℃、负荷：5kg)。

5.6 拉伸试验

试样为按5.1制备的A型注塑试样。

试样的状态调节按5.2规定进行。

测试按ISO 527-2：1993规定进行。测定拉伸弹性模量时，试验速度为1mm/min。测定其他拉伸性能时，试验速度为50mm/min。

5.7 弯曲试验

试样为按5.1规定制备的B型注塑试样。

试样的状态调节按5.2规定进行。

测试按GB/T 9341—2000规定进行，试验速度为2mm/min。测定弯曲模量时，对应的应变ε_{f1}=0.0005，ε_{f2}=0.0025。

5.8 简支梁缺口冲击强度

按5.1规定制备B型注塑样条。样条应在注塑后的1h~4h内加工缺口，缺口类型为ISO 179-1：2000中的A型。加工缺口后的样条为简支梁缺口冲击试验的试样。

试样的状态调节按5.2规定进行。

测试按ISO 179-1：2000规定进行。

低温试验时，经状态调节后的试样应在-20℃的环境中放置至少1h，每次冲击在10s内完成。

5.9 负荷变形温度

试样为按5.1制备的B型注塑试样。

试样的状态调节按5.2规定进行。

测试按GB/T 1634.2—2004中B法(负荷为0.45MPa)规定进行。试验时，加热装置的起始温度应处于20℃~23℃之间。加热升温速率为120℃/h±10℃/h。

5.10 熔融温度 T_{Pm}

从不同的样品颗粒上剪取试样，以使试样有代表性。试样质量为5mg~6mg，精确到0.1mg。

测定按GB/T 19466.3—2004(ISO 11357-3：1999，IDT)规定进行。测定前，需用标准样品铟校正DSC仪器的温度及热焓。

试验条件：氮气流量为50mL/min，DSC仪加热和冷却速率为10℃/min。

试验需要消除试样的热历史，取第2次加热扫描DSC曲线上的峰值温度T_{Pm}为熔融温度。

取两次平行测定的算数平均值作为试验结果。

5.11 氧化诱导时间

按ISO 11357-6：2002规定进行。试验使用铝皿，试验温度为：210℃。

仲裁时采用压塑的方法制备试片。

压塑试片的制备根据GB/T 2546.2—2003标准，按GB/T 9352—1988规定进行。压片使用单功位模压机、溢料式模具并按表3规定的压塑条件。

用于氧化诱导时间测定的试样可使用冲切的方法从压塑试片上制得。

表3 试片的压塑条件

材料	热压					冷却		
	模塑温度 ℃	预热		全压		平均冷却速率 ℃/min	全压压力 MPa	脱模温度 ℃
		压力 MPa	时间 min	压力 MPa	时间 min			
所有级	210	接触	2	5	2	15	5	≤40
注：热压时的预热时间和全压时间是根据试片厚度确定的。								

5.12 颜料分散度

按 GB/T 18251—2000 规定进行，试样采用该标准中压片的方法制备。

6 检验规则

6.1 检验分类与检验项目

冷热水管道系统用 PP-R 专用料产品的检验分为定型检验、型式检验和出厂检验三类。

第 4 章中 4.2 和 4.3 条要求为定型检验项目。4.4 和 4.5 表 1 中的所有项目为型式检验项目。表 1 中除密度、拉伸弹性模量和弯曲模量以外的项目为出厂检验项目。

6.2 组批规则与抽样方案

6.2.1 组批规则

冷热水管道系统用 PP-R 专用料，以同一生产线上、相同原料、相同工艺所生产的同一牌号的产品组批。生产厂也可按一定生产周期或储存料仓的产品为一批。

产品以批为单位进行检验和验收。

6.2.2 抽样方案

冷热水管道系统用 PP-R 专用料可在料仓的取样口抽样，也可根据生产周期等实际情况确定具体的抽样方案，样品量约为 5kg。

包装后的取样应按 GB/T 2547—1981 规定进行。

6.3 抽样方法

生产企业应根据实际情况确定抽样的具体条件、方法及样品保存方法等。

6.4 判定规则和复验规则

6.4.1 判定规则

冷热水管道系统用 PP-R 专用料应由生产厂的质量检验部门按照本标准规定的试验方法进行检验，依据检验结果和技术要求对产品作出质量判定，并提出证明。

产品出厂时，每批产品应附有产品质量检验合格证。合格证上应有标志并盖有质检专用章和检验员章。

6.4.2 复验规则

检验结果若某项指标不符合本标准要求时，应按 6.3 中包装后的取样规定，重新取样对该项目进行复验。以复验结果作为该批产品的质量判定依据。

7 标志

冷热水管道系统用 PP-R 专用料的外包装袋上应有明显的标志。标志内容包括：标准号、产品名称、规格、商标、生产厂名称、生产日期、批号和净含量等。

8 包装、运输和贮存

8.1 包装

冷热水管道系统用 PP-R 专用料可用内衬聚乙烯薄膜袋的聚丙烯编织袋或其他包装。包装材料应保证在运输和贮存时不泄漏。每袋产品净含量可为 25kg 或其他。

8.2 运输

冷热水管道系统用 PP-R 专用料为非危险品。在运输和装卸过程中严禁使用铁钩等锐利工具，切忌抛掷。运输工具应保持清洁、干燥并备有厢棚或苫布。运输时不得与沙土、碎金属、煤炭及玻璃等混合装运，更不可与有毒及腐蚀性或易燃物混装；严禁在阳光下暴晒或雨淋。

8.3 贮存

冷热水管道系统用 PP-R 专用料应贮存在通风、干燥、清洁并保持有良好消防设施的仓库内。贮存时，应远离热源并防止阳光直接照射，严禁在露天堆放。

贮存期从生产之日起，一般不超过 12 个月。

附　录　A
（规范性附录）
冷热水管道系统对 PP-R 原料的要求

本附录内容根据 GB/T 18742.1—2002《冷热水用聚丙烯管道系统 第 1 部分：总则》第 5 章内容。

A.1　材料

A.1.1　聚丙烯管材、管件用材料应含有必需的添加剂，添加剂应均匀分散。

A.1.2　聚丙烯管材、管件用材料应制成管，按 GB/T 6111 试验方法和 GB/T 18252 要求在至少四个不同温度下作长期静液压试验。试验数据按 GB/T 18252 方法计算得到不同温度、不同时间的 σ_{LPL}值，并作出该材料蠕变破坏曲线。将材料的蠕变破坏曲线与本附录中给出的预测强度参照曲线相比较，试验结果的 σ_{LPL}值在全部时间及温度范围内均应高于参考曲线上的对应值。

A.1.3　聚丙烯管材、管件用材料的熔体质量流动速率（MFR）≤ 0.5g/10 min（230℃，2.16kg）。

A.2　预测强度参照曲线

PP-R 的预测强度参照曲线见图 A.1。

图 A.1 中 10℃ ~95℃ 范围内的参照线来自下列方程：

第一条支线（即图 A.1 中拐点左边的直线段）：

$$PP\text{-}R:\ \log t = -55.725 - (9484.1 \times \log\sigma)/T + 25502.2/T + 6.39 \times \log\sigma \qquad \cdots\cdots\cdots (A.1)$$

第二条支线（即图 A.1 中拐点右边的直线段）：

$$PP\text{-}R:\ \log t = -19.98 + 9507/T - 4.11 \times \log\sigma \qquad \cdots\cdots\cdots (A.2)$$

式中：

t——破坏时间，h；

T——温度，K；

σ——静液压应力，MPa。

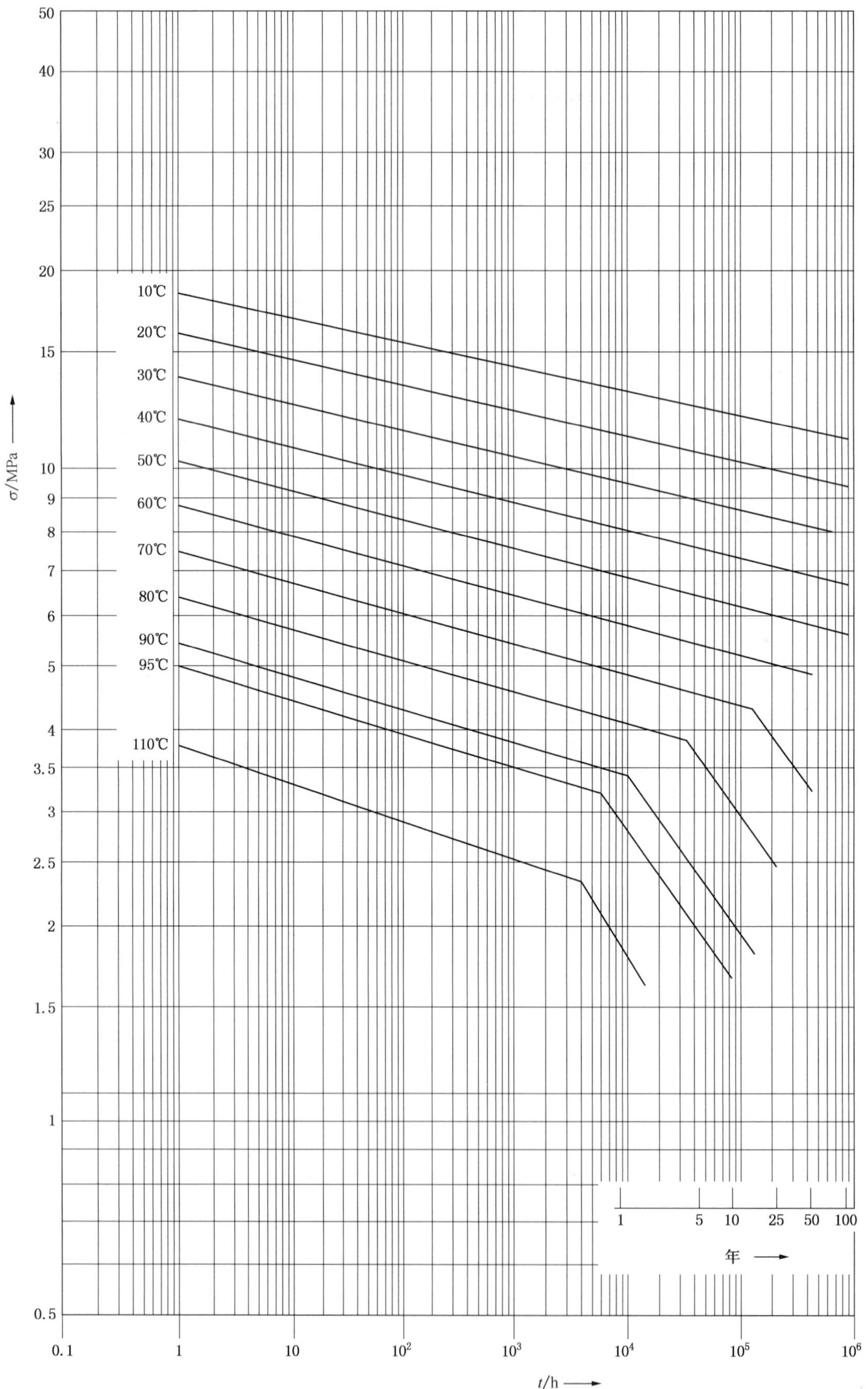

图 A.1 **PP-R** 预测强度参照曲线

附　录　B
（资料性附录）
一个 PP-R 管长期静液压试验结果分析的示例

某 PP-R 管材料制得管试样（外径：32mm），按 GB/T 6111 试验方法和 GB/T 18252 标准要求在 20℃、70℃、95℃和 110℃四个温度下作长期静液压试验。对每个选定的温度，得到至少 30 个破坏时间的数据。将试验数据按 GB/T 18252 标准方法计算得到不同温度、不同时间的 σ_{LPL} 值，并做出该材料蠕变破坏曲线。

将试验材料的蠕变破坏曲线与标准附录 A 中给出的 PP-R 预测强度参照曲线相比较，试验结果的 σ_{LPL} 值在全部时间及温度范围内均比参照曲线上的对应值高。蠕变破坏曲线对比的情况见图 B.1。

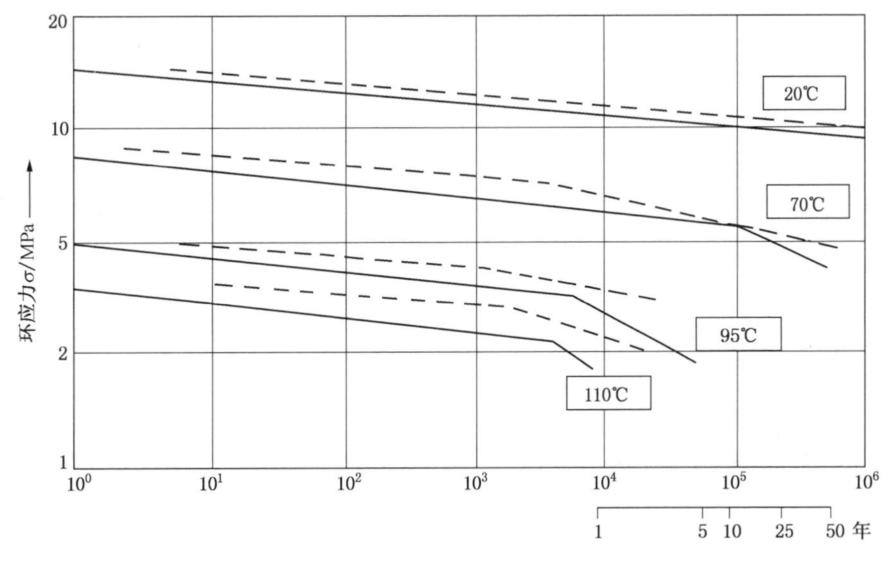

图中：

------PP-R 试验材料管蠕变破坏曲线；

—— 标准附录 A 中给出的 PP-R 预测强度参照曲线。

图 B.1　PP-R 管蠕变破坏曲线与参照曲线对比示例图

编者注：规范性引用文件中 GB/T 1250 最新版本为 GB/T 8170—2008《数值修约规则与极限数值的表示和判定》；ISO 179-1：2000 已转化（等同采用）为 GB/T 1043.1—2008《塑料　简支梁冲击性能的测定　第 1 部分：非仪器化冲击试验》；ISO 527-2：1993 已转化（等同采用）为 GB/T 1040.2—2006《塑料　拉伸性能的测定　第 2 部分：模塑和挤塑塑料的试验条件》；ISO 11357-6：2000 已转化（修改采用）为 GB/T 19466.6—2009《塑料　差示扫描量热法（DSC）　第 6 部分：氧化诱导时间（等温 OIT）和氧化诱导温度（动态 OIT）的测定》。

ICS 83.080.20
G 32

中华人民共和国石油化工行业标准

SH/T 1758—2007

给水管道系统用聚乙烯(PE)专用料

Polyethylene(PE) materials for water supply piping systems

2007-08-01 发布　　2008-01-01 实施

中华人民共和国国家发展和改革委员会　发布

前　　言

本标准的附录A为规范性附录。

本标准由中国石油化工股份有限公司提出。

本标准由全国塑料标准化技术委员会石化塑料树脂产品分会(SAC/TC15/SC1)归口。

本标准负责起草单位：中国石化上海石油化工股份有限公司(塑料事业部)。

本标准参加起草单位：中国石化北京燕山分公司树脂应用研究所；
中国石化齐鲁石化股份有限公司树脂研究所；
国家石化有机原料合成树脂质量监督检验中心；
中国石化北京化工研究院国家化学建筑材料测试中心。

本标准主要起草人：黄惟毅、贺永曙、沈继红、罗浩、梅丽芳。

给水管道系统用聚乙烯(PE)专用料

1 范围

本标准规定了给水管道系统用聚乙烯(PE)专用料的命名、分类、要求、试验方法、检验规则、标志及包装、运输和贮存。

本标准适用于具有特殊添加剂和着色剂(黑色或蓝色)的颗粒状聚乙烯材料。

该材料可用于制造给水管道系统用的聚乙烯管材和管件。

2 规范性引用文件

下列文件中的条款通过本标准的引用而成为本标准的条款。凡是注日期的引用文件，其随后所有的修改单(不包括勘误的内容)或修订版均不适用于本标准，然而，鼓励根据本标准达成协议的各方研究是否可使用这些文件的最新版本。凡是不注日期的引用文件，其最新版本适用于本标准。

GB/T 1033—1986 塑料密度和相对密度试验方法

GB/T 1040.1—2006 塑料 拉伸性能的测定 第1部分：总则(ISO 527-1：1993，IDT)

GB/T 1040.2—2006 塑料 拉伸性能的测定 第2部分：模塑和挤塑塑料的试验条件(ISO 527-2：1993，IDT)

GB/T 1250—1989 极限数值的表示方法和判定方法

GB/T 1634.2—2004 塑料 负荷变形温度的测定 第2部分：塑料、硬橡胶和长纤维增强复合材料(ISO 75-2：2003，IDT)

GB/T 1845.1—1999 聚乙烯(PE)模塑和挤出材料 第1部分：命名系统和分类基础(neq ISO 1872.1：1993)

GB/T 1845.2—2006 塑料 聚乙烯(PE)模塑和挤出材料 第2部分：试样制备和性能测定(ISO 1872-2：1997，MOD)

GB/T 2547—1981 塑料树脂取样方法(eqv ASTM D898：1979)

GB/T 2918—1998 塑料试样状态调节和试验的标准环境(idt ISO 291：1997)

GB/T 3682—2000 热塑性塑料熔体质量流动速率和熔体体积流动速率的测定(idt ISO 1133：1997)

GB/T 6111—2003 流体输送用热塑性塑料管材耐内压试验方法(ISO 1167：1996，IDT)

GB/T 9341—2000 塑料弯曲性能试验方法

GB/T 9352—1988 热塑性塑料压塑试样的制备(eqv ISO 293：1986)

GB/T 13021—1991 聚乙烯管材和管件炭黑含量的测定(热失重法)(eqv ISO 6964-2：1986)

GB/T 13663—2000 给水用聚乙烯(PE)管材(neq ISO 4427：1996)

GB/T 15558.1—2003 燃气用埋地聚乙烯(PE)管道系统 第1部分：管材(ISO 4437：1997，MOD)

GB/T 17219 生活饮用水输配水设备及防护材料的安全性评价标准

GB/T 18251—2000 聚烯烃管材、管件和混配料中颜料及炭黑分散的测定方法(idt ISO/DIS 18553：1999)

GB/T 18252—2000 塑料管道系统 用外推法对热塑性塑料管材长期静液压强度的测定

GB/T 18475—2001 热塑性塑料压力管材和管件用材料分级和命名 总体使用(设计)系数

(eqv ISO 12162：1995)

GB/T 18476—2001　流体输送用聚烯烃管材　耐裂纹扩展的测定　切口管材裂纹慢速增长的试验方法(neq ISO 13479：1997)

ISO 179-1：2000　塑料—简支梁冲击强度的测定—第1部分：非仪器冲击试验

ISO 11357-6：2002　塑料—差示扫描法(DSC)—第6部分：氧化诱导时间的测定

3　分类与命名

给水管道系统用聚乙烯专用料产品的命名与分类按GB/T 1845.1—1999的规定进行。本产品的命名未使用第4字符组，但使用第5字符组表示材料的颜色，用一个大写英文字母表示。黑色料用"C"表示，蓝色料用"B"表示。

示例：某种给水管道系统专用着色的(C)聚乙烯(PE)材料，用于挤出管材(E)，具有热老化稳定性(H)；密度标称值为0.959g/cm³(59)，在(T)条件(温度190℃，负荷5.0kg)下，熔体质量流动速率(MFR)的标称值为0.4g/10min(004)；材料为黑色(C)，其命名为：

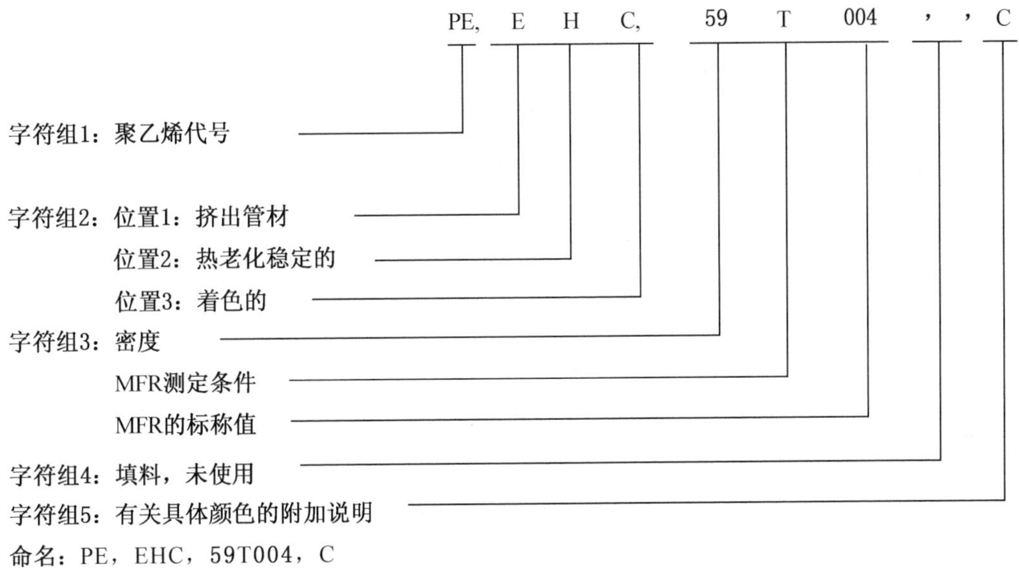

4　通用要求

4.1　给水管道系统用聚乙烯专用料的卫生性能应符合GB/T 17219的规定。

4.2　根据GB/T 13663—2000标准中对材料定级的要求，聚乙烯专用料应制成管材，按照GB/T 18252—2000规定进行长期静液压试验，确定材料在20℃、50年的内水压下、置信度为97.5%的长期静液压强度的置信下限σ_{LPL}。然后按照GB/T 18475—2001标准规定对材料进行定级。

5　要求

5.1　给水管道系统用聚乙烯专用料为黑色或蓝色的颗粒，应含有必要的均匀分散的添加剂。

5.2　给水管道系统用聚乙烯专用料中应无杂质。

5.3　给水管道系统用聚乙烯专用料的其他技术要求见表1。

6　试验方法

所有试验结果的判定按GB/T 1250—1989标准中全数值比较法规定进行。

表 1　给水管道系统用聚乙烯专用料的要求

<table>
<tr><th rowspan="2">序号</th><th rowspan="2" colspan="2">测试项目</th><th rowspan="2">单位</th><th colspan="2">要　　求</th></tr>
<tr><th>PE80</th><th>PE100</th></tr>
<tr><td rowspan="2">1</td><td rowspan="2">熔体质量流动速率 MFR</td><td>标称值 M</td><td rowspan="2">g/10min</td><td>0.2 ~ 1.4</td><td>0.2 ~ 0.5</td></tr>
<tr><td>偏差</td><td>±20%M_1</td><td>±20%M_2</td></tr>
<tr><td>2</td><td colspan="2">密度 ρ(D 法)</td><td>g/cm³</td><td colspan="2">≥ 0.940</td></tr>
<tr><td>3.1</td><td colspan="2">拉伸弹性模量 E_t</td><td>MPa</td><td colspan="2">由供方提供的数据</td></tr>
<tr><td>3.2</td><td colspan="2">拉伸屈服应力 σ_y</td><td>MPa</td><td colspan="2">> 17</td></tr>
<tr><td>3.3</td><td colspan="2">拉伸断裂标称应变 ε_{tB}</td><td>%</td><td colspan="2">> 350</td></tr>
<tr><td>4</td><td colspan="2">弯曲模量 E_f</td><td>MPa</td><td colspan="2">由供方提供的数据</td></tr>
<tr><td>5</td><td colspan="2">简支梁缺口冲击强度 a_{cA}(23℃)</td><td>kJ/m²</td><td>> 10</td><td>> 15</td></tr>
<tr><td>6</td><td colspan="2">负荷变形温度 T_f0.45</td><td>℃</td><td>> 55</td><td>> 60</td></tr>
<tr><td>7</td><td colspan="2">氧化诱导时间 OIT (210℃，Al)</td><td>min</td><td>> 20</td><td>> 20</td></tr>
<tr><td>8</td><td colspan="2">挥发分含量</td><td>mg/kg</td><td colspan="2">≤ 350</td></tr>
<tr><td>9</td><td colspan="2">水分含量</td><td>mg/kg</td><td colspan="2">≤ 300</td></tr>
<tr><td>11</td><td colspan="2">炭黑含量(质量分数)</td><td>%</td><td colspan="2">2.5 ± 0.5</td></tr>
<tr><td>12</td><td colspan="2">炭黑分散</td><td>级</td><td colspan="2">≤ 3</td></tr>
<tr><td>13</td><td colspan="2">颜料分散</td><td>级</td><td colspan="2">≤ 3</td></tr>
<tr><td>14</td><td colspan="2">静液压强度</td><td></td><td>80℃，环应力 4.5MPa，165h 不破裂，不渗漏</td><td>80℃，环应力 5.4MPa，165h 不破裂，不渗漏</td></tr>
<tr><td>15</td><td colspan="2">耐慢速裂纹增长</td><td></td><td>80℃，试验压力 0.80MPa，165h 不破裂，不渗漏</td><td>80℃，试验压力 0.92MPa，165h 不破裂，不渗漏</td></tr>
<tr><td colspan="6">注："颜料分散"仅用于蓝色料。</td></tr>
</table>

6.1　试样制备

6.1.1　压塑试样的制备

根据 GB/T 1845.2—2006 标准，压塑试片的制备按 GB/T 9352—1988 规定进行。压片使用溢料式模具并按表 2 规定的压塑条件。

表 2　压塑试片的条件

<table>
<tr><th rowspan="3">模塑温度
℃</th><th colspan="4">热　　压</th><th colspan="3">冷　　却</th></tr>
<tr><th colspan="2">预热</th><th colspan="2">全压</th><th rowspan="2">平均冷却速率
℃/min</th><th rowspan="2">全压压力
MPa</th><th rowspan="2">脱模温度
℃</th></tr>
<tr><th>压力
MPa</th><th>时间
min</th><th>压力
MPa</th><th>时间
min</th></tr>
<tr><td>180</td><td>接触</td><td>5~15</td><td>5</td><td>5±1</td><td>15</td><td>5</td><td>≤ 40</td></tr>
</table>

使用冲切或机加工的方法从厚度为 4mm 压塑试片上制备符合 GB/T 1040.2—2006 的 1B 型试样和 80mm×10mm×4mm 长条试样。

注：本标准下次修订时将与 GB/T 1845.2 规定一致，采用不溢料式模具制备压塑试片。

6.1.2　管材试验样品的制备

6.1.2.1　管材生产线的基本条件

a)挤出机：有四个以上温度控制点的普通式螺杆或屏障式螺杆挤出机。螺杆直径 ϕ 为 30mm~90mm，长径比(L/D)大于 24；

b)模头：能挤出下列两种规格的管材试验样品：

公称外径(d_n)	公称壁厚(e_n)
32mm	3.0mm
110mm	10.0mm

c)带有真空定径设备、冷却槽及牵引机。

6.1.2.2 制备管材试验样品的工艺条件

a)熔体温度：210℃±20℃，可根据树脂熔体质量流动速率选择；

b)真空冷却槽冷却水温度：25℃±15℃；

6.2 试样的状态调节和试验的标准环境

试样的状态调节和所有试验都应在 GB/T 2918—1998 规定的标准环境下进行，环境的温度为 23℃±2℃，相对湿度为 50%±10%。状态调节调节时间至少 40h 但不超过 96h。

6.3 熔体质量流动速率 *MFR*

熔体质量流动速率按 GB/T 3682—2000 中 A 法规定进行，试验条件为 *T*(温度：190.0℃、负荷：5kg)。

6.4 密度

按 6.1.1 规定制备 4mm 压塑试片，试片的状态调节按 6.2 规定进行。

从状态调节后的压塑试片上裁取试样，试样应符合 GB/T 1033—1986 中 4.4.2.1 的要求，光滑、无毛边。

试验按 GB/T 1033—1986 中方法 D 的规定进行。

6.5 拉伸试验

试样为按 6.1.1 规定制备的 1B 型试样。

试样的状态调节按 6.2 规定进行。

测试按 GB/T 1040.2—2006 规定进行。测定拉伸弹性模量时，试验速度为 1mm/min。测定其他拉伸性能时，试验速度为 50mm/min。

6.6 弯曲试验

试样为按 6.1.1 规定制备的长条试样。

试样的状态调节按 6.2 规定进行。

测试按 GB/T 9341—2000 规定进行，试验速度为 2mm/min。

6.7 简支梁缺口冲击强度(23℃)

按 6.1.1 规定制备长条样条。样条应在制备后 1h～4h 内加工缺口，缺口类型为 ISO 179-1：2000 中的 A 型。加工缺口后的样条为简支梁缺口冲击试验的试样。

试样的状态调节按 6.2 规定进行。

测试按 ISO 179-1：2000 规定进行。

6.8 负荷变形温度

试样为按 6.1.1 规定制备的长条型试样。

试样的状态调节按 6.2 规定进行。

测试按 GB/T 1634.2—2004 中的 B 法(负荷为 0.45MPa)规定进行。试验时，加热装置的起始温度应低于 27℃。加热升温速率为 120℃/h±10℃/h。

6.9 氧化诱导时间 OIT

试样制备按 ISO 11357-6：2002 第 6 章中的方法 b 规定进行。试样厚度：250μm±15μm，试样质量：5mg～20mg，试样皿：铝皿。

测试按 ISO 11357-6：2002 规定进行，氮气流速为 50mL/min。仪器升温至 210℃，保持 5min 后通入流速为 50mL/min 的氧气。

6.10 挥发分

测试按 GB/T 15558.1—2003 附录 C 规定进行。干燥烘箱温度 105℃±2℃。

6.11 水分含量

水分含量的测定见附录 A。

注：根据水分含量的测定数据，管材加工前可能需要对原料进行干燥。

6.12 炭黑含量

试验按 GB/T 13021—1991 规定进行。试验前先将样品舟加热至红色，然后冷却 15min 以上。

按该标准 5.3.2 步骤进行热解时，氮气流速为 1.7L/min±0.3L/min，热降解的温度为 600℃，热降解时间至少 15min。

6.13 炭黑分散或颜料分散

试样制备按 GB/T 18251—2000 中的切片法进行，试样厚度：15μm±5μm。

试验按 GB/T 18251—2000 规定进行。

6.14 管材静液压强度

6.14.1 试样

从按 6.1.2 制备的管材试验样品上截取管材试样。试样规格见表 3。

表 3 静液压强度试样规格

单位为 mm

公称外径 d_n	最小平均外径	最大平均外径	任一点壁厚	长度 L
	$d_{em,min}$	$d_{em,max}$	最小壁厚 $_{ey,min}$	
32	32.0	32.3	>3.0~<4.0	500

6.14.2 试样的状态调节

擦除试样表面的污渍、油渍、蜡或其他清洁剂，然后选择密封接头与其连接起来，并向试样中注满接近试验温度的水，水温偏差不超过试验温度 5℃。

把注满水的试样，放入水箱或烘箱中，在试验温度下放置 60min±15min。

6.14.3 试验

试验按 GB/T 6111—2003 规定进行，密封接头类型：A 型；试验介质：水-水(管内-管外)；试验条件见表 4。

表 4 管材静液压强度试验条件

PE 管料级别	试验温度,℃	环应力，MPa	试验时间，h	试样数量
PE 100	80	5.4	165	至少 3 个
PE 80		4.5		

6.15 耐慢速裂纹增长

6.15.1 试样制备

从按 6.1.2 制备的管材试验样品上截取管材试样。试样规格见表 5。

表 5 耐慢速裂纹增长试样规格

单位为 mm

公称外径 d_n	最小平均外径	最大平均外径	任一点壁厚	长度 L
	$d_{em,min}$	$d_{em,max}$	最小壁厚 $_{ey,min}$	
110	110.0	111.0	>10.0~<11.5	650

按 GB/T 18476—2001 第 5 章规定加工切口。

6.15.2 试样的状态调节

同 6.14.2 规定。状态调节时间至少 24h。

6.15.3 试验

试验按 GB/T 18476—2001 规定进行。试验介质：水-水(管内-管外)；试验温度：80℃±1℃；试验条件见表 6。

表 6 管材耐慢速裂纹增长试验条件

PE 管料级别	试验温度,℃	环应力，MPa	试验时间，h	试样数量
PE 100	80	0.92	165	至少 3 个
PE 80		0.80		

7 检验规则

7.1 检验分类与检验项目

7.1.1 检验分类

第 4 章通用要求中的所有项目只需在产品确定牌号时检验。

给水管道系统用聚乙烯专用料产品的检验可分为型式检验和出厂检验两类。

7.1.2 检验项目

第 5 章中 5.2 和表 1 中的所有试验项目为型式检验项目。

出厂检验项目至少应该包括表 1 中的熔体质量流动速率、密度、拉伸屈服应力、拉伸断裂标称应变、氧化诱导时间、炭黑含量和炭黑(颜料)分散。

7.2 组批规则与抽样方案

7.2.1 组批规则

给水管道系统用聚乙烯专用料，以同一生产线上、相同原料、相同工艺所生产的同一牌号的产品组批。生产厂可按一定生产周期或贮存料仓为一批对产品进行组批。

产品以批为单位进行检验。

7.2.2 抽样方案

给水管道系统用聚乙烯专用料可在贮存料仓取样口抽样，也可在产品包装生产流水线上随机抽样。

包装后的抽样按 GB/T 2547—1981 规定进行。

7.3 判定规则和复验规则

7.3.1 判定规则

给水管道系统专用聚乙烯树脂应由生产厂的质量检验部门按照本标准规定的试验方法进行检验，依据企业标准技术要求对该批产品作出质量判定，并提出证明。

7.3.2 复验规则

检验结果若某项指标不符合本标准技术要求时，应按 7.2.2 包装后的抽样规定重新取样，对该项目进行复验。以复验结果作为该批产品的质量判定依据。

8 标志

给水管道系统用聚乙烯专用料产品的外包装袋上应有明显的标志。标志内容包括：商标、生产厂名称、标准号、产品名称、牌号、生产批号和净含量等。

9 包装、运输和贮存

9.1 包装

给水管道系统用聚乙烯专用料可用重包装袋、聚丙烯复合编织袋或其他包装形式。包装材料应保证在运输、码放、贮存时不污染和漏料。

每袋产品净含量可为 25kg 或其他。

9.2 运输

给水管道系统用聚乙烯专用料为非危险品。在运输和装卸过程中严禁使用铁钩等锐利工具，切忌抛掷。运输工具应保持清洁、干燥并备有厢棚或苫布。运输时不得与沙土、碎金属、煤炭及玻璃等混合装运，更不可与有毒及腐蚀性或易燃物混装；严禁在阳光下暴晒或雨淋。

9.3 贮存

给水管道系统用聚乙烯专用料应贮存在通风、干燥、清洁并保持有良好消防设施的仓库内。贮存时，应远离热源，并防止阳光直接照射，严禁在露天堆放。

贮存期从生产之日起，一般不超过 12 个月。

附 录 A
(规范性附录)
卡尔·费休法测定给水和道系统用 PE 专用料的水分含量

A.1 范围

本附录规定了用卡尔·费休法测定给水管道系统用 PE 专用料水分含量的方法。

本方法适用于测定给水管道系统用聚乙烯专用料的总水分含量，包括材料内部与材料表面的水分。

A.2 原理

卡尔·费休法水分含量测定的示意图见图 A.1。

干燥炉将试样中的表面水、吸附水和结晶水在高温下蒸发，再用惰性载气(通常是氮气)吹扫，将水分带入卡尔·费休仪的水分滴定池。

在滴定池内，当存在甲醇(CH_3OH)和有机碱(RN)时，试样中的水(H_2O)与电解产生的碘(I_2)和库仑试剂中的二氧化硫(SO_2)发生发应。根据法拉第原理，产生碘的物质的量与消耗的电量成正比。1mol 水消耗 193000Q 电量，从而通过消耗的总电量计算出水分含量。

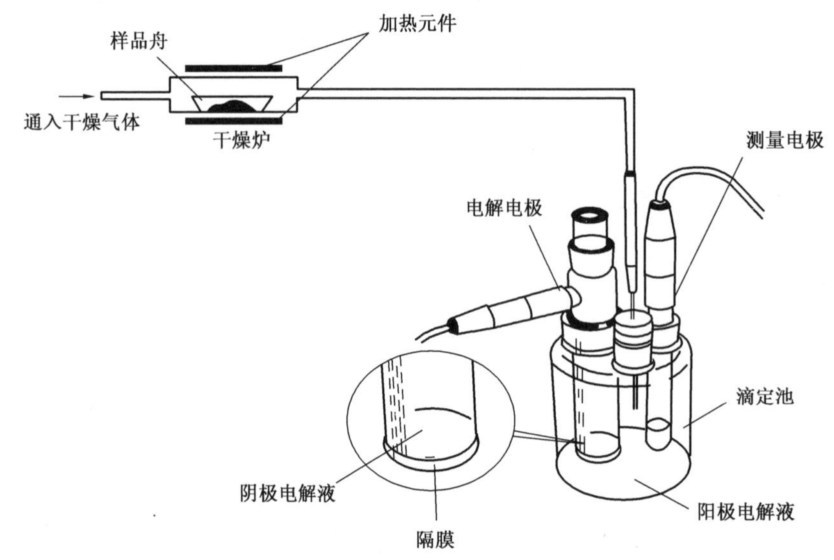

图 A.1 卡尔·费休法水分含量测定原理图

A.3 化学反应

$$2I^- - 2e \longrightarrow I_2$$

$$H_2O + I_2 + (RNH)SO_3CH_3 + 2RN \longrightarrow (RNH)SO_4CH_3 + 2(RNH)I$$

A.4 试剂和材料

A.4.1 卡尔费休微库仑试剂

A.4.2 高纯氮，GB/T 8980—1996。

注：若氮气达不到要求，可使用 3A 分子筛或其他干燥设备进行干燥，使水含量小于 5mg/kg。

A.4.3 分子筛：3A。

A.5 仪器与设备

A.5.1 库仑仪：测定范围 $1mg/kg \sim 10^5mg/kg$，分辨率 0.1μg。

A.5.2 烘箱：能恒温在 105℃±2℃。

A.5.3 干燥炉：温度 0℃~300℃，精度±3℃。

A.5.4 天平：最小分度值0.1mg。

A.5.5 气体流量计：0mL/min~500mL/min。

A.5.6 干燥器。

A.5.7 样品舟：铝或石英玻璃舟。

A.6 试验步骤

警告：试验过程中必须遵守试剂使用的安全要求规范，试验必须在通风橱内进行，使用防护手套和防护眼镜，避免碰到炉子高温区。

A.6.1 库仑仪(见A.5.1)准备

A.6.1.1 干燥炉升温达到180℃±2℃进行热平衡。库仑仪至少稳定10min后可以开始测定。

A.6.1.2 安装电解电极和指示电极，电解电极和指示电极在使用前必须保持干燥。

注：电解电极和指示电极清洗完后，可置于一个60℃±2℃烘箱(见A.5.2)内，也可以在使用前用热空气吹干，没有彻底干燥的测量元件库仑仪平衡时间长。

A.6.1.3 将卡尔费休微库仑试剂加入到电解电极阴极室和滴定池，使电解电极阴极室内液体的液位比阳极室外的液位低约2mm。

A.6.2 空白试验

A.6.2.1 将样品舟放在温度已恒定在105℃±2℃的烘箱(见A.5.2)内干燥1h。取出样品舟置于干燥器(见A.5.6)内冷却15min~20min。

A.6.2.2 用镊子把干燥后的样品舟放入干燥炉(见A.5.3)内。通氮气，流量为50mL/min~150mL/min；

A.6.2.3 开始滴定，当电位显示为100mV~150mV终止滴定。

A.6.2.4 通过消耗的总电量计算出空白水分含量。

A.6.2.5 将该样品舟放入干燥器内15min~20min备用。

A.6.3 试样测试

A.6.3.1 用天平(见A.5.4)称取约4g~6g的试样，精确至1mg，置于用做空白试验的样品舟内。

A.6.3.2 用镊子把装有试样的样品舟同放入干燥炉(见A.5.3)内，通氮气，流量50mL/min~150mL/min。

A.6.3.3 同A.6.2.3。

A.6.3.4 通过消耗的总电量计算出水分含量。

A.7 试验结果的计算与表示

试样的水含量C按公式A.1计算，单位为毫克/千克(mg/kg)。

$$C = \frac{A_1 - A_0}{10.72S} \qquad (A.1)$$

式中：

A_1——样品测定时库仑仪消耗的总电量，单位为毫库仑(mC)；

A_0——空白测定时库仑仪消耗的总电量，单位为毫库仑(mC)；

10.72——换算系数，表示10.72微克(μg)水消耗1毫库仑(mC)电量，单位为毫库仑/微克(mC/μg)；

S——样品质量，单位为克(g)。

以两次测定结果的算术平均值作为试验结果，保留到整数位。两次测定结果的偏差应≤50mg/kg。

A.8 试验报告

试验报告包括下列内容：

a)注明按照本行业标准；

b)试样名称、牌号、批号及生产厂；

c)试样生产日期；

d)每个试样的测定值及平均值，单位为 mg/kg；

e)测试人员及日期。

编者注：规范性引用文件中 GB/T 1250 最新版本为 GB/T 8170—2008《数值修约规则与极限数值的表示和判定》；ISO 179-1：2000 已转化(等同采用)为 GB/T 1043.1—2008《塑料　简支梁冲击性能的测定　第 1 部分：非仪器化冲击试验》；ISO 11357-6：2000 已转化(修改采用)为 GB/T 19466.6—2009《塑料　差示扫描量热法(DSC)　第 6 部分：氧化诱导时间(等温 OIT)和氧化诱导温度(动态 OIT)的测定》。

ICS 83.080.20
G 32

中华人民共和国石油化工行业标准

SH/T 1761.1—2008

聚丙烯树脂粉料　第1部分：间歇法

Polypropylene resin powder—
Part 1: Batch process

2008-04-23 发布　　2008-10-01 实施

中华人民共和国国家发展和改革委员会　发布

前　　言

SH/T 1761《聚丙烯树脂粉料》分为如下几个部分：

——第1部分：间歇法

——第2部分：连续法

本部分为SH/T 1761的第1部分。

本部分的附录A和附录B为规范性附录。

本部分由中国石油化工股份有限公司提出。

本部分由全国塑料标准化技术委员会石化塑料树脂产品分会（SAC/TC15/SC1）归口。

本部分起草单位：中国石化北京燕山分公司研究院

本部分主要起草人：杨力、王超先、王少鹏、王燕来、郑文丽。

本部分为首次发布。

聚丙烯树脂粉料　第1部分：间歇法

1　范围

本部分规定了聚丙烯(PP)树脂粉料的分类与命名、要求、试验方法、检验规则、标志、包装、运输和贮存。

本部分适用于以丙烯为原料，经间歇法聚合制得的粉状丙烯均聚物(PP-H)。

2　规范性引用文件

下列文件中的条款通过本部分的引用而成为本部分的条款。凡是注日期的引用文件，其随后所有的修改单(不包括勘误的内容)或修订版均不适用于本部分，然而，鼓励根据本部分达成协议的各方研究是否可使用这些文件的最新版本。凡是不注日期的引用文件，其最新版本适用于本部分。

GB/T 1040.1—2006　塑料　拉伸性能的测定　第1部分：总则

GB/T 1040.3—2006　塑料　拉伸性能的测定　第3部分：薄膜和薄片的试验条件

GB/T 1250—1989　极限数值的表示方法和判定方法

GB/T 1636—1979　模塑料表观密度试验方法

GB/T 2412—1980　聚丙烯等规指数测试方法

GB/T 2546.1—2006　聚丙烯(PP)模塑和挤出材料　第1部分：命名系统和分类基础(ISO 1873—1：1995，MOD)

GB/T 2546.2—2003　塑料　聚丙烯(PP)模塑和挤出材料　第2部分：试样制备和性能测定(ISO 1873—2：1997，MOD)

GB/T 2547—1981　塑料树脂取样方法

GB/T 2918—1998　塑料试样状态调节和试验的标准环境(idt ISO 291：1997)

GB/T 3682—2000　热塑性塑料熔体质量流动速率和熔体体积流动速率的测定(idt ISO 1133：1997)

GB/T 9345.1—2008　塑料　灰分的测定　第1部分：通用方法(ISO 3451-1：1997，IDT)

GB/T 9352—1988　热塑性塑料压塑试样的制备

GB 9693　食品包装用聚丙烯树脂卫生标准

HG/T 3862—2006　塑料黄色指数试验方法

3　分类与命名

间歇法聚丙烯树脂粉料的分类与命名采用GB/T 2546.1—2006，并根据间歇法聚丙烯树脂粉料的特点，规定如下：

命名的字符组2中，位置1均为一般用途(用字母G表示)；字符组3中省略“拉伸弹性模量”和“简支梁缺口冲击强度”的代号，仅给出熔体质量流动速率和试验条件的代号。

示例：某聚丙烯均聚物(PP-H)粉料(D)，为一般用途(G)，熔体质量流动速率MFR的标称值为1.5g/10min(015)，其试验条件为：温度230℃，负荷2.16kg(M)。该材料命名如下：

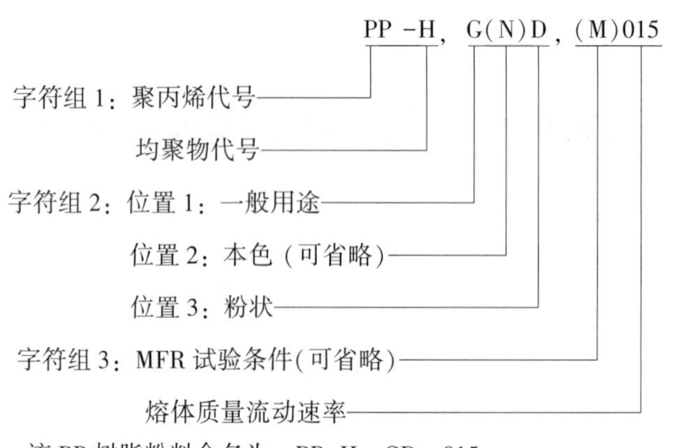

该PP树脂粉料命名为：PP-H，GD，015。

4 要求

4.1 间歇法聚丙烯树脂粉料为本色粉状或细小的颗粒(聚合后的形状)，无杂质。

4.2 对于有卫生要求的树脂，应符合GB 9693的规定。

4.3 间歇法聚丙烯树脂粉料的其他技术要求见表1。

表1 间歇法聚丙烯树脂粉料的技术要求

序号	项目	单位	要求		
			PP-H，GD，003	PP-H，GD，013	PP-H，GD，040
1	黄色指数		由供方提供的数据		
2	熔体质量流动速率(MFR)	g/10min	≤0.6	1.3±0.7	4.0±2.0
3	等规指数	%	M±2		
4	灰分	mg/kg	<350		
5	表观密度	g/cm^3	由供方提供的数据		
6	拉伸屈服应力	MPa	≥31.5		
7	氯含量	mg/kg	<50		
8	挥发分(质量分数)	%	<0.20		
序号	项目	单位	要求		
			PP-H，GD，085	PP-H，GD，150	PP-H，GD，230
1	黄色指数		由供方提供的数据		
2	熔体质量流动速率(MFR)	g/10min	8.5±2.5	15±4	23±4
3	等规指数	%	M±2		
4	灰分	mg/kg	<350		
5	表观密度	g/cm^3	由供方提供的数据		
6	拉伸屈服应力	MPa	≥31.5		
7	氯含量	mg/kg	<50		
8	挥发分(质量分数)	%	<0.20		
序号	项目	单位	要求		
			PP-H，GD，320	PP-H，GD，450	PP-H，GD，650
1	黄色指数		由供方提供的数据		
2	熔体质量流动速率(MFR)	g/10min	32±5	45±8	65±12
3	等规指数	%	M±2		
4	灰分	mg/kg	<350		
5	表观密度	g/cm^3	由供方提供的数据		
6	拉伸屈服应力	MPa	≥31.5	≥31.5	由供方提供的数据
7	氯含量	mg/kg	<50		
8	挥发分(质量分数)	%	<0.20		

表1(续)

序 号	项 目	单位	要 求		
			PP-H，GD，880	PP-H，GD，990	
1	黄色指数		由供方提供的数据		
2	熔体质量流动速率(MFR)	g/10min	88±11	≥99	
3	等规指数	%	*M*±2	*M*±2	
4	灰分	mg/kg	<350	<350	
5	表观密度	g/cm³	由供方提供的数据		
6	拉伸屈服应力	MPa	由供方提供的数据		
7	氯含量	mg/kg	<50		
8	挥发分(质量分数)	%	<0.20		

注：*M* 为该项指标的中心值，由生产厂提供。
如果熔体质量流动速率数值小于 0.1g/10min 或大于 100g/10min，建议不测熔体质量流动速率。

5 试验方法

5.1 结果判定

所有检验结果的判定按 GB/T 1250—1989 规定进行，采用修约值比较法。

5.2 试验样品的预处理

抗氧剂用量为样品质量的 0.5%。

5.2.1 溶解法

5.2.1.1 将抗氧剂 1010(2,5-二特丁基-4-羟基苯基季戊四醇酯)溶解于丙酮中，配成抗氧剂-丙酮溶液。

5.2.1.2 称取一定量的样品于称量瓶中，按比例将抗氧剂-丙酮溶液加入样品中，搅拌均匀。待丙酮溶剂挥发完全后，备用。

5.2.2 直接掺混法

将抗氧剂 1010 按比例直接加入样品中，掺混均匀，备用。

5.3 压塑试片的制备

取按 5.2.2 预处理后的试验样品制备压塑试片，样品量为 3 倍试片质量。试片的长度和宽度至少为 150mm，厚度为 1.0mm±0.1mm。

压塑试片的制备按 GB/T 9352—1988 规定进行，使用溢料式模具。压塑试片的工艺条件见表2。

表2 压塑试片制备的工艺条件

	热 压					冷 却		
	模塑温度 ℃	预 热		全 压		平均冷却速率 ℃/min	全压压力 MPa	脱模温度 ℃
		压力 MPa	时间 min	压力 MPa	时间 min			
所有级	210	接触	5	5	5±1	60±30	5	≤40

5.4 试样的状态调节和试验的标准环境

试样的状态调节按 GB/T 2918—1998 规定进行，状态调节的条件为温度 23℃±2℃，调节时间至少 40h 但不超过 96h。

试验应在 GB/T 2918—1998 规定的标准环境下进行，环境的温度为 23℃±2℃。

5.5 黄色指数

按 HG/T 3862—2006 规定进行，采用粉料直接测试。

5.6 熔体质量流动速率(MFR)

取按5.2.1预处理后的试验样品作为试样。

MFR的测定按GB/T 3682—2000中A法或B法规定进行。当MFR值大于25时，宜使用B法。选用B法测定熔体质量流动速率时，熔体密度值为0.7386g/cm^3。试验条件为M(温度：230℃、负荷：2.16kg)。试验时，在清理料筒后装样前应吹氮5s~10s，氮气压力0.05MPa。

注：试验前，使用有证标准样品检查仪器可保证试验数据的可靠性。

5.7 等规指数

等规指数的测定按GB/T 2412—1980规定进行。选用带孔玻璃漏斗，萃取时间为6h。

5.8 灰分

灰分的测定按GB/T 9345.1—2008标准中A法(直接燃烧法)规定进行，锻烧温度为850℃±50℃。

5.9 表观密度

表观密度的测定按GB/T 1636—1979规定进行。

5.10 拉伸试验

将按5.3制备的压塑试片按5.4规定进行状态调节。然后用冲刀从试片上冲切试样，试样的尺寸符合GB/T 1040.3—2006标准中的5型试样。

试验按GB/T 1040.1—2006规定进行，试验速度为50mm/min。

5.11 氯含量

氯含量的测定按附录A规定进行。

5.12 挥发分

挥发分的测定按附录B规定进行。

6 检验规则

6.1 检验分类与检验项目

4.2条中的卫生要求只需在间歇法聚丙烯树脂粉料产品有特定用途时检验。

间歇法聚丙烯树脂粉料产品的检验可分为型式检验和出厂检验两类。

除卫生要求外，第4章中的所有项目为型式检验项目，出厂检验项目至少应包括熔体质量流动速率、等规指数、灰分、氯含量、挥发分和表观密度。

6.2 组批规则与抽样方案

6.2.1 组批规则

间歇法聚丙烯树脂粉料以同一生产线上、相同原料、相同工艺所生产的同一牌号的产品组批，生产厂可按一定生产周期或以一个聚合釜的产品为一批。

产品以批为单位进行检验和验收。

6.2.2 抽样方案

间歇法聚丙烯树脂粉料样品可在包装线上或包装后抽取。抽样方案应按GB/T 2547—1981规定进行。

6.3 判定规则和复验规则

6.3.1 判定规则

间歇法聚丙烯树脂粉料应由生产厂的质量检验部门按照本部分规定的试验方法进行检验，依据检验结果和技术要求对产品作出质量判定，并提出证明。

产品出厂时，每批产品应附有产品质量检验合格证。合格证上应注明产品名称、牌号、批号、执行标准，并盖有质检专用章和检验员章。

6.3.2 复验规则

检验结果若某项指标不符合本部分要求时，可重新取样对该项目进行复验。以复验结果作为该批产品的质量判定依据。

7 标志

间歇法聚丙烯树脂粉料产品的外包装袋上应有明显的标志。标志内容包括：商标、生产厂名称、生产厂地址、本部分编号、产品名称、牌号、生产日期、批号和净含量等。

8 包装、运输和贮存

8.1 包装

间歇法聚丙烯树脂粉料可用内衬聚乙烯薄膜袋的聚丙烯编织袋或其他包装。包装材料应保证产品在运输、码放、贮存时不污染和泄漏。

每袋产品净含量可为25kg或其他。

8.2 运输

间歇法聚丙烯树脂粉料为非危险品。在运输和装卸过程中严禁使用铁钩等锐利工具，切忌抛掷。运输工具应保持清洁、干燥并备有厢棚或苫布。运输时不得与沙土、碎金属、煤炭及玻璃等混合装运，更不可与有毒及腐蚀性或易燃物混装。严禁在阳光下曝晒或雨淋。

8.3 贮存

间歇法聚丙烯树脂粉料应贮存在通风、干燥、清洁并保持有良好消防设施的仓库内。贮存时，应远离热源，并防止阳光直接照射，严禁在露天堆放。

间歇法聚丙烯树脂粉料产品应有贮存期的规定。贮存期从生产之日起，一般不超过6个月。

附 录 A
(规范性附录)
聚丙烯树脂粉料中氯含量的测定

A.1 范围

本附录规定了间歇法聚丙烯树脂粉料中氯含量的试验方法。

本方法适用于间歇法聚丙烯树脂粉料氯含量的测定。

A.2 原理

用无水碳酸钠覆盖试样，加热使试样熔融、炭化，高温灼烧。残渣中的氯离子与硫氰酸汞反应，产生的硫氰酸根离子与三价铁离子生成橙色络合物。其显色强度与氯离子浓度相对应。采用分光光度法在460nmm波长处测定其吸光度。

$$2Cl^{-}+Hg(SCN)_2 = HgCl_2+2SCN^{-}$$

$$Fe^{3+}+SCN^{-} \longrightarrow Fe(SCN)^{2+}$$

A.3 试剂和溶液

除非另有说明，在分析中仅使用确认为分析纯的试剂和蒸馏水或去离子水或相当纯度的水。

A.3.1 无水碳酸钠[Na_2CO_3]。

A.3.2 硫氰酸汞[$Hg(SCN)_2$]。

A.3.3 无水乙醇[CH_3CH_2OH]。

A.3.4 浓硝酸[HNO_3]。

A.3.5 硫酸铁铵[$(NH_4)_3Fe(SO_4)_3$]。

A.3.6 氯化钾[KCl]。

A.3.7 硫氰酸汞乙醇溶液：将1.5g硫氰酸汞(A.3.2)溶于500mL无水乙醇中，并放入棕色瓶中保存在冷暗处。放置过夜后，滤取上层清液。

A.3.8 硝酸溶液[$c(HNO_3)=8mol/L$]

量取540mL浓硝酸(A.3.4)，用水稀释至1000mL。

A.3.9 硝酸溶液[$c(HNO_3)=6mol/L$]

量取400mL浓硝酸(A.3.4)，用水稀释至1000mL。

A.3.10 硫酸铁铵硝酸溶液

称取30g硫酸铁铵(A.3.5)置于250mL容量瓶中，加入6mol/L硝酸溶液至250mL。

A.3.11 氯化钾标准溶液A

将氯化钾(A.3.6)放入温度为105℃±2℃的烘箱内干燥2h，取出后置于干燥器中冷却至室温。称取0.4206g氯化钾置于烧杯中。加适量水溶解后移入1000mL容量瓶中，用水稀释至刻度。此溶液氯离子浓度为200μg/mL。

A.3.12 氯化钾标准溶液B

将氯化钾标准溶液A用水稀释10倍，其氯离子浓度为20μg/mL。此溶液在使用前制备，当日有效。

A.4 仪器

A.4.1 分光光度计：配置3cm吸收池。

A.4.2 瓷坩埚：30mL。

A.4.3 烘箱：温度能恒定在 105℃±2℃。

A.4.4 高温炉：能控制在 700℃±20℃。

A.4.5 可调式电炉：2kW。

A.4.6 分析天平：分度值 0.1mg

A.4.7 托盘天平：分度值 0.1g

A.4.8 刻度移液管：5mL 和 10mL。

A.4.9 容量瓶：50mL、250mL、500mL 和 1000mL。

A.5 试验步骤

A.5.1 标准曲线的绘制

A.5.1.1 氯含量标准溶液制备

取 9 个 50mL 容量瓶，编号 1#~9#。用 5mL 和 10mL 刻度移液管分别移取氯化钾标准溶液 B(A.3.12)1.0mL、2.0mL、3.0mL、4.0mL、5.0mL、6.0mL、7.0mL、8.0mL 置于 2#~9#容量瓶中。然后在 1#~9#容量瓶中分别加入 4.0mL 硫氰酸汞乙醇溶液(A.3.7)、5.0mL 硫酸铁铵硝酸溶液(A.3.10)和 2.5mL 的浓度为 8mol/L 硝酸溶液(A.3.8)，加水稀释至刻度，摇匀，放置 20min。1#~9#容量瓶中均为氯含量的标准溶液，其氯含量依次为 0μg、20μg、40μg、60μg、80μg、100μg、120μg、140μg、160μg。

A.5.1.2 测定吸光度

用分光光度计(A.4.1)和 3cm 吸收池，分别测定氯含量标准溶液的吸光度。试验条件：波长：460nm，以水为参比。

将 2#~9#氯含量标准溶液吸光度值的实测值分别减去 1#标准溶液的吸光度的实测值(氯含量为 0)，即为 2#~9#氯含量标准溶液的净吸光度。

A.5.1.3 绘制吸光度对氯含量的标准曲线

以 2#~9#氯含量标准溶液的氯含量(μg)为横坐标，其对应的净吸光度为纵坐标绘制吸光度对氯含量(μg)的标准曲线。

A.5.2 试样溶液的制备

A.5.2.1 用分析天平(A.4.6)称取(0.5~1.0)g 聚丙烯粉料试样，准确至 0.1mg，置于瓷坩埚(A.4.2)中。用 1.0g 无水碳酸钠(A.3.1)均匀覆盖。将坩埚放在电炉上缓缓加热，使样品慢慢炭化，至炭化停止。

A.5.2.2 将坩埚移入高温炉中灼烧约 1h，至样品变白，灼烧温度为 700℃。取出坩埚冷却至室温。

A.5.2.3 用刻度移液管(A.4.8)移取 5.0mL 的 8mol/L 硝酸溶液(A.3.8)，沿坩埚的内壁滴入坩埚中，将灼烧残渣溶解。

A.5.2.4 过滤坩埚内的溶液，并用热蒸馏水洗涤坩埚数次，将滤液及洗液置于 50mL 容量瓶中。然后，加入 4.0mL 硫氰酸汞乙醇溶液(A.3.7)和 5.0mL 硫酸铁铵硝酸溶液(A.3.10)。加水稀释至刻度，摇匀，放置 20min。该溶液为试样溶液。

A.5.2.5 按上述相同步骤，仅在瓷坩埚中加无水碳酸钠制备空白试验的溶液。

A.5.3 测定试样溶液的吸光度

按 A.5.1.2 规定，测定试样溶液及空白试验溶液的吸光度值。

将试样溶液吸光度值的实测值减去空白试验的溶液吸光度的实测值即为试样溶液的净吸光度值。

A.5.4 查试样溶液的氯含量

根据试样溶液的净吸光度值，从标准曲线上查出试样溶液的的氯含量(μg)。

A.6 试验结果

A.6.1 试验结果

试样中氯含量(X)按公式A.1计算，单位为毫克每千克(mg/kg)：

$$X = \frac{C}{m} \quad \cdots\cdots (A.1)$$

式中：

C——从标准曲线上查出试样溶液的的氯含量，单位为微克(μg)；

m——试样质量，单位为克(g)。

以两次测试结果的算术平均值作为测定结果，精确至1mg/kg。

A.6.2 试验结果的重复性

在同一实验室，由同一操作者使用相同设备，按相同的测试方法，并在短时间内对同一被测对象相互独立进行测试获得的两次独立测试结果的绝对差值不大于这两个测定值的算术平均值的10%。

附 录 B
(规范性附录)
聚丙烯树脂粉料中挥发分的测定

B.1 范围

本附录规定了间歇法聚丙烯树脂粉料中挥发分的试验方法。

本方法适用于间歇法聚丙烯树脂粉料挥发分的测定。

B.2 原理

将聚丙烯树脂粉料在105℃下烘干至质量恒定，测定试样干燥后减少的质量与试样干燥前的质量比即为挥发分。

B.3 仪器

B.3.1 烘箱：温度应能控制在105℃±2℃内。

B.3.2 分析天平：分度值0.1mg。

B.3.3 玻璃干燥器：ϕ300mm。

B.3.4 带盖称量瓶：ϕ70mm×35mm。

B.4 测定步骤

B.4.1 将称量瓶及瓶盖分开放在烘箱中，在105℃下烘至质量恒定，冷却至室温，用分析天平称量瓶及瓶盖的质量，准确至0.1mg，记为m_1。

B.4.2 将8g~10g试样均匀铺在质量已恒定的称量瓶底部，盖上瓶盖，用分析天平称量，准确至0.1mg，记为m_2。

B.4.3 将装有试样的称量瓶置于烘箱内，打开瓶盖，恒温2h，烘箱温度控制在105℃±2℃。

B.4.4 将称量瓶盖上瓶盖，移入干燥器内，冷却至室温。用分析天平称量，准确至0.1mg。

B.4.5 重复B.4.3和B.4.4操作，直至质量恒定，取最后一次测定值，记为m_3。

B.5 试验结果

B.5.1 试验结果

试样的挥发分(W)以质量分数计，按公式(B.1)计算，数值以%表示。

$$W = \frac{m_2 - m_3}{m_2 - m_1} \times 100 \qquad \text{(B.1)}$$

式中：

m_1——称量瓶及瓶盖的质量，单位为克(g)；

m_2——干燥前装有试样的称量瓶及瓶盖的质量，单位为克(g)；

m_3——干燥后装有试样的称量瓶及瓶盖的质量，单位为克(g)。

以两次测试结果的算术平均值作为测定结果，计算结果表示到两位有效数字。

B.5.2 试验结果的重复性

在同一实验室，由同一操作者使用相同设备，按相同的测试方法，并在短时间内对同一被测对象相互独立进行测试获得的两次独立测试结果的绝对差值不大于这两个测定值的算术平均值的10%。

编者注：规范性引用文件中 GB/T 1250 最新版本为 GB/T 8170—2008《数值修约规则与极限数值的表示和判定》

ICS 83.080.20
G 32

中华人民共和国石油化工行业标准

SH/T 1768—2009

燃气管道系统用聚乙烯(PE)专用料

Polyethylene(PE) materials for piping systems of gaseous fuels supply

2009-12-04 发布　　2010-06-01 实施

中华人民共和国工业和信息化部　发布

前　　言

本标准由中国石油化工集团公司提出。

本标准由全国塑料标准化技术委员会石化塑料树脂产品分技术委员会(SAC/TC15/SC1)归口。

本标准起草单位：中国石油化工股份有限公司齐鲁分公司研究院与中国石油化工股份有限公司北京燕山分公司树脂应用研究所。

本标准参加单位：国家石化有机原料合成树脂质量监督检验中心、中国石化北京化工研究院国家化学建筑材料测试中心、中国石化上海石油化工股份有限公司塑料事业部、中国石化扬子石油化工股份有限公司。

本标准主要起草人：王群涛、景政红、唐岩、陈宏愿、王晓丽、毕丽景、郭锐。

燃气管道系统用聚乙烯(PE)专用料

1 范围

本标准规定了燃气管道系统用黑色聚乙烯(PE)专用料的命名与分类、要求、试验方法、检验规则、标志及包装、运输和贮存。

本标准适用于黑色燃气管道系统用聚乙烯(PE)专用料，专用料中仅加入生产和应用必要的添加剂。

2 规范性引用文件

下列文件中的条款通过本标准的引用而成为本标准的条款。凡是注日期的引用文件，其随后所有的修改单(不包括勘误的内容)或修订版均不适用于本标准，然而，鼓励根据本标准达成协议的各方研究是否可使用这些文件的最新版本。凡是不注日期的引用文件，其最新版本适用于本标准。

GB/T 1033—1986 塑料 密度和相对密度试验方法

GB/T 1040.2—2006 塑料 拉伸性能的测定 第2部分：模塑和挤塑塑料的试验条件(ISO 527-2：1993，IDT)

GB/T 1043.1—2008 塑料 简支梁冲击强度的测定 第1部分：非仪器化冲击试验(ISO 179-1：2000，IDT)

GB/T 1845.1—1999 聚乙烯(PE)模塑和挤出材料 第1部分：命名系统和分类基础(neq ISO 1872.1：1993)

GB/T 1845.2—2006 塑料 聚乙烯(PE)模塑和挤出材料 第2部分：试样制备和性能测定(ISO 1872-2：1997，MOD)

GB/T 2547—2008 塑料 取样方法

GB/T 2918—1998 塑料 试样状态调节和试验的标准环境(idt ISO 291：1997)

GB/T 3682—2000 热塑性塑料熔体质量流动速率和熔体体积流动速率的测定(idt ISO 1133：1997)

GB/T 6111—2003 流体输送用热塑性塑料管材耐内压试验方法(ISO 1167：1996，IDT)

GB/T 8170—2008 数值修约规则和极限数值的表示和判定

GB/T 9341—2000 塑料 弯曲性能的测定(ISO 178：2001，IDT)

GB/T 9352—2008 塑料 热塑性塑料材料试样的压塑(ISO 293：2004，IDT)

GB/T 13021—1991 聚乙烯管材和管件炭黑含量的测定(热失重法)(eqv ISO 6964-2：1986)

GB 15558.1—2003 燃气用埋地聚乙烯(PE)管道系统 第1部分：管材(ISO 4437：1997，MOD)

GB/T 18251—2000 聚烯烃管材、管件和混配料中颜料及炭黑分散的测定方法(idt ISO/DIS 18553：1999)

GB/T 18252—2008 塑料管道系统 用外推法确定热塑性塑料材料以管材形式的长期静液压强度(ISO 9080：2003，IDT)

GB/T 18475—2001 热塑性塑料压力管材和管件用材料分级和命名 总体使用(设计)系数(eqv ISO 12162：1995)

GB/T 18476—2001 流体输送用聚烯烃管材 耐裂纹扩展的测定 切口管材裂纹慢速增长的

试验方法(neq ISO 13479：1997)

GB/T 19280—2003　流体输送用热塑性塑料管材　耐快速裂纹扩展的测定(RCP)小尺寸稳态试验(S4 试验)(idt ISO 13477：1997)

GB/T 19466.6—2009　塑料　差示扫描量热法(DSC)　第 6 部分：氧化诱导时间(等温 OIT)和氧化诱导温度(动态 OIT)的测定(ISO 11357-6：2008，MOD)

SH/T 1758—2007　给水管道系统用聚乙烯(PE)专用料

3　分类与命名

燃气管道系统用聚乙烯专用料产品的命名与分类按 GB/T 1845.1—1999 的规定进行。本产品的命名未使用第 4 字符组，但使用第 5 字符组表示材料的颜色，用一个大写英文字母表示。黑色用“C”表示。

示例：某种燃气管道系统专用着色的(C)聚乙烯(PE)材料，用于挤出管材(E)，具有热老化稳定性(H)；密度标称值为 0.953g/cm^3(53)，在(T)条件(温度 190℃，负荷 5.0kg)下，熔体质量流动速率(MFR)的标称值为 0.3g/10min(003)；材料为黑色(C)，其命名为：

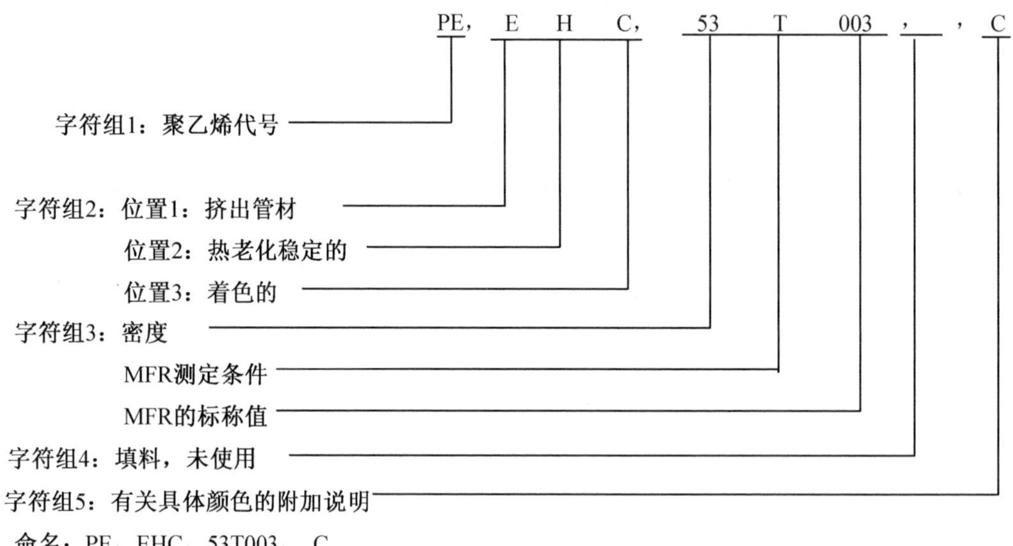

4　通用要求

4.1　燃气管道系统用聚乙烯专用料应按照 GB/T 18475—2001 进行分级，见表 1。分级以按 GB/T 18252—2008 进行所得数据为基础，专用料制造商应提供相应的级别证明。

表 1　燃气管道系统用聚乙烯专用料的分级

命　名	σ_{LPL}(20℃，50 年，97.5%)	*MRS*/MPa
PE80	$8.00 \leqslant \sigma_{LPL} \leqslant 9.99$	8.0
PE100	$10.00 \leqslant \sigma_{LPL} \leqslant 11.19$	10.0

5　要求

5.1　燃气管道系统用聚乙烯专用料为黑色颗粒，应含有必要的均匀分散的添加剂。

5.2　燃气管道系统用聚乙烯专用料应无杂质。

5.3　燃气管道系统用聚乙烯专用料的其他技术要求见表 2。

表 2　燃气管道系统用聚乙烯专用料的要求

<table>
<tr><th rowspan="2">序号</th><th rowspan="2" colspan="2">测试项目</th><th rowspan="2">单位</th><th colspan="4">要　　求</th></tr>
<tr><th colspan="2">PE80</th><th colspan="2">PE100</th></tr>
<tr><td rowspan="2">1</td><td rowspan="2">熔体质量流动速率 MFR</td><td>标称值 M</td><td rowspan="2">g/10min</td><td colspan="2">0. 20～1. 4</td><td colspan="2">0. 20～0. 50</td></tr>
<tr><td>偏差</td><td colspan="4">±20%M 或±0. 1</td></tr>
<tr><td>2. 1</td><td colspan="2">基础树脂的密度 ρ(D 法)</td><td>g/cm^3</td><td colspan="4">≥0. 930</td></tr>
<tr><td>2. 2</td><td colspan="2">专用料的密度 ρ(D 法)</td><td>g/cm^3</td><td>0. 940～0. 950</td><td>≥0. 950</td><td>0. 940～0. 955</td><td>≥0. 955</td></tr>
<tr><td>3. 1</td><td colspan="2">拉伸屈服应力 σ_y</td><td>MPa</td><td>≥16</td><td>≥18</td><td>≥19</td><td>≥21</td></tr>
<tr><td>3. 2</td><td colspan="2">拉伸断裂标称应变 ε_{tB}</td><td>%</td><td colspan="4">≥350</td></tr>
<tr><td>4</td><td colspan="2">弯曲模量 E_f</td><td>MPa</td><td colspan="4">由供方提供数据</td></tr>
<tr><td>5</td><td colspan="2">简支梁缺口冲击强度 a_{cA}(23℃)</td><td>kJ/m^2</td><td colspan="4">由供方提供数据</td></tr>
<tr><td>6</td><td colspan="2">氧化诱导时间 OIT(210℃，Al)</td><td>min</td><td colspan="4">>20</td></tr>
<tr><td>7</td><td colspan="2">挥发分含量</td><td>mg/kg</td><td colspan="4">≤350</td></tr>
<tr><td>8</td><td colspan="2">水分含量[a]</td><td>mg/kg</td><td colspan="4">≤300</td></tr>
<tr><td>9</td><td colspan="2">炭黑含量[b](质量分数)</td><td>%</td><td colspan="4">2. 0～2. 5</td></tr>
<tr><td>10</td><td colspan="2">炭黑分散</td><td>级</td><td colspan="4">≤3</td></tr>
<tr><td></td><td colspan="7">以挤出管材为试验样品</td></tr>
<tr><td>11</td><td colspan="2">耐气体组分</td><td>h</td><td colspan="4">80℃，环应力 2MPa，≥20h 不破裂，不渗漏</td></tr>
<tr><td>12</td><td colspan="2">耐慢速裂纹增长</td><td>h</td><td colspan="2">80℃，试验压力 0. 80MPa，165h 不破裂，不渗漏</td><td colspan="2">80℃，试验压力 0. 92MPa，165h 不破裂，不渗漏</td></tr>
<tr><td>13</td><td colspan="2">S_4试验：管材试样壁厚≥15mm</td><td>MPa</td><td colspan="2">$P_{c,s4}$(0℃)≥0. 26</td><td colspan="2">$P_{c,s4}$(0℃)≥0. 34</td></tr>
<tr><td rowspan="3">14</td><td rowspan="3" colspan="2">短期静液压强度</td><td rowspan="3">h</td><td colspan="2">80℃，环应力 4. 5MPa，165h 不破裂，不渗漏</td><td colspan="2">80℃，环应力 5. 4MPa，165h 不破裂，不渗漏</td></tr>
<tr><td colspan="2">80℃，环应力 4. 0MPa，1000h 不破裂，不渗漏</td><td colspan="2">80℃，环应力 5. 0MPa，1000h 不破裂，不渗漏</td></tr>
<tr><td colspan="2">20℃，环应力 9. 0MPa，100h 不破裂，不渗漏</td><td colspan="2">20℃，环应力 12. 4MPa，100h 不破裂，不渗漏</td></tr>
<tr><td colspan="8">[a]当测量的挥发分含量不符合要求时才测量水分含量。仲裁时，应以水分含量的测量结果作为判定依据。
[b]仅适用于黑色专用料。</td></tr>
</table>

6　试验方法

所有试验结果的判定按 GB/T 8170—2008 标准中全数值比较法规定进行。

6.1 试样制备

6.1.1 压塑试样的制备

根据 GB/T 1845.2—2006 标准，压塑试片的制备按 GB/T 9352—2008 规定进行，并按表 3 规定的压塑条件。

表 3 试片的压塑条件

<table>
<tr><td rowspan="3">模塑
温度
℃</td><td colspan="4">热　压</td><td colspan="3">冷　却</td></tr>
<tr><td colspan="2">预　热</td><td colspan="2">热压(全压)</td><td rowspan="2">平均冷却
速率
℃/min</td><td rowspan="2">全压
压力[a]
MPa</td><td rowspan="2">开模温度
℃</td></tr>
<tr><td>压力
MPa</td><td>时间
min</td><td>压力[a]
MPa</td><td>时间
min</td></tr>
<tr><td>180</td><td>接触</td><td>15</td><td>5/10</td><td>5±1</td><td>15</td><td>5/10</td><td>≤40</td></tr>
<tr><td colspan="8">[a] 溢料式模具使用 5MPa，不溢料式模具使用 10MPa 压力。</td></tr>
</table>

使用冲切或机加工的方法从压塑试片上制备试样。

6.1.2 管材试验样品的制备

6.1.2.1 管材试样制备的基本条件

a)挤出机：有四个以上温度控制点的普通式螺杆或屏障式螺杆挤出机。螺杆直径 ϕ(60~150)mm，长径比(L/D)大于 24；

b)模头：能挤出下列三种规格的管材试验样品：

公称外径(d_n)	SDR11 公称壁厚(e_n)
32mm	3.0mm
110mm	10.0mm
180mm	16.4mm

c)带有真空定径设备、冷却槽及牵引机。

6.1.2.2 制备管材试验样品的工艺条件

熔体温度：180℃~240℃，可根据专用料熔体质量流动速率选择。

6.2 试样的状态调节和试验的标准环境

试样的状态调节和试验的标准环境为 GB/T 2918—1998 规定的标准环境(23/50)，即温度 23℃±2℃，相对湿度 50%±10%。状态调节调节时间至少 40h 但不超过 96h。

6.3 熔体质量流动速率

熔体质量流动速率按 GB/T 3682—2000 中 A 法规定进行，试验条件为 T(温度：190.0℃、负荷：5kg)。

6.4 密度

按 6.1.1 规定制备压塑试片，试片厚度为 4.0mm±0.2mm。

从压塑试片上裁取试样，试样应符合 GB/T 1033—1986 中 4.4.2.1 的要求，光滑、无毛边。

裁取试样后按 6.2 规定进行状态调节。

试验按 GB/T 1033—1986 中方法 D 的规定进行。

6.5 拉伸性能

试样为按 6.1.1 规定制备的 1B 型试样。

试样的状态调节按 6.2 规定进行。

试验按 GB/T 1040.2—2006 规定进行。测定拉伸性能时，试验速度为 50mm/min。

6.6 弯曲模量

试样为按 6.1.1 规定制备的 80mm×10mm×4mm 长条试样。

试样的状态调节按 6.2 规定进行。

试验按 GB/T 9341—2000 规定进行，试验速度为 2mm/min。

6.7 简支梁缺口冲击强度(23℃)

按6.1.1规定制备的80mm×10mm×4mm长条样条。样条应在制备后1h~4h内加工缺口，缺口类型为GB/T 1043.1—2008中的A型。

试样的状态调节按6.2规定进行。

试验按GB/T 1043.1—2008规定进行。

6.8 氧化诱导时间OIT

试样制备按GB/T 19466.6—2009中6.2规定进行，试样厚度为650μm±100μm。

试验按GB/T 19466.6—2009规定进行，采用铝坩埚，试验温度210℃。

6.9 挥发分含量

试验按GB 15558.1—2003附录C规定进行。干燥烘箱温度105℃±2℃。

6.10 水分含量

水分含量的测定按SH/T 1758—2007附录A进行。

注：根据水分含量的测定数据，管材加工前可能需要对专用料进行干燥。

6.11 炭黑含量

试验按GB/T 13021—1991规定进行。试验前先将样品舟加热至红色，然后冷却15min以上，热降解的温度为600℃。

6.12 炭黑分散或颜料分散

试样制备按GB/T 18251—2000中的切片法进行，试样厚度：15μm±5μm。

试验按GB/T 18251—2000规定进行。

6.13 耐气体组分

试验按GB 15558.1—2003附录D规定进行。

6.14 管材静液压强度

6.14.1 试样

从按6.1.2制备的管材试验样品上截取管材试样。试样规格见表4，试样数量：每个条件至少3个。

表4 静液压强度试验样品规格

单位为mm

公称外径 d_n	最小平均外径	最大平均外径	任一点壁厚	自由长度 L
	$d_{em,min}$	$d_{em,max}$	最小壁厚 $e_{y,min}$	
32	32.0	32.3	>3.0~<4.0	≥$3d_{em,max}$

6.14.2 状态调节、试验环境和试验条件

试验按GB/T 6111—2003规定进行，密封接头类型：A型；试验介质：水-水(管内-管外)；试验条件见表5。

表5 管材静液压强度试验条件

PE管料级别	试验温度 ℃	环应力 MPa	试验时间 h
PE100	80±1	5.4	≥165
PE80		4.5	
PE100		5.0	≥1000
PE80		4.0	
PE100	20±1	12.4	≥100
PE80		9.0	

6.15 耐慢速裂纹增长

6.15.1 试样

从按6.1.2制备的管材试验样品上截取管材试样。试样规格见表6，试样数量：至少3个。

表6 耐慢速裂纹增长试验样品规格

单位为mm

公称外径 d_n	最小平均外径	最大平均外径	任一点壁厚	自由长度 L
	$d_{em,min}$	$d_{em,max}$	最小壁厚 $e_{y,min}$	
110	110.0	111.0	>10.0~<11.1	$\geqslant 3d_{em,max}$

6.15.2 试样状态调节

按GB/T 18476—2001中第6章的规定进行。

6.15.3 试验

耐慢速裂纹增长试验按GB/T 18476—2001规定进行。密封接头类型：A型；试验介质：水-水（管内-管外）；切口类型：V型。

表7 管材耐慢速裂纹增长试验条件

PE管料级别	试验温度 ℃	试验压力 MPa	试验时间 h
PE100	80±1	0.92	165
PE80		0.80	

6.16 耐快速裂纹扩展（S4试验）

从按6.1.2制备的管材试验样品上截取管材试样。按GB/T 19280—2003的规定进行，试样壁厚大于15mm，*SDR*为11。

7 检验规则

7.1 检验分类与检验项目

7.1.1 检验分类

第4章通用要求中的项目只需在产品确定牌号时检验。

燃气管道系统用聚乙烯专用料产品的检验可分为型式检验和出厂检验两类。

7.1.2 检验项目

第5章中5.2和表2中的所有试验项目为型式检验项目。

出厂检验项目至少应该包括表2中的熔体质量流动速率、密度、拉伸屈服应力、拉伸断裂标称应变、氧化诱导时间、挥发分含量、炭黑含量和炭黑分散。

7.2 组批规则与抽样方案

7.2.1 组批规则

燃气管道系统用聚乙烯专用料，以同一生产线上、相同原料、相同工艺所生产的同一牌号的产品组批。生产厂可按一定生产周期或贮存料仓为一批对产品进行组批。

产品以批为单位进行检验。

7.2.2 抽样方案

燃气管道系统用聚乙烯专用料可在贮存料仓取样口抽样，也可在产品包装生产流水线上随机抽样。

包装后的抽样按GB/T 2547—2008规定进行。

7.3 判定规则和复验规则

7.3.1 判定规则

燃气管道系统用聚乙烯专用料应由生产厂的质量检验部门按照本标准规定的试验方法进行检

验，依据本标准技术要求对该批产品作出质量判定，并提出证明。

7.3.2 复验规则

检验结果若某项指标不符合本标准技术要求时，应按7.2.2包装后的抽样规定重新取样，对该项目进行复验。以复验结果作为该批产品的质量判定依据。

8 标志

燃气管道系统用聚乙烯专用料产品的外包装袋上应有明显的标志。标志内容包括：商标、生产厂名称和地址、标准号、产品名称、牌号、生产批号和净含量等。

9 包装、运输和贮存

9.1 包装

燃气管道系统用聚乙烯专用料可用重包装袋、聚丙烯复合编织袋或其他包装形式。包装材料应保证在运输、码放、贮存时不污染和漏料。

每袋产品净含量可为25kg或其他。

9.2 运输

燃气管道系统用聚乙烯专用料为非危险品。在运输和装卸过程中严禁使用铁钩等锐利工具，切忌抛掷。运输工具应保持清洁、干燥并备有厢棚或苫布。运输时不得与沙土、碎金属、煤炭及玻璃等混合装运，更不可与有毒及腐蚀性或易燃物混装；严禁在阳光下暴晒或雨淋。

9.3 贮存

燃气管道系统用聚乙烯专用料应贮存在通风、干燥、清洁并保持有良好消防设施的仓库内。贮存时，应远离热源，并防止阳光直接照射，严禁在露天堆放。

贮存期从生产之日起，一般不超过12个月。

ICS 83.080.20
G 31
备案号：30328-2011

中华人民共和国石油化工行业标准

SH/T 1770—2010

塑料　聚乙烯水分含量的测定

Plastics—Determination of water content for polyethylene

（ISO 15512：2008 方法 B，MOD）

2010-11-10 发布　　　　2011-03-01 实施

中华人民共和国工业和信息化部　发布

前 言

本标准修改采用 ISO 15512：2008《塑料—水分含量的测定》中方法 B。

本标准与 ISO 15512：2008 中方法 B 的差异如下：

——增加警告描述；

——根据加热方式不同，将加热单元分为瓶式加热法(方法 A)和管式加热法(方法 B)(见 4.2)；

——将图 1 由管式加热示意图改为瓶式加热示意图(见 4.2)；

——将加热炉的最大加热温度由 300℃改为至少 250℃(见 4.2)；

——增加了气体流量计、瓶式加热用样品瓶和分析天平等仪器(见 4.3、4.5 和 4.6)；

——未具体规定气体流量计的流速，提出用于材料的同类比较时，每次试验应固定载气流量的要求(见 6.2)；

——给出聚乙烯水含量测定的推荐试验温度为 180℃(见 6.2)；

——设备检查中增加可使用其他合适标准样品的注(见 6.3)；

——测定步骤细分瓶式加热法和管式加热法的描述(见 6.4.1 和 6.4.2)；

——增加试样量的脚注，为在实验室间比较数据，优先推荐样品量为 1g(见 6.4.3 表 1)；

——测定结果由精确至 0.01%改为精确至 0.001%(见第七章)；

——给出了精密度的具体描述(见第八章)。

本标准的附录 A 为资料性附录。

本标准由中国石油化工集团公司提出。

本标准由全国塑料标准化技术委员会石化塑料树脂产品分技术委员会(SAC/TC15/SC1)归口。

本标准负责起草单位：中国石油化工股份有限公司北京燕山分公司树脂应用研究所。

本标准参加起草单位：中国石油化工股份有限公司北京燕山分公司质量监督检验中心。

本标准主要起草人：王晓丽、许越峥、石迎秋、祁桂义、吴彦瑾、王文红。

引　言

水分含量测定的实验室间再现性通常很差，主要原因在于样品包装、样品处理、仪器及其设置的差异。为了在两个实验室比较数据，特别要注意样品包装和处理。例如：样品应装在具盖玻璃瓶或隔水密封袋内，样品处理应在干燥氮气或干燥空气中进行。

与受试材料、所用试验设备、实际环境相比，应优先考虑试验温度。如果温度太低，测试材料中的水分蒸发不完全；而温度太高，由于降解反应，又会产生水分。

本标准中，为了选择合适的试验温度，以提高实验室间再现性，给出了优选加热温度的方法。

塑料 聚乙烯水分含量的测定

警告：使用本标准的人员应有正规实验室工作的实践经验。本标准并未指出所有可能的安全问题。使用者有责任采取适当的安全和健康措施，并保证符合国家有关法规规定的条件。

1 范围

本标准规定了用卡尔·费休库仑法测定聚乙烯(PE)中水分含量的方法，该方法测定的水分含量与按照 ISO 62[1]测定的吸水性(动态和平衡态)不同。

本标准适用于测定聚乙烯颗粒中的水分含量，也适用于聚乙烯制品中水分含量的测定。本方法适用于测定的水分含量水平可达 0.01%或更低。

注：水分含量是材料加工的一个重要参数，一般低于相关材料标准中的规定。

2 原理和反应式

样品称量后放置在加热炉内，试样中的水分在高温下蒸发，用惰性载气(通常是干燥氮气)将水蒸气送至滴定池内，以卡尔·费休库仑法滴定水分。

二氧化硫和试样中的水将碘还原，生成三氧化硫和氢碘酸，传统卡尔费休试剂中含有碘，而库仑技术是从碘化物电解产生的碘。根据法拉第原理，产生碘的物质的量与消耗的电量成正比，即 1mg 水消耗 10.71C 电量，从而通过消耗的总电量计算出水分含量。反应式如下：

$$I_2+SO_2+H_2O \longrightarrow 2HI+SO_3$$

$$2I^- - 2e^- \longrightarrow I_2$$

3 试剂和材料

除非另有说明，在分析中仅使用分析纯试剂和蒸馏水或相应纯度的水。

3.1 阳极溶液

含有碘离子(为在反应混合物中产生碘)，与仪器说明书一致(用于有隔膜滴定池)。

3.2 阴极溶液

甲醇(或其他合适的有机溶剂)中含有合适的盐，与仪器说明书一致(用于有隔膜滴定池)。

3.3 通用试剂

含有碘离子(为在反应混合物中产生碘)，与仪器说明书一致(用于无隔膜滴定池)。

3.4 中和溶液

含有约 4mg/mL 水的碳酸丙烯酯、乙二醇甲醚(2-甲氧基乙醇)或甲基纤维素的溶液。

注：一般试验中很少用到。

3.5 分子筛

3A，用作载气的干燥剂。

3.6 硅胶

颗粒状，直径约 2mm，用作载气的初级干燥。

3.7 真空硅脂

水分含量很低或不含水并且具有低的吸水性，用于磨砂玻璃连接处的润滑，以确保系统的密封性。

3.8 氮气(N_2)

水分含量小于 5mg/kg。

4 仪器

4.1 卡尔·费休库仑滴定仪

包括控制单元和滴定池(见图1)。滴定池由有隔膜或无隔膜电解池、双针铂电极和磁力搅拌器组成。滴定仪电解产生的碘与滴定池中的水分发生化学计量反应，将产生碘所消耗的电量转化为水分的量，并直接以数字读出。

许多应用中无隔膜电解池准确度已经足够，如果需要达到更高的准确度，推荐使用有隔膜电解池。

4.2 水蒸发器

包括能至少加热至250℃的加热单元、温度控制单元、气体流量计和装有干燥剂的气体干燥管，见图1。

根据加热方式不同，加热单元分为：

——瓶式加热法(方法A)，包括加热炉和样品瓶(见图1)；

——管式加热法(方法B)，包括加热炉和加热管，加热管类型见图2。

4.3 气体流量计

流量控制满足试验要求。

4.4 微量注射器

容量10μL。

4.5 样品瓶或样品舟

瓶式加热法，可以使用玻璃瓶为样品瓶，样品瓶足以盛装样品并能放入加热炉中。

管式加热法，可以使用由铝箔制成任意形状的样品舟，样品舟足以盛装样品并能放入加热管中。

4.6 分析天平

最小分度值1mg。

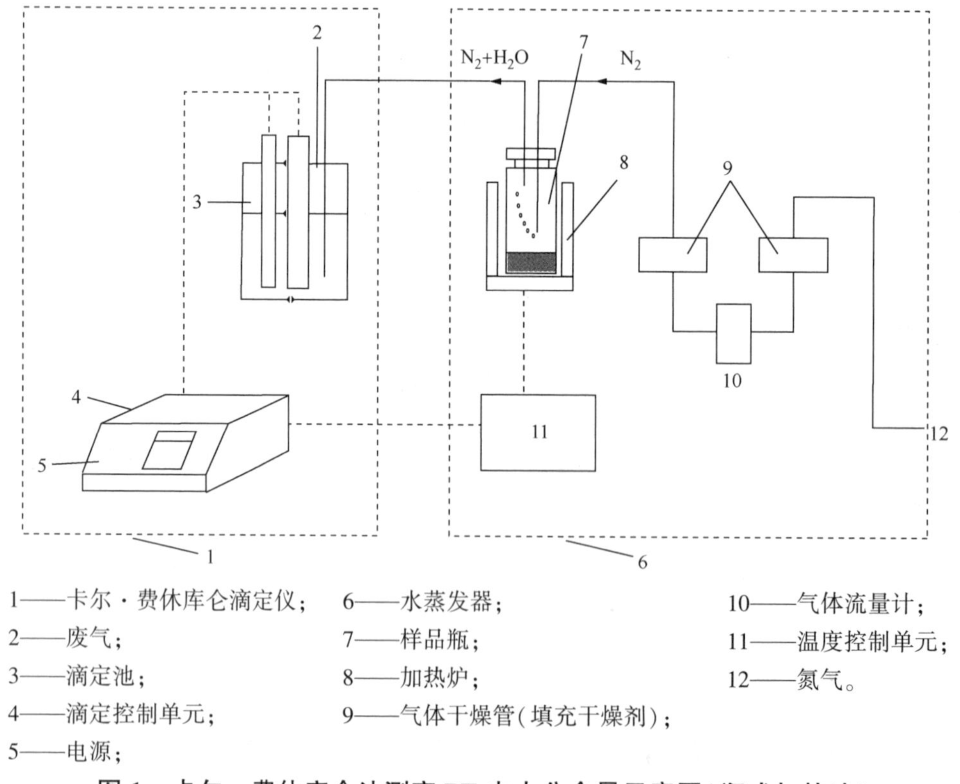

1——卡尔·费休库仑滴定仪；
2——废气；
3——滴定池；
4——滴定控制单元；
5——电源；
6——水蒸发器；
7——样品瓶；
8——加热炉；
9——气体干燥管(填充干燥剂)；
10——气体流量计；
11——温度控制单元；
12——氮气。

图1 卡尔·费休库仑法测定PE中水分含量示意图(瓶式加热法)

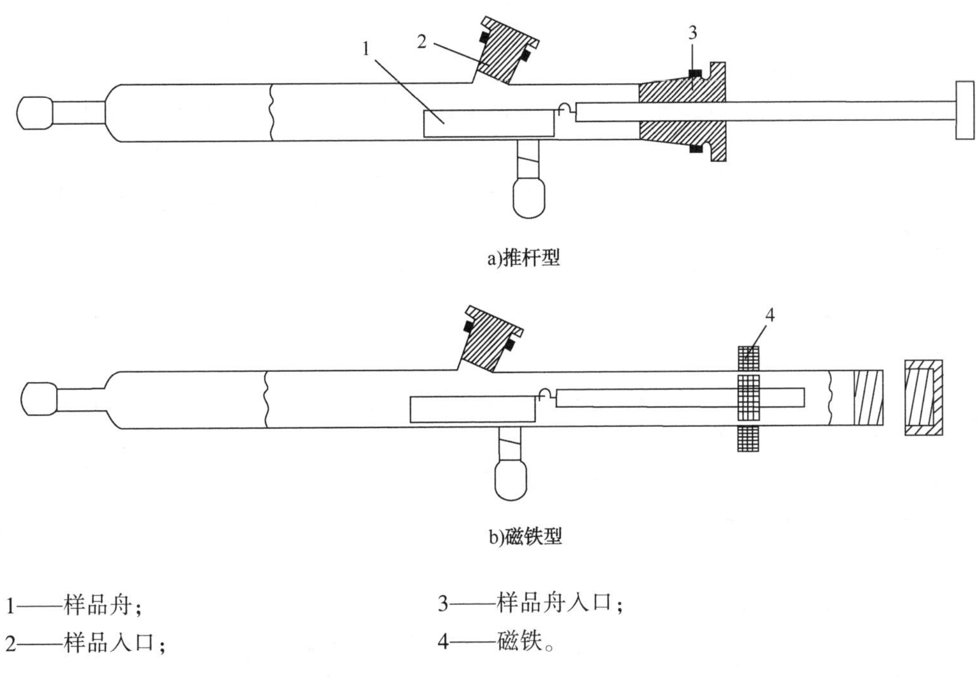

1——样品舟；
2——样品入口；
3——样品舟入口；
4——磁铁。

图2　加热管(管式加热法)

5　样品制备

样品可以是颗粒料、粉料、型材或模塑件等。

型材或模塑件应切割至尺寸小于4mm×4mm×3mm。

选取不多于10g的典型样品，由于样品量很少，注意确保样品具有代表性。

为保证试验准确度，特别要注意样品包装，例如：样品可装在具盖玻璃瓶或隔水密封袋内。

6　步骤

6.1　注意事项

由于被测水分含量很低，样品在样品舟、空气或转移设备中的任何时间都应最大限度的注意避免被污染。吸湿的树脂样品应不受大气影响。

为保证试验准确度，特别要注意样品处理。例如：样品处理应在干燥氮气或干燥空气中进行。

6.2　仪器准备

按照仪器说明书安装卡尔·费休库仑滴定仪(4.1)和水蒸发器(4.2)，将干燥剂(3.5、3.6)填入气体干燥管(4.2)。

在使用有隔膜电解池时，将大约200mL(按容器大小调整)阳极溶液(3.1)倒入阳极电解池，将10mL阴极溶液(3.2)倒入阴极电解池中。阴极液面应低于阳极液面，以防止阴极溶液的污染物倒流。

在使用无隔膜电解池时，将大约200mL(按容器大小调整)通用试剂(3.3)倒入电解池中。

打开电源，启动测试方法。如果显示的电压值远低于终点设定值，表明阳极溶液中碘过高，加入50μL~200μL中和溶液(3.4)。

注：不同厂家的终点设定值略有差异，通常电压值远低于该设定值时，仪器会自动提示过滴定。

连接水蒸发器和滴定池间的连接管路，同时打开滴定池的搅拌器，调节气体流量计(4.3)，使导气管在滴定池里的气泡一个一个地冒出，且气泡分散上升而不连成串。用于材料的同类比较时，每次试验应固定载气流量。将加热炉升至规定试验温度，以驱除水蒸发器(4.2)中的残留水分。

试验温度应参考材料标准，推荐 180℃。因为试验温度依赖于所用仪器和实际的环境，推荐按照附录 A 规定的方法优选试验温度。如果在材料标准中没有规定试验温度或没有材料标准，也推荐使用附录 A 的方法优选试验温度。

抬起滴定池并轻轻摇动，以去除瓶壁上的残留水。在滴定模式下搅拌溶液几分钟，干燥并稳定内部环境。

重新连接蒸发器和滴定池间的连接管，确保载气在整个滴定过程中流通。此时仪器准备完毕。

6.3 设备检查

6.3.1 为检查卡尔·费休库仑滴定仪状态是否正常，需用已知量的水进行测量。使用 10μL 微量注射器(5.3)向滴定池中仔细注入 5μL 水，测量结果应在 5000μg±250μg 之内。

注：也可使用其他合适的水标准样品。

6.3.2 为检查整个系统状态是否正常，在 150℃用 50mg 二水合酒石酸钠($Na_2C_4H_4O_6 \cdot 2H_2O$)进行测量，结果应在 15.6%±0.5%之内。

注：为检查整个系统状态是否正常，也可使用一水合柠檬酸钾($K_3C_6H_5O_7 \cdot H_2O$)标准样品或其他标准样品，使用方法参见所购标准样品证书。

6.4 测定

6.4.1 瓶式加热法(方法 A)

根据仪器说明书的要求进行样品瓶前处理准备。测试前，先取空的样品瓶(4.5)，分别用铝箔封口并加盖，放置于仪器的漂移和空白测定位置。然后，在相同试验条件下，直接用样品瓶(4.5)快速称量样品，并用铝箔封口并加盖，放置于仪器的样品测定位置。

启动样品测量程序，开始测定。视仪器情况，确定空白值测量次数。

6.4.2 管式加热法(方法 B)

将样品舟(4.5)放置在加热管内，推至加热炉加热区内干燥，同时也将样品舟入口处的残留水分清除。待仪器背景漂移稳定后，将样品舟移至样品入口处，使其冷却。

直接用样品舟(需将其从加热管中移出)称量样品(见 4.4)或用铝箔(见下段)称量样品。

如果样品舟是由玻璃或其他使用后不可丢弃的材料制成，可以使用铝箔包住试样，以防止样品熔融粘住样品舟。该方式也可为防止将样品移入样品舟过程中洒落样品。

如果直接用样品舟称量样品，应尽快将样品舟放回加热管中。如果使用铝箔称量样品，无论是从样品入口还是样品舟入口放入，都应尽快包裹样品和放入样品舟。

启动样品测量程序，将装好样品的样品舟推入加热炉的加热区内开始测定。如需进行空白试验，在相同的试验条件下，使用空样品舟或空铝箔进行空白值的测量。视仪器情况，确定空白值测量次数。

6.4.3 试样量

所需试样量见表 1，准确称量至 1mg。

表 1 试样量

水分含量 w %	试样质量 m g
$w>1$	$0.1 \leq m < 0.2$
$0.5 < w \leq 1$	$0.2 \leq m < 0.4$
$0.1 < w \leq 0.5$	$0.4 \leq m < 1$
$w \leq 0.1$	$m \geq 1$[a]
[a]为在实验室间比较数据，优先推荐样品量为 1g。	

7 结果表示

试样水分含量 w 按公式(1)计算，以质量分数%表示。

$$w = \frac{m_{水}}{m_{试样}} \times 10^{-4} \quad \cdots\cdots (1)$$

式中：

$m_{水}$——试样中测得水的质量，单位为微克(μg)；

$m_{试样}$——试样质量，单位为克(g)。

以两次测定结果的算术平均值作为试验结果，精确至0.001%。

8 精密度

同一样品在同一实验室，由同一操作员使用相同的设备，按相同的试验方法，在短时间内相互独立测定，在95%的置信水平下，两次平行测定所得结果的差值应不大于0.003%。

9 试验报告

试验报告应包括下列内容：

a)注明采用本标准；

b)标识样品的详细内容；

c)所用方法A或B；

d)试验温度、试样量和氮气流量；

e)起始漂移值和空白值；

f)两次测量值和平均值；

g)仪器和所用仪器设置的细节；

h)试验日期；

i)任何可能影响测定结果的因素。

附　录　A
（资料性附录）
ISO 15512：2008 塑料水分含量测定试验温度的优选方法

A.1　步骤

通过在几个温度下测定水分含量来优选材料的试验温度。不同温度点的间隔需要按照图 A.1 所绘曲线的方法来选择。从 120℃至 220℃的温度范围内，推荐的优选试验温度的最大温度间隔为 20℃。

辅助进行溶液黏度试验，可以确认是否有产生水的反应发生。

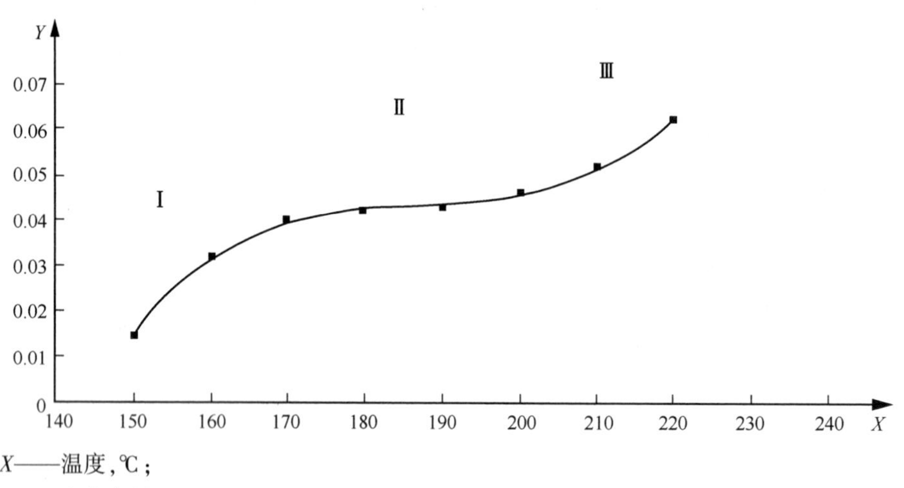

X——温度，℃；
Y——水分含量，%；
Ⅰ——温度偏低；
Ⅱ——优选温度；
Ⅲ——温度偏高。

图 A.1　优选试验温度

A.2　结果推断

在Ⅰ区，样品水分没有完全蒸发，随温度升高水分含量成比例增加。

在Ⅱ区，所测水分含量几乎接近恒定水平，该区域下的温度范围可看作是实际试验环境下适宜的试验温度。通过水分含量测定前后的溶液黏度的测定来确定是否发生水反应。（ISO 307[2]，ISO 1628[3]~[8]）

在Ⅲ区，所测水分含量呈现增高态势，水分含量偏高的原因可能是由于类似于高温热降解反应造成的。

参 考 文 献

[1] ISO 62，塑料—吸水性测定
[2] ISO 307，塑料—聚酰胺—黏度测定
[3] ISO 1628-1，塑料—使用毛细管黏度计测定聚合物稀溶液黏度—第1部分：通则
[4] ISO 1628-2，塑料—使用毛细管黏度计测定聚合物稀溶液黏度—第2部分：聚氯乙烯树脂
[5] ISO 1628-3，塑料—使用毛细管黏度计测定聚合物稀溶液黏度—第3部分：聚乙烯和聚丙烯
[6] ISO 1628-4，塑料—使用毛细管黏度计测定聚合物稀溶液黏度—第4部分：聚碳酸酯模塑和挤出材料
[7] ISO 1628-5，塑料—使用毛细管黏度计测定聚合物稀溶液黏度—第5部分：热塑性均聚和共聚型聚酯(TP)
[8] ISO 1628-6，塑料—使用毛细管黏度计测定聚合物稀溶液黏度—第6部分：甲基丙烯酸甲酯聚合物

ICS 83.080.20
G 31
备案号：36285-2012

SH

中华人民共和国石油化工行业标准

SH/T 1772—2011

塑料 高密度聚乙烯非牛顿指数（*NNI*）的测定

Plastics—Determination of non-Newtonian index（NNI）for high density polyethylene

2011-12-20 发布　　2012-07-01 实施

中华人民共和国工业和信息化部 发布

前　言

本标准按照 GB/T 1.1—2009 给出的规则起草。

本标准由中国石油化工集团公司提出。

本标准由全国塑料标准化技术委员会石化塑料树脂产品分技术委员会（SAC/TC15/SC1）归口。

本标准负责起草单位：中国石油化工股份有限公司北京燕山分公司树脂应用研究所。

本标准参加起草单位：中国石化扬子石油化工有限公司、中国石油化工股份有限公司北京燕山分公司质量监督检验中心。

本标准主要起草人：郑慧琴、曾伟丽、吴世斌、杨黎黎、田江南。

塑料 高密度聚乙烯非牛顿指数（*NNI*）的测定

1 范围

1.1 本标准规定了测定高密度聚乙烯非牛顿指数（*NNI*）的方法。

1.2 本标准适用于颗粒状高密度聚乙烯。

注：熔体质量流动速率大于 1.0g/10min（190℃，2.16kg）的粉状高密度聚乙烯可参照本标准。

2 规范性引用文件

下列文件对于本文件的应用是必不可少的。凡是注日期的引用文件，仅所注日期的版本适用于本文件。凡是不注日期的引用文件，其最新版本（包括所有的修改单）适用于本文件。

GB/T 3505—2009 产品几何技术规范（GPS）表面结构 轮廓法 术语、定义及结构参数

GB/T 4340.1—2009 金属维氏硬度试验 第 1 部分：试验方法

GB/T 25278—2010 塑料 用毛细管和狭缝口模流变仪测定塑料的流动性

3 术语和定义

GB/T 25278—2010 界定的以及下列术语和定义适用于本文件。

3.1

非牛顿指数 non-Newtonian index

NNI，在高密度聚乙烯的表观剪切应力（τ_{ap}）与表观剪切速率（$\dot{\gamma}_{ap}$）之间关系的流动曲线上，规定的两个表观剪切应力与所对应的表观剪切速率之比。通常情况下，τ_{ap1}为 4×10^4Pa，τ_{ap2}为 24×10^4Pa。

4 原理

用挤出式毛细管流变仪在规定温度下测得表示剪切应力和剪切速率之间关系的样品流动曲线，从该曲线中得到两个规定的表观剪切应力 τ_{ap1} 和 τ_{ap2} 对应的表观剪切速率$\dot{\gamma}_{ap1}$和$\dot{\gamma}_{ap2}$，该剪切速率之比（$\dot{\gamma}_{ap2}/\dot{\gamma}_{ap1}$）即为样品的非牛顿指数（*NNI*）。

5 仪器

5.1 试验仪器

5.1.1 概述

试验仪器应由加热料筒组成，其内膛底部用可互换的毛细管口模封住。试验压力应通过柱塞、螺杆或使用气压施加到料筒内的熔体上。图 1 为典型示例，允许有其他尺寸。

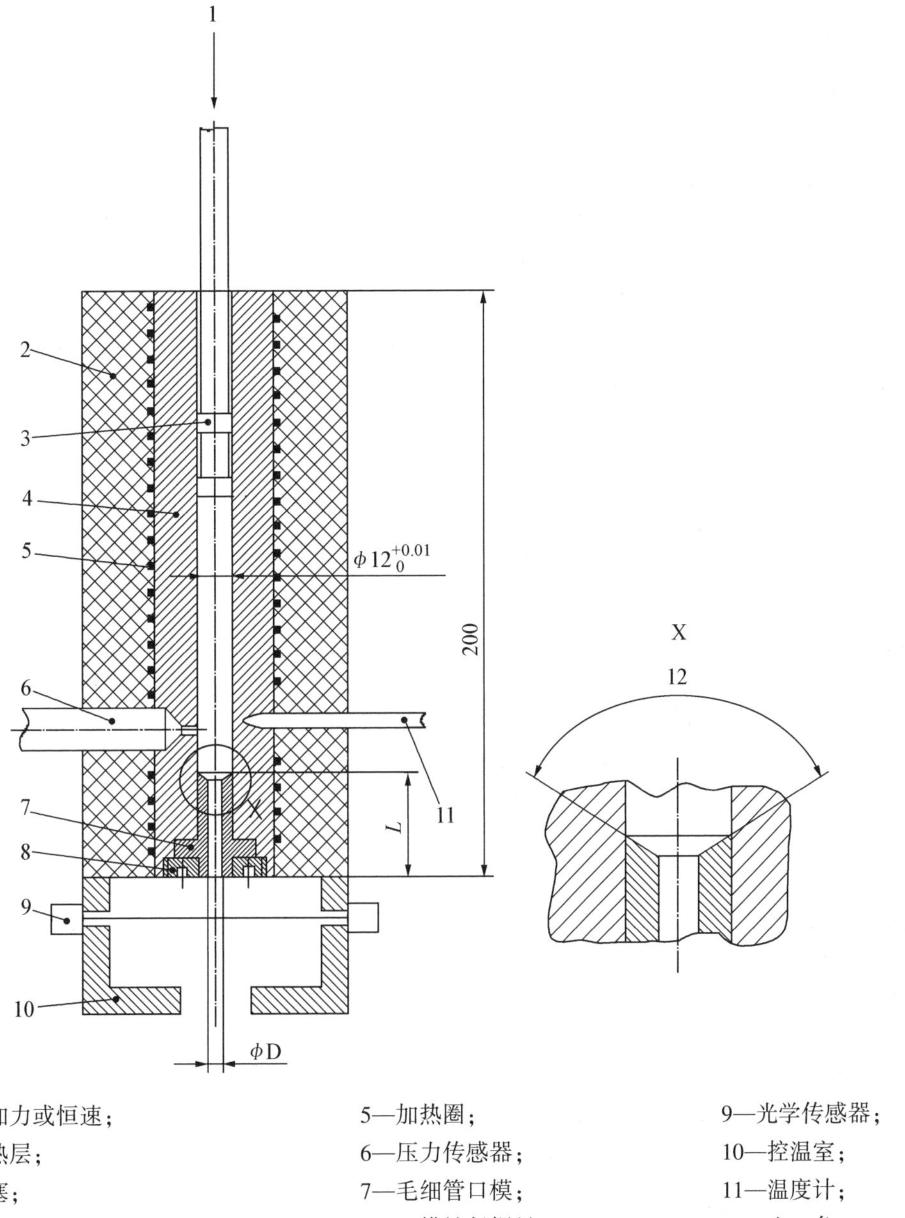

1—施加力或恒速；
2—绝热层；
3—柱塞；
4—料筒；
5—加热圈；
6—压力传感器；
7—毛细管口模；
8—口模锁紧螺母；
9—光学传感器；
10—控温室；
11—温度计；
12—入口角。

图1　毛细管口模挤出流变仪的典型示例

5.1.2　料筒

料筒应由能够在加热系统的最高温度下抗磨损和抗腐蚀的材料制成。料筒内靠近口模入口处可有一侧孔，以插入熔体压力传感器。料筒整个长度上平均内膛直径的允许偏差应少于±0.007mm。所用材料的维氏硬度至少为800HV30（见GB/T 4340.1—2009和注1），并且表面粗糙度 R_a 小于0.25μm（算术平均偏差，见GB/T 3505—2009）。

注1：氮化钢材料适于高达400℃的温度。硬度值虽然低于规定值、但足以抗腐蚀和磨损的材料，同样可用于制作料筒和口模组件。

注2：料筒内膛直径的增大，增加了单个料筒试验能够测量的次数以及增大了仪器的剪切速率范围。但较大内膛直径的料筒需用的样品量大，且样品达到温度平衡所需的时间长。商业化流变仪的料筒内膛直径范围为6.35mm~25mm。

5.1.3 毛细管口模

毛细管口模壁的整个长度上直径（D）的机加工精度应为±0.007mm，长度（L）的机加工精度应为±0.025mm（见图1）。

毛细管口模应使用维氏硬度至少为800HV30的材料进行加工（见GB/T 4340.1—2009和5.1.2中的注1），并且表面粗糙度 R_a 小于0.25μm（算术平均偏差，见GB/T3505—2009）。

毛细管孔不应有明显的机械加工痕迹和偏心。

注：最常用的口模材料为硬化钢、碳化钨、钨铬钴合金和硬化不锈钢。

用毛细管口模测定表观剪切速率 $\dot{\gamma}_{ap}$ 和表观剪切应力 τ_{ap}，其长径比 L/D 至少应为16，入口角为180°，除非相关标准另有规定。使用入口角（±1°）、长度（±0.025mm）和直径（±0.007mm）均相同的毛细管获得的数据才有可比性。入口角的定义见图1。

5.1.4 柱塞

如果使用柱塞，其直径应比料筒内膛直径小0.040mm±0.005mm。为减少熔体在柱塞上的回流，可安装断开的或完整的密封圈。柱塞的硬度应比料筒的低，但不应低于375HV30。

5.2 试验温度的控制

对于任何设定的料筒温度，在整个试验过程中，从毛细管口模到可允许加料高度整个范围内的温度都应得到有效控制，在筒壁所测温度的差异和变化不得超过表1规定的范围。

表1 随距离和时间变化的最大允许温差

试验温度 θ ℃	随距离的温差[a] ℃	随时间的温差[a] ℃
≤200	±1.0	±0.5
200<θ≤300	±1.5	±1.0
>300	±2.0	±1.5

[a] 在整个试验过程中，从毛细管口模到可允许加料高度整个范围内的所有位置。

试验仪器应设计能以1℃或更小的间隔设置试验温度。

5.3 试验温度的测量和校准

5.3.1 试验温度的测量

试验温度应是料筒中毛细管入口附近熔体的温度，若不可能，则用毛细管入口附近料筒壁的温度，最好在口模入口上方不大于10mm的位置进行测定（见5.3.2）。

温度测量装置的顶端应与熔体接触，若不可能，则与料筒的金属部分或距离熔体流道小于1.5mm的毛细管壁接触。温度计中可使用热传导流体来更好地提高传导，温度计最好是热电偶或者铂电阻传感器，可按图1进行安装。

5.3.2 试验温度的校准

试验中使用的温度测量装置应读至0.1℃内，并通过误差限度为±0.1℃的标准温度计进行校准。校准时该温度计应遵照规定浸入一定的深度，为此，料筒可用低黏度熔体填满。

校准时应使用不污染口模、料筒或影响随后测量的流体做导热介质，如硅油。

5.4 试验压力的测量及校准

5.4.1 试验压力的测量

试验压力应是熔体上的压力降，试验中测量的是熔体进入毛细管口模前的压力和出口压力之差。如有可能，试验压力应使用安放在毛细管口模入口附近的熔体压力传感器测量，在所有试验的情况下，压力传感器到口模入口面之间的距离应保持不变，且最好不大于 20mm（见注）。否则，试验压力应通过施加在熔体上的力来测量，如通过柱塞，其力通过柱塞上方的力值传感器测得。

注：对于所有试验，口模入口面到压力传感器的距离保持恒定是很重要的，否则将影响压力降的测量。

力或压力测量装置应在其公称能力的 1%~95%范围内使用。

5.4.2 试验压力的校准

熔体压力传感器可用外部液压式试验仪进行校准，力值传感器应按照仪器厂家的使用说明书进行校准。压力传感器或负荷单元的读数最大允差均应小于或等于满量程的 1%和小于或等于绝对值的 5%，熔体压力传感器的校准最好在规定的试验温度下进行。

5.5 体积流动速率的测定

体积流动速率应由柱塞的喂料速率确定，体积流动速率的测量误差应不超过 1%。

为提供可比较数据，推荐在对数坐标上按平均分布设定表观剪切速率或流动速率，每个数量级上应至少取三点。

注：只有满足了设想条件，其中之一就是柱塞和料筒间泄漏量足够少的要求，才能符合由柱塞喂料速率确定体积流动速率而规定的最大允许误差。经验表明，若料筒与柱塞间的间隙不超过 0.045mm，则能够达到目的（见 5.1.4）。

6 取样

从试验材料中选择有代表性的样品作为试样。

7 试验条件

推荐测定高密度聚乙烯非牛顿指数（*NNI*）的试验条件见表 2。

表 2 测定高密度聚乙烯非牛顿指数（*NNI*）的试验条件

<table>
<tr><td rowspan="3">条件
（字母代号）</td><td rowspan="3">熔体质量流动速率
（190℃/2.16kg）
g/10min</td><td rowspan="3">试验温度
℃</td><td colspan="3">单筒毛细管流变仪</td><td colspan="4">双筒毛细管流变仪</td></tr>
<tr><td colspan="3">毛细管口模尺寸</td><td colspan="4">毛细管口模尺寸</td></tr>
<tr><td>直径
mm</td><td>长径比</td><td>入口角
（°）</td><td>直径
mm</td><td colspan="2">长径比</td><td>入口角
（°）</td></tr>
<tr><td>A</td><td>MFR>0.1</td><td>190</td><td>1</td><td>30</td><td>180</td><td>1</td><td colspan="2">30</td><td>180</td></tr>
<tr><td>B</td><td>MFR>0.1</td><td>190</td><td colspan="3">—</td><td>1</td><td>16</td><td>0.25</td><td>180</td></tr>
<tr><td>C</td><td>MFR≤0.1</td><td>250</td><td>2</td><td>≥16</td><td>180</td><td>2</td><td colspan="2">≥16</td><td>180</td></tr>
<tr><td colspan="10">注：对于配备英制尺寸毛细管口模的仪器，可使用与表中规定尺寸较接近的口模。</td></tr>
</table>

8 操作步骤

8.1 试验前，确保料筒、必要时压力传感器的插入孔、柱塞和毛细管口模上无粘附异物，目视检查其清洁度。

8.2 如果用溶剂清洗，确保其对料筒、柱塞、毛细管口模不会造成可影响试验结果的污染。

8.3 经证明，用铜锌合金（黄铜）圆刷子或亚麻布可达到满意的清洗目的。而当测试聚乙烯和聚丙烯材料时，使用含铜的材料可能加速聚合物的降解。清洗也能用小心烧净的方式进行。用石墨涂在螺纹上，试验后容易松开。

8.4 根据要求安装口模、设定试验条件，开始升温。

8.5 装料之前，令所有装配部件均达到热平衡，同时平衡压力传感器或力传感器（测柱塞力的方式）。

8.6 将样品少量分次加入料筒，立即用柱塞压实以防止带入空气。装料至离料筒顶部约 12.5mm，并在 2min 内完成。

8.7 加料后立即开始预热计时，在恒压下挤出小部分的筒料，或在恒流动速率下挤出至有明显压力或负荷，然后停止挤出或流动。除非相关标准另有规定，至少预热 5min。检查所用预热时间能否使整筒试样充分达到热平衡，在恒定的试验条件下，对每种试验材料确保增加预热时间测量值（体积流动速率或试验压力）变化不超过±5%；或者将温度计插到料筒内的试样中，在规定的预热时间内，确保试样的温度不超过表 1 规定的与距离相关的允差范围。然后挤出少量试样，停止柱塞移动，1min 后进行测量。

8.8 对于未知的材料，应先做预试验，确保在所设定的试验条件线下（柱塞的速度或剪切速率），能够得到覆盖规定的两个表观剪切应力的流变曲线。对于熔体流动速率较小的样品，如果熔体在表观剪切应力低于 24×10^4Pa 时已发生破裂，应确定临界剪切应力（参见 GB/T25278—2010）。

8.9 在规定的两个表观剪切应力范围内测定 8~9 组体积流动的速率和试验压力的数据，通常按一定程序改变柱塞的速度或剪切速率，以降速或升速方式进行试验。每次测量都要给出一段时间，待试验压力或体积流速变为恒定（±3%以内）。

8.10 试验结束后挤出余料，卸下口模，并用专用清洗工具和干净的纱布清洗柱塞杆、料筒和毛细管口模。

8.11 保存试验数据，并进行计算或数据处理。

9 结果表示

9.1 体积流动速率

$$Q = Av \qquad (1)$$

式中：

Q——体积流动速率，单位为立方毫米每秒（mm^3/s）；

A——柱塞的横截面积，单位为平方毫米（mm^2）；

v——柱塞的下降速度，单位为毫米每秒（mm/s）。

9.2 表观剪切速率

$$\dot{\gamma}_{ap} = \frac{32Q}{\pi D^3} \qquad (2)$$

式中：

$\dot{\gamma}_{ap}$——表观剪切速率，单位为每秒（s^{-1}）；

Q——体积流动速率，单位为立方毫米每秒（mm^3/s）；

D——毛细管口模直径，单位为毫米（mm）。

9.3 表观剪切应力

$$\tau_{ap} = \frac{pD}{4L} \quad \cdots\cdots (3)$$

式中：

τ_{ap}——表观剪切应力，单位为帕斯卡（Pa）；

p——试验压力，单位为帕斯卡（Pa）；

D——毛细管口模直径，单位为毫米（mm）；

L——毛细管口模长度，单位为毫米（mm）。

9.4 $\dot{\gamma}_{ap1}$和$\dot{\gamma}_{ap2}$的求取

根据不同的体积流动速率（Q），得到不同的表观剪切速度（$\dot{\gamma}_{ap}$）；由测得的相应试验压力得到不同的表观剪切应力（τ_{ap}），从而绘制τ_{ap}与$\dot{\gamma}_{ap}$的关系曲线。$\dot{\gamma}_{ap1}$和$\dot{\gamma}_{ap2}$的求取可选择图示法或回归法。

9.4.1 图示法

在τ_{ap}和$\dot{\gamma}_{ap}$的双对数关系曲线上读取τ_{ap1}和τ_{ap2}对应的$\dot{\gamma}_{ap1}$和$\dot{\gamma}_{ap2}$的值。

9.4.2 回归法

对τ_{ap}和$\dot{\gamma}_{ap}$的双对数关系曲线进行线性回归，一般在计算机上进行计算，设定τ_{ap1}和τ_{ap2}得到对应的$\dot{\gamma}_{ap1}$和$\dot{\gamma}_{ap2}$值

9.5 非牛顿指数（*NNI*）的计算

通常情况下，τ_{ap1}为4×10^4Pa，τ_{ap2}为24×10^4Pa，由9.4.1或9.4.2可以得到τ_{ap1}和τ_{ap2}对应的$\dot{\gamma}_{ap1}$和$\dot{\gamma}_{ap2}$值，则非牛顿指数（*NNI*）的计算见式（4），试验结果保留三位有效数字。

$$NNI = \frac{\dot{\gamma}_{ap2}}{\dot{\gamma}_{ap1}} \quad \cdots\cdots (4)$$

对于熔体质量流动速率不大于0.1g/10min（190℃，2.16kg）的高密度聚乙烯材料，发生熔体破裂时的表观剪切应力值可能低于24×10^4Pa，此时得到的非牛顿指数（*NNI*）结果无意义，因此τ_{ap2}可取临界剪切应力的95%。当所用的表观剪切应力不同于4×10^4Pa和24×10^4Pa时，应报告表观剪切应力范围。

10 精密度

因未获得实验室间数据，本试验方法的精密度尚不可知。待得到实验室间数据后，将在下次修订中增加有关精密度的内容。

11 试验报告

试验报告应包括以下内容：

a）注明采用本标准；

b）试样的形状、牌号和批号；

c）流变仪的类型及料筒直径；

d）毛细管口模的直径 D、长度 L 以及入口角；

e）柱塞的运行方式；

f）当报告结果所用的表观剪切应力不同于 4×10^4Pa 和 24×10^4Pa 时，应报告表观剪切应力范围；

g）如果有可能进行目测，报告挤出物表面发生任何变化（如熔体破裂、挤出畸变）时的试验条件，这些变化可能与临界剪切应力相关，在试验报告中记做临界剪切应力的“目测”值；

h）试验过程中的异常情况；

i）试验人员和试验日期。

ICS 83.080.20
G 31

SH

中华人民共和国石油化工行业标准

SH/T 1774—2012

塑料　聚丙烯等规指数的测定 低分辨率脉冲核磁共振法

Plastics—Determination of isotactic index for polypropylene —Low resolution pulsed NMR spectroscopy

2012-11-07 发布　　2013-03-01 实施

中华人民共和国工业和信息化部　发布

前　　言

本标准按照 GB/T 1.1—2009 给出的规则起草。

本标准由中国石油化工集团公司提出。

本标准由全国塑料标准化技术委员会石化塑料树脂产品分技术委员会（SAC/TC15/SC1）归口。

本标准负责起草单位：中国石油天然气股份有限公司兰州石化分公司。

本标准参加起草单位：中国石油化工股份有限公司扬子石化公司、中国石油天然气股份有限公司石油化工研究院、中国石油化工股份有限公司北京燕山分公司质量监督检验中心。

本标准主要起草人：崔文峰、郝军、王小为、徐元德、吴世斌、义建军、王莉、时安敏、李月霞。

本标准为首次发布。

塑料　聚丙烯等规指数的测定 低分辨率脉冲核磁共振法

1　范围

本标准规定了用低分辨率脉冲核磁共振法测定均聚聚丙烯（PP-H）等规指数的方法。

本标准适用于均聚聚丙烯粉料和粒料等规指数的测定。

2　规范性引用文件

下列文件对于本文件的应用是必不可少的。凡是注日期的引用文件，仅所注日期的版本适用于本文件。凡是不注日期的引用文件，其最新版本（包括所有的修改单）适用于本文件。

GB/T 2412—2008　塑料　聚丙烯（PP）和丙烯共聚物热塑性塑料等规指数的测定

GB/T 6379.2—2004　测量方法与结果的准确度（正确度和精密度）　第2部分：确定标准测量方法重复性与再现性的基本方法

3　术语和定义

下列术语和定义适用于本文件。

3.1

自由感应衰减　**free induction decay（FID）**

受激发的核种对磁共振频谱仪射频线圈造成感应电流而产生信号，并且因发生驰豫而使信号强度逐渐衰减至零，这种逐渐衰减的信号形式称为自由感应衰减。

4　原理

样品处于磁场中，样品质子被磁化并产生一个磁化矢量，磁化矢量的大小与质子的数量成正比。给磁化矢量外加一个短而强的90°射频脉冲，会产生核磁共振现象，将磁化矢量激发旋转到与主磁场垂直的方向，激发旋转后的磁化矢量随后发生自由感应衰减（3.1）。该方法是基于样品中不同空间立构度质子在自由感应衰减过程中弛豫时间的不同，即排列规整的部分（等规部分）衰减快，更快地到达平衡状态，而排列不规整的部分（无规部分）衰减慢。通过比较两个特征时间点上衰减信号，得到样品的核磁响应值，该响应值与聚丙烯等规指数呈线性关系。建立核磁响应值与化学萃取法等规指数的线性关系曲线后，计算得到聚丙烯样品的等规指数值。

5　仪器

5.1　低分辨率脉冲核磁共振谱仪

a）工作频率：18MHz~25MHz；

b）探头类型：绝对探头或相对探头；

c）磁体和探头的温度：根据仪器的具体要求设定，控制精度为±0.01℃。

注1：也可使用满足本标准测试精度要求的其他低分辨率脉冲核磁共振谱仪。

注2：低分辨率脉冲核磁共振谱仪又称时域核磁共振谱仪、台式核磁共振谱仪，也称为小核磁。

5.2 样品管

由不含氢原子的非导磁材料制作，如玻璃、聚四氟乙烯等。

5.3 铝块

带有样品管插孔，孔内径满足样品管（5.2）尺寸要求。

5.4 真空干燥箱

可保持温度在105℃±5℃，余压不大于25kPa。

5.5 恒温装置

温控范围为室温至80℃，控制精度为±0.1℃。

5.6 筛子

孔径分别为0.3mm和0.6mm，各一个。

5.7 天平

精度为0.1mg。

6 试样制备

6.1 粉料样品用筛子（5.6）进行筛分，选取直径为0.3mm~0.6 mm的粒子作为粉料试样。粒料试样不进行筛分。

6.2 取至少满足两次平行测定所需的试样（6.1），置于真空干燥箱（5.4）内，保持余压不大于25 kPa，在105℃±5℃下干燥30min。然后将试样置于干燥器中，在室温下冷却至不高于探头温度。

6.3 将经过干燥的适量试样迅速装入洁净的样品管（5.2），立刻密封，防止样品水分的变化。然后将装有仪器规定样品量的样品管插入已在恒温装置（5.5）中预热的铝块（5.3）插孔中，预热30min。预热温度与探头温度保持一致。

若仪器配置为绝对探头，试样装入量要恰好填满探头线圈，样品量需要准确定量（精确至1mg）；若仪器配置为相对探头，试样装入量需至少填满探头线圈，无需准确定量。

7 操作步骤

7.1 绘制工作曲线

7.1.1 各实验室应选择至少5个具有不同等规指数值的系列聚丙烯样品。所选择的聚丙烯样品应涵盖日常等规指数测定范围，等规指数的分布应尽可能均匀，按照GB/T 2412—2008的规定，独立测定系列聚丙烯样品的化学萃取法等规指数。

7.1.2 按照第6章的要求对系列聚丙烯样品进行试样制备，将装有试样的样品管快速从恒温装置转入核磁共振仪探头内，待样品温度与探头温度一致并稳定，测定系列聚丙烯样品的核磁共振信号，每个样品平行测定三次，取三次测定的平均值。绘制工作曲线和样品测试均要求在同一磁体温度和探头温度下进行。

7.1.3 若仪器配置为绝对探头，用化学萃取法测得的等规指数值对核磁共振法测得的信号强度与相应的样品质量之比进行线性回归，形成工作曲线。若仪器配置为相对探头，用化学萃取法测得的等规指数值对核磁共振法测得的信号比率进行线性回归，形成工作曲线。不同状态（粉料或粒料）的样品应分别建立工作曲线。

7.1.4 当生产工艺发生变化（如聚合工艺发生变化或更换催化剂等），或与化学萃取法测定结果差值大于0.2%时，需要重新绘制工作曲线。

7.2 样品测定

7.2.1 按照第6章的要求对待测样品进行试样制备及其他相关试验准备工作。

7.2.2 将装有试样的样品管快速放入核磁共振仪探头内，待样品温度与探头温度一致并稳定后进行试样的测试。

7.2.3 每个试样进行两次平行测定，两次测试结果的绝对值之差不大于0.2%（质量分数）。如果两次测定结果之差大于0.2%（质量分数），则另取两个样品重新测定。

8 结果计算

测试结果以两次平行测定结果的算术平均值表示，结果修约至小数点后一位。

9 精密度

9.1 聚丙烯材料（颗粒状）

9.1.1 本标准给出了两种聚丙烯材料（颗粒状）在7个实验室测定的精密度，见表1。

注：本方法的精密度按GB/T 6379.2—2004进行计算，用r和R表示。表1中的数据只是有限的试验的结果，并不能代表所有聚丙烯材料（颗粒状），不能将其视为接收或拒收的依据。

表1 低分辨率脉冲核磁共振法测试聚丙烯材料（颗粒状）等规指数的精密度

材料	特征参数 熔体质量流动速率 g/10 min	等规指数平均值 %	重复性标准差 S_r	再现性标准差 S_R	重复性限 r	再现性限 R
1	2.4	95.94	0.059	0.527	0.168	1.491
2	7.6	97.76	0.070	0.123	0.197	0.347

9.1.2 重复性限（r）——在重复性试验条件下（即由同一个操作者、在同一天、用同一台设备对相同材料进行的两次测试结果进行比较）所得两次测试结果，如果两值之差大于r值，则认为两个结果不一致。其中，$r=2.8S_r$。

9.1.3 再现性限（R）——在再现性试验条件下（即由不同的操作者、用不同的设备、在不同的实验室对相同材料进行的两次测试结果进行比较）所得两次测试结果，如果两值之差大于R值，则认为两个结果不一致。其中，$R=2.8S_R$。

9.1.4 任何重复性和再现性的判定都有接近95%的置信概率。

9.2 聚丙烯材料（粉末状）

因为尚未获得聚丙烯材料（粉末状）的实验室间的数据，所以无法得知聚丙烯材料（粉末状）的试验方法精密度，当获得这些实验室间数据后，在下次修订中将增加聚丙烯材料（粉末状）的试验方法精密度的说明。

10 试验报告

试验报告应包括以下内容：

a）注明使用本标准；

b）试验日期和试验人员；

c）试验样品的完整标识；

d）试验仪器型号、仪器参数；

e）与规定的分析步骤的差异；

f）在试验中观察到的异常现象；

g）试验结果。

ICS 83.080.20
G 31

SH

中华人民共和国石油化工行业标准

SH/T 1775—2012

塑料　线型低密度聚乙烯(PE-LLD)组成的定量分析　碳-13核磁共振波谱法

Plastics—Determination of linear low density polyethylene (PE-LLD) composition—Carbon-13 nuclear magnetic resonance

2012-11-07 发布　　2013-03-01 实施

中华人民共和国工业和信息化部　发布

前　言

本标准按照 GB/T 1.1—2009 给出的规则起草。

本标准使用重新起草法修改采用 ASTM D5017—1996（2009）$^{\varepsilon 1}$《碳-13 核磁共振波谱法测定线型低密度聚乙烯（PE-LLD）组成的试验方法》（英文版）。

本标准与 ASTM D5017-1996（2009）$^{\varepsilon 1}$的主要差异如下：

a）增加了标准的前言；

b）增加了警告；

c）删除了 ASTM D5017-1996（2009）$^{\varepsilon 1}$引用的 ASTM 标准，修改为国内的相关标准（第 2 章）；

d）仪器增加了 ϕ5 mm 样品管、天平和恒温浴（见 5.2、5.3 和 5.4）；

e）推荐采用单一氘代邻二氯苯（第 6 章）

f）推荐采用试验温度 120 ℃（见第 7 章 c）；

g）推荐采用样品浓度质量体积比 15%，并增加了用 ϕ5 mm 样品管时的试样制备（见 8.1）；

h）推荐采用恒温浴温度 140 ℃（见 8.2）；

i）增加我国精密度数据，将 ASTM D5017-1996（2009）$^{\varepsilon 1}$的精密度作为本标准的资料性附录 C（第 10 章）；

j）增加了试验报告（第 11 章）。

请注意本文件的某些内容可能涉及专利。本文件的发布机构不承担识别这些专利的责任。

本标准由中国石油化工集团公司提出。

本标准由全国塑料标准化技术委员会石化塑料树脂产品分会技术委员会（SAC/TC15/SC1）归口。

本标准负责起草单位：中国石油化工股份有限公司北京燕山分公司树脂应用研究所。

本标准参加起草单位：中国石油化工股份有限公司北京化工研究院、中国石油天然气股份有限公司石油化工研究院、中国科学技术大学微尺度物质科学国家实验室理化科学中心、河北工业大学化工学院。

本标准主要起草人：王灵肖、侯莉萍、魏静、吴春红、卜少华、田炳全、义建军、朱清仁、张惠欣、王莉、王足远。

本标准为首次发布。

塑料　线型低密度聚乙烯（PE-LLD）组成的定量分析　碳-13核磁共振波谱法

警告：本标准的使用者应熟知所采用的实验室规范。本标准的溶解处理必须在通风橱里进行。本标准没有声明所有的安全因素，如果还有，要综合考虑。本标准的使用者有责任在使用前建立适当的保障人身安全的措施并确定这些规章制度的适用性。

1　范围

本标准规定了用碳-13核磁共振波谱法对乙烯和α-烯烃单体共聚线型低密度聚乙烯（PE-LLD）的组成进行定量的分析方法，第二单体包括丙烯、1-丁烯、1-己烯、1-辛烯和4-甲基-1-戊烯等。

本标准适用于包含EEXEE、EXEXE、EXXE、EXXXE和EEE多单元组序列结构的PE-LLD（E表示乙烯，X表示α-烯烃）。

本标准不适用于含有较多α-烯烃（如长于XXX）嵌段的PE-LLD。

2　规范性引用文件

下列文件对于本文件的应用是必不可少的。凡是注日期的引用文件，仅所注日期的版本适用于本文件。凡是不注日期的引用文件，其最新版（包括所有的修改单）适用于本文件。

GB/T 6379.2—2004 测量方法与结果的准确度（正确度和精密度）第2部分：确定标准测量方法重复性与再现性的基本方法。

JY/T 007—1996　超导脉冲傅里叶变换核磁共振谱方法通则。

3　术语和定义

JY/T 007—1996界定的以及下列规定适用于本标准。

3.1

共聚单体及支链碳标记　**designation of monomer and branch carbons**

主链次甲基碳标记为CH，不同共聚单体及其支链类型对支链碳做的标记见表1，各支链上碳的序号从该支链末端甲基开始，由近及远依次标记为1、2、3……。

3.2

主链亚甲基碳标记　**designation of backbone methylene carbons**

主链亚甲基碳标记由其与主链CH的相对位置决定，两者之间的距离由近及远，依次标记为α、β、γ……；每个方向都用一个独立的字母进行定位与标记，即：一个完整的主链亚甲基碳需用一对希腊字母表示[1]。如α，α表示该亚甲基碳介于两个次甲基碳之间，并与它们直接相连；α，δ^{+}则表示该亚甲基碳一侧直接与CH邻接，而另一侧与CH间隔四个碳键以上。

表 1　不同共聚单体及其支链碳的标记

共聚单体及缩略符号		支链类型	支链碳标记
丙烯	P	甲基	M1
1-丁烯	B	乙基	E1~E2
1-己烯	H	丁基	B1~B4
1-辛烯	O	己基	H1~H6
4-甲基-1-戊烯	MP	异丁基	IB1~IB3

4　方法提要

4.1　将 PE-LLD 高温溶解在适宜的溶剂中，在高温下用碳-13 核磁共振波谱仪分析。

4.2　在一定的参数条件下，记录谱图，分析不同共聚单体产生响应的化学位移以及积分面积值来确定 PE-LLD 的构成。

5　仪器

5.1　核磁共振波谱仪（NMR）

超导脉冲傅里叶变换核磁共振谱仪，磁场强度至少 2.35 T。

5.2　样品管

外径 ϕ10 mm，ϕ5 mm。

5.3　天平

称量精度为 1 mg。

5.4　恒温浴

温度控制在 140 ℃±2 ℃。

6　试剂

氘代邻二氯苯，分析级。

注：可使用分析级邻二氯苯或 1,2,4-三氯苯，加入质量分数 20%分析级氘代邻二氯苯或氘代对二氯苯混合试剂。

7　仪器参数

按以下参数设置仪器参数：

a）脉冲角度：90°；

b）脉冲间隔时间：10 s；

c）试验温度：120 ℃，准确的温度宜用 NMR 温度标准样品来测量；

注：试验温度可根据样品实际情况在 120 ℃~130 ℃范围内选择。

d）最小信噪比：5000：1；

注：对特定目标样标准谱图，其信噪比定义以 30.0 ppm（孤立亚甲基）位置峰信号强度除以化学位移 50 ppm～70 ppm 范围内噪音峰值的 2.5 倍，信噪比计算允许使用相应的软件程序。

e）扫描宽度：175 ppm；

f）射频频率（F_1）：50 ppm～55 ppm；

g）窗函数（指数函数）线增宽因子：2 Hz；

h）脉冲宽度：小于 P 值，按式（1）计算 P 值；

$$P=\frac{1}{4w} \tag{1}$$

式中：

P——脉冲宽度，s；

w——扫描宽度，Hz；

i）去偶方式：质子全去偶。

注：用于定量分析计算的各类碳的欧沃豪斯效应在文献[2],[3],[4]中有充分的讨论。

8 试验步骤

8.1 称取 375 mg 样品于 ϕ10 mm 样品管（5.2）中，加入 2.5 mL 试剂（6）或称量 75 mg 样品于 ϕ5 mm 样品管（5.2）中，加入 0.5 mL 试剂（6），样品浓度质量体积比达 15%。

注：只要能满足第 7 章 d）所要求的最小信噪比，样品浓度可以根据仪器磁场强度的不同而有所变化。

8.2 将加入试样的样品管置于 140 ℃±2 ℃恒温浴内 3 h～4 h，使溶液分散均匀。在受热过程中保持样品管垂直。

8.3 按第 7 章设置仪器参数。

8.4 将制备好的样品管放入核磁共振波谱仪，在试验温度下稳定 10 min～15 min。

8.5 记录图谱，将 5 ppm～50 ppm 范围内谱峰准确积分。

8.6 每份试样按步骤（8.1）～（8.5）进行两次平行测定。

注：如果增加样品的试验次数，且获得第 7 章 d）要求的信噪比，样品处理和信号采集过程将导致试验时间过长，因此本标准进行单次试验得到结果也是可以接受。

9 结果计算

9.1 按附录 A 第 A.1 章进行适当区域积分。

9.2 按附录 A 第 A.2 章公式，代入相应的积分值，计算 α-烯烃的摩尔分数。

9.3 附录 A 第 A.3 章是按 9.1 和 9.2 进行积分和公式计算乙烯-1-辛烯共聚物共聚单体摩尔分数及每 1000 个碳所含支链数的示例。

注：应用规定脉冲间隔时间（10 s）和脉冲角度（90°），用于定量分析的各类碳允许的最大弛豫时间（T_1）是 2 s。为了缩短分析时间，如果考虑弛豫时间的差异，可以缩短脉冲间隔时间，参见附录 B。

9.4 如有要求，可以按附录 A 第 A.4 章公式由 α-烯烃的摩尔分数计算每 1000 个碳所含支链数（N_{br}）。

9.5 测试结果为两次平行测定结果的算术平均值，以百分数表示，结果修约至小数点后一位。

10 精密度

10.1 本标准给出了 2 种 PE-LLD 材料在 8 个实验室测定的精密度，见表 2。每种 PE-LLD 材料均使用同一厂商 400 MHz 核磁共振波谱仪进行试验。每种材料进行 2 组平行试验。

注 1：本方法的精密度按 GB/T 6379.2—2004 进行计算，用 r 和 R 表示。表 4 中数据只是有限的试验结果，并不能覆盖所有材料、批号、试验条件及实验室，因此，严格地说，不能将其视为判别接收或拒收的依据。

注 2：ASTM D5017-1996（2009）$^{\varepsilon 1}$ 的精密度见附录 C。

表 2　PE-LLD 碳-13 核磁共振波谱分析共聚单体摩尔分数的精密度

材料	特征参数		共聚单体	平均值 %	重复性标准差 S_r	再现性标准差 S_R	重复性限 r	再现性限 R
	MFR g/10min	密度 g/cm^3						
1#	2.0	0.920	1-丁烯	4.39	0.07	0.09	0.20	0.26
2#	2.4	0.923	1-己烯	3.53	0.04	0.05	0.12	0.14

10.2　重复性限（r）——在重复性试验条件下（即：由同一个操作者、在同一天、用同一台设备对相同材料进行的两次测试）所得两次测试结果，如果两值之差大于 r 值，则认为两个结果不一致。其中，$r=2.8\ S_r$

10.3　再现性限（R）——在再现性试验条件下（即：由不同的操作者、用不同的设备、在不同的实验室对相同材料进行的两次测试）所得两次测试结果，如果两值之差大于 R 值，则认为两个结果不一致。其中，$R=2.8\ S_R$

10.4　任何重复性和再现性的判定都有接近 95% 的置信概率。

11　试验报告

试验报告应包括以下内容：

a）注明使用本标准；

b）试验日期和试验人员；

c）试验样品的完整标识；

d）试验仪器型号、探头直径、仪器参数；

e）试验试剂；

f）样品浓度；

g）测试结果（必要时，附图）。

附 录 A
（规范性附录）
不同共聚单体线型低密度聚乙烯（PE-LLD）积分区域及单体含量计算公式

A.1 PE-LLD 适当的积分区域

PE-LLD 适当的积分区域见表 A.1。

表 A.1 PE-LLD 适当的积分区域

共聚物	积分面积	区域 ppm
乙烯-丙烯	A	47.5～44.5
	B	39.8～36.8
	C	35.5～32.5
	$C+D+E$	35.5～25.8
	F	25.8～23.8
	G	22.5～18.5
	H	约 21.6
乙烯-1-丁烯	A	41.5～38.5
	A'	约 39.4
	B	37.8～36.8
	C	36.0～33.2
	$D+E$	33.2～25.5
	F	25.2～24.0
乙烯-1-己烯	A	41.5～40.5
	B	40.5～39.5
	C	39.5～37.0
	D	约 35.8
	$D+E$	36.8～33.2
	$F+G$	33.2～25.5
	G	28.5～26.5
	H	24.9～24.1
乙烯-1-辛烯	A	41.5～40.5
	B	40.5～39.5
	C	39.5～37.0
	D	约 35.8
	$D+E$	36.8～33.2
	$F+G+H$	33.2～25.5
	H	28.5～26.5
	I	25.0～24.0
	P	24.0～22.0

表 A.1　PE-LLD 适当的积分区域（续）

共聚物	积分面积	区域 ppm
4-甲基-1-戊烯	A	46.5~43.5
	B	43.0~41.8
	C	41.8~40.5
	D	37.5~34.2
	E	约 33.7
	$F+G$	33.2~25.2
	G	28.0~25.2
	H	约 24.1

A.2　共聚单体组分摩尔分数的计算

以下计算共聚单体组分摩尔分数的公式中 A、A'、C、D、E、F、G、H、I 各符号分别对应表 A.1 中相应的共聚单体的各区域积分面积。

A.2.1　乙烯-丙烯共聚物

A.2.1.1　丙烯的量（摩尔数）

用 α-碳计算丙烯的量（摩尔数）P_1：

$$P_1 = \frac{2A + B}{2} \tag{A.1}$$

用 CH 碳计算丙烯的量（摩尔数）P_2：

$$P_2 = 2A + C - H \tag{A.2}$$

丙烯的平均量（摩尔数）P'：

$$P' = \frac{P_1 + P_2}{2} \tag{A.3}$$

A.2.1.2　乙烯的量（摩尔数）

$$E' = \frac{C + D + E + F - A}{2} \tag{A.4}$$

A.2.1.3　丙烯摩尔分数 P

$$P = \frac{P'}{P' + E'} \times 100\% \tag{A.5}$$

A.2.2　乙烯-1-丁烯共聚物

A.2.2.1　1-丁烯的量（摩尔数）

用 α-碳计算 1-丁烯的量（摩尔数）B_1：

$$B_1 = \frac{2A + B}{2} \tag{A.6}$$

用 CH 碳计算 1-丁烯的量（摩尔数）B_2：

$$B_2 = \frac{A' + 2C + 2B}{4} \tag{A.7}$$

1-丁烯的平均量（摩尔数）B'：

$$B' = \frac{B_1 + B_2}{2} \tag{A.8}$$

A.2.2.2　乙烯的量（摩尔数）

$$E' = \frac{2D + 2E + 2F - A' - B}{4} \tag{A.9}$$

A.2.2.3　1-丁烯摩尔分数 B

$$B = \frac{B'}{B' + E'} \times 100\% \tag{A.10}$$

A.2.3　乙烯-1-己烯共聚物

A.2.3.1　1-己烯的量（摩尔数）

用 α-碳计算 1-己烯的量（摩尔数）H_1：

$$H_1 = \frac{1.5A + 2B + (D + E) - D}{3} \tag{A.11}$$

用 CH 碳计算 1-己烯的量（摩尔数）H_2：

$$H_2 = \frac{A + 2C + 2D}{2} \tag{A.12}$$

1-己烯的平均量（摩尔数）H'：

$$H' = \frac{H_1 + H_2}{2} \tag{A.13}$$

A.2.3.2　乙烯的量（摩尔数）

$$E' = \frac{(F + G) - 3A - 3B - G - H}{2} + H' \tag{A.14}$$

A.2.3.3　1-己烯摩尔分数 H

$$H = \frac{H'}{H' + E'} \times 100\% \tag{A.15}$$

A.2.4　乙烯-1-辛烯共聚物

A.2.4.1　1-辛烯的量（摩尔数）

用 α-碳计算 1-辛烯的量（摩尔数）O_1：

$$O_1 = \frac{A + 2C + 2D}{2} \tag{A.16}$$

用 CH 碳计算 1-辛烯的量（摩尔数）O_2：

$$O_2 = \frac{1.5A + 2B + (D + E) - D}{3} \tag{A.17}$$

1-辛烯的平均量（摩尔数）O'：

$$O' = \frac{O_1 + O_2}{2} \tag{A.18}$$

A.2.4.2 乙烯的量（摩尔数）

$$E' = \frac{(F + G + H) - (3A + 3B + H + P + I)}{2} + O' \tag{A.19}$$

A.2.4.3 1-辛烯摩尔分数 O

$$O = \frac{O'}{O' + E'} \times 100\% \tag{A.20}$$

A.2.5 4-甲基-1-戊烯共聚物

A.2.5.1 4-甲基-1-戊烯

用 α-碳和 CH 碳计算 4-甲基-1-戊烯的量（摩尔数）MP_1：

$$MP_1 = \frac{2B + C + D + 1.5E}{3} \tag{A.21}$$

用 CH_2碳计算 4-甲基-1-戊烯的量（摩尔数）MP_2：

$$MP_2 = A \tag{A.22}$$

4-甲基-1-戊烯的平均量（摩尔数）MP'：

$$MP' = \frac{MP_1 + MP_2}{2} \tag{A.23}$$

A.2.5.2 乙烯的量（摩尔数）

$$E' = \frac{(F + G) - (2B + 1.5E + G + H)}{2} + 1.5MP' \tag{A.24}$$

A.2.5.3 4-甲基-1-戊烯摩尔分数 MP

$$MP = \frac{MP'}{MP' + E'} \times 100\% \tag{A.25}$$

A.3 乙烯-1-辛烯共聚物计算示例

乙烯-1-辛烯共聚物计算见表 A.2。

表 A.2 乙烯-1-辛烯共聚物计算

面积	积分[a]
A	0.0
B	0.2
C	8.1
D	0.6
$D+E$	26.8
$F+G+H$	343.6
H	24.8
I	0.6
P	7.9
[a]试验采用 90°脉冲角度，10 s 脉冲间隔时间。	

用 α-碳计算 1-辛烯的量（摩尔数）：

$$O_1=\frac{A+2C+2D}{2}=\frac{0.0+16.2+1.2}{2}=8.70$$

用 CH 碳计算 1-辛烯的量（摩尔数）：

$$O_2=\frac{1.5A+2B+(D+E)-D}{3}=\frac{0.0+0.4+26.8-0.6}{3}=8.87$$

1-辛烯的平均量（摩尔数）：

$$O'=\frac{O_1+O_2}{2}=\frac{8.70+8.87}{2}=8.78$$

乙烯的量（摩尔数）：

$$E'=\frac{(F+G+H)-(3B+3A+H+P+I)}{2}+O'$$

$$=\frac{343.6-(0.0+0.6+24.8+7.9+0.0)}{2}+8.87=163.93$$

1-辛烯摩尔分数：

$$O=\frac{1000O'}{O'+E'}=\frac{878.0}{8.78+163.93}=5.08$$

每 1000 个碳所含支链数：

$$N_{br}=\frac{1000O}{2E+8O}=\frac{1000\times5.08}{2\times94.92+8\times5.08}=22.04$$

A.4 由 α-烯烃摩尔分数转换成每 1000 个碳所含支链数

$$N_{br}=\frac{1000X}{2E+nX} \tag{A.26}$$

式中：

N_{br}——每 1000 个碳所含支链数；

X——α-烯烃摩尔分数；

E——乙烯摩尔分数；

n——α-烯烃碳原子数。

附 录 B
（规范性附录）
弛豫时间及校正因子

B.1 弛豫时间及校正因子的说明

表 B.1～B.5 列出了五种 PE-LLD 各类碳的弛豫时间（T_1）以及采用 4 s 脉冲间隔时间时的校正因子（与磁场强度相关）。五种 PE-LLD 各类碳的弛豫时间（T_1）是应用反转恢复的方法在 50MHz 碳谱下所测得的[5]、[6]。若采用缩短脉冲间隔时间试验，在应用附录 A 第 A.2 章公式时，积分值应乘以校正因子。在使用碳核磁共振频率不是 50MHz 的核磁共振波谱仪时，T_1的值应实际测量。

注：表 B.1～B.5 校正因子是采用 90°脉冲角度，4 s 脉冲间隔时间试验时的校正因子，化学位移是以孤立亚甲基碳峰化学位移为 30.0 ppm 作参考。

B.2 弛豫时间及校正因子

表 B.1 乙烯-丙烯共聚物

特征峰组	化学位移	EEXEE		EEXEXEE		EEXXEE		EEXXXEE		T_1	校正因子
	ppm	类型	碳个数	类型	碳个数	类型	碳个数	类型	碳个数	s	
A	约 45.5	—	—	—	—	$\alpha\alpha$	1	$\alpha\alpha\gamma$	2	1.38	1.06
B	约 37.5～37.9	α	2	α，$\alpha\gamma$	4	$\alpha\gamma$	2	$\alpha\gamma$	2	1.38	1.06
C	33.2	CH	1	CH	2	—	—	—	—	2.14	1.18
D	30.4～31.5	γ	2	γ	2	$CH_{\beta,\gamma}$	4	$CH_{\beta,\gamma}$	4	1.56	1.08
	30	δ，δ	3	δ，δ	3	δ，δ	3	δ，δ	3	1.64	1.10
	约 28	—	—	—	—	—	—	$CH_{\beta\beta}$	1	2.14	1.18
E	27.4	β	2	β	2	β	2	β	2	1.54	1.08
F	24.8	—	—	$\beta\beta$	1	—	—	—	—	1.54	1.08
G	20.0～21.6	M1	1	M1	2	M1	2	M1	3	2.96	1.35

表 B.2 乙烯-1-丁烯共聚物

特征峰组	化学位移	EEXEE		EEXEXEE		EEXXEE		EEXXXEE		T_1	校正因子
	ppm	类型	碳个数	类型	碳个数	类型	碳个数	类型	碳个数	s	
A	39.0~39.6	CH	1	CH	2	$\alpha\alpha$	2	—	—	1.91	1.14
A′	约39.4	—	—	—	—	—		$\alpha\alpha\gamma$	2	1.23	1.04
B	约37.2	—	—	—	—	CH_{β}	2	CH_{β}	2	1.91	1.14
C	34~35	α	2	α，$\alpha\gamma$	4	$\alpha\gamma$	2	$CH_{\beta\beta,\alpha\gamma}$	3	1.23	1.04
D	30.4	γ	2	γ	2	γ	2	γ	2	1.51	1.08
	30	δ，δ	3	δ，δ	3	δ，δ	3	δ，δ	3	1.64	1.09
E	27.3	β	2	β	2	β	2	β	2	1.46	1.07
	26.7	E2	1	E2	2	E2	2	E2	3	1.56	1.08
F	24.6	—	—	$\beta\beta$	1	—	—	—	—	1.46	1.07

表 B.3 乙烯-1-己烯共聚物

特征峰组	化学位移	EEXEE		EEXEXEE		EEXXEE		EEXXXEE		T_1	校正因子
	ppm	类型	碳个数	类型	碳个数	类型	碳个数	类型	碳个数	s	
A	约40.8	—	—	—	—	—	—	$\alpha\alpha\gamma$	2	0.96	1.02
B	约40.2	—	—	—	—	$\alpha\alpha$	1	—	—	0.96	1.02
C	38.1	CH	1	CH	2	—	—	—	—	1.48	1.07
D	约35.8	—	—	—	—	CH_{β}	2	—	—	1.48	1.07
E	34.5~35.0	α	2	α，$\alpha\gamma$	4	$B4$，$\alpha\gamma$	4	$B4$，$\alpha\gamma$	5	0.96	1.02
	34.1	B4	1	B4	2	—	—	—	—	1.19	1.04
	33.5	—	—	—	—	—	—	$CH_{\beta\beta}$	1	1.48	1.07
F	30.4	γ	2	γ	2	γ	2	γ	2	1.36	1.05
	30	δ，δ	3	δ，δ	3	δ，δ	3	δ，δ	3	1.75	1.11
	29.5	B3	1	B3	2	B3	2	B3	3	1.98	1.15
G	27.3	β	2	β	2	β	2	β	2	1.21	1.04
H	24.5	—	—	$\beta\beta$	1	—	—	—	—	1.21	1.04

表 B.4 乙烯-1-辛烯共聚物

特征峰组	化学位移	EEXEE		EEXEXEE		EEXXEE		EEXXXEE		T_1	校正因子
	ppm	类型	碳个数	类型	碳个数	类型	碳个数	类型	碳个数	s	
A	约 40.8	—	—	—	—	—	—	$\alpha\alpha\gamma$	2	0.79	1.01
B	约 40.1	—	—	—	—	$\alpha\alpha$	1	—	—	0.79	1.01
C	38.1	CH	1	CH	2	—	—	—	—	1.06	1.02
D	35.8	—	—	—	—	CH_{β}	2	CH_{β}	2	1.06	1.02
E	34.5~35.2	H6,α	3	H6,α,$\alpha\gamma$	6	H6,$\alpha\delta$	4	H6,$\alpha\gamma$	5	0.79	1.01
	33.9	—	—	—	—	—	—	$CH_{\beta\beta}$	1	1.06	1.02
F	32.2	H3	1	H3	2	H3	2	H3	3	4.24	1.64
G	30.4	γ	2	γ	2	γ	2	γ	2	1.22	1.04
	30.0	H4	1	H4	1	H4	1	H4	1	约 2.0[a]	1.15
	30.0	δ,δ	3	δ,δ	3	δ,δ	3	δ,δ	3	1.60	1.09
H	27.3	β	2	β	2	β	2	β	2	0.92	1.01
	27.2	H5	1	H5	2	H5	2	H5	3	1.30	1.05
I	24.5	—	—	$\beta\beta$	1	—	—	—	—	0.98	1.02
P	22.9	H2	1	H2	2	H2	2	H2	2	6.21	2.11

[a] 弛豫时间 T_1 为估算值。

表 B.5 乙烯-4-甲基-1-戊烯共聚物

特征峰组	化学位移	EEXEE		EEXEXEE		EEXXEE		EEXXXEE		T_1	校正因子
	ppm	类型	碳个数	类型	碳个数	类型	碳个数	类型	碳个数	s	
A	44.7	IB3	1	IB3	2	IB3	2	IB3	3	1.09	1.03
B	42.2	—	—	—	—	—	—	$\alpha\alpha\gamma$	2	0.92	1.01
C	41.2	—	—	—	—	$\alpha\alpha$	1	—	—	0.92	1.01
D	35.9	CH	1	CH	2	—	—	—	—	1.33	1.05
	34.8~35.2	α	2	α,$\alpha\gamma$	4	$\alpha\gamma$	2	$\alpha\gamma$	2	0.92	1.01
E	33.6	—	—	—	—	CH_{β}	2	CH_{β}	2	1.33	1.05
F	31.0	—	—	—	—	—	—	$CH_{\beta\beta}$	1	1.33	1.05
	30.4	γ	2	γ	2	γ	2	γ	2	1.24	1.04
	30.0	δ,δ	3	δ,δ	3	δ,δ	3	δ,δ	3	1.62	1.09
G	27.1	β	2	β	2	β	2	β	2	1.14	1.03
	26.0	IB2	1	IB2	2	IB2	2	IB2	3	1.66	1.10
H	24.1	—	—	$\beta\beta$	1	—	—	—	—	1.14	1.03

附 录 C
（资料性附录）
ASTM D5017-1996（2009）$^{\varepsilon 1}$的精密度和偏倚

C.1 精密度

本标准附录C表C.1的结果是1988年由6个实验室按ASTM E691[7]的要求对9种材料进行的循环试验得到的。每一种材料都是同一来源，每个试样处理都是在所测试的实验室进行。每一个测试结果均为独立的两次试验结果的平均值，每个实验室对每一个材料得到一个测试结果。表C.1中的数据只是有限的试验结果，并不能覆盖所有材料、批号、试验条件及实验室，因此，严格地说，不能将其视为判别接收或拒收的依据。本方法的使用者应使用ASTM E691的原则在各自的实验室和（试验的）材料或者特定的实验室间获取数据。

表C.1 通过碳-13核磁共振波谱法确定PE-LLD共聚单体摩尔分数的精密度统计

样品	共聚单体	平均摩尔分数 %	用平均值的百分数来表示 %			
			V_r^a	V_R^b	r^c	R^d
A	丁烯	4.72	11.1	11.5	31.1	32.2
B	丁烯	4.22	11.9	11.9	33.3	33.3
C	己烯	3.64	17.1	18.2	47.9	51.0
D	己烯	4.03	14.3	14.3	40.0	40.0
E	辛烯	5.18	10.3	10.3	28.8	28.8
F	辛烯	0.76	27.5	40.6	77.0	113.7
G	4-甲基-1-戊烯	5.00	14.0	14.8	39.2	41.4
H	4-甲基-1戊烯	1.26	37.4	38.2	104.7	107.0
I	丙烯	15.96	7.3	7.6	20.4	21.3

a V_r为所测试材料实验室内的变异系数，它是按下式得到的：

$$S_r = [[\sum(S_1)^2 + (S_2)^2 + \cdots + (S_n)^2]/n]^{1/2}$$

$$V_r = 100 \times (S_r/\bar{s})$$

b V_R为实验室间的再现性，表示为所测试材料的变异系数。

c r为实验室内的重复性限$r=2.8\times V_r$。

d R为实验室间的再现性限$R=2.8\times V_R$。

C.2 偏倚

没有公认的标准来估计本试验方法的偏倚。

参 考 文 献

[1] Carman, C. J., Harrington, R. A., Wilkes, C. E. Monomer Sequence Distribution in Ethylene-Propylene Rubber Measured by 13C NMR 3. Use of Reaction Probability Model [J]. Macromolecules, 1977, 110: 536-544

[2] 朱清仁. 聚乙烯支化链种类、长度及其微量结构的13C-NMR定量研究 [J]. 石油化工, 1989, 7: 472-478

[3] 朱善农等. 高分子链结构 [M]. 北京: 科学出版社, 1996: 294

[4] Radnall, J. C. NMR and Macromolecules [M]. New York: American Chemical Society Symposium, 1984

[5] Farrar, T. C., Becker, E. D. Pulse and Fourier Transform NMR [M]. New York: Academic Press, 1971

[6] Cheng, H. N., Bennet, M. A. Spectral simulation and characterization of polymers from ethene and propene by 13C-NMR [J]. Macromolecule Chemistry, 1987, 188: 2665-2677

[7] ASTM E691Practice for Data Presentation Relation to High-Resolution Nuclear Magnetic Resonance (NMR) Spectroscopy

三、合成橡胶类

ICS 83.040.10
G 34

中华人民共和国石油化工行业标准

SH/T 1049—2014
代替 SH/T 1049—1991

丁二烯橡胶溶液色度的测定目视法

Determination of colour of butadiene rubber solution—Visual method

（ISO 6271-1：2004 Clear liquids — Estimation of colour by the platinum-cobalt scale —Part 1：Visual method，NEQ）

2014-05-06 发布　　2014-10-01 实施

中华人民共和国工业和信息化部　发布

前　　言

本标准按照 GB/T 1.1—2009 给出的规则起草。

本标准代替 SH/T 1049—1991《丁二烯橡胶溶液色度的测定》，与 SH/T 1049—1991 相比，除编辑性修改外主要技术变化如下：

——修改了标准名称（见封面）；

——增加了前言；

——增加了规范性引用文件（见第 2 章）；

——增加了铂-钴色号的定义（见 3.1）；

——修改了标准比色溶液的保存期（见 6.6，1991 版的 5.6）；

——增加了“取样”（见 7.1）。

本标准使用重新起草法参照 ISO 6271-1：2004《透明液体　用铂-钴等级评定色度　第 1 部分：目视法》编制，与 ISO 6271-1：2004 的一致性程度为非等效。

本标准由中国石油化工集团公司提出。

本标准由全国橡胶与橡胶制品标准化技术委员会合成橡胶分技术委员会（SAC/TC35/SC6）归口。

本标准起草单位：中国石油天然气股份有限公司石油化工研究院。

本标准主要起草人：陈跟平、笪敏峰、李晓银、吴　毅、张翠兰、张士玉、刘俊保、王春龙。

本标准于 1991 年 6 月首次发布，本次为第一次修订。

丁二烯橡胶溶液色度的测定　目视法

警告：使用本标准的人员应熟悉正规实验室操作规程。本标准无意涉及因使用本标准可能出现的所有安全问题。制定相应的安全和健康规程并确保符合国家法规是使用者的责任。

1　范围

本标准规定了丁二烯橡胶苯乙烯溶液色度的测定。

本标准适用于测定与铂-钴标准比色溶液颜色相似的丁二烯橡胶苯乙烯溶液。

2　规范性引用文件

下列文件对于本文件的应用是必不可少的。凡是注日期的引用文件，仅所注日期的版本适用于本文件。凡是不注日期的引用文件，其最新版本（包括所有的修改单）适用于本文件。

GB/T 6682　分析实验室用水规格和实验方法（GB/T 6682—2008，ISO 3696：1987，MOD）。

GB/T 15340　天然、合成生胶取样及其制样方法（GB/T 15340—2008，ISO 1795：2000，IDT）。

3　术语和定义

下列术语和定义适用于本文件。

3.1

铂-钴色号 Pt-Co scale

含有规定浓度的铂［以氯铂（Ⅳ）酸盐离子形式存在］和氯化钴（Ⅱ）六水合物的溶液颜色等级。

3.2

丁二烯橡胶溶液色度　colour of butadiene rubber solution

以铂-钴标准比色溶液的颜色表征丁二烯橡胶苯乙烯溶液颜色的深浅程度。

4　方法概要

在试验条件下，将5%丁二烯橡胶苯乙烯溶液的颜色与铂-钴标准比色溶液的颜色进行目视比色，以铂-钴标准比色溶液颜色的色号来表示测定结果。

5　仪器

5.1　分析天平：能精确至0.001 g。

5.2　分光光度计：能测定波长为430 nm、455 nm、480 nm和510 nm的吸光度，配有10mm比色皿。

5.3　磁力搅拌器或振荡器。

5.4　具塞比色管：100 mL，在比色管底部以上180 mm处有刻度线；各比色管的刻度线高度相差不超过3 mm。各比色管的玻璃颜色、厚度应相匹配。

5.5 比色管架：底部衬有白色底板。

5.6 具塞锥形瓶：250 mL。

5.7 容量瓶：1000 mL。

5.8 单刻线移液管：5 mL，10 mL。

6 试剂与材料

本标准使用的试剂均为分析纯，并使用符合 GB/T 6682 规定的纯度至少为三级的实验室用水。

6.1 氯铂（Ⅳ）酸钾，K_2PtCl_6。

6.2 氯化钴（Ⅱ）六水合物，$CoCl_2 \cdot 6H_2O$。

6.3 盐酸：质量分数约为 38%。

6.4 苯乙烯（工业品）：色度小于 10 铂-钴色号。

6.5 铂-钴标准溶液的配制：

称取 1.245 g 氯铂（Ⅳ）酸钾（6.1）和 1.000 g 氯化钴（Ⅱ）六水合物（6.2）置于 500 mL 烧杯中，加入 200 mL 水和 100 mL 盐酸（6.3），如需要可加热使其溶解，以得到透明溶液。冷却至室温后，将溶液移至 1000 mL 容量瓶（5.7）中，用水稀释至刻度并摇匀。此溶液的色度为 500 铂-钴色号。将此溶液贮存在棕色细口试剂瓶中，置于暗处，其保存期为一年。

在分光光度计（5.2）上用 10 mm 比色皿（以水作参比）测定铂-钴标准溶液的吸光度，其吸光度应符合表 1 规定，否则应重新配制。

表 1 铂-钴标准溶液的吸光度允许范围

波长/nm	吸光度
430	0.110~0.120
455	0.130~0.145
480	0.105~0.120
510	0.055~0.065

6.6 铂-钴标准比色溶液的配制：

按表 2 规定，在一系列比色管（5.4）中用单刻线移液管（5.8）加入指定体积的铂-钴标准溶液（6.5），用水稀释至刻度并塞上比色管塞子，摇匀。并在比色管上标明相应的铂-钴色号，置于暗处。此铂-钴标准比色溶液的保存期为六个月，但最好使用新鲜配制好的溶液。

表 2 铂-钴标准比色溶液的配制

铂-钴标准溶液的体积/mL	铂-钴标准比色溶液的颜色/铂-钴色号
0	0
1	5
2	10
3	15
4	20
5	25
6	30
7	35

7 取样和制样

7.1 按 GB/T 15340 的规定进行取样。

7.2 将丁二烯橡胶剪成约 3 mm×3 mm×6 mm 的胶粒，称取 5 g（精确至 0.01 g）放入锥形瓶（5.6）中，加入 95 g（精确至 0.01 g）苯乙烯（6.4），在磁力搅拌下或在振荡器上振荡（5.3）溶解 4 h。观察是否有不溶物，如果有不溶物，再溶解 4 h。如果还有不溶物，需重新取样溶解。

8 分析步骤

将按照第 7 章制备的样品溶液移入比色管至刻度，然后将其与盛有铂-钴标准比色溶液的比色管放在同一比色管架（5.5）上，取下比色管管塞，在自然光或日光灯下（避免光线从侧面照射），从比色管管口垂直向下观察，比较样品溶液与铂-钴标准比色溶液（6.6）颜色的深浅程度，直至找出颜色最接近的铂-钴标准比色溶液。

9 结果计算

丁二烯橡胶溶液的色度 C 用与样品颜色最接近铂-钴标准比色溶液的色号来表示，按式（1）计算：

$$C=C_2-C_1 \quad \cdots\cdots (1)$$

式中：

C_2——丁二烯橡胶苯乙烯溶液的色度，铂-钴色号；

C_1——苯乙烯溶液的色度，铂-钴色号。

如果样品溶液色度处于两个铂-钴标准比色溶液色号之间，以铂-钴标准比色溶液色号大的来表示。

10 允许差

两次平行测定结果之差不大于 5 个铂-钴色号。

11 试验报告

试验报告应包含以下内容：

a）本标准的编号；

b）关于样品的详细说明；

c）试验结果；

d）试验过程中观察到的任何异常现象；

e）本标准或引用标准中未包括的任何自选操作；

f）试验日期。

ICS 83.040
G 34

SH

中华人民共和国石油化工行业标准

SH/T 1050—2014
代替 SH/T 1050—1991

合成生橡胶凝胶含量的测定

Determination of gel content of raw synthetic rubber

2014-05-06 发布　　　　2014-10-01 实施

中华人民共和国工业和信息化部　发布

前　言

本标准按照 GB/T 1.1—2009 给出的规则起草。

本标准代替 SH/T 1050—1991《合成生橡胶凝胶含量的测定》。

本标准与 SH/T 1050—1991 相比，主要技术变化如下：

——修改了标准名称（见封面）；

——增加了前言（见前言）；

——修改了标准的适用范围（见第 1 章，1991 版的第 1 章）；

——修改了规范性引用文件（见第 2 章）。

——规范了操作步骤（见 8.2）；

——增加了对试验结果取值的要求（见第 9 章）。

——修改了允许差（见 10.2）

本标准由中国石油化工集团公司提出。

本标准由全国橡胶与橡胶制品标准化技术委员会合成橡胶分技术委员会（SCA/TC35/SC6）归口。

本标准起草单位：中国石油天然气股份有限公司石油化工研究院。

本标准参加单位：青岛伊科思新材料股份有限公司、中国石油化工股份有限公司北京燕山分公司。

本标准主要起草人：笪敏峰、陈跟平、李晓银、韩萍、薛慧峰、刘俊保、王芳、李淑萍、杨芳、高杜娟。

本标准于 1991 年 6 月首次发布，本次为第一次修订。

合成生橡胶凝胶含量的测定

警告：使用本标准的人员应熟悉正规实验室操作规程。本标准无意涉及因使用本标准可能出现的所有安全问题。制定相应的安全和健康规程并确保符合国家法规是使用者的责任。

1 范围

本标准规定了生橡胶中凝胶含量的测定方法。

本标准适用于测定合成生橡胶中凝胶含量小于2.0%的非充油丁二烯橡胶（BR）、丁苯橡胶（SBR）、丁腈橡胶（NBR）、异戊二烯橡胶（IR）、丁基橡胶（IIR）和氯丁二烯橡胶（CR），其他橡胶也可参照使用。

本标准不适用于测定微凝胶。

2 规范性引用文件

下列文件对于本文件的应用是必不可少的。凡是注日期的引用文件，仅所注日期的版本适用于本文件。凡是不注日期的引用文件，其最新版本（包括所有的修改单）适用于本文件。

GB/T 8170 数值修约规则与极限数值的表示和判定（GB/T 8170—2008）

GB/T 15340 天然、合成生橡胶取样及其制样方法（GB/T 15340—2008，ISO 1795：2000，IDT）

3 术语和定义

下列术语和定义适用于本文件。

3.1

凝胶 gel

合成生橡胶在甲苯中溶解一段时间后，留在孔径为125 μm（120目）过滤器上的不溶物即为凝胶。

4 方法概要

将放有一定量试样的过滤器悬置于甲苯中，在规定温度下静置溶解一定时间后取出洗涤，干燥试样至质量恒定，计算凝胶含量。

5 试剂

甲苯：分析纯。

6 仪器

实验室常用仪器及以下：

6.1 分析天平：能精确至0.1 mg。

6.2 过滤器：用孔径为 125 μm 的不锈钢网制成，其体积为 45 mm×45 mm×20 mm。

注：用过的过滤器可在发烟硝酸中浸泡 20 h 左右，或在 550 ℃高温炉中灼烧约 15 min，冷却后用水清洗干净，反复使用。

6.3 烘箱：温度可控制在 100 ℃±2 ℃。

6.4 称量瓶：直径为 70 mm，高为 35 mm。

7 取样和制样

7.1 按照 GB/T 15340 规定取样。

7.2 从样品中多点割取试样，剪成 1 mm×1 mm×3 mm 的细条。

8 分析步骤

8.1 将用蒸馏水清洗干净的过滤器（6.2）放入 100 ℃±2 ℃的烘箱（6.3）中干燥 1h，取出放入干燥器中冷却至室温后称量，再放入烘箱内干燥 30 min，取出放入干燥器内冷却至室温后称量。重复此步骤，直至连续两次称量之差不大于 0.3 mg。

8.2 称取按 7.2 制备的试样约 0.25 g，精确至 0.1 mg。平铺在已恒重的过滤器中，使胶条之间不粘连。向称量瓶（6.4）中加入约 50 mL 甲苯（第 5 章），并将过滤器悬置于称量瓶中，使试样全部浸在甲苯中。过滤器上端应露出液面 2 mm 以上，过滤器底部应与瓶底之间留有空间。盖好称量瓶盖，放在通风橱内避光处，在 23 ℃±5 ℃温度下溶解 16 h~24 h。

8.3 用镊子将过滤器从称量瓶中取出。用滴瓶吸管吸取甲苯 1.5 mL~2.0 mL，淋洗过滤器及其中的凝胶，以洗去残留在过滤器上的溶胶。重复此步骤，至少淋洗四遍。将过滤器放在铺有干净滤纸或铁丝网的搪瓷盘中，置于通风橱内通风 20 min 左右。待过滤器上的甲苯挥发后，再放入 100 ℃±2 ℃的烘箱中干燥 1 h，取出放入干燥器中冷却至室温后称量，再放入烘箱内干燥 30 min，取出放入干燥器中冷却至室温后称量。重复此步骤，直至连续两次称量之差不大于 0.3 mg。

9 结果计算

凝胶含量 w 以试样的质量分数计，数值以%表示，按式（1）进行计算：

$$w = \frac{m_2 - m_1}{m_0} \times 100 \quad \cdots\cdots (1)$$

式中：

m_2——过滤器和凝胶质量，单位为克（g）；

m_1——过滤器质量，单位为克（g）；

m_0——试样质量，单位为克（g）。

取两次平行测定结果的算术平均值为试验结果，按照 GB/T 8170 进行数值修约，结果表示至小数点后一位。

10 允许差

10.1 凝胶含量小于 1.0%时，两次平行测定结果之差不大于 0.2%；

10.2 凝胶含量在 1.0%~2.0%时，两次平行测定结果之差不大于 0.5%。

11 试验报告

试验报告应包括以下内容：

a）本标准的编号；

b）溶解温度；

c）溶解时间；

d）试验结果；

e）在测定过程中观察到的任何异常现象；

f）试验日期。

ICS 71.040.50
G 34

中华人民共和国石油化工行业标准

SH/T 1149—2006
（2012 年确认）

合成橡胶胶乳　取样

Synthetic rubber latex—Sampling

（ISO 123：2001，MOD）

2006-05-12 发布　　　　2006-11-01 实施

中华人民共和国国家发展和改革委员会　发布

目　次

前　言

本标准修改采用国际标准 ISO 123：2001《橡胶胶乳—取样》(英文版)。

为便于使用，本标准做了下列修改：

——“本国际标准”一词改为“本标准”；

——删除国际标准的前言；

——适用范围只保留了合成胶乳部分，标题改为“合成橡胶胶乳　取样”；

——引用的两个国际标准改为相应的行业标准；

——对于顶部有盖并且桶内空气含量少于2%的桶装胶乳，增加了采用电动滚桶设备进行混匀的方式，以增加方法的可操作性。

——按照汉语语言习惯，对标准的文字进行了编辑性修改。

本标准由中国石油化工股份有限公司提出。

本标准由全国橡胶与橡胶制品标准化技术委员会合成橡胶分技术委员会归口(SCA/TC 35/SC 6)。

本标准起草单位：中国石油天然气股份有限公司兰州石化分公司石油化工研究院、中国石油天然气集团公司兰州石油化工公司胶乳厂。

本标准主要起草人：孙丽君、吴毅、王玉海、王芳、笪敏峰。

合成橡胶胶乳　取样

警告：使用本标准的人员应熟悉正规实验室操作规程。本标准无意涉及因使用本标准可能出现的所有安全问题。制定相应的安全和健康规程并确保符合国家法规是使用者的责任。

1　范围

本标准规定了合成橡胶胶乳的取样步骤。

本标准适用于桶装、槽车装和储罐装合成橡胶胶乳的取样。

2　规范性引用文件

下列文件中的条款通过本标准的引用而成为本标准的条款。凡是注日期的引用文件，其随后所有的修改单（不包括勘误的内容）或修订版均不适用于本标准，然而，鼓励根据本标准达成协议的各方研究是否可使用这些文件的最新版本。凡是不注日期的引用文件，其最新版本适用于本标准。

SH/T 1154—1999　合成胶乳总固物含量的测定（ISO 124：1997，idt）

SH/T 1153—1992（1998）　橡胶胶乳—凝固物含量的测定（筛余物）（ISO 706：1985，mod）

ISO 3310-1：2000　试验筛—技术要求和检测——第一部分：金属丝网试验筛

ISO 15528：2000　油漆、清漆及其原材料——取样

3　术语和定义

下列术语和定义适用于本标准。

3.1

批 lot

在认定均一的条件下进行加工和生产的一定量的胶乳。

注：一批可以装在一个或多个容器中。例如，它可以由数桶胶乳组成。

3.2

样品 sample

从一批胶乳中抽取的一定数量的胶乳。

3.3

实验室样品 laboratory sample

代表该批胶乳并用于实验室检验和试验的一定量的胶乳。

3.4

试样 test sample

对实验室样品进行过滤所得到的一定量的适用于试验的胶乳。

注：用于测定凝固物/筛余物含量的样品是实验室样品，不是试样。

3.5

试验部分 test portion

从试样（3.4）或实验室样品（3.3）中取出一定量的胶乳来进行特定的测试。例如，从试样中准确称量一定量的胶乳，单独做总固物含量的测定。

3.6

凝固物含量/筛余物 coagulum content/sieve residue

在 SH/T 1153—1992（1998）规定的试验条件下，留住孔径为 180μm±10μm 或其他合适孔径

的过滤器上的粗外来物和凝固的橡胶。

注：在胶乳装货或成批交货等检查时，通常所说的凝固物。实验室样品中不应包括块状胶乳的表皮和凝固的橡胶。

4 原理

从成批的胶乳中抽取有代表性的样品作为实验室样品，过滤实验室样品制备试样。

5 仪器

设备中浸入胶乳的部分不应含铜。

5.1 搅拌器：用于混匀桶中胶乳。对于开口型圆桶，应使用5.1.1和5.1.2规定的器具。

5.1.1 柱塞：由带孔的镀铬盘或不锈钢盘组成，直径约为150mm。盘上的孔洞边缘光滑，直径大约10mm。

5.1.2 电动搅拌器：速度能控制在5rad/s~21rad/s（50r/min~200r/min）。

将最小直径为110mm的不锈钢螺旋桨装在一个不锈钢轴上，此不锈钢轴应有足够的长度，以便螺旋桨能够达到距离桶底约为整个胶乳深度的十分之一处。

根据需要，也可以在一个轴上安装两个螺旋桨，较低位置的螺旋桨应满足上述位置的要求。轴的旋转速度应能使胶乳迅速地翻滚而不形成旋涡。

5.1.3 电动滚桶：(非强制性的)，滚桶转速约为1rad/s（10r/min)。

5.2 取样装置：由对胶乳呈化学惰性的材料构成，能抽取大约1L的样品。

5.2.1 桶装胶乳取样管：见5.2.1.1条或5.2.1.2条。

5.2.1.1 取样管：玻璃管、不锈钢管、惰性塑料管或其他对胶乳呈化学惰性的材料管子，内径为10mm~15mm，长度至少1m，两端开口，当从胶乳中取出时可关闭上端。

注：用两端开口的管子插入胶乳中，能更有效地获得不同深度的样品。

5.2.1.2 取样管：不锈钢管，内径约25mm，长度至少1m，底部活塞可以遥控，如图1。

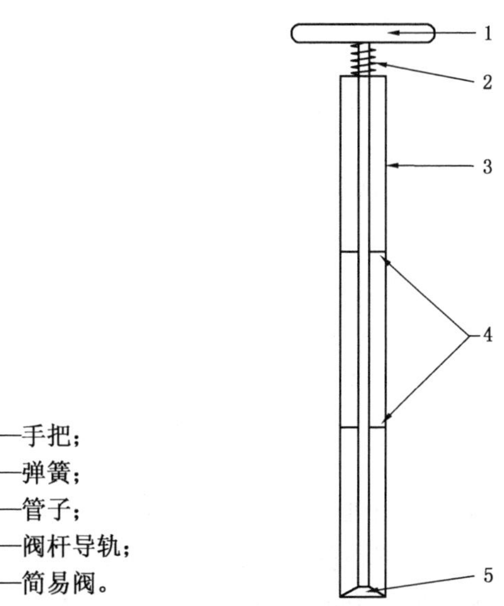

图1 用于桶、槽车和小型储罐的取样管（无刻度）

5.2.2 槽车和储罐装胶乳的取样装置

当胶乳深度等于或大于3m时，应使用5.2.2.1规定的取样装置；当胶乳深度小于3m时，应使用5.2.2.1或5.2.2.2规定的取样装置。

5.2.2.1 不锈钢圆桶形取样器：容积大约1L，用盖子或活塞加以封闭，可以遥控打开。这种取样器可以固定安装以插到需要的深度，如图2。

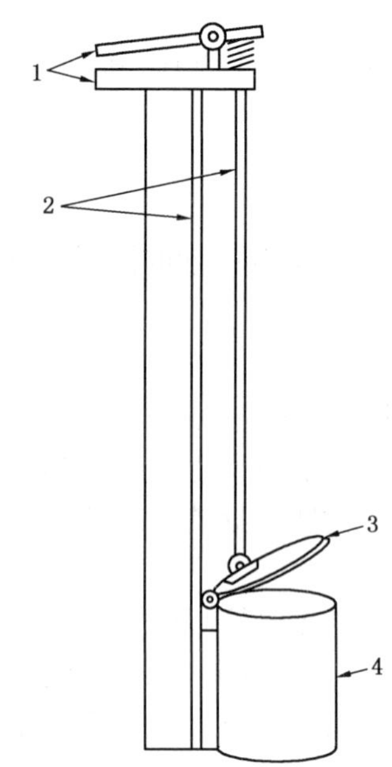

1—手把（手压开盖）；
2—杆；
3—盖；
4—合适尺寸的容器。

注：长度为取到样品的合适长度；材料为不锈钢。

图2　胶乳取样装置实例

5.2.2.2　取样管：不锈钢管，内径为25mm，长度为3m，底部可以遥控进行开启或关闭。

5.3　烧杯：2L，可抗冲击，内壁应光滑且与胶乳不进行化学反应。

5.4　样品瓶：1L，有螺帽。瓶子内壁光滑，由不与胶乳起化学反应的材料制成。

注：在装运过程中，最好使用深螺纹的细颈容器。

5.5　过滤器：不锈钢丝网或对胶乳呈化学惰性的合成布，孔径为180μm+10μm。

6　取样

6.1　概述

在取样的整个过程中，应避免空气进入胶乳，并尽量少地使胶乳暴露于空气中。

6.2　取样次数

6.2.1　除非有另外协议，否则均应按照6.2.2步骤进行取样。

6.2.2　每一批胶乳都应取样。如果一批胶乳被分装在若干个容器（例如桶）中，则应从10%的容器（桶）内进位取整数进行抽取，（例如，十二个桶里抽取两桶，六十四个桶里抽取七桶等）。

6.3　初步检查

目测检验胶乳，记录所出现的膏化现象、粗凝聚物、结皮和外来物质等。

6.4　从桶中取样

6.4.1　混匀

取样前应按照以下步骤，用手工或机械的方式先将胶乳混合均匀。

若桶是敞口的，最好用一个带孔的不锈钢柱塞（5.1.1）手动搅拌桶内胶乳至少5min；也可以用电动搅拌器（5.1.2）搅拌桶内胶乳10min，使胶乳均匀，应避免过分搅拌。

若桶的顶部有盖，且桶内空气含量少于2%，那么上述手动或机械搅匀都不合适。应先放倒桶子，快速地来回滚动不少于10min，然后将其倒立约15min，重新放倒再次滚动10min；也可以在电动滚桶设备（5.1.3）上，以约1rad/s（10r/min）的速度，将桶滚动10min，然后将其倒立约15min，重新放倒再次滚动10min，以混匀胶乳。

如果只从单独一个桶内抽取胶乳，则在电动滚桶设备上，以约1rad/s（10r/min）的速度，将桶滚动24h以混匀胶乳。

6.4.2 取实验室样品

6.4.2.1 概述

胶乳混匀之后，按照6.4.2.2或6.4.2.3的规定立刻用一个清洁、干燥的取样管取样，一定要避免样品中夹杂有粗凝聚物或结皮。

6.4.2.2 从一个桶内取实验室样品

将两端开口的取样管（5.2.1.1）缓慢插入桶的底部，然后用塞子将上端塞住，取出取样管，并将管内的胶乳移入清洁干燥的样品瓶（5.4）中。重复操作直到装满样品瓶，留出2%~5%的空间（以允许热膨胀），然后拧紧螺帽。

注：样品瓶几乎装满和密封是很重要的。

6.4.2.3 从多个桶内取实验室样品

如果需要从多个桶内对同一批胶乳进行取样，则每个桶内抽出的胶乳可按比例减少。抽出的各个样品应置于一个烧杯（5.3）中，快速搅拌混合均匀，然后装入样品瓶中（仲裁检验时需要保留多个实验室样品）。

6.5 从槽车或储罐中取样

6.5.1 概述

为确保所取胶乳样品的均匀，应从容器的不同深度抽取样品。

注：对于固定的储罐，如果建立了能够得到均匀样品的条件后，就不必每次取样都进行均匀性检测。

6.5.2 取样

6.5.2.1 若使用有盖的取样器（5.2.2.1），则将取样器放到胶乳中要求的深度后打开盖子，停顿几分钟，使胶乳充满取样器，然后关闭盖子，取出取样器，将其中的胶乳倒入一个烧杯中，再由烧杯转入样品瓶中，样品瓶内应留出2%~5%的空间，拧紧样品瓶的螺帽。

6.5.2.2 若使用有底的取样器（5.2.2.2），则将取样器放入胶乳中要求的深度，打开管底，在胶乳充满取样管后，关闭管底，取出取样器，将其中胶乳倒入烧杯中，再由烧杯转入样品瓶中，样品瓶内应留出2%~5%的空间，拧紧样品瓶螺帽。

6.5.3 均匀性测试

如果怀疑样品已分层，分别从距离胶乳液面100mm处和距离胶乳底部100mm处取样。用过滤器（5.5）过滤实验室样品后，按照SH/T 1154—1999的规定分别测定其总固物含量。如果顶部和底部样品的总固物含量之差大于0.5%，则需要用有效地机械搅拌方式或泵充分混匀槽车或储罐中的胶乳，直至顶部和底部样品的总固物含量在允许偏差范围之内。

6.5.4 取实验室样品

当胶乳达到6.5.3规定的均匀化程度后，取三个体积相同的样品。第一个样品在胶乳上半部分的中间取，第二个样品在胶乳的中间取，第三个样品在胶乳下半部分的中间取。将三个样品倒入至一个烧杯中并加以搅拌，然后转入样品瓶内。

注：如果使用取样管，在取单个样品时，打开管底将管子插入胶乳中，从胶乳取出取样管之前先关闭管底。

6.5.5 凝固物/筛余物含量

用实验室样品测定凝固物含量（SH/T 1153—1992（1998））。

6.6 试样的制备

仔细搅拌实验室样品，用清洁、干燥的过滤器将实验室样品过滤至烧杯中，再将过滤后的胶乳倒入至另一个样品瓶中，瓶内留出2%~5%的空间，拧紧瓶盖。

7 实验室样品和试样的标记

样品标签应清楚的标记以下信息：

a）有关胶乳的说明；

b）盛装容器（槽车、储罐、船、桶）的尺寸和详细资料；

c）指明“实验室样品”或“试样”以及样品的编号；

d）发货人；

e）取样地点；

f）取样日期；

g）取样人姓名。

8 取样报告

取样报告应包含以下信息：

a）本标准的引用标准；

b）取样材料必不可少的识别描述；

c）取样次数；

d）容器中原先就存在的膏化现象、可见的块状粗凝聚物、结皮和外来杂质（如果有）的有关记录；

e）取样过程出现的任何异常情况；

f）槽车和储罐是最初均匀还是后来采取行为达到均匀的记录；

g）本标准中不包括的任何自选操作。

编者注：规范性引用文件中 ISO 3310-1：2000 已转化（修改采用）为 GB/T 6003.1—2012《试验筛　技术要求和检验　第 1 部分：金属丝编织网试验筛》；ISO 15528：2000 已转化（等同采用）为 GB/T 3186—2006《色漆、清漆和色漆与清漆用原材料　取样》。

ICS 83.040.10
G 34
备案号：36280-2012

SH

中华人民共和国石油化工行业标准

SH/T 1150—2011
代替 SH/T 1150—1999

合成橡胶胶乳 pH 值的测定

Synthetic rubber latex—Determination of pH

(ISO 976：1996，Rubber and plastics—Polymer dispersions and rubber latices—Determination of pH，MOD)

2011-12-20 发布　　　　2012-07-01 实施

中华人民共和国工业和信息化部　发布

前　言

本标准按照 GB/T 1.1—2009 给出的规则起草。

本标准代替 SH/T 1150—1999《合成橡胶胶乳 pH 值的测定》，与 SH/T 1150—1999 相比，除编辑性修改外主要变化如下：

——删除了“ISO 前言”；

——规范性引用文件修改为不注日期引用（见第 2 章，1999 版的第 2 章）；

——修改了精密度内容（见第 8 章表 1，1999 版的第 8 章）；

——增加了一个关于操作建议的条文注解（见 6.3.3）。

本标准使用重新起草法修改采用 ISO 976：1996《橡胶—聚合物分散体和橡胶胶乳—pH 值的测定》以及 ISO 976：1996/Amd 1：2006。

本标准与 ISO 976：1996 及 ISO 976：1996/Amd 1：2006 相比，主要差异如下：

——修改了标准的名称；

——删除了“ISO 前言”；

——修改了标准适用范围，仅保留了合成橡胶胶乳的内容；

——用“本标准”代替“本国际标准”；

——将国际标准修改单内容写入标准正文中；

——将规范性引用文件替换为我国相应的标准。

——删除了国际标准注 3、注 5，将注 4、注 6、注 7 调整为本标准的第 4.2 条、第 6 章和第 6.2.2 条中的注；

——增加了一个关于操作建议的条文注解（见 6.3.3）；

——将 r 和 R 值修约至一位有效数字；

——按照汉语语言习惯对精密度内容的描述进行了编辑性修改，并删除了一些不影响执行标准的解释性文字。

本标准由中国石油化工集团公司提出。

本标准由全国橡胶与橡胶制品标准化技术委员会合成橡胶分技术委员会（SAC/TC35/SC6）归口。

本标准起草单位：中国石油天然气股份有限公司石油化工研究院。

本标准起草人：魏玉丽、孙丽君、笪敏峰、李晓银。

本标准于 1982 年 3 月作为国家标准 GB 2954—1982 首次发布，1990 年复审确认，1992 年清理整顿为石油化工行业标准，1999 年 6 月第一次修订，本次为第二次修订。

合成橡胶胶乳 pH 值的测定

警告：使用本标准的人员应熟悉正规实验室操作规程。本标准无意涉及因使用本标准可能出现的所有安全问题。制定相应的安全和健康制度，并确保符合国家有关法规是使用者的责任。

1 范围

本标准规定了用 pH 计测定合成橡胶胶乳 pH 值的方法。

本标准适用于合成橡胶胶乳。

注：pH 值大于 11 时，本方法的准确度会降低。

2 规范性引用文件

下列文件对于本文件的应用是必不可少的。凡是注日期的引用文件，仅所注日期的版本适用于本文件。凡是不注日期的引用文件，其最新版本(包括所有的修改单)适用于本文件。

GB/T 6682 分析实验室用水规格和试验方法(ISO 3696：1987，MOD)

GB/T 8170 数值修约规则与极限数值的表示和判定

SH/T 1149 合成橡胶胶乳 取样(SH/T 1149—2006，ISO 123：2001，MOD)

3 试剂

本标准使用已知 pH 值的分析纯标准缓冲溶液、无二氧化碳的蒸馏水或去离子水(GB/T 6682 中三级水)；如不能直接购买到标准缓冲溶液，则应按照下列方法，使用分析纯试剂和无二氧化碳的蒸馏水或去离子水自行配制。

3.1 pH 7 的标准缓冲溶液

将 3.40g 磷酸二氢钾(KH_2PO_4)和 3.55g 磷酸氢二钠(Na_2HPO_4)溶解于水中，转移至容量瓶中并稀释至 1000mL；该溶液应储存在耐化学药品的玻璃瓶或聚乙烯瓶中。在 23℃下，该溶液 pH 值为 6.87。

3.2 pH 4 的标准缓冲溶液

将 10.21g 邻苯二甲酸氢钾($KOOCC_6H_4COOH$)溶解于水中，转移至容量瓶中并稀释至 1000mL。在 23℃下；该溶液应储存在耐化学药品的玻璃瓶或聚乙烯瓶中。该溶液 pH 值为 4.00。

3.3 pH 9 的标准缓冲溶液

将 3.814g 十水合四硼酸钠($Na_2B_4O_7 \cdot 10H_2O$)溶解于水中，转移至容量瓶中并稀释至 1000mL；该溶液应储存在耐化学药品的玻璃瓶或聚乙烯瓶中，并装上捕集二氧化碳的碱石灰管；一个月更换一次溶液。在 23℃下，新配制的该溶液的 pH 值为 9.20。

注：碱性缓冲溶液是不稳定的，会从空气中吸收二氧化碳。当碱性缓冲溶液用作标定时，其准确度可用 pH4 的缓冲溶液鉴定。

3.4 参比电解液

3mol/L 的氯化钾氯化银饱和溶液。

4 仪器

实验室普通设备以及：

4.1 pH 计：输入阻抗至少为 $10^{12}\Omega$，分辨率为 0.01pH，并有温度补偿装置。

4.2 复合电极：由玻璃电极和银参比电极组成。银参比电极包在同轴的玻璃电极外，参比电极液靠化学惰性隔膜(例如由聚四氟乙烯或玻璃制成的伸缩式护套)和试样保持在电接通状态，此电极由电极生产商提供；玻璃电极也由生产商提供，应使用所需 pH 值范围的电极(如测定氯丁胶乳，可使用 pH 值在 pH0～pH14 范围的玻璃电极)。

注：电极在 pH 值为 0 至碱误差出现之前呈线性关系，碱误差和钠离子浓度有关，当 pH 值大于 11 时出现碱误差。

4.3 磁力搅拌器。

4.4 电极夹。

5 取样

按 SH/T 1149 规定的方法之一进行。

6 分析步骤

为了减少热和电的滞后效应，应保证试样、电极、水和标准缓冲溶液的温度尽可能的相互接近，试样和标准缓冲溶液的温差不大于 1℃。测定温度应为 23℃±3℃(热带地区为 27℃±3℃)，pH 计(4.1)的温度补偿器应调整到实际温度。

注：pH 值在 20℃～30℃范围内的变化可忽略不计。另外 pH 计的温度补偿应调整到实际温度。

6.1 电极的维护

按照厂家的使用说明书维护复合电极(4.2)，特别要注意以下几点：

6.1.1 如填充孔上装有盖子，则先移去盖子，再从填充孔向电极补加参比电解液(3.4)。轻轻取出安置的护套，清除掉胶乳沉积物，在护套复位前，让电解液滴出一滴。在校定和测定前，先移去电解液填充孔上的盖子，使参比电解液处于大气压下。

6.1.2 电极不使用时，应将电极带接头浸入电解液中。

6.2 pH 计的校准

6.2.1 启动 pH 计，使电路稳定，按生产厂的使用说明书校准 pH 计，如得不到使用说明书，则按下面的步骤进行。

6.2.2 选择两种标准缓冲溶液，一种是 pH 7 的标准缓冲溶液(即接近电极零点)，另一种是高于或低于第一种约 3 个 pH 单位且与试样的 pH 值相当的标准缓冲溶液。如果没有商品缓冲溶液，则用适宜的方法配制(见 3.1、3.2 和 3.3)。

6.2.3 让标准缓冲溶液、试样和电极在规定的温度下达到温度平衡，记录该温度，并对 pH 计的温度进行修正，使其与记录的平衡温度相一致。

6.2.4 依次用水和 pH 7 的标准缓冲溶液沿电极壁从上至下冲洗电极。

6.2.5 将足量的同一种缓冲溶液加入大小合适、洁净而干燥的玻璃或惰性塑料容器中，放置在磁力搅拌器(4.3)的平台上，将电极用电极夹(4.4)夹好后浸入其中，为了防止污染电极，应保持电极中的参比电解液液面高出标准缓冲溶液液面5cm。

启动磁力搅拌器，轻轻搅拌标准缓冲溶液，待pH计读数稳定后，调节pH计定位调节旋钮，使pH计读数显示为标准缓冲溶液的pH值，取出电极，并倒出标准缓冲溶液。

6.2.6 依次用水和另一种标准缓冲溶液(pH 4或pH 9)冲洗电极，按6.2.5所述，将电极浸入所选择的一定量的标准缓冲溶液中，待pH计读数稳定后，调节pH计斜率调节旋钮，使pH计读数为标准缓冲溶液的pH值，取出电极，并倒出标准缓冲溶液。

确保电极斜率在-55.6mV/pH～-61.5mV/pH单位范围内，即理论值(23℃时为-58.57mV/pH单位)的95%～103%之间。

如果电极越出这个范围，则按照6.1规定的步骤进行维护。

注：如可购到pH值在9～11范围内的商品缓冲溶液，也可用其代替自配的pH9缓冲溶液(3.3)。

6.3 测定试样

6.3.1 充分混合试样，以保证其均匀性。

6.3.2 依次用水和试样冲洗电极，取足够量的试样至另一个洁净而干燥的容器中，并按6.2.5所述将电极浸入其中，轻轻搅拌试样。待pH计读数稳定后，记录pH值。

立即用水冲洗掉电极上所有的胶乳，再用滤纸擦干电极。

6.3.3 重新取一份试样，按6.3.2规定，重复上述操作。

如果第二次读数与第一次读数之差不超过0.1个pH单位，则完成测定。

如果两次读数之差超过0.1个pH单位，则先进行必要的全面检验，查出误差源后，再重新进行两次测定。

如果需要连续进行一系列测定，则要按照6.2的规定，每隔30min或更短的时间间隔对pH计重新校准一次，校准的频率，以逐次检验时发现的变化大小而定。

注：对于那些易释放出酸性或碱性物质的胶乳，放置一段时间后，可能出现前后测定结果不一致的现象，建议可在短时间内完成测定。

7 结果的表示

计算两次读数的平均值，按照GB/T 8170的规定对计算结果进行修约，结果表示至0.1个pH值。

如果在23℃下进行测定，结果表示的就是该温度下的pH值。否则，还应规定测定温度。

8 精密度

8.1 表1给出了平均pH值和Ⅰ型精密度数据。

8.2 重复性：

在95%置信水平下，本方法的重复性限值r见表1。

在正常测试条件下，若同一个实验室得到的两个重复测定结果之差大于表1中r的数值(任何给定水平)，则被认为是来自不同的样本。

8.3 再现性：

在95%置信水平下，本方法的再现性限值R见表1。

在正常测试条件下，若不同实验室得到的两个测定结果之差大于表1中R的数值(任何给定水平)，将被认为是来自不同(非等同的)的样本。

表 1　pH 值测量的精密度估计值

平均值	实验室内		实验室间	
	S_r	R	S_R	R
10. 56	0. 021	0. 1	0. 174	0. 5

$r=2.83\times S_r$

式中 r 为重复性(用测量单位表示)，S_r 为实验室内标准偏差。

$R=2.83\times S_R$

式中，R 为再现性(用测量单位表示)，S_R 为实验室间标准偏差。

9　试验报告

试验报告应包括如下内容：

a）本标准的编号；

b）关于样品的详细说明；

c）测定的温度；

d）试验过程中观察到的任何异常现象；

e）试验结果和单位的表示；

f）本标准中未包括的任何自选操作；

g）试验日期。

前　言

本标准等同采用国际标准 ISO 2006：1985《合成胶乳-高速机械稳定性的测定》，对 SH/T 1151—92《合成胶乳高速机械稳定性测定法》进行了复审确认。

本标准与其前版的主要差异：

1. 对受油酸钾溶液作用而凝结的胶乳，本标准规定使用 5%（m/m）的其他合成阴离子或非离子表面活性剂溶液；

2. 称量精确度不同；

3. 本标准规定了搅拌胶乳的时间（1～30min）可由有关方面商定；

4. 本标准按照 GB/T 1.1—1993 的要求，对 SH/T 1151—92 作了编辑性修改。

本标准自生效之日起，代替并废止 SH/T 1151—92。

本标准由中华人民共和国化学工业部提出。

本标准由全国橡胶与橡胶制品标准化技术委员会合成橡胶分技术委员会归口。

本标准起草单位：化学工业部胶乳工业化工研究所。

本标准起草人：郑柏林。

本标准于 1982 年作为国家标准 GB 2955—82 首次发布，1990 年复审确认，1992 年清理整顿为行为标准。

ISO 前 言

ISO(国际标准化组织)是各国家标准团体(ISO 成员团体)的世界性联合机构。制定国际标准的工作通常由 ISO 各技术委员会进行。凡对已建立技术委员会的项目感兴趣的成员团体均有权参加该委员会。与 ISO 有联系的政府和非政府的国际组织，也可参加此项工作。在电工技术标准化的所有方面，ISO 与国际电工技术委员会(IEC)紧密合作。

技术委员会采纳的国际标准草案，要发给成员团体进行投票。作为国际标准发布时，要求至少有 75%投票的成员团体投赞成票。

国际标准 ISO 2006 由 ISO/TC 45，橡胶与橡胶制品技术委员会制定。

ISO 2006 首次发布于 1974 年。本第二版是第一版经过技术修订的版本，它代替并废止第一版(ISO 2006：1974)。

使用者应注意到所有国际标准都在不断地进行修订，除非另有说明，在本标准引用的其他国际标准均需使用其最新版本。

中华人民共和国石油化工行业标准

SH/T 1151—1992
（2009 年确认）
idt ISO 2006：1985

合成胶乳高速机械稳定性的测定

Synthetic rubber latex—Determination of high-speed mechanical stability

---

警告：使用本标准的人员应熟悉正规实验室操作规程。本标准无意涉及因使用本标准可能出现的所有安全问题。制定相应的安全和健康制度，并确保符合国家法规是使用者的责任。

1 范围

本标准规定了测定合成胶乳高速机械稳定性的方法。

本标准适用于黏度在 200mPa · s 以下的合成胶乳高速机械稳定性的测定。如果合成胶乳的黏度高于 200mPa · s，则应稀释。

2 引用标准

下列标准包含的条文，通过在本标准中引用而构成为本标准的条文。在标准出版时，所示版本均为有效。所有标准都会被修订，使用本标准的各方应探讨使用下列标准最新版本的可能性。

SH 1149—92(1998) 合成胶乳取样法(eqv ISO 123：1985)

SH/T 1152—92(1998) 合成胶乳黏度的测定(eqv ISO 1652：1985)

SH/T 1154—92 合成胶乳总固物含量的测定(eqv ISO 124：1985)

3 原理

高速搅拌胶乳试样，将形成的凝固物量看作胶乳机械稳定性的反向量度。

4 试剂

在分析过程中，应使用蒸馏水或同等纯度的水。

4.1 皂液：5%(m/m)油酸钾溶液(pH = 10)。对受油酸钾溶液作用而凝结的胶乳，应使用 5%(m/m)的其他合成阴离子或非离子表面活性剂溶液。

4.2 石蕊试纸

5 仪器

5.1 机械稳定性测量装置的组成部件

5.1.1 胶乳容器：平底圆筒，至少高 100mm，内径 58mm±2mm，壁厚约 2.5mm，内表面光滑，最好使用玻璃容器。

5.1.2 搅拌器 由长度足以达到胶乳容器(5.1.1)底部的垂直不锈钢转轴和叶盘组成。转轴从上到下，逐渐变细，到底端直径递减至约 6.3mm，叶盘由水平而光滑的直径为 36.12mm±0.03mm，厚度为 1.57mm±0.05mm 的不锈钢片构成，叶盘用一螺栓连接在锥形旋转轴的底端。在整个测试过程中，此装置应保持 14000r/min±200r/min 的搅拌转速，在此转速下转轴的偏移不应超过 0.25mm。

5.1.3 胶乳容器的托架：应保证搅拌轴的轴线与胶乳容器同心，搅拌叶盘的底面与胶乳容器底部内

中国石油化工总公司 1992-05-20 批准　　　　1992-05-20 实施

表面的距离为 13mm±1mm。

5.2　预过滤器

由平均孔径为 180μm±15μm 的不锈钢丝网构成。

5.3　测试过滤器

由平均孔径为 180μm±15μm 的不锈钢圆盘状丝网构成，干燥至恒定质量，精确称量至 1mg，并将其牢固地固定在两个等内径(25~50mm)的不锈钢环之间。

6　取样和制样

6.1　取样：按 SH 1149 规定的方法之一取样。

6.2　制样:黏度按 SH/T 1152 的规定测定。如果胶乳黏度高于200mPa・s,则应稀释至200mPa・s或200mPa・s 以下,但稀释后按总固物计的胶乳浓度下降不得超过 10%,总固物含量按 SH/T 1154 规定测定。

7　分析步骤

调节胶乳温度至 25℃±3℃,经预过滤器(5.2)过滤后,转移 50g±0.5g 胶乳至胶乳溶器(5.1.1)中。

置容器于规定的位置，在商定的 1~30min 的时间内搅拌胶乳，并确保搅拌器(5.1.2)的转速是 14000r/min±200r/min，容器内胶乳温度的升高不应超过 60℃、高度不应超过 100mm。如果需要限制发泡，应将一种糊状聚硅氧烷消泡剂涂抹在容器内表面的上部周围。搅拌停止后立即移开胶乳容器，并用皂液(4.1)将搅拌轴和叶盘上的胶乳沉积物洗净，用皂液润湿测试过滤器(5.3)并将胶乳和洗液倒入测试过滤器中，使用皂液是为了确保全部胶乳和包括结皮在内的沉积物定量转移。用皂液冲洗测试过滤器上的残余物直至其不再含有胶乳，然后用水冲洗至冲洗液使石蕊试纸呈中性为止。小心移开含湿固体物的测定过滤器并用滤纸擦净底面，在 100℃±5℃ 干燥测试过滤器和凝固物，直至经 15min 干燥后，相邻两次称量之差小于 1mg。

8　分析结果的表述

胶乳的高速机械稳定性应以形成的凝固物占胶乳的质量百分数 x 表示，由下列计算公式给出：

$$x = \frac{m_1}{m_0} \times 100 \qquad (1)$$

式中：m_1——凝固物的质量，g；

m_0——试样的质量，g。

9　试验报告

试验报告应包括以下内容：

a）本标准的编号；

b）关于样品的详细说明；

c）试验结果和表述方法；

d）胶乳是否经过稀释，测试胶乳时的总固物含量；

e）搅拌时间以 min 表示；

f）聚硅氧烷消泡剂的名称(如果使用)；

g）试验过程中观察到的任何异常现象；

h）本标准或引用标准中未包括的任何自选操作；

i）试验日期。

ICS 83.040.10
G 34

SH

中华人民共和国石油化工行业标准

SH/T 1152—2014
代替 SH/T 1152—1992

合成橡胶胶乳表观黏度的测定

Synthetic Rubber latex—Determination of apparent viscosity

(ISO 1652 : 2011, Rubber latex—Determination of apparent viscosity by the Brookfield test method, MOD)

2014-05-06 发布　　2014-10-01 实施

中华人民共和国工业和信息化部　发布

前　言

本标准按照 GB/T 1.1—2009 给出的规则起草。

本标准代替 SH/T 1152—1992《合成胶乳黏度的测定》。

本标准与 SH/T 1152—1992 相比，主要技术变化如下：

——修改了标准名称(见封面)；

——规范性引用文件中增加引用 GB/T 8170(见第 2 章)；

——增加了术语和定义(见第 3 章)；

——增加了数字黏度计(见第 4 章注、8.3 注)；

——修改了试验温度(见 5.3、8.1，1992 版的第 6 章)；

——增加了对过滤筛网的规定(见 5.4)；

——将“试样制备”和“试验步骤”两章分条表示(见第 7 章、第 8 章)；

——增加了试验结果的取值和数值的修约要求(见第 9 章)；

——增加了精密度(见第 10 章)。

本标准使用重新起草法修改采用 ISO 1652：2011《橡胶胶乳 用 Brookfield 法测定表观黏度》。

本标准与 ISO 1652：2011 的主要技术性差异如下：

——修改了标准名称(见封面)；

——范围仅适用于合成橡胶胶乳(见第 1 章)；

——关于规范性引用文件，本标准做了具有技术性差异的调整，以适应我国的技术条件，调整的情况集中反映在第 2 章“规范性引用文件”中，具体调整如下：

- 用修改采用国际标准的 SH/T 1149 代替了 ISO 123(见第 6 章)；
- 用等同采用国际标准的 SH/T 1154—2011 代替了 ISO 124：2008(见第 7 章)；
- 增加引用 GB/T 8170(见第 9 章)。

——增加了数字黏度计(见第 4 章注、8.3 注)；

——仅规定了 L 型黏度计(见 5.1)；

——增加了预过滤步骤(见 7.4)；

——增加了试验结果的取值和数值的修约要求(见第 9 章)；

——增加了方法的允许差(见 10.2)。

为便于使用，本标准还做了下列编辑性修改：

——删除 ISO 1652：2011 的资料性附录 A“黏度测定方法”和附录 B“精密度说明”。

本标准由中国石油化工集团公司提出。

本标准由全国橡胶与橡胶制品标准化技术委员会合成橡胶分技术委员会(SAC/TC35/SC6)归口。

本标准起草单位：中国石油天然气股份有限公司石油化工研究院。

本标准参加单位：上海高桥巴斯夫分散体有限公司、重庆长寿捷圆化工有限公司、日照锦湖金马化学有限公司。

本标准主要起草人：李晓银、李淑萍、王芳、魏玉丽、笪敏峰、曹帅英、贾慧青、高杜娟。

本标准于 1992 年 5 月首次发布，1998 年复审确认，本次为第一次修订。

合成橡胶胶乳 表观黏度的测定

警告：使用本标准的人员应熟悉正规实验室操作规程。本标准无意涉及因使用本标准可能出现的所有安全问题。制定相应的安全和健康规程并确保符合国家法规是使用者的责任。

1 范围

本标准规定了用L型黏度计测定合成橡胶胶乳表观黏度的方法。

本标准适用于合成橡胶胶乳表观黏度的测定。

2 规范性引用文件

下列文件对于本文件的应用是必不可少的。凡是注日期的引用文件，仅所注日期的版本适用于本文件。凡是不注日期的引用文件，其最新版本(包括所有的修改单)适用于本文件。

GB/T 8170 数值修约规则与极限数值的表示和判定

SH/T 1149 合成橡胶胶乳 取样(SH/T 1149—2006，ISO 123：2000，MOD)

SH/T 1154—2011 合成橡胶胶乳总固物含量的测定(ISO 124：2008，MOD)

3 术语和定义

下列术语和定义适用于本文件。

3.1

试样 test sample

从混合均匀的实验室样品中，取一定量的用于测定的胶乳样品。

4 原理

将一个特定的转子浸入胶乳至规定的深度，在恒定的旋转频率和可控制的剪切速率下旋转，以所产生的力矩确定胶乳的表观黏度。用根据旋转频率和转子大小而定的系数乘以转矩读数得到表观黏度。

注1：对于数字黏度计，直接读取黏度数，并按其说明书要求进行操作。

注2：数字黏度计和表盘黏度计会得到不同的测定结果。

5 仪器

5.1 L型黏度计

适用范围为0 mPa·s~2000 mPa·s。由一台同步电动机组成，电动机在恒定的旋转频率下带动转轴，转轴可连接不同形状和尺寸的转子。

测定胶乳表观黏度时，将转子浸入胶乳至规定的深度，使转子在胶乳中转动，胶乳对转子的阻力会使转轴产生一个力矩。由此产生的平衡力矩由指针表示在刻有0~100个单位的刻度盘上。

L 型黏度计在满刻度偏转时，产生的弹簧力矩为 67.37 μN · m±0.07 μN · m(673.7 dyn · cm±0.7 dyn · cm)。

转子应按图 1 精确加工，其尺寸见表 1。转子应该有一个凹槽或其他标记，指示转子需要浸入胶乳的深度。

表 1　转子尺寸

单位为毫米

转子号数	A ±1.3	B ±0.03	C ±0.03	D ±0.06	E ±1.3	F ±0.15
L1	115.1	3.18	18.84	65.10	—	81.0
L2	115.1	3.18	18.72	6.86	25.4	50.0
L3	115.1	3.18	12.70	1.65	25.4	50.0

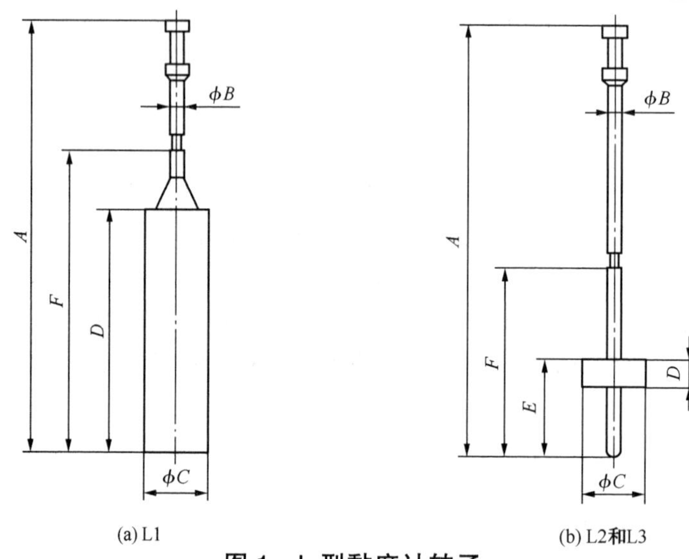

图 1　L 型黏度计转子

电机壳上应安装水准仪，以指示连接在电机轴上的转子是否垂直。

为了在操作过程中保护转子，应使用防护装置，防护装置由棱角锉圆、弯成 U 形的矩形条钢制成，截面积约为 9.5 mm×3 mm。

防护装置垂直部分的上端应牢固地接在电机壳上，可拆卸，便于清洗。防护装置的水平部分则通过内半径为 6 mm 的圆弧与垂直部分连接。

注：虽然防护装置的主要功能是保护，但它是仪器不可缺少的部分，如果不安装防护器，测定的胶乳黏度很可能发生变化。

当防护装置牢固地连接在电机壳上时，防护装置两个垂直部分的内表面之间的距离应为 31.8 mm±0.8 mm，防护装置水平部分上表面与转子底部之间的垂直距离不得小于 10 mm。

5.2　玻璃烧杯：内径至少为 85 mm，容量至少为 600 mL。

5.3　水浴：温度可控制在 23 ℃±2 ℃。

5.4　过滤筛网：用孔径约为 500 μm±25 μm 的不锈钢丝网制成。

6　取样

按照 SH/T 1149 规定的方法之一取样。

7 样品制备

7.1 用过滤筛网(5.4)过滤胶乳样品。

7.2 如果需要测定已知总固物的胶乳黏度，按照SH/T 1154—2011的规定测定样品总固物含量。必要时用蒸馏水或纯度与之相当的水将总固物含量稀释至所需总固物含量。稀释时，应将水缓慢的加入胶乳样品中，轻轻搅拌混合物5 min，避免空气混入。

7.3 如果胶乳中混有空气且其黏度小于200 mPa·s，则应将胶乳在常温下静置24 h以除去空气。

7.4 如果胶乳中夹带空气但不含有其他挥发性组分，且其黏度大于200 mPa·s，则应将胶乳在真空下脱气，直至不再有气泡逸出。

8 试验步骤

8.1 将按照第7章制备好的样品倒入烧杯（5.2)中，然后将烧杯放入23 ℃±2 ℃的水浴(5.3)中，慢慢搅拌试样直至温度达到水浴温度，记录准确温度。立即将转子牢固地连接在电机轴上，将防护装置牢固地装在黏度计(5.1)的电机壳上，将转子和防护装置小心地插入试样中，直至试样表面位于转子轴上凹槽的中间刻线处。应避免带入空气。转子应垂直放入试样中(通过调节电机壳上的水准仪)并处于烧杯的中心。

8.2 选择黏度计转速为60 $r \cdot min^{-1}$±0.2 $r \cdot min^{-1}$。启动黏度计的电机，读取最靠近分刻度单位的平衡读数。达到平衡读数，可能需经过20 s~30 s。

8.3 应使用能测定黏度的最小号数转子。在10~90刻度单位之间的读数是可信的。如果读数小于10刻度单位或大于90刻度单位，应分别使用更大或更小的转子进一步测定。

注：对于数字黏度计，调节转子至所用的转子档，当转子旋转稳定后，记录读数。

8.4 在每次测定后，应将转子从仪器上拆卸下来清洗干净。

9 结果表示

取得读数后，用表2中所列相应的因子计算胶乳的黏度，以mPa·s表示。

表2 刻度0~100的读数换算成mPa·s所需的因子

转子号数	因　子
L1	×1
L2	×5
L3	×20

取两次平行测定结果为试验结果，按照GB/T 8170进行数值修约，结果保留1位小数。

10 精密度

10.1 允许差

两次平行测定结果之差不大于试验结果的1%。

10.2 重复性

数字黏度计的重复性见附录A。

11 试验报告

试验报告应包括以下内容:

a)本标准的编号;

b)关于样品的详细说明;

c)试验结果;

d) 所用仪器和转子号数;

e) 胶乳的总固物含量(是否经过稀释);

f) 试验温度;

g) 试验过程中观察到的任何异常现象;

h) 本标准或引用标准中未包括的任何自选操作;

i) 试验日期。

附　录　A
（规范性附录）
数字黏度计的精密度

A.1　按照 GB/T 6379.2 的规定确定数字黏度计的精密度，精密度数值（95%置信水平）见表 A.1。

A.2　表 A.1 中的数据是测定结果的平均值和试验方法的精密度估算值。有 3 个实验室参加了精密度实验，每个实验室对每种胶乳样品重复测定 6 次，在一周内完成实验。

A.3　重复性：在重复性条件下，两次独立测试结果的绝对差值不大于 r。

表 A.1　精密度数值

材　　料	平　均　值	S_r	r
氯丁胶乳	16.0	0.14	0.42
羧基丁苯胶乳	132.1	0.62	1.86

表中所列符号定义如下：
S_r=重复性标准差；
r= 重复性（以测量单位表示）。

参 考 文 献

[1] GB/T 6379.2—2004 测量方法与结果的准确度(正确度与精密度) 第2部分：确定标准测量方法重复性与再现性的基本方法

ICS 83.060
G 34
备案号：36281-2012

SH

中华人民共和国石油化工行业标准

SH/T 1153—2011
代替 SH/T 1153—1992

合成橡胶胶乳 凝固物含量(筛余物)的测定

Synthetic rubber latex—Determination of coagulum content(sieve residue)

(ISO 706：2004(E)，Rubber Latex—Determination of coagulum content(sieve residue)，MOD)

2011-12-20 发布 2012-07-01 实施

中华人民共和国工业和信息化部 发布

前　言

本标准按照 GB/T 1.1—2009 给出的规则起草。

本标准代替 SH/T 1153—1992《合成胶乳凝固物含量的测定》。

本标准与 SH/T 1153—1992 相比，技术内容的主要变化如下：

——标准名称修改为《合成橡胶胶乳 凝固物含量(筛余物)的测定》(见封面)；

——规范性引用文件由“注日期引用”修改为“不注日期引用”，增加了 2 个引用文件(见第 2 章，1992 版的第 2 章)；

——增加了“实验室样品”的术语(见 3.1)；

——增加了用孔径 45μm 不锈钢筛网测定凝固物含量(见 3.2，6.2)；

——增加了“方法原理”(见第 4 章)；

——增加了孔径为 710μm±25μm 过滤筛网(见 6.1)，用 710μm 过滤筛网粗滤样品(见 8.3)；

——修改了方法的允许差(见第 9 章，1992 版的第 9 章)；

——增加了方法的精密度(见第 10 章)。

本标准使用重新起草法修改采用 ISO 706：2004(E)《橡胶胶乳 凝固物(筛余物)含量的测定》，与 ISO 706：2004(E)的主要差异如下：

——修改了标准名称；

——关于规范性引用文件，本标准做了具有技术性差异的调整，以适应我国的技术条件，调整的情况集中反映在第 2 章“规范性引用文件”中，具体调整如下：

- 用等效采用国际标准的 GB/T 6003.1 代替了 ISO 3310-1；
- 用修改采用国际标准的 SH/T 1149 代替了 ISO 123。

——删除了 2 个引用文件中，增加了 1 个引用文件(见第 2 章)；

——删除了与天然橡胶相关的内容；

——增加了用 45μm 不锈钢筛网测定凝固物含量(见 3.2，6.2)；

——增加了一个条文注释(见第 4 章)；

——按照汉语言习惯对精密度内容进行了编辑性修改，并删除了一些不影响执行标准的解释性文字(见第 10 章)；

——删除了附录 A。

本标准由中国石油化工集团公司提出。

本标准由全国橡胶与橡胶制品标准化技术委员会合成橡胶分技术委员会(SAC/TC35/SC6)归口。

本标准起草单位：中国石油天然气股份有限公司石油化工研究院。

本标准参加单位：上海高桥巴斯夫分散体有限公司，重庆长寿化工有限责任公司。

本标准起草人：李晓银、孙丽君、陈跟平、方芳、高杜娟、翟月勤、魏玉丽。

本标准所代替标准的历次发布情况：

——SH/T 1153—1992。

合成橡胶胶乳　凝固物含量(筛余物)的测定

警告： 使用本标准的人员应有正规实验室工作的实践经验。本标准并未指出所有可能的安全问题。使用者有责任采取适当的安全和健康措施，并保证符合国家有关法规规定的条件。

1　范围

本标准规定了合成橡胶胶乳凝固物含量(筛余物)的测定方法。

本标准适用于合成橡胶胶乳中凝固物含量(筛余物)的测定。

2　规范性引用文件

下列文件对于本文件的应用是必不可少的。凡是注日期的引用文件，仅所注日期的版本适用于本文件。凡是不注日期的引用文件，其最新版本(包括所有的修改单)适用于本文件。

GB/T 6003.1　金属丝编织网试验筛(GB/T 6003.1—1997，eqv ISO 3310-1：1990)

GB/T 8170　数值修约规则与极限数值的表示和判定

SH/T 1149　合成橡胶胶乳　取样(SH/T 1149—2006，ISO 123：2000，MOD)

3　术语与定义

下列术语和定义适用于本文件。

3.1

实验室样品 laboratory sample

用于实验室检验的，能代表一批产品的一定量胶乳。

3.2

凝固物 coagulum content

筛余物 sieve residue

留在平均孔径为180μm±10μm、45μm±3μm的不锈钢过滤筛网（符合GB/T 6003.1)上的物料，这些物料由凝固的橡胶絮凝块和杂质组成。

注：通常理解的“凝块”是胶乳在装载、运输过程中形成的，实验室样品不包括胶乳的表皮和粗的凝块(残留在710μm±25μm筛网上的凝块)，这些物料在试验前应通过粗过滤除去。

4　方法原理

将实验室样品用粗过滤筛网过滤，过滤后的样品与表面活性剂溶液混合，再用规定孔径的过滤筛网过滤混合液，洗去过滤筛网上未凝固的胶乳，通过干燥筛余物来计算凝固物含量。

注：与水不发生凝聚的胶乳，可用水代替表面活性剂溶液。

5　试剂

除非另有规定，在分析过程中应使用分析纯的试剂和蒸馏水或相当纯度的水。

5.1 非离子型表面活性剂溶液

5%(质量分数)的水溶性乙氧基烷基酚溶液，溶液的 pH 值为 7.0±0.5。

6 仪器

6.1 粗过滤筛网

用孔径为 710μm±25μm 的不锈钢丝网制成。

6.2 试验过滤筛网

用孔径为 180μm±10μm、45μm±3μm 的不锈钢丝网制成的圆盘，并符合 GB/T 6003.1 的规定，也可用合成纤维布制成。

如果过滤筛网需要清洗(如重复使用)，将其浸入 5%(体积分数)的硝酸溶液中煮沸 30min，用水冲洗并干燥至恒重。

注意：用合成纤维制作的过滤筛网不能用硝酸清洗。

6.3 不锈钢环

2 个，内径相等，并在 25mm~50mm 之间。

6.4 烧杯

容量为 600mL。

6.5 烘箱

温度可控制在 100℃±5℃。

6.6 干燥器

6.7 天平

一台精度为 1mg 或更精确，另一台能精度为至 1g。

7 取样

按照 SH/T 1149 规定的方法之一取实验室样品。实验室样品不应包括任何干的胶乳结皮和粗的凝块。

8 试验步骤

8.1 按照下列步骤作平行试验。

8.2 充分搅拌实验室样品以保证样品均匀。

8.3 用 710μm 的粗过滤筛网(6.1)过滤适量的实验室样品于干净的烧杯(6.4)中，盖住烧杯口确保胶乳表面不结皮。

8.4 在温度为 100℃±5℃的烘箱(6.5)中干燥试验过滤筛网(6.2)至恒重，称量，精确至 1mg，记录该质量(m_1)，用不锈钢环(6.3)固定试验过滤筛网。

用烧杯(6.4)称取按第8.3条制备的样品200 g±1g(m_0)，精确至1g，加入200mL非离子表面活性剂溶液(5.1)，充分混合。

用表面活性剂溶液湿润试验过滤筛网，将胶乳和表面活性剂的混合液倒入试验过滤筛网，立即用少量的表面活性剂溶液洗涤烧杯，将洗涤液一并倒入试验过滤筛网。继续用少量表面活性剂溶液冲洗试验过滤筛网，直至试验过滤筛网中无胶乳残留物，再用200mL水冲洗。

8.5 小心地取出有湿凝固物的试验过滤筛网，用滤纸吸干试验过滤筛网的底部。

8.6 将试验过滤筛网和凝固物放在100℃±5℃的烘箱中干燥30min，取出放入干燥器(6.6)内冷却至室温，称量，精确至1mg。再将试验过滤筛网和凝固物放回100℃±5℃的烘箱中继续干燥15min，取出放入干燥器内冷却至室温，称量。重复上述操作步骤，每次干燥时间均为15min，直至连续两次称量之差小于1mg。记录干燥的试验过滤筛网和凝固物的质量(m_2)。

9 结果的表示

凝固物含量x以胶乳的质量百分数计，数值以%表示，按式(1)进行计算：

$$x=\frac{m_2-m_1}{m_0}\times 100 \qquad (1)$$

式中：

m_0——试样的质量，单位为克(g)；

m_1——试验过滤筛网的质量，单位为克(g)；

m_2——试验过滤筛网和干凝固物的质量，单位为克(g)。

取两次平行测定结果的平均值作为试验结果，按照GB/T 8170进行数值修约，结果保留1位有效数字。如果单个测定结果与平均值之差大于0.001%，应重新进行试验。

10 精密度

10.1 表1给出了凝固物含量的平均值和Ⅰ型精密度数据。

10.2 重复性

在95%置信水平下，本方法的重复性限值r见表1。

在重复性试验条件下，若同一个实验室得到的两个重复测定结果之差大于表1中r的数值(任何给定水平)，则被认为是来自不同的样本。

10.3 再现性

在95%置信水平下，本方法的再现性限值R见表1。

在再现性试验条件下，若不同实验室得到的两个测定结果之差大于表1中R的数值(任何给定水平)，则被认为是来自不同的样本。

表 1　精密度数据

平均值	实验室内		实验室间	
	s_r	r	s_R	R
0.001	0.0004	0.001	0.0005	0.002
$r=2.83\times s_r$ 式中：r 为重现性（以测量单位表示）；s_r 为实验室内标准偏差。 $R=2.83\times s_R$ 式中：R 为再现性（以测量单位表示）；s_R 为实验室间标准偏差。				

11　试验报告

试验报告应包括以下内容：

a）本标准的编号；

b）关于样品的详细说明；

c）试验过滤筛网的孔径；

d）试验结果；

e）试验过程中观察到的任何异常现象；

f）不包括在本标准或引用文件中的任何操作，以及其他任何认为有必要的操作；

g）试验日期。

ICS 83.060
G 34
备案号：36282-2012

SH

中华人民共和国石油化工行业标准

SH/T 1154—2011
代替 SH/T 1154—1999

合成橡胶胶乳总固物含量的测定

Synthetic rubber latex—Determination of total solids content

（ISO 124：2008，Latex，rubber—Determination of total solids content，MOD）

2011-12-20 发布 2012-07-01 实施

中华人民共和国工业和信息化部 发布

前　言

本标准依据 GB/T 1.1—2009 给出的规则起草。

本标准代替 SH/T 1154—1999《合成橡胶胶乳总固物含量的测定》。

本标准与 SH/T 1154—1999 相比的主要技术变化：

——规范性引用文件由“注日期引用”修改为“不注日期引用”（见第 2 章）；

——增加在高温 130℃和 160℃下的干燥方法（见 6.4）；

——第 8 章“允许差”修改为“精密度”；

——增加附录 A、附录 B。

本标准使用重新起草法修改采用 ISO 124：2008(E)《橡胶胶乳总固物含量的测定》（英文版）。

本标准与 ISO 124：2008 相比的主要技术变化：

——关于规范性引用文件，本标准做了具有技术性差异的调整，以适应我国的技术条件，调整的情况反映在第 2 章“规范性引用文件”中，用修改采用行业标准的 SH/T 1149 代替了 ISO 123（见第 2 章）。

——修改了标准的名称；

——删除了与天然橡胶相关的内容；

——删除国际标准的目次、前言和引言；

——修改资料性附录 B，增加 105℃干燥方法的精密度。

本标准由中国石油化工集团公司提出。

本标准由全国橡胶与橡胶制品标准化技术委员会合成橡胶分技术委员会归口（SAC/TC 35/SC 6）。

本标准起草单位：中国石油天然气股份有限公司石油化工研究院。

本标准参加单位：重庆长寿化工有限责任公司，上海高桥巴斯夫分散体有限公司。

本标准主要起草人：翟月勤、刘俊保、薛慧峰、李淑萍、李晓银、汤妍雯、沈海陇。

本标准所代替标准的历次发布情况：

——SH/T 1154—1992、SH/T 1154—1999。

合成橡胶胶乳总固物含量的测定

警告：使用本标准的人员应熟悉正规实验室操作规程。本标准无意涉及因使用本标准可能出现的所有安全问题。制定相应的安全和健康规程并确保符合国家法规是使用者的责任。

1 范围

本标准规定了测定合成橡胶胶乳总固物含量的方法。

本标准适用于合成橡胶胶乳，未必适用于硫化胶乳、加填料的胶乳或人造分散橡胶。

2 规范性引用文件

下列文件对于本文件的应用是必不可少的。凡是注日期的引用文件，仅所注日期的版本适用于本文件。凡是不注日期的引用文件，其最新版本(包括所有的修改单)适用于本文件。

SH/T 1149 合成橡胶胶乳 取样(SH/T 1149—2006，ISO 123：2000，MOD)

3 原理

在规定的常压或真空条件下，干燥胶乳试样至恒定质量。通过称量干燥前后试样的质量计算总固物含量。

注：在规定的时间内干燥试样，残余物含量的测定参见 ISO 3251。

4 仪器

普通实验室仪器以及：

4.1 平底皿：无嘴，直径约 60mm。

4.2 烘箱：温度可控制在 70℃±2℃、105℃±5℃、130℃±5℃、160℃±5℃。

4.3 真空烘箱：温度可控制在 125℃±2℃和恒压在 20kPa 以下。

4.4 分析天平：精确至 0. 1mg。

5 取样

按 SH/T 1149 规定的方法之一取样。

6 试验方法

6.1 概要

按 6.2，6.3，6.4 或 6.5 规定进行，试验时做平行样。

6.2 常压干燥(70℃)

称量平底皿(4.1)，精确至0.1mg。向皿中加入2.0g±0.5g的胶乳并称其质量(m_0)，精确至0.1mg。缓慢转动皿中的胶乳，使之覆盖整个皿底。必要时，可加入约1mL蒸馏水或纯度相当的水，并缓慢转动使蒸馏水与胶乳充分混合。

将盛有胶乳试样的皿，水平地放入烘箱(4.2)，并在70℃±2℃下干燥16h，直至试样白色消失，从烘箱中取出皿并置于干燥器中冷却至室温后，取出称量。然后重新将其放回烘箱中，在温度70℃±2℃下干燥30min。如前述一样取出皿并置于干燥器内冷却至室温，再称量。重复上述干燥步骤，每次干燥时间30min，直至两次连续称量之差小于0.5mg，记录干燥后胶乳的质量(m_1)。

6.3 常压干燥(105℃)

按照6.2规定将盛有胶乳的平底皿放置在温度105℃±5℃的烘箱中干燥2h，或直到试样白色消失，在干燥器中冷却至室温后取出称量，再将试样放回烘箱中，在温度105℃±5℃下干燥15min，如果两次连续称量之差大于0.5mg，重复干燥过程。

如果试样在105℃±5℃干燥后变的特别黏稠，则按6.2规定重复测定。

注：黏稠是某些橡胶放置在过高温度的空气中氧化的征兆。

6.4 常压干燥(130℃或160℃)

经利益相关方协调同意，干燥过程可以在温度升到160℃下短时间内干燥完成。

注：氯丁橡胶胶乳最高干燥温度为130℃，除氯丁橡胶胶乳外其他胶乳(参见表A.1)可以在温度高达160℃下干燥。

按6.2和6.3规定将盛有胶乳的平底皿放置在温度130℃±5℃下干燥40min或于160℃±5℃下干燥20min(参见附录A)，在干燥器中冷却至室温后取出称量，每次重复干燥时间为10min，直至两次连续称量之差小于0.5mg，如果对测定结果有异议，应按6.2规定进行干燥。

6.5 减压干燥

称量平底皿(4.1)，精确至0.1mg。向皿中加入1.0g±0.2g的胶乳并称量，精确至0.1mg。向皿中加入约1mL蒸馏水或纯度相当的水，并缓慢地转动使蒸馏水与胶乳充分混合，确保胶乳覆盖整个皿底。

将盛有胶乳试样的皿，水平地放入真空烘箱(4.3)。缓慢减压，以防止起泡和溅失，在气压低于20kPa和125℃±2℃下干燥45min至60min，缓慢消除真空，从烘箱中取出皿并置于干燥器中冷却至室温后，取出称量。重复上述干燥步骤，每次干燥时间为15min，直至两次连续称量之差小于0.5mg。

7 结果表述

总固物含量(TSC)以干燥前胶乳质量百分数计，数值以%表示，按公式(1)计算：

$$TSC=\frac{m_1}{m_0}\times100 \quad (1)$$

式中：

m_0——干燥前试样质量，单位为克(g)；

m_1——最终的干物质质量，单位为克(g)。

两个平行测定的结果之差应不大于0.2%(质量分数)。

测定结果取两次平行测定结果的平均值。

注：大量测定数据表明，真空干燥法(6.5)测定结果稍微偏低，两个平行测定的结果之差不大于0.1%。

8 精密度

参见附录B。

9 试验报告

试验报告应包括以下内容：

a)本标准的编号；

b)所使用的干燥方法和温度；

c)关于样品的详细说明；

d)结果的平均值及单位的表示方式；

e)测量过程中观察到的任何异常现象；

f)本标准中或引用标准中未包括的任何自选操作。

附 录 A
(资料性附录)
常压下合成胶乳干燥条件

A.1 已确定的各种合成胶乳合适的干燥条件即达到恒定质量的条件见表 A.1。表中给出的是干燥每种胶乳总固物含量的推荐条件。

表 A.1 130℃和 160℃下的干燥条件

胶乳[a]	干燥时间/min	
	130℃	160℃
XSBR	40	20
CR	30	不适用[b]
VP	40	20
SBR	40	20
XSBR(添加抗降解剂)	40	20
NBR(添加抗降解剂)	40	20
XNBR	40	20
XNBR(添加抗降解剂)	40	20
XMBR	40	20

[a] "X"表示"羧化"。

[b] 见 A.2 章。

A.2 由于氯丁橡胶(CR)可能分解，CR 胶乳干燥条件不应超过 130℃。

附　录　B
（资料性附录）
精密度

B.1　表 B.1 列出的精密度数据是按 6.4 规定的试验方法，按室间试验程序（ITPs）在不同的时间获得的。表 B.2 列出的精密度数据是按 6.3 规定的试验方法，在同一个实验室内，6 位操作人员按室内试验程序在不同的时间获得的。

B.2　按照 ISO/TR 9272 确定精密度，有关术语和其它统计学方面的细节参见 ISO/TR 9272。

B.3　本附录给出了按下述规定的 ITP、使用规定材料试验方法的精密度估算值。如果没有将精密度参数应用于这些特定材料的证明和包括这些试验方法的试验协议，这些参数不应用于任何批次产品的接受/拒收试验。

B.4　表 B.1 和表 B.2 给出的是精密度结果。重复性 r 和再现性 R 的确定是基于 95% 的置信概率。

注：误差是不适用的。在试验方法术语中，误差是试验结果的平均值与真值的差值。由于无法得到该试验方法的真值，因此无法确定该试验方法的误差。

B.4.1　表 B.1 中的数据是平均值和试验方法的精密度估算值，是 2004 年按 ITP，在 11 个实验室内对 3 种材料 X-SBR-1、X-SBR-2 和 CR 重复试验 3 次。要求每个参加实验室按 ITP 规定，对发放的这 3 种材料，使用表 B.2 中给定的温度和时间进行试验。

B.4.2　表 B.2 中数据是平均值和试验方法的精密度估算值，是 2008 年合成橡胶分技术委员会组织国内 5 家合成胶乳生产单位的 6 位操作人员，在同一实验室按照 6.3 规定的试验方法开展的精密度试验数据。在同一周内，每位操作人员对 3 种材料 XSBRL、CRL 和 XSBRL（高固）分别重复 5 次试验，精密度计算按照 GB/T 14838 进行。

B.5　每种情况都是在胶乳取样方法的基础上，按 ITP 规定于 2001 年和 2004 年确定的 1 型精密度。

B.6　重复性：对每种试验方法确定的重复性 r 值（用测量单位表示）见表 B.1、表 B.2。在标准试验条件下，同一实验室获得 2 次重复结果之差大于表中 r 值（所有的给定水平），应考虑试样来自于不同（不完全相同）的样本总体。

B.7　再现性：对每种试验方法确定的再现性 R 值（用测量单位表示）见表 B.1。在标准试验条件下，2 次独立的试验结果之差大于表中 R 值（所有的给定水平），应考虑试样来自于不同（不完全相同）的样本总体。

表 B.1　130℃和 160℃测定胶乳总固物的精密度［（见 6.4）］

条件	胶乳	平均值[a]	实验室内		实验室间	
			r	(r)	R	(R)
160℃ 20min	X-SBR-1	50.7	0.46	0.91	0.46	0.91
	X-SBR-2	50.6	0.20	0.39	0.38	0.75
	CR[c]	50.1	0.18	0.36	0.33	0.66
130℃ 40min	X-SBR-1	50.7	0.21	0.41	0.25	0.49
	X-SBR-2	50.6	0.08	0.16	0.11	0.22
	CR	50.2	0.12	0.24	0.40	0.80

表 B.1(续)

条件	胶乳	平均值[a]	实验室内		实验室间	
			r	(r)	R	(R)
160℃ 30in	X-SBR-1	50.6	0.04	0.08	0.16	0.32
	X-SBR-2	50.6	0.05	0.09	0.16	0.32
	CR[c]	50.0	0.11	0.23	0.43	0.86
130℃ 50min	X-SBR-1	50.7	0.10	0. 20	0.18	0.36
	X-SBR-2	50.6	0.04	0.08	0.14	0.28
	CR	50.2	0.09	0.19	0.56	1.12

$P=11$，$q=3$，$N=2$

r——重复性(用测量单位表示)；
(r)——重复性(用平均值的百分数表示)[b]；
R——再现性(用测量单位表示)；
(R)——再现性(用平均值的百分数表示)[b]。

[a] 总固物含量以质量百分数表示。
[b] 实际的测量单位是%，表示相对百分数。即百分数的百分数。
[c] 干燥 CR 胶乳不推荐这些温度。

表 B.2　105℃测定胶乳总固物的精密度

条件	胶乳	均值水平	实验室内		
			S_r	r	(r)
105℃，2h	XSBR	36.85	0.06	0.17	0.46
105℃，2h	CR	51.43	0.07	0.20	0.39
105℃，2h	XSBR	56.92	0.07	0.20	0.35

S_r——实验室内标准差(用测量单位表示)；
r——重复性(用测量单位表示)；
(r)——重复性(用平均值的百分数表示)。

参考文献

[1] ISO 3251 涂料、清漆和塑料—非挥发物质含量的测定

[2] ISO/TR 9272 橡胶和橡胶制品—试验方法标准的精确度测定

[3] GB/T 14838—1993 橡胶与橡胶制品 试验方法标准 精密度的确定

前　言

本标准等效采用国际标准 ISO 705：1994《橡胶胶乳—5℃至 40℃的密度测定》，对 SH/T 1155—1992《合成胶乳密度测定法》进行了修订。

本标准与 ISO 705：1994 的主要差异是：

1. 适用范围缩小，只适用于合成橡胶胶乳；
2. 删除了在标准温度下测定胶乳密度所引用的方法；
3. 删除了不同温度的天然胶乳浓缩液密度校正公式。

本标准与 SH/T 1155—1992 的主要差异是：

1. 扩大了测定温度的范围；
2. 密度瓶不同。

本标准自实施之日起，废止并代替 SH/T 1155—1992。

本标准由兰州化学工业公司提出。

本标准由全国橡胶与橡胶制品标准化技术委员会合成橡胶分技术委员会归口。

本标准起草单位：兰州化学工业公司化工研究院。

本标准起草人：吴毅。

本标准于 1982 年作为国家标准 GB 2959—1982 首次发布，1990 年复审确认 GB 2959—1982（1990），1992 年清理整顿调整为石油化工行业标准 SH/T 1155—1992。1999 年第一次修订。

ISO 前 言

ISO(国际标准化组织)是各国家标准团体(ISO 成员团体)的世界性联合机构。制定国际标准的工作通常由 ISO 各技术委员会进行。凡对已建立技术委员会项目感兴趣的成员团体均有权参加该委员会。与 ISO 有联系的政府和非政府的国际组织，也可参加此项工作。在电工技术标准化的所有方面，ISO 与国际电工技术委员会(IEC)紧密合作。

技术委员会采纳的国际标准草案，要发给成员团体进行投票。作为国际标准发布时，要求至少有 75%投票的成员团体投赞成票。

国际标准 ISO 705 是由 ISO/TC 45，橡胶与橡胶制品技术委员会，SC3 橡胶工业用原材料(包括胶乳)分会制定的。

作过技术修订的第二版废止并代替了第一版(ISO 705：1974)。

本标准的现行版本，按现行的办法规定了温度校正的计算，扩大了范围，增加了合成胶乳和预硫化天然胶乳。

中华人民共和国石油化工行业标准

SH/T 1155—1999
（2009 年确认）
eqv ISO 705：1994
代替 SH/T 1155—1992

合成橡胶胶乳密度的测定

Synthetic rubber latex—Determination of density

警告：使用本标准的人员应熟悉正规实验室操作规程。本标准无意涉及因使用本标准可能出现的所有安全问题。制定相应的安全和健康制度，并确保符合国家法规是使用者的责任。

1 范围

本标准规定了温度在 5℃至 40℃下合成橡胶胶乳密度的测定方法。

本标准适用于合成橡胶胶乳。

制定本标准的目的是在不能直接称量胶乳的质量或不能控制实验室温度的地方，利用密度的测定来计算已知体积的胶乳质量。

2 引用标准

下列标准所包含的条文，通过在本标准中引用而构成为本标准的条文。本标准出版时，所示版本均为有效。所有标准都会被修订，使用本标准的各方应探讨使用下列标准最新版本的可能性。

SH 1149—1992(1998) 合成胶乳取样法(eqv ISO 123：1985)

3 仪器

3.1 密度瓶(附温比重瓶)：容量 50mL，附有带磨口的温度计及磨口玻璃帽。

3.2 恒温水浴：温度可以调节，控制温度精度±0.2℃。

3.3 天平：感量 1mg。

3.4 锥形瓶：两个，容量至少 200mL，均配有橡皮塞。在橡皮塞上装有两根玻璃管，一根短的是与洗耳球相联的入口管，另一根是几乎伸到瓶底的导出管。

4 取样

胶乳样品应至少静置 24h 以保证空气泡逸出，记录取样时胶乳的温度 θ，按 SH 1149 规定的方法之一取样，注意不要混入空气，并保证试样瓶装满胶乳。

5 分析步骤

取样后应尽快进行测定。

调节恒温水浴温度至 θ(见第 4 章)，轻轻搅动胶乳试样，不要混入空气，将适量的胶乳装入锥形瓶(3.4)中，并置于恒温水浴中，在另一个锥形瓶中装入刚制备的冷蒸馏水，也置于恒温水浴中。

将清洁干燥的密度瓶(3.1)连同磨口玻璃帽和所附温度计一起称量，精确至 1mg。将密度瓶塞上磨口温度计，但不放磨口玻璃帽，也把它置于恒温水浴中并浸至瓶颈。使密度瓶和两个分别装有胶乳和水的锥形瓶达到恒温水浴的温度，此过程至少需要 20min。

用洗耳球从装胶乳的锥形瓶中先压出几毫升胶乳，弃去，然后再压入足够量胶乳到密度瓶中并

国家石油和化学工业局 1996-06-10 批准　　2000-01-01 实施

使之完全装满，塞上磨口温度计并立即将其顶部表面擦净(建议用镜头纸擦)。注意不要使胶乳从毛细管中溢出。从恒温水浴中取出密度瓶，立即盖上磨口玻璃帽，尽快将密度瓶表面擦干，然后称量，精确至1mg。

将密度瓶中胶乳倒掉，并用蒸馏水冲洗至无胶乳，如前所述，将密度瓶再浸入恒温水浴至瓶颈，用吸耳球从装蒸馏水的锥形瓶中将蒸馏水压入密度瓶内。在水浴中静置5min。然后，倒掉密度瓶中的蒸馏水，再将密度瓶放回水浴中，用同样的方法将水重新充满密度瓶。立即盖上磨口玻璃帽。尽快将密度瓶表面擦干，然后称量，精确至1mg。

6 分析结果的表述

恒温水浴温度下胶乳的密度ρ以克每立方厘米表示，由下列计算公式给出：

$$\rho=\frac{m_1\rho_w}{m_w} \quad \cdots\cdots (1)$$

式中：m_1——密度瓶中胶乳的质量，g；

m_w——密度瓶中水的质量，g；

ρ_w——在水浴温度下水的密度，g/cm^3(见表1)。

所得结果应表示至三位小数。

表1 在不同温度下水的密度

温度,℃	密度，g/cm^3	温度,℃	密度，g/cm^3
5	1.0000	23	0.9975
6	0.9999	24	0.9973
7	0.9999	25	0.9970
8	0.9998	26	0.9968
9	0.9998	27	0.9965
10	0.9997	28	0.9962
11	0.9996	29	0.9959
12	0.9995	30	0.9956
13	0.9994	31	0.9953
14	0.9992	32	0.9950
15	0.9991	33	0.9947
16	0.9989	34	0.9944
17	0.9988	35	0.9940
18	0.9986	36	0.9937
19	0.9984	37	0.9933
20	0.9982	38	0.9930
21	0.9980	39	0.9926
22	0.9978	40	0.9922

7 允许差

平行测定的两个结果之差不大于0.001g/cm^3。

8 试验报告

试验报告应包括以下内容：

a）本标准的编号；

b）关于样品的详细说明；

c）胶乳和水浴的温度；

d）试验结果和单位的表示；

e）在试验过程中观察到的任何异常现象；

f）本标准中未包含的任何自选操作；

g）试验日期。

ICS 83. 040. 10
G 35

SH

中华人民共和国石油化工行业标准

SH/T 1156—2014
代替 SH/T 1156—1999

合成橡胶胶乳表面张力的测定

Synthetic rubber latex—Determination of surface tension

(Plastics/rubber—Polymer dispersionsand rubber latices(natural andsynthetic)—Determination of surface tension by the ring method ISO 1409：2006，MOD)

2014-05-06 发布　　2014-10-01 实施

中华人民共和国工业和信息化部　发布

目　次

前　言

本标准按照 GB/T 1.1—2009 给出的规则起草。

本标准代替 SH/T 1156—1999《合成橡胶胶乳表面张力的测定》。

本标准与 SH/T 1156—1999 的技术差异如下：

——修改标准范围(见第 1 章)；

——修改规范性引用文件为不注日期引用(见第 2 章)；

——增加 GB/T 6682—2008《分析实验室用水规格和试验方法》(见第 2 章)；

——增加白金板法的测试原理(见第 3 章)；

——增加自动表面张力仪及相关内容(5.2、7.4.2、8.2)；

——修改试样制备(7.3)；

——修改允许差为精密度(见第 9 章)。

本标准使用重新起草法修改采用国际标准 ISO 1409：2006(E)《塑料/橡胶-聚合物分散体和橡胶胶乳(天然和合成)-环法测定表面张力》。

本标准与 ISO 1409：2006 的技术差异如下：

——修改了标准的名称；

——修改标准范围，本标准仅适用于合成橡胶胶乳(见第 1 章)；

——关于规范性引用文件，本标准做了具有技术性差异的调整，以适应我国的技术条件，调整的情况集中反映在第 2 章“规范性引用文件”中，具体调整如下：

- 用非等效采用国际标准的 GB/T 6682—2008 代替了 ISO 3696：1987；
- 用修改采用国际标准的 SH/T 1149 代替了 ISO 123；
- 用修改采用国际标准的 SH/T 1152 代替了 ISO 1652；
- 用修改采用国际标准的 SH/T 1154 代替了 ISO 124；
- 用修改采用国际标准的 SH/T 1155 代替了 ISO 705；

——增加白金板法的测试原理(见第 3 章)；

——增加自动表面张力仪及相关内容(5.2、7.4.2、8.2)；

——纠正公式(2)的错误(8.1.1)。

本标准由中国石油化工集团公司提出。

本标准由全国橡胶与橡胶制品标准化技术委员会合成橡胶分技术委员会归口(SAC/TC35/SC6)。

本标准起草单位：中国石油天然气股份有限公司石油化工研究院。

本标准参加单位：上海高桥巴斯夫分散体有限公司，重庆长寿化工有限责任公司。

本标准主要起草人：翟月勤、王学丽、李淑萍、汤妍雯、笪敏峰、曹帅英、沈海龙、耿占杰、贾慧青。

本标准的历次发布情况为：

GB 2960—1982、SH/T 1156—1992、SH/T 1156—1998。

合成橡胶胶乳表面张力的测定

1 范围

本标准规定了白金环法和白金板法测定合成橡胶胶乳表面张力的方法。

本标准适用于黏度小于 200 mPa · s 的合成橡胶胶乳。为达到这样黏度，可以用蒸馏水稀释试样总固物含量至 40%(质量分数)，如果合成橡胶胶乳的黏度仍达不到要求，可进一步稀释试样。

2 规范性引用文件

下列文件对于本文件的应用是必不可少的。凡是注日期的引用文件，仅所注日期的版本适用于本文件。凡是不注日期的引用文件，其最新版本(包括所有的修改单)适用于本文件。

GB/T 6682—2008 分析实验室用水规格和试验方法(ISO 3696 : 1987, NEQ)

SH/T 1149 合成橡胶胶乳 取样(SH/T 1149—2006, ISO 123 : 2000, MOD)

SH/T 1152 合成橡胶胶乳表观黏度的测定(SH/T 1152—2014, ISO 1652 : 2011, MOD)

SH/T 1154 合成橡胶胶乳总固物含量的测定(SH/T 1154—2011, ISO 124 : 2008, MOD)

SH/T 1155 合成橡胶胶乳密度的测定(SH/T 1155—1999, eqv ISO 705 : 1994)

3 原理

白金环法(du Nouy 环法)：将系在表面张力仪上的一根水平悬浮的金属丝环浸入胶乳试样中，然后慢慢拉出，当环离开胶乳表面前的那一瞬间，所需的力达到最大值。此力用扭力天平、传感器或其他合适的测试仪器测定。

白金板法(Wilhelmy 板法)：将白金板浸入试样中，白金板周围受到试样向下的表面张力作用，在浸入状态下由感应器感测向上的平衡力，仪器将感测到向上的平衡力转化为表面张力值并显示出来。

4 试剂

4.1 蒸馏水

无二氧化碳的蒸馏水或纯度相当的水(GB/T 6682—2008 规定的三级水)。

4.2 甲苯

分析纯。

5 仪器

5.1 手动表面张力仪

配备有平均周长为 60 mm 或 40 mm(分别相当于 9.55 mm 或 6.37 mm 的内半径)的白金环或铂-铱

合金环，金属丝额定半径为 0.185 mm 或其他。

5.2 自动表面张力仪

可调节平台移动速率为 10 mm/min。

配备有平均周长为 60 mm 或 40 mm（分别相当于 9.55 mm 或 6.37 mm 的内半径）的白金环或铂-铱合金环，金属丝额定半径为 0.185 mm 或其他。

配备有铂片或者铂/铱制成的白金板，长为 20 mm、宽为 0.2 mm、高为 10 mm，且表面粗糙。

5.3 玻璃皿

容量约 50 mL，内径至少为 45 mm，可适合在自动调温器中使用。

5.4 恒温水浴或其他调温装置

温度可调节至 23 ℃±1 ℃（热带地区可调至 27 ℃±1 ℃）。

6 取样

按照 SH/T 1149 规定的方法取样。

7 分析步骤

7.1 仪器准备

仔细清洁玻璃皿（5.3），将白金环或白金板先用水冲洗干净，再在酒精灯的氧化焰区灼烧，直至白金环或白金板变红为止，时间 20 s~30 s。在处理表面张力仪的环时，避免触摸或扭曲环，确保测定期间环与液体表面平行。在处理白金板时，白金板与水流保持一定的角度冲洗，在 Bunsen 灯或酒精灯的氧化焰区灼烧白金板时应与水平面呈约 45°角进行。

7.2 仪器校正

7.2.1 手动表面张力仪校正

按照制造厂家说明书，用标准砝码或参比液体［蒸馏水（4.1）或甲苯（4.2）］仔细校正张力仪的标度，标度单位以 mN/m 表示。

一般选用标准砝码进行校正，结果计算（见第 8 章）根据不同的校正方法应采用不同的校正系数。

7.2.2 自动表面张力仪校正

按照制造厂家的说明书，用标准砝码校正张力仪。

7.3 试样制备

按照 SH/T 1154 测定试样总固物含量，按 SH/T 1152 测定试样黏度。如果试样黏度大于 200 mPa·s，则可以用蒸馏水将试样总固物含量稀释至 40%±1%（质量分数）。如果试样黏度仍达不到要求，可进一步稀释试样直至黏度小于 200 mPa·s。

注：将胶乳总固物含量稀释至 40%（质量分数），对胶乳表面张力产生很小的影响。在某些情况下，可能要求测定高固物含量胶乳的表面张力，在这样情况下，只要黏度小于 200 mPa·s，按规定方法测定，准确度几乎没有影响。

按照 SH/T 1155 测定稀释过的试样密度。

7.3.1 将稀释后的试样盛入锥形瓶并置于恒温水浴(5.4)，将稀释试样的温度调节至 23 ℃±1 ℃(热带地区 27 ℃±1 ℃)。自动表面张力仪可使用配套的恒温槽加热。

7.3.2 用移液管从液面下取大约 25 mL 的稀释试样移至玻璃皿中，试样深度至少 10 mm，用硬滤纸消除试样表面的空气泡，立即测定表面张力，避免由于表面结皮而引起的误差。

7.4 测定

自动表面张力仪的操作是通过软件由仪器自动完成，不同厂家生产的自动表面张力仪设置可能不同，应按说明书进行操作。

测定过程中张力仪不应受气流干扰。

7.4.1 手动表面张力仪测定

7.4.1.1 将盛有试样(7.3.2)的玻璃皿放到可调节平台上，使之处于环的正下方。按照厂家说明书调节仪器，当挂上干燥环刻度盘读数为零时，表面张力仪悬梁应处于平衡位置(悬梁上的指针与反射镜上的标线重合)。升起平台直至试样与环接触，然后将环浸入液面中，深度约 5 mm 处。

7.4.1.2 调节平台螺旋，使平台慢慢下降，同时增加环金属丝的扭力，均衡这两项调节，使张力仪悬梁保持其平衡位置，当粘在环上的胶膜接近破裂点时，操作更要缓慢。

7.4.1.3 记录环与胶乳分离前那一瞬间刻度盘上的最大读数(这对于未稀释的高黏度胶乳尤为重要)。

7.4.1.4 在胶膜破裂之前，立即再次升起玻璃皿，重新将环浸入试样中，重复测定，如果胶膜破裂，则按 7.1 规定清洁环，并进行重复测定。

7.4.1.5 连续测定 4 次，舍去第一次读数，只取后三次读数的平均值，且三次读数中的最大值和最小值与中值之差应在±0.5 mN/m 之内。

注：在 20 ℃~30 ℃范围内，合成橡胶胶乳表面张力温度系数为-0.1 mN/m℃。

7.4.2 自动表面张力仪测定

打开表面张力仪，挂上吊钩及清洁后的白金板或白金环，预热 30 min。

7.4.2.1 白金板法

将盛有试样(7.3.2)的玻璃皿放到可调节的平台上，使之处于白金板的正下方，白金板下端距离试样表面约 3 mm~5 mm。

连续测定 3 次，舍去第一次读数，取后两次试验结果的平均值作为测定结果。

按 7.1 规定的方法清洁白金板并重复测定。

7.4.2.2 白金环法

将盛有试样(7.3.2)的玻璃皿放到可调节平台上，使之处于环的正下方，环与试样表面相距 3 mm~5 mm。

将环浸至液面下约 5 mm 处，然后提升环至与液面分离，仪器自动测量一个最大值，读取表面张力测试值。

连续测定 3 次，舍去第一次读数，取后两次试验结果的平均值作为测定结果。

按 7.1 规定清洁环并重复测定。

8　分析结果的表述

8.1　手动表面张力仪测定

8.1.1　按标准砝码校正

如果表面张力仪已用标准砝码校正，试样的表面张力(σ)，数值以毫牛顿每米(mN/m)计，按公式(1)计算：

$$\sigma = MF \tag{1}$$

式中：

M ——刻度盘的读数，单位为毫牛顿每米(mN/m)；

F ——校正系数，按公式(2)计算：

$$F = 0.725 + \sqrt{\frac{0.03678M}{R^2\rho} + P} \tag{2}$$

式中：

R——环的平均半径，单位为毫米(mm)；

ρ——试样的密度；单位为克每立方厘米(g/cm^3)；

P——常数，按公式(3)计算

$$P = 0.04534 - \frac{1.679r}{R} \tag{3}$$

式中：

r——环丝的半径，单位为毫米(mm)。

所得结果应表示至一位小数。

注1：某些计算 F 的公式包括重力常数 G，本公式已将该数直接并入常数 0.03678，以避免可能出现的混淆。

注2：对平均周长为 60 mm 或 40 mm(R 分别为 9.55 mm 或 6.37 mm)，r 为 0.185 mm 的标准环给定 P 为：$P_{60}=+0.01282$ 或 $P_{40}=-0.00343$。

注3：“表面张力”和“表面自由能”是同义词，两者的数值也相同，分别为 mN/m 和 mJ/m^2 表示。

注4：因为每个试样，分别计算系数 F 可能不切合实际，为便于使用，根据金属环规格给出了相关的校正值 $\Delta\sigma$（参见附录 B）。

8.1.2　按参比液体校正

如果表面张力仪已用参比液校正，试样的表面张力(σ')，数值以毫牛顿每米(mN/m)计，按公式(4)计算：

$$\sigma' = M' \times F' \tag{4}$$

式中：

M' ——刻度盘上的读数，单位为毫牛顿每米(mN/m)；

F' ——校正系数，按公式(5)计算：

$$F' = F\sigma''/M'' \tag{5}$$

式中：

F ——按公式(2)计算；

σ'' ——参比液的表面张力，单位为毫牛顿每米(mN/m)；

M'' ——测试参比液体刻度盘上的读数，单位为毫牛顿每米(mN/m)。

所得结果应表示至一位小数。

8.2 自动表面张力仪测定

由仪器直接显示测量结果或根据仪器自带程序进行结果计算。

9 精密度

精密度参见附录A。

10 试验报告

试验报告应包括下列项目：

a)本标准的编号；

b)关于试样的说明；

c)试验温度；

d)试样最初和稀释后总固物含量；

e)使用的方法；

f)试验结果；

g)在测定过程中注意到的任何异常现象；

h)本标准中未包括的任选操作；

i)试验日期。

附 录 A
(资料性附录)
试验方法精密度

通过准确地操作和控制，即严格遵循操作程序，可得到如下精密度：

重复性：1.0 mN/m；

再现性：2.0 mN/m。

注：该精密度是按照 ISO/TR 9272：1986《橡胶和橡胶制品—试验方法的精密度》确定。

附 录 B
（资料性附录）
校 正 值

对每次测定都计算校正系数是非常花时间的。使用带电子数据处理的张力仪，结果可自动校正。手动表面张力仪如不能自动校正，建议用从表面张力仪刻度盘上的读数 M 中减去校正值 $\Delta\sigma$ 来表示试样的表面张力。

$$\sigma = M - \Delta\sigma \qquad (B.1)$$

表 B.1 和表 B.2 给出了周长为 40 mm 和 60 mm，金属环丝额定半径为 0.185 mm 的校正值。

表 B.1 校正值 $\Delta\sigma$（张力环周长为 40 mm）

试样密度 ρ/(g/cm^3)	刻度盘上的读数 M									
	20	30	40	45	50	55	60	65	70	72
	校正值 $\Delta\sigma$									
0.85	2.8	3.2	3.1	2.9	2.6	2.2	1.7	1.2	0.6	0.3
0.95	3.0	3.5	3.5	3.4	3.2	2.9	2.6	2.1	1.6	1.4
1.05	3.2	3.8	3.9	3.9	3.8	3.6	3.3	3.0	2.5	2.4
1.15	3.3	4.0	4.3	4.3	4.3	4.1	3.9	3.7	3.3	3.2
1.25	3.4	4.2	4.6	4.7	4.7	4.6	4.5	4.3	4.0	3.9

表 B.2 校正值 $\Delta\sigma$（张力环周长为 60 mm）

试样密度 ρ/(g/cm^3)	刻度盘上的读数 M									
	20	30	40	45	50	55	60	65	70	72
	校正值 $\Delta\sigma$									
0.85	2.5	3.3	3.9	4.1	4.2	4.3	4.3	4.3	4.2	4.2
0.95	2.6	3.5	4.1	4.3	4.5	4.7	4.8	4.8	4.8	4.8
1.05	2.6	3.6	4.3	4.6	4.8	5.0	5.1	5.2	5.3	5.3
1.15	2.7	3.7	4.4	4.8	5.0	5.3	5.5	5.6	5.7	5.8
1.25	2.7	3.8	4.6	4.9	5.2	5.5	5.7	5.9	6.1	6.1

ICS 83.040.10
G 34

SH

中华人民共和国石油化工行业标准

SH/T 1157.1—2012

生橡胶　丙烯腈-丁二烯橡胶(NBR)中结合丙烯腈含量的测定 第1部分：燃烧(Dumas)法

Rubber, raw—Determination of bound acrylonitrile content in acrylonitrile-butadiene rubber(NBR)—Part 1: Combustion(Dumas) method

ISO 24698-1：2008(E)，MOD

2012-11-07 发布　　2013-03-01 实施

中华人民共和国工业和信息化部　发布

前　言

SH/T 1157《生橡胶　丙烯腈-丁二烯橡胶(NBR)中结合丙烯腈含量的测定》分为两个部分：

——第1部分：燃烧(Dumas)法；

——第2部分：凯氏定氮法。

本部分为SH/T 1157的第1部分。

本部分按照GB/T 1.1—2009给出的规则起草。

本部分使用重新起草法修改采用ISO 24698-1：2008(E)《生橡胶 丙烯腈-丁二烯橡胶(NBR)中结合丙烯腈含量的测定　第1部分：燃烧(Dumas)法》。

本部分与ISO 24698-1：2008的主要技术性差异：

——将自动分析仪修改为元素分析仪，便于标准的使用(见5.1)；

——关于规范性引用文件，本部分做了具有技术性差异的调整，以适应我国的技术条件，调整的情况集中反映在第2章“规范性引用文件”中，具体调整如下：

- 用修改采用国际标准的GB/T 3516—2006代替了ISO 1407：1992(见5.3)；
- 用等同采用国际标准的GB/T 15340代替了ISO 1795(见6.1)；
- 用修改采用国际标准的SH/T 1149代替了ISO 123(见6.2)；
- 增加引用了GB/T 8170(见第8章)。

——增加了标准物质氨基苯磺酸(见4.1.4)；

——删除了5.2，5.7和5.9；

——修改了生胶的取样和制样条件，提高可操作性(见6.1)；

——修改了胶乳的干燥条件，提高可操作性(见6.2)；

——删除了7.3，将7.11调整为7.2，7.4~7.11的编号调整为7.3~7.10；

——修改了对试样量的规定，不同型号的仪器所需试样量不同，试样量可根据仪器使用说明书要求而定(见7.3)；

——增加了对公式(2)中3.79的解释，便于理解；增加了对试验结果数值的修约要求，提高判定的可操作性，消除歧义(见第8章)；

——增加精密度的表述和数值，提高可操作性(见第9章)。

为便于使用，本部分还做了下列编辑性修改：

——删除ISO 24698-1：2008的资料性附录A“Dumas燃烧法自动分析仪”；

——在本部分的附录A中，删除了ISO 24698-1：2008的资料性附录B中的精密度数值，安排在第9章。

本部分由中国石油化工集团公司提出。

本部分由全国橡胶与橡胶制品标准化技术委员会合成橡胶分技术委员会(SAC/TC35/SC6)归口。

本部分起草单位：中国石油天然气股份有限公司石油化工研究院。

本部分参加单位：中国石油天然气股份有限公司兰州石化分公司。

本部分主要起草人：李晓银、范国宁、陈跟平、杨芳、笪敏峰、刘俊保、魏玉丽。

生橡胶　丙烯腈-丁二烯橡胶(NBR)中结合丙烯腈含量的测定
第1部分：燃烧(Dumas)法

1　范围

本部分规定了燃烧(Dumas)法测定丙烯腈-丁二烯橡胶(NBR)中结合丙烯腈含量的方法。

本部分适用于NBR生胶和胶乳。

注：对于相同的橡胶样品，本部分和本标准的第2部分可能会得到不同的测定结果。

2　规范性引用文件

下列文件对于本文件的应用是必不可少的。凡是注日期的引用文件，仅所注日期的版本适用于本文件。凡是不注日期的引用文件，其最新版本(包括所有的修改单)适用于本文件。

GB/T 3516—2006 橡胶 溶剂抽出物的测定(ISO 1407：1992，MOD)

GB/T 8170 数值修约规则与极限数值的表示和判定

GB/T 15340 天然、合成生胶取样及其制样方法(GB/T 15340—2008，ISO 1795：2000，IDT)

SH/T 1149 合成橡胶胶乳 取样(SH/T 1149—2006，ISO 123-2000，MOD)

3　原理

样品中的氮在高纯氧环境下转化为氮氧化物，氮氧化物在催化剂的作用下还原为氮气，通过吸附或其他分离方法除去生成的二氧化碳和水蒸气，利用热导检测器(TCD)进行检测，得到氮的质量分数，通过计算得到样品中的结合丙烯腈含量。

4　试剂与原材料

4.1　标准物质：

4.1.1　L-天门冬氨酸：纯度≥99%；

4.1.2　L-谷氨酸：纯度≥99%；

4.1.3　EDTA：纯度≥99%；

4.1.4　氨基苯磺酸：纯度≥99%。

4.2　氧气：纯度≥99.99%或符合分析仪说明书要求。

4.3　载气：

4.3.1　氦气：纯度≥99.995%或符合分析仪说明书要求；

4.3.2　二氧化碳：纯度≥99.995%或符合分析仪说明书要求。

4.4　乙醇：纯度≥95%(体积分数)。

4.5　甲醇：纯度≥99.8%(体积分数)。

5 仪器

5.1 元素分析仪：

5.1.1 通则

元素分析仪由以下部分组成：

a）燃烧单元：能够提供样品在高纯氧环境下充分燃烧所需的最低温度；

b）高纯氧加氧器：能够提供充足的高纯氧使样品完全燃烧；

c）还原单元：能够将氮氧化物转化为氮气；

d）副产物吸收器(或分离器)：能够除去生成的二氧化碳和水；

e）热导检测器：能够检测生成的氮气；

f）微处理器：能够用标准物质校准仪器，并将检测器的响应信号转化为样品中氮的质量分数。

5.1.2 性能要求：

通过测定标准物质来确定仪器的准确性。标准物质连续 10 次测定结果的平均值应在理论值的±0.2%范围内。氮质量分数的相对标准偏差 *RSD* 按式(1)进行计算，*RSD* 应≤0.5%。

$$RSD(\%) = \frac{s}{w_N} \times 100 \qquad (1)$$

式中：

s——标准偏差；

w_N——氮质量分数平均值，单位为%。

5.2 抽提器：应符合 GB/T 3516—2006 中方法 B 的规定。

5.3 烧杯：容量 300mL。

5.4 搅拌器。

5.5 筛子：孔径 150μm。

5.6 烘箱：温度可控制在 100℃±2℃。

5.7 燃烧管：应符合分析仪说明书要求。

6 取样和制样

6.1 生胶

按照 GB/T 15340 的规定取样并制备样品。

从制备的样品中称取 3g~5g 试样，剪成宽约 5mm，长约 30mm 的细条，将试样逐条放入抽提器中(5.2)，加入 100mL 乙醇(4.4)，在溶液微沸下抽提 1h，取去抽提液，重新加入 100mL 乙醇，再抽提 1h。抽提后的试样在 100℃±2℃的烘箱(5.6)中干燥 2h，取出试样放入干燥器中冷却、备用。

6.2 胶乳

按照 SH/T 1149 规定的方法取约 500g 样品。

在搅拌下，向盛有 150mL 乙醇(4.4)或甲醇(4.5)的烧杯(5.3)中逐滴加入 NBR 胶乳(约含 5g 丁腈橡胶)使胶乳凝聚。加完后继续搅拌 5min，将烧杯中的物料倒在一个干净的 150μm 的筛子(5.5)中得到凝聚物。再将得到的凝聚物与 100mL 乙醇或甲醇倒入烧杯并搅拌 5min，将烧杯中的物料倒在 150μm 的筛子中得到凝聚物。然后将凝聚物在 100℃±2℃的烘箱中干燥 2h，取出放入干燥器中冷却、备用。

7 试验步骤

7.1 按照仪器说明书要求操作仪器。步骤如7.2到7.10所述。

7.2 用标准物质(4.1)校准仪器。

7.3 称取按第6章制备的试样(试样量和称量精度根据仪器说明书要求而定)，放入进样盘中，称量结果输入微处理器。

7.4 试样送入燃烧管(5.7)，在高纯氧环境下燃烧。

7.5 燃烧后的气体通过载气到还原单元。

7.6 在还原单元，燃烧管中的氮氧化物转化为氮气，残余的氧气被吸收。

7.7 通过吸收剂或者其他分离装置除去生成的二氧化碳和水。

7.8 通过TCD检测器测定生成的氮气。

7.9 系统中的残余气体与载气一并排出。

7.10 通过微处理器将检测器的响应值转化为氮质量分数。

8 结果计算

结合丙烯腈含量w_A以试样的质量分数计，数值以%表示，按式(2)进行计算：

$$w_A = 3.79 \times w_N \tag{2}$$

式中：

w_N——氮的质量分数，单位为%；

3.79——氮的质量分数转化为丙烯腈质量分数的系数。

取两次重复测定结果为试验结果，按照GB/T 8170进行数值修约，结果保留2位小数。

9 精密度

精密度的获得参见附录A，精密度数值(95%置信水平)见表1。

重复性：在重复性条件下，两次独立测试结果的绝对差值不大于r。

再现性：在再现性条件下，两次独立测试结果的绝对差值不大于R。

表1 结合丙烯腈含量的精密度数值

材料	平均值	实验室内			实验室间			实验室数量[a]
		s_r	r	(r)	s_R	R	(R)	
NBR1	25.13	0.149	0.421	1.675	0.366	1.036	4.123	11
NBR2	33.18	0.128	0.362	1.091	0.481	1.361	4.101	11
合并值	—	0.139	0.393	1.414	0.427	1.209	4.112	

表中所列符号定义如下：
s_r=重复性标准差；
r= 重复性(以测量单位表示)；
(r)=相对重复性(以百分数表示)；
s_R=再现性标准差；
R=再现性(以测量单位表示)；
(R)=相对再现性(以百分数表示)。

[a] ITP中删除了离群值后的最终实验室数量。

10 试验报告

试验报告应包括以下内容：

a）本部分的编号；

b）试验样品的说明；

c）所使用仪器的详细说明；

d）所使用的标准物质；

e）试验结果；

f）试验日期。

附　录　A
（资料性附录）
精密度

A.1　总则

2006 年，开展了用燃烧法测定 NBR 中结合丙烯腈含量方法精密度的试验室间测试方案（ITP）试验。按照 ISO/TR 9272[1]确定了 1 型精密度。

有 10 家实验室参加了 ITP 试验，其中有两家实验室使用了两种不同类型的分析仪。由于这两家试验室提供的数据来自两种类型的分析仪，这些数据可视为来自不同的实验室。这样就给出了 12 个实验室提供的数据。

ITP 试验中使用了两种不同的 NBR，试验结果表示结合丙烯腈含量的单个（次）测定值。

如果没有文献能证明这种精密度结果可应用到被测的产品或材料上，则本 ITP 实验测出的精密度结果不可作为接受或拒绝被测试一组材料或产品的判断依据。

A.2　精密度结果

精密度结果是按 ISO/TR 9272：2005 中规定的离群值删除原则获得的。

1）ISO/TR 9272：2005，Rubber and rubber products — Determination of precision for test method standards

ICS 83.040.10
G 35

SH

中华人民共和国石油化工行业标准

SH/T 1157.2—2015
代替 SH/T 1157—1997

生橡胶　丙烯腈-丁二烯橡胶(NBR)中结合丙烯腈含量的测定 第2部分：凯氏定氮法

Rubber, raw—Determination of bound acrylonitrile content in acrylonitrile-butadiene rubber(NBR)—Part 2: Kjeldahl method

（ISO 24698-2：2008，NEQ）

2015-07-14 发布　　　　2016-01-01 实施

中华人民共和国工业和信息化部　发布

前　　言

SH/T 1157《生橡胶　丙烯腈-丁二烯橡胶(NBR)中结合丙烯腈含量的测定》分为两个部分：

——第1部分：燃烧(Dumas)法；

——第2部分：凯氏定氮法。

本部分为 SH/T 1157 的第2部分。

本部分按照 GB/T 1.1—2009 给出的规则起草。

本部分代替 SH/T 1157—1997《丁腈橡胶中结合丙烯腈含量的测定》。

本部分与 SH/T 1157—1997 的主要技术差异：

——标准名称修改为《生橡胶　丙烯腈-丁二烯橡胶(NBR)中结合丙烯腈含量的测定　第2部分：凯氏定氮法》；

——修改了范围(见第1章，1997版的第1章)；

——修改了规范性引用文件(见第2章，1997版的第2章)；

——增加了方法B(相关内容见4.1、4.7、4.12、4.13、5.1、7.2、9.2)；

——增加了取样(见第6章)。

本部分使用重新起草法参考 ISO 24698-2：2008《生橡胶　丙烯腈-丁二烯橡胶(NBR)中结合丙烯腈含量的测定　第2部分：凯氏定氮法》制定，与 ISO 24698-2：2008 的一致性程度为非等效。

本部分由中国石油化工集团公司提出。

本部分由全国橡胶与橡胶制品标准化技术委员会合成橡胶分技术委员会(SAC/TC 35/SC 6)归口。

本部分起草单位：中国石油天然气股份有限公司石油化工研究院、中国石油天然气股份有限公司兰州石化分公司、宁波顺泽橡胶有限公司。

本部分主要起草人：李晓银、李箐、翟月勤、王学丽、杨伟燕、范国宁、李淑萍、曹帅英。

本部分所代替标准的历次版本发布情况：SH/T 1157—1984、SH/T 1157—1992、SH/T 1157—1997。

生橡胶　丙烯腈-丁二烯橡胶(NBR)中结合丙烯腈含量的测定 第2部分：凯氏定氮法

警告：使用本标准的人员应有正规实验室工作的实践经验。本标准并未指出所有可能的安全问题。使用者有责任采取适当的安全和健康措施，并保证符合国家有关法律法规规定的条件。

1　范围

SH/T 1157的本部分规定了采用凯氏定氮法测定丙烯腈-丁二烯橡胶(NBR)中结合丙烯腈含量的两种方法：方法A和方法B。

本部分适用于测定NBR生橡胶，其他NBR也可参照使用。

这两种方法可能会得到不同的测定结果，在有争议的情况下，宜使用方法A。

2　规范性引用文件

下列文件对于本文件的应用是必不可少的。凡是注日期的引用文件，仅注日期的版本适用于本文件。凡是不注日期的引用文件，其最新版本(包括所有的修改单)适用于本文件。

GB/T 601　化学试剂　标准滴定溶液的制备

GB/T 6682 分析实验室用水规格和试验方法

GB/T 8170 数值修约规则与极限数值的表示和判定

GB/T 15340 天然、合成生胶取样及其制样方法(GB/T 15340—2008，ISO 1795：2000，IDT)

GB/T 24131—2009　生橡胶 挥发分含量的测定(ISO 248：2005，MOD)

3　方法概要

试样经无水乙醇抽提并干燥后，在混合催化剂作用下，用硫酸加热消解，试样中的氮转化为硫酸氢铵，在强碱作用下经蒸馏分解出氨，用硼酸溶液进行吸收，最后用硫酸标准滴定溶液滴定。

注：方法B可将蒸馏、吸收、滴定和结果计算等过程合为一体，自动快速完成。

4　试剂和材料

除非另有规定，仅使用分析纯试剂，分析用水应符合GB/T 6682中三级水的规定。

4.1　硫酸铵(标准物质)，纯度≥99.5%。

4.2　硫酸：ρ=1.84g/mL。

4.3　无水乙醇。

4.4　乙醇：纯度≥95%(体积分数)。

4.5　锌：颗粒状。

4.6　混合催化剂A：将30质量份硫酸钾(K_2SO_4)，4质量份硫酸铜($CuSO_4 \cdot 5H_2O$)，1质量份的硒粉或2质量份的十水硒酸钠($Na_2SeO_4 \cdot 10H_2O$)混合，研制成均匀的粉末。

4.7　混合催化剂B：将K_2SO_4和$CuSO_4 \cdot 5H_2O$按照质量比8：1混合均匀。

4.8 硫酸标准滴定溶液：$c(H_2SO_4)=0.1$ mol/L，按 GB/T 601 进行配制和标定。

4.9 氢氧化钠溶液：40%(质量分数)。将 400g 氢氧化钠溶于 600 mL 水中。

4.10 硼酸溶液：40 g/L。将 40 g 硼酸溶于 1 L 水中，可加热溶解，然后冷却至室温。

4.11 混合指示剂 A：将 0.1 g 甲基红和 0.05 g 亚甲基蓝溶于 100 mL 乙醇(4.4)中，倒入棕色瓶中备用。

4.12 混合指示剂 B：将 0.07 g 甲基红和 0.1 g 溴甲酚绿溶于 20 mL 乙醇中，定容至 100 mL，倒入棕色瓶中备用。或者按照仪器使用说明书要求配制。

4.13 硼酸吸收液：将 10 mL 混合指示剂 B(4.12)加入 1000 mL 硼酸溶液(4.10)中。或者按照仪器使用说明书要求配制。

5 仪器

5.1 自动凯氏定氮仪

5.1.1 消解单元：配有内置恒温器，温度可控制在 420 ℃±5 ℃。

5.1.2 蒸馏单元：具有凯氏蒸馏功能，能将一定体积的氢氧化钠溶液加入消解管中，进行水蒸气蒸馏一定时间，将释放的氨气冷凝吸收到滴定单元的硼酸溶液中。

5.1.3 滴定单元：具有自动滴定功能，最小滴定单位为 0.01 mL，可根据滴定池内颜色变化进行终点判断。

5.1.4 数据处理单元：能通过标准物质校准仪器，并将滴定结果转化为样品中氮的质量分数。

5.1.5 消解管：容量 250 mL。

5.2 天平：精度 0.1 mg。

5.3 真空烘箱：温度可控制在 100 ℃±2 ℃，余压不大于 13.3 kPa。

5.4 抽提器：带磨口的锥形瓶，容量 250 mL，附冷凝管。

5.5 凯氏烧瓶：容量 1000 mL。

5.6 液滴捕获器：直径 50 mm。

5.7 分液漏斗：容量 150 mL。

5.8 冷凝管：长约 200 mm。

5.9 吸收瓶：容量 500 mL 的锥形瓶。

6 取样和制样

6.1 按照 GB/T 15340 的规定取样，按照 GB/T 24131—2009 中第 4 章的规定进行试样均化。

6.2 从上述样品中称取 3 g~5 g 试样，剪成宽约 5 mm，长约 30 mm 的细条，将试样逐条放入抽提器(5.4)中，加入 100 mL 无水乙醇(4.3)，在溶液微沸下抽提 1 h，弃去抽提液，重新加入 100 mL 无水乙醇，再抽提 1 h。抽提后的试样在 100 ℃±2 ℃的真空烘箱(5.3)中干燥 2 h，取出试样放入干燥器中冷却至室温，将试样剪成碎粒，放入干燥器中备用。

7 分析步骤

7.1 方法 A

7.1.1 称取按第 6 章制备的试样约 1 g，精确至 0.1 mg，置于凯氏烧瓶(5.5)底部，避免试样粘附在瓶颈上。加入 6.5 g 混合催化剂 A(4.6)和 30 mL 硫酸(4.2)，轻轻旋转凯氏烧瓶，使试样、催化剂与硫酸充分混合。将凯氏烧瓶倾斜地放置在通风橱内的加热器上加热，使溶液保持微沸，直至溶液变成清澈透明的绿色后，再继续煮沸 60 min，使试样完全消解。

7.1.2　待凯氏烧瓶内溶液冷却至室温后，加入 250 mL 水冲洗瓶颈并稀释溶液，摇匀，然后加入 0.5 g 锌(4.5)，立即连接凯氏烧瓶、液滴捕获器(5.6)、分液漏斗(5.7)和冷凝器(5.8)(装置见图 1)，通入冷却水。

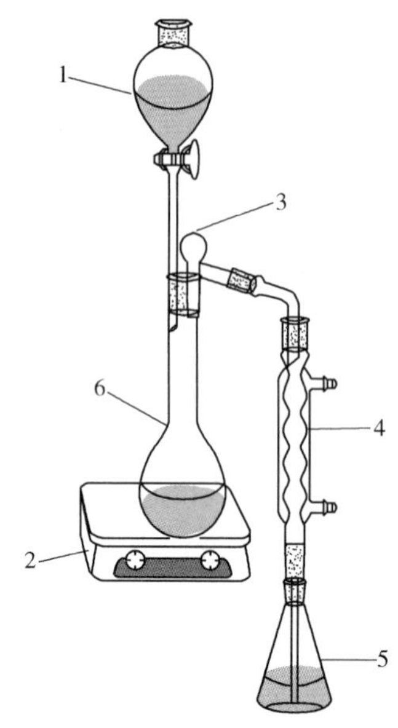

说明：
1—分液漏斗；
2—加热器；
3—液滴捕获器；
4—冷凝器；
5—吸收瓶；
6—凯氏烧瓶。

图 1　凯氏定氮装置

7.1.3　在吸收瓶(5.9)中加入 100 mL 硼酸溶液(4.10)和 2 滴混合指示剂 A(4.11)，将冷凝器导管末端浸没在硼酸溶液内。经分液漏斗，向凯氏烧瓶中加入 100 mL 氢氧化钠溶液(4.9)，用少量水洗涤分液漏斗，洗涤液也加入凯氏烧瓶中。关闭分液漏斗，再往分液漏斗中加入少许水。然后加热蒸馏，在稳定的蒸馏速度下，收集馏出液约 200 mL 为止，降低吸收瓶，用水洗涤导管末端，洗涤液并入吸收瓶中。

7.1.4　用硫酸标准滴定溶液(4.8)滴定吸收液至刚出现紫色为终点。

7.1.5　按上述步骤进行空白试验。

7.2　方法 B

7.2.1　消解

称取按第 6 章制备的试样 0.25 g~0.50 g，精确至 0.1 mg，置于消解管(5.1.5)中，加入 5.0 g 混合催化剂 B(4.7)和 20 mL 硫酸(4.2)。将消解管放入消解单元(5.1.1)，在 420 ℃±5 ℃下消解 120 min 后，将消解管冷却至室温。

7.2.2　测定

7.2.2.1　按照仪器说明书要求操作仪器，用硫酸铵标准物质(4.1)校准仪器。

7.2.2.2 设定硫酸标准滴定溶液浓度、氢氧化钠溶液 60 mL、蒸馏水 80 mL、硼酸吸收液(4.13) 50 mL。

7.2.2.3 将消解管放入蒸馏单元进行蒸馏和滴定，记录标准滴定溶液体积，数据处理单元将滴定结果转化为试样中的结合丙烯腈含量。同时进行空白试验。

8 结果计算

结合丙烯腈含量 w_A 以试样的质量分数计，数值以%表示，按式(1)进行计算：

$$w_A = \frac{c(V_1 - V_2) \times 0.1061}{m} \times 100 \tag{1}$$

式中：

c——硫酸标准滴定溶液浓度，单位为摩尔每升(mol/L)；

V_1——试样消耗的硫酸标准滴定溶液体积，单位为毫升(mL)；

V_2——空白消耗的硫酸标准滴定溶液体积，单位为毫升(mL)；

m——试样的质量，单位为克(g)。

0.1061——与 1.00 mL 硫酸标准滴定溶液[$c(H_2SO_4)$ = 0.1 mol/L]相当的以克表示的丙烯腈的质量。

取两次重复测定结果的平均值作为试验结果，按照 GB/T 8170 进行数值修约，结果保留两位小数。

9 精密度

9.1 方法 A

平行测定两个结果的绝对差值不大于 0.50%。

9.2 方法 B

结合丙烯腈含量不大于 33.0%时，两次重复测定结果的绝对差值应不大于 0.35%；

结合丙烯腈含量在 33.1%~45.0%时，两次重复测定结果的绝对差值应不大于 0.45%。

10 试验报告

试验报告应至少包括以下内容：

a)本部分的编号；

b)试验样品的说明；

c)所使用的方法；

d)试验结果；

e)试验过程中观察到的任何异常现象；

f)本部分或引用标准中未包括的任何自选操作；

g)试验日期。

ICS 83.060
G 34
备案号：30330-2011

SH

中华人民共和国石油化工行业标准

SH/T 1159—2010
代替 SH/T 1159—1992

丙烯腈-丁二烯橡胶(NBR)溶胀度的测定

Acrylonitrile-butadiene rubber (NBR)—Determination of the swelling ratio

2010-11-10 发布　　2011-03-01 实施

中华人民共和国工业和信息化部　发布

前　言

本标准参考美国材料与试验协会标准 ASTM D471-06《橡胶性能的标准测试方法—液体的影响》中的第 5~10 章中的内容进行修订。

本标准代替 SH/T 1159—1992《丁腈橡胶溶胀度测定方法》。

本标准与 SH/T 1159—1992 相比主要差异如下：

——变更了标准名称。标准名称改为《丙烯腈-丁二烯橡胶（NBR）溶胀度的测定》；

——增加了规范性引用文件（本版的第 2 章）；

——改变了溶胀试样的液体（本版的 5.4 条）。溶胀试样的液体由“苯：溶剂油 = 1：3（体积比）”改为“参比燃油：B：异辛烷：甲苯 = 7：3（体积比）；C：异辛烷：甲苯 = 5：5（体积比）；D：异辛烷：甲苯 = 6：4（体积比）”；

——改变了溶胀时间（本版的 6.2 条）。方法Ⅰ中溶胀时间由 24h 改为 22h，方法Ⅱ中溶胀时间由 1h 改为 3h。

本标准由中国石油化工集团公司提出。

本标准由全国橡胶与橡胶制品标准化技术委员会合成橡胶分技术委员会（SAC/TC35/SC6）归口。

本标准主要起草单位：中国石油天然气股份有限公司石油化工研究院兰州化工研究中心。

本标准主要起草人：王春龙、孙丽君、吴毅、沈海陇。

本标准所代替标准的历次发布情况为：

本标准于 1984 年以国家标准首次发布，标准编号为 GB 4488—1984；1992 年清理整顿为石油化工行业标准，标准编号为 SH/T 1159—1992。

丙烯腈-丁二烯橡胶(NBR)溶胀度的测定

警告：使用本标准的人员应熟悉正规实验室操作规程。本标准并未涉及所有可能出现的安全问题，如果有所涉及也与其应用相关。使用者有责任制定适当的安全和健康制度并确保符合国家有关法规规定。

1 范围

本标准规定了测定丙烯腈-丁二烯橡胶(NBR)硫化胶溶胀后质量变化的两个方法。当测定结果有争议时，应以方法Ⅰ为基准方法进行仲裁。

本标准适用于以丁二烯和丙烯腈为单体，采用乳液聚合法生产的丙烯腈-丁二烯橡胶(NBR)。

2 规范性引用文件

下列文件中的条款通过本标准的引用而成为本标准的条款。凡是注日期的引用文件，其随后所有的修改单(不包括勘误的内容)或修订版均不适用于本标准，然而，鼓励根据本标准达成协议的各方研究是否可使用这些文件的最新版本。凡是不注日期的引用文件，其最新版本适用于本标准。

SH/T 1611—2004 丙烯腈-丁二烯橡胶(NBR)评价方法(ISO 4658：1999，MOD)

3 试样制备

3.1 按SH/T 1611—2004中相关规定取样并进行混炼和硫化。

3.2 将硫化好的试片裁成厚度为2.0mm±0.2mm、长和宽分别为20mm的方形试样备用。

4 设备

实验室常用设备以及：

4.1 容器：金属材质，密封耐压，内径60mm，内壁高40mm，壁厚≥5mm，具有旋口盖；

4.2 具塞广口瓶：容积为150mL；

4.3 恒温设备：温度可以控制在23℃±2℃；

4.4 恒温设备：温度可以控制在98℃±2℃；

4.5 天平：精度为0.0001g；

4.6 称量瓶：直径约35mm、高度约25mm。

注：恒温设备可以是水浴、油浴或其他非明火设备。

5 试剂

5.1 异辛烷：分析纯；

5.2 甲苯：分析纯；

5.3 丙酮：分析纯；

5.4 参比燃油：B：异辛烷∶甲苯=7∶3(体积比)；C：异辛烷∶甲苯=5∶5(体积比)；D：异辛烷∶甲苯=6∶4(体积比)。

注：参比燃油B、C、D相当于主要的商品汽油，其中参比燃油C代表典型的高芳香族优质汽油。根据硫化胶的用途，还可以选用其他合适比例的参比燃油进行溶胀。

6 试验步骤

6.1 方法Ⅰ(仲裁法)

平行取 2 个试样，分别准确称量至 0.1mg，均记为 m_1。将试样用细棉线从中心串联穿通，水平悬挂于装有 100mL 参比燃油(5.4)的具塞广口瓶(4.2)中，试样与试样之间、试样与容器壁之间均应避免互相接触，试样应全部浸没在参比燃油中。

盖紧瓶盖，将广口瓶放入恒温设备(4.3)中，在(23±2)℃下保持 22h。取出广口瓶，用镊子将试样从广口瓶中取出，抽出细棉线，迅速将试样浸入到丙酮中，取出后用滤纸擦干试样，再分别将试样立即放到两个已恒重的称量瓶(质量均记为 m)中，盖上称量瓶盖称量，精确到 0.1mg，均记为 m_2。从广口瓶中取出试样到将试样放入称量瓶并盖上盖子，整个过程应不超过 30s。

6.2 方法Ⅱ

平行取 2 个试样，分别准确称量至 0.1mg，均记为 m_1。将试样用细棉线从中心串联穿通，水平悬挂于装有 100mL 参比燃油的容器(4.1)中，试样与试样之间、试样与容器壁之间均应避免互相接触，试样应全部浸没在参比燃油中。

拧紧旋口盖，将容器放入恒温设备(4.4)中，在(98±2)℃下保持 3h，取出容器，在冷水中冷却 10min，从冷水中取出容器，用镊子将试样从容器中取出，抽出细棉线，在 30s 内将试样浸入到同种新鲜冷却的参比燃油中，经(30~60)min 冷却到室温后取出试样，迅速将试样浸入到丙酮中，取出后用滤纸擦干试样，再分别将试样立即放入到两个已恒重的称量瓶(质量均记为 m)中，盖上称量瓶盖称量，精确到 0.1mg，均记为 m_2。从同种新鲜冷却的参比燃油中取出试样到将试样放入称量瓶并盖上盖子，整个过程应不超过 30s。

注 1：参比燃油只限用一次。

注 2：每个浸泡时间的误差应该在±15min 或±1%范围内，取其中较大者。

注 3：在方法Ⅱ中，应保证容器在冷水中充分冷却后再打开盖子。

7 结果计算

丙烯腈-丁二烯橡胶硫化胶的溶胀度以质量改变量 R_s 计，数值以%表示，按公式(1)计算：

$$R_s = \frac{(m_2 - m) - m_1}{m_1} \times 100 \qquad (1)$$

式中：

m——称量瓶的恒重质量，单位为克(g)；

m_1——试样溶胀前的质量，单位为克(g)；

m_2——试样溶胀后的质量与称量瓶质量之和，单位为克(g)。

计算结果表示到小数点后一位，取平行测定结果的算术平均值作为测定结果。

8 允许差

8.1 本章中所规定的允许差是丙烯腈-丁二烯橡胶硫化胶在参比燃油 C 中溶胀度的允许差，未必适用于其他参比燃油。

8.2 同种方法平行测定结果之差不大于 1.5%。

9 试验报告

试验报告应包括以下内容：

a) 本标准的编号；

b) 关于样品的详细说明；

c) 选用的方法(方法Ⅰ或方法Ⅱ)；

d) 选用的参比燃油(燃油 B、燃油 C 或燃油 D)；

e) 试验过程中观察到的任何异常现象；

f) 本标准未包括的任何自选操作；

g) 试验结果及表述方法；

h) 试验日期。

中华人民共和国石油化工行业标准

SH/T 1500—1992

（2009年确认）

代替 ZB G34 001—87

合成胶乳　命名及牌号规定

本标准适用于合成胶乳的命名及牌号规定。

本标准规定了合成胶乳的命名方法，以及按标称总固物含量、标称结合共聚单体含量、主要使用特征和根据具体情况增加的附加特征为依据，而制订的《合成胶乳　命名及牌号规定》。

本标准参照采用 ISO/DIS 1629—1985《橡胶和胶乳——命名法》及 ISO 2438—1981《合成胶乳——代号制订》。

1　合成胶乳命名

合成胶乳命名根据合成胶乳的组成用英文词头字母表示。"R"表示聚合物的主链中含有不饱和碳链的合成胶乳。"M"表示主链中含有亚甲基型饱和碳链的合成胶乳。"X"表示聚合物链中含有羧基取代基的合成胶乳。为了把合成胶乳与合成橡胶区别开，在合成胶乳组成的英文词头字母后面加英文胶乳词头字母"L"表示。合成胶乳分类表示如下：

ABRL——丙烯酸、丁二烯胶乳

BRL——丁二烯胶乳

CRL——氯丁胶乳

IIRL——丁基胶乳

IRL——异戊胶乳

NBRL——丁腈胶乳

PBRL——丁吡胶乳

PSBRL——丁苯吡啶胶乳

SBRL——丁苯胶乳

SCRL——苯乙烯、氯丁二烯胶乳

XNBRL——羧基丁腈胶乳

XSBRL——羧基丁苯胶乳

XBRL——羧基丁二烯胶乳

XCRL——羧基氯丁胶乳

EPDML——乙烯、丙烯和二烯烃三元胶乳

EPML——乙丙胶乳

为了第 2.2 条的需要，紧接在词头字母为 R 的二烯烃的前一个单体（如有的话）称为共聚单体。

为了第 2.2 条的需要，将 M 前的二烯烃（如有的话）称为共聚单体。

2　合成胶乳的牌号规定

本标准按照合成胶乳的化学组成、标称总固物含量、标称结合共聚单体含量、主要使用特征，根据具体情况可增附加特征而制订的一套合成胶乳的牌号规定。

2.1　标称总固物含量：

胶乳以质量百分数计的标称总固物含量，在牌号中用第一位数字表示如下：

中国石油化工总公司 1992-05-20 批准　　　　1992-05-20 实施

1——低于 20.0%

2——20.0%~29.0%

3——30.0%~39.9%

4——40.0%~49.9%

5——50.0%~59.9%

6——60.0%~69.9%

7——70.0%或更高。

2.2 标称结合共聚单体含量：

聚合物所含的以质量百分数计的标称结合共聚单体含量，在牌号中用第二位数字表示如下：

0——无共聚单体。

1——低于 20.0%

2——20.0%~29.9%

3——30.0%~39.9%

4——40.0%~49.9%

5——50.0%~59.9%

6——60.0%~69.9%

7——70.0%或更高。

至于用聚苯乙烯或一种丁苯共聚物补强的丁苯胶乳，则其结合共聚单体含量应包括补强共聚物中的结合苯乙烯含量，在尾标上以大写英文字母 Y 表示。

2.3 主要使用特征：

合成胶乳主要使用特征，在牌号中用一个或两个大写的英文字母(除 Y 外)表示如下：

A——通用型

B——地毯工业用

C——造纸工业用

D——海绵制品工业用

E——纺织工业用

F——胶乳制品工业用

G——胶粘剂用

H——印染工业用

I——涂料工业用

J——轮胎工业及橡胶制品骨架材料浸渍用

K——胶乳水泥用

L——胶乳沥青用

M——农业用

N——食品工业用

2.4 如主要使用特征不能区分产品牌号时，在其后可再加短线及一位阿拉伯数字表示附加特征。

3 举例

3.1 SBRL51C

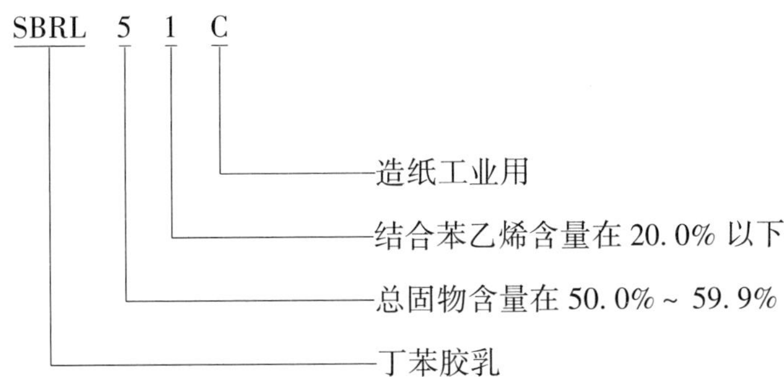

3.2 PSBRL41J

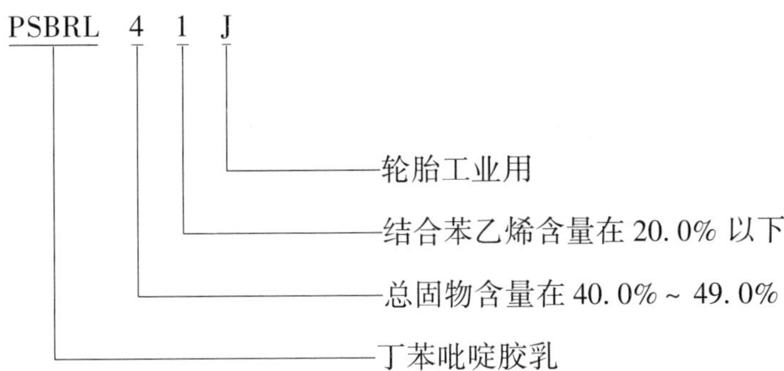

3.3 XSBRL54B

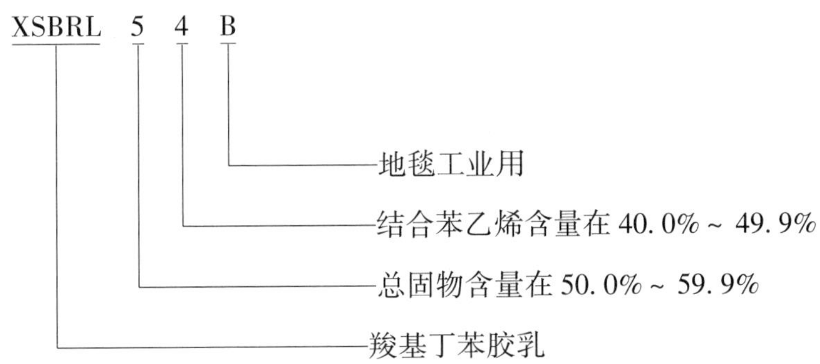

3.4 CRL50LK-X

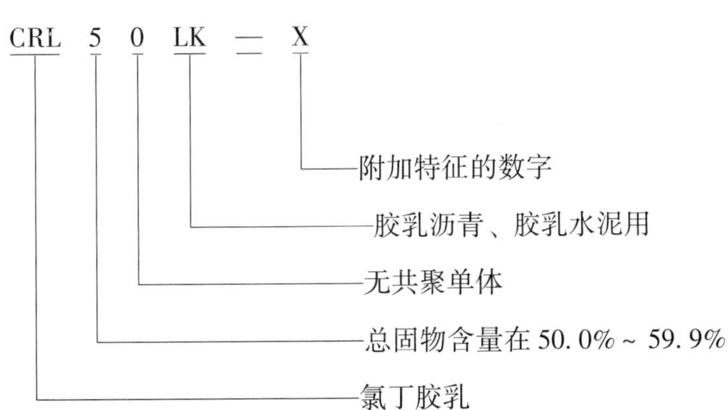

3.5 SBRL63AY

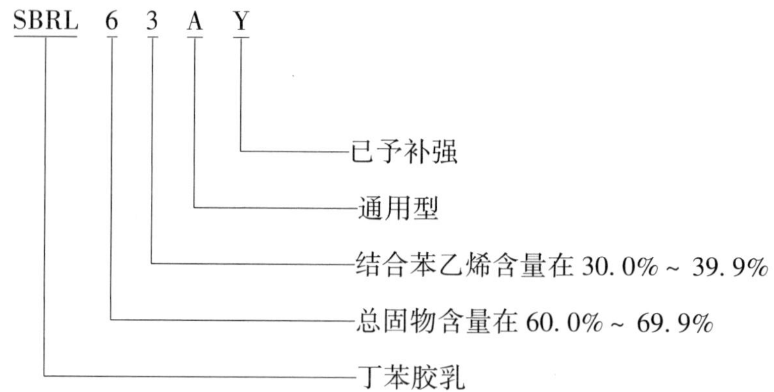

4 命名手续

合成胶乳研制和生产单位，在对其合成胶乳新品种进行鉴定或以产品进行销售时，事先应向合成橡胶分技术委员会提供产品有关技术资料。合成橡胶分技术委员会会同研制、生产单位根据本标准，确定新产品的名称和牌号，并报请主管部门审批。

附加说明：

本标准由中国石油化工总公司提出，由全国橡胶及橡胶制品标准化委员会合成橡胶分技术委员会归口。

本标准由兰州化学工业公司化工研究院负责起草。

本标准主要起草人赵柏年、钱金珠。

本标准由全国橡胶及橡胶制品标准化委员会合成橡胶分技术委员会负责解释。

前　言

本标准等效采用国际标准 ISO 2028：1999《合成胶乳干聚物制备》，对 SH/T 1501—92《合成胶乳干聚物制备》进行修订。

本标准与国际标准 ISO 2028：1999 的主要差异：

1. 本标准增加了恒温水浴加热法。国际标准仅规定了蒸汽加热法；

2. 本标准根据胶乳是否凝聚完全适量加入凝聚剂 B。国际标准明确规定了凝聚剂 B 的加入量。

本标准与前版 SH/T 1501—92 的主要差异：

1　适用范围

本标准适用于含负离子表面活性剂的合成胶乳，对合成胶乳的不饱和挥发物含量未作规定。

SH/T 1501—92 适用于由负离子表面活性剂或非离子与负离子混合型乳化剂稳定的各种合成胶乳，且规定胶乳的不饱和挥发物含量低于 0.5%(m/m)。

2　试剂

本标准使用的试剂为：聚胺类高分子电解质、硫酸铝的稀硫酸溶液、硫酸铝溶液、乙醇。

SH/T 1501—92 使用的试剂为：NaCl 溶液、硫酸溶液。

3　仪器

本标准使用的仪器为：电动搅拌器、磁力搅拌器、低压蒸汽喷射装置、恒温水浴、鼓风烘箱(70℃±5℃)。

SH/T 1501—92 使用的仪器为：高速机械搅拌装置、鼓风烘箱(100～125℃)。

4　操作步骤

本标准对四类含负离子表面活性剂的合成胶乳(丁苯胶乳、丁腈胶乳、羧基胶乳和浓缩胶乳)的干聚物制备方法分别作了规定。

SH/T 1501—92 对由负离子型乳化剂稳定的合成胶乳或非离子与负离子混合型乳化剂稳定的合成胶乳的干聚物制备方法分别做了规定。

5　本标准增加了“试验报告”

本标准自实施之日起，同时代替 SH/T 1501—92。

本标准由中国石油化工股份有限公司提出。

本标准由全国橡胶与橡胶制品标准化技术委员会合成橡胶分技术委员会归口。

本标准起草单位：中国石油天然气股份有限公司兰州石化分公司化工研究院。

本标准主要起草人：王进、方芳。

本标准于 1988 年作为专业标准 ZB G 34002—90 首次发布，1992 年清理整顿为行业标准 SH/T 1501—92，2001 年第 1 次修订。

ISO 前 言

ISO(国际标准化组织)是各国家标准团体(ISO 成员团体)的世界性联合机构。制定国际标准的工作通常由 ISO 各技术委员会进行。凡对已建立技术委员会项目感兴趣的成员团体均有权参加该委员会。与 ISO 有联系的政府和非政府的国际组织，也可参加此项工作。在电工技术标准化的所有方面，ISO 与国际电工技术委员会(IEC)紧密合作。

国际标准按照 ISO/IEC 导则，第三部分的规定进行起草。

技术委员会采纳的国际标准草案，要发给成员团体进行投票。作为国际标准发布时，要求至少有 75%投票的成员团体投赞成票。

必须注意，本国际标准的某些内容有可能涉及到专利权。ISO 对识别任何或所有此类专利权不负责任。

国际标准 ISO 2028 由 ISO/TC 45 橡胶与橡胶制品技术委员会，橡胶工业用原材料(包括胶乳)分委会 SC3 制定。

本第四版是第三版经过技术修订的版本，它废止并代替第三版(ISO 2028：1989)。

中华人民共和国石油化工行业标准

合成胶乳干聚物制备

SH/T 1501—2001
(2009年确认)
eqv ISO 2028：1999
代替 SH/T 1501—92

Synthetic rubber latex-Preparation of dry polymer

警告：使用本标准的人员应熟悉正规实验室操作规程。本标准无意涉及因使用本标准可能出现的所有安全问题。制定相应的安全和健康规程并确保符合国家法规是使用者的责任。

1 范围

本标准规定了四种用于有关物理、化学测试(如门尼黏度、聚合物链上的结合苯乙烯或结合丙烯腈含量的测定)的合成胶乳干聚物制备方法。

本标准适用于含负离子表面活性剂的合成胶乳。

由于在合成胶乳的生产过程中使用了各种各样的表面活性剂和稳定剂，因此没有一种通用的凝聚干聚物的方法适用于所有胶乳。本标准对特种类型的胶乳，特别是对含非离子稳定剂的抗凝聚性胶乳的适用性需进一步确定。

本标准未必适用于那些含高粘性聚合物的胶乳。

在分离的干聚物中可能会存在影响聚合物特性的残余有机酸或其铝盐，在进行分析试验时，应考虑到这一点。

2 引用标准

下列标准所包含的条文，通过在本标准中引用而构成为本标准的条文。本标准出版时，所示版本均为有效。所有标准都会被修订，使用本标准的各方应探讨使用下列标准最新版本的可能性。

SH 1149—92(1998)　合成胶乳取样法(eqv ISO 123：1985)

SH/T 1154—1999　合成胶乳总固物含量的测定(eqv ISO 124：1997)

3 原理

根据胶乳的类型，在抗氧剂的存在下，采用不同的操作步骤凝聚胶乳。制得的干聚物胶块用水洗涤，并在鼓风烘箱中干燥至恒重。

4 试剂

本标准使用蒸馏水或同等纯度的水。

4.1　凝聚剂A：聚胺类高分子电解质(聚丙烯酰胺，2-腈-2-胺甲醛缩合物等)的水溶液。将2.5g聚胺类高分子电解质溶于1L、50℃的水中，然后将该溶液稀释至10L。

注：在分离的聚合物中，残留的聚胺类高分子电解质可能干扰结合丙烯腈的测定。

4.2　凝聚剂B：硫酸铝的稀硫酸溶液。小心地将82mL浓硫酸缓慢加入1L水中，冷却，制得稀硫酸溶液；将200mL浓度为500g/L的硫酸铝溶液倒入200mL水中，用纱布过滤，制得稀硫酸铝溶液；

国家经济贸易委员会 2001-11-23 批准　　2002-01-01 实施

最后，将稀硫酸铝溶液加入稀硫酸中，再用蒸馏水稀释至1.5L。

4.3 抗氧剂：如TNPP(三壬基苯亚磷酸酯)。将25g抗氧剂溶于100mL乳液中。

注：最好选用已知的、适合于所制备干聚物的抗氧剂。

4.4 硫酸铝溶液：将4g硫酸铝溶于100mL蒸馏水中。

4.5 乙醇：纯度不低于99%。

5 仪器

除普通实验室仪器外，还包括：

5.1 不锈钢烧杯：5L。

5.2 量筒：10mL，500mL和1000mL。

5.3 电动搅拌器：有两片直径为35mm的桨形叶片，每隔50mm呈直角安装在旋转轴上，搅拌速率可控制在1000r/min。

5.4 磁力搅拌器。

5.5 低压蒸汽喷射装置或恒温水浴。

注：蒸汽是快速加热液体的最有效方法。

5.6 过滤网：滤布。

5.7 干燥盘：表面积(约500cm^2)适宜的铝盘或搪瓷盘。

5.8 鼓风烘箱：温度可控制在70℃±5℃。

5.9 天平：最小读数为0.1g。

6 操作步骤

6.1 取样

按SH 1149规定的方法取胶乳试样。

如果不知道胶乳总固物含量，则按SH/T 1154规定的方法测定。

6.2 苯乙烯-丁二烯胶乳(SBRL)(总固物含量小于55%)

6.2.1 如果不知道胶乳中是否含抗氧剂，则将约含100g干聚物的胶乳倒入一洁净、干燥的烧杯中，加入10mL抗氧剂(4.3)乳液，搅拌均匀。

6.2.2 将2000mL±5mL凝聚剂A(4.1)加入不锈钢烧杯(5.1)中，通过喷射蒸汽或水浴(5.5)加热至65℃±5℃。插入电动搅拌器(5.3)，以约1000r/min的速度搅拌，并连续缓慢地加入胶乳试样(参见6.2.1)。为保证混合均匀，待试样加完后，再继续搅拌1min，然后缓慢地逐滴加入15mL凝聚剂B(4.2)。如果此时未形成细小的胶粒且浆液不清，则表明未完全凝聚，应再加入适量凝聚剂B，直至胶乳完全凝聚。

6.2.3 用一洁净的滤布(5.6)过滤，再用50℃±5℃的水冲洗凝聚出的胶块120s±15s。沥干滤布，包住凝聚出的胶块，将其浸入装有40℃±5℃水的烧杯中至少120s±15s，同时用手指缓慢挤压。

将包有胶块的滤布从水中取出，尽量挤去水分。

6.2.4 将胶块倒在铺有双层洁净滤布的干燥盘(5.7)中，确保胶块在盘表面上充分展开。在70℃±5℃的鼓风烘箱(5.8)中干燥5h。用天平(5.9)称量干燥盘和干燥胶块的总质量，精确至0.1g。将干燥盘重新放入烘箱中干燥1h，再称量。重复此过程，直至相邻两次称量之差小于0.5g。

6.3 羧基胶乳(X-SBRL和X-NBRL)

6.3.1 如果不知道胶乳中是否含抗氧剂，则将约含100g干聚物的胶乳倒入一洁净、干燥的烧杯中，加入10mL抗氧剂乳液，搅拌均匀。

6.3.2 将加有抗氧剂的胶乳(6.3.1)置于1L烧杯中，加入500mL水，搅拌均匀。按6.2.2，6.2.3和6.2.4规定的步骤制备干聚物。

6.4 丁腈胶乳(NBRL)

6.4.1 如果不知道胶乳中是否含抗氧剂，则将约含100g干聚物的胶乳倒入一洁净、干燥的烧杯中，加入10mL抗氧剂乳液，搅拌均匀。

6.4.2 将2000mL硫酸铝溶液(4.4)加入不锈钢烧杯中，通过喷射蒸汽或水浴加热至65℃±5℃。插入电动搅拌器，以约1000r/min的速度搅拌，并连续缓慢地加入按6.4.1制备的试样。待试样加完后继续搅拌5min，再按6.2.3和6.2.4规定的方法制备干聚物。

6.5 浓缩胶乳(总固物含量大于55%)

6.5.1 如果不知道胶乳是否含抗氧剂，则将200g±5g胶乳倒入一洁净、干燥的烧杯中，加入10mL抗氧剂乳液，搅拌均匀。

6.5.2 将2000mL乙醇(4.5)加入配有磁力搅拌器(5.4)的不锈钢烧杯中。在缓慢搅拌时，加入按6.5.1制备的试样。继续搅拌，直至胶乳完全凝聚，且浆液清澈。按6.2.3和6.2.4的规定制备干聚物。

7 试验报告

试验报告应包括以下内容：

a) 引用标准。

b) 关于样品的详细说明。

c) 需注明是否加抗氧剂。

d) 所使用的方法(6.2，6.3，6.4或6.5)。

e) 试验过程中观察到的任何异常现象。

f) 本标准中未包括的任何自选操作。

g) 试验日期。

ICS 83.040.10
G 34

SH

中华人民共和国石油化工行业标准

SH/T 1502—2014
代替 SH/T 1502—1992

丁苯胶乳中结合苯乙烯含量测定 折光指数法

Determination of bound styrene content in styrene-butadiene rubber latex—Refractive index method

(ISO 3136：1983，Rubber latex — Styrene-butadiene — Determination of bound styrene content，MOD)

2014-05-06 发布 2014-10-01 实施

中华人民共和国工业和信息化部 发布

前　言

本标准按照 GB/T 1.1—2009 给出的规则起草。

本标准代替了 SH/T 1502—1992《丁苯胶乳中结合苯乙烯含量测定》，与 SH/T 1502—1992 相比，除编辑性修改外，主要技术变化如下：

——修改了标准名称(见封面)；

——增加了前言；

——修改了适用范围(见第 1 章)；

——删除了“定义”(见 1992 年版第 3 章)；

——修改了“规范性引用文件”(见第 2 章)；

——将“试剂及仪器”(见 1992 年版第 5 章)内容修改为“试剂”(见第 4 章)和“仪器”(见第 5 章)，并给出具体的名称及规格；

——增加了“制样”(见第 7 章)；

——删除了“分析步骤”中干聚物样品制备的内容(见第 8 章)；

——修改了“分析结果的表述”(见第 9 章)；

——删除了附加说明(见 1992 年版的附加说明)。

本标准使用重新起草法修改采用 ISO 3136：1983《苯乙烯-丁二烯胶乳—结合苯乙烯含量测定》。

本标准与 ISO 3136：1983 的主要技术性差异如下：

——修改了标准名称(见封面)；

——修改了适用范围(见第 1 章)；

——关于规范性引用文件，本标准做了具有技术性差异的调整，以适应我国的技术条件，调整的情况集中反映在第 2 章“规范性引用文件”中，具体调整如下：

- 用等同采用国际标准的 GB/T 8656 代替了 ISO 2453；
- 用修改采用国际标准的 SH/T 1149 代替了 ISO 123；
- 删除 ISO 2028；
- 增加引用 GB/T 6682；
- 增加引用 SH/T 1154。

——将“试剂及仪器”内容修改为“试剂”(见第 4 章)和“仪器”(见第 5 章)，并给出具体的名称及规格；

——增加了“制样”(见第 7 章)；

——将“分析步骤”中凝聚剂由“甲醇存在下的氯化钠和硫酸”修改为“凝聚剂 A 和凝聚剂 B”，并将修改内容并入第 7 章“制样”中(见第 7 章、第 8 章)；

——增加了丁苯胶乳干聚物试片抽提质量(见第 8 章)；

——修改了“分析结果的表述”(见第 9 章)；

——增加了“允许差”(见第 10 章)。

本标准由中国石油化工集团公司提出。

本标准由全国橡胶与橡胶制品标准化技术委员会合成橡胶分技术委员会(SAC/TC35/SC6)归口。

本标准起草单位：中国石油天然气股份有限公司石油化工研究院。

本标准参加单位：中国石油天然气股份有限公司兰州石化分公司。

本标准主要起草人：高杜娟、赵家琳、魏玉丽、李淑萍、范国宁、笪敏峰、贾慧青、李洁、王学丽。

本标准于1990年作为专业标准ZB G34003—1990首次发布，1992年清理整顿为行业标准SH/T 1502—1992，本次为第1次修订。

丁苯胶乳中结合苯乙烯含量测定折光指数法

警告：使用本标准的人员应熟悉正规实验室操作规程。本标准无意涉及因使用本标准可能出现的所有安全问题。制定相应的安全和健康规程并确保符合国家法规是使用者的责任。

1 范围

本标准规定了测定丁苯胶乳(SBRL)中结合苯乙烯含量的方法。

本标准适用于以干聚物为基准的结合苯乙烯含量在质量分数为18 %~40 %的低温(约5 ℃)乳液聚合丁苯胶乳。

本标准不适用于补强丁苯胶乳、羧基丁苯胶乳(XSBRL)、丁苯吡啶胶乳(PSBRL)和溶液聚合型丁苯胶乳(SSBRL)。

2 规范性引用文件

下列文件对于本文件的应用是必不可少的。凡是注日期的引用文件，仅所注日期的版本适用于本文件。凡是不注日期的引用文件，其最新版本(包括所有的修改单)适用于本文件。

GB/T 6682 分析实验室用水规格和试验方法(GB/T 6682—2008，ISO 3696：1987，MOD)

GB/T 8658 乳液聚合型苯乙烯-丁二烯橡胶生胶结合苯乙烯含量的测定 折光指数法(GB/T 8658—1998，ISO 2453：1991，IDT)

SH/T 1149 合成橡胶胶乳 取样(SH/T 1149—2006，ISO 123：2001，MOD)

SH/T 1154 合成橡胶胶乳总固物含量的测定(SH/T 1154—2011，ISO 124：2008，MOD)

3 方法概要

丁苯胶乳的干聚物经乙醇-甲苯共沸液抽提，压成薄试片测定折光指数，计算结合苯乙烯含量。

4 试剂

本标准使用分析纯试剂和蒸馏水或者纯度相当的水(GB/T 6682中规定的3级)。

4.1 凝聚剂A：阳离子型聚丙烯酰胺的水溶液(也可采用其他聚胺类高分子电解质，如2-腈-2-胺甲醛缩合物)。将2.5 g阳离子型聚丙烯酰胺溶于50 ℃、1 L水中，然后量取200 mL该溶液稀释至2 L。

4.2 凝聚剂B：硫酸铝的稀硫酸溶液。将82 mL浓硫酸(密度1.84 g/cm^3)缓慢加入1 L水中，冷却，制得稀硫酸溶液；将100 g十八水合硫酸铝倒入200 mL水中，搅拌溶解，用滤布过滤，制得硫酸铝溶液；最后将该硫酸铝溶液加入稀硫酸中，再用蒸馏水稀释至1.5 L。

4.3 抗氧剂乳液：将25 g抗氧剂三壬基苯亚磷酸酯(TNPP)溶于100 mL丁苯胶乳中。

5 仪器

实验室常用仪器及以下：

5.1　恒温水浴：温度可控制在65 ℃±5 ℃；
5.2　电动搅拌器：速度可控制在1 000 r/min；
5.3　分析天平：能精确至0.01 g。

6　取样

按SH/T 1149规定的方法之一取样。

注：若丁苯胶乳中总固物含量未知，则按SH/T 1154规定的方法测定，根据总固物含量计算胶乳取样量。

7　制样

7.1　将约含40 g干聚物的丁苯胶乳倒入烧杯中，加入4 mL抗氧剂乳液(4.3)，搅拌均匀，制得胶乳试样。
7.2　将800 mL±5 mL凝聚剂A (4.1)加入烧杯中，通过恒温水浴(5.1)加热至65 ℃±5 ℃。插入电动搅拌器(5.2)，以约1 000 r/min的速度搅拌，并连续缓慢地加入胶乳试样(7.1)。为保证混合均匀，待试样加完后，再继续搅拌1 min，然后缓慢地逐滴加入7.5 mL凝聚剂B(4.2)。
7.3　用滤布过滤，再用50 ℃±5 ℃的水冲洗凝聚出的胶块约2 min。沥干滤布，包住凝聚出的胶块，将其浸入装有40 ℃±5 ℃水的烧杯中至少2 min，同时不断地缓慢挤压。将包有胶块的滤布从水中取出，挤干水分，压成厚度为0.2 mm~0.3 mm试片，制得丁苯胶乳干聚物试片。

8　分析步骤

称取1 g丁苯胶乳干聚物试片，按GB/T 8658的规定，用乙醇-甲苯共沸液抽提，干燥，再压成薄试片，测定折光指数。

9　结果计算

丁苯胶乳中结合苯乙烯含量W_s以质量分数计，数值用%表示，按公式(1)计算。

$$W_s = 23.50 + 1164(n_{25} - 1.53456) - 3497(n_{25} - 1.53456)^2 \quad (1)$$

式中：

n_{25}——25 ℃下的折光指数。

所得结果应表示至两位小数。

10　允许差

两次平行测定结果之差不大于0.50 %。

11　试验报告

试验报告应包括以下内容：

a)本标准的编号；

b)关于样品的详细说明；

c)在测定过程中观察到的任何异常现象；

d)试验结果；

e)本标准中未包括的任何自选操作；

f)试验日期。

ICS 83.040.10
G 34

SH

中华人民共和国石油化工行业标准

SH/T 1503—2014
代替 SH/T 1503—1992

丁腈胶乳中结合丙烯腈含量的测定

Rubber-Nitrile latex-Determination of bound acrylonitrile content

(ISO 1656：1996，Rubber，raw natural，and rubber latex，
nature—Determination of nitrogen content，NEQ)

2014-05-06 发布 2014-10-01 实施

中华人民共和国工业和信息化部 发布

前　言

本标准按照 GB/T 1.1—2009 给出的规则起草。

本标准代替 SH/T 1503—1992《丁腈胶乳中结合丙烯腈含量测定》。本标准与 SH/T 1503—1992 相比，除编辑性修改外主要技术变化如下：

——增加了前言；

——删除规范性引用文件 SH/T 1501(见第 2 章)；

——增加了烘箱（见 6.2)；

——增加了电子天平(见 6.10)；

——修改了胶乳干聚物的制备方法(见第 7 章)；

——删除了试样的抽提步骤(见 1992 版第 7 章)。

本标准使用重新起草法参考 ISO 1656：1996《天然生胶和天然胶乳—氮含量的测定》编制，与 ISO 1656：1996 一致程度为非等效。

本标准由中国石油化工集团公司提出。

本标准由全国橡胶与橡胶制品标准化技术委员会合成橡胶分技术委员会(SAC/TC35/SC6)归口。

本标准起草单位：中国石油天然气股份有限公司石油化工研究院。

本标准参加单位：中国石油天然气股份有限公司兰州石化分公司。

本标准主要起草人：范国宁、翟月勤、韩萍、耿占杰、王芳、高杜娟、杨芳。

本标准于 1990 年作为专业标准 ZB G 34003—1990 首次发布，1992 年清理整顿为行业标准 SH/T 1503—1992，本次为第 1 次修订。

丁腈胶乳中结合丙烯腈含量的测定

警告：使用本标准的人员应熟悉正规实验室操作规程。本标准无意涉及因使用本标准可能出现的所有安全问题。制定相应的安全和健康规程并确保符合国家法规是使用者的责任。

1 范围

本标准规定了乳液聚合丁腈胶乳(NBRL)共聚物中结合丙烯腈含量的测定方法。

本标准适合于以干聚物为基准的结合丙烯腈含量在18%~45%的丁腈胶乳。

2 规范性引用文件

下列文件对于本文件的应用是必不可少的。凡是注日期的引用文件，仅所注日期的版本适用于本文件。凡是不注日期的引用文件，其最新版本(包括所有的修改单)适用于本文件。

SH/T 1149 合成橡胶胶乳 取样(SH/T 1149—2006，ISO 123：2000，MOD)

3 术语和定义

下列术语和定义适用于本文件。

3.1

结合丙烯腈 bound acrylonitrile content

以丙烯腈为一组分的共聚物中所结合的丙烯腈。

4 方法原理

用无水乙醇凝聚胶乳，将凝聚物干燥后在催化剂存在下用硫酸加热消解，使丙烯腈中的氮转化成硫酸氢铵，加入过量的氢氧化钠溶液蒸馏，蒸出的氨用硼酸溶液吸收后，用硫酸标准滴定溶液滴定。

5 试剂

除非另有说明，在分析中仅使用确认为分析纯试剂和蒸馏水或去离子水或相当纯度的水。

5.1 无水乙醇。

5.2 锌：颗粒状。

5.3 硫酸：密度为1.84 g/mL。

5.4 混合催化剂：

警告：硒粉有毒，混合催化剂配制和使用过程中需要在良好通风条件下进行，避免吸入粉尘和蒸气，防止皮肤与其直接接触。

将下列物质研细至约150 μm，按质量份混合均匀。

硒粉1份；

硫酸铜($CuSO_4 \cdot 5H_2O$)4份；

硫酸钾(无水)30 份。

5.5 硫酸标准滴定溶液：$c(1/2H_2SO_4)=0.2$ mol/L。

5.6 硼酸溶液：质量分数为 0.2%。

5.7 氢氧化钠溶液：质量分数为 40% 。

5.8 混合指示剂：

将 0.1 g 甲基红和 0.05 g 亚甲基蓝溶于 100 mL 乙醇(体积分数为 95%)中，这种指示剂应在使用时配制。

6 仪器

6.1 筛子：孔径 150 μm。

6.2 烘箱：温度可控制在 100 ℃±2 ℃。

6.3 凯氏烧瓶：800 mL。

6.4 短径玻璃漏斗：直径 30 mm~40 mm。

6.5 液滴捕获器：直径 50 mm。

6.6 分液漏斗：150 mL。

6.7 球形冷凝器：长 200 mm。

6.8 吸收瓶：锥形瓶，500 mL。

6.9 抽提器：锥形瓶，容积 200 mL~250 mL，带有回流冷凝装置。

6.10 电子天平：能精确至 0.0001 g。

7 试样的制备

按照 SH/T 1149 规定的方法取样。

在搅拌下，向盛有 150 mL 乙醇(5.1)的烧杯中逐滴加入约含 5 g 固体丁腈橡胶的丁腈胶乳，胶乳凝聚后继续搅拌 5 min，将烧杯中的物料倒在干净的筛子(6.1)中得到凝聚物。再将得到的凝聚物与 100 mL新鲜的乙醇倒入烧杯中并搅拌 5 min，将烧杯中的物料倒在筛子中得到凝聚物。然后将凝聚物在 100 ℃±2 ℃的烘箱(6.2)中干燥 2 h，取出放入干燥器中冷却、备用。

8 分析步骤

称取试料约 1 g，精确至 0.0001 g，置于干燥的凯氏烧瓶(6.3)的底部，避免沾附在瓶颈上，加入 6.5 g 混合催化剂(5.4)和 20 mL 硫酸(5.3)，瓶口插一短颈玻璃漏斗(6.4)，将凯氏烧瓶倾斜放置在通风橱内的电炉上，逐渐升温加热，保持微沸，直至溶液透明，继续加热 60 min，使试样消解完全。

待凯氏烧瓶内溶液冷却后，用蒸馏水冲洗漏斗瓶颈，加入蒸馏水至溶液体积为 250 mL~300 mL，然后加入 0.5 g 锌粒(5.2)，立即塞好装有液滴捕获器(6.5)和分液漏斗(6.6)的橡皮塞，装上球型冷凝器(6.7)，通入冷却水，装置见图 1。

在吸收瓶(6.8)内加入 100 mL 硼酸溶液(5.6)及 3 滴混合指示剂(5.8)，将冷凝器导管下端浸没在吸收液内。

经分液漏斗向凯氏烧瓶内加入 100 mL 氢氧化钠溶液(5.7)，用少量蒸馏水冲洗后塞好分液漏斗，再往分液漏斗中加入 50 mL 蒸馏水。然后加热蒸馏，在恒定的蒸馏速度下，收集约 200 mL 蒸出液，降低吸收瓶，用蒸馏水洗涤导管下端。

用硫酸滴定标准溶液(5.5)滴定吸收液至淡紫色刚出现为终点，指示剂变色过程为亮绿-浅灰-淡紫。

按上述测定的方法同时进行空白实验。

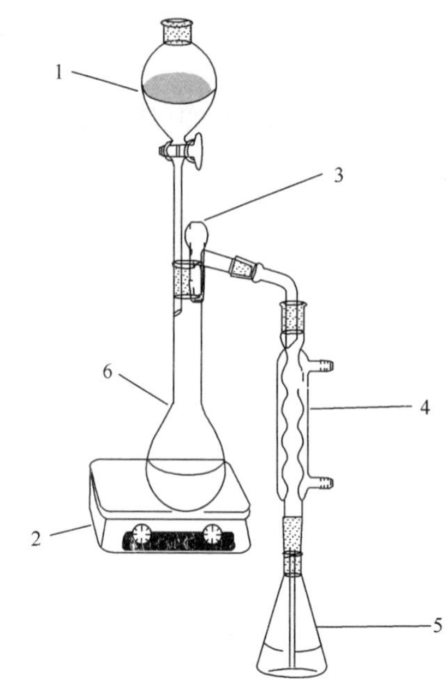

1—分液漏斗；2—加热器；3—液滴捕获器；
4—冷凝器；5—吸收瓶；6—凯氏烧瓶

图1　凯氏定氮装置

9　分析结果的表述

结合丙烯腈含量 w 以质量分数计，数值用%表示，按式(1)进行计算：

$$w = \frac{(V_1 - V_2) \times c \times 0.106 \times 100}{m} \qquad \cdots\cdots (1)$$

式中：

V_1——硫酸标准滴定溶液的体积的数值，单位为毫升(mL)；

V_2——空白实验所消耗硫酸标准滴定溶液的体积的数值，单位为毫升(mL)；

c——硫酸标准滴定溶液浓度的准确数值，单位为摩尔每升(mol/L)；

m——试料质量，单位为克(g)；

0.106——与1.00 mL 硫酸标准滴定溶液[$c(1/2H_2SO_4)=2.000$ mol/L]相当的以克表示的丙烯腈的质量。

两次平行测定结果的平均值为试验结果，结果表示至小数点后两位。

10　允许差

平行测定的两个结果之差不大于0.50%。

11 实验报告

a）本标准的编号；

b）试验结果和表示方法；

c）试验过程中观察到的任何异常现象及自由选择的试验条件的说明；

d）试验日期。

ICS 83.060
E 35

中华人民共和国石油化工行业标准

SH/T 1539—2007
代替 SH/T 1539—1993

苯乙烯-丁二烯橡胶（SBR）溶剂抽出物含量的测定

Rubber, styrene-butadiene (SBR)—Determination of total extracts

2007-08-01 发布　　2008-01-01 实施

中华人民共和国国家发展和改革委员会　发布

前　言

本标准修改采用 ASTM D5774-95 的第 4~11 章内容。

为便于使用，并与其他相关标准相互协调，本标准做了下列修改：

——标准名称修改为“苯乙烯-丁二烯橡胶(SBR)溶剂抽出物含量的测定”；

——引用标准改为我国的国家标准；

——抽提次数由三次改为两次；

——样品量由 6g 改为 2g；

——增加了抽出物含量小于 30%的方法精密度；

——按照汉语语言习惯做了适当地编辑性修改。

本标准由中国石油化工股份有限公司提出。

本标准由全国橡胶与橡胶制品标准化技术委员会合成橡胶分技术委员会(SAC/TC35/SC6)归口。

本标准主要起草单位：中国石油天然气股份有限公司兰州石化公司石油化工研究院。

本标准主要起草人：孙丽君、张翠兰、吴毅、李淑萍。

本标准 1993 年首次发布。

苯乙烯-丁二烯橡胶(SBR)溶剂抽出物含量的测定

警告：使用本标准的人员应有正规实验室工作的实践经验，本标准并未指出所有可能的安全问题，使用者有责任采取适当的安全和健康措施，并保证符合国家有关法规规定的条件。

1 范围

本标准规定了苯乙烯-丁二烯生橡胶(SBR)溶剂抽出物含量的测定方法。

本标准适用于苯乙烯-丁二烯生橡胶(SBR)。对于其他类型的橡胶尚需加以验证。

2 规范性引用文件

下列文件中的条款通过本标准的引用而成为本标准的条款。凡是注日期的引用文件，其随后所有的修改单(不包括勘误的内容)或修订版均不适用于本标准，然而，鼓励根据本标准达成协议的各方研究是否可使用这些文件的最新版本。凡是不注日期的引用文件，其最新版本适用于本标准。

GB/T 6038—1993 橡胶试验胶料的配料、混炼和硫化设备及操作程序(neq ISO/DIS 2393：1989)

3 术语和定义

下列术语和定义适用于本标准。

溶剂抽出物 extracts

在规定条件下，用溶剂从干燥的合成生橡胶中抽提出来的物质。

4 方法摘要

将已称量过的橡胶试样，分别用100mL热溶剂抽提二次，每次抽提60min，抽提后的橡胶试样再用100mL丙酮抽提5min。将抽提后的橡胶干燥至恒重，根据抽提前后橡胶试样的质量差计算溶剂抽出物的含量。

5 试剂

除非另有规定，本标准仅使用分析纯试剂。

5.1 无水乙醇：分析纯。

5.2 甲苯：分析纯。

5.3 ETA(乙醇-甲苯-共沸物)：将70份体积的无水乙醇(见5.1)和30份体积的甲苯(见5.2)混合；

5.4 丙酮：分析纯。

5.5 H-ITM(水合异丙醇-甲苯混合物)：将75份(体积)的水合异丙醇与25份(体积)的甲苯混合，然后将92份(体积)的该溶液与8份(体积)的水混合。

6 仪器

6.1 天平：最小读数0.1mg。

6.2 锥形瓶：磨口，容积为400mL~500mL。

6.3 冷凝器：球形或蛇形冷，长度为400mm。

6.4 量筒：100mL。

6.5 真空烘箱：能维持温度为105℃、余压力不大于3.0kPa(23mmHg)。

6.6 铝皿或表面皿。

7 试样制备

称取橡胶约 250g(精确至 0.1g)，按照 GB/T 6038—1993 的规定，用窄铅条调节开炼机辊距至 0.25mm±0.05mm，辊筒表面温度保持在 105℃±5℃。将已称量的橡胶在开炼机上反复通过 4min，不允许试样包辊，并防止试样损失(当部分橡胶有粘辊现象时，可适当调整辊距)，称量试样，精确至 0.1g。将试样在开炼机上再通过 2min，并称量。如果在 4min 末和 6min 末试样质量之差小于 0.1g，则停止过辊；否则，继续使试样过辊 2min，直至连续两次称量之差小于 0.1g 为止。将干燥后的试样压成厚度不大于 0.5mm 的薄片，并剪成宽约 5mm、长约 30mm 的条，备用。

8 分析步骤

将一张圆形滤纸置于锥形瓶(见 6.2)底部，用量筒(见 6.4)加入 100mL ETA(见 5.3)[或 H-ITM(见 5.4)]；称取约 2g(精确至 0.0001g)制备好的试样(见 7)，将试样逐条加入锥形瓶中，每次加入后应摇晃锥形瓶，使每条试样完全被试剂浸湿，以防粘连；将回流冷凝器(见 6.3)装在锥形瓶上，然后将该锥形瓶放在水浴中加热，在缓慢回流的条件下，抽提 60min，弃去抽提液。重新加入 100mL ETA，再抽提 60min，弃去抽提液。最后加入 100mL 丙酮(见 5.4)，在回流的条件下抽提 5min，弃去丙酮溶液。将试样转移至已恒重的铝皿或表面皿(见 6.6)中，将此皿放入真空烘箱中(见 6.5)，在温度为 105℃±5℃、余压力不大于 3.0kPa(23mmHg)下干燥 1.5h，取出铝皿置于干燥器中冷却至室温后称量。

9 结果计算

橡胶中的溶剂抽出物含量以从橡胶中抽提出物质的质量分数 W 计，数值以%表示，按下列公式计算：

$$W = \frac{m_1 - m_2}{m_1} \times 100\% \qquad (1)$$

式中：

m_1——抽提前试样的质量，g；

m_2——抽提后试样的质量，g。

计算结果表示到小数点后两位。

10 精密度

10.1 允许差

平行测定两个结果之差应不大于 0.16%；取两次平行测定结果的平均值作为试验结果。

10.2 重复性和再现性

对于抽出物含量大于 30%的样品，本标准还规定了方法的 1 型精密度。在同一实验室内，或在不同实验室之间重复测定结果之差应符合表 1 中对应材料的精密度规定，或符合表 1 中精密度的合并均值；取两次重复测定结果的平均值作为试验结果。

表 1 溶剂抽出物含量测定的 1 型精密度

材料	抽出物均值,%	S_r	r	(r)	S_R	R	(R)
1	30.05	0.112	0.317	1.05	0.137	0.39	1.29
2	32.45	0.082	0.232	0.72	0.458	1.30	4.01
3	39.73	0.132	0.374	0.94	0.289	0.82	2.06
合并均值	34.08	0.111	0.314	0.92	0.322	0.91	2.29

注：S_r——重复性标准差，以测量单位表示；
r——重复性，以测量单位表示；
(r)——相对重复性，百分数；
S_R——再现性标准差，以测量单位表示；
R——再现性，以测量单位表示；
(R)——相对再现性，百分数。

11 试验报告

本标准规定试验报告所包括的内容至少应给出以下几个方面的内容：

——使用标准的编号；

——使用的方法(如果标准中包括几个方法)；

——有关样品的详细说明；

——使用的抽提溶剂；

——试验结果，包括涉及“结果计算”一章的内容；

——与基本分析步骤的差异；

——观察到的任何异常现象；

——试验日期。

中华人民共和国石油化工行业标准

SH/T 1592—1994

（2009年确认）

丁苯生胶中结合苯乙烯含量的测定 硝化法

本标准参照采用国际标准ISO 5478—1990《橡胶——苯乙烯含量的测定——硝化法》。

1 主题内容与适用范围

本标准规定了丁苯生胶中结合苯乙烯含量测定的方法；

本标准适用于各类丁苯橡胶SBR(包括充油型丁苯)中结合苯乙烯含量的测定；

本标准适用于苯乙烯含量不高于50%的嵌段共聚物中结合苯乙烯含量的测定；

本标准适用于以苯乙烯均聚物补强的丁苯橡胶中总结合苯乙烯含量的测定。

在橡胶中有任何不可抽提的芳香族物质存在，在特定光谱区内有吸收，均会影响本方法的测定结果。

2 引用标准

GB 6734　成包合成生胶取样

GB 6735　合成橡胶试样制备

GB/T 8658　丁苯生胶中结合苯乙烯含量的测定　折光指数法

3 方法原理

试样经抽提、干燥后，用硝酸硝化，使苯乙烯结构单元氧化成对硝基苯甲酸，再依次经乙醚和氢氧化钠溶液萃取分离后，用分光光度计在紫外光谱区定量测定对硝基苯甲酸含量。

4 试剂和材料

分析中使用分析纯试剂和蒸馏水或同等纯度的水。

4.1　硝酸：密度1.43g/cm^3。

应使用新鲜硝酸，陈硝酸硝化作用较差。

4.2　无水乙醚。

4.3　丙酮。

4.4　氯化钠饱和溶液。

4.5　氢氧化钠溶液：c(NaOH)=5mol/L。将200g氢氧化钠溶于水中，稀释至1000mL。

4.6　氢氧化钠溶液：c(NaOH)=0.1mol/L。将4g氢氧化钠溶于水中，稀释至1000mL。

4.7　无水硫酸钠。

4.8　沸石屑。

4.9　参比丁苯橡胶：苯乙烯含量约23.5%(m/m)，按GB/T　8658测定。

5 仪器、设备

5.1　锥形瓶：100mL或125mL，带有与球形冷凝器(5.2)相连的磨口。

中国石油化工总公司1994-03-10批准　　1994-10-01实施

5.2　球形冷凝器：具有与锥形瓶(5.1)相配的内插磨口接头。

5.3　分液漏斗：500mL。

5.4　分光光度计：备有10mm的石英比色池，能准确测定波长260nm至290nm范围内的吸光度。

5.5　砂浴或可调电炉。

6　取样及试样的制备

6.1　取样

按GB 6734规定取样，并按GB 6735规定剪取实验室样品。

6.2　试样的制备

将2g实验室样品剪碎，用100mL丙酮(4.3)抽提6h。抽提后样品在100℃下干燥1h，制得试样，放于干燥器内备用。

7　分析步骤

在使用硝酸和乙醚时，应防止皮肤与其直接接触，乙醚萃取操作应在通风橱中进行。

7.1　称取干燥试样，精确至0.0001g。使其质量(以克计)乘以估计的苯乙烯百分含量等于4.5，以保证待测试液的吸光度介于0.3~0.8之间。

7.2　将称量后的试样放入锥形瓶(5.1)中，加入20mL硝酸(4.1)，再加入几粒沸石屑(4.8)。将锥形瓶置于冷的砂浴或电炉(5.5)上，并与球形冷凝器(5.2)连接，缓慢加热，避免氧化反应过于剧烈。待反应平稳后，剧烈回流至少16h。

7.3　停止加热，冷却至室温。从冷凝器顶部加入10~20mL水，冲洗冷凝器，将锥形瓶从冷凝器上取下，冲洗磨口接头，冲洗液并入锥形瓶中。

注：仔细进行以下转移和萃取操作是非常重要的，否则会影响测量精度。

7.4　将反应液转移至400mL烧杯中，并用少量水冲洗锥形瓶三次，冲洗液并入烧杯中。边旋动烧杯，边小心加入氢氧化钠溶液(4.5)，用pH试纸测试溶液pH值，当pH值大于1后，再滴加硝酸调至溶液的pH值为1。

7.5　溶液冷却至室温，将其转移至分液漏斗A(5.3)中，加入50mL乙醚(4.2)，充分摇荡分液漏斗，静置分层，将下面的水相放入原400mL烧杯(7.4)中。在该分液漏斗中加入25mL氯化钠溶液(4.4)，放出几毫升至上述烧杯中，以清洗漏斗管颈，然后充分摇荡后，静置分层。将下面的水相放入原400mL烧杯中，乙醚相放入盛有5g无水硫酸钠(4.7)的250mL烧杯中。摇动盛有乙醚萃取液和无水硫酸钠的250mL烧杯，并将干燥后的乙醚萃取液转移到分液漏斗B(5.3)中。

7.6　再用同样的方法萃取400mL烧杯中的水溶液两次，每次在分液漏斗A中加入50mL乙醚后，都放出几毫升到250mL烧杯中，以清洗漏斗管颈，各次乙醚萃取液仍用原250mL烧杯中的硫酸钠干燥。

7.7　干燥后的三次乙醚萃取液在分液漏斗B中混合，加入50mL氢氧化钠溶液(4.6)，充分摇荡后，静置分层，将水相放入250mL容量瓶中。再用氢氧化钠溶液重复萃取三次，每次摇荡之前，应先放出几毫升新加的氢氧化钠溶液于容量瓶中，以冲洗前一次残留在分液漏斗管颈内的氢氧化钠萃取液。

7.8　将四次氢氧化钠萃取液合并在250mL容量瓶中，用氢氧化钠溶液(4.6)稀释至刻度，摇匀。

7.9　用移液管吸取25mL萃取液(7.8)至另一250mL容量瓶中，用氢氧化钠溶液(4.6)稀释至刻度，摇匀，即成试液。

7.10　以氢氧化钠溶液(4.6)为参比液，用分光光度计在265nm、274nm和285nm处测定试液(7.9)的吸光度。如果吸光度高于0.8，应减少萃取液(7.8)量，重新制备试液。

8　吸收系数 K_1、K_2、K_3 的测定

8.1　为了得到更准确的分析结果，要用已知苯乙烯含量约23.5%(*m*/*m*)的参比丁苯橡胶(4.9)，对

分光光度计进行校正。

8.2　对参比样品重复分析求出吸收系数。

8.3　按7.1~7.9条的规定制备参比样品试液，并按7.10测定参比试液的吸光度，按8.4计算吸收系数K_1、K_2、K_3。

8.4　苯乙烯硝化产物在波长265nm、274nm和285nm处吸收系数分别为K_1、K_2、K_3，其值由式(1)给出：

$$K_i=\frac{\frac{A}{\rho_0}-K'_i(1-x)}{x} \quad \cdots\cdots (1)$$

式中：K_i——硝化苯乙烯在某一波长的吸收系数；

A——参比试液在指定波长的吸光度；

ρ_0——参比样试液中试样的浓度，g/L；

K'_i——聚丁二烯硝化产物的吸收系数，在波长为265nm、274nm、285nm处分别为0.373、0.310、0.265；

x——参比样中结合苯乙烯分数。

9　分析结果的表述

9.1　若有参比丁苯橡胶，结合苯乙烯含量以质量百分数表示，由式(2)给出：

$$\text{结合苯乙烯含量}(\%)=\frac{S_1+S_2+S_3}{3} \quad \cdots\cdots (2)$$

式中：$S_1=(100A_{265}/\rho-37.3)/(K_1-0.373)$；

$S_2=(100A_{274}/\rho-31.0)/(K_2-0.310)$；

$S_3=(100A_{285}/\rho-26.5)/(K_3-0.265)$；

ρ——试液(7.9)中试样的浓度，g/L；

A_{265}、A_{274}、A_{285}——试液在各指定波长的吸光度；

K_1、K_2、K_3——按8.4计算确定的硝化苯乙烯吸收系数。

所得结果应表示至二位小数。

9.2　若没有参比丁苯橡胶，结合苯乙烯含量以质量百分数表示，由式(3)给出：

$$\text{结合苯乙烯含量}(\%)=\frac{S_1+S_2+S_3}{3} \quad \cdots\cdots (3)$$

式中：$S_1=A_{265}\times3.83/2.5\rho-0.57$；

$S_2=A_{274}\times3.61/2.5\rho-0.45$；

$S_3=A_{285}\times4.01/2.5\rho-0.43$；

ρ——试液(7.9)中试样的浓度，g/L；

A_{265}、A_{274}、A_{285}——试液在指定波长的吸光度。

所得结果应表示至二位小数。

两种计算方法所得结果稍有差异。

10　允许差

SBR，平行测定的两个结果之差不大于0.60%；

SBS，平行测定的两个结果之差不大于1.00%；

高苯树脂，平行测定的两个结果之差不大于1.80%。

11 试验报告内容

a. 采用标准；
b. 样品的全部鉴定结果；
c. 试验结果、所采用计算方法；
d. 测试过程中注意到的任何异常现象；
e. 测定日期。

附加说明：

本标准由兰州化学工业公司提出。

本标准由全国橡胶与橡胶制品标准化技术委员会合成橡胶分技术委员会技术归口。

本标准由兰州化学工业公司化工研究院负责起草。

本标准主要起草人韩萍。

编者注：引用标准中 GB/T 6734、GB/T 6735 已废止，可采用 GB/T 15340—2008《天然、合成生胶取样及其制样方法》。

中华人民共和国石油化工行业标准

SH/T 1593—1994
（2009 年确认）

丁苯胶乳中结合苯乙烯含量的测定 硝化法

本标准参照采用国际标准 ISO 4655—1985《橡胶——补强丁苯胶乳——总结合苯乙烯含量的测定》中的“硝化法”。

1 主题内容与适用范围

本标准规定了丁苯胶乳(SBRL)中结合苯乙烯含量测定的方法。

本标准适用于以聚苯乙烯或一种丁苯共聚物补强的丁苯胶乳中总结合苯乙烯含量的测定。

本标准也适用于非补强的丁苯胶乳。

2 引用标准

GB/T 8658 丁苯生胶中结合苯乙烯含量的测定 折光指数法

SH 1149 合成胶乳取样法

3 方法原理

凝聚、洗净和干燥试样，经硝酸硝化，使苯乙烯结构单元氧化成对硝基苯甲酸，再依次经乙醚和氢氧化钠溶液萃取分离后，用分光光度计在紫外光谱区定量测定对硝基苯甲酸含量。

4 试剂和材料

分析中使用分析纯试剂和蒸馏水或同等纯度的水。

4.1 硝酸：密度 1.43g/cm^3。

应使用新鲜硝酸，陈硝酸硝化作用较差。

4.2 无水乙醚。

4.3 异丙醇。

4.4 氯化钠饱和溶液。

4.5 氢氧化钠溶液：c(NaOH)＝5mol/L。将 200g 氢氧化钠溶于水中，稀释至 1000mL。

4.6 氢氧化钠溶液：c(NaOH)＝0.1mol/L。将 4g 氢氧化钠溶于水中，稀释至 1000mL。

4.7 无水硫酸钠。

4.8 沸石屑。

4.9 参比丁苯橡胶：苯乙烯含量约 23.5%(m/m)，按 GB/T 8658 测定。

5 仪器、设备

5.1 锥形瓶：100mL 或 125mL，带有与球形冷凝器(5.2)相连的磨口。

5.2 球形冷凝器：具有与锥形瓶(5.1)相配的内插磨 接头。

5.3 分液漏斗：500mL。

中国石油化工总公司 1994-03-10 批准　　1994-10-01 实施

5.4 分光光度计：备有10mm的石英比色池，能精确测定波长260nm至290nm范围内的吸光度。

5.5 砂浴或可调电炉。

6 取样及试样的制备

6.1 取样

按SH 1149规定的方法之一取样。

6.2 试样的制备

加2~3mL水稀释5g胶乳，用滴管将稀释的胶乳加入在强力搅拌下的约23℃的100mL异丙醇(4.3)中，使其凝聚，轻轻倒出上层乳清。

在强力搅拌下加水洗涤凝固物，然后全部倒在布氏漏斗上，再用水洗涤后，将凝固物放在冷水中浸泡过夜。

倒出清水，再用异内醇漂洗后，剪碎，放到表面皿上，置于50℃真空干燥箱中烘于至恒重，在制备试样过程中要避免污染。

如果不能立即测定试样，应放在干燥器内置于阴暗处备用。

7 分析步骤

在使用硝酸和乙醚时，应防止皮肤与酸直接接触，乙醚萃取操作应在通风橱中进行。

7.1 称取干燥试样，精确至0.0001g。其质量(以克计)乘以估计的苯乙烯百分含量等于4.5，以保证待测试液的吸光度介于0.3~0.8之间。

7.2 将称量后的试样放入锥形瓶(5.1)中，加入20mL硝酸(4.1)，再加入几粒沸石屑(4.8)。将锥形瓶置于冷的砂浴或电炉(5.5)上，并与球形冷凝器(5.2)连接，缓慢加热，避免氧化反应过于剧烈。待反应平稳后，剧烈回流至少16h。

7.3 停止加热，冷却至室温。从冷凝器顶部加入10~20mL水，冲洗冷凝器，将锥形瓶从冷凝器上取下，冲洗磨口接头，冲洗液并入锥形瓶中。

注：仔细进行以下转移和萃取操作是非常重要的，否则会影响测量精度。

7.4 将反应液转移至400mL烧杯中，并用少量水冲洗锥形瓶三次，冲洗液并入烧杯中，边旋动烧杯，边小心加入氢氧化钠溶液(4.5)，用pH试纸测试溶液pH值，当pH值大于1后，再滴加硝酸调至溶液的pH值为1。

7.5 溶液冷却至室温，将其转移至分液漏斗A(5.3)中，加入50mL乙醚(4.2)，充分摇荡分液漏斗，静置分层，将下面的水相放入原400mL烧杯(7.4)中。在该分液漏斗中加入25mL氯化钠溶液(4.4)，放出几毫升至上述烧杯中，以清洗漏斗管颈，然后充分摇荡后，静置分层。将下面的水相放入原400mL烧杯中，乙醚相放入盛有5g无水硫酸钠(4.7)的250mL烧杯中。摇动盛有乙醚萃取液和无水硫酸钠的250mL烧杯，并将干燥后的乙醚萃取液转移到分液漏斗B(5.3)中。

7.6 再用同样的方法萃取400mL烧杯中的水溶液两次，每次在分液漏斗A中加入50mL乙醚后，都放出几毫升到250mL烧杯中，以清洗漏斗管径；各次乙醚萃取液仍用原250mL，烧杯中的硫酸钠干燥。

7.7 干燥后的三次乙醚萃取液在分液漏斗B中混合，加入50mL氢氧化钠溶液(4.6)，充分摇荡后，静置分层。将水相放入250mL容量瓶中。再用氢氧化钠溶液重复萃取三次，每次摇荡之前，应先放出几毫升新加的氢氧化钠溶液于容量瓶中，以冲洗前一次残留在分液漏斗管颈内的氢氧化钠萃取液。

7.8 将四次氢氧化钠萃取液合同并在250mL容量瓶中，用氢氧化钠溶液(4.6)稀释至刻度，摇匀。

7.9 用移液管吸取25mL萃取液(7.8)至另一250mL容量瓶中，用氢氧化钠溶液(4.6)稀释至刻度，摇匀，即成试液。

7.10 以氢氧化钠溶液(4.6)为参比液，用分光光度计在265nm、274nm和285nm处测定试液(7.9)

的吸光度。如果吸光度高于0.8，应减少萃取液(7.8)量重新制备试液。

8 吸收系数 K_l、K_2、K_3 的测定

8.1 为了得到更准确的分析结果，要用已知苯乙烯含量约23.5%(m/m)的参比丁苯橡胶(4.9)，对分光光度计进行校正。

8.2 称取约0.19g已剪碎的参比样，至少三份，精确至0.0001g，按7.2~7.10条的规定进行。按8.3计算吸收系数 K_1、K_2、K_3。

8.3 苯乙烯硝化产物在波长265nm、274nm和285nm处的吸收系数分别为 K_1、K_2、K_3，其值由式(1)给出：

$$K_i=\frac{\frac{A}{\rho_0}-K'_i(1-x)}{x} \qquad (1)$$

式中：K_i——硝化苯乙烯在某一波长的吸收系数；

A——参比试液在指定波长的吸光度；

ρ_0——参比样试液中试样的浓度，g/L；

K'_i——聚丁二烯硝化产物的吸收系数，在波长265nm、274nm、285nm处分别为0.373、0.310、0.265；

x——参比样中结合苯乙烯分数。

9 分析结果的表述

9.1 若有参比丁苯橡胶，结合苯乙烯含量以质量百分数表示，由式(2)给出：

$$结合苯乙烯含量(\%)=\frac{S_1+S_2+S_3}{3} \qquad (2)$$

式中：

$S_1=(100A_{265}/\rho-37.3)/(K_1-0.373)$；

$S_2=(100A_{274}/\rho-31.0)/(K_2-0.310)$；

$S_3=(100A_{285}/\rho-26.5)/(K_3-0.265)$；

ρ——试液(7.9)中试样的浓度，g/L；

A_{265}、A_{274}、A_{285}——试液在指定波长的吸光度；

K_1、K_2、K_3——按8.3确定的硝化苯乙烯吸收系数。

所得结果应表示至二位小数。

9.2 若没有参比丁苯橡胶，结合苯乙烯含量以质量百分数表示，由式(3)给出：

$$结合苯乙烯含量(\%)=\frac{S_1+S_2+S_3}{3} \qquad (3)$$

式中：

$S_1=A_{265}\times3.83/2.5\rho-0.57$；

$S_2=A_{274}\times3.61/2.5\rho-0.45$；

$S_3=A_{285}\times4.01/2.5\rho-0.43$；

ρ——试液(7.9)中式样的浓度，g/L；

A_{265}、A_{274}、A_{285}——试液在指定波长的吸光度。

所得结果应表示至二位小数。

两种计算方法所得结果稍有差异。

10 允许差

平行测定的两个结果之差不大于0.60%。

11 试验报告内容

a. 采用标准；
b. 样品的全部鉴定结果；
c. 试验结果、所采用计算方法；
d. 本测试过程中注意到的任何异常现象；
e. 测定日期。

附加说明：

本标准由兰州化学工业公司提出。
本标准由全国橡胶与橡胶制品标准化技术委员会合成橡胶分技术委员会技术归口。
本标准由兰州化学工业公司化工研究院负责起草。
本标准主要起草人初伟。

中华人民共和国石油化工行业标准

SH/T 1594—1994
（2009 年确认）

丁苯胶乳中挥发性不饱和物的测定

本标准参照采用国际标准 ISO 2008—1987《丁苯胶乳——挥发性不饱和物的测定》。

1 主题内容与适用范围

本标准规定了丁苯胶乳中挥发性不饱和物的测定方法。

本标准适用于丁苯胶乳中残留苯乙烯、丁二烯二聚物和其他不饱和物总含量的测定。

2 引用标准

GB 601 化学试剂 滴定分析（容量分析）用标准溶液的制备

GB 603 化学试剂 试验方法中所用制剂及制品的制备

SH 1149 合成胶乳取样法

3 方法原理

将胶乳与甲醇一起蒸馏，蒸出的不饱和物，在酸性状态下与溴酸钾-溴化钾所游离出的溴起加成反应：

$$BrO_3^- + 5Br^- + 6H^+ = 3Br_2 + 3H_2O$$

$$Br_2 + R—CH = CH_2 = R—CHBr - CH_2Br$$

过量的溴与碘化钾作用析出碘，再用硫代硫酸钠标准滴定溶液滴定析出的碘：

$$Br_2 + 2I^- = 2Br^- + I_2$$

$$I_2 + 2S_2O_3^{2-} = 2I^- + S_4O_6^{2-}$$

从而计算出胶乳中残留不饱和物的含量。

4 试剂

本标准使用分析纯试剂和蒸馏水或同等纯度的水。

4.1 甲醇：含有对-叔丁基邻苯二酚（TBC）0.01g/kg。

注：甲醇为有毒物质，易对视神经造成永久性伤害，容许浓度 $200mg/m^3$。配制和操作应在良好的通风环境下进行。

4.2 硫代硫酸钠（$Na_2S_2O_3$）标准滴定溶液：$c(Na_2S_2O_3) = 0.1mol/L$。

4.3 硫酸溶液：18%（m/m）。

4.4 溴酸钾-溴化钾（$KBrO_3$-KBr）标准溶液：0.1mol/L。将 2.784g 溴酸钾（$KBrO_3$）和 10.0g 溴化钾（KBr）溶于水中，稀释至 1000mL。在过量碘化钾（约 3g）和 5mL 硫酸溶液（4.3）存在下用硫代硫酸钠标准滴定溶液（4.2）标定。

4.5 碘化钾溶液：10%（m/m）。

4.6 淀粉指示液：10g/L。

5 仪器

5.1 蒸馏装置：（见图）。

中国石油化工总公司 1994-03-10 批准　　1994-10-01 实施

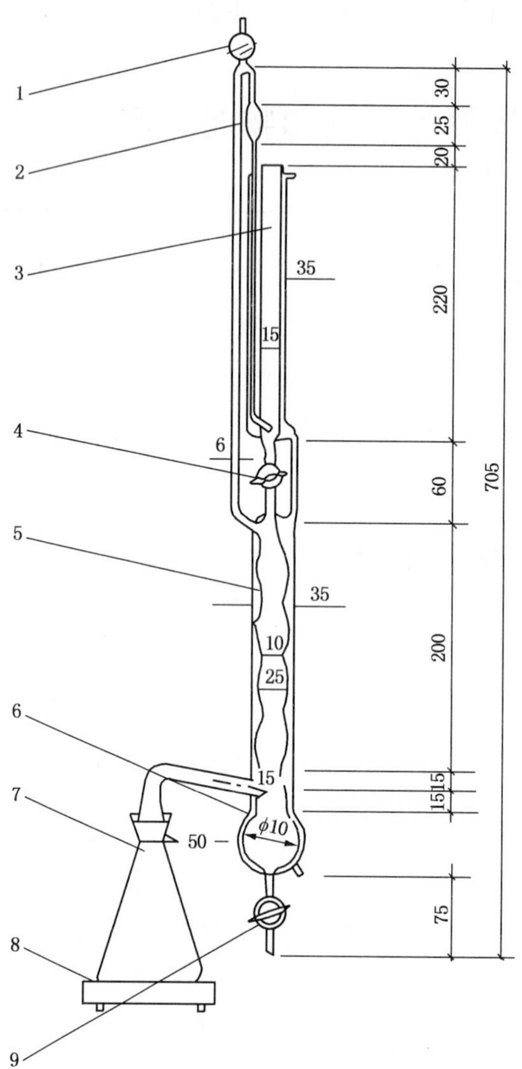

1，4，9—考克、阀；2—缓冲器；3—吸收器；5—冷凝器；
6—收集器；7—碘量瓶；8—调温电炉

蒸馏装置图

5.2　磁力搅拌器。

5.3　调温电炉：1kW。

5.4　天平：感量 0.2g。

5.5　碘量瓶：250mL。

5.6　移液管：20、25mL。

5.7　棕色滴定管：50mL。

6　分析步骤

称取 25.0g±0.2g 胶乳于碘量瓶(5.5)A 中，依次加入 25mL 蒸馏水和 25mL 甲醇(4.1)，将碘量瓶接至蒸馏装置(5.1)上，在吸收器 3 中加入 20mL 甲醇。调整电炉(5.3)，使蒸馏液保持微沸，当收集器 6 中初馏液达 25mL 时，开启阀 1 和阀 9，将馏出液放入碘量瓶 B 中，缓缓打开阀 4 使甲醇吸收液沿冷凝器管壁流下并入碘量瓶 B 中。

用滴定管加 20mL，溴酸钾-溴化钾标准溶液(4.4)于碘量瓶 B 中，冷却至约 30℃。迅速加入 15mL 硫酸溶液(4.3)，塞上瓶塞，用水封口后置于磁力搅拌器(5.2)上连续搅拌 2min。若淡黄色消失，则再逐步加入溴酸钾-溴化钾标准溶液，每次 10mL，搅拌 2min，直至淡黄色不消失为止。补加时，用滴定管将溶液放入碘量瓶 B 的喇叭口里。松动瓶塞，使溶液围绕瓶塞流入瓶里，用水冲洗瓶封口。

将 10mL 碘化钾溶液(4.5)加入碘量瓶 B 的喇叭口里，松动瓶塞，使溶液围绕瓶塞流入瓶里，用水冲洗喇叭口，塞上瓶塞摇动后，用水封口，在暗处放置 10min，用硫代硫酸钠标准滴定溶液(4.2)滴定析出的碘，出现微黄色后加入 1mL 淀粉指示液(4.6)，继续用硫代硫酸钠标准滴定溶液滴定，直至溶液呈无色。

用 25mL 蒸馏水代替试样，与测定采用完全相同的分析步骤、试剂和用量(标准滴定溶液的用量除外)进行平行操作。

7 分析结果的表述

挥发性不饱和物(以苯乙烯计)的质量百分含量由下式计算：

$$挥发性不饱和物(\%)=\frac{0.052c(V_1-V)}{25.0}\times 100$$
$$=0.208c(V_1-V)$$

式中：c——硫代硫酸钠标准滴定溶液浓度，mol/L；

V_1——空白滴定所耗硫代硫酸钠标准滴定溶液的体积，mL；

V——试样滴定所耗硫代硫酸钠标准滴定溶液的体积，mL；

0.052——与 1.00mL 溴标准溶液[$c(1/6KBrO_3)=1.00$mol/L]相当的，以克表示的苯乙烯质量。

所得结果应表示至三位小数。

8 允许差

两次平行测定结果之差，当挥发性不饱和物含量小于或等于 0.05%时不大于 0.005%；挥发性不饱和物含量超过 0.05%到 0.01%时不大于 0.008%。

9 试验报告

试验报告应包括如下内容：

a. 所用试验方法的引用标准。

b. 有关样品的全部资料、批号、日期、采样时间和地点等。

c. 在测定时观察到的任何异常的细节及自由选择的实验条件的说明。

附加说明：

本标准由兰州化学工业公司提出。

本标准由全国橡胶与橡胶制品标准化技术委员会合成橡胶分技术委员会归口。

本标准由兰州化学工业公司合成橡胶厂负责起草。

本标准主要起草人俞重、黄友根。

ICS 83.040.10
G 34

SH

中华人民共和国石油化工行业标准

SH/T 1608—2014
代替 SH/T 1608—1995

羧基丁苯胶乳对钙离子稳定性的测定

Carboxyl styrene-butadiene rubber latex—Determination of calcium stability

2014-05-06 发布　　2014-10-01 实施

中华人民共和国工业和信息化部　发布

前　言

本标准按照 GB/T 1.1—2009 给出的规则起草。

本标准代替 SH/T 1608—1995《丁苯胶乳对钙离子稳定性的测定》，与 SH/T 1608—1995 相比，除编辑性修改外主要技术变化如下：

——标准名称修改为《羧基丁苯胶乳对钙离子稳定性的测定》(见封面)；

——增加了前言；

——规范性引用文件由注日期修改为不注日期(见第 2 章，1995 版的第 2 章)；

——增加了规范性引用文件 SH/T 1154 和 GB/T 6682(见第 2 章)；

——修改了搅拌器(见 5.1)；

——增加了一种滴加仪器(见 5.2)；

——修改了不锈钢网筛孔径(见 5.5)；

——将“6.1 试样”修改为“6 试样制备”(见第 6 章，1995 版的 6.1)；

——将“6.2 测定”修改为“7 分析步骤”，以后各章号按顺序依次排列(见第 7 章，1995 版的 6.2)；

——增加了方法 B(见 6.2、7.2)；

——修改了方法 A 的允许差(见 9.1)；

——增加了方法 B 的允许差(见 9.2)；

——删除了附加说明(见 1995 版的附加说明)。

本标准由中国石油化工集团公司提出。

本标准由全国橡胶与橡胶制品标准化技术委员会合成橡胶分技术委员会(SAC/TC35/SC6)归口。

本标准起草单位：中国石油天然气股份有限公司石油化工研究院。

本标准参加单位：上海高桥巴斯夫分散体有限公司、浙江天晨胶业股份有限公司。

本标准主要起草人：贾慧青、杨芳、魏玉丽、姚自余、笪敏峰、王芳、高杜鹃。

本标准于 1995 年 3 月首次发布，本次为第一次修订。

羧基丁苯胶乳对钙离子稳定性的测定

警告：使用本标准的人员应熟悉正规实验室操作规程。本标准无意涉及因使用本标准可能出现的所有安全问题。制定相应的安全和健康规程并确保符合国家法规是使用者的责任。

1　范围

本标准规定了羧基丁苯胶乳对钙离子稳定性的测定方法。

本标准适用于造纸用羧基丁苯胶乳，其他羧基丁苯胶乳可参照使用。

2　规范性引用文件

下列文件对于本文件的应用是必不可少的。凡是注日期的引用文件，仅所注日期的版本适用于本文件。凡是不注日期的引用文件，其最新版本(包括所有的修改单)适用于本文件。

GB/T 6682　分析实验室用水规格和试验方法(GB/T 6682—2008，ISO 3696：1987，MOD)

SH/T 1149　合成橡胶胶乳　取样(SH/T 1149—2006，ISO 123：2000，MOD)

SH/T 1154　合成橡胶胶乳总固物含量的测定(SH/T 1154—2011，ISO 124：2008，IDT)

3　方法概要

在规定的时间内，按一定的速度搅拌试样，匀速加入一定量的氯化钙溶液，依据产生的凝聚物量，衡量胶乳的稳定性。

4　试剂

4.1　蒸馏水或者纯度相当的水(GB/T 6682 中规定的 3 级水)。

4.2　氯化钙($CaCl_2$)溶液的质量分数：1 %。

5　仪器

5.1　搅拌器：转速可调为 500 r/min ±10 r/min。

搅拌叶片：螺旋浆式搅拌桨(即标准型搅拌桨，四叶片)，直径 50 mm，刀具杆直径 8 mm，刀具杆长度 350 mm。

搅拌装置见图 1。

5.2　滴定管(或恒流泵)：50 mL，分度值 0.1 mL。

5.3　分析天平：能够精确至 0.0001 g。

5.4　天平：能够精确至 0.1 g。

5.5　不锈钢网筛：筛孔孔径为 45 μm±3 μm(325 目)。

5.6　真空烘箱：温度可控制在 120 ℃±2 ℃和真空度可恒压在 0.03 MPa±0.005 MPa。

5.7　烧杯：250 mL 和 500 mL。

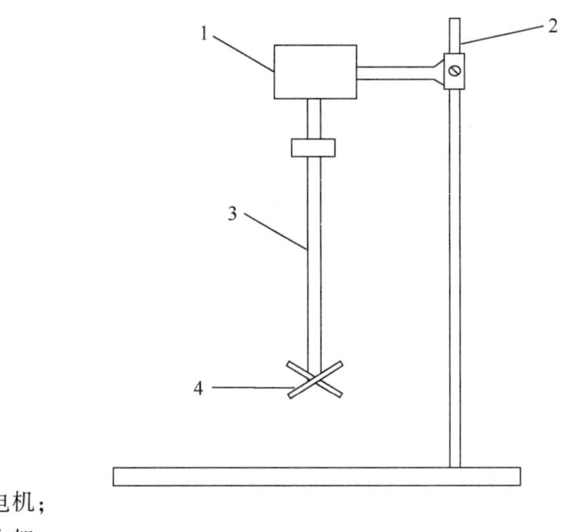

说明：

1—电机；

2—支架；

3—刀具杆；

4—搅拌桨。

图 1　搅拌装置图

6　试样制备

6.1　方法 A(仲裁法)

按照 SH/T 1149 的规定取样，样品经不锈钢网筛(5.5)过滤后，称取试样 200 g±0.2 g 于 500 mL 烧杯(5.7)中。

6.2　方法 B

按照 SH/T 1149 的规定取样，样品经不锈钢网筛(5.5)过滤后，称取试样 50 g±0.2 g 于 250 mL 烧杯(5.7)中。

6.3　总固物含量的测定

按照 SH/T 1154 测定样品的总固物含量。

7　分析步骤

7.1　方法 A(仲裁法)

调节试样温度为 25 ℃±3 ℃，将搅拌器(5.1)叶片插入试样(6.1)中，叶片下端距烧杯底部约 3 mm，调节搅拌速度为 500 r/min±10 r/min，用滴定管(5.2)在 5.5 min±0.5 min 内，沿叶片边缘匀速滴入 50 mL $CaCl_2$溶液(4.2)。用已恒定质量(m_1)的不锈钢网筛(5.5)过滤，用水将烧杯及叶片上残余物料一并冲入网筛中，再用水缓慢彻底冲洗网筛中凝聚物。

将网筛置于真空烘箱(5.6)中，调节真空烘箱温度为 120 ℃±2 ℃，真空度为 0.03 MPa±0.005 MPa，干燥 30 min 后取出，置于干燥器中冷却至室温，称量(m_2)，精确至 0.0001 g。

在马弗炉中烧掉网筛中凝聚物(温度约 600 ℃)，清理网筛备用。

7.2　方法 B

调节试样温度为 45 ℃±3 ℃，将搅拌器(5.1)叶片插入试样(6.2)中，叶片下端距烧杯底部约

3 mm，调节搅拌速度为 500 r/min±10 r/min，用滴定管(5.2)在 1 min±0.1 min 内，沿叶片边缘匀速滴入 10 mL $CaCl_2$溶液(4.2)，滴加完后继续搅拌 2 min，用已恒定质量(m_1)的不锈钢网筛(5.5)过滤，用水将烧杯及叶片上残余物料一并冲入网筛中，再用水缓慢彻底冲洗网筛中凝聚物。

将网筛置于真空烘箱(5.6)中，调节真空烘箱温度为 120 ℃±2 ℃，真空度为 0.03 MPa±0.005 MPa，干燥 30 min 后取出，置于干燥器中冷却至室温，称量(m_2)，精确至 0.0001 g。

在马弗炉中烧掉网筛中凝聚物(温度约 600 ℃)，清理网筛备用。

8 结果计算

8.1 胶乳干胶质量

试样干胶质量(m)，数值用克(g)表示，按式(1)计算：

$$m = m_0 \times c \qquad (1)$$

式中：

m_0——试样质量，单位为克(g)；

c——样品总固物含量，单位为%(质量分数)。

8.2 钙离子稳定性

胶乳钙离子稳定性以胶乳的凝聚物占干胶的质量分数计，数值用%表示，按式(2)计算：

$$\text{钙离子稳定性} = \frac{m_2 - m_1}{m} \times 100 \qquad (2)$$

式中：

m_1——不锈钢网筛质量，单位为克(g)；

m_2——不锈钢网筛加胶乳凝聚物的质量，单位为克(g)。

两次平行测定结果的算术平均值为试验结果，结果保留至小数后三位。

9 允许差

9.1 方法 A(仲裁法)：当钙离子稳定性小于 0.020%时，平行测定的两个结果之差不大于 0.005%。

9.2 方法 B：当钙离子稳定性小于 0.020%时，平行测定的两个结果之差不大于 0.010%。

10 试验报告

试验报告应包括以下内容：

a)本标准的编号；

b)有关样品的详细说明；

c)采用的方法(A 法或 B 法)；

d)在测试过程中观察到的任何异常现象及自由选择的试验条件说明；

e)试验结果；

f)试验日期。

ICS 83.040.10
G 35
备案号：36283-2012

中华人民共和国石油化工行业标准

SH/T 1610—2011
代替 SH/T 1610—2001

热塑性弹性体 苯乙烯-丁二烯嵌段共聚物(SBS)

Thermoplastic elastomers—Styrene-butadiene block copolymer

2011-12-20 发布　　2012-07-01 实施

中华人民共和国工业和信息化部　发布

前　言

本标准按照 GB/T 1.1—2009 给出的规则起草。

本标准代替 SH/T 1610—2001《苯乙烯-丁二烯嵌段共聚物(SBS)》，除编辑性修改外主要技术内容变化如下：

——修改了标准名称，即由前版的“苯乙烯-丁二烯嵌段共聚物(SBS)”改为“热塑性弹性体苯乙烯-丁二烯嵌段共聚物(SBS)”(见封面)；

——修改了制定指标的方式，即由前版的按照 SBS 产品牌号制定技术指标改为按照 SBS 产品用途制定技术指标(见第 3 章，前版第 3 章)；

——修改了沥青改性用 SBS 和胶黏剂用 SBS 的性能项目(见表 1、表 2 和表 3，前版表 1)；

——修改了技术指标(见表 1、表 2 和表 3，前版表 1)；

——增加了附录 B(规范性附录)、附录 C(规范性附录)。

本标准由中国石油化工集团公司提出。

本标准由全国橡胶与橡胶制品标准化技术委员会合成橡胶分技术委员会(SAC/TC35/SC6)归口。

本标准主要起草单位：中国石油化工股份有限公司北京燕山分公司质量监督检验中心、中国石油天然气股份有限公司石油化工研究院。

本标准主要起草人：彭金瑞、孙丽君、崔广洪、于洪洸、吴毅、骆献辉。

本标准所代替标准的历次发布情况为：

——SH/T 1610—1995、SH/T 1610—2001。

热塑性弹性体 苯乙烯-丁二烯嵌段共聚物(SBS)

1 范围

本标准规定了热塑性弹性体苯乙烯-丁二烯嵌段共聚物(SBS)(以下简称SBS)的要求、试验方法、检验规则以及包装、标志、贮存、运输等。

本标准适用于以苯乙烯和1，3-丁二烯为主要原料，采用阴离子聚合方法制得的线型SBS、星型SBS及添加填充油的SBS，该SBS主要用于改性沥青、制鞋和制胶黏剂。

2 规范性引用文件

下列文件对于本文件的应用是必不可少的。凡是注日期的引用文件，仅所注日期的版本适用于本文件。凡是不注日期的引用文件，其最新版本(包括所有的修改单)适用于本文件。

GB/T 265—1988 石油产品运动黏度测定法和动力黏度计算法

GB/T 528—2009 硫化橡胶或热塑性橡胶 拉伸应力应变性能的测定(ISO37：2005，IDT)

GB/T 531.1—2008 硫化橡胶或热塑性橡胶 压入硬度试验方法 第1部分：邵氏硬度计法(邵尔硬度)(ISO 7619-1：2004，IDT)

GB/T 2941—2006 橡胶试样环境调节和试样的标准温度、湿度及时间(eqv ISO 23529：2004)

GB/T 3516—2006 橡胶 溶剂抽出物的测定(ISO 1407：1992，MOD)

GB/T 3682—2000 热塑性塑料熔体质量流动速率和熔体体积流动速率的测定(idt ISO 1133：1997)

GB/T 4498—1997 橡胶灰分的测定(neq ISO 247：1990)

GB/T 8170 数值修约规则与极限数值的表示和判定

GB/T 9352—2008 热塑性塑料压塑试样的制备(ISO 293：1986，NEQ)

GB/T 15340—2008 天然、合成生胶取样及其制样方法(ISO 1795：2000，IDT)

GB/T 19187 合成生胶抽样检查程序

GB/T 24131—2009 生橡胶 挥发分含量的测定(ISO 248：1991，MOD)

3 要求

3.1 外观：白色或浅色固体，不含机械杂质及油污。

3.2 沥青改性用SBS的技术要求见表1。

3.3 制鞋用SBS的技术要求见表2。

3.4 胶黏剂用SBS的技术要求见表3。

表 1 沥青改性用 SBS 技术要求

项目		指标		
		优等品	一等品	合格品
挥发分/%(质量分数)	≤	0.50	0.70	1.00
灰分/%(质量分数)	≤	0.25		
结合苯乙烯含量/%(质量分数)		$M\pm2.0$		$M\pm3.0$
熔体流动速率/(g/10min)		供方提供的数据		
300%定伸应力/MPa	≥	1.8		
拉断伸长率/%	≥	520		
注:M 由供方提供。				

表 2 制鞋用 SBS 技术要求

项目		指标					
		非充油 SBS[a]			充油 SBS[b]		
		优等品	一等品	合格品	优等品	一等品	合格品
挥发分/%(质量分数)	≤	0.50	0.70	1.00	0.50	0.70	1.00
灰分/%(质量分数)	≤	0.20			0.20		
300%定伸应力/MPa	≥	4.0	3.0		1.6	1.4	
拉伸强度/MPa	≥	26.0	22.0		16.0	14.0	
拉断伸长率/%	≥	700	570		1000	850	
拉断永久变形/%	≤	50	55		40	45	
硬度/邵尔 A	≥	90	88		65	62	
熔体流动速率/(g/10min)		供方提供的数据			供方提供的数据		

[a] 指苯乙烯:丁二烯=40:60(质量比)的 SBS。

[b] 指填充 50 份油、苯乙烯:丁二烯=40:60(质量比)的 SBS。

表 3 胶黏剂用 SBS 技术要求

项目		指标		
		优等品	一等品	合格品
挥发分/%(质量分数)	≤	0.50	0.70	1.00
灰分/%(质量分数)	≤	0.20	0.20	0.20
25%甲苯溶液黏度/(mPa·s)		1000~1300	950~1450	850~1850
结合苯乙烯含量/%(质量分数)		36.0~40.0		
熔体流动速率/(g/10min)		0.1~5.0		
300%定伸应力/MPa	≥	3.5		
拉伸强度/MPa	≥	24.0		
拉断伸长率/%	≥	700		
拉断永久变形/%	≤	55		
硬度/邵尔 A	≥	85		

4 试验方法

4.1 挥发分的测定

按照 GB/T 24131—2009 的烘箱法 B 进行测定。

4.2 灰分的测定

按照 GB/T 4498—1997 进行测定。

4.3 300%定伸应力、拉伸强度、拉断伸长率、拉断永久变形的测定

取附录 A 制备的试片，按照 GB/T 528—2009 进行测定，采用哑玲状 I 型裁刀。平行测定的两个实验结果之差不大于表 4 的规定，取两个平行实验结果的平均值作为最终测定结果。

4.4 硬度的测定

取附录 A 制备的试片，按照 GB/T 531.1—2008 进行测定。

4.5 甲苯溶液黏度

按照附录 B 进行测定。

4.6 结合苯乙烯含量的测定

按照附录 C 进行测定。

4.7 熔体流动速率

按照 GB/T 3682—2000 进行测定。采用 200℃，5kg，标准口模内径为 2.095mm±0.005mm 的试验条件(充油 SBS 采用 190℃，5kg，标准口模内径为 2.095mm±0.005mm 的试验条件)。试验前应对样品进行烘干处理(在 100℃±5℃条件下烘烤时间一般应控制在 1.5h 以上)，或者直接用预成型片或模压成型的试片剪碎后测定。平行测定的两个实验结果之差不大于表 4 的规定，取两个平行实验结果的平均值作为最终测定结果。

表 4 各测定项目允许差

产品类别	300%定伸应力/MPa	拉伸强度/MPa	拉断伸长率/%	拉断永久变形/%	熔体流动速率/(g/100min)
沥青改性 SBS(线型)	0.5	—	50	—	0.1
沥青改性 SBS(星型)	0.5	—	70	—	—
制鞋用非充油 SBS[a]	0.5	3.5	50	6	0.05
制鞋用充油 SBS[b]	0.6	2.5	50	6	0.2
胶黏剂用 SBS	0.5	3.5	50	6	0.1

[a]指苯乙烯：丁二烯=40：60(质量比)的 SBS。

[b]指填充 50 份油，苯乙烯：丁二烯=40：60(质量比)的 SBS。

5 检验规则

5.1 检验分类与检验项目

5.1.1 SBS产品检验项目分为型式检验项目和出厂检验项目。表1~表3所列项目均为型式检验项目。对于沥青改性用SBS，表1中的“挥发分”和“熔体质量流动速率”为出厂检验项目；对于制鞋用SBS，表2中除“灰分”外其余项目均为出厂检验项目；对于胶黏剂用SBS，表3中所有项目均为出厂检验项目。

5.1.2 正常情况下，每月至少进行一次型式检验。

5.2 组批规则

SBS以同一生产线上、相同原料、相同工艺所生产一个班次的同一牌号的产品为一批。

5.3 抽样方法

按照GB/T 19187的规定进行抽样。根据所测项目取适量的各实验室样品，将等量的各实验室样品均匀混合制成实验室混合样品。

5.4 出厂检验

生产厂应按照本标准、用实验室混合样品对出厂的SBS产品进行检验，保证所有出厂产品符合本标准的要求。每批产品应附有一定格式的质检报告单，质检报告单中应包括表1(或表2、表3)中所有分析项目。

5.5 复检与判定规则

出厂检验结果中任何一项不符合本标准技术要求时，应重新取双倍样品进行复检，并按复检结果对产品质量进行判等。

6 包装、标志、运输和贮存

6.1 包装

6.1.1 SBS产品可采用三合一纸塑包装袋或其他包装形式包装。包装袋材料应保证在运输、码放、贮存时不污染和泄漏产品。

6.1.2 每包产品的净含量可为20kg或其他。

6.2 标志

SBS产品外包装袋上应有明显的标志，标志内容可包括：产品的名称、牌号、净含量、生产厂(公司)名称、注册商标、生产日期和批号等。

6.3 运输

SBS产品在运输过程中，应避免高温和阳光直接照射或雨水浸泡，运输车辆应整洁，避免包装袋破损和杂物混入。

6.4 贮存

SBS 产品应贮存在常温、干燥、通风、清洁的仓库中，成行成垛整齐堆放并保持一定行距，不应露天堆放，防止日光直接照射。SBS 产品质量保证期为自生产之日起 1 年。

附　录　A

（规范性附录）

预成型片和压塑胶片的制备

A.1　预成型片的制备

A.1.1　辊炼设备

采用辊筒外径为155mm±5mm开放式炼胶机。

A.1.2　辊炼程序

A.1.2.1　按5.3的要求取样，称取试样250g。辊筒温度按表A.1的规定。

A.1.2.2　将炼胶机挡板距离调至最大，辊距调至0.5mm使SBS成型；将辊距调至2.0mm，试样折叠通过20次~25次。

A.1.2.3　按压塑胶片要求的厚度下片，放置在平整、洁净、干燥的金属板上。

A.2　预成型片的制备

A.2.1　模塑设备

A.2.1.1　模压机

采用GB/T 9352—2008规定的模压机二台，分别用于模塑加热和冷却。

A.2.1.2　模具

采用GB/T 9352—2008规定的溢流式模具，模塑胶片厚度为2.0mm±0.2mm。为了避免模腔与胶片粘连，可以将聚酯薄膜材料垫在模腔的上下两面。

A.2.2　操作程序

A.2.2.1　将预成型片切成符合模腔尺寸的试样，并在试样上标出预成型片批号、压延方向。试样质量应符合GB/T 9352—2008规定。

A.2.2.2　模塑：

压板和模具的温度按表A.1的规定，当温度恒定后，将A.2.2.1切好的试样放入模具，置于下压板上。

闭合压板，在接触压力下对试样预热10min；立即在模腔上施加不低于3.5MPa压强，排气三次，排气间隔为3s；在该压强下保持10min，随即冷却。

A.2.2.3　冷却：

将模具迅速取出，立即置于冷却模压机上，闭合压板，在模腔上施加压强不低于3.5MPa下冷却至脱模，脱模温度应低于40℃。

A.2.2.4　压塑胶片在测试前的调节按GB/T 2941—2006规定执行。

表 A.1　各类型 SBS 测试条件

项目	沥青改性(线型)	沥青改性(星型)	制鞋用非充油 SBS[a]	制鞋用充油 SBS[b]	胶黏剂用 SBS
辊筒温度	125℃±5℃	130℃±5℃	125℃±5℃	100℃±5℃	125℃±5℃
压板和模具温度	155℃±3℃	165℃±3℃	165℃±3℃	165℃±3℃	155℃±3℃

[a] 指苯乙烯：丁二烯=40：60(质量比)的 SBS。

[b] 指填充 50 份油，苯乙烯：丁二烯=40：60(质量比)的 SBS。

附　录　B
（规范性附录）
SBS 甲苯溶液动力黏度的测定

B.1　范围

本附录规定了测定 SBS 甲苯溶液动力黏度的方法。

本方法适用于 SBS 质量分数约为 25%和 15%的甲苯溶液动力黏度的测定。

B.2　方法概要

将 SBS 用甲苯溶解后，在 25℃下用旋转式黏度计测定该溶液的动力黏度，用符号 η_{25}表示，其单位为 mPa·s（毫帕斯卡·秒）。

B.3　试剂

B.3.1　甲苯，化学纯。

警告：甲苯有毒，实验过程中应在通风良好的环境中进行，样品处理时应戴防护手套。实验后残液应回收集中处理。

B.4　仪器

B.4.1　旋转式黏度计：带恒温水浴，恒温水浴控温范围为 0℃～40℃，控温精度为 0.1℃。

B.4.2　运动黏度测定器：带符合 GB/T 265—1988 的恒温水浴，温度范围为常温～100℃，控温精度为 0.1℃。

B.4.3　三角瓶：250mL，具塞。

B.5　分析步骤

B.5.1　如果测定 25%甲苯溶液黏度，则在三角瓶（B.4.3）中称取 120g 甲苯（B.3.1），准确至 0.01g，盖上瓶塞。再称取 40g SBS 样品，准确至 0.01g，放入三角瓶中并盖上瓶塞。放置 60min，并每隔 15min 搅拌一次。

如果测定 15%甲苯溶液黏度，则在三角瓶中称取 136g 甲苯，准确至 0.01g，盖上瓶塞。再称取 24gSBS 样品，准确至 0.01g，放入三角瓶中并盖上瓶塞。放置 60min，并每隔 15min 搅拌一次。

B.5.2　将运动黏度测定器（B.4.2）水浴温度控制在 25℃±0.1℃范围内，恒温 30min 以上。

B.5.3　将装有样品溶液的三角瓶置于水浴中，每隔 10min 搅拌一次，待温度达到 25℃±0.1℃、且样品完全溶解后，恒温 20min。

B.5.4　用旋转式黏度计（B.4.1）测定该溶液的动力黏度。

B.6　结果表述

计算两次平行测定结果的算术平均值作为实验结果，按照 GB/T 8170 的规定对计算结果进行修约，结果保留至整数位。

B.7　精密度

在同一实验室，同一操作者两次重复测试结果的绝对差不大于这两个测定结果算术平均值的 5%。

B.8 试验报告

报告应包括下列内容：

a)本标准编号；

b)有关样品的详细说明；

c)每个试样的测定结果；

d)试验过程中的异常情况说明；

e)试验温度；

f)试验日期。

附 录 C
(规范性附录)
SBS 中结合苯乙烯含量的测定

C.1 范围

本附录规定了采用红外光谱法(相对法),测定苯乙烯-丁二烯嵌段共聚物(SBS)中苯乙烯含量的分析步骤。苯乙烯含量的表示是相对于整个聚合物的质量百分含量。

注1:如果使用已知微观结构含量的 SBS(通过 1H-核磁谱得到)进行校准,红外光谱也可以给出微观结构的绝对值。

注2:本方法等同采用 ISO 21561:2005《苯乙烯-丁二烯橡胶(SBR)—溶液聚合 SBR 微观结构的测定》中的红外方法(相对法)。

C.2 方法原理

C.2.1 将少量抽提过的 SBS 试样溶解在环己烷中,并在溴化钾片上涂膜。

C.2.2 在 600cm^{-1} ~ 1200cm^{-1}范围内,测定溴化钾涂片上 SBS 试样的红外光谱。根据特定波长处的吸光度,利用汉普顿方法(见参考文献[1]),计算出苯乙烯的含量。

C.2.3 使用已知微观结构绝对值(由^{1}H-NMR 谱法获得)的 SBS 试样进行校准,也可给出红外光谱法测定微观结构的绝对值。

C.3 试剂

在分析过程中,应使用分析纯试剂。

C.3.1 无水乙醇-甲苯共沸物(ETA):将 7 份体积的无水乙醇与 3 份体积的甲苯混合。

C.3.2 丙酮。

C.3.3 环己烷。

C.4 仪器

C.4.1 红外光谱仪:傅立叶变换红外(FT-IR)光谱仪或双光束红外光谱仪。

C.4.2 抽提器:符合 GB/T 3516—2006 的要求。

C.4.3 真空烘箱:温度可控制在 50℃ ~ 60℃。

C.4.4 分析天平:可精确至 0.1mg。

C.4.5 样品瓶:20mL,带盖。

C.4.6 移液管:10mL。

C.4.7 巴斯德吸液管。

C.4.8 金属隔片:厚度为 0.1mm。

C.4.9 溴化钾片:用于红外光谱法。

C.4.10 夹具:用于夹溴化钾片。

C.5 取样

按照 GB/T 19187—2008 的规定取适量生胶试样。

C.6 分析步骤

C.6.1 试样溶液的制备

C.6.1.1 按照 GB/T 3516—2006 的规定，用无水乙醇-甲苯共沸物 ETA(C.3.1)或丙酮(C.3.2)抽提 SBS 试样，将抽提后试样置于真空烘箱中，在 50℃~60℃下干燥。

C.6.1.2 将 0.2g 按 C.6.1.1 制备的 SBS 试样放进样品瓶(C.4.5)中。

C.6.1.3 用移液管(C.4.6)准确移取 10mL 环己烷(C.3.3)，并注入样品瓶中，盖上盖子，摇动样品瓶使 SBS 试样完全溶解。

C.6.2 涂膜制备

C.6.2.1 将金属隔片(C.4.8)放在溴化钾片(C.4.9)上，用巴斯德吸液管(C.4.7)将样品溶液均匀的涂在金属隔片孔隙中。

C.6.2.2 从金属隔片上除去多余的样品溶液，使样品薄膜的厚度均匀。

C.6.2.3 蒸发掉溴化钾片上的样品溶液。

C.6.2.4 从溴化钾片上取下隔片，把溴化钾片夹在准备好的夹具(C.4.10)上，插入红外光谱仪中。

C.6.3 红外光谱的测定

C.6.3.1 用傅立叶变换红外光谱仪(C.4.1)进行测定

C.6.3.1.1 在 $600cm^{-1}$~$1200cm^{-1}$范围内，测定空白溴化钾片的背景光谱。

C.6.3.1.2 在 $600cm^{-1}$~$1200cm^{-1}$范围内，测定样品溴化钾片的光谱。

C.6.3.1.3 为了获得较好的重复性，样品光谱的最大吸光度应在 0.10~0.15 范围内。

C.6.3.1.4 红外光谱图见图 C.1。

C.6.3.2 用双光束红外光谱仪进行测量

C.6.3.2.1 将空白溴化钾片放在样品和参比的通路上，在吸光度模式下测定 $600cm^{-1}$~$1200cm^{-1}$范围内的背景光谱。

C.6.3.2.2 将样品溴化钾片放在样品通路上，同时将空白溴化钾片放在参比通路上，在吸光度模式下测定 $600cm^{-1}$~$1200cm^{-1}$范围内的样品光谱。

C.6.3.2.3 为了获得较好的重复性，样品光谱的最大吸光度应该在 0.10~0.15 范围内。

C.6.3.2.4 从样品光谱中减去背景光谱得到另一个不同的光谱，用于微观结构的计算。

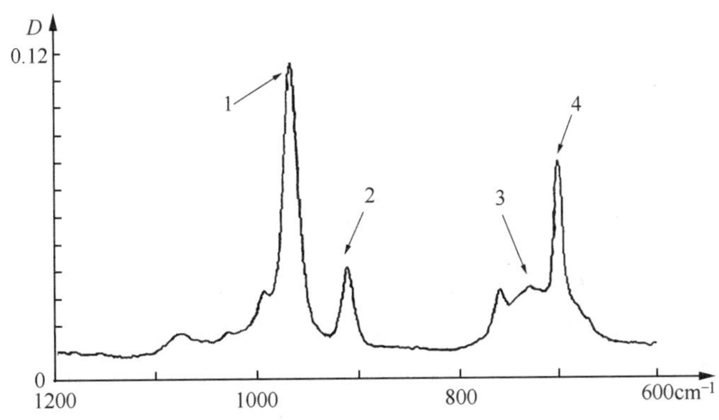

1—1,4 反式键；2—1,2 乙烯基键；3—1,4 顺式键；4—苯乙烯。

图 C.1 采用红外光谱测定 SBS 试样的示例

C.7 苯乙烯含量的测定

C.7.1 吸光度的测定

按照表 C.1 规定的波数测定 SBS 各微观结构组分的吸光度值。

表 C.1 SBS 各微观结构组分与特征波数值

吸光度符号	微观结构组分	波数/cm^{-1}	备注
D_{trans}	1，4 反式键	967	测量谱峰最高处的吸光度
D_{vinyl}	1，2 乙烯基键	911	测量谱峰最高处的吸光度
D_{cis}	1，4 顺式键	724	谱峰最高处的波数受聚合物性质的影响，例如苯乙烯含量。当谱峰最高处非常明显时，使用 720cm^{-1}～740cm^{-1}范围内谱峰最高处的吸光度。在这种情况下，724cm^{-1}处的吸光度不是必须的
$D_{styrene}$	苯乙烯	699	测量谱峰最高处的吸光度

C.7.2 计算

C.7.2.1 总则

按照汉普顿等式，SBS 试样中的苯乙烯和其他微观结构含量，由样品在对应波数处的吸光度来计算。

C.7.2.2 归一化

按公式（C.1）～公式（C.4）对测量的吸光度进行归一，以百分数（%）计：

$$\%D_{trans}=\frac{D_{trans}}{D_{trans}+D_{vinyl}+D_{cis}+D_{styrene}}\times 100 \quad \cdots\cdots(C.1)$$

$$\%D_{vinyl}=\frac{D_{vinyl}}{D_{trans}+D_{vinyl}+D_{cis}+D_{styrene}}\times 100 \quad \cdots\cdots(C.2)$$

$$\%D_{cis}=\frac{D_{cis}}{D_{trans}+D_{vinyl}+D_{cis}+D_{styrene}}\times 100 \quad \cdots\cdots(C.3)$$

$$\%D_{styrene}=\frac{D_{styrene}}{D_{trans}+D_{vinyl}+D_{cis}+D_{styrene}}\times 100 \quad \cdots\cdots(C.4)$$

式中：

D_{trans}——SBS 中 1,4-反式键的吸光度；

D_{vinyl}——SBS 中 1,2-乙烯基键的吸光度；

D_{cis}——SBS 中 1,4-顺式键的吸光度；

$D_{styrene}$——SBS 中苯乙烯吸光度。

C.7.2.3 苯乙烯和其他微观结构组分浓度的计算

SBS 中苯乙烯和其他微观结构组分的浓度用 g/L 表示，按公式（C.5）～公式（C.8）计算：

$$c_{styrene}=-0.0138\times\%D_{vinyl}-0.2604\times\%D_{cis}+0.3739\times\%D_{styrene} \quad \cdots\cdots(C.5)$$

$$c_{trans}=0.3937\times\%D_{trans}-0.0112\times\%D_{vinyl}-0.0361\times\%D_{cis}-0.0065\times\%D_{styrene} \quad \cdots\cdots(C.6)$$

$$c_{vinyl}=-0.0067\times\%D_{trans}+0.3140\times\%D_{vinyl}-0.0154\times\%D_{cis}-0.0071\times\%D_{styrene} \quad \cdots\cdots(C.7)$$

$$c_{cis}=-0.0044\times\%D_{trans}-0.0274\times\%D_{vinyl}+1.8347\times\%D_{cis}-0.0251\times\%D_{styrene} \quad \cdots\cdots(C.8)$$

式中：

$c_{styrene}$——SBS 中苯乙烯的浓度，单位为 g/L；

c_{trans}——SBS 中 1，4 反式键的浓度，单位为 g/L；
c_{vinyl}——SBS 中 1，2 乙烯基键的浓度，单位为 g/L；
c_{cis}——SBS 中 1，4 顺式键的浓度，单位为 g/L。

C.7.2.4 苯乙烯和其他微观结构含量的计算

苯乙烯含量用质量百分数表示，按照公式（C.9）计算，丁二烯部分的微观结构组分含量以摩尔分数表示，按照公式（C.10）~公式（C.12）计算：

$$X_{styrene}=\frac{c_{styrene}}{c_{trans}+c_{vinyl}+c_{cis}+c_{styrene}}\times 100 \qquad (C.9)$$

$$X_{trans}=\frac{c_{trans}}{c_{trans}+c_{vinyl}+c_{cis}}\times 100 \qquad (C.10)$$

$$X_{vinyl}=\frac{c_{vinyl}}{c_{trans}+c_{vinyl}+c_{cis}}\times 100 \qquad (C.11)$$

$$X_{cis}=\frac{c_{trans}}{c_{trans}+c_{vinyl}+c_{cis}}\times 100 \qquad (C.12)$$

式中：
$X_{styrene}$——SBS 中苯乙烯的含量，单位为%（质量分数）；
X_{trans}——SBS 中丁二烯部分 1,4-反式键的含量,单位为%(摩尔分数)；
X_{vinyl}——SBS 中丁二烯部分 1,2-乙烯基的含量,单位为%(摩尔分数)；
X_{cis}——SBS 中丁二烯部分 1,4-顺式键的含量,单位为%(摩尔分数)。

计算两次测定结果的平均值为最终实验结果，按照 GB/T 8170 的规定对计算结果进行修约，结果保留至小数点后一位。

C.8 对给出绝对结果的红外方法的校准

C.8.1 通过使用^{1}H-核磁方法对 SBS 试样中已知苯乙烯含量的测定，可以用来校准红外方法得到的苯乙烯含量（见图 C.2）。

C.8.2 用来对未知样品进行红外光谱测定的条件（分辨率、扫描时间等），应该与使用标准样品绘制校准曲线的测定条件相同。

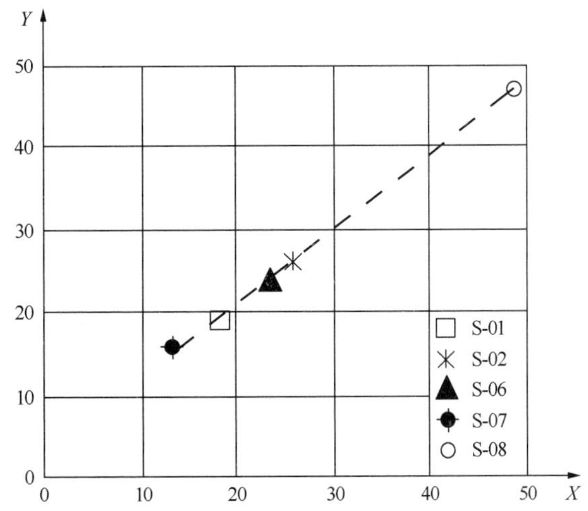

图 C.2 连接核磁方法和红外方法的苯乙烯含量的校准曲线

注：X——核磁方法得到的苯乙烯含量（在 SBS 试样中的质量百分数）；Y——红外方法得到的苯乙烯含量（在 SBS 试样中的质量百分数）。

C.9 精密度

本方法精密度值见表 C.2。

表 C.2 采用红外方法测试 SBS 试样中苯乙烯含量的精密度值

试样	平均值	实验室内			实验室间		
	%	s_r	r	(r)	s_R	R	(R)
SBS-1	24.9	0.45	1.27	5.09	0.60	1.71	6.87
SBS-2	25.4	0.41	1.15	4.53	0.67	1.89	7.45

s_r：重复性标准偏差；
r：重复性，以测量值单位表示；
(r)：重复性，以相对百分数表示；
s_R：再现性标准偏差；
R：再现性，以测量值单位表示；
(R)：再现性，以相对百分数表示。

C.10 试验报告

实验报告应包括以下内容：

a）本标准的编号；
b）样品的详细说明；
c）试验过程中的异常情况说明；
d）试验日期。

参考文献

[1] 汉普顿，R.R. 分析化学，21（1949），p923

ICS 83.060
G 35

中华人民共和国石油化工行业标准

SH/T 1611—2004
代替 SH/T 1611—1995

丙烯腈-丁二烯橡胶（NBR）评价方法

Acrylonitrile-butadiene rubber（NBR）—Evaluation procedure

（ISO 4658：1999，MOD）

2004-04-09 发布　　2004-09-01 实施

中华人民共和国国家发展和改革委员会　发布

前　言

本标准修改采用国际标准 ISO 4658：1999《丙烯腈-丁二烯橡胶—评价方法》(英文版)。

本标准根据 ISO 4658：1999 重新起草。

为适合我国国情，本标准在采用 ISO 4658：1999 时进行了适当的修改。有关技术性差异用垂直单线标识在它们所涉及的条款的页边空白处，其主要差异如下：

——在规范性引用文件中，大部分标准直接引用了采用国际标准的我国标准，以符合我国引用标准的规定。

——生胶门尼黏度的表示方法由“ML（1+4）100℃”修改为“50ML(1+4)100℃”。这是因为目前测定生胶门尼黏度的现行国际标准 ISO 248-1：1994 与我国国家标准 GB/T 1232.1—2000 均采用“50ML(1+4)100℃”作为生胶门尼黏度的表示方法，虽然这两种表示方法的实质意义相同，但应采用当前国际上通用的方法。

为便于使用，本标准还作了下列编辑性修改：

——将“本国际标准”改为“本标准”。

——删除国际标准前言。

本标准与其前版的主要差异：

——变更了标准名称。

——增加生胶的物理和化学试验方法。

——增加小型密炼机混炼方法。

——增加用无转子硫化仪进行硫化特性评价的方法。

——增加精密度。

本标准由中国石油化工股份有限公司提出。

本标准由全国橡胶与橡胶制品标准化技术委员会合成橡胶分技术委员会归口。

本标准起草单位：中国石油天然气股份有限公司兰州石化公司石油化工研究院、中国石油天然气股份有限公司吉林石化公司有机合成厂。

本标准主要起草人：王进、萧洪程、李莉、米海岸。

本标准于 1995 年首次发布，此次为首次修订。

丙烯腈-丁二烯橡胶(NBR)评价方法

警告：使用本标准的人员应熟悉正规实验室操作规程。本标准无意涉及因使用本标准可能出现的所有安全问题。制定相应的安全和健康规程并确保符合国家法规是使用者的责任。

1 范围

本标准规定了丙烯腈-丁二烯橡胶（NBR）的物理和化学试验方法；规定了评价丙烯腈-丁二烯橡胶（NBR）硫化特性所用的标准材料、标准试验配方、设备及操作程序。

2 规范性引用文件

下列文件中的条款通过本标准的引用而成为本标准的条款。凡是注日期的引用文件，其随后所有的修改单（不包括勘误的内容）或修订版均不适用于本标准，然而，鼓励根据本标准达成协议的各方研究是否可使用这些文件的最新版本。凡是不注日期的引用文件，其最新版本适用于本标准。

GB/T 528—1998　硫化橡胶或热塑性橡胶拉伸应力应变性能的测定（eqv ISO/DIS 37：1994）

GB/T 1232.1—2000　未硫化橡胶用圆盘剪切黏度计进行测定　第1部分：门尼黏度的测定（neq ISO 289-1：1994）

GB/T 2449　工业硫磺及其试验方法

GB/T 2941—1991　橡胶试样环境调节和试验的标准温度、湿度及时间（eqv ISO 471：1983和ISO 1826：1981 Rubber, Vulcanized-Time-interval between Vulcanization and testing—Specification）

GB/T 3185　氧化锌（间接法）

GB/T 4498—1997　橡胶—灰分的测定（eqv ISO 247：1990）

GB/T 6038—1993　橡胶试验胶料的配料、混炼和硫化设备及操作程序（eqv ISO/DIS 2393：1989）

GB/T 6737—1997　生橡胶　挥发分含量的测定（eqv ISO 248：1991）

GB/T 9103　工业硬脂酸

GB/T 9869 —1997　橡胶胶料硫化特性的测定（圆盘振荡硫化仪法）（idt ISO 3417：1991）

GB/T 15340 —1994　天然、合成生胶取样及制样方法（idt ISO 1795：1992）

GB/T 16584—1996　橡胶　用无转子硫化仪测定硫化特性（eqv ISO 6502：1991）

ISO/TR 9272：1986　橡胶与橡胶制品—试验方法标准的精密度测定

ISO 11235：1999　橡胶配合剂—次磺酰胺类促进剂—试验方法

3 取样和制样

3.1　按 GB/T 15340—1994 规定取样约 1.5kg。

3.2　按 GB/T 15340—1994 规定制备试样。

4 生胶的物理和化学试验

4.1 门尼黏度

按 GB/T 1232.1—2000 规定测定门尼黏度。试样制备见 3.2 条。测定结果以 50mL（1+4）100℃表示。

4.2 挥发分

按 GB/T 6737—1997 规定测定挥发分含量。对于不宜使用热辊法的丁腈橡胶，可以采用

105℃±5℃的烘箱法。

4.3 灰分

按 GB/T 4498—1997 规定测定灰分含量。

5 评价用混炼胶试样的制备

5.1 标准试验配方

标准试验配方见表 1。

表 1 标准试验配方

材　　料	质 量 份
丁腈橡胶	100.00
氧化锌[a]	3.00
硫　磺[b]	1.50
硬脂酸[c]	1.00
炭　黑[d]	40.00
TBBS[e]	0.70
合　　计	146.20

[a] GB/T 3185 一级品。

[b] GB/T 2449 一级品；2% $MgCO_3$ 涂层硫磺见 5.2.2.2 中的注。

[c] GB/T 9103。

[d] 应使用通用工业参比炭黑（IRB）或等同的国家或国际标准参比炭黑。炭黑应在 125℃±3℃下干燥 1h，并于密闭容器中贮存。

[e] *N*-叔丁基-2-苯并噻唑次磺酰胺，以粉末形态或粒状形态供应。按 ISO 11235：1999 测定其最初不溶物含量应小于 0.3%。该材料应在室温下贮存于密闭容器中，每 6 个月检查一次不溶物含量，若超过 0.75%，则废弃或重结晶。

应使用符合国家或国际标准的参比材料。如果得不到标准参比材料，应使用有关团体认可的材料。

5.2 操作程序

5.2.1 设备和程序

试验胶料的配料、混炼和硫化设备及操作步骤按 GB/T 6038—1993 规定进行。

可以在开炼机或小型密炼机上制备混炼胶，但结果可能稍有不同。

5.2.2 开炼机混炼程序

5.2.2.1 总则

标准实验室开炼机每批胶量应是配方量的四倍，以 g 计。

混炼时，辊间应保持适量的堆积胶，否则应适当调整辊距。

下述两种开炼机混炼程序可任选一种。

5.2.2.2 程序 1

本操作程序使用碳酸镁涂层硫磺，混炼过程中，辊筒表面温度应保持在 50℃±5℃。

注：标准 2% $MgCO_3$ 涂层硫磺，参照 M266573-P，可从 C. P. Hall Co.，4460 Hudson Drive，Stow，Ohio 44224，USA 获得。

持续时间（min）

a）将开炼机辊距固定在1.4mm，使橡胶包辊。对热法聚合NBR，塑炼4min。…………… 2.0

b）加入氧化锌、硬脂酸和硫磺。………………………………………………………… 2.0

c）每边作3/4割刀三次。……………………………………………………………………… 2.0

d）以恒定的速度均匀地加入一半炭黑。………………………………………………… 5.0

e）每边作3/4割刀三次。……………………………………………………………………… 2.0

f）以恒定的速度均匀地加入剩余的炭黑，扫起所有落入接料盘中
的物料并加入胶料中。……………………………………………………………………… 5.0

g）加入TBBS。………………………………………………………………………………… 1.0

h）当全部TBBS加入后，每边作3/4割刀三次。……………………………………… 2.0

i）下片。将辊距固定在0.8mm，混炼胶打卷纵向薄通六次。………………………… 2.0

总计：23.0

（最多25.0）

j）将混炼胶压成约6mm厚的胶片，检查胶料质量（见GB/T 6038—1993），如果胶料质量与理论值之差超过+0.5%或-1.5%，则弃去该胶料，重新混炼。取足够的胶料供硫化仪试验用。

k）按GB/T 528—1998规定，将混炼胶压成约2.2mm厚的胶片，用于制备试片或压成适当厚度，用于制备环形试样。

l）在混炼后和硫化前，将胶料调节2~24h。如有可能，在GB/T 2941—1991规定的标准温度或湿度下进行。

5.2.2.3 程序2

5.2.2.3.1 总则

本操作程序使用无涂层硫磺，为了获得更好的分散性，硫磺应与橡胶预混炼。

5.2.2.3.2 硫磺预混胶的制备

在预混炼过程中，辊筒表面温度应保持在80℃±5℃。

持续时间（min）

a）将开炼机辊距固定在1.4mm，使橡胶包辊。对热法聚合NBR，塑炼4min。………… 2.0

b）缓慢、均匀地加入硫磺。………………………………………………………………… 3.0

c）每边作3/4割刀三次。

………………………………………………………………………2.0

总计：7.0

（最多9.0）

d）下片。如有可能，在GB/T 2941—1991规定的标准温度或湿度下调节0.5~2.0h。

5.2.2.3.3 混炼程序

混炼过程中，辊筒表面温度应保持在50℃±5℃。

持续时间（min）

a）将开炼机辊距固定在1.4mm，使硫磺预混炼胶包辊。………………………………… 2.0

b）加入氧化锌和硬脂酸。…………………………………………………………………… 2.0

按5.2.2.2的c）~l）继续混炼。

5.2.3 小型密炼机混炼（MIM）程序

5.2.3.1 混炼时，小型密炼机的机头温度应保持在63℃±3℃，转子转速为60r/min~63r/min。

5.2.3.2 将开炼机辊温调节至50℃±5℃，调节辊距，使其能压出约5mm厚的胶片。胶料过辊一次。将胶片切成约25mm宽的胶条。

5.2.3.3 混炼周期

持续时间（min）

a）将胶条装入混炼室内，放下上顶栓开始计时。…… 0

b）塑炼橡胶。…… 1.0

c）升起上顶栓，小心加入预先混合好的氧化锌、硫磺、硬脂酸和TBBS，避免任何损失。加入炭黑，清扫进料口并放下上顶栓。…… 1.0

d）混炼胶料，如果有必要，快速升起上顶栓扫下物料。……7.0

总计：9.0

e）关掉电机，升起上顶栓，打开混炼室，卸下胶料。

f）让该胶料立即通过辊距为0.8mm，辊温为50℃±5℃的实验室开炼机。

g）将混炼胶打卷，纵向薄通六次。

h）将混炼胶压成约6mm厚的胶片。检查胶料的质量（见GB/T 6038—1993）。如果胶料质量与理论值之差超过+0.5%或-1.5%，则弃去胶料，重新混炼。取足够胶料供硫化仪试验用。

i）根据GB/T 528—1998规定，将混炼胶压成约2.2mm厚，用于制备试片，或压成适当厚度，用于制备环形试样。

j）在混炼后和硫化前，将胶料调节2~24h。如有可能，在GB/T 2941—1991规定的标准温度或湿度下进行。

6 硫化特性评价

6.1 用圆盘振荡硫化仪

测定如下标准试验参数：

规定时间的M_L，M_H，t_{S1}，t'_C（50）和t'_C（90）。

按GB/T 9869—1997规定，采用下列试验条件：

振荡频率：1.7Hz（100周/min）。

振幅：1°。

量程：至少选择满量程的75%。

注：对某些橡胶可能达不到75%。

模腔温度：160℃±0.3℃。

预热温度：无。

6.2 用无转子硫化仪

测量如下标准试验参数：

规定时间的F_L，F_H，t_{S1}，t'_C（50）和t'_C（90）。

按GB/T 16584—1996规定，采用下列试验条件：

振荡频率：1.7Hz（100周/min）。

振幅：0.5°。

量程：至少选择满量程的75%。

注：对某些橡胶可能达不到75%。

模腔温度：160℃±0.3℃。

预热温度：无。

7 硫化胶拉伸应力-应变性能评价

在150℃下硫化试片，从20min、30min、40min、50min和60min选择三个点。也可以在145℃下硫化试片，从25min、35min、50min和75min选择三个点，其结果与150℃硫化结果不同。试验过程所选择的三个点应包括欠硫、正硫和过硫。

如有可能，在 GB/T 2941—1991 规定的标准温度和湿度下将硫化试片调节 16~96h。按 GB/T 528—1998 规定测定拉伸应力-应变性能。

8 精密度

8.1 概述

本方法精密度结果取自 ASTM D3187：1990，按照 ISO/TR 9272：1986 计算重复性和再现性。

8.2 精密度说明

本方法 2 型（实验室间）精密度是七个实验室各自在不同的两天内，对三种不同材料或橡胶采用室间程序得到的。

8.3 精密度结果

重复性和再现性结果见表 2。

表 2 NBR 硫化参数和应力/应变 2 型精密度

性 能	单 位	数值范围（Δ）	实验室内			实验室间		
			S_r	r	(r)	S_R	R	(R)
M_L	dN·m	5.4~12.4	0.28	0.79	8.9	0.53	1.50	16.9
M_H	dN·m	36.0~46.7	0.85	2.41	5.8	2.14	6.05	14.6
t_{S1}	min	2.8~3.9	0.10	0.28	8.2	0.49	1.39	40.9
t'_C（90）	min	11.4~15.3	0.56	1.58	11.8	1.49	4.22	31.5
300%定伸应力	MPa	11.1~16.3	0.63	1.78	13.0	1.11	3.14	22.9
拉伸强度	MPa	26.7~31.4	0.77	2.18	7.5	1.28	3.62	12.4
伸长率	%	493~577	13.5	38.2	7.1	31.8	90.0	16.8
50ML（1+4）100℃		54.4~104.3	1.30	3.68	4.63	7.8	22.1	27.8

注 1：用圆盘振荡式硫化仪（实验条件：160℃、1.7Hz、振幅 1°）。

注 2：用测定值范围 Δ 的中值计算（r）和（R）。

表 2 中使用的符号定义如下：

r=重复性，用测量单位表示，指一个数值。在指定概率下，实验室内两个试验结果的绝对差应低于该值。

（r）=相对重复性，用百分比表示。

两个试验结果的相对重复性是指在相同的条件下（同一实验室、同一操作者和同一设备），在规定的时间周期内，用同一试验方法和相同的试验材料获得的。除非另有说明，概率为 95%。

R=再现性，以测量单位表示。指一个数值。在指定概率下，实验室间两个实验结果的绝对差应低于该值。

（R）=相对再现性，用百分比表示。

两个试验结果的相对再现性是指在不同的条件下（不同的实验室、不同的操作者和不同的设备），在规定的时间周期内，采用同一试验方法和相同的试验材料获得的。除非另有说明，概率为 95%。

9 试验报告

试验报告应包括以下内容：

a. 本标准的编号；

b. 关于样品的详细说明；

c. 标准试验配方及混炼程序（开炼机混炼程序 1、程序 2 或小型密炼机混炼程序）；

d. 使用的参比材料；

e. 挥发分含量测定选用的方法（辊筒法或烘箱法）；

f. 第 6 章中用于测量 M_H 的时戒；

g. 第 6 章中硫化特性评价采用的方法（GB/T 9869—1997 或 GB/T 16584—1996）；

h. 第 7 章中的硫化温度和时间；

i. 试验过程中观察到的任何异常现象；

j. 本标准未包括的任何自选操作；

k. 试验结果及表述方法；

l. 试验日期。

编者注：规范性引用文件中 GB/T 6737 已废止，可采用 GB/T 24131—2009《生橡胶　挥发分含量的测定》，ISO/TR 9272 最新版本 ISO/TR 9272—2005 已转化（等同采用）为 GB/T 14838—2009《橡胶与橡胶制品　试验方法标准精密度的确定》。

ICS 83.060
G 35

中华人民共和国石油化工行业标准

SH/T 1626—2005
（2010年确认）
代替 SH/T 1626—1996

苯乙烯-丁二烯橡胶（SBR）1712

Rubber, styrene-butadiene (SBR) 1712

2005-04-11 发布　　2005-09-01 实施

中华人民共和国国家发展和改革委员会　发布

前　言

本标准以国外同类产品先进的技术指标为依据，对SH/T 1626—1996《丁苯橡胶(SBR)1712》进行修订。

本标准代替SH/T 1626—1996。

本标准与SH/T 1626—1996的主要差异：

——标准名称“丁苯橡胶(SBR)1712”修改为“苯乙烯-丁二烯橡胶(SBR)1712”；

——引用标准中增加了GB/T 528—1998、GB/T 15340—1994、GB/T 19187—2003、GB/T 19188—2003和SH/T 1718—2002，删除了GB 6734—1986和GB 6735—1986；

——修改了挥发分、灰分、有机酸、生胶门尼黏度的技术指标；

——混炼胶和硫化胶的性能指标修改为“使用ASTM IRB No.7评价的性能指标”；

——灰分和皂不再作为出厂检验项目，每月至少进行一次型式检验；

——修改了发生净含量争议时的解决方法(本标准的4.3条；SH/T 1626—1996的4.2条)；

——缩小了每包橡胶净含量与额定含量的偏差(本标准的5.1条；SH/T 1626—1996的和5.1条)；

——增加了包装用内衬聚乙烯薄膜厚度和熔点的规定(本标准的5.1条)；

——删除了附录A；

——删除了密炼法的技术指标和相应评价方法附录B；

——附录A代替附录C。

本标准的附录A为资料性附录。

本标准由中国石油化工股份有限公司提出。

本标准由全国橡胶与橡胶制品标准化技术委员会合成橡胶分技术委员会(SAC/TC35/SC6)归口。

本标准主要起草单位：中国石油化工股份有限公司齐鲁石油化工股份有限公司橡胶厂、中国石油天然气股份有限公司兰州石化公司石油化工研究院。

本标准参加单位：中国石油天然气股份有限公司兰州石化公司合成橡胶厂、申华化学工业有限公司。

本标准主要起草人：王吉生、翟月勤、李天真、孙丽君、王钧周、张兆庆、孙秀莲。

本标准1996年首次发布。

苯乙烯-丁二烯橡胶(SBR)1712

1 范围

本标准规定了苯乙烯-丁二烯橡胶(SBR)1712（简称“SBR 1712”）产品的技术要求、试验方法、检验规则以及包装、标志、贮存、运输等要求。

本标准适用于以丁二烯和苯乙烯为单体，以松香酸钾皂和脂肪酸皂为乳化剂，采用低温乳液聚合法并填充高芳烃油而制得的SBR 1712。

2 规范性引用文件

下列文件中的条款通过本标准的引用而成为本标准的条款。凡是注日期的引用文件，其随后所有的修改单(不包括勘误的内容)或修订版均不适用于本标准，然而，鼓励根据本标准达成协议的各方研究是否可使用这些文件的最新版本。凡是不注日期的引用文件，其最新版本适用于本标准。

GB/T 528—1998 硫化橡胶和热塑性橡胶 拉伸应力应变性能的测定(eqv ISO/DIS 37：1990)

GB/T 1232.1—2000 未硫化橡胶 用圆盘剪切黏度计进行测定 第一部分：门尼黏度的测定(neq ISO 289—1：1994)

GB/T 4498—1997 橡胶 灰分的测定(eqv ISO 247：1990)

GB/T 6737—1997 生橡胶 挥发分含量的测定(eqv ISO 248：1991)

GB/T 8656—1998 乳液和溶液聚合型苯乙烯-丁二烯橡胶(SBR)评价方法(idt ISO 2322：1996)

GB/T 8657—2000 苯乙烯-丁二烯生胶 皂和有机酸含量的测定(eqv ISO 7781：1996)

GB/T 8658—1998 乳液聚合型苯乙烯-丁二烯橡胶生胶 结合苯乙烯含量的测定 折光指数法(idt ISO 2453：1991)

GB/T 15340—1994 天然、合成生胶取样及制样方法(idt ISO 1795：1992)

GB/T 19187—2003 合成生胶抽样检查程序

GB/T 19188—2003 天然生胶和合成生胶贮存指南(ISO 7664：2000，IDT)

SH/T 1718—2002 充油橡胶中油含量的测定(eqv ASTM D 5774-1995)

3 技术要求和试验方法

3.1 SBR 1712为污染型块状胶，不含有焦化颗粒、泥沙、机械杂质等。

3.2 SBR 1712的技术指标和试验方法见表1。

表1

<table>
<tr><th rowspan="2">项目</th><th rowspan="2"></th><th colspan="3">技术指标</th><th rowspan="2">试验方法</th></tr>
<tr><th>优等品</th><th>一等品</th><th>合格品</th></tr>
<tr><td>挥发分的质量分数/%</td><td>≤</td><td>0.60</td><td>0.80</td><td>1.00</td><td>GB/T 6737—1997 热辊法</td></tr>
<tr><td>灰分的质量分数/%</td><td>≤</td><td colspan="3">0.50</td><td>GB/T 4498—1997 方法A</td></tr>
<tr><td>有机酸的质量分数/%</td><td></td><td colspan="3">3.90~5.70</td><td rowspan="2">GB/T 8657—2000</td></tr>
<tr><td>皂的质量分数/%</td><td>≤</td><td colspan="3">0.50</td></tr>
<tr><td>油含量的质量分数/%</td><td></td><td>25.3~29.3</td><td colspan="2">24.3~30.3</td><td>SH/T 1718—2002</td></tr>
</table>

表 1(续)

项目		技术指标			试验方法
		优等品	一等品	合格品	
结合苯乙烯的质量分数/%		22.5~24.5			GB/T 8658—1998
生胶门尼黏度 ML(1+4)100℃		44~54	43~55	42~56	GB/T 1232.1—2000
混炼胶门尼黏度 ML(1+4)100℃ ≤		70			GB/T 1232.1—2000 ASTM IRB No.7
300 定伸应力(145℃)/MPa	25min	9.8~13.8	9.3~14.3		GB/T 8656—1998 方法 A ASTM IRB No.7 GB/T 528—1998 1 型裁刀
	35min	12.1~16.1	11.6~16.6		
	50min	13.0~17.0	12.5~17.5		
拉伸强度(145℃, 35min)/MPa ≥		19.4	18.4		
扯断伸长率(145℃, 35min)/% ≥		380	370		

4 检验规则

4.1 本标准所列项目除灰分、皂含量外，其他均为出厂检验项目；正常情况下，每月至少进行一次型式检验。

4.2 生产厂应按本标准对出厂的 SBR 1712 进行检验，保证所有出厂的产品符合本标准的要求。每批产品应附有一定格式的质量证明书。

4.3 用户有权对收到的 SBR 1712 按本标准进行验收，如果不符合本标准要求时，必须在到货后两个月内提出异议。使用单位因保管、使用不当等原因造成产品质量下降，应由使用单位负责。供需双方如发生质量争议，可协商解决或由质量仲裁单位按本标准进行仲裁检验。如果发生橡胶包装净含量争议，可在整批橡胶中随机抽取 30 包(少于 30 包时全部抽取)，称量总净含量，总净含量应大于或等于总额定含量。

4.4 进行质量检验时，抽样按 GB/T 19187—2003 的规定进行；仲裁检验应使用 ASTM IRB No.7，其他检验可以使用国产 SRB 3 号[1)]，ASTM IRB No.7 与国产 SRB 3 号的差值参见附录 A。

4.5 出厂检验时，按 GB/T 15340—1994 中第 7 章的实验室混合样品进行检验，出厂检验项目中任何一项不符合等级要求时，应对保留样品进行复验，复验结果仍不符合相应的等级要求时，则该批产品应降级或定为不合格品。

4.6 仲裁检验时，按 GB/T 19187—2003 规定对挥发分和生胶门尼黏度分别进行单包检验和验收，其他项目按 4.4 和 4.5 的规定进行。

5 包装、标志、储存和运输

5.1 SBR 1712 外层用复合袋或聚丙烯编织袋等包装，内衬用印有商标或特殊标记的聚乙烯薄膜，其厚度为 0.04mm~0.06mm，熔点不大于 110℃。每包橡胶净含量为 25kg±0.25kg 或 35kg±0.35kg。

5.2 每个包装袋正面应清楚地标明产品名称、牌号、等级、净含量、生产厂(公司)名称、地址、注册商标、标准编号等。包装袋的标签上应印有生产日期或生产批号等。

5.3 贮存 SBR 1712 时，应成垛成行堆放整齐，并保持一定行距，堆放高度不大于 10 包，贮存条

1) 国产 SBR3 号是 1997 年由国家合成橡胶质量监督检验中心与化工部自贡炭黑研究所联合国内合成橡胶生产厂共同研制。

件见 GB/T 19188—2003。

5.4 在运输 SBR 1712 的过程中，应防止日光直接照射和水浸雨淋；运输车辆应整洁，避免包装破损或杂物混入。

5.5 SBR 1712 质量保证期自生产日期起为 2 年。

附 录 A
(资料性附录)
使用 ASTM IRB No.7 与国产 SRB 3 号的混炼胶门尼黏度和硫化橡胶拉伸应力应变性能结果的差值

使用 ASTM IRB No.7 与国产 SRB 3 号的混炼胶门尼黏度和硫化胶拉伸性能结果的差值见表 A.1。

表 A.1

项 目		差 值
混炼胶门尼黏度 *ML*(1+4)100℃		4
300 定伸应力/MPa	25min	2.2
	35min	2.2
	50min	2.4
拉伸强度(145℃, 35min)/MPa		0.7
扯断伸长率(145℃, 35min)/%		-48
注:使用 ASTM IRB No.7 的修正值等于国产 SRB 3 号的测定值加差值。		

编者注:规范性引用文件中 GB/T 6737—1997 已废止,可采用 GB/T 24131—2009《生橡胶挥发分含量的测定》。

ICS 83.060
G 34

中华人民共和国石油化工行业标准

SH/T 1717—2008/ISO 2302：2005
（2015 年确认）
代替 SH/T 1717—2002

异丁烯-异戊二烯橡胶（IIR）评价方法

Isobutene-isoprene rubber（IIR）—Evaluation procedures

（ISO 2302：2005，IDT）

2008-04-23 发布　　2008-10-01 实施

中华人民共和国国家发展和改革委员会　发布

前　言

本标准等同采用 ISO 2302：2005 异丁烯-异戊二烯橡胶(IIR)评价方法(英文版)

为便于使用，并与其他相关标准相互协调，本标准做了下列修改：

——删除了国际标准的前言；

——规范性引用文件中的标准改为相对应的我国国家标准；

——按照汉语语言习惯做了适当地编辑性修改。

本标准修订后与其前版存在以下差异：

——删除了规范性引用文件 GB/T 6737—1997；

——增加了硫化特性精密度内容；

——“密炼机初混炼开炼机终混炼”程序列入标准正文之中，而不再以附录的形式给出。

——挥发分含量的测定方法以附录的形式给出。

本标准的附录 A 为规范性附录。

本标准由中国石油化工集团公司提出。

本标准由全国橡胶与橡胶制品标准化技术委员会合成橡胶分技术委员会(SAC/TC35/SC6)归口。

本标准主要起草单位：中国石油天然气股份有限公司兰州化工研究中心、中国石油化工股份有限公司北京燕山石化分公司合成橡胶事业部。

本标准主要起草人：孙丽君、郑国军、徐天昊、毕文新、王进。

本标准 2002 年首次发布。

异丁烯-异戊二烯橡胶(IIR)评价方法

警告：使用本标准的人员应有正规实验室工作的实践经验，本标准并未指出所有可能的安全问题，使用者有责任采取适当的安全和健康措施，并保证符合国家有关法规规定的条件。

1　范围

本标准规定了异丁烯-异戊二烯生橡胶(IIR)(即“丁基橡胶”)的物理、化学实验方法和评价所有类型的异丁烯-异戊二烯橡胶硫化特性所用的标准材料、标准试验配方、设备及操作程序。

2　规范性引用文件

下列文件中的条款通过本标准的引用而成为本标准的条款。凡是注日期的引用文件，其随后所有的修改单(不包括勘误的内容)或修订版均不适用于本标准，然而，鼓励根据本标准达成协议的各方研究是否可使用这些文件的最新版本。凡是不注日期的引用文件，其最新版本适用于本标准。

GB/T 528—1998　硫化橡胶或热塑性橡胶拉伸应力—应变性能的测定(eqv ISO 37：1994)

GB/T 1232.1—2000　未硫化橡胶用圆盘剪切黏度计进行测定　第一部分：门尼黏度的测定(neq ISO 289—1：1994)

GB/T 2941—2006　橡胶物理试验方法试样制备和调节通用程序(ISO 23529：2004，IDT)

GB/T 4498—1997　橡胶—灰分的测定(eqv ISO 247：1991)

GB/T 6038—2006　橡胶试验胶料的配料、混炼和硫化设备及操作程序(ISO 2393：1994，MOD)

GB/T 9869—1997　橡胶胶料硫化特性的测定(圆盘振荡硫化仪法)(idt ISO 3417：1991)

GB/T 15340—1994　天然、合成生胶取样及制样方法(idt ISO 1795：1992)

GB/T 16584—1996　橡胶　用无转子硫化仪测定硫化特性(eqv ISO 6502：1991)

3　取样和试样制备

按照 GB/T 15340—1994 的规定取约 1.5kg 实验室样品。

按照 GB/T 15340—1994 的规定制备试样。

4　生胶的物理和化学试验

4.1　门尼黏度

按照 GB/T 15340—1994 中 8.2.2.1 的规定制备试样。不过辊，从实验室样品直接取样，试样应尽可能不带空气，以免夹带的空气附在转子和模腔表面。

如果实验双方同意或者考虑到样品必须需要过辊，应按照 GB/T 15340—1994 中 8.2.2.2 的规定制备试样。

按照 GB/T 1232.1—2000 的规定测定试样的门尼黏度，用 $ML(1+8)$ 125℃表示。

4.2　挥发分

按照附录 A 中的热辊法测定挥发分含量；对于易粘辊的橡胶，可按照附录 A 中的烘箱法测定挥发分含量。

4.3　灰分

按照 GB/T 4498—1997 的规定测定灰分含量。

5　异丁烯-异戊二烯橡胶混炼胶的制备

5.1　标准试验配方

标准试验配方见表 1。应是国家或国际标准参比材料(或有关各方共同认可的材料)。

表 1 标准试验配方

材 料	质 量 份
异丁烯-异戊二烯橡胶(IIR)	100.00
硬脂酸[a]	1.00
工业参比炭黑[b]	50.00
氧化锌[a]	3.00
硫磺[a]	1.75
二硫代四甲基秋兰姆(TMTD)[a]	1.00
合计	156.75

[a] 应使用粉末材料(工业用标准硫化剂)。

[b] 使用现行工业参比炭黑。

5.2 操作程序

5.2.1 设备和程序

试验胶料的配料、混炼和硫化设备及操作步骤应按照GB/T 6038—2006中第6、7、8和9条的规定进行。

5.2.2 混炼程序

5.2.2.1 总则

本标准规定了三种可供选用的混炼方法：

——方法A：开炼机混炼；

——方法B：小型密炼机混炼；

——方法C：密炼机混炼。

注：几种混炼方法得到的结果可能稍有不同。

5.2.2.2 方法A——开炼机混炼

标准的实验室开炼机每批投料量应是配方量的四倍(即4×156.75g=627.00g)，以g计。在整个混炼过程中，辊筒表面温度应保持在45℃±5℃。

混炼过程中，辊间应保持适量的堆积胶，如在规定的辊距下达不到这种效果，有必要调整辊距。

投胶量也可为配方量的2倍，在这种情况下必须进一步调整辊距。

	持续时间(min)	累计时间(min)
a)将开炼机辊距固定在0.65mm，使橡胶包辊。	1.0	1.0
b)混合炭黑和硬脂酸，沿辊筒等速均匀地加入炭黑和硬脂酸。增大开炼机的辊距，以保持辊间有适量的堆积胶。当炭黑全部加完以后，从每边作3/4割刀1次。 如果堆积胶或辊筒表面有明显的散落炭黑，则不能割刀。要确保将散落在接料盘中的所有物料都加入胶料中。	10.0	11.0
c)加入氧化锌、硫磺和TMTD。	3.0	14.0
d)从每边作3/4割刀3次。	2.0	16.0
e)下片。再将辊距调节至0.8mm，将胶料打卷纵向薄通6次。	2.0	18.0
合计	18.0	

f)将混炼胶压成约6mm厚的胶片，检查胶料质量(见GB/T 6038—2006)，如果胶料质量与理论值之差超过+0.5%或-1.5%,则弃去该胶料，重新混炼。

g)取足够的胶料供硫化仪试验用。

h)按照 GB/T 528—1998 的规定，将混炼胶压成厚度约为 2.2mm 的胶片，用于制备试片；或压成适当厚度，用于制备环状或哑铃状试样。

i)混炼后，将胶料调节 2h ~ 24h。如有可能，可在 GB/T 2941—2006规定的标准温度和湿度下进行调节。

5.2.2.3 方法 B——小型密炼机(MIM)混炼

小型密炼机的额定混炼胶容量为 64mL，每批胶料量可为配方量的 0.47 倍(即 0.47×156.75g=73.67g)。

小型密炼机的模腔温度保持在 60℃±3℃，空载转速为 6.3rad/s~6.6rad/s(60r/min~63r/min)。

将实验室开炼机温度调节至 50℃±5℃，辊距定为 0.5mm，使胶料过辊 1 次以制备胶片，将该胶片剪成约 25mm 宽的胶条。

除橡胶以外的配料(如炭黑)，如果事先按配方要求的比例掺混后，再加入小型密炼机中，可使加料更容易，加料量更准确。可选用如下方法之一进行掺混：

——用研钵和研杵。

——用双锥型混合器。(即用带有加强型的旋转棒搅拌 10min)。

——用掺混器。(即每 3s 混合 5 次为一个混合周期，每个混合周期后都要将粘在内壁上的物料刮下来。注意：如果混合时间超过 3s，硬脂酸会熔融，使分散性变差)。("Waring"型掺混器适用于这种混合)。

	持续时间(min)	累计时间(min)
a)加入橡胶，放下上顶栓，塑炼橡胶。	1.0	1.0
b)升起上顶栓，小心加入氧化锌、硫磺、硬脂酸和 TMTD，避免任何损失。然后加入炭黑，清扫密炼机进料口，放下上顶栓。	1.0	2.0
c)混炼橡胶。	3.0	5.0
d)关闭转子，升起上顶栓。清理混炼室并卸下胶料。记录胶料最高温度。		

在累计混炼 5min 之后，卸下混炼胶料的最终温度不应超过 120℃，如果超过此温度，废弃该胶料，用不同的投胶量或模腔温度重新混炼。

e)将胶料通过辊温为 50℃±5℃，辊距为 3.0mm 的开炼机 2 次。

f)检查胶料质量(见 GB/T 6038—2006)并记录，如果胶料质量与理论值之差超过+0.5%或-1.5%，则弃去该胶料，重新混炼。

g)按照 GB/T 9869—1997 或 GB/T 16584—1996 的规定，割下试片，用于测定硫化特性。如果需要，试验前应在 23℃±2℃下调节 2h~24h。

h)如果需要，按照 GB/T 528—1998 的规定，将混炼胶压成约 2.2mm 厚度，用于制备试片；或压成适当厚度，用于制备环状试片或哑铃状试片。为获得压延效应，在辊温为 50℃±5℃，适当辊距的开炼机上，将胶料纵向对折，过辊 4 次，并放在表面干燥的平板上冷却。

i)在混炼后和硫化前，将胶料调节 2h~24h。如有可能，可在 GB/T 2941—2006 规定的标准温度和湿度下进行调节。

5.2.2.4 方法 C——密炼机初混炼，开炼机终混炼

5.2.2.4.1 通则

A1 型密炼机(见 GB/T 6038—2006)的额定容量为 1170mL±40mL，每批胶料质量为 8.5×

156.72g = 1332g 较为合适。

快辊转速应设定为 7rad/s ~ 8rad/s(67rpm ~ 87rpm)

终混炼过程中，辊筒之间应保持适量的堆积胶。如果在规定的辊距下达不到此效果，可对辊距进行微小的调整。

5.2.2.4.2 步骤 1——密炼机初混炼步骤

	持续时间（min）	累计时间（min）
a）调节密炼机温度，将密炼机起始温度设定为 50℃。关闭卸料口，开动转子，升起上顶栓。		
b）投入胶料，放下上顶栓，塑炼胶料。	0.5	0.5
c）升起上顶栓，加入氧化锌、硬脂酸和炭黑，放下上顶栓。	0.5	1.0
d）混炼胶料。	2.0	3.0
e）升起上顶栓，清扫密炼室进料口和上顶栓顶部，放下上顶栓。	0.5	3.5
f）混炼胶料。	1.5	5.0
g）卸下胶料。		
h）用合适的测量设备迅速测量胶料的温度。如果测量的温度超出 150℃ ~ 170℃的范围，废弃胶料，再用不同的投胶量，重新混炼。		
i）将胶料通过辊温为 50℃ ±5℃，辊距为 2.5mm 的开炼机 3 次。并压制成约 10mm 厚度。检查胶料质量（见 GB/T 6038—2006）。如果胶料质量与理论值之差超过+0.5%或-1.5%，则弃去该胶料，重新混炼。		
g）将胶料至少调节 30min ~ 24h。如果可能，可在 GB/T 2941—2006 规定的标准温度和湿度下调节。		

5.2.2.4.3 步骤 2——开炼机终混炼步骤

标准实验室开炼机投入胶料质量为标准配方量的三倍（即 462g 母炼胶），以 g 计。

将开炼机温度设定为 50℃ ±5℃，辊距为 1.5mm。

	持续时间（min）	累计时间（min）
a）使母炼胶包在慢辊上。	1.0	1.0
b）加入硫黄和 TMTD。在硫黄和促进剂完全分散之前不要进行割刀。	1.5	2.5
c）从每边作 3/4 割刀 3 次。每次割刀间隔 15s。	2.5	5.0
d）从开炼机上下片。将辊距调节至 0.8mm，将胶料打卷交替从两端纵向薄通 6 次。	2.0	7.0
e）将混炼胶压成约 6mm 厚的胶片，检查胶料质量（见 GB/T 6038—2006），如果胶料质量与理论值之差超过+0.5%或-1.5%，则弃去该胶料，重新混炼。取足够的胶料供硫化仪试验用。		
f）按照 GB/T 528—1998 的规定，将混炼胶压成约 2.2mm 厚的胶片，用于制备试片；或压成适当厚度，用于制备环状或哑铃状试片。		
g）在混炼之后硫化之前，将胶料调节 2h ~ 24h。如有可能，可在 GB/T 2941—2006规定的标准温度和湿度下进行调节。		

6 硫化特性评价

6.1 用圆盘振荡硫化仪

测定下列标准试验参数：

M_L，规定时间的 M_H，t_{S1}，$t'_C(50)$ 和 $t'_C(90)$。

按照 GB/T 9869—1997 的规定，采用下列试验条件：

振荡频率：1.7Hz(100 周/min)。

振幅：1°。

振幅可以为 3°。如果选择此振幅，用测定 t_{S2} 代替测定 t_{S1}。

量程：至少选择 M_H 为满量程的 75%。

模腔温度：160℃±0.3℃。

预热时间：无。

6.2 用无转子硫化仪

测量下列标准试验参数：

F_L，规定时间的 F_H，t_{S1}，$t'_C(50)$ 和 $t'_C(90)$。

按 GB/T 16584—1996 的规定，采用下列试验条件：

振荡频率：1.7Hz(100 周/min)。

振幅：0.5°。

振幅可以为 1°。如果选择此振幅，用测定 t_{S2} 代替测定 t_{S1}。

量程：至少选择满量程的 75%。

模腔温度：160℃±0.3℃。

预热时间：无。

注：两种类型硫化仪测定的结果可能不同。

7 硫化胶拉伸应力-应变性能评价

在 150℃下硫化试片 20min、40min 和 80min。

如有可能，应在 GB/T 2941—2006 规定的标准实验室温度和湿度下将硫化试片调节 16h~96h。

按照 GB/T 528—1998 的规定测定拉伸应力-应变性能。

注：方法 B(小型密炼机法)可提供评价硫化特性用和评价应力-应变特性一个试片的胶料。建议在 150℃硫化 40min。但是也可以使用其他条件。

8 精密度

8.1 概述

本标准按照 ISO/TR 9272 进行精密度计算，以重复性和再现性表示。

8.2 精密度说明

本方法 2 型Ⅲ级实验室间精密度是四个实验室各自在不同的三天内，对三种不同材料(IIR)采用室间程序进行试验得到的。

8.3 精密度结果

计算所得的重复性和再现性结果见表 2。

表 2 中使用的符号定义如下：

r=重复性，以测量单位表示，指一个数值。在指定概率下，实验室内两个试验结果的绝对差应低于该值。

(r)=相对重复性，用百分数表示。

表 2 中这三个试验结果是在相同的条件下(同一实验室、同一操作者和同一设备)，在规定的时间周期内，用同一试验方法和相同的试验材料获得的。除非另有说明，概率为 95%。

R=再现性，以测量单位表示，指一个数值。在指定概率下，实验室间两个实验结果的绝对差应低于该值。

(R)=相对再现性，用百分比表示。

表 2 中这三个试验结果是在不同的条件下（不同的实验室、不同的操作者和不同的设备），在规定的时间周期内，用同一试验方法和相同的试验材料获得的。除非另有说明，概率为 95%。

表 2　IIR 硫化特性参数精密度

性　能	单　位	中点值[a]	实验室内			实验室间		
			S_r	r	(r)	S_R	R	(R)
M_L	dNm	14.95	0.22	0.61	4.33	0.51	1.45	10.18
M_H	dNm	70.95	1.07	3.04	4.27	2.51	7.11	9.98
t_{S1}	min	2.50	0.11	0.32	14.37	0.21	0.58	26.53
$t'_C(50)$	min	9.40	0.13	0.36	3.90	0.29	0.81	8.69
$t'_C(90)$	min	26.05	0.95	2.70	10.21	1.41	3.98	15.07

S_r：重复性标准偏差，以测量单位表示。
S_R：再现性标准偏差，以测量单位表示。

[a] 在 160℃、1.7Hz、振幅 3°测定；使用中点值计算(r)和(R)。

9　实验报告

实验报告应包括以下内容：

a）本标准引用的标准；

b）关于样品的详细说明；

c）挥发分含量测定选用的方法（热辊法或烘箱法）；

d）灰分测定选用的方法（方法 A 或方法 B）；

e）制备混炼胶使用的参比材料；

f）使用 5.2.2 条中的哪个混炼方法；

g）制备混炼胶过程中实验室的环境条件；

h）对第 6 章中所使用的硫化仪、测定 M_H 的时间、剪切振幅等信息说明；

i）试验过程中观察到的任何异常现象；

j）本标准未包括的任何自选操作；

k）试验结果及表述方法；

l）试验日期。

附　录　A
(规范性附录)
异丁烯-异戊二烯橡胶(IIR)挥发分含量的测定

A.1　范围

本附录规定了测定异丁烯-异戊二烯橡胶(IIR)生胶中水分和其他挥发性物质的两种方法：热辊法和烘箱法。

A.2　原理

A.2.1　热辊法

试样在加热的开炼机上辊压直到所有的挥发分被赶除，辊压过程中的质量损失即为挥发分含量。

A.2.2　烘箱法

试样在烘箱中干燥至恒重，此过程中的质量损失即为挥发分含量。

A.3　设备

A.3.1　开炼机：应符合中 GB/T 6038—2006 的要求。

A.3.2　烘箱：鼓风式，能将温度控制在 105℃±5℃。

A.3.3　铝皿或玻璃表面皿：深约 15mm、直径(或长度)80mm。

A.4　操作步骤

A.4.1　热辊法

A.4.1.1　按照 GB/T 15340—1994 的规定称取约 250g 胶样，精确至 0.1g(质量 m_1)。

A.4.1.2　按照 GB/T 6038—2006 规定，用窄铅条将开炼机辊距调节至 0.25mm±0.05mm，辊筒表面温度保持在 105℃±5℃。

A.4.1.3　将已称量的胶样(A.4.1.1)在开炼机(A.3.1)上反复通过 4min，不允许试样包辊，并小心操作以防试样损失，称量试样质量，精确至 0.1g。再将试样在开炼机上通过 2min，再称量试样的质量。如果在 4min 末和 6min 末，试样质量之差小于 0.1g，可计算挥发分含量；否则，将试样在开炼机上再通过 2min，直至连续两次称量之差小于 0.1g(最终质量 m_2)。每次称量之前，应使试样在干燥器中冷却至室温。

A.4.1.4　结果表示

挥发分的质量分数，用质量百分数表示，按公式(A.1)计算：

$$\frac{m_1 - m_2}{m_1} \times 100 \qquad \text{(A.1)}$$

式中：

m_1——辊压前试样的质量，单位为克(g)；

m_2——辊压后试样的质量，单位为克(g)。

所得结果应表示至二位小数。

A.4.2　烘箱法

A.4.2.1　直接从橡胶样品中取约 10g 试样，手工剪成约 2mm×2mm×2mm 的小块，置于玻璃表面皿或铝皿(A.3.3)中称量。精确到 1mg(质量 m_3)。

A.4.2.2　将称量后的试样放入烘箱(A.3.2)中，在 105℃±5℃下干燥 1h，干燥的过程中应打开鼓风；取出试样，放入干燥器中冷却至室温后称量；再将试样干燥 30min，取出试样，放入干燥器中冷却至室温后称量，如此反复，直到连续两次称量值之差不大于 1mg(最终质量 m_4)。

A.4.2.3　结果表示

挥发分的质量分数，用质量百分数表示，按公式(A.2)计算：

$$\frac{m_3 - m_4}{m_3} \times 100 \quad (A.2)$$

式中：

m_3——干燥前试样的质量，单位为克(g)；

m_4——干燥后试样的质量，单位为克(g)。

所得结果应表示至二位小数。

A.5 允许差

A.5.1 热辊法

挥发分含量小于0.20%时，两次平行测定结果之差不大于0.04%。

挥发分含量在0.21%~0.40%时，两次平行测定结果之差不大于0.12%。

挥发分含量在0.41%~0.70%时，两次平行测定结果之差不大于0.15%。

A.5.2 烘箱法

挥发分含量小于0.22%时，两次平行测定结果之差不大于0.04%。

挥发分含量在0.23%~0.70%时，两次平行测定结果之差不大于0.15%。

挥发分含量在0.71%~1.00%时，两次平行测定结果之差不大于0.22%。

A.6 实验报告

实验报告应包括以下内容：

a）关于样品的详细说明；

b）测定所采用的方法；

c）每个试样的测试结果；

d）本附录未包括的任何自选操作；

e）试验日期。

ICS 83.060
G 35

SH

中华人民共和国石油化工行业标准

SH/T 1718—2015
代替 SH/T 1718—2002

充油橡胶中油含量的测定

Oil-extended synthetic rubber—Determination of oil content

2015-07-14 发布 2016-01-01 实施

中华人民共和国工业和信息化部 发布

前　言

本标准按照 GB/T 1.1—2009 给出的规则起草。

本标准代替 SH/T 1718—2002《充油橡胶中油含量的测定》，与 SH/T 1718—2002 相比，主要技术差异如下：

——修改了规范性引用文件，具体如下：

- 删除了 GB/T 6737—1997；
- GB/T 8657—2000 修改为 GB/T 8657；
- 增加了 GB/T 24131—2009。

——修改了试样制备（见第 6 章，2002 版的第 6 章）；

——修改了试样量（见 7.1，2002 版的 7.1）；

——修改了试样干燥时间（见 7.1，2002 版的 7.1）；

——修改了公式（1）和公式（2）中各参数的符号（见第 8 章，2002 版的第 8 章）。

本标准由中国石油化工集团公司提出。

本标准由全国橡胶与橡胶制品标准化技术委员会合成橡胶分技术委员会（SAC/TC 35/SC 6）归口。

本标准起草单位：中国石油天然气股份有限公司石油化工研究院。

本标准主要起草人：魏玉丽、王芳、王学丽、吴毅、李洁、孙丽君、耿占杰、王春龙。

本标准于 2002 年 5 月 31 日首次发布，本次为第一次修订。

充油橡胶中油含量的测定

警告：使用本标准的人员应有正规实验室工作的实践经验。本标准并未指出所有可能的安全问题。使用者有责任采取适当的安全和健康措施，并保证符合国家有关法律法规规定的条件。

1 范围

本标准规定了测定充油橡胶中油含量的方法。

本标准适用于充油苯乙烯-丁二烯橡胶（SBR）、充油丁二烯橡胶（BR）、充油苯乙烯-丁二烯嵌段共聚物（SBS）和充油乙烯-丙烯-二烯烃共聚物（EPDM）。

2 规范性引用文件

下列文件对于本文件的应用是必不可少的。凡是注日期的引用文件，仅注日期的版本适用于本文件。凡是不注日期的引用文件，其最新版本（包括所有的修改单）适用于本文件。

GB/T 8657　苯乙烯-丁二烯生胶　皂和有机酸含量的测定（GB/T 8657—2000，eqv，ISO 7781：1996）

GB/T 24131—2009　生橡胶　挥发分含量的测定（GB/T 24131—2009，ISO 248：2005，MOD）

3 方法概要

干燥后的试样经选定的溶剂抽提，测定其总抽出物含量，从总抽出物含量中减去除油以外的其它主要抽出组分的含量，其差值即为油含量。

4 试剂

除非另有说明，在分析中仅使用确认为分析纯的试剂和蒸馏水或相当纯度的水。

4.1　抽提剂A：乙醇-甲苯共沸物（ETA）。将无水乙醇与甲苯按体积比7：3混合。

4.2　抽提剂B：异丙醇-甲苯-水混合液。将无水异丙醇与甲苯按体积比75：25混合，然后将该溶液与蒸馏水按体积比92：8混合。

4.3　抽提剂C：丁酮。

4.4　丙酮。

5 仪器

5.1　天平：精度为0.0001 g。

5.2　加热器：恒温水浴或其他加热器（如电热套）。

5.3　真空烘箱：可抽至余压不大于3.0 kPa、温度可保持在105 ℃±5 ℃。

5.4　烘箱：可鼓风，温度可保持在130 ℃±3 ℃。

5.5　锥形瓶：400 mL~500 mL。

5.6 回流冷凝器：球形或蛇形，长度约400 mm。

5.7 量筒：100 mL。

6 试样制备

按照GB/T 24131—2009规定的热辊法干燥试样，将干燥后的试样薄片剪成宽约5 mm、长约30 mm的细条，备用。

7 分析步骤

7.1 A法（仲裁法）

将一张圆形滤纸放到锥形瓶（5.5）底部，用量筒（5.7）加入100 mL抽提剂A（4.1），对于明矾凝聚的橡胶应使用抽提剂B（4.2），对于充油乙烯-丙烯-二烯烃共聚物应使用抽提剂C（4.3）。称取约2g（精确至0.0001 g）制备好的试样，将试样逐条加入锥形瓶中，每次加入后应摇晃锥形瓶，保证每条试样完全浸湿，避免粘连。将回流冷凝器（5.6）装在锥形瓶上，然后将该锥形瓶放在加热设备（5.2）中加热，在回流的条件下，抽提1 h，转移抽提液。

重新加入100 mL抽提剂，再抽提1 h，转移抽提液。分别用10 mL抽提剂洗涤试样三次，转移洗涤液。

最后加入100 mL丙酮（4.4），回流5 min，弃去回流液（对于充油乙烯-丙烯-二烯烃共聚物不需要此步操作）。

将试样转移至已恒重的铝皿中，再放入真空烘箱（5.3）中，在温度为105 ℃±5 ℃、压力不大于3.0 kPa下干燥0.5 h，冷却至室温后称量。

7.2 B法（快速法）

将一张圆形滤纸放到锥形瓶底部，用量筒加入150 mL抽提剂A，对于明矾凝聚的橡胶应使用抽提剂B，对于充油乙烯-丙烯-二烯烃共聚物应使用抽提剂C。称取约1 g（精确至0.0001 g）制备好的试样，将试样逐条加入锥形瓶中，每次加入后应摇晃锥形瓶，使每条试样完全被溶剂浸湿，避免粘连；将回流冷凝器装在锥形瓶上，然后将该锥形瓶放在加热设备中加热，在回流的条件下，抽提1 h，弃去抽提液。

加入150 mL丙酮，回流15 min，弃去回流液（对于充油乙烯-丙烯-二烯烃共聚物不需要此步操作）。

将试样转移至已恒重的铝皿中，再放入烘箱（5.4）中，在鼓风及温度为130 ℃±3 ℃下干燥15 min，冷却至室温后称量。

8 分析结果的表述

充油橡胶中油含量以油的质量分数 w 计，数值以%表示，按公式（1）计算：

$$w = \frac{m_1 - m_2}{m_1} \times 100 - (w_o + w_s + w_a) \tag{1}$$

式中：

m_1——抽提前试样的质量，单位为克（g）；

m_2——抽提后试样的质量，单位为克（g）；

w_o——有机酸含量，质量分数，数值以%表示（按照 GB/T 8657 测定）；

w_s——皂含量，质量分数，数值以%表示（按照 GB/T 8657 测定）；

w_a——抗氧剂（或抗臭氧剂）含量，质量分数，数值以%表示；若抗氧剂（或抗臭氧剂）无法测出，可按公式（2）计算：

$$w_a = \frac{p_a}{p} \times 100 \tag{2}$$

式中：

p_a——橡胶配方中抗氧剂量，以份数表示（即每 100 份橡胶中抗氧剂的份数）；

p——橡胶配方中各组分总量，以份数表示（即 100 份橡胶、100 份橡胶中油的份数和 100 份橡胶中炭黑份数的总和）。

计算结果应保留两位小数。

9 允许差

平行测定的两个结果绝对差值不大于 0.28%。

10 试验报告

试验报告应至少包括下列内容：

a）本标准的编号；

b）关于样品的详细说明；

c）采用的方法；

d）试验结果；

e）在试验过程中观察到的任何异常现象；

f）本标准或引用标准中未包括的任何自选操作；

g）试验日期。

ICS 83.060
G 35

中华人民共和国石油化工行业标准

SH/T 1727—2004

丁二烯橡胶微观结构的测定　红外光谱法

Butadiene rubber—Determination of microstructure by infra-red spectrometry

（ISO 12965：2000，IDT）

2004-04-09 发布　　　　2004-09-01 实施

中华人民共和国国家发展和改革委员会　发布

目　　次

前　言

本标准等同采用 ISO 12965：2000《丁二烯橡胶——红外光谱法测定微观结构》(英文版)。

本标准等同翻译 ISO 12965：2000。

为便于使用，本标准做了下列编辑性修改：

a）“本国际标准”一词改为“本标准”；

b）删除国际标准的前言；

c）引用的国际标准改为相应的国家标准；

d）对公式进行编号。

本标准由中国石油化工股份有限公司提出。

本标准由全国橡胶与橡胶制品标准化技术委员会合成橡胶分技术委员会归口。

本标准起草单位：中国石油天然气股份有限公司兰州石化公司石油化工研究院、中国石油化工股份有限公司燕山石油化工有限公司合成橡胶厂。

本标准主要起草人：翟月勤、孟祥峰、郭洪达。

丁二烯橡胶微观结构的测定　红外光谱法

警告：使用本标准的人员应熟悉正规实验室操作规程。本标准无意涉及因使用本标准可能出现的所有安全问题。制定相应的安全和健康制度并确保符合国家法规是使用者的责任。

1　范围

本标准规定了用红外光谱仪的涂膜法测定丁二烯橡胶(BR)微观结构的方法。

2　规范性引用文件

下列文件中的条款通过在本标准中引用而构成为本标准的条款。凡是注日期的引用文件，其所有的修改单(不包括勘误的内容)或修订版均不适用于本标准。然而，鼓励根据本标准达成协议的各方研究是否可使用这些文件的最新版本。凡是不注日期的引用文件，其最新版本适用于本标准。

GB/T 15340—1994　天然和合成生胶—取样及制样方法(idt ISO 1795：1992)

ISO 1407：1992　橡胶—溶剂抽出物的测定

ISO/TR 9272：1986　橡胶和橡胶制品—试验方法的精密度测定

3　原理

3.1　将少量抽提过的橡胶试样溶解在二氯甲烷中，并在盐片上涂膜。

3.2　在 2000~600cm^{-1}范围内获得光谱。根据固定波长的吸光度计算出顺式、反式和乙烯基的含量。

4　试剂

4.1　二氯甲烷(分析纯)。

5　仪器

5.1　双光束红外分光光度计或傅里叶变换红外(FTIR)分光光度计，分辨率为 2cm^{-1}。该仪器在光谱区域 2000~600cm^{-1}范围内，在吸光度或透射率坐标轴上具有按比例扩展的能力。

5.2　盐片。

5.3　天平，准确至 0.1mg。

5.4　真空烘箱，操作温度为 50~60℃。

6　取样

6.1　生胶取样按照 GB/T 15340—1994 的规定进行。

7　操作步骤

7.1　将橡胶试样压制成尽可能薄的胶片，按照 ISO 1407：1992 的规定，在乙醇/甲苯(ETA)中抽提橡胶试样，然后在 50~60℃的真空烘箱中干燥试样。

7.2　取大约 100mg 抽提过的橡胶试样，溶解在约 20mg 二氯甲烷中。如果溶液中存在凝胶，则过滤胶液。

7.3　涂膜时，在水平放置的盐片(5.2)上加 3 滴或 4 滴胶液，使溶液均匀的分布在光束区上。最好在室温下蒸发溶剂。

7.4　检查测试范围内的透射率是否在50%～30%之间，若超出这个范围，则清理盐片，用适量溶液重复7.3步骤。

7.5　当达到7.4要求时，在2000～600cm^{-1}内扫描。

7.6　在2000～600cm^{-1}内画基线，注意不要切峰(中、高和顺式聚丁二烯橡胶的基线见图1、图2、图3)。

7.7　测量965(A_{965})cm^{-1}、909(A_{909})cm^{-1}和728cm^{-1}(A_{728})附近分析波数的吸光度，这些吸光度分别表征反式(A_{965})，乙烯基(A_{909})和顺式(A_{728})的含量。

7.8　按下列公式对上述吸光度进行归一：

$$\%A_{965}=\frac{A_{965}}{A_{965}+A_{909}+A_{728}}\times 100 \qquad (1)$$

$$\%A_{909}=\frac{A_{909}}{A_{965}+A_{909}+A_{728}}\times 100 \qquad (2)$$

$$\%A_{728}=\frac{A_{728}}{A_{965}+A_{909}+A_{728}}\times 100 \qquad (3)$$

7.9　各种异构体的量($c_{顺式}$，$c_{反式}$和$c_{乙烯基}$)按下列公式计算，以g/L计：

$$c_{顺式}=1.7896\times\%A_{728}-0.0253\times\%A_{965}-0.0085\times\%A_{909} \qquad (4)$$

$$c_{反式}=0.3971\times\%A_{965}-0.0502\times\%A_{728}-0.0142\times\%A_{909} \qquad (5)$$

$$c_{乙烯基}=0.2954\times\%A_{909}-0.0075\times\%A_{728}-0.0065\times\%A_{965} \qquad (6)$$

7.10　橡胶的微观结构按下列公式确定，以百分含量(%)计：

$$\%_{顺式}=\frac{c_{顺式}}{c_{顺式}+c_{反式}+c_{乙烯基}}\times 100 \qquad (7)$$

$$\%_{反式}=\frac{c_{反式}}{c_{顺式}+c_{反式}+c_{乙烯基}}\times 100 \qquad (8)$$

$$\%_{乙烯基}=\frac{c_{乙烯基}}{c_{顺式}+c_{反式}+c_{乙烯基}}\times 100 \qquad (9)$$

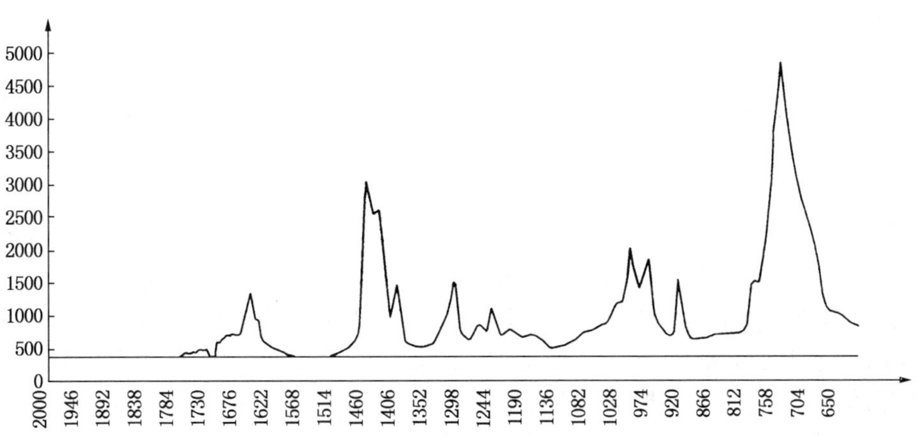

图1　样品A(中顺式丁二烯橡胶)

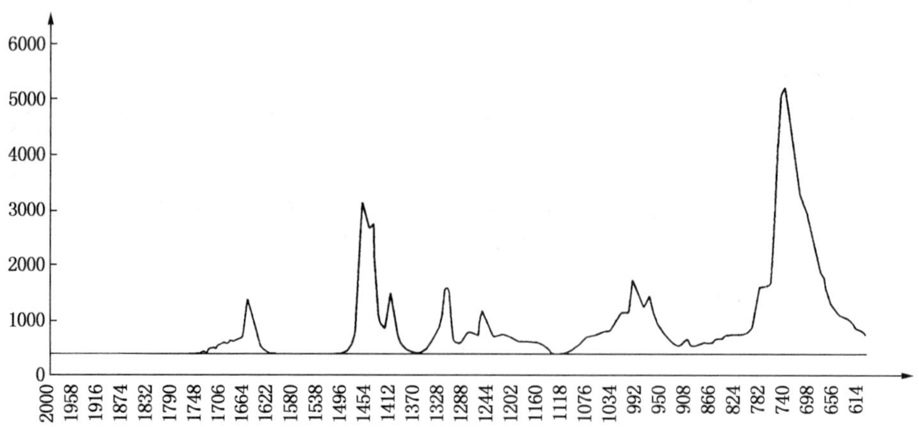

图 2　样品 B(高顺式丁二烯橡胶)

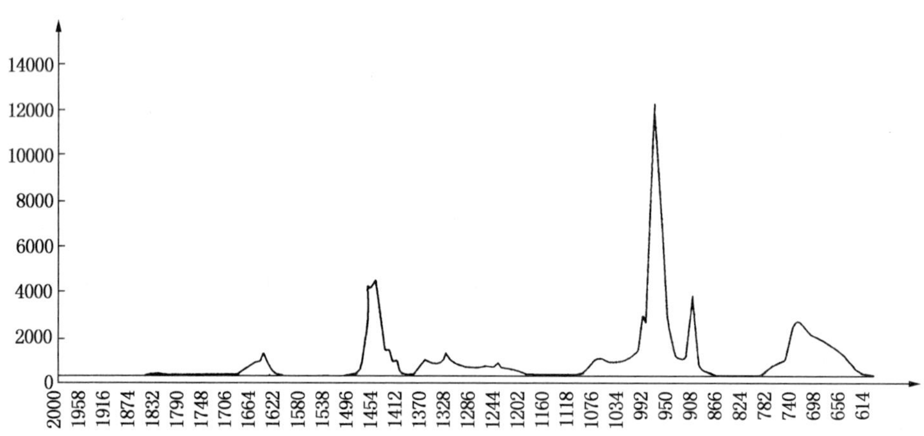

图 3　样品 C(低顺式丁二烯橡胶)

8　精密度

8.1　按照 ISO/TR 9272：1986 的规定计算用重复性和再现性表示的精密度，有关精密度用的概念和术语参照 ISO/TR 9272：1986。

8.2　1994 年组织了 1 型实验室间试验，三种不同微观结构(见表 1、表 2 和表 3)的丁二烯橡胶(A、B 和 C)发给参与试验的各实验室，按照试验程序开展试验。

8.3　顺式含量的精密度试验结果见表 1，反式含量的精密度试验结果见表 2，乙烯基含量的精密度试验结果见表 3。

对于所有的数据：$P=6$，$q=3$，$n=5$。

8.4　顺式含量的重复性：丁二烯橡胶顺式含量的重复性(γ)确定为 1.00 百分点。若两次独立试验结果(或测定)相差大于 1.00 百分点，则需考虑采取某些适当的措施进行判断和确定。

8.5　顺式含量的再现性：丁二烯橡胶顺式含量的再现性(R)确定为 1.86 百分点。若室间两次独立试验结果(或测定)相差大于 1.86 百分点，则需考虑采取某些适当的措施进行判断和确定。

8.6　反式含量的重复性：丁二烯橡胶反式含量的重复性(r)确定为 0.72 百分点。若两次独立试验结果(或测定)相差大于 0.72 百分点，则需考虑采取某些适当的措施进行判断和确定。

8.7　反式含量的再现性：丁二烯橡胶反式含量的再现性(R)确定为 0.94 百分点。若室间两次独立试验结果(或测定)相差大于 0.94 百分点，则需考虑采取某些适当的措施进行判断和确定。

8.8　乙烯基含量的重复性：丁二烯橡胶乙烯基含量的重复性(r)确定为 0.30 百分点。若两次独立试验结果(或测定)相差大于0.30百分点，则需考虑采取某些适当的措施进行判断和确定。

8.9 乙烯基含量的再现性：丁二烯橡胶乙烯基含量的再现性(*R*)确定为0.64百分点。若室间两次独立试验结果(或测定)相差大于0.64百分点，则需考虑采取某些适当的措施进行判断和确定。

表1 顺式含量的精密度数据

样品	平均值	室内			室间		
	%	S_r	r	r%	S_R	R	R%
A	93.48	0.33	0.91	0.97	0.46	1.28	1.37
B	97.52	0.22	0.61	0.63	0.84	2.33	2.39
C	39.94	0.49	1.36	3.41	0.66	1.83	4.58
统计值	76.98	0.36	1.00	1.30	0.67	1.86	2.42

表中：

S_r=室内标准差；

S_R=室间标准差；

r=重复性，以测量值单位表示；

r%=重复性，以百分数表示[a]；

R=再现性，以测量值单位表示；

R%=再现性，以百分数表示[a]。

[a]这些值代表相对百分数，即百分数的百分比。

表2 反式含量的精密度数据

样品	平均值	室内			室间		
	%	S_r	r	r%	S_R	R	R%
A	3.5	0.13	0.36	10.3	0.22	0.61	17.4
B	1.86	0.16	0.44	23.7	0.35	0.97	52.1
C	50.2	0.4	0.11	2.21	0.42	1.16	2.31
统计值	18.52	0.26	0.72	3.89	0.34	0.94	5.08

表中：

S_r=室内标准差；

S_R=室间标准差；

r=重复性，以测量值单位表示；

r%=重复性，以百分数表示[a]；

R=再现性，以测量值单位表示；

R%=再现性，以百分数表示[a]。

[a]这些值代表相对百分数，即百分数的百分比。

表3 乙烯基含量的精密度数据

样品	平均值	室内			室间		
	%	S_r	r	r%	S_R	R	R%
A	3.05	0.10	0.28	9.18	0.31	0.86	28.2
B	0.35	0.11	0.30	85.7	0.19	0.53	151.4
C	9.62	0.13	0.36	3.74	0.17	0.47	4.89
统计值	4.34	0.11	0.30	6.91	0.23	0.64	14.75

表中：

S_r=室内标准差；

S_R=室间标准差；

r=重复性，以测量值单位表示；

r%=重复性，以百分数表示[a]；

R=再现性，以测量值单位表示；

R%=再现性，以百分数表示[a]。

[a]这些值代表相对百分数，即百分数的百分比。

9 试验报告

试验报告应包括以下内容：

a）本标准的编号；

b）橡胶试验样品的详细说明；

c）凝胶情况（见 7.2）；

d）试验结果；

e）分析方法的任何偏差；

f）试验日期。

编者注：规范性引用文件中 ISO/TR 9272 最新版本 ISO/TR 9272—2005 已转化（等同采用）为 GB/T 14838—2009《橡胶与橡胶制品　试验方法标准精密度的确定》。

ICS 83.060
G 35
备案号：36284-2012

SH

中华人民共和国石油化工行业标准

SH/T 1743—2011
代替 SH/T 1743—2004

乙烯-丙烯-二烯烃橡胶(EPDM)评价方法

Rubber，ethylene-propylene-diene(EPDM)—Evaluation procedure

(ISO 4097：2007，MOD)

2011-12-20 发布　　2012-07-01 实施

中华人民共和国工业和信息化部　发布

目　　次

前　言

本标准按照 GB/T 1.1—2009 给出的规则起草。

本标准代替 SH/T 1743—2004《乙烯-丙烯-二烯烃橡胶(EPDM)—评价方法》。

本标准与 SH/T 1743—2004 相比的主要技术变化：

——规范性引用文件由“注日期引用”修改为“不注日期引用”(见第 2 章)；

——表 1 中增加了两个配方；

——修改表 1 中脚注内容；

——表 1 中增加段“称量允许误差也可以按照 GB/T 6038 的规定进行”；

——删除了前版的附录 A(资料性附录)。

本标准使用重新起草法修改采用国际标准 ISO 4097：2007《乙烯-丙烯-二烯烃橡胶(EPDM) 评价方法》(英文版)。

本标准与 ISO 4097：2007 的技术差异及其原因如下：

——关于规范性引用文件，本标准做了具有技术性差异的调整，以适应我国的技术条件，调整的情况集中反映在第 2 章“规范性引用文件”中，具体调整如下：

- 用等同采用国际标准的 GB/T 528 代替了 ISO 37；
- 用非等效采用的国际标准的 GB/T 1232.1 代替了 ISO 289-1；
- 用等同采用国际标准的 GB/T 2941 代替了 ISO 23529；
- 用修改采用国际标准的 GB/T 4498 代替了 ISO 247；
- 用修改采用国际标准的 GB/T 6038 代替了 ISO 2393；
- 用等同采用国际标准的 GB/T 9869 代替了 ISO 3417；
- 用等同采用国际标准的 GB/T 15340 代替了 ISO 1795；
- 用修改采用国际标准的 GB/T 16584 代替了 ISO 6502；
- 用等同采用国际标准的 GB/T 24131 代替了 ISO 248。

——表 1 中增加段“称量允许误差也可以按照 GB/T 6038 的规定进行”。

本标准由中国石油化工集团公司提出。

本标准由全国橡胶与橡胶制品标准化技术委员会合成橡胶分技术委员会归口(SAC/TC35/SC6)。

本标准起草单位：中国石油天然气股份有限公司石油化工研究院兰州化工研究中心、中国石油天然气股份有限公司吉林石化分公司有机合成厂。

本标准主要起草人：翟月勤、陈跟平、张欣荣、吴毅、李莉、刘俊保、方芳。

本标准所代替标准的历次版本发布情况：

——SH/T 1743—2004。

乙烯-丙烯-二烯烃橡胶(EPDM)评价方法

警告：使用本标准的人员应熟悉正规实验室操作规程。本标准无意涉及因使用本标准可能出现的所有安全问题。制定相应的安全和健康规程并确保符合国家法规是使用者的责任。

1 范围

本标准规定了：

——生胶的物理和化学试验；

——评价乙烯-丙烯-二烯烃橡胶(即三元乙丙橡胶)及其充油橡胶的硫化特性所用的标准材料、标准试验配方、设备和操作程序。

2 规范性引用文件

下列文件对于本文件的应用是必不可少的。凡是注日期的引用文件，仅所注日期的版本适用于本文件。凡是不注日期的引用文件，其最新版本(包括所有的修改单)适用于本文件。

GB/T 528 硫化橡胶或热塑性橡胶拉伸应力应变性能的测定(GB/T 528—2009，ISO 37：2005，IDT)

GB/T 1232.1 未硫化橡胶用圆盘剪切粘度计进行测定 第1部分：门尼黏度的测定(GB/T 1232.1—2000，ISO 289-1：1994，NEQ)

GB/T 2941 橡胶物理试验方法试样制备和调节通用程序(GB/T 2941—2006，ISO 23529：2004，IDT)

GB/T 4498 橡胶 灰分的测定(GB/T 4498—1997，ISO 247：1990，MOD)

GB/T 6038 橡胶试验胶料 配料、混炼和硫化 设备及操作程序(GB/T 6038—2006，ISO 2393：1994，MOD)

GB/T9869 橡胶胶料硫化特性的测定(圆盘振荡硫化仪法)(GB/T 9869—1997，ISO 3417：1991，IDT)

GB/T 15340 天然、合成生胶取样及制样方法(GB/T 15340—2008，ISO 1795：2000，IDT)

GB/T 16584 橡胶 用无转子硫化仪测定硫化特性(GB/T 16584—1996，ISO 6502：1991，MOD)

GB/T 24131 生橡胶 挥发分含量的测定(GB/T 24131—2009，ISO 248：2005，IDT)

3 取样和样品制备

3.1 按照GB/T 15340的规定取样约1.5kg。

3.2 按照GB/T 15340的规定制备试样。

4 生胶的物理和化学试验

4.1 门尼黏度

按照 GB/T 1232.1 测定门尼黏度，试样制备见 3.2(不过辊)。

如需要过辊，开炼机辊筒表面温度应保持在 50℃±5℃(如果是低门尼橡胶，辊筒温度应为 35℃±5℃)。如果过辊，应记录在试验报告中。

除非有关团体同意使用试验温度(100℃或 150℃)和/或试验时间(1+8)min，否则测定结果以 *ML*(1+4)125℃表示。

4.2 挥发分

按照 GB/T 24131 测定挥发分含量。

4.3 灰分

按照 GB/T 4498 测定灰分含量。

5 评价用混炼胶试样的制备

5.1 标准试验配方

标准试验配方见表 1。

配方 1 适用于标称乙烯质量百分含量小于 67%的非充油 EPDM；

配方 2 适用于标称乙烯质量百分含量大于或等于 67%的非充油 EPDM；

配方 3 适用于低门尼的非充油 EPDM；

配方 4 适用于在 100 份橡胶中含油量小于或等于 50 份油的充油 EPDM；

配方 5 适用于在 100 份橡胶中含油量大于 50 份小于 80 份油的充油 EPDM；

配方 6 适用于在 100 份橡胶中含油量大于或等于 80 份油的充油 EPDM。

表 1 评价 EPDM 橡胶用标准试验配方

材料	试验配方					
	1	2	3	4	5	6
	质量份数					
EPDM	100.00	100.00	100.00	100.00+x[a]	100.00+y[b]	100.00+z[c]
硬脂酸	1.00	1.00	1.00	1.00	1.00	1.00
工业参比炭黑[d]	80.00	100.00	40.00	80.00	80.00	150.00
ASTM103#油[e]	50.00	75.00	—	50.00−x[a]	—	—
氧化锌	5.00	5.00	5.00	5.00	5.00	5.00
硫磺	1.50	1.50	1.50	1.50	1.50	1.50
二硫化四甲基秋兰姆(TMTD)[f]	1.00	1.00	1.00	1.00	1.00	1.00
巯基苯并噻唑(MBT)	0.50	0.50	0.50	0.50	0.50	0.50
合计	239.00	284.00	149.00	239.00	189.00+y[b]	259.00+z[c]
称量允许误差也可以按照 GB/T 6038 的规定进行。						

表 1(续)

[a] x 是每 100 份基本胶料中含油量小于或等于 50 份时，油的质量份数。 [b] y 是每 100 份基本胶料中含油量大于 50 份或小于 80 份时，油的质量份数。 [c] z 是每 100 份基本胶料中含油量大于或等于 80 份时，油的质量份数。 [d] 应使用工业参比炭黑。 [e] 这种密度为 0.92g/cm^3 的油，由 Sun Refining and Marketing 公司生产，由 R. E. Carroll 股份有限公司(1570 North oiden Avenue Ext，Trenton，NJ08638，美国)经销。国外用户可直接与 Sunoco Overseas 股份有限公司(1801 Market Street，Philadelphia PA 19103-1699，美国)接洽。也可以选用其他油，但结果稍有不同。 [f] 标准参比材料 TMTD 可以由 Forcoven Products 有限公司(P. O Box 1556，Humble Texas 77338，美国)提供，代号为 IRM1。

应使用国家或国际标准参比材料。如果无法获得标准参比材料，可使用有关团体双方认可的材料。

5.2 操作程序

5.2.1 设备和程序

试样制备、混炼和硫化所用的设备及程序应与 GB/T 6038 相一致。

5.2.2 混炼程序

5.2.2.1 总则

本标准规定了三种可供选择的混炼操作程序。

方法 A——密炼机混炼；

方法 B——开炼机混炼；

方法 C——密炼机初混炼和开炼机终混炼。

注：按标准试验配方用开炼机混炼 EPDM 橡胶比混炼其他橡胶更困难，用密炼机进行混炼时可取得较好的效果。由于开炼机混炼 EPDM 橡胶较为困难，所以，只有在没有密炼机的时候才推荐使用方法 B。

5.2.2.2 方法 A——密炼机混炼

5.2.2.2.1 初混炼程序

	保持时间 min	累积时间 min
a）调节密炼机温度，在大约 5min 内达到终混炼温度 150℃。关闭卸料口，设定转子速度为 8 rad/s(77r/min)时，开启电机，升起上顶栓。	0	0
b)装入橡胶、氧化锌、炭黑、油和硬脂酸。放下上顶栓。	0.5	0.5
c)混炼胶料。	2.5	3.0
d)升起上顶栓，清扫密炼机加料颈部和上顶栓顶部，放下上顶栓。	0.5	3.5
e)当胶料温度达 150℃或在 5min 后，满足其中一个条件即可卸下胶料。	1.5(最多)	5.0
总时间(最多)	5.0	

f)立即将胶料在辊距为2.5mm，辊温为50℃±5℃的实验室开炼机上薄通三次。检查胶料质量(见GB/T 6038)，如果胶料质量与理论值之差超过+0.5%或-1.5%，废弃此胶料，重新混炼。

g)将混炼后胶料调节30min~24h。如有可能，在GB/T 2941规定的标准温度和湿度下调节。

5.2.2.2.2 终混炼程序

	保持时间 min	累积时间 min
a)调节密炼室温度和转子温度至40℃±5℃，关闭卸料口，开启电机，以8 rad/s(77r/min)的速度启动转子，升起上顶栓。	0	0
b)装入按5.2.2.2.1制备好的一半胶料、促进剂、硫磺和剩余的胶料。放下上顶栓。	0.5	0.5
c)混炼胶料直到温度达到110℃或总混炼时间达到2min，满足其中一个条件即可卸料。	1.5(最多)	2.0
总时间(最多)	2.0	

d)立即将胶料在辊距为0.8mm，辊温为50℃±5℃的实验室开炼机上薄通。

e)使胶料打卷纵向薄通六次。

f)将胶料压成约6mm的厚度，检查胶料质量(见GB/T 6038)。如果胶料质量与理论值之差超过+0.5%或-1.5%，废弃此胶料，重新混炼。

g)切取足够的胶料供硫化仪试验用。

h)按照GB/T 528的要求，将胶料压成约2.2mm的厚度，用于制备硫化试片；或者制成适当厚度，用于制备环形试样。

i)将混炼后胶料调节30min~24h。如有可能，在GB/T 2941规定的标准温度和湿度下调节。

5.2.2.3 方法B——开炼机混炼

标准实验室开炼机胶料质量(以g计)应为配方量的2倍。混炼过程中辊筒的表面温度应保持在50℃±5℃。在开始混炼前，将氧化锌、硬脂酸、油和炭黑放在合适的容器中混合。

混炼期间，应保持辊筒间隙有适量的滚动堆积胶，如果按下面规定的辊距达不到这种要求，有必要对辊距稍作调整。

	保持时间 min	累积时间 min
a)设定辊温为50℃±5℃，辊距为0.7mm，将橡胶在快速辊上包辊。	1.0	1.0
b)沿辊筒用刮刀均匀地加入油、炭黑、氧化锌和硬脂酸的混合物。 **注：**采用配方2、4和5时，可以留一部分油在程序c中添加。	13.0 [程序b+c]	14.0
c)当加入约一半混合物时，将辊距调至1.3mm，从每边作3/4割刀一次。然后加入剩余的混合物，再将辊距调节到1.8mm。当全部混合物加完后，从每边作3/4割刀两次。务必将掉入接料盘中的所有物料加入混炼胶中。		
d)沿辊筒均匀地加入促进剂和硫磺，辊距保持在1.8mm。	3.0	17.0
e)从每边作3/4割刀三次，每刀间隔为15s。	2.0	19.0

	保持时间 min	累积时间 min
f)下片。辊距调节至0.8mm，将胶料打卷，从两端交替加入纵向薄通六次。	2.0	21.0
总时间	21.0	

g)将胶料压成约6mm的厚度，检查胶料质量(见GB/T 6038)，如果胶料质量与理论值之差，超过+0.5%或-1.5%，废弃此胶料，重新混炼。

h)切取足够的胶料供硫化仪试验用。

i)将胶料压成约2.2mm的厚度，用于制备硫化试片；或者制成适当的厚度，用于制备环形试样。

j)将混炼后胶料调节30min~24h。如有可能，在GB/T 2941规定的标准温度和湿度下调节。

5.2.2.4 方法C——密炼机初混炼开炼机终混炼

5.2.2.4.1 步骤1 初混炼程序

	保持时间 min	累积时间 min
a)调节密炼机温度，在大约5min内达到终混炼温度150℃。关闭卸料口，设定转子速度为8 rad/s(77r/min)时，开启电机，升起上顶栓。	0	0
b)装入橡胶、氧化锌、炭黑、油和硬脂酸。放下上顶栓。	0.5	0.5
c)混炼胶料。	2.5	3.0
d)升起上顶栓，清扫密炼机加料颈部和上顶栓顶部，放下上顶栓。	0.5	3.5
e)当温度达150℃或在5min后，满足其中一个条件即可卸下胶料。	1.5(最多)	5.0
总时间(最多)	5.0	

f)立即将胶料在辊距为2.5mm，辊温为50℃±5℃的实验室开炼机上薄通三次。检查胶料质量(见GB/T 6038)，如果胶料质量与理论值之差超过+0.5%或-1.5%，废弃此胶料。重新混炼。

g)将混炼后胶料调节30min~24h。如有可能，在GB/T 2941规定的标准温度和湿度下调节。

5.2.2.4.2 步骤2 开炼机终混炼程序

在混炼期间，应保持辊筒间隙有适量的滚动堆积胶，如果按下面规定的辊距达不到这种要求，有必要对辊距稍作的调整。

标准实验室开炼机胶料质量(以g计)应为配方量的2倍。

	保持时间 min	累积时间 min
a)设定辊温为50℃±5℃，辊距为1.5mm，将母炼胶在快速辊上包辊并加入硫磺和促进剂，待其完全分散后，再割刀。务必将掉入接料盘中的所有物料加入混炼胶中。	1.0	1.0
b)每边作3/4割刀三次，每次间隔15s。	2.0	3.0
c)下片。辊距调节至0.8mm，将胶料打卷，从两端交替加入纵向薄通六次。	2.0	5.0
总时间	5.0	

d)将胶料压成约6mm的厚度，检查胶料质量(见GB/T 6038)。如果胶料质量与理论值之差超过+0.5%或-1.5%，废弃此胶料，重新混炼。

e)切取足够的胶料供硫化仪试验用。

f)将胶料压成约2.2mm的厚度，用于制备硫化试片；或者制成适当的厚度，用于制备环形试样。

g)将混炼后胶料调节30min~24h。如有可能，在GB/T 2941规定的标准温度和湿度下调节。

6 用硫化仪评价硫化特性

警告：硫化过程中，可能产生亚硝酸铵。

6.1 用圆盘振荡硫化仪测试

测定下列标准试验参数：

在规定时间的F_L、F_{max}(在规定的时间)、t_{s1}、$t'_c(50)$和$t'_c(90)$。

按GB/T 16584，采用以下试验条件：

振荡频率： 1.7Hz(100周/min)

振幅： 0.5°

选择性： 至少选择F_{max}为满量程的75

注：对某些橡胶75%可能不合适。

模腔温度：160℃±0.3℃

预热时间： 无

6.2 用无转子硫化仪测试

测定下列标准试验参数：

在规定时间的F_L、F_{max}(在规定的时间)、t_{s1}、$t'_c(50)$和$t'_c(90)$。

按GB/T 16584，采用以下试验条件：

振荡频率： 1.7Hz(100周/min)

振幅： 0.5°

选择性： 至少选择F_{max}为满量程的75%

注：对某些橡胶75%可能不合适。

模腔温度： 160℃±0.3℃

预热时间： 无

7 硫化胶拉伸应力-应变性能的评价

警告：硫化过程中，可能产生亚硝酸铵。

试片在160℃下硫化，从10min、20min、30min、40min和50min的硫化点中选择三个硫化点，中间的硫化点应尽量接近$t'_c(90)$。这三个硫化点应包括该实验胶料的欠硫、正硫和过硫。

硫化试片在标准温度下调节16h~96h。如有可能，按GB/T 2941规定，在标准温度和标准湿度下调节。

按GB/T 528规定测定应力-应变性能。

8 精密度

8.1 导则

密炼机方法的精密度结果以 ASTM D3568-2003[6] 的数据为基础，按 ISO/TR 9272：1986[3] 计算出重复性和再现性。

8.2 精密度说明

8.2.1 密炼机混炼

本标准规定了(实验室间)2 型精密度。按照实验室间程序，使用三种不同的 EPDM 橡胶，由八个实验室各自在两天内，使用国际参比碳黑 NO.6(IRB NO.6)，按照密炼法(方法 A)混炼。仅开展了硫化仪(圆盘振荡)试验。

8.2.2 开炼机混炼

本标准规定了使用圆盘振荡硫化仪测定硫化特性的 2 型(在实验室间)精密度。按照实验室间程序，使用一种 EPDM 橡胶，由八个实验室各自在三天内按照开炼法(方法 B)混炼进行试验。

8.3 精密度结果

计算出的重复性和再现性数值见表 2 和表 3。

在表 2 和表 3 中使用的符号定义如下：

r：重复性，用测量单位表示。这是一个数值，在指定的概率下，实验室内两个实验结果的绝对差应低于此值。

(r)：相对重复性，用百分比表示。

两个试验结果是在相同的试验条件下(同一实验室，同一操作者和同一仪器)，在规定的时间周期内，采用同一实验方法和相同试验材料所得到的。除非另有说明，概率为 95%。

R：再现性，用测量单位表示。这是一个数值，在指定的概率下，实验室之间的两个试验结果之差的绝对值应低于此值。

(R)：相对再现性，用百分比表示。

两个试验结果的相对再现性是在不同的条件下(不同的实验室，不同的操作者和不同的仪器)，在规定的时间周期内，采用同一试验方法和相同的试验材料得到的。除非另有说明，概率为 95%。

表 2 各种试验参数的 2 型精密度(密炼法)

参数	单位	数值范围[a]	实验室内			实验室间		
			s_r	r	(r)	s_R	R	(R)
M_L	dN·m	6.7~12.4	0.50	1.42	14.8	1.24	3.51	36.6
M_H	dN·m	32.7~46.9	1.29	3.65	9.2	3.66	10.4	26.1
t_{s1}	min	2.2~2.7	0.11	0.31	12.4	0.38	1.08	43.2
$t'_c(90)$	min	12.6~15.6	0.64	1.81	12.8	1.20	3.40	24.1

注：s_r：重复性标准差，以测量单位计。
　　s_R：再现性标准差，以测量单位计。

[a] 在温度为 160℃，频率为 1.7Hz，振幅为 1°时测量。用平均值计算(r)和(R)。

表 3　各种试验参数的 2 型精密度(开炼法)

参数	单位	数值范围[a]	实验室内			实验室间		
			s_r	r	(r)	s_R	R	(R)
M_L	dN·m	7.00	0.54	1.51	21.57	1.49	4.19	59.86
M_H	dN·m	46.09	1.06	2.96	6.42	2.41	6.74	14.62
t_{s1}	min	2.23	0.05	0.14	6.72	0.25	0.69	30.94
$t'_c(50)$	min	4.43	0.18	0.49	11.06	0.27	0.75	16.93
$t'_c(90)$	min	13.47	0.45	1.25	9.28	0.95	2.67	19.82

注：s_r：重复性标准差，以测量单位计。

s_R：再现性标准差，以测量单位计。

[a] 在温度为 160℃，频率为 1.7Hz，振幅为 1°弧时测量。用平均值计算(r)和(R)。

9　试验报告

试验报告包括以下内容：

a)本标准的编号；

b)关于样品的详细说明；

c)测定门尼黏度的时间和温度，是否使用制样程序(如果有，注明参数)；

d)测定灰分使用的方法(GB/T 4498 中 A 法或 B 法)；

e)使用的标准试验配方；

f)使用的参比材料；

g)5.2.2 中使用混炼方法；

h)5.2.2.2.1g)或 5.2.2.2.2i)或 5.2.2.3.j)或 5.2.2.4.1g)和 5.2.2.4.2g)中使用的调节时间；

i)第 6 章中：

——使用的硫化仪类型；

——引用标准；

——M_H 或 F_{max} 的时间；

——硫化试验使用的振幅；

j)第 7 章中使用的硫化时间；

k)测定过程中观察到的任何异常现象；

l)本标准或引用标准中未包括的任何自选操作；

m)分析结果和单位的表述；

n)试验日期。

参 考 文 献

[1] ISO 1382 橡胶—词汇
[2] ISO 6472 橡胶配合剂—缩略语
[3] ISO/TR 9272：1986 橡胶和橡胶制品—试验方法标准精密度的测定
[4] ASTM D88 赛氏黏度的标准试验方法
[5] ASTM D2161 运动黏度转化为赛氏通用黏度或赛氏弗洛黏度的标准操作规程
[6] ASTM D3568-03 橡胶的标准试验方法—包括充油 EPDM(乙烯-丙烯-二烯共聚物)的评价

ICS 83.060
G 35

SH

中华人民共和国石油化工行业标准

SH/T 1751—2005

乙烯-丙烯共聚物(EPM)和乙烯-丙烯-二烯烃三元共聚物(EPDM)中乙烯的测定

Determination of ethylene units in ethylene-propylene copolymer(EPM) and ethylene-propylene-diene terpolymers(EPDM)

2005-04-11 发布　　　　2005-09-01 实施

中华人民共和国国家发展和改革委员会　发布

目　　次

前　　言

本标准等同采用美国试验材料协会 ASTM D 3900：2000《生橡胶标准试验方法　乙烯-丙烯共聚物(EPM)和乙烯-丙烯-二烯烃(EPDM)三元共聚物中乙烯的测定》。

本标准等同翻译 ASTM D 3900：2000。

为便于使用，本标准做了下列编辑性修改：

a）修改了标准名称；

b）增加了目次；

c）对公式进行编号。

本标准由中国石油化工股份有限公司提出。

本标准由全国橡胶与橡胶制品标准化技术委员会合成橡胶分技术委员会归口(SAC/TC 35/SC 6)。

本标准起草单位：中国石油天然气股份有限公司兰州石化分公司石油化工研究院、中国石油天然气股份有限公司吉林石化分公司有机合成厂。

本标准主要起草人：王进、赵家林、李莉、郭洪达、吴毅。

乙烯-丙烯共聚物(EPM)和乙烯-丙烯-二烯烃三元共聚物(EPDM)中乙烯的测定

警告：使用本标准的人员应有正规实验室工作的实践经验。本标准并未指出所有可能的安全问题。使用者有责任采取适当的安全和健康措施，并保证符合国家有关法规规定的条件。

1 范围

1.1 本方法规定了乙烯质量百分数在35%~85%之间的乙烯-丙烯共聚物(EPM)和乙烯-丙烯-二烯烃三元共聚物(EPDM)中乙烯单体与丙烯单体含量的红外测试方法。

这四种方法囊括了多种工业聚合物，这些聚合物中含有的添加剂或聚合二烯烃单体会干扰不同的红外峰，除非有干扰存在，四种方法会得到同样的结果。测试方法按以下顺序给出。

1.1.1 压膜试验方法

试验方法A——乙烯质量百分数在35%~65%之间的EPM和EPDM。

试验方法B——乙烯质量百分数在60%~85%之间的EPM和EPDM，除乙烯/丙烯/1,4-己二烯三元共聚物。

试验方法C——乙烯质量百分数在35%~85%之间的EPM和EPDM，用近红外。

1.1.2 涂膜试验法

试验方法D——乙烯质量百分数在35%~85%之间的EPM和EPDM，除乙烯/丙烯/1,4-己二烯三元共聚物。

1.2 这些试验方法不适用于充油EPDM，除非事先已按试验方法D将填充油除去。

1.3 本标准使用国际标准单位制。

1.4 本方法不涉及所有安全问题。如果有，与使用者有关。本标准的使用者在使用本标准前，应负责建立相应的安全和健康规则，并在使用前判断受限规则的适用性。

2 参考文献

2.1 ASTM标准

D 297 橡胶制品试验方法—化学分析

D 3568 橡胶试验方法—乙烯-丙烯-二烯烃三元共聚物(EPDM)评价方法，包括充油混炼胶。

D 4483 橡胶和炭黑工业试验方法标准精密度测定

E 168 红外定量分析通用技术规程

3 试验方法摘要

3.1 试验方法A——测定所压制膜片在8.65/13.85μm(1156/722cm^{-1})处的红外吸光度比值，乙烯质量百分数可从标准聚合物的校正曲线上读出。

3.2 试验方法B——测定所压制薄型膜片在7.25/13.85μm(1379/722cm^{-1})处的红外吸光度比值，乙烯质量百分数可从标准聚合物的校正曲线上读出。

3.3 试验方法C——用近红外测定所压制膜片在8.65/2.35μm(1156/4255cm^{-1})处的红外吸光度比值，乙烯质量百分数可从标准聚合物的校正曲线上读出。

3.4 试验方法D——在盐片上铸超薄型膜片，测定其在7.25/6.85μm(1379/1460cm^{-1})处的红外吸光度比值，乙烯质量百分数可从标准聚合物的校正曲线上读出。

4 重要性和用途

4.1 本试验方法可用于按试验方法 D 3568 评价的不同 EPDM 聚合物的测定。

4.2 相同的乙烯含量，但乙烯序列分布的不同会导致结晶度和格林强度不同。由于其对 EPM 和 EPDM 的加工性和最终使用性是一项重要的变量，故橡胶中乙烯含量的测定不能作为判断有特定用途的某种橡胶的惟一测定方法。

5 干扰

5.1 乙烯-丙烯-1,4-己二烯在 7.25μm（1379cm^{-1}）处有干扰峰，应使用方法 A 或 C 测定。

5.2 由于各种工业聚合物中含有的添加剂和稳定剂会干扰 8.65μm（1156cm^{-1}）处峰的使用。应小心使用试验方法 A 和 C，或应使用标准中规定的试验方法 B 或 D。

5.3 有填充油存在时，会对所有测定产生干扰，故在红外分析前，必须除去填充油。

6 设备

6.1 液压平板硫化机：200MPa，150℃。

6.2 红外分光光度计：双光束，具有 1%或更高的百分透射率。对试验方法 A，B，D，满量程可记录波谱范围为 2.5μm～15μm（4000cm^{-1}～667cm^{-1}或 400000m^{-1}～66700m^{-1}）。对试验方法 C，所需仪器应具有可记录波谱范围为 2.0μm～15μm（2000cm^{-1}～667cm^{-1}或 20000m^{-1}～66700m^{-1}）的能力。任何符合这些要求的设备均可使用。该设备应由技术熟练的人员按操作手册进行最佳操作。红外定量分析的建议性通用技术规程在指南 E 168 中给出。

6.3 对常规试验，可用傅立叶红外（FTIR）代替双光束红外光谱仪。每种试验方法的分析步骤和校正部分中均给出了双光束红外光谱仪的基线校正步骤。用傅立叶红外测定时，样品膜温度应低于用双光束红外光谱仪测定的样品膜温度。一些部分结晶的聚合物也许响应不同。用 FTIR 也许会有不同数学形式的校正公式（见部分 30）。

7 取样

7.1 由于红外吸收实质上具有加和性，且受杂质影响，故应小心以尽可能确保用于光谱分析的试样具有代表性。

7.2 如可能，从新切割的表面取样，以避免试样部分氧化。

8 精密度和偏差

8.1 按指南 D 4483 制定精密度和偏差。参考指南 D 4483 中的术语和其他统计计算的说明。

8.2 该精密度和偏差部分中给出的精密度结果仅为按下述规定，用室间实验室程序对该材料进行测定的这些试验方法的精密度估计值。该精密度参数不能用于接收或拒绝任何没有证明的材料。该证明适用于那些特殊材料和包括这些试验方法的专用试验协议。

8.3 这些试验方法的精密度为 1 型精密度（室间）。重复性和再现性均是短期的。在几天的周期内，分别进行重复测试。

8.4 这些试验方法的精密度是在两天内，由几个实验室对几种材料的研究获得的，见下表：

试验方法	乙烯范围/%	实验室数	材料数
A	40～60	6	3
A	65～76	5	2
B	60～66	4	2

试验方法	乙烯范围/%	实验室数	材料数
D(非充油聚合物)	40～70	4	4
D(充油聚合物)	72	3	1

试验结果为乙烯百分数的单次测定结果。

8.5 试验方法 A，B 和 D 的重复性和再现性的精密度计算结果由表 1 给出。

表 1　1 型精密度

试验方法	乙烯范围/%	室　内			室　间		
		S_r	r	(r)	S_R	R	(R)
A	40～60	0.569	1.61	3.22	0.857	2.43	4.86
A	65～76	0.471	1.33	1.90	1.74	4.92	7.0
B	60～66	0.433	1.23	1.95	0.540	1.53	2.43
D(非充油)	40～70	0.856	2.42	4.40	2.11	5.97	10.9
D(充油)	72	2.12	6.00	8.3	3.55	10.0	13.9

注：对试验方法 C，由于数据不够，无法给出精密度结果。然而，在一个实验室内，建议试验方法 C 的精密度水平与其他试验方法相同。

8.6 这些试验方法的精密度可以用下列参数表示，即用 r，R，(r) 或 (R) 值判定试验结果。该对应值即是在任何指定时间，对任一给定材料，按常规试验步骤得到的与表 1 中平均水平有关的并最接近平均水平的 r 值和 R 值。

8.7 重复性——这些试验方法的重复性 r 已经用表 1 中的对应值算出。按照标准的试验方法步骤，两次试验结果之差若大于表中的 r 值(对任一相应水平)，则应认作所用试样取自不同样本总体或非等质的样本总体。

8.8 再现性——这些试验方法的再现性 R 已经用表 1 中的对应值算出。在两个不同的实验室，按照标准的试验方法，两次试验测得的结果之差若大于表中的 R 值(对任一相应水平)，则应认作所用试样取自不同样本总体或非等质样本总体。

8.9 用平均水平的百分数表示重复性(r)和再现性(R)，它们的应用与上述 r 和 R 相同，对于参数(r)和(R)，两次试验结果之差用两次试验结果的算术平均值的百分数表示。

8.10 偏差

8.10.1 偏差是由 5 家美国 EPM/EPDM 制造商，对 6 种 EPM 标准聚合物进行循环检验得到的。每个制造商采用自己的红外光谱仪和吸光度/乙烯校正表，对 6 种标准胶样分别做 8 次测定。每个校正表均为用红外试验法对用同位素 C_{14}标记的中试聚合物或用核磁共振确认的同等聚合物进行测定而确定的。

8.10.2 下列 10 种 EPM 标准胶的乙烯含量均为欧洲和北美洲实验联合体借助 13C 核磁共振(NMR)建立的。

标准号	乙烯质量分数/%
1	40.1
2	52.4
3	58.6
4	66.8
5	70.8
6	78.6
7	44.8
8	52.6
9	69.5
10	77.5

8.10.3 每个标准物均是由工业生产装置生产出来的，已留出相当大的量专用于校正(见13.2)。

8.11 试验方法A的精密度是使用FTIR光谱仪，在两天内由9个实验室对5种材料进行室间研究得到的。重复性和再现性的精密度计算结果见表2。所使用的FTIR光谱仪已经用通过13C NMR确认的乙烯质量分数校正。

表2 试验方法A的1型精密度

样 品	平均水平/%	室 内			室 间		
		S_r	r	(r)	S_R	R	(R)
EPDM-1237	52.4	0.259	0.724	1.38	0.557	1.56	2.98
EPDM-865	56.9	0.225	0.629	1.11	0.688	1.93	3.39
EPDM-2154	58.1	0.197	0.550	0.947	0.766	2.15	3.70
EPDM-306	67.9	0.400	1.12	1.65	0.814	2.28	3.36
EPDM-227	74.4	0.711	1.99	2.67	1.12	3.14	4.22

试验方法A——压膜法，8.65/13.85μm峰值比

9 范围

9.1 本方法规定了乙烯质量分数在35%~65%的EPM和EPDM中乙烯分数的测定方法。

9.2 乙烯质量分数范围约为60%~80%时，也许可以小心使用此方法。但使用多台仪器进行测试时，它的精密度低于试验方法B的精密度。

9.3 一些工业聚合物中的添加剂在8.65μm($1156cm^{-1}$)的肩峰——约8.93μm($1120cm^{-1}$)处，产生一个附加吸光度，给扣除基线造成困难。如果有这种情况，必须使用试验方法B或D。

9.4 本法不适用于充油聚合物，除非事先通过抽提除去填充油。

10 试验方法摘要

10.1 本试验方法用丙烯单元的甲基官能团在8.65μm($1156cm^{-1}$)处的吸光度与乙烯单元的亚甲基官能团在13.85μm($722cm^{-1}$)处的吸光度的比值来计算乙烯含量。可使用一系列已知EPM聚合物绘制$A_{8.65}/A_{13.85}$对乙烯质量百分数的校正曲线。

11 试剂和材料

11.1 试剂纯度—所有试验均采用分析纯试剂。除非另有标明，所有试剂应符合美国化学协会分析试剂委员会的规定，这些规定应现行有效。假定事先已确定该试剂有足够高的纯度，可以不降低试验精度，则可以使用其他级别的试剂。

11.2 在进行以下分析时，特别是那些包括有毒或可燃试剂或二者均有的操作，应注意安全和健康问题。

11.3 丙酮。

11.4 粘性标签。

11.5 平滑钢板：200mm×200mm×1.5mm。

11.6 聚酯膜：无涂层，0.04mm厚。

11.7 特弗隆(TFE)氟碳涂层不锈钢或铝箔。

12 分析步骤

12.1 将聚合物切成尺寸与火柴头尺寸大小相同的小片(约0.2g)。

12.2 将聚合物放在两片聚酯膜或TFE-氟碳涂层的不锈钢片或铝箔之间。

12.3 将装有聚合物的聚酯膜或TFE-氟碳涂层的不锈钢片或铝箔放入平板硫化机的平板间，如果平板不光滑，则将膜片先夹入钢板中，再放入平板机的平板间，

12.4 于150℃，70MPa下，压制试样30s~60s。

12.5 释放压力，从平板机上取下钢板，冷却，小心将试样从聚酯膜或TFE-氟碳涂层膜上取下。对特别粘或脆的膜片，可用丙酮作脱膜剂。将膜片安装在光谱仪的样品夹持器上。

12.6 如果膜片有洞或其他瑕疵，废弃并重新制片。

12.7 在热压时，有些聚合物会发皱或表面不平，可以在加压下冷却至室温以获得光滑的膜片。在使用TFE-氟碳涂层铝箔时，此步骤尤其重要。

12.8 对黏度特别大或脆的膜片，采用以下方法之一制样。

12.8.1 在TFE-氟碳涂层铝箔之间压制膜片。冷却铝箔，将一侧箔片从样片上取下，将粘性标签贴在膜片上，分离膜片。将样品固定在红外分光光度计的样片夹持器上。

12.8.2 用其他可接受的光谱样品制备技术制作不易制样的膜片。

12.9 将样品置于光谱仪的样品光束下，以空气为参比光束，测量13.85μm($722cm^{-1}$)处的总吸光度。如果总吸光度不在0.5Å~0.8Å之间，另压制一厚度合适的样片。

12.10 按仪器使用说明书进行红外光谱定量分析。使用推荐的控制设置。特别是应按建议控制扫描速度、增益和狭缝宽度，以得到一致的结果。

12.11 测量7μm~16μm($1400cm^{-1}$~$600cm^{-1}$)范围内的光谱。

12.12 用约8.20μm和8.93μm处的肩峰给8.65μm处的峰画基线。8.20μm处的吸光度通常应大于8.93μm处的吸光度。如果它小于8.93μm处的吸光度，表明可能有来自稳定剂的干扰(见图1)。如果有可能，在进行红外测试前，除去此类外来杂质；最好使用方法B或D，这两种方法不使用该峰。

12.13 在约8.65μm处测量吸光度(见图2)。

12.14 用约12.7μm和14.8μm处的肩峰给13.85μm的峰画基线。

12.15 在约13.85μm处测量该峰的吸光度(见图2)。如果这个峰较8.65μm处峰大的多(大于5倍)，表明乙烯含量较高。最好使用方法B、C、D，以求更好的精密度。

12.16 对仲裁检验，重复该步骤做平行样。

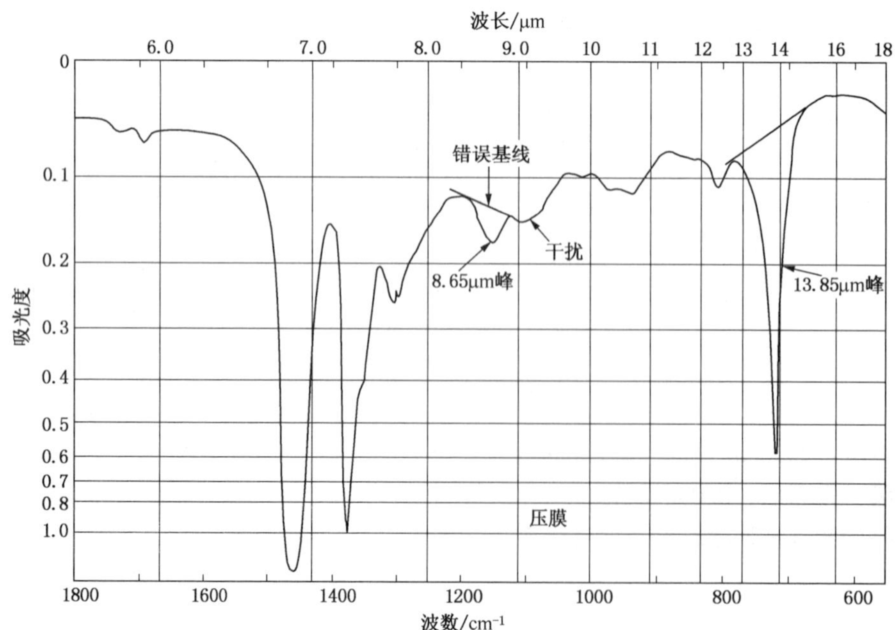

图1 对8.65μm峰的干扰图解

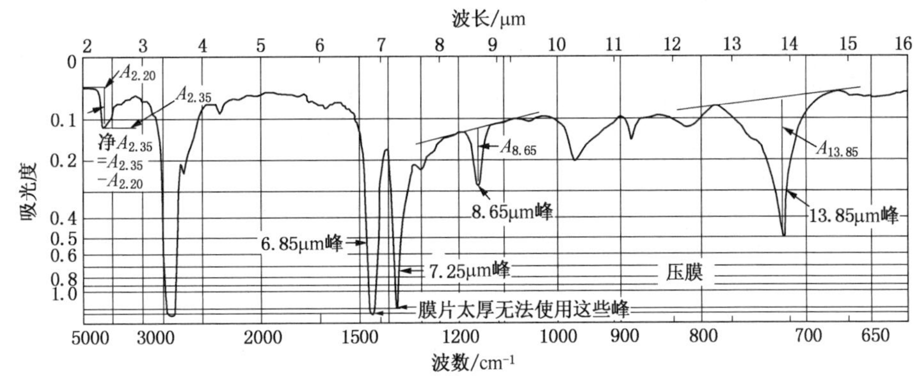

图 2　2.35μm，8.65μm 和 13.85μm 峰的基线

13　计算

13.1　用 8.65μm 处的吸光度除以 13.85μm 处的吸光度。

13.2　根据被测聚合物类型，用 $A_{8.65}/A_{13.85}$对乙烯质量百分数在 35%～65%的已知标准 EPM 绘制校正曲线。对标准物进行多次测定，建立一条精确的校正曲线。从标准物质管理员处获得建立该方法的此类标准物。

13.3　从校正曲线上，读取未知样品的乙烯质量分数。见部分 30。

14　报告

14.1　按单次试验报告试验结果。对仲裁检验，取两次单独测定结果的平均值报告试验结果。

14.2　对 EPM，报告乙烯质量分数，以最接近的整数值表示。

14.3　对 EPDM，报告乙烯/丙烯的质量比值(未修正二烯烃含量)，以最接近的整数值表示。

试验方法 B——压膜法，7.25/13.85μm 峰值比

15　范围

15.1　本试验方法规定了乙烯质量分数在 65%～85%之间的 EPM 和 EPDM 中乙烯分数的测定方法。

15.2　本试验方法也可用于乙烯质量分数低于 60%的精确测定，但在这一区域，所需膜片的厚度很难控制。

15.3　由于在 7.25μm 处存在干扰，本试验方法不适用于用 1,4 已二烯做第三单体的 EPDM。

15.4　本试验方法不适用于充油聚合物，除非事先已通过抽提将填充油除去。

16　试验方法摘要

16.1　本试验方法用丙烯单元的甲基官能团在 7.25μm 处的吸光度与乙烯单元的亚甲基官能团在 13.85μm 处的吸光度的比值来计算乙烯含量。可使用一系列已知 EPM 聚合物绘制 $A_{8.65}/A_{13.85}$对乙烯质量百分数的校正曲线。

17　分析步骤

17.1　基本样品制备见 12.1～12.7。

17.2　为使 7.25μm 的峰在范围内，该法使用的膜片厚度较试验方法 A 的薄。也许要用较长压制时间和较少的样品，在高达 200MPa 的压力下按 12.8 制备膜片。

17.3　将压制后的样品放在光谱仪的样品光束下，测量 7.25μm 处的总吸光度。如果大于 0.8A，

废弃，重新压制膜片，用更薄的样品进行试验。

17.4 依照12.10，按仪器使用说明书进行红外定量分析。

17.5 测量6.50μm～17μm(1400cm⁻¹～600cm⁻¹)范围内的光谱。

17.6 用约7.1μm和7.6μm处的肩峰给7.25μm处的峰画基线。

17.7 测量约8.65μm处的吸光度(见图3)。

17.8 用约12.75μm和14.8μm处的肩峰给13.85μm处的峰画基线。

17.9 测量约13.85μm处峰的吸光度(见图2)。

17.10 仅对仲裁检验，重复该步骤做平行样。

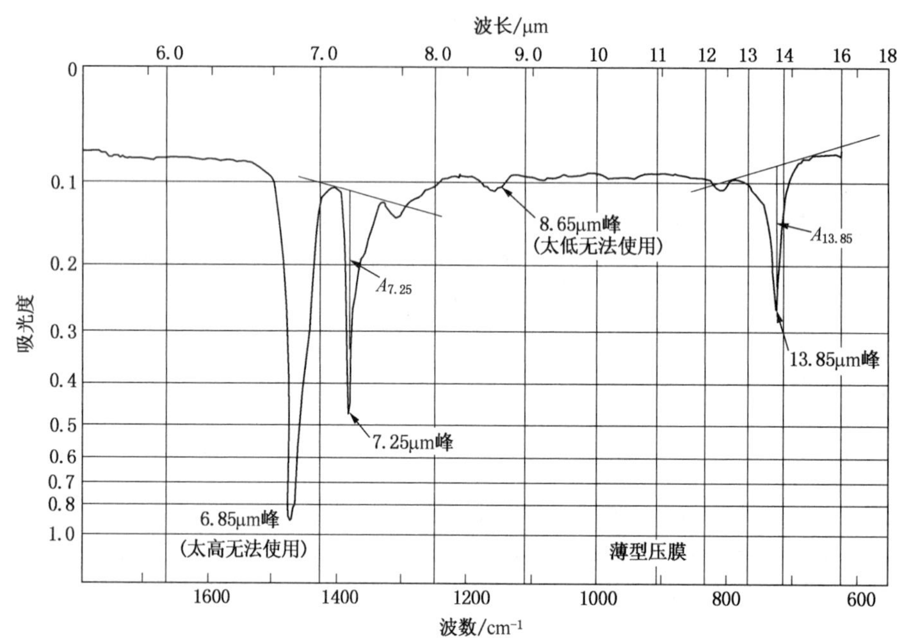

图3 7.25μm和13.85μm的基线(试验方法B)

18 计算

18.1 用7.25μm处的吸光度除以13.85μm处的吸光度。

18.2 根据被测聚合物类型，用$A_{7.25}/A_{13.85}$对乙烯质量百分数在60%～85%的已知标准EPM绘制校正曲线。标准物见13.2。

18.3 从校正曲线上，读取未知样品的质量百分数。见部分30。

19 报告

19.1 按单次试验报告试验结果。对仲裁检验，取两次单独测试的平均值报告试验结果。

19.2 对EPM，报告乙烯质量分数，以最接近的整数值表示。

19.3 对EPDM，报告乙烯/丙烯的质量比值(未修正二烯烃含量)，以最接近的整数值表示。

试验方法C——压膜法，8.65/2.35μm峰值比

20 范围

20.1 本试验方法规定了乙烯质量分数在35%～85%之间的EPM和EPDM中乙烯百分数的测定方法，包括以1,4-己二烯作第三单体的EPDM。

20.2 本试验方法可以用于其他EPDM和EPM，如果如5.2，9.3和12.12中描述的对8.65μm峰

存在干扰，则此时这些干扰不能被忽略，应使用试验方法 B 或 D。

20.3 本试验方法仅限于那些具有近红外测试能力的仪器。

21 试验方法摘要

21.1 本试验方法用丙烯单元的甲基官能团在 8.65μm 处的吸光度与 C—H 键在近红外 2.35μm 处的吸光度的比值来计算乙烯含量。

22 分析步骤

22.1 样品制备见 12.1~12.7。膜片厚度应约为 0.1mm~0.2mm。

22.2 压制后，将样品放在光谱仪的样品光束下，用空气作参比光束，测量 2.35μm 处的总吸光度。如果它小于 0.15A 或大于 0.2A，废弃，重新压制膜片，用厚度合适的样品进行试验。如果样品的乙烯含量相当高，样品应稍厚，以使 8.65μm 的峰具有一定高度。

22.3 根据 12.10，按仪器使用说明书进行红外光谱定量分析。

22.4 在同一台仪器下测量 2.0μm~10.0μm 范围内的光谱。

22.5 测量约 2.35μm 处峰的吸光度，测量约 2.20μm 处肩峰的吸光度，用 $A_{2.35}$ 减去 $A_{2.20}$ 得出净 $A_{2.35}$。

22.6 用约 8.20μm 和 8.93μm 处的肩峰给 8.65μm 处的峰画基线。8.20μm 处的吸光度通常应大于 8.93μm 处的吸光度。如果它小于 8.93μm 处的吸光度，表明可能有来自稳定剂的干扰(见图 1)。如果有可能，在进行红外测试前，除去此类外来杂质；最好使用方法 B 或 D，这两种方法不使用该峰。

22.7 测量约 8.65μm 处峰的吸光度(见图 2)。

22.8 对仲裁检验，重复该步骤做平行样。

23 计算

23.1 用 8.65μm 处的吸光度除以 2.35μm 处的吸光度。

23.2 根据被测聚合物类型，用 $A_{8.65}/A_{2.35}$ 对乙烯质量分数在 35%~85%的已知标准 EPM 绘制校正曲线。对标准物进行多次测定，建立一条精确的校正曲线。标准物见 13.2。

23.3 从校正曲线上，读取未知样品的乙烯质量分数。见部分 30。

24 报告

24.1 用单次测定结果报告试验结果。对仲裁检验，取两次单独测定结果的平均值报告试验结果。

24.2 对 EPM，报告乙烯质量百分数，以最接近的整数值表示。

24.3 对 EPDM，报告乙烯/丙烯的质量比值(未修正二烯烃含量)，以最接近的整数值表示。

试验方法 D——铸膜法，7.25/6.85μm 峰值比

25 范围

25.1 本试验方法规定了乙烯质量分数在 35%~85%之间的 EPM 和 EPDM 中乙烯分数的测定，由于在 7.25μm 处产生干扰，故不能用于含 1,4-己二烯的 EPDM。

25.2 本试验方法用于除去填充油后的充油聚合物。

25.3 本试验方法中的样品制备技术可用于制备试验方法 A，B，C——压膜法中的需抽提试样。

26 试验方法摘要

26.1 用溶剂抽提后，将聚合物膜涂在盐片上，用红外法测定。本试验方法使用丙烯单元的甲基

官能团在 7. 25μm 处的吸光度与 C—H 键在 6. 85μm 处的吸光度的比值来计算乙烯百分数。可使用一系列已知 EPM 聚合物绘制 $A_{7.25}/A_{6.85}$对乙烯质量百分数的校正曲线。

27 仪器

27. 1 抽提器，如方法 D297 中的图 1 或图 2 所示。

27. 2 防爆高速搅拌器和小型容器。

27. 3 真空烘箱。

28 试剂和材料

28. 1 试剂纯度—所有试验均采用分析纯试剂。除非另有标明，所有试剂应符合美国化学协会分析试剂委员会的规定，这些规定应现行有效。假定事先已确定该试剂有足够高的纯度，可以不降低试验精度，则可以使用其他级别的试剂。

28. 2 四氯化碳，光谱级或同等级别。

28. 3 甲醇，光谱级或同等级别。

28. 4 甲苯，光谱级或同等级别。

28. 5 织物或细孔铁丝过滤网。

28. 6 滴管。

28. 7 软膏盒或其他密封容器。

28. 8 盐片。

28. 9 不锈钢筛网，开孔约 0. 177mm(80 目，5. 2 密耳铁丝直径)。

29 样品制备

29. 1 如果有填充油，在进行红外分析前，用下列方法之一将聚合物中的填充油除去。

29. 1. 1 按方法 D297，用丙酮抽提聚合物膜片，除去填充油。

注：对那些在抽提过程中，由于所制备胶样相互粘结，导致容易结团的聚合物，以及较难抽提或抽提时间较长的充油聚合物，可将试样压在铁丝筛网上，采取双面支撑，扩大抽提面积进行抽提，以制备试样。

使用液压平板，将约 1g 的聚合物压入 50mm×50mm 的不锈钢筛网上(网孔约 0. 177mm，80 目，5. 2 密耳铁丝直径)。抽提后，取下聚合物用于乙烯百分数测试。试验完成后，用马弗炉将残余聚合物燃尽，筛网可重新使用。

29. 1. 2 作为 29. 1. 1 的另一种可选方法，将约 2g 聚合物溶解于 $50cm^3$ 的四氯化碳中。一些聚合物也许不会完全溶解，但通过使用回流四氯化碳或防爆高速搅拌器和小型容器，或二者同时使用来获得最终分散体系。

29. 1. 2. 1 将四氯化碳溶液缓慢倒入由 $250cm^3$ 热乙醇在 $400cm^3$ 的烧杯中快速搅拌引起的涡流中。为使部分较重的填充油留在溶液中，需要加热。

29. 1. 2. 2 使其沸腾，直至聚合物彻底絮凝。

29. 1. 2. 3 冷却，用织物或细孔铁丝筛网过滤聚合物。

29. 1. 2. 4 在两片纸之间挤压聚合物，尽可能地除去溶剂。

29. 1. 2. 5 如果怀疑没有将油完全除去，重复溶解和絮凝步骤。

29. 2 此时，将从步骤 29. 1. 1 或 29. 1. 2. 4 中得到的聚合物放在真空烘箱中干燥，或放入热平板中除去溶剂，用于试验方法 A，B 或 C 的膜片压制。然而，方法 29. 1. 1 和 29. 1. 2 均会除去少量低分子或少量高乙烯含量的 EPM 或 EPDM 或二者均有，这也许会改变疏松材料的乙烯含量，如果这非常重要，则不能使用此种样品制备方法。

29. 3 将约 2g 取自 29. 1. 1 或 29. 1. 2. 4 的样品溶解在约 $50cm^3$ 的甲苯或四氯化碳中。如果样品没有彻底溶解，可通过回流或采用防爆高速搅拌器，或二者均用来获取分散体系。

29.4 对非充油或不需要抽提的样品，将取自7.2的样品按29.3溶解，用于本试验方法。

30 校正

30.1 已得出大多数红外光谱仪的校正曲线的最佳回归等式：

方法A、B和C：

$$乙烯质量分数 = a - b \times \ln(吸光度比值) \quad (1)$$

方法D：

$$乙烯质量分数 = a - b \times (吸光度比值) \quad (2)$$

30.2 回归系数(上式a和b)随着每台红外光谱仪和每台仪器的使用时间而改变。对每台设备，每个试验方法所建立的等式形式(线性，对数等)，却不随时间改变。

30.3 对试验方法A，使用双光束光谱仪，某种样品校正曲线的典型分布如图4所示。

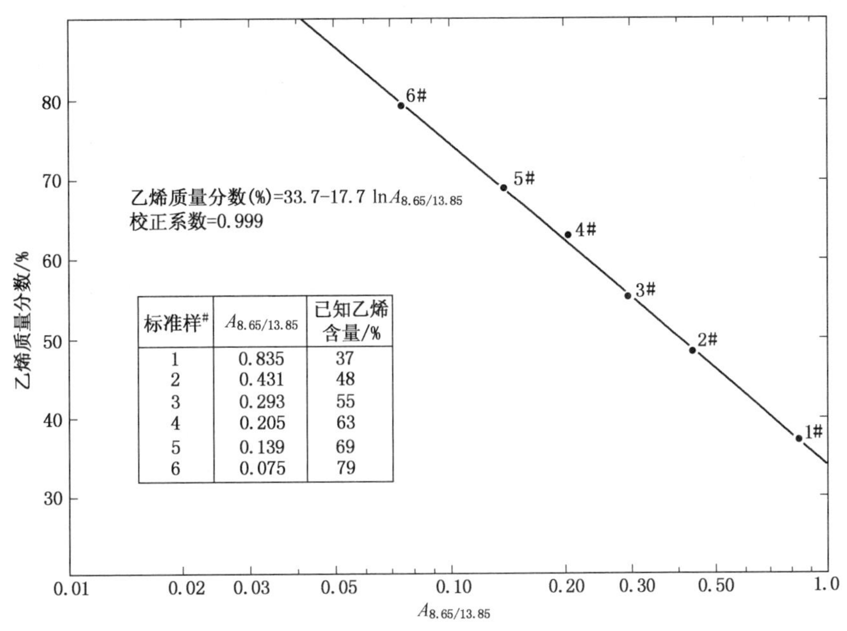

标准样#	$A_{8.65/13.85}$	已知乙烯含量/%
1	0.835	37
2	0.431	48
3	0.293	55
4	0.205	63
5	0.139	69
6	0.075	79

图4 样品校正——试验方法A

31 分析步骤

31.1 在一平整盐片上，用滴管滴加溶液，形成约1mm~2mm厚的液膜，用倒置的软膏盒或其他密闭容器盖住盐片以减缓蒸发。

31.2 膜片干燥后，测量6.85μm处的吸光度，总吸光度应在0.35Å~0.75Å之间为可接收。由于聚合物对溶剂有粘着力，在干燥的膜片上应没有残余溶剂，才能得到满意的分析结果。

31.3 测量5.9μm~8.35μm范围的光谱。

31.4 用约6.37μm和7.8μm的肩峰给6.85μm的峰画基线。

31.5 测量约6.85μm的吸光度(见图5)。

31.6 用约7.14μm和7.58μm的肩峰给7.25μm的峰画基线。

31.7 测量约7.25μm峰的吸光度(见图5)。

31.8 仲裁检验时，重复该步骤作平行样。

32 计算

32.1 用7.25μm处的吸光度除以6.85μm处的吸光度。

32.2 用$A_{7.25}/A_{6.85}$对乙烯质量百分数在35%~85%的已知标准EPM绘制校正曲线。标准物见 13.2。

32.3 从校正曲线上，读取未知样品的乙烯质量分数。见部分 30。

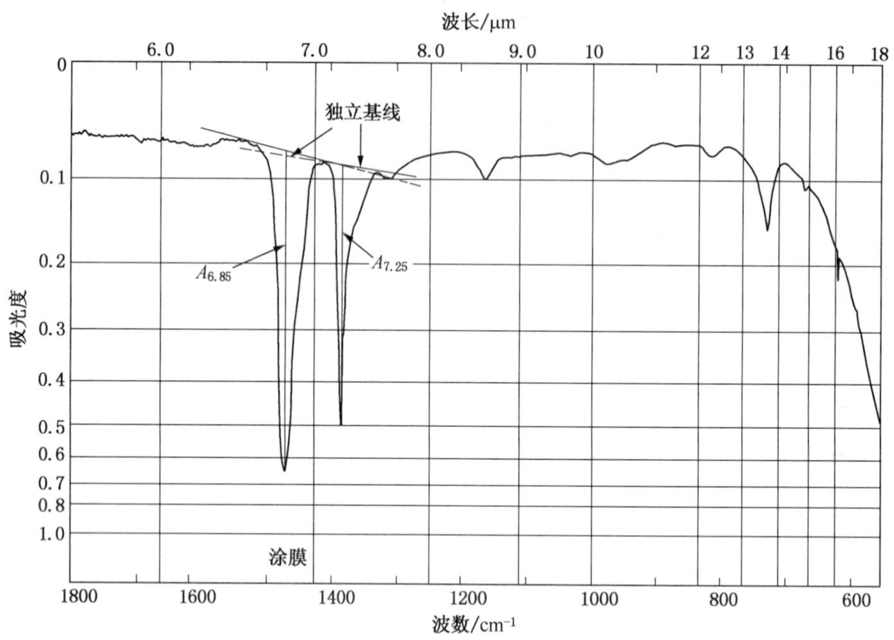

图 5 6.85 和 7.25μm 的基线(试验方法 D)

33 报告

33.1 用单次测定结果报告试验结果。对仲裁检验，取两次单独测定结果的平均值报告试验结果。

33.2 对 EPM，报告乙烯质量百分数，以最接近的整数值表示。

33.3 对 EPDM，报告乙烯/丙烯的质量比值(未修正二烯烃含量)，以最接近的整数值表示。

34 关键字

34.1 乙烯-丙烯共聚物；乙烯-丙烯-二烯烃三元共聚物；红外。

编者注：规范性引用文件中 ASTM E168 已废止，可采用 GB/T 6040—2002《红外光谱分析方法通则》。

ICS 83.040.10
G 34

中华人民共和国石油化工行业标准

SH/T 1752—2006

合成生胶中防老剂含量的测定 高效液相色谱法

Rubber, raw synthetic—Determination of anti-degradants by high-performance liquid chromatography

(ISO 11089:1997, IDT)

2006-07-27 发布　　2006-10-11 实施

中华人民共和国国家发展和改革委员会　发布

前　言

本标准等同采用国际标准 ISO 11089：1997《合成生胶—用高效液相色谱法测定防老剂》。

本标准由中国石油化工集团公司提出。

本标准由全国橡胶与橡胶制品标准化技术委员会合成橡胶分技术委员会归口。

本标准起草单位：兰州石化公司化工研究院。

本标准主要起草人：韩萍、翟月勤。

ISO 前 言

ISO（国际标准化组织）是各国家标准团体（ISO 成员团体）的世界性联合机构。制定国际标准的工作通常由 ISO 各技术委员会进行。凡对已建立技术委员会项目感兴趣的成员团体均有权参加该委员会。与 ISO 有联系的政府和非政府的国际组织，也可参加此项工作。在电工技术标准化的所有方面，ISO 与国际电工技术委员会（IEC）紧密合作。

技术委员会采纳的国际标准草案，要发给成员团体进行投票。作为国际标准发布时，要求至少有 75%投票的成员团体投赞成票。

国际标准 ISO 11089 由 ISO/TC 45，橡胶与橡胶制品技术委员会制定。

合成生胶中防老剂含量的测定
高效液相色谱法

警告：使用本标准的人员应熟悉正规实验室操作规程。本标准无意涉及因使用本标准可能出现的所有安全问题。制定相应的安全和健康规程并确保符合国家法规是使用者的责任。

1 范围

本标准规定了合成生胶中下列防老剂含量的测定方法：

N-烷基-*N′*-苯基-对苯二胺；

N-芳基-*N′*-芳基-对苯二胺；

N-苯基-*β*-萘胺；

2,2,4-三甲基-1,2-二氢化喹啉聚合物。

本标准适用于氯丁橡胶(CR)、丁腈橡胶(NBR)、丁苯橡胶(SBR)等生胶。

当生胶中含有填充油时，会影响测定结果。

如果需要，本法稍作修改可用于其他胺类防老剂的测定。

2 原理

从生胶中定量抽提防老剂，用高效液相色谱(HPLC)将其与抽提的其余组分分离，并检测其组分峰，测量出峰面积。在相同条件下测定已知量的同种防老剂组分峰面积。计算生胶中防老剂的含量。

3 试剂

3.1 洗脱剂A：甲醇(HPLC级)和0.01mol/L乙酸铵(分析纯)水溶液1∶1(*V/V*)的混合物。

3.2 洗脱剂B：甲醇(HPLC级)。

3.3 抽提剂：异丙醇(HPLC级)和二氯甲烷(HPLC级)2∶1(*V/V*)的混合物。

4 仪器

普通实验室仪器以及：

4.1 高效液相色谱仪：具有梯度洗脱能力，由一个10μL固定回路进样器、一个可变波长的紫外-可见检测器及一个记录-积分数据系统组成。

4.2 高效液相色谱柱：反相型，粒子大小5μm的HYPERSIL ODS或SPHERI 5 ODS柱。若使用其他规格的色谱柱时，需修改洗脱程序。

4.3 超声波浴：容量约2L、频率47.6kHz±4.8kHz。

注：只要能完全抽提出防老剂，可用不同容量和操作频率的超声波浴。

4.4 分析天平：最小读数0.01mg。

5 色谱条件

5.1 A泵：输送洗脱剂A(3.1)。

5.2 B泵：输送洗脱剂B(3.2)。

5.3 流速：0.25mL/min。

5.4 柱温：40℃。

5.5　进样体积：10μL。

5.6　检测器波长：2,2,4-三甲基-1,2-二氢化喹啉聚合物为233nm；其他防老剂为295nm。

5.7　参比波长：550nm。

5.8　洗脱程序(表1)：

表1

时间 min	洗脱剂A %	洗脱剂B %
0	100	0
20	0	100
40	0	100
50	100	0
55	结　束	

6　操作步骤

6.1　将胶样在实验室开炼机上制成厚约0.25mm~0.50mm的胶片，取约1g胶片剪成约$5mm^2$的小碎片备用。按6.2至6.6步骤重复测定两次。

6.2　称取约200mg小块试样，准确至0.1mg，放入20mL烧瓶中。

6.3　用移液管准确移取10mL抽提剂(3.3)加入上述烧瓶中，加盖。

6.4　在超声波浴(4.3)中抽提3h，温度不得超过30℃。然后过滤抽提液，将其封存于样品瓶中。

注：若超声波浴温度超过30℃，可能会导致烧瓶破裂。必要时在抽提过程中定时地往浴缸中加入冷水，以保持浴缸内温度低于30℃。

6.5　将10μL抽提液(6.4)注入HPLC柱(4.2)中，按5.8程序洗脱。

6.6　记录试样防老剂的峰面积。

6.7　称取与试样中所含防老剂估计量相近的基准防老剂，准确至0.01mg，放入20mL烧瓶中。

6.8　用移液管准确移取10mL抽提剂，加入烧瓶中，溶解基准防老剂，溶解后过滤，制成基准防老剂溶液，封存于另一样品瓶中。如果需要，溶解过程可使用温度低于30℃的超声波浴。

6.9　将10μL基准防老剂溶液(6.8)注入HPLC柱中，按5.8程序洗脱。

6.10　记录基准防老剂的峰面积。

7　分析结果的表述

试样中防老剂的含量以质量百分数表示，由计算公式(1)给出：

$$\text{防老剂}(\%)=\frac{m_s \cdot A_c}{m_c \cdot A_s}\times 100 \quad \cdots\cdots(1)$$

式中：m_s——基准防老剂的质量，mg；

m_c——试样的质量，mg；

A_s——基准防老剂的峰面积；

A_c——试样防老剂的峰面积。

所得结果应表示至一位小数。试验结果取两次测定结果的平均值。

8　试验报告

试验报告应包括下列内容：

a）本标准的编号；

b）关于样品的详细说明；

c）样品中防老剂的含量，%；

d）试验日期。

ICS 83.060
E 35

中华人民共和国石油化工行业标准

SH/T 1759—2007

用凝胶渗透色谱法测定溶液聚合物分子量分布

Determination of the molecular-mass distribution of solution polymers by gel permeation chromatography

(ISO 11344：2004，IDT)

2007-08-01 发布 2008-01-01 实施

中华人民共和国国家发展和改革委员会 发布

目　次

前　言

本标准等同采用国际标准ISO 11344：2004《合成生胶——用凝胶渗透色谱法测定溶液聚合物分子量分布》(英文版)。

本标准等同翻译ISO 11344：2004。

本标准由中国石油化工股份有限公司提出。

本标准由全国橡胶与橡胶制品标准化技术委员会合成橡胶分技术委员会归口(SAC/TC 35/SC 6)。

本标准起草单位：中国石油天然气股份有限公司兰州石化分公司石油化工研究院。

本标准主要起草人：王进、汤妍雯、姚自余、吴毅。

用凝胶渗透色谱法测定
溶液聚合物分子量分布

警告：使用本标准的人员应有正规实验室工作的实践经验。本标准并未指出所有可能的安全问题。使用者有责任采取适当的安全和健康措施，并保证符合国家有关法规规定的条件。

1 范围

本标准规定了溶液聚合物分子量(用聚苯乙烯表示)及其分子量分布的测定方法。

本标准适用于可完全溶解于四氢呋喃(THF)的、分子量范围为 $5\times10^3 \sim 1\times10^6$的溶液聚合物。

2 规范性引用文件

下列文件中的条款通过本标准的引用而成为本标准的条款。凡是注日期的引用文件，其随后所有的修改单(不包括勘误的内容)或修订版均不适用于本标准，然而，鼓励根据本标准达成协议的各方研究是否可使用这些文件的最新版本。凡是不注日期的引用文件，其最新版本适用于本标准。

GB/T 14838—1993 橡胶与橡胶制品——试验方法标准精密度的确定(eqv ISO/TR 9272：1986)

3 原理

基于聚合物的分子尺寸不同，可将聚合物的分子组分在凝胶渗透柱中进行分离。已知量的聚合物稀释溶液被注射入溶剂流中，该溶剂流可携带其以平稳的速率通过凝胶渗透色谱柱。使用合适的检测器测定溶剂流中已分离的分子组分浓度。通过使用校正曲线，由保留时间和对应的浓度测定所分析试样的数均分子量($\overline{M}_n$)和重均分子量($\overline{M}_w$)。

4 通则

4.1 凝胶渗透色谱(GPC)，通常也叫尺寸排斥色谱(SEC)，它是基于聚合物分子尺寸，使聚合物的不同组分分离开的一种特殊的液相色谱。

4.2 聚合物的分子不是由具有相同分子量的分子组成，而是由具有不同分子量的组分按一定分布组成。因此，通常的分子量概念并不适用于聚合物材料。取而代之的是测定表 1 中所列的不同平均分子量。

表 1 不同分子量的定义

重均分子量($\overline{M}_w$)	$=\Sigma(N_iM_i^2)/(N_iM_i)$ $=\Sigma(A_iN_i)/\Sigma A_i$
数均分子量($\overline{M}_n$)	$=\Sigma(M_iN_i)/\Sigma N_i$ $=\Sigma A_i/\Sigma(A_i/M_i)$
Z 均分子量($\overline{M}_z$)	$=\Sigma(N_iM_i^3)/\Sigma(N_iM_i^2)$ $=\Sigma(A_iM_i^2)/\Sigma(A_iM_i)$
峰分子量($\overline{M}_p$)	最高峰值处的分子量
式中： N_i——分子量为 M_i的分子数； A_i——对应于分子量 M_i的时间切片面积。	

在测定聚合物特性时，分子量分布是一项重要的参数。它可以用聚合物分散度 D 表征，由下式给出：

$$D = \overline{M}_w / \overline{M}_n$$

注：聚合物通常由具有一定分子尺寸范围的大分子构成，即使是单分散聚苯乙烯，与分散度值为 1.0 的具有单分子量的纯物质相比，它的分散性为 1.1。随着聚合物分子量分布范围的增大，分散度也会增大。

5 试剂和材料

除非另有规定，在分析中仅使用确认为分析纯的试剂和蒸馏水或去离子水或相当纯度的水。

5.1 四氢呋喃(THF)：溶剂，分析纯。

注：应备有大量的 THF，避免频繁补给。由于新溶剂的加入会引起溶入的空气及溶解杂质发生量的改变，从而导致折光指数发生较大的变化，并且保留时间也受到影响。泵头的气泡使泵入的溶剂量减少(使保留体积和保留时间出错)，如果气泡的体积达到极限值，会造成泵阻塞。加入新溶剂后，基线稳定需 2h~3h。

5.2 邻二氯苯的 THF 溶液(保留时间内标物)：将 250μL 邻二氯苯稀释在 1L THF 中。

5.3 聚苯乙烯标样组(最少 10 个)，分子量在 $5\times10^2 \sim 1\times10^7$ 范围内(取决于样品分子量)，且要求分子量分布很窄(D<1.10)。(此类标样组的例子见表 2)

表 2 聚苯乙烯标准物组

标 准 号	实际分子量 M_i	$D(=\overline{M}_w/\overline{M}_n)$
1	1030000	1.05
2	770000	1.04
3	336000	1.03
4	210000	1.03
5	156000	1.03
6	66000	1.03
7	30300	1.03
8	22000	1.03
9	11600	1.03
10	7000	1.04
11	5050	1.05

6 仪器

6.1 凝胶渗透色谱仪：由 6.1.1~6.1.8 规定的组件构成。

6.1.1 溶剂瓶：其有效容积应足以保证完成分析工作(见 5.1 的注)，无需补充。

6.1.2 在线自动脱气系统或氦气排气系统，以稳定液体流速，主要是防止在溶剂中产生气泡。

6.1.3 泵：确保 THF 溶剂以恒定的流速流动，流速设定范围为 1.7μL/s~1650μL/s 时，精度较高。

6.1.4 注射器或自动进样器：带有 100μL 注射孔。

6.1.5 柱子：用规整、坚硬、多孔的球形物质填充。柱子填充物的孔径大小以单位埃(1Å =

10^{-10}m)表示。填充球是由交联聚苯乙烯制成，聚苯乙烯是苯乙烯和二乙烯基苯的聚合产物。球形填充物的标称直径必须在5μm~10μm范围内。柱子一般长300mm；依据所分析物的分子量范围选择孔径大小。

注：在测定本标准规定方法的重复性和再现性时，宜使用孔径大小为10^3Å、10^4Å、10^4Å、10^5Å的四根柱子。溶剂首先从最低孔隙度的柱子进入，从最大孔隙度的柱子流出。也可使用其他合适的柱子。

推荐柱子的特征为：

线性范围：200~2000000；

保证柱效：>50000塔板数/m；

柱排列：4根柱(长300mm，内径4.6mm~8.0mm)。

6.1.6 检测器

可用多种类型的检测器，如：示差折光检测器，紫外吸收检测器，光散射检测器。

6.1.7 积分器，在淋洗所分析聚合物的过程中，可对至少150个时间切片进行积分。

6.1.8 专用计算机和软件，可避免较长时间和复杂的手工计算。

6.2 聚四氟乙烯过滤器(PTFE)，孔径大小为0.50μm~0.45μm。

6.3 注射器：10mL和250μL。

6.4 自动分离器(自选)，带玻璃瓶。

6.5 混合器。

7 分析条件

流速：17μL/s。

注射量：100μL溶液，或符合所用柱子容积的量。

内标物(邻二氯苯)的淋出时间：最短45min。

试验温度：(40±1)℃。

8 分析步骤

8.1 溶剂脱气

8.1.1 用PTFE过滤器(6.2)抽滤溶剂(5.1)。

8.1.2 在真空状态下和/或在超声波浴中将1L溶剂脱气30min。

要获得稳定的基线，最好在使用前脱气12h。使用按本条款规定进行脱气后的THF溶剂不间断地冲洗柱子达8h，以去除柱子中残留的任何过氧化物。

如果有在线自动脱气系统，可省略本条款中规定的脱气操作。

8.2 校正

8.2.1 用溶解在邻二氯苯溶液(5.2)中的聚苯乙烯标准物进行校正。为确保稳定的峰高，对每个单独的标准物按其分子量而称取不同的量。例如，对分子量约1000000的标准物浓度为1g/L(25mL的溶液(5.2)中含0.025g)，分子量低于30000的浓度为5g/L(25mL的溶液(5.2)中含0.125g)。校正点应包括所分析聚合物的全部分子量范围。

8.2.2 将该溶液轻轻晃动约1h。

8.2.3 用装在10mL注射器的PTFE过滤器(6.2)过滤每个标样溶液。

注：参比标样溶液可在6℃~7℃的冰箱中最长保存3个月。

8.2.4 通过举例说明校正步骤，如8.2.4.1~8.2.4.6所示。

8.2.4.1 按表3配制11个聚苯乙烯溶液。

8.2.4.2 用Mark-Houwink方程($(\eta)_i=KM_i^{\alpha}$)和已知的$K(=0.00016)$，$\alpha(=0.700)$值计算每个标样的特性黏度值$(\eta)_i$。

注：表3所列的聚苯乙烯标准溶液的特性黏度见表4。

表 3　聚苯乙烯参比标准物的溶液

溶　液　号	25mL 邻二氯苯的 THF 溶液(见 5.2)的克数	实际分子量 M_i
1	0.025	1030000
2	0.025	770000
3	0.030	336000
4	0.050	210000
5	0.050	156000
6	0.075	66000
7	0.125	30300
8	0.125	22000
9	0.125	11600
10	0.125	7000
11	0.125	5050

表 4　在表 3 中所列溶液的[η_i]值

实际分子量 M_i	黏度[η_i]
1030000	2.5888
770000	2.1119
336000	1.1818
210000	0.8505
156000	0.6907
66000	0.3783
30300	0.2193
22000	0.1753
11600	0.1120
7000	0.0786
5050	0.0626

8.2.4.3　当使用手动注射器时，从每个小玻璃瓶中抽取 250μL 的溶液冲洗注射孔，再注射 100μL，读取各标样对应峰的保留时间。如果有自动进样器，按仪器说明书操作。共重复三次。

8.2.4.4　计算每个标样所得三个保留时间的平均值，以及邻二氯苯(内标物)的所有各次测得的保留时间的平均值。(在本次试验中共测定 33 次)

8.2.4.5　用每个标样的平均保留时间对 $\log(M_i[\eta]_i)$ 相应值作图，并计算最佳拟合线(见图 1)。

8.2.4.6　相关系数宜大于 0.9995。如果达不到，需对引起不良校正的标样重复校正步骤。不良校正可通过计算已认可(实际)分子量与用表征图 1 最佳拟合线的三维多项式计算出的分子量的差值找出。

图 1 是按下列三维多项式计算给出的最佳拟合线图。

$\log(M_i[\eta]_i)=26.07214465-1.746517348t_i+0.051765825t_i^2-0.000585847t_i^3$

对这些数据来说，相关系数是 0.99976。

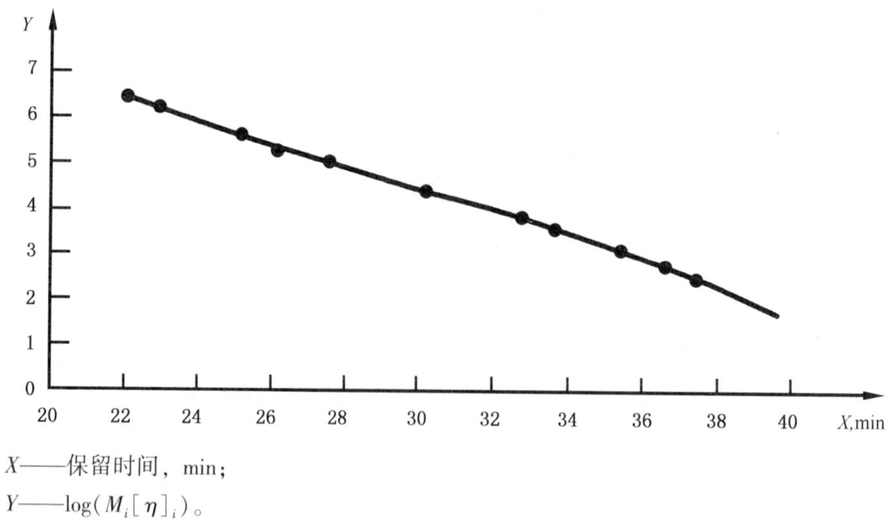

X——保留时间，min；
Y——$\log(M_i[\eta]_i)$。

图1　最佳拟合线图

表5　图1中对应点的校正数据

实际分子量 M_i	保留时间 t_i	黏度$[\eta]_i$	校正分子量
1030000	22.08	2.5888	1058592
770000	22.89	2.1119	749179
336000	25.15	1.1818	331816
210000	26.15	0.8505	206277
156000	27.58	0.6907	158756
66000	30.18	0.3783	69059
30300	32.76	0.2193	29520
22000	33.68	0.1753	21760
11600	35.46	0.1120	11344
7000	36.64	0.0786	7266
5050	37.74	0.0626	4998

8.3　试验溶液的制备

8.3.1　大多数情况下，8.3.2所规定的试验溶液浓度是适用的，但有可能会随着实际所试验的聚合物，预想的分子量范围，柱子容积，检测器类型和注射溶液的体积而改变。

8.3.2　将0.075g样品放入50mL的容量瓶中，加入约35mL已过滤（见8.2.3）的邻二氯苯内标溶液（5.2）。

8.3.3　在搅拌器上缓慢搅动试验溶液1h，以确保聚合物完全溶解，然后用已过滤的邻二氯苯内标溶液稀释至50mL。

8.4　分析步骤

8.4.1　用溶剂冲洗柱子（流速17μL/s），直至基线稳定。

注：对某些检测器和柱子组来说，最多可花费7h。

8.4.2　基线稳定后，在第7章规定的条件下，按下列步骤进行分析。

8.4.2.1　用注射器汲取10mL按8.3配制的试验溶液。

8.4.2.2　用安装在另一个注射器上的PTFE过滤器过滤该溶液，并转移至玻璃瓶中。

8.4.2.3　手动进样时，先注射约250μL试验溶液冲洗注射孔，然后再注入100μL试验溶液，开始分析。共重复三次。

8.4.2.4　如果使用自动进样器，按仪器使用说明书进行操作，共重复三次。

8.4.2.5　分子量参数通常由积分器（6.1.7）采用校正步骤中已贮存的数据进行计算。

9 结果的表述

9.1 如果内标物的淋出时间与校正过程(见 8.2)中所确定的值相比，在±30s 范围内，则结果是令人满意的。如果达不到，用新鲜溶剂冲洗柱子至少 3h，然后重新计算内标物(邻二氯苯)的保留时间。

9.2 如果确认保留时间异常，需用聚苯乙烯标样重新校正该系统(见 8.2)。

9.3 仪器软件可对大量有关分子量分布的数据进行计算(见附录 A)。

9.4 报告三次测定结果的平均值。

a)重均分子量 $\overline{M}_w$；

b)数均分子量 $\overline{M}_n$；

c)Z 均分子量 $\overline{M}_z$；

d)分散度 $D(=\overline{M}_w/\overline{M}_n)$；

e)峰分子量 M_p；

f)相对应的分子组分的峰面积百分数。

9.5 如果没有合适的软件，可用附录 B(人工方法)所列方法计算结果。

9.6 自动方法(软件)和人工方法所得结果的比对见附录 C。

10 精密度(仅适用于仪器软件法)

10.1 通过室间实验程序测定精密度。本程序使用两个具有双峰分子量分布的苯乙烯-丁二烯嵌段共聚物(溶液丁苯)试样。

SSBR1(97) 线型丁二烯-苯乙烯嵌段共聚物

SSBR2(97) 星型丁二烯-苯乙烯嵌段共聚物

对每种材料，样品均取自均匀且同批材料。

在相隔一周的不同两天内，在 6 个实验室内测定分子量分布(每个样品重复分析三次)。

重复性的三次实验结果是在相同条件(同一操作者，同一仪器和同一实验室)下，在规定的时间周期内，用同一实验方法，对规定的同一试验材料进行测定得到的。

再现性的三组实验结果是在不同条件(不同操作者、不同仪器和不同实验室)下，在规定的时间周期内，用同一实验方法对同一试验材料进行测定得到的。

10.2 计算参数如下：

重均分子量 $\overline{M}_w$；

数均分子量 $\overline{M}_n$；

分散度 $D(=\overline{M}_w/\overline{M}_n)$。

10.3 按 GB/T 14838—1993 进行精密度计算，用重复性和再现性表示。精密度的概念和术语可在 GB/T 14838—1993 中查阅。关于重复性和再现性的使用指南见附录 D。

10.4 精密度结果见表 6，表 7 和表 8，除非另有说明，其置信概率为 95%。

10.5 要在其他分析中得到表 6，表 7 和表 8 给出的精密度，有必要注意所使用柱子的选择性。

表 6 重均分子量 $\overline{M}_w\times10^{-3}$——精密度结果

橡胶材料	平均值	实验室内			实验室间		
		S_r	r	(r)	S_R	R	(R)
SSBR1(97)	167.67	2.06	5.84	3.48	2.97	8.40	5.01
SSBR2(97)	361.22	3.85	10.90	3.02	5.60	15.85	4.39
合并值	264.44	2.96	8.37	3.16	4.28	12.12	4.59

表7 数均分子量 $\overline{M}_n \times 10^{-3}$——精密度结果

橡胶材料	平均值	实验室内			实验室间		
		S_r	r	(r)	S_R	R	(R)
SSBR1(97)	138.42	1.57	4.44	3.20	25.43	71.97	52.00
SSBR2(97)	268.47	8.44	23.88	8.90	42.65	120.71	44.96
合并值	203.44	5.00	14.16	6.96	34.04	34.04	47.36

表8 聚合物分散度 $\overline{M}_w/\overline{M}_n$——精密度结果

橡胶材料	平均值	实验室内			实验室间		
		S_r	r	(r)	S_R	R	(R)
SSBR1(97)	1.11	0.01	0.03	2.33	0.05	0.15	13.73
SSBR2(97)	1.26	0.03	0.07	5.71	0.11	0.30	24.11
合并值	1.19	0.02	0.05	4.13	0.08	0.23	19.26

11 实验报告

实验报告应包括以下内容：

a）本标准的引用文件；

b）关于所分析样品的详细说明；

c）所用柱子的类型及数量；

d）所用检测器类型；

e）所用聚苯乙烯标准样组；

f）所得分子量结果，特别是：

重均分子量 $\overline{M}_w$；

数均分子量 $\overline{M}_n$；

聚合物分散度 $D(=\overline{M}_w/\overline{M}_n)$；

g）与规定步骤的任何偏离；

h）本标准中不包括的任何自选操作；

i）分析日期；

j)所使用的步骤(软件或手动)。

附 录 A
(资料性附录)
用仪器软件计算分子量参数

A.1 通则

用按照8.2条规定步骤得到的特定校正曲线和表征聚合物特性的GPC谱图，仪器软件可完成所有关于分子量参数的计算。

A.2 色谱图采集

设置色谱图采集参数，并开始分析。在分析过程中，计算机屏幕上实时显示GPC曲线(见图A.1)。

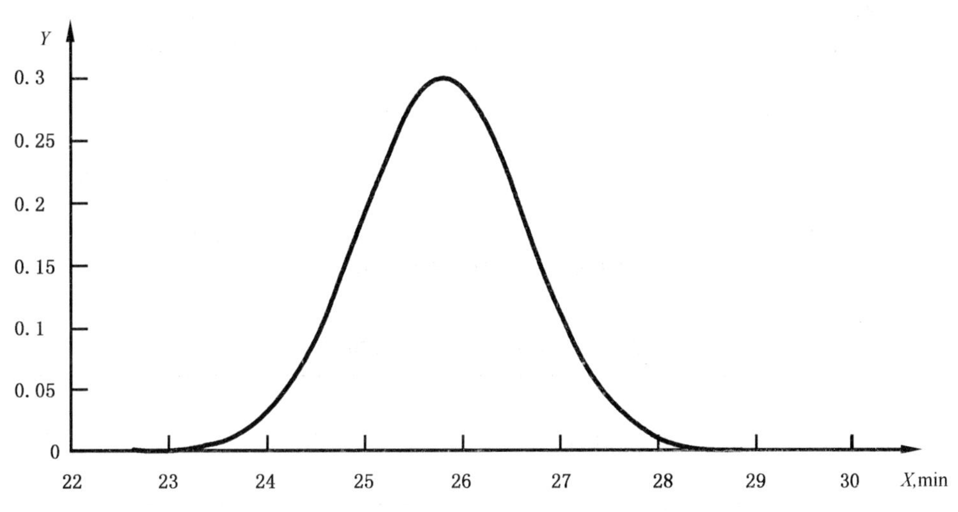

X——保留时间，min；

Y——检测器响应。

图A.1 GPC谱图

A.3 谱图分析

试验结束后(运行时间55.0min)，设置下列参数，用该软件计算分子量参数。

a) 在谱图上选定包括所有色谱峰的基线时间范围。

注：在图A.2的例子中，基线的时间范围是从22.0min到29.5min。

b) 通过仪器软件，画出一条从一端到另一端的直线，确定基线两端附近数据点的适当数值，消除基线噪音。

c) 谱图接收允许的最大变化范围(窗口)取决于参比峰的淋出时间。

注：在图A.2的例子中，参比峰的淋出时间是45.41min，时间允许差±30s。±30s的允许差是计算中的极限。实际上使用较短的时间允许差±20s。

d) 在基线上选择对色谱图积分的开始点和结束点。

注：图A.2的例子中，开始点是23.54min，结束点是28.30min。

e) 按d)定义的开始点和结束点之间的谱图时间切片总数。

注：图A.2的例子中，时间切片为30；通常，最佳切片数为150。

f) Mark-Houwink常数 K 和 α。

注：图A.2例子中，计算所使用的 K 和 α 是 $K=0.0001600$ 和 $\alpha=0.700$。

切片后的色谱切片图见图A.2。特征谱图中每个时间切片的所有参数见表A.1。

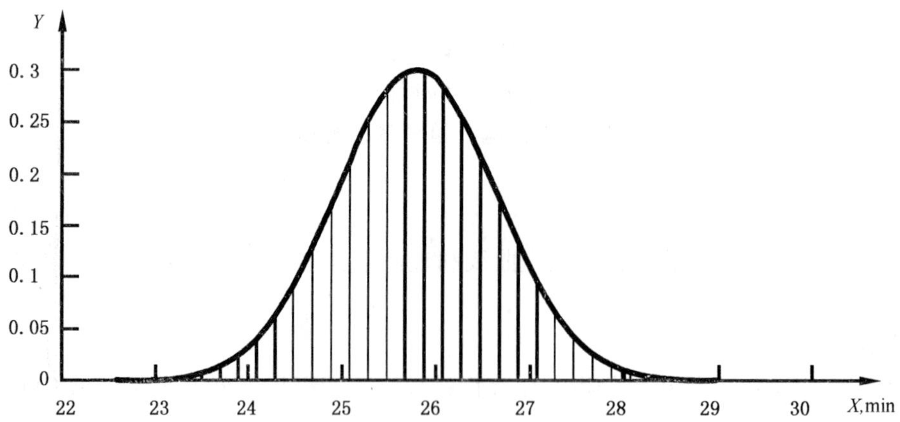

X：保留时间，min；
Y：检测器响应。

基线：		开始：22.00	结束：29.50
基线区数据点：		44	
参比峰时间：	45.41min	窗口：30s	
参比峰建立点：	45.42min		
过程：		开始：23.54min，	结束：28.30min
切片数：	30		
Mark-Houwink 方程：	开始时间：0.00	K：0.0001600	α：0.700000

图 A.2　GPC 谱图分析

表 A.1　GPC 谱图时间切片

保留时间 t_i（时间切片的中心点）min	时间切片的面积	$M_i[\eta]_i \times 10^{-3}$[a]	M_i^b
23.6219	4306	986	573977
23.7805	4043	893	541346
23.9391	3862	809	510849
24.0977	4875	734	482327
24.2563	15380	666	455633
24.4149	75628	605	430631
24.5735	268561	550	407199
24.7321	708384	500	385222
24.8907	1395968	456	364569
25.0493	2135893	415	345225
25.2079	2553702	379	327022
25.3664	2316451	346	309904
25.5250	1578818	316	293796
25.6836	859802	288	278630
25.8422	420762	264	264341
26.0008	210947	241	250871
26.1594	119798	221	238165
26.3180	78122	202	226173
26.4766	55340	185	214848
26.6325	40511	170	204147
26.7938	30408	156	194030
26.9524	23412	143	184460

表 A.1(续)

保留时间 t_i (时间切片的中心点) min	时间切片的面积	$M_i[\eta]_i \times 10^{-3}$[a]	M_i[b]
27.1110	18926	131	175403
27.2695	15512	120	166827
27.4281	12895	110	158701
27.5867	10632	101	151000
27.7453	8459	93	143696
27.9039	6722	86	136767
28.0625	5232	79	130189
28.2211	3764	72	123943

[a] 从校正曲线上测定(见图 1)。

[b] 从 Mark-Houwink 方程计算，$K=0.00016$ 和 $\alpha=0.700$。

A.4 GPC 分析结果

最终的 GPC 分析结果见表 A.2。

表 A.2 GPC 分析结果

数均分子量 $\overline{M}_n$	316343	特性黏度	1.1460
重均分子量 $\overline{M}_w$	322380	聚合物分散度 M_w/M_n	1.0191
Z 均分子量 $\overline{M}_z$	327646	M_z/M_w	1.0163
峰分子量 M_p	323155		

附　录　B
(资料性附录)
人工方法计算分子量参数

B.1　当没有合适的软件时，按B.2~B.9给出的方法计算结果。

B.2　如图A.1(检测器响应与保留时间的函数曲线，保留时间以min表示)所示，将色谱图划分为相同的时间切片。在下面给出的例子中，色谱图被分为16等份(相邻切片的保留时间间隔为0.1586min，相当于9516ms)。

B.3　对每个时间切片，从中心点画一条垂直于保留时间轴的直线，与色谱图相交。然后以交点确定检测器响应；再乘以1000，给出 DR_i(以图B.1为例)。

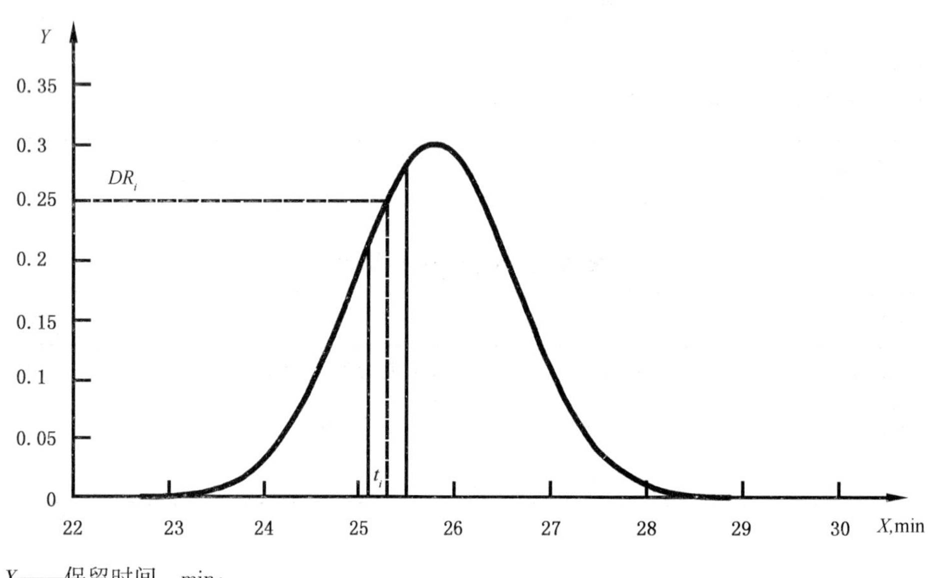

X——保留时间，min；

Y——检测器响应。

图B.1　人工色谱分析举例

B.4　记录每个时间切片的中心点时间，用分钟表示，然后转换成微秒。

B.5　用8.2.4.6给出的等式，计算每个中心点时间的 $\log M_i(\eta)_i$，该等式的校正曲线见图1：

$$\log M_i[\eta]_i = 26.07214465 - 1.746517348t_i + 0.051765825ti^2 - 0.000585847t_i^3$$

B.6　用Mark-Houwink方程，合理排列，测定每个时间切片的中心点的分子量。

$$[\eta]_i M_i = KM_i^{(1+\alpha)}$$

$$[\eta]_i M_i = 0.00016M_i^{1.7}$$

$$Z_i = 10^{\log(M_i[\eta]_i)}$$

$$M_i = 10\exp\left[\frac{\log\left(\frac{Z_i}{0.00016}\right)}{1.7}\right]$$

上述参数的汇总表见表B.1。

B.7　以下式计算每个时间切片的面积(A_i)：

$$A_i = \Delta t_i \times DR_i$$

式中：

Δt_i——时间间隔(=9516ms)；

DR_i——检测器响应。

B.8 对每个切片，计算如表 B.2 所示的的 A_i/M_i 和 A_iM_i 值。

B.9 用下列方程(见表 1)计算数均分子量、重均分子量和分散度，如下所示：

$$\overline{M}_n = \frac{\Sigma A_i}{\Sigma \frac{A_i}{M_i}} = 318085$$

$$\overline{M}_w = \frac{\Sigma (A_iM_i)}{\Sigma A_i} = 322666$$

$$分散度\ D = \overline{M}_w/\overline{M}_n = 1.014$$

表 B.1　GPC 谱图时间切片

切片	保留时间 t_i（时间切片的中心点）min	检测器响应 DR_i	时间切片面积 A_i	Z_i	M_i（按 B.6 测定）
1	24.4149	7.75	73749	605479.84	430631
2	24.5735	27.46	261309	550542.84	407199
3	24.7321	72.60	690862	500989.40	385222
4	24.8907	133.56	1270957	456247.29	364569
5	25.0493	218.19	2076296	415809.82	345225
6	25.2079	268.22	2552382	379227.93	327022
7	25.3664	247.61	2356257	346102.74	309904
8	25.5250	164.38	1564240	316080.41	293796
9	25.6836	89.36	850350	288845.89	278630
10	25.8442	46.10	438688	264118.73	264341
11	26.0008	23.05	219344	241648.98	250871
12	26.1594	12.32	117237	221213.60	238165
13	26.3180	7.45	70894	202613.37	226173
14	26.4766	5.32	50625	185670.19	214848
15	26.6352	4.26	40538	170224.62	204147
16	26.7938	2.84	27025	156133.84	194030
注：Δt_i = 0.1586min = 9516ms					

表 B.2　时间切片参数

切片	时间切片面积 A_i（见表 B.1）	M_i（见表 B.1）	A_i/M_i	$A_iM_i \times 10^{-10}$
1	73749	430631	0.1713	3.176
2	261309	407199	0.6417	10.640
3	690862	385222	1.7930	26.614
4	1270957	364569	3.4860	46.339

表 B.2(续)

切片	时间切片面积 A_i (见表 B.1)	M_i (见表 B.1)	A_i/M_i	$A_iM_i\times10^{-10}$
5	2076269	345225	6.0140	71.676
6	2552382	327022	7.8050	83.469
7	2356257	309904	7.6030	73.021
8	1564240	293796	5.3242	45.957
9	850350	278630	3.0518	23.693
10	438688	264341	1.6596	11.596
11	219344	250871	0.8743	5.503
12	117237	238165	0.4923	2.792
13	70849	226173	0.3135	1.603
14	50625	214848	0.2356	1.087
15	40538	204147	0.1986	0.828
16	27025	194030	0.1393	0.524
合计	12660753	—	39.803	408.52

附　录　C
(资料性附录)
用自动方法(软件)和人工方法计算结果的比较

从下面的数据可以看出，用附录A和附录B中所述的两种方法计算所得结果是非常接近的：

	自动方法	人工方法
数均分子量 $\overline{M}_n$	316343	318085
重均分子量 $\overline{M}_w$	322380	322666
分散度 $D(=\overline{M}_w/\overline{M}_n)$	1.019	1.014

附 录 D
(资料性附录)
精密度结果使用指南

D.1 通则

使用精密度结果的一般步骤如下：用符号 $|x_1-x_2|$ 表示任意两个测量值的绝对差(即忽略正负号)。在最靠近于所研究的“试验”数据平均值(测量参数)处，查出相应精密度表(无论任何的研究试验参数)。该行就会给出相应的用于判定过程的 r，(r)，R 或(R)。

D.2 重复性

D.2.1 使用按 D.1 得到的 r 和(r)值，可采用下列一般重复性陈述作出判定。

D.2.2 对于绝对差：在常规和正确操作的试验步骤下，用标称相同材料的样品得到的两个试验(值)平均值的差 $|x_1-x_2|$，平均每 20 次不会多于一次超过表例重复性 r。

D.2.3 对于两次试验(值)平均值的百分数差$[|x_1-x_2|/(x_1+x_2)/2]\times100$，在常规和正确操作的试验步骤下，用标称相同材料的样品得到的两个试验值间的百分数差，平均每 20 次不会多于一次超过表例重复性(r)。

D.3 再现性

D.3.1 使用按 D.1 得到的 r 和(r)值，可采用下列一般再现性陈述作出判定。

D.3.2 对于绝对差：在两个实验室内，在常规和正确操作的试验步骤下，用标称相同的材料的样品得到的两个独立测量试验(值)平均值的差 $|x_1-x_2|$，每 20 次不会多于一次超过表例再现性 R。

D.3.3 对于两个平均试验值间的百分数差$[|x_1-x_2|/(x_1+x_2)/2]\times100$：在两个实验室内，用常规和正确操作的试验步骤，用标称相同材料得到的两个独立测量试验(值)间的百分数差，每 20 次不会多于一次超过表例再现性(R)。

ICS 83.060
G 34

中华人民共和国石油化工行业标准

SH/T 1760—2007

合成橡胶胶乳中残留单体和其他有机成分的测定 毛细管柱气相色谱 直接液体进样法

Determination of residual monomers and other organic components in synthetic rubber lattices by capillary-column gas chromatography—Direct liquid injection method

(ISO 13741-1, MOD)

2007-08-01 发布 2008-01-01 实施

中华人民共和国国家发展和改革委员会 发布

前 言

本标准修改采用 ISO 13741-1：1998《塑料/橡胶—聚合物分散体和橡胶胶乳(天然的和合成的)—用毛细管柱气相色谱法测定残留单体和其他有机成分 第 1 部分：直接液体注射法》(英文版)。

本标准与 ISO 13741-1：1998 的差异：

——修改了标准名称；

——删除了国际标准的前言；

——缩小了适用范围；

——“本部分”一词改为“本标准”；

——内标物由丙腈改为甲基异丁酮；

——内衬管的体积从标准要求的“至少 $1cm^3$”改为“至少 0.3 mL”；

——用于过滤胶乳中固体颗粒的不锈钢网布用玻璃棉代替；

——调整了表 1 中的操作条件；

——修改了典型挥发性流出物的组成；

——修改了待测物的校正因子；

——对公式进行编号；

——更换了典型色谱图。

本标准由中国石油化工股份有限公司提出。

本标准由全国橡胶与橡胶制品标准化技术委员会合成橡胶分技术委员会(SAC/TC35/SC6)归口。

本标准起草单位：中国石油天然气股份有限公司兰州石化分公司石油化工研究院。

本标准主要起草人：秦鹏、翟月勤、薛慧峰。

合成橡胶胶乳中残留单体和其他有机成分的测定 毛细管柱气相色谱 直接液体进样法

警告：使用本标准的人员应有正规实验室工作的实践经验。本标准并未指出所有可能的安全问题。使用者有责任采取适当的安全和健康措施，并保证符合国家有关法规规定的条件。

1 范围

1.1 本标准规定了采用毛细管柱气相色谱-液体直接进样法测定合成橡胶胶乳中残留单体和其他有机成分的方法。

1.2 本方法可以成功检测的残留单体包括1,3-丁二烯、顺-2-丁烯、反-2-丁烯、苯乙烯、丙烯腈等单体以及一些副产物，例如甲苯、乙苯和乙烯基环己烯、氰基环己烯。1,3-丁二烯可能会和反-2-丁烯、顺-2-丁烯共流出。

1.3 因为色谱通常会得到一系列峰，因此它仅能检测那些已知质量校正因子的挥发性组分的含量。对于一些未定性出的峰，建议采用一些辅助的方法，如质谱或者另外使用一根不同极性的色谱柱。

2 规范性引用文件

下列文件中的条款通过本标准的引用而成为本标准的条款。凡是注日期的引用文件，其随后所有的修改单(不包括勘误的内容)或修订版均不适用于本标准，然而，鼓励根据本标准达成协议的各方研究是否可使用这些文件的最新版本。凡是不注日期的引用文件，其最新版本适用于本标准。

GB 6682—1992 分析实验室用水规格和试验方法。(neq ISO 3696：1987)

3 原理

含有内标物的测试样品经水稀释后，注射到配有一根毛细管柱、一个火焰离子化检测器和具有线性温度程升能力的色谱里面。

4 试剂

除非另有说明，在分析中仅使用确认为分析纯的试剂和GB 6682—1992中规定的一级纯水。

4.1 载气：纯度不小于99.99%的氦气或氮气。

4.2 内标物：甲基异丁酮，纯度不小于99%。

样品中不存在的其他水溶性有机物也可以用作内标物，例如异丁醇或丙腈。内标物必须能够完全色谱分离，并且不干扰样品中原有的任何组分。

4.3 待测单体和其他有机物：纯度不小于99%。

4.4 二甲基甲酰胺(DMF)：纯度不小于99%。

4.5 四氢呋喃(THF)：纯度不小于99%。

5 仪器

普通实验室设备及下列仪器：

5.1 气相色谱仪：配有一个分流进样口，一个体积至少为0.3mL的直型衬管，一个火焰离子化检测器，具备柱箱线性温度程升能力。

5.2 毛细管柱：长30m，内径0.53mm，液膜厚度为1μm~5μm，固定相为二甲基聚硅氧烷。

5.3　合适的色谱仪工作站：能够准确记录色谱信号和处理色谱数据。

5.4　微量进样针：体积在 10μL 到 50μL 之间。

注：50μL 的进样针要比小体积的进样针更加可靠和稳定，50μL 的进样针不易堵塞，原则上小体积进样针(10μL)也可以使用。

5.5　分析天平：精确至 0.1mg。

5.6　容量瓶：50mL 和 1000mL。

6　准备仪器

6.1　在内衬管里装填适量玻璃棉，用于在进样过程中过滤掉固体颗粒。

6.2　老化柱子：将柱子的一端与仪器进样口一端相连，柱子的另一端断开，以免柱流失污染检测器。按仪器操作手册上的值设置载气(4.1)流速，然后在 220℃下净化柱子 1 h(或更长时间)。

6.3　柱子老化后，将柱子断开的一端与检测器相连，然后根据想要的分离程度建立仪器的操作条件(参见表 1)。给仪器充足的平衡时间，以便获得一条平稳的基线。

6.4　检测器温度的变化幅度应控制在 1℃以内，没有循环的自动调温系统可能会导致基线不稳。

7　校正

7.1　为了确保结果可靠，有必要对仪器的灵敏度和保留时间进行校正。

将内标物(4.2)与单个组分或多个组分(4.3)配成混合溶液(溶剂可选 DMF 或 THF)，将少量的混合溶液注入色谱柱，从而检测胶乳中待测物的灵敏度和保留时间。

7.2　称量大约 100mg 的甲基异丁酮和 50mg~200mg 的挥发性待测物(称量 3 到 4 个不同含量的平行样)，称量精确至 0.1mg。将称量的样品放入 50mL 的容量瓶中，用二甲基甲酰胺或四氢呋喃稀释至刻度，混合均匀。

7.3　注入 1μL 溶液(7.2)到色谱柱，同时记录色谱信号，在相同的仪器条件下分析样品。

下面给出典型的挥发性流出物：

1,3-丁二烯；

顺-2-丁烯；

反-2-丁烯；

甲苯；

乙苯；

4-乙烯基环己烯；

苯乙烯。

7.4　测量每个待测物的峰面积，它们相对于内标物的相对质量校正因子(f'_i)，按公式(1)计算：

$$f'_i = \frac{A_s \times m_i}{A_i \times m_s} \quad \cdots\cdots (1)$$

式中：

A_s——内标物(甲基异丁酮)的峰面积；

m_s——溶液(7.2)中内标物的质量，单位为克(g)；

A_i——待测物的峰面积；

m_i——溶液(7.2)中待测物的质量，单位为克(g)。

7.5　部分待测物校正因子的参考值如下：

1,3-丁二烯	0.64
顺-2-丁烯	0.68
反-2-丁烯	0.68
甲苯	0.65

乙苯　　0.68

4-乙烯基环己烯　　0.68

苯乙烯　　0.66

8 试验步骤

8.1 称量250mg的甲基异丁酮，精确至0.1mg，加入到1000mL的容量瓶中。用水稀释至刻度，轻轻摇匀。计算内标物在溶液中的含量(W_s)，单位以毫克每千克(mg/kg)表示。

每天准备一份新鲜的溶液，尽量减少挥发，以保证实验的重复性。

8.2 称量大约10g的样品(m_d)，然后加入30g (m_s)内标溶液(8.1)，称量均精确至0.01g。

8.3 向色谱中注入大约1μL样品溶液(8.2)，仪器条件参见表1或者采用近似的条件。

注：为避免样品堵塞针头，建议采用一根50μL的进样针。

进样后，立即用水和与水互溶的溶剂(如四氢呋喃)清洗进样针。

8.4 每进样10~20次，清洗或更换内衬管。

8.5 测量内标物的峰面积A_s和待测物的峰面积A_i。

表1 典型的操作条件[a]

检测器	火焰离子化检测器(FID)
空气流速	250mL/min
氢气流速	35mL/min
色谱柱	
柱长	30m
内径	0.53mm
液膜厚度	1μm~5μm(二甲基聚硅氧烷)
载气	He或N_2
流速	4mL/min
吹扫气流速	1mL/min~2mL/min
温度	
进样口	150℃~200℃
检测器	250℃
柱起始温度	35℃
保持时间	5min
程升速率	5℃/min
柱最后温度	200℃(如果需要可以更高)
最后保持时间[b]	30min(或更长)
进样量	约1μL
分流比	0~100：1

[a] 当分离出现问题，或者气相色谱仪的说明书上对其他条件有明确说明时，上述条件需要变动。另外，一根内径小于0.53mm的色谱柱可能更为合适：这种情况下，减小载气流速到1mL/min左右。

[b] 最后保持时间运行完后，建议将柱温升至300℃左右净化柱子。

9 计算

胶乳中每一个待测物的含量(W_i)，单位以毫克每千克(mg/kg)表示，按公式(2)计算，

$$W_i = \frac{A_i \times f'_i \times W_s \times m_s}{A_s \times m_d} \qquad (2)$$

式中：

A_i——待测物的峰面积；

f'_i——由公式(1)得到的待测物的校正因子；

W_s——溶液(8.1)中内标物的含量，单位为毫克每千克(mg/kg)；

m_s——溶液(8.2)中内标溶液的质量，单位为克(g)；

A_s——内标物的峰面积；

m_d——溶液(8.2)中样品的质量，单位为克(g)。

所得结果表示至整数。

示例：

1000g 的水溶液中含有 260mg 的甲基异丁酮(W_s = 260mg/kg)，10g 的胶乳(m_d = 10g)与 30g 内标溶液(m_s = 30g)混合，甲基异丁酮的峰面积为 18000 个单元，待测物的峰面积为 24000 个单元，测得的待测物的校正因子为 0.68。

待测物的含量：

$$W_i = \frac{24000 \times 0.68 \times 260 \times 30}{18000 \times 10} = 707(\text{mg/kg})$$

典型的色谱图见图 1。

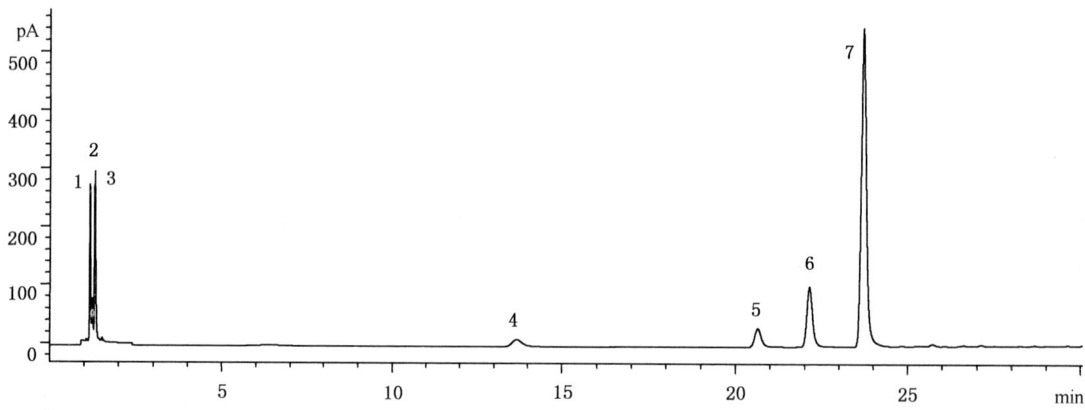

1——1,3-丁二烯；

2——反-2-丁烯；

3——顺-2-丁烯；

4——甲苯；

5——乙烯基环己烯；

6——乙苯；

7——苯乙烯。

图 1 典型的色谱图

分析结果小于 10mg/kg(检测限)时，用<10mg/kg 表示。

10 精密度

平行测定允许差：15%。

重复性：30%。

11 试验报告

试验报告应包括以下内容：

——本标准的引用标准；

——按第9章计算结果的表述；
——和表1不同的操作条件；
——使用的校正因子；
——试验日期。

ICS 83.060
G 34

中华人民共和国石油化工行业标准

SH/T 1762—2008/ISO 14558：2000
（2015 年确认）

橡胶　氢化丁腈橡胶(HNBR)剩余不饱和度的测定　红外光谱法

Rubber—Determination of residual unsaturation of hydrogenated nitrile rubber(HNBR) by infrared spectroscopy

（ISO 14558：2000，IDT）

2008-04-23 发布　　2008-10-01 实施

中华人民共和国国家发展和改革委员会　发布

前　　言

本标准等同采用ISO 14558：2000《橡胶　氢化丁腈橡胶(HNBR)剩余不饱和度的测定　红外光谱法》(英文版)。

为便于使用，本标准做了下列编辑性修改：

——删除国际标准的前言；

——引用的国际标准改为相应的国家标准；

——按照汉语的语言习惯作了适当的编辑性修改。

本标准的附录A为资料性附录。

本标准由中国石油化工集团公司提出。

本标准由全国橡胶与橡胶制品标准化技术委员会合成橡胶分技术委员会(SAC/TC35/SC6)归口。

本标准起草单位：中国石油天然气股份有限公司兰州化工研究中心。

本标准主要起草人：赵家琳、翟月勤、薛慧峰。

橡胶　氢化丁腈橡胶(HNBR)剩余不饱和度的测定　红外光谱法

警告：使用本标准的人员应熟悉正规实验室操作规程。本标准未涉及因使用本标准可能出现的所有安全问题。制定相应的安全和健康制度并确保符合国家法规是使用者的责任。

1　范围

本标准规定了用涂膜法通过红外(IR)光谱测定氢化丁腈橡胶(HNBR)剩余不饱和度的方法。

2　规范性引用文件

下列文件中的条款通过本标准的引用而成为本标准的条款。凡是注日期的引用文件，其随后所有的修改单(不包括勘误的内容)或修订版均不适用于本标准，然而，鼓励根据本标准达成协议的各方研究是否可使用这些文件的最新版本。凡是不注日期的引用文件，其最新版本适用于本标准。

GB/T 15340—1994 天然和合成生胶—取样及制样方法(idt ISO 1795：1992)

3　原理

用甲基乙基酮(MEK)溶解 HNBR 生胶，再用甲醇沉淀；或在索氏抽提器中用甲醇对固体HNBR进行抽提。再将提纯的样品用 MEK 溶解并在溴化钾(KBr)片上涂膜。通过傅立叶变换(FT)或色散型红外光谱仪获得薄膜的红外光谱。

丙烯腈(AN)、丁二烯(BD)和氢化丁二烯(HBD)的特征吸收谱带的“校正吸光度”用基线法测定，剩余不饱和度(未氢化丁二烯中的双键)的百分率根据来自文献(见 8.5)的吸收系数计算。

4　试剂

建议使用分析纯试剂。若不降低测定精度也可使用其他等级的试剂。

4.1　甲基乙基酮(MEK)。

4.2　甲醇。

4.3　干的压缩氮气。

4.4　溴化钾片。

5　取样

生胶取样按照 GB/T 15340—1994 的规定进行。

6　仪器

6.1　磨口玻璃锥形瓶：50mL、具塞。

6.2　瓶震动器。

6.3　烧杯：250mL。

6.4　电磁搅拌器。

6.5　索氏抽提器：带有 150mL 接受瓶。

6.6　抽提套管。

6.7　加热装置：温度能控制在±2℃范围内。

6.8　傅立叶变换 IR(FTIR)光谱仪：具有 $2cm^{-1}$ 分辨率，或具有相同的光谱分辨率的色散型 IR 光谱仪。

7 程序

7.1 样品制备

7.1.1 沉淀提纯

7.1.1.1 将1g粉碎的HNBR试样放入锥形瓶(6.1)中。向锥形瓶中加入20mLMEK(4.1)。将瓶塞紧，放在瓶震动器上进行震动，直到样品完全溶解。

7.1.1.2 一边缓慢地向装有150mL甲醇的烧杯(6.3)中倒入MEK溶液，一边用电磁搅拌器快速搅拌甲醇，以使橡胶沉淀。

7.1.1.3 缓慢倒出溶剂，用50mL甲醇清洗沉淀的橡胶。缓慢倒出甲醇溶液，再用20mLMEK溶解沉淀的橡胶。

7.1.2 抽提提纯

将1g粉碎的HNBR试样放入抽提套管(6.6)中，在索氏抽提器(6.5)中用100mL甲醇萃取6h。从抽提套管中取出抽提样品试样，用20mLMEK溶解。

7.1.3 涂HNBR薄膜

在KBr片上用溶有HNBR的MEK溶液涂一层平滑的薄膜。

在氮气保护的条件下，用加热装置小心地蒸发薄膜中的MEK溶剂，注意薄膜加热不要超过100℃。

应选择合适的薄膜厚度，使其在2236cm^{-1}处谱带的吸光度<0.8A。使用色散型光谱仪，当不饱和度<1%时，应使薄膜在2236cm^{-1}处谱带的吸光度在0.7到0.8之间。

7.2 获得红外光谱

用2cm^{-1}分辨率的FTIR光谱仪，扫描50次，或者用色散型IR光谱仪和适当的扫描参数，获得光谱。

注：在大约1730cm^{-1}处出现谱带表示残余MEK，而在696cm^{-1}处谱带的出现则表示没有完全提纯。

8 计算

8.1 在大约下列谱带之间画基线：

——AN：在2280cm^{-1}到2200cm^{-1}之间，峰在2236cm^{-1}；

——BD：在1010cm^{-1}到910cm^{-1}之间，峰在970cm^{-1}；

——HBD：在840cm^{-1}到670cm^{-1}之间，峰在723cm^{-1}。

8.2 通过从谱峰最高点的吸光度减去谱峰对应基线的吸光度计算每个谱带(i)的校正吸光度$A(i)$。某些类别的HNBR在2214cm^{-1}处可能显示出一个腈谱带。如果出现这个谱带，则用$A(AN)=A(2236)+A(2214)$计算AN谱带的吸光度，并用该$A(AN)$值进行下一步计算。

8.3 如果使用透光度，则通过取“谱峰对应基线的百分透光率除以谱峰峰尖处的百分透光率”商的$\log_{10}$计算$A(i)$。

8.4 当计算再现性和标准偏差时，使用下列“归一化吸光度比”：

$$A(970)=A(970)/A(2236) \quad (1)$$

$$A(723)=A(723)/A(2236) \quad (2)$$

8.5 根据来自于文献的吸光系数和计算的归一化吸收比[见方程(1)和(2)]计算浓度$c(i)$，公式如下：

$$c(AN)=\frac{1}{\sum A(i)} \quad (3)$$

$$c(BD)=\frac{A(970)}{k(970)}\times\frac{1}{\sum A(i)} \quad (4)$$

$$c(\text{HBD})=\frac{A(723)}{k(723)}\times\frac{1}{\sum A(i)} \quad\cdots\cdots\cdots\cdots(5)$$

式中：

$$\sum A(i)=1+\frac{A(723)}{k(723)}+\frac{A(970)}{k(970)} \quad\cdots\cdots\cdots\cdots(6)$$

注1：吸光系数可以在标准的参考文献[1]中找到。这些系数是：

$k(2236)=1$

$k(970)=2.3\pm0.03$

$k(723)=0.255\pm0.002$

注2：本测定仅在 2236cm^{-1} 和 2214cm^{-1} 处吸收谱带吸光系数相等时才有效。当它们不等时，仅从 $A(2236)$ 计算的 $c(\text{AN})$ 会较小，因此由 $c(\text{BD})$、$c(\text{NBD})$ 计算出的剩余不饱和度就会太大。

8.6　计算百分比不饱和度 U(氢化丁二烯中双键的百分比)的公式

$$U=\frac{c(\text{BD})}{c(\text{BD})+c(\text{HBD})}\times100 \quad\cdots\cdots\cdots\cdots(7)$$

8.7　IR 光谱的解释和计算参见附录 A。

9　精密度

如果没有适用于这些材料的证明文件和包括这些实验方法的实验议定书，精密度参数不应用于接收/拒收这些材料的依据。

实验室内精密度评价(见表1)。重复性和再现性都是短期的。一周内测出重复性实验结果。

不同不饱和度的三种材料(不同水平的氢化丁腈橡胶)用于室间试验。这些材料在一周内的间断两天里在七个实验室进行实验。每天都进行重复性试验。

当实验严格按程序进行时，会得到精确的再现性结果。

表1　HNBR 的剩余不饱和度 U

HNBR	U(平均值)	实验室内			实验室间		
		S_r	r	(r)	S_R	R	(R)
材料1	0.65	0.119	0.337	51.8	0.172	0.486	74.8
材料2	2.3	0.111	0.316	13.7	0.149	0.421	18.3
材料3	5.1	0.179	0.506	3.5	0.348	0.984	19.3

注：S_r——室内标准差；

r——重复性，以测量值单位表示；

(r)——重复性，材料平均值的百分率表示；

S_R——室间标准差；

R——再现性，以测量值单位表示；

(R)——再现性，以材料平均值的百分率表示。

10　试验报告

报告应包括下列内容：

a) 每个样品标识所必需的所有详细情况；

b) 获得结果所使用的实验参数；

c) 每个 HNBR 样品的剩余不饱和度，精确到0.1%；

d) 规定方法的所有偏离；

e) 分析日期。

附　录　A
(资料性附录)
红外光谱图的解析和计算示例

A.1　红外光谱的解释示例

表 A.1　部分不饱和的 HNBR

	校正吸光度			归一化吸光度比[a]	
	A(AN) (基线在 2280cm^{-1}到 2200cm^{-1}之间)	A(BD) (基线在 1005cm^{-1}到 935cm^{-1}之间)	A(AN) (基线在 840cm^{-1}到 670cm^{-1}之间)	A(970)	A(723)
	0.278	0.033	0.117	0.119	0.421
	0.127	0.015	0.056	0.118	0.441
	0.134	0.016	0.059	0.119	0.440
	0.193	0.023	0.082	0.119	0.425
	0.102	0.012	0.045	0.118	0.441
	0.310	0.037	0.130	0.119	0.419
平均				0.119	0.431
标准偏差				+0.001	+0.01

[a]来自公式(1)和(2)。

A.2　不饱和度的计算示例

$$\sum A(i) = 1 + \frac{0.119}{2.3} + \frac{0.431}{0.255} = 2.742 \qquad (A.1)$$

$$c(\mathrm{AN}) = \frac{1}{2.742} = 0.365 \qquad (A.2)$$

$$c(\mathrm{BD}) = \frac{0.119}{2.3 \times 2.742} = 0.019 \qquad (A.3)$$

$$c(\mathrm{HBD}) = \frac{0.431}{0.255 \times 2.742} = 0.616 \qquad (A.4)$$

$$U = \frac{0.019}{0.019 + 0.616} \times 100 = 3\% \qquad (A.5)$$

ICS 83.060
G 34

中华人民共和国石油化工行业标准

SH/T 1763—2008/ISO 17564：2001
（2015 年确认）

腈类橡胶　氢化丁腈橡胶(HNBR)中残留不饱和度的测定　碘值法

Nitrile rubber—Determination of residual unsaturation in hydrogenated nitrile rubber(HNBR) by iodine value

（ISO 17564：2001，IDT）

2008-04-23 发布　　　　2008-10-01 实施

中华人民共和国国家发展和改革委员会　　发 布

目　　次

前　　言

本标准等同采用国际标准 ISO 17564：2001《腈类橡胶—氢化丁腈橡胶(HNBR)中残留不饱和度的测定　碘值法》(英文版)。

为了便于使用，本标准做了下列修改：

——“本国际标准”一词改为“本标准”；

——删除了国际标准的前言；

——部分规范性引用文件改为相对应的我国现行国家标准；

——将国际标准附录 A 的内容直接写入标准第 4 章；

——按照汉语语言习惯，做了适当地编辑性修改。

本标准由中国石油化工集团公司提出。

本标准由全国橡胶与橡胶制品标准化技术委员会合成橡胶分技术委员会归口(SAC/TC 35/SC 6)。

本标准起草单位：中国石油天然气股份有限公司兰州化工研究中心。

本标准主要起草人：笪敏峰、孙丽君、吴毅。

腈类橡胶　氢化丁腈橡胶(HNBR)中残留不饱和度的测定　碘值法

警告：使用本标准的人员应该熟悉正规实验室的操作规程。本标准并未指出所有可能的安全问题。使用者有责任采取适当的安全和健康措施，并保证符合国家有关法规规定的条件。

1　范围

本标准规定了用Wijs'试剂测定氢化丁腈橡胶(HNBR)碘值(即残留不饱和度)的方法。

2　规范性引用文件

下列文件中的条款通过本标准的引用而成为本标准的条款。凡是注日期的引用文件，其随后所有的修改单(不包括勘误的内容)或修订版均不适用于本标准，然而，鼓励根据本标准达成协议的各方研究是否可使用这些文件的最新版本。凡是不注日期的引用文件，其最新版本适用于本标准。

GB/T 15340—1994　天然、合成生胶取样及制样方法(idt ISO 1795：1992)

ISO/TR 9272：1986　橡胶和橡胶制品—标准实验方法中精密度的测定

3　原理

将HNBR生胶试样溶于氯仿中，加入过量的Wijs'试剂，静置一定时间使Wijs'试剂与HNBR中的残留不饱和物加成反应完全。用碘化钾将未反应的Wijs'试剂还原，最终用硫代硫酸钠标准滴定溶液滴定溶液中的游离碘并计算碘值(不饱和度)。

4　试剂

分析过程中，除非另有要求，应使用分析纯试剂和去离子水或同等纯度的水。

4.1　氯仿；

4.2　硫代硫酸钠标准滴定溶液：$c(Na_2S_2O_3)=0.1mol/L$；

4.3　Wijs'试剂：

称取4.8g~5.2g的三氯化碘(精确到0.1g)，放进1L的磨口棕色瓶中。再称取5.5g碘(精确到0.1g)，加入到已经盛有640mL冰醋酸的具塞碘量瓶中，塞上塞子，轻轻摇动使碘溶解。仔细地将碘/冰醋酸溶液倒入盛有三氯化碘的棕色瓶中，塞上塞子小心摇动混合。将试剂存于暗处，有效期为30天。

4.4　碘化钾溶液：100g/L；

4.5　淀粉指示剂：10g/L。

5　仪器

5.1　机械振荡器；

5.2　恒温水浴：能够保持(25±1)℃；

5.3　分析天平：可精确至0.1mg；

5.4　碘量瓶：具塞，300mL；

5.5　移液管：25mL；

5.6　移液管：10mL；

5.7　滴定管：50mL，最小刻度为0.1mL。

6 分析步骤

6.1 按照 GB/T 15340 得到试样。参照表 1 称取规定样品量(精确至 0.1mg)置于碘量瓶(5.4)中。

表 1 建议的试样量

不饱和度(碘值)，g 碘/100g 试样	试样质量，g
>30	0.35~0.40
15~30	0.40~0.50
8~15	0.50~0.70
<8	0.90~1.0

6.2 向碘量瓶中加入 50mL 氯仿(4.1)，盖上塞子，置于机械振荡器(5.1)上摇动使试样完全溶解，再将碘量瓶放入(25±1)℃的恒温水浴(5.2)中静置 30min。

6.3 从水浴中取出碘量瓶，用移液管(5.5)准确加入 25mL Wijs' 试剂(4.3)，立即盖上塞子，轻轻旋转瓶子使试液混合均匀，再置于恒温水浴中静置 2h±5min，使碘化反应完全。

6.4 待反应完全后，取出碘量瓶，用移液管(5.6)迅速加入 10mL 的碘化钾溶液(4.4)，立即盖上塞子并剧烈摇动。

6.5 轻轻松开塞子，用少量蒸馏水冲洗瓶塞和瓶口，确保洗液流入碘量瓶。重新盖上瓶塞，轻轻旋转瓶子 5min。

6.6 在 20min 之内，用硫代硫酸钠标准滴定溶液(4.2)进行滴定，同时轻轻摇动碘量瓶。当上层溶液变成淡黄色时，加入 1mL 淀粉指示剂(4.5)。盖上塞子剧烈摇动，然后继续滴定并间歇性的摇动瓶子，直到碘/淀粉混合液紫色消失。

注 1：在碘化钾溶液加入 30min 之内用硫代硫酸钠标准滴定溶液完成滴定是非常重要的。

注 2：碘与淀粉的反应是在水层中进行，为了确保氯仿中的碘完全移入水层，在瓶中加入淀粉后的剧烈摇动十分重要。

6.7 碘量瓶放置 30min，如果颜色重现，需要继续滴定，直至放置 30min 后颜色不再重新出现。

6.8 按照 6.2 到 6.7 的步骤做空白实验。

7 结果计算

HNBR 中的残留不饱和度 A 以每 100 克试样所消耗的碘的质量表示(g 碘/100g 试样)，按下列公式计算：

$$A = \frac{(V_0 - V_1) \times c \times 12.69}{m} \quad \cdots\cdots (1)$$

式中：

A——碘值，g 碘/100g 试样；

V_1——滴定试样消耗的硫代硫酸钠标准滴定溶液的体积，mL；

V_0——滴定空白消耗的硫代硫酸钠标准滴定溶液的体积，mL；

m——试样质量，g；

c——硫代硫酸钠标准滴定溶液的浓度，mol/L；

12.69——碘的相对原子质量×100/1000。

计算结果表示至小数点后一位。

8 精密度

8.1 本精密度是采用室间精密度程序确定的。在该程序中使用了三种不同饱和度的材料(即不同水平的 HNBR)。在一周之内的两天里，四个实验室每天对这些材料进行重复测定。

8.2　依据ISO/TR 9272将精密度计算结果表示成重复性和再现性。参考精密度的相关概念和专业用语。

8.3　本标准给出的是Ⅰ型/Ⅱ级室间精密度。由于重复性和再现性都是通过一周内实验所测结果得到，所以它们都是短期的。所有数据都满足 $p=4$，$q=3$ 和 $n=4$。

本精密度分析结果是按照ISO/TR 9272：1986列出的通用程序得到的，ISO/TR 9272：1986中的每个单元包含4个值(两个实验日，每日两个值)。重复性值包括两个一致性的偏差来源(实验当天和两天之间的重复测试)。最终的精密度值在表2中给出。如果没有测试材料的精密度值相关文件和包括分析方法在内的实验信息，该精密度值不能用于判断接受/拒绝材料的依据。

8.4　重复性　HNBR碘值的重复性 r 已由表2中给出。同一实验室依照本标准方法，得到的两个试验结果之差，若大于表中所列的 r 值，则应视为可疑值，应进行适当的检查。

8.5　再现性　HNBR碘值的再现性 R 已由表2给出。在不同的实验室依照本标准方法，得到的两个试验结果之差，若大于表中所列的 R 值，则应视为可疑值，应进行适当的检查。

表2　精密度数据

HNBR样品	碘值(平均值)g碘/100g试样	同一实验室			实验室之间		
		S_r	r	(r)	S_R	R	(R)
1	6.39	0.046	0.215	3.36	0.248	0.498	7.79
2	12.57	0.027	0.164	1.30	0.568	0.454	3.61
3	28.75	0.051	0.226	0.786	1.433	1.197	4.16

注：S_r——室内的标准偏差；
r——重复性(测量单元)；
(r)——重复性(原料的平均百分数)；
S_R——室间的标准偏差；
R——再现性(测量单元)；
(R)——重复性(原料的平均百分数)。

9　实验报告

实验报告包括下列信息：

a) 规范性引用文件；

b) 关于样品的详细说明；

c) 碘值，精确到0.1个碘值单位(g碘/100g试样)；

d) 分析日期。

编者注：规范性引用文件中ISO/TR 9272最新版本为ISO/TR 9272—2005，已转化(等同采用)为GB/T 14838—2009《橡胶与橡胶制品　试验方法标准精密度的确定》。

ICS 83.040.10
G 34
备案号:30329-2011

SH

中华人民共和国石油化工行业标准

SH/T 1771—2010/ISO 22768：2006(E)

生橡胶　玻璃化转变温度的测定 差示扫描量热法（DSC)

Rubber, raw—Determination of the glass transition temperature by differential scanning calorimetry (DSC)

(ISO 22768：2006 (E), IDT)

2010-11-10 发布　　2011-03-01 实施

中华人民共和国工业和信息化部　发布

前　言

本标准等同采用 ISO 22768：2006(E)《生橡胶　玻璃化转变温度的测定　差示扫描量热法(DSC)》(英文版)。

本标准按 GB/T 1.1—2009 规定编制，为便于使用做了下列修改：

——“本国际标准”一词改为“本标准”；

——删除国际标准的前言；

——引用的国际标准改为我国现行国家标准，技术内容与国际标准一致；

——按照汉语语言习惯，对标准的文字进行了编辑性修改。

本标准由中国石油化工集团公司提出。

本标准由全国橡胶与橡胶制品标准化技术委员会合成橡胶分技术委员会(SAC/TC35/SC6)归口。

本标准起草单位：中国石油天然气股份有限公司石油化工研究院兰州化工研究中心。

本标准主要起草人：李晓银、贾慧青、姚自余。

生橡胶 玻璃化转变温度的测定 差示扫描量热法(DSC)

警告：使用本标准的人员应熟悉正规实验室操作规程。本标准并未涉及所有可能出现的安全问题，如果有所涉及也与其应用相关。使用者有责任制定适当的安全和健康措施并确保符合国家有关法规规定。

1 范围

本标准规定了用差示扫描量热仪测定生橡胶玻璃化转变温度的方法。

2 规范性引用文件

下列文件中的条款通过本标准的引用而成为本标准的条款。凡是注日期的引用文件，其随后所有的修改单(不包括勘误的内容)或修订版均不适用于本标准，然而，鼓励根据本标准达成协议的各方研究是否可使用这些文件的最新版本。凡是不注日期的引用文件，其最新版本适用于本标准。

GB/T 2941 橡胶物理试验方法试样制备和调节通用程序(GB/T 2941—2006，ISO 23529：2004，IDT)

GB/T 19466.1—2004 塑料 差示扫描量热法(DSC) 第1部分：通则(ISO 11357-1：1997，IDT)

GB/T 14838—2009 橡胶与橡胶制品 试验方法标准精密度的确定(ISO/TR 9272：2005，IDT)

3 术语和定义

GB/T 19466.1—2004 给出的以及下列术语和定义均适用于本标准。

3.1

玻璃化转变 glass transition

非晶态聚合物或半晶态聚合物中的非晶区域从橡胶态或黏流态到玻璃态的一种可逆变化。

3.2

玻璃化转变温度(T_g) glass transition temperature

发生玻璃化转变的温度范围的近似中点的温度。

注：本标准中玻璃化转变温度是指，以20℃/min 的速率升温，得到的 DSC 曲线上的拐点温度(见 12.3)。

4 原理

在规定的惰性条件下，用差示扫描量热仪(DSC)测定橡胶的热容随温度的变化，通过所得的曲线确定玻璃化转变温度。

5 仪器和材料

5.1 差示扫描量热仪：应符合 GB/T 19466.1—2004 中 5.1 的规定。

量热仪应在标准实验室温度下使用，并避免风吹、阳光直射和突发的温度变化。

5.2 样品皿：应符合 GB/T 19466.1—2004 中 5.2 的规定。

5.3 气源：分析级，通常为氮气或氦气。

5.4 天平：称量精度为±0.0001g。

6 试样

试样应能代表被测试样品，质量在 0.01g~0.02g 范围内。

7 调节

按 GB/T 2941 调节样品和试样。

8 校准

按照仪器说明书校准量热仪。

建议选用熔点在试验温度范围内的分析级物质校准试验温度，如正辛烷和环己烷。若需校准较高温度，可选用铟。

9 试验步骤

9.1 气体流速

惰性气体流速应在 10mL/min～100mL/min 范围内；整个试验过程中，惰性气体流速应恒定，偏差为±10%。

9.2 放置试样

称量试样，精确至±0.001g，试样表面应平整，以确保与样品皿接触良好。

注：试样和样品皿接触良好可获得较好的重复性。

用镊子将试样放在样品皿中，样品皿用盖子密封，然后用镊子将密封好的样品皿放入量热仪中。

禁止用手直接处理试样或样品皿。

9.3 温度扫描

9.3.1 以 10℃/min 的速率将温度降至-140℃左右，并在此温度下保持 1min。

注：测定低玻璃化转变温度的橡胶需要-140℃的初始温度，如高顺式聚丁二烯橡胶。对于较高玻璃化转变温度的橡胶没必要选择这样低的初始温度。

为确保在玻璃化转变区之前有一段平坦的基线，应选择合适的初始温度，例如，选择低于预期玻璃化转变温度约 30℃～40℃的温度作为初始温度。

若仪器不能够保持规定的降温速率，应给以调节使其接近规定的速率。

9.3.2 以 20℃/min 的升温速率进行温度扫描，直到温度升至高于玻璃化转变范围上限约 30℃。

注：大多数仪器可设定程序进行热循环。

10 试验结果

将玻璃化转变曲线上的拐点温度确定为玻璃化转变温度。

注：如果要求从曲线上直接测得玻璃化转变温度，则对曲线进行微分，将拐点温度确定为玻璃化转变温度。

11 试验报告

试验报告应包括以下内容：

a）本标准的引用文件；

b）样品的说明；

c）试样的质量；

d）所用的 DSC 仪器型号；

e）惰性气体的类型和流速；

f）所使用的校准物质；

g）所使用的热循环；

h）T_g 值(℃)和 DSC 曲线；

i）试验日期。

12 精密度

12.1 总则

12.1.1 按照 GB/T 14838—2009 中规定的精密度确定方法，组织了确定 T_g 精密度的实验室间测试方案(ITP)。有关精密度的其他说明和术语见 GB/T 14838—2009。

12.1.2 ITP 试验中使用了 4 种橡胶：NdBR(钕系高顺式丁二烯橡胶)、SBR 1502、SBR 1721 和 OESSBR，这些橡胶 T_g 值范围从-100℃到-20℃。三十个实验室参加了本次 ITP 试验，确定了 1 型精密度。在一周内的两天进行 T_g 的测定，每个测试结果均代表按照本标准规定方法测定的 T_g 值，每次测定升温速率分别为 10℃/min 和 20℃/min。精密度分析中，为避免计算过程中出现负值，测得的 T_g 值均转换为开氏温度，更为重要的是，这一转换可使 T_g 平均值不在零附近，对于相对精密度而言，也就避免了较大的百分数，使得相对精密度(以百分数表示)更加适用于所有橡胶材料。

12.1.3 如果没有文献能证明这一精密度结果可应用到被测的产品或材料上，则本 ITP 试验测定的精密度结果不可作为判定接受或拒绝被测材料或产品的依据。

12.2 精密度结果

12.2.1 按照 GB/T 14838—2009 中规定的离群值剔除步骤获得精密度结果，表 1 中给出了分别以 10℃/min 和 20℃/min 的升温速率测定的 4 种橡胶的精密度结果。除去有离群值的实验室，保留在数据库中确定精密度的实验室数量见表 1。第 12.2.2 条给出了关于使用精密度结果的一般性说明，该条也给出了绝对精密度 r、R 和相对精密度(r)、(R)的使用说明。

表 1 玻璃化转变温度的精密度数据

材料	平均值		实验室内			实验室间			实验室数量[a]
	t/℃	T/K	s_r	r	(r)	s_R	R	(R)	
升温速率为 10℃/min									
1-NdBR	-106.3	166.7	0.379	1.06	0.64	1.531	4.29	2.57	20
2-SBR1502	-54.5	218.5	0.382	1.07	0.49	1.160	3.25	1.49	25
3-SBR1721	-34.3	238.7	0.408	1.14	0.48	1.417	3.97	1.66	24
4-OESSBR	-24.3	248.7	0.245	0.69	0.28	1.449	4.06	1.63	23
合并值或平均值[b]			0.354	0.990	0.473	1.39	3.89	1.84	
升温速率为 20℃/min									
1-NdBR	-104.8	168.2	0.273	0.76	0.45	1.418	3.97	2.36	19
2-SBR1502	-52.7	220.3	0.462	1.29	0.59	1.431	4.01	1.82	27
3-SBR1721	-32.2	240.8	0.372	1.04	0.43	1.164	3.26	1.35	22
4-OESSBR	-21.9	251.1	0.190	0.53	0.21	1.724	4.83	1.92	24
合并值或平均值[b]			0.324	0.908	0.420	1.43	4.02	1.86	

注 1：所用符号：

s_r=实验室内标准差(以测量单位表示)

r=重复性(以测量单位表示)

(r)=相对重复性(以开氏温度平均值的百分数表示)

s_R=实验室间标准差(实验室间总偏差以测量单位表示)

R=再现性(以测量单位表示)

(R)=相对再现性(以开氏温度平均值的百分数表示)

注 2：使用开氏温度 T_g 计算相对精密度参数(r)和(R)。

[a] 删除离群值后的实验室数量；3 步分析；共 30 个实验室参加。

[b] 简单平均值计算。

12.2.2 重复性和再现性说明

a）重复性：每种橡胶的重复性值，即实验室内精密度见表1。两个单个测试结果(使用本标准方法获得的)之差大于表中所列 r 值(以测量单位表示)和(r)值(以百分数表示)应认为是可疑值，可视为来自不同的样本，应采取适当的研究措施(或试验验证)。

b）再现性：每种橡胶的再现性值，即实验室间精密度见表1。不同实验室测定的两个测试结果(使用本标准方法获得的)之差大于表中所列 R(以测量单位表示)和(R)(以百分数表示)应认为是可疑值，可视为来自不同的样本，应采取适当的研究措施(或试验验证)。

12.2.3 附加分析说明：

从表1的最后一列(数据库中计算最终精密度所包括的实验室数量)可以看出，一部分实验室测定的数值作为离群值被剔除。因几个实验室未提交数据，测定NdBR的最终实验室数量较少。离群值剔除后，各种橡胶材料在改进精密度方面存在一些偏差，但总体上来看，重复性离群值剔除后，重复性限 r 降低了，升温速率为10℃/min时的换算系数(r_{final}/r_{orig})为0.56，升温速率为20℃/min的换算系数为0.46。同样，再现性离群值剔除后，再现性限 R 也降低了，升温速率分别为10℃/min和20℃/min时的换算系数均为0.71。个别实验室可能出现重复性或(和)再现性不一致的情况。

对10℃/min和20℃/min的升温速率来说，其精密度没有实质性的差异。升温速率为10℃/min时的重复性 r 比20℃/min时高9%，而再现性 R 则低3%。

表1所列的最终精密度代表在ITP试验中大多数实验室的精密度数值，可认为这些实验室是测试这种特殊性能的核心实验室，并具有很高的测试水平。

12.2.4 偏差

偏差是测量的平均值和参考值或真值之差。本方法中不存在参考值，因此不评估偏差。

12.3 结论

升温速率为20℃/min时所测得的 T_g 值比10℃/min条件下高约2℃。这两种升温速率的精密度没有明显的差异，从便利角度考虑，选择较快的升温速率。

ICS 83.060
G 35

中华人民共和国石油化工行业标准

SH/T 1780—2015

异戊二烯橡胶（IR）

Isoprene rubber（IR）

2015-07-14 发布　　2016-01-01 实施

中华人民共和国工业和信息化部 发布

前　　言

本标准按照 GB/T 1. 1—2009 给出的规则起草。

本标准由中国石油化工集团公司提出。

本标准由全国橡胶与橡胶制品标准化技术委员会合成橡胶分技术委员会（SAC/TC 35/SC 6）归口。

本标准起草单位：青岛伊科思新材料股份有限公司、中国石油天然气股份有限公司石油化工研究院、茂名鲁华化工有限公司、中国石油化工股份有限公司北京燕山分公司、中国石油天然气股份有限公司吉林石化分公司。

本标准主要起草人：王代强、翟月勤、王学丽、矫海霞、林庆菊、刘俊保、王春龙、张文文、彭金瑞、赵慧晖。

异戊二烯橡胶（IR）

1 范围

本标准规定了异戊二烯橡胶（简称“异戊橡胶”）的产品分类、技术要求、试验方法、检验规则及包装、标志、贮存、运输。

本标准适用于在稀土催化体系下经溶液聚合制得的异戊橡胶。

2 规范性引用文件

下列文件对于本文件的应用是必不可少的。凡是注日期的引用文件，仅注日期的版本适用于本文件。凡是不注日期的引用文件，其最新版本（包括所有的修改单）适用于本文件。

GB/T 528—2009 硫化橡胶或热塑性橡胶拉伸应力应变性能的测定（ISO 37：2005，IDT）

GB/T 1232.1—2008 未硫化橡胶用圆盘剪切黏度计进行测定 第1部分：门尼黏度的测定（GB/T 1232.1—2000，ISO 289-1：1994，NEQ）

GB/T 3516—2006 橡胶 溶剂抽出物的测定（ISO 1407：1992，MOD）

GB/T 4498.1—2013 橡胶 灰分的测定 第1部分：马弗炉法（ISO 247：2006，MOD）

GB/T 7043.2—2001 橡胶中铜含量的测定（ISO 6101-3：1997，NEQ）

GB/T 11202—2003 橡胶中铁含量的测定1，10-菲罗啉光度法（ISO 1657：1986，NEQ）

GB/T 19187 合成生胶抽样检查程序

GB/T 19188 天然生胶和合成生胶贮存指南（ISO 7664：2000，IDT）

GB/T 24131—2009 生橡胶 挥发分含量的测定（ISO 248：2005，MOD）

GB/T30918—2014 非充油溶液聚合型异戊二烯橡胶（IR）评价方法（ISO 2303：2011，MOD）

ISO 1795-2007 天然、合成生胶取样及制样方法（Rubber，raw nature and raw synthetic—Sampling and further preparative procedures）

3 产品分类

异戊橡胶按应用领域的不同分为通用制品用异戊橡胶和环保制品用异戊橡胶。

通用制品用异戊橡胶按照门尼黏度的不同划分牌号，共分为4个牌号，分别为IR60、IR70、IR80、IR90，对应的门尼黏度中心值分别为60、70、80、90。

环保制品用异戊橡胶按照门尼黏度的不同划分牌号，共分为4个牌号，分别为IR60F、IR70F、IR80F、IR90F，对应的门尼黏度中心值分别为60、70、80、90。

4 技术要求

4.1 外观

块状固体，不含机械杂质及油污。

4.2 技术指标

通用制品用异戊橡胶应符合表1规定，环保制品用异戊橡胶应符合表2规定。

表1 通用制品用异戊橡胶技术指标

项目	IR60		IR70		IR80		IR90	
	优等品	合格品	优等品	合格品	优等品	合格品	优等品	合格品
生胶门尼黏度/ ML（1+4）100℃	55~64		65~74		75~84		85~95	
挥发分质量分数/% ≤	0.60	0.80	0.60	0.80	0.60	0.80	0.60	0.80
灰分质量分数/% ≤	0.50							
300%定伸应力/MPa	报告值							
拉伸强度（40min）[a]/MPa ≥	25.0		26.0					
拉断伸长率（40min）[a]/% ≥	450		460					

[a] 采用标准参比炭黑3#（SBR3#）进行评价。

表2 环保制品用异戊橡胶技术指标

项目	IR60F		IR70F		IR80F		IR90F	
	优等品	合格品	优等品	合格品	优等品	合格品	优等品	合格品
生胶门尼黏度/ ML（1+4）100℃	55~64		65~74		75~84		85~95	
挥发分质量分数/% ≤	0.60	0.80	0.60	0.80	0.60	0.80	0.60	0.80
灰分质量分数/% ≤	0.50							
防老剂264质量分数/%	报告值							
铁质量分数/% ≤	0.002							
铜质量分数/% ≤	0.0001							
丙酮抽出物质量分数/% ≤	2.0							
拉伸强度（40min）[a]/MPa	报告值							
拉断伸长率（40min）[a]/%	报告值							

[a] 采用标准参比炭黑3#（SBR3#）进行评价。

5 试验方法

5.1 生胶门尼黏度的测定

按ISO 1795-2007中7.2.1规定制备试样，即从实验室样品取250g±5g试样，将开炼机辊距调至1.69mm±0.17mm，辊筒温度保持在23℃±5℃，将试样过辊6次，其中第2次和第5次打卷纵向通过开炼机，第六次直接下片。

按GB/T 1232.1—2008测定。

5.2 挥发分含量的测定

按GB/T 24131—2009方法A测定。

5.3 灰分含量的测定

按 GB/T 4498.1—2013 中方法 A 测定。

5.4 防老剂 264 含量的测定

按附录 A 测定。

5.5 铁含量的测定

按 GB/T 11202—2003 测定。

5.6 铜含量的测定

按 GB/T 7043.2—2001 测定。

5.7 丙酮抽出物含量的测定

按 GB/T 3516—2006 测定。

5.8 300%定伸应力、拉伸强度、拉断伸长率

按 GB/T 30918—2014 中开炼机混炼程序 B 法混炼。按 GB/T 528—2009 测定，采用 2 型裁刀。

6 检验规则

6.1 检验分类与检验项目

异戊橡胶产品检验分为型式检验和出厂检验，正常情况下，每月进行一次型式检验。

本标准第 4 章中所列项目均为型式检验项目，表 1 中门尼黏度、挥发分为出厂检验项目，表 2 中门尼黏度、挥发分、铁质量分数、铜质量分数、丙酮抽出物为出厂检验项目。

6.2 组批规则

异戊橡胶以同一生产线上、相同原料、相同工艺生产的同一牌号的产品组批；生产厂也可以按一定生产周期或储存料仓为一批对产品进行组批。

每批产品应附有质量证明书。质量证明书上应注明产品名称、牌号、生产厂（公司）名称、生产批号、等级等有关内容，并加盖质量检验专用章和检验员章（签字）。

6.3 抽样

异戊橡胶进行质量检验时，按 GB/T 19187 的规定抽样。

6.4 判定规则和复检规则

按 GB/T 19187 中实验室混合样品进行检验，任何一项不符合相应等级要求时，应对保留样品进行复验，复验结果仍不符合技术要求时，则该批产品应降等或定为不合格品。

7 包装、标志、贮存和运输

7.1 包装

内层用低密度聚乙烯薄膜包装。IR60、IR70、IR80、IR90 包装薄膜厚度为0.045 mm±0.004 mm、

熔点不大于 110℃；IR60F、IR70F、IR80F、IR90F 包装薄膜的厚度为 0.05mm±0.005mm、熔点不大于 90℃，或满足用户要求的其他薄膜。

外层用印有商标或特殊标记的内涂膜复合牛皮纸袋或采用用户认可的其他形式包装。每袋净含量 25kg 或其他包装单元。

7.2 标志

每个包装袋应清楚地标明产品名称、牌号、净含量、生产厂（公司）名称、地址、注册商标、标准编号、等级、生产日期或生产批号等。

7.3 贮存

贮存时，应成行成垛整齐堆放，并保持一定行距，堆放高度不大于 10 包。贮存条件应符合 GB/T 19188 的要求。

7.4 运输

在运输过程中，应防止日光直接照射和雨水浸泡，运输车辆应整洁，避免包装破损和杂物混入。

8 保质期

在 GB/T 19188 规定的条件下贮存，自生产之日起保质期为两年。

附 录 A
（规范性附录）
异戊二烯橡胶中 2,6-二叔丁基对甲酚（防老剂 264）含量的测定

警告：使用本标准的人员应有正规实验室工作的实践经验。本标准并未指出所有可能的安全问题，使用者有责任采取适当的安全和健康措施，并保证符合国家有关法规规定的条件。

A.1 范围

本附录规定了异戊二烯橡胶中 2,6-二叔丁基对甲酚（防老剂 264）含量的测定方法。

A.2 原理

用乙醇抽提胶样中的防老剂。将磷钼酸加入稀氨水溶液中生成浅黄色的磷钼酸铵，磷钼酸铵与抽提出的防老剂发生反应，溶液呈蓝色。然后在分光光度计上测定吸光度，计算其防老剂含量。

A.3 仪器设备

A.3.1 天平：精度 0.1 mg。
A.3.2 分光光度计：能在波长为 680 nm 处测量吸光度，附有 3 cm 比色皿。
A.3.3 索氏提取器：配有磨口烧瓶（60 mL）。
A.3.4 容量瓶：25 mL，100 mL。
A.3.5 吸量管：1.00 mL，5.00 mL，10.00 mL。

A.4 试剂和材料

A.4.1 2,6-二叔丁基对甲酚（防老剂 264）：分析纯。
A.4.2 乙醇：分析纯。
A.4.3 磷钼酸：分析纯。
A.4.4 氨水：分析纯，配制成质量分数为 2.5%水溶液。

A.5 操作步骤

A.5.1 配制磷钼酸乙醇溶液

称取 4.0g 磷钼酸（A.4.3）溶于 100 mL 乙醇（A.4.2）中，滤除混浊物，贮于棕色瓶中，溶液为黄色，如变成黄绿色，应重新配制。

A.5.2 制备标准溶液

称取 0.3g 防老剂（A.4.1），精确至 0.1 mg，将乙醇溶解后加入 100 mL 容量瓶中，再加乙醇至刻度。取 1 mL 该溶液于 100 mL 容量瓶中，加乙醇至刻度，配制成浓度为 3×10^{-5} g/mL 的防老剂标准溶液。

A.5.3 绘制标准曲线

取6个25 mL容量瓶，分别用吸量管（A.3.5）加入0.50 mL，1.00 mL，2.00 mL，3.00 mL，4.00 mL，5.00 mL防老剂标准溶液（A.5.2），然后各加入4 mL磷钼酸乙醇溶液，10 mL氨水（A.4.4），用蒸馏水稀释至刻度。放置10 min后，立刻在分光光度计（A.3.2）上，用3 cm比色皿在680 nm处测定吸光度。以测得的吸光度（减去空白值）为纵坐标，其相对应的浓度为横坐标绘制工作曲线。

A.5.4 测定

将试样剪成2 mm×2 mm×2 mm小粒，称取试样约1 g，准确至0.1 mg，放入索氏提取器（A.3.3）中，向烧瓶中加入60 mL乙醇，连接烧瓶与冷却器，在水浴上加热回流120 min。然后将抽提液移至100 mL容量瓶中，分别用10 mL乙醇洗涤冷却器和烧瓶3次，将洗涤液倒入容量瓶中，用乙醇稀释至刻度。

取1 mL（V）抽提液加入25 mL容量瓶中，用A.5.3相同的方法制备比色液并测定吸光度，并同时做空白试验。

A.6 结果表示

防老剂264含量w以试样的质量分数计，数值以%表示，按公式（A.1）计算：

$$w = \frac{T \times 25 \times 100}{V \times m} \times 100 \tag{A.1}$$

式中：

T——工作曲线（A.5.3）上查得防老剂浓度，单位为克每毫升（g/mL）；

V——试样的体积，单位为毫升（mL）；

m——试样的质量，单位为克（g）；

25——制备试样时定容的体积，单位为毫升（mL）；

100——定容的抽提液总体积，单位为毫升（mL）。

取两次重复测定结果的算术平均值作为试验结果，所得结果表示到小数点后一位。

A.7 允许差

同一操作者两次平行测定结果之绝对差不大于0.1%。

A.8 试验报告

试验报告应包括以下内容：

a）本标准的编号；

b）关于样品的详细说明；

c）试验结果；

d）测定过程中观察到的任何异常现象；

e）本附录未包括的任何自选操作；

f）试验日期。

附录 石油化工产品及试验方法行业标准索引